# Springer Collected Works in Mathematics



For further volumes:
http://www.springer.com/series/11104

Doris and Beno Eckmann

Beno Eckmann

# Selecta

*Editors*

Max-Albert Knus · Guido Mislin · Urs Stammbach

Reprint of the 1987 Edition

Springer

*Author*
Beno Eckmann (Bern, 1917 - Zürich, 2008)
Department of Mathematics
ETH Zürich
Zürich
Switzerland

*Editors*
Max-Albert Knus
Guido Mislin
Urs Stammbach
Department of Mathematics
ETH Zürich
Zürich
Switzerland

ISSN 2194-9875
ISBN 978-3-642-37182-0 (Softcover)
978-3-540-17518-6 (Hardcover)
DOI 10.1007/978-3-642-37339-8
Springer Heidelberg New York Dordrecht London

Library of Congress Control Number: 2012954063

Mathematics Subject Classification (2010): 20-XX, 55-XX



Printed on acid-free paper

Springer is part of Springer Science+Business Media (www.springer.com)

# Foreword

In Spring of 1987 Beno Eckmann will celebrate his seventieth birthday. We are proud to honor him and his work on this occasion by publishing a selection of his papers. With this volume we seek to give an impression of the breadth and depth of Eckmann's work. Wishing to keep the size of the book within reasonable limits, we have selected representative research papers, but also included some of his survey articles, which in our opinion are exceptional in their art of presenting mathematical ideas to non-specialists. As it seemed difficult to classify the papers according to the various fields, chronological order has been chosen. Except for the corrections of minor misprints the articles appear in their original form. To some of them Beno Eckmann has written Notes; they are meant to clarify relations between various papers of his own and also of other authors. However, no attempt has been made to describe historical developments which occurred after the respective papers were published.

We have not provided any commentary on the importance of Beno Eckmann's mathematical contributions, permitting his own writings to speak for themselves. The interested reader may wish to consult three papers:

Hilton, P.: Some contributions of Beno Eckmann to the development of topology and related fields, in "Topology and Algebra", Monographie No. 26 de l'Enseignement Mathématique, 1978, p. 11 – 27

Hilton, P.: Duality in homotopy theory: a retrospective survey, J. Pure Appl. Algebra 19 (1980), p. 159 – 169

Mac Lane, S.: Origins of the cohomology of groups, in "Topology and Algebra", Monographie No. 26 de l'Enseignement Mathématique, 1978, p. 191 – 219.

Our thanks go to Beno Eckmann for his cooperation in the selection process and for his Notes. This volume is a sign of deep appreciation by his students and colleagues for his total dedication to mathematics, both in research and teaching.

Thanks are also due to Springer-Verlag who greeted our project with enthusiasm. Finally, we would like to thank J.-M. Piveteau for his most careful help in the preparation of this volume.

Zürich, December 1986 M.-A. Knus, G. Mislin, U. Stammbach

# Table of contents

# Curriculum vitae

1. Born March 31, 1917 in Bern, Switzerland
   Schools in Bern, Gymnasium (Latin-Greek), diploma (Maturität) 1935
   Student, Eidgenössische Technische Hochschule Zürich (ETH) 1935–39, diploma (Master's degree) in Mathematics 1939
   Assistant, ETH 1939–42
   Dr. sc. math. (Ph. D.), ETH 1941, with Kern prize and silver medal

2. Lecturer, then Associate Professor, Université de Lausanne 1942–48
   Privatdozent, ETH 1942
   Professor of Mathematics, ETH 1948
   Professor Emeritus 1984

3. Member, Institute for Advanced Study Princeton: January–September 1947, summer 1951, spring 1952
   Visiting Professor: University of Michigan summer 1950, University of Illinois winter 1952, University of California Berkeley summer 1955, Scuola Normale Superiore Pisa spring 1958, Università di Roma winter 1966, University of Washington summer 1970, and others

4. Secretary, International Mathematical Union 1956–61
   President, Swiss Mathematical Society 1961–62
   Head, Mathematics Research Institute ETH 1964–84
   Member of Research Council, Swiss National Science Foundation, 1973–84

5. Honorary doctor's degrees: Université de Fribourg 1964, Ecole Polytechnique Fédérale Lausanne 1969, Israel Institute of Technology 1983
   Prix Mondial Nessim Habif, Université de Genève 1967

# Biographical note

From the Curriculum Vitae above one can see that almost all of my scientific life and activity took place at the ETH in Zurich, except for 6 years in Lausanne. I feel that the best thing that can happen to a University mathematician is to have good teachers and/or good students; I was fortunate enough to have both. With regard to good teachers it certainly suffices if I mention names: Heinz Hopf, Plancherel, Pólya, Bernays. As a student I attended their courses and seminars and was introduced in an unusually personal way to the world of mathematics. As an assistant to Plancherel I had the opportunity to work, and even lecture, in different fields, including analysis. Under the wonderful guidance of Heinz Hopf I then got into my doctoral thesis work. It was characteristic of Hopf's views on our science that this meant not only learning algebraic topology – then a very young field – but also getting acquainted with group theory, differential geometry, and algebra in the "abstract" sense of the Emmy Noether school. The combination of these fields, considered at that time to be largely separated from each other, remained a constant challenge during all my later work; this included in particular the supervising of doctoral students. I enjoyed working with them in different areas and learning from them. Many have become well-known names in mathematics, and some are my collaborators or colleagues or both.

My first University position was in Lausanne 1942–48 where close contacts with Georges de Rham provided friendship and stimulation. Two extended stays at the Institute for Advanced Study in Princeton, in 1947 and in 1951–52, gave me the possibility of concentrated research and of meeting so many mathematicians whose names had been familiar before, when contacts were not possible because of the war.

In 1964 an important change occurred at the mathematics school of the ETH in Zurich: the Mathematics Research Institute (Forschungsinstitut für Mathematik, FIM) was founded, designed especially for the purpose of inviting visitors to cooperate with the department members and their students. The institute rapidly developed into a well-known international center of mathematical research; needless to say, it was of great benefit to me – right up till now. Its very first visitor, in 1964, was K. Chandrasekharan, then in Bombay, whom I had known since our Princeton days in 1947. In 1966 he joined the ETH Mathematics faculty; to our close relationship, both personally and mathematically, I owe more than I can adequately express here.

The list of my publications shows that I liked to cooperate with others; and often such common work resulted in joint papers. This concerns above all may work with Peter Hilton to whom I am deeply grateful, not only for stimulation and for sharing so many ideas with me, but also for his friendship which now has lasted over 30 years. It was also a great joy to collaborate with my former students Robert Bieri, Guido Mislin, Urs Stammbach, and others. Without all of them it would not have been possible to work in the various fields of research as they appear in the publication list: algebraic topology, homotopy theory, homological algebra, group theory, differential geometry, category theory.

As do most mathematicians, I participated in activities for the mathematical community, both locally and globally: in the Swiss Mathematical Society and in the Research Council of the Swiss National Science Foundation, and in the International Mathematical Union. Moreover, I have given much of my time to editorial work. I am grateful to Springer-Verlag for the opportunity to work for their Grundlehren Series. Also they agreed, in 1964, to start a series of publications of a very informal nature, the Lecture Notes in Mathematics: its rapid growth has greatly facilitated world-wide communication among research mathematicians, and this kind of informal pre-publication through the efficient services of a commercial publisher has since been introduced in many other places. My special thanks go to Dr. Heinz Götze for many years of friendship and close cooperation.

I am deeply grateful to all my colleagues at the ETH, and to all those around the world with whom I could enjoy close contacts; they will understand that it would be difficult to list them all by name. I express my thanks to Max Knus, Guido Mislin and Urs Stammbach for their initiative to issue these Selecta and for the work they had to put into the realisation of the project.

I would not conclude this short account without mentioning my wife Doris. Since the very beginning of my academic career we have shared, during forty five years, "for better and for worse", our common life in love and understanding; I thank her.

# Zur Homotopietheorie gefaserter Räume

Comment. Math. Helv. **14** (1941/42), 141–192

## Einleitung

a) In dieser Arbeit werden topologische Eigenschaften *gefaserter Räume* mit Hilfe von stetigen Abbildungen untersucht, insbesondere unter Heranziehung der von Hurewicz eingeführten *Homotopiegruppen* (vgl. Anm. [25]). Die Anwendungen der dabei gewonnenen Sätze beziehen sich auf Gruppenräume, Räume von Linienelementen, Felder von Vektoren und Flächenelementen auf Sphären, sowie auf Abbildungen von Sphären auf Sphären niedrigerer Dimension.

b) Unter einer *Faserung* eines Kompaktums $R$ (nur mit solchen Räumen befassen wir uns) versteht man eine stetige Zerlegung in abgeschlossene Teilmengen, die alle einem Kompaktum $F$ homöomorph sind und die man Fasern nennt; dabei sollen alle zu einer genügend kleinen Umgebung $U$ eines Punktes des Zerlegungsraumes $Z$ (der auch Faserraum genannt wird) gehörigen Fasern in $R$ das topologische Produkt $F \times U$ bilden. Die stetige Abbildung von $R$ auf $Z$, die jedem Punkt von $R$ die Faser zuordnet, auf welcher er liegt, heißt Projektion oder Faserabbildung $P$.

Beispiele von Räumen, die in natürlicher Weise gefasert sind, bilden — abgesehen vom trivialen Fall der topologischen Produkte — die Gruppenräume (in der Zerlegung in Restklassen nach einer abgeschlossenen Untergruppe) und die Räume der Linienelemente (Flächenelemente, Vektorsysteme usw.) differenzierbarer Mannigfaltigkeiten; man kennt außerdem besonders einfache Faserungen von Sphären (vgl. Nr. 2). Eine allgemeine Theorie der gefaserten Räume, die möglichst wenige Voraussetzungen benützt, wird also ein großes und vielseitiges Anwendungsgebiet haben, und ihre Aussagen lassen sich verfeinern, sobald man sich auf speziellere Fälle beschränkt. Faserungen sind bisher insbesondere von Seifert, Feldbau, Gysin (vgl. [9]) und Whitney[6]) untersucht worden.*)

c) Unser Beitrag zur Untersuchung gefaserter Räume bezieht sich sowohl in der Fragestellung als auch in der Methode auf *Homotopieeigenschaften.* Alle unsere Aussagen beruhen auf einer Voraussetzung,

*) Zusatz bei der Korrektur: In einer C. R.-Note von *C. Ehresmann* und *J. Feldbau* (Sur les propriétés d'homotopie des espaces fibrés, C. R. Paris 211 (1941) 945—948), die mir soeben zugegangen ist, werden ohne Beweis Sätze über Faserungen angekündigt, die mit gewissen Teilresultaten der vorliegenden Arbeit zusammenfallen, nämlich mit dem „Lemma" (Nr. 3d) und den „Hurewicz'schen Formeln" (Nr. 6).

die uns für die Untersuchung stetiger Abbildungen und ihrer Deformationen angemessen und bequem erscheint: daß es sich um Zerlegungen handelt, die in einem im folgenden (Nr. 1c) präzisierten Sinne „*retrahierbar*" sind. Für hinreichend reguläre Faserungen ist diese Voraussetzung immer erfüllt; anderseits werden andere Eigenschaften von Faserungen, also auch die eingangs als Definition angeführten, nie benützt. Wir sprechen deshalb in unseren Ausführungen nie von Faserungen, sondern formulieren alle Aussagen für *retrahierbare Zerlegungen*, oder, da viele Sätze einen noch weitern Gültigkeitsbereich haben, für *retrahierbare Überdeckungen.* — In dieser Einleitung soll allerdings nur von (regulären) Faserungen die Rede sein.

d) Ist $f$ eine Abbildung eines Kompaktums $X$ in $R$, so heißt die Abbildung $Pf$ von $X$ in $Z$ die *Spur* von $f$ (vgl. Nr. 1d, 1f). Der Kern unserer Betrachtungen ist ein Lemma (Nr. 3d), das im wesentlichen aussagt, *daß jede zu einer Spur homotope Abbildung selbst eine Spur ist.* Die Abbildungssätze (Nr. 4), sowie die Zusammenhänge zwischen den Homotopiegruppen von $R$, $F$ und $Z$ (Nr. 6, 7), die sich daraus ergeben, stellen eine weitgehende Verallgemeinerung von Sätzen dar, die Hurewicz (a. a. O.[8]) für Restklassenzerlegungen von Gruppenräumen angegeben hat. Von unsern Abbildungssätzen heben wir hier die folgenden hervor:

1. *Wenn $R$ auf sich wesentlich ist,* d. h. wenn die identische Abbildung von $R$ auf sich eine wesentliche Abbildung ist, *so ist die Faserabbildung $P$ eine wesentliche Abbildung von $R$ auf $Z$* (Nr. 5, Satz 1). Für diesen Satz ist unseres Wissens in dieser Allgemeinheit auch mit algebraischen Hilfsmitteln kein anderer Beweis bekannt. (Für Faserungen geschlossener Mannigfaltigkeiten in Sphären ist der Satz von Gysin a. a. O.[9]) mit Homologiemethoden bewiesen worden). Er ist im folgenden Satz enthalten:

2. *Die Spur einer wesentlichen Abbildung ist wesentlich* (Nr. 4, Satz C).

Wichtig ist ferner (man vergleiche den Beweis eines Satzes von Wazewski in Nr. 4d):

3. *Eine Abbildung in $Z$, die sich auf einen Punkt zusammenziehen läßt, ist eine Spur* (Nr. 4, Satz A).

e) Unter einer *Schnittfläche* einer Faserung verstehen wir eine Abbildung von $Z$ in $R$, deren Spur die Identität von $Z$ ist (also eine topologische Abbildung von $Z$ in $R$, bei welcher das Bild jede Faser genau einmal trifft). Im Falle der Linienelementräume bedeutet eine Schnittfläche ein Feld (damit ist immer ein stetiges singularitätenfreies Feld gemeint) von Linienelementen, im Falle einer Gruppenzerlegung das Zerfallen des Gruppenraumes in ein topologisches Produkt (vgl. Nr. 11).

Die Frage, ob eine Faserung eine Schnittfläche besitzt, wird in einem besondern Abschnitt (§ 4) behandelt; notwendig für die Existenz einer Schnittfläche ist unter anderem, daß die Homotopiegruppen von $R$ dieselbe Struktur haben wie beim topologischen Produkt von $F$ und $Z$ (Nr. 9, Satz G, II). Wenn der Zerlegungsraum $Z$ eine Sphäre ist, können wir notwendige und hinreichende Bedingungen für die Existenz einer Schnittfläche angeben, und auch für den Fall der Nicht-Existenz die Struktur der Faserung, insbesondere die Homotopiegruppen, näher untersuchen (Schnittelemente, Nr. 10).

f) Von den Resultaten, die wir durch Anwendung der allgemeinen Sätze auf spezielle Faserungen erhalten, seien hier einige erwähnt:

1. Mit Hilfe der bekannten Sphärenfaserungen (Nr. 2f) können wir die *Existenz wesentlicher Abbildungen der Sphäre* $S^N$ *auf die Sphäre* $S^n$ *in einigen neuen, allerdings sehr speziellen Fällen* nachweisen, so für $N = 8$ oder $10$ und $n = 4$, für $N = 16$ oder $18$ oder $22$ und $n = 8$. Man kann nämlich (Nr. 5, Satz 3′) jedes Kompaktum, das sich wesentlich auf $S^7$ abbilden läßt, auch wesentlich auf $S^4$ und jedes Kompaktum, das sich wesentlich auf $S^{15}$ abbilden läßt, wesentlich auf $S^8$ abbilden.

2. Für die Homotopiegruppen der orthogonalen und der unitär-unimodularen Gruppen gelten Aussagen allgemeiner Natur: *die k-te Homotopiegruppe hat für „fast alle" orthogonalen bzw. für „fast alle" unitär-unimodularen Gruppen dieselbe Struktur* (Nr. 8, Satz 9 und 10).

3. Zurückführung der *Homotopiegruppen der komplexen und quaternionalen projektiven Räume* auf diejenigen der Sphären (Nr. 8a).

4. Bestimmung einiger *Homotopiegruppen der Linienelementräume der Sphären.*

5. Wir zeigen, *daß es auf der Sphäre* $S^5$ *kein 2-Feld gibt,* d. h. kein System von 2 tangentialen Vektorfeldern, die in jedem Punkt der $S^5$ linear unabhängig sind.

Zum Beweis dieses Satzes (Nr. 16) benützen wir außer unsern Sätzen (eine wichtige Rolle spielt dabei die Kenntnis von Homotopiegruppen des Linienelementraumes der $S^4$) einen Satz von Pontrjagin (vgl. [52]) über unitäre Gruppen.

Eine Mannigfaltigkeit der Dimension $n$ heißt *parallelisierbar,* wenn es auf ihr ein System von $n$ linear unabhängigen tangentialen Vektorfeldern gibt. Aus 5. folgt, daß *die Sphäre* $S^5$ *nicht parallelisierbar* ist. Damit ist eine Frage beantwortet, die zwar spezieller Natur ist, aber doch einiges Interesse verdient, und die sich besonders im Anschluß an Arbeiten von Stiefel (vgl. [14]) und [53]) aufdrängt: Man weiß, daß die Sphären $S^1$, $S^3$

und $S^7$ parallelisierbar sind, und daß es auf Sphären gerader Dimension nicht einmal ein tangentiales Vektorfeld gibt. Für alle andern Dimensionszahlen $n$ war die Frage, ob die Sphäre $S^n$ parallelisierbar ist, bisher noch offen; durch unser Resultat wird sie wenigstens für $n = 5$ entschieden.*)

6. *Auf Sphären gerader Dimension $n \geqslant 4$ und auf der Sphäre $S^5$ gibt es kein Feld von tangentialen 2-dimensionalen Flächenelementen.*

Dieser Satz ergibt sich daraus, daß jedes Feld von tangentialen Flächenelementen auf einer Sphäre „durch ein 2-Feld aufgespannt" werden kann (Nr. 17, Satz 29).

g) Diese Resultate sind z. T., besonders hinsichtlich der darin auftretenden Dimensionszahlen, sehr speziell. Es sei erwähnt, daß der Versuch, sie in naheliegender Weise auszudehnen, oft daran scheitert, daß die Homotopiegruppen der Sphären und anderer Räume noch in vielen Fällen unbekannt sind, wie denn überhaupt eine grundsätzliche Methode zur Bestimmung der Homotopiegruppen noch nicht existiert. Wegen dieses letztern Umstandes möchten wir auch darauf hinweisen, daß manchmal Faserungen als Hilfsmittel zur Bestimmung von Homotopiegruppen herangezogen werden können, wobei die in Nr. 6 und 7 aufgestellten Beziehungen, die wir die Hurewicz'schen Formeln nennen, eine besondere Rolle spielen; diese „Methode der Faserungen" hat bei uns in einigen Fällen zum Ziel geführt, wird aber natürlich im allgemeinen nicht ausreichen.

## § 1. Retrahierbare Überdeckungen und Zerlegungen

### 1. Definitionen

a) Die Gesamtheit der abgeschlossenen Punktmengen eines Kompaktums $R$ wird selbst zu einem kompakten metrischen Raum[1]) $\mathfrak{A}(R)$, wenn man als Entfernung $\varrho(A, B)$ zweier Punkte $A, B \in \mathfrak{A}(R)$ die „Abweichung" der zugehörigen Punktmengen $\overline{A}, \overline{B} \subset R$ einführt; darunter versteht man[1]) die untere Grenze der den Bedingungen[2])

*) Zusatz bei der Korrektur: Ich habe inzwischen beweisen können, daß es allgemeiner auf allen Sphären der Dimensionen $4k+1$ kein 2-Feld gibt; der Beweis, in dem übrigens eine Heranziehung unitärer Gruppen nicht mehr nötig ist, wird demnächst erscheinen.

[1]) *Alexandroff-Hopf*, Topologie (Berlin 1935); S. 112 und 115. — Bezüglich aller auftretenden Begriffe der mengentheoretischen Topologie verweisen wir auf den ersten Teil dieses Buches.

[2]) Für eine Punktmenge $M \subset R$ bezeichnen wir mit $U(M, \varepsilon)$ die $\varepsilon$-Umgebung von $M$, d. h. die Menge aller Punkte $p$ mit $\varrho(M, p) = \inf_{q \in M} \varrho(q, p) < \varepsilon$ (wo $\varrho(x, y)$ die Entfernung von $x$ und $y \in R$ bedeutet).

$$\overline{A} \subset U(\overline{B}, \alpha) \; , \qquad \overline{B} \subset U(\overline{A}, \alpha)$$

genügenden Zahlen $\alpha$. Aus $\varrho(A, B) < \varepsilon$ folgt also

$$\overline{A} \subset U(\overline{B}, \varepsilon) \quad \text{und} \quad \overline{B} \subset U(\overline{A}, \varepsilon)$$

Wir halten immer an folgender Bezeichnungsweise fest: Für jeden Punkt $A$ von $\mathfrak{A}(R)$ bedeutet $\overline{A}$ die betreffende Punktmenge von $R$ ($\overline{A}$ und $A$ bedeuten also dasselbe, einmal als Punktmenge von $R$, einmal als Punkt von $\mathfrak{A}(R)$ aufgefaßt).

b) Eine abgeschlossene Teilmenge $Z \subset \mathfrak{A}(R)$ induziert eine *Überdeckung* $\mathfrak{Z}$ von $R$ mit abgeschlossenen Mengen, wenn zu jedem $a \in R$ ein $A \in Z$ existiert mit $a \in \overline{A}$. Die den Punkten $A \in Z$ entsprechenden Mengen $\overline{A} \subset R$ sind die *Elemente* der Überdeckung $\mathfrak{Z}$, und $Z$ soll *Überdeckungsraum* von $\mathfrak{Z}$ heißen; $Z$ ist ein Kompaktum. Wir betrachten nur Überdeckungen, deren Elemente *echte* Teilmengen von $R$ sind. Bei einer topologischen Abbildung des Kompaktums $R$ auf ein Kompaktum $R_1$ geht die Überdeckung $\mathfrak{Z}$ von $R$ in naheliegender Weise über in eine Überdeckung $\mathfrak{Z}_1$ von $R_1$. Zwei Überdeckungen $\mathfrak{Z}$ von $R$ und $\mathfrak{Z}_1$ von $R_1$ heißen homöomorph, wenn es eine topologische Abbildung von $R$ auf $R_1$ gibt, bei welcher $\mathfrak{Z}$ in $\mathfrak{Z}_1$ übergeht.

c) *Definition: Die Überdeckung $\mathfrak{Z}$ von $R$, mit dem Überdeckungsraum $Z$, heißt retrahierbar, wenn es eine Zahl $r > 0$ und zu jedem Punkt $A \in Z$ eine stetige Abbildung $Q$ von $U(\overline{A}, r)$ auf $\overline{A} \subset R$ gibt, die auf $\overline{A}$ selbst die Identität ist, und die auch von $A \in Z$ stetig abhängt.* Es soll also $Q(A, b)$ definiert und stetig sein für $A \in Z$, $b \in U(\overline{A}, r)$, und es soll gelten

$$Q(A, b) = a \in \overline{A}$$

und

$$Q(A, b) = b, \quad \text{falls} \quad b \in \overline{A} \; .$$

Daß die Überdeckung $\mathfrak{Z}$ von $R$ retrahierbar ist, besagt also: Jedes Element $\overline{A}$ besitzt eine Umgebung in $R$, die sich auf $\overline{A}$ retrahieren läßt, und zwar so ,daß die Retraktion mit $\overline{A}$ stetig variiert; dabei genügt die Größe dieser Umgebungen einer Gleichmäßigkeitsbedingung ($r$ von $A$ unabhängig). Die Forderung der Retrahierbarkeit schränkt natürlich den Bereich der zugelassenen Überdeckungen wesentlich ein[3]).

[3]) So folgt z. B. aus der Retrahierbarkeit einer Überdeckung $\mathfrak{Z}$, daß die Elemente $\overline{A}$ „den gleichen Homotopietypus" haben (wegen dieses Begriffes vgl. man *W. Hurewicz*, Beiträge zur Topologie der Deformationen III (Proc. Akad. Amsterdam, 39 [1936], 112—126, insbes. S. 125); ebenso, daß sie gleiche Dimension haben.

Die in der Definition genannte Abbildung $Q(A, b)$ ist bei festem $B \in Z$ und variablem $A \in U(B, r)$ für jedes $b \in \overline{B}$ eine stetige Abbildung von $U(B, r) \subset Z$ in $R$ mit der „Anfangsbedingung" $Q(B, b) = b$, die auch von $b$ stetig abhängt (in der Tat: wenn $A \in U(B, r)$, so ist $b \in U(\overline{A}, r)$, also $Q(A, b)$ definiert und stetig). Diese Abbildung ist *gleichmäßig stetig* in folgendem Sinne:

Zu jedem $\varepsilon > 0$ gibt es eine von $A, A' \in Z$ und $b \in R$ unabhängige Zahl $\delta > 0$, so daß $\varrho(Q(A, b), Q(A', b)) < \varepsilon$, wenn $\varrho(A, A') < \delta$.

Beweis: Es sei $0 < r' < r$, und $T$ sei die Menge derjenigen Punkte $(A, b)$ des (metrisierten) topologischen Produkts $Z \times R$, für welche $\varrho(\overline{A}, b) \leqslant r' < r$ ist; wir zeigen zunächst, daß $T$ in $Z \times R$ abgeschlossen ist. $(A_n, b_n)$ sei eine Folge von Punkten aus $T$, die gegen $(A, b) \in Z \times R$ konvergiert; bei beliebigem $h > 0$ gilt also für genügend große $n$

$$\varrho(A_n, A) < h \quad \text{und} \quad \varrho(b_n, b) < h .$$

Ferner gibt es wegen $\varrho(\overline{A}_n, b_n) \leqslant r'$ einen Punkt $a_n \in \overline{A}_n$, so daß

$$\varrho(a_n, b_n) \leqslant r',$$

und zu $a_n$ gibt es einen Punkt $a \in \overline{A}$, so daß

$$\varrho(a, a_n) < h$$

ist. Also gilt

$$\varrho(\overline{A}, b) \leqslant \varrho(a, b) \leqslant \varrho(a, a_n) + \varrho(a_n, b_n) + \varrho(b_n, b) \leqslant r' + 2h,$$

also, weil $h$ beliebig ist, $\varrho(\overline{A}, b) \leqslant r'$, d. h. $(A, b) \in T$, somit ist $T$ abgeschlossen in $Z \times R$.

Daraus folgt, daß $T$ ein Kompaktum ist, und als Abbildung dieses Kompaktums in $R$ ist $Q(A, b)$ gleichmäßig stetig in bezug auf $(A, b) \in T$, also auch in bezug auf $A \in Z$, $b \in U(\overline{A}, r')$. Darin ist aber die Behauptung enthalten (wenn man die in der Definition der Retrahierbarkeit auftretende Zahl $r$ durch eine etwas kleinere ersetzt).

Im folgenden soll immer, auch ohne besondere Erwähnung, $R$ ein Kompaktum, $\mathfrak{Z}$ eine *retrahierbare* Überdeckung von $R$ und $Z$ den zugehörigen Überdeckungsraum bezeichnen.

d) Wir bezeichnen mit $Y^X$ den „*Abbildungsraum*" eines Kompaktums $X$ in einen beschränkt metrisierten Raum $Y$: die Punkte von $Y^X$ sind die stetigen[4]) Abbildungen $f$ von $X$ in $Y$, seine Metrik ist durch

[4]) Alle betrachteten Abbildungen sind stetig; wir lassen dieses Beiwort gewöhnlich weg.

$$\varrho(f, g) = \operatorname*{Max}_{x \in X} \varrho(f(x), g(x)),$$

gegeben.

*Definition: Wir nennen $F \in Z^X$ eine Spur von $f \in R^X$ (bezüglich der Überdeckung $\mathfrak{Z}$ von $R$),*

$$F = Sp\, f,$$

*wenn für jedes $x \in X$ gilt : $f(x) \in \overline{F(x)}$.*

Es fragt sich nun, welche Abbildungen $f \in R^X$ Spuren besitzen, und welche Abbildungen $F \in Z^X$ Spuren sind. Die wichtigste Aussage hierüber wird ein später (§ 2, Nr. 3d) formuliertes Lemma sein; unter spezielleren Voraussetzungen über $\mathfrak{Z}$, die wir im folgenden untersuchen, lassen sich außerdem noch einige, eher triviale, Aussagen machen.

e) Eine *Spur der Identität* $i$ von $R$ ist eine Abbildung $I \in Z^R$, bei welcher für jedes $a \in R$ gilt:

$$a \in \overline{I(a)}.$$

Wenn es in $\mathfrak{Z}$ eine Spur der Identität gibt, so besitzt jede Abbildung $f \in R^X$ (mindestens) eine Spur $F$, nämlich $F = If$:

$$F(x) = I(f(x)), \quad \text{also} \quad f(x) \in \overline{F(x)}.$$

Wir bezeichnen die Bildmenge $I(R) \subset Z$ mit $Z'$; wenn speziell (vgl. Nr. 1f) für jedes $A \in Z'$ gilt

$$IQ(A, b) = A,$$

dann bildet $Q(A, b)$ die Umgebung $U(Ib, r) \subset Z'$ topologisch in $R$ ab, und $I$ ist eine gebietstreue Abbildung von $R$ auf $Z'$.

f) Die Überdeckung $\mathfrak{Z}$ von $R$ heißt eine *Zerlegung*, wenn für alle $a \in R$ aus $a \in \overline{A}$ und $a \in \overline{B}$ $(A, B \in Z)$ folgt: $A = B$. Wir verstehen dann unter der *Projektion* $P$ diejenige Abbildung von $R$ auf $Z$, die jedem Punkt $a \in R$ die Punktmenge, in der er liegt, d. h. denjenigen Punkt $A \in Z$, für welchen $a \in \overline{A}$ ist, zuordnet; es ist also für alle $A \in Z$

$$P^{-1}A = \overline{A}.$$

Zerlegungen sollen immer *stetig* sein[5]); das bedeutet: zu jedem $\varepsilon > 0$ gibt es ein $\delta > 0$, so daß aus $\varrho(a, \overline{B}) < \delta$ und $a \in \overline{A}$ folgt $\varrho(A, B) < \varepsilon$; dann ist aber die Abbildung $P$ stetig, und $P(R) = Z$ ist der *Zerlegungsraum*[5]) der Zerlegung $\mathfrak{Z}$.

[5]) Wegen der Terminologie und der einfachsten Eigenschaften der Zerlegungen vgl. man [1]), S. 92 und 98.

Die Projektion $P$ ist eine Spur der Identität von $R$, und für jedes $A \in Z$ gilt

$$PQ(A, b) = A \quad ;$$

somit ist (vgl. Nr. 1e) $P$ eine gebietstreue Abbildung von $R$ auf $Z$ und $Q(A, b)$ ihre „lokale eindeutige Umkehrung".

*In einer Zerlegung $\mathfrak{Z}$ ist eine Abbildung $F \in Z^X$ dann und nur dann Spur von $f \in R^X$, wenn $F = Pf$ ist.*

Denn $F(x) = P(f(x))$ ist gleichbedeutend mit $f(x) \in \overline{F(x)}$. — $Pf \in Z^X$ soll Projektion der Abbildung $f \in R^X$ heißen; in einer Zerlegung sind also diejenigen Abbildungen aus $Z^X$, die Spuren sind, identisch mit den Projektionen der Abbildungen aus $R^X$.

Wir sagen, die Überdeckung $\mathfrak{Z}$ enthalte eine Zerlegung $\mathfrak{Z}'$, wenn der Überdeckungsraum $Z$ eine Teilmenge $Z'$ enthält, die eine Zerlegung von $R$ induziert. Dann gilt für die zugehörige Projektion $P$ von $R$ auf $Z' \subset Z$ alles soeben Gesagte.

g) Wenn die Identität $J$ von $Z$ eine Spur ist, d. h. wenn es eine Abbildung $j \in R^Z$ mit $j(A) \in \overline{A}$ für alle $A \in Z$ gibt, so ist jede Abbildung $F \in Z^X$ eine Spur, nämlich Spur von $f = jF$; denn es ist

$$f(x) = j\,(F(x)) \in \overline{F(x)}\,.$$

Wenn $\mathfrak{Z}$ eine *Zerlegung* ist, und die Identität $J$ von $Z$ eine Spur ist, d. h. wenn es eine Abbildung $j \in R^Z$ gibt mit $J = Pj$, so nennen wir $j$ eine *Schnittfläche* der Zerlegung; $j$ ist dann eine topologische Abbildung von $Z$ in $R$, die jedem Punkt $A \in Z$ einen Punkt $a \in \overline{A}$ zuordnet.

Wir werden die Schnittflächen später (§ 4) näher untersuchen.

*h*) Es sei noch bemerkt, daß man jeder Überdeckung $\mathfrak{Z}$ von $R$ eine Zerlegung $\mathfrak{Z}^*$ eines Kompaktums $R^*$ zuordnen kann: $R^*$ sei die Menge derjenigen Punkte $(A, a)$ des topologischen Produktes $Z \times R$, für welche $a \in \overline{A}$ ist; dann bilden die Punkte $(A, a)$ mit festem $A$ eine der Menge $\overline{A} \subset R$ homöomorphe Teilmenge $\tilde{A} \subset R^*$, und diese Mengen $\tilde{A}$ bilden eine stetige Zerlegung $\mathfrak{Z}^*$ von $R^*$, deren Zerlegungsraum $Z^*$ dem Überdeckungsraum $Z$ homöomorph ist[6]). $\mathfrak{Z}^*$ ist übrigens von selbst retrahierbar, wenn $\mathfrak{Z}$ es ist. Die Beziehung zum Raum $R$ kommt darin zum Ausdruck, daß auch $R$ ein Zerlegungsraum von $R^*$ ist (Elemente dieser

[6]) In der Theorie der „sphere-spaces" von *H. Whitney* (Bull. of the Am. Math. Soc., 1937, 785—800) entspricht dem Raum $R$ der Basisraum $K$ des Sphärenraumes $S(K)$, dem Raum $R^*$ der „totale Raum" $\mathfrak{S}(K)$ (wenn der Sphärenraum $S(K)$ durch eine Überdeckung von $K$ mit Sphären gegeben ist).

Zerlegung sind die Teilmengen von $R^*$, die aus den Punkten $(A, a)$ mit festem $a$ bestehen).

In einem gewissen Sinne läßt sich also jede Überdeckung als Zerlegung auffassen, was für die weiteren Untersuchungen bequemer ist. Unsere Anwendungen handeln dementsprechend auch fast ausschließlich von Zerlegungen.

## 2. Beispiele

Die folgenden Beispiele retrahierbarer Zerlegungen und Überdeckungen sollen nicht nur die eingeführten Begriffe illustrieren, sondern auch später zu Anwendungen herangezogen werden.

a) Das *topologische Produkt* $X \times Y$ zweier Kompakten $X$ und $Y$ ist in natürlicher Weise zerlegt in die Mengen der Punkte $(x, y)$ mit festem $y \in Y$. Wir nennen diese Zerlegung die „Links-Zerlegung" von $X \times Y$; der zugehörige Zerlegungsraum ist dem Raum $Y$ homöomorph, und die Zerlegung ist offenbar retrahierbar. Sie besitzt eine Schnittfläche:

$$j(y) = (x_0, y) \in X \times Y$$

mit beliebigem festem $x_0 \in X$. — (Analoges gilt für die „Rechts-Zerlegung".)

b) Die (unverzweigte) *Überlagerungsmannigfaltigkeit* mit endlicher Blätterzahl $k$ einer geschlossenen Mannigfaltigkeit $Z$ läßt sich zerlegen in die Mengen $\overline{A}$ der Punkte $a_1, \ldots, a_k$, die „über" einem Punkt $A \in Z$ liegen. Daß diese Zerlegung retrahierbar ist, zeigt folgende Abbildung $Q(A, b)$: $r > 0$ sei so gewählt, daß für jedes $A \in Z$ die Umgebung $U(\overline{A}, r)$ aus den $k$ homöomorphen Umgebungen $U(a_i, r)$ $(i = 1, \ldots, k)$ besteht; dann setzen wir

$$Q(A, b) = a_i \text{ für } b \in U(a_i, r) \quad (i = 1, \ldots, k).$$

Hingegen ist diese „natürliche" Zerlegung einer Überlagerungsmannigfaltigkeit nicht mehr retrahierbar, wenn Verzweigungspunkte auftreten (wie bei Riemann'schen Flächen als Überlagerungen der Kugel).

c) $G$ sei eine kompakte topologische Gruppe, $U$ eine abgeschlossene Untergruppe von $G$. Die Restklassen von $G$ nach $U$ bilden eine Zerlegung $\mathfrak{Z}$ von $G$; ihr Zerlegungsraum $Z$ ist ein *Wirkungsraum* von $G$. (Ein Kompaktum $W$ heißt Wirkungsraum von $G$, wenn es eine transitive Gruppe topologischer Transformationen von $W$ auf sich gibt, die stetig homomorphes Bild von $G$ ist[7])). Umgekehrt gehört zu jedem Wirkungsraum $W$ von $G$ eine Zerlegung von $G$ in Restklassen nach der sog. *Isotropiegruppe*, d. h. der (abgeschlossenen) Untergruppe derjenigen Transformationen von $W$, die einen bestimmten Punkt von $W$ festlassen, und $W$ ist dem Zerlegungsraum homöomorph (das gilt im allgemeinen nur für kompakte Gruppen).

In seinen Untersuchungen über solche Gruppenzerlegungen setzt Hurewicz[8]) eine der Retrahierbarkeit verwandte Eigenschaft voraus, die insbesondere für Lie'sche Gruppen immer erfüllt ist; man kann daraus entnehmen (und übrigens auch leicht direkt einsehen), daß die Restklassenzerlegung einer geschlossenen Lie'schen Gruppe nach einer abgeschlossenen Untergruppe immer retrahierbar ist.

d) Diese Zerlegungen Lie'scher Gruppen sind vom geometrischen Standpunkt aus Beispiele für die sogenannten *Faserungen*[9]): Eine Zerlegung $\mathfrak{Z}$ des Kompaktums $R$ heißt Faserung, wenn ihre Elemente, „Fasern" genannt, alle einem Kompaktum $F$ homöomorph sind, und wenn für jede hinreichend kleine Umgebung $U \subset Z$ die Menge $P^{-1}U \subset R$ (also die Vereinigungsmenge $\sum_{A \in U} \overline{A}$) dem topologischen Produkt $F \times U$, und die durch $\mathfrak{Z}$ induzierte Zerlegung von $P^{-1}U$ der Links-Zerlegung von $F \times U$ homöomorph ist; die Projektion $P$ heißt in diesem Fall auch Faserabbildung, der Zerlegungsraum $Z$ Faserraum.

Wenn $R$ und $F$ *geschlossene Riemann'sche Mannigfaltigkeiten* sind, und die Fasern hinreichend oft differenzierbar in $R$ liegen, so ist die Zerlegung *retrahierbar*; man kann leicht eine allen Bedingungen der Definition genügende Retraktionsabbildung angeben, bei welcher die Umgebung jeder Faser $F$ längs den zu $F$ orthogonalen geodätischen Linien auf die Faser „zusammengezogen" wird. Zu diesen *„regulären Faserungen"* gehören auch alle im folgenden untersuchten Zerlegungen; wir werden indessen hievon keinen Gebrauch machen, sondern den Beweis der Retrahierbarkeit durch direkte Angabe besonders einfacher Abbildungen $Q(A, b)$ erbringen.

---

[7]) Man vgl. *E. Cartan*, Groupes finis et continus et l'Analyse Situs (Mémorial des sc. math. 42, Paris 1930), S. 13 (Wirkungsraum heißt dort „espace homogène").

[8]) Beiträge zur Topologie der Deformationen I (Proc. Amsterdam 38 [1935], 112—119), S. 116 unten.

[9]) Vgl. *J. Feldbau* C. R. 208 (1939), S. 1621. Ferner: *H. Seifert*, Topologie dreidimensionaler gefaserter Räume (Acta math. 60 [1932]); es sei bemerkt, daß die Forderung der Retrahierbarkeit das Auftreten von „Ausnahmefasern" im Sinne von Seifert ausschließt. — *W. Gysin* hat kürzlich Faserungen geschlossener Mannigfaltigkeiten in Sphären mit Methoden der Homologietheorie untersucht. (Comm. math. helv., Vol. 14.)

Bei Faserungen der oben beschriebenen Art werden wir sowohl für die Zerlegung $\mathfrak{Z}$ selbst als auch für den Zerlegungsraum $Z$ oft die (der Gruppentheorie entnommene) Bezeichnung

$$R \,/\, F$$

verwenden und durch eine Gleichung der Form

$$R \,/\, F = M$$

die Homöomorphie des Zerlegungsraumes zu einem Raum $M$ zum Ausdruck bringen.

e) *Überdeckung der Sphären mit Groß-Sphären.* Wir betrachten im $n$-dimensionalen euklidischen Raum $R^n$ das Büschel aller $q$-dimensionalen Ebenen $E^q$ $(0 < q < n)$ durch einen festen Punkt $0 \in R^n$; diese Ebenen schneiden die um 0 gelegte Einheitssphäre $S^{n-1}$ des $R^n$ in $(q-1)$-dimensionalen Groß-Sphären $S^{q-1}$, die eine Überdeckung $\mathfrak{Z}$ der $S^{n-1}$ bilden; den zugehörigen Überdeckungsraum $Z$ nennen wir den *Großkreiseraum* $G_{n-1,\,q-1}$. Diese Überdeckung ist retrahierbar; wir konstruieren zum Beweis folgende Abbildung $Q(A, b)$ für $A \in Z$, $b \in S^{n-1}$:

$N(A, b)$ sei die Normalprojektion des Punktes $b \in S^{n-1}$ auf die Ebene $E^q$, in welcher $\overline{A}$ (das ist eine $S^{q-1}$) liegt; bedeutet $|\,y\,|$ den Abstand des Punktes $y \in R^n$ von 0, so ist $|\,N(A, b)\,|$ eine gleichmäßig stetige Funktion von $A \in Z$, $b \in S^{n-1}$; da ferner $|\,N(A, b)\,| = 1$ ist für $b \in \overline{A}$, so gibt es eine Zahl $r > 0$, so daß $|\,N(A, b)\,| > 0$ ist, wenn $b \in U(\overline{A}, r)$. Setzen wir nun[10])

$$Q\,(A, b) = \frac{1}{|\,N(A, b)\,|}\cdot\quad N(A, b)\,,$$

so ist dies eine stetige Abbildung von $U(\overline{A}, r)$ auf $\overline{A}$, die auch von $A \in Z$ stetig abhängt und auf $\overline{A}$ die Identität ist.

f) *Sphärenfaserungen.* Die eben beschriebene Überdeckung $\mathfrak{Z}$ der $S^{n-1}$ mit Groß-Sphären enthält eine Zerlegung $\mathfrak{Z}'$, wenn es möglich ist, im Büschel der Ebenen $E^q$ ein *schlichtes Büschel* auszuzeichnen, d. h. eine Schar von Ebenen $E^q$ durch 0, derart, daß durch jeden von 0 verschiedenen Punkt $y$ des $R^n$ genau eine Ebene der Schar geht, die stetig mit $y$ variiert. Solche schlichte Büschel existieren nur für gewisse Dimensionszahlen $n$ und $q$[11]), jedenfalls für $n = kq$ mit $q = 1, 2, 4$ und $k =$

---

[10]) $O$ sei Ursprung eines Koordinatensystems im $R^n$, und $\lambda y$ der Punkt, dessen Koordinaten das $\lambda$-fache der Koordinaten von $y \in R^n$ sind.

[11]) Die genauen Bedingungen für $n$ und $q$ sind uns unbekannt; es sei aber bemerkt, daß *Gysin* a. a. O.[9]) notwendige Bedingungen angegeben hat: $q$ muß Teiler von $n$, und $q$ muß gerade sein (oder $= 1$).

2, 3, ..., außerdem mit $q = 8$ und $k = 2$; in diesen Fällen kann man sie nämlich nach Hopf[12]) unter Heranziehung hyperkomplexer Zahlsysteme $\mathfrak{S}_q$ festlegen ($\mathfrak{S}_1$ = reelle Zahlen, $\mathfrak{S}_2$ = komplexe Zahlen, $\mathfrak{S}_4$ = Quaternionen, $\mathfrak{S}_8$ = Cayley'sche Zahlen[12])). Die gemäß e) retrahierbaren [13]) Zerlegungen $\mathfrak{Z}'$ der $S^{n-1}$ in $(q-1)$-dimensionale Groß-Sphären, die man so erhält, sind die von Hopf [12]) angegebenen Sphärenfaserungen; der zugehörige Zerlegungsraum $Z$ ist homöomorph dem „*$(k-1)$-dimensionalen projektiven $\mathfrak{S}_q$-Raum*" $P_{k-1}(\mathfrak{S}_q)$ (den man geradezu so definieren kann), also insbesondere für $k = 2$ der Sphäre $S^q$. In abgekürzter Bezeichnungsweise (vgl. Nr. 2d) können wir diese Zerlegung durch $S^{kq-1}/S^{q-1} = P_{k-1}(\mathfrak{S}_q)$ beschreiben.

g) Die Stiefel'schen Mannigfaltigkeiten[14]) $V_{n,m}$ lassen sich in naheliegender Weise zerlegen.

$V_{n,m}$ ist definiert als Menge aller in einem festen Punkt 0 des $R^n$ angreifenden geordneten und normierten Orthogonalsysteme $\sigma_{n,m}$ von $m < n$ Vektoren $(\mathfrak{a}_1, \ldots, \mathfrak{a}_m)$ des $R^n$, kurz $m$-Systeme genannt (die, in natürlicher Weise topologisiert, zu einer geschlossenen Mannigfaltigkeit wird). Fassen wir nun immer diejenigen Systeme $\sigma_{n,m}$, die in den ersten $k < m$ Vektoren übereinstimmen, zu einer Teilmenge $\overline{A}$ der $V_{n,m}$ zusammen, so erhalten wir eine stetige Zerlegung $\mathfrak{Z}'$ der $V_{n,m}$ in Mannigfaltigkeiten $V_{n-k,m-k}$; der Zerlegungsraum $Z$ ist eine $V_{n,k}$:

$$\mathfrak{Z}' : \qquad V_{n,m}/V_{n-k,m-k} = V_{n,k} \,.$$

Nachweis der Retrahierbarkeit: Für zwei Punkte $A, B \in V_{n,k}$, d. h. $A = (\mathfrak{a}_1, \ldots, \mathfrak{a}_k)$ und $B = (\mathfrak{b}_1, \ldots, \mathfrak{b}_k)$ bilden wir die Determinante

$$G(A, B) = |\, (\mathfrak{a}_i \cdot \mathfrak{b}_j) \,|_k \,;$$

sie hängt gleichmäßig stetig von $A$ und $B \in V_{n,k}$ ab; $G(A, A) = 1$, also gibt es eine Zahl $r > 0$, so daß

$$G(A, B) \neq 0 \text{ ist für } \varrho(A, B) < r \,.$$

---

[12]) *H. Hopf*, Über die Abbildungen von Sphären auf Sphären niedrigerer Dimension (Fund. math. XXV [1935], 427—440), bes. S. 438ff.

[13]) Einen andern Beweis der Retrahierbarkeit für den Fall $q = 2$, der sich ähnlich auch bei $q = 4$ (mit Hilfe der Quaternionen) durchführen läßt, haben *Hopf* und *Rueff* (Comm. math. helv. 11 [1938], S. 58) angegeben.

[14]) *E. Stiefel*, Richtungsfelder und Fernparallelismus in $n$-dim. Mannigfaltigkeiten (Comm. math. helv. 8 [1935], 3—51), bes. S. 8ff.

Ist nun $b$ ein Punkt von $\overline{B} \subset V_{n,m}$, d. h. $b = (\mathfrak{b}_1, \ldots, \mathfrak{b}_k, \mathfrak{b}_{k+1} \ldots, \mathfrak{b}_m)$, so sind für $\varrho(A, B) < r$ die $m$ Vektoren $\mathfrak{a}_1, \ldots, \mathfrak{a}_k, \mathfrak{b}_{k+1}, \ldots, \mathfrak{b}_m$ linear unabhängig; denn aus

$$\sum_{i=1}^{k} \lambda_i \mathfrak{a}_i + \sum_{i=k+1}^{m} \mu_i \mathfrak{b}_i = 0$$

folgt

$$\sum_{i=1}^{k} \lambda_i (\mathfrak{a}_i \cdot \mathfrak{b}_j) = 0 , \qquad j = 1, \ldots, k ,$$

also sind wegen $G(A, B) \neq 0$ alle $\lambda_i = 0$, also auch alle $\mu_i = 0$. Man kann also durch Orthogonalisieren den $m$ Vektoren $\mathfrak{a}_1, \ldots, \mathfrak{a}_k$, $\mathfrak{b}_{k+1}, \ldots, \mathfrak{b}_m$ auf eindeutige und stetige Weise einen Punkt $a = (\mathfrak{a}_1, \ldots, \mathfrak{a}_k, \mathfrak{a}_{k+1}, \ldots, \mathfrak{a}_m) \in \overline{A}$ von $V_{n,m}$ zuordnen; dadurch ist eine Abbildung $Q(A, b)$ für $\varrho(A, B) < r$ und $b \in \overline{B}$ definiert, die alle in der Definition erwähnten Bedingungen erfüllt.

h) Eine andere Zerlegung $\mathfrak{Z}''$ der Mannigfaltigkeit $V_{n,m}$ erhält man, wenn man immer diejenigen Systeme $\sigma_{n,m}$ zu einer Teilmenge zusammenfaßt, die in derselben $m$-dimensionalen Ebene $E^m$ liegen und darin dieselbe Orientierung bestimmen; der Zerlegungsraum $Z$ ist homöomorph dem Büschel aller orientierten $m$-dimensionalen Ebenen $E^m$ des $R^n$ durch 0, $E_{n,m}$; die Elemente dieser Zerlegung sind Mannigfaltigkeiten $V_{m,m-1}$ (denn ein System $\sigma_{n,m}$, das in einer festen Ebene $E^m$ liegt und darin eine vorgegebene Orientierung bestimmt, ist schon durch die $(m-1)$ ersten Vektoren eindeutig festgelegt):

$$\mathfrak{Z}'' : \qquad V_{n,m}/V_{m,m-1} = E_{n,m} .$$

Für zwei Punkte $a, b \in V_{n,m}$, $a = (\mathfrak{a}_1, \ldots, \mathfrak{a}_m)$ und $b = (\mathfrak{b}_1, \ldots, \mathfrak{b}_m)$ ist die Determinante

$$G(a, b) = |\, (\mathfrak{a}_i \cdot \mathfrak{b}_j) \,|_m ,$$

wie leicht zu sehen, nur abhängig von den orientierten Ebenen $A = Pa$ und $B = Pb$. Insbesondere ist $G(a, a) = 1$, also gibt es eine Zahl $r > 0$, so daß $G(a, b) \neq 0$ ist, wenn $\varrho(A, B) < r$. $\mathfrak{b}'_1, \ldots, \mathfrak{b}'_m$ seien die Vektoren, die durch Normalprojektion von $\mathfrak{b}_1, \ldots, \mathfrak{b}_m$ auf die Ebene $A$ entstehen; dann ist $\mathfrak{a}_i \cdot \mathfrak{b}_j = \mathfrak{a}_i \cdot \mathfrak{b}'_j$ und aus $\sum_{j=1}^{m} \lambda_j \mathfrak{b}'_i = 0$ folgt wegen $\sum_{j=1}^{m} \lambda_j (\mathfrak{a}_i \cdot \mathfrak{b}'_j) = 0$ $(i = 1, \ldots, m)$, daß alle $\lambda_j = 0$ sind. Die $\mathfrak{b}'_j$ sind also linear unabhängig und ergeben, in bestimmter Reihenfolge orthogonalisiert, ein System

$\sigma_{n,m}$ in der Ebene $A$, d. h. einen Punkt $a' \in \bar{A}$;

$$a' = Q(A, b)$$

ist die Retraktionsabbildung der Zerlegung.

g) Man kann diese Zerlegungen $\mathfrak{Z}'$ und $\mathfrak{Z}''$ der $V_{n,m}$ kombinieren: Man faßt alle diejenigen Systeme $\sigma_{n,m}$ zu einer Teilmenge zusammen, die in den ersten $k < m$ Vektoren übereinstimmen und bei denen die letzten $m-k$ Vektoren dieselbe $(m-k)$-dimensionale orientierte Ebene bestimmen. Auch diese Zerlegung ist, wie man leicht feststellt, retrahierbar; ihr Zerlegungsraum[15]) gestattet seinerseits eine Zerlegung, bei welcher der Zerlegungsraum eine $V_{n,k}$ und die Elemente Ebenenbüschel $E_{n-k,m-k}$ sind.

## § 2. Abbildungssätze

### 3. Vorbereitendes. Ein Lemma

a) $\mathfrak{Z}$ sei eine retrahierbare Überdeckung eines Kompaktums $R$, $Z$ der zugehörige Überdeckungsraum und $Q(A, b)$ die in der Definition (Nr. 1c) genannte Abbildung; $X$ sei ein Kompaktum. $Q(A, b)$ induziert in folgender Weise eine Abbildung zwischen den Abbildungsräumen $R^X$ und $Z^X$: $F$ und $G$ seien zwei Abbildungen aus $Z^X$ mit $\varrho(F, G) < r$, und $F$ sei Spur von $f \in R^X$ (Nr. 1d), also $f(x) \in \overline{F(x)}$ für alle $x \in X$; dann verstehen wir unter $g = Q(G, f)$ das durch

$$g(x) = Q(G(x), f(x)) \quad , \qquad x \in X$$

erklärte Element von $R^X$. Für dieses gilt $G = Sp\, g$. In $Z^X$ besteht also die ganze $r$-Umgebung einer Spur $F$ aus Spuren, und durch $Q(G, f)$ wird bei festem $f$ eine *Abbildung von* $U(F, r) \subset Z^X$ *in* $R^X$ *mit der „Anfangsbedingung"* $Q(F, f) = f$ *definiert, derart, daß immer*

$$G = Sp\, Q(G, f)$$

*ist.*

*Diese Abbildung ist stetig.* Beweis: Es sei $g = Q(G, f)$ und $g' = Q(G', f)$. Dann ist

$$\varrho(g(x)\,,\ g'(x)) = \varrho\,[Q\,(G(x)\ ,\ f(x))\,,\ Q(G'(x)\,, f(x))]$$

wegen der gleichmäßigen Stetigkeit der Abbildung $Q(A, b)$ (s. Nr. 1c)

---

[15]) Ein Beispiel eines solchen Raumes ist ($k = 1$, $m = 3$) die Mannigfaltigkeit der an die $S^{n-1}$ tangentialen orientierten Flächenelemente (vgl. Nr. 17).

kleiner als eine beliebige Zahl $\varepsilon > 0$, wenn $\varrho(G(x), G'(x)) < \delta(\varepsilon)$, wobei $\delta$ von $x$ nicht abhängt; also ist $\varrho(g, g') < \varepsilon$, wenn $\varrho(G, G') < \delta$.

b) Aus den Eigenschaften von $Q(A, b)$ folgt ferner für das eben erklärte Element $g = Q(G, f) \in R^X$:

Wenn, für einen bestimmten Punkt $x_0$ von $X$, $G(x_0) = F(x_0)$ ist, dann ist auch $g(x_0) = f(x_0)$.

Beweis: $g(x_0) = Q(G(x_0), f(x_0)) = Q(F(x_0), f(x_0)) = f(x_0)$. —

Wenn für die Teilmengen $X_0 \subset X$ und $Z_0 \subset Z$ gilt $G(X_0) \subset Z_0$, dann ist $g(X_0) \subset R_0$, wo $R_0 = \sum_{A \in Z_0} \overline{A}$.

Beweis: Für alle $x \in X_0$ ist $g(x) = Q(G(x), f(x)) \in \overline{G(x)} \subset R_0$.

c) *Deformationen:* Eine Deformation einer Abbildung $f \in Y^X$ ($Y$ sei ein beliebiger metrischer Raum) ist gleichbedeutend mit einem Weg $\alpha$ in $Y^X$, der im Punkte $f$ beginnt, d. h. einer stetigen Abbildung $\alpha(t)$ der Einheitsstrecke $0 \leqslant t \leqslant 1$ in $Y^X$ mit $\alpha(0) = f$. Zwei Abbildungen $f$ und $g$ heißen *homotop*, wenn es in $Y^X$ einen Weg $\alpha$ gibt mit $\alpha(0) = f$ und $\alpha(1) = g$. Man kann diesen Homotopiebegriff verschärfen, indem man verlangt, daß bei der ganzen Deformation $\alpha$ jede der Abbildungen $\alpha(t)$ $(0 \leqslant t \leqslant 1)$ einen Punkt $x_0 \in X$ auf einen vorgegebenen Punkt $y_0 \in Y$, oder eine Teilmenge $X_0 \subset X$ in eine Teilmenge $Y_0 \subset Y$ abbildet, d. h. indem man nur Wege $\alpha$ auf einen Teilraum $(Y^X)_0$ von $Y^X$ zuläßt; man muß dann genauer sagen, $f$ und $g$ seien „homotop in $(Y^X)_0$".

Eine Abbildung $f \in Y^X$, die (in $Y^X$) einer Abbildung auf einen einzigen Punkt von $Y$ homotop ist, heißt *zusammenziehbar* (in $Y^X$); eine Abbildung $f \in Y^X$ heißt *wesentlich*, wenn für jede zu ihr homotope Abbildung $g$ die Bildmenge $g(X) = Y$ ist.

Eine (kompakte) *Teilmenge* $M \subset Y$ heißt *zusammenziehbar in* $Y$, wenn die identische Abbildung von $M$ auf sich in $Y^M$ zusammenziehbar ist. Ein Kompaktum $Y$ heißt *wesentlich auf sich*, wenn die identische Abbildung von $Y$ auf sich in $Y^Y$ wesentlich ist.

Ist $\gamma$ in der Überdeckung $\mathfrak{Z}$ ein Weg in $R^X$, $\Gamma$ ein Weg in $Z^X$ und für $0 \leqslant t \leqslant 1$ $\Gamma(t) = Sp\, \gamma(t)$, so nennen wir $\Gamma$ eine Spur von $\gamma$ (und sagen auch, die *Deformation* $\Gamma$ sei eine Spur).

d) *Lemma: Wenn der Anfangspunkt eines Weges $\Gamma$ in $Z^X$ eine Spur ist, so ist der ganze Weg $\Gamma$ eine Spur.* Genauer: Wenn $\Gamma(0) = F = Sp\, f$, so gibt es einen Weg $\gamma$ in $R^X$ mit $\gamma(0) = f$, derart, daß $\Gamma = Sp\, \gamma$.

Anders formuliert: *Jede zu einer Spur $F \in Z^X$ homotope Abbildung $G \in Z^X$ ist eine Spur.* Genauer: Wenn $F = Sp\, f$, und $G$ zu $F$ homotop ist, dann ist $G$ Spur einer zu $f$ homotopen Abbildung $g \in R^X$, und die ganze Deformation von $F$ ist Spur der Deformation von $f$.

Beweis: Der Weg $\Gamma$ ist gegeben durch $\Gamma(t) \in Z^X$, $0 \leqslant t \leqslant 1$, mit $\Gamma(0) = F = Sp\, f$. Man kann eine Zahl $\delta > 0$ so wählen, daß für $| t - t' | < \delta$ gilt

$$\varrho(\Gamma(t), \Gamma(t')) < r .$$

Dann seien

$$0 = t_0 < t_1 < \cdots < t_n = 1$$

$n + 1$ Zahlen mit

$$t_i - t_{i-1} < \delta, \ i = 1, \ldots, n .$$

Wir setzen nun

$$\gamma(0) = f$$

und

$$\gamma(t) = Q(\Gamma(t), \gamma(t_{i-1})) \text{ für } t_{i-1} \leqslant t \leqslant t_i, \ i = 1, \ldots, n .$$

Dadurch ist ein Weg $\gamma$ in $R^X$ definiert, der in $f$ beginnt, und für welchen gilt

$$\Gamma(t) = Sp\, \gamma(t) \quad (0 \leqslant t \leqslant 1);$$

die Existenz eines solchen Weges war aber gerade nachzuweisen.

e) Aus dem in Abschnitt b) dieser Nummer Gesagten ersieht man, daß das Lemma und seine Konsequenzen (Nr. 4) auch gültig bleiben, wenn man allen betrachteten Abbildungen von $X$ in $R$ und $Z$ eine oder mehrere Bedingungen der folgenden Typen 1 und 2 auferlegt (d. h. sich auf einen gewissen Teilraum von $Z^X$ und einen zugehörigen Teilraum von $R^X$ beschränkt):

1. $x_0$, $a_0$, $A_0$ seien vorgeschriebene Punkte bzw. von $X$, $R$, $Z$, mit $a_0 \in \overline{A}_0$. Es werden nur solche Abbildungen $f \in R^X$ und $F \in Z^X$ zugelassen, bei welchen $f(x_0) = a_0$ bzw. $F(x_0) = A_0$ ist.

2. $X_0$ und $Z_0$ seien Teilmengen von $X$ bzw. $Z$, und $R_0 = \sum_{A \in Z_0} \overline{A} \subset R$. Es werden nur Abbildungen $f$ und $F$ zugelassen, bei welchen $f(X_0) \subset R_0$ bzw. $F(X_0) \subset Z_0$ ist.

f) Wir nehmen nun speziell an, $\mathfrak{Z}$ sei eine Zerlegung. Dann bewirkt die Projektion $P$ (s. Nr. 1f) von $R$ auf den Zerlegungsraum $Z$ eine Abbildung von $R^X$ in $Z^X$, die dem Punkt $f \in R^X$ den Punkt

$$F = Pf \in Z^X$$

zuordnet und die wir ebenfalls mit $P$ bezeichnen; wegen der gleichmäßigen Stetigkeit der Projektion ist sie selbst stetig.

Wenn $R$ (und infolgedessen auch $Z$, wie man mit Hilfe der Abbildungen $P$ und $Q$ leicht zeigen kann) zusammenhängend und lokal zusammenziehbar[16]) ist, und wenn das Kompaktum $X$ endlich-dimensional ist, dann sind nach Hurewicz[17]) die Komponenten von $R^X$ (bzw. $Z^X$) offene, durch stetige Wege zusammenhängende Mengen, also identisch mit den Klassen homotoper Abbildungen von $X$ in $R$ (bzw. $Z$). Wir bezeichnen die Abbildungsklasse, zu welcher $f$ gehört, mit $\{f\}$ (oder wenn kein Mißverständnis möglich ist, ebenfalls mit $f$).

Da die Abbildung $P$ von $R^X$ in $Z^X$ stetig ist, bildet sie jede Komponente $\{f\} \subset R^X$ in die Komponente $\{Pf\} \subset Z^X$ ab; nach dem Lemma ist aber jede Abbildung $G$ aus der Klasse $\{Pf\}$ Spur einer zu $f$ homotopen Abbildung $g$, d. h. $G = Pg$; $P$ bildet also $\{f\}$ *auf* $\{Pf\}$ ab, und man kann für eine Zerlegung $\mathfrak{Z}$ dem Lemma die kurze Form geben[18]):

$$P\{f\} = \{Pf\} \ .$$

g) Wir führen zur bequemern Formulierung der folgenden Sätze noch eine Bezeichnung ein: Wenn $\mathfrak{Z}$ eine Überdeckung von $R$ ist, so soll eine Abbildung $f \in R^X$ *relativ-zusammenziehbar* (bezüglich $\mathfrak{Z}$) heißen, wenn sie einer Abbildung $g$ homotop ist, bei welcher die Bildmenge $g(X)$ ganz in einem Element $\overline{A}$ der Überdeckung $\mathfrak{Z}$ enthalten ist. Eine Teilmenge $M \subset R$ heißt relativ-zusammenziehbar, wenn die identische Abbildung von $M$ auf sich (als Abbildung aus $R^M$) relativ-zusammenziehbar ist.

## 4. Hauptsätze

$\mathfrak{Z}$ sei eine retrahierbare Überdeckung des Kompaktums $R$, $Z$ der zugehörige Überdeckungsraum, $X$ ein beliebiges Kompaktum.

*Satz A: Jede zusammenziehbare Abbildung $F \in Z^X$ ist eine Spur.*

*Satz B: Wenn eine Abbildung $f \in R^X$ eine zusammenziehbare Spur besitzt, dann ist $f$ relativ-zusammenziehbar bezüglich $\mathfrak{Z}$.*

Der Beweis von Satz A und Satz B ergibt sich direkt aus dem Lemma (Nr. 3d) und der Bemerkung, daß eine Abbildung $G$ von $X$ auf einen Punkt $A \in Z$ Spur einer Abbildung $f \in \overline{A}^X$ ist.

*Korollar zu Satz A:* Wenn $X$ in sich zusammenziehbar ist, so ist jede Abbildung $F \in Z^X$ eine Spur.

*Korollar zu Satz B:* Wenn $\mathfrak{Z}$ eine Zerlegung von $R$ ist, und $P$ die Projektion von $R$ auf $Z$, so ist eine Abbildung $f \in R^X$ dann und nur dann relativ-zusammenziehbar, wenn $Pf \in Z^X$ zusammenziehbar ist („dann"

[16]) das bedeutet: jede Umgebung $U$ enthält eine in $U$ zusammenziehbare Umgebung.
[17]) s. [8]), S. 113.
[18]) Vgl. für Gruppenzerlegungen: Hurewicz[8]), S. 117, Satz VIII.

folgt aus Satz B, „nur dann" aus der Stetigkeit der Abbildung $P$ von $R^X$ in $Z^X$).

*Satz C: Wenn $\mathfrak{Z}$ eine Zerlegung von $R$ ist, so ist die Spur einer wesentlichen Abbildung $f \in R^X$ wesentlich.*

Beweis: $f$ besitzt genau eine Spur, nämlich $F = Pf$; wenn $F$ einer Abbildung $G$ homotop ist, bei welcher $A \in Z$ nicht zur Bildmenge $G(X)$ gehört, so ist nach dem Lemma $f$ einer Abbildung $g$ (mit $G = Pg$) homotop, bei welcher $\overline{A} \subset R$ nicht zur Bildmenge $g(X)$ gehört. Bei einer wesentlichen Abbildung $f$ ist das nicht möglich.

*Korollar zu Satz C:* Wenn $\mathfrak{Z}$ eine Zerlegung von $R$ ist, und wenn $R$ auf sich wesentlich ist, dann ist die Projektion $P$ von $R$ auf $Z$ eine wesentliche Abbildung (also muß auch $Z$ auf sich wesentlich sein).

*Satz D:* Die Überdeckung $\mathfrak{Z}$ von $R$ enthalte eine Zerlegung $\mathfrak{Z}'$ (Definition s. Nr. 2f) mit dem Zerlegungsraum $Z' \subset Z$. *Wenn $R$ auf sich wesentlich ist, so ist die Projektion $P$ von $R$ auf $Z'$ in $Z^R$ nicht zusammenziehbar, also $Z'$ in $Z$ nicht zusammenziehbar.*

Beweis: Es genügt vorauszusetzen, daß $R$ bezüglich $\mathfrak{Z}'$ nicht relativzusammenziehbar ist; dann folgt die Behauptung direkt aus Satz B, weil $P$ eine Spur der Identität von $R$ ist. — Wenn man voraussetzt, daß $R$ auf sich wesentlich ist, so kann man die Behauptung verschärfen: $P$ läßt sich in $Z^R$ nicht in eine Abbildung $F \in Z'^R$ deformieren, bei welcher die Bildmenge $F(R)$ eine echte Teilmenge von $Z'$ ist; also auch: $Z'$ läßt sich in $Z$ nicht in eine echte Teilmenge von sich deformieren.

## 5. Anwendungen

a) *Satz 1: Bei einer regulären Faserung (Nr. 2d) der geschlossenen Mannigfaltigkeit $R$ ist die Faserabbildung eine wesentliche Abbildung von $R$ auf den Faserraum.*

Beweis: Eine geschlossene Mannigfaltigkeit ist auf sich wesentlich[19]); die Behauptung folgt also direkt aus dem Korollar zu Satz C.

Ein Korollar zu Satz 1 ist der von Hurewicz[20]) bewiesene Satz, daß eine geschlossene Lie'sche Gruppe sich wesentlich auf ihre Wirkungsräume abbilden läßt.

b) Wir können den Satz D auf die in Nr. 2e, f beschriebenen Überdeckungen der Sphäre $S^{n-1}$ mit Groß-Sphären $S^{q-1}$ anwenden: Für $n = kq$ ($q = 1, 2, 4$; $k = 2, 3, \ldots$ und $q = 8$; $k = 2$) enthält diese Überdeckung eine Zerlegung mit dem Zerlegungsraum $P_{k-1}(\mathfrak{S}_q)$ und es gilt

[19]) s. [1]), S. 519, Satz II.

[20]) s. [8]), S. 118, oben.

*Satz 2:* Der projektive $\mathfrak{S}_q$-Raum $P_{k-1}(\mathfrak{S}_q)$ ($q = 1, 2, 4$; $k = 2, 3, \ldots$ und $q = 8$; $k = 2$) ist im Großkreisraum $G_{kq-1, q-1}$ nicht zusammenziehbar. Insbesondere gibt es in $G_{2q-1, q-1}$ ein topologisches, nicht zusammenziehbares Bild der $S^q$.

c) Die Anwendung von Satz C auf die Hopf'schen Sphärenfaserungen (s. Nr. 2f)

$$S^{kq-1}/S^{q-1} = P_{k-1}(\mathfrak{S}_q),\ q = 1, 2, 4;\ k = 2, 3, \ldots \text{ und } q = 8;\ \mathrm{k} = 2$$

ergibt:

*Satz 3: Ein Kompaktum X, das sich wesentlich auf $S^{kq-1}$ abbilden läßt, läßt sich auch wesentlich auf $P_{k-1}(\mathfrak{S}_q)$ abbilden.*

*Korollar:* Es gibt eine wesentliche Abbildung der $S^{kq-1}$ auf $P_{k-1}(\mathfrak{S}_q)$.

Beschränken wir uns auf $k = 2$, so können wir $P_1(\mathfrak{S}_q)$ durch die damit homöomorphe $S^q$ ersetzen und erhalten (wenn wir den uninteressanten Fall $q = 1$ weglassen):

*Satz 3': Für $q = 2, 4, 8$ läßt sich ein Kompaktum X, das man wesentlich auf $S^{2q-1}$ abbilden kann, auch auf $S^q$ wesentlich abbilden.*

*Korollar:* Für $q = 2, 4, 8$ gibt es eine wesentliche Abbildung der $S^{2q-1}$ auf die $S^q$.

Diese letzte Aussage ist in einem allgemeinern Satze von Hopf[21]) enthalten (der besagt, daß sie für alle geraden $q$ gilt); es ist aber bemerkenswert, daß nach unserer Methode[22]) der Beweis der Wesentlichkeit ohne Heranziehung von Homologiebegriffen geführt wird.

Wir machen noch Gebrauch von folgendem Resultate aus der Freudenthal'schen Theorie der Sphärenabbildungen[23]): Die $S^N$ läßt sich wesentlich auf die $S^n$ abbilden, (u. a.) wenn $N - n = 1, 3, 7$ und $n \geqslant N-n+2$ ist. Es gibt also wesentliche Abbildungen der $S^N$ auf die $S^{kq-1}$ für $N = kq$, $kq + 2$, $kq + 6$, falls diese Zahlen kleiner sind als $2\,kq - 3$, und nach Satz 3 infolgedessen auch *wesentliche Abbildungen der $S^N$ auf $P_{k-1}(\mathfrak{S}_q)$*. Setzen wir wieder speziell $k = 2$ (wobei wir $q = 1$ und $q = 2$ weglassen), so erhalten wir

*Satz 4: Für $q = 4$ und $N = 8, 10$, ferner für $q = 8$ und $N = 16, 18, 22$ gibt es wesentliche Abbildungen der $S^N$ auf die $S^q$.*

d) Mit Hilfe der in Nr. 2e beschriebenen Zerlegung der Stiefel'schen Mannigfaltigkeit $V_{n,m}$

$$V_{n,m}/V_{n-k,m-k} = V_{n,k}\ , \qquad 0 < k < m < n\ ,$$

---

21) s. 12), S. 431, Satz II.

22) nach welcher Hurewicz (vgl. 8)) den Fall $q = 2$ (unter Benützung der Tatsache, daß $S^3$ Gruppenmannigfaltigkeit ist!) behandelt hat.

23) *H. Freudenthal*, Über die Klassen der Sphärenabbildungen I (Comp. math. V, 1937, 299—314), bes. S. 301.

worin wir speziell $m = n - 1$ setzen, können wir in einfacher Weise folgenden Satz von Ważewski[24]) beweisen:

*Satz 5 (Satz von Ważewski)*: $X$ sei eine Vollkugel (beliebiger Dimension), $B$ eine Matrix von $n$ Spalten und $k < n$ Zeilen, deren Elemente reelle stetige Funktionen von $x \in X$ sind, und die in jedem Punkte $x \in X$ den Rang $k$ hat. Dann kann man $B$ zu einer $n$-reihigen quadratischen Matrix ergänzen, deren Elemente stetige Funktionen von $x \in X$ sind, und die in jedem Punkt $x \in X$ nicht-singulär ist.

Beweis: Es genügt offenbar, den Fall zu behandeln, wo $B$ orthogonal ist, d. h. ihre $k$ Zeilenvektoren ein System $\sigma_{n,k}$ bilden und zu zeigen, daß man dieses System zu einem System $\sigma_{n,n-1}$ ergänzen kann, das stetig von $x \in X$ abhängt (denn man kann die Vektoren dieses Systems $\sigma_{n,n-1}$ als Zeilenvektoren einer orthogonalen Matrix auffassen und diese Matrix in eindeutiger Weise zu einer quadratischen orthogonalen mit der Determinante $+1$ ergänzen). Mit andern Worten: es genügt zu zeigen, daß die durch $B$ gegebene Abbildung von $X$ in $V_{n,k}$ bezüglich der oben genannten Zerlegung von $V_{n,n-1}$ eine Spur ist. Das ist aber nach dem Korollar zu Satz A (s. Nr. 4) der Fall, weil $X$ in sich zusammenziehbar ist.

## § 3. Homotopiegruppen bei retrahierbaren Zerlegungen

### 6. Die Hurewicz'schen Formeln

a) *Voraussetzungen:* $\mathfrak{Z}$ sei eine retrahierbare Zerlegung des Kompaktums $R$, $Z$ der zugehörige Zerlegungsraum. $R$ sei zusammenhängend und lokal zusammenziehbar; dann gilt dasselbe auch für $Z$. (Vgl. Nr. 3f.) $\bar{A} \subset R$ sei ein Element der Zerlegung, das (in sich) lokal zusammenziehbar ist. Wir zeichnen in $Z$ den Punkt $A$, in $R$ einen Punkt $a \in \bar{A}$ für die Bildung der Homotopiegruppen[25]) aus; das besagt: von jeder im folgenden betrachteten Abbildung einer Sphäre in $R$, $\bar{A}$ oder $Z$ wird verlangt, daß dabei ein fester Punkt $x_0$ dieser Sphäre in den Punkt $a$ bzw. $A$ übergeht.

b) Unter diesen Voraussetzungen sind die Homotopiegruppen der Räume $R$, $\bar{A}$ und $Z$ von höchstens abzählbarer Ordnung und handeln von Eigenschaften der Räume im Großen; die Elemente der $n$-ten Homotopiegruppe von $R$ sind (vgl. Nr. 3f) die Komponenten von $R^{S^n}$, d. h. die Klassen homotoper Abbildungen der $S^n$ in $R$ „unter Festhaltung

[24]) *T. Ważewski*, Sur les matrices dont les éléments sont des fonctions continues (Comp. math. II [1935], 63—68), bes. S. 63).

[25]) Wegen der Definition der Homotopiegruppen vgl. man: *Hurewicz*[8]), S. 114; *Freudenthal*[23]), S. 302.

von $a$" (das Entsprechende gilt für $\pi_n(\overline{A})$ und $\pi_n(Z)$); die Klasse der zusammenziehbaren Abbildungen ist das Neutralelement der Gruppe, das wir mit 0 bezeichnen[26]).

*Die Klassen der bezüglich* $\mathfrak{Z}$ *relativ-zusammenziehbaren* (s. Nr. 3g) *Abbildungen, d. h. die Komponenten von* $R^{S^n}$, *die Abbildungen aus* $\overline{A}^{S^n}$ *enthalten, bilden eine Untergruppe von* $\pi_n(R)$, *die wir mit* $\varphi_n(\mathfrak{Z})$ *bezeichnen. Ferner bilden die Klassen derjenigen Abbildungen aus* $\overline{A}^{S^n}$, *die in* $R^{S^n}$ *zusammenziehbar sind, eine Untergruppe* $\psi_n(Z)$ *von* $\pi_n(\overline{A})$. Wir werden bei Faserungen $R/F = Z$ statt $\varphi_n(\mathfrak{Z})$ und $\psi_n(\mathfrak{Z})$ auch $\varphi_n(R/F)$ und $\psi_n(R/F)$ schreiben. — Offenbar ist $\varphi_n(\mathfrak{Z})$ isomorph der Faktorgruppe von $\pi_n(\overline{A})$ nach $\psi_n(\mathfrak{Z})$[27])

$$\varphi_n(\mathfrak{Z}) \approx \pi_n(\overline{A}) / \psi_n(\mathfrak{Z}) . \tag{1}$$

c) Aus der Definition der Summe[25]) $f + g$ zweier Abbildungen $f$ und $g \in R^{S^n}$ ersieht man direkt, daß für die Projektion $P$ von $R$ auf $Z$ gilt:

$$P(f + g) = Pf + Pg .$$

Die Projektion $P$, die jede Komponente von $R^{S^n}$ *auf* eine solche von $Z^{S^n}$ abbildet, bewirkt also einen Homomorphismus von $\pi_n(R)$ in $\pi_n(Z)$

$$\pi_n(R) \sim P\pi_n(R) \subset \pi_n(Z)^{27)}$$

dessen *Kern* (darunter verstehen wir wie üblich die Untergruppe, die bei dem Homomorphismus auf die 0 der Bildgruppe abgebildet wird) gemäß dem Korollar zu Satz B (Nr. 4) genau aus den Klassen der relativ-zusammenziehbaren Abbildungen besteht:

$$P\pi_n(R) \approx \pi_n(R) / \varphi_n(\mathfrak{Z}) . \tag{2}$$

d) $V^n$ sei eine $n$-dimensionale Vollkugel, $\Sigma^{n-1}$ ihre Randsphäre ($n > 0$). Wir bezeichnen mit $R^{V^n}$ den Raum derjenigen Abbildungen $f$ von $V^n$ in $R$, bei denen $\Sigma^{n-1}$ in $\overline{A}$ abgebildet wird (unter Beachtung der in Nr. 6a genannten Bedingungen); die zu $f$ gehörige Abbildung der $\Sigma^{n-1}$ in $\overline{A}$ bezeichnen wir mit $rf$ (als Abbildung $f' \in R^{\Sigma^{n-1}}$ aufgefaßt, ist sie in $R^{\Sigma^{n-1}}$ zusammenziehbar!). Für $n \geqslant 2$ definieren wir die Summe $f + g$ zweier Abbildungen $f, g \in R^{V^n}$, indem wir die auf $\Sigma^{n-1}$ für $f' = rf$ und

[26]) Vgl. [25]). Für $n \geqq 2$ sind die Homotopiegruppen abelsch; wir bezeichnen aber auch für $n = 1$ (Fundamentalgruppe) die Gruppenoperation als Addition.

[27]) $\approx$ isomorph, $\sim$ homomorph.

$g' = rg$ nach der Hurewicz'schen Vorschrift erklärte Addition ins Innere der $V^n$ fortsetzen; dabei ist also

$$r(f + g) = rf + rg . \tag{3}$$

Vermöge dieser Addition werden die Komponenten von $R^{V^n}$ zu Elementen einer Gruppe $\nu_n(\mathfrak{Z})$.

$V$ sei eine stetige Abbildung der $V^n$ auf die $S^n$, welche $\Sigma^{n-1}$ auf den Punkt $x_0 \in S^n$ und das Innere der $V^n$ topologisch auf $S^n - x_0$ abbildet. Durch Vermittlung von $V$ können wir die Abbildungen der $S^n$ in $Z$ eineindeutig denjenigen Abbildungen von $V^n$ in $Z$ zuordnen, bei welchen $\Sigma^{n-1}$ auf den Punkt $A \in Z$ abgebildet wird, d. h. $\pi_n(Z)$ auch als Gruppe der Klassen solcher Abbildungen $F$ der $V^n$ in $Z$ auffassen; mit $Z^{V^n}$ werde immer nur der Raum dieser Abbildungen bezeichnet. Nach dem Korollar zu Satz A (Nr. 4) ist jede Abbildung $F \in Z^{V^n}$ eine Spur (man beachte das in Nr. 3e Gesagte), und zwar einer Abbildung $f \in R^{V^n}$. Umgekehrt ist die Spur $Pf$ jeder Abbildung aus $R^{V^n}$ eine Abbildung aus $Z^{V^n}$. $P$ bildet also $\nu_n(\mathfrak{Z})$ auf $\pi_n(Z)$ ab, und zwar homomorph wegen

$$P(f + g) = Pf + Pg .$$

Der Kern dieses Homomorphismus ist 0, denn jede relativ-zusammenziehbare Abbildung $f \in R^{V^n}$ ist zusammenziehbar; somit

$$\nu_n(\mathfrak{Z}) \approx \pi_n(Z) . \tag{4}$$

Es sei noch bemerkt, daß in diesem Isomorphismus der Untergruppe $P\pi_n(R)$ von $\pi_n(Z)$ die Untergruppe derjenigen Komponenten von $R^{V^n}$ entspricht, die Abbildungen $f$ mit $f(\Sigma^{n-1}) = a$ enthalten; wir bezeichnen diese Untergruppe von $\nu_n(\mathfrak{Z})$ mit $\mu_n(\mathfrak{Z})$:

$$\mu_n(\mathfrak{Z}) \approx P\pi_n(R) . \tag{5}$$

e) Zu jeder Abbildung $f \in R^{V^n}$ gehört eine in $R^{\Sigma^{n-1}}$ zusammenziehbare Abbildung $f' = rf \in \overline{A}^{\Sigma^{n-1}}$, und umgekehrt gibt es zu jeder solchen Abbildung $g' \in \overline{A}^{\Sigma^{n-1}}$ eine Abbildung $g \in R^{V^n}$ (die „Zusammenziehung" von $g'$) mit $g' = rg$. Dabei wird jeder Komponente von $R^{V^n}$ eine Komponente von $\overline{A}^{\Sigma^{n-1}}$ zugeordnet, und man erhält wegen (3) einen Homomorphismus von $\nu_n(\mathfrak{Z})$ in $\pi_{n-1}(\overline{A})$, genauer *auf* $\psi_{n-1}(\mathfrak{Z})$; sein Kern besteht aus den Klassen derjenigen Abbildungen $f \in R^{V^n}$, für welche $rf$ in $\overline{A}^{\Sigma^{n-1}}$

zusammenziehbar ist, d. h. er ist identisch mit der eben genannten Gruppe $\mu_n(\mathfrak{Z})$:

$$\nu_n(\mathfrak{Z}) / \mu_n(\mathfrak{Z}) \approx \psi_{n-1}(\mathfrak{Z}) , \tag{6}$$

oder vermöge des durch $P$ bewirkten Isomorphismus (4):

$$\pi_n(Z) / P\pi_n(R) \approx \psi_{n-1}(\mathfrak{Z}) . \tag{7}$$

Die Formeln (2) und (7) wollen wir als *Hurewicz'sche Formeln* bezeichnen; sie sind eine Verallgemeinerung von Ergebnissen, die Hurewicz für Gruppenzerlegungen angegeben hat[28]).

Zusammengefaßt:

*Satz E:* Unter den Voraussetzungen 6a) und mit den Bezeichnungen 6b) gilt für die Zerlegung $\mathfrak{Z}$ von $R$:

$$\pi_n(Z) / P\pi_n(R) \approx \psi_{n-1}(\mathfrak{Z}) , \quad n \geqslant 2$$

$$P\pi_n(R) \approx \pi_n(R) / \varphi_n(\mathfrak{Z}) , \quad n \geqslant 1$$

$$\varphi_n(\mathfrak{Z}) \approx \pi_n(\overline{A}) / \psi_n(\mathfrak{Z}) , \quad n \geqslant 1$$

f) Zusatz für den Fall $n = 1$ (Fundamentalgruppe):

*Wenn A zusammenhängend ist,* so gilt für $n = 1$ an Stelle von Formel (7)

$$P\pi_1(R) = \pi_1(Z) ; \tag{7'}$$

denn jeder geschlossene Weg in $Z$, d. h. jede Abbildung von $S^1$ in $Z$, kann dann als Spur eines geschlossenen Weges in $R$ aufgefaßt werden.

Für den Fall einer Gruppenzerlegung gilt Formel (7) unverändert auch für $n = 1$, wenn man unter $\psi_0(\mathfrak{Z})$ die Komponenten-Gruppe der Untergruppe $\overline{A}$ von $R$ versteht, und $P\pi_1(R)$ ist dann im Zentrum von $\pi_1(Z)$ enthalten. (Man vgl. Hurewicz[28]).)

g) Nach (7) ist ($n \geqslant 2$) $\psi_{n-1}(\mathfrak{Z}) = 0$ gleichbedeutend mit

$$\pi_n(Z) = P\pi_n(R) ;$$

also:

*Korollar zu Satz E:* Dann und nur dann ist $\psi_{n-1}(\mathfrak{Z}) = 0$, wenn jede Abbildung $F \epsilon Z^{S^n}$ Spur einer Abbildung $f \epsilon R^{S^n}$ ist.

---

[28]) s. [8]), S. 118, Satz XII.

## 7. Eine Verschärfung

a) Geometrische Anwendungen legen folgende algebraischen Betrachtungen nahe:

Wir nehmen an, man könne die in der Nummer 6e) betrachtete homomorphe Abbildung ($f, f'$ etc. bedeuten hier Abbildungs*klassen*)

$$f' = rf$$

von $\nu_n(\mathfrak{Z})$ auf $\psi_{n-1}(\mathfrak{Z})$ ($n \geqslant 2$) durch einen Homomorphismus $H$ von $\psi_{n-1}(\mathfrak{Z})$ in $\nu_n(\mathfrak{Z})$ umkehren in dem Sinne, daß für jedes $f' \in \psi_{n-1}(\mathfrak{Z})$

$$rHf' = f'$$

ist. Dann ist $H$ ein Isomorphismus (von $\psi_{n-1}(\mathfrak{Z})$ *in* $\nu_n(\mathfrak{Z})$); denn aus $Hf'=0$ folgt $rHf'=f'=0$. Ferner ist der Durchschnitt $H\psi_{n-1}(\mathfrak{Z}) \cap \mu_n(\mathfrak{Z})$ leer: aus $Hf' \in \mu_n(\mathfrak{Z})$ folgt

$$rHf' = f' = 0 ,$$

also

$$Hf' = 0 ,$$

und jedes Element $f \in \nu_n(\mathfrak{Z})$ läßt sich als Summe eines Elementes von $\mu_n(\mathfrak{Z})$ und eines Elementes von $H\psi_{n-1}(\mathfrak{Z})$ darstellen:

$$f = (f - Hrf) + Hrf$$

mit

$$r(f - Hrf) = rf - rf = 0 ,$$

also

$$(f - Hrf) \in \mu_n(\mathfrak{Z}) .$$

Also ist $\nu_n(\mathfrak{Z})$ direkte Summe von $\mu_n(\mathfrak{Z})$ und $H\psi_{n-1}(\mathfrak{Z})$

$$\nu_n(\mathfrak{Z}) = \mu_n(\mathfrak{Z}) + H\psi_{n-1}(\mathfrak{Z}) , \qquad n \geqslant 2 , \tag{8}$$

oder vermöge des durch $P$ bewirkten Isomorphismus von $\nu_n(\mathfrak{Z})$ auf $\pi_n(Z)$:

$$\pi_n(Z) = P\pi_n(R) + PH\psi_{n-1}(\mathfrak{Z}) , \tag{9}$$

wobei $PH$ die Gruppe $\psi_{n-1}(\mathfrak{Z})$ isomorph in $\pi_n(Z)$ abbildet, also auch

$$\pi_n(Z) \approx P\pi_n(R) + \psi_{n-1}(\mathfrak{Z}) . \tag{9'}$$

Dies ist eine Verschärfung der Formel (7), (aber nur dann, wenn beide Summanden rechts von 0 verschieden sind).

b) In folgendem Spezialfall läßt sich ein Homomorphismus mit den genannten Eigenschaften leicht angeben:

Das Element $\overline{A}$ der Zerlegung $\mathfrak{Z}$, d. h. die Teilmenge $\overline{A}$ von $R$ sei *in $R$ zusammenziehbar* (dann gilt übrigens dasselbe für alle Elemente der Zerlegung, und wir wollen in diesem Falle $\mathfrak{Z}$ kurz eine *zusammenziehbare Zerlegung* nennen). Dann ist übrigens $\psi_n(\mathfrak{Z}) = \pi_n(\overline{A})$, und $\varphi_n(\mathfrak{Z}) = 0$, also $P\pi_n(R) \approx \pi_n(R)$.

Wir legen eine bestimmte Zusammenziehung von $\overline{A}$ in $R$ zugrunde, d. h. eine stetige Schar von Abbildungen $F_t$ $(0 \leqslant t \leqslant 1)$ von $\overline{A}$ in $R$, bei welcher $F_0$ die identische Abbildung von $\overline{A}$ auf sich und $F_1$ die Abbildung von $\overline{A}$ auf einen Punkt von $R$ ist. Wir können dann in naheliegender Weise für jedes $f' \in \overline{A}^{\Sigma^{n-1}}$ die Abbildungsschar $F_t f'$ $(0 \leqslant t \leqslant 1)$ als Element $f = Hf'$ von $R^{V^n}$ auffassen, derart, daß

$$rHf' = F_0 f' = f'$$

ist. Die Zuordnung $f = Hf'$ vermittelt dann die gesuchte homomorphe Abbildung von $\psi_{n-1}(\mathfrak{Z}) = \pi_{n-1}(\overline{A})$ in $\nu_n(\mathfrak{Z})$. Nach Formel (9) gilt also

$$\pi_n(Z) = P\pi_n(R) + PH\pi_{n-1}(\overline{A}), \qquad (10)$$

wobei $P$ und $PH$ Isomorphismen sind.

*Satz F:* Unter den in Nr. 6a) genannten Voraussetzungen gilt für eine *zusammenziehbare* Zerlegung $\mathfrak{Z}$ von $R$:

$$\pi_n(Z) \approx \pi_n(R) + \pi_{n-1}(\overline{A}), \qquad n \geqslant 2\,.$$

**8. Anwendungen**

a) Die in Nr. 2d) behandelten Sphärenfaserungen

$$S^{kq-1}/S^{q-1} = P_{k-1}(\mathfrak{S}_q)$$

sind zusammenziehbare Zerlegungen; wir können also die Hurewiczschen Formeln in der verschärften Form (Satz F) anwenden:

*Satz 6:* Für die projektiven $\mathfrak{S}_q$-Räume $P_{k-1}(\mathfrak{S}_q)$ $(q = 1, 2, 4;\ k = 2, 3, \ldots$ und $q = 8;\ k = 2)$ gilt

$$\pi_n(P_{k-1}(\mathfrak{S}_q)) \approx \pi_n(S^{kq-1}) + \pi_{n-1}(S^{q-1}),\ n \geqslant 2\,.$$

*Satz 6':* Für $q = 2, 4, 8$ gilt

$$\pi_n(S^q) \approx \pi_n(S^{2q-1}) + \pi_{n-1}(S^{q-1})\ , \qquad n \geqslant 2\,.$$

*Korollar zu Satz 6:* 1. Für den reellen projektiven Raum $P_{k-1}(\mathfrak{S}_1) = P^{k-1}$ gilt[29])

$$\pi_n(P^{k-1}) \approx \pi_n(S^{k-1}), \qquad n \geqslant 2,$$

was auch aus einem Satz von Hurewicz (s. [8]), Satz IV) folgt.

2. Für den komplexen projektiven Raum $P_{k-1}(\mathfrak{S}_2) = K_{k-1}$ gilt[30])

$$\pi_2(K_{k-1}) \approx \pi_1(S^1) \approx \mathfrak{G}$$

und

$$\pi_n(K_{k-1}) \approx \pi_n(S^{2k-1}), \qquad n \geqslant 3.$$

Bemerkung zu Satz 6′: Es ist kein Fall bekannt, wo beide Summanden von 0 verschieden sind. Für $q = 2$ erhält man den Hurewicz'schen Satz[31]), daß für $n \geqslant 3$ $\pi_n(S^2) \approx \pi_n(S^3)$ ist. Für $q = 4$ und 8 entsteht die Darstellung von $\pi_n(S^q)$ als direkte Summe gemäß Formel (10) mit den dortigen Bezeichnungen folgendermaßen:

$$\pi_n(S^q) = P\pi_n(S^{2q-1}) + PH\pi_{n-1}(S^{q-1}),$$

wobei $P\pi_n(S^{2q-1}) \approx \pi_n(S^{2q-1})$ und $PH\pi_{n-1}(S^{q-1}) \approx \pi_{n-1}(S^{q-1})$ ist[32]).

b) Die Anwendung der Hurewicz'schen Formeln (Satz E) auf die in Nr. 2e) beschriebenen Zerlegungen $\mathfrak{Z}'$ der Stiefel'schen Mannigfaltigkeiten $V_{n,m}$

$$V_{n,m}/V_{n-k,m-k} = V_{n,k}, \qquad 0 < k < m < n \text{ (also } n \geqslant 3)$$

ergibt (unter Verwendung der in Nr. 2d und 6b erklärten Bezeichnungen):

$$\left.\begin{aligned} \pi_r(V_{n,k})/P\pi_r(V_{n,m}) &\approx \psi_{r-1}(V_{n,m}/V_{n-k,m-k}) && \text{für } r \geqslant 2, \\ \pi_1(V_{n,k}) &= P\pi_1(V_{n,m}) && \\ P\pi_r(V_{n,m}) &\approx \pi_r(V_{n,m})/\varphi_r(V_{n,m}/V_{n-k,m-k}) && \text{für } r \geqslant 1, \\ \varphi_r(V_{n,m}/V_{n-k,m-k}) &\approx \pi_r(V_{n-k,m-k})/\psi_r(V_{n,m}/V_{n-k,m-k}) && \text{für } r \geqslant 1. \end{aligned}\right\} \quad (11)$$

---

[29]) Es ist $\pi_k(S^n) = 0$ für $k < n$, $\pi_n(S^n)$ die unendliche zyklische Gruppe, die von der Klasse der Identität der $S^n$ erzeugt wird, und $\pi_n(S^1) = 0$ für $n \geq 2$. Vgl. [8]), S. 115 oben (diese Aussagen stützen sich auf bekannte Sätze, s. [1]), Kp. XIII).

[30]) Wir bezeichnen immer mit $\mathfrak{G}$ die additive Gruppe der ganzen Zahlen, mit $\mathfrak{G}_2$ die Restklassengruppe von $\mathfrak{G}$ mod. 2.

[31]) s. [8]), S. 119.

[32]) Wie man direkt einsehen kann, ist $PH$ hier nichts anderes als die Freudenthal'sche Einhängung $\mathfrak{E}$ (vgl. [38])); wir werden dies später (Nr. 10h und 13a) im Rahmen allgemeinerer Überlegungen zeigen.

(Die zweite dieser Formeln folgt aus (7'), weil $V_{n-k,m-k}$ zusammenhängend ist.)

Wir setzen in (11) $k = 1$, also $m \geqslant 2$; $V_{n,1}$ ist der $S^{n-1}$ homöomorph, also ist $\pi_r(V_{n,1}) = 0$ für $r \leqslant n-2$, also folgt:

$$\psi_{r-1}(V_{n,m}/V_{n-1,m-1}) = 0 \qquad \text{für } r \leqslant n-2 \ ,$$

oder

$$\psi_r(V_{n,m}/V_{n-1,m-1}) = 0 \qquad \text{für } r \leqslant n-3 \ ,$$

ferner

$$P\pi_r(V_{n,m}) = 0 \qquad \text{für } r \leqslant n-2 \ ,$$

also

$$\pi_r(V_{n,m}) = \psi_r(V_{n,m}/V_{n-1,m-1}) \approx \pi_r(V_{n-1,m-1}) \qquad \text{für } r \leqslant n-3 \ ;$$

anders formuliert:

*Satz 7:* Für alle $n \geqslant r+2$ ist $\pi_r(V_{n,m}) \approx \pi_r(V_{n+1,m+1})$.

c) Aus Satz 7 ergeben sich leicht einige Folgerungen.

Wenn $n - m + 1 \geqslant r + 2$ ist, so gilt

$$\pi_r(V_{n,m}) \approx \pi_r(V_{n-1,m-1}) \approx \cdots \approx \pi_r(V_{n-m+1,1}) \ ;$$

aber $V_{n-m+1,1}$ ist der $S^{n-m}$ homöomorph, und da wir $r \leqslant n - m - 1$ voraussetzen, ist $\pi_r(V_{n-m+1,1}) = 0$, und wir erhalten ein schon von Stiefel[33]) angegebenes Resultat:

*Satz 8:* Wenn $r \leqslant n - m - 1$ ist, so ist $\pi_r(V_{n,m}) = 0$.

*Korollar:* Wenn $n - m \geqslant 2$ ist, so ist $V_{n,m}$ einfach zusammenhängend.

Setzen wir in Satz 7 $m = n - 1$, so folgt für $n \geqslant r + 2$:

$$\pi_r(V_{n+1,n}) \approx \pi_r(V_{n,n-1}) \approx \cdots \approx \pi_r(V_{r+2,r+1}) \ .$$

$V_{n+1,n}$ ist zur Gruppe aller $(n+1)$-reihigen orthogonalen Matrizen mit der Determinante $+1$, also zur Gruppe aller eigentlichen Drehungen der $S^n$ homöomorph; wir bezeichnen diese Gruppe mit $\Gamma_n$. Dann können wir das letzte Resultat so formulieren:

*Satz 9: Für die Homotopiegruppen der Gruppe $\Gamma_n$ (aller $(n+1)$-reihigen orthogonalen Matrizen mit der Determinante $+1$) gilt*

$$\pi_r(\Gamma_n) \approx \pi_r(\Gamma_{r+1})$$

*für alle $n \geqslant r+1$.*

---

[33]) s. [14]), S. 19, Satz 8.

Die $r$-te Homotopiegruppe von $\Gamma_n$ hat also für „fast alle $n$", nämlich für alle $n \geqslant r + 1$, dieselbe Struktur. Diese ist für $r = 1$ und $r = 2$ schon bekannt[34]: es ist $\pi_1(\Gamma_2) \approx \mathfrak{G}_2$[30] und $\pi_2(\Gamma_3) = 0$ (daß $\pi_1(\Gamma_2)$ zyklisch von der Ordnung 2 ist, folgt aus der Homöomorphie von $\Gamma_2$ zum reellen 3-dimensionalen projektiven Raum $P^3$; auf den Fall $r = 2$ kommen wir in Nr. 13 zurück). Es sei hier erwähnt, daß ich auch für $r = 3$, 4 und 5 die Struktur von $\pi_r(\Gamma_{r+1})$ habe bestimmen können[35]; es ist [30])

$$\pi_3(\Gamma_4) \approx \mathfrak{G}, \; \pi_4(\Gamma_5) = 0, \; \pi_5(\Gamma_6) = 0 .$$

d) Einen zu Satz 9 analogen Satz erhalten wir für die unitär-unimodulare Gruppe $A_n$, d. h. die Gruppe der unitären $(n + 1)$-reihigen Matrizen mit der Determinante $+1$, wenn wir von folgender Restklassenzerlegung (s. Nr. 2c) dieser Gruppe ausgehen:

$U$ sei die Gruppe derjenigen Matrizen $(u_{ik})$ von $A_n$ $(n \geqslant 2)$, für welche $u_{1k} = \delta_{1k} (k = 1, \ldots, n + 1)$ ist; sie ist mit $A_{n-1}$ isomorph. Zwei Matrizen von $A_n$ gehören in dieselbe (Links-) Restklasse nach $U$, wenn sie in der ersten Zeile übereinstimmen. Jede Restklasse ist also durch die $(n + 1)$ komplexen Zahlen $u_{1k}$ mit $\sum_{k=1}^{n+1} |u_{1k}|^2 = 1$ charakterisiert, d. h. der Zerlegungsraum dieser Restklassenzerlegung ist der $S^{2n+1}$ homöomorph, und wir können sie nach Nr. 2d kurz durch

$$A_n / A_{n-1} = S^{2n+1}$$

beschreiben. Nach Nr. 2c ist es eine retrahierbare Zerlegung. — $S^{2n+1}$ läßt sich also als Wirkungsraum von $A_n$ auffassen; das läßt sich auch so deuten: man kann jeder Matrix $a \in A_n$ eine unitäre Transformation $T_a$ in $(n + 1)$ komplexen Variabeln, oder, wenn man $T_a$ in reelle Gleichungen aufspaltet, eine orthogonale Transformation in $(2n + 2)$ reellen Variabeln (eine Drehung der $S^{2n+1}$) zuordnen.

Wir wenden den Satz E auf die Zerlegung $A_n/A_{n-1} = S^{2n+1} (n \geqslant 2)$ an und erhalten:

$$\pi_r(S^{2n+1})/P\pi_r(A_n) \approx \psi_{r-1}(A_n/A_{n-1}) \qquad r \geqslant 2$$

also $\psi_{r-1}(A_n/A_{n-1}) = 0$ für $r \leqslant 2n$,

oder $\psi_r(A_n/A_{n-1}) = 0$ für $r \leqslant 2n - 1$.

Ferner $P\pi_r(A_n) = 0$ für $r \leqslant 2n$, auch für $r = 1$,

also $\pi_r(A_n) \approx \pi_r(A_{n-1})/\psi_r(A_n/A_{n-1})$ für $1 \leqslant r \leqslant 2n$

und $\pi_r(A_n) \approx \pi_r(A_{n-1})$ für $1 \leqslant r \leqslant 2n - 1$.

[34]) Wegen $\pi_1(\Gamma_n)$ vgl. man: *Stiefel*[14]), S. 13, Nr. 4; wegen $\pi_2(\Gamma_n)$ *Whitney* (Bull. Am. Math. Soc. 43 [1937], S. 798).

[35]) Der Beweis wird demnächst veröffentlicht werden.

Diese letzte Gleichung wenden wir wiederholt solange an, als noch $n \geqslant \frac{r+1}{2}$ ist und erhalten je nach der Parität von $r$:

$$\begin{aligned} \pi_{2s+1}(A_n) &\approx \pi_{2s+1}(A_{n-1}) \approx \cdots \approx \pi_{2s+1}(A_s) \\ \pi_{2s}(A_n) &\approx \pi_{2s}(A_{n-1}) \approx \cdots \approx \pi_{2s}(A_s) \end{aligned} \qquad s \geqslant 1$$

und
$$\pi_1(A_n) \approx \pi_1(A_{n-1}) \approx \cdots \approx \pi_1(A_1).$$

*Satz 10: Für $A_n$, die unitär-unimodulare Gruppe in $(n+1)$ Variabeln, gilt, wenn $n \geqslant s > 0$ ist:*

$$\pi_{2s+1}(A_n) \approx \pi_{2s+1}(A_s) \quad \textit{und} \quad \pi_{2s}(A_n) \approx \pi_{2s}(A_s),$$

*ferner für $n \geqslant 1$: $\pi_1(A_n) \approx \pi_1(A_1)$.*

$A_1$ ist der multiplikativen Gruppe der Quaternionen vom Betrage 1 isomorph, also der $S^3$ homöomorph; also ist [30])

$$\pi_1(A_1) = 0, \pi_2(A_1) = 0, \pi_3(A_1) \approx \pi_3(S^3) \approx \mathfrak{G}.$$

*Korollar zu Satz 10:* Für $n \geqslant 1$ ist $\pi_1(A_n) = 0$, $\pi_2(A_n) = 0$, $\pi_3(A_n) \approx \mathfrak{G}$.

Auf $\pi_4(A_n)$ und $\pi_5(A_n)$ kommen wir in Nr. 16 zurück (es ist $\pi_4(A_n) = 0$ und $\pi_5(A_n) \approx \mathfrak{G}$ für $n \geqslant 2$).*

## § 4. Sätze über Schnittflächen und Schnittelemente

### 9. Notwendige Bedingungen für die Existenz einer Schnittfläche

a) $\mathfrak{Z}$ sei eine retrahierbare Zerlegung des Kompaktums $R$; für alle Ausführungen dieses Paragraphes sollen dabei die Voraussetzungen und Bezeichnungen der Nummern 6a) und 6b) gelten.

Unter einer Schnittfläche von $\mathfrak{Z}$ verstehen wir (vgl. Nr. 1g) eine Abbildung $j \in R^Z$, deren Spur $Pj \in Z^Z$ die Identität von $Z$ ist.

Die natürliche Zerlegung des topologischen Produktes $Z \times \overline{A}$ (wo $Z$ und $\overline{A}$ Kompakten sind), deren Zerlegungsraum mit $Z$ homöomorph ist, besitzt immer eine Schnittfläche (vgl. Nr. 2a).

b) Wenn die Zerlegung $\mathfrak{Z}$ von $R$ eine Schnittfläche besitzt, so ist jede Abbildung $F \in Z^{S^n}$ Spur einer Abbildung $f \in R^{S^n}$, nämlich von $f = jF$:

$$Pf = PjF = F.$$

* see Note I on p. 823 of these Selecta

Nach dem Korollar zu Satz E ist also für $n \geqslant 2$

$$\psi_{n-1}(\mathfrak{Z}) = 0 .$$

(Als Punkt $a \in \overline{A}$ im Sinne von Nr. 6a ist dabei $j(A)$ zu wählen.)

c) Ordnen wir der Abbildungsklasse von $F \in Z S^n$ die Abbildungsklasse von $jF \in R S^n$ zu, so ist dadurch eine homomorphe Abbildung von $\pi_n(Z)$ in $\pi_n(R)$ gegeben. Wir schreiben der Kürze halber auch für diese Abbildungsklassen $F$ und $jF$ (das ist zwar nicht ganz korrekt, weil nicht jede zur Abbildung $jF$ homotope Abbildung in der Form $jG$, $G \in Z S^n$, darstellbar zu sein braucht, und man somit zwischen $j\{F\}$ und $\{jF\}$ unterscheiden müßte; für das Rechnen in den Homotopiegruppen macht es aber nichts aus). Wegen

$$PjF = F$$

ist die genannte Zuordnung $j$ sogar ein Isomorphismus:

$$\pi_n(Z) \approx j\pi_n(Z) \subset \pi_n(R) .$$

Der Durchschnitt der Untergruppen $j\pi_n(Z)$ und $\varphi_n(\mathfrak{Z})$ von $\pi_n(R)$ ist die Null; denn aus $f \in \varphi_n(\mathfrak{Z})$ folgt $Pf = 0$, und hieraus, wenn $f \in j\pi_n(Z)$ ist, auch $f = 0$ (weil $P$ die Gruppe $j\pi_n(Z)$ isomorph abbildet). Ferner läßt sich jedes Element $f$ von $\pi_n(R)$ als Summe eines Elementes von $\varphi_n(\mathfrak{Z})$ und eines Elementes von $j\pi_n(Z)$ darstellen:

$$f = (f - jPf) + jPf,$$

wobei $P(f - jPf) = Pf - Pf = 0$, also $(f - jPf) \in \varphi_n(\mathfrak{Z})$ ist.

Also ist $\pi_n(R)$ direkte Summe von $j\pi_n(Z)$ und $\varphi_n(\mathfrak{Z})$ $(n \geqslant 2)$:

$$\pi_n(R) = j\pi_n(Z) + \varphi_n(\mathfrak{Z}). \tag{12}$$

Wegen $\psi_n(\mathfrak{Z}) = 0$ ist außerdem $\varphi_n(\mathfrak{Z}) \approx \pi_n(\overline{A}) \quad (n \geqslant 1)$ .

*Satz G: Wenn die Zerlegung $\mathfrak{Z}$ von $R$ eine Schnittfläche besitzt, so gilt* (vgl. Nr. 6a und 6b)

$$\text{I)} \quad \psi_n(\mathfrak{Z}) = 0 \qquad n \geqslant 1$$

$$\text{II)} \quad \pi_n(R) \approx \pi_n(Z) + \pi_n(\overline{A}) \qquad n \geqslant 2 .$$

Satz $G$ gilt insbesondere für das topologische Produkt $Z \times A$; das kann man auch leicht direkt (ohne Benützung einer Schnittfläche) einsehen[36]). Wichtig ist, daß in der Struktur der Homotopiegruppen eine Zerlegung $\mathfrak{Z}$ mit Schnittfläche sich nicht vom entsprechenden topologischen Produkt unterscheidet.

Für *zusammenziehbare Zerlegungen* $\mathfrak{Z}$ (Nr. 7b) von $R$ können wir die Bedingung $\psi_n(\mathfrak{Z}) = 0$ $(n \geqslant 1)$ weiter diskutieren. In diesem Falle ist nämlich

$$\psi_n(\mathfrak{Z}) = \pi_n(\overline{A}) \qquad n \geqslant 1 .$$

Somit gilt folgendes

*Korollar zu Satz G, I:* Wenn die zusammenziehbare Zerlegung $\mathfrak{Z}$ von $R$ eine Schnittfläche besitzt, so ist $\pi_n(\overline{A}) = 0$ für alle $n \geqslant 1$.

Wenn $\overline{A}$ endlichdimensional ist, so bedeutet das Verschwinden sämtlicher Homotopiegruppen von $\overline{A}$, daß $\overline{A}$ (in sich) auf einen Punkt zusammenziehbar ist (Hurewicz[37]). Wir können also das Korollar auch so formulieren:

$\mathfrak{Z}$ *sei eine zusammenziehbare Zerlegung, ihre Elemente seien (endlichdimensional und) nicht in sich zusammenziehbar; dann besitzt* $\mathfrak{Z}$ *keine Schnittfläche.*

So besitzt z. B. die Faserung einer Sphäre in geschlossene Mannigfaltigkeiten sicher keine Schnittfläche (was auch leicht aus Homologiebetrachtungen folgt).

**10. Sphärische Zerlegungen** ($Z = S^m$).

a) Wir nennen eine Zerlegung von $R$ *sphärisch* und bezeichnen sie mit $\mathfrak{Z}_m$, wenn ihr Zerlegungsraum $Z$ der $m$-dimensionalen Sphäre $S^m$ homöomorph ist $(m \geqslant 2)$.

Für eine solche Zerlegung $\mathfrak{Z}_m$ von $R$ können wir leicht eine hinreichende Bedingung für die Existenz einer Schnittfläche angeben, nämlich

$$\psi_{m-1}(\mathfrak{Z}_m) = 0 ;$$

daraus folgt nämlich nach dem Korollar zu Satz E (Nr. 6), daß jede Abbildung $f \in Z^{S^m}$ eine Spur ist. Wir können als Urbildsphäre für die $m$te Homotopiegruppe auch $Z$ selbst (und als ausgezeichneten Punkt $x_0$

[36]) etwa so, wie in *Seifert-Threlfall*, Lehrbuch der Topologie, S. 156, in § 43 der dort als Beispiel 1 angeführte Satz bewiesen wird.

[37]) Proc. Akad. Amst. 38 (1935), S. 522, Satz IV, in Verbindung mit Satz II.

(vgl. Nr. 6a) den Punkt $A \in Z$) wählen; ist $\psi_{m-1}(\mathfrak{Z}_m) = 0$, so muß also die Identität von $Z$ eine Spur sein. Also gilt mit Rücksicht auf Satz G, I:

*Satz 11: In einer sphärischen Zerlegung $\mathfrak{Z}_m$ von $R$ gibt es dann und nur dann eine Schnittfläche, wenn $\psi_{m-1}(\mathfrak{Z}_m) = 0$ ist.*

b) $\mathfrak{Z}_m$ sei eine sphärische Zerlegung von $R$, und $Z$ ihr Zerlegungsraum. Wir verwenden im folgenden dieselben Bezeichnungen wie in Nr. 6d, und fassen wie dort die Gruppe $\pi_n(Z)$ als Gruppe der Komponenten von $Z^{V^n}$ auf (wo $Z^{V^n}$ den Raum derjenigen Abbildungen $F$ von $V^n$ in $Z$ bedeutet, für welche $F(\Sigma^{n-1}) = A \in Z$ ist).

$T$ sei eine stetige Abbildung von $V^m$ auf $Z$, bei welcher das Innere von $V^m$ topologisch auf $Z - A$ und $\Sigma^{m-1}$ auf $A$ abgebildet wird. (Die Klasse von $T$ in $Z^{V^m}$ ist eines der beiden erzeugenden Elemente von $\pi_m(Z) = \pi_m(S^m) \approx \mathfrak{G}$.) Es gibt immer eine Abbildung $t \in R^{V^m}$, derart, daß $Pt = T$ ist; $t$ ist im Innern von $V^m$ topologisch. ($tT^{-1}$ ist eine Abbildung von $Z$ in $R$, deren Spur die Identität von $Z$ ist; sie ist aber im allgemeinen in $A$ nicht eindeutig!)

Wir nennen $t$ *ein Schnittelement der Zerlegung* $\mathfrak{Z}_m$; sein „Rand" $rt = t' \in \overline{A}^{\Sigma^{m-1}}$ wird sich als besonders wichtig für die Struktur der Zerlegung erweisen (Bedeutung von $r$ s. Nr. 6d).

Die Abbildungsklasse von $t$, aufgefaßt als Element von $\nu_m(\mathfrak{Z}_m)$ ist, ebenso wie die Klasse von $T$, *bis auf das Vorzeichen eindeutig bestimmt.* Wir setzen noch fest, daß $t$ (bei fester Orientierung von $V^m$ und $Z$, die auch im folgenden immer beibehalten werde) den Abbildungsgrad $+1$ haben soll; dann *ist die Klasse von t bestimmt.*

Die folgenden Überlegungen gestatten nun, bei sphärischen Zerlegungen $\mathfrak{Z}_m$ mit Hilfe eines Schnittelementes $t$ die Gruppen $\psi_{n-1}(\mathfrak{Z}_m)$ wenigstens für gewisse Dimensionszahlen $n$ näher zu beschreiben, also diejenigen Abbildungen von $\Sigma^{n-1}$ in $\overline{A}$ anzugeben, welche in $R$ zusammenziehbar sind; Abbildungen, die aus einer Abbildung von $\Sigma^{n-1}$ auf $\Sigma^{m-1}$ und der Abbildung $t'$ von $\Sigma^{m-1}$ in $\overline{A}$ zusammengesetzt sind, haben sicher diese Eigenschaft, für gewisse $n$ sind es — wie wir sehen werden — die einzigen.

c) Wir definieren nun für jede Abbildung $h$ von $\Sigma^{n-1}$ in $\Sigma^{m-1}$ eine Abbildung $Eh$ von $V^n$ in $V^m$ vermöge folgender Zuordnung, die „*Einhängung*" heißen soll; $\mathfrak{x}$ (bzw. $\mathfrak{y}$) sei ein Vektor des $R^n$ ($R^m$), in welchem $V^m$ ($V^n$) durch $\mathfrak{x}^2 \leqslant 1$ ($\mathfrak{y}^2 \leqslant 1$) dargestellt wird; $h$ sei gegeben durch die für $\mathfrak{x}^2 = 1$ definierte Vektorfunktion

$$\mathfrak{y} = h(\mathfrak{x}) \quad \text{mit} \quad (h(\mathfrak{x}))^2 = 1 .$$

Dann wird $Eh$ definiert durch

$$\mathfrak{y} = |\mathfrak{x}|\, h\left(\frac{\mathfrak{x}}{|\mathfrak{x}|}\right) \quad \text{für} \quad 0 < |\mathfrak{x}| \leqslant 1$$
$$\mathfrak{y} = 0 \quad \text{für} \quad \mathfrak{x} = 0\,.$$

$F = T(Eh)$ ist eine Abbildung von $V^n$ in $Z$, für welche $F(\Sigma^{n-1}) = A$ ist, d. h. $F \in Z^{V^n}$; sie bestimmt also ein Element $T(Eh)$ der Gruppe $\pi_n(Z)$ oder $\pi_n(S^m)$. Verstehen wir unter $\mathfrak{E}$ die *Einhängung im Sinne von Freudenthal*[38]), und unter $h$ jetzt das durch die Abbildung $h$ von $\Sigma^{n-1}$ in $\Sigma^{m-1}$ bestimmte Element von $\pi_{n-1}(S^{m-1})$, so gilt für das Element $T(Eh)$ von $\pi_n(S^m)$ entweder $T(Eh) = +\,\mathfrak{E}h$ oder $T(Eh) = -\,\mathfrak{E}h$ ; bei der am Schluß von Nr. 10b gemachten Festsetzung über $T$ ist

$$T(Eh) = \mathfrak{E}h\,.$$

d) $f = t(Eh)$ ist eine Abbildung von $V^n$ in $R$ mit $f(\Sigma^{n-1}) \subset \overline{A}$, also eine Abbildung aus $R^{V^n}$. Setzen wir $t' = rt$ , so ist

$$r(t(Eh)) = (rt)h = t'h\,. \tag{13}$$

$f = t(Eh)$ bestimmt eine Klasse $t(Eh) \in \nu_n(\mathfrak{Z}_m)$; für diese gilt wegen $Pt = T$

$$P(t(Eh)) = Pt(Eh) = \mathfrak{E}h\,. \tag{14}$$

Wir ordnen nun jedem Element von $\pi_{n-1}(S^{m-1})$, repräsentiert durch eine Klasse $h$ von Abbildungen der Sphäre $\Sigma^{n-1}$ in $\Sigma^{m-1}$, diejenige Klasse von Abbildungen der $\Sigma^{n-1}$ in $\overline{A}$ zu, in welcher $t'h$ enthalten ist, und nennen diese Klasse, aufgefaßt als Element von $\pi_{n-1}(\overline{A})$, auch $t'h$. Da für 2 Abbildungen $h_1, h_2$ von $\Sigma^{n-1}$ in $\Sigma^{m-1}$

$$t'(h_1 + h_2) = t'h_1 + t'h_2$$

ist, bedeutet diese durch $t' = rt$ vermittelte Zuordnung eine homomorphe Abbildung von $\pi_{n-1}(S^{m-1})$ in $\pi_{n-1}(\overline{A})$:

$$\pi_{n-1}(S^{m-1}) \sim t'\pi_{n-1}(S^{m-1}) \subset \pi_{n-1}(\overline{A})\,.$$

Zunächst folgt nun aus (13):

$$t'\pi_{n-1}(S^{m-1}) \subset \psi_{n-1}(\mathfrak{Z}_m)\,.$$

[38]) Definition der Einhängung s. [23]), S. 303.

In der Tat: wenn $f' \in \pi_{n-1}(\overline{A})$ von der Form $t'h$ ist $(h \in \pi_{n-1}(S^{m-1}))$, so gibt es ein Element $f \in \nu_n(\mathfrak{Z}_m)$, derart, daß $f' = rf$ ist, nämlich $f = t(Eh)$. — Aus (14) folgt, daß für dieses $f$ gilt: $Pf = \mathfrak{E}h$. Nun entspricht aber (Nr. 6d) jedem Element $F \in \pi_n(Z)$ ein wohlbestimmtes Element $f \in \nu_n(\mathfrak{Z}_m)$, derart, daß $Pf = F$ ist, und wenn wir $rf = f'$ setzen, so ist die Zuordnung

$$F \to f'$$

eine homomorphe Abbildung von $\pi_n(Z)$ auf $\psi_{n-1}(\mathfrak{Z}_m)$. *Wenn nun* $F = \mathfrak{E}h$ *ist*, so muß nach (14) das zugehörige $f \in \nu_n(\mathfrak{Z}_m)$ von der Form $f = t(Eh)$ sein, *dann ist also* $f' = t'h$. Das gilt für jedes Element $h$ von $\pi_{n-1}(S^{m-1})$.

Insbesondere gilt also folgender

*Hilfssatz:* $\mathfrak{Z}_m$ sei eine sphärische Zerlegung, $t$ ein Schnittelement von $\mathfrak{Z}_m$ und $t' = rt$. Es gibt eine homomorphe Abbildung von $\pi_n(Z)$ auf $\psi_{n-1}(\mathfrak{Z}_m)$ (es ist die oben erklärte Zuordnung $F \to f'$), bei welcher die Untergruppe $\mathfrak{E}\pi_{n-1}(S^{m-1})$ von $\pi_n(Z)$ auf die Untergruppe $t'\pi_{n-1}(S^{m-1})$ von $\psi_{n-1}(\mathfrak{Z}_m)$ abgebildet wird.

e) Gemäß der Freudenthal'schen Theorie der Abbildungen von Sphären auf Sphären läßt sich [39]) für alle $n < 2m-1$ (und bei ungeradem $m$ auch für $n = 2m-1$) jedes Element von $\pi_n(S^m)$ bzw. von $\pi_n(Z)$ durch Einhängung erzeugen; es ist also für diese $n$

$$\pi_n(Z) = \mathfrak{E}\pi_{n-1}(S^{m-1}),$$

und aus dem Hilfssatz folgt dann:

*Satz 12: $\mathfrak{Z}_m$ sei eine sphärische Zerlegung, t ein Schnittelement von $\mathfrak{Z}_m$ (Definition s. Nr. 11b) und $t' = rt$. Dann ist für $n < 2m-1$ (und bei ungeradem m auch für $n = 2m-1$)*

$$\psi_{n-1}(\mathfrak{Z}_m) = t'\pi_{n-1}(S^{m-1}).$$

*Insbesondere ist also* $\psi_{m-1}(\mathfrak{Z}_m) = t'\pi_{m-1}(S^{m-1})$, d. h. $\psi_{m-1}(\mathfrak{Z}_m)$ *ist die von der Klasse von* $t'$ *erzeugte Untergruppe von* $\pi_{m-1}(\overline{A})$.

Beweis der letzten Behauptung: Bezeichnen wir mit $e$ die Klasse der Identität der $S^{m-1}$, so ist $t'e$ die Klasse von $t'$ in $\pi_{m-1}(\overline{A})$, ferner für das Element $h \in \pi_{m-1}(S^{m-1})$ mit dem Abbildungsgrad $g$

$$h = g \cdot e$$

also

$$t'h = t'(g \cdot e) = g \cdot t'e.$$

[39]) s. [23]), S. 300, Satz I.

$t'\pi_{m-1}(S^{m-1})$ ist also genau die Untergruppe aller Vielfachen der Klasse von $t'$ in $\pi_{m-1}(\overline{A})$.

*Korollar zu Satz 12:* In der zusammenziehbaren (s. Nr. 7b) sphärischen Zerlegung $\mathfrak{Z}_m$ mit dem Schnittelement $t$ und $t' = rt$ gilt für $n < 2m - 1$ (und $n = 2m - 1$ bei ungeradem $m$)

$$\pi_{n-1}(\overline{A}) = t'\pi_{n-1}(S^{m-1}) .$$

f) *Satz 13:* $\mathfrak{Z}_m$ sei eine sphärische Zerlegung von $R$, $t$ ein Schnittelement von $\mathfrak{Z}_m$. Wenn der durch $t'(= rt)$ bewirkte Homomorphismus von $\pi_{n-1}(S^{m-1})$ in $\pi_{n-1}(\overline{A})$ ein *Isomorphismus auf* $\psi_{n-1}(\mathfrak{Z}_m)$ ist, dann zerfällt $\pi_n(Z)$ in die direkte Summe

$$\pi_n(Z) = P\pi_n(R) + \mathfrak{E}\pi_{n-1}(S^{m-1}) ,$$

und die Einhängung $\mathfrak{E}$ bildet $\pi_{n-1}(S^{m-1})$ isomorph ab; also

$$\pi_n(Z) \approx P\pi_n(R) + \pi_{n-1}(S^{m-1}) .$$

Beweis: Wenn die Voraussetzung erfüllt ist, so entspricht jedem Element $f' = t'h \in \psi_{n-1}(\mathfrak{Z}_m)$ ein bestimmtes Element $h \in \pi_{n-1}(S^{m-1})$. Die Zuordnung $f' \to Hf' = t(Eh)$ ist dann ein Homomorphismus von $\psi_{n-1}(\mathfrak{Z}_m)$ in $\nu_n(\mathfrak{Z}_m)$ mit den in Nr. 7a geforderten Eigenschaften; nach Formel (9) gilt also

$$\begin{aligned}\pi_n(Z) &= P\pi_n(R) + Pt(E\pi_{n-1}(S^{m-1})) \\ &= P\pi_n(R) + \mathfrak{E}\pi_{n-1}(S^{m-1}) .\end{aligned}$$

Da $PH$ dabei die Gruppe $\psi_{n-1}(\mathfrak{Z}_m)$ isomorph in $\pi_n(Z)$ abbildet, ist

$$PH\,\psi_{n-1}(\mathfrak{Z}_m) = \mathfrak{E}\pi_{n-1}(S^{m-1}) \approx \psi_{n-1}(\mathfrak{Z}_m) ,$$

ferner nach Voraussetzung

$$\psi_{n-1}(\mathfrak{Z}_m) = t'\pi_{n-1}(S^{m-1}) \approx \pi_{n-1}(S^{m-1}) ,$$

also

$$\mathfrak{E}\pi_{n-1}(S^{m-1}) \approx \pi_{n-1}(S^{m-1}) ,$$

und dieser Isomorphismus wird offenbar gerade durch die Einhängung $\mathfrak{E}$ vermittelt.

*Korollar zu Satz 13:* Für $n < 2m - 1$ (und bei ungeradem $m$ auch für $n = 2m - 1$) gilt: Wenn die durch $t'$ bewirkte Abbildung von $\pi_{n-1}(S^{m-1})$ n $\pi_{n-1}(\overline{A})$ isomorph ist, so ist $P\pi_n(R) = 0$.

Beweis: Für diese $n$ ist nach Satz 12 $\psi_{n-1}(\mathfrak{Z}_m) = t'\pi_{n-1}(S^{m-1})$, und außerdem $\mathfrak{E}\pi_{n-1}(S^{m-1}) = \pi_n(S^m)$ (was im Beweis von Satz 12 benützt wird).

g) Wir betrachten nun noch den speziellen Fall einer sphärischen Zerlegung $\mathfrak{Z}_m$ von $R$, bei *welcher* $\overline{A}$ *der Sphäre* $S^{m-1}$ *homöomorph ist.* $t$ sei ein Schnittelement von $\mathfrak{Z}_m$; die Klasse der Abbildung $t' = rt$ von $\Sigma^{m-1}$ in $\overline{A}$ läßt sich durch den Abbildungsgrad $k$ charakterisieren, der bei geeigneter Orientierung von $\overline{A}$ nicht-negativ ist. Wir bezeichnen eine Abbildung einer $(m-1)$-dimensionalen Sphäre in eine andere vom Grade $k$ (in unserem Fall der $\Sigma^{m-1}$ in $\overline{A}$) immer mit $T_k$ oder ausführlicher mit $T_k^{m-1}$.

Die Klasse von $t \in R^{V^m}$ (also auch die von $t' = rt \in \overline{A}^{\Sigma^{m-1}}$) ist nach Nr. 10c durch die Zerlegung $\mathfrak{Z}_m$ eindeutig bestimmt. Zu $\mathfrak{Z}_m$ gehört also eine nicht-negative ganze Zahl $k$, die die Eigenschaft hat: für jedes Schnittelement $t$ von $\mathfrak{Z}_m$ ist $rt = T_k^{m-1}$. Wir nennen $k$ die *charakteristische Zahl der Zerlegung* $\mathfrak{Z}_m$.

Aus den Sätzen dieser Nummer folgt für den betrachteten Spezialfall:

*Satz 14:* $\mathfrak{Z}_m$ *sei eine sphärische Zerlegung von* $R$, *bei welcher* $\overline{A}$ *der* $S^{m-1}$ *homöomorph ist, und* $k$ *sei ihre charakteristische Zahl. Dann gilt*

a) *Für* $n < 2m-1$ (*und bei ungeradem* $m$ *auch* $n = 2m-1$) *ist*

$$\psi_{n-1}(\mathfrak{Z}_m) = T_k^{m-1}\pi_{n-1}(S^{m-1}) .$$

b) *Wenn* $k \neq 0$ *ist, dann ist* $P\pi_m(R) = 0$.

Beweis: a) folgt direkt aus Satz 12, b) aus dem Korollar zu Satz 13, wenn man bemerkt, daß für $k \neq 0$ die durch $t' = T_k$ bewirkte Abbildung von $\pi_{m-1}(S^{m-1})$ in $\pi_{m-1}(\overline{A})$ isomorph ist: $T_l$ sei eine Abbildung vom Grade $l$ von $\Sigma^{m-1}$ in sich; wegen $T_kT_l = T_{kl} \in \overline{A}^{\Sigma^{m-1}}$ folgt aus $T_kT_l = 0$ auch $k \cdot l = 0$, also $l = 0$.

Für $n = m$ folgt aus Satz 14a) leicht (mit denselben Voraussetzungen und Bezeichnungen):

*Korollar:* Eine Abbildung von $\overline{A}$ in sich ist in $R^{\overline{A}}$ dann und nur dann zusammenziehbar, wenn ihr Grad ein Vielfaches von $k$ ist.

h) Insbesondere ist dann und nur dann die Zerlegung, von der in Satz 14 die Rede ist, zusammenziehbar (d. h. $\overline{A}$ in $R$ zusammenziehbar), wenn $k = 1$ ist. In diesem Falle sind für alle $n \geqslant 2$ die Voraussetzungen von Satz 13 erfüllt; daraus folgt:

*Satz 15: In einer zusammenziehbaren sphärischen Zerlegung $\mathfrak{Z}_m$, in welcher $\bar{A}$ der $S^{m-1}$ homöomorph ist, gilt für alle $n \geqslant 2$*

$$\pi_n(Z) = P\pi_n(R) + \mathfrak{E}\pi_{n-1}(S^{m-1}),$$

*wobei $P$ und $\mathfrak{E}$ Isomorphismen von $\pi_n(R)$ bzw. $\pi_{n-1}(S^{m-1})$ in $\pi_n(Z)$ sind.*

Dieser Satz geht nur insofern über die Formel (10) und den Satz F (Nr. 7b) hinaus, als er zeigt, daß unter der Voraussetzung $Z = S^m$ und $\bar{A} = S^{m-1}$ die a. a. O. $PH$ genannte Abbildung von $\pi_{n-1}(\bar{A})$ in $\pi_n(Z)$ mit der Freudenthal'schen „Einhängung" identisch ist (vgl. auch Nr. 8a); für den Beweis dieser Tatsache allein wären natürlich die meisten Sätze dieser Nummer in ihrer Allgemeinheit entbehrlich gewesen.

## 11. Gruppenzerlegungen

a) $\mathfrak{Z}$ sei die Zerlegung einer kompakten topologischen Gruppe $G$ in Restklassen nach einer abgeschlossenen Untergruppe $U$; der Zerlegungsraum $Z$ ist ein Wirkungsraum von $G$ (vgl. Nr. 2c). $\mathfrak{Z}$ sei retrahierbar; das ist sicher der Fall, wenn $G$ eine Lie'sche Gruppe ist (Nr. 2c). Als ausgezeichneten Punkt im Sinne von Nr. 6a wählen wir die Gruppeneins $e$ von $G$ (also $A = Pe$, und $\bar{A} = U$). Ist $j$ eine Schnittfläche von $\mathfrak{Z}$, so können wir immer annehmen, daß $j(A) = e$ ist.

b) Wenn diese Zerlegung $\mathfrak{Z}$ von $G$ eine Schnittfläche $j$ besitzt, so ist durch

$$f(u, B) = u \cdot j(B) \qquad u \in U, B \in Z$$

(wo $\cdot$ die Multiplikation in der Gruppe $G$ bedeutet) eine topologische Abbildung des topologischen Produkts $U \times Z$ auf $G$ gegeben, bei welcher $f(U, B) = \bar{B}$ ist; dann ist also $G$ dem topologischen Produkt $U \times Z$ homöomorph, und $\mathfrak{Z}$ ist der Links-Zerlegung von $U \times Z$ homöomorph (Nr. 1b) (d. h. der natürlichen Zerlegung von $U \times Z$, deren Zerlegungsraum $Z$ ist). Also

c) *Satz 16: Ist $W$ ein Wirkungsraum der geschlossenen Lie'schen Gruppe $G$ mit der Isotropiegruppe $U$, und besitzt die Zerlegung $\mathfrak{Z}$ von $G$ in Restklassen nach $U$ eine Schnittfläche, so ist $G$ dem topologischen Produkt $U \times W$ homöomorph, und $\mathfrak{Z}$ ist der Links-Zerlegung von $U \times W$ homöomorph.*

Hieraus und aus Satz 11 folgt das

*Korollar:* Die Sphäre $S^m$ sei ein Wirkungsraum der geschlossenen Lieschen Gruppe $G$, und $\mathfrak{Z}_m$ die zugehörige (sphärische) Zerlegung von $G$ in Restklassen nach der Isotropiegruppe $U$. Dann gilt:

Wenn $\psi_{m-1}(\mathfrak{Z}) = 0$ ist, so ist $G$ dem topologischen Produkt $U \times S^m$ homöomorph.

## § 5. Anwendungen, insbesondere auf Sphären

### 12. Vorbereitendes über Sphärenabbildungen

a) Wir benützen in diesem Paragraphen folgende bekannten Resultate aus der Theorie der Abbildungen von Sphären auf Sphären, die wir als Aussagen über die $n$te Homotopiegruppe $\pi_n(S^m)$ der $m$-dimensionalen Sphäre $S^m$ formulieren (vgl. auch Anm.[29]) [30]):

$$\begin{aligned} \pi_n(S^1) &= 0 && \text{für } n \geqslant 2 \\ \pi_n(S^m) &= 0 && \text{für } n \leqslant m-1 \\ \pi_m(S^m) &\approx \mathfrak{G} && \text{für } m \geqslant 1 \\ \pi_{m+1}(S^m) &\approx \mathfrak{G}_2 && \text{für } m \geqslant 3 \text{ }^{40)} \\ \pi_{m+2}(S^m) &= 0 && \text{für } m \geqslant 3 \text{ }^{41)} . \end{aligned}$$

b) Mit $T_k^m$ (oder $T_k$) bezeichnen wir eine Abbildung der Sphäre $S^m$ in sich vom Grade $k$. Ist $f$ eine Abbildung der $S^n$ in die $S^m$, so ist auch $T_k^m f$ eine solche, und wir bezeichnen auch ihre Abbildungsklassen mit $f$ und $T_k f$ (statt $|f|$ und $|T_k^m f|$). Ordnet man dem Element $f \in \pi_n(S^m)$ das Element $T_k^m f$ zu, so entsteht eine homomorphe Abbildung von $\pi_n(S^m)$ in sich. — $\mathfrak{E}$ bedeute die Freudenthal'sche Einhängung[38]).

*Hilfssatz*[42]): Für $m \geqslant 3$ ist $T_2^m \pi_{m+1}(S^m) = 0$. — Oder: Für jede Abbildung $f$ der $S^{m+1}$ in die $S^m (m \geqslant 3)$ ist $T_2 f$ zusammenziehbar.

Beweis: Es sei $m \geqslant 3$ und $f \in \pi_{m+1}(S^m)$; nach einem Satze von Freudenthal[39]) gibt es in der Klasse $f$ eine „eingehängte" Abbildung:

$$f = \mathfrak{E} g .$$

---

[40]) s. *Freudenthal*[23]), S. 301. Ferner: *L. Pontrjagin* (C. R. Acad. Sc. de l'U.R.S.S. [1938] XIX, 147—149).

[41]) *L. Pontrjagin* (C. R. Acad. Sc. de l'U.R.S.S. [1938] XIX, 361—363).

[42]) Dieser Satz und ebenso das Korollar zu Satz 17 ergeben sich leicht aus allgemeinern Betrachtungen über den Homomorphismus $T_k^m$ von $\pi_n(S^m)$ in sich, auf welche wir an anderer Stelle eingehen werden. Wir ziehen es vor, hier einen kurzen direkten Beweis für den Hilfssatz anzugeben.

Nun kann man aber leicht verifizieren, daß für beliebiges $n$, $m$ und $k$ und $g \in \pi_{n-1}(S^{m-1})$

$$T_k^m \mathfrak{E} g = \mathfrak{E} T_k^{m-1} g$$

ist. Die Abbildungsklasse $T_2^m f$ geht also durch (evtl. wiederholte) Einhängung aus $T_2 h$ hervor, wo $h$ ein Element von $\pi_3(S^2)$ ist. Für die Hopfsche Invariante[43]) $\gamma$ von $T_2^2 h$ gilt:

$$\gamma(T_2^2 h) = 4\gamma(h) = \gamma(4h) .$$

Die Elemente von $\pi_3(S^2)$ sind aber durch die Invariante $\gamma$ charakterisiert; denn $\gamma$ ist ein ganzzahliger, nichttrivialer Charakter von $\pi_3(S^2)$, und nach Satz 6′ ist $\pi_3(S^2) \approx \pi_3(S^3)$ eine unendliche zyklische Gruppe. Also folgt

$$T_2^2 h = 4h ,$$

also

$$\mathfrak{E} T_2^2 h = \mathfrak{E}(4h) = 4 \cdot \mathfrak{E} h = 0 ,$$

weil $\pi_4(S^3) \approx \mathfrak{G}_2$ ist. Also ist auch

$$T_2^m f = \mathfrak{E}\mathfrak{E} \cdots \mathfrak{E} T_2^2 h = 0 , \quad \text{q. e. d.}$$

**13. Sphärenfaserungen**

a) Die in Nr 2d beschriebenen Sphärenfaserungen

$$S^{2q-1} / S^{q-1} = S^q , \quad q = 2, 4, 8$$

sind zusammenziehbare sphärische Zerlegungen $\mathfrak{Z}_q$, deren Elemente $(q-1)$-dimensionale Sphären sind. Nach Satz 15 (Nr 10h) gilt also für $n \geqslant 2$

$$\pi_n(S^q) = P\pi_n(S^{2q-1}) + \mathfrak{E}\pi_{n-1}(S^{q-1}) ,$$

wobei $P$ die Gruppe $\pi_n(S^{2q-1})$ und $\mathfrak{E}$ die Gruppe $\pi_{n-1}(S^{q-1})$ isomorph in $\pi_n(S^q)$ abbildet Das ist genau der Satz 6′ (Nr 8a), nur dahin präzisiert, daß die dort $PH$ genannte Abbildung von $\pi_{n-1}(S^{q-1})$ in $\pi_n(S^q)$ mit der Einhängung identisch ist. Wesentliche Abbildungen (für Abbildungen in Sphären ist „wesentlich" und „nicht-zusammenziehbar" gleichbedeutend) der $S^n$ auf $S^q$ entstehen also auf 2 Arten: einerseits durch Projektion (bezüglich der Zerlegung $\mathfrak{Z}_q$) wesentlicher Abbildungen der $S^n$ auf $S^{2q-1}$, andererseits durch Einhängung wesentlicher Abbildungen der $S^{n-1}$ auf $S^{q-1}$.

---

[43]) *H. Hopf*, Über die Abbildungen der 3-dimensionalen Sphäre auf die Kugelfläche (Math. Ann. 104 [1931], 637—655), vgl. auch[12]). Beweis, daß $\gamma$ ein Charakter von $\pi_3(S^2)$ ist: Freudenthal[23]), S. 305.

b) Wir heben noch den Teil dieses Resultates, der die Einhängung betrifft und der ein interessantes Gegenstück zu Sätzen von Freudenthal[44]) ist, besonders hervor (für $q = 2$ trivial):

*Satz 17: Für $q = 4$ und $8$, und für beliebiges $n \geqslant 2$ bildet die Einhängung $\mathfrak{E}$ die Gruppe $\pi_{n-1}(S^{q-1})$ isomorph in die Gruppe $\pi_n(S^q)$ ab* (d. h. aus $f \in \pi_{n-1}(S^{q-1})$, $\mathfrak{E}f = 0$ folgt $f = 0$).

Nach Freudenthal[45]) gilt immer

$$\mathfrak{E}(f + T_{-1}f) = 0 ;$$

also folgt aus Satz 17 das

*Korollar*[42]): Für $m = 3$ und $7$, und beliebiges $n$, und $f \in \pi_n(S^m)$ gilt

$$T_{-1}f = -f .$$

(Dagegen ist z. B. für $n = 3$ und $m = 2$ immer $T_{-1}f = f$.)

## 14. k-Felder auf Sphären

a) Wir bezeichnen mit $L_{m,k}$ die (in natürlicher Weise topologisierte) Mannigfaltigkeit aller an die $m$-dimensionale Sphäre $S^m$ tangentialen $k$-Systeme des $R^{m+1}$ (s. Nr. 2e), $0 < k < m$. Fassen wir in jedem Punkt der $S^m$ die dort angreifenden tangentialen $k$-Systeme zu einer Teilmenge von $L_{m,k}$ zusammen, so ist diese Teilmenge eine Mannigfaltigkeit $V_{m,k}$ (Nr. 2g), und alle solchen Teilmengen bilden eine Zerlegung (sogar eine „reguläre Faserung") von $L_{m,k}$; ihr Zerlegungsraum ist der $S^m$ homöomorph. Wir nennen sie die *natürliche Zerlegung* von $L_{m,k}$ und beschreiben sie kurz durch

$$L_{m,k} / V_{m,k} = S^m .$$

Eine Schnittfläche der natürlichen Zerlegung von $L_{m,k}$ heißt auch[46]) ein *k-Feld auf $S^m$*; man kann ein $k$-Feld auf $S^m$ auffassen als System von $k$ tangentialen Vektorfeldern auf $S^m$, die in jedem Punkt der $S^m$ paarweise orthogonal sind. Ein 1-Feld ist dasselbe wie ein tangentiales Vektorfeld; $L_{m,1}$ ist der Raum der gerichteten Linienelemente der $S^m$.

b) $L_{m,k}$ ist der Mannigfaltigkeit $V_{m+1,k+1}$ homöomorph, und die natürliche Zerlegung von $L_{m,k}$ ist der Zerlegung $V_{m+1,k+1} / V_{m,k} = V_{m+1,1}$ (Nr. 2g) homöomorph, also retrahierbar. $L_{m,m-1}$ ist der orthogonalen Gruppe $\Gamma_m$ (Nr. 8c) homöomorph.

---

[44]) s. [23]), Satz II.
[45]) s. [23]), S. 304 (Nr. 3.8).
[46]) vgl. *Stiefel*[14]), § 4.1.

c) Aus Satz 11 (Nr. 10a) folgt:

*Satz 18: Es gibt dann und nur dann ein k-Feld auf $S^m$, wenn $\psi_{m-1}(L_{m,k}/V_{m,k}) = 0$ ist $(0 < k < m)$.*

Bei geradem $m$ gibt es kein $k$-Feld auf $S^m$ (denn es gibt nicht einmal ein tangentiales Vektorfeld); also ist $\psi_{m-1}(L_{m,k}/V_{m,k}) \neq 0$, a fortiori also $\pi_{m-1}(V_{m,k}) \neq 0$. Oder

*Korollar zu Satz 18:* Für ungerades $m$ und $0 < k < m$ ist

$$\pi_m(L_{m,k}) \neq 0 .$$

Darin ist der Satz von Feldbau[47]) enthalten, der aussagt, daß für ungerades $m$ immer $\pi_m(\Gamma_m) \neq 0$ ist.

*Satz 19: Wenn die Sphäre $S^m$ parallelisierbar ist, so ist die Gruppe $\Gamma_m$ dem topologischen Produkt $\Gamma_{m-1} \times S^m$ homöomorph.*

Beweis: Parallelisierbarkeit ist gleichbedeutend mit der Existenz eines $(m-1)$-Feldes auf $S^m$, also einer Schnittfläche der Zerlegung $\Gamma_m/\Gamma_{m-1} = S^m$. Die Behauptung folgt also aus Satz 16.

Da die Sphären $S^3$ und $S^7$ parallelisierbar sind[48]), ist $\Gamma_3$ dem topologischen Produkt $\Gamma_2 \times S^3$ und $\Gamma_7$ dem topologischen Produkt $\Gamma_6 \times S^7$ homöomorph.

d) Nach Satz G, II gilt für die $n$-te Homotopiegruppe von $\Gamma_3$ und $\Gamma_7$:

$$\pi_n(\Gamma_m) \approx \pi_n(S^m) + \pi_n(\Gamma_{m-1}) , \qquad m = 3,7 .$$

Insbesondere ist $\pi_2(\Gamma_3) \approx \pi_2(S^3) + \pi_2(\Gamma_2)$; da $\Gamma_2$ zum 3-dimensionalen projektiven Raum $P^3$ homöomorph ist, folgt nach Nr. 8a $\pi_2(\Gamma_2) \approx \pi_2(S^3) = 0$, also $\pi_2(\Gamma_3) = 0$. In Verbindung mit Satz 9 folgt hieraus für alle $n \geqslant 3$

$$\pi_2(\Gamma_n) = 0 .$$

Ferner ist auch $\pi_2(\Gamma_1) \approx \pi_2(V_{2,1}) \approx \pi_2(S^1) = 0$. Also

*Satz 20: Für alle orthogonalen Gruppen $\Gamma_n$ $(n = 1, 2, \cdots)$ ist $\pi_2(\Gamma_n) = 0$.*

(Das ist übrigens in einem allgemeinen Satze von Cartan[49]) enthalten.)

e) „Ein $k$-Feld zu einem $(k+1)$-Feld ergänzen", heißt: ein Vektorfeld angeben, welches mit den $k$ Vektorfeldern des $k$-Feldes zusammen ein $(k+1)$-Feld bildet.

---

[47]) *J. Feldbau*[9]), S. 1623.

[48]) s. [14]), S. 45.

[49]) *E. Cartan*, La topologie des groupes de Lie (act. scient. et industr. 358), S. 14.

*Satz 21: Man kann* a) *für* $m \geqslant 3$ *jedes* $(m-2)$*-Feld auf* $S^m$ *zu einem* $(m-1)$*-Feld,* und b) *für* $m \geqslant 6$ *jedes 2-Feld auf* $S^m$ *zu einem 3-Feld ergänzen.* *

Bemerkungen: zu a) Ein $(m-1)$-Feld auf $S^m$ kann man immer zu einem $m$-Feld ergänzen; zu b) Die Bedingung $m \geqslant 6$ erweist sich später (wegen Satz 27) als überflüssig.

Beweis von Satz 21: a) Wir betrachten die 3 Zerlegungen

$$\begin{aligned} \mathfrak{Z}: &\quad V_{m+1,m}/V_{m,m-1} = V_{m+1,1} \\ \mathfrak{Z}': &\quad V_{m+1,m}/V_{2,1} = V_{m+1,m-1} \\ \mathfrak{Z}'': &\quad V_{m+1,m-1}/V_{m,m-2} = V_{m+1,1} \end{aligned}$$

und bezeichnen die zugehörigen Projektionen bzw. mit $P$, $P'$ und $P''$. Wenn man den Zerlegungsraum von $\mathfrak{Z}'$ mit $V_{m+1,m-1}$ und die Zerlegungsräume von $\mathfrak{Z}$ und $\mathfrak{Z}''$ mit $V_{m+1,1}$ identifiziert, so gilt offenbar

$$P = P''P'.$$

Wir nehmen an, es gebe auf der $S^m$ ein $(m-2)$-Feld; das bedeutet, daß es in $\mathfrak{Z}''$ eine Schnittfläche gibt, d. h. eine Abbildung $j_1$ von $V_{m+1,1}$ in $V_{m+1,m-1}$, deren Spur $P''j_1$ die Identität $J$ von $V_{m+1,1}$ ist.

Für $\mathfrak{Z}'$ folgt aus der Homöomorphie von $V_{2,1}$ zu $S^1$, daß für $m \geqslant 3$

$$\psi_{m-1}(V_{m+1,m}/V_{2,1}) = 0$$

ist, also nach Satz E (Korollar), daß jede Abbildung einer $S^m$ in $V_{m+1,m-1}$ bezüglich $\mathfrak{Z}'$ eine Spur ist. Es gibt also eine Abbildung $j$ von $V_{m+1,1}$ in $V_{m+1,m}$, für welches $P'j = j_1$ ist, also ist

$$Pj = P''P'j = P''j_1 = J,$$

d. h. $j$ ist eine Schnittfläche von $\mathfrak{Z}$, deren Projektion bezüglich $\mathfrak{Z}'$ die Schnittfläche $j_1$ von $\mathfrak{Z}''$ ergibt. Das ist aber gerade die Behauptung a), wenn man nur $\mathfrak{Z}$ und $\mathfrak{Z}''$ durch die dazu homöomorphen Zerlegungen $L_{m,m-1}/V_{m,m-1} = S^m$ und $L_{m,m-2}/V_{m,m-2} = S^m$ ersetzt.

Der Beweis von b) verläuft ganz analog, wenn man von den Zerlegungen

$$\begin{aligned} \mathfrak{Z}: &\quad V_{m+1,4}/V_{m,3} = V_{m+1,1} \\ \mathfrak{Z}': &\quad V_{m+1,4}/V_{m-2,1} = V_{m+1,3} \\ \mathfrak{Z}'': &\quad V_{m+1,3}/V_{m,2} = V_{m+1,1} \end{aligned}$$

ausgeht und berücksichtigt, daß für $m \geqslant 6$

* see Note I on p. 823 of these Selecta

$$\pi_{m-1}(V_{m-2,1}) \approx \pi_{m-1}(S^{m-3}) = 0$$

ist, und somit auch

$$\psi_{m-1}(V_{m+1,4}/V_{m-2,1}) = 0 .$$

## 15. Linienelementräume der Sphären

a) Wir untersuchen jetzt speziell den Raum $L_{m,1}$ aller gerichteten Linienelemente der $S^m$.

Bei *ungeradem* $m$ gibt es auf der $S^m$ ein stetiges Vektorfeld (man kann leicht eines explizit angeben); d. h. die natürliche Zerlegung von $L_{m,1}$ besitzt eine Schnittfläche, und aus Satz G (Nr. 9) folgt[50]):

*Satz 22: Für alle Homotopiegruppen des Linienelementraumes $L_{m,1}$ einer Sphäre ungerader Dimension $m$ gilt*

$$\pi_n(L_{m,1}) \approx \pi_n(S^m) + \pi_n(S^{m-1}) .$$

b) Die natürliche Zerlegung von $L_{m,1}$ ist eine sphärische Zerlegung $\mathfrak{Z}_m$, deren Elemente der $S^{m-1}$ homöomorph sind. Zu $\mathfrak{Z}_m$ gehört also nach Nr. 10e eine *charakteristische Zahl* $k$. Man könnte leicht direkt einsehen, daß $k$ gleich der Euler'schen Charakteristik der $S^m$ sein muß. Wir ziehen es aber vor, ein besonders einfaches *Schnittelement* der Zerlegung $\mathfrak{Z}_m$ anzugeben, aus welchem man entnimmt, daß bei geradem $m$ die Zahl $k = 2$ ist (und bei ungeradem $m$ natürlich $k = 0$).

c) Als Vorbereitung betrachten wir eine *spezielle Abbildung* $s$ einer Sphäre $\Sigma^m$ auf eine gleichdimensionale Sphäre $S^m$. $\Sigma^m$ sei im $(m+1)$-dimensionalen euklidischen Raum $R_1^{m+1}$ mit den Koordinaten $u_1, \ldots, u_{m+1}$ durch $\sum_{i=1}^{m+1} u_i^2 = 1$ und $S^m$ in $R^{m+1}$ mit den Koordinaten $x_1, \ldots, x_{m+1}$ durch $\sum_{i=1}^{m+1} x_i^2 = 1$ gegeben. Die Abbildung $s$

$$x = s(u) \qquad x \in S^m, u \in \Sigma^m$$

sei durch

$$x_i = 2u_i u_1 - \delta_{i1} \;, \quad i = 1, 2, \ldots, m+1$$

definiert[51]).

---

[50]) Ein analoger Satz gilt offenbar für den Linienelementraum jeder Mannigfaltigkeit $M^n$ mit der Charakteristik 0. Es ist bemerkenswert, daß in diesem Falle sowohl Homotopie- als auch Homologiegruppen des Linienelementraumes mit denen des topologischen Produktes $M^n \times S^{n-1}$ übereinstimmen (wegen der Homologiegruppen vgl. *Gysin*[9])).

[51]) Identifiziert man $R^{m+1}$ mit $R_1^{m+1}$, so ist $s(u)$ derjenige Punkt von $\Sigma^m$, den man durch Spiegelung von $\Sigma^m$ an dem durch $u$ gehenden Durchmesser aus dem Punkt $(1, 0, \ldots, 0)$ $\in R_1^m$ erhält. (Diese bzw. eine ähnliche Abbildung wird von Hopf an verschiedenen Stellen, z. B. [12]), benützt.)

Wir bezeichnen mit $\Sigma^{m-1}$ den Äquator $u_1 = 0$ von $\Sigma^m$ und mit $H^m$ die Halbsphäre $u_1 > 0$ von $\Sigma^m$, ferner mit $p$ den Punkt $x_i = -\delta_{i1}$ von $S^m$. Dann gilt:

$$s(\Sigma^{m-1}) = p \quad ,$$

und man sieht leicht, daß $H^m$ topologisch auf $S^m - p$ abgebildet wird (mit dem Grad $+1$; die Orientierung der Sphären sowie der Halbsphären sei durch die natürliche Orientierung des einbettenden euklidischen Raumes bestimmt).

Antipodische Punkte von $\Sigma^m$ haben bei der Abbildung $s$ denselben Bildpunkt auf $S^m$. Da die Spiegelung von $\Sigma^m$ an ihrem Zentrum den Grad $+1$ oder $-1$ hat, je nachdem $m$ ungerade oder gerade ist, folgt hieraus, daß der Abbildungsgrad von $s$ bei ungeradem $m$ den Wert 2 und bei geradem $m$ den Wert 0 hat.

d) Wir stellen $L_{m,1}$ dar als Mannigfaltigkeit $V_{m+1,2}$ im euklidischen Raum $R^{m+1}$, d. h. als Menge aller Paare $(x, y)$ von orthogonalen normierten Vektoren $x$ und $y$ des $R^{m+1}$ (mit den Komponenten $x_i$ bzw. $y_i$, $i = 1, \ldots, m+1$). Der natürlichen Zerlegung von $L_{m,1} (m \geqslant 2)$ entspricht dann die Zerlegung $\mathfrak{Z}$

$$V_{m+1,2} / V_{m,1} = V_{m+1,1} \, ,$$

deren Zerlegungsraum wir als Sphäre $S^m$ und deren Projektion wir durch

$$P(x, y) = x \in S^m$$

geben können.

$V^m$ sei die „Vollkugel" $H^m + \Sigma^{m-1} \subset \Sigma^m$ (Bezeichnungen wie in c). Wir definieren eine Abbildung $t$ von $V^m$ in $V_{m+1,2}$ durch

$$\left.\begin{aligned} x_i &= 2u_i u_1 - \delta_{i1} \\ y_i &= 2u_i u_2 - \delta_{i2} \end{aligned}\right\} \quad i = 1, \ldots, m+1$$

Man verifiziert, daß $\sum_{i=1}^{m+1} x_i y_i = 0$ und $\sum_{i=1}^{m+1} x_i^2 = \sum_{i=1}^{m+1} y_i^2 = 1$ ist. Die Spur $Pt$ dieser Abbildung ist nichts anderes als die oben $s$ genannte Abbildung; sie bildet also $H^m$ topologisch auf $S^m - p$ und $\Sigma^{m-1}$ auf $p$ (das ist der Punkt mit den Koordinaten $x_i = -\delta_{i1}$) ab. $t$ ist also ein *Schnittelement* von $\mathfrak{Z}$.

Die Abbildung $t' = rt$ von $\Sigma^{m-1}$ ($n_1 = 0$) auf das zu $x = p$ gehörige Element der Zerlegung $\mathfrak{Z}$ kann man als Abbildung

$$y_i = 2u_i u_2 - \delta_{i2} \qquad i = 2, \ldots, m+1$$

von $\Sigma^{m-1}$ auf die zu $V_{m,1}$ homöomorphe Sphäre $S^{m-1}$ $(\sum_{i=2}^{m+1} y_i^2 = 1)$ auffassen; sie hat nach den Überlegungen von c) bei geradem $m$ den Grad 2 und bei ungeradem $m$ den Grad 0.

*Satz 23: Die charakteristische Zahl $k$ der natürlichen Zerlegung des Linienelementraumes $L_{m,1}$ einer Sphäre gerader Dimension hat den Wert* 2 (und einer Sphäre ungerader Dimension den Wert 0).

Es sei noch bemerkt, daß man die Abbildung $t$ auch als tangentiales Vektorfeld auf $S^m - p$ deuten kann; man erhält dasselbe Feld, wenn man das Vektorfeld $(0, -1, 0, \ldots, 0)$ in der Äquatorebene $x_1 = 0$ stereographisch vom Punkt $p$ aus auf die $S^m$ projiziert. Der Index der Singularität in $p$ ist dabei dasselbe wie die charakteristische Zahl $k$.

e) Folgerungen aus Satz 23. Aus Satz 14 (Nr. 10) und unter Anwendung des Hilfssatzes aus Nr. 12 folgt nun bei geradem $m$ für $L_{m,1}$ und seine natürliche Zerlegung $L_{m,1}/V_{m,1} = S^m$ (oder $L_{m,1}/S^{m-1} = S^m$) für $m \geqslant 2$:

$$\psi_{m-1}(L_{m,1}/S^{m-1}) = T_2\pi_{m-1}(S^{m-1}) \approx 2\mathfrak{G} \approx \mathfrak{G} \text{ [30]}$$

$$\psi_m(L_{m,1}/S^{m-1}) = T_2\pi_m(S^{m-1}) = 0$$

$$P\pi_m(L_{m,1}) = 0\,.$$

Für die Homotopiegruppen der Dimension $m-1, m$ und $m+1$ erhält man hieraus:

Wegen $\pi_{m-1}(S^m) = 0$ ist $P\pi_{m-1}(L_{m,1}) = 0$, also nach Satz E:

$$\pi_{m-1}(L_{m,1}) \approx \pi_{m-1}(S^{m-1}) / \psi_{m-1}(L_{m,1}/S^{m-1}) \approx \mathfrak{G}_2 \text{ [30]}\,.$$

Ebenso folgt aus $P\pi_m(L_{m,1}) = 0$ für $m \geqslant 4$:

$$\pi_m(L_{m,1}) \approx \pi_m(S^{m-1}) / \psi_m(L_{m,1}/S^{m-1}) \approx \pi_m(S^{m-1}) \approx \mathfrak{G}_2\,.$$

Wegen $\psi_m(L_{m,1}/S^{m-1}) = 0$ ist ferner $P\pi_{m+1}(L_{m,1}) = \pi_{m+1}(S^m)$, also

$$\pi_{m+1}(L_{m,1}) / \varphi_{m+1}(L_{m,1}/S^{m-1}) \approx \pi_{m+1}(S^m)\,;$$

aber wegen $\pi_{m+1}(S^{m-1}) = 0$ ist auch $\varphi_{m+1}(L_{m,1}/S^{m-1}) = 0$, somit

$$\pi_{m+1}(L_{m,1}) \approx \pi_{m+1}(S^m) \approx \mathfrak{G}_2, \text{ für } m \geqslant 4\,.^*$$

* see Note I on p. 823 of these Selecta

*Satz 24: Für den Linienelementraum $L_{m,1}$ einer Sphäre gerader Dimension $m \geqslant 4$ gilt*

$$\pi_{m-1}(L_{m,1}) \approx \pi_m(L_{m,1}) \approx \pi_{m+1}(L_{m,1}) \approx \mathfrak{G}_2 .^*$$

Die Tatsache, daß $\psi_m(L_{m,1}/S^{m-1}) = 0$ ist, können wir nach Satz E (Korollar) auch so formulieren (gilt auch für $m = 2$):

*Satz 24': Für den Linienelementraum $L_{m,1}$ einer Sphäre gerader Dimension gilt: Jede Abbildung einer $S^{m+1}$ in $S^m$ ist bezüglich der natürlichen Zerlegung von $L_{m,1}$ eine Spur.*

(Für Sphären ungerader Dimension ist dieser Satz trivialerweise gültig, weil die Zerlegung von $L_{m,1}$ eine Schnittfläche besitzt.)

## 16. Ein Satz über 2-Felder auf Sphären. Nicht-Parallelisierbarkeit der Sphäre $S^5$

a) *Satz 25: Wenn es auf der Sphäre $S^m$ ein 2-Feld gibt, so kann man jedes 1-Feld auf $S^m$ zu einem 2-Feld ergänzen.*

Beweis: $m$ sei ungerade $\geqslant 5$; denn nur dann sagt der Satz etwas aus. Wir beweisen ihn in folgender Form: Es seien 2 tangentiale Vektorfelder auf $S^m$ gegeben; wenn man das eine der beiden zu einem 2-Feld ergänzen kann, dann auch das andere. $\mathfrak{Z}$ sei die Zerlegung

$$L_{m,2}/V_{m-1,1} = L_{m,1}$$

des Raumes $L_{m,2}$; ihre Elemente sind die Teilmengen derjenigen an die $S^m$ tangentialen 2-Systeme, die im selben Punkt der $S^m$ angreifen und im ersten Vektor übereinstimmen; ihr Zerlegungsraum sei mit $L_{m,1}$ identifiziert. $\mathfrak{Z}$ ist zur Zerlegung

$$V_{m+1,3}/V_{m-1,1} = V_{m+1,2}$$

homöomorph.

Die beiden gegebenen Vektorfelder können wir als Abbildungen von $S^m$ in $L_{m,1}$ auffassen. Dann lautet die Behauptung: Wenn eine dieser Abbildungen bezüglich $\mathfrak{Z}$ eine Spur ist, dann auch die andere. $f_1, f_2 \in \pi_m(L_{m,1})$ seien die Klassen dieser Abbildungen. Wenn wir zeigen können, daß $g = f_1 - f_2$ bezüglich $\mathfrak{Z}$ eine Spur ist, so ist der Satz bewiesen.

In der natürlichen Zerlegung $\mathfrak{Z}'$ von $L_{m,1}$:

$$L_{m,1}/V_{m,1} = S^m$$

ist $Pf_1 = Pf_2$ die Klasse der Identität von $S^m$, also

* see Note I on p. 823 of these Selecta

$$Pg = P(f_1 - f_2) = Pf_1 - Pf_2 = 0\,,$$

somit $$g \in \varphi_m(L_{m,1}/V_{m,1})\,. \qquad \text{(s. Nr. 6)}$$

$V_{m,1} \subset L_{m,1}$ sei ein bestimmtes Element der Zerlegung $\mathfrak{Z}'$; alle die zu Punkten von $V_{m,1}$ gehörigen Elemente $V_{m-1,1}$ der Zerlegung $\mathfrak{Z}$ bilden zusammen eine Mannigfaltigkeit $V_{m,2} \subset L_{m,2}$, in welcher die Zerlegung $\mathfrak{Z}$ eine Zerlegung $\mathfrak{Z}''$

$$V_{m,2}/V_{m-1,1} = V_{m,1}$$

induziert; $\mathfrak{Z}''$ ist zur natürlichen Zerlegung von $L_{m-1,1}$ homöomorph.

Für die Klasse $g = f_1 - f_2 \in \pi_m(L_{m,1})$ gilt $g \in \varphi_m(L_{m,1}/V_{m,1})$; wir können sie also durch eine Abbildung von $S^m$ in $V_{m,1}$ repräsentieren, und diese ist nach Satz 24′ bei ungeradem $m \geqslant 5$ in $\mathfrak{Z}''$ (also auch in $\mathfrak{Z}$) eine Spur. Nach dem grundlegenden Lemma (Nr. 3) ist also $g$ in $\mathfrak{Z}$ eine Spur, q. e. d.

b) Es sei $m$ ungerade, $m = 2k - 1$. In einem mit festem Koordinatensystem versehenen euklidischen Raum $R^{2k}$ sei

$$\mathfrak{x} = (x_1, \ldots, x_{2k})$$

der Ortsvektor der Sphäre $S^m: \mathfrak{x}^2 = 1$. Mit $\tilde{\mathfrak{x}}$ bezeichnen wir den Vektor

$$\tilde{\mathfrak{x}} = (x_2, -x_1, \ldots, x_{2k}, -x_{2k-1})\,.$$

Durch $\tilde{\mathfrak{x}}$ ist wegen

$$\mathfrak{x}\tilde{\mathfrak{x}} = 0$$

ein tangentiales Vektorfeld auf $S^m$ gegeben. Die Frage, ob es auf $S^m$ ein 2-Feld gibt, ist nach Satz 25 äquivalent mit der Frage, ob sich dieses spezielle Vektorfeld $\tilde{\mathfrak{x}}$ zu einem 2-Feld ergänzen läßt, oder: ob man eine stetige Vektorfunktion $\mathfrak{y}$ von $\mathfrak{x}$ angeben kann, derart, daß für jeden Punkt $\mathfrak{x}$ der $S^m$ gilt

$$\mathfrak{y}^2 = 1 \qquad \mathfrak{x}\mathfrak{y} = \tilde{\mathfrak{x}}\mathfrak{y} = 0\,.$$

(Wenn dies möglich ist, so hat man übrigens gerade ein 3-Feld auf $S^m$; der Vektor $\tilde{\mathfrak{y}}$ liefert nämlich das dritte Vektorfeld, weil offenbar

$$\tilde{\mathfrak{y}}^2 = 1, \quad \mathfrak{y}\tilde{\mathfrak{y}} = 0\,,$$
$$\mathfrak{x}\tilde{\mathfrak{y}} = -\tilde{\mathfrak{x}}\mathfrak{y} = 0 \quad \text{und} \quad \tilde{\mathfrak{x}}\tilde{\mathfrak{y}} = \mathfrak{x}\mathfrak{y} = 0$$

ist).

Wir fassen nun den $R^{2k}$ auf als *unitären Raum* in $k$ komplexen Dimensionen, $U_k$, ordnen also dem Ortsvektor $\mathfrak{x}$ des $R^{2k}$ den Vektor $\mathfrak{u}$ mit den $k$ komplexen Komponenten

$$u_j = x_{2j-1} + i x_{2j} \ , \quad j = 1, \ldots, k$$

zu und dem Vektor $\mathfrak{y} = (y_1, \ldots, y_{2k})$ den Vektor $\mathfrak{v}$ mit den Komponenten

$$v_j = y_{2j-1} + i y_{2j} \ , \quad j = 1, \ldots, k \ .$$

Die Bedingungen $\mathfrak{x}^2 = \mathfrak{y}^2 = 1$ bedeuten dann

$$\mathfrak{u}\bar{\mathfrak{u}} = \mathfrak{v}\bar{\mathfrak{v}} = 1 \ ,$$

und die Bedingungen $\mathfrak{x}\mathfrak{y} = \tilde{\mathfrak{x}}\mathfrak{y} = 0$ gehen wegen

$$\mathfrak{u}\bar{\mathfrak{v}} = \mathfrak{x}\mathfrak{y} + i\tilde{\mathfrak{x}}\mathfrak{y}$$

über in

$$\mathfrak{u}\bar{\mathfrak{v}} = 0 \ .$$

Damit ist gezeigt:

*Satz 26: Es gibt dann und nur dann ein 2-Feld auf der Sphäre $S^{2k-1}$, wenn man im k-dimensionalen unitären Raum $U_k$ eine für $\mathfrak{u}\bar{\mathfrak{u}} = 1$ definierte stetige Vektorfunktion $\mathfrak{v}$ des Ortsvektors $\mathfrak{u}$ finden kann, für welche $\mathfrak{v}\bar{\mathfrak{v}} = 1$ und $\mathfrak{u}\bar{\mathfrak{v}} = 0$ ist.*

c) Im Falle $m = 5$ ($k = 3$) können wir die Frage nach einem 2-Feld auf $S^m$ nochmals anders formulieren:

Ganz analog zur Darstellung der orthogonalen Gruppe $\Gamma_2$ als Vektormannigfaltigkeit $V_{3,2}$ kann man nämlich die Gruppe $A_2$ aller 3-reihigen unitär-unimodularen Matrizen darstellen als Mannigfaltigkeit aller im Ursprung von $U_3$ angreifenden unitär-orthogonalen Vektorpaare. Die zum Wirkungsraum $S_5$ von $A_2$ (vgl. Nr. 8d) gehörige Zerlegung von $A_2$,

$$A_2/A_1 = S^5$$

entsteht in dieser Mannigfaltigkeit, wenn man jeweils alle diejenigen Vektorpaare zu einem Element der Zerlegung zusammenfaßt, die denselben ersten Vektor haben (man vgl. die Zerlegung $V_{3,2}/V_{2,1} = V_{3,1}$, die zu $\Gamma_2/\Gamma_1 = S^2$ homöomorph ist); bezeichnen wir diesen Vektor mit $\mathfrak{u}$, so bedeutet die in Satz 26 genannte Vektorfunktion $\mathfrak{v}$ von $\mathfrak{u}$ nichts anderes als eine Schnittfläche der Zerlegung $A_2/A_1 = S^5$. Wir sehen somit:

*Satz 26′: Falls es auf der Sphäre $S^5$ ein 2-Feld gibt, so besitzt die Restklassenzerlegung $A_2/A_1 = S^5$ der unitär-unimodularen Gruppe $A_2$ eine Schnittfläche (und umgekehrt).*

d) Auf Grund einer Untersuchung von Pontrjagin können wir die Frage der Existenz einer solchen Schnittfläche weiter verfolgen. Pontrjagin hat nämlich gezeigt[52]): $A_1'$ sei eine bestimmte Restklasse der Zerlegung $A_2/A_1 = S^5$; *es gibt eine wesentliche Abbildung von $S^4$ auf $A_1'$, die in $A_2$ zusammenziehbar ist.* (Diese Abbildung sowie ihre Zusammenziehung werden dabei explizit angegeben, und man stellt übrigens leicht fest, daß es sich bei dieser Konstruktion, wenn wir unsere Terminologie verwenden, um ein *Schnittelement* der Zerlegung handelt, dessen Rand die wesentliche Abbildung von $S^4$ auf $A_1'$ ist.) Das bedeutet

$$\psi_4(A_2/A_1) \neq 0 \quad ;$$

die Zerlegung $A_2/A_1 = S^5$ besitzt also *keine Schnittfläche*, und daraus folgt wegen Satz 26′:

*Satz 27: Es gibt auf der 5-dimensionalen Sphäre $S^5$ kein 2-Feld.*

*Korollare: a) Die Sphäre $S^5$ ist nicht parallelisierbar.*[53]) — *b)* $\psi_4(\Gamma_5/\Gamma_4) \neq 0$ .

e) Aus der Tatsache, daß $\psi_4(A_2/A_1) \neq 0$ , genauer

$$\psi_4(A_2/A_1) = \pi_4(A_1) \approx \pi_4(S^3) \approx \mathfrak{G}_2$$

ist, folgt für die unitär-unimodularen Gruppen:

Wegen $P\pi_4(A_2) = 0$ ist

$$\pi_4(A_2) \approx \pi_4(A_1)/\psi_4(A_2/A_1) = 0 \quad ,$$

also nach Satz 10:

$$\pi_4(A_s) = 0 \quad \text{für alle } s \geqslant 2;$$

[52]) *L. Pontrjagin*, Über die topologische Struktur der Lie'schen Gruppen (comm. math. helv. 13, S. 277—283). Das wichtige Ergebnis, daß $A_2$ nicht dem topologischen Produkt $S^3 \times S^5$ homöomorph ist, hat *Pontrjagin* ohne Beweis schon früher ausgesprochen: Homologies in compact Lie groups (Recueil math. de Moscou, Bd. 6 [48], 389—422), S. 417.

[53]) Wir weisen darauf hin, daß es nicht bekannt ist, ob außer $S^1$, $S^3$ und $S^7$ (vgl. [14]), S. 45) noch andere Sphären parallelisierbar sind; hingegen hat *E. Stiefel* (Comm. math. helv. 13 [1941], 201—218) bewiesen, daß unter den reellen projektiven Räumen höchstens die der Dimension $n = 2^\lambda - 1$ parallelisierbar sein können.

daraus folgt, daß keine Gruppe $A_s (s \geqq 2)$ einem topologischen Produkt homöomorph sein kann, in welchem ein Faktor eine $S^3$ ist. (Diese Konsequenzen, die wir hier nur in unserer Terminologie formuliert haben, bilden zusammen mit der oben genannten Konstruktion den Inhalt der zitierten Arbeit [52]) von Pontrjagin.)

f) Aus $\psi_4(A_2/A_1) \approx \mathfrak{G}_2$ folgt ferner

$$\pi_5(S^5) / P\pi_5(A_2) \approx \mathfrak{G}_2$$

also

$$P\pi_5(A_2) = 2\pi_5(S^5) \approx \mathfrak{G} .$$

Wegen

$$\pi_5(A_1) \approx \pi_5(S^3) = 0$$

ist

$$\varphi_5(A_2/A_1) = 0 ,$$

also

$$P\pi_5(A_2) \approx \pi_5(A_2) \approx \mathfrak{G} .^*$$

Die Klassen der Abbildungen $f$ von $S^5$ in $A_2$ sind also charakterisiert durch eine *gerade Zahl*, nämlich durch den Grad der Abbildung $Pf$ von $S^5$ auf $S^5$.

Daß $\pi_5(A_2) \approx \mathfrak{G}$ ist, folgt übrigens auch ohne Kenntnis von $\psi_4(A_2/A_1)$ d. h. ohne Benützung des Satzes von Pontrjagin daraus, daß $\psi_4(A_2/A_1)$ höchstens eine zyklische Gruppe der Ordnung 2 sein kann.

*Satz 28* (vgl. Satz 10): *Für die unitär-unimodularen Gruppen* $A_s (s \geqq 2)$ *gilt*

a) $\pi_4(A_s) = 0$ (Pontrjagin).

b) $\pi_5(A_s) \approx \mathfrak{G}$.

## 17. Felder von Flächenelementen auf Sphären

a) Wir bezeichnen mit $E_{m,2}$ das Büschel aller 2-dimensionalen, orientierten Ebenen des $R^m$ durch einen festen Punkt 0 des $R^m$ (auch „Flächenelemente" genannt, genauer: *orientierte Flächenelemente*); als Mannigfaltigkeit aufgefaßt, ist $E_{m,2}$ dem Zerlegungsraum einer retrahierbaren Zerlegung von $V_{m,2}$ homöomorph (Nr. 2h):

$$V_{m,2} / V_{2,1} = E_{m,2} .$$

(Da $V_{2,1}$ zur $S^1$ homöomorph ist, folgt hieraus leicht, daß für $n \geqq 3$ $\pi_n(E_{m,2}) \approx \pi_n(V_{m,2}) = \pi_n(L_{m-1,1})$ ist.)

* see Note I on p. 823 of these Selecta

b) $F_m$ sei die Mannigfaltigkeit aller an die $S^m$ tangentialen Flächenelemente; sie tritt auf als Zerlegungsraum folgender Zerlegung $\mathfrak{Z}'$ von $L_{m,2}$: Man fasse jeweils alle die an die $S^m$ tangentialen 2-Systeme zusammen, die im selben Punkt der $S^m$ angreifen und dort dasselbe Flächenelement aufspannen (vgl. Nr. 2i):

$$\mathfrak{Z}': \quad L_{m,2}/V_{2,1} = F_m \ .$$

Wenn eine Abbildung $F$ eines Raumes $X$ in $F_m$ bezüglich $\mathfrak{Z}'$ Spur von $f$ ist, so bedeutet das: für jedes $x \in X$ liegt das 2-System $f(x)$ im Flächenelement $F(x)$. Wir sagen dann, $F$ sei „durch $f$ aufgespannt".

c) $F_m$ besitzt eine natürliche Zerlegung $\mathfrak{Z}''$, deren Elemente die Büschel $E_{m,2}$ aller im gleichen Punkt der $S^m$ angebrachten tangentialen Flächenelemente, und deren Zerlegungsraum die Sphäre $S^m$ ist (vgl. Nr. 2i)

$$\mathfrak{Z}'': \quad F_m/E_{m,2} = S^m \ .$$

Ein Feld von Flächenelementen auf $S^m$ bedeutet eine Schnittfläche von $\mathfrak{Z}''$.

Ist $P'$ bzw. $P''$ die zu $\mathfrak{Z}'$ bzw. $\mathfrak{Z}''$ gehörige Projektion, und $P$ die Projektion in der natürlichen Zerlegung $\mathfrak{Z}$ von $L_{m,2}$

$$\mathfrak{Z}: \quad L_{m,2}/V_{m,2} = S^m,$$

so gilt

$$P = P''P' \ .$$

d) Wegen

$$\psi_{m-1}(L_{m,2}/V_{2,1}) = 0 \quad , \quad m \geqslant 3 \ ,$$

ist jede Abbildung der $S^m$ in $F_m$ eine Spur bezüglich $\mathfrak{Z}'$. Wir nehmen nun an, $\mathfrak{Z}''$ besitze eine Schnittfläche $j_1$, d. h. es gebe eine Abbildung $j_1$ der $S^m$ in $F_m$, derart, daß $P''j_1$ die Identität der $S^m$ sei. Dann ist $j_1$ Spur in $\mathfrak{Z}'$, d. h. es gibt eine Abbildung $j$ der $S^m$ in $L_{m,2}$, derart, daß

$$P'j = j_1,$$

also

$$Pj = P''P'j = P''j_1$$

die Identität der $S^m$ ist: $j$ ist Schnittfläche von $\mathfrak{Z}$.

Damit ist gezeigt:

*Satz 29: Jedes Feld von Flächenelementen*[54]) *auf* $S^m$ *kann von einem 2-Feld auf* $S^m$ *aufgespannt werden* ($m \geqslant 3$).

*Korollare:* a) *Auf einer Sphäre gerader Dimension* $\geqslant 4$ *gibt es kein Feld von Flächenelementen.*

Aus Satz 27 folgt ferner: b) *Auf der Sphäre* $S^5$ *gibt es kein Feld von Flächenelementen.*

Aus der letzten Aussage kann man wegen des in Nr. 2f beschriebenen Zusammenhanges zwischen der Sphäre $S^5$ und der komplexen projektiven Ebene $K_2 = P_2(\mathfrak{S}_2)$ leicht folgern, *daß es auch in der komplexen projektiven Ebene* $K_2$ *kein Feld von Flächenelementen gibt.*

In diesen Ergebnissen hat man unter Flächenelementen immer orientierte Flächenelemente zu verstehen; man kann aber, wie leicht zu sehen, jedes Feld von nichtorientierten Flächenelementen auf einer Sphäre „orientieren" (d. h. jedem Flächenelement des Feldes eine seiner beiden Orientierungen zuordnen, so daß ein Feld von orientierten Flächenelementen entsteht). Satz 29 und seine Folgerungen gelten also unverändert auch für Felder von *nichtorientierten* Flächenelementen.

---

[54]) gemeint sind immer tangentiale Flächenelemente der $S^m$.

# Über die Homotopiegruppen von Gruppenräumen

Comment. Math. Helv. **14** (1941/42), 234–256

**1.** Die Hurewicz'schen Homotopiegruppen[1]) haben sich als wichtige topologische Invarianten erwiesen; ihre Anwendung scheitert aber oft daran, daß man ihre Struktur nur in wenigen Fällen wirklich kennt, und daß überhaupt selbst für spezielle Räume kein allgemein gangbarer Weg zu ihrer Bestimmung bekannt ist. In dieser Arbeit geben wir Beiträge allgemeiner und spezieller Natur zur Kenntnis der *Homotopiegruppen von Gruppenräumen*. Wir formulieren zunächst nur die Ergebnisse: die *allgemeinen* (Nr. 2 und 3) gestatten unmittelbare Anwendungen auf Sphären (Nr. 4), die von den durch stetige Abbildungen bewirkten Homomorphismen der Homotopiegruppen handeln; die *speziellen* betreffen gewisse Homotopiegruppen der *orthogonalen Gruppen* (Nr. 5) und stehen mit dem übrigen nur in losem Zusammenhang.

**2.** a) Die allgemeinen Sätze formulieren wir nicht für Gruppenräume, sondern für deren *Verallgemeinerungen* im Sinne von Hopf [3], da dies für die Beweise genügt und für die Anwendungen erwünscht ist, und halten uns dabei immer an folgende Definition: $R$ sei ein metrischer (zusammenhängender, lokal zusammenziehbarer) Raum, in welchem eine stetige Multiplikation erklärt ist; das heißt: jedem geordneten Punktepaar $(a, b)$ von $R$ ist als Produkt ein Punkt $a \cdot b$ von $R$ zugeordnet, der stetig vom Paar $(a, b)$ abhängt (die Gültigkeit des assoziativen Gesetzes wird also nicht gefordert). Ein solcher Raum soll *$\Gamma$-Raum* heißen. Besitzt die Multiplikation eine Eins, d. h. gibt es in $R$ einen Punkt $e$, derart, daß für alle $a \in R$

$$e \cdot a = a \cdot e = a$$

ist, so bezeichnen wir $R$ als $\Gamma_e$-Raum. Wir werden in diesem Fall gelegentlich auch annehmen, daß „das Inverse existiert", d. h. daß es zu jedem Punkt $a \in R$ einen Punkt $a^{-1}$ mit

$$a \cdot a^{-1} = e$$

gibt, der von $a$ stetig abhängt.

---

[1]) Definition s. [1], S. 114, ferner [2], S. 203. — *Die Zahlen in eckiger Klammer* [] *beziehen sich auf das Literaturverzeichnis am Schluß der Arbeit.*

Jeder Gruppenraum ist ein $\Gamma_e$-Raum mit Inversem; unsere Aussagen über $\Gamma$- und $\Gamma_e$-Räume gelten also insbesondere für Gruppenräume.

b) $X$ sei ein Kompaktum, $R^X$ der Raum der stetigen Abbildungen von $X$ in $R$. Ist $R$ ein $\Gamma$-Raum, so definieren wir für zwei Abbildungen $f, g \in R^X$ ein *Produkt*

$$f \cdot g = h \in R^X$$

durch

$$h(x) = f(x) \cdot g(x) \qquad \text{für alle } x \in X.$$

Dadurch wird auch zwischen den Abbildungsklassen, d. h. den Klassen homotoper Abbildungen von $X$ in $R$ eine Multiplikation induziert: Bezeichnen wir die Klasse von $f \in R^X$ mit $\{f\}$, so ist die Klasse $\{f' \cdot g'\}$ von der Wahl von $f' \in \{f\}$ und $g' \in \{g\}$ unabhängig, also durch $\{f\}$ und $\{g\}$ bestimmt, und wir setzen

$$\{f\} \cdot \{g\} = \{f \cdot g\} .$$

Wir lassen gewöhnlich, wenn kein Mißverständnis möglich ist, die Klammer weg und schreiben auch für Abbildungsklassen nur $f, g, f \cdot g$ usw.

$\pi_n(R)$ sei die $n^{\text{te}}$ Homotopiegruppe von $R$, und für $f, g \in \pi_n(R)$ bedeute $f + g$ die nach der Hurewicz'schen Vorschrift[1]) auszuführende Addition der Homotopieklassen.

c) Wir werden zeigen, daß zwischen $f + g$ und $f \cdot g$ $(f, g \in \pi_n(R))$ folgende Zusammenhänge bestehen:

*Satz I: R sei ein $\Gamma$-Raum; für $f_i, g_i \in \pi_n(R)$, $i = 1{,}2$ gilt bei beliebigem n*

$$(f_1 + f_2) \cdot (g_1 + g_2) = (f_1 \cdot g_1) + (f_2 \cdot g_2) .$$

Daraus folgt leicht (vgl. Hurewicz [1], Satz XI):

*Satz II: R sei ein $\Gamma_e$-Raum; für $f, g \in \pi_n(R)$ gilt bei beliebigem n*

$$f \cdot g = f + g .$$

In einem $\Gamma_e$-Raum fällt also die Multiplikation $f \cdot g$ der Homotopieklassen mit der Hurewicz'schen Addition zusammen und ist somit von selbst assoziativ (und für $n \geqslant 2$ kommutativ).

**3** a) In einem $\Gamma_e$-Raum $R$ definieren wir für $a \in R$ die Potenz $a^k \in R$ durch

$$a^0 = e, \quad a^k = a \cdot a^{k-1}$$

für alle ganzen Zahlen $k \geqslant 0$; wenn sogar das Inverse existiert (vgl. 1a), auch für negative $k = -k'$, $k' > 0$, durch

$$a^k = a^{-k'} = (a^{-1})^{k'} .$$

Ist $f \in R^X$ eine stetige Abbildung des Kompaktums $X$ in $R$, so ist dann klar, was unter $f^k$ zu verstehen ist:

$$f^k(x) = (f(x))^k, \quad x \in X .$$

Diejenige Abbildung (bzw. ihre Klasse), bei welcher alle Punkte von $X$ in $e \in R$ abgebildet werden, bezeichnen wir ebenfalls mit $e$, oder auch mit 0 (wegen der additiven Schreibweise, die bei den Homotopiegruppen üblich ist): $f^0 = e$.

b) Folgerungen aus Satz II:

*Satz III: $R$ sei ein $\Gamma_e$-Raum; für $f \in \pi_n(R)$ gilt bei beliebigem $n$:*

$$f^k = kf$$

*für alle ganzen Zahlen $k \geqslant 0$ und, wenn das Inverse existiert, auch für $k < 0$.*

Das kann man auch so formulieren: die Abbildung $p_k(x) = x^k$ von $R$ in sich bewirkt eine homomorphe Abbildung der Homotopiegruppen von $R$ in sich, die durch

$$p_k f = kf$$

gegeben ist.

*Satz IV: $R$ sei ein $\Gamma_e$-Raum; für $f, g \in \pi_n(R)$, $h \in \pi_r(S^n)$ gilt bei beliebigem $n$ und $r$*

$$(f + g)\, h = fh + gh,$$

*also auch*

$$(-f)h = -(fh) .$$

Man beachte, daß dieses „Distributivgesetz" im allgemeinen nicht zu gelten braucht, wenn $R$ kein $\Gamma_e$-Raum ist[2]); dagegen gilt immer ($f \in \pi_n(R)$; $g, h \in \pi_r(S^n)$)

$$f(g + h) = fg + fh .$$

Die Sätze I—IV werden im § 1 bewiesen.

**4.** a) Im § 2 (Nr. 8) wenden wir diese Ergebnisse an auf den Fall einer $m$-dimensionalen Sphäre $S^m$, die $\Gamma_e$-Raum ist. Mit $T_k$ bezeichnen wir eine Abbildung der $S^m$ in sich vom Grade $k$. Aus Satz IV folgt:

---

[2]) Gegenbeispiel s. [2], S. 303.

*Satz V: $S^m$ sei ein $\Gamma_e$-Raum; dann gilt für $f \in \pi_n(S^m)$ bei beliebigem $n$ und $k$:*

$$T_k f = k f .$$

Da bekanntlich[3]) $S^3$ und $S^7$ $\Gamma$-Räume sind, gilt Satz V insbesondere für $m = 3$ und $7$.

Vermöge der Freudenthal'schen „Einhängung"[4]) der Abbildungen von Sphären auf Sphären übertragen wir (Nr. 9 und 10) die Aussage von Satz V auch auf andere Dimensionszahlen $m$, wenigstens für gewisse $n$. $\gamma(f)$ bedeute die Hopf'sche Invariante[5]) von $f \in \pi_s(S^r)$, $s \geqslant 2r - 1$. Dann gilt (man beachte Anm. [11])):

*Satz VI: Wenn $S^m$ ein $\Gamma_e$-Raum ist, so gilt für $f \in \pi_{r+d}(S^r)$ mit $d \leqslant m$ und $r \geqslant d + 1$ und $\gamma(f) = 0$*

$$T_k f = k f .$$

Für $r > d + 1$ bedeutet $\gamma(f) = 0$ keine Einschränkung. — Weil $S^7$ ein $\Gamma$-Raum ist, gilt insbesondere für $f \in \pi_{r+d}(S^r)$ mit $d \leqslant 7$, $r \geqslant d + 1$, $\gamma(f) = 0$

$$T_k f = k f .$$

*Korollar*[6]): Für $f \in \pi_{r+1}(S^r)$, $r \geqslant 3$ gilt

$$T_2 f = 0 .$$

Das folgt nämlich daraus, daß für $r \geqslant 3$ die Gruppe $\pi_{r+1}(S^r)$ die Ordnung 2 hat.

b) In Satz V, angewandt auf $m = 3$ und $7$, ist eine Aussage über die Abbildung $T_{-1}$ der $S^m$ auf sich vom Grade $-1$ enthalten:

Bei beliebigem $n$ gilt für $f \in \pi_n(S^m)$

$$T_{-1} f = - f .$$

Wir schließen hieran in Nr. 11 noch einige Betrachtungen über die Abbildung $T_{-1}$ und zeigen u. a., daß für $n \geqslant 3$, $f \in \pi_n(S^2)$ im Gegensatz zu V und VI

$$T_{-1} f = f$$

ist.

---

[3]) vgl. *Hopf* [4], S. 436—437.

[4]) s. [2], S. 303—304.

[5]) Definition: [5], S. 645ff. und [4], S. 428ff., ferner [2], S. 304—305.

[6]) vgl. [6], Nr. 12b, Hilfssatz.

**5.** Im § 3 (der vom vorigen nur wenig benützt) bestimmen wir die *dritte, vierte und fünfte Homotopiegruppe der orthogonalen Gruppen*, unter Verwendung einer von mir kürzlich entwickelten Methode[7]). $\Gamma_n$ bedeute die Gruppe aller orthogonalen $(n+1)$-reihigen Matrizen mit der Determinante $+1$, $\mathfrak{G}$ die additive Gruppe der ganzen Zahlen, $\mathfrak{G}_2$ die Restklassengruppe von $\mathfrak{G}$ mod. 2 ($\approx$ bedeutet isomorph).

Wir fassen die Ergebnisse des § 3 im folgenden Satz zusammen:

*Satz VII:*

1. *Für* $n \geqslant 4$ *ist* $\pi_3(\Gamma_n) \approx \mathfrak{G}$
2. *Für* $n \geqslant 5$ *ist* $\pi_4(\Gamma_n) = 0$
3. *Für* $n \geqslant 6$ *ist* $\pi_5(\Gamma_n) = 0$

*Ferner gilt*

4. $\pi_3(\Gamma_2) \approx \mathfrak{G}$, $\pi_3(\Gamma_3) \approx \mathfrak{G} + \mathfrak{G}$.
5. $\pi_4(\Gamma_2) \approx \mathfrak{G}_2$, $\pi_4(\Gamma_3) \approx \mathfrak{G}_2 + \mathfrak{G}_2$, $\pi_4(\Gamma_4) \approx \mathfrak{G}_2$.
6. $\pi_5(\Gamma_2) = 0$, $\pi_5(\Gamma_3) = 0$, $\pi_5(\Gamma_4) = 0$, $\pi_5(\Gamma_5) \approx \mathfrak{G}$.*

## § 1. Beweis der Sätze I—IV

**6. a).** $R$ sei ein zusammenhängender, lokal zusammenziehbarer metrischer Raum. Wir bezeichnen mit $R^{S^n}(a) \subset R^{S^n}$ den Raum derjenigen Abbildungen $f \in R^{S^n}$, für welche

$$f(x_0) = a$$

ist, wobei $x_0$ ein beliebiger, aber festgewählter Punkt von $S^n$, $a$ von $R$ ist. Die Elemente der $n^{\text{ten}}$ *Homotopiegruppe* von $R$, $\pi_n(R)$, sind die Komponenten von $R^{S^n}(a)$, also die Klassen homotoper Abbildungen der $S^n$ in $R$ „unter Festhaltung von $a$". Wir wählen als Urbild statt der Sphäre $S^n$ auch den *Einheitskubus* $E^n$ des $n$-dimensionalen Euklidischen Raumes $R^n$, gegeben durch $n$ reelle Koordinaten $x_i$

$$0 \leqslant x_i \leqslant 1 \qquad i = 1, \ldots, n \ ;$$

den Punkt mit den Koordinaten $(x_1, \ldots, x_n)$ bezeichnen wir auch kurz mit $x$, einen Punkt auf dem Rande von $E^n$ (d. h. für welchen mindestens eine seiner Koordinaten den Wert 0 oder 1 hat) mit $x_0$. Elemente von $\pi_n(R)$ sind dann die Komponenten von $R^{E^n}(a)$; das ist der Raum der Abbildungen $f \in R^{E^n}$, bei welchen für alle $x_0$

$$f(x_0) = a$$

---

[7]) s. [6], insbesondere die Nr. 6 und 10. — Die Kenntnis der Arbeit [6] wird in Nr. 9 sowie im § 3 vorausgesetzt. Eine wesentliche Rolle spielt im § 3 der Satz ([6], Satz 27), daß die Sphäre $S^6$ nicht parallelisierbar ist.

* see Note I on p. 823 of these Selecta

ist, und die Hurewicz'sche Summe[1]) $f + g = h$ zweier Abbildungen $f, g \in R^{E^n}(a)$ kann durch

$$h(x) = h(x_1, \ldots, x_n) = \begin{cases} f(2x_1, \quad x_2, \ldots, x_n) & 0 \leqslant x_1 \leqslant \frac{1}{2} \\ g(2x_1 - 1, x_2, \ldots, x_n) & \frac{1}{2} \leqslant x_1 \leqslant 1 \end{cases} \tag{1}$$

gegeben werden.

Die Struktur von $\pi_n(R)$ ist von der Wahl von $a \in R$ unabhängig (man kann in naheliegender Weise vermittelst eines Weges von $a$ nach $b \in R$ zwischen den zu $a$ und $b$ gehörigen Gruppen $\pi_n(R)$ einen Isomorphismus herstellen.

b) $R$ sei nun ein $\Gamma$-Raum (Nr. 2); dann ist für die Abbildungen (sowie ihre Klassen) $f, g \in R^{E^n}$ das Produkt

$$f \cdot g \in R^{E^n}$$

definiert.

Aus den vier Abbildungen $f_1, f_2, g_1, g_2 \in R^{E^n}(a)$ bilden wir die Abbildung

$$h = (f_1 + f_2) \cdot (g_1 + g_2)$$

also

$$h(x_1, \ldots, x_n) = \begin{cases} f_1(2x_1, \ldots, x_n) \cdot g_1(2x_1, \ldots, x_n) & 0 \leqslant x \leqslant \frac{1}{2} \\ f_2(2x_1 - 1, \ldots, x_n) \cdot g_2(2x_1 - 1, \ldots, x_n) & \frac{1}{2} \leqslant x \leqslant 1, \end{cases}$$

das ist aber definitionsgemäß die Abbildung $(f_1 \cdot g_1) + (f_2 \cdot g_2)$. Es gilt also (*Satz I*):

$$(f_1 + f_2) \cdot (g_1 + g_2) = (f_1 \cdot g_1) + (f_2 \cdot g_2) . \tag{2}$$

Man beachte, daß aus $f, g \in R^{E^n}(a)$ folgt

$$f \cdot g \in R^{E^n}(a \cdot a);$$

in Gleichung (2) stehen also auf beiden Seiten Abbildungen aus $R^{E^n}(a \cdot a)$.

Satz I ist damit nicht nur für Elemente der (zu beliebigem $a \in R$ gehörigen) Homotopiegruppen, sondern für die Sphärenabbildungen selbst bewiesen.

c) In einem $\Gamma$-Raum $R$ bezeichnen wir mit $l_a$ die bei festem $a$ und variablem $b \in R$ durch

$$l_a(b) = a \cdot b$$

gegebene Abbildung von $R$ in sich, analog mit $r_a$ die Abbildung

$$r_a(b) = b \cdot a .$$

$X$ sei ein Kompaktum, $f \in R^X$, und die Abbildung von $X$ in $R$, bei welcher alle Punkte von $X$ auf $a \in R$ abgebildet werden, sei auch mit $a$ bezeichnet. Es gilt dann für $f$, $a \in R^X$

$$f \cdot a = r_a f$$
$$a \cdot f = l_a f \; .$$

Aus (2) folgt also für 2 Abbildungen $f, g \in R^{E^n}(a)$:

$$(f + a) \cdot (a + g) = f \cdot a + a \cdot g = r_a f + l_a g \; .$$

Da aber $f + a$ zu $f$ und $g + a$ zu $g$ homotop ist (in $R^{E^n}(a)$), gilt für die Klassen von $f$ und $g$ in $R^{E^n}(a)$:

$$f \cdot g = r_a f + l_a g \; . \tag{3}$$

7. a) In dieser Nummer soll $R$ ein *$\Gamma_e$-Raum* sein (Nr. 7); wir zeichnen für die Bildung der Homotopiegruppen von $R$ den Punkt $e \in R$ aus und betrachten ausschließlich Abbildungen $f \in R^{E^n}(e)$. Da sowohl $r_e$ als auch $l_e$ die Identität von $R$ ist, folgt aus (3) für 2 Elemente $f, g \in \pi_n(R)$ der *Satz II* :

$$f \cdot g = f + g \; . \tag{4}$$

Daraus folgt unmittelbar (wenn die Potenzen $a^k$, $a \in R$, bzw. $f^k$, $f \in \pi_n(R)$ gemäß Nr. 2 erklärt sind)

$$f^k = f \cdot f^{k-1} = f + f^{k-1} \, ,$$

und durch vollständige Induktion der *Satz III* für $k \geqslant 0$ : Für $f \in \pi_n(R)$ ist

$$f^k = k \cdot f \, ; \tag{5}$$

für negative $k$ folgt er aus

$$f \cdot f^{-1} = f + f^{-1} = 0 \, ,$$

also

$$f^{-1} = - f \; . \tag{5$'$}$$

b) Es seien $f$, $g$ Elemente von $\pi_n(R)$ und $h$ ein Element von $\pi_r(S^n)$, bzw. Abbildungen, die die betreffenden Klassen repräsentieren. Nach (4) ist

$$(f + g)h = (f \cdot g)h \, ;$$

eine Abbildung dieser Klasse ist durch

$$f(h(x)) \cdot g(h(x)) \quad , \quad x \in S_r$$

gegeben, es gilt also

$$(f + g)h = fh \cdot gh = fh + gh \; .$$

Also gilt für einen $\Gamma_e$-Raum das „*Distributivgesetz*" (*Satz IV*) für die Homotopiegruppen: wenn $f, g \in \pi_n(R)$ und $h \in \pi_r(S^n)$, so ist

$$(f + g)h = fh + gh . \tag{6}$$

Wegen

$$(f - f)h = fh + (-f)h = 0$$

folgt hieraus

$$(-f)h = -(fh) . \tag{6)'$$

Es gilt also insbesondere für alle ganzen Zahlen $k$:

$$(kf)h = k(fh) . \tag{6)''$$

(Daß für $f \in \pi_n(R)$, $g, h \in \pi_r(S^n)$ das Distributivgesetz

$$f(g + h) = fg + fh$$

immer gilt, geht direkt aus der Definition (1) hervor.)

## § 2. Abbildungen von Sphären auf Sphären

8. a) Mit $T_k$ bezeichnen wir immer eine Abbildung (oder Abbildungsklasse) der orientierten $r$-dimensionalen Sphäre $S^r$ auf sich vom Grade $k$ ($r$ und $k$ beliebig). Faßt man $T_k$ als Element der Homotopiegruppe $\pi_r(S^r)$ auf, so ist

$$T_k = kT_1 . \tag{7}$$

Wenn die Sphäre $S^m$ ein $\Gamma_e$-Raum ist, gilt also nach Satz IV (Formel (6)''):

$$T_k f = (k\,T_1)\,f = k(T_1 f) = kf \;,$$

$$T_k f = kf . \tag{8}$$

Damit ist *Satz V* bewiesen.

b) Für den Fall einer $\Gamma_e$-Sphäre $S^m$ ist also der durch $T_k \in \pi_m(S^m)$ bewirkte Homomorphismus der Gruppen $\pi_n(S^m)$ in sich durch $T_k f = kf$ gegeben.

Man kann ganz allgemein die Abbildungen $T_k \in \pi_r(S^r)$ als Operatoren der Homotopiegruppen $\pi_n(S^r)$ auffassen; für sie gilt bei beliebigem $f \in \pi_n(S_r)$

$$T_k(T_{k'} f) = T_{kk'} f \;, \tag{9}$$

hingegen nicht immer

$$(T_k + T_{k'})\,f = T_k f + T_{k'} f \;, \tag{10}$$

wie das Beispiel $n = 2r - 1$ bei geradem $r$ zeigt (dann gilt nämlich für die Hopf'sche Invariante[8]) $\gamma$

$$\gamma((T_k + T_{k'})f) = \gamma(T_{k+k'}f) = (k + k')^2\,\gamma(f)$$

aber

$$\gamma(T_k f + T_{k'} f) = \gamma(T_k f) + \gamma(T_{k'} f) = (k^2 + k'^2)\cdot\gamma(f)\ ,$$

was für $\gamma(f) \neq 0$, $k \neq 0$, $k' \neq 0$ unmöglich gleich sein kann).

Für $\Gamma_e$-Sphären folgt (10) natürlich aus (8). — Es sei hier noch erwähnt, daß für $f \in \pi_3(S^2)$

$$T_k f = k^2 f\ \cdot$$

ist[9]).

**9.** a) Nach Freudenthal[4]) verstehen wir unter *Einhängung* $\mathfrak{E}$ eine homomorphe Abbildung der Homotopiegruppe $\pi_n(S^r)$ in $\pi_{n+1}(S^{r+1})$ (für beliebige $n$ und $r$), die folgendermaßen gegeben ist: $E^1$ sei die Einheitsstrecke $0 \leqslant t \leqslant 1$; für $x \in S^n$ bedeute $(x, t)$ einen Punkt des topologischen Produkts $S^n \times E^1$, für $y \in S_r$ $(y, t)$ einen Punkt von $S^r \times E^1$. $f$ sei eine Abbildung der $S^n$ in $S^r$, $F$ die durch

$$F(x, t) = (f(x), t) \qquad x \in S^n,\ f(x) \in S^r$$

gegebene Abbildung von $S^n \times E^1$ in $S^r \times E^1$. Identifiziert man $S^n \times (1)$ und $S^n \times (0)$ und ebenso $S^r \times (1)$ und $S^r \times (0)$ zu je einem Punkt, so kann man $F$ als Abbildung von $S^{n+1}$ in $S^{r+1}$ auffassen; diese Abbildung bzw. ihre Klasse heißt $\mathfrak{E}f$.

b) *Hilfssatz 1*: Für $g \in \pi_s(S^n)$, $f \in \pi_n(S^r)$ gilt

$$(\mathfrak{E}f)\,(\mathfrak{E}g) = \mathfrak{E}(fg)\ .$$

Beweis: $\mathfrak{E}f$ sei gegeben durch die Abbildung $F$ von $S^n \times E^1$ in $S^r \times E^1$

$$F(u, t) = (f(u), t) \qquad u \in S^n,\ f(u) \in S^r\ ,$$

und $\mathfrak{E}g$ durch die Abbildung $G$ von $S^s \times E^1$ in $S^n \times E^1$

$$G(x, t) = (g(x), t) \qquad x \in S^s,\ g(x) \in S^n\ .$$

Dann ist $(\mathfrak{E}f)\,(\mathfrak{E}g)$ gegeben durch die Abbildung $FG$ von $S^s \times E^1$ in $S^r \times E^1$:

$$F(G(x, t)) = F(g(x), t) = (f(g(x)), t)\ ;$$

durch diese Abbildung ist aber gerade $\mathfrak{E}(fg)$ erklärt.

---

[8]) s. [5]), ferner [5], S. 653.

[9]) die Klassen $f \in \pi_3(S^2)$ sind durch die Invariante $\gamma(f)$ bestimmt, vgl. [6], Nr. 12b, im Beweis des Hilfssatzes.

c) $T_k^{(r)}$ sei wie in Nr. 6a) erklärt; der obere Index $(r)$ soll hervorheben, daß es sich um ein Element von $\pi_r(S^r)$ handelt.

*Hilfssatz 2:* Für jedes $f \in \pi_n(S^r)$ ist

$$T_k^{(r+1)}(\mathfrak{E}f) = \mathfrak{E}(T_k^{(r)}f) .$$

Beweis: Offenbar gilt

$$T_k^{(r+1)} = \mathfrak{E}T_k^{(r)} ,$$

somit nach Hilfssatz 1

$$T_k^{(r+1)}(\mathfrak{E}f) = (\mathfrak{E}\,T_k^{(r)})\,(\mathfrak{E}f) = \mathfrak{E}(T_k^{(r)}f) .$$

**10.** Beweis von Satz VI.

a) *Wenn für ein Element $f \in \pi_n(S^r)$ und eine ganze Zahl $k$*

$$T_k f = k f$$

*gilt, dann gilt dies auch für jede Abbildungsklasse, die aus $f$ durch (evtl. wiederholte) Einhängung hervorgeht.*

Dies folgt aus Hilfssatz 2 und der Tatsache, daß $\mathfrak{E}$ ein Homomorphismus ist. — Allgemein gilt

$$T_k(\mathfrak{E}f) - k(\mathfrak{E}f) = \mathfrak{E}(T_kf - kf) . \qquad (11)$$

b) $S^m$ sei eine $\Gamma_e$-Sphäre; dann gilt nach Satz V für $f \in \pi_n(S^m)$

$$T_k f = k f,$$

und diese Formel läßt sich für gewisse, in Satz VI genannte Zahlen $r$ und $d$ auf $f \in \pi_{r+d}(S^r)$ mit $\gamma(f) = 0$ übertragen ($\gamma(f)$ ist die Hopf'sche Invariante [5]) von $f$). Wir unterscheiden für den Beweis die Fälle

$$r > m , \quad m \geqslant d$$

und

$$r < m , \quad r \geqslant d + 1$$

($r = m$ ist in Satz V enthalten), die man in der Form

$$m \geqslant d , \quad r \geqslant d + 1$$

zusammenfassen kann.

c) $r > m$, $m \geqslant d$. In diesem Falle läßt sich jedes Element $f \in \pi_{r+d}(S^r)$ mit $\gamma(f) = 0$ durch (evtl. mehrfache) Einhängung aus einem Element $h \in \pi_{m+d}(S^m)$ erzeugen (nach einem Satze von Freudenthal[10]); nach Nr. 10a) gilt also $T_k f = k f$ .

[10]) [2], S. 300, Satz I.

d) $r < m$, $r \geqslant d+1$. Ein Element $f \in \pi_{r+d}(S^r)$ geht durch $(m-r)$-fache Einhängung über in $g \in \pi_{m+d}(S^m)$, und gleichzeitig wegen (11) $T_k f - kf$ in $T_k g - kg = 0$. Ferner folgt aus $\gamma(f) = 0$

$$\gamma(T_k f - kf) =_{\prime} (k^2 - k)\gamma(f) = 0$$

und nach Freudenthal[11]) folgt aus $\mathfrak{E}h = 0$, $\gamma(h) = 0$ immer $h = 0$, also $T_k f - kf = 0$.

**11a)** Wir schließen noch einige Bemerkungen über den durch die Abbildung $T_{-1}$ der Sphäre $S^r$ auf sich vom Grade $-1$ bewirkten Homomorphismus von $\pi_n(S^r)$ an, die nur teilweise mit dem vorigen zusammenhängen.

In Satz V ist enthalten, daß für $m = 3$ und 7 und beliebiges $n$ und $f \in \pi_n(S^m)$ gilt

$$T_{-1} f = -f. \qquad (12)$$

Diese Formel gilt übrigens nach Freudenthal[12]) für *jedes eingehängte* Element $f = \mathfrak{E}g$ einer Homotopiegruppe $\pi_n(S^r)$.

b) Wir benützen im folgenden den Begriff der *retrahierbaren Zerlegung* $\mathfrak{Z}$ (*oder Faserung*) eines Kompaktums $R$[13]) und der zugehörigen *Projektion* $P$ (oder Faserabbildung) von $R$ auf den Zerlegungsraum $Z$, ferner verschiedene für solche Zerlegungen geltende Beziehungen, die ich an anderer Stelle [6] bewiesen habe.

$L_r$ sei der Linienelementraum der $S^r$, d. h. der (in natürlicher Weise topologisierte) Raum aller an die $S^r$ tangentialen Einheitsvektoren; er ist gefasert in die Teilmengen der in einem bestimmten Punkt der $S^r$ angreifenden Einheitsvektoren; diese Teilmengen sind alle der $S^{r-1}$ homöomorph. Diese Zerlegung $\mathfrak{Z}$ ist retrahierbar[14]), und ihr Zerlegungsraum ist zur $S^r$ homöomorph und sei mit ihr identifiziert. Eine Abbildung $F$ eines Kompaktums $X$ in die $S^r$ heißt *Spur in* $L_r$, wenn es eine Abbildung $f$ von $X$ in $L_r$ gibt, derart, daß

$$F = Pf$$

ist.

[11]) [2], S. 300, Satz II. Der Fall $r < m$, $r = d+1$ für ungerades $r$ wird von diesem Satz allerdings nur für $r = 1, 3, 7$ erledigt; für die übrigen ungeraden $r$ folgt der Satz II von [2] erst aus einer Mitteilung von *Freudenthal* (Proc. Akad. Amsterdam 42 (1939), S. 140), deren Beweis noch nicht erschienen und mir unbekannt ist; auf Grund dieser Mitteilung würde Satz II von [2] die Form erhalten: für $f \in \pi_{r+d}(S^r)$, $r \geq d+1$, $\mathfrak{E}f = 0$, $\gamma(f) = 0$ folgt $f = 0$.

[12]) s. [2], S. 304, Nr. 3.7.

[13]) [6], § 1.

[14]) [6], Nr. 14.

c) *Ist $r$ gerade und $F \in S^{n^X}$ eine Spur in $L_r$, so ist $T_{-1}F$ zu $F$ homotop.*

Beweis: Wenn $r$ gerade ist, so hat die Spiegelung der $S^r$ an ihrem Mittelpunkt, die jeden Punkt $a \in S^r$ in seinen Antipodenpunkt $a'$ abbildet, den Grad $-1$; wir können also für $T_{-1}$ diese Abbildung wählen.

$F \in S^r$ sei eine Spur in $L_r$; das bedeutet, daß wir dem Punkt $F(x) \in S^r$ in stetiger Weise einen in $F(x)$ angebrachten tangentialen Einheitsvektor und infolgedessen einen durch $F(x)$ gehenden gerichteten Großkreis der $S^r$ zuordnen können. Läßt man für jedes $x \in X$ den Punkt $F(x)$ auf dem zu ihm gehörigen gerichteten Großkreis in den Antipodenpunkt $F'(x) = T_{-1}F(x)$ wandern, so wird $F$ stetig in $T_{-1}F$ übergeführt.

d) Wenn eine Abbildung von $X$ in $S^r$ Spur in $L_r$ ist, so ist auch jede zu ihr homotope Abbildung Spur in $L_r$[15]); wir sagen deshalb auch von einer *Abbildungsklasse* (oder einem Element einer Homotopiegruppe), sie sei Spur in $L_r$.

*Wenn $f \in \pi_n(S^r)$ eingehängt, d. h. von der Form $f = \mathfrak{E}g$ ist, und wenn bei geradem $r$ $f$ eine Spur in $L_r$, bei ungeradem $r$ $g$ eine Spur in $L_{r-1}$ ist, so ist $2f = 0$.*

Beweis: Wenn $f = \mathfrak{E}g$ ist, so ist[12])

$$T_{-1}f = -f\ ;$$

$r$ sei gerade: Wenn $f$ Spur in $L_r$ ist, so ist $T_{-1}f = f$, also

$$f = -f\,.$$

$r$ sei ungerade: Wenn $g$ Spur in $L_{r-1}$ ist, so ist $T_{-1}g = g$, also nach Hilfssatz 2

$$T_{-1}f = T_{-1}\mathfrak{E}g = \mathfrak{E}T_{-1}\,g = \mathfrak{E}g = f$$

also

$$f = -f\,.$$

e) *Jedes Element $f \in \pi_n(S^2)$ mit beliebigem $n \geqslant 3$ ist Spur in $L_2$.*

Beweis: Wegen $\pi_{n-1}(S^1) = 0$ $(n \geqslant 3)$ ist dies eine unmittelbare Folgerung aus den an anderer Stelle[16]) bewiesenen „Hurewicz'schen Formeln".

Aus 9c) folgt also: Für jedes Element $f \in \pi_n(S^2)$ $(n \geqslant 3)$ gilt

$$T_{-1}f = f\,. \tag{13}$$

Aus 9d) folgt: Für jedes eingehängte Element $f = \mathfrak{E}g \in \pi_n(S^3)$, $(n \geqslant 4)$ gilt $2f = 0$.

---

[15]) [6], Nr. 3d (Lemma).

[16]) [6], Nr. 6, Satz E mit Korollar.

## § 3. Einige Homotopiegruppen der orthogonalen Gruppen

12. a) Die Methode, mit welcher wir in diesem Paragraphen die 3., 4. und 5. Homotopiegruppe der orthogonalen Gruppen bestimmen, habe ich an anderer Stelle [6] ausführlich entwickelt; wir geben hier nur die wichtigsten Bezeichnungen und Beziehungen an, soweit sie für das Folgende benötigt werden.

b) $\Gamma_m$ sei die (topologische) Gruppe aller $(m+1)$-reihigen orthogonalen Matrizen $a = (a_{ik})$ mit der Determinante $+1$. Die Untergruppe der Matrizen $(a_{ik})$ mit

$$a_{1k} = \delta_{1k} \qquad k = 1, \ldots, m+1$$

ist zur Gruppe $\Gamma_{m-1}$ isomorph und werde ebenfalls mit $\Gamma_{m-1}$ bezeichnet. *Die Zerlegung* $\mathfrak{Z}_m$ *von* $\Gamma_m$ *in Restklassen nach der Untergruppe* $\Gamma_{m-1}$ ist retrahierbar[13]); ihr Zerlegungsraum ist zur Sphäre $S^m$ homöomorph: jede Restklasse von $\Gamma_m$ nach $\Gamma_{m-1}$ umfaßt genau alle diejenigen Matrizen $(a_{ik})$, die in den Elementen $a_{1k}$ der ersten Zeile übereinstimmen, und ist somit gegeben durch $(m+1)$ reelle Zahlen $a_{1k}$, die der einzigen Bedingung $\sum_{k=1}^{m+1} a_{1k}^2 = 1$ genügen, und die man somit in einem $(m+1)$-dimensionalen euklidischen Raum $R^{m+1}$ als Koordinaten eines Punktes $u = (u_1, \ldots, u_{m+1})$ der Sphäre $S^m$

$$\sum_{k=1}^{m+1} u_k^2 = 1$$

deuten kann.

Die Abbildung von $\Gamma_m$ auf $S^m$, die jedem Punkt $a = (a_{ik})$ von $\Gamma_m$ seine Restklasse, d. h. den Punkt $u$

$$u_k = a_{1k} \qquad k = 1, \ldots, m+1$$

der Sphäre $S^m$ zuordnet, heißt *Projektion* und wird mit $P_m$ bezeichnet.

c) Bei der Bildung der Homotopiegruppen von $\Gamma_m$ sei der Punkt $e = (\delta_{ik}) \in \Gamma_m$ ausgezeichnet (vgl. 4a), bei denen von $S^m$ der Punkt $u_0$ mit den Koordinaten $\delta_{1k}$:

$$P_m e = u_0 .$$

$\psi_n(\mathfrak{Z}_m)$ *sei die Untergruppe derjenigen Elemente von* $\pi_n(\Gamma_{m-1})$, d. h. Abbildungsklassen von $S^n$ in die Untergruppe $\Gamma_{m-1}$ von $\Gamma_m$, *die in der* 0-*Klasse von* $\pi_n(\Gamma_m)$ *enthalten sind.*

$\varphi_n(\mathfrak{Z}_m)$ *sei die Untergruppe derjenigen Elemente von* $\pi_n(\Gamma_m)$, *die, als Abbildungsklassen aufgefaßt, Elemente von* $\pi_n(\Gamma_{m-1})$ *enthalten.*

Es gelten die „Hurewicz'schen Formeln"[16]) ($\approx$ bedeutet isomorph)

$$\left.\begin{array}{lrcl} \text{I} & \pi_n(S^m)/P_m\,\pi_n(\Gamma_m) & \approx & \psi_{n-1}(\mathfrak{Z}_m) \\ \text{II} & P_m\,\pi_n(\Gamma_m) & \approx & \pi_n(\Gamma_m)/\varphi_n(\mathfrak{Z}_m) \\ \text{III} & \varphi_n(\mathfrak{Z}_m) & \approx & \pi_n(\Gamma_{m-1})/\psi_n(\mathfrak{Z}_m) \end{array}\right\} \quad (14)$$

für beliebiges $n \geqslant 1$ ($\psi_0(\mathfrak{Z}_m)$ ist $= 0$ zu setzen) und $m \geqslant 2$. Der Isomorphismus (14), II wird durch die Projektion $P_m$ selbst vermittelt.

Eine Folge dieser Beziehungen ist insbesondere[17]): Für $m \geqslant n + 1$ ist

$$\pi_n(\Gamma_m) \approx \pi_n(\Gamma_{n+1}) .$$

Es ist also von besonderem Interesse, die Gruppen $\pi_n(\Gamma_{n+1})$ zu bestimmen.

d) Unter einem *Schnittelement t der Zerlegung* $\mathfrak{Z}_m$ verstehen wir eine stetige Abbildung $t$ der $m$-dimensionalen Vollkugel $V^m$ in $\Gamma_m$, bei welcher die Randsphäre $\Sigma^{m-1}$ von $V^m$ in die Untergruppe $\Gamma_{m-1}$ von $\Gamma_m$ abgebildet wird, und derart, daß die Abbildung $P_m t$ das Innere von $V^m$ topologisch auf $S^m - u_0$ abbildet. Die zugehörige Abbildung $t'$ von $\Sigma^{m-1}$ in $\Gamma_{m-1}$ (bei welcher ein bestimmter Punkt $\xi_0 \in \Sigma^{m-1}$ auf $e \in \Gamma_{m-1}$ abgebildet werden soll) heißt *Rand des Schnittelements*. Für alle $n < 2m - 1$ (und bei ungeradem $m$ auch für $n = 2m - 1$) ist[18])

$$\psi_{n-1}(\mathfrak{Z}_m) = t'\pi_{n-1}(\Sigma^{m-1}) ;$$

insbesondere ist also $\psi_{m-1}(\mathfrak{Z}_m)$ die von $t' \in \pi_{m-1}(\Gamma_{m-1})$ erzeugte Untergruppe von $\pi_{m-1}(\Gamma_{m-1})$.

Vermöge dieser Beziehung erlaubt die Konstruktion eines Schnittelements in einigen Fällen die Bestimmung von $\psi_{n-1}(\mathfrak{Z}_m)$ und wegen (14) auch von $\pi_n(\Gamma_m)$.

**13.** a) Wir untersuchen zunächst die Gruppe $\pi_3(\Gamma_2)$. Da $\Gamma_2$ zum 3-dimensionalen reellen projektiven Raum homöomorph ist, muß $\pi_3(\Gamma_2)$ (nach [1], Satz IV) eine unendliche zyklische Gruppe sein; genauer: In der Zerlegung $\mathfrak{Z}_2$ gilt nach (14):

$$\pi_3(S^2)/P_2\,\pi_3(\Gamma_2) \approx \psi_2(\mathfrak{Z}_2) \subset \pi_2(\Gamma_1) = 0 ,$$

weil $\Gamma_1$ dem Kreis $S^1$ homöomorph ist, also

$$\pi_3(S^2) = P_2\,\pi_3(\Gamma_2) \approx \pi_3(\Gamma_2)/\varphi_3(\mathfrak{Z}_2) = \pi_3(\Gamma_2) ,$$

---

[17]) [6], Satz 9 (Nr. 8).

[18]) [6], Satz 12 (Nr. 10).

[19]) [6], Satz 19 (Nr. 14).

denn nach (14), III ist $\varphi_3(\mathfrak{Z}_2)$ einer Faktorgruppe von $\pi_3(\Gamma_1) = 0$ isomorph. Wir finden also

$$\pi_3(\Gamma_2) \approx \pi_3(S^2) , \tag{15}$$

und dieser Isomorphismus wird durch die Projektion $P_2$ von $\Gamma_2$ auf $S^2$ vermittelt. Die Elemente von $\pi_3(S^2)$ lassen sich aber durch die Hopf'sche Invariante charakterisieren[9]).

*Jedes Element $\mathfrak{f} \in \pi_3(\Gamma_2)$ kann also durch eine ganze Zahl $\gamma(\mathfrak{f})$ charakterisiert werden, nämlich durch die Hopf'sche Invariante von $P_2 \mathfrak{f} \in \pi_3(S^2)$.*

b) $\Gamma_3$ ist dem topologischen Produkt $S^3 \times \Gamma_2$ homöomorph, und zwar gibt es eine solche topologische Abbildung $\Phi$ von $\Gamma_3$ auf $S^3 \times \Gamma_2$, daß dabei jede Restklasse von $\Gamma_3$ nach $\Gamma_2$ genau auf eine der Mengen $(u) \times \Gamma_2$ $(u \in S^3)$ abgebildet wird. Diese Abbildung

$$\Phi(a) = (u, v) \qquad a \in \Gamma_3, \; u \in S^3, \; v \in \Gamma_2 \tag{16}$$

können wir geben durch

$$u = P_3 a$$
$$v = P_3' a ,$$

wo $P_3'$ folgendermaßen erklärt ist:

Wir bilden aus den Elementen der ersten Zeile der Matrix $a = (a_{ik}) \in \Gamma_3$ die Vektoren $\mathfrak{v}_k(a)$ $(k = 1, 2, 3)$:

$$\begin{aligned} \mathfrak{v}_1 &= (-a_{12}, & a_{11}, && -a_{14}, && a_{13}) \\ \mathfrak{v}_2 &= (-a_{13}, & a_{14}, && a_{11}, && -a_{12}) \\ \mathfrak{v}_3 &= (-a_{14}, & -a_{13}, && a_{12}, && a_{11}) . \end{aligned}$$

Wir können sie auffassen als paarweise orthogonale Tangentialvektoren der Sphäre $S^3$, die im Punkt $P_3 a \in S^3$ angreifen (also ein stetiges tangentiales 3-Feld[20]) auf $S^3$ bilden). $\mathfrak{a}_k$ $(k = 1, 2, 3, 4)$ seien die Zeilenvektoren der Matrix $a = (a_{ik})$; $\mathfrak{a}_2, \mathfrak{a}_3, \mathfrak{a}_4$ können ebenso wie $\mathfrak{v}_1, \mathfrak{v}_2, \mathfrak{v}_3$ als paarweise orthogonale Tangentialvektoren der $S^3$ im Punkte $P_3 a$ der $S^3$ aufgefaßt werden.

Wir betrachten nun die skalaren Produkte

$$v_{ik}(a) = \mathfrak{a}_{i+1} \cdot \mathfrak{v}_k(a) \quad i = 1, 2, 3; \; k = 1, 2, 3$$

(d. h. die Komponenten von $\mathfrak{a}_{i+1}$ bezüglich des durch die $\mathfrak{v}_k(a)$ gebildeten cartesischen Koordinatensystems) als Elemente einer orthogonalen Matrix

$$v(a) = (v_{ik}(a)) \in \Gamma_2$$

und setzen

$$P_3' a = v(a) ;$$

[20]) [7], S. 27 und S. 45.

das ist eine stetige Abbildung von $\Gamma_3$ auf $\Gamma_2$, bei welcher jede Restklasse von $\Gamma_3$ nach $\Gamma_2$, d. h. jede Teilmenge aller der Matrizen $a$, die im ersten Zeilenvektor $\mathfrak{a}_1$ übereinstimmen, topologisch auf $\Gamma_2$ abgebildet wird.

c) Die Homotopiegruppen von $\Gamma_3$ zerfallen also wie die von $S^3 \times \Gamma_2$ in direkte Summen[21])

$$\pi_n(\Gamma_3) \approx \pi_n(S^3) + \pi_n(\Gamma_2) ,$$

und dieser Isomorphismus kann durch die topologische Abbildung $\Phi$ vermittelt werden: für $f \in \pi_n(\Gamma_3)$ ist

$$\Phi f = (P_3 f, P_3' f)$$

wo $P_3 f \in \pi_n(S^3)$ und $P_3' f \in \pi_n(\Gamma_2)$.

Insbesondere ist $\pi_3(\Gamma_3)$ ein 2-*gliedriger Modul*, den wir folgendermaßen beschreiben können: jedes Element $f \in \pi_3(\Gamma_3)$ ist charakterisiert durch 2 ganze Zahlen $c$ und $\gamma$, nämlich

$$c = \text{Grad von } P_3 f \in \pi_3(S^3) ,$$
$$\gamma = \text{Invariante von } P_3' f \in \pi_3(\Gamma_2) \qquad \text{(vgl. 11a).}$$

Bezeichnen wir das zu $c$ und $\gamma$ gehörige Element $f \in \pi_3(\Gamma_3)$ mit $f_{c,\gamma}$, so ist

$$f_{c,\gamma} + f_{c',\gamma'} = f_{c+c',\,\gamma+\gamma'} ,$$

also

$$f_{c,\gamma} = c \cdot f_{1,0} + \gamma f_{0,1} .$$

Durch die bisherigen Ausführungen haben wir Satz VII, 4) bewiesen und präzisiert.

14. *Untersuchung einer speziellen Abbildung.*

a) Wir bestimmen die Invarianten $c$ und $\gamma$ folgender Abbildung $s$ der Sphäre $\Sigma^3$ in $\Gamma_3$: die Punkte $x \in \Sigma^3$ seien durch 4 reelle Koordinaten $x_1, x_2, x_3, x_4$ mit $\sum_{i=1}^{4} x_i^2 = 1$ gegeben; $a = (a_{ik})$ sei ein Punkt von $\Gamma_3$; durch

$$a_{ik}(x) = \delta_{ik} - 2x_i x_k \qquad i = 1, 2, 3 \qquad k = 1, 2, 3, 4 \tag{17}$$

ist eine Matrix

$$a = s(x) \in \Gamma_3$$

---

[21]) [6], Satz G (Nr. 9).

bestimmt (die vierte Zeile einer orthogonalen Matrix mit der Determinante $+1$ ist durch die 3 ersten festgelegt). Man verifiziert, daß

$$\sum_{k=1}^{4} a_{ik}(x) \cdot a_{jk}(x) = \delta_{ij} - 4x_i x_j + 4x_i\, x_j \sum_{k=1}^{4} x_k^2 = \delta_{ij}$$

ist. Bedeutet $x_0 \in \Sigma^3$ den Punkt $(0, 0, 0, 1)$, so ist

$$s(x_0) = e\,.$$

b) Die Abbildung $P_3 s$ der Sphäre $\Sigma^3$ auf $S^3$ ist gegeben durch

$$a_{1k}(x) = \delta_{1k} - 2x_1 x_k \qquad k = 1, 2, 3, 4\ ;$$

diese Abbildung hat bekanntlich[22]) den Grad 2 .

Die zu $s$ gehörige Zahl $\gamma$ ist nach Nr. 11 definiert als die Hopf'sche Invariante von $P_2 P_3' s \in \pi_3(S^2)$ . Es genügt also, von der Matrix

$$v(s(x)) \in \Gamma_2$$

(vgl. Nr. 11b) die erste Zeile

$$v_{1k}(s(x)) \qquad k = 1, 2, 3$$

zu berechnen; sie gibt uns die Abbildung $P_2 P_3' s$ von $\Sigma^3$ auf $S^2$ .

c) Nach 11b) ist

$$v_{1k}(s(x)) = \mathfrak{a}_2(x) \cdot \mathfrak{v}_k(s(x)) \qquad k = 1, 2, 3\,;$$

dabei bedeutet $\mathfrak{a}_2(x)$ den zweiten Zeilenvektor der Matrix $s(x)$:

$$\mathfrak{a}_2(x) = (-\,2x_2x_1\ ,\quad 1 - 2x_2^2\ ,\quad -\,2x_2x_3\ ,\quad -\,2x_2\,x_4)\ ;$$

$\mathfrak{v}_k(s(x))$ sind die Vektoren

$$\begin{aligned}
\mathfrak{v}_1(s(x)) &= (2x_1\,x_2\ ,\ 1 - 2x_1^2\ ,\ 2x_1\,x_4\ ,\ -\,2x_1\,x_3)\\
\mathfrak{v}_2(s(x)) &= (2x_1\,x_3\ ,\ -\,2x_1\,x_4\ ,\ 1 - 2x_1^2\ ,\ 2x_1\,x_2)\\
\mathfrak{v}_3(s(x)) &= (2x_1\,x_4\ ,\ 2x_1\,x_3\ ,\ -\,2x_1\,x_2\ ,\ 1 - 2x_1^2)\ .
\end{aligned}$$

---

[22]) Identifiziert man $\Sigma^3$ mit $S^3$, so ist $s(x)$ derjenige Punkt von $\Sigma^3$, der aus dem Punkt (1, 0, 0, 0) durch Spiegelung an der zum Durchmesser von $x$ orthogonalen Diametralebene hervorgeht; vgl. [5], S. 434—435.

Also wird

$$v_{11}(s(x)) = -4x_1^2 x_2^2 + (1-2x_1^2)(1-2x_2^2) - 4x_1 x_2 x_3 x_4 + 4x_1 x_2 x_3 x_4$$
$$v_{12}(s(x)) = -4x_1^2 x_2 x_3 - 2(1-2x_2^2) x_1 x_4 - 2(1-2x_1^2) x_2 x_3 - 4x_1 x_2^2 x_4$$
$$v_{13}(s(x)) = -4x_1^2 x_2 x_4 + 2(1-2x_2^2) x_1 x_3 + 4x_1 x_2^2 x_3 - 2(1-2x_1^2) x_2 x_4 ,$$

also, wenn wir statt $v_{1k}(s(x)) = u_k(x)$ schreiben

$$u_1(x) = 1 - 2(x_1^2 + x_2^2)$$
$$u_2(x) = -2(x_1 x_4 + x_2 x_3)$$
$$u_3(x) = 2(x_1 x_3 - x_2 x_4) .$$

Faßt man die Koordinaten von $x \in \Sigma^3$ durch

$$w_1 = x_1 - i x_2$$
$$w_2 = -x_4 + i x_3$$

zu komplexen Zahlen zusammen, so kann man also die Abbildung $P_2 P_3' s$ von $\Sigma^3$ auf die Sphäre $S^2$ (deren Punkte $u$ durch die reellen Koordinaten $u_1, u_2, u_3$, gegeben sind) in der Form

$$\begin{aligned} u_1 &= 1 - 2\bar{w}_1 w_1 \\ u_2 + i u_3 &= 2\bar{w}_1 w_2 \end{aligned} \tag{18}$$

darstellen. Das ist aber nichts anderes als die von Hopf[23]) angegebene „Faserabbildung“ $p$ von $\Sigma^3$ auf $S^2$ (projiziert man nämlich $S^2$ stereographisch auf die Ebene der komplexen Zahlen $u_2 + i u_3$, so wird bei der Abbildung (18) dem Punkt $x \in \Sigma^3$ mit den (komplexen) Koordinaten $w_1, w_2$ der Punkt $w_2 : w_1$ dieser Zahlenebene zugeordnet); *für diese Abbildung hat aber die Hopf'sche Invariante den Wert* 1 (bei geeigneter Orientierung von $\Sigma^3$).

*Für die Abbildungsklasse von s gilt also* (vgl. 11c): $s = f_{2,1} \in \pi_3(\Gamma_3)$ .

**15.** a) Wir konstruieren nun ein *Schnittelement* $t$ (s. Nr. 10d) der Zerlegung $\mathfrak{Z}_4$ von $\Gamma_4$ in Restklassen nach der Untergruppe $\Gamma_3$ . Die Vollkugel $V^4$ ersetzen wir dabei durch die Halbsphäre $H^4$, die im $R^5$ mit den Koordinaten $x_1, \ldots, x_5$ durch

$$\sum_{i=1}^{5} x_i^2 = 1 \qquad x_1 \geqslant 0$$

gegeben sei; die Randsphäre $\Sigma^3$ ist also durch $x_1 = 0$ bestimmt.

23) [4], S. 654.

$t$ sei die folgende Abbildung von $H^4$ in $\Gamma_4$:

$$t(x) = (a_{ik}(x)) \in \Gamma_4 ,$$

wobei

$$a_{ik}(x) = \delta_{ik} - 2x_i\, x_k , \qquad \begin{array}{l} i = 1, 2, 3, 4 \\ k = 1, 2, 3, 4, 5 , \end{array}$$

und die fünfte Zeile durch die 4 ersten bestimmt ist. Dann ist $P_4 t$ gegeben durch

$$a_{1k}(x) = \delta_{1k} - 2x_1\, x_k , \qquad k = 1, 2, 3, 4, 5 ;$$

das ist eine topologische Abbildung[22]) der offenen Halbsphäre $x_1 > 0$ auf $S^4 - u_0$ ($u_0$ ist der Punkt (1, 0, 0, 0, 0) der Sphäre $S^4$), während die Randsphäre $\Sigma^3 (x_1 = 0)$ durch $t$ in die Untergruppe $\Gamma_3$ von $\Gamma_4$ abgebildet wird: $t$ ist also ein Schnittelement von $\Gamma_4$. Der Rand dieses Schnittelements, d. h. die Abbildung $t'$ von $\Sigma^3$ in $\Gamma_3$ hat die Form

$$a_{ik}(x) = \delta_{ik} - 2x_i\, x_k \qquad \begin{array}{l} i = 2, 3, 4 \\ k = 2, 3, 4, 5 \end{array}$$

d. h. $t'$ ist genau die in Nr. 12 untersuchte Abbildung $s$ von $\Sigma^3$ in $\Gamma_3$. Da die Abbildungsklasse des Randes eines Schnittelementes $t$ durch die Zerlegung eindeutig bestimmt ist[24]), gilt also:

*Für den Rand eines Schnittelementes $t$ der Zerlegung $\mathfrak{Z}_4$ gilt*

$$t' = \mathfrak{f}_{2,1} \in \pi_3(\Gamma_3) . \tag{19}$$

b) Die Gruppe $\psi_3(\mathfrak{Z}_4)$ ist nach Nr. 10d) die von $\mathfrak{f}_{2,1} \in \pi_3(\Gamma_3)$ erzeugte Untergruppe von $\pi_3(\Gamma_3)$, also zyklisch von unendlicher Ordnung

$$\psi_3(\mathfrak{Z}_4) = (\mathfrak{f}_{2,1}) \approx \mathfrak{G} .$$

Aus den Formeln (14) folgt ferner:

$$P_4\, \pi_3(\Gamma_3) = 0 ,$$

da es sich nach (14), I um eine Untergruppe von $\pi_3(S^4) = 0$ handelt; nach (14), II und III ist also

$$\pi_3(\Gamma_4) = \varphi_3(\mathfrak{Z}_4) \approx \pi_3(\Gamma_3)/\psi_3(\mathfrak{Z}_4) .$$

Die Faktorgruppe von $\pi_3(\Gamma_3)$ nach $\psi_3(\mathfrak{Z}_4) = (\mathfrak{f}_{2,1})$ ist aber zyklisch von unendlicher Ordnung; das sieht man, wenn man als Basis des zwei-

[24]) [6], Nr. 10b.

gliedrigen Moduls $\pi_3(\Gamma_3)$ statt $f_{1,0}$ und $f_{0,1}$ die Elemente $f_{1,0}$ und $f_{2,1}$ wählt (der Übergang wird durch die unimodulare Matrix $\begin{pmatrix}1 & 0\\ 2 & 1\end{pmatrix}$ vermittelt). Also:

$$\pi_3(\Gamma_4) \approx \mathfrak{G} . \tag{20}$$

Wegen $\pi_n(\Gamma_m) \approx \pi_n(\Gamma_{n+1})$ für alle $m \geqq n+1$ (vgl. 10c) ist damit Satz VII, 1) bewiesen.

c) Nach Nr. 10d) gilt für die Untergruppe $\psi_4(\mathfrak{Z}_4)$ von $\pi_4(\Gamma_3)$

$$\psi_4(\mathfrak{Z}_4) = f_{2,1}\pi_4(\Sigma^3) , \qquad f_{2,1} \in \pi_3(\Gamma_3) ;$$

da $\pi_4(\Sigma^3) \approx \mathfrak{G}_2$ nur 2 Elemente besitzt, kann $\psi_4(\mathfrak{Z}_4)$ also höchstens 2 Elemente haben. Wir behaupten:

$$\psi_4(\mathfrak{Z}_4) \approx \mathfrak{G}_2 . \tag{21}$$

Beweis: $h \in \pi_4(\Sigma^3)$ sei die (einzige) Klasse wesentlicher Abbildungen von $S^4$ auf $\Sigma^3$. Dann ist

$$f_{2,1}\, h = (f_{2,0} + f_{0,1})h \ ,$$

also nach Satz IV

$$f_{2,1}\, h = f_{2,0}h + f_{0,1}\, h .$$

Nach Satz V ist

$$P_3\, f_{2,0}\, h = T_2\, h = 2h = 0 \ ;$$

wegen

$$P_3'\, f_{2,0}\, h = 0$$

ist also

$$f_{2,0}\, h = 0$$

und

$$f_{2,1}\, h = f_{0,1}\, h .$$

Ferner ist

$$P_2\, P_3'\, f_{0,1} = p \in \pi_3(S^2)$$

die Hopf'sche Faserabbildung (bzw. ihre Klasse) von $\Sigma^3$ auf $S^2$ (vgl. Nr. 12c), also

$$P_2\, P_3'\, f_{0,1}\, h = ph \in \pi_4(S^2)$$

die Abbildung, die man erhält, wenn man die Sphäre $S^4$ wesentlich auf $\Sigma^3$ und dann $\Sigma^3$ vermöge der Faserabbildung $p$ auf $S^2$ abbildet; diese Abbildung ist wesentlich; denn wenn $F$ irgendeine wesentliche Abbildung auf $\Sigma^3$ ist, so ist $pF$ immer wesentlich[25]). Also ist

$$ph \neq 0$$

[25]) s. [1], S. 118, oder [6], Satz C (Nr. 4).

und infolgedessen auch $f_{0,1}h = f_{2,1}h \neq 0$; $\psi_4(\mathfrak{Z}_4)$ enthält also 2 Elemente, q. e. d.

d) Nach (14), I ist

$$\pi_4(S^4)/P_4\pi_4(\Gamma_4) \approx \psi_3(\mathfrak{Z}_4) \approx \mathfrak{G} \quad ;$$

das ist nur möglich, wenn

$$P_4\pi_4(\Gamma_4) = 0$$

ist. Somit ist

$$\pi_4(\Gamma_4) = \varphi_4(\mathfrak{Z}_4) \approx \pi_4(\Gamma_3)/\psi_4(\mathfrak{Z}_4) \, .$$

Nach 11 c) ist aber

$$\pi_4(\Gamma_3) \approx \pi_4(S^3) + \pi_4(\Gamma_2) \approx \pi_4(S^3) + \pi_4(S^3) \approx \mathfrak{G}_2 + \mathfrak{G}_2 \, ,$$

weil $\Gamma_2$ zum reellen projektiven Raum von 3 Dimensionen homöomorph ist und dessen Homotopiegruppen (außer der ersten) mit denen von $S^3$ übereinstimmen[26]). Wir erhalten also

$$\pi_4(\Gamma_4) \approx \mathfrak{G}_2 \, . \tag{22}$$

(Die Aussagen von Satz VII, 5) sind damit bewiesen.)

c) Wir können nun Satz VII, 2) beweisen. Nach (14), I ist nämlich

$$P_5 \, \pi_4(\Gamma_5) = 0 \quad ,$$

also

$$\pi_4(\Gamma_5) = \varphi_4(\mathfrak{Z}_5) \approx \pi_4(\Gamma_4)/\psi_4(\mathfrak{Z}_5) \, .$$

$\psi_4(\mathfrak{Z}_5)$ kann also höchstens 2 Elemente enthalten; ich habe aber an anderer Stelle[27]) bewiesen, daß

$$\psi_4(\mathfrak{Z}_5) \neq 0$$

ist (das ist äquivalent damit, daß die Sphäre $S^5$ nicht parallelisierbar ist); es muß also

$$\psi_4(\mathfrak{Z}_5) \approx \mathfrak{G}_2 \tag{23}$$

sein, und für $\pi_4(\Gamma_5)$ folgt

$$\pi_4(\Gamma_5) = 0 \, , \tag{24}$$

also

$$\pi_4(\Gamma_m) = 0 \qquad \text{für alle } m \geqslant 5 \, .$$

16. *Die fünfte Homotopiegruppe der $\Gamma_m$*. Wir beweisen in dieser Nummer Satz VII, 3) und 6).

a) Daß $\pi_5(\Gamma_2) = 0$ ist, folgt aus

$$\pi_5(\Gamma_2) \approx \pi_5(S^3)$$

---

26) [1], Satz IV.

27) [6], Satz 27 (Korollar).

und dem Satze von Pontrjagin[28]), daß jede Abbildung von $S^5$ in $S^3$ unwesentlich ist, ebenso

$$\pi_5(\Gamma_3) \approx \pi_5(S^3) + \pi_5(\Gamma_2) = 0 .$$

b) Nach (14), I und (21) ist

$$\pi_5(S^4)/P_4\pi_5(\Gamma_4) \approx \psi_4(\mathfrak{Z}_4) \approx \mathfrak{G}_2 ;$$

wegen $\pi_5(S^4) \approx \mathfrak{G}_2$ ist also

$$P_4\pi_5(\Gamma_4) = 0 ,$$

also

$$\pi_5(\Gamma_4) = \varphi_5(\mathfrak{Z}_4) ;$$

aber $\varphi_5(\mathfrak{Z}_4)$ ist einer Faktorgruppe von $\pi_5(\Gamma_3) = 0$ isomorph, also

$$\pi_5(\Gamma_4) = 0 . \tag{25}$$

c) Nach (14), I und (23) ist

$$\pi_5(S^5)/P_5\,\pi_5(\Gamma_5) \approx \psi_4(\mathfrak{Z}_5) \approx \mathfrak{G}_2 ,$$

also

$$P_5\pi_5(\Gamma_5) = 2\pi_5(S^5) .$$

Anderseits ist aber

$$P_5\pi_5(\Gamma_5) \approx \pi_5(\Gamma_5)/\varphi_5(\mathfrak{Z}_5) ,$$

wobei

$$\varphi_5(\mathfrak{Z}_5) \approx \pi_5(\Gamma_4)/\psi_5(\mathfrak{Z}_5) = 0$$

ist, also

$$P_5\pi_5(\Gamma_5) \approx \pi_5(\Gamma_5) .$$

$$\pi_5(\Gamma_5) \approx 2\pi_5(S^5) \approx \mathfrak{G} , \tag{26}$$

und dieser Isomorphismus wird durch die Projektion $P_5$ vermittelt. *Jedes Element $f \in \pi_5(\Gamma_5)$ ist also durch eine gerade Zahl charakterisiert, nämlich durch den Grad von $P_5 f \in \pi_5(S^5)$.*

d) Ganz ähnlich wie in Nr. 13a) konstruieren wir ein *Schnittelement* der Zerlegung $\mathfrak{Z}_6$ von $\Gamma_6$ in Restklassen nach der Untergruppe $\Gamma_5$ durch die Abbildung

$$t(x) = (a_{ik}(x)) \in \Gamma_6 ,$$

$$a_{ik}(x) = \delta_{ik} - 2x_i x_k , \quad i = 1, \ldots, 6 \quad k = 1, \ldots, 7$$

(letzte Zeile $i = 7$ durch die übrigen bestimmt) der Halbsphäre $H^6$ :

$$\sum_{i=1}^{7} x_i^2 = 1 \quad , \quad x_1 \geqslant 0$$

[28]) Comptes Rendues de l'Acad. des Sc. de l'URSS., 1938, XIX, 5.

in die Gruppe $\Gamma_6$. Der Rand $t'$ dieses Schnittelements ist gegeben durch die Abbildung von $\Sigma^5(x_1 = 0)$ in $\Gamma_5$:

$$a_{ik}(x) = \delta_{ik} - 2x_i x_k\,, \qquad \begin{matrix} i = 2, \ldots, 6 \\ k = 2, \ldots, 7 \end{matrix}$$

und die Abbildung $P_5 t'$ von $\Sigma^5$ auf $S^5$

$$a_{2k}(x) = \delta_{2k} - 2x_2 x_k\,, \qquad k = 2, \ldots, 7$$

hat den Grad 2; folglich ist $t' \in \pi_5(\Gamma_5)$ nach (26) *ein erzeugendes Element von* $\pi_5(\Gamma_5)$. Anderseits ist $\psi_5(\mathfrak{Z}_6)$ die von $t'$ erzeugte Untergruppe von $\pi_5(\Gamma_5)$, also

$$\psi_5(\mathfrak{Z}_6) = \pi_5(\Gamma_5)\,, \tag{27}$$

und aus den Formeln (14) folgt:

$$P_6\,\pi_5(\Gamma_6) = 0\,,$$
$$\pi_5(\Gamma_6) = \varphi_5(\mathfrak{Z}_6) \approx \pi_5(\Gamma_5)/\psi_5(\mathfrak{Z}_6)\,,$$

also

$$\pi_5(\Gamma_6) = 0\,. \tag{28}$$

Damit ist Satz VII in allen Teilen bewiesen.

## LITERATUR:


[1] *W. Hurewicz*, Beiträge zur Topologie der Deformationen I, Proc. Akad. Amsterdam 38 (1935), 112—119.

[2] *H. Freudenthal*, Über die Klassen der Sphärenabbildungen, Comp. math. V, 299—314.

[3] *H. Hopf*, Über die Topologie der Gruppenmannigfaltigkeiten und ihrer Verallgemeinerungen, Annals of Math. 42 (1941).

[4] *H. Hopf*, Über die Abbildungen von Sphären auf Sphären niedrigerer Dimension, Fund. math. XXV (1935), 427—440.

[5] *H. Hopf*, Über die Abbildungen der dreidimensionalen Sphäre auf die Kugelfläche, Math. Ann. 104 (1931), 637—714.

[6] *B. Eckmann*, Zur Homotopietheorie gefaserter Räume, Commentarii mathematici helvetici 14 (1942).

[7] *E. Stiefel*, Richtungsfelder und Fernparallelismus in $n$-dimensionalen Mannigfaltigkeiten, Comm. math. helv. 8 (1935), 3 — 51.



(Eingegangen den 17. Juni 1941.)

# Systeme von Richtungsfeldern in Sphären und stetige Lösungen komplexer linearer Gleichungen

Comment. Math. Helv. **15** (1942/43), 1–26

## § 1. Einleitung

**1.** Die Frage, ob es in einer $m$-dimensionalen geschlossenen differenzierbaren Mannigfaltigkeit $M^m$ stetige Richtungsfelder gibt, kann durch Homologiebetrachtungen vollständig beantwortet werden; es gilt nämlich der bekannte Satz: Dann und nur dann gibt es in $M^m$ stetige Richtungsfelder, wenn die Eulersche Charakteristik von $M^m$ den Wert 0 hat. In Verallgemeinerung dieser Frage hat Stiefel[1]) — ebenfalls mit Homologiemethoden — untersucht, ob es sogar Systeme von $k$ stetigen Richtungsfeldern gibt, die in jedem Punkt von $M^m$ linear unabhängig sind (sogenannte „$k$-Felder"), und notwendige Bedingungen für ihre Existenz gefunden. In dieser Arbeit soll die Existenz solcher Systeme von Richtungsfeldern in den einfachsten geschlossenen Mannigfaltigkeiten, den Sphären, untersucht werden; gerade weil die Sphären bezüglich ihrer Homologieeigenschaften so einfach sind, versagt nämlich bei ihnen die Methode von Stiefel, die im Falle der projektiven Räume zu weitgehenden Resultaten geführt hat [2]. Unsere Methode ist von der seinen wesentlich verschieden und den Sphären besonders angepaßt; sie liegt im Rahmen der neuern *Homotopietheorie*.

**2.** Es ist leicht, aus einem $k$-Feld in einer Sphäre (oder allgemeiner in einer mit Riemann'scher Metrik versehenen Mannigfaltigkeit) ein anderes herzuleiten, bei welchem in jedem Punkte der Sphäre die $k$ dort angebrachten Richtungen paarweise orthogonal sind; wir können uns also auf solche $k$-Felder beschränken und festsetzen:

Unter einem *$k$-Feld in der $m$-dimensionalen Sphäre $S^m$* $(0 < k \leqslant m)$ verstehen wir ein System von $k$ tangentialen, stetigen, singularitätenfreien Richtungsfeldern dieser Sphäre, derart, daß in jedem ihrer Punkte die $k$ dort angebrachten Richtungen paarweise orthogonal sind. Die Sphäre $S^m$ geben wir dabei immer als Einheitssphäre des $(m+1)$-dimensionalen Euklidischen Raumes $R^{m+1}$, deren Ortsvektor $\mathfrak{x} = (x_1, x_2, \ldots, x_m, x_{m+1})$ der Bedingung $\mathfrak{x}^2 = 1$ genügt, und ein Richtungsfeld in $S^m$ durch ein Feld von tangentialen Einheitsvektoren, d. h. durch eine für $\mathfrak{x}^2 = 1$ definierte

[1]) vgl. [1] und [2]. — Die Zahlen in eckigen Klammern [ ] beziehen sich auf das Literaturverzeichnis am Schluß der Arbeit.

stetige Vektorfunktion $\mathfrak{y}(\mathfrak{x})$, für welche $\mathfrak{y}(\mathfrak{x})^2 = 1$ und $\mathfrak{x} \cdot \mathfrak{y}(\mathfrak{x}) = 0$ ist; wir nennen dies im folgenden kurz ein *Vektorfeld in* $S^m$.

In einer Sphäre gerader Dimension gibt es keine $k$-Felder; denn nach dem klassischen Satz von Poincaré-Brouwer[2]) gibt es bei geradem $m$ in $S^m$ nicht einmal *ein* Vektorfeld. Hingegen gibt es in jeder Sphäre ungerader Dimension $m$ ein Vektorfeld, nämlich z. B. das durch den Vektor

$$\mathfrak{x}^* = (x_2, -x_1, \ldots, x_{m+1}, -x_m)$$

definierte (die Bedingungen $\mathfrak{x}^{*2} = 1$, $\mathfrak{x} \cdot \mathfrak{x}^* = 0$ sind erfüllt). Die vorliegende Arbeit befaßt sich mit der Aufgabe festzustellen, ob es auf Sphären ungerader Dimension auch für $k > 1$ $k$-Felder gibt; es wird ein Beitrag zu ihrer Lösung gegeben (Satz I), der mit stetigen Lösungen komplexer linearer Gleichungen eng zusammenhängt (Satz IV und V).

Besonders wichtig ist die Frage, ob es in $S^m$ ein $m$-Feld gibt; wenn dies der Fall ist, so sagt man[3]), die Sphäre $S^m$ sei *parallelisierbar*, da man dann einen Fernparallelismus zwischen Tangentialvektoren in verschiedenen Punkten der Sphäre definieren kann. Es ist bekannt, daß die Sphären $S^1$, $S^3$, $S^7$ parallelisierbar sind; man kann in diesen Fällen besonders einfache $m$-Felder auf $S^m$ explizite angeben[4]); ob es noch andere parallelisierbare Sphären gibt, weiß man nicht.

**3.** Unser Beitrag zur Beantwortung der genannten Fragen besteht in folgendem Satz:

**Satz I.** *In einer Sphäre der Dimension* $4p + 1$ *gibt es kein 2-Feld.*

*Korollar. Die Sphären der Dimensionen* $4p + 1$ *sind nicht parallelisierbar.*

Bemerkungen: a) *In jeder Sphäre der Dimension* $4p - 1$ *gibt es ein 2-Feld;* es gibt sogar ein 3-Feld, das man leicht explizite angeben kann (siehe Nr. 4).

b) Der Satz I für $p = 1$ („in der $S^5$ gibt es kein 2-Feld“) ist schon in einer frühern Arbeit[5]) von mir bewiesen worden, und zwar unter Heranziehung eines Satzes von Pontrjagin [4] über unitäre Gruppen; einen ähnlichen Zusammenhang mit unitären Gruppen gibt es aber für $p > 1$ nicht. Mit Satz I wird der Fall $p = 1$ (und zugleich der genannte Satz von Pontrjagin) jetzt neu bewiesen; er spielt aber in dem vorliegenden Beweis auch eine gewisse Ausnahmerolle (vgl. Nr. 9 h).

---

[2]) *Alexandroff-Hopf*, Topologie I (Berlin 1935), S. 481, Satz IIIa.

[3]) vgl. [1], S. 6.

[4]) s. *Stiefel* [1], S. 45.

[5]) s. [3], Nr. 16.

c) Durch ein 2-Feld in einer Sphäre $S^m$ wird immer ein stetiges Feld von (orientierten oder nichtorientierten) tangentialen 2-dimensionalen Flächenelementen dieser Sphäre „aufgespannt"; wir nennen dies kurz ein „Feld von Flächenelementen in der Sphäre $S^m$". Es gilt aber auch umgekehrt der Satz[6]), daß jedes Feld von Flächenelementen in einer Sphäre der Dimension $m > 2$ durch ein 2-Feld aufgespannt werden kann. Es kann also in einer Sphäre gerader Dimension $m > 2$ und nach Satz I auch in einer Sphäre der Dimension $4p + 1$ kein Feld von Flächenelementen geben; in den Sphären der Dimension $4p - 1$ dagegen gibt es ein solches Feld, und natürlich auch in der Sphäre $S^2$. Wir sehen also:

*In den Sphären der Dimensionen* $4p - 1$ *und in der* $S^2$ *gibt es Felder von Flächenelementen, in allen andern Sphären nicht.*

Der Beweis von Satz I erfolgt in zwei Schritten:

**Satz II.** *Wenn es in der Sphäre* $S^m$ *ein 2-Feld gibt, so läßt sich jedes Vektorfeld in* $S^m$ *zu einem 2-Feld ergänzen* (durch Hinzufügen eines zweiten Vektorfeldes, das in jedem Punkt der $S^m$ zum ersten orthogonal ist).

**Satz III.** *Das oben genannte spezielle Vektorfeld* $\mathfrak{x}^*$ *in einer Sphäre ungerader Dimension* $m$ *läßt sich, wenn* $m = 4p + 1$ *ist, nicht zu einem 2-Feld ergänzen.*

Der Satz I folgt offenbar aus den Sätzen II und III. Den Satz II habe ich früher[7]) im Rahmen einer allgemeinen Theorie „gefaserter Räume" bewiesen. Wir haben somit nur noch den Satz III zu beweisen. Dieser Satz ist aber nicht nur wegen seines Zusammenhanges mit der Existenz von $k$-Feldern in Sphären (Satz I) von Interesse; er ist nämlich, wie wir gleich sehen werden, äquivalent mit einem Satz über stetige Lösungen komplexer linearer Gleichungen (Satz IV), der mir selbständiges Interesse zu verdienen scheint und der zu algebraischen Folgerungen Anlaß gibt. Der Beweis dieses Satzes IV ist das Ziel der vorliegenden Arbeit; mit Satz IV werden zugleich die Sätze III und I bewiesen sein.

**4.** Wir betrachten die lineare Gleichung

$$\sum_{j=1}^{r} u_j \overline{v}_j = 0 \tag{1}$$

in den Unbekannten $\overline{v}_j$ und lassen die Koeffizienten $u_j$ alle komplexen

[6]) s. *Eckmann* [3], Nr. 17, Satz 29.

[7]) [3], Nr. 16, Satz 25.

Werte mit $\sum_{j=1}^{r} u_j \overline{u_j} = 1$ durchlaufen. Dann verstehen wir unter einer „*stetigen Lösung der komplexen linearen Gleichung* (1)" ein System von $r$ Funktionen

$$v_j = f_j(u_1, \ldots, u_r) \qquad j = 1, \ldots, r \ ,$$

die für alle Werte der $u_j$ mit $\sum_{j=1}^{r} u_j \overline{u_j} = 1$ definiert und stetig sind und die Beziehung $\sum_{j=1}^{r} v_j \overline{v_j} = 1$ erfüllen, und die die Gleichung (1) für alle zugelassenen Werte der $u_j$ gleichzeitig lösen; d. h. es soll

$$\sum_{j=1}^{r} u_j \overline{f_j(u_1, \ldots, u_r)} = 0$$

sein für alle Werte der $u_j$ mit $\sum_{j=1}^{r} u_j \overline{u_j} = 1$.

**Satz IV.** *Bei ungeradem $r$ besitzt die komplexe lineare Gleichung*

$$\sum_{j=1}^{r} u_j \overline{v_j} = 0$$

*keine stetige Lösung.*

*Zusatz:* Bei geradem $r$ dagegen besitzt die komplexe lineare Gleichung (1) eine stetige Lösung:

$$\begin{aligned} v_{2k-1} &= \overline{u_{2k}} \\ v_{2k} &= -\overline{u_{2k-1}} \end{aligned} \qquad k = 1, 2, \ldots, \frac{r}{2} \ .$$

Der Satz IV für $r = 3$ läßt sich auch aus dem schon erwähnten Satz von Pontrjagin [4] folgern; er ist sogar mit ihm äquivalent (man vergleiche Nr. 9 i).

Daß die Sätze III und IV äquivalent sind, kann man folgendermaßen einsehen:

Durch die Gleichungen

$$\begin{aligned} u_j &= x_{2j-1} + i\, x_{2j} \qquad & j = 1, \ldots, r \\ v_j &= y_{2j-1} + i\, y_{2j} \qquad & j = 1, \ldots, r \end{aligned} \tag{2}$$

ordnen wir die (reellen) Vektoren $\mathfrak{x} = (x_1, \ldots, x_{2r})$ des $R^{2r}$ eineindeutig den komplexen $r$-Tupeln $u_1, \ldots, u_r$ und die Vektoren $\mathfrak{y} = (y_1, \ldots, y_{2r})$ den $r$-Tupeln $v_1, \ldots, v_r$ zu. Dann ist, wenn $\mathfrak{x}^*$ wieder den Vektor $(x_2, -x_1, \ldots, x_{2r}, -x_{2r-1})$ bedeutet,

$$\sum_{j=1}^{r} u_j \overline{u_j} = \mathfrak{x}^2 \quad \text{und} \quad \sum_{j=1}^{r} v_j \overline{v_j} = \mathfrak{y}^2$$
$$\sum_{j=1}^{r} u_j \overline{v_j} = \mathfrak{x} \cdot \mathfrak{y} + i\,\mathfrak{x}^* \cdot \mathfrak{y} \; . \tag{3}$$

Daraus sieht man: Wenn $\mathfrak{y}(\mathfrak{x})$ ein Vektorfeld auf $S^{2r-1}(\mathfrak{x}^2 = 1)$ ist, welches das spezielle Feld $\mathfrak{x}^*$ zu einem 2-Feld ergänzt, so bilden wegen

$$\mathfrak{y}^2 = 1 \; , \quad \mathfrak{x} \cdot \mathfrak{y}(\mathfrak{x}) = \mathfrak{x}^* \cdot \mathfrak{y}(\mathfrak{x}) = 0$$

die vermöge (2) zu $\mathfrak{y}(\mathfrak{x})$ gehörigen Funktionen $v_1, \ldots, v_r$ von $u_1, \ldots, u_r$ eine stetige Lösung der komplexen linearen Gleichung $\sum_{j=1}^{r} u_j \overline{v_j} = 0$; und umgekehrt findet man vermittelst der Zuordnung (2) aus jeder solchen stetigen Lösung ein Vektorfeld $\mathfrak{y}$ in $S^{2r-1}$, welches $\mathfrak{x}^*$ zu einem 2-Feld ergänzt. Die Sätze III und IV sagen also beide aus, daß es für $r = 2p + 1$ weder ein solches Vektorfeld noch eine stetige Lösung von (1) gibt. (Anderseits folgt aus dem Zusatz zu Satz IV, daß es ($r = 2p$) in $S^{4p-1}$ ein Vektorfeld $\mathfrak{y}$ gibt, welches $\mathfrak{x}^*$ zu einem 2-Feld ergänzt; man kann dieses 2-Feld sogar zu einem 3-Feld ergänzen, nämlich durch das Vektorfeld $\mathfrak{y}^*$.)

Dem Beweis des Satzes IV sind die §§ 2 und 3 gewidmet; wir geben diesem Satz dort wiederum eine topologische, aber von Satz III verschiedene Deutung, indem wir ihn als Satz über gewisse, zunächst näher zu beschreibende „unitäre Vektormannigfaltigkeiten" formulieren und auf die Wesentlichkeit spezieller Sphärenabbildungen zurückführen. Dabei werden Sätze aus der „Homotopietheorie gefaserter Räume" benützt, die ich an anderer Stelle [3] ausführlich dargelegt habe, ferner Sätze über Abbildungen von Sphären auf Sphären [6] und Eigenschaften der Fundamentalgruppe der Mannigfaltigkeiten der orthogonalen Gruppen.

Der *Diskussion der speziellen Sphärenabbildung*, auf welche der ganze Beweis schließlich hinausläuft, messen wir auch selbständiges Interesse bei; der betreffende Abschnitt (§ 3) ist unabhängig vom übrigen lesbar. Die dort angewendete Methode ist einer weitgehenden Verallgemeinerung fähig, und ich hoffe mit ihrer Hilfe weitere Resultate über Abbildungen von Sphären auf Sphären niedrigerer Dimension zu erhalten; diese Methode ist übrigens teilweise inspiriert von einer Note von Pontrjagin [11].

**5.** Aus dem Satz IV folgt:

**Satz V.** *$r$ sei ungerade, und $f_j(u_1, \ldots, u_r)$, $j = 1, \ldots, r$, seien $r$ stetige komplexe Funktionen der komplexen Variabeln $u_1, \ldots, u_r$. Wenn für alle Werte der $u_j$*

$$\sum_{j=1}^{r} u_j f_j(u_1, \ldots, u_r) = 0$$

*ist, so haben die Funktionen $f_j$ mindestens eine von $(0, \ldots, 0)$ verschiedene gemeinsame Nullstelle.*

Denn wenn keine solche Nullstelle vorhanden wäre, so könnte man aus den Funktionen $f_j$ eine stetige Lösung der komplexen linearen Gleichung $\sum_{j=1}^{r} u_j \overline{v_j} = 0$ konstruieren, indem man

$$v_j = \frac{1}{\left(\sum_{k=1}^{r} f_k \overline{f_k}\right)^{1/2}} \cdot \overline{f_j} \qquad j = 1, \ldots, r$$

setzt. Man braucht übrigens in Satz V nur vorauszusetzen, daß die $f_j$ für $(u_1, \ldots, u_r) \neq (0, \ldots, 0)$ stetig sind; in dieser Form ist er mit Satz IV äquivalent.

Wenn man den Satz V statt für beliebige stetige Funktionen für *Polynome* ausspricht, so erhält man einen *algebraischen Satz;* es wäre interessant zu wissen, ob dieser Satz, den wir auf topologischem Wege gefunden und bewiesen haben, sich auch rein algebraisch beweisen läßt, bzw. in welchen Körpern er gilt. Satz V ist übrigens auch im Körper der reellen Zahlen, d. h. wenn sowohl die Variabeln als auch die Funktionen nur reelle Werte annehmen, unverändert gültig, ebenso der Satz IV; das ist eine direkte Folge des in Nr. 2 erwähnten Satzes von Poincaré-Brouwer. Wenn man für die Funktionen $f_j$ nur Formen in den $u_j$ zuläßt, so läßt sich der Satz V (im Komplexen) auch schon aus einem Fixpunktsatz von Hopf[8]) folgern.

## § 2. Die unitären Vektormannigfaltigkeiten $U_{n,m}$

**6.** $U_n$ sei der unitäre Raum mit $n$ komplexen bzw. $2n$ reellen Dimensionen. Unter einem *$m$-System des $U_n$* $(0 < m < n)$, das wir mit $\tau_{n,m}$ bezeichnen, verstehen wir ein System von $m$ paarweise unitär-orthogonalen Einheitsvektoren des $U_n$, die im Ursprung des $U_n$ angebracht sind. Führt man in der Menge aller $m$-Systeme $\tau_{n,m}$ des $U_n$ in naheliegender Weise

[8]) nämlich aus dem Fixpunktsatz für die komplexen projektiven Räume, s. [5], S. 85, Satz VII.

eine Metrik ein, so wird diese Menge zu einer Mannigfaltigkeit, deren (reelle) Dimension leicht zu bestimmen wäre, und die wir mit $U_{n,m}$ bezeichnen. Diese Mannigfaltigkeiten $U_{n,m}$ stellen genau das komplexe Analogon der von Stiefel[9]) eingeführten reellen Vektormannigfaltigkeiten $V_{n,m}$ dar. $U_{n,1}$ ist die Mannigfaltigkeit aller im Ursprung des $U_n$ angebrachten Einheitsvektoren, also homöomorph zur $(2n-1)$-dimensionalen Sphäre $S^{2n-1}$. Legt man im $U_n$ ein festes Koordinatensystem zugrunde, so entspricht jedem $m$-System $\tau_{n,m}$ eine unitäre Matrix von $m$ Zeilen und $n$ Kolonnen; insbesondere ist $U_{n,n-1}$ zur Mannigfaltigkeit aller quadratischen $n$-reihigen unitär-unimodulären Matrizen, d. h. zur Gruppe $A_{n-1}$ (in der Killing-Cartan'schen Aufzählung der einfachen Gruppen), homöomorph (in einer solchen Matrix ist nämlich die $n$te Zeile durch die $n-1$ ersten vollständig bestimmt).

Wir geben nun *retrahierbare Zerlegungen*[10]) der Mannigfaltigkeiten $U_{n,m}$ an. Man erhält eine Zerlegung $\mathfrak{Z}$ von $U_{n,m}$ in abgeschlossene, disjunkte Teilmengen, wenn man jeweils diejenigen Systeme $\tau_{n,m}$ zusammenfaßt, die in den $k < m$ ersten Vektoren übereinstimmen; jedes Element dieser Zerlegung ist eine Mannigfaltigkeit $U_{n-k,m-k}$ und wird charakterisiert durch Angabe der ersten $k$ Vektoren der in ihm enthaltenen Systeme, also durch einen Punkt von $U_{n,k}$; ordnet man jedem Punkt $a \in U_{n,m}$ den durch die ersten $k$ Vektoren des $m$-Systems $a$ gegebenen Punkt $A \in U_{n,k}$ zu, so entsteht eine stetige Abbildung $P$ von $U_{n,m}$ auf $U_{n,k}$, die wir *Projektion* nennen, und bei welcher die Urbilder $\overline{A} = P^{-1}(A)$ der Punkte $A \in U_{n,k}$ genau die Elemente der Zerlegung $\mathfrak{Z}$ sind (die auch „Fasern" genannt werden): $U_{n,k}$ ist der „Zerlegungsraum" oder „Faserraum" der Zerlegung. Gemäß der früher[10]) festgesetzten Terminologie ist eine solche Zerlegung eines Raumes $R$ in Fasern, die einem Raum $F$ homöomorph sind, mit der Projektion $P$ und dem Zerlegungsraum $Z = PR$ durch eine Gleichung

$$R / F = Z$$

zu beschreiben; für die angegebene Zerlegung $\mathfrak{Z}$ von $U_{n,m}$ lautet diese Gleichung

$$U_{n,m} / U_{n-k,m-k} = U_{n,k}\,. \tag{1}$$

Daß diese Zerlegung retrahierbar ist, beweist man genau so, wie wir dies an anderer Stelle[11]) für analoge Zerlegungen der reellen Vektormannig-

---

[9]) s. [1], S. 8 ff.

[10]) Wegen dieses Begriffes vgl. man [3], insbes. § 1; in dieser Arbeit ist die Homotopietheorie solcher Zerlegungen und Faserungen ausführlich dargestellt.

[11]) [3], Nr. 2g.

faltigkeiten $V_{n,m}$ getan haben (man hat nur das gewöhnliche skalare Produkt $(\mathfrak{x} \cdot \mathfrak{y})$ zweier reeller Vektoren $\mathfrak{x}$ und $\mathfrak{y}$, das a. a. O.[11]) verwendet wird, durch das unitäre Produkt $\mathfrak{u} \cdot \bar{\mathfrak{v}}$ der unitären Vektoren $\mathfrak{u}$ und $\mathfrak{v}$ zu ersetzen).

7. Die Eigenschaften derartiger retrahierbarer Zerlegungen $R / F = Z$ (wo $R, F$ und $Z$ zusammenhängende, lokal zusammenziehbare Kompakten sind) sind an anderer Stelle [3] ausführlich entwickelt worden; wir berichten hier nur kurz über diejenigen, welche im folgenden gebraucht werden, insbesondere erinnern wir an die Begriffe „Schnittfläche" und „Schnittelement".

Ist $g$ eine stetige Abbildung (wir lassen das Beiwort „stetig" meistens weg) eines Kompaktums $X$ in $R$, so heißt die Abbildung $G = Pg$ von $X$ in $Z$ — wo $P$ die zur Zerlegung $\mathfrak{Z} : R / F = Z$ gehörige Projektion ist — die *Spur* von $g$. Eine Abbildung $\mathfrak{j}$ von $Z$ in $R$, deren Spur $P\mathfrak{j}$ die Identität von $Z$ ist, heißt eine *Schnittfläche* von $\mathfrak{Z}$; $\mathfrak{j}$ ist also eine topologische Abbildung von $Z$ in $R$, bei welcher das Bild jede Faser genau einmal trifft. Nicht jede Zerlegung besitzt eine Schnittfläche.

Wenn speziell der Zerlegungsraum $Z$ eine Sphäre $S^m$ ist, dann besitzt die Zerlegung immer ein *Schnittelement.* Darunter verstehen wir folgendes: $V^m$ sei die $m$-dimensionale Vollkugel, $\Sigma^{m-1}$ ihre Randsphäre, $A$ ein beliebiger, fest gewählter Punkt der $S^m$. Als Schnittelement bezeichnen wir nun eine Abbildung $t$ von $V^m$ in $R$, derart, daß $Pt = T$ das Innere der $V^m$ topologisch auf $S^m - A$ und $\Sigma^{m-1}$ auf $A$ abbildet; wegen $T(\Sigma^{m-1}) = A$ muß $t(\Sigma^{m-1})$ in der Faser $\bar{A} = P^{-1}A$ liegen; zu $t$ gehört also eine Abbildung $t'$ von $\Sigma^{m-1}$ in $\bar{A}$, die wir als *Rand des Schnittelements* $t$ bezeichnen. Es gilt nun der Satz[12]): In der Gesamtheit aller derjenigen Abbildungen $f$ von $V^m$ in $R$, bei welchen $f(\Sigma^{m-1}) \subset \bar{A}$ ist, ist die Klasse eines Schnittelements $t$ (bei naheliegender Festsetzung der Orientierungen, vgl.[12])) eindeutig bestimmt, d. h. sind alle Schnittelemente $t$ einander homotop, und zwar derart, daß auch bei der Deformation das Bild von $\Sigma^{m-1}$ immer in $\bar{A}$ liegt. Also sind auch die Ränder $t'$ aller Schnittelemente als Abbildungen von $\Sigma^{m-1}$ in $\bar{A}$ einander homotop; oder: *Die Ränder aller Schnittelemente $t'$ einer Zerlegung, bei welcher der Zerlegungsraum eine Sphäre $S^m$ ist, gehören in eine durch die Zerlegung eindeutig bestimmte Abbildungsklasse von $\Sigma^{m-1}$ in $\bar{A}$.*

Wenn nun die Zerlegung eine Schnittfläche $\mathfrak{j}$ besitzt, und wir unter $T$ eine Abbildung von $V^m$ auf $S^m$ verstehen, welche das Innere von $V^m$ topologisch auf $S^m - A$ und $\Sigma^{m-1}$ auf $A$ abbildet, so ist $t = \mathfrak{j}T$ ein

---

[12]) [3], Nr. 10b.

Schnittelement, dessen Rand $t'$ eine Abbildung von $\Sigma^{m-1}$ auf einen Punkt $\mathfrak{j}A$ von $\bar{A}$ ist; wir finden also[13]:

*Wenn eine Zerlegung $R/F = Z$, deren Zerlegungsraum eine Sphäre ist, eine Schnittfläche besitzt, so ist der Rand $t'$ eines jeden Schnittelementes $t$ der Zerlegung zusammenziehbar, d. h. $t'$ läßt sich in eine Abbildung deformieren, bei welcher das Bild ein Punkt ist.*

Oder: Wenn die Zerlegung ein Schnittelement $t$ besitzt, dessen Rand $t'$ eine nicht-zusammenziehbare Abbildung von $\Sigma^{m-1}$ in $\bar{A}$ ist, so besitzt sie keine Schnittfläche.

**8.** Wir betrachten nun spezielle der oben beschriebenen Zerlegungen (1) und bezeichnen sie mit $\mathfrak{Z}_r$:

$$\mathfrak{Z}_r : U_{r,2}/U_{r-1,1} = U_{r,1} \quad ; \tag{2}$$

sie können auch durch

$$\mathfrak{Z}_r : U_{r,2}/S^{2r-3} = S^{2r-1} \tag{2'}$$

dargestellt werden. Ein Punkt $a \in U_{r,2}$ ist durch zwei Vektoren $\mathfrak{u}, \mathfrak{v}$ des unitären Raumes $U_r$, mit den Komponenten $u_k$ bzw. $v_k (k = 1, \ldots, r)$, gegeben, die die Relationen

$$\mathfrak{u}\bar{\mathfrak{u}} = \mathfrak{v}\bar{\mathfrak{v}} = 1 \quad , \qquad \mathfrak{u}\bar{\mathfrak{v}} = 0 \tag{3}$$

d. h.

$$\sum_{k=1}^{r} u_k \overline{u_k} = \sum_{k=1}^{r} v_k \overline{v_k} = 1 \quad , \qquad \sum_{k=1}^{r} u_k \overline{v_k} = 0 \tag{3'}$$

erfüllen; die Projektion $P_r$, die zur Zerlegung $\mathfrak{Z}_r$ gehört, können wir dadurch geben, daß wir dem Punkt $a = (\mathfrak{u}, \mathfrak{v}) \in U_{r,2}$ den Vektor $\mathfrak{u}$, aufgefaßt als Ortsvektor (oder als Punkt) der $S^{2r-1}$ im $U_r$, zuordnen: $P_r a = P_r(\mathfrak{u}, \mathfrak{v}) = \mathfrak{u}$.

Eine *Schnittfläche von* $\mathfrak{Z}_r$ ist eine Abbildung $\mathfrak{j}$ von $S^{2r-1}$ in $U_{r,2}$, bei welcher

$$P_r \mathfrak{j}(\mathfrak{u}) = \mathfrak{u}$$

ist, also

$$\mathfrak{j}(\mathfrak{u}) = (\mathfrak{u}, \mathfrak{v}(\mathfrak{u})) \quad ; \tag{4}$$

dabei bedeutet $\mathfrak{v}(\mathfrak{u})$ eine für $\mathfrak{u}\bar{\mathfrak{u}} = 1$ definierte, stetige Vektorfunktion von $\mathfrak{u}$, die für jedes solche $\mathfrak{u}$ die Relationen

[13]) Diesen Satz wie auch seine Umkehrung haben wir schon in [3] bewiesen; aus den Sätzen 11 und 12 der Nr. 10 von [3] ist nämlich zu entnehmen: es gibt dann und nur dann eine Schnittfläche, wenn die von der Klasse von $t'$ erzeugte Untergruppe der $(m-1)$-ten Homotopiegruppe von $\bar{A}$ die Nullgruppe ist; das bedeutet aber, daß $t'$ zusammenziehbar ist.

$$\mathfrak{v}(\mathfrak{u}) \cdot \bar{\mathfrak{v}}(\mathfrak{u}) = 1 \;, \quad \mathfrak{u} \cdot \bar{\mathfrak{v}}(\mathfrak{u}) = 0$$

erfüllt. Die Existenz einer Schnittfläche $\mathfrak{j}$ von $\mathfrak{Z}_r$ ist somit völlig gleichbedeutend mit der Existenz einer solchen Vektorfunktion $\mathfrak{v}(\mathfrak{u})$, bzw. mit der Existenz von $r$ Funktionen $v_k = f_k(u_1, \ldots, u_r)$, $k = 1, \ldots, r$, die für $\sum_{k=1}^{r} u_k \overline{u_k} = 1$ definiert und stetig sind und dort die Gleichungen

$$\sum_{k=1}^{r} f_k(u_1, \ldots, u_r) \,.\, \overline{f_k(u_1, \ldots, r_r)} = 1 \;, \quad \sum_{k=1}^{r} u_k \overline{f_k(u_1, \ldots, u_r)} = 0$$

erfüllen. Solche Funktionen bilden aber gerade eine stetige Lösung der komplexen linearen Gleichung $\sum_{k=1}^{r} u_k \overline{v_k} = 0$ (vgl. Nr. 4), und wir haben damit gezeigt, daß der Satz IV, dessen Beweis das Ziel unserer Ausführungen ist, mit dem folgenden äquivalent ist:

*Satz IV'. Die Zerlegung $\mathfrak{Z}_r$ besitzt bei ungeradem $r$ keine Schnittfläche.*

*Zusatz:* Bei geradem $r$ besitzt $\mathfrak{Z}_r$ eine Schnittfläche (diese wird durch den Zusatz zu Satz IV und die Formel (4) explizite gegeben).

Den Beweis von Satz IV' erbringen wir nun auf Grund der in Nr. 7 genannten Beziehungen dadurch, daß wir ein spezielles Schnittelement $t$ von $\mathfrak{Z}_r$ konstruieren und dann zeigen, daß dessen Rand $t'$ bei ungeradem $r$ eine wesentliche (also nicht-zusammenziehbare) Abbildung der Randsphäre $\Sigma^{2r-2}$ von $V^{2r-1}$ auf die Faser (die hier eine Sphäre $S^{2r-3}$ ist) darstellt. Dagegen ist $t'$ bei geradem $r$ eine unwesentliche (zusammenziehbare) Abbildung — das folgt schon aus dem Zusatz zu IV', wir können es aber auch direkt beweisen.

9. *Schnittelement der Zerlegung $\mathfrak{Z}_r$.*

a) Die $(2n-1)$-dimensionale Sphäre $S^{2n-1}$ läßt sich im unitären Raum $U_n$ (vgl. Nr. 6) durch die Gleichung

$$\sum_{j=1}^{n} \overline{u_j} u_j = 1$$

darstellen, und die $(2n-2)$-dimensionale Sphäre $S^{2n-2}$ als diejenige Großsphäre dieser $S^{2n-1}$, die durch die Bedingung

$$u_k = \text{reell}$$

(wo $k$ eine der Zahlen $1, 2, \ldots, n$ ist) bestimmt wird, und die wir gelegentlich als $S_k^{2n-2}$ bezeichnen.

$K_{n-1}$ $(n \geqslant 2)$ sei der komplexe projektive Raum von $(n-1)$ komplexen, $2n-2$ reellen Dimensionen. Seine Punkte $z$ sind die Verhältnisse komplexer Zahlen $z_1 : z_2 : \ldots : z_n$, ausgenommen $0 : 0 : \ldots : 0$; wenn wir sie durch normierte $n$-Tupel $z_1, z_2, \ldots, z_n$ mit $\sum_{j=1}^{n} \overline{z_j}\, z_j = 1$ geben, so bedeuten zwei $n$-Tupel $z_1, z_2, \ldots, z_n$ und $z_1', z_2', \ldots, z_n'$ dann und nur dann denselben Punkt $z$ von $K_{n-1}$, wenn

$$z_j' = \lambda z_j \qquad j = 1, 2, \ldots, n$$

ist, mit $\lambda\bar{\lambda} = 1$.

b) Zwischen $K_{n-1}$ und den Sphären $S^{2n-1}$ und $S^{2n-2}$ gibt es zwei „natürliche“ Abbildungen:

Mit $f$ oder $f^{(n)}$ bezeichnen wir die Abbildung der im $U_n$ dargestellten $S^{2n-1}$ auf $K_{n-1}$, die dem Punkt mit den Koordinaten $u_1, u_2, \ldots, u_n$ der $S^{2n-1}$ den Punkt $u_1 : u_2 : \ldots : u_n$ des $K_{n-1}$ zuordnet. Die Urbilder der einzelnen Punkte des $K_{n-1}$ sind dabei Großkreise der $S^{2n-1}$, die eine „Faserung“ der $S^{2n-1}$ bilden[14]). $f$ soll deshalb kurz „Faserabbildung“ heißen.

Ferner kann man den $K_{n-1}$ mit dem Grade 1 auf die Sphäre $S^{2n-2}$ abbilden: Man wählt auf $S^{2n-2}$ einen Punkt $p$; $K_{n-2} \subset K_{n-1}$ sei der durch $z_k = 0$ bestimmte Unterraum von $K_{n-1}$; $K_{n-1} - K_{n-2}$ ist dem $(2n-2)$-dimensionalen Euklidischen Raum homöomorph. Man bilde nun $K_{n-1} - K_{n-2}$ topologisch (mit dem Grade $+1$) auf $S^{2n-2} - p$ und $K_{n-2}$ auf $p$ ab. Eine derartige Abbildung erhält man leicht vermittelst stereographischer Projektion; dabei findet man folgende Formeln:

Durch

$$s_{kj}(z) = 2\overline{z_k}\, z_j - \delta_{kj} \quad , \qquad j = 1, 2, \ldots, n \; , \tag{5}$$

(wobei $k$ eine bestimmte der Zahlen $1, 2, \ldots, n$ ist) ist eine Abbildung $s_k$ (oder $s_k^{(n)}$, um die Dimensionszahl hervorzuheben) von $K_{n-1}$ in den $U_n$ gegeben; denn es ist $(\overline{\lambda z_k})\,(\lambda z_j) = \overline{z_k} z_j$ für $\lambda\bar{\lambda} = 1$. Dabei gilt

$$\sum_{j=1}^{n} \overline{s_{kj}(z)}\; s_{lj}(z) = \sum_{j=1}^{n} (2 z_k \overline{z_j} - \delta_{kj})\,(2\overline{z_l} z_j - \delta_{lj})$$

$$= \sum_{j=1}^{n} \delta_{kj}\, \delta_{lj} - 4 z_k \overline{z_l} + 4 z_k \overline{z_l} \cdot \sum_{j=1}^{n} \overline{z_j} z_j \; ,$$

also

$$\sum_{j=1}^{n} \overline{s_{kj}(z)}\; s_{lj}(z) = \delta_{kl} \; . \tag{6}$$

Ferner ist

$$\overline{s_{kj}(z)} = s_{jk}(z) \; . \tag{6'}$$

[14]) vgl. *Hopf* [7], 438—440; ferner: [8], S. 52 und 55.

Insbesondere ist also $\sum_{j=1}^{n} \overline{s_{kj}(z)}\, s_{kj}(z) = 1$ und $s_{kk}(z) =$ reell; $s_k$ ist also eine Abbildung von $K_{n-1}$ auf die Sphäre $S_k^{2n-2}$ im $U_n$, und man verifiziert leicht, daß sie die gewünschten Eigenschaften hat: $K_{n-2}(z_k = 0)$ wird auf den Punkt $p_k$ mit den Koordinaten $u_j = -\delta_{kj}$ abgebildet, und $K_{n-1} - K_{n-2}$ topologisch auf $S_k^{2n-2} - p_k$.

c) Im unitären Raum $U'_{n-1} (n \geqslant 2)$ mit den Koordinaten $w_2, w_3, \ldots, w_n$ wird durch die Bedingung

$$\sum_{j=2}^{n} \overline{w_j}\, w_j \leqslant 1$$

eine $(2n-2)$-dimensionale Vollkugel $V^{2n-2}$ mit der Randsphäre $\Sigma^{2n-3}$

$$\sum_{j=2}^{n} \overline{w_j}\, w_j = 1$$

bestimmt. $g^{(n)}$ sei die Abbildung dieser Vollkugel auf $K_{n-1}$, die dem Punkt $w \in V^{2n-2}$ mit den Koordinaten $w_2, \ldots, w_n$ den Punkt $z \in K_{n-1}$ mit den Koordinaten

$$z_1 = \sqrt{1 - \sum_{j=2}^{n} \overline{w_j}\, w_j} \quad ; \quad z_j = w_j \ , \quad j = 2, \ldots, n$$

zuordnet. Bei dieser Abbildung wird die Randsphäre $\Sigma^{2n-3}$ vermöge der Abbildung $f^{(n-1)}$ (vgl. Nr. 9a) auf den durch $z_1 = 0$ bestimmten $K_{n-2} \subset K_{n-1}$ abgebildet, und das Innere der $V^{2n-2}$ topologisch auf $K_{n-1} - K_{n-2}$; haben nämlich zwei Punkte $w_2, \ldots, w_n$ und $w'_2, \ldots, w'_n$ von $V^{2n-2} - \Sigma^{2n-3}$ denselben Bildpunkt in $K_{n-1}$, so muß

$$\frac{w_j}{\sqrt{1 - \Sigma\, \overline{w_k}\, w_k}} = \frac{w'_j}{\sqrt{1 - \Sigma\, \overline{w'_k}\, w'_k}}, \ j = 2, 3, \ldots, n$$

sein, also

$$\frac{\Sigma\, \overline{w_j}\, w_j}{1 - \Sigma\, \overline{w_k}\, w_k} = \frac{\Sigma\, \overline{w'_j}\, w'_j}{1 - \Sigma\, \overline{w'_k}\, w'_k} \ ,$$

und daraus folgt $\sum_{k=2}^{n} \overline{w_k}\, w_k = \sum_{k=2}^{n} \overline{w'_k}\, w'_k$ und $w'_j = w_j \ (j = 2, 3, \ldots, n)$.

d) Setzen wir nun

$$h_k^{(n)} = s_k^{(n)} g^{(n)} \ ,$$

so ist dies eine *Abbildung von* $V^{2n-2}$ in den $U_n$, genauer *auf die Sphäre* $S_k^{2n-2}$, die durch Funktionen

$$h_{kj}(w) = s_{kj}(g^{(n)}(w)) \ , \quad j = 1, \ldots, n$$

gegeben ist; diese Funktionen genügen wegen (6), (6′) den Relationen

$$\sum_{j=1}^{n} \overline{h_{kj}(w)} \cdot h_{lj}(w) = \delta_{kl} \tag{7}$$

$$\overline{h_{kj}(w)} = h_{jk}(w) \ . \tag{7'}$$

Die Abbildung $h_1^{(n)}$ zeichnet sich vor den andern dadurch aus, daß bei ihr die ganze Randsphäre $\Sigma^{2n-3}$ auf den Punkt $p_1$ von $S_1^{2n-2}$ abgebildet wird.

e) $\alpha$ sei ein reeller Parameter, der die Strecke $V^1 (-1 \leqslant \alpha \leqslant +1)$ durchläuft. Wir definieren eine Abbildung $H_k$ (oder $H_k^{(n)}$) des topologischen Produktes $V^{2n-2} \times V^1$ in den $U_n$ durch die Funktionen

$$H_{kj}(w, \alpha) = h_{kj}(w) \cos \frac{\pi}{2} \alpha + i \delta_{kj} \sin \frac{\pi}{2} \alpha \ .$$

Es ist

$$\sum_{j=1}^{n} \overline{H_{kj}(w, \alpha)}\, H_{lj}(w, \alpha) = \cos^2 \frac{\pi}{2} \alpha \cdot \sum_{j=1}^{n} \overline{h_{kj}(w)}\, h_{lj} \cdot (w) + \sin^2 \frac{\pi}{2} \alpha \cdot \delta_{kl}$$

$$+ i \cdot \sin \frac{\pi}{2} \alpha \cdot \cos \frac{\pi}{2} \alpha \cdot (\overline{h_{kl}(w)} - h_{lk}(w)) \ ,$$

also wegen (7), (7′)

$$\sum_{j=1}^{n} \overline{H_{kj}(w,\alpha)}\, H_{lj}(w, \alpha) = \delta_{kl} \ ; \tag{8}$$

insbesondere ist $\sum_{j=1}^{n} \overline{H_{kj}(w, \alpha)}\, H_{kj}(w, \alpha) = 1$ .

Man sieht, daß $H_k$ eine Abbildung von $V^{2n-2} \times V^1$ auf die Sphäre $S^{2n-1}$ im $U_n$ ist, und zwar von folgender Art: $S_k^{2n-2}$ werde als „Äquator" der $S^{2n-1}$ aufgefaßt; $V^{2n-2} \times (0)$ wird vermöge der Abbildung $h_k$ auf $S_k^{2n-2}$ abgebildet, $V^{2n-2} \times (\alpha)$ auf den „Parallelkreis" $u_k = i \sin \frac{\pi}{2} \alpha$, $V^{2n-2} \times (+1)$ auf den „Nordpol", $V^{2n-2} \times (-1)$ auf den Südpol der $S^{2n-1}$. Man kann also in naheliegender Weise $H_k$ auch auffassen als Abbildung der $(2n-1)$-dimensionalen Vollkugel $V^{2n-1}$ auf die $S^{2n-1}$; dabei hat $V^{2n-2} \times (+1)$ dem Nordpol, $V^{2n-2} \times (-1)$ dem Südpol, $V^{2n-1} \times (\alpha)$ bei festem $\alpha$ einem Parallelkreis der $V^{2n-1}$ zu entsprechen, und $\Sigma^{2n-3} \times V^1$ entspricht dann der Randsphäre $\Sigma^{2n-2}$ von $V^{2n-1}$. Bezeichnen wir die Abbildung, die $\Sigma^{2n-2}$ bei $H_k$ erfährt, mit $H_k'$ und die Abbildung, die $\Sigma^{2n-3}$ bei $h_k$ erfährt, mit $h'_k$, so kann man den geschilderten Zusammenhang zwischen $H_k$ und $h_k$ für die Randabbildungen $H'_k$ und $h'_k$ kurz so formulieren: Die Abbildung $H'_k$ von $\Sigma^{2n-2}$ in $S^{2n-1}$ geht durch *Einhängung* (im Sinne von Freudenthal[15])) aus der Abbildung $h'_k$ von $\Sigma^{2n-3}$ in $S_k^{2n-2}$ hervor:

$$H'_k = \mathfrak{E} h'_k \ .$$

Bei der Abbildung $H'_1$ speziell wird $\Sigma^{2n-2}$ auf den zu $p_1 \in S_1^{2n-2}$ gehörigen (Halb-) Meridian $\mu$ der $S^{2n-1}$ abgebildet; seine Punkte haben die Koordinaten

$$u_1 = -\cos\frac{\pi}{2}\alpha + i \cdot \sin\frac{\pi}{2}\alpha\ , u_2 = \cdots = u_n = 0\ , \ (-1 \leqslant \alpha \leqslant +1).$$

f) Wir definieren nun eine Abbildung $t_r$ von $V^{2r-1}$ bzw. von $V^{2r-2} \times V^1$ in die Mannigfaltigkeit $U_{r,2}$ (vgl. Nr. 8) durch

$$\begin{aligned} u_j &= H_{1j}^{(r)}(w, \alpha) \\ v_j &= H_{2j}^{(r)}(w, \alpha) \end{aligned} \qquad j = 1, 2, \ldots, r\ .$$

Wegen (8) sind die Relationen (3) bzw. (3′) erfüllt, d. h. durch die $u_j$, $v_j$ ist wirklich ein Punkt von $U_{r,2}$ gegeben. Wir behaupten, daß $t_r$ ein *Schnittelement der Zerlegung* $\mathfrak{Z}_r$ *von* $U_{r,2}$ ist.

Zunächst gilt für die Projektion $P_r$ in der Zerlegung $\mathfrak{Z}_r$:

$$P_r t_r = H_1^{(r)}\ ;$$

das ist eine Abbildung von $V^{2r-1}$ auf $S^{2r-1}$, bei welcher $\Sigma^{2r-2}$ auf den Meridian $\mu$ von $S^{2r-1}$ abgebildet wird, und das Innere von $V^{2r-1}$ topologisch auf $S^{2r-1} - \mu$. Bei einem Schnittelement müßte allerdings das Bild von $\Sigma^{2r-2}$ ein Punkt sein; unsere Behauptung wird also erst dann richtig, wenn wir alle Punkte von $\mu$ identifizieren und $\mu$ als einen Punkt $M$ betrachten (bzw. auf einen seiner Punkte zusammenziehen, etwa auf $p_1$). Dabei haben wir auch die in $U_{r,2}$ zu den Punkten von $\mu$ gehörigen Fasern, die alle durch

$$\begin{aligned} &u_1 = -\cos\frac{\pi}{2}\alpha + i\sin\frac{\pi}{2}\alpha\ ,\ u_2 = \cdots = u_r = 0 \\ &v_1 = 0\ ,\ \sum_{j=2}^{r} \overline{v_j}\, v_j = 1\ , \end{aligned} \tag{9}$$

charakterisiert sind und somit das topologische Produkt $\mu \times S^{2r-3}$ bilden, zu identifizieren und als eine Faser $\overline{M}$ zu betrachten; das hat natürlich so

[15]) Definition s. [6], S. 303.

zu geschehen, daß man immer alle die Punkte (9) von $U_{r,2}$ identifiziert, die in $v_2, v_3, \ldots, v_r$ übereinstimmen. Die Punkte der Faser $\overline{M}$ sind dann durch diese Zahlen $v_2, \ldots, v_r$ mit $\sum_{j=2}^{r} \overline{v}_j v_j = 1$ gegeben, also ist $\overline{M}$ zur $S^{2r-3}$ (mit den Koordinaten $v_2, \ldots, v_r$) homöomorph. Bei der beschriebenen Identifizierung geht offenbar $U_{r,2}$ in eine zu ihr homöomorphe Mannigfaltigkeit über.

g) Wir haben noch den Rand $t_r'$ des Schnittelements $t_r$ zu untersuchen, d. h. die durch $t_r$ bewirkte Abbildung von $\Sigma^{2r-2}$ auf die Faser $\overline{M}$. Sie ist gegeben durch (vgl. e))

$$\begin{aligned} u_j &= H_{1j}'(w, \alpha) = \delta_{1j} \cdot \left(-\cos \frac{\pi}{2}\alpha + i \sin \frac{\pi}{2}\alpha\right) \\ v_j &= H_{2j}'(w, \alpha) \end{aligned} \qquad j = 1, 2, \ldots, r\ ;$$

wegen der oben vorgenommenen Identifizierung genügt zur Beschreibung dieser Abbildung die Angabe der $v_j$ ($j = 2, 3, \ldots, r$). Also ist

$$t_r' = H_2'\ ,$$

wobei aber $H_2'$ nicht als Abbildung von $\Sigma^{2r-2}$ in $S^{2r-1}$, sondern in $S^{2r-3}$ ($v_1 = 0$) aufzufassen ist. Für $H_2'$ gilt nach e)

$$H_2' = \mathfrak{E} h_2'\ ,$$

wobei wiederum $h_2'$ als Abbildung von $\Sigma^{2r-3}$ in $S_2^{2r-4}$ ($v_1 = 0$, $v_2 =$ reell) aufzufassen ist. Gemäß ihrer Definition ist

$$h_2' = s_2^{(r-1)} f^{(r-1)}\ ;$$

diese Abbildung entsteht also so: *man bilde* $\Sigma^{2r-3}$ *vermöge der Faserabbildung* $f^{(r-1)}$ *auf* $K_{r-2}$ *ab und dann* $K_{r-2}$ *mit dem Grade 1 vermöge* $s^{(r-1)}$ *auf* $S^{2r-4}$ (den Index 2 lassen wir weg, da er jetzt keine Rolle mehr spielt). Wir bezeichnen sie im folgenden mit $\vartheta^{(r-1)}$. Also

$$t_r' = \mathfrak{E}\, \vartheta^{(r-1)}\ .$$

Nach einem Satze von Freudenthal[16]) ist für $n \geqq 4$ und eine beliebige Abbildung $h$ von $S^n$ auf $S^{n-1}$ die Abbildung $\mathfrak{E}h$ dann und nur dann wesentlich, wenn $h$ es ist; also ist $t_r'$ für $r > 3$ dann und nur dann wesentlich, wenn $\vartheta^{(r-1)}$ eine wesentliche Abbildung von $\Sigma^{2r-3}$ auf $S^{2r-4}$ ist. *Der Satz IV'*

[16]) [6], S. 300, Satz II, 1.

*wird somit für $r > 3$ bewiesen sein, sobald wir gezeigt haben, daß für ungerades $r$ die Abbildung $\vartheta^{(r-1)}$ wesentlich ist.* Dies werden wir im § 3 tun.

h) Den Fall $r = 3$ können wir aber direkt erledigen. Wenn nämlich $h$ eine beliebige Abbildung von $\Sigma^3$ auf $S^2$ ist, so ist nach Freudenthal[17]) $\mathfrak{E}h$ dann (und nur dann) wesentlich, wenn die Hopf'sche Invariante[18]) von $h$ ungerade ist (daß $h$ wesentlich ist, ist natürlich für die Wesentlichkeit von $\mathfrak{E}h$ notwendig, aber in diesem Fall nicht hinreichend); das ist aber bei $\vartheta^{(2)}$ der Fall: $K_1$, die komplexe projektive Gerade, ist zur $S^2$ homöomorph, und $\vartheta^{(2)}$ ist identisch mit der „Faserabbildung" $f^{(2)}$ (vgl. 9b) von $\Sigma^3$ auf $K_1$, abgesehen von der stereographischen Projektion, die $K_1$ topologisch auf $S^2$ abbildet. $\vartheta^{(2)}$ ist also nichts anderes als die von Hopf[19]) gefundene wesentliche Abbildung von $\Sigma^3$ auf $S^2$ mit der Invarianten $\gamma = 1$. Also ist

$$t'_3 = \mathfrak{E}\,\vartheta^{(2)}$$

wesentlich.

Damit ist der Beweis der Sätze IV′ und IV für $r = 3$, und des Satzes I für die $S^5$, schon beendet.

i) Der Satz IV′ (und infolgedessen auch der Satz IV) für $r = 3$ ist übrigens fast identisch mit dem Satz von Pontrjagin [4], mit dessen Hilfe ich schon früher den Satz I für den Spezialfall der $S^5$ bewiesen habe, und der folgendermaßen lautet: Der Gruppenraum der unitären Gruppe $A_2$ kann nicht einem topologischen Produkt homöomorph sein, in welchem ein Faktor eine Sphäre $S^3$ ist.

Daß aus diesem Satz der Satz IV′ für $r = 3$ folgt, ist leicht einzusehen: $U_{3,2}$ ist zur Gruppe $A_2$ homöomorph, und die Zerlegung $\mathfrak{Z}_3$ ist nichts anderes als die Zerlegung von $A_2$ in Restklassen nach einer mit $A_1$ isomorphen Untergruppe $A'_1$, die zum Wirkungsraum $S^5$ der Gruppe $A_2$ gehört[20]). Wenn aber eine solche Zerlegung eine Schnittfläche besitzt, so zerfällt der Gruppenraum in ein topologisches Produkt[21]), in unserm Falle in das Produkt $S^5 \times A'_1$; $A'_1$ ist aber zur Sphäre $S^3$ homöomorph.

Daß umgekehrt aus der Nicht-Existenz einer Schnittfläche in dieser Restklassenzerlegung leicht folgt, daß $A_2$ nicht einem topologischen Produkt $S^3 \times R$ homöomorph sein kann, habe ich an anderer Stelle gezeigt[22]).

---

[17]) [6], S. 301, bes. Satz III.

[18]) Definition s. [9], S. 645 ff.; ferner [6], S. 304—305.

[19]) [9], S. 654.

[20]) vgl. [3], Nr. 8d und 16c.

[21]) nach einem allgemeinen Satz, s. [3], Nr. 11, Satz 16.

[22]) das ist den Ausführungen von Nr. 16c der Arbeit [3] zu entnehmen, wenn es auch dort nicht explizite formuliert wird.

Unser Beweis des Satzes IV′ für $r = 3$ bzw. des Satzes von Pontrjagin benützt aber keine gruppentheoretischen Eigenschaften der unitären Gruppen; wir haben keinen Gebrauch von der Tatsache gemacht, daß $U_{3,2}$ ein Gruppenraum ist.

## § 3. Untersuchung einer speziellen Sphärenabbildung

**10.** Wir befassen uns in diesem Paragraphen mit der Abbildung $\vartheta^{(n)}$ der Sphäre $S^{2n-1}$ auf die Sphäre $S^{2n-2}$, die für den Beweis des Satzes IV′ eine entscheidende Rolle spielt; sie ist gemäß Nr. 9g so definiert: Man bilde $S^{2n-1}$ vermöge der Faserabbildung $f^{(n)}$ auf den komplexen projektiven Raum $K_{n-1}$ ab und dann $K_{n-1}$ mit dem Grade 1 (vermöge der Abbildung $s^{(n)}$) auf $S^{2n-2}$; die Abbildung von $S^{2n-1}$ auf $S^{2n-2}$, die man so erhält, heißt $\vartheta^{(n)}$. Wie aus der Definition von $f^{(n)}$ und $s^{(n)}$ und der Formel (5) (siehe Nr. 9b) zu entnehmen ist, kann man diese Abbildung $\vartheta^{(n)}$ folgendermaßen explizite durch Formeln angeben: $S^{2n-1}$ sei im unitären Raum $U'_n$ mit den Koordinaten $w_1, \ldots, w_n$ durch $\sum_{j=1}^{n} \overline{w_j}\, w_j = 1$ dargestellt, $S^{2n-2}$ im $U_n$ mit den Koordinaten $u_1, \ldots, u_n$ durch $\sum_{j=1}^{n} \overline{u_j}\, u_j = 1$, $u_1 =$ reell; dann ist $\vartheta^{(n)}$ durch die Gleichungen

$$u_j = \vartheta_j^{(n)}(w_1, \ldots, w_n) = 2\,\overline{w_1}\, w_j - \delta_{1j} \quad , \qquad j = 1, \ldots, n$$

gegeben. Wir werden unabhängig von den früheren Betrachtungen zeigen:

*Satz IV″. Die Abbildung $\vartheta^{(n)}$ ist bei geradem $n$ wesentlich, bei ungeradem $n$ unwesentlich* ($n \geqslant 2$).

Bemerkungen: a) In diesem Satz ist Satz IV′ (für $r > 3$) enthalten, mit ihm werden also auch die Sätze IV, III, I und V vollständig bewiesen sein.

b) Im Falle $n = 2$ ist Satz IV″ schon bekannt (siehe Nr. 9h); wir haben den Satz IV″ somit nur noch für $n \geqslant 3$ zu beweisen.

c) *Ein Korollar zu Satz IV″.* Im komplexen projektiven Raum $K_n$ sei $K_{n-1}$ der durch $z_1 = 0$ bestimmte Teilraum. Die Abbildung $s^{(n)}$ von $K_{n-1}$ auf $S^{2n-2}$ vom Grade 1 läßt sich bei geradem $n$ *nicht* zu einer Abbildung von $K_n$ auf $S^{2n-2}$ erweitern, wohl aber bei ungeradem $n$.

Beweis: Die Abbildung $s^{(n)}$ von $K_{n-1}$ auf $S^{2n-2}$ läßt sich dann und nur dann zu einer Abbildung $s_0^{(n)}$ von $K_n$ auf $S^{2n-2}$ erweitern, wenn die Abbildung $\vartheta^{(n)}$ der Randsphäre $\Sigma^{2n-1}$ der Vollkugel $V^{2n}$ auf $S^{2n-2}$ sich zu einer Abbildung $\vartheta_0^{(n)}$ von $V^{2n}$ auf $S^{2n-2}$ erweitern läßt, d. h. wenn $\vartheta^{(n)}$ unwesentlich ist; das sieht man ein, wenn man die Abbildung $g^{(n+1)}$ (siehe Nr. 9c) von $V^{2n}$ auf $K_n$ zu Hilfe nimmt, bei welcher $\Sigma^{2n-1}$ vermöge der Faserabbildung $f^{(n)}$ auf $K_{n-1}$ abgebildet wird, und

$$\vartheta_0^{(n)} = s_0^{(n)} g^{(n+1)}$$

bezw.

$$s_0^{(n)} = \vartheta_0^{(n)} (g^{(n+1)})^{-1}$$

setzt.

**11.** a) Zum Beweis von Satz IV″ stellen wir einige Hilfssätze bereit, die uns auch sonst zur Untersuchung spezieller, explizite gegebener Abbildungen von Sphären auf Sphären nützlich erscheinen (sie lassen sich zum Teil auch auf andere Dimensionszahlen übertragen).

Die Sphäre $S^{d+1}$ sei im Euklidischen Raum $R^{d+2}$ mit den Koordinaten $x_1, \ldots, x_{d+2}$ durch $\sum_{j=1}^{d+2} x_j^2 = 1$ gegeben, die Sphäre $S^d$ im $R^{d+1}$ mit den Koordinaten $y_1, \ldots, y_{d+1}$ durch $\sum_{j=1}^{d+1} y_j^2 = 1$. Bezeichnungen: Es bedeute

$V' \subset S^d$ die Kalotte $\quad y_{d+1} \geqslant \dfrac{1}{\sqrt{2}}$ von $S^d$,

$V'' \subset S^d$ die Kalotte $\quad y_{d+1} \leqslant \dfrac{1}{\sqrt{2}}$ von $S^d$,

$\Sigma \subset S^d$ den gemeinsamen Rand von $V'$ und $V''$,

$p \in V'$ den Punkt $y_j = \delta_{d+1,j} (j = 1, \ldots, d+1)$ der $S^d$; ferner

$T' \subset S^{d+1}$ den „Volltorus“ $\sum_{j=1}^{d} x_j^2 \leqslant x_{d+1}^2 + x_{d+2}^2$ in der $S^{d+1}$,

$T'' \subset S^{d+1}$ den „Volltorus“ $\sum_{j=1}^{d} x_j^2 \geqslant x_{d+1}^2 + x_{d+2}^2$ in der $S^{d+1}$,

$P \subset S^{d+1}$ den gemeinsamen Rand $\sum_{j=1}^{d} x_j^2 = x_{d+1}^2 + x_{d+2}^2 = \frac{1}{2}$ von $T'$ und $T''$, der dem topologischen Produkt $S^1 \times S^d$ homöomorph ist (ein „Torus“),

$K \subset T'$ den Großkreis $\sum_{j=1}^{d} x_j^2 = 0$, $x_{d+1}^2 + x_{d+2}^2 = 1$ der $S^{d+1}$; seine Punkte $\xi$ können wir durch zwei Zahlen $\xi_1 = x_{d+1}$, $\xi_2 = x_{d+2}$ mit $\xi_1^2 + \xi_2^2 = 1$ geben.

Ein Punkt $y \in V'$ ist durch die Angabe von $y_1, \ldots, y_d$ (mit $\sum_{j=1}^{d} y_j^2 \leqslant \frac{1}{2}$) bestimmt. $T'$ ist dem topologischen Produkt $V' \times K$ homöomorph: man ordne dem Punkt $x = (x_1, \ldots, x_{d+2}) \in T'$ den Punkt $y \in V'$:

$$y_j = x_j \;, \qquad j = 1, \ldots, d$$

und den Punkt $\xi \in K$:

$$\xi_j = \frac{x_{d+j}}{\sqrt{x_{d+1}^2 + x_{d+2}^2}} \quad , \qquad j = 1 \, , \, 2$$

zu. Im folgenden soll in diesem Sinne ein Punkt $x \in T'$ statt durch $x_1, \ldots, x_{d+2}$ immer durch $x_1, \ldots, x_d$ mit $\sum_{j=1}^{d} x_j^2 \leqslant \frac{1}{2}$ und $\xi \in K$ gegeben werden.

b) Eine Abbildung $f$ von $S^{d+1}$ in $S^d$ soll *regulär* heißen, wenn sie folgende Eigenschaften hat:

1. $f(T') = V', f(T'') \subset V''$. — Die von $f$ in diesem Fall induzierten Abbildungen von $T'$ auf $V'$ und von $T''$ in $V''$ sollen $f'$ bzw. $f''$ heißen.

2. Die Abbildung $f'$ von $T'$ auf $V'$ kann durch Gleichungen

$$y_j = \sum_{k=1}^{d} a_{jk}(\xi)\, x_k \quad , \qquad j = 1, \ldots, d$$

beschrieben werden, wobei die $a_{jk}$ stetige Funktionen von $\xi \in K$ sind und die Matrix $(a_{jk}(\xi))_d$ für jedes $\xi \in K$ orthogonal ist und die Determinante $+1$ hat.

Die Forderung 2. bedeutet mit andern Worten: Bei der Abbildung $f'$ wird, wenn man $T'$ wie oben als topologisches Produkt $V' \times K$ auffaßt, $V' \times (\xi)$ für jedes $\xi \in K$ orthogonal auf $V'$ abgebildet. Dabei ist $f'(K) = p$, und der Rand $P$ von $T'$ wird auf den Rand $\Sigma$ von $V'$ abgebildet; diese Abbildung von $P$ auf $\Sigma$ soll $f'''$ heißen.

c) Durch die eben in der Definition genannte Matrix $(a_{jk}(\xi))$ ist eine Abbildung von $K$ in die Gruppe $\Omega_d$ aller $d$-reihigen orthogonalen Matrizen mit der Determinante $+1$ gegeben, d. h. ein geschlossener Weg in $\Omega_d$; da die Abbildung $f'$ durch diesen Weg völlig definiert ist, wollen wir ihn auch $f'$ nennen. Jeder solche Weg repräsentiert ein Element der Fundamentalgruppe $F(\Omega_d)$ von $\Omega_d$, das wir mit $\alpha(f)$ bezeichnen. (Einen Anfangspunkt für diese Wege auszuzeichnen, ist zwar nicht nötig, da es sich um Wege in einem Gruppenraum handelt, aber für die Zusammensetzung der Wege angenehm; man kann etwa verlangen, daß für den Punkt $\xi^0 \in K$ mit $\xi_1^0 = 1$, $\xi_2^0 = 0$

$$a_{jk}(\xi^0) = \delta_{jk}$$

sei.)

*Zu jeder regulären Abbildung $f$ von $S^{d+1}$ in $S^d$ gehört also ein Element $\alpha(f)$ der Fundamentalgruppe von $\Omega_d$.*

d) *Hilfssatz* 1: $f$ und $g$ seien zwei reguläre Abbildungen von $S^{d+1}$ in $S^d$; wenn $\alpha(f) = \alpha(g)$ ist, so sind die Abbildungen $f$ und $g$ homotop.

Beweis: $\alpha(f) = \alpha(g)$ bedeutet, daß die zu $f$ und $g$ gehörigen Wege $f'$ und $g'$, also auch die Abbildungen $f'$ und $g'$ von $T'$ auf $V'$ homotop sind; es gibt also eine Deformation von $f'$ in $g'$, d. h. eine stetige Schar von Abbildungen $\varphi'_t$ $(0 \leqslant t \leqslant 1)$ von $T'$ auf $V'$, die alle die Eigenschaft 2. haben, mit $\varphi'_0 = f'$, $\varphi'_1 = g'$. Es entsteht dabei auch eine Deformation der Abbildung $f'''$ von $P$ auf $\Sigma$ in die Abbildung $g'''$ von $P$ auf $\Sigma$, wobei das Bild von $P$ immer $= \Sigma$ ist; diese Deformation läßt sich nach einem elementaren Erweiterungssatz[23]) zu einer Deformation $\varphi''_t$ $(0 \leqslant t \leqslant 1)$ von $f''$ erweitern, mit $\varphi''_t(T'') \subset V''$. Die Deformationen $\varphi'_t$ und $\varphi''_t$ ergeben zusammen eine Deformation $f_t$ $(0 \leqslant t \leqslant 1)$ der Abbildung $f = f_0$ in eine reguläre Abbildung $f_1$, für welche

$$f'_1 = \varphi'_1 = g'$$

ist; für jeden innern Punkt $y$ von $V'$ ist also $f_1^{-1}(y) = g^{-1}(y)$, und daraus folgt[24]), daß $f_1$ und $g$, also auch $f$ und $g$ homotop sind.

e) *Hilfssatz* 2: Die Abbildung $f$ von $S^{d+1}$ in $S^d$, gegeben durch die Funktionen $y_j(x_1, \ldots, x_{d+2})$, $j = 1, \ldots, d+1$, habe folgende Eigenschaften: $f^{-1}(p) = K$; in der Umgebung von $K$ seien die $y_j$ stetig differenzierbar, und wir setzen $b_{jk}(\xi) = \left(\dfrac{\partial y_j}{\partial x_k}\right)_{x_1 = \cdots = x_d = 0}$ für $j, k = 1, \ldots, d$; für alle $\xi \in K$ sei die Funktionaldeterminante $|b_{jk}(\xi)| > 0$. Dann ist $f$ einer regulären Abbildung $h$ von $S^{d+1}$ in $S^d$ homotop, bei welcher $h'$ durch diejenige orthogonale Matrix $(a_{jk}(\xi))$ mit der Determinante $+1$ gegeben ist, die aus $(b_{jk}(\xi))$ durch Orthogonalisieren hervorgeht (wobei man natürlich für das Orthogonalisieren ein eindeutiges und stetiges Verfahren festzulegen hat).

[23]) s. *Alexandroff-Hopf*[2]), S. 501, Hilfssatz I.

[24]) s. *Alexandroff-Hopf*[2]), S. 502, Hilfssatz III.

Beweis (wir führen nicht alle Einzelheiten ausführlich durch): Für einen Punkt $x \in S^{d+1}$ mit den Koordinaten $x_1, \ldots, x_{d+2}$ sei $r(x) = \sqrt{\sum_{j=1}^{d} x_j^2}$, analog für $y \in S^d$ mit den Koordinaten $y_1, \ldots, y_{d+1}$ $r(y) = \sqrt{\sum_{j=1}^{d} y_j^2}$. Ferner sei $V_r (r < 1)$ die $r$-Umgebung von $p(r(y) < r, y_{d+1} > 0)$ in $S_d$, $U_r$ die $r$-Umgebung von $K$, $r(x) < r$, in $S^{d+1}$ (also ein offener Volltorus, homöomorph dem topologischen Produkt $V_r \times K$), $P_r$ der Rand von $U_r$, $r(x) = r$. Wir können $V_r$ normal in die Ebene $y_{d+1} = 0$ projizieren und dort als offene Vollkugel im $d$-dimensionalen Euklidischen Raum auffassen.

$g$ sei die Abbildung

$$y_j = \sum_{k=1}^{d} b_{jk}(\xi)\, x_k \qquad j = 1, \ldots, d$$

von $U_r$ in die Umgebung von $p$. Es gibt eine Zahl $\delta > 0$, so daß bei beliebigem $r > 0$, $r(g(x)) > \delta r$ ist für alle $x$ mit $r(x) = r$. Mit Hilfe des Mittelwertsatzes der Differentialrechnung stellt man leicht fest, daß man $r > 0$ so wählen kann, daß

$$\varrho\,(f(x)\,,\ g(x)) < \frac{\delta}{2}\, r$$

ist für alle $x \in P_r$. Wir wählen nun eine Zahl $r' (< \frac{\delta}{2} r)$, so daß

$$f(S^{d+1} - U_r) \subset S^d - V_{r'}\ .$$

Deformieren wir nun innerhalb $U_r$ die Abbildung $f$ in $g$, indem wir $f(x)$ geradlinig nach $g(x)$ wandern lassen, so liegt bei dieser ganzen Deformation das Bild von $P_r$ in $S^d - V_{r'}$; man kann also diese Deformation zu einer Deformation der ganzen Abbildung $f$ von $S^{d+1}$ in $S^d$ erweitern, derart, daß das Bild von $S^{d+1} - U_r$ immer in $S^d - V_{r'}$ liegt. Man erhält dadurch eine zu $f$ homotope Abbildung $f_1$ von $S^{d+1}$ in $S^d$, bei welcher $f_1^{-1}(V_{r'}) \subset U_r$ ist, und die in $U_r$ durch $g$ gegeben ist.

Aus $(b_{jk}(\xi))$ bilden wir nun durch Orthogonalisieren der Zeilenvektoren in bestimmter Reihenfolge eine orthogonale Matrix $(a_{jk}(\xi))$ (wobei die Determinante $|a_{jk}(\xi)| = +1$ ist). Dann gibt es eine stetige Schar von nichtsingulären Matrizen $b_{jk}(\xi, t)$ $(0 \leqslant t \leqslant 1)$, derart, daß

$$b_{jk}(\xi, 0) = b_{jk}(\xi) \quad \text{und} \quad b_{jk}(\xi, 1) = a_{jk}(\xi)$$

ist [25]); diese Schar liefert uns eine Schar $g_t$ von Abbildungen, durch

[25]) das ist etwa den Ausführungen von § 2.2 der Arbeit [1] von *Stiefel* zu entnehmen.

welche die Abbildung $g_0 = g$ von $U_r$ in die Umgebung von $p$ in die Abbildung $g_1$

$$y_j = \sum_{k=1}^{d} a_{jk}(\xi)\, x_k \qquad j = 1, \ldots, d$$

deformiert wird. Dabei gibt es eine Umgebung $V_{r''}$ von $p$ $(r'' < r')$, derart, daß $g_t(P_r) \subset S^d - V_{r''}$ ist, und infolgedessen läßt sich diese Deformation von $g$ in $g_1$ zu einer Deformation der Abbildung $f_1$ in eine Abbildung $f_2$ von $S^{d+1}$ in $S^d$ fortsetzen, für welche gilt:

$$f_2^{-1}(V_{r''}) = U_{r''} \ ;$$

dabei ist die zugehörige Abbildung von $U_{r''}$ auf $V_{r''}$ durch

$$y_k = \sum_{k=1}^{d} a_{jk}(\xi)\, x_k \qquad j = 1, \ldots, d$$

mit der orthogonalen Matrix $(a_{jk}(\xi))$ gegeben.

Diese Abbildung $f_2$ aber läßt sich leicht in eine reguläre Abbildung deformieren, die alle im Hilfssatz 2 genannten Eigenschaften besitzt.

*Hilfssatz* 3: Wenn $f$ eine reguläre Abbildung von $S^{d+1}$ in $S^d$ ist, so ist die Abbildung $\mathfrak{E}f$ von $S^{d+2}$ in $S^{d+1}$, die aus $f$ durch *Einhängung*[15]) hervorgeht, auch regulär; ist der Weg $f'$ in $\Omega_d$ durch die Matrix $a(\xi)$ gegeben, so ist der Weg $(\mathfrak{E}f)'$ in $\Omega_{d+1}$ durch die Matrix $A(\xi) = \begin{pmatrix} 1 & 0 \\ 0 & a(\xi) \end{pmatrix}$ gegeben.

Beweis: Man kann die Einhängung[15]) folgendermaßen beschreiben: Wir fügen zum $R^{d+2}$ bzw. $R^{d+1}$ noch eine Koordinate $x_0$ bzw. $y_0$ hinzu und erhalten die Räume $R_1^{d+3}$ bzw. $R_1^{d+2}$; $S_1^{d+2}$ bzw. $S_1^{d+1}$ seien ihre Einheitssphären. Eine Abbildung $g$ von $S^{d+1}$ in $S^d$ sei gegeben durch Gleichungen

$$y_j = g_j(x_1, \ldots, x_{d+2}) \qquad j = 1, \ldots, d+1 \ .$$

Dann kann die eingehängte Abbildung $\mathfrak{E}g$ von $S_1^{d+2}$ in $S_1^{d+1}$ durch die Gleichungen ($r$ ist als Abkürzung für $\sqrt{\sum_{j=1}^{d} x_j^2}$ gesetzt)

$$\begin{aligned} y_0 &= x_0 \\ y_j &= r \cdot g_j\left(\frac{x_1}{r}, \ldots, \frac{x_{d+2}}{r}\right), \quad && j = 1, \ldots, d+1, \text{ für } r > 0 \\ y_j &= 0 \ , && j = 1, \ldots, d+1, \text{ für } r = 0 \\ & && \text{d. h. } x_0 = y_0 = \pm 1) \end{aligned}$$

beschrieben werden.

$f$ sei eine reguläre Abbildung von $S^{d+1}$ in $S^d$, wie sie oben in der Definition beschrieben ist. Dann folgt aus der eben genannten Darstellung der Einhängung für die Abbildung $\mathfrak{E}f$:

1. $(\mathfrak{E}f)^{-1}(V_1') = T_1'$ ($V_1'$, $T_1'$, ... seien analog wie $V'$, $T'$, ... definiert).
2. Die Abbildung $(\mathfrak{E}f)$ von $T_1'$ auf $V_1'$ wird beschrieben durch

$$y_0 = x_0 \ ,$$
$$y_j = \sum_{k=1}^{d} a_{jk}(\xi)\, x_k \qquad j = 1, \ldots, d \ ;$$

damit ist der Hilfssatz 3 bewiesen.

*Hilfssatz* 4: Wenn für eine reguläre Abbildung $f$ von $S^{d+1}$ in $S^d$ $\alpha(f) = 0$ ist (d. h. der Weg $f$ in $\Omega_d$ nullhomotop), so ist $f$ unwesentlich (also nullhomotop).

Beweis: Nach Hilfssatz 1 genügt es, eine unwesentliche reguläre Abbildung $g$ von $S^{d+1}$ in $S^d$ anzugeben, bei welcher $\alpha(g) = 0$ ist. Eine solche ist die folgende:

$$y_j \quad = x_j \ , \qquad j = 1, \ldots, d \ ;$$
$$y_{d+1} = +\sqrt{x_{d+1}^2 + x_{d+2}^2} \ ;$$

diese Abbildung ist unwesentlich, da das Bild $g(S^{d+1})$ ganz in der Halbsphäre $y_{d+1} \geqslant 0$ liegt. Ferner ist $g'$ definiert durch

$$y_j = x_j \ , \qquad j = 1, \ldots, d \ ;$$

die zugehörige Matrix ist für alle $\xi \in K$ die Einheitsmatrix, also ist der zugehörige Weg in $\Omega_d$ ein Punkt.

Von diesem Hilfssatz gilt auch die Umkehrung: *Wenn für die reguläre Abbildung $f$ von $S^{d+1}$ in $S^d$ $\alpha(f) \neq 0$ ist, so ist $f$ wesentlich.* Sie wird im folgenden bei der Diskussion der Abbildungen $\vartheta^{(n)}$ bewiesen (nur für $d \geqslant 3$).

**12.** a) Die Abbildungen $\vartheta^{(n)}$ werden am einfachsten durch komplexe Gleichungen beschrieben (siehe Nr. 10); um die Hilfssätze der vorigen Nummer anwenden zu können, haben wir die unitären Räume $U_n'$ und $U_n$ als Euklidische Räume $R^{2n}$, bzw. den zu reellem $u_1$ gehörigen Teilraum von $U_n$ als $R^{2n-1}$, aufzufassen; dabei sollen die reellen Koordinaten mit dem Real- und Imaginärteil der komplexen Koordinaten identifiziert und so nummeriert werden, daß $K$ der Großkreis

$$w_2 = \ldots = w_n = 0 \quad , \quad \overline{w_1} w_1 = 1$$

der $S^{2n-1}$ und $p$ der Punkt $u_j = \delta_{j1}(j = 1, \ldots, n)$ der $S^{2n-2}$ ist. Dann ist

$$\vartheta^{(n)^{-1}}(p) = K \quad ;$$

da $\vartheta^{(n)}$ in der Umgebung von $K$ stetig differenzierbar ist, berechnen wir die im Hilfssatz 2 auftretende Funktionalmatrix, und zwar gerade in der komplexen Schreibweise: $\vartheta^{(n)}$ ist gegeben durch

$$u_j = 2\,\overline{w_1}\,w_j - \delta_{1j}\ , \qquad j = 1, \ldots, n \ ;$$

also ist (in allen Ableitungen ist $w_2 = \ldots = w_n = 0$ zu setzen) für $j = 2, \ldots, n$ und $k = 2, \ldots, n$

$$\frac{\partial u_j}{\partial w_k} = 2\,\overline{w_1}\,\delta_{jk}$$

oder, wenn man $w_j = w_j' + i w_j''$, $u_j = u_j' + i u_j''$ ($w_j'$, $w_j''$, $u_j'$, $u_j''$ reell) und auf $K - w_1 = \cos\varphi + i \sin\varphi$ setzt,

$$\left.\begin{aligned} \frac{\partial u_j}{\partial w_k'} &= \frac{\partial u_j}{\partial w_k} = 2\,\delta_{jk}(\cos\,\varphi + i\,\sin\,\varphi) \\ \frac{\partial u_j}{\partial w_k''} &= i\,\frac{\partial u_j}{\partial w_k} = 2\,\delta_{jk}(-\,\sin\,\varphi + i\,\cos\,\varphi) \end{aligned}\right\} \qquad \begin{aligned} j &= 2, \ldots, n \\ k &= 2, \ldots, n, \end{aligned}$$

also

$$\begin{aligned} \frac{\partial u_j'}{\partial w_k'} &= \phantom{-}2\,\delta_{jk}\,\cos\,\varphi\ , & \frac{\partial u_j''}{\partial w_k'} &= 2\,\delta_{jk}\,\sin\,\varphi \\ \frac{\partial u_j'}{\partial w_j''} &= -2\,\delta_{jk}\,\sin\,\varphi\ , & \frac{\partial u_j''}{\partial w_k''} &= 2\,\delta_{jk}\,\cos\,\varphi \end{aligned} \qquad \begin{aligned} j &= 2, \ldots, n \\ k &= 2, \ldots, n\ ; \end{aligned}$$

dadurch ist die Funktionalmatrix in jedem Punkt von $K(0 \leqslant \varphi \leqslant 2\pi)$ bestimmt. Durch Orthogonalisieren (das hier nur in einem Normieren besteht) erhält man daraus die $2(n-1)$-reihige orthogonale Matrix

$$A_{n-1}(\varphi) = \begin{pmatrix} A(\varphi) & 0 & \ldots & 0 \\ 0 & A(\varphi) & & \vdots \\ \vdots & & \ddots & \vdots \\ 0 & \ldots & \ldots & A(\varphi) \end{pmatrix} \in \Omega_{2(n-1)}\ ,$$

wobei $A(\varphi) = A_1(\varphi)$ ein 2-reihiges „Kästchen“ $\begin{pmatrix} \cos\varphi & \sin\varphi \\ -\sin\varphi & \cos\varphi \end{pmatrix}$ bedeutet.

Aus dem Hilfssatz 2 folgt also: *Die Abbildung* $\vartheta^{(n)}$ *von* $S^{2n-1}$ *auf* $S^{2n-2}$ *ist einer regulären Abbildung* $\vartheta_1^{(n)}$ *homotop, bei welcher der zugehörige Weg in* $\Omega_{2(n-1)}$ *durch die Matrix* $A_{n-1}(\varphi)$ *gegeben ist.*

b) Insbesondere gehört zu der Abbildung $\vartheta^{(n)}$ von $S^3$ auf $S^2$ (der Hopfschen Faserabbildung, vgl. Nr. 9), genauer zu $\vartheta_1^{(2)}$ der Weg $A_1(\varphi) = \begin{pmatrix} \cos\varphi & \sin\varphi \\ -\sin\varphi & \cos\varphi \end{pmatrix}$ in $\Omega_2$. Durch wiederholte Einhängung erhält man aus $\vartheta_1^{(2)}$ eine Abbildung $\mathfrak{E} \ldots \mathfrak{E}\, \vartheta_1^{(2)}$ von $S^{d+1}$ auf $S^d$ ($d \geqslant 3$), die nach einem Satze von Freudenthal[17]) wesentlich ist; der zugehörige Weg in $\Omega_d$ ist durch die $d$-reihige Matrix

$$B_d(\varphi) = \begin{pmatrix} 1 & 0 & \ldots & 0 \\ 0 & 1 & & 0 \\ \vdots & & \ddots & \vdots \\ \vdots & & 1 & \vdots \\ 0 & 0 & \ldots & A(\varphi) \end{pmatrix}$$

gegeben. Die Fundamentalgruppe $F(\Omega_d)$ hat für $d \geqslant 3$ die Ordnung 2; wir bezeichnen ihre Elemente[26]) mit 0 und $\alpha$. Es ist bekannt und leicht zu sehen, daß die Matrix $B_d(\varphi)$ das Element $\alpha \neq 0$ repräsentiert [27]) (ebenso jede Matrix der Form

$$\begin{pmatrix} 1 & 0 & \ldots & & & 0 \\ 0 & 1 & & & & \vdots \\ \vdots & & \ddots\, 1 & & & \vdots \\ \vdots & & & A(\varphi) & 1 & \vdots \\ \vdots & & & & & \ddots \\ 0 & \ldots & & & & 1 \end{pmatrix}$$

aus $\Omega_d$).

*Man findet also für die wesentliche Abbildung* $\mathfrak{E} \ldots \mathfrak{E}\vartheta_1^{(2)}$ *von* $S^{d+1}$ *auf* $S^d$

$$\alpha(\mathfrak{E} \ldots \mathfrak{E}\vartheta_1^{(2)}) = \alpha \quad .$$

*Damit ist auch (für* $d \geqslant 3$*) die Umkehrung von Hilfssatz 4 bewiesen;* wenn nämlich für eine reguläre Abbildung $f$ von $S^{d+1}$ auf $S^d$ gilt: $\alpha(f) \neq 0$, so ist $\alpha(f) = \alpha$, also ist $f$ nach Hilfssatz 1 der wesentlichen Abbildung $\mathfrak{E} \ldots \mathfrak{E}\vartheta_1^{(2)}$ homotop, also selbst wesentlich.

c) Der Weg in $\Omega_{2(n-1)}$, der zu der Abbildung $\vartheta_1^{(n)}$ gehört, ist durch die Matrix $A_{n-1}(\varphi)$ gegeben, die man auch als Produkt

---

[26]) Die Fundamentalgruppe von $\Omega_d$ ist abelsch, wir schreiben sie additiv.

[27]) man vgl. etwa *H. Weyl*, The classical groups (Princeton N. J., 1939), S. 269.

$$A_{n-1}(\varphi) = \begin{pmatrix} A(\varphi) & \dots & 0 \\ \vdots & 1 & \vdots \\ & \ddots & \\ 0 & \dots & 1 \end{pmatrix} \cdot \begin{pmatrix} 1 & 0 & \dots & 0 \\ 0 & 1 & & \vdots \\ \vdots & A(\varphi) & & \vdots \\ & & 1 \ddots & \\ 0 & \dots & & 1 \end{pmatrix} \cdots \begin{pmatrix} 1 & \dots & 0 \\ \vdots & \ddots & \vdots \\ & & 1 \\ 0 & \dots & A(\varphi) \end{pmatrix}$$

schreiben kann; nach einem bekannten Satz[28]) ist dieser Weg homotop der Summe[26]) der durch die Faktoren gegebenen Wege, die alle das Element $\alpha$ repräsentieren. Also gilt

$$\alpha(\vartheta_1^{(n)}) = \alpha + \alpha + \dots + \alpha = (n-1)\alpha \ ,$$

somit

$$\alpha(\vartheta_1^{(n)}) = 0 \ , \text{ wenn } n \text{ ungerade,}$$

$$= \alpha, \text{ wenn } n \text{ gerade ist.}$$

Nach Hilfssatz 4 und seiner Umkehrung ist also *für $n \geqslant 3$ die Abbildung $\vartheta_1^{(n)}$ unwesentlich, wenn $n$ ungerade, und wesentlich, wenn $n$ gerade ist.* Da $\vartheta_1^{(n)}$ zu $\vartheta^{(n)}$ homotop ist, ist damit Satz IV$''$ bewiesen.

(Eingegangen den 12. November 1941.)

## LITERATUR

[1] *E. Stiefel*, Richtungsfelder und Fernparallelismus in $n$-dimensionalen Mannigfaltigkeiten, Comm. math. helv. 8 (1935), 3—51.

[2] *E. Stiefel*, Über Richtungsfelder in den projektiven Räumen und einen Satz aus der reellen Algebra, Comm. math. helv. 13 (1941), 201—218.

[3] *B. Eckmann*, Zur Homotopietheorie gefaserter Räume, Comm. math. helv. 14 (1941).

[4] *L. Pontrjagin*, Über die topologische Struktur der Lie'schen Gruppen, Comm. math. helv. 13 (1941), 277—283.

[5] *H. Hopf*, Zur Algebra der Abbildungen von Mannigfaltigkeiten, Crelles Journal 163 (1930), 71—88.

[6] *H. Freudenthal*, Über die Klassen der Sphärenabbildungen I, Comp. math. V (1935), 299—314.

[7] *H. Hopf*, Über die Abbildungen von Sphären auf Sphären niedrigerer Dimension, Fund. math. XXV (1935), 427—440.

[8] *H. Hopf* und *M. Rueff*, Über faserungstreue Abbildungen der Sphären, Comm. math. helv. 11 (1939), 49—61.

[9] *H. Hopf*, Über die Abbildungen der 3-dimensionalen Sphäre auf die Kugelfläche, Math. Ann. 104 (1931), 637—665.

[10] *B. Eckmann*, Über die Homotopiegruppen von Gruppenräumen, Comm. math. helv. 14 (1942).

[11] *L. Pontrjagin*, A classification of continous transformations of a complex into a sphere. I, C. R. Acad. Sc. U R S S, XIX, 3 (1938), 147—149.

[28]) s. *Hurewicz*, Proc. Akad. Amsterdam 38 (1935), 112—119, Satz XI; oder: *Eckmann*, [10], Satz II.

# L'idée de dimension

Leçon inaugurale Lausanne 5 février 1943
Revue de Théologie et Philosophie **127** (1943), 3–17

1. L'idée de dimension, bien qu'elle soit une des plus intuitives et anciennes de la géométrie, n'a été l'objet d'une théorie exacte et satisfaisante que depuis vingt ou trente ans, et ce n'est que ces derniers temps qu'elle a atteint une certaine perfection. La question, touchée déjà dans les *Eléments* d'Euclide, a été reprise autour de 1900 sous un nouvel aspect, entre autres par le célèbre mathématicien français Henri Poincaré, et ses idées sont à la base des recherches ultérieures qui ont donné lieu à une des plus belles théories géométriques.

Si je vais essayer de vous présenter quelques résultats et idées simples à ce sujet — dans la forme plus ou moins incomplète que le cadre de cette leçon m'impose et que mes collègues mathématiciens voudront bien excuser — c'est parce que je crois qu'il s'agit là d'une chose dont on parle assez souvent en disant que l'espace a trois dimensions, qu'une surface en a deux, que le temps a une dimension, en faisant allusion, avec un sous-entendu mystérieux, à la quatrième dimension — sans bien se rendre compte de ce qu'on entend par là, et sans savoir qu'il s'agit d'une question d'importance fondamentale pour la géométrie et pour toutes les sciences.

Toutefois, je ne considère tout ceci que comme un exemple, et le but de mon exposé sera atteint, si j'arrive à vous donner une idée des relations assez délicates qui existent entre l'intuition, l'expérience et l'abstraction, et qui sont caractéristiques de la façon de penser et de travailler en géométrie moderne.

2. Venons en à notre problème : Que notre espace soit à trois dimensions, qu'une courbe soit à une dimension, etc., qu'est-ce que cela veut dire ? Quelles sont les raisons et les conséquences de ce fait ?

Avant tout : Qu'est-ce que l'espace ? Il nous faut bien distinguer deux choses : l'espace de notre intuition et expérience, où nous vivons — je veux l'appeler dans ce qui suit *l'espace réel* (seulement à titre d'abréviation, car il y a plusieurs sortes ou gradations de réalité) — et *l'espace géométrique* qui est une création abstraite de l'esprit.

*L'espace réel* — je ne veux pas essayer d'en donner une définition fermée ; ses propriétés sont plus ou moins imprécises ; car les objets considérés ne sont pas des points, droites, etc., mais des arêtes d'un corps, des rayons lumineux, des réticules, des plans plus ou moins rugueux, des figures dessinées d'une manière un peu inexacte ; et si on essayait de rendre plus exactes les propriétés de ces objets par approximations successives, on n'y arriverait pas, même théoriquement ; comment arriver, par exemple, à une droite précise, la matière étant composée d'atomes, ou de molécules en mouvement thermique ? Et un rayon lumineux, dès qu'on essaie de le rendre suffisamment fin, commence à se disperser ! On peut même dire que les propriétés de tous ces objets changent de temps en temps — suivant nos moyens et nos possibilités expérimentales. Sans trop en discuter, nous voulons admettre que tout ce qu'on dit de l'espace réel est vrai dans un sens naïf et pas tout à fait définitif.

Dans *l'espace géométrique*, les choses sont bien différentes. Ses objets ont des propriétés tout à fait exactes : ce sont ou bien des axiomes qu'on ne démontre pas, ou bien des théorèmes qu'on démontre à l'aide des axiomes et de la déduction logique. Mais que sont ces objets ? On n'en dit rien ; ce ne sont en tout cas pas les objets inexacts de l'espace réel, mais des êtres abstraits qui ont seulement les propriétés qu'on leur a attribuées sous forme d'axiomes. Ces axiomes ne sont donc sûrement ni vrais ni faux ni évidents, mais tout simplement des postulats, des conventions qu'on impose à des êtres abstraits appelés points, droites, etc. Ces conventions sont naturellement inspirées par le réel ; elles idéalisent des choses qu'on a constatées dans le réel d'une manière assez grossière. Mais elles dépassent tout ce que le réel peut nous donner : si l'on dit, par exemple, que deux droites se coupent en un point, ou si l'on parle du comportement à l'infini, l'espace réel ne nous donne jamais de renseignements précis et directs là-dessus. Il y a donc une part d'arbitraire dans les axiomes ; l'espace géométrique serait-il ainsi une construction purement logique qui se base sur des conventions arbitraires ? Heureusement il est plus que cela, plus qu'un simple jeu logique : il est une image schématique de l'espace réel, extrêmement utile d'ailleurs ; on s'en sert à tout instant dans notre vie, dans la technique, dans les sciences.

En conclusion : l'espace géométrique est une construction logique dont la base est formée par les axiomes, c'est-à-dire des conventions arbitraires du point de vue logique, mais inspirées par le réel et en conséquence justifiées. L'espace géométrique n'est pas identique à l'espace réel, mais il en est — pour employer une expression due à M. Gonseth — un schéma simple et efficace.

On peut naturellement créer d'autres géométries, en choisissant comme base de la construction logique des axiomes un peu différents, et on l'a fait. C'est alors l'expérience qui nous amène à prendre l'une de ces géométries plutôt qu'une autre comme schéma de l'espace réel. La géométrie ordinaire ou euclidienne est considérée comme la plus simple et la plus efficace pour les besoins ordinaires ; mais il se peut que, pour des cas extraordinaires, en astronomie ou en atomistique, par exemple, on se voie contraint de préférer un autre schéma.

3. Maintenant que nous avons bien distingué deux choses, l'espace réel, d'une part, et l'espace géométrique, d'autre part, nous pouvons préciser notre question :

A quelles propriétés de l'espace géométrique abstrait fait-on appel en disant que l'espace réel est à 3 dimensions ?

Une méthode très simple pour y répondre est la suivante : Tout point de l'espace géométrique peut être caractérisé par trois nombres réels, appelés coordonnées ; remarquons que d'une manière analogue on fixe un point sur une droite par un nombre (on fait cela sur chaque règle) et un point dans le plan par deux nombres (on le fait sur toute carte topographique). Les trois coordonnées d'un point $P$ dans l'espace sont par exemple les trois distances de $P$ à trois plans perpendiculaires deux à deux, ou bien les deux coordonnées de la projection de $P$ dans le plan horizontal et la hauteur au-dessus de ce plan (fig. 1).

Si on fait varier ces trois nombres indépendamment les uns des autres, on obtient tous les points de l'espace. Connaissant les coordonnées de deux points de l'espace, on peut calculer leur distance par une formule simple ; à l'aide des coordonnées, on peut calculer des angles, déduire des propriétés géométriques par de simples calculs, etc. — c'est la méthode bien connue sous le nom de *géométrie analytique*. Dans cette géométrie, un point c'est *trois nombres*, et l'espace c'est l'ensemble obtenu en faisant varier ces trois nombres indépendamment. C'est pourquoi l'on dit que l'espace géométrique

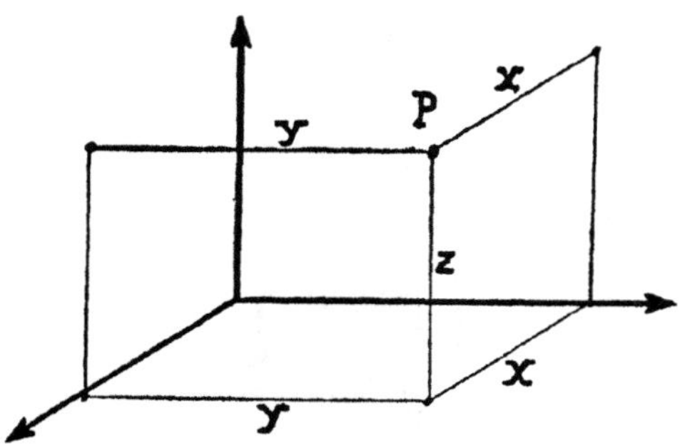


Fig. 1.

a trois dimensions, en entendant par nombre des dimensions le nombre des coordonnées variant indépendamment.

4. Oublions maintenant pour un instant la signification extérieure de l'espace géométrique, oublions qu'il est le schéma de l'espace réel. Alors on ne comprend plus le rôle extraordinaire du nombre 3 dans cette construction ; car il est clair que la même construction logique peut se faire avec 4 ou 5 ou un nombre quelconque $n$ de coordonnées ; on obtient alors l'espace à $n$ coordonnées ou à $n$ dimensions.

Un point de cet *espace à n dimensions*, c'est *n nombres réels*, et on obtient tout l'espace, si on les fait varier indépendamment. On peut y faire de la *géométrie analytique* : la distance de deux points se calcule à partir des coordonnées à l'aide d'une formule analogue au cas des trois dimensions, etc.

Inutile de demander si cet espace à 4 ou à 5 ou à $n$ dimensions existe ou non — il est simplement une construction logique qui ne prétend pas donner des renseignements sur quelque chose de réel — l'espace à 3 dimensions ne le fait pas non plus ; il peut servir comme schéma de l'espace réel, voilà son rôle particulier ! (D'ailleurs l'espace à deux dimensions est, d'une manière analogue, le schéma du plan, et celui à une dimension de la droite.)

On va se demander : Ne pourrait-on pas prendre comme schéma de l'espace réel l'espace à 4 ou 5 ou à un autre nombre de dimensions aussi bien que celui à 3 dimensions ? Cela nous donnerait une géométrie bien différente de la nôtre !

Mais parmi toutes ces possibilités, l'expérience nous en a fait choisir une : 3 dimensions sont, comme on l'a toujours constaté, juste ce qu'il faut pour décrire (d'une manière schématique, mais efficace) les points de notre espace réel. Et même si l'on a essayé,

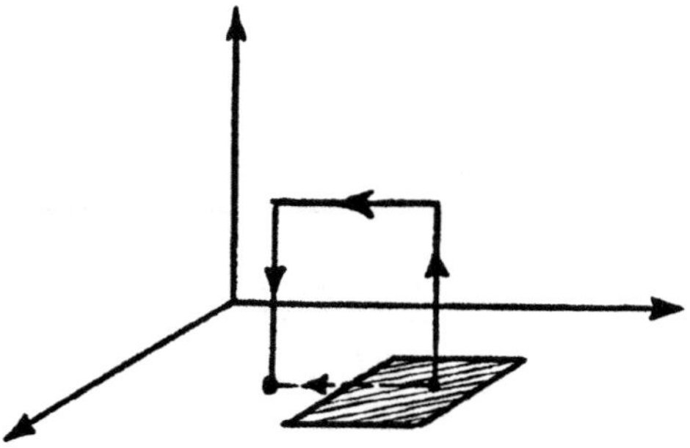

Fig. 2.

comme je l'ai déjà dit, de modifier un peu notre géométrie (par exemple en prenant une autre formule pour la distance), on n'a jamais été amené à changer ce nombre 3 des dimensions, des coordonnées variant indépendamment.

Mais il y a une autre possibilité qui reste plus ou moins ouverte : Il se pourrait que notre espace réel fît partie d'un espace réel à 4 dimensions (c'est-à-dire de quelque chose dont le schéma devrait être l'espace abstrait à 4 dimensions), comme un plan qui fait partie de l'espace ordinaire, qui est « plongé » dans cet espace. Certaines propriétés géométriques diffèrent essentiellement suivant qu'on reste dans l'espace ou qu'on en sort dans l'espace à 4 dimensions.

Pour mieux comprendre ceci, examinons la situation pour le plan. Comparons la géométrie dans le plan, selon qu'on reste dans le plan en faisant abstraction de l'espace qui l'entoure, ou qu'on n'y reste pas.

Considérons un rectangle, et un point à l'intérieur (fig. 2) ; dans le plan, il est impossible de faire sortir le point de l'intérieur du rectangle sans qu'il traverse un des côtés ; donc, s'il lui est défendu de les traverser, s'il est « enfermé », il ne peut pas sortir sans qu'on « n'ouvre une porte » ! Or, à travers l'espace, cela est bien possible : on élève le point dans la direction d'un troisième axe, perpendiculaire au plan, on le déplace parallèlement au plan, on le fait retomber dans le plan.

Considérons la situation analogue dans l'espace : si un objet est enfermé dans une armoire (dans un cube), il est impossible de l'en faire sortir sans « ouvrir la porte », sans traverser les faces, sans y percer un trou. Or, si notre espace était plongé dans un espace à 4 dimensions ou plus, cela serait bien possible. On peut le vérifier aisément et rigoureusement dans la géométrie analytique de l'espace

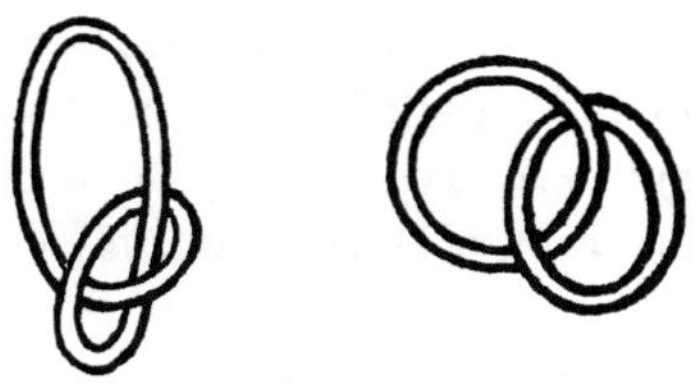

Fig. 3.

à 4 dimensions, en y donnant par formules le mouvement nécessaire : on déplace le point dans la direction d'un quatrième axe, on le transporte parallèlement à l'espace, et on le fait retomber dans l'espace, dans notre monde.

On peut indiquer d'autres phénomènes de ce genre qui pourraient se produire, si notre espace était plongé dans l'espace à 4 dimensions : On pourrait transformer par un simple mouvement un gant droit en un gant gauche, on pourrait résoudre un nœud fermé sans couper la ficelle (fig. 3), on pourrait séparer deux anneaux enlacés sans les ouvrir (fig. 3), et ainsi de suite.

Si de tels phénomènes se produisaient régulièrement et qu'ils fussent confirmés par des expériences physiques, le moyen le plus simple et clair pour s'en rendre compte et pour les formuler et expliquer serait le schéma d'un espace à 4 dimensions dans lequel se trouverait notre espace. Or, excepté quelques trucs de prestidigitation, ces phénomènes, désignés comme surnaturels, n'ont jamais été observés. C'est un résultat empirique (comme, par exemple, la non-existence du mouvement perpétuel de première ou de seconde espèce). Pour la description de notre espace et de ses phénomènes, l'hypothèse d'une quatrième dimension est superflue.

5. Ce qui, naturellement, ne nous empêche pas, nous autres mathématiciens, de parler de l'espace à quatre dimensions ou plus, considéré uniquement comme système logique, et d'examiner ses propriétés. On garde le même langage géométrique et on parle de points, de droites, de plans, d'angles, etc., bien qu'en général ces choses ne puissent pas être mises en correspondance avec des objets de l'espace réel ! Néanmoins cette construction est très importante et efficace, pour les raisons suivantes :

Elle permet au mathématicien de traduire en langage géométrique des faits et problèmes analytiques ou algébriques, ce qui simplifie parfois énormément la solution et suggère des méthodes et résultats ; on peut presque dire qu'en pratiquant cette géométrie, on arrive à une certaine intuition de l'espace à $n$ dimensions — je ne sais pas si c'est la grande analogie avec l'espace à 3 dimensions (qui naturellement peut aussi nous tromper !) ou tout simplement l'habitude de penser à ces choses.

Plus importante encore est l'application que voici : il y a, soit dans le monde de l'expérience et de l'intuition, soit en physique, soit dans les différentes branches mathématiques, des objets et phénomènes pour lesquels il y a grand avantage à prendre l'espace à $n$ dimensions comme « schéma », dans ce sens qu'ils peuvent être décrits par $n$ nombres réels variant indépendamment comme les coordonnées dans l'espace à $n$ dimensions. On appelle alors ceci *un continu à* n *dimensions ou à* n *degrés de liberté.*

On en trouve des exemples dans tous les domaines de la science :

a) *Une courbe est un continu à une dimension ;* on peut « numéroter » ses points par un nombre variable, à savoir par la longueur de l'arc de courbe à partir d'un certain point fixe. En d'autres termes, on peut faire correspondre aux points de la courbe les points d'une droite (espace à une dimension !) de telle sorte qu'à deux points distincts correspondent deux points distincts, et qu'à des points voisins correspondent des points voisins. On parle dans ce cas d'une correspondance bi-univoque (c'est-à-dire univoque dans les deux sens) et continue.

b) Autre exemple : *le temps* est un continu à une dimension, car on fixe les instants divers par *un* nombre.

c) *Un morceau de surface*, par exemple d'une sphère, est un continu à 2 dimensions : on peut en décrire les points par 2 nombres, les 2 coordonnées d'une carte topographique de la surface (soit la longitude et la latitude).

d) *Les mouvements dans le plan* (par exemple d'un segment) forment un continu à 3 dimensions : tout mouvement est donné par 2 déplacements indépendants et par une rotation. On dit qu'un corps possède pour les mouvements dans le plan 3 degrés de liberté, et on peut représenter ces mouvements par 3 nombres, donc par les points de l'espace à 3 dimensions.

e) D'une manière analogue, *les mouvements d'un corps dans l'espace* ont 6 degrés de liberté : 3 translations indépendantes et une rotation qui est donnée par trois nombres. Les mouvements dans l'espace, donnés par 6 nombres, peuvent donc être représentés par des points de l'espace à 6 dimensions. (Si on fixe un point du corps en mouvement, il n'a que 3 degrés de liberté, ceux de la rotation. Si on fixe 2 points, il ne reste qu'un degré de liberté, celui de la rotation autour de la droite qui joint les 2 points.)

Les physiciens se souviennent bien de l'importance toute particulière du nombre de ces degrés de liberté, par exemple dans la théorie de la chaleur spécifique.

f) Pour fixer le lieu et le temps d'un point qui se déplace, ou d'une observation, il nous faut 4 nombres : *le continu espace-temps* est à 4 dimensions, on peut le représenter par les points de l'espace à 4 dimensions, et cela est même d'une grande importance dans la théorie de la relativité.

g) *L'état d'une molécule* en mouvement peut être donné par 6 nombres : les 3 coordonnées du lieu, et les 3 composantes de sa vitesse. Dans la théorie cinétique des gaz, l'état d'un gaz constitué par $N$ molécules sera donc donné par $6N$ nombres et les états divers du gaz peuvent être représentés par les points de l'espace à $6N$, disons $10^{24}$ dimensions. Cela semble assez drôle, mais c'est très pratique dans la théorie statistique des molécules.

Je ne veux pas parler des nombreux exemples que le mathématicien rencontre en géométrie algébrique et dans l'analyse.

6. En résumé :

A la question : « Pourquoi dit-on que notre espace a 3 dimensions », on répondra : Parce qu'il a pour schéma l'espace géométrique à 3 dimensions ou coordonnées.

Et à la question : « Pourquoi tel et tel continu a-t-il $n$ dimensions ou *n* degrés de liberté » : Parce qu'il peut être décrit par *n* nombres variant indépendamment comme les *n* coordonnées dans l'espace à *n* dimensions, autrement dit : parce que les éléments de ce continu peuvent être représentés par les points de cet espace, ou *mis en correspondance avec les points de cet espace à* n *dimensions.*

Tout cela semble très simple, et c'est bien ce qu'on a longtemps regardé comme définition de la dimension, sans bien préciser ce qu'on entend par cette *correspondance* (en pensant peut-être surtout à des correspondances données par des formules simples). Mais c'est en ce moment que de graves *difficultés* s'élèvent, difficultés qui sont de caractère mathématique, c'est-à-dire interviennent dans la construction logique, et qu'on doit surmonter avant que la définition de la dimension ne soit justifiée.

7. Ces difficultés, les voici :

Si l'on arrive à décrire un continu, disons par 2 nombres, ne pourrait-on pas le faire aussi bien par 3 (ou 4 ou 1) — naturellement en procédant d'une tout autre manière ? Y a-t-il en somme une différence entre les espaces à différentes dimensions, par exemple entre celui à 2 et celui à 3 ? Ne pourrait-on pas établir une *correspondance* entre les points de ces deux espaces qui permettrait de remplacer tout simplement l'un par l'autre, surtout pour la description d'un continu ?

Vous le voyez : La notion de dimension qui semble si simple et qui est si importante pour maintes applications, on ne sait pas si elle a un sens !

Vous me répondrez : Ce qu'on peut décrire par 2 nombres variant indépendamment, on ne le peut pas par 3, car dans le plan il n'y a pas autant de points que dans l'espace !

Or, cela n'est pas vrai dans un certain sens (bien que, si on pense à un plan plongé dans l'espace, il y ait des points en dehors du plan !) En effet, deux faits extrêmement surprenants, découverts vers la fin du XIX$^{e}$ siècle, l'ont bien mis en évidence.

Premièrement, l'école de Cantor a trouvé des correspondances entre deux espaces à différentes dimensions (par exemple entre plan et espace, ou droite et espace à 4 dimensions, etc.), correspondances qui sont bi-univoques, c'est-à-dire qu'à deux points différents correspondent deux points différents. On pourrait dire que de cette manière les deux espaces contiennent « le même nombre de points », et on pourrait, en effet, remplacer l'un de ces espaces par l'autre !

Et maintenant ? Faut-il pour cela abandonner l'idée de dimension comme nous l'avons formulée ? Non. Car cette correspondance de Cantor, bien qu'elle soit bi-univoque, *n'est pas continue*, c'est-à-dire qu'à des points voisins correspondent des points éloignés dans l'autre espace, ou dans le continu qu'on veut décrire, et dont la connexion serait ainsi complètement détruite ! Or, pour définir la dimension, on n'a sûrement pas envisagé de telles correspondances ; elles sont à exclure.

Le second fait, c'est la célèbre *courbe de Péano*. C'est une courbe, en ce sens que c'est l'ensemble des points parcourus par un point qui se déplace dans le plan ; on peut numéroter ces points à l'aide du temps, donc d'*un* nombre, c'est-à-dire on peut les mettre en correspondance avec les points de la droite. Or, cette courbe de Péano a la propriété de remplir complètement un carré, donc un continu à 2 dimensions, et elle établit ainsi une correspondance entre droite et plan. Cette fois, la correspondance est continue — mais *elle n'est pas bi-univoque*, car il y a des points du carré qui sont parcourus plusieurs fois, et pour cela elle est aussi à exclure.

8. Si ces résultats vous semblent un peu étranges, n'oubliez pas qu'on parle des espaces géométriques abstraits ; il ne s'agit donc pas de l'intuition, mais de la construction logique qui, bien qu'elle soit inspirée par le réel, dépasse — même dans son fondement axiomatique ! — les possibilités de notre intuition et expérience. Et comme cette construction est à la base de l'idée de dimension exprimée dans la définition, on voit maintenant ce qu'il nous faut pour *sauver* cette idée de dimension : il faut démontrer qu'il est impossible d'établir une correspondance qui soit en même temps bi-univoque et continue entre deux espaces à différentes dimensions. En d'autres termes : qu'il est impossible de construire une image bi-univoque et continue de l'espace à *n* dimensions dans un espace à dimension inférieure, par exemple d'un plan dans une droite.

On peut démontrer cela. Cette fois l'intuition ne nous trompe pas. La première démonstration a été donnée en 1911 par Brouwer [1] ; en 1913, il en a donné une autre, plus profonde que la première, en précisant des idées énoncées en 1912 par Poincaré dans son célèbre mémoire : « Pourquoi l'espace a trois dimensions » [1]. Les recherches de Brouwer et l'importance de ses résultats ne furent guère connues pendant plusieurs années. En 1922, les mêmes idées furent reprises

[1] Voir la note bibliographique à la fin de cette conférence.

indépendamment par Menger et Urysohn [1] et bien approfondies. C'est alors qu'une belle théorie a été créée avec la collaboration d'un grand nombre de mathématiciens. On peut dire que le point final de ce développement, bien que maints problèmes y restent ouverts, c'est le livre de Hurewicz et Wallmann, *Dimension Theory*, paru en 1941 à Princeton [1].

9. Un des principaux résultats de toutes ces recherches — mais non le seul ! — c'est donc que l'ancienne définition commune de la dimension, comme nous l'avons formulée, subsiste, qu'elle a un sens. Quelle est au fond la signification de ce fait ? A quel ordre d'idées appartient-il ?

Le point essentiel, nous l'avons vu, c'étaient les correspondances ou images bi-univoques et continues. Considérons, par exemple, un cercle, et un cercle mal dessiné, c'est-à-dire une *déformation* du premier. C'est bien une image bi-univoque et continue du cercle. On constate que presque toutes les propriétés géométriques se sont perdues, longueur, angles, directions, la courbe n'a plus de centre, etc. Il y a pourtant quelque chose qui subsiste : la courbe est toujours un continu à une dimension, et elle est fermée (non ouverte). Ces propriétés qui n'ont pas changé sont d'un autre ordre que celles qu'on considère en géométrie ordinaire, on dirait d'un ordre plus élémentaire. La discipline qui s'occupe de telles propriétés, s'appelle *analysis situs* ou *topologie*.

Par exemple, il n'y a pas de différence topologique entre une sphère et un œuf ou un ellipsoïde ou une surface fermée de ce genre, mais bien entre une sphère et un tore. Et c'est une propriété topologique de dire que deux courbes fermées dans l'espace soient enlacées (fig. 3) ou non. Le célèbre théorème d'Euler sur les polyèdres (la somme des sommets et des faces moins la somme des arêtes est égale à 2) est de caractère topologique ; car il faut seulement que le polyèdre ait la connexion, le genre d'une sphère ; la forme, les angles, les côtés des faces n'y jouent aucun rôle.

Et le sens de ce théorème de Brouwer qui était nécessaire pour sauver l'idée de dimension (qui dit qu'il est impossible d'altérer le nombre des dimensions par une simple déformation) — c'est que *la dimension d'un espace est une propriété topologique*, bien qu'on

(1) Voir la note bibliographique à la fin de cette conférence.

l'ait définie à l'aide des coordonnées, donc d'éléments non-topologiques, à savoir des angles, des longueurs, des droites, etc.

On peut dire — les exemples vous l'ont bien montré — que les propriétés topologiques sont suggérées par l'expérience et l'intuition purement géométriques, tandis qu'en géométrie ordinaire on fait appel à des notions arithmétiques et analytiques d'un tout autre ordre. Autrement dit : Pour arriver à la géométrie ordinaire, il faut restreindre le domaine des correspondances envisagées jusqu'ici ; par exemple si, au lieu de considérer des déformations bi-univoques et continues, on considère seulement les mouvements dans l'espace, alors les longueurs et les angles, etc., restent invariants, donc les choses, dont on s'occupe en géométrie élémentaire métrique. Ainsi les différents points de vue géométriques sont caractérisés par les correspondances admises ; le cas le plus général, c'est la topologie ; le cas le plus restreint, la géométrie métrique, et il y a des cas intermédiaires.

10. On a donc constaté que l'idée de dimension est d'un caractère topologique ; aussi devrait-on chercher une *définition* qui le mette en évidence, c'est-à-dire une définition n'utilisant que des notions topologiques.

Pour cela, laissons-nous inspirer tout simplement par l'espace réel. Dans les *Eléments* d'Euclide, on trouve l'idée suivante : L'extrémité d'une courbe, c'est un point, le bord d'une surface, c'est une courbe, la frontière d'un corps, c'est une surface. Dans le mémoire que j'ai cité, Poincaré propose de caractériser la dimension par de telles propriétés, ou des propriétés très voisines. La définition de Menger et Urysohn, admise aujourd'hui comme étant la meilleure, n'en diffère presque pas.

On prend un point du continu en question et un voisinage entier de ce point, et on essaie d'extraire le voisinage hors de ce continu (fig. 4). Pour cela, on est obligé de couper ou de déchirer le continu en certains points qu'on appelle points *frontières du voisinage*.

S'il s'agit d'un continu à *une* dimension — pensons à une courbe ou un fil de fer — il suffit de le couper en quelques points isolés (qui ne forment donc eux-mêmes aucun continu).

S'il s'agit d'un continu à 2 dimensions — pensons à une surface — il ne suffit pas de la couper en quelques points isolés, on doit la couper suivant une courbe (donc un continu à une dimension).

S'il s'agit d'un continu à 3 dimensions — pensons à l'espace — ni des points isolés ni des courbes ne suffisent ; la frontière d'un voisinage (par exemple d'une boule solide) et formée par une surface (donc un continu à 2 dimensions) — et ainsi de suite.

On dira donc *qu'un continu est à* n *dimensions, lorsque les points frontières d'un voisinage forment un continu à* n — 1 *dimensions.*

On peut alors démontrer que l'espace abstrait à *n* coordonnées jouit précisément de cette propriété ; ceci montre que l'ancienne et la nouvelle définitions sont équivalentes. Mais la nouvelle n'utilise ni longueurs, ni angles, ni droites, seulement les voisinages, qui sont de caractère purement topologique (leur forme ne joue aucun rôle !) C'est peut-être la meilleure méthode pour mettre en évidence ce fait

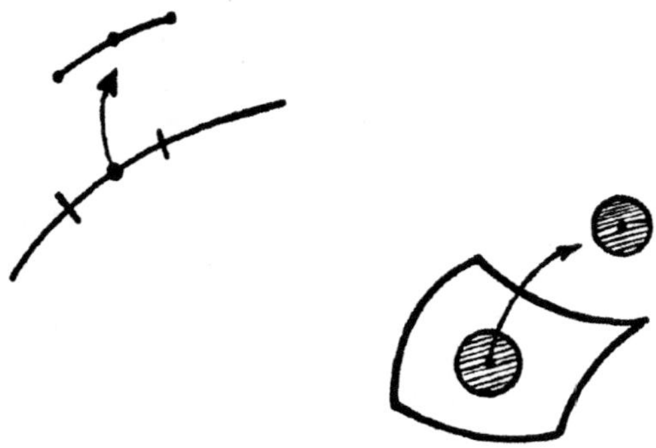

Fig. 4.

que la dimension, le nombre des degrés de liberté, exprime une propriété topologique d'un continu.

11. Je pourrais encore vous parler d'autres méthodes qui permettent de caractériser la dimension d'une manière topologique, par exemple celle proposée par Lebesgue utilisant la notion de recouvrement ; elle était très importante pour le développement de la théorie. Je pourrais aussi attirer votre attention sur les espaces à une infinité de dimensions, ou sur des espaces (abstraits) plus généraux encore que ceux donnés par des coordonnées ; ce sont les *espaces topologiques*, où on n'a presque qu'une seule notion géométrique, celle du voisinage ; mais comme nous l'avons vu, ces voisinages nous permettent de parler de la dimension, et on a même trouvé le résultat intéressant qu'en principe tous ces espaces généralisés sont des parties des espaces donnés à l'aide de coordonnées. Je pourrais encore vous parler des problèmes non résolus, des applications à

l'algèbre et à l'analyse — mais cela me conduirait trop loin, et il est temps de conclure.

12. Vous avez sûrement constaté que toutes ces méthodes géométriques sont caractérisées par une collaboration tout à fait particulière entre l'intuition, l'expérience et l'abstraction, où l'on distingue toujours strictement entre le réel et la théorie qui peut être son schéma. C'est d'ailleurs typique pour tout travail mathématique et même pour les sciences, surtout pour la physique théorique.

Cela ne fut pas toujours le cas. Autrefois on pensait que l'espace géométrique et l'espace réel, qu'une théorie et son objet, c'était la même chose. Et tout au fond, disons d'une manière inofficielle, on le pense peut-être aujourd'hui encore.

Si l'on fut obligé d'abandonner cette idée, si l'on dit sans ambiguïté que tout ce qu'une théorie énonce ne concerne pas la réalité, mais seulement son schéma abstrait — n'est-ce pas faire de nécessité vertu ? L'intelligence n'est-elle pas ainsi plus modeste qu'elle ne voudrait l'être ?

Peut-être devrait-on formuler la chose un peu différemment. Car ce qu'on appelle la réalité, on ne peut au fond la voir et décrire qu'à travers un certain schéma abstrait. Sans l'idée préexistante d'un continu, toute expérience serait impossible, elle se réduirait à des sensations isolées sans relations. Des concepts simples, considérés comme appartenant à l'expérience et à l'intuition — comme par exemple celui de la dimension — supposent au fond déjà une théorie abstraite. Souvent même les mathématiques, avec leurs constructions et formalismes abstraits, ont permis de concevoir de nouvelles idées intuitives ou de découvrir de nouveaux faits expérimentaux ; l'histoire des sciences nous en donne bien des exemples.

Vous me permettrez donc de voir dans les mathématiques non seulement un instrument très utile pour les sciences et la technique, non seulement le langage qui nous permet de mettre en relations les phénomènes, de formuler des lois et d'en tirer les conséquences, mais beaucoup plus : *J'y vois l'expression de notre façon de penser*. Et si le mathématicien, comme un géographe qui ne se contente pas de connaître la géographie de son village natal, semble s'éloigner de plus en plus des schémas ordinaires et ose aller d'une abstraction et généralisation à l'autre, il ne s'éloigne pas plus pour cela du réel ; au contraire, il crée de nouvelles possibilités de penser, et de voir et comprendre notre monde.

BENO ECKMANN.

## NOTE BIBLIOGRAPHIQUE

Nous n'avons pas indiqué les mémoires et livres qui traitent les questions mathématiques abordées dans cette conférence. On les trouve cités dans les deux livres suivants consacrés à la théorie de la dimension :

K. MENGER, *Dimensionstheorie* (Leipzig, 1928).

W. HUREWICZ et H. WALLMANN, *Dimension Theory* (Princeton, 1941).

Voir aussi le livre de P. ALEXANDROFF et H. HOPF, *Topologie I* (Berlin, 1935), dont plusieurs chapitres sont consacrés à la notion de dimension

Ces questions sont traitées d'une manière plutôt générale dans

H. POINCARÉ, *Dernières pensées* (Paris, 1913), le chapitre intitulé « Pourquoi l'espace a trois dimensions », p. 57-97 ;

*Krise und Neuaufbau in den exakten Wissenschaften* (Leipzig und Wien, 1933), cinq conférences, dont en particulier :

H. HAHN, *Die Krise der Anschauung*, p. 42-64.

G. NŒBELING, *Die vierte Dimension und der krumme Raum*, p. 66-92.

# Stetige Lösungen linearer Gleichungssysteme

Comment. Math. Helv. **15** (1942/43), 318–339

**1.** In dem System

$$\sum_{k=1}^{n} a_{ik} x_k = 0 \ , \qquad i = 1, \ldots, r < n \tag{1}$$

von $r$ linearen homogenen Gleichungen mit $n$ Unbekannten $x_1, \ldots, x_n$ sollen die Koeffizienten $a_{ik} = a_{ik}(u)$ stetige reelle Funktionen einer Variablen $u$ sein, welche einen Raum $R$ durchläuft (es wird sich im speziellen um einfache kompakte metrische Räume handeln). Unter einer *stetigen Lösung* dieses Systems (1) verstehen wir $n$ stetige reelle Funktionen $x_k(u)$ von $u$, welche für alle $u \in R$ die Relationen

$$\sum_{k-1}^{n} a_{ik}(u)\, x_k(u) = 0 \ , \qquad i = 1, \ldots, r$$

erfüllen. Wir werden im folgenden die Beiwörter „reell" und „stetig" meistens weglassen. Lösungen des Systems (1) heißen *linear unabhängig*, wenn sie für alle $u \in R$ im üblichen Sinn linear unabhängig sind; *eine* linear unabhängige Lösung ist also eine solche, die nie (d. h. für kein $u \in R$) die triviale Null-Lösung wird.

Unser Problem lautet in der allgemeinsten Form folgendermaßen:

I. *Ein Gleichungssystem* (1) *sei gegeben, dessen Koeffizientenmatrix* $(a_{ik}(u))$ *für alle* $u \in R$ *den Rang* $r$ *hat. Besitzt es linear unabhängige Lösungen, bzw. welches ist deren maximale Anzahl?*

So allgemein ist die Frage natürlich kaum zu beantworten; dagegen kann man bei spezieller Wahl des Raumes $R$ mit Hilfe topologischer Methoden einige Ergebnisse finden, die mit verschiedenen geometrischen und algebraischen Problemen aufs Engste verknüpft sind. Wir werden auf diese Zusammenhänge in folgenden Fällen eingehen:

a) $R$ sei ein Element in einem Euklidischen Raum (etwa ein Würfel oder eine Vollkugel), allgemeiner ein in sich zusammenziehbarer Raum. Dann besitzt jedes System (1), das durchwegs den Rang $r$ hat, $n - r$ linear unabhängige Lösungen. (Satz von Ważewski [1], vgl. Nr. 3).

b) $R$ sei eine $q$-dimensionale Sphäre, d. h. die Koeffizienten $a_{ik}$ seien Funktionen von $q + 1$ reellen Variabeln, deren Quadratsumme 1 ist. Es ist naheliegend, in diesem Fall unser Problem mit den Hurewicz'schen *Homotopiegruppen*[1]) in Zusammenhang zu bringen; man kommt so zu Aussagen, die in Nr. 5 (Satz 2—4) formuliert sind. — Für $q = n - 1$ tritt als Spezialfall die Frage nach der Existenz eines Systems von Richtungsfeldern in der Sphäre $S^{n-1}$ auf.

c) Wir wählen für $R$ die Mannigfaltigkeit *aller* Koeffizientenmatrizen $(a_{ik})$ des Systems (1) vom Rang $r$, und die Funktionen $a_{ik}(u)$, $u \in R$, sollen einfach die Identität von $R$ darstellen; d. h. *die Koeffizienten des Systems* (1) *sollen alle reellen Werte annehmen, für welche die Matrix* $(a_{ik})$ *den Rang* $r$ *hat, und wir suchen Lösungen von* (1), *die stetig von den Koeffizienten* $a_{ik}$ *abhängen und durchwegs linear unabhängig sind.* Wir werden zeigen (Satz 5): *Es gibt keine derartigen Lösungen, wenn* $n - r$ *gerade ist, und wenn* $n - r = 3$ *oder* 7 *und* $r \geqslant 2$ *ist.* Hingegen sind solche Lösungen in folgenden Fällen bekannt: Für $r = n - 1$, für gerade $n$ und $r = 1$, ferner (vgl. Nr. 9 am Schluß) für $n = 7$ und $r = 2$. Daraus folgt natürlich für diese Zahlen $n$ und $r$ auch die Existenz einer nie-trivialen Lösung von (1) bei *beliebigem* $R$.

Der Beweis dieser Aussage (Satz 5), das Hauptziel der vorliegenden Arbeit, wird im § 2 erbracht; er beruht im Wesentlichen auf der Bestimmung von Homotopiegruppen gewisser Mannigfaltigkeiten $V_{n,m}$ (so bezeichnen wir die Mannigfaltigkeit aller reellen orthogonalen Matrizen von $n$ Kolonnen und $m$ Zeilen[2])) und verläuft im Rahmen der Theorie der *Faserungen* [4]. Im § 1 übertragen wir unser allgemeines Problem I in die Sprache dieser Theorie, die sich auf *Matrizen stetiger Funktionen*, um die es sich hier handelt, besonders gut anwenden läßt; anschließend werden die Fälle a) und b), wo $R$ ein Element bzw. eine Sphäre ist, besprochen, wobei es sich zum Teil um fast triviale Betrachtungen oder nur um andere Formulierungen schon bekannter Sätze und Beweise handelt. — In einem Anhang kommen wir nochmals auf den Fall c) zurück und betrachten eine stetige Lösung als Verallgemeinerung des *Vektorproduktes* von $r$ Vektoren im $n$-dimensionalen Euklidischen Raum $R^n$; während das übliche Vektorprodukt (für diejenigen $n$ und $r$, für die es überhaupt definiert ist) multilinear ist bezüglich der Komponenten der $r$ Vektoren, verlangen wir vom verallgemeinerten nur, daß es stetig von ihnen abhängt, und im übrigen soll es dieselben Eigenschaften haben. Die unter c) genannten Resultate lassen sich auch als Aussagen über solche „ste-

[1]) Definition s. [2], S. 114, ferner [3], S. 203. — Die Nummern in eckiger Klammer [] beziehen sich auf das Literaturverzeichnis am Schluß der Arbeit.

[2]) Diese Mannigfaltigkeiten hat *Stiefel* ([6], S. 8 ff.) betrachtet; vgl. auch [4], S. 152.

tigen Vektorprodukte" deuten. Das Vektorprodukt von *zwei* Vektoren steht aber auch mit andern topologischen und algebraischen Fragen im Zusammenhang (Nr. 9).

Es sei noch darauf hingewiesen, daß alle Sätze, in denen ausgesagt wird, daß ein spezielles System (1) keine nie-triviale Lösung besitzt (also insbesondere Satz 5), auch in der folgenden Form ausgesprochen werden können:

*Wenn n Funktionen $f_k(u)$ für alle $u \in R$ die Relationen*

$$\sum_{k=1}^{n} a_{ik}(u) f_k(u) = 0 \qquad i = 1, \ldots, r$$

*erfüllen, so besitzen sie eine gemeinsame Nullstelle $u_0 \in R$.* Sind dabei die gegebenen Funktionen $a_{ik}(u)$ Polynome reeller Variabeln (etwa, wenn $R$ eine Sphäre ist, der Koordinaten), und wählt man für die $f_k(u)$ beliebige Polynome derselben Variabeln, so erhält man Sätze der reellen Algebra, nämlich *Existenzsätze für Nullstellen von Polynomen, die gewissen Relationen genügen*; diese sind im Falle von Satz 5 besonders einfach.

Man kann natürlich unsere Frage I auch im Komplexen stellen, d. h. sowohl für die Koeffizienten $a_{ik}(u)$ als auch für die Unbekannten $x_k(u)$ komplexe statt reelle Funktionen zulassen; die hierbei dem Fall c) (Satz 5) entsprechende Fragestellung habe ich für $r = 1$ an anderer Stelle [7] behandelt.

## § 1. Matrizen, deren Elemente stetige Funktionen sind

**2.** $R$ sei ein kompakter metrischer Raum, und alle im folgenden vorkommenden Funktionen von $u \in R$ sollen reell und stetig sein. Mit $A_{n,m}(R)$ bezeichnen wir eine Matrix von $n$ Kolonnen und $m$ Zeilen, deren Elemente Funktionen von $u \in R$ sind.

Mit unserem Problem I ist die folgende Frage nahe verwandt:

II. *$A_{n,r}(R)$ sei durchwegs, d. h. für alle $u \in R$, orthogonal; kann man diese Matrix durch Hinzufügen von $l$ Zeilen zu einer durchwegs orthogonalen Matrix $A_{n,m}(R)$, $m = r + l$, ergänzen, bzw. welches ist die größte Zahl $l = l^*$ $(0 \leqslant l^* \leqslant n - r)$, für welche das möglich ist?*

Der Zusammenhang mit I ist leicht herzustellen: Aus der Koeffizientenmatrix des Systems (1) bilde man durch Orthogonalisieren eine durchwegs orthogonale Matrix $A_{n,r}(R)$; zu dieser gehört eine gewisse Zahl $l^*$, und $l^*$ ist offenbar gleich der Anzahl der linear unabhängigen Lösungen von (1).

Man kann die Frage II in verschiedener Weise auffassen: Einerseits soll man für spezielle, besonders wichtige Matrizen $A_{n,r}(R)$ die Zahl $l^*$ bestimmen; andererseits sucht man etwas allgemeiner bei gegebenem $R$, $n$ und $r$ eine Übersicht über alle möglichen Matrizen $A_{n,r}(R)$ zu gewinnen und anzugeben, für welche Matrizen etwa $l^* = 0$ und für welche $l^* > 0$ oder sogar $l^* = n - r$ ist. Es gibt natürlich immer Matrizen $A_{n,r}(R)$, für welche $l^* = n - r$ ist, nämlich die konstanten Matrizen. Und es gibt einfache Matrizen $A_{n,r}(R)$ mit $l^* = 0$, etwa ($n = 3$, $r = 1$, $R =$ Kugelfläche, gegeben durch Koordinaten $u_1, u_2, u_3$ mit $\sum_{i=1}^{3} u_i^2 = 1$)

$$A_{3,1}(R) = (u_1, u_2, u_3) ;$$

eine zweite, durchwegs orthogonale Zeile hinzuzufügen würde hier bedeuten: ein stetiges Feld von tangentialen Einheitsvektoren der Kugel angeben, was bekanntlich unmöglich ist (vgl. Nr. 5).

**3.** Die gewünschte Übersicht über alle Matrizen $A_{n,r}(R)$ läßt sich, wenigstens in gewissem Sinne, leichter angeben, wenn man sich der Sprechweise der *Abbildungen in gefaserte Räume* bedient. Wir haben alles, was man hierbei aus der allgemeinen Theorie der Faserungen benützt, schon an anderer Stelle[3]) ausführlich dargelegt und fassen hier nur die wichtigsten Begriffe und Sätze kurz zusammen.

Wir bezeichnen mit $V_{n,m}$ die Mannigfaltigkeit aller orthogonalen Matrizen von $n$ Kolonnen und $m$ Zeilen. $V_{n,m}$ gestattet einfache Zerlegungen in Teilmengen (Fasern), von denen jede aus solchen Matrizen besteht, die in den ersten $r$ Zeilen übereinstimmen ($r < m$). Diese Zerlegung ist retrahierbar[4]), die Fasern sind zu $V_{n-r,m-r}$ homöomorph und der Zerlegungsraum[4]) (Faserraum) ist zu $V_{n,r}$ homöomorph, da jede Faser durch die $r$ ersten Zeilen der zu ihr gehörigen Matrizen charakterisiert wird. Die Abbildung $P$ von $V_{n,m}$ auf $V_{n,r}$, die jedem Punkt von $V_{n,m}$ seine Faser zuordnet, heißt Projektion; sie besteht einfach darin, daß man in den Matrizen aus $V_{n,m}$ die letzten $m - r$ Zeilen wegläßt.

Die eben beschriebene Zerlegung $\mathfrak{Z}$ von $V_{n,m}$ deuten wir gemäß einer früher[4]) gewählten Bezeichnung durch

$$\mathfrak{Z} : V_{n,m} / V_{n-r,m-r} = V_{n,r}$$

symbolisch an.

---

[3]) s. [4], besonders die §§ 3 und 4. Wir werden verschiedene Teile dieser Arbeit im folgenden benützen.

[4]) Vgl. [4], § 1, besonders S. 152—153. — Der Fall $m = n$ wird zwar dort nicht behandelt, bietet aber keine Schwierigkeiten.

Ist $f$ eine Abbildung[5]) eines Raumes $X$ in $V_{n,m}$, so nennen wir die Abbildung $F = Pf$ von $X$ in $V_{n,r}$ die *Spur* von $f$ bezüglich $\mathfrak{Z}$. Im allgemeinen ist nicht jede Abbildung $F$ von $X$ in $V_{n,r}$ eine Spur (einer stetigen Abbildung von $X$ in $V_{n,m}$); aber ein grundlegendes Lemma besagt[6]), *daß jede zu einer Spur homotope Abbildung selbst eine Spur ist.*

Eine durchwegs orthogonale Funktionenmatrix $A_{n,r}(R)$, wie sie in II genannt wird, bedeutet nun nichts anderes als eine Abbildung von $R$ in $V_{n,r}$; und das Problem II lautet mit andern Worten:

III. *Ist die durch die durchwegs orthogonale Funktionenmatrix $A_{n,r}(R)$ gegebene Abbildung von $R$ in $V_{n,r}$ bezüglich der Zerlegung $\mathfrak{Z}$ von $V_{n,m}$ eine Spur, bzw. welches ist die größte Zahl $m = m^* = r + l^*$ ($\leqslant n$), für welche dies der Fall ist?*

Nach dem oben erwähnten Lemma lautet die Antwort auf diese Frage für zwei homotope Abbildungen gleich. Bezeichnen wir zwei orthogonale Matrizen $A_{n,r}(R)$ und $A'_{n,r}(R)$ als *homotop*, wenn die zugehörigen Abbildungen von $R$ in $V_{n,r}$ homotop sind, so lautet also die Antwort auf die Frage II (oder III) für zwei homotope Matrizen $A_{n,r}(R)$ gleich, bzw. *zu homotopen Matrizen $A_{n,r}(R)$ gehört dieselbe Zahl $l^*$.*

Eine Abbildung von $R$ in $V_{n,r}$, bei welcher das Bild ein Punkt ist (also eine konstante Matrix $A_{n,r}(R)$) ist, wie schon oben bemerkt, immer eine Spur. Also ist jede auf einen Punkt zusammenziehbare (nullhomotope) Abbildung von $R$in $V_{n,r}$ bezüglich $\mathfrak{Z}$ eine Spur, selbst für $m = n$. Also gilt

**Satz 1.** *Wenn die orthogonale Matrix $A_{n,r}(R)$ einer konstanten Matrix homotop ist, so kann man sie zu einer quadratischen orthogonalen Matrix $A_{n,n}(R)$ ergänzen (also $l^* = n - r$).*

Ist speziell der Raum $R$ *in sich auf einen Punkt zusammenziehbar, so ist jede Abbildung von $R$ nullhomotop,* also läßt sich Satz 1 auf jede Matrix $A_{n,r}(R)$ anwenden; darin ist der Satz von Ważewski [1] enthalten, den wir in Nr. 1 erwähnt haben.

**4.** Die folgenden fast trivialen Bemerkungen machen es verständlich, daß nicht jede Matrix $A_{n,r}(R)$ zu einer Matrix $A_{n,m}(R)$ mit $m > r$ ergänzt werden kann, daß vielmehr hiezu besondere Eigenschaften notwendig sind.

a) $A_{n,r}(R)$ sei eine orthogonale Matrix, *für welche $l^* > 0$ ist.* Vertauscht man in $A_{n,r}(R)$ zwei Zeilen (für $r \geqslant 2$), oder multipliziert man eine Zeile

---

[5]) es sollen ausschließlich stetige Abbildungen vorkommen.

[6]) s. [4], S. 155.

mit $-1$ (für $r \geqslant 1$), so entsteht eine zu $A_{n,r}(R)$ homotope Matrix $A'_{n,r}(R)$.

Beweis: $\mathfrak{a}_1, \ldots, \mathfrak{a}_r$ seien die Zeilenvektoren von $A_{n,r}(R)$, $\mathfrak{a}_0$ der Zeilenvektor, der nach Voraussetzung immer hinzugefügt werden kann ($\mathfrak{a}_0^2 = 1$, $\mathfrak{a}_0 \cdot \mathfrak{a}_i = 0$ für $i = 1, \ldots, r$). In dem von $\mathfrak{a}_1, \mathfrak{a}_2, \mathfrak{a}_0$ aufgespannten Raum kann man $\mathfrak{a}_1$ mit $\mathfrak{a}_2$ durch eine Drehung vertauschen. Ebenso kann man in der durch $\mathfrak{a}_1, \mathfrak{a}_0$ aufgespannten Ebene $\mathfrak{a}_1$ durch eine Drehung in $-\mathfrak{a}_1$ überführen.

b) Aus einer orthogonalen Matrix $A_{n,m}(R)$ kann man auf $\binom{m}{r}$ Arten $r \leqslant m$ verschiedene Zeilen auslesen und zu einer Matrix $A_{n,r}(R)$ zusammenfügen. Alle Matrizen $A_{n,r}(R)$, die man so erhält, sind homotop.

Beweis: Es sei etwa $r < m$ (für $r = m$ ist nichts zu beweisen) und $A_{n,r}(R)$ aus den Zeilenvektoren $\mathfrak{a}_{i_1}, \ldots, \mathfrak{a}_{i_r}$, $A'_{n,r}(R)$ aus den Vektoren $\mathfrak{a}_{j_1}, \ldots, \mathfrak{a}_{j_r}$ von $A_{n,m}(R)$ gebildet. Wegen a) können wir annehmen, daß $j_l \neq j_p$ ist für $l \neq p$. Dann wird die Überführung von $A_{n,r}(R)$ in $A'_{n,r}(R)$ durch eine Matrix $B$ geleistet, die von $u \in R$ und einem Deformationsparameter $t \left(0 \leqslant t \leqslant \frac{\pi}{2}\right)$ stetig abhängt und deren Zeilenvektoren $\mathfrak{b}_1, \ldots, \mathfrak{b}_r$ durch

$$\left.\begin{array}{ll} \mathfrak{b}_l = \mathfrak{a}_{i_l} \cos t + \mathfrak{a}_{j_l} \sin t & \text{für } i_l \neq j_l , \\ \mathfrak{b}_l = \mathfrak{a}_{i_l} & \text{für } i_l = j_l , \end{array}\right\} \quad l = 1, \ldots, r$$

gegeben sind; in der Tat ist dann für alle $t$ zwischen 0 und $\frac{\pi}{2}$

$$\mathfrak{b}_l^2 = \cos^2 t + \sin^2 t = 1 \ , \quad \text{bzw. } \mathfrak{b}_l^2 = \mathfrak{a}_{i_l}^2 = 1$$

und

$$\mathfrak{b}_l \cdot \mathfrak{b}_p = 0 \quad \text{für } l \neq p \ , \qquad \text{wegen } i_l \neq j_p \ ,$$

d. h. $B$ ist für alle $t$ orthogonal.

Zu einer orthogonalen Matrix $A_{n,m}(R)$ gehört also für jedes $r \leqslant m$ eine wohlbestimmte Abbildungsklasse $\chi_r$ von $R$ in $V_{n,r}$.

**5.** Wir wählen jetzt für $R$ eine Sphäre $S^q$. Die Klassen der Abbildungen von $S^q$ in $V_{n,m}$ sind die Elemente der $q$-ten Homotopiegruppe[1]) von $V_{n,m}$, $\pi_q(V_{n,m})$ (man kann von der Festhaltung des Bildes eines Punktes der $S^q$ absehen[7])). Nach den Ausführungen von Nr. 4 gehört zu einer

[7]) nach der Terminologie von *Eilenberg* [9] ist $V_{n,m}$ „$q$-simple" für alle $q$, da für $m \leq n-2$ $V_{n,m}$ einfach zusammenhängend, und $V_{n,n-1}$ ein Gruppenraum ist.

orthogonalen Matrix $A_{n,m}(S^q)$ für jede ganze Zahl $r(0 < r \leqslant m)$ ein wohlbestimmtes Element $\chi_r$ von $\pi_q(V_{n,r})$, das wir die $r$-te *Homotopieklasse der Matrix* $A_{n,m}(S^q)$ nennen. Unsere Fragestellung (I, II, III) läuft darauf hinaus, festzustellen, welche Elemente von $\pi_q(V_{n,r})$ als Homotopieklassen von Matrizen $A_{n,m}(S^q)$ auftreten können.

Nun ist es naheliegend, die Beziehungen heranzuziehen, die in der Faserung

$$\mathfrak{Z} : V_{n,m} / V_{n-r,m-r} = V_{n,r}$$

wie in jeder retrahierbaren Zerlegung zwischen den Homotopiegruppen des Zerlegungsraumes $V_{n,r}$ und denen des gefaserten Raumes $V_{n,m}$ bestehen, nämlich die „Hurewicz'schen Formeln"[8]). Um sie zu formulieren, muß man auch die Homotopiegruppen $\pi_q(V_{n-r,m-r})$ der Faser, sowie gewisse mit der Zerlegung $\mathfrak{Z}$ verknüpfte Untergruppen $\psi_q(\mathfrak{Z})$ von $\pi_q(V_{n-r,m-r})$ und $\varphi_q(\mathfrak{Z})$ von $\pi_q(V_{n,m})$ betrachten: die Elemente von $\psi_q(\mathfrak{Z})$ sind die Klassen solcher Abbildungen von $S^q$ in $V_{n-r,m-r}$, die in $V_{n,m}$ nullhomotop sind; die Elemente von $\varphi_q(\mathfrak{Z})$ sind die Klassen solcher Abbildungen von $S^q$ in $V_{n,m}$, die sich auf eine Faser zusammenziehen lassen (d. h. die einer Abbildung von $S^q$ in eine Faser homotop sind). Ferner tritt die Untergruppe $P\pi_q(V_{n,m})$ derjenigen Elemente von $\pi_q(V_{n,r})$ auf, die durch Projektion $P$ (d. h. durch Weglassen der letzten $m - r$ Zeilen in den Matrizen $A_{n,m}(S^q)$) aus Elementen von $\pi_q(V_{n,m})$ hervorgehen — das sind gerade die $r$-ten Homotopieklassen von Matrizen $A_{n,m}(S^q)$.

Die Hurewicz'schen Formeln lauten[8]):

$$\pi_q(V_{n,r}) / P\pi_q(V_{n,m}) \cong \psi_{q-1}(\mathfrak{Z}) \qquad q \geqslant 2\,, \tag{2}$$

$$P\pi_q(V_{n,m}) \cong \pi_q(V_{n,m}) / \varphi_q(\mathfrak{Z}) \qquad q \geqslant 1\,, \tag{3}$$

$$\varphi_q(\mathfrak{Z}) \cong \pi_q(V_{n-r,m-r}) / \psi_q(\mathfrak{Z}) \qquad q \geqslant 1\,. \tag{4}$$

Wir werden von den Formeln (3) und (4) später (Nr. 8) Gebrauch machen; an dieser Stelle wollen wir zunächst nur darauf hinweisen, daß $P\pi_q(V_{n,m})$ eine Untergruppe von $\pi_q(V_{n,r})$ ist, also:

*Die $r$-ten Homotopieklassen aller Matrizen $A_{n,m}(S^q)$ bilden eine Untergruppe von $\pi_q(V_{n,r})$.*

---

[8]) s. [4], S. 163, Satz E, und S. 166, Formeln (11).

Wenn diese Untergruppe $= \pi_q(V_{n,r})$ ist, so heißt das: alle Matrizen $A_{n,r}(S^q)$ können zu Matrizen $A_{n,m}(S^q)$ ergänzt werden; wenn sie $= 0$ ist: nur die einer konstanten Matrix homotopen Matrizen können ergänzt werden.

Spezialfälle:

a) $q = n - 1$; es handelt sich um Matrizen $A_{n,m}(S^{n-1})$, deren Elemente Funktionen von $n$ Variabeln $u_1, \ldots, u_n$ mit $\sum_{i=1}^{n} u_i^2 = 1$ sind. Die erste Homotopieklasse einer solchen Matrix ist ein Element von $\pi_{n-1}(V_{n,1})$, also, da $V_{n,1}$ zur Sphäre $S^{n-1}$ homöomorph ist, durch eine ganze Zahl $c$, den Abbildungsgrad, charakterisiert, und $\pi_{n-1}(V_{n,1})$ ist die additive Gruppe dieser Abbildungsgrade (unendliche zyklische Gruppe); wir nennen $c$ die *Charakteristik* der Matrix.

Hat der erste Zeilenvektor der Matrix $A_{n,m}(S^{n-1})$ die Form

$$\mathfrak{a}_1 = (u_1, \ldots, u_n),$$

so können wir ihn als Ortsvektor der $S^{n-1}$ auffassen und die übrigen $m - 1$ Zeilenvektoren als Tangentialvektoren der $S^{n-1}$, die von $\mathfrak{a}_1$ stetig abhängen und immer paarweise orthogonal sind, also ein $(m - 1)$-*Feld in der* $S^{n-1}$ darstellen (vgl. [4], § 14). Die Charakteristik dieser Matrix ist offenbar $= 1$, und umgekehrt ist jede Matrix $A_{n,m}(S^{n-1})$ mit $c = 1$ einer solchen Matrix homotop, die man als $(m - 1)$-Feld in $S^{n-1}$ auffassen kann. Es gibt also dann und nur dann Matrizen $A_{n,m}(S^{n-1})$ mit $c = 1$, wenn es in der $S^{n-1}$ ein $(m - 1)$-Feld gibt; das ist bekanntlich nicht immer der Fall. Aus der Existenz einer derartigen Matrix folgt natürlich, daß für die betreffenden Zahlen $m$ und $n$ jede ganze Zahl $c$ als Charakteristik einer Matrix $A_{n,m}(S^{n-1})$ auftreten kann; anders formuliert: daß für *jede* Matrix $A_{n,1}(S^{n-1})$ die Zahl $l^* \geqslant m - 1$ ist (ja sogar für jede Matrix $A_{n,1}(R)$ bei beliebigem $R$).

Es sei nun $n$ ungerade, $m \geqslant 2$ und $c$ die Charakteristik von $A_{n,m}(S^{n-1})$. Bildet man aus einer Zeile die Matrix $A_{n,1}(S^{n-1})$, so ist sie nach Nr. 4a) zu $-A_{n,1}(S^{n-1})$ homotop; zu $A_{n,1}(S^{n-1})$ gehört der Abbildungsgrad $c$, zu $-A_{n,1}(S^{n-1})$ der Grad $-c$, und aus $c = -c$ folgt $c = 0$. Darin ist der bekannte Satz[8a]) enthalten, daß es in einer Sphäre gerader Dimension keine stetigen Vektorfelder gibt.

Bei geradem $n$ dagegen gibt es immer Matrizen $A_{n,m}(S^{n-1})$ mit $c \neq 0$; man kann sogar zeigen, daß jedenfalls alle geraden Zahlen als Charakteristiken von Matrizen $A_{n,m}(S^{n-1})$ auftreten können; hiezu genügt es, eine Matrix mit $c = 2$ anzugeben:

8a) Satz von Poincaré-Brouwer, vgl. *Alexandroff-Hopf*, Topologie I (Berlin 1935), S. 481, Satz IIIa.

$$a_{ik} = \delta_{ik} - 2u_i u_k\,, \quad \begin{cases} i = 1,\ldots,m \\ k = 1,\ldots,n\,. \end{cases}$$

Diese Matrix ist durchwegs orthogonal; in der Tat ist

$$\sum_{k=1}^{n} a_{ik} a_{jk} = \sum_{k=1}^{n} (\delta_{ik} - 2u_i u_k)(\delta_{jk} - 2u_j u_k)$$

$$= \delta_{ij} - 4u_i u_j + 4\sum_{k=1}^{n} u_k^2 \cdot u_i u_j = \delta_{ij}\,,$$

und es ist bekannt und leicht zu sehen, daß etwa für $i = 1$ die $a_{1k}$ eine Abbildung von $S^{n-1}$ auf $V_{n,1}$ vom Grade 2 darstellen[9]). Ob auch ungerade Zahlen als Charakteristiken auftreten, ist nicht in allen Fällen bekannt; dies ist dann und nur dann möglich, wenn auch $c = 1$ auftritt, also wenn es in $S^{n-1}$ ein $(m-1)$-Feld gibt. Für $m = 2$ ist dies der Fall, wie das bekannte einfache Beispiel

$$\mathfrak{a}_1 = (u_1, \quad u_2, \ldots, u_{2k-1}, u_{2k})$$
$$\mathfrak{a}_2 = (u_2, -u_1, \ldots, u_{2k}, -u_{2k-1})$$

($n = 2k$ gesetzt) zeigt. Ähnliche Beispiele gibt es für $n = 4k$ und $m = 4$, und für $n = 8k$ und $m = 8$; man erhält sie etwa aus der in Nr. 8 (S. 333) angegebenen 4- bezw. 8-reihigen Matrix mit den Zeilenvektoren $\mathfrak{a}, \mathfrak{w}_1(\mathfrak{a}), \ldots$, indem man $k-1$ analoge, mit den folgenden Indizes gebildete Matrizen daneben setzt. Weitere Beispiele dieser Art kann man leicht aus den von Hurwitz und Radon[10]) angegebenen „linearen Scharen orthogonaler Matrizen" herleiten, und zwar für $n = 16^\alpha \cdot 2^\beta \cdot k$ und $m = 8\alpha + 2^\beta$ $(\beta = 0, 1, 2, 3)$. Alle diese Beispiele sind übrigens nicht nur stetig bezüglich der Koordinaten der $S^{n-1}$, sondern sogar linear. — Dagegen gibt es, wie ich früher[11]) gezeigt habe, kein $(m-1)$-Feld für $n = 4k + 2$ und $m \geqq 3$.

Zusammengefaßt:

**Satz 2.** *Für die Charakteristik $c$ einer orthogonalen Matrix $A_{n,m}(S^{n-1})$ gilt: Wenn $n$ ungerade und $m \geqq 2$ ist, so ist $c = 0$; wenn $n = 4k + 2$ und $m \geqq 3$ ist, so ist $c$ gerade. — Dagegen ist $c$ beliebig für $n = 16^\alpha \cdot 2^\beta \cdot k$ und $m \leqq 8\alpha + 2^\beta$ $(\beta = 0, 1, 2, 3)$.*

Um wieder wie in der Problemstellung I von stetigen Lösungen linearer Gleichungen zu sprechen, können wir alle genannten Resultate folgendermaßen formulieren:

---

[9]) Vgl. [4], S. 183—184.

[10]) Vgl. [11] und [12].

[11]) [7], Satz I.

**Satz 3.** In der Gleichung

$$a_1 x_1 + \cdots + a_n x_n = 0$$

seien die Koeffizienten $a_i$ Funktionen von $u \in S^{n-1}$ (d. h. von $n$ Variabeln $u_i$ mit $\sum_{i=1}^{n} u_i^2 = 1$), die nie alle $= 0$ sind, also, wenn man sie zu $\sum_{i=1}^{n} a_i^2 = 1$ normiert, eine Abbildung der $S^{n-1}$ auf sich vom Grade $c$ bestimmen. Dann gilt für die maximale Anzahl $l^*$ linear unabhängiger Lösungen dieser Gleichung:

*Wenn $n$ ungerade ist, so ist $l^* = n - 1$ für $c = 0$, und $l^* = 0$ für $c \neq 0$. Wenn $n$ gerade ist, so ist immer $l^* > 0$, nämlich $l^* \geqslant 8\alpha + 2^\beta - 1$ für $n = 16^\alpha \cdot 2^\beta \cdot k \, (\beta = 0, 1, 2, 3)$, und sogar $l^* = n - 1$ für gerades $c$; dagegen ist $l^* = 1$ für $n = 4k + 2$ und ungerades $c$.*

b) Es gibt Zahlen $n$, $r$ und $q$, für welche *jede* Matrix $A_{n,r}(S^q)$ zu einer Matrix $A_{n,r+1}$ ergänzt werden kann (d. h. wo für jede Matrix $A_{n,r}(S^q)$ die Zahl $l^* > 0$ ist): nämlich wenn $\pi_{q-1}(S^{n-r-1}) = 0$ ist.

In der Tat ist in der Faserung $\mathfrak{Z} : V_{n,r+1} / V_{n-r,1} = V_{n,r}$ die Faser zur Sphäre $S^{n-r-1}$ homöomorph, und $\psi_{q-1}(\mathfrak{Z})$ ist eine Untergruppe von $\pi_{q-1}(S^{n-r-1})$; nach der Hurewicz'schen Formel (2) ist also $P\pi_q(V_{n,r+1}) = \pi_q(V_{n,r})$, d. h. jede Abbildung von $S^q$ in $V_{n,r}$ ist eine Spur.

Die Bedingung $\pi_{q-1}(S^{n-r-1}) = 0$ ist insbesondere in folgenden Fällen erfüllt[12]):

**Satz 4.** *Für $q \leqslant n - r - 1$, für $q = n - r + 2 \geqslant 5$ (also $n - r \geqslant 3$), und für $q \geqslant 3$ und $r = n - 2$ ist $l^* > 0$ für jede orthogonale Matrix $A_{n,r}(S^q)$.*

Ferner ist zwar $\pi_{n-1}(S^{n-2}) \neq 0$, aber[13]) $\psi_{n-1}(\mathfrak{Z}) = 0$ für die Faserung $\mathfrak{Z} : V_{n,2} / V_{n-1,1} = V_{n,1}$; *also ist $l^* > 0$ für jede orthogonale Matrix $A_{n,1}(S^n)$ $(n \geqslant 3)$.*

## § 2. Lösungen eines Gleichungssystems, die stetig von den Koeffizienten abhängen

**6.** Wir befassen uns in diesem Paragraphen mit einem Spezialfall der Fragestellung I (bzw. II, III) und beweisen:

**Satz 5.** *Das Gleichungssystem*

$$\sum_{k=1}^{n} a_{ik} x_k = 0\,, \qquad i = 1, \ldots, r$$

[12]) Vgl. die Zusammenstellung über die Homotopiegruppen der Sphären in [4], Nr. 12, S. 178—179.

[13]) s. [4], S. 186 (Satz 24 und 24').

*soll durch Funktionen* $x_k = f_k(a_{11}, \ldots, a_{nr})$ *gelöst werden, die für alle Matrizen* $(a_{ik})$ *vom Rang* $r$ *stetig sind und nicht gleichzeitig verschwinden. Solche Lösungen gibt es nicht, wenn* $n - r$ *gerade ist, und wenn* $n - r = 3$ *oder* 7 *und* $r \geqslant 2$ *ist.*

Damit ist der folgende, an die Form II unseres Problems anknüpfende Satz gleichbedeutend: Es sei $R = V_{n,r}$, und die durch die Matrix $A_{n,r}(V_{n,r})$ gegebene Abbildung von $V_{n,r}$ in sich sei die Identität von $V_{n,r}$; dann ist für diese Matrix und für die genannten $n$ und $r$ die Zahl $l^* = 0$. Und wenn wir schließlich die Sprache der Faserungen (III) verwenden, so erhalten wir den mit Satz 5 äquivalenten

**Satz 5′.** *In der Zerlegung* $\mathfrak{Z} : V_{n,m}/V_{n-r,m-r} = V_{n,r}$ *ist die Identität von* $V_{n,r}$ *keine Spur,* a) *wenn* $n - r$ *gerade,* b) *wenn* $n - r = 3$ *oder* 7 *und* $r \geqslant 2$ *ist.*

Wir nennen allgemein eine Abbildung $j$ in einen gefaserten Raum, deren Spur $Pj$ die Identität des Zerlegungsraumes ist, eine *Schnittfläche* (die Bildmenge trifft jede Faser in genau einem Punkt). Es handelt sich also darum, in den genannten Fällen zu zeigen, daß die Zerlegung $\mathfrak{Z}$ keine Schnittfläche besitzt; und zwar genügt es offenbar, dies für $m = r + 1$ zu beweisen. Wir beschränken uns also jetzt auf die Zerlegung

$$\mathfrak{Z}_{n,r} : V_{n,r+1} / V_{n-r,1} = V_{n,r} .$$

Zunächst sieht man leicht:

*Hilfssatz.* Wenn $\mathfrak{Z}_{n,r}$ eine Schnittfläche besitzt, dann auch $\mathfrak{Z}_{n-1,r-1}$.

Beweis: Eine Schnittfläche von $\mathfrak{Z}_{n,r}$ sei durch die orthogonale Matrix $A_{n,r+1}(V_{n,r})$ gegeben; die ersten $r$ Zeilen stellen die Identität von $V_{n,r}$ dar, während die Komponenten des $(r+1)$ten Zeilenvektors $\mathfrak{a}_{r+1}$ der Matrix Funktionen der $r$ ersten Zeilenvektoren sind:

$$\mathfrak{a}_{r+1} = f(\mathfrak{a}_1, \ldots, \mathfrak{a}_r) .$$

Setzen wir speziell $\mathfrak{a}_r = \mathfrak{e} = (0, 0, \ldots, 1)$, so hat sowohl

$$\mathfrak{b} = f(\mathfrak{a}_1, \ldots, \mathfrak{a}_{r-1}, \mathfrak{e})$$

als auch jeder mit $\mathfrak{a}_r = \mathfrak{e}$ verträgliche Vektor $\mathfrak{a}_1, \ldots, \mathfrak{a}_{r-1}$ die letzte Komponente 0; lassen wir sie weg, so erhalten wir Vektoren $\mathfrak{a}'_1, \ldots, \mathfrak{a}'_{r-1}, \mathfrak{b}'$, die wir als Zeilenvektoren einer orthogonalen Matrix von $n - 1$

Kolonnen und $r$ Zeilen auffassen können, deren Elemente stetige Funktionen der $\mathfrak{a}'_1, \ldots, \mathfrak{a}'_{r-1}$ sind, d. h. stetige Funktionen in $V_{n-1,r-1}$; und zwar stellen $\mathfrak{a}'_1, \ldots, \mathfrak{a}'_{r-1}$ die Identität von $V_{n-1,r-1}$ dar, während $\mathfrak{b}'$ stetig von ihnen abhängt. Diese Matrix $A'_{n-1,r}(V_{n-1,r-1})$ bedeutet also eine Schnittfläche von $\mathfrak{Z}_{n-1,r-1}$.

Oder umgekehrt: Wenn $\mathfrak{Z}_{n,r}$ keine Schnittfläche besitzt, dann gilt dasselbe für $\mathfrak{Z}_{n+p,r+p} (p \geqslant 0)$, d. h. für alle $\mathfrak{Z}_{n',r'}$ mit derselben Differenz $n' - r' = n - r$ und mit $r' \geqslant r$.

Um den Satz 5' zu beweisen, genügt es also zu zeigen, daß a) *die Zerlegung* $\mathfrak{Z}_{n,1}$ *mit ungeradem* $n$, b) *die Zerlegung* $\mathfrak{Z}_{n,2}$ *mit* $n = 5$ *oder* 9 *keine Schnittfläche besitzt.*

**7.** Daß die Zerlegung

$$\mathfrak{Z}_{n,1} : V_{n,2} / V_{n-1,1} = V_{n,1}$$

bei ungeradem $n$ keine Schnittfläche besitzt, ist ein wohlbekannter Satz. Denn $V_{n,1}$ ist zur Sphäre $S^{n-1}$ homöomorph, und eine Schnittfläche wäre durch eine Matrix $A_{n,2}(S^{n-1})$ gegeben, deren erste Zeile die Identität von $S^{n-1}$ darstellt, und deren zweite Zeile man als stetiges tangentiales Vektorfeld der $S^{n-1}$ auffassen könnte — und das gibt es bei ungeradem $n$ bekanntlich [8a]) nicht. (Oder, um an Satz 2 anzuknüpfen: $A_{n,2}(S^{n-1})$ müßte die Charakteristik $c = 1$ haben, was bei ungeradem $n$ nicht möglich ist.)

Weniger einfach dagegen scheint der Beweis der Behauptung b) zu sein, daß es in den Zerlegungen $\mathfrak{Z}_{5,2}$ und $\mathfrak{Z}_{9,2}$ keine Schnittfläche gibt. Wir erbringen ihn mit Hilfe spezieller Homotopiegruppen der auftretenden Mannigfaltigkeiten. Ausführlich geschrieben handelt es sich um die Zerlegungen

$$\mathfrak{Z}_{n,2} : V_{n,3} / V_{n-2,1} = V_{n,2} \quad \text{für } n = 5 \text{ und } 9 .$$

$V_{n-2,1}$ ist zur Sphäre $S^{n-3}$ homöomorph, $V_{n,2}$ zur Mannigfaltigkeit $L_{n-1}$ aller orientierten Linienelemente der Sphäre $S^{n-1}$.

Nach einem allgemeinen Satze[14]) ist jede Homotopiegruppe eines gefaserten Raumes, in dem es eine Schnittfläche gibt, zur direkten Summe der entsprechenden Homotopiegruppen des Zerlegungsraumes und der Faser isomorph. Hätte also $\mathfrak{Z}_{n,2}$ ($n$ ungerade) eine Schnittfläche, so müßte für die Homotopiegruppen von $V_{n,3}$ gelten:

$$\pi_q(V_{n,3}) \cong \pi_q(V_{n,2}) + \pi_q(S^{n-3}) . \tag{5}$$

[14]) s. [4], S. 170, Satz G, II.

Nun sind aber für $q = n - 2$ die beiden rechts stehenden Gruppen bekannt; es ist allgemein[12]) (wir bezeichnen mit $\mathfrak{G}$ die additive Gruppe der ganzen Zahlen und mit $\mathfrak{G}_m$ die Restklassengruppe von $\mathfrak{G}$ mod $m$):

$$\begin{aligned} \pi_{n-2}(S^{n-3}) &\cong \mathfrak{G}_2 && \text{für } n \geqslant 6\,, \\ &\cong \mathfrak{G} && \text{für } n = 5\,, \\ \text{und} \quad \pi_{n-2}(V_{n,2}) &\cong \mathfrak{G}_2 && \text{für ungerades } n \text{ [13])}\,; \end{aligned}$$

in der Isomorphie

$$\pi_{n-2}(V_{n,3}) \cong \pi_{n-2}(V_{n,2}) + \pi_{n-2}(S^{n-3}) \tag{6}$$

sind also für $n \geqslant 5$ beide Summanden rechts $\neq 0$. Andererseits werden wir in der nächsten Nummer zeigen, daß für $n = 5$ und 9 die Gruppe links unzerlegbar ist, nämlich daß $\pi_3(V_{5,3}) \cong \mathfrak{G}$ und $\pi_7(V_{9,3}) \cong \mathfrak{G}_4$ ist. Für $n = 5$ und 9 kann also keine Relation (6) bestehen; infolgedessen besitzt die Zerlegung $\mathfrak{Z}_{5,2}$ bzw. $\mathfrak{Z}_{9,2}$ keine Schnittfläche.

Man beachte, daß die Nichtexistenz einer Schnittfläche nicht etwa schon aus der Anzahl der Elemente in der betreffenden Homotopiegruppe folgt, sondern erst aus ihrer algebraischen Struktur. Gäbe es eine Schnittfläche, so müßte $\pi_3(V_{5,3}) \cong \mathfrak{G} + \mathfrak{G}_2$ statt $\mathfrak{G}$ und $\pi_7(V_{9,3}) \cong \mathfrak{G}_2 + \mathfrak{G}_2$ statt $\mathfrak{G}_4$ sein.

**8.** *Bestimmung von zwei Homotopiegruppen:*

$$\pi_3(V_{5,3}) \cong \mathfrak{G}\,, \qquad \pi_7(V_{9,3}) \cong \mathfrak{G}_4\,.$$

Mit diesen beiden Formeln wird auch die Behauptung b) von Satz 5′ vollständig bewiesen sein.

Um $V_{n,3}$ ($n = 5$ und 9) zu untersuchen, verwenden wir die Zerlegungen

$$\mathfrak{Z}_n : V_{n,3} / V_{n-1,2} = V_{n,1} (= S^{n-1})\,.$$

Da der Zerlegungsraum eine Sphäre ist, gibt es in $\mathfrak{Z}_n$ ein *Schnittelement*[15]); darunter verstehen wir folgendes: $V$ sei eine $(n-1)$-dimensionale Vollkugel, $\Sigma^{n-2}$ ihre Randsphäre, $N$ ein beliebiger, fester Punkt der Sphäre $S^{n-1}$; ein Schnittelement ist eine Abbildung $t$ von $V$ in $V_{n,3}$, deren Spur $Pt$ das Innere von $V$ topologisch auf $S^{n-1} - N$ und $\Sigma^{n-2}$ auf $N$ abbildet; $t$ bilde also $\Sigma^{n-2}$ in die zu $N$ gehörige Faser ab (diese Abbildung $t'$ von $\Sigma^{n-2}$ in eine Faser $V_{n-1,2}$ nennen wir den „Rand“ des

[15]) s. [4], S. 172. — Wir geben im folgenden ein Schnittelement explizite an, benützen also den allgemeinen Existenzsatz nicht.

Schnittelementes $t$). Um ein spezielles Schnittelement $t$ von $\mathfrak{Z}_n$ zu konstruieren, wählen wir für $V$ die obere Halbsphäre $H^{n-1}$ einer Sphäre: $\sum_{i=1}^{n} u_i^2 = 1$, $u_1 \geqslant 0$ (einschließlich des Äquators $\Sigma^{n-2}$: $u_1 = 0$). $t$ sei gegeben durch die Matrix $A_{n,3}(H^{n-1})$ mit den Elementen[16])

$$a_{ik} = \delta_{ik} - 2u_i u_k\,, \quad \begin{cases} i = 1, 2, 3 \\ k = 1, \ldots, n\,. \end{cases}$$

Die Spur $Pt$ dieser Abbildung ist die durch

$$a_{1k} = \delta_{1k} - 2u_1 u_k\,, \qquad k = 1, \ldots, n$$

gegebene Abbildung[17]) von $H^{n-1}$ auf $S^{n-1}$; sie bildet das Innere ($u_1 > 0$) topologisch auf $S^{n-1} - N$ ab, wo $N$ der Punkt $a_{1k} = \delta_{1k}$ der $S^{n-1}$ ist, und den Rand $\Sigma^{n-2}(u_1 = 0)$ auf $N$. Bei dieser Abbildung $t$ wird also der Rand $\Sigma^{n-2}$ vermöge der Abbildung $t'$

$$a_{i1} = 0\,, \qquad a_{ik} = \delta_{ik} - 2u_i u_k \quad \begin{cases} i = 2, 3 \\ k = 2, \ldots, n \end{cases}$$

auf die zu $N(a_{1k} = \delta_{1k})$ gehörige Faser $V'_{n-1,2}$ abgebildet. Diese Abbildung $t'$ von $\Sigma^{n-2}$ in $V'_{n-1,2}$ wollen wir näher untersuchen; als Rand eines Schnittelementes ist sie nämlich für die Struktur der Zerlegung $\mathfrak{Z}_n$ und für die Homotopiegruppen von großer Bedeutung[18]). Diese Diskussion wäre zwar für unsere Zwecke für alle ungeraden $n$ von Interesse; wir können sie aber nur für $n = 5$ und $n = 9$ ausführen (das ist der Grund, warum in Satz 5′, b) nur für diese ungeraden $n$ Aussagen gemacht werden), weil in diesen Fällen die Struktur der Faser $V'_{n-1,2}$ besonders übersichtlich ist.

$V'_{n-1,2}$ ist die Mannigfaltigkeit derjenigen Matrizen $(a_{ik})$ aus $V_{n,3}$, für welche $a_{1k} = \delta_{1k}$, und $a_{21} = a_{31} = 0$ ist. Sie ist homöomorph zur Mannigfaltigkeit aller an die $S^{n-2}$ tangentialen Einheitsvektoren (= orientierten Linienelemente), $L_{n-2}$, deren Punkte $a$ man durch 2 Vektoren des $R^{n-1}$

---

[16]) vgl. die analoge Bildung in Nr. 15 der Arbeit [5].

[17]) Bezüglich der Eigenschaften dieser Abbildung vgl. [4], S. 183—185; ferner [5], S. 250, Anmerkung[22]).

[18]) vgl. [4], Nr. 10 (S. 171—177), besonders Satz 12.

$$\mathfrak{a} = (a_1, \ldots, a_{n-1})$$
$$\mathfrak{b} = (b_1, \ldots, b_{n-1})$$

mit $\mathfrak{a}^2 = \mathfrak{b}^2 = 1$, $\mathfrak{a} \cdot \mathfrak{b} = 0$ geben kann; statt der Abbildung $t'$ von $\Sigma^{n-2}(u_1 = 0, \sum_{k=2}^{n} u_k^2 = 1)$ in $V'_{n-1,2}$ können wir die Abbildung $s$ der Sphäre $S^{n-2}$ (deren laufender Punkt $v$ die Koordinaten $v_1, \ldots, v_{n-1}$ hat, $\sum_{k=1}^{n-1} v_k^2 = 1$) in $L_{n-2}$ betrachten, die durch

$$a_k(v) = \delta_{1k} - 2v_1 v_k, \qquad k = 1, \ldots, n-1$$
$$b_k(v) = \delta_{2k} - 2v_2 v_k, \qquad k = 1, \ldots, n-1$$

gegeben ist.

Das Besondere an den Fällen $n = 5$ und $9$ ist nun, daß die Sphären $S^3$ und $S^7$ parallelisierbar[19]) sind, was zur Folge hat, daß die Linienelementräume $L_3$ und $L_7$ in die topologischen Produkte aus $S^3(S^7)$ und einer Richtungssphäre $S^2(S^6)$ zerfallen[19]). Denn man kann jedem Punkt $a$ von $L_p (p = 3, 7)$, d. h. jedem Tangentialvektor von $S^p$ nicht nur den Punkt $Pa$ der $S^p$ zuordnen, in dem er angreift, sondern auch vermöge eines Fernparallelismus auf $S^p$ einen Punkt $\Pi a$ einer Richtungssphäre $S^{p-1}$, und zwar derart, daß jedes in einem Punkt angebrachte Richtungsbüschel topologisch auf $S^{p-1}$ abgebildet wird, d. h. daß $a$ durch $Pa$ und $\Pi a$ charakterisiert ist. Diese beiden Zuordnungen $Pa$ und $\Pi a$ können wir folgendermaßen geben: Es sei $a = (\mathfrak{a}, \mathfrak{b})$, $\mathfrak{a}$ als Punkt der $S^p$, $\mathfrak{b}$ als Tangentialvektor in $\mathfrak{a}$ aufgefaßt;

$$Pa = \mathfrak{a} \in S^p, \quad \Pi a = \mathfrak{c} \in S^{p-1},$$

wo $\mathfrak{c} = (c_1, \ldots, c_p)$ mit Hilfe eines $p$-Feldes in $S^p$, d. h. eines Systems von $p$ Vektorfeldern $\mathfrak{w}_1(\mathfrak{a}), \ldots, \mathfrak{w}_p(\mathfrak{a})$, die in jedem Punkt $\mathfrak{a}$ der $S^p$ paarweise orthogonal sind, erklärt wird, nämlich

$$c_i = \mathfrak{b} \cdot \mathfrak{w}_i(\mathfrak{a}), \qquad i = 1, \ldots, p,$$

wobei $\sum_{i=1}^{p} c_i^2 = \sum_{i=1}^{p+1} b_i^2 = 1$ ist; die $c_i$ sind also die Komponenten von $\mathfrak{b}$ bezüglich des in $\mathfrak{a}$ angebrachten, lokalen Koordinatensystems $\mathfrak{w}_1, \ldots, \mathfrak{w}_p$. Dabei benützen wir die folgenden bekannten $p$-Felder:

---

[19]) vgl. [6], besonders S. 6, 28 und 45.

$$\begin{array}{llrrrr}
\text{auf } S^3 & \mathfrak{a} = ( & a_1, & a_2, & a_3, & a_4) \\
& \mathfrak{w}_1(\mathfrak{a}) = ( & -a_2, & a_1, & a_4, & -a_3) \\
& \mathfrak{w}_2(\mathfrak{a}) = ( & -a_3, & -a_4, & a_1, & a_2) \\
& \mathfrak{w}_3(\mathfrak{a}) = ( & -a_4, & a_3, & -a_2, & a_1)\,,
\end{array}$$

$$\begin{array}{llrrrrrrrr}
\text{auf } S^7 & \mathfrak{a} = ( & a_1, & a_2, & a_3, & a_4, & a_5, & a_6, & a_7, & a_8) \\
& \mathfrak{w}_1(\mathfrak{a}) = ( & -a_2, & a_1, & a_4, & -a_3, & a_6, & -a_5, & -a_8, & a_7) \\
& \mathfrak{w}_2(\mathfrak{a}) = ( & -a_3, & -a_4, & a_1, & a_2, & a_7, & a_8, & -a_5, & -a_6) \\
& \mathfrak{w}_3(\mathfrak{a}) = ( & -a_4, & a_3, & -a_2, & a_1, & a_8, & -a_7, & a_6, & -a_5) \\
& \mathfrak{w}_4(\mathfrak{a}) = ( & -a_5, & -a_6, & -a_7, & -a_8, & a_1, & a_2, & a_3, & a_4) \\
& \mathfrak{w}_5(\mathfrak{a}) = ( & -a_6, & a_5, & -a_8, & a_7, & -a_2, & a_1, & -a_4, & a_3) \\
& \mathfrak{w}_6(\mathfrak{a}) = ( & -a_7, & a_8, & a_5, & -a_6, & -a_3, & a_4, & a_1, & -a_2) \\
& \mathfrak{w}_7(\mathfrak{a}) = ( & -a_8, & -a_7, & a_6, & a_5, & -a_4, & -a_3, & a_2, & a_1)\,.
\end{array}$$

In diesem Sinne kann auch jede Abbildung $f$ eines Raumes in $L_p (p = 3, 7)$ durch die Abbildungen $Pf$ in $S^p$ und $\Pi f$ in $S^{p-1}$ charakterisiert werden; insbesondere gehört zu jeder Abbildung $f$ von $S^p$ in $L_p$ eine Abbildung $Pf$ von $S^p$ auf sich, deren Klasse durch den Abbildungsgrad $c$ gegeben ist, und eine Abbildung $\Pi f$ von $S^p$ auf $S^{p-1}$, deren Klasse wir $\gamma$ nennen: $c$ und $\gamma$ bestimmen die Klasse von $f$, und $\pi_p(L_p)$ zerfällt in die direkte Summe $\pi_p(S^p) + \pi_p(S^{p-1})$.

$p = 3$: die Klassen der Abbildungen $f$ von $S^3$ in $L_3$ sind durch 2 ganze Zahlen $c, \gamma$ bestimmt, den Grad $c$ von $Pf$ und die Hopf'sche Invariante[20]) $\gamma$ der Abbildung $\Pi f$ von $S^3$ auf $S^2$.

$p = 7$: die Klassen $f \in \pi_7(L_7)$ sind durch die ganze Zahl $c$ (= Grad von $Pf$) und die Restklasse $\gamma$ mod 2 ($\gamma = 1$, wenn $\Pi f$ wesentlich, $\gamma = 0$ wenn $\Pi f$ unwesentlich; $\pi_7(S^6)$ besteht aus 2 Elementen[12])) bestimmt. Also ist

$$\pi_3(L_3) \cong \mathfrak{G} + \mathfrak{G} \quad \text{und} \quad \pi_7(L_7) \cong \mathfrak{G} + \mathfrak{G}_2\,.$$

Wir bestimmen nun die Invarianten $c$ und $\gamma$ unserer Abbildung $s$ von $S^p$ auf $L_p (p = 3, 7)$:

$$s: \begin{array}{l} \mathfrak{a}(v) = (1 - 2v_1^2, -2v_1v_2, \ldots, -2v_1v_{p+1}) \\ \mathfrak{b}(v) = (-2v_2v_1, 1 - 2v_2^2, \ldots, -2v_2v_{p+1}) \end{array} \quad v = (v_1, \ldots, v_{p+1}) \in S^p.$$

[20]) Definition: [8], S. 645 ff.; Beweis, daß die Klassen $f \in \pi_3(S^2)$ durch die Invariante $\gamma(f)$ bestimmt sind: [4], Nr. 12b, im Beweis des Hilfssatzes.

$Ps$ ist durch $\mathfrak{a}(v)$ gegeben; diese Abbildung hat bekanntlich[17]) den Grad $c = 2$. $\Pi s$ müssen wir in der oben beschriebenen Weise bestimmen:

$$c_i(v) = \mathfrak{b}(v) \cdot \mathfrak{w}_i(\mathfrak{a}(v)), \qquad i = 1, \ldots, p.$$

$p = 3$:

$$c_1 = (-2v_2v_1)(+2v_1v_2) + (1 - 2v_2^2)(1 - 2v_1^2) + \\ + (-2v_2v_3)(-2v_1v_4) + (-2v_2v_4)(+2v_1v_3)$$

$$c_2 = (-2v_2v_1)(+2v_1v_3) + (1 - 2v_2^2)(+2v_1v_4) + \\ + (-2v_2v_3)(1 - 2v_1^2) + (-2v_2v_4)(-2v_1v_2)$$

$$c_3 = (-2v_2v_1)(+2v_1v_4) + (1 - 2v_2^2)(-2v_1v_3) + \\ + (-2v_2v_3)(+2v_1v_2) + (-2v_2v_4)(1 - 2v_1^2),$$

also

$$\begin{aligned} c_1 &= 1 - 2(v_1^2 + v_2^2) \\ c_2 &= -2(v_2v_3 - v_1v_4) \\ c_3 &= -2(v_2v_4 + v_1v_3). \end{aligned}$$

$p = 7$:

$$c_1 = (-2v_2v_1)(+2v_1v_2) + (1 - 2v_2^2)(1 - 2v_1^2) + (-2v_2v_3)(-2v_1v_4) \\ + (-2v_2v_4)(+2v_1v_3) + (-2v_2v_5)(-2v_1v_6) + \\ + (-2v_2v_6)(+2v_1v_5) + (-2v_2v_7)(+2v_1v_8) + (-2v_2v_8)(-2v_1v_7)$$

$c_2 = \cdots$ usw.;

die Rechnung ergibt

$$\begin{aligned} c_1 &= 1 - 2(v_1^2 + v_2^2) \\ c_2 &= -2(v_2v_3 - v_1v_4) \\ c_3 &= -2(v_2v_4 + v_1v_3) \\ c_4 &= -2(v_2v_5 - v_1v_6) \\ c_5 &= -2(v_2v_6 + v_1v_5) \\ c_6 &= -2(v_2v_7 + v_1v_8) \\ c_7 &= -2(v_2v_8 - v_1v_7). \end{aligned}$$

Faßt man die Koordinaten von $v \in S^p$ gemäß

$$\begin{aligned} w_1 &= v_1 - iv_2 \\ w_2 &= v_3 - iv_4, \qquad \text{außerdem für } p = 7 \\ w_3 &= v_5 - iv_6 \\ w_4 &= v_8 - iv_7 \end{aligned}$$

zu komplexen Zahlen zusammen, so kann die Abbildung $\Pi s$ von $S^p$ auf $S^{p-1}$ durch

$$\begin{aligned} c_1 &= 1 - 2\bar{w}_1 w_1 \\ c_3 + ic_2 &= -2\bar{w}_1 w_2, \quad \text{außerdem für } p = 7 \\ c_5 + ic_4 &= -2\bar{w}_1 w_3 \\ c_6 + ic_7 &= -2\bar{w}_1 w_4 \end{aligned}$$

beschrieben werden. Das ist aber bei geeigneter Orientierung von $S^{p-1}$ gerade die Abbildung von $S^p$ auf $S^{p-1}$, die ich an anderer Stelle[21]) mit $\vartheta^{(2)}$ (für $p = 3$) bzw. $\vartheta^{(4)}$ (für $p = 7$) bezeichnet habe, und die man folgendermaßen beschreiben kann: Man bildet $S^p$ vermöge der bekannten Kreisfaserung auf den komplexen projektiven Raum $K_{\frac{p-1}{2}}$ von $\frac{p-1}{2}$ komplexen, also $p - 1$ reellen Dimensionen ab, indem man dem Punkt $v = (v_1, \ldots, v_{p+1})$ der $S^p$ den Punkt $w_1 : w_2 : \ldots : w_{\frac{p+1}{2}}$ von $K_{\frac{p-1}{2}}$ zuordnet, und dann $K_{\frac{p-1}{2}}$ mit dem Grad 1 auf $S^{p-1}$. Für $p = 3$ ist $\Pi s = \vartheta^{(2)}$ die von Hopf[22]) angegebene Faserabbildung von $S^3$ auf $S^2$, deren Invariante $\gamma$ den Wert 1 hat. Für $p = 7$ ist $\Pi s = \vartheta^{(4)}$ eine wesentliche Abbildung von $S^7$ auf $S^6$ (also ist nach unserer Festsetzung auch hier $\gamma = 1$); denn ich habe bewiesen[21]), daß $\vartheta^{(n)}$ bei geradem $n$ wesentlich ist.

*Damit sind also die Invarianten c und $\gamma$ unserer Abbildung s von $S^p$ auf $L_p (p = 3, 7)$ bestimmt: es ist c = 2 und $\gamma = 1$.* Wir kennen also jetzt die Abbildungsklasse des Randes $t'$ des Schnittelementes $t$, das wir in der Zerlegung

$$\mathfrak{Z}_n : V_{n,3} / V_{n-1,2} = S^{n-1}$$

für $n = 5$ und $n = 9$ konstruiert haben. Das gestattet uns aber, die Gruppe $\psi_{n-2}(\mathfrak{Z}_n)$ (die in Nr. 5 erklärt ist) zu bestimmen; sie ist nämlich nach einem allgemeinen Satz[23]) die von der Klasse von $t'$ erzeugte Untergruppe von $\pi_{n-2}(V_{n-1,2}) = \pi_{n-2}(L_{n-2})$.

Wenden wir nun die in Nr. 5 angegebenen Hurewicz'schen Formeln auf die Zerlegungen $\mathfrak{Z}_n$ ($n = 5$ und 9) an, so finden wir: wegen $\pi_{n-2}(S^{n-1}) = 0$[12]) ist nach der ersten Formel

$$P\pi_{n-2}(V_{n,3}) = 0\,,$$

also nach der zweiten und dritten

---

[21]) s. [7], Nr. 10, S. 17.

[22]) s. [8], S. 654.

[23]) s. [4], S. 174, Satz 12.

$$\pi_{n-2}(V_{n,3}) = \varphi_{n-2}(\mathfrak{Z}_n) \cong \pi_{n-2}(V_{n-1,2}) / \psi_{n-2}(\mathfrak{Z}_n),$$

also $$\pi_{n-2}(V_{n,3}) \cong \pi_{n-2}(L_{n-2}) / \psi_{n-2}(\mathfrak{Z}_n).$$

Wir haben aber eben gefunden, daß für $n = 5$ und $9$ die Gruppe $\pi_{n-2}(L_{n-2})$ die direkte Summe zweier zyklischer Gruppen ist, deren Erzeugende die Abbildungsklassen $a \in \pi_{n-2}(L_{n-2})$ mit $c = 1$ und $\gamma = 0$ bzw. $b$ mit $c = 0$ und $\gamma = 1$ sind; dabei sind für $n = 5$ $a$ und $b$ von der Ordnung $0$, für $n = 9$ ist $a$ von der Ordnung $0$ und $b$ von der Ordnung 2. Ein beliebiges Element $f \in \pi_{n-2}(L_{n-2})$ ist also von der Form

$$f = ca + \gamma b,$$

wo $c, \gamma$ ganze Zahlen ($\gamma$ mod 2 für $n = 9$) sind. Ferner haben wir gesehen, daß $\psi_{n-2}(\mathfrak{Z}_n)$ die von $f^* = 2a + b$ erzeugte Untergruppe von $\pi_{n-2}(L_{n-2})$ ist. Also wird

1. für $n = 5$: $$\pi_3(V_{5,3}) \cong \mathfrak{G},$$

da man als Basis von $\pi_{n-2}(L_{n-2})$ $f^* = 2a + b$ und etwa $g^* = a$ wählen kann.

2. für $n = 9$: $$\pi_7(V_{9,3}) \cong \mathfrak{G}_4;$$

denn die Restklassen von $\pi_7(L_7)$ nach den Vielfachen von $f^* = 2a + b$ können durch $0, a, b, a + b$ repräsentiert werden, wobei die Klasse $a$ (oder die Klasse $a + b$) die Ordnung 4 hat und somit die Restklassengruppe erzeugt. — Damit ist die am Anfang dieser Nummer aufgestellte Behauptung bewiesen, also auch Satz 5′.

**Anhang: Stetige Vektorprodukte.**

**9.** Unter einem stetigen Vektorprodukt von $r$ Vektoren im $R^n$ ($n > r \geqslant 2$) verstehen wir eine Vektorfunktion $\mathfrak{x}(\mathfrak{a}_1, \ldots, \mathfrak{a}_r)$, die für alle Systeme von $r$ Vektoren $\mathfrak{a}_i$ des $R^n$ definiert ist und folgende Eigenschaften besitzt:

a) $\mathfrak{x}$ hängt von $\mathfrak{a}_1, \ldots, \mathfrak{a}_r$ stetig ab.
b) $\mathfrak{x}$ ist orthogonal zu $\mathfrak{a}_1, \ldots, \mathfrak{a}_r$: $\mathfrak{x} \cdot \mathfrak{a}_i = 0$, $i = 1, \ldots, r$.
c) $\mathfrak{x}^2 = |\mathfrak{a}_i \cdot \mathfrak{a}_j|_r$ (Gram'sche Determinante).

Das übliche Vektorprodukt hat bekanntlich diese Eigenschaften und ist außerdem linear bezüglich der Komponenten jedes Vektors $\mathfrak{a}_i$; es ist aber nur für wenige Zahlen $r$ und $n$ definierbar (vgl. die Bemerkung am Schluß dieser Nr.).

Es ist leicht zu sehen, daß ein stetiges Vektorprodukt von $r$ Vektoren im $R^n$ eine stetige nie-triviale Lösung des Systems

$$\sum_{k=1}^{n} a_{ik} x_k = 0\,, \qquad i = 1, \ldots r \geqslant 2$$

im Sinne von Satz 5 liefert, und daß man umgekehrt aus jeder stetigen nie-trivialen Lösung dieses Systems ein stetiges Vektorprodukt herleiten kann (durch Normierung der Funktionen $x_k = f_k(a_{11}, \ldots, a_{nr})$ und Erweiterung ihrer Definition auch für Matrizen $(a_{ik})$ vom Rang $< r$, nämlich $x_1 = \cdots = x_n = 0$).

Der Satz 5 besagt nun, *daß es jedenfalls kein stetiges Vektorprodukt von r Vektoren im $R^n$ gibt, wenn $n - r$ gerade, oder $= 3$ oder 7 ist.*

Wir wollen in diesem Anhang noch kurz im Zusammenhang mit verwandten Fragen darauf hinweisen, daß man diese Aussage verschärfen kann, wenn man vom Vektorprodukt nicht nur fordert, daß es stetig, sondern auch daß es *ungerade* sei (oder wenn man sich sogar auf *lineare* Vektorprodukte beschränkt); dies gelingt auf Grund bekannter Sätze. — Ein Vektorprodukt soll ungerade heißen, wenn $\mathfrak{x}(\mathfrak{a}_1, \ldots, -\mathfrak{a}_i, \ldots, \mathfrak{a}_r) = -\mathfrak{x}(\mathfrak{a}_1, \ldots, \mathfrak{a}_i, \ldots, \mathfrak{a}_r)$ ist für $i = 1, \ldots, r$.

Zunächst sei bemerkt, daß man den *Hilfssatz* in Nr. 6 so aussprechen kann: Wenn es im $R^n$ ein Vektorprodukt von $r$ Vektoren gibt, dann gibt es auch im $R^{n-1}$ ein Vektorprodukt von $r - 1$ Vektoren; und zwar ist dieses stetig, ungerade oder linear, je nachdem das ursprüngliche es ist. Wenn man also zeigen kann, daß es kein Vektorprodukt von 2 Vektoren im $R^\nu$ gibt, so gibt es auch keines für alle $r$ und $n$ mit $n - r = \nu - 2$. Wir befassen uns deshalb insbesondere mit dem Fall $r = 2$.

Unter einer *Multiplikation im $R^{n+1}$* (mit Einselement) verstehen wir folgendes: Jedem Paar von Vektoren $\mathfrak{A}, \mathfrak{B}$ des $R^{n+1}$ sei ein Vektor $\mathfrak{C} = \mathfrak{A} \circ \mathfrak{B}$ als Produkt zugeordnet, wobei es einen Vektor $\mathfrak{e}$ gibt, so daß $\mathfrak{A} \circ \mathfrak{e} = \mathfrak{e} \circ \mathfrak{A} = \mathfrak{A}$ ist für alle $\mathfrak{A}$. Es ist klar, was mit einer stetigen (ungeraden, linearen) Multiplikation im $R^{n+1}$ gemeint ist.

*Satz A. Wenn es im $R^n$ ein stetiges Vektorprodukt von 2 Vektoren gibt, so gibt es im $R^{n+1}$ eine stetige Multiplikation $\mathfrak{C} = \mathfrak{A} \circ \mathfrak{B}$, welche die „Normenproduktregel“ $\mathfrak{C}^2 = \mathfrak{A}^2 \mathfrak{B}^2$ erfüllt*[24]*); sie ist ungerade oder sogar linear, wenn das Vektorprodukt es ist.*

[24]) Mit der Existenz einer solchen Multiplikation im $R^{n+1}$ ist die Existenz einer Abbildung des topologischen Produkts $S^n \times S^n$ in $S^n$ vom „Typus (1,1)“ äquivalent (d. h., daß jede Faktorsphäre $S^n$ mit dem Grad 1 abgebildet wird); vgl. *Hopf*, Über die Abbildungen von Sphären auf Sphären niedrigerer Dimension, Fund. math. XXV (1935), 427—440. Für $n = 1, 3, 7$ gibt es solche Abbildungen; ob es noch für andere $n$ solche gibt ist (wenn man nicht die Bedingung „linear“ oder „ungerade“ hinzunimmt) eine völlig ungelöste Frage, die in verschiedener Hinsicht von Interesse ist.

Der Beweis beruht auf einer bekannten, elementaren Konstruktion: Der Vektor $\mathfrak{A}$ des $R^{n+1}$ habe die Komponenten $(a_0, a_1, \ldots, a_n)$, $\mathfrak{e}$ sei der Vektor $(1, 0, \ldots, 0)$; wir können $\mathfrak{A}$ in der Form

$$\mathfrak{A} = a_0\mathfrak{e} + \mathfrak{a}$$

schreiben, wo $\mathfrak{a}$ ein Vektor des zu $\mathfrak{e}$ orthogonalen $R^n$ im $R^{n+1}$ ist, analog $\mathfrak{B} = b_0\mathfrak{e} + \mathfrak{b}$. Bedeutet $\mathfrak{a} \times \mathfrak{b}$ das Vektorprodukt von $\mathfrak{a}$ und $\mathfrak{b}$ im $R^n$, so setzen wir

$$\mathfrak{C} = \mathfrak{A} \circ \mathfrak{B} = (a_0 b_0 - \mathfrak{a} \cdot \mathfrak{b})\,\mathfrak{e} + a_0\mathfrak{b} + b_0\mathfrak{a} + (\mathfrak{a} \times \mathfrak{b}) .$$

Dann ist $\mathfrak{e} \circ \mathfrak{A} = \mathfrak{A} \circ \mathfrak{e} = \mathfrak{A}$, und

$$\begin{aligned}\mathfrak{C}^2 &= (a_0 b_0 - \mathfrak{a} \cdot \mathfrak{b})^2 + (a_0\mathfrak{b} + b_0\mathfrak{a} + (\mathfrak{a} \times \mathfrak{b}))^2 \\ &= a_0^2 b_0^2 - 2a_0 b_0 \mathfrak{a} \cdot \mathfrak{b} + (\mathfrak{a} \cdot \mathfrak{b})^2 + a_0^2 \mathfrak{b}^2 + b_0^2 \mathfrak{a}^2 + \mathfrak{a}^2\mathfrak{b}^2 - (\mathfrak{a} \cdot \mathfrak{b})^2 \\ &\qquad + 2a_0 b_0 \mathfrak{a} \cdot \mathfrak{b} \\ &= (a_0^2 + \mathfrak{a}^2)(b_0^2 + \mathfrak{b}^2) = \mathfrak{A}^2\mathfrak{B}^2\end{aligned}$$

Aus diesem Satz folgt nun für ungerade Vektorprodukte:

*Satz B. Es gibt im $R^n$ höchstens dann ein ungerades stetiges Vektorprodukt von $r$ Vektoren, wenn $n - r = 2^\lambda - 3$ ist ($\lambda = 2, 3, \ldots$).*

Beweis. Eine ungerade Multiplikation mit Normenproduktregel im $R^{n+1}$ bedeutet ein System von $n + 1$ „definiten ungeraden Funktionen in 2 Reihen von $n + 1$ Variabeln"; so etwas gibt es aber nach einem Satze von Hopf[25]) höchstens dann, wenn $n + 1$ eine Potenz von 2 ist. Es kann also höchstens dann ein ungerades Vektorprodukt von 2 Vektoren im $R^n$ geben, wenn $n$ von der Form $2^\lambda - 1$ ist ($\lambda \geqq 2$); nach dem oben erwähnten Hilfssatz muß also auch für $r \geqq 2$ stets $n - r = 2^\lambda - 3$ sein.

Beschränkt man sich sogar auf lineare Vektorprodukte, so folgt aus Satz *A* in bekannter Weise: *Es gibt im $R^n$ höchstens dann ein lineares Vektorprodukt von $r$ Vektoren, wenn $n - r = 1$ oder 5 ist.*

Denn nach dem Satz von Hurwitz [26]) über die Komposition quadratischer Formen gibt es genau für $n + 1 = 1, 2, 4, 8$ eine lineare Multiplikation mit Normenproduktregel im $R^{n+1}$; also gibt es

[25]) s. [10], S. 225, Satz Ie.

[26]) *A. Hurwitz*, Nachr. Ges. d. Wiss. Göttingen 1898, 309—316 (Math. Werke, Bd. II, 565—571).

($n \geqslant 3$) höchstens für $n = 3, 7$ ein lineares Vektorprodukt von 2 Vektoren im $R^n$, folglich muß immer $n - r = 1$ oder 5 sein. — Für $r = 2$ und $n = 3$ oder 7 existieren auch wirklich lineare Vektorprodukte: für $n = 3$ das übliche Produkt im $R^3$, das mit der Multiplikation im $R^4$ (Quaternionen) so zusammenhängt, wie es im Beweis von Satz $A$ formuliert ist; und analog gehört zur Multiplikation im $R^8$ (Cayley'sche Zahlen) ein lineares Vektorprodukt im $R^7$. In diesen Fällen hat man also einfache Beispiele stetiger Lösungen eines Gleichungssystems im Sinne der Fragestellung von Satz 5.

(Eingegangen den 26. Dezember 1942.)

## LITERATUR


[1] *T. Ważewski*, Sur les matrices dont les éléments sont des fonctions continues, Comp. math. II (1935), 63—68.

[2] *W. Hurewicz*, Beiträge zur Topologie der Deformationen I, Proc. Akad. Amsterdam 38 (1935), 112—119.

[3] *H. Freudenthal*, Über die Klassen der Sphärenabbildungen, Comp. math. V (1937), 299—314.

[4] *B. Eckmann*, Zur Homotopietheorie gefaserter Räume, Comm. math. helv. 14 (1941), 141—192.

[5] *B. Eckmann*, Über die Homotopiegruppen von Gruppenräumen, Comm. math. helv. 14 (1941), 234—256.

[6] *E. Stiefel*, Richtungsfelder und Fernparallelismus in $n$-dimensionalen Mannigfaltigkeiten, Comm. math. helv. 8 (1935), 3—51.

[7] *B. Eckmann*, Systeme von Richtungsfeldern in Sphären und stetige Lösungen komplexer linearer Gleichungen, Comm. math. helv. 15 (1942), 1—26.

[8] *H. Hopf*, Über die Abbildungen der dreidimensionalen Sphäre auf die Kugelfläche, Math. Ann. 104 (1931), 637—665.

[9] *S. Eilenberg*, On the relation between the fundamental group of a space and the higher homotopy groups, Fund. math. 32 (1939), 167—175.

[10] *H. Hopf*, Ein topologischer Beitrag zur reellen Algebra, Comm. math. helv. 13 (1941), 219—239.

[11] *A. Hurwitz*, Über die Komposition der quadratischen Formen, Math. Ann. 88 (1923), 1—25 (Math. Werke, Bd. II, 641—666).

[12] *J. Radon*, Lineare Scharen orthogonaler Matrizen, Abh. math. Sem. Hamburg 1 (1922), 1—14.

# Gruppentheoretischer Beweis des Satzes von Hurwitz-Radon über die Komposition quadratischer Formen

Comment. Math. Helv. **15** (1942/43), 358–366

A. Hurwitz hat in der Arbeit „Über die Komposition der quadratischen Formen" [1][1]) die Aufgabe behandelt, $n$ Bilinearformen $z_1, \ldots, z_n$ der beiden Variabelnreihen $x_1, \ldots, x_p$ und $y_1, \ldots, y_n$ mit komplexen Koeffizienten so zu bestimmen, daß die Identität

$$(x_1^2 + \cdots + x_p^2)\,(y_1^2 + \cdots + y_n^2) = z_1^2 + \cdots + z_n^2$$

besteht. Er hat diejenigen ganzen Zahlen $p$ und $n$ bestimmt, für welche die Aufgabe lösbar ist, und in diesem Fall das Verfahren zur Konstruktion der allgemeinsten Lösungen explizite angegeben; man kann übrigens diese Lösungen immer reell wählen (vgl. Nr. 7). Dieselbe Aufgabe ist später mit einer andern Methode für reelle Koeffizienten von J. Radon [2] gelöst worden; in seiner Formulierung lautet das Resultat: *$n$ sei von der Form $n = u \cdot 2^{4\alpha+\beta}$ ($u$ ungerade, $\beta = 0, 1, 2, 3$); es gibt dann und nur dann (reelle) Bilinearformen mit der genannten Eigenschaft, wenn $p \leqslant 8\alpha + 2^\beta$ ist.* Als Spezialfall ist hierin der Satz enthalten, daß es solche Bilinearformen mit $p = n$ genau für $n = 1, 2, 4$ und 8 gibt; den Beweis hiefür hat Hurwitz schon in einer frühern Arbeit [3] erbracht.

In der vorliegenden Arbeit soll der Hurwitz-Radon'sche Satz mit Hilfe einiger grundlegender Sätze der *Darstellungstheorie* der endlichen Gruppen neu bewiesen werden. Unser Beweis ist sowohl vom Hurwitzschen als auch vom Radon'schen vollständig verschieden, lehnt sich aber im ersten Teil an den gruppentheoretischen Beweis an, welcher für den Spezialfall $p = n$ in einer Arbeit von Jordan, v. Neumann und Wigner [4] angegeben worden ist. Es erscheint aus folgenden Gründen nicht überflüssig, zu den Beweisen von Hurwitz und Radon noch einen dritten hinzuzufügen: einmal ist unser Beweis einfacher und kürzer — dafür operiert er aber mit weniger elementaren Begriffen und Sätzen; ferner sind die Methoden von Hurwitz wie auch von Radon ad hoc konstruiert und liegen außerhalb der sonst in der Algebra üblichen, während wir die Frage in die wohlbekannten Gedankengänge der Darstellungstheorie

---

[1]) Die Zahlen in eckiger Klammer [ ] verweisen auf das Literaturverzeichnis am Schluß der Arbeit.

einordnen, wo sie als schönes Beispiel für die Anwendung allgemeiner Sätze erscheint.

Wir lassen für die Koeffizienten der Bilinearformen *komplexe Zahlen* zu; es wird sich von selbst herausstellen, daß die Lösungen in reelle übergeführt werden können.

**1.** Wie Hurwitz und Radon ausführen[2]), ist die ursprüngliche Aufgabe mit dem folgenden *Matrizenproblem* äquivalent:

Es sind $p$ komplexe orthogonale $n$-reihige Matrizen $A_1, \ldots, A_p$ zu bestimmen, welche die Relationen

$$A_k A_l' + A_l A_k' = 0\,, \qquad k\,, l = 1, \ldots, p\,;\; k \neq l \tag{1}$$

erfüllen. ($B'$ bedeutet die Transponierte der Matrix $B$.) Der Fall $p = 1$ ist trivial, wir setzen $p \geqq 2$ voraus.

Da man aus jeder Lösung dieser Aufgabe eine andere erhält, wenn man alle Matrizen $A_1, \ldots, A_p$ (etwa von links) mit einer beliebigen orthogonalen Matrix multipliziert, kann man annehmen, daß $A_p = E$ ist; dann ist $A_k' + A_k = 0$ für $k = 1, \ldots, p-1$, also

$$A_k A_l + A_l A_k = 0 \qquad k, l = 1, \ldots, p-1;\; k \neq l$$

und wegen $A_k A_k' = E$

$$A_k^2 = -E\,, \qquad k = 1, \ldots, p-1\,,$$

und diese beiden Relationen sind für $A_p = E$ mit (1) äquivalent.

Es genügt also, die Aufgabe in der Form zu behandeln:

*Es sind $p-1$ komplexe orthogonale $n$-reihige Matrizen $A_1, \ldots, A_{p-1}$ zu bestimmen, welche die Relationen*

$$A_k^2 = -E, A_k A_l = -A_l A_k\,, \qquad k, l = 1, \ldots, p-1; k \neq l \tag{2}$$

*erfüllen.*

**2.** Wir betrachten die abstrakte Gruppe $G$, die durch $p$ Erzeugende $a_1, a_2, \ldots, a_{p-1}, \varepsilon$ und durch die Relationen

$$\varepsilon^2 = 1\,,\; a_k^2 = \varepsilon\,,\; \varepsilon a_k = a_k \varepsilon\,,\; a_k a_l = \varepsilon a_l a_k\,,\; (k\,, l = 1, \ldots, p-1\,;\; k \neq l)$$

gegeben ist. Man kann die Aufgabe, wie sie am Schluß von Nr. 1 formuliert ist, so aussprechen:

[2]) Vgl. [1], Abschnitt II, oder [2], Abschnitt II, 1.

*Es ist eine Darstellung*[3]) *der Gruppe G durch komplexe, n-reihige, orthogonale Matrizen gesucht, bei welcher ε durch die Matrix — E dargestellt wird.*

Wir bestimmen zunächst, ohne uns um die Orthogonalität zu kümmern, die Grade der *irreduziblen* Darstellungen von $G$, suchen dann diejenigen Darstellungen, bei welchen $\varepsilon$ durch $-E$ dargestellt wird und setzen sie zu solchen Darstellungen von gegebenem Grade $n$ zusammen, die orthogonalen äquivalent sind.

**3.** Man erhält alle Elemente von $G$, wenn man in

$$a_{k_1}a_{k_2}\cdots a_{k_r} \quad \text{und} \quad \varepsilon a_{k_1}a_{k_2}\cdots a_{k_r}\,, \qquad r=0,\ldots,p-1$$

die $k_i$ alle Zahlen von $1,\ldots,p-1$ so durchlaufen läßt, daß

$$k_1<k_2<\cdots<k_r$$

ist. $G$ hat also die Ordnung $2\cdot 2^{p-1}=2^p$; die Elemente sind, ausführlich geschrieben:

$$\begin{aligned}&1\,;\ a_1,\ldots,\ a_{p-1}\,;\ a_1a_2,\ldots;\ \ldots;\ a_1a_2\ldots a_{p-1}\,;\\ &\varepsilon\,;\ \varepsilon a_1,\ldots,\ \varepsilon a_{p-1}\,;\ \varepsilon a_1a_2,\ldots;\ \ldots;\ \varepsilon a_1a_2\ldots a_{p-1}\,.\end{aligned} \tag{3}$$

Für $p=2$ handelt es sich um die zyklische Gruppe der Ordnung 4, deren 4 irreduzible Darstellungen bekannt sind; wir setzen deshalb für das Folgende $p\geqslant 3$.

Die Kommutatoren von $G$ sind offenbar alle $=1$ oder $=\varepsilon$; die Kommutatorgruppe $K$ hat die Ordnung 2 und die abelsch gemachte Gruppe $G'=G/K$ die Ordnung $2^{p-1}$. *$G$ besitzt also $2^{p-1}$ nicht-äquivalente Darstellungen vom Grade* 1.

**4.** Als Konjugiertes eines Elementes $g$ von $G$ kommt außer $g$ höchstens $\varepsilon g$ in Frage. Genauer:

$$g=a_{k_1}a_{k_2}\cdots a_{k_r} \qquad (1\leqslant r\leqslant p-2)$$

ist zu $\varepsilon g$ konjugiert, ebenso $g=a_1a_2\cdots a_{p-1}$ bei ungeradem $p$; $1$, $\varepsilon$ und, bei geradem $p$, $a_1a_2\cdots a_{p-1}$ und $\varepsilon a_1a_2\cdots a_{p-1}$ sind nur zu sich konjugiert (bilden das Zentrum von $G$).

[3]) Bezüglich aller im folgenden benützten Grundbegriffe und Sätze aus der Darstellungstheorie der endlichen Gruppen verweisen wir z. B. auf das 11. und 12. Kap. des Buches von *A. Speiser*, Theorie der Gruppen von endlicher Ordnung (2. Aufl., Berlin 1927).

Beweis:

a) $g = a_{k_1} a_{k_2} \ldots a_{k_r}$, $1 \leqslant r \leqslant p-1$, $r$ gerade.

$$a_{k_1}^{-1} g a_{k_1} = \varepsilon a_{k_1} a_{k_1} a_{k_2} \ldots a_{k_r} a_{k_1} = a_{k_2} \ldots a_{k_r} a_{k_1} = \varepsilon^{r-1} a_{k_1} a_{k_2} \ldots a_{k_r},$$

also

$$a_{k_1}^{-1} g a_{k_1} = \varepsilon g .$$

b) $g = a_{k_1} a_{k_2} \ldots a_{k_r}$, $1 \leqslant r \leqslant p-2$, $r$ ungerade.

$k$ sei eine der Zahlen $1, 2, \ldots, p-1$, aber von $k_1, k_2, \ldots, k_r$ verschieden.

$$a_k^{-1} g a_k = \varepsilon a_k a_{k_1} a_{k_2} \ldots a_{k_r} a_k = \varepsilon\, \varepsilon^r a_k^2 a_{k_1} a_{k_2} \ldots a_{k_r} = \varepsilon^{r+2} a_{k_1} a_{k_2} \ldots a_{k_r},$$

also

$$a_k^{-1} g a_k = \varepsilon g .$$

c) $g = a_1 a_2 \cdots a_{p-1}$, $p$ gerade.

Wir haben zu zeigen, daß für jedes Element $b$ der Gruppe $b^{-1} g b = g$ ist. Es genügt, dies für die Erzeugenden $a_1, a_2, \ldots, a_{p-1}, \varepsilon$ zu beweisen. Für $\varepsilon$ ist es trivial, für $a_k$ $(k = 1, \ldots, p-1)$ ist

$$a_k^{-1} g a_k = \varepsilon a_k a_1 a_2 \ldots a_{p-1} a_k = \varepsilon\, \varepsilon^{p-2} a_k^2 a_1 a_2 \ldots a_{p-1} = \varepsilon^p a_1 a_2 \ldots a_{p-1},$$

also in der Tat

$$a_k^{-1} g a_k = g .$$

Die Anzahl $h$ der Klassen konjugierter Elemente in $G$ beträgt also:

$$h = 2^{p-1} + 2, \text{ wenn } p \text{ gerade,}$$
$$h = 2^{p-1} + 1, \text{ wenn } p \text{ ungerade ist.}$$

**5.** Da die Anzahl der nicht-äquivalenten irreduziblen Darstellungen $= h$ ist, gibt es außer den in Nr. 3 genannten Darstellungen ersten Grades bei ungeradem $p$ noch eine irreduzible vom Grad $f > 1$, bei geradem $p$ noch zwei von den Graden $f$ und $f'$, beide $> 1$. Da die Summe der Quadrate der Grade der irreduziblen Darstellungen gleich der Ordnung der Gruppe ist, hat man für die Grade $f$ und $f'$ die Gleichungen

a) wenn $p$ ungerade ist:

$$f^2 + 2^{p-1} \cdot 1^2 = 2^p ,$$

also

$$f = 2^{\frac{p-1}{2}}$$

b) wenn $p$ gerade ist:

$$f^2 + f'^2 + 2^{p-1} \cdot 1^2 = 2^p ,$$

also

$$f^2 + f'^2 = 2^{p-1} .$$

Da ferner $f$ und $f'$ Teiler der Gruppenordnung $2^p$ sind, etwa $f = 2^\nu$, $f' = 2^\mu$, so hat man

$$2^{2\nu} + 2^{2\mu} = 2^{p-1},$$

also

$$\nu = \mu = \frac{p-2}{2} ,$$

und

$$f = f' = 2^{\frac{p-2}{2}} .$$

**6.** Bei den $2^{p-1}$ Darstellungen vom Grade 1 wird $\varepsilon$ durch $E = (+1)$ dargestellt. Bei den irreduziblen Darstellungen höhern Grades dagegen kann $\varepsilon$ nicht durch die Einheitsmatrix dargestellt sein, da die Gruppe $G' = G/(1, \varepsilon)$ abelsch ist. Da $\varepsilon$ im Zentrum liegt, muß die zugehörige Matrix, die mit allen Matrizen einer irreduziblen Darstellung vertauschbar ist, eine Diagonalmatrix $\lambda E$ sein, also wegen $\lambda^2 = 1$ die Matrix $-E$.

Es gibt also bei ungeradem $p$ bis auf Äquivalenz *eine* irreduzible Darstellung, die für unsere Aufgabe verwendet werden kann, vom Grade $2^{\frac{p-1}{2}}$; bei geradem $p$ gibt es deren *zwei*, vom Grade $2^{\frac{p-2}{2}}$ (gilt auch für $p = 2$). Für den Grad $n$ einer beliebigen Darstellung von $G$, bei welcher $\varepsilon$ in $-E$ übergeht, gilt somit

$$n = m \cdot 2^{\frac{p-1}{2}} , \text{ wenn } p \text{ ungerade,}$$

$$n = m \cdot 2^{\frac{p-2}{2}} , \text{ wenn } p \text{ gerade ist.}$$ [4])

(Dabei gibt es im ersten Fall bis auf Äquivalenz nur eine einzige, im zweiten dagegen $m + 1$ verschiedene Darstellungen.)

Eine Darstellung von $G$, bei welcher $\varepsilon$ in $-E$ übergeht, vom Grade $n = u \cdot 2^t$ ($u$ ungerade) ist also dann und nur dann möglich, wenn $p \leqslant 2t + 2$ ist. Mit andern Worten:

*Es sei $n = u \cdot 2^t$ ($u$ ungerade); es gibt dann und nur dann $p - 1$ komplexe $n$-reihige Matrizen $A_1, \ldots, A_{p-1}$, die den Gleichungen* (2) *genügen, wenn $p \leqslant 2t + 2$ ist.*[4])

[4]) Dieses Zwischenresultat findet sich auch bei *Hurwitz* [1], S. 657; wie dort ausgeführt wird, reicht es im Spezialfall $p = n$ schon zur vollständigen Diskussion aus.

$p \leqq 2t + 2$ für $n = u \cdot 2^t$ ist also eine notwendige Bedingung für die Lösbarkeit der ursprünglichen Aufgabe.

**7.** Wir haben nun unter den gefundenen Darstellungen von $G$ diejenigen zu suchen, welche *orthogonalen* Darstellungen äquivalent sind. Nach den Untersuchungen von Frobenius und Schur[5]) sind das dieselben, welche *reellen* Darstellungen (also orthogonalen *und* reellen) äquivalent sind. Jede Lösung der Darstellungsaufgabe oder der Hurwitz'schen Aufgabe ist also von selbst einer reellen Lösung äquivalent.

Eine Darstellung ist aber genau dann einer reellen äquivalent, wenn unter ihren irreduziblen Bestandteilen diejenigen, welche keinem reellen ähnlich sind, ebenso oft vorkommen wie ihre konjugiert-komplexen. Wir müssen also zunächst die irreduziblen Darstellungen von $G$, die für die Lösung unserer Aufgabe in Frage kommen, daraufhin untersuchen, ob sie reellen äquivalent sind oder nicht.

Zu diesem Zwecke bildet man[5]) die über die Gruppe $G$ erstreckte Summe der Charaktere $\chi(g^2)$ der Quadrate der Elemente $g \in G$

$$S = \sum_{g \in G} \chi(g^2) \;.$$

Eine irreduzible Darstellung $D$ ist dann und nur dann einer reellen äquivalent, wenn die zugehörige Zahl $S > 0$ ist; wenn $S < 0$ ist, so ist $D$ keiner reellen, aber der konjugiert-komplexen Darstellung $\overline{D}$ äquivalent, und wenn $S = 0$ ist, so sind auch $D$ und $\overline{D}$ nicht äquivalent [5]).

Für ein beliebiges Element $g \in G$

$$g = a_{k_1} a_{k_2} \ldots a_{k_r} \qquad \text{oder} \qquad g = \varepsilon a_{k_1} a_{k_2} \ldots a_{k_r} \qquad \text{(vgl. (3))}$$

ist

$$g^2 = (a_{k_1} a_{k_2} \ldots a_{k_r})^2 = \varepsilon^{r+(r-1)+\cdots+2+1} = \varepsilon^{\frac{r(r+1)}{2}},$$

also

$$g^2 = 1\,, \text{ wenn } r \equiv 3{,}0 \pmod{4},$$
$$g^2 = \varepsilon\,, \text{ wenn } r \equiv 1{,}2 \pmod{4} \text{ ist.}$$

Geht bei der Darstellung $D$ das Element $\varepsilon$ in $-E$ über, und ist $f$ ihr Grad, so ist also

$$\text{für } r \equiv 3{,}0 \pmod{4} \qquad \chi(g^2) = f\,,$$
$$\text{für } r \equiv 1{,}2 \pmod{4} \qquad \chi(g^2) = -f\,.$$

---

[5]) s. [5], bes. S. 186—187.

Summiert man über die $2^p$ Elemente von $G$, wie sie in (3) angegeben sind, so wird

$$S = 2f\,\sigma\,,$$

wo $\sigma$ die von $p$ allein abhängige Summe

$$\sigma = \binom{p-1}{0} - \binom{p-1}{1} - \binom{p-1}{2} + \binom{p-1}{3} + \binom{p-1}{4} - - \cdots \pm \binom{p-1}{p-1}$$

ist. Um das Vorzeichen von $\sigma$ zu berechnen, betrachten wir die komplexe Zahl

$$z = (1 - i)^{p-1} = x + iy \quad (x, y \text{ reell})\ .$$

$\sigma$ ist nichts anderes als $x + y$; das Vorzeichen von $\sigma$ ist also in folgender Weise durch $\arg z = -\frac{\pi}{4}(p-1)$ bestimmt:

$$\sigma > 0\,, \text{ wenn } -\frac{\pi}{4}(p-1) \equiv 0\,, \frac{\pi}{4}\,, \frac{2\pi}{4} \quad (\text{mod. } 2\pi)\,,$$

$$\sigma = 0\,, \text{ wenn } -\frac{\pi}{4}(p-1) \equiv \frac{3\pi}{4}\,, \frac{7\pi}{4} \quad (\text{mod. } 2\pi)\,,$$

$$\sigma < 0\,, \text{ wenn } -\frac{\pi}{4}(p-1) \equiv \frac{4\pi}{4}\,, \frac{5\pi}{4}\,, \frac{6\pi}{4} (\text{mod. } 2\pi)\ .$$

Die Summe $S$ ist somit genau dann positiv, wenn $p \equiv 7, 0, 1$ (mod. 8) ist; für $p \equiv 3, 4, 5$ (mod. 8) ist $S$ negativ, für $p \equiv 2, 6$ (mod. 8) ist $S = 0$.

*Unsere irreduziblen Darstellungen von G sind also für* $p \equiv 7, 0, 1$ (*mod.* 8) *reellen Darstellungen äquivalent, für die übrigen p nicht*; für $p \equiv 3, 4, 5$ sind sie den konjugiert-komplexen äquivalent, für $p \equiv 2$ und 6 nicht.

**8.** Der Grad $n$ einer reellen Darstellung von $G$, bei welcher $\varepsilon$ in $-E$ übergeht, muß somit für $p \not\equiv 7, 0, 1$ (mod. 8) ein gerades Vielfaches der Grade der irreduziblen Darstellungen sein. Der Grad einer reell-irreduziblen reellen Darstellung beträgt also

$$\begin{array}{llll} \text{a)}\ 2^{\frac{p-1}{2}} & \text{für } p \equiv 7,1 & (\text{mod. } 8), & \\ \text{b)}\ 2^{\frac{p-2}{2}} & \text{für } p \equiv 0 & (\text{mod. } 8), & \\ \text{c)}\ 2 \cdot 2^{\frac{p-1}{2}} = 2^{\frac{p+1}{2}} & \text{für } p \equiv 3,5 & (\text{mod. } 8), & (4) \\ \text{d)}\ 2 \cdot 2^{\frac{p-2}{2}} = 2^{\frac{p}{2}} & \text{für } p \equiv 2,4,6 & (\text{mod. } 8), & \end{array}$$

und zwar gibt es für $p \equiv 0,4$ (mod. 8) bis auf Äquivalenz zwei solche Darstellungen, für die übrigen $p$ nur eine einzige.

Orthogonale Darstellungen der Gruppe $G$ vom Grade $n = m \cdot 2^s$, bei welchen $\varepsilon$ in $-E$ übergeht, gibt es also in folgenden Fällen:

$$\begin{array}{llll} \text{a)}\ s \equiv 3,0 & (\text{mod. } 4) & \text{und } p = 2s + 1, & \\ \text{b)}\ s \equiv 3 & (\text{mod. } 4) & \text{und } p = 2s + 2, & \\ \text{c)}\ s \equiv 2,3 & (\text{mod. } 4) & \text{und } p = 2s - 1, & (5) \\ \text{d)}\ s \equiv 1,2,3 & (\text{mod. } 4) & \text{und } p = 2s. & \end{array}$$[6]

Bei gegebenem $n = u \cdot 2^t$ ($u$ ungerade) beträgt also die *größtmögliche* Zahl $p$

$$\begin{array}{llll} \text{für } t = 4\alpha & : p = 2t + 1 & = 8\alpha + 1 & \\ \text{für } t = 4\alpha + 1 & : p = 2t & = 8\alpha + 2 & \\ \text{für } t = 4\alpha + 2 & : p = 2t & = 8\alpha + 4 & (6) \\ \text{für } t = 4\alpha + 3 & : p = 2t + 2 & = 8\alpha + 8\,. & \end{array}$$

Man beachte, daß es nicht etwa möglich ist, $p$ dadurch zu erhöhen, daß man $n$ in der Form $u 2^{t-s} \cdot 2^s$ schreibt und $p$ nach (5) aus $s$ bestimmt.

*Schreibt man also n in der Form* $n = u \cdot 2^{4\alpha+\beta}$ (*u ungerade*; $\beta = 0,1,2,3$), *so gibt es dann und nur dann* $p - 1$ (*bzw.* $p$) *orthogonale n-reihige Matrizen, die den Gleichungen* (2) (*bzw.* (1)) *genügen, wenn* $p \leqslant 8\alpha + 2^\beta$ *ist; man kann sie sogar reell wählen.*

Das ist aber die Behauptung, wie sie Radon [2] formuliert hat. — Genügt $p$ dieser Bedingung, so gibt es, wie man dem Nachsatz zu (4)

---

[6]) Statt den angegebenen Zahlen $p$ ist bei gleichem $n$ natürlich auch jede kleinere Zahl $p$ zulässig; man kann dies auch den Formeln (5) entnehmen.

entnehmen kann, für $p \not\equiv 0 \pmod{4}$ bis auf Äquivalenz genau eine Lösung, für $p \equiv 0 \pmod{4}$ dagegen $m+1$ verschiedene, wobei $m$ die Anzahl der irreduziblen orthogonalen Bestandteile bedeutet, also

$$m = \frac{n}{2^{\frac{p-2}{2}}} \quad \text{für } p \equiv 0 \pmod{8} ,$$

$$m = \frac{n}{2^{\frac{p}{2}}} \quad \text{für } p \equiv 4 \pmod{8} .$$

(Eingegangen den 3. März 1943.)

## LITERATUR

[1] *A. Hurwitz*, Über die Komposition der quadratischen Formen, Math. Ann. Bd. 88 (1923), 1—25 (Math. Werke II, 641—666; Seitenangaben in unserem Text beziehen sich auf den Abdruck in den Math. Werken).

[2] *J. Radon*, Lineare Scharen orthogonaler Matrizen, Abh. Sem. Hamburg I (1923), 1—14.

[3] *A. Hurwitz*, Über die Komposition quadratischer Formen von beliebig vielen Variabeln, Nachr. Ges. d. Wiss. Göttingen (1898), 309—316 (Math. Werke II, 565—571).

[4] *P. Jordan, J. v. Neumann, E. Wigner*, On algebraic generalization of the quantum mechanic formalism, Ann. of Math. 35 (1934), 29—64, insbes. S. 51 bis 54.

[5] *G. Frobenius* und *J. Schur*, Über die reellen Darstellungen der endlichen Gruppen, Sitzungsber. preuß. Akad. d. Wiss. 1906, 186—208.

# Topologie und Algebra

Antrittsvorlesung ETH 22. Mai 1943
Vierteljahrsschrift der Naturf. Ges. Zürich **89** (1944), 25–34

1. Es sei mir gestattet, an zwei einfache Tatsachen anzuknüpfen. Die eine ist der berühmte EULER'sche Polyedersatz: Beim Würfel ist die Anzahl der Ecken und Flächen zusammen um zwei grösser als die der Kanten. Und das ist nicht nur beim Würfel so, sondern bei jedem Körper, ob er regelmässig oder unregelmässig, einfach oder kompliziert sei, wenn er nur, grob gesagt, etwa die Gestalt einer deformierten Kugel hat. Das zweite Beispiel: Wenn man auf der unendlichen Geraden nach beiden Seiten Punkte in gleichen Abständen markiert und dann die Gerade auf einen Kreis aufrollt, so liegen die markierten Punkte auf dem Kreis überall vollkommen dicht und gleichmässig verteilt — wenn nicht gerade zufällig der Abstand der Punkte ein ganzzahliger Bruchteil des Kreisumfangs ist (oder ein Vielfaches davon); in diesem Falle kommen die markierten Punkte nur auf vereinzelte, regelmässig verteilte Stellen des Kreises zu liegen.

Ich will vorläufig mit diesen Beispielen nur andeuten, dass es überraschende Beziehungen gibt zwischen einfachen Gegenständen der räumlichen Anschauung und den Zahlen, dem Rechnen. Solche Beziehungen finden sich in allen Teilen der Mathematik, in den abstraktesten Theorien wie in den Anwendungen in Physik und Technik.

Raum und Zahl — wenn sie auch fast immer gleichzeitig auftreten, so ist man doch geneigt, sie auf den ersten Blick als sehr verschiedenartige Dinge anzusehen, die zu ebenso verschiedenartigen Methoden und Denkweisen Anlass gegeben haben; man unterscheidet ausdrücklich zwischen algebraischen und geometrischen Überlegungen, d. h. solchen, die auf dem Rechnen, und solchen, die auf dem Raumbegriff beruhen. Bei näherem Zusehen zeigt es sich aber bald, dass die beiden Denkweisen eng miteinander verknüpft, ja ineinander verflochten sind, so dass es gar nicht leicht wäre, eine Grenze zwischen ihnen zu ziehen. Ihre eingehende Analyse und die Verfolgung ihrer Wechselbeziehungen, das ist für das Verständnis vieler Teile der Mathematik besonders wertvoll und hat in neuerer Zeit zu ihrer Entwicklung entscheidend beigetragen.

Wenn ich es im folgenden versuche, mit einigen Andeutungen und an Hand einfachster Beispiele auf solche Zusammenhänge aufmerksam zu machen, so weiss ich wohl, dass man damit das Wesen der Sache nur sehr unvollkommen wiedergeben kann, und dass ohne die wirkliche Durchführung der Ideen in Theorie und Praxis das Bild immer verzerrt bleibt. So werde ich mich vor allem bemühen, die gedankliche Atmosphäre fühlbar zu machen, in welcher sich solche Beziehungen abspielen. Man wird es wohl entschuldigen, wenn ich im Rahmen dieses Vortrages manches nur sehr unvollständig formuliere, mit allzu allgemeinen Wendungen über die Schwierigkeiten hinweggehe und hier oder dort etwas vereinfache oder übertreibe; und auf der andern Seite wird man es mir nicht übel nehmen, wenn ich gelegentlich in abgelegenere Gebiete der Wissenschaft gerate und dabei nicht umhin kann, die dort gebräuchliche Geheimsprache zu verwenden.

2. Wenn man sich einzelne, besonders wichtige Züge eines etwas komplexen und unübersichtlichen Gegenstandes klar machen will, so löst man sie vom Ganzen los und untersucht sie selbständig; man macht sich ein vereinfachtes Bild, ein Schema, des Gegenstandes, oder sogar mehrere verschiedene, indem man ihn von verschiedenen Seiten zu beleuchten sucht. In diesem Sinn hat man als Schema des Rechnens die abstrakte Algebra und als Schema der Raumbeschreibung die abstrakte Geometrie herausgeschält und verselbständigt.

Ein Schema — man denke etwa an dasjenige einer komplizierten Maschine — ist kein getreues Abbild der Wirklichkeit, sondern sehr unvollständig und meistens verzerrt. Aber das, worauf es ankommt, kann man ihm übersichtlicher entnehmen als der Wirklichkeit selbst: Es lässt Überflüssiges weg, und hebt dafür das Wesentliche um so besser hervor; es erhebt nicht den Anspruch darauf, die Dinge richtig wiederzugeben, sondern nur bestimmte Beziehungen zwischen ihnen. Deswegen umfasst es oft gleichzeitig verschiedene ähnliche Fälle und erleichtert das Verständnis der Grundidee, die gewöhnlich nicht nur hinter einer Fülle technischer Einzelheiten, sondern auch hinter einer gefälligen äussern Form verborgen ist. Und nicht viel anders ist es eigentlich in der Mathematik: selbst wenn man die mehr oder weniger verwickelten Einzelheiten blinder Rechnungen oder unübersichtlicher Konstruktionen verstanden hat, so empfindet man doch oft das Bedürfnis, den Gedankengang als Ganzes zu überblicken, ihn in allgemeine Zusammenhänge einzuordnen, das «Wesen der Methode» oder die «Idee des Beweises» zu kennen. Man möchte über die speziellen Anwendungen hinaus alle Möglichkeiten erfassen und sucht selbst Einzelprobleme durch allgemeingültige Schlüsse zu meistern; man gibt sich nicht mit «zufälligen» Resultaten zufrieden, sondern fragt nach ihrem «tiefern» Grund.

So hat es sich als besonders lohnend erwiesen, aus der Fülle der Möglichkeiten die beiden nächstliegenden Gesichtspunkte herauszugreifen und sich über das Schema des Rechnens und dasjenige der Raumbeschreibung Rechenschaft zu geben.

3. Darf ich zunächst über das erste, die Algebra, einige ganz kurz und allgemein gehaltene Bemerkungen machen.

In der abstrakten Algebra nimmt man vom Zahlbegriff nur eines, das Rechnen, sieht aber von der Natur der Zahlen selbst völlig ab; man ersetzt sie ja durch Buchstaben und führt mit diesen alle Operationen aus, Addition, Multiplikation und ihre Umkehrungen. Dabei ahmt man die Regeln des Zahlenrechnens mehr oder weniger vollständig nach; so soll z. B., weil $3+5=5+3$ ist, auch $a+b=b+a$ sein (Kommutativgesetz). Und das hat diesen Sinn: Formeln und Resultate bleiben richtig, wenn man für die Buchstaben irgendwelche Zahlen einsetzt. Natürlich bleibt auf diese Weise manches am Charakter der reellen Zahlen unausgenützt: etwa dass sie, auf der Zahlgeraden dargestellt, eine lückenlose Menge bilden. Denn rechnen kann man ja auch mit den ganzen Zahlen, die doch in mancher Hinsicht einen andern Charakter haben. Überhaupt gibt es noch viele andere Dinge als reelle oder ganze Zahlen, die man auch addieren kann (oder multiplizieren, oder beides), und für diese gilt genau derselbe Formalismus. So kann man z. B. die Winkel in einem Punkt addieren, oder die Drehungen um diesen Punkt; obschon dabei dieselben formalen Regeln gelten wie etwa für die Addition reeller Zahlen, so ist doch dieses System ganz anders beschaffen; durch wiederholtes Addieren kommt man wieder auf Null zurück. Systeme von Dingen, mit denen man eine Operation ausführen kann, nennt man Gruppen (genauer kommutative, wenn, wie in allen unsern Beispielen, das Kommutativgesetz gilt). Es gibt auch Gruppen, die nur aus endlich vielen Dingen bestehen; z. B. nehme man statt aller Winkel oder Drehungen nur die Achtelsdrehungen und ihre Vielfachen und numeriere sie mit den Zahlen 0 bis 7; dann ist $1 + 2 = 3$, $2 + 4 = 6$, aber $3 + 5 = 0$, $4 + 7 = 3$ usw., und man spricht von einer Gruppe endlicher Ordnung (hier 8). Die Gruppe der Ordnung 2 besteht nur aus zwei Dingen, etwa 0 und 1, und es ist $1 + 1 = 0$.

Die Theorie der Gruppen sucht die Beziehungen aufzufinden, die allen Systemen mit einer Operation gemeinsam sind, und alle überhaupt möglichen solchen Systeme zu bestimmen. Da man in den verschiedensten Gebieten auf solche Systeme stösst, vereinigt diese Theorie Gedankengänge, die in der Zahlentheorie, beim Auflösen von Gleichungen, in der Funktionentheorie, in der Atomphysik, in der Lehre von den Kristallen usw. vorkommen — sie bildet für sie alle ein gemeinsames Schema, das natürlich komplizierter ist, als es meine anspruchslosen Beispiele vermuten lassen.

In analoger Weise untersucht man die Systeme mit beiden Operationen (Addition und Multiplikation und ihre Umkehrungen); man nennt sie K ö r p e r. Vom Kommutativgesetz der Multiplikation ($a . b = b . a$) sieht man dabei oft ab, da es viele Zahlsysteme gibt, in welchen es nicht gilt, und die in mancher Hinsicht, sogar für Anwendungen in Physik und Technik, wichtig sind. Ich will darauf verzichten, über die Fülle der Probleme und Möglichkeiten, die dieser Körperbegriff in sich birgt, auch nur Andeutungen zu machen.

Der wesentliche Schritt der abstrakten Algebra besteht darin, dass man das Schema verselbständigt, jede Gruppe und jeden Körper gewissermassen als eine Welt für sich betrachtet, in der es zwischen den Dingen keine andern Beziehungen gibt als die reinen Rechenoperationen. Was man darin vornimmt, sind also endliche, Schritt für Schritt zu überblickende Vorgänge. Es entsteht so ein abstraktes Gebäude von seltener Geschlossenheit und Harmonie, die auch in allen Anwendungen — in der Mathematik oder in unserer Umwelt — aufs schönste zur Geltung kommt.

Die abstrakte Algebra ist keine alte Disziplin; in der zweiten Hälfte des neunzehnten Jahrhunderts unter den Händen von Dedekind und Kronecker entstanden, ist sie erst in jüngerer Zeit von Emmy Noether und ihrem Kreis zur vollen Blüte gebracht worden.

4. Nun zur G e o m e t r i e, zum Schema des Raumes. Als einfachste Eigenschaften und Beziehungen, die man aus dem ziemlich komplexen Raumbegriff herausgreifen könnte, erscheinen einem zunächst sicher diejenigen, welche vom Verbinden von Punkten, vom Schneiden von Geraden, vom Aufspannen von Ebenen usw. handeln, also etwa das, was man als p r o j e k t i v e G e o m e t r i e bezeichnet. Man wird hier wieder von der Natur der Dinge Punkt, Gerade, Ebene absehen und nur auf ihre gegenseitigen Beziehungen achten und erhält so eine Theorie, die sich in ihrer Einfachheit und Allgemeinheit sehr wohl der abstrakten Algebra gegenüberstellen lässt. Wenn man aber nun meint, dass man in dieser Weise streng zwischen algebraischen und geometrischen Überlegungen unterscheiden könne, dass man genau trennen könne, was im einen und was im andern Schema wurzelt oder sich beweisen lässt — dann ist das ein Irrtum.

Es handelt sich wohl um einen methodischen, aber nicht um einen inhaltlichen Unterschied. Es hat sich gezeigt, und das ist eines der Ergebnisse der berühmten Untersuchungen von Hilbert [1][1]) über die «Grundlagen der Geometrie», dass die beiden Theorien, so verschieden ihr anschaulicher Ursprung auch sein mag, genau dasselbe leisten (falls man die r ä u m l i c h e projektive Geometrie zugrunde legt, die ebene genügt nicht!). Das wird den, der mit der «analytischen Geometrie» vertraut ist, vielleicht wenig wundern; in dieser wird ja einfach ein Punkt der Ebene ersetzt durch zwei Zahlen, seine Koordinaten (wie das jedem bei topographischen Karten geläufig ist), ein Punkt im Raum durch drei Zahlen, und das geometrische Konstruieren wird ersetzt durch das Rechnen mit diesen Zahlen, und umgekehrt. So kann man z. B. ein Geschütz mit Hilfe von Koordinaten und Berechnungen richten — und das Ziel auch tatsächlich treffen!

Aber die Übereinstimmung ist tiefer; das liegt daran, dass den Grundbegriffen der projektiven Geometrie (d. h. dem Verbinden, Schneiden, Aufspannen) analytisch die einfachsten Rechenoperationen entsprechen, wie man sie nicht nur mit reellen

[1]) Solche Zahlen [1] usw. verweisen auf das Literaturverzeichns am Schluss dieses Vortrags.

Zahlen, sondern in jedem Körper ausführen kann. So bedeutet z. B. das Schneiden von Geraden in der Ebene oder von Ebenen im Raum nichts anderes als das Auflösen linearer Gleichungen. Die Verwandtschaft lässt sich bis in die Grundregeln verfolgen: der Regel a(bc) = (ab)c, die für jedes Zahlsystem unentbehrlich ist, entspricht die als «Satz von Desargues» bekannte ebene Schnittfigur (Abb. 1; die Ecken der

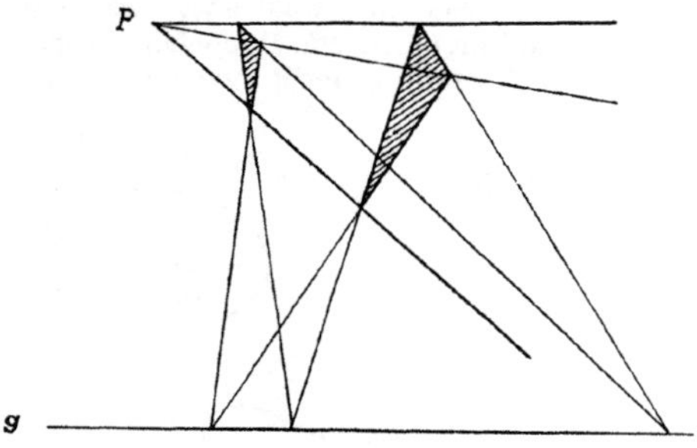


Abb. 1

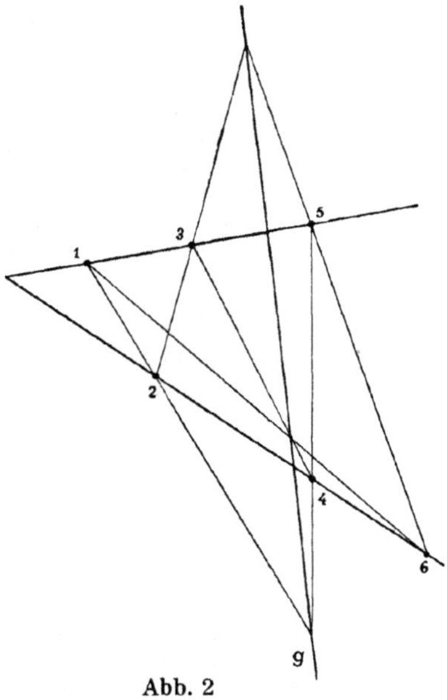


Abb. 2

drei Dreiecke liegen auf den drei Strahlen durch *P*, und ihre verlängerten Seiten müssen sich immer auf einer Geraden *g* schneiden — falls wir uns in einer Ebene befinden, die Teil der räumlichen Geometrie bildet; in diesem Fall erkennt man die Richtigkeit sofort, wenn man die Abbildung als Photographie einer räumlichen betrachtet). Und die Rechenregel a . b = b . a entspricht dem «Satz von Pascal» (Abb. 2; man schreibt dem Winkel ein Sechseck 123456 ein und findet, dass die drei Schnittpunkte (12)(45), (23)(56), (34)(61) auf einer Geraden *g* liegen).

Dem abstrakten Standpunkt entsprechend wird man jedes System von Dingen, an welchem sich die projektiven Operationen des Schneidens von Geraden usw. ausführen lassen, einen projektiven Raum nennen, auch wenn dieses System mit unserem Erfahrungsraum nicht viel zu tun hat. Dann gibt es — ähnlich wie das Rechnen in den verschiedenen Zahlsystemen der abstrakten Algebra möglich ist — verschiedene projektive Geometrien; jede aber kann man als analytische Geometrie betreiben, wenn man nur für die Koordinaten ein geeignetes Zahlsystem wählt. Die Geometrie bestimmt die Eigenschaften des ihr angemessenen Zahlsystems (Körpers) selbst (z. B. gilt — im Gegensatz zum Satz von Desargues — der Satz von Pascal nicht immer, was zur Folge hat, dass dann im zugehörigen Körper das Kommutativgesetz a . b = b . a nicht gilt). Zu jeder projektiven Geometrie gehört ein Zahlsystem und umgekehrt: man ist wohl berechtigt, hier mit Hermann Weyl von einer «prästabilierten Harmonie zwischen Geometrie und Algebra» zu sprechen. Man sieht sich zur Auffassung der Griechen zurückgeführt, wonach ein Sachgebiet aus sich heraus einen ihm zukommenden Zahlbegriff bestimmt. Diese Auffassung hat lange Zeit einer wohl erklärlichen Vorrangstellung der (reellen) Zahlen weichen müssen, ist aber in den letzten Jahren in der Physik besonders eindrücklich wieder hervorgetreten. Es hat sich dort gezeigt, dass die reellen Zahlen wohl zur Wiedergabe des makroskopischen Geschehens und experimenteller Messungen, aber nicht zur Beschreibung der Systeme von Atomdimensionen geeignet sind; da treten andere Zahlsysteme an ihre Stelle, in denen vor allem das Kommutativgesetz a.b = b.a nicht gilt, und es lässt sich genau verfolgen, wie ihren algebraischen Eigenschaften gewisse physikalische (Ladung, Eigendrehimpuls usw.) entsprechen.

5. Man muss also feststellen, dass der als besonders einfach betrachtete Teil der Raumbeschreibung, die projektive Geometrie, uns genau auf die abstrakte Algebra zurückführt; und man fragt nach andern dem reinen Raumbegriff entspringenden Ideen, die man dem Algebraischen mit Recht als geometrisch gegenüberstellen darf. Dies besonders auch deshalb, weil man ja mit dem bisher Erwähnten vielen Eigenschaften von Raum und Zahl gewiss nicht gerecht worden ist. Das erhellt schon aus dem einfachen Beispiel der r e e l l e n Z a h l e n.

Wenn man diese, wie es der reine Algebraiker tut, nur addiert und multipliziert, so betrachtet man sie als isolierte Dinge, mit denen man gewissermassen nur sprunghaft umgeht; denn man behandelt sie ja nicht anders als die ganzen Zahlen oder endliche Gruppen. Man denkt nicht daran, dass sie gleichzeitig eine kontinuierliche, lückenlose Mannigfaltigkeit bilden — die Zahlgerade, den Maßstab —, in welcher man stetig von einer Zahl zur andern übergehen und jedes Intervall unbegrenzt beliebig fein unterteilen kann. Der algebraischen Auffassung, in welcher das Einzelwesen isoliert, ohne Rücksicht auf seine Nachbarschaft, betrachtet wird, steht eine andere gegenüber, die es auf Gedeih und Verderb mit seiner Umgebung verbindet und für die der stetige Zusammenhang des Ganzen ausschlaggebend ist: die topologische Auffassung.

In der T o p o l o g i e oder Analysis situs, wie sie früher genannt wurde, untersucht man solche Eigenschaften geometrischer Gebilde, die eben auf ihrem stetigen Zusammenhang, aber nicht auf Grösse, Form, Länge beruhen; d. h. solche Eigenschaften, die sich nicht ändern bei stetigen Deformationen, bei allen Übergängen, welche nichts zerreissen, was zusammengehört, und nichts zum Zusammenfallen bringen, was getrennt ist. Man denke etwa an einen Kreis, und einen, der von Hand schlecht gezeichnet wurde: zwar hat man vieles zerstört (Symmetrie, Länge, Form), aber er ist eine einfach geschlossene Linie geblieben; das wäre nicht mehr der Fall, wenn man ihn einschnürt oder zerreisst. Bei dem am Anfang erwähnten EULER'schen Polyedersatz handelt es sich um etwas, das allen Flächen und Polyedern zukommt, die «von der Art der Kugel sind», d. h. sich in sie deformieren lassen; sie dürfen krumm sein, verschieden an Form und Grösse, immer ist die Zahl Ecken + Flächen — Kanten gleich 2. So wie man elementargeometrisch zwischen zwei kongruenten Figuren nicht zu unterscheiden braucht, so gibt es topologisch keinen Unterschied zwischen Kugel, Würfel, Eifläche usw., wohl aber zwischen Kugel und Ringfläche und Doppelringfläche (vgl. Abb. 3). Dass es nicht möglich ist, das

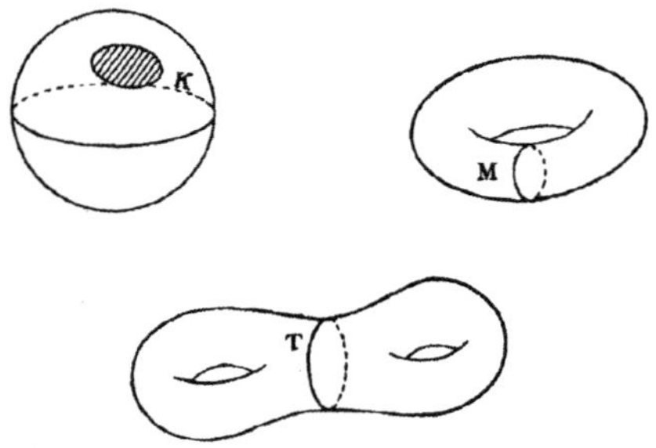


Abb. 3

eine stetig in das andere zu deformieren, ergibt sich schon aus der Betrachtung geschlossener Linien auf solchen Flächen; es gibt da verschiedene Möglichkeiten: Kurven, die sich auf einen Punkt zusammenziehen lassen, solche, die etwas beranden und solche, die es nicht tun (in Abb. 3 sind verschiedene Fälle eingezeichnet; ein Kreis *K* auf der Kugeloberfläche berandet — das Innere fällt heraus, wenn man längs des Kreises aufschneidet — und ist sogar zusammenziehbar; der «Taillenkreis» *T*, auf der Doppelringfläche berandet — etwa die linke Hälfte —, aber lässt sich nicht zusammenziehen; der «Meridiankreis» *M* auf der Ringfläche tut beides nicht.)

An den Unterschieden zwischen diesen Flächen äussern sich topologische Eigenschaften der G e s t a l t. Es gibt auch solche der L a g e : Zwei verschlungene Ringe lassen sich nicht trennen, ohne dass man sie aufbricht; ein Knoten lässt sich durch topologische Deformation des Raumes nicht in einen Kreis überführen (Abb. 4). Es handelt sich jeweils um dasselbe Gebilde, das

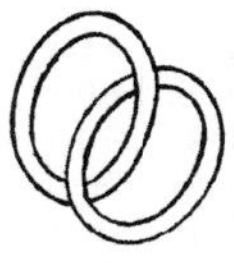
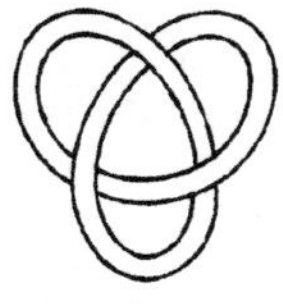

Abb. 4

aber auf verschiedene Arten im Raum liegen kann.

Ein topologischer Kern steckt in den verschiedensten mathematischen Theorien, und es ist oft sehr lohnend, ihn aus den Sätzen und Formeln herauszuschälen. So besonders in der Theorie der analytischen Funktionen, auf Grund von RIEMANN's Idee, die Gesamtheit der Funktionselemente einer analytischen Funktion als eine Fläche zu betrachten (vergleiche [3]; zwei wichtige Sätze handeln von Kurven auf dieser Fläche: der CAUCHY'sche Integralsatz, der aussagt, dass das Integral längs jeder geschlossenen Kurve = 0 ist, falls sie berandet, und der Monodromiesatz, der voraussetzt, dass die Kurve zusammenziehbar ist. Überhaupt sind die Grundgedanken der RIEMANN'schen Funktionentheorie, der Lehre von den algebraischen Funktionen und den Integralen auf RIEMANN'schen Flächen in hohem Masse topologischer Natur, und deshalb sind sie auch so übersichtlich und anschaulich.

6. Der allzu anschauliche Charakter solcher Betrachtungen ist manchmal geradezu gefährlich; man vergisst fast, dass etwas zu beweisen ist, und die Anschauung ist zwar sicher eine unerschöpfliche Quelle der Entdeckung, aber oft nur eine Fiktion oder eine Sache der Gewohnheit. Das hatte früher zur Folge, dass die Topologie als eine etwas ungenaue Disziplin angesehen und behandelt wurde, und ihre strenge Ausarbeitung ist auch wirklich erst sehr spät gekommen. Noch GAUSS sagte, dass man von ihr nicht viel mehr als nichts wisse. Es war wohl gerade die RIEMANN'sche Funktionentheorie, die zum erstenmal nicht nur den Anstoss zur Untersuchung der geschlossenen Flächen gab, sondern auch zeigte, dass topologische Gedanken sich durch ganze Theorien hindurchziehen. Die neuere strenge Begründung nahm ihren Ausgang von CANTOR (um 1880) und POINCARÉ (kurz vor 1900) und führte in den letzten Jahren zu einem ungeheuren Aufschwung dieses Kapitels der Geometrie. Es zeigte sich dabei immer mehr, dass es gar nicht so sehr die Beweise sind, welche Schwierigkeiten bieten, als vielmehr die richtige Wahl der Grundbegriffe — in unserer Sprechweise: das geeignete Schema.

Der Begriff, den man hier aus dem komplexen Ganzen herausgelöst hat, so wie es in der abstrakten Algebra mit den Rechenoperationen geschieht, ist derjenige der Nachbarschaft oder U m g e b u n g ; er verknüpft die einzelnen Punkte mit benachbarten, eine Beziehung, die nicht zerstört werden darf (das nennt man Stetigkeit). Auf den Geraden oder auf Kurven sind die Umgebungen kleine Bögen, also von vereinzelten Punkten begrenzt, auf Flächen sind es von Kurven begrenzte Stücke, und im Raum von Flächen begrenzte Raumstücke. Diesen Begriffen, so klar und präzise sie sich fassen lassen, haftet im Vergleich zu den algebraischen Vorgängen etwas Transzendentes, Unergründliches an, das mit den unbegrenzten Möglichkeiten der Verfeinerung und Unterteilung zusammenhängt (und mathematisch zu den Begriffen Konvergenz, Häufungspunkt usw. führt).

Beim Ausbau des Schemas geht man nun wiederum, ähnlich wie man in der Algebra einen abstrakten Standpunkt einnehmen kann, zur abstrakten Raumkonstruktion über. Als geometrische Figuren gelten dann nicht nur Gebilde des gewöhnlichen Raumes; man kann als «Punkte» irgendwelche Dinge nehmen, deren individuelle Natur gleichgültig ist, wenn sie nur durch Beziehungen der Nachbarschaft verknüpft sind und infolgedessen ein Kontinuum, eine stetige Mannigfaltigkeit bilden, in der es stetige Übergänge und beliebig feine Unterschiede gibt. Der Begriff eines solchen Kontinuums darf wohl als eine der ursprünglichsten Ideen nicht nur der Geometrie, sondern auch aller Naturbeschreibung bezeichnet werden. Ihr steht das Algebraische gegenüber, in welcher es nur isolierte Dinge gibt, und zwischen ihnen nur sprunghafte Übergänge, die Rechenoperationen. Im Begriff der reellen Zahl ist beides vereinigt und erweist sich beides als unerlässlich.

7. So hat man die Dinge fein säuberlich getrennt und glaubt nun mit den zwei entgegengesetzten Prinzipien: T o p o l o g i e und A l g e b r a, Umgebung und Rechnen, transzendent und algebraisch, kontinuierlich und sprunghaft (oder «diskret») an die

Fragen herantreten zu können. Man möchte vielleicht schon darüber streiten, welchem der Vorrang zu geben sei, welches die «tieferen Gründe» an den Tag bringe, welches aufschlussreicher oder bequemer sei, und so fort.

Aber im gleichen Augenblick melden sich auch schon die Zusammenhänge. Sie sind verschiedener Art. Naheliegend, aber darum nicht weniger interessant sind diejenigen, die auf der gewöhnlichen analytischen Geometrie beruhen; da übersetzt man einfach Sätze des Raumes vermittelst der Koordination in solche der reellen Algebra — es handelt sich also hier um «konkrete» Topologie und Algebra. Als Beispiel sei folgender Satz erwähnt, den schon POINCARÉ bewiesen hat: Wenn auf der ganzen Kugeloberfläche eine Strömung gegeben ist, also ein Feld von Richtungen, die sich von Punkt zu Punkt stetig ändern, so müssen immer Wirbel oder Quellen oder andere Ausnahmepunkte (Unstetigkeiten) entstehen (versucht man es etwa mit einer Strömung längs der Meridiane oder der Breitenkreise, so bilden die Pole solche Unstetigkeiten). Algebraisch kann man diesen Satz dahin aussprechen, dass gewisse Gleichungssysteme mit drei Unbekannten reelle Lösungen besitzen. Man kann aber nur den Satz, nicht etwa den Beweis übertragen, und es ist übrigens bisher gar kein rein algebraischer Beweis für ihn bekannt; so löst also die Topologie gewisse Probleme der reellen Algebra, die diese selbst noch nicht gelöst hat. — Ähnliches gilt für viele andere Sätze über Richtungsfelder und Strömungen, und ihre algebraischen Konsequenzen sind gar nicht oder nur teilweise wirklich algebraisch bewiesen worden.

8. Diese Anwendungen sind deswegen nicht so überraschend, weil sie die Vermittlung der reellen Zahlen benützen, in welchen eben beide Gesichtspunkte schon drinstecken. Es gibt aber auch Anwendungen der abstrakten Algebra auf die Topologie, und das ist überhaupt die wichtigste Methode zur Untersuchung topologischer Eigenschaften.

Denken wir etwa an die Kugel, die Ringfläche oder ähnliche Flächen. Wir können sie mit einem Netz von Dreiecken überspannen; diese Dreiecke sind zwar krummlinig begrenzt, können aber in geradlinige deformiert werden. Dieses Dreiecksnetz ist eine Art Gerüst für die Fläche und ersetzt sie in grober Weise. Wir können nun jedes Dreieck — das liegt im Wesen des Kontinuums — beliebig fein unterteilen, nach einer festen Vorschrift, und so jeden Punkt der Fläche beliebig genau einschliessen. Aber dieses Verfeinern, durch welches die Fläche immer genauer beschrieben wird, ist ja durch das ursprüngliche Netz schon vollständig festgelegt, d. h. die Eigenschaften der Fläche müssen schon in diesem Netz enthalten sein, in der Verknüpfung der Eckpunkte zu Dreiecken; man muss nur wissen, welche drei Punkte jeweils ein Dreieck bilden, und welche Dreiecke aneinanderstossen. Damit wird aber die Untersuchung zu einem Kombinieren von endlich vielen diskreten Dingen (den Eckpunkten), und man verwendet dabei mit Vorteil den Formalismus der abstrakten Algebra; diese kombinatorische oder algebraische Topologie (vgl. [2], [4]) ist geradezu ein Zweig der reinen Algebra, und vom Kontinuum ist darin nicht mehr die Rede. Dass es trotzdem möglich ist, damit geometrische Eigenschaften zu untersuchen, das beruht auf einer ebenso merkwürdigen wie wichtigen Tatsache, welche die Verbindung mit dem Kontinuierlichen herstellt: man kann im kombinatorischen Schema «topologische Invarianten» finden, d. h. algebraische Grössen, die nur von der topologischen Beschaffenheit des betreffenden geometrischen Gebildes, aber nicht von Grösse, Form usw., insbesondere nicht vom speziellen Eckpunktgerüst abhängen, an welchem man algebraische Topologie treibt. Z. B. ist die Zahl: Anzahl der Ecken —Anzahl der Kanten + Anzahl der Flächen bei einer Triangulation einer geschlossenen Fläche eine solche Grösse, sie ist für jede Triangulation einer Fläche und auch jeder anderen Fläche vom gleichen topologischen Typus gleich gross (was man ja etwa von der Anzahl der Ecken nicht behaupten kann); für die Kugel oder eine Fläche vom Typus der Kugel hat sie den Wert 2 — das ist der EULER'sche Polyedersatz — und für den Typus der Ringfläche den Wert 0.

Besonders die Theorie der Berandung, von der oben die Rede war, ist vollständig von der algebraischen Methode durchdrungen, während in der Theorie der Deformationen (Zusammenziehen einer Kurve u. a.) erst wichtige Ansätze dazu vorhanden sind. Alles, was ich bisher an Sätzen über Flächen — Berandung, Richtungsfelder usw. — oder über Kurven im Raum erwähnt habe, beweist man am besten mit dieser algebraischen Methode, und noch viel mehr; man kann direkt geometrische Eigenschaften «berechnen» aus der Zahl der Ecken, Kanten, Dreiecke usw. und aus ihrer Verknüpfung, und die Methode lässt sich nicht etwa nur auf Gebilde unseres Raumes oder seiner Verallgemeinerung auf mehr Dimensionen anwenden, sondern, nach den neuesten Untersuchungen, auch auf viel allgemeinere abstrakte Räume. Dagegen ist es bisher noch nicht gelungen, die geometrische Struktur vollständig durch die algebraische zu charakterisieren, d. h. zu ersetzen; es sind nur einzelne Eigenschaften eines geometrischen Gebildes, die man so bestimmen kann, und es bleibt in dieser Hinsicht noch manches Problem ungelöst.

9. So äussert sich in mannigfachen Anwendungen eine gewisse Verwandtschaft unserer beiden scheinbar wesensverschiedenen Schemata Algebra und Topologie. Besonders eindrücklich aber tritt sie zutage in ihrer Synthese: Man betrachtet Systeme, die gleichzeitig eine algebraische und eine topologische Struktur besitzen (d. h. Gesamtheiten von Elementen, mit denen man rechnen kann, und die gleichzeitig Punkte eines Umgebungsraumes bilden).

Das Beispiel, an dem ich versuchen möchte, die besondern Züge dieser Synthese anzudeuten, ist die Theorie der «kommutativen topologischen Gruppen», wie sie vor wenigen Jahren von PONTRJAGIN [5] entwickelt worden ist — nicht etwa, dass es das einzige Beispiel wäre, aber es ist besonders einfach und übersichtlich, und auch in mancher Hinsicht von grundlegendem Interesse. Ich darf wohl zuerst einige Gedanken und Resultate dieser Theorie in kurzen Worten skizzieren.

Der Kreis vereinigt topologische und algebraische Eigenschaften in sich. Er ist eine kontinuierliche Mannigfaltigkeit, und gleichzeitig eine Gruppe; denn zu jedem Punkt gehört ein Winkel (von einem festgewählten Anfangspunkt aus gerechnet), und die Winkel kann man addieren, wobei die Summe stetig von den Summanden abhängt. Man spricht in diesem Falle von einer topologischen Gruppe (und zwar einer geschlossenen, im Gegensatz etwa zur Zahlgeraden, die offen ist; ein anderes Beispiel einer geschlossenen topologischen Gruppe ist die Ringfläche).

Wir nehmen nun einen zweiten Kreis zu Hilfe und ordnen jeden Winkel im ersten Kreis den doppelt so grossen Winkel im zweiten zu; wenn also ein Punkt den ersten Kreis einmal umläuft, so umläuft der zugeordnete Punkt den zweiten Kreis zweimal — so wie der Stundenzeiger sich zweimal herumdreht, während die Sonne ihren Kreis einmal durchläuft. Eine solche Zuordnung, die weder am stetigen Zusammenhang noch an der Gruppenoperation etwas zerstört, nennt man einen Charakter der topologischen Gruppe.

Einen andern Charakter des Kreises erhält man, wenn man statt des doppelten den dreifachen Winkel nimmt (oder den vierfachen usw.), oder indem man jedem Winkel den negativen (gleich gross im andern Drehsinn) zuordnet, oder den doppelten, dreifachen negativen Winkel usw.; man kann auch den nullfachen Winkel nehmen, d. h. jedem Winkel den Winkel 0 zuordnen. Auf diese Weise erhält man alle Charaktere des Kreises; dass es keine anderen gibt, das hängt eng mit der Eigenschaft des Kreises zusammen, die ich am Anfang dieser Ausführungen als zweites Beispiel erwähnt habe.

Jeder Charakter des Kreises ist also durch eine ganze Zahl 0, $\pm 1$, $\pm 2$, ... gegeben; die Gesamtheit der Charaktere bildet also etwas Diskretes, nicht Kontinuierliches, das Musterbeispiel der reinen Algebra: die Gruppe der ganzen Zahlen.

Dieses Übertragungsprinzip, das ich hier im Falle des Kreises angedeutet habe, kann man auch bei jeder andern (kommutativen) topologischen Gruppe verwenden. Man ordnet ihre Punkte in ähnlicher Weise denjenigen eines Kreises zu und nennt diese Zuordnung einen Charakter der Gruppe; die Gesamtheit der Charaktere der topologischen Gruppe bildet dann etwas rein Algebraisches, eine Gruppe, die aus abzählbar vielen isolierten Elementen besteht, also diskret ist. So gehört zu jeder geschlossenen topologischen Gruppe eine ganz bestimmte diskrete Gruppe, ihre Charaktergruppe.

Das Hauptergebnis der Theorie besagt nun, dass die kontinuierliche und die diskrete Gruppe, die so zusammengehören, einander vollständig bestimmen. In den algebraischen Eigenschaften der diskreten Gruppe sind alle topologischen Eigenschaften der kontinuierlichen enthalten, und umgekehrt. Z. B. ist der sogenannte Rang der diskreten Gruppe gleich der Dimension der kontinuierlichen (gibt also an, ob sie eine Linie oder eine Fläche usw. ist); das Auftreten von Elementen endlicher Ordnung (die mehrmals addiert 0 ergeben) in der diskreten Gruppe bedeutet, dass das topologische Gebilde aus mehreren getrennten Stücken besteht; bis in speziellste Umgebungseigenschaften lassen sich solche Zusammenhänge verfolgen.

So werden in diesem Falle die beiden Grundbegriffe — Rechnen und Raum — in eleganter Weise ineinander übergeführt und erweisen sich gewissermassen als identisch, nur in verschiedenen Sprachen formuliert.

Lässt sich etwas Ähnliches aussagen, wenn man statt geschlossenen offene topologische Gruppen, wie z. B. die Zahlengerade, betrachtet? Hier liegen die Dinge anders. Wohl bilden auch hier die Charaktere eine Gruppe, aber sie ist selbst etwas Kontinuierliches, nämlich wieder eine offene topologische Gruppe. Zwar ist es auch hier so, dass diese die ursprüngliche vollständig bestimmt, und dass topologische in algebraische Eigenschaften übergehen; aber man kann dies jetzt nicht in derselben reinen Form erfassen wie vorher, denn gleichzeitig gehen algebraische in topologische über! Es verhält sich etwa so wie in einem allzu symmetrisch angelegten Park: man hat Mühe zu sagen, in welchem Teil man sich eigentlich gerade befindet.

10. Dies alles findet den dem Mathematiker und Naturwissenschafter wohlbekannten Ausdruck in der harmonischen Analyse. Dort betrachtet man — wenn wir wieder beim einfachsten Beispiel einer topologischen Gruppe, dem Kreis, bleiben - Funktionen auf dem Kreis, d. h. des Winkels, also periodische Funktionen oder Schwingungen, und löst sie auf in harmonische Schwingungen (Grundton und Obertöne, das sind besonders einfache Funktionen des Winkels, des doppelten, dreifachen Winkels usw.; es sind nichts anderes als die Charaktere). Die Zahlen, welche angeben, wie stark die einzelnen harmonischen Schwingungen vertreten sind, die «Fourierkoeffizienten», ersetzen bekanntlich die Funktion vollständig; man ersetzt etwas Kontinuierliches, die Funktion, durch eine diskrete Reihe von Zahlen. Dagegen muss man bei gewöhnlichen, unperiodischen Funktionen — d. h. Funktionen auf der Zahlgeraden — ein kontinuierliches Spektrum von Frequenzen nehmen, wenn man sie in harmonische Schwingungen auflösen will, und sie bleibt etwas Kontinuierliches (statt der Fourierreihe hat man das Fourierintegral). Ähnlich ist es bei allen (kommutativen) topologischen Gruppen; sie bilden, zusammen mit ihren Charakterengruppen, das eigentliche Substrat der harmonischen Analyse [6]. Man beachte dabei, wie wenig eigentlich in diesem Begriff der topologischen Gruppe steckt; er resultiert aus der Vereinigung der beiden strukturbildenden Operationen, die wir aus der Fülle der Möglichkeiten ausgelesen haben: der algebraischen (Addition) und der topologischen (Umgebungsbegriff; man muss dazu nur noch das Prinzip hinzunehmen, dass jede unendliche Menge von Punkten einer Umgebung eine Häufungsstelle besitzt).

Überhaupt ergibt — man stosse sich nicht am paradoxen Klang der Worte — diese Synthese vollständig das, was man Analysis nennt. Denn wenn man von den geschlossenen topologischen Gruppen absieht, so bleiben für die offenen im wesentlichen nur die Vektorräume übrig, also die gewöhnliche analytische Geometrie. Und wenn man zur Addition in der Gruppe noch die Multiplikation hinzunimmt (Körper), so gibt es als einzige Möglichkeiten solcher topologischer Körper die «gewöhnlichen» Zahlen der Analysis, d. h. die reellen Zahlen, die komplexen Zahlen und die Quaternionen; das ist ein interessanter Satz von PONTRJAGIN [5], der neues Licht auf wichtige Fragen der Axiomatik wirft.

11. Die Gegenüberstellung von Topologie und abstrakter Algebra hat uns zu bemerkenswerten Ergebnissen geführt und eigenartige Beziehungen zwischen den beiden aufgedeckt. Verschiedenen anschaulichen und formalen Bedürfnissen entspringend, erfüllen die beiden Denkweisen verschiedene Funktionen und sind der Ausdruck zweier verschiedener Wege des Verstehens und der

Anschauung; sie ergänzen und unterstützen einander dabei aufs schönste. Aber die Verschiedenheit der beiden ist nur scheinbar; ihre Synthese ergibt nicht nur ein geschlossenes Ganzes, sondern lässt sie gewissermassen ineinander aufgehen. In der Vereinigung ist es eigentlich nur eine Frage des Standpunktes, ob man eine Eigenschaft der einen oder der andern Seite zuschreibt; ein vom Ganzen aus gesehen künstlicher Eingriff lässt zufällig die eine besser hervortreten als die andere.

Man muss hier unwillkürlich an eine ähnliche Erscheinung in der Physik denken: Licht, und auch Materie, zeigt manchmal die Natur von Wellen, manchmal von Korpuskeln (Teilchen); der modernen Quantentheorie ist es gelungen, eine Formulierung zu finden, welche beide Erscheinungsformen vereinigt, besser gesagt, welche über beiden steht (dafür allerdings auf Anschaulichkeit verzichtet); dass man einmal das eine, einmal das andere Verhalten beobachtet, das wird nur durch das Experiment veranlasst, also einen künstlichen Eingriff, welcher einmal die Wellen-, einmal die Korpuskelnatur bevorzugt und in Erscheinung treten lässt. Die Analogie mit unserem Dualismus Raum — Zahl ist bestechend; vielleicht ist es mehr als nur eine Analogie.

Es wäre leicht, an Beispielen des täglichen Lebens auf ähnliche Fälle hinzuweisen, wo man je nach dem Standpunkt einer Sache zwei ganz verschiedene Seiten abgewinnen kann — aber dann geht es meistens nicht so friedlich aus wie in der Mathematik.

Dass Raum und Zahl in ihren elementarsten Eigenschaften so eng miteinander verknüpft sind, wie ich es zu schildern versucht habe, ist gewiss überraschend. Es gibt in der Mathematik und den Naturwissenschaften noch viele andere Beispiele dieser Art, wo zwei scheinbar verschiedene Dinge sich ganz unerwartet als gleichwertig, miteinander vertauschbar, erweisen, und das scheint kein Zufall zu sein. Vielleicht darf ich es so formulieren: Um an unsere Umwelt heranzutreten, konstruieren wir verschiedene Bilder, Schemata — verschiedenen Ursprungs, mit verschiedenen Mitteln und zu verschiedenen Zwecken —, und wenn sie trotzdem gleich oder gleichwertig herauskommen, so ist offenbar der Konstrukteur daran schuld, der gleiche mathematische Geist, der bei allen tätig war; und auf ihn kommt es mehr an als auf das spezielle Beispiel, an dem er sich übt. Die Beziehungen haben allgemeinere Gültigkeit als die Gegenstände, an denen sie sich äussern.

Gewiss sind und bleiben immer die einzelnen, speziellen, konkreten Probleme das eigentliche Arbeitsgebiet des Mathematikers, und er wird ihrer Bezwingung seine ganze Kraft widmen. Aber er strebt danach, sie mit möglichst wenig blinder Rechnung und möglichst viel sehenden Gedanken zu lösen. Und wenn er dabei das Allgemeine sucht und die grösste Abstraktion nicht scheut, so entfernt er sich deswegen nicht von der Wirklichkeit, sondern findet immer wieder Beziehungen und Gesetzmässigkeiten, die allen unsern Arten zu denken und die Welt zu sehen gemeinsam sind, und denen wir offenbar nicht entrinnen können.

## Literaturverzeichnis

Unsere Ausführungen sind, dem Charakter des Vortrages entsprechend, allgemein gehalten, auch was die Formulierung von Sätzen und Resultaten betrifft; wegen der genauen Formulierung und Begründung, sowie der Ausführung der Einzelheiten, verweisen wir auf die folgenden Werke:

[1] D. Hilbert, Grundlagen der Geometrie (Leipzig und Berlin 1913).

[2] H. Seifert und W. Threlfall: Lehrbuch der Topologie (Leipzig und Berlin 1935).

[3] H. Weyl, Die Idee der Riemannschen Fläche (Leipzig und Berlin 1913).

[4] P. Alexandroff und H. Hopf, Topologie I (Berlin 1935), bes. 2. Teil.

[5] L. Pontrjagin, Topological groups (Princeton 1939), Kap. V.

[6] A. Weil, L'intégration dans les groupes topologiques et ses applications (Paris 1940), Kap. VI.

# Über monothetische Gruppen

Comment. Math. Helv. 16 (1943/44), 249–263

## 1. *Einleitung*

Unter einer Gruppe verstehen wir im folgenden immer eine *topologische* Gruppe, also eine solche, deren Elemente gleichzeitig einen Raum bilden, in welchem die Gruppenoperation stetig ist [1]). Vor allem gehören dazu die kontinuierlichen Gruppen, ferner die abstrakten Gruppen der Algebra, als diskrete Räume aufgefaßt (die aus lauter isolierten Punkten bestehen); die topologische Struktur kann aber auch wesentlich komplizierter sein.

Man nennt nach dem Vorschlage von van Dantzig [5] eine Gruppe $G$ *monothetisch*, wenn in ihr die Potenzen eines Elementes $a$ überall dicht liegen; wir sagen in diesem Falle, $G$ sei *von $a$ erzeugt*. Man kann diese Eigenschaft auch so formulieren: Die kleinste abgeschlossene Untergruppe von $G$, welche $a$ enthält (wir bezeichnen sie mit $H_a$, sie besteht aus den Potenzen von $a$ und ihren Häufungspunkten in $G$) ist die ganze Gruppe $G$. Da $H_a$ immer Abelsch ist, ist jede monothetische Gruppe Abelsch.

Jede zyklische Gruppe ist monothetisch, und für diskrete (oder abstrakte) Gruppen fallen die beiden Begriffe zusammen. Für nicht-diskrete Gruppen dagegen ist monothetisch eine weniger einfache, halb algebraische, halb topologische Eigenschaft. Als Beispiel erwähnen wir die Gruppe $K$ der (eigentlichen) Drehungen des Kreises: sie wird erzeugt von einer Drehung um einen irrationalen Bruchteil von $2\pi$. Besonders interessant ist das direkte Produkt von $r$ Kreisdrehungsgruppen $K$, das „$r$-dimensionale Toroid"; daß diese Gruppe monothetisch ist, und von welchen Elementen sie erzeugt wird, das ist der Inhalt eines bekannten Satzes aus der Theorie der Diophantischen Approximationen, des *Kroneckerschen Approximationssatzes* (vgl. Nr. 4).

In dieser Arbeit wird in zwei voneinander unabhängigen Abschnitten untersucht, wie man an Hand der *Darstellungen* einer kompakten Gruppe entscheiden kann, ob diese monothetisch ist oder nicht.

Im § 1 beschränken wir uns zum vorneherein auf kompakte *Abelsche* Gruppen und formulieren mit Hilfe ihrer irreduziblen Darstellungen, also ihrer *Charaktere*, ein einfaches *Kriterium* (Satz 1, in Nr. 3), das auf einem Existenzsatz für Charaktere beruht. Mit diesem Kriterium kann man

---

[1]) Zur Definition der topologischen Gruppe vgl. man [1], Kap. III. Unter einem „Raum" soll im folgenden immer ein *Hausdorffscher Raum mit abzählbarer Basis* (vgl. [7], §§ 6 und 7) verstanden werden. — Zahlen in eckiger Klammer [ ] beziehen sich auf das Literaturverzeichnis am Schluß der Arbeit.

von vielen Gruppen nachweisen, daß sie monothetisch sind; insbesondere ergibt sich der Satz, daß *jede zusammenhängende kompakte Abelsche Gruppe monothetisch ist.* Beim Beweis dieses Satzes machen wir vollen Gebrauch von der Pontrjaginschen Charakterentheorie[2]); mit ihrer Hilfe geben wir dem Kriterium die folgende Form (Nr. 5) : Eine kompakte Abelsche Gruppe ist dann und nur dann monothetisch, wenn ihre Charakterengruppe einer Untergruppe[3]) der Kreisdrehungsgruppe $K$ isomorph ist (im algebraischen Sinne). — In dem angeführten Satz ist auch die Tatsache enthalten, daß das Toroid $T^r$ monothetisch ist, also der Kroneckersche Approximationssatz; wir geben für diesen außerdem (Nr. 4) mit Hilfe des Kriteriums — aber ohne Benützung der Pontrjaginschen Charakterentheorie — einen speziellen Beweis an, der neu und besonders einfach ist und insofern von Interesse sein dürfte, als der Kroneckersche Satz in letzter Zeit gerade zur Untersuchung kontinuierlicher Gruppen wiederholt als Hilfsmittel herangezogen wurde.

Man kann die hier für kompakte Abelsche Gruppen entwickelten Überlegungen auch für lokal-kompakte Abelsche Gruppen anstellen; es ergibt sich dabei (Nr. 7), daß die einzige nicht kompakte monothetische Gruppe die unendliche zyklische Gruppe ist.

H. Weyl [2] hat den Kroneckerschen Satz verschärft, indem er den Begriff der *Gleichverteilung* einführte. Im § 2 übertragen wir diesen Begriff auf beliebige kompakte Gruppen und zeigen, daß die Potenzen eines erzeugenden Elementes einer monothetischen Gruppe in dieser nicht nur überall dicht, sondern sogar überall *gleich dicht* liegen („gleichverteilt" sind, Definition in Nr. 8). Wir beweisen sogar den folgenden Satz, in welchem nicht vorausgesetzt wird, daß die Gruppe monothetisch ist, nicht einmal daß sie Abelsch ist:

Wenn einem Element $a$ der kompakten Gruppe $G$ bei allen nichttrivialen irreduziblen Darstellungen von $G$ eine Matrix zugeordnet wird, die nicht den Eigenwert 1 hat, dann sind die Potenzen von $a$ in der Gruppe $G$ gleichverteilt ($G$ ist also monothetisch, von $a$ erzeugt).

Als trivial bezeichnen wir dabei die „identische" Darstellung, die jedem Element von $G$ die Einheitsmatrix zuordnet. — Der Beweis gelingt auf Grund des Satzes von Peter-Weyl über die Vollständigkeit der irreduziblen Darstellungen[4]). Unser Satz ist auch dann von Interesse, wenn die Gruppe $G$ *endlich* ist; wir geben deshalb für diesen Fall in Nr. 11 noch einen besondern, einfachern Beweis an.

---

[2]) Dargestellt in [1], Kap. V.

[3]) Wir lassen auch nicht-abgeschlossene Untergruppen zu (im Gegensatz zu *Pontrjagin* [1], S. 58).

[4]) Vgl. [1], S. 116, Satz 27, oder [3], S. 76 und 78.

## § 1. Kompakte Abelsche Gruppen

### 2. *Charaktere*

$G$ sei eine Abelsche Gruppe. Mit $K$ bezeichnen wir immer die multiplikative Gruppe der komplexen Zahlen vom Betrage 1 (die zu der in Nr. 1 ebenfalls mit $K$ bezeichneten Kreisdrehungsgruppe isomorph[5]) ist). Ein Charakter $\varphi$ von $G$ ist eine homomorphe[5]) Abbildung von $G$ in die Gruppe $K$, also eine komplexwertige Funktion in $G$, die gewissen Bedingungen genügt. Der „Haupt-Charakter", welcher durchwegs den Wert 1 hat:

$$\varphi(x) = 1 \qquad \text{für alle } x \in G$$

existiert für jede Gruppe; wir nennen ihn den *trivialen* Charakter.

Ist $G$ eine kompakte Abelsche Gruppe, die nicht nur aus der Einheit $e$ besteht, so besitzt sie auch nicht-triviale Charaktere, d. h. solche, die nicht für alle $x \in G$ den Wert 1 haben. Wir nennen diese Tatsache, die für das folgende wichtig ist, den *Existenzsatz für Charaktere*; er folgt leicht aus dem Satz von Peter-Weyl[4]), mit dessen Hilfe man sogar beweisen kann, daß es zu jedem Element $a \neq e$ von $G$ einen Charakter $\varphi$ gibt, für welchen $\varphi(a) \neq 1$ ist[6]).

### 3. *Monothetische Gruppen*

Ist $x$ ein Element der Gruppe $G$, so bezeichnen wir mit $H_x$ die kleinste abgeschlossene Untergruppe von $G$, welche $x$ enthält; sie besteht aus den Potenzen von $x$ und ihren Häufungspunkten in $G$. Daß $G$ monothetisch, und zwar von $a \in G$ erzeugt ist, bedeutet

$$H_a = G .$$

Das folgende Kriterium gibt nun an, wie man mit Hilfe der Charaktere einer kompakten Abelschen Gruppe $G$ untersuchen kann, ob sie monothetisch ist.

*Satz 1: Die kompakte Abelsche Gruppe G wird dann und nur dann vom Element a erzeugt, wenn für alle nicht-trivialen Charaktere $\varphi$ von G $\varphi(a) \neq 1$ ist.*

Beweis: a) „nur dann": Wenn $H_a = G$, dann ist $\varphi(a) \neq 1$ für alle nicht-trivialen Charaktere. Dieser Teil des Satzes ist trivial; denn aus $\varphi(a) = 1$ folgt $\varphi(x) = 1$ für alle $x \in H_a$, und wenn $H_a = G$ ist, so ist der Charakter $\varphi$ trivial.

---

[5]) Homomorphe Abbildungen topologischer Gruppen sollen immer zugleich stetig, isomorphe immer topologisch sein, wenn nicht ausdrücklich hervorgehoben wird, daß „homomorph" oder „isomorph" nur im algebraischen Sinne gemeint ist.

[6]) Vgl. [1], S. 120, Satz 28 oder 30, oder S. 146, Abschnitt C.

b) „dann“: Es sei $H_a \neq G$; dann besteht die Faktorgruppe $G/H_a$ nicht nur aus der Einheit, besitzt also nach dem Existenzsatz einen nicht-trivialen Charakter $\varphi$, den wir als Charakter von $G$ auffassen können, welcher auf den Nebengruppen nach $H_a$ konstant ist. Dann ist aber $\varphi(H_a) = 1$, also $\varphi(a) = 1$. Umgekehrt folgt also aus $\varphi(a) \neq 1$ für alle nicht-trivialen Charaktere: $H_a = G$.

**4.** *Der Kroneckersche Approximationssatz*

Wir wenden dieses Kriterium zunächst auf eine spezielle Gruppe an, nämlich auf das direkte Produkt von $r$ Gruppen $K$, das man das *$r$-dimensionale Toroid* $T^r$ nennt. Statt seine Elemente durch $r$ komplexe Zahlen vom Betrage 1 zu geben (etwa $e^{2\pi i x_1}, \ldots, e^{2\pi i x_r}$), beschreiben wir sie durch $r$ reelle Koordinaten $x_1, \ldots, x_r$, wobei zwei $r$-Tupel $(x_1, \ldots, x_r)$ und $(x_1', \ldots, x_r')$ dasselbe Element $x$ von $T$ bedeuten, falls $x_k$ und $x_k'$ derselben Restklasse der reellen Zahlen modulo 1 angehören $(k = 1, \ldots, r)$; das Produkt der Elemente $x = (x_1, \ldots, x_r)$ und $y = (y_1, \ldots, y_r)$ im Sinne der Gruppe ist dann durch

$$x \cdot y = (x_1 + y_1, \ldots, x_r + y_r)$$

gegeben (Vektoraddition modulo 1), und die Potenzen von $x$ sind die ganzzahligen Vielfachen $(nx_1, \ldots, nx_r)$ des $r$-Tupels $(x_1, \ldots, x_r)$. Jeder Charakter $\varphi$ von $T^r$ hat dann bekanntlich[7]) die Form

$$\varphi(x) = e^{2\pi i(m_1 x_1 + \cdots + m_r x_n)},$$

wo die $m_k$ beliebige ganze Zahlen sind; sind sie alle $= 0$, so ist $\varphi$ der triviale Charakter. Wählen wir nun ein Element $a = (a_1, \ldots, a_r)$ von $T^r$ so, daß die Linearkombination $m_1 a_1 + \cdots + m_r a_r$ mit ganzzahligen Koeffizienten $m_k$ niemals gleich einer ganzen Zahl ist, außer wenn alle $m_k = 0$ sind — wir wollen solche Elemente von $T^r$ *eigentlich* nennen —, dann ist

$$\varphi(a) \neq 1$$

für alle nicht-trivialen Charaktere $\varphi$ von $T^r$, und aus Satz 1 folgt:

*Satz 2: Das Toroid $T^r$ ist monothetisch; es wird von jedem eigentlichen Element $a$ erzeugt.*

Das ist nichts anderes als der Kroneckersche Approximationssatz, der in der üblichen Formulierung[8]) lautet: Die ganzzahligen Vielfachen eines

---

[7]) Vgl. z. B. [1], § 32, Abschnitt C, in Verbindung mit Satz 36 (man beachte, daß dort nicht $\varphi(x)$, sondern $\frac{1}{2\pi i} \log \varphi(x)$ als Charakter bezeichnet wird).

[8]) z. B. [4], S. 83.

eigentlichen $r$-Tupels reeller Zahlen $(a_1, \ldots, a_r)$, wenn man sie modulo 1 reduziert, entsprechen Punkten des $r$-dimensionalen Euklidischen Raumes, die im „Einheitskubus" $0 \leqslant x_k \leqslant 1$ $(k = 1, \ldots, r)$ überall dicht liegen.

Unser Beweis des Kroneckerschen Satzes ist zwar sehr einfach, aber nicht elementar, da er den Existenzsatz aus Nr. 2 benützt.

5. *Andere Formen des Kriteriums*

In der Pontrjaginschen Charakterentheorie[2]) werden die Charaktere einer Abelschen Gruppe $G$ ihrerseits zu einer Gruppe $\Gamma$ zusammengefaßt, der Charakterengruppe[9]) von $G$. Der triviale Charakter von $G$ ist die Einheit von $\Gamma$; er werde jetzt mit $\varepsilon$ bezeichnet. Die Gruppe $\Gamma$ hat, wie $G$, eine abzählbare Basis; sie ist diskret, wenn $G$ kompakt, und kompakt, wenn $G$ diskret ist (und lokal-kompakt, wenn $G$ es ist); es gilt, wenn $G$ kompakt oder diskret ist (allgemeiner, wenn $G$ lokal-kompakt ist) der Dualitätssatz[10]): Die Charakterengruppe von $\Gamma$ ist zu $G$ isomorph; dieser Isomorphismus ist dadurch gegeben, daß man jedes Element $x \in G$ als Charakter von $\Gamma$ auffassen kann, indem man setzt:

$$x(\varphi) = \varphi(x)$$

für alle Charaktere $\varphi$ von $G$, d. h. für alle Elemente $\varphi \in \Gamma$. Zwei Abelsche Gruppen $G$ und $\Gamma$ mit der Eigenschaft, daß jede zur Charakterengruppe der andern isomorph ist, nennt man kurz zueinander *dual*.

$G$ sei jetzt eine kompakte Gruppe, $\Gamma$ ihre (diskrete) Charakterengruppe. Daß $G$ von einem Element $a$ erzeugt wird, ist nach Satz 1 damit gleichbedeutend, daß der Charakter $a(\varphi)$ von $\Gamma$ nur für $\varphi = \varepsilon$ den Wert 1 hat. Wir wollen einen solchen Charakter $a$ von $\Gamma$, für welchen

$$a(\varphi) \neq 1 \quad \text{für alle} \quad \varphi \neq \varepsilon$$

ist, *definit* nennen. Damit können wir den Satz 1 so formulieren:

*Satz 3: Die kompakte Abelsche Gruppe $G$ ist dann und nur dann monothetisch, wenn die zu ihr duale Gruppe $\Gamma$ einen definiten Charakter besitzt; dieser ist ein erzeugendes Element von $G$.*

Nun können wir aber einen definiten Charakter $a$ von $\Gamma$ auch als eine homomorphe Abbildung von $\Gamma$ in $K$ auffassen, welche eineindeutig ist — da *nur* für $\varphi = \varepsilon$ $a(\varphi) = 1$ ist —, also *isomorph, aber nur im algebraischen Sinne;* denn es ist nicht gesagt, daß diese eineindeutige Abbil-

[9]) Definition und Eigenschaften s. [1], S. 127ff.
[10]) [1], S. 134, Satz 32.

dung der diskreten Gruppe $\Gamma$ in die kompakte Gruppe $K$ auch topologisch ist. Somit gilt

*Satz 4: Die kompakte Abelsche Gruppe $G$ ist dann und nur dann monothetisch, wenn die zu ihr duale Gruppe $\Gamma$ einer Untergruppe von $K$ (im algebraischen Sinne) isomorph ist.*

Anwendungen: 1. Wir betrachten die additive Gruppe der modulo 1 zu reduzierenden rationalen Zahlen als diskrete Gruppe $P_1$; sie ist im algebraischen Sinne einer Untergruppe von $K$ isomorph (nämlich der Gruppe der Drehungen des Kreises um rationale Teile von $2\pi$). Jede kompakte Gruppe $G$, die zu einer Untergruppe $\Gamma$ von $P_1$ dual ist, ist also nach Satz 4 monothetisch. Dies gilt z. B. für die sogenannte $n$-adische Gruppe[11]; das ist die additive Gruppe der $n$-adischen Zahlen, welche, kompakt topologisiert, einen zum Cantorschen Diskontinuum homöomorphen Raum bilden; diese Gruppe ist dual zur Gruppe der $n$-albrüche $\frac{k}{n^m}$ modulo 1.

2. $P$ sei die diskrete additive Gruppe der rationalen Zahlen; eine zu einer Untergruppe $\Gamma$ von $P$ duale kompakte Gruppe $G$ heißt eine *Solenoide*[12] (und zwar eine $n$-adische, wenn $\Gamma$ die Gruppe der $n$-albrüche $\frac{k}{n^m}$ ist). Der Charakter $a$ von $\Gamma$

$$a(\varphi) = e^{2\pi i \varphi \xi},$$

wo $\xi$ eine beliebige irrationale Zahl ist, hat für alle rationalen Zahlen $\varphi \neq 0$ einen von 1 verschiedenen Wert, weil $\varphi\xi$ keine ganze Zahl ist; $a$ ist also ein definiter Charakter von $\Gamma$, und aus Satz 3 folgt, daß jede Solenoide monothetisch ist.

## 6. *Zusammenhängende Gruppen*

Das letzte Beispiel sowie der Kroneckersche Approximationssatz sind Spezialfälle des folgenden Satzes.

*Satz 5: Jede zusammenhängende kompakte Abelsche Gruppe $G$ ist monothetisch.*

Gemäß der Pontrjaginschen Theorie ist die kompakte Abelsche Gruppe $G$ dann und nur dann zusammenhängend, wenn die zu $G$ duale diskrete Gruppe $\Gamma$ keine Elemente endlicher Ordnung hat[13]. Wegen Satz 3 kann man die Behauptung also auch so aussprechen:

---

[11] Vgl. [5], S. 113.

[12] Eingeführt und ausführlich untersucht von van Dantzig [5], § 2 und § 4. — Vgl. ferner [1], S. 171, Beispiel 53.

[13] [1], S. 148, Beispiel 48.

*Satz 5′: Jede abzählbare diskrete Abelsche Gruppe $\Gamma$ ohne Elemente endlicher Ordnung besitzt einen definiten Charakter.*

Beweis: Die Elemente von $\Gamma$ seien irgendwie numeriert:

$$\varphi_0 = \varepsilon,\ \varphi_1,\ \varphi_2, \ldots .$$

Mit $\Phi_j$ bezeichnen wir die von $\varphi_0, \ldots, \varphi_j$ erzeugte Untergruppe von $\Gamma$; die $\Phi_j$ bilden eine aufsteigende Folge von Untergruppen, welche die ganze Gruppe $\Gamma$ ausschöpfen. Wir wählen eine Folge reeller (irrationaler) Zahlen $c_1, c_2, \ldots$, derart, daß für jede Zahl $n$ das $n$-Tupel $c_1, \ldots, c_n$ *eigentlich* ist (s. Nr. 4), und konstruieren den gesuchten definiten Charakter $a$ von $\Gamma$ so, daß er für jedes Element $\varphi$ von $\Phi_j$ die Form

$$a(\varphi) = e^{2\pi i(r_1 c_1 + \cdots + r_j c_j + r)} \tag{1}$$

hat ($j = 0, 1, 2, \ldots$), wobei die $r_k, r$ rationale Zahlen sind. Diese Konstruktion gelingt durch vollständige Induktion nach $j$. Wir nehmen an, für $\Phi_{j-1}$ sei ein definiter Charakter $a$ der verlangten Form (1) erklärt (für $j = 1$ ist es der Fall: $a(\varphi_0) = 1$), und erweitern diesen zu einem definiten Charakter von $\Phi_j$ der Form (1). Dabei sind 3 Fälle zu unterscheiden:

a) $\varphi_j \in \Phi_{j-1}$; dann ist $\Phi_j = \Phi_{j-1}$, und es ist keine Erweiterung vorzunehmen.

b) Es gebe ganze Zahlen $q \neq 0$, für welche $\varphi_j^q \in \Phi_{j-1}$, und die kleinste positive Zahl dieser Art sei $= n > 1$ (die Zahlen $q$ sind also Vielfache von $n$). Es sei

$$\varphi_j^n = \psi \in \Phi_{j-1},$$

und $z$ sei eine solche komplexe Zahl, daß

$$z^n = a(\psi)$$

ist; dann setzen wir

$$a(\varphi_j) = z.$$

Jedes Element $\varphi \in \Phi_j$ ist in der Form

$$\varphi = \chi \cdot \varphi_j^m, \quad \chi \in \Phi_{j-1}$$

darstellbar, wobei $\chi$ und $m$ durch $\varphi$ nicht eindeutig bestimmt sind; wohl aber ist

$$a(\varphi) = a(\chi) \cdot z^m$$

von der Wahl dieser Darstellung unabhängig; denn aus $\chi \cdot \varphi_j^m = \chi' \cdot \varphi_j^{m'}$ folgt $\varphi_j^{m-m'} \in \Phi_{j-1}$, also $m - m' = kn$ und $\chi' = \chi \cdot \varphi_j^{kn} = \chi \cdot \psi^k$, somit

$$a(\chi') = a(\chi \cdot \psi^k) = a(\chi) \cdot a(\psi)^k = a(\chi) \cdot z^{kn},$$

also

$$a(\chi') \cdot z^{m'} = a(\chi) \cdot z^{m'+kn} = a(\chi) \cdot z^m .$$

Also ist der Charakter $a$ von $\Phi_{j-1}$ zu einem Charakter von $\Phi_j$ erweitert, und es ist klar, daß er von der verlangten Form (1) ist, weil nach Induktionsvoraussetzung $a(\chi)$ und $a(\psi)$, also auch $z$, von dieser Form ist. Es ist noch zu zeigen, daß $a$ auf $\Phi_j$ definit ist: Aus $a(\varphi) = 1$ folgt $a(\varphi^n) = 1$; aber

$$\varphi^n = \chi^n \cdot \varphi_j^{mn} = \chi^n \cdot \psi^m$$

ist ein Element von $\Phi_{j-1}$, und da $a$ auf $\Phi_{j-1}$ definit ist, muß $\varphi^n = \varepsilon$ sein; da $\Gamma$ keine Elemente endlicher Ordnung hat, folgt daraus $\varphi = \varepsilon$.

c) Für alle ganzen Zahlen $n \neq 0$ sei $\varphi_j^n$ nicht in $\Phi_{j-1}$ enthalten. Wir setzen in diesem Fall

$$a(\varphi_j) = e^{2\pi i c_j} ;$$

da die Elemente $\varphi \in \Phi_j$ eindeutig in der Form

$$\varphi = \chi \cdot \varphi_j^m , \quad \chi \in \Phi_{j-1} ,$$

darstellbar sind, ist damit $a$ für die ganze Gruppe $\Phi_j$ erklärt, und es ist

$$a(\varphi) = a(\chi) \cdot e^{2\pi i m c_j} .$$

Nach Induktionsvoraussetzung ist

$$a(\chi) = e^{2\pi i (r_1 c_1 + \cdots + r_{j-1} c_{j-1} + r)} ,$$

also

$$a(\varphi) = e^{2\pi i (r_1 c_1 + \cdots + r_{j-1} c_{j-1} + m c_j + r)}$$

von der Form (1). Aus $a(\varphi) = 1$ folgt, daß die Klammer im Exponenten eine ganze Zahl darstellt, und das bedeutet wegen der Wahl der $c_j$, daß $r_1 = \cdots = r_{j-1} = m = 0$ ist, also $\varphi = \chi$ und $a(\chi) = 1$; und da $a$ auf $\Phi_{j-1}$ definit ist, folgt

$$\varphi = \chi = \varepsilon .$$

Der erweiterte Charakter $a$ ist also auch auf $\Phi_j$ definit.

Es ist leicht zu sehen, wie sich dieser Beweis unter den einschränkenden Annahmen, daß $\Gamma$ endlichen Rang oder sogar ein endliches Erzeugendensystem hat, vereinfachen läßt.

### 7. *Lokal-kompakte Gruppen*

Die Methode, mit welcher wir in diesem Paragraphen kompakte Abelsche Gruppen untersucht haben, läßt sich unverändert auf lokal-kompakte

Abelsche Gruppen übertragen, weil für diese ebenso wie für kompakte Gruppen der Existenzsatz für Charaktere gilt[14]); die Sätze 1, 3 und 4 bleiben gültig, wenn man darin „kompakt“ durch „lokal-kompakt“ ersetzt.

Ein triviales Beispiel einer monothetischen Gruppe, die nicht kompakt, sondern nur lokal-kompakt ist, bildet die unendliche zyklische Gruppe. Wir wollen zeigen, daß es die einzige derartige Gruppe ist.

$G$ sei eine lokal-kompakte monothetische Gruppe. $a$ sei ein erzeugendes Element von $G$, also ein definiter Charakter der zu $G$ dualen Gruppe $\Gamma$, oder eine algebraisch isomorphe Abbildung von $\Gamma$ in $K$. $\Gamma$ ist lokal-kompakt; es gibt infolgedessen[15]) in $\Gamma$ eine Untergruppe $\Phi$, die in das direkte Produkt ihrer maximalen kompakten Untergruppe $\Phi'$ und einer Vektorgruppe $\Phi''$ zerfällt, und derart, daß die Faktorgruppe $\Gamma/\Phi$ diskret ist. Wir betrachten zunächst den definiten Charakter $a$ nur auf der Untergruppe $\Phi$; $a$ ist auch auf der Vektorgruppe $\Phi'' \subset \Phi$ definit, und das ist nur möglich, wenn $\Phi''$ nur aus der Einheit $\varepsilon$ (dem Nullvektor) besteht; denn andernfalls hat eine Vektorgruppe keinen definitiven Charakter. Folglich ist $\Phi = \Phi'$, also kompakt. $a$ ist als eineindeutige stetige Abbildung eines kompakten Raumes (mit abzählbarer Basis) in $K$ von selbst topologisch, und $a(\Phi)$ ist eine abgeschlossene Untergruppe von $K$. Wir haben also 2 Möglichkeiten:

1. $a(\Phi)$, also $\Phi$ selbst, ist eine endliche zyklische Gruppe; $\Gamma$ ist also diskret, d. h. $G$ ist kompakt.

2. $a(\Phi) = K$; da $a$ eineindeutig ist, muß in diesem Fall $\Gamma = \Phi$ sein, also ist $\Gamma$ zu $K$ isomorph. Die zu $K$ duale Gruppe $G$ ist aber die unendliche zyklische Gruppe.

Wir haben damit bewiesen:

*Satz 6: Mit Ausnahme der unendlichen zyklischen Gruppe ist jede monothetische lokal-kompakte Gruppe kompakt.*

## § 2. Gleichverteilung in kompakten Gruppen

### 8. *Gleichverteilung*

$G$ sei von jetzt an eine beliebige kompakte Gruppe. Ist $M$ eine abgeschlossene Teilmenge von $G$, so bezeichnen wir mit $\mu(M)$ das invariante (Haarsche) Maß[16]) von $M$; es sei so normiert, daß $\mu(G) = 1$ ist.

[14]) [1], S. 163, im Beweis von Satz 32, zweiter Abschnitt.

[15]) [1], S. 160, Satz 41, in Verbindung mit S. 160, Abschnitt E.

[16]) Wegen der im folgenden benützten Eigenschaften des invarianten Maßes und der Integration in einer Gruppe vergleiche man [3], bes. Kap. II.

Wir nennen eine abzählbare Folge von Punkten $x_1, x_2, \ldots$ *in G gleichverteilt*, wenn folgende Bedingung erfüllt ist: $N(M)$ sei die Anzahl derjenigen unter den Punkten $x_1, x_2, \ldots, x_N$, die in $M$ liegen; für jede abgeschlossene Teilmenge $M$ von $G$ ist

$$\lim_{N\to\infty} \frac{N(M)}{N} = \mu(M) \; . \tag{2}$$

Eine gleichverteilte Folge $(x_\nu)$ liegt in $G$ überall dicht (denn es gibt in jeder Umgebung eine Menge $M$ von positivem Maß und somit Punkte $x_\nu$). Sind also die Potenzen eines Elementes $a$ in $G$ gleichverteilt, so ist $G$ monothetisch, von $a$ erzeugt. Umgekehrt sind die Potenzen eines erzeugenden Elementes $a$ einer monothetischen Gruppe $G$ immer in $G$ gleichverteilt. Dies wird sich aus den folgenden Überlegungen ergeben, die übrigens vom § 1 völlig unabhängig sind. Der Unterschied gegenüber dem § 1 ist der, daß wir einerseits nicht nur Abelsche Gruppen betrachten, andererseits auf den Begriff „gleichverteilt“ ausgehen, der etwas mehr Aufschluß gibt als „monothetisch“.

Wir werden die folgende Eigenschaft der Gleichverteilung einer beliebigen abzählbaren Punktfolge $(x_\nu)$ in $G$ benützen, unter Verwendung der zum invarianten Maß $\mu$ gehörigen invarianten Integration in $G$ (für stetige komplexwertige Funktionen $f$ in $G$; $\int f dx$ sei das über die ganze Gruppe $G$ erstreckte Integral von $f$):

*Hilfssatz:* Wenn für jede stetige Funktion $f$ in $G$

$$\lim_{N\to\infty} \frac{1}{N} \sum_{\nu=1}^{N} f(x_\nu) = \int f \, dx \tag{3}$$

ist, dann sind die $x_\nu$ in $G$ gleichverteilt[17]).

Beweis: $M$ sei eine abgeschlossene Teilmenge in $G$, $F$ die Funktion

$$F(x) = 1, \text{ wenn } x \in M, \qquad = 0, \text{ wenn } x \text{ nicht in } M \text{ liegt.}$$

$F$ ist eventuell unstetig; aber es gibt zwei Folgen nicht-negativer stetiger Funktionen $f_n$ und $g_n$, so daß

[17]) Von diesem Satz gilt auch die Umkehrung; man kann also die Gleichverteilung auch durch (3) definieren. — Infolgedessen gilt auch von Satz 7 die Umkehrung, ebenso von Satz 8; letzteres ist aber trivial (s. Nr. 10).

$$f_n(x) \leqslant F(x) \leqslant g_n(x) \quad \text{für alle } x \in G$$

und

$$\lim_{n\to\infty} \int f_n(x)\,dx = \lim_{n\to\infty} \int g_n(x)\,dx = \mu(M)$$

ist.

$r$ sei eine positive Zahl; wir wählen $n$ so, daß

$$\int f_n\,dx > \mu(M) - \frac{r}{2}$$

und

$$\int g_n\,dx < \mu(M) + \frac{r}{2}$$

ist. In der Ungleichung

$$\frac{1}{N}\sum_{\nu=1}^{N} f_n(x_\nu) \leqslant \frac{1}{N}\sum_{\nu=1}^{N} F(x_\nu) \leqslant \frac{1}{N}\sum_{\nu=1}^{N} g_n(x_\nu)$$

ist $\sum_{\nu=1}^{N} F(x_\nu) = N(M)$ und, wenn $N$ genügend groß ist,

$$\frac{1}{N}\sum_{\nu=1}^{N} f_n(x_\nu) > \int f_n(x)\,dx - \frac{r}{2},$$

$$\frac{1}{N}\sum_{\nu=1}^{N} g_n(x_\nu) < \int g_n(x)\,dx + \frac{r}{2},$$

wegen der Voraussetzung (3). Es folgt also

$$\mu(M) - r < \frac{N(M)}{N} < \mu(M) + r,$$

wenn $r > 0$ vorgegeben und $N$ genügend groß ist; also gilt (2).

**9.** *Darstellungen und Gleichverteilung*

Ist $D$ eine Darstellung von $G$, so bezeichnen wir für jedes $x \in G$ mit $D(x)$ die Matrix, welche $x$ darstellt. Die „identischen“ Darstellungen, bei welchen für alle $x \in G$ $D(x)$ die Einheitsmatrix $E$ ist, nennen wir trivial. $(x_\nu)$ sei wiederum eine abzählbare Punktfolge in $G$.

*Satz 7: Wenn für alle nicht-trivialen irreduziblen Darstellungen $D$ von $G$*

$$\lim_{N\to\infty} \frac{1}{N}\sum_{\nu=1}^{N} D(x_\nu) = 0 \tag{4}$$

*ist, dann sind die $x_\nu$ in $G$ gleichverteilt.*

Beweis: Wir wählen in jeder Klasse äquivalenter irreduzibler Darstellungen von $G$ eine unitäre Darstellung $D^{(i)}$, $(i = 0, 1, 2 \ldots)$, und setzen $D^{(i)}(x) = \left(d_{jk}^{(i)}(x)\right)$. Dann bilden die Matrixelemente $d_{jk}^{(i)}(x)$ ein System unitär-orthogonaler Funktionen in $G$, und nach dem Satz von Peter-Weyl[4]) läßt sich jede stetige Funktion in $G$ gleichmäßig durch Linearkombinationen der $d_{jk}^{(i)}(x)$ approximieren. $D^{(0)}$ sei die triviale irreduzible Darstellung, also $d_{11}^{(0)}(x) = 1$ für alle $x$.

Ist $f$ eine stetige Funktion in $G$, dann gibt es zu einer vorgegebenen Zahl $r > 0$ eine Linearkombination $g$ der $d_{jk}^{(i)}$, derart, daß für alle $x \in G$

$$|f(x) - g(x)| < \frac{r}{3}$$

ist. Daraus folgt

$$\left|\frac{1}{N} \sum_{\nu=1}^{N} f(x_\nu) - \frac{1}{N} \sum_{\nu=1}^{N} g(x_\nu)\right| \leqslant \frac{1}{N} \sum_{\nu=1}^{N} \left|f(x_\nu) - g(x_\nu)\right| < \frac{r}{3}, \tag{5}$$

und

$$\left|\int f(x)\, dx - \int g(x)\, dx\right| \leqslant \int \left|f(x) - g(x)\right| dx < \frac{r}{3}. \tag{6}$$

Nach der Voraussetzung (4) gilt für $i > 0$

$$\lim_{N\to\infty} \frac{1}{N} \sum_{\nu=1}^{N} d_{jk}^{(i)}(x_\nu) = 0,$$

also

$$\lim_{N\to\infty} \frac{1}{N} \sum_{\nu=1}^{N} g(x_\nu) = \text{Koeffizient von } d_{11}^{(0)} \text{ in } g,$$

und dieser Koeffizient ist $= \int g(x) dx$; für $N > N(r)$ ist also

$$\left|\frac{1}{N} \sum_{\nu=1}^{N} g(x_\nu) - \int g(x)\, dx\right| < \frac{r}{3} \tag{7}$$

und aus (5), (6) und (7) folgt

$$\left|\frac{1}{N} \sum_{\nu=1}^{N} f(x_\nu) - \int f(x)\, dx\right| < r, \text{ für alle } N > N(r),$$

d. h. es folgt (3). Nach dem Hilfssatz sind also die $x_\nu$ in $G$ gleichverteilt.

**10.** *Fixpunktfreie Darstellungen*

Wir wenden uns nun dem Fall zu, wo die Folge $(x_\nu)$ aus den Potenzen $a^n$ $(n = 0, \pm 1, \pm 2, \ldots)$ eines Elementes $a$ von $G$ besteht.

Eine Bezeichnung: Wir sagen, das Element $a \in G$ sei *bei der Darstellung*

*D fixpunktfrei*, wenn $D(a)$, als lineare Transformation eines Vektorraumes $V$ aufgefaßt, außer dem Ursprung von $V$ keinen Fixpunkt besitzt; dies bedeutet, daß die Matrix $D(a)$ nicht 1 zum Eigenwert hat, oder daß die Determinante $| D(a) - E | \neq 0$ ist.

*Satz 8: Wenn das Element a der kompakten Gruppe G bei allen nicht-trivialen irreduziblen Darstellungen von G fixpunktfrei ist, dann sind die Potenzen von a in G gleichverteilt.*

Beweis: $D$ sei eine nicht-triviale irreduzible Darstellung von $G$. Es ist

$$\sum_{\nu=1}^{N} D(a^\nu) = \sum_{\nu=1}^{N} D^\nu(a) = D(a)\frac{D^N(a)-E}{D(a)-E} = D(a)\frac{D(a^N)-E}{D(a)-E}, \quad (8)$$

da man den an dritter Stelle stehenden Quotienten wegen $| D(a) - E| \neq 0$ einfach ausdividieren kann. Die Elemente der resultierenden Matrix sind (für $N \to \infty$) beschränkt, weil $G$ kompakt ist, und deshalb ist

$$\lim_{N\to\infty} \frac{1}{N} \sum_{\nu=1}^{N} D(a^\nu) = 0 \ .$$

Die Potenzen von $a$ erfüllen also die Voraussetzung des Satzes 7 und sind somit in $G$ gleichverteilt — und zwar schon die positiven Potenzen allein (und ebenso, wie leicht ersichtlich, die negativen Potenzen allein, oder alle zusammen).

Die Voraussetzung des Satzes 8 ist für eine *Abelsche* Gruppe $G$ mit der (notwendigen und hinreichenden) Bedingung des Satzes 1 identisch. Daraus folgt: 1. Von Satz 8 gilt auch die Umkehrung. 2. Die Potenzen eines erzeugenden Elementes einer monothetischen Gruppe liegen in dieser nicht nur überall dicht, sondern sind sogar gleichverteilt; wichtig ist diese Verschärfung z. B. für das Toroid $T^r$, d. h. für den Kroneckerschen Approximationssatz (Nr. 4), wo sie den Satz von Weyl [2] über die Gleichverteilung modulo 1 ergibt.

Andererseits gestattet uns der Satz 8, über die Struktur einer kompakten Gruppe $G$, von der wir zum vorneherein nicht wissen, ob sie monothetisch ist oder nicht — nicht einmal, ob sie Abelsch ist —, eine Aussage zu machen: wenn ein gewisses Element $a$ bei allen nicht-trivialen irreduziblen Darstellungen fixpunktfrei ist, dann ist die Gruppe $G$ monothetisch, von $a$ erzeugt. Oder (Kontraposition):

*Satz 8'*: *Wenn die kompakte Gruppe G nicht monothetisch (z. B. nicht Abelsch) ist, dann gibt es zu jedem Element $a \neq e$ von G eine nicht-triviale irreduzible Darstellung D, bei welcher D(a) den Eigenwert 1 hat.*

## 11. *Endliche Gruppen*

Für den Spezialfall einer endlichen (diskreten) Gruppe $G$ können wir die zuletzt angeführten Sätze so aussprechen:

*Wenn das Element a der endlichen Gruppe G bei allen nicht-trivialen irreduziblen Darstellungen fixpunktfrei ist, dann ist G zyklisch, von a erzeugt.* Oder:

*Wenn die endliche Gruppe G nicht zyklisch ist, dann gibt es zu jedem Element $a \neq e$ von G eine irreduzible Darstellung D, bei welcher D(a) den Eigenwert 1 hat.*

Es mag angebracht sein, für diesen einfachen Satz über endliche Gruppen einen direkten, vom Übrigen unabhängigen Beweis anzugeben.

$D^{(0)} = E, D^{(1)}, \ldots, D^{(h)}$ sei ein vollständiges System nicht-äquivalenter, unitärer, irreduzibler Darstellungen[18]) der endlichen Gruppe $G$. $N$ sei die Ordnung von $G$, und $x_\nu (\nu = 1, \ldots, N)$ seien die Elemente von $G$. Die Elemente $d_{jk}^{(i)}(x_\nu)$ der Matrizen $D^{(i)}(x_\nu)$ sind Funktionen in $G$, oder „Vektoren" eines $N$-dimensionalen komplexen Vektorraumes $U$; ihre Anzahl ist bekanntlich $= N$. Wir numerieren sie durch und bezeichnen sie mit $d_p(x_\nu)$, $p = 1, \ldots, N$ (es sei $d_1(x_\nu) = d_{11}^{(0)}(x_\nu) = 1$ für $\nu = 1, \ldots, N$); bekanntlich gilt

$$\sum_{\nu=1}^{N} d_p(x_\nu)\,\overline{d_q(x_\nu)} \begin{cases} = 0 & \text{für } p \neq q\,, \\ \neq 0 & \text{für } p = q\,, \end{cases} \tag{9}$$

d. h. die $d_p$ bilden eine unitär-orthogonale Basis von $U$. Jeder Vektor $f(x_\nu)$ von $U$ läßt sich nach dieser Basis zerlegen:

$$f(x_\nu) = \sum_{p=1}^{N} c_p\, d_p(x_\nu)\,, \tag{10}$$

wobei der Koeffizient $c_1 = \frac{1}{N} \sum_{\nu=1}^{N} f(x_\nu)$ ist.

Wir nehmen nun an, es gebe ein Element $a$ unter den $x_\nu$, welches bei allen nicht-trivialen irreduziblen Darstellungen fixpunktfrei ist, d. h. derart, daß

$$|D^{(i)}(a) - E| \neq 0 \quad \text{ist für} \quad i = 1, \ldots, h\,.$$

[18]) Wegen der benützten Sätze aus der Darstellungstheorie der endlichen Gruppen vergleiche man etwa [6], Kap. 11 und 12.

Dann ist

$$\sum_{\nu=1}^{N} D^{(i)}(a^\nu) = D^{(i)}(a) \frac{D^{(i)}(a^N) - E}{D^{(i)}(a) - E} = 0 ,$$

also für $p > 1$

$$\sum_{\nu=1}^{N} d_p(a^\nu) = 0 .$$

Nach (10) gilt dann

$$\sum_{\nu=1}^{N} f(a^\nu) = \sum_{p=1}^{N} c_p \sum_{\nu=1}^{N} d_p(a^\nu) = N c_1 ,$$

also

$$\sum_{\nu=1}^{N} f(a^\nu) = \sum_{\nu=1}^{N} f(x_\nu) \tag{11}$$

für jeden beliebigen Vektor $f(x_\nu)$. Setzen wir z. B.

$$\begin{aligned} f(x_\nu) &= 0 \quad \text{für} \quad x_\nu \neq b \\ &= 1 \quad \text{für} \quad x_\nu = b , \end{aligned}$$

wo $b$ ein beliebiges Element von $G$ ist, so wird

$$\sum_{\nu=1}^{N} f(a^\nu) = 1 ;$$

es gibt also eine Potenz $a^\nu$, die $= b$ ist. $G$ ist also zyklisch, von $a$ erzeugt.

## LITERATUR


[1] *L. Pontrjagin*, Topological groups (Princeton 1939).

[2] *H. Weyl*, Über die Gleichverteilung von Zahlen mod. Eins, Math. Ann. 77 (1916), 313—352.

[3] *A. Weil*, L'intégration dans les groupes topologiques et ses applications (Paris 1940).

[4] *J. F. Koksma*, Diophantische Approximationen (Berlin 1936).

[5] *D. van Dantzig*, Über topologisch homogene Kontinua, Fund. math. XV (1930), 102—125.

[6] *A. Speiser*, Theorie der Gruppen von endlicher Ordnung (Berlin 1927).

[7] *P. Alexandroff* und *H. Hopf*, Topologie I (Berlin 1935).


(Eingegangen den 12. Oktober 1943.)

# Harmonische Funktionen und Randwertaufgaben in einem Komplex

Comment. Math. Helv. **17** (1944/45), 240–255

**1.** Es handelt sich um Verallgemeinerungen der folgenden bekannten und elementaren Aufgabe über diskrete Funktionen.

A) Man betrachtet in einem endlichen Ausschnitt aus dem Quadratgitter der Ebene eine reelle Funktion $f$ der Eckpunkte. Jeder Eckpunkt hat vier oder weniger Nachbarpunkte; die Punkte mit vier Nachbaren sind innere Punkte, die übrigen Randpunkte des betrachteten Ausschnittes. In den Randpunkten gibt man die Werte von $f$ vor; in den innern Punkten soll man die Funktion so bestimmen, daß ihr Wert gleich dem arithmetischen Mittel der vier Nachbarwerte ist. Mit Hilfe elementarer Sätze der linearen Algebra zeigt man leicht, daß dies immer möglich ist, und zwar auf eine einzige Art.

B) Wir ersetzen nun das Quadratgitter durch einen beliebigen endlichen Streckenkomplex $K$. Unter den Nachbaren eines Eckpunktes versteht man die Endpunkte der von ihm ausgehenden Kanten. In gewissen Eckpunkten von $K$ — ihre Gesamtheit heiße $R$ — seien die Werte einer Funktion $f$ der Eckpunkte beliebig vorgegeben; in den übrigen Eckpunkten — ihre Gesamtheit heiße $Q$ — soll man $f$ so bestimmen, daß in jedem Eckpunkt aus $Q$ der Wert gleich dem arithmetischen Mittel der Nachbarwerte ist. Dabei braucht $R$ nicht etwa aus „Randpunkten" von $K$ zu bestehen (in vielen Fällen hat es in $K$ gar keinen Sinn, von solchen zu sprechen); es handelt sich einfach um willkürlich ausgewählte Punkte von $K$. — A) ist offenbar ein Spezialfall von B).

Wir werden zeigen, daß auch *diese Aufgabe B) immer eine Lösung besitzt; diese Lösung ist dann und nur dann eindeutig bestimmt, wenn die Eckpunktmenge $R$, in welcher die Werte von $f$ vorgegeben werden, aus jeder Komponente des Streckenkomplexes $K$ mindestens einen Eckpunkt enthält.* Dies wird sich im folgenden als Spezialfall eines allgemeineren Resultates ergeben.

C) Man kann nämlich ein ähnliches Problem in einem endlichen Zellenkomplex $K$ beliebiger Dimension stellen. Man betrachtet darin eine reelle Funktion $f$ der $p$-dimensionalen Zellen (die man für $p > 0$ beliebig, aber fest orientiert hat). Diese Zellen seien irgendwie in zwei Klassen $R$ und $Q$

aufgeteilt; man gibt die Werte von $f$ für die Zellen von $R$ beliebig vor und soll sie für die Zellen von $Q$ so bestimmen, daß in diesen eine gewisse Mittelwertseigenschaft bezüglich der Nachbarzellen vorhanden ist.

*Auch hier existiert immer eine Lösung, und sie ist genau dann eindeutig bestimmt, wenn $R$ im Zellenkomplex $K$ bestimmte geometrische Bedingungen erfüllt.* Dies zu beweisen ist der Zweck der vorliegenden Zeilen; wir haben dabei noch die in Frage stehende Mittelwertseigenschaft zu präzisieren und die richtigen geometrischen Bedingungen für $R$ anzugeben.

Unsere Fragestellung gehört offenbar in den Rahmen der *kombinatorischen Topologie* und, weil sich die Mittelwertsforderung durch lineare Gleichungen ausdrückt, der *linearen Algebra;* die Methode, mit der wir sie behandeln, läuft im wesentlichen auf eine orthogonale Projektion in Vektorräumen hinaus. Die Darstellung wird besonders kurz und übersichtlich, wenn man den Formalismus der *Homologie- und Cohomologietheorie mit reellen Koeffizienten* benützt.

**2.** Im § 1 stellen wir die wichtigsten Elemente und Formeln dieser Theorie, in einer für uns geeigneten Form, zusammen. Im Mittelpunkt stehen dabei die Zerlegungssätze von Whitney[1]) und de Rham[1]). — In einem Anhang besprechen wir eine Aufgabe, die direkt nichts mit den eingangs genannten zu tun hat, aber in denselben Gedankenkreis gehört und als einfaches Beispiel für unsere Methode der orthogonalen Projektion dienen kann: die Bestimmung der elektrischen Stromverteilung in einem Leiternetz auf Grund der Kirchhoffschen Regeln; wir halten uns dabei im wesentlichen an die von H. Weyl[2]) gegebene Lösung.

Im § 2 geben wir der Aufgabe B) eine Form, die sich ohne weiteres im Sinne von C) auf höhere Dimensionen übertragen läßt, und formulieren gleichzeitig eine ähnliche, zu C) duale Aufgabe. Dann beweisen wir für beide die Existenz von Lösungen und bestimmen die geometrischen Bedingungen, die für die Eindeutigkeit der Lösungen notwendig und hinreichend sind.

Die Idee, die genannten elementaren Aufgaben mit kombinatorisch-topologischen Methoden zu behandeln und zu verallgemeinern, verdanke ich einer Anregung von Herrn Prof. H. Hopf.

---

[1]) *H. Whitney,* On products in a complex, Annals of Mathematics 39 (1938), 397—432, besonders S. 430. — *G. de Rham,* Sur une décomposition des chaînes d'un complexe, C. R. des séances de la Soc. Math. Suisse 1941 (Enseign. math. XXXIX, 1944), 7—8.

[2]) *H. Weyl,* Repartitión de corriente en una red conductora, Revista matemática Hispano-Americana 5 (1923), 153—164.

§ 1.

**3.** $K$ sei ein endlicher $n$-dimensionaler Zellenkomplex[3]). Seine Eckpunkte oder 0-dimensionalen Zellen bezeichnen wir mit $x_i^0$ $(i = 1, \ldots, \alpha^0)$ und für $p = 1, 2, \ldots, n$ seine $p$-dimensionalen, beliebig (aber fest) orientierten Zellen mit $x_i^p$ $(i = 1, \ldots, \alpha^p)$.

Eine *reelle p-dimensionale Kette* ($p$ sei eine der Zahlen $0, 1, \ldots, n$) ist eine Linearform

$$A^p = \sum_{i=1}^{\alpha^p} a_i\, x_i^p$$

mit reellen Koeffizienten $a_i$ in den $x_i^p$, die hier als Unbestimmte aufgefaßt werden. Wir betrachten $A^p$ auch als Vektor $(a_1, \ldots, a_{\alpha^p})$ eines reellen Vektorraumes $\mathfrak{B}^p$ vom Rang $\alpha^p$; die additive Gruppe aller $p$-dimensionalen Ketten bzw. die Vektorgruppe dieses Raumes bezeichnen wir ebenfalls mit $\mathfrak{B}^p$.

Man kann mit diesem Begriff der Kette zweierlei zum Ausdruck bringen. Entweder deutet man sie als *geometrisches Gebilde*, das aus (orientierten) Zellen besteht, jede mit einer bestimmten reellen Vielfachheit genommen (wobei man für $p \geqslant 1$ unter $-x_i^p$ die andere Orientierung von $x_i^p$ versteht und es dasselbe bedeutet, daß $x_i^p$ mit dem Koeffizienten $a_i$ wie daß $-x_i^p$ mit dem Koeffizienten $-a_i$ auftritt). Oder man deutet sie als *Funktion* $f$ der $p$-dimensionalen Zellen, welche auf $x_i^p$ den Wert $f(x_i^p) = a_i$ annimmt (oder auf $-x_i^p$ den Wert $-a_i$, also eine „ungerade" Funktion). Man beachte, daß dies lediglich zwei Möglichkeiten sind, den rein algebraischen Begriff der Kette „anschaulich" zu interpretieren; wir werden sie nach Bedarf heranziehen, ohne daß dies am Operieren mit den Ketten etwas ändert.

**4.** $p$ sei eine der Zahlen $1, 2, \ldots, n$. Der Rand $rx_i^p$ der Zelle $x_i^p$ ist eine $(p-1)$-dimensionale Kette, die aus den Randzellen von $x_i^p$ mit der durch $x_i^p$ induzierten Orientierung „besteht", d. h. in welcher diese Randzellen mit dem Koeffizienten $+1$ auftreten, die übrigen $(p-1)$-dimensionalen Zellen mit dem Koeffizienten 0 (der Rand $rx_i^1$ einer 1-dimensionalen Zelle, d. h. einer gerichteten Kante $x_i^1$ ist die 0-dimensionale Kette $x_j^0 - x_l^0$, wenn $x_l^0$ der Anfangs- und $x_j^0$ der Endpunkt dieser Kante ist); sie ist also von der Form

$$r\, x_i^p = \sum_{k=1}^{\alpha^{p-1}} \eta_{ik}^p\, x_k^{p-1}\,. \tag{1}$$

[3]) Vgl. *P. Alexandroff* und *H. Hopf*, Topologie I (Berlin 1935), Kap. III und VI. — Oder *H. Seifert* und *W. Threlfall*, Lehrbuch der Topologie (Leipzig und Berlin 1934), § 67.

Die Zahlen $\eta^p_{ik}$ $(i = 1, 2, \ldots, \alpha^p;\ k = 1, 2, \ldots, \alpha^{p-1})$, die $= +1, -1$ oder 0 sind, heißen *Inzidenzzahlen* des Komplexes $K$. Mit ihrer Hilfe definiert man auch den *Corand* $\varrho x^{p-1}_k$ der Zelle $x^{p-1}_k$ als $p$-dimensionale Kette

$$\varrho x^{p-1}_k = \sum_{i=1}^{\alpha^p} \eta^p_{ik} x^p_i ; \tag{2}$$

sie „besteht“ aus denjenigen orientierten $p$-dimensionalen Zellen, auf deren Rand $x^{p-1}_k$ mit dem Koeffizienten $+1$ auftritt. Wir bezeichnen gelegentlich $\varrho x^{p-1}_k$ auch als *Büschel* von $x^{p-1}_k$.

Definiert man den Rand der Kette $A^p = \sum\limits_i a_i x^p_i$ und den Corand der Kette $B^{p-1} = \sum\limits_k b_k x^{p-1}_k$ linear durch die Ausdrücke

$$rA^p = \sum_{i=1}^{\alpha^p} a_i\, r x^p_i = \sum_{k=1}^{\alpha^{p-1}} \Big(\sum_{i=1}^{\alpha^p} \eta^p_{ik} a_i\Big) x^{p-1}_k ,$$

$$\varrho B^{p-1} = \sum_{k=1}^{\alpha^{p-1}} b_k\, \varrho x^{p-1}_k = \sum_{i=1}^{\alpha^p} \Big(\sum_{k=1}^{\alpha^{p-1}} \eta^p_{ik} b_k\Big) x^p_i ,$$

dann ist $r$ eine lineare Abbildung von $\mathfrak{B}^p$ in $\mathfrak{B}^{p-1}$, $\varrho$ die dazu *duale*[4]) lineare Abbildung von $\mathfrak{B}^{p-1}$ in $\mathfrak{B}^p$. Die Ränder der $p$-dimensionalen Ketten bilden einen linearen Teilraum $\mathfrak{R}^{p-1} = r\mathfrak{B}^p$ von $\mathfrak{B}^{p-1}$, die Coränder der $(p-1)$-dimensionalen Ketten einen Teilraum $\overline{\mathfrak{R}}^p = \varrho\mathfrak{B}^{p-1}$ von $\mathfrak{B}^p$. Die Ketten, deren Rand (Corand) $= 0$ ist, heißen *Zyklen* (*Cozyklen*); sie bilden einen linearen Teilraum $\mathfrak{Z}^p$ von $\mathfrak{B}^p$ ($\overline{\mathfrak{Z}}^{p-1}$ von $\mathfrak{B}^{p-1}$), den Kern der linearen Abbildung $r$ (bzw. $\varrho$).

Für die Dimensionen 0 und $n$ ergänzt man diese Festsetzungen in der folgenden naheliegenden und trivialen Weise: Für $p < 0$ und $p > n$ bedeute $\mathfrak{B}^p$ die Nullgruppe; als Rand einer 0-dimensionalen und als Corand einer $n$-dimensionalen Kette definiert man die Kette 0. Dann ist $\mathfrak{Z}^0 = \mathfrak{B}^0$ und $\overline{\mathfrak{Z}}^n = \mathfrak{B}^n$, ferner $\overline{\mathfrak{R}}^0 = \varrho\mathfrak{B}^{-1} = 0$ und $\mathfrak{R}^n = r\mathfrak{B}^{n+1} = 0$.

Es sind also in natürlicher Weise in den Vektorräumen $\mathfrak{B}^p$ $(p = 0, 1, \ldots, n)$ je vier lineare Teilräume $\mathfrak{R}^p$, $\overline{\mathfrak{R}}^p$, $\mathfrak{Z}^p$ und $\overline{\mathfrak{Z}}^p$ ausgezeichnet; für sie gelten die Inklusionen

$$\mathfrak{R}^p \subset \mathfrak{Z}^p \quad \text{und} \quad \overline{\mathfrak{R}}^p \subset \overline{\mathfrak{Z}}^p .$$

[4]) Ist die lineare Abbildung $l$ des Vektorraumes $\mathfrak{B}_1$ in den Vektorraum $\mathfrak{B}_2$ bezüglich bestimmter Basen durch die Matrix $L$ gegeben, so versteht man unter der zu $l$ dualen Abbildung $\lambda$ die bezüglich derselben Basen durch die *transponierte* Matrix $L'$ gegebene Abbildung von $\mathfrak{B}_2$ in $\mathfrak{B}_1$.

Denn für jede Zelle $x_i^p$ ist bekanntlich[3]) $r r x_i^p = 0$; $rr$ und somit auch die dazu duale lineare Abbildung $\varrho\varrho$ bilden also alle Ketten auf 0 ab: Jeder Rand ist ein Zyklus und jeder Corand ein Cozyklus. — In Nr. 5 werden wir weitere Beziehungen zwischen diesen Teilräumen aufstellen.

Zwei Ketten $A^p$ und $B^p$ heißen zueinander homolog, wenn ihre Differenz ein Rand, cohomolog, wenn ihre Differenz ein Corand ist. Man kann $\mathfrak{B}^p$ in Homologieklassen (Klassen untereinander homologer Ketten) und ebenso in Cohomologieklassen zerlegen; das sind die Restklassen der Vektorgruppe $\mathfrak{B}^p$ nach der Untergruppe $\mathfrak{R}^p$ bzw. $\overline{\mathfrak{R}}^p$. Unter der $p$-ten Homologiegruppe des Komplexes versteht man die Restklassengruppe von $\mathfrak{Z}^p$ nach $\mathfrak{R}^p$, unter der $p$-ten Cohomologiegruppe diejenige von $\overline{\mathfrak{Z}}^p$ nach $\overline{\mathfrak{R}}^p$.

**5.** Im Vektorraum $\mathfrak{B}^p (p = 0, 1, \ldots, n)$ sei das *skalare Produkt* der Ketten $A^p = \sum_i a_i x_i^p$ und $A'^p = \sum_i a'_i x_i^p$ durch

$$A^p \cdot A'^p = \sum_{i=1}^{\alpha^p} a_i\, a'_i \tag{3}$$

definiert; zwei Ketten, deren skalares Produkt 0 ist, heißen *orthogonal*.

Es gilt nun

$$\varrho\, x_k^{p-1} \cdot x_i^p = \sum_{j=1}^{\alpha^p} \eta_{jk}^p\, x_j^p \cdot x_i^p = \eta_{ik}^p$$

und

$$x_k^{p-1} \cdot r\, x_i^p = \sum_{l=1}^{\alpha^{p-1}} x_k^{p-1} \cdot \eta_{il}^p\, x_l^{p-1} = \eta_{ik}^p\,,$$

also

$$\varrho\, x_k^{p-1} \cdot x_i^p = x_k^{p-1} \cdot r\, x_i^p$$

und für zwei beliebige Ketten $A^p$ und $B^{p-1}$

$$\varrho\, B^{p-1} \cdot A^p = B^{p-1} \cdot r A^p\,. \tag{4}$$

Offenbar ließe sich durch diese Formel $\varrho$ definieren, wenn $r$ durch (1) gegeben ist, und ebenso $r$, wenn $\varrho$ durch (2) gegeben ist.

Aus (4) entnimmt man nun leicht wichtige Beziehungen zwischen den vier Teilräumen $\mathfrak{R}^p$, $\overline{\mathfrak{R}}^p$, $\mathfrak{Z}^p$ und $\overline{\mathfrak{Z}}^p$ von $\mathfrak{B}^p$. Ist nämlich $A^p$ ein Zyklus, dann ist

$$\varrho\, B^{p-1} \cdot A^p = B^{p-1} \cdot r A^p = 0\,;$$

und wenn für alle Coränder $\varrho\, B^{p-1}$

$$\varrho\, B^{p-1} \cdot A^p = 0$$

ist, so muß $B^{p-1} \cdot rA^p = 0$ sein für alle $B^{p-1}$, also $rA^p = 0$, d. h. $A^p$ ist ein Zyklus. *Eine Kette $A^p$ ist also genau dann ein Zyklus, wenn sie zu allen Corändern $\varrho B^{p-1}$ orthogonal ist.* $\mathfrak{Z}^p$ ist somit in $\mathfrak{V}^p$ der totale zu $\overline{\mathfrak{R}}^p$ orthogonale Teilraum. Eine solche Beziehung zwischen linearen Teilräumen eines Vektorraumes ist bekanntlich symmetrisch (jedenfalls bei dem hier zugrunde gelegten Skalarprodukt). *Eine Kette $C^p$ ist also genau dann ein Corand, wenn sie zu allen Zyklen $A^p$ orthogonal ist.* — Dieselben Beziehungen bestehen natürlich zwischen *Cozyklen und Rändern.*

$\mathfrak{Z}^p$ und $\overline{\mathfrak{R}}^p$, und ebenso $\overline{\mathfrak{Z}}^p$ und $\mathfrak{R}^p$ sind also im Vektorraum $\mathfrak{V}^p$ totale zueinander orthogonale Teilräume. Folgendes Schema stellt diese Verhältnisse dar (unter der Annahme, daß $\mathfrak{V}^p$ 3-dimensional ist, und daß $\mathfrak{R}^p$ und $\overline{\mathfrak{R}}^p$ 1-dimensional sind):

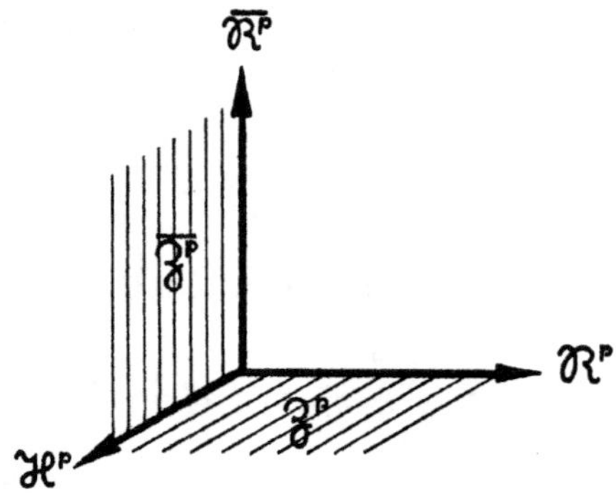


Eine Kette, deren Rand und deren Corand 0 ist, heißt *harmonisch.* Die $p$-dimensionalen harmonischen Ketten bilden einen Teilraum $\mathfrak{H}^p$ von $\mathfrak{V}^p$, den Durchschnitt von $\mathfrak{Z}^p$ und $\overline{\mathfrak{Z}}^p$; der totale zu $\mathfrak{H}^p$ orthogonale Raum ist aufgespannt durch $\mathfrak{R}^p$ und $\overline{\mathfrak{R}}^p$; $\mathfrak{H}^p$ und $\mathfrak{R}^p$ spannen den Raum $\mathfrak{Z}^p$ auf, $\mathfrak{H}^p$ und $\overline{\mathfrak{R}}^p$ den Raum $\overline{\mathfrak{Z}}^p$. Der Rang von $\mathfrak{H}^p$ ist die $p$-te Bettische Zahl des Komplexes $K$; er ist gleich dem Rang der $p$-ten Homologie- oder der $p$-ten Cohomologiegruppe von $K$, da beide zu $\mathfrak{H}^p$ isomorph sind.

**6.** Wir deuten gelegentlich in dem in Nr. 3 erläuterten Sinne im skalaren Produkt $A^p \cdot A'^p$ die eine der beiden Ketten als Funktion $f$ der $p$-dimensionalen Zellen $x_i^p$, die andere als geometrisches Gebilde (Integrationsbereich), das skalare Produkt $A^p \cdot A'^p$ als *Wert* (*oder Integral*) *der Funktion $f$ auf diesem Bereich.* Dann kann man die grundlegende Formel (4) auch so aussprechen: $\varrho B^{p-1}$ ist diejenige Funktion, welche auf jeder Zelle $x_i^p$ den Wert annimmt, welchen $B^{p-1}$ auf dem Rand von $x_i^p$ hat. Oder auch: $rA^p$ ist diejenige Funktion, welche auf jeder Zelle

$x_k^{p-1}$ den Wert annimmt, welchen $A^p$ auf dem Büschel von $x_k^{p-1}$ hat. Und die Orthogonalitätsbeziehung zwischen $\mathfrak{Z}^p$ und $\overline{\mathfrak{R}}^p$ ($\overline{\mathfrak{Z}}^p$ und $\mathfrak{R}^p$) können wir so formulieren: *Die Zyklen sind dadurch charakterisiert, daß ihr Wert auf allen Büscheln* 0 *ist, die Cozyklen dadurch, daß ihr Wert auf allen Rändern* 0 *ist; die Zyklen sind quellenfreie, die Cozyklen wirbelfreie Funktionen.* Ähnlich lassen sich die Ränder und Coränder charakterisieren: sie haben auf allen Cozyklen bzw. Zyklen den Wert 0. *Die harmonischen Ketten sind quellen- und wirbelfrei.*

**7.** Aus den Orthogonalitätsbeziehungen, die für die ausgezeichneten Teilräume in $\mathfrak{B}^p$ bestehen, ergeben sich unmittelbar folgende Zerlegungssätze[1]) für Ketten.

Jede beliebige Kette $A^p$ läßt sich auf eine und nur eine Art zerlegen in die Summe eines Zyklus $Z^p$ und eines Corandes, oder in die Summe eines Cozyklus $C^p$ und eines Randes, oder in die Summe einer harmonischen Kette $H^p$, eines Corandes und eines Randes:

$$\begin{aligned} A^p &= Z^p + \varrho D^{p-1} \\ &= C^p + r E^{p+1} \\ &= H^p + \varrho D^{p-1} + r E^{p+1} . \end{aligned}$$

Noch anders formuliert: Zu jeder Kette $A^p$ gehört ein wohlbestimmter Zyklus $Z^p$ derart, daß $A^p - Z^p$ zu $\mathfrak{Z}^p$ orthogonal ist; $Z^p$ ist also die *Orthogonalprojektion von $A^p$ in $\mathfrak{Z}^p$.* Ebenso gibt es eine wohlbestimmte Orthogonalprojektion $C^p$ von $A^p$ in $\overline{\mathfrak{Z}}^p$ und $H^p$ von $A^p$ in $\mathfrak{H}^p$, und ganz allgemein eine Orthogonalprojektion $A_0^p$ von $A^p$ in irgendeinen linearen Teilraum $\mathfrak{L}^p$ von $\mathfrak{B}^p$.

**8.** Einige Bemerkungen.

a) Es ist leicht zu sehen, daß in den zwischen den ausgezeichneten Teilräumen von $\mathfrak{B}^p$ bestehenden Beziehungen viele wichtige Sätze der kombinatorischen Topologie stecken (wenigstens ihr algebraischer Teil).

b) Man kann in den Vektorräumen $\mathfrak{B}^p$ das skalare Produkt zweier Ketten $A^p = \sum_i a_i x_i^p$ und $A'^p = \sum_i a'_i x_i^p$ statt durch (3) mit Hilfe einer beliebigen positiv definitiven quadratischen Form $\sum_{ij} w_{ij} u_i u_j$ durch

$$A^p \cdot A'^p = \sum_{i,j=1}^{\alpha^p} w_{ij}\, a_i\, a'_j \tag{5}$$

definieren und, wenn die Randbildung $r$ immer durch (1) mit den Inzidenzzahlen $\eta_{ik}^p$ gegeben ist, den Corand $\varrho$ so festsetzen, daß die Formel

(4) gilt. An allen übrigen Betrachtungen, insbesondere an der Existenz und der Eindeutigkeit der orthogonalen Projektion, ändert sich dann nichts.

c) Wir betrachten gelegentlich *Teilketten* folgender Art. $K^p$ sei das $p$-dimensionale Gerüst von $K$, d. h. die Menge aller $p$-dimensionalen Zellen[5]) von $K$. $R$ sei ein Teil von $K^p$, d. h. bestehe aus einigen, beliebig ausgewählten $p$-dimensionalen Zellen[5]). Wir sagen, eine Kette $A^p$ liege in $R$

$$A^p \subset R\,,$$

wenn in $A^p$ höchstens Koeffizienten von Zellen aus $R$ von 0 verschieden sind. Die Zellen $x_i^p$ aus $R$ spannen einen linearen Teilraum $\mathfrak{V}_R^p$ von $\mathfrak{V}^p$ auf; daß $A^p$ in $R$ liegt, ist gleichbedeutend damit, daß der Vektor $A^p$ zu $\mathfrak{V}_R^p$ gehört ($A^p \in \mathfrak{V}_R^p$). Die Ränder und die Coränder der Ketten aus $R$ bilden lineare Teilräume $r\,\mathfrak{V}_R^p$ von $\mathfrak{R}^{p-1}$ bzw. $\varrho\,\mathfrak{V}_R^p$ von $\overline{\mathfrak{R}}^{p+1}$.

**9.** Anhang. *Stromverteilung in einem Leiternetz.*

*K* sei ein endlicher Streckenkomplex, Schema eines elektrischen Leiternetzes; die (gerichteten) Kanten $x_i^1$ entsprechen den Drähten. $w_i > 0$ sei der Ohmsche Widerstand von $x_i^1$, $e_i$ die auf $x_i^1$ eingeführte elektromotorische Kraft (eingeprägte Spannung), gemessen im Sinne von $x_i^1$, $s_i$ die Stromstärke auf $x_i^1$, positiv genommen, wenn der Strom in der Richtung von $x_i^1$ fließt. Wir ordnen der Stromverteilung die Kette

$$S^1 = \sum_{i=1}^{\alpha^1} s_i\, x_i^1$$

zu, den eingeprägten Spannungen die Kette

$$E^1 = \sum_{i=1}^{\alpha^1} e_i'\, x_i^1\,,$$

wo $e_i' = \dfrac{e_i}{w_i}$ gesetzt ist. In $\mathfrak{V}^1$ sei das skalare Produkt zweier Ketten $A^1$ und $A'^1$ durch

$$A^1 \cdot A'^1 = \sum_{i=1}^{\alpha^1} w_i\, a_i\, a_i' \tag{6}$$

definiert (vgl. Nr. 8b).

Für die Stromverteilung sind nun die *Kirchhoffschen Regeln* maßgebend. Die *erste* verlangt, daß in jedem Eckpunkt $x_k^0$ die algebraische

[5]) Wird $K^p$ (oder $R$) als Komplex betrachtet, so muß man auch die Seiten dieser Zellen dazu rechnen.

Summe der gegen den Punkt fließenden Ströme 0 sei; das bedeutet, daß $S^1$ auf allen Büscheln $\varrho x_k^0$ den Wert 0 hat, d. h. daß $S^1$ *ein Zyklus ist.* Die *zweite* besagt, daß auf jedem einfach geschlossenen, in bestimmtem Sinn durchlaufenen Polygon in $K$ die Summe der eingeprägten Spannungen gleich der Summe der Ohmschen Potentialabfälle ist. Wir ordnen einem solchen Polygon die Kette

$$P^1 = \sum_{i=1}^{\alpha^1} p_i\, x_i^1$$

zu, wo $p_i$ nur dann $\neq 0$ ist, wenn $x_i^1$ dem Polygon angehört, und zwar $p_i = +1$ oder $-1$, je nachdem der Durchlaufungssinn mit der Orientierung von $x_i^1$ übereinstimmt oder nicht; $\sum_i p_i s_i w_i$ ist dann die Summe der Potentialabfälle auf dem Polygon, $\sum_i p_i e_i$ die Summe der eingeprägten Spannungen, beide gemessen im Sinne des Polygons, und es soll

$$\sum_{i=1}^{\alpha^1} p_i\, e_i = \sum_{i=1}^{\alpha^1} p_i\, s_i\, w_i$$

sein, oder auch

$$\sum_{i=1}^{\alpha^1} w_i\, p_i (e_i' - s_i) = 0\ ,$$

also

$$P^1 \cdot (E^1 - S^1) = 0$$

für jedes Polygon $P^1$. Nun läßt sich aber bekanntlich[6]) der Raum $\mathfrak{Z}^1$ der Zyklen ganz von Polygonen $P^1$ aufspannen. Die Aufgabe, bei gegebenen Stromquellen und Widerständen den Strom so zu bestimmen, daß er den beiden Kirchhoffschen Regeln genügt, kann man also so formulieren:

*Die Kette $E^1$ der eingeprägten Spannungen ist gegeben; man sucht einen Zyklus $S^1$ derart, daß $E^1 - S^1$ zum Raum $\mathfrak{Z}^1$ der Zyklen orthogonal ist.*

Diese Aufgabe besitzt aber immer eine und nur eine Lösung: *$S^1$ ist die Orthogonalprojektion von $E^1$ in $\mathfrak{Z}^1$.* Die Kirchhoffschen Bedingungen sind also verträglich, und sie genügen, um die Stromintensitäten in den einzelnen Drähten zu berechnen. Dieses Resultat wurde erstmals von H. Weyl[2]) vollständig bewiesen. —

Der Übergang von $E^1$ zu $S^1$ ist also eine orthogonale Projektion im Vektorraum $\mathfrak{V}^1$, somit eine lineare Abbildung

[6]) Jeder 1-dimensionale Zyklus ist Linearkombination mit reellen Koeffizienten von Polygonen. Vgl. *D. König,* Theorie der endlichen und unendlichen Graphen (Leipzig 1936), S. 123, Satz 1.

$$s_i = \sum_{j=1}^{\alpha_1} u_{ij}\, e_j' = \sum_{j=1}^{\alpha^1} v_{ij}\, e_j\,, \qquad i = 1, \ldots, a^1\,,$$

(mit $v_{ij} = \frac{u_{ij}}{w_j}$), und wenn man die Matrix $u_{ij}$ oder $v_{ij}$ kennt, so hat man eine *explizite* Lösung der Kirchhoffschen Aufgabe; man findet diese Matrix leicht in bekannter Weise mit Hilfe einer Basis des zu $\mathfrak{Z}^1$ totalen orthogonalen Raumes $\overline{\mathfrak{R}}^1$. Wir wollen hier nur auf eine besondere Eigenschaft dieser Matrix hinweisen.

Die Matrix einer orthogonalen Projektion ist bekanntlich immer symmetrisch, wenn man sich auf eine orthogonale und normierte Basis von $\mathfrak{V}_1$ bezieht. Wegen unserer Wahl des skalaren Produkts (6) bilden die $x_i^1$ keine solche Basis, wohl aber die Vektoren

$$\bar{x}_i^1 = \frac{x_i^1}{\sqrt{w_i}}\,, \qquad i = 1, \ldots, \alpha^1\,.$$

In dieser Basis haben $S^1$ und $E^1$ die Komponenten $\bar{s}_i = \sqrt{w_i}\, s_i$ und $\bar{e}_i = \sqrt{w_i}\, e_i' = \frac{e_i}{\sqrt{w_i}}$, und es ist

$$\bar{s}_i = \sum_{j=1}^{\alpha^1} \bar{u}_{ij}\, \bar{e}_j\,, \qquad i = 1, \ldots, \alpha^1$$

mit symmetrischer Matrix $\bar{u}_{ij} = \bar{u}_{ji}$. Also wird

$$\sqrt{w_i}\, s_i = \sum_{j=1}^{\alpha^1} \bar{u}_{ij} \frac{e_j}{\sqrt{w_j}}\,,$$

$$s_i = \sum_{j=1}^{\alpha^1} \frac{\bar{u}_{ij}}{\sqrt{w_i w_j}}\, e_j = \sum_{j=1}^{\alpha^1} v_{ij}\, e_j\,, \quad i = 1, \ldots, \alpha^1\,,$$

wobei $v_{ij} = v_{ji}$ ist. *In der expliziten Lösung* $s_i = \sum_j v_{ij} e_j$ *ist also* $v_{ij}$ *eine symmetrische Matrix.* Darin kommt eine interessante Symmetrie zwischen Strom und Spannung zum Ausdruck: Führt man in $x_j^1$ die Spannung 1 ein und sonst überall 0, so ist die in $x_i^1$ auftretende Stromstärke gleich derjenigen, die in $x_j^1$ auftritt, wenn man in $x_i^1$ die Spannung 1 einführt und sonst überall 0.

## § 2.

**10.** Wir gehen nun zu der Behandlung von Randwertaufgaben über, wie sie in der Einleitung genannt wurden: man sucht in einem Komplex diskrete Funktionen (Ketten), welche gewisse Mittelwertseigenschaften haben und gleichzeitig Randbedingungen erfüllen.

Um an die Aufgabe B) aus Nr. 1 anzuknüpfen, betrachten wir einen Streckenkomplex $K$ und teilen seine Eckpunkte in zwei Klassen $R$ und $Q$ ein. Wir suchen eine Funktion der Eckpunkte $x_i^0$, d. h. eine Kette $A^0 = \sum_i a_i x_i^0$, welche in den Eckpunkten aus $R$ vorgegebene Werte hat und in denen von $Q$ dem „Mittelwertsatz genügt"; letzteres besagt, daß etwa im Punkt $x_1^0$ mit den Nachbaren $x_2^0, x_3^0, \ldots, x_l^0$

$$(l-1)\, a_1 = a_2 + a_3 + \cdots + a_l$$

sein soll, oder

$$a_2 - a_1 + a_3 - a_1 + \cdots + a_l - a_1 = 0\,.$$

Nun ist aber der Rand des Büschels von $x_1^0$

$$r\varrho x_1^0 = x_2^0 - x_1^0 + x_3^0 - x_1^0 + \cdots + x_l^0 - x_1^0\,,$$

und der Wert[7]) von $A^0$ auf $r\varrho x_1^0$

$$A^0 \cdot r\varrho x_1^0 = a_2 - a_1 + a_3 - a_1 + \cdots + a_l - a_1\,.$$

Die Gültigkeit des Mittelwertsatzes in einem Punkte bedeutet also, *daß $A^0$ auf dem Rand des Büschels dieses Punktes den Wert 0 hat.* Die Werte der Kette $A^0$ sind also in $R$ gegeben und sollen in $Q$ so bestimmt werden, daß der Wert von $A^0$ auf dem Rand des Büschels eines jeden Punktes von $Q$ gleich 0 ist. Gibt es eine solche Kette, und ist sie eindeutig bestimmt?

**11.** Wir wollen dieselbe Frage sogleich für eine beliebige Dimensionszahl stellen (Aufgabe C) aus Nr. 1) und werden sie in dieser allgemeinen Form beantworten.

$K$ sei ein beliebiger $n$-dimensionaler Zellenkomplex, $p$ eine der Zahlen $0, 1, \ldots, n$. Die Zellen $x_i^p$ des $p$-dimensionalen Gerüstes $K^p$ seien irgendwie in zwei Klassen $R$ und $Q$ eingeteilt, wobei $Q$ nicht leer sei.

C) *Die Werte einer $p$-dimensionalen Kette $A^p$ seien in $R$ vorgegeben und sollen in $Q$ so bestimmt werden, daß der Wert von $A^p$ auf dem Rand des Büschels einer jeden Zelle $x_i^p$ von $Q$ gleich 0 sei:*

$$A^p \cdot r\varrho x_i^p = 0\,.$$

---

[7]) Das Skalarprodukt soll in diesem Paragraphen immer durch die Einheitsform (3) definiert sein. Man könnte alle Überlegungen mit sinngemäßen Änderungen auch mit einem andern Skalarprodukt durchführen.

Auf Grund von (4) kann man diese Forderung umformen und erhält

$$A^p \cdot r\varrho x_i^p = \varrho A^p \cdot \varrho x_i^p = r\varrho A^p \cdot x_i^p = 0$$

für alle Zellen $x_i^p$ von $Q$. Wir spalten noch $A^p$ auf in die Summe

$$A^p = B^p + C^p$$

einer (gegebenen) Kette $B^p \subset R$ und einer (gesuchten) Kette $C^p \subset Q$ und formulieren schließlich die Aufgabe kurz so:

$$\text{C)}\ A^p = B^p \text{ in } R\,, \text{ und } r\varrho A^p = 0 \text{ in } Q\,.$$

Eine naheliegende Variante dieser Aufgabe erhält man durch Vertauschung von $r$ und $\varrho$, nämlich

$$\text{C}')\ A^p = B^p \text{ in } R, \text{ und } \varrho r A^p = 0 \text{ in } Q\,;$$

dies bedeutet, daß die Kette $A^p$, deren Werte in $R$ vorgegeben sind, in $Q$ *auf dem Büschel eines jeden Randes* $\varrho r x_i^p$ *den Wert* 0 *haben soll.*

Die aufgestellten Forderungen drücken Mittelwertseigenschaften aus; sie können aber auch so ausgelegt werden, daß gewisse von $A^p$ abgeleitete Ketten *lokal* harmonisch (quellen- und wirbelfrei) sind. So gilt bei der Aufgabe C) für jede Zelle $x_i^p$ von $Q$

$$r\varrho A^p \cdot x_i^p = 0\,,$$

also

$$\varrho A^p \cdot \varrho x_i^p = 0\,,$$

d. h. $\varrho A^p$ ist in $Q$ quellenfrei; wirbelfrei ist $\varrho A^p$ ohnehin überall, da es ein Cozyklus ist. Analog ist bei C′) $rA^p$ in $Q$ wirbelfrei (und überall quellenfrei).

**12.** Wir wenden uns zuerst der Aufgabe C) zu und behaupten zunächst, daß sie immer mindestens eine Lösung $A^p$ besitzt.

Beweis. $\mathfrak{V}_R^p$ und $\mathfrak{V}_Q^p$ seien die Räume der $p$-dimensionalen Ketten aus $R$ bzw. $Q$ (vgl. Nr. 8c); sie sind zueinander orthogonal und spannen den ganzen Raum $\mathfrak{V}^p$ auf.

Die Kette $B^p \in \mathfrak{V}_R^p$ ist gegeben. Wir betrachten statt $A^p$ die Kette $C^p \in \mathfrak{V}_Q^p$ als Unbekannte; sie hat die Bedingung

$$r\varrho(B^p + C^p) \in \mathfrak{B}^p_R$$

zu erfüllen, oder

$$r\varrho(B^p + C^p) \cdot D^p = 0$$

für alle $D^p \in \mathfrak{B}^p_Q$. Gleichbedeutend damit ist nach (4)

$$\varrho(B^p + C^p) \cdot \varrho D^p = 0$$

für alle $D^p \in \mathfrak{B}^p_Q$, d. h. $\varrho B^p + \varrho C^p$ soll zu $\varrho \mathfrak{B}^p_Q$ orthogonal sein, wobei $\varrho C^p$ selbst zu $\varrho \mathfrak{B}^p_Q$ gehört. Diese Bedingung läßt sich aber immer erfüllen, und sie bestimmt $\varrho C^p$ eindeutig: *$\varrho C^p$ ist die Orthogonalprojektion von $-\varrho B^p$ in den Raum $\varrho \mathfrak{B}^p_Q \subset \overline{\mathfrak{R}}^{p+1}$.*

Diese Orthogonalprojektion ist, da sie in $\varrho \mathfrak{B}^p_Q$ liegt, tatsächlich Corand mindestens einer Kette $C^p \in \mathfrak{B}^p_Q$. Es gibt also immer eine Lösung $C^p$ (oder $A^p$); sie ist aber im allgemeinen nicht eindeutig bestimmt.

**13.** Man ersieht aber aus dem eben Gesagten unmittelbar, daß die Lösung $C^p$ (oder $A^p$) der Aufgabe C) genau dann eindeutig bestimmt ist, wenn der Bereich $Q$ folgende Eigenschaft hat: Für zwei Ketten $C^p, C^p_1 \in \mathfrak{B}^p_Q$ folgt aus $\varrho C^p = \varrho C^p_1$ stets $C^p = C^p_1$. D. h. aus $C^p \in \mathfrak{B}^p_Q$, $\varrho C^p = 0$ folgt $C^p = 0$; *es gibt in $Q$ außer 0 keinen $p$-dim. Cozyklus von $K$.*

Genau gleich geht man bei der Aufgabe C′) vor. Sie bestimmt $rC^p$ eindeutig als Orthogonalprojektion von $-rB^p$ in $r\mathfrak{B}^p_Q$; dadurch wird $C^p$ (oder $A^p$) dann und nur dann eindeutig bestimmt, wenn es *in $Q$ außer 0 keinen $p$-dim. Zyklus von $K$ gibt.*

Für die Eindeutigkeit sind also *geometrische Eigenschaften* des Bereiches $Q$ maßgebend. Da $R$ und $Q$ komplementär sind, können wir sie auch als solche von $R$ formulieren.

Im Falle C) lautet die Eigenschaft: der Durchschnitt von $\mathfrak{B}^p_Q$ mit $\overline{\mathfrak{Z}}^p$ ist 0

$$\mathfrak{B}^p_Q \cap \overline{\mathfrak{Z}}^p = 0 \; ;$$

das bedeutet, daß die totalen dazu orthogonalen Räume $\mathfrak{B}^p_R$ und $\mathfrak{R}^p$ den ganzen Raum $\mathfrak{B}^p$ aufspannen

$$\mathfrak{B}^p_R + \mathfrak{R}^p = \mathfrak{B}^p \, . \tag{7}$$

Im Falle C′):

$$\mathfrak{B}^p_Q \cap \mathfrak{Z}^p = 0$$

oder

$$\mathfrak{B}^p_R + \overline{\mathfrak{R}}^p = \mathfrak{B}^p \, . \tag{8}$$

Die Formel (7) besagt, daß jede $p$-dimensionale Kette, insbesondere jede Zelle $x_i^p$ sich nur durch einen Rand von einer Kette aus $R$ unterscheidet, also daß *jede Zelle $x_i^p$ einer Kette aus $R$ homolog ist;* (8) besagt, daß *jede Zelle $x_i^p$ einer Kette aus $R$ cohomolog ist.*

*Die Lösung der Aufgabe C) bzw. C′) ist genau dann eindeutig bestimmt, wenn jede Zelle $x_i^p$ von $K^p$ einer Kette aus $R$ homolog bzw. cohomolog ist.*

Anschaulich gesprochen muß also der Bereich $R$, in welchem die Werte vorgegeben werden, genügend groß sein: jede Zelle $x_i^p$ soll sich mit einer Kette aus $R$ „verbinden" lassen (d. h. mit dieser zusammen den Rand bzw. Corand einer Kette bilden).

**14.** Spezialfälle.

a) In der Dimension $p = n$ läßt sich wegen $\mathfrak{R}^n = 0$ die Bedingung (7) nur durch $R = K^n$ befriedigen, womit die Aufgabe C) ihren Sinn verliert. Aber auch ohne (7), d. h. unter Verzicht auf die Eindeutigkeit, ist sie in dieser Dimension trivial, da jede Kette $A^n$ die Forderung $r\varrho A^n = 0$ erfüllt. — Entsprechendes gilt für C′) in der Dimension $p = 0$.

b) Von Interesse ist dagegen C) für $p = 0$, wobei man natürlich die Dimension $n$ von $K \geqslant 1$ voraussetzt. Läßt man in $K$ die Zellen der Dimension $> 1$, die hier gar keine Rolle spielen, weg, so handelt die Aufgabe von einem Streckenkomplex und geht über in B).

Wir wollen zeigen, daß in diesem Falle ($p = 0$, $n \geqslant 1$) die Formel (7)

$$\mathfrak{B}_R^0 + \mathfrak{R}^0 = \mathfrak{B}^0 \tag{7)$^0$}$$

mit der folgenden Eigenschaft äquivalent ist:

*Der Bereich $R$ enthält aus jeder Komponente von $K$ mindestens einen Eckpunkt.* (Unter den Komponenten von $K$ versteht man die größten Teilkomplexe von $K$, in denen sich je zwei Eckpunkte durch einen Kantenweg verbinden lassen; sie bestehen aus lauter verschiedenen Zellen.)

In der Tat folgt aus dieser Eigenschaft sofort (7)$^0$. Denn ist $x_i^0$ ein beliebiger Eckpunkt, so enthält nach Voraussetzung $R$ aus seiner Komponente einen Eckpunkt $x_j^0$; es gibt einen Kantenweg, der von $x_j^0$ nach $x_i^0$ führt, und wir ordnen ihm die Kette $W$ zu, in welcher die Kanten dieses Weges den Koeffizienten $+1$ oder $-1$ haben (je nach der Orientierung), die übrigen Kanten den Koeffizienten 0. Dann ist

$$rW^1 = x_i^0 - x_j^0 \,.$$

Jeder Eckpunkt $x_i^0$ ist also einem Eckpunkt $x_j^0$ aus $R$ homolog, d. h. $(7)^0$ ist erfüllt.

Es sei umgekehrt $(7)^0$ erfüllt. Dann ist jeder Eckpunkt $x_i^0$ aus $Q$ einer Kette $X^0$ aus $R$ homolog:

$$x_i^0 = X^0 + rY^1 .$$

$K_1$ sei die Komponente von $K$, die $x_i^0$ enthält. $Y^1$ läßt sich zerlegen in $Y_1^1 + Y_2^1$, wobei $Y_1^1$ höchstens Kanten aus $K_1$, $Y_2^1$ keine Kanten aus $K_1$ enthält. Analog zerfällt $X^0 \subset R$ in $X_1^0 + X_2^0$, und es ist

$$x_i^0 = X_1^0 + rY_1^1 .$$

Daraus ersieht man, daß $X_1^0 \neq 0$ ist; denn in einem 0-dimensionalen Rand $rY_1^1 = x_i^0 - X_1^0$ ist, wie man ganz leicht erkennt, die Summe der Koeffizienten $= 0$. Da $X_1^0 \neq 0$ in $R$ und in $K_1$ liegt, enthält also $R$ mindestens einen Punkt aus $K_1$, somit aus jeder Komponente von $K$.

Damit ist die in der Einleitung (Nr. 1) bezüglich der Aufgabe B) aufgestellte Behauptung vollständig bewiesen.

c) $p$ sei beliebig. *Wenn $R$ leer ist,* also keine „Randwerte" vorgegeben werden, so lautet in C) die Forderung für die gesuchte Kette $A^p$

$$r\varrho A^p = 0 .$$

Da $\mathfrak{R}^{p+1}$ und $\mathfrak{Z}^{p+1}$ orthogonal sind, also kein Corand außer 0 gleichzeitig ein Zyklus ist, ist dies dann und nur dann erfüllt, wenn $\varrho A^p = 0$ ist: C) bedeutet in diesem Falle einfach, daß $A^p$ ein Cozyklus ist. Eindeutigkeit ist natürlich im allgemeinen nicht vorhanden; die Lösungen bilden den ganzen Raum $\overline{\mathfrak{Z}}^p$. — Analog bedeutet C′), wenn $R$ leer ist, daß $A^p$ ein Zyklus ist.

d) Wir betrachten in einem Streckenkomplex die Aufgabe C′) für $p = n = 1$; man sucht eine Kette $A^1$, die für jede Kante $x_i^1$ von $Q$ auf $\varrho r x_i^1$ den Wert 0 hat ($\varrho r x_i^1$ besteht aus sämtlichen in den Endpunkten von $x_i^1$ angebrachten Kanten, außer $x_i^1$ selbst, alle gegen diese Endpunkte gerichtet; $A^1 \cdot \varrho r x_i^1$ stellt also den gesamten Fluß von $A^1$ in die Kante $x_i^1$ dar). Bezüglich der Eindeutigkeit wollen wir hier von der Bedingung

$$\mathfrak{V}_Q^1 \cap \mathfrak{Z}^1 = 0$$

ausgehen; die Kanten von $Q$ sollen also einen Streckenkomplex bilden, in dem es keine 1-dimensionalen Zyklen gibt. Bekanntlich[8]) erhält man

[8]) Vgl. in dem unter [6]) zitierten Buch Kap. IV, § 3 (die erste Bettische Zahl heißt dort Zusammenhangszahl) und Kap. IX, § 3.

einen derartigen Teilkomplex von $K$ immer durch Weglassen von $b^1$ geeigneten Kanten (wo $b^1$ die erste Bettische Zahl von $K$ ist, oder der Rang von $\mathfrak{Z}^1$), aber nicht von weniger als $b^1$ Kanten. Eindeutigkeit der Lösung ist also immer dann vorhanden, wenn $R$ ein solches System von $b^1$ geeigneten Kanten enthält, und sicher dann nicht, wenn $R$ aus weniger als $b^1$ Kanten besteht.

Die letzte Bedingung gilt übrigens ganz allgemein: $n$ und $p$ seien beliebig, $b^p$ sei die $p$-te Bettische Zahl von $K$; dafür, daß die Lösung von C) oder C′) eindeutig bestimmt ist, ist *notwendig, daß $R$ mindestens aus $b^p$ Zellen besteht.* Denn aus (7) oder aus (8) folgt sofort, daß der Rang von $\mathfrak{B}_R^p$ mindestens gleich demjenigen von $\mathfrak{H}^p$ (sogar von $\bar{\mathfrak{Z}}^p$ bzw. $\mathfrak{Z}^p$) ist; aber der Rang von $\mathfrak{B}_R^p$ ist gleich der Anzahl der in $R$ enthaltenen $p$-dimensionalen Zellen.

e) Eine weitere notwendige Bedingung für die Eindeutigkeit der Lösungen von C) erhält man aus (7) durch Randbildung: Der Rand jeder Zelle $x_i^p$ muss ganz auf $R$ liegen[5]). — Für $p = 0$ ist diese Bedingung inhaltslos.

(Eingegangen den 15. September 1944.)

# Der Cohomologie-Ring einer beliebigen Gruppe

Comment. Math. Helv. **18** (1945/46), 232–282

## Einleitung

1. Es wird in dieser Arbeit einer beliebigen Gruppe $\mathfrak{G}$ und einem Ring $J$ mit Einselement durch ein einfaches algebraisches Verfahren ein Ring $P(\mathfrak{G}, J)$ zugeordnet; seine Elemente sind Klassen von Funktionen mehrerer Variabeln aus $\mathfrak{G}$ mit Werten in $J$. Die algebraische Bedeutung dieses Ringes wird nur gelegentlich berührt; sie scheint selbständiges Interesse zu verdienen und auf naheliegende Verallgemeinerungen hinzuweisen. Im Mittelpunkt unserer Untersuchung aber stehen die Beziehungen von $P(\mathfrak{G}, J)$ zur algebraischen Topologie. Wir werden zeigen: $P(\mathfrak{G}, J)$ hängt zusammen mit dem Cohomologiering[1]) (bezüglich des Koeffizientenbereiches $J$) derjenigen Polyeder $\Pi$, deren Fundamentalgruppe zu $\mathfrak{G}$ isomorph ist oder $\mathfrak{G}$ als homomorphes Bild besitzt; m. a. W. derjenigen Polyeder, welche eine reguläre Überlagerung[2]) mit zu $\mathfrak{G}$ isomorpher Gruppe von Decktransformationen besitzen.

2. Daß zwischen der Fundamentalgruppe $\mathfrak{F}$ und den *Homologie-Eigenschaften* eines zusammenhängenden Polyeders $\Pi$ Beziehungen bestehen, ist bekannt. Die einfachste betrifft die erste ganzzahlige Homologiegruppe $\mathfrak{B}^1$ von $\Pi$: *Die Abelsch gemachte Fundamentalgruppe, d. h. die Faktorgruppe von $\mathfrak{F}$ nach ihrer Kommutatorgruppe, ist zu $\mathfrak{B}^1$ isomorph.* Für die zweite ganzzahlige Homologiegruppe $\mathfrak{B}^2$ von $\Pi$ gilt ebenfalls eine allgemeine, allerdings weniger einfache Beziehung, die von Hopf [1] entdeckt wurde: *Eine durch eine bestimmte, rein algebraische Vorschrift aus $\mathfrak{F}$ abgeleitete Gruppe ist homomorphes Bild von $\mathfrak{B}^2$*, nämlich isomorph zur Faktorgruppe von $\mathfrak{B}^2$ nach der Untergruppe derjenigen Homologieklassen, welche Bilder von Sphären enthalten.

Diese Sätze hat Hopf [2] weitgehend verallgemeinert; er hat sie einerseits auf die höherdimensionalen Homologiegruppen ausgedehnt und andererseits an Stelle der Fundamentalgruppe von $\Pi$ die zu einer regulären Überlagerung[2]) $\overline{\Pi}$ von $\Pi$ gehörige Decktransformationengruppe $\mathfrak{G}$ betrachtet (welche zur Fundamentalgruppe isomorph ist, wenn es sich um die universelle Überlagerung handelt, sonst ihr homomorphes Bild).

---

[1]) Darunter verstehen wir den Ring, zu welchem das Alexandersche Produkt (vgl. [8] oder [6], wo es als „cup"-Produkt bezeichnet wird) die direkte Summe aller Cohomologiegruppen macht. — Die Zahlen in eckiger Klammer verweisen auf das Literaturverzeichnis am Schluß unserer Arbeit.

[2]) Wegen aller Begriffe aus der Überlagerungstheorie der Polyeder vgl. [4], 8. Kapitel.

$J$ sei ein Ring mit Einselement; wir sagen, ein Polyeder habe die Eigenschaft $E_J^N$, wenn es zusammenhängend ist und wenn seine Homologiegruppen bezüglich $J$ in den Dimensionen $n = 1, 2, \ldots, N-1$ gleich 0 sind (z. B. hat ein Euklidischer Raum die Eigenschaft $E_J^N$ für alle $N$, die Sphäre $S^m$ für $N \leqslant m$; jedes einfach zusammenhängende Polyeder hat die Eigenschaft $E_J^2$). Die Sätze von Hopf besagen u. a.: Wenn die Überlagerung $\overline{\Pi}$ von $\Pi$ die Eigenschaft $E_J^N$ hat, so sind die Homologiegruppen bezüglich $J$ von $\Pi$ der Dimensionen $1, 2, \ldots, N-1$, ferner eine Faktorgruppe der $N$-ten Homologiegruppe rein algebraisch durch die Decktransformationengruppe $\mathfrak{G}$ und den Ring $J$ bestimmt.

In der vorliegenden Arbeit wird Entsprechendes für den *Cohomologiering* von $\Pi$ gezeigt; das Hauptresultat läßt sich etwa so formulieren (die genaue Formulierung findet sich in den Sätzen IV und IV' in 13.8): *Besitzt das Polyeder $\Pi$ eine reguläre Überlagerung mit der Eigenschaft $E_J^N$, und ist $\mathfrak{G}$ die zugehörige Decktransformationengruppe, so läßt sich die Struktur des Cohomologieringes von $\Pi$ bezüglich $J$ „bis zur Dimension $N$" dem Ring $P(\mathfrak{G}, J)$ entnehmen, ist also durch $\mathfrak{G}$ und $J$ bestimmt.* „Bis zur Dimension $N$" heißt dabei, daß die Cohomologiegruppen der Dimensionen $< N$, eine bestimmte Untergruppe der $N$-ten Cohomologiegruppe sowie alle Produkte in diesen Dimensionen durch $P(\mathfrak{G}, J)$ gegeben sind. — Da die universelle Überlagerung von $\Pi$ stets die Eigenschaft $E_J^2$ besitzt, folgt hieraus (Satz VI in 13.9), daß *für jedes Polyeder mit der Fundamentalgruppe $\mathfrak{F}$ der Cohomologiering „bis zur Dimension 2" dem Ring $P(\mathfrak{F}, J)$ zu entnehmen, also durch $\mathfrak{F}$ und $J$ bestimmt ist.*

3. Ist das Polyeder eine orientierbare Mannigfaltigkeit $M$ der Dimension $m$, so kann man unsere Resultate vermöge der bekannten Dualitätsbeziehungen auf den Schnittring der Homologieklassen übertragen, und zwar, wenn eine Überlagerung mit der Eigenschaft $E_J^N$ vorliegt, für die Dimensionen $n \geqslant m - N$; insbesondere ist der Schnitt zweier $(m-1)$-dimensionaler Homologieklassen stets durch die Fundamentalgruppe bestimmt (dies hat für geschlossene Mannigfaltigkeiten schon Hopf gezeigt, vgl. [1]).

Weitere Sätze, für ein beliebiges Polyeder, ergeben sich aus den unsern für das dem Alexanderschen Produkt (dem „cup"-Produkt) zugeordnete Čech-Whitneysche Produkt[3]) (das „cap"-Produkt), auf Grund des bekannten Zusammenhangs zwischen den beiden[3]). Auch hieraus erhält man im Falle der Mannigfaltigkeiten Resultate über den Schnittring.

---

[3]) Vgl. [6], ferner [9], S. 432 ff.

Auf alle diese Erweiterungen und Anwendungen werden wir nicht eingehen, sondern uns nur mit dem Alexanderschen Ring in einem beliebigen Polyeder befassen.

4. Unser Ergebnis enthält als Spezialfall einen Satz der Homotopietheorie von Hurewicz [4]), welcher besagt, daß *in einem asphärischen Polyeder der Cohomologiering durch die Fundamentalgruppe* $\mathfrak{F}$ *bestimmt ist*, d. h. daß zwei asphärische Polyeder mit isomorpher Fundamentalgruppe isomorphe Cohomologieringe haben. Ein Polyeder heißt dabei *asphärisch*, wenn in ihm jedes stetige Bild einer $n$-dimensionalen Sphäre ($n=2, 3, \ldots$) auf einen Punkt zusammengezogen werden kann. Wir können sogar über diesen Satz hinaus angeben, auf welche Weise der Cohomologiering bezüglich $J$ eines asphärischen Polyeders algebraisch mit der Fundamentalgruppe $\mathfrak{F}$ verknüpft ist: *Er ist zum Ring* $P(\mathfrak{F}, J)$ *isomorph* (vgl. die Sätze VII und VII′ in § 14; wir machen dort unter der Voraussetzung, daß das Polyeder in den Dimensionen $2, 3, \ldots, N-1$ asphärisch ist, eine Aussage „bis zur Dimension $N$“).

5. Der Ring $P(\mathfrak{G}, J)$ wird im Abschnitt I definiert und untersucht. Er ist seiner additiven Struktur nach die direkte Summe von Gruppen $\Gamma^n(\mathfrak{G}, J)$, $n = 0, 1, 2, \ldots$; die Elemente von $\Gamma^n(\mathfrak{G}, J)$ sind Klassen von Funktionen von $n$ Variabeln aus $\mathfrak{G}$, gebildet mit Hilfe einer Operation $\delta$ (vgl. § 1), die mit der Differentiation von Differentialformen eine gewisse Analogie aufweist. Das Produkt eines Elementes aus $\Gamma^n$ und eines aus $\Gamma^k$ ist ein Element aus $\Gamma^{n+k}$. Die Gruppen $\Gamma^n(\mathfrak{G}, J)$ sind auch definiert, wenn $J$ nicht ein Ring, sondern nur eine (additiv geschriebene) Abelsche Gruppe ist. In § 2 wird die Bedeutung von $\Gamma^1$ und $\Gamma^2$ untersucht: $\Gamma^1(\mathfrak{G}, J)$ ist die Gruppe der Homomorphismen von $\mathfrak{G}$ in $J$; $\Gamma^2(\mathfrak{G}, J)$ ist isomorph zur „Gruppe der zentralen Erweiterungen von $J$ durch $\mathfrak{G}$“. Es ergibt sich also ein *Zusammenhang der Cohomologietheorie mit Gruppenerweiterungen;* dieser gestattet nicht nur algebraische Anwendungen (vgl. z. B. 10.4 und 11.5), sondern legt auch gewisse Verallgemeinerungen nahe (vgl. 2.6), auf die wir an anderer Stelle eingehen werden und die ebenfalls mit topologischen Eigenschaften von Polyedern zusammenhängen.

6. Im Abschnitt III zeigen wir, daß $P(\mathfrak{G}, J)$ als Cohomologiering eines gewissen *abstrakten Komplexes* $K_{\mathfrak{G}}$ aufgefaßt werden kann, und zwar so, daß die $\Gamma^n(\mathfrak{G}, J)$ die Cohomologiegruppen der Dimension $n$ von $K$ sind. Die Zellen und die Randbildung von $K_{\mathfrak{G}}$ sind mit Hilfe der ab-

[4]) Vgl. [5], Teil IV, S. 221.

strakten Struktur der Gruppe $\mathfrak{G}$ allein erklärt; isomorphe Gruppen $\mathfrak{G}$ führen zu isomorphen Komplexen $K_{\mathfrak{G}}$.

Der Begriff des abstrakten Komplexes, in der Form, wie wir ihn benötigen, wird im Abschnitt II bereitgestellt, ebenso der Begriff der abstrakten *Überlagerung* und der zugehörigen *Automorphismengruppe*; der Homologietheorie werden dabei endliche Ketten zugrunde gelegt, der Cohomologietheorie i. A. unendliche Ketten (Funktionen der Zellen). Dualitätssätze für die Homologie- und Cohomologiegruppen werden beim Beweis der Sätze nicht benützt; wir brauchen deshalb diese Gruppen nicht zu topologisieren und können so den rein algebraischen Charakter unserer Überlegungen betonen. – Um den Zusammenhang mit den Polyedern herzustellen, ordnen wir dem Begriff des abstrakten Komplexes denjenigen des simplizialen Komplexes (der Simplizialzerlegung eines Polyeders) unter (§ 5 und 6.4); alle geometrischen, d. h. von Polyedern handelnden Sätze formulieren wir für simpliziale Komplexe $\mathsf{K}$. Der Übergang zur singulären Homologietheorie dürfte es gestatten, die Resultate dieser Arbeit auf allgemeinere Räume zu übertragen.

7. Im Abschnitt IV werden die Beziehungen von $P(\mathfrak{G},J)$ zur Cohomologietheorie aufgestellt, zunächst die rein additiven für beliebige abstrakte Komplexe, welche Überlagerungen mit zu $\mathfrak{G}$ isomorpher fixpunktfreier Automorphismengruppe besitzen, sodann die multiplikativen für simpliziale Komplexe. Die Hauptsätze sind in den §§ 11 und 13 formuliert; der Spezialfall asphärischer Polyeder wird in § 14 behandelt.

Die Ergebnisse von Hopf, die wir oben erwähnten, werden in unseren Ausführungen nicht benützt. Es sei aber bemerkt, daß die Beweismethode im Abschnitt IV, soweit sie die additive Struktur des Cohomologierings betrifft (§ 12), mit derjenigen von Hopf [2] verwandt und ihr teilweise nachgebildet ist. Es besteht übrigens zwischen den Gruppen $\mathfrak{G}^n_J$, die Hopf [2] der beliebigen Gruppe $\mathfrak{G}$ in rein algebraischer Weise zugeordnet hat (den „Bettischen Gruppen, die zu $\mathfrak{G}$ gehören“) und unseren Gruppen $\Gamma^n$ bei geeigneter Wahl der Koeffizienten eine naheliegende Beziehung (11.7): $\Gamma^n$ ist für $n = 1,2,\ldots$ die Gruppe der Charaktere von $\mathfrak{G}^n_J$. Man kann nämlich die $\mathfrak{G}^n_J$ als Homologiegruppen unseres abstrakten Komplexes $K_{\mathfrak{G}}$ auffassen.*)

*) Nach Beendigung der vorliegenden Arbeit habe ich durch Vermittlung von Herrn Hopf den Probeabzug einer Arbeit von S. Eilenberg und S. MacLane („Relations between homology and homotopy groups of spaces", Annals of math. 76 (1945) 489—509, erhalten, welche mit meiner Untersuchung enge Berührungen aufweist. Es wird dort u. a.

# I. Algebraische Einführung der Cohomologietheorie einer beliebigen Gruppe

## § 1. Die Gruppen $\Gamma^n(\mathfrak{G}, J)$.

**1.1.** $\mathfrak{G}$ sei eine beliebige, multiplikativ geschriebene Gruppe, $J$ eine Abelsche, additiv geschriebene Gruppe (im folgenden Koeffizientenbereich genannt).

Für $n = 1, 2, 3, \ldots$ verstehen wir unter einer *n-Funktion* $f^n$ eine Funktion, welche jedem System von $n$ Elementen $x_1, x_2, \ldots, x_n$ der Gruppe $\mathfrak{G}$ ein Element $\tau = f^n(x_1, x_2, \ldots, x_n)$ von $J$ zuordnet; $n$ heißt die Dimensionszahl von $f^n$. Alle $n$-Funktionen bilden bezüglich der Addition

$$(f^n + g^n)(x_1, \ldots, x_n) = f^n(x_1, \ldots, x_n) + g^n(x_1, \ldots, x_n)$$

eine Abelsche Gruppe, die wir mit $L^n(\mathfrak{G}, J)$ oder kurz $L^n$ bezeichnen.

**1.2.** Definition: Der *Corand* $\delta f^n$ einer $n$-Funktion $f^n$ ist die $(n + 1)$-Funktion, die durch

$$(\delta f^n)(x_1, x_2, \ldots, x_{n+1}) =$$
$$= f^n(x_1^{-1} x_2, \ldots, x_1^{-1} x_{n+1}) + \sum_{i=1}^{n+1} (-1)^i f^n(x_1, \ldots, \hat{x}_i, \ldots, x_{n+1})$$

gegeben ist. Dabei bedeutet $\hat{x}_i$, daß $x_i$ weggelassen werden soll, so daß als Argumente von $f^n$ noch $x_1, \ldots, x_{i-1}, x_{i+1}, \ldots, x_{n+1}$ übrig bleiben. So ist z. B.

$$\delta f^1(x_1, x_2) = f^1(x_1^{-1} x_2) - f^1(x_2) + f^1(x_1) ,$$
$$\delta f^2(x_1, x_2, x_3) = f^2(x_1^{-1} x_2, x_1^{-1} x_3) - f^2(x_2, x_3) + f^2(x_1, x_3) - f^2(x_1, x_2) .$$

Wegen $\delta(f^n + g^n) = \delta f^n + \delta g^n$ bewirkt die Operation $\delta$ eine homomorphe Abbildung von $L^n$ in $L^{n+1}$. Das Bild ist dabei eine Untergruppe $H^{n+1} = \delta L^n$ von $L^{n+1}$, bestehend aus denjenigen $(n + 1)$-Funktionen, die Coränder, d. h. von der Form $\delta f^n$ sind. Der Kern der Abbildung $\delta$ ist eine Untergruppe $Z^n$ von $L^n$, bestehend aus denjenigen $n$-Funktionen $f^n$, deren Corand $\delta f^n = 0$ ist; eine solche Funktion heißt ein *Cozyklus*.

---

ein Satz über asphärische Räume bewiesen, der genau dem Spezialfall unseres Ergebnisses für asphärische Polyeder (vgl. Nr. 4 unserer Einleitung oder Satz VII und VII′ in § 14) entspricht. Die Methode scheint von der meinen zwar verschieden zu sein, benützt aber auch einen abstrakten Komplex, der im wesentlichen mit unserem Komplex $K_{\mathfrak{G}}$ übereinstimmt.

**1.3.** Für $n = 0$ ergänzen wir die Definitionen in folgender Weise: Eine 0-Funktion $f^0$ ist ein Element $\tau$ von $J$, und $\delta f^0$ soll immer $= 0$ sein; $L^0 = Z^0$ ist also die Gruppe $J$, und $H^1$ ist $= 0$. Wir setzen ferner $H^0 = 0$.

**1.4.** *Für jede Funktion* $f^n$ $(n = 0, 1, 2, \ldots)$ *ist* $\delta\delta f^n = 0$.

Dies läßt sich durch direkte Rechnung verifizieren; wir verzichten darauf, da sich die Behauptung an anderer Stelle ergeben wird (s. 8.2).

Aus $\delta\delta = 0$ folgt: Jeder Corand ist ein Cozyklus, d. h. $H^n$ ist eine Untergruppe von $Z^n$. Die Faktorgruppe $Z^n/H^n$ heißt die *n-te Cohomologiegruppe von* $\mathfrak{G}$ *bezüglich* $J$ $(n = 0, 1, 2, \ldots)$; wir bezeichnen sie mit $\Gamma^n(\mathfrak{G}, J)$. Ihre Elemente, die Restklassen von $Z^n$ nach $H^n$, heißen Cohomologieklassen; zwei Cozyklen derselben Klasse, d. h. deren Differenz n $H^n$ liegt, heißen cohomolog. — $\Gamma^0(\mathfrak{G}, J) \cong J$ wird mit $J$ identifiziert [5]).

## § 2. Bedeutung der Gruppen $\Gamma^1(\mathfrak{G}, J)$ und $\Gamma^2(\mathfrak{G}, J)$.

**2.1.** Ist $f^1$ ein Cozyklus, so gilt

$$\delta f^1(x, y) = f^1(x^{-1}y) - f^1(y) + f^1(x) = 0$$

für beliebige Elemente $x, y \in \mathfrak{G}$; d. h. $f^1$ ist ein Homomorphismus von $\mathfrak{G}$ in $J$. Wegen $H^1 = 0$ ist $\Gamma^1(\mathfrak{G}, J) = Z^1$; die Elemente von $\Gamma^1$ sind also die Homomorphismen von $\mathfrak{G}$ in $J$, mit der üblichen Addition.

*Die Gruppe* $\Gamma^1(\mathfrak{G}, J)$ *ist die Gruppe der Homomorphismen von* $\mathfrak{G}$ *in* $J$.

**2.2.** Ein 2-Cozyklus ist eine Funktion $f^2$, für welche

$$\delta f^2(x, y, z) = f^2(x^{-1}y, x^{-1}z) - f^2(y, z) + f^2(x, z) - f^2(x, y) = 0$$

ist, mit beliebigen Elementen $x, y, z \in \mathfrak{G}$, oder

$$f^2(x, y) + f^2(y, z) = f^2(x^{-1}y, x^{-1}z) + f^2(x, z) \,. \tag{1}$$

Diese 2-Cozyklen lassen sich nun umkehrbar eindeutig den sog. *Faktorsystemen* [6]) von $\mathfrak{G}$ in $J$ zuordnen. Wenn von Faktorsystemen von $\mathfrak{G}$ in $J$ die Rede ist, so ist anzugeben, in welcher Weise $\mathfrak{G}$ als Automorphismen-

---

[5]) $\cong$ bedeutet „isomorph".

[6]) Vgl. [7], § 6. — Trotz der additiven Schreibweise in $J$ verwenden wir — wegen des Zusammenhangs mit der Erweiterungstheorie — die Bezeichnung Faktorsystem und nicht „Summandensystem".

gruppe von $J$ aufzufassen ist; hier sollen diese Automorphismen immer die Identität von $J$ sein. In diesem Falle sind die Faktorsysteme so definiert: Es sind 2-Funktionen $\varphi^2 \in L^2$, welche die Beziehung

$$\varphi^2(u, v) + \varphi^2(u, vw) = \varphi^2(v, w) + \varphi^2(uv, w) \tag{2}$$

für beliebige $u, v, w \in \mathfrak{G}$ erfüllen. Die Differenz zweier Faktorsysteme ist wieder ein solches; die Faktorsysteme bilden also eine Untergruppe $\Phi^2$ von $L^2$.

Wir ordnen jeder 2-Funktion $f^2$ eine andere $\varphi^2$ zu, indem wir

$$\varphi^2(u, v) = f^2(u, uv) \tag{3}$$

setzen für alle $u, v \in \mathfrak{G}$. Diese Zuordnung $f^2 \to \varphi^2$ ist homomorph, und sie läßt sich offenbar umkehren, indem man bei gegebenem $\varphi^2$

$$f^2(x, y) = \varphi^2(x, x^{-1}y) \tag{4}$$

setzt; sie ist also ein Isomorphismus von $L^2$ auf sich. Das Bestehen von (1) für $f^2$ ist mit dem Bestehen von (2) für die zugeordnete Funktion $\varphi^2$ äquivalent; um dies zu zeigen, setze man $x = u$, $y = uv$, $z = uvw$ und wende (3) bzw. (4) an. Es werden also beim Isomorphismus $f^2 \to \varphi^2$ die 2-Cozyklen genau den Faktorsystemen zugeordnet: *$Z^2$ ist zur Gruppe $\Phi^2$ der Faktorsysteme von $\mathfrak{G}$ in $J$ isomorph.*

**2.3.** Bei dem genannten Isomorphismus $f^2 \to \varphi^2$ entsprechen die Coränder $f^2 = \delta f^1$ genau denjenigen Faktorsystemen $\varphi^2$, für welche

$$\varphi^2(u, v) = \delta f^1(u, uv) = f^1(v) - f^1(uv) + f^1(u)$$

ist. Wenn es zu einem Faktorsystem $\varphi^2$ eine 1-Funktion $f^1$ gibt, derart daß diese Beziehung besteht, so nennt man es *zerfallend* [6]); die zerfallenden Faktorsysteme bilden eine zu $H^2$ isomorphe Untergruppe $\Phi_0^2$ von $\Phi^2$, und man nennt zwei Faktorsysteme, deren Differenz zerfallend ist, die sich also in derselben Restklasse von $\Phi^2$ nach $\Phi_0^2$ befinden, *äquivalent*. Wir bezeichnen die Gruppe $\Phi^2/\Phi_0^2$ der Klassen äquivalenter Faktorsysteme von $\mathfrak{G}$ in $J$ mit $\Psi(\mathfrak{G}, J)$; sie ist zu $\Gamma^2(\mathfrak{G}, J)$ isomorph.

**2.4.** Nach der Theorie von Schreier [6]) gehört zu jedem Faktorsystem von $\mathfrak{G}$ in $J$ eine *zentrale Erweiterung von $J$ durch $\mathfrak{G}$*, d. h. eine Gruppe $E$, welche $J$ als Untergruppe des Zentrums mit der Faktorgruppe $E/J \cong \mathfrak{G}$ enthält, und man erhält so alle zentralen Erweiterungen; dabei gehören zu äquivalenten Faktorsystemen Erweiterungen von $J$ durch $\mathfrak{G}$, die über $J$ isomorph sind, und umgekehrt (zu den zerfallenden Faktorsystemen gehört das direkte Produkt von $\mathfrak{G}$ und $J$). $\Psi(\mathfrak{G},J)$ kann deshalb als „Gruppe der zentralen Erweiterungen von $J$ durch $\mathfrak{G}$" bezeichnet werden.

*Die Gruppe $\Gamma^2(\mathfrak{G},J)$ ist isomorph zur Gruppe $\Psi(\mathfrak{G},J)$ der zentralen Erweiterungen von $J$ durch $\mathfrak{G}$.*

**2.5.** Die 2-Cozyklen lassen sich in gewissem Sinne als Faktorsysteme auffassen; in analoger Weise kann man auch für $n > 2$ verallgemeinerte $n$-Faktorsysteme definieren und diese den $n$-Cozyklen zuordnen.

Man bilde zu diesem Zwecke durch die Zuordnung $f^n \to \varphi^n$,

$$\varphi^n(u_1, u_2, \ldots, u_n) = f^n(u_1, u_1u_2, \ldots, u_1u_2\ldots u_n) ,$$

die Gruppe $L^n$ der $n$-Funktionen isomorph auf sich ab. Ein Cozyklus $f^n$ geht dabei über in eine Funktion $\varphi^n$, für welche wegen

$$\begin{aligned} 0 &= \delta f^n(u_1, u_1u_2, \ldots, u_1u_2\ldots u_{n+1}) \\ &= f^n(u_2, u_2u_3, \ldots, u_2u_3\ldots u_{n+1}) + \\ &\quad + \sum_{i=1}^{n+1}(-1)^i(u_1, \ldots, u_1u_2\ldots u_{i-1}, u_1u_2\ldots u_{i+1}, \ldots, u_1u_2\ldots u_{n+1}) \end{aligned}$$

gilt:

$$\begin{aligned} \varphi^n(u_2, u_3, \ldots, u_{n+1}) + \sum_{i=1}^{n} (-1)^i \varphi^n(u_1, \ldots, u_{i-1}, u_iu_{i+1}, u_{i+2}, \ldots, u_{n+1}) \\ + (-1)^{n+1}\varphi^n(u_1, u_2, \ldots, u_n) = 0 \ . \end{aligned}$$

Das ist eine Verallgemeinerung der Relation (2), durch welche die Faktorsysteme definiert sind. Ob den $n$-Faktorsystemen $\varphi^n$ auch für $n > 2$ eine einfache gruppentheoretische Bedeutung zukommt (über ihre Rolle in unsern algebraisch-topologischen Betrachtungen hinaus), ist mir unbekannt; immerhin sei darauf hingewiesen, daß ähnliche Begriffsbildungen in der Automorphismentheorie der Algebren auftreten [7]).

**2.6.** Die Betrachtung der Faktorsysteme legt es nahe, die Definition des Corandes so zu modifizieren, daß beliebige, nicht nur zentrale Erweiterungen von $J$ auftreten [6]); dabei muß man $\mathfrak{G}$ zum vorneherein als Automorphismengruppe von $J$ auffassen und

[7]) Vgl. *O. Teichmüller*, Deutsche Mathematik 5 (1940) 138—149; *E. Witt*, Crelles Journal 173 (1935) 43—51, bes. 44.

$$\delta f^n(x_1, \ldots, x_{n+1}) = x_1 \cdot f^n(x_1^{-1} x_2, \ldots, x_1^{-1} x_{n+1}) + \\ + \sum_{i=1}^{n+1} (-1)^i f^n(x_1, \ldots, \hat{x}_i, \ldots, x_{n+1})$$

setzen. Wir gehen auf diese Verallgemeinerung in der vorliegenden Arbeit nicht näher ein.

## § 3. Der Ring $P(\mathfrak{G}, J)$.

**3.1.** Der Koeffizientenbereich, der den Funktionen und Cohomologiegruppen zugrunde liegt, sei jetzt ein *Ring* (genauer: die additive Gruppe eines Ringes, der ebenfalls mit $J$ bezeichnet wird). Wir definieren für jede Funktion $f^n \in L^n$ und jede Funktion $g^k \in L^k$ ein *Produkt* $f^n \cup g^k$; das ist die $(n+k)$-Funktion $\in L^{n+k}$, die durch

$$(f^n \cup g^k)(x_1, x_2, \ldots, x_{n+k}) = \\ = f^n(x_1, x_2, \ldots, x_n) \cdot g^k(x_n^{-1} x_{n+1}, x_n^{-1} x_{n+2}, \ldots, x_n^{-1} x_{n+k})$$

bestimmt ist, wenn $n > 0$ und $k > 0$, und durch

$$(f^n \cup g^0)(x_1, x_2, \ldots, x_n) = f^n(x_1, x_2, \ldots, x_n) \cdot g^0 ,$$
$$(f^0 \cup g^k)(x_1, x_2, \ldots, x_k) = f^0 \cdot g^k(x_1, x_2, \ldots, x_k) .$$

Rechter Hand steht ein im Ring $J$ auszuführendes Produkt.

Ist $J$ ein Ring mit Einselement 1, so spielt offenbar $f^0 = 1$ für dieses $\cup$-Produkt die Rolle der Eins. Daß das $\cup$-Produkt *distributiv* ist, ist klar; wir wollen zeigen, daß es auch *assoziativ* ist:

$$(f^n \cup g^k) \cup h^m = f^n \cup (g^k \cup h^m)$$

für beliebige Funktionen $f^n$, $g^k$ und $h^m$.

Beweis. Wir dürfen $n$, $k$ und $m > 0$ annehmen. Es ist einerseits

$$((f^n \cup g^k) \cup h^m)(x_1, x_2, \ldots, x_{n+k+m}) = \\ = (f^n \cup g^k)(x_1, \ldots, x_{n+k}) \cdot h^m(x_{n+k}^{-1} x_{n+k+1}, \ldots, x_{n+k}^{-1} x_{n+k+m}) \\ = f^n(x_1, \ldots, x_n) \cdot g^k(x_n^{-1} x_{n+1}, \ldots, x_n^{-1} x_{n+k}) \cdot h^m(x_{n+k}^{-1} x_{n+k+1}, \ldots, x_{n+k}^{-1} x_{n+k+m}) ,$$

und andererseits

$$(f^n \cup (g^k \cup h^m))(x_1, x_2, \ldots, x_{n+k+m}) =$$
$$= f^n(x_1, \ldots, x_n) \cdot (g^k \cup h^m)(x_n^{-1} x_{n+1}, \ldots, x_n^{-1} x_{n+k+m})$$
$$= f^n(x_1, \ldots, x_n) \cdot g^k(x_n^{-1} x_{n+1}, \ldots, x_n^{-1} x_{n+k}) \cdot h^m(x_{n+k}^{-1} x_{n+k+1}, \ldots, x_{n+k}^{-1} x_{n+k+m}) .$$

**3.2.** Für das eben definierte $\cup$-Produkt gilt ferner die Formel

$$\delta(f^n \cup g^k) = (\delta f^n \cup g^k) + (-1)^n (f^n \cup \delta g^k) . \tag{5}$$

Beweis. Es ist

$$\delta(f^n \cup g^k)(x_1, x_2, \ldots, x_{n+k+1}) = (f^n \cup g^k)(x_1^{-1} x_2, \ldots, x_1^{-1} x_{n+k+1}) + \sigma$$

mit der Abkürzung

$$\sigma = \sum_{i=1}^{n+k+1} (-1)^i (f^n \cup g^k)(x_1, x_2, \ldots, \hat{x}_i, \ldots x_{n+k+1}) ;$$

man erhält dafür

$$\sigma = \sum_{i=1}^{n} (-1)^i f^n(x_1, \ldots, \hat{x}_i, \ldots, x_{n+1}) \cdot g^k(x_{n+1}^{-1} x_{n+2}, \ldots, x_{n+1}^{-1} x_{n+k+1})$$
$$+ \sum_{i=n+1}^{n+k+1} (-1)^i f^n(x_1, \ldots, x_n) \cdot g^k(x_n^{-1} x_{n+1}, \ldots, \widehat{x_n^{-1} x_i}, \ldots, x_n^{-1} x_{n+k+1}) .$$

Fügt man noch

$$0 = (-1)^n f^n(x_1, \ldots, x_n) \cdot g^k(x_{n+1}^{-1} x_{n+1}, \ldots, x_{n+1}^{-1} x_{n+k+1}) +$$
$$(-1)^{n+1} f^n(\ldots) \cdot g^k(\ldots)$$

hinzu, so erhält man nach geeigneter Zusammenfassung der Glieder

$$\delta(f^n \cup g^k)\ (x_1, \ldots, x_{n+k+1}) =$$
$$= \delta f^n(x_1, \ldots, x_{n+1}) \cdot g^k(x_{n+1}^{-1} x_{n+2}, \ldots, x_{n+1}^{-1} x_{n+k+1}) +$$
$$+ (-1)^n f^n(x_1, \ldots, x_n) \cdot \delta g^k(x_n^{-1} x_{n+1}, \ldots, x_n^{-1} x_{n+k+1})$$
$$= (\delta f^n \cup g^k)(x_1, \ldots, x_{n+k+1}) + (-1)^n (f^n \cup \delta g^k)\ (x_1, \ldots, x_{n+k+1}) .$$

**3.3.** Aus (5) folgt unmittelbar

Cozyklus $\cup$ Cozyklus = Cozyklus ,
Cozyklus $\cup$ Corand = Corand ,
Corand $\cup$ Cozyklus = Corand .

Für zwei Cozyklen $f^n$ und $g^k$ ist also die durch den Cozyklus $f^n \cup g^k$ repräsentierte Cohomologieklasse $\in \Gamma^{n+k}(\mathfrak{G}, J)$ nur abhängig von der Cohomologieklasse von $f^n$ und derjenigen von $g^k$; es ist also dadurch für Cohomologieklassen beliebiger Dimensionen ein $\cup$-Produkt definiert, welches distributiv und assoziativ ist und dessen Dimension gleich der Summe der Dimensionen der Faktoren ist. Hat der Ring $J$ ein Einselement 1, so spielt die aus $f^0 = 1$ bestehende Cohomologieklasse die Rolle des Einselements dieses Produkts.

*Ist $J$ ein Ring (mit Einselement), so wird vermöge des $\cup$-Produktes die direkte Summe aller Cohomologiegruppen $\Gamma^n(\mathfrak{G}, J)$, $n = 0, 1, 2, \ldots$, zu einem Ring $P(\mathfrak{G}, J)$ (mit Einselement), dem Cohomologiering der Gruppe $\mathfrak{G}$ bezüglich $J$.*

Bemerkungen:

**3.4.** *Gruppen-Paar.* Zwei Abelsche Gruppen $J_1$ und $J_2$ bilden ein Paar bezüglich der Abelschen Gruppe $J$, wenn für jedes Element $\tau_1 \in J_1$ und $\tau_2 \in J_2$ ein Produkt

$$\tau_1 \cdot \tau_2 = \tau \in J$$

definiert ist, welches bilinear (distributiv) ist. Beispiele: (1) $J_1 = J_2 = J$ sei ein Ring (von dem wir übrigens immer annehmen werden, daß er ein Einselement besitzt; dies spielt erst später eine Rolle). (2) $J_2$ sei die additive Gruppe der ganzen Zahlen (wir bezeichnen sie stets mit $\mathfrak{A}$), $J_1 = J$ eine beliebige Abelsche Gruppe; es ist klar, was dann unter dem Produkt $\tau_1 \cdot \tau_2$ zu verstehen ist. (3) $J_2$ sei eine beliebige Abelsche Gruppe, $J$ die additive Gruppe $\mathfrak{R}$ der reellen Zahlen modulo 1, und $J_1$ die Gruppe der Charaktere von $J_2$ (d. h. der Homomorphismen von $J_2$ in $\mathfrak{R}$), die wir mit $Ch J_2$ bezeichnen; $\tau_1 \cdot \tau_2 = \tau \in \mathfrak{R}$ ist der Wert des Charakters $\tau_1$ für das Element $\tau_2$.

Gruppenpaare werden in dieser Arbeit wiederholt als *Koeffizientenbereiche* Verwendung finden; dabei wird es sich immer nur um die drei genannten Fälle (1), (2) und (3) handeln. An dieser Stelle sei nur darauf hingewiesen, daß man das $\cup$-Produkt von Funktionen und Cohomologieklassen auch bilden kann, wenn man an Stelle des Ringes $J$ ein Gruppenpaar zugrunde legt: Wenn $J_1$ und $J_2$ bezüglich $J$ ein Paar bilden, so sei das Produkt $f^n \cup g^k \in L^{n+k}(\mathfrak{G}, J)$ für $f^n \in L^n(\mathfrak{G}, J_1)$ und $g^k \in L^k(\mathfrak{G}, J_2)$ durch dieselben Formeln wie in 3.1 definiert; es ist distributiv und erfüllt (5) und macht somit $\Gamma^n(\mathfrak{G}, J_1)$ und $\Gamma^k(\mathfrak{G}, J_2)$ zu einem Paar bezüglich $\Gamma^{n+k}(\mathfrak{G}, J)$.

**3.5.** Produkt zweier 1-Cozyklen. Sind $f^1$ und $g^1$ zwei 1-Cozyklen, so ist $f^2 = f^1 \cup g^1$ ein 2-Cozyklus, und für das ihm zugeordnete Faktorsystem $\varphi^2$ (vgl. 2.2) gilt

$$\varphi^2(u, v) = f^2(u, uv) = (f^1 \cup g^1)(u, uv) = f^1(u) \cdot g^1(v) \ .$$

Ist $J_1$ der Koeffizientenbereich für $f^1$, $J_2$ für $g^1$, wo $J_1$, $J_2$ ein Paar ist bezüglich $J$, so ist $\varphi^2$ ein Faktorsystem von $\mathfrak{G}$ in $J$, $f^1$ ein Homomorphismus von $\mathfrak{G}$ in $J_1$, $g^1$ in $J_2$. Also: *Sind $f^1$ und $g^1$ Homomorphismen von in $J_1$ bzw. $J_2$, so ist $\varphi^2(u, v) = f^1(u) \cdot g^1(v)$ ein Faktorsystem von $\mathfrak{G}$ in $J$; es entspricht dem Produkt $f^1 \cup g^1$.*

**3.6.** Es ergibt sich aus den Definitionen, daß zu isomorphen Gruppen $\mathfrak{G}$ isomorphe Cohomologiegruppen $\Gamma^n(\mathfrak{G}, J)$ $(n = 0, 1, 2, \ldots)$ und isomorphe Cohomologieringe $P(\mathfrak{G}, J)$ gehören; die Struktur der Gruppen $\Gamma^n$ und des Ringes $P$ ist also durch die *abstrakte Struktur von* $\mathfrak{G}$ (und von $J$) bestimmt.

## II. Abstrakte Komplexe und ihre Überlagerungen

Der im Abschnitt I beschriebene Ring $P(\mathfrak{G}, J)$ spielt in der algebraischen Topologie eine Rolle, die zu klären das Ziel der vorliegenden Arbeit ist. Wir werden zeigen, daß er dann auftritt, wenn ein Komplex eine Überlagerung mit der Automorphismengruppe $\mathfrak{G}$ besitzt. Dies beruht darauf, daß $P(\mathfrak{G}, J)$ selbst der Cohomologiering (im Sinne der algebraischen Topologie) eines gewissen abstrakten, zur Gruppe $\mathfrak{G}$ gehörigen Komplexes $K_{\mathfrak{G}}$ ist (§ 8).

Der Abschnitt II hat vorbereitenden Charakter. Wir erinnern zunächst an den Begriff des „rand-endlichen abstrakten Komplexes" (vgl. [9]) in dem von uns benötigten Umfang, und stellen die wichtigsten Formeln und Bezeichnungen zusammen; sodann besprechen wir die Begriffe „Automorphismus" und „Überlagerung" für abstrakte Komplexe in einer allgemeinen Form, welche sowohl den Komplex $K_{\mathfrak{G}}$ als auch die gewöhnlichen Überlagerungen von Polyedern umfaßt.

### § 4. Rand-endlicher Komplex.

**4.1.** Es liege eine Menge $K$ von Elementen vor, die (abstrakte) *Zellen* genannt werden; jeder Zelle sei eine nicht-negative ganze Zahl $n$, ihre Dimension, zugeordnet. Wir bezeichnen die $n$-dimensionalen Zellen mit $c^n$ und nennen sie auch kurz $n$-Zellen.

Eine (*endliche*) *n-Kette* in $K$ bezüglich einer Abelschen Gruppe $J$ ist eine endliche Linearform

$$a^n = \sum_i \tau_i c_i^n \ , \ \tau_i \in J \ ,$$

in der die Zellen die Rolle von Unbestimmten spielen; alle $n$-Ketten bilden bezüglich der Addition von Linearformen eine Abelsche Gruppe $\mathfrak{L}^n$ (ausführlicher $\mathfrak{L}^n(K,J)$ geschrieben). Dies für $n = 0, 1, 2, \ldots$; wir verstehen ferner unter $\mathfrak{L}^{-1}$ die Nullgruppe. Sind die Koeffizienten ganze Zahlen, d. h. nimmt man für $J$ die additive Gruppe $\mathfrak{A}$ der ganzen Zahlen, so sprechen wir von *ganzzahligen* Ketten. Ist $J$ beliebig, $a^n = \sum \nu_i c_i^n$ eine ganzzahlige Kette, und $\tau \in J$, so versteht man unter $\tau a^n$ die Kette $\in \mathfrak{L}^n(K,J)$

$$\tau a^n = \sum \nu_i \tau c_i^n \ .$$

Die direkte Summe aller $\mathfrak{L}^n(K,J)$ soll mit $\mathfrak{L}(K,J)$ bezeichnet werden; ihre Elemente sind „gemischt-dimensionale“ Ketten, im Gegensatz zu den „homogen-dimensionalen“ $n$-Ketten.

Zu einem *rand-endlichen abstrakten Komplex* wird $K$ erst durch Einführung einer Randoperation $\partial$; das ist ein System von Homomorphismen von $\mathfrak{L}^n(K, \mathfrak{A})$ in $\mathfrak{L}^{n-1}(K, \mathfrak{A})$, für jedes $n = 0, 1, 2, \ldots$ einer, welche die Bedingung $\partial\partial = 0$ erfüllen (d. h. $\partial\partial\, a^n = 0$ für jede ganzzahlige Kette $a^n$ der Dimension $n > 1$). Sie ist definiert, wenn für jede Zelle $c^n$ die ganzzahlige $(n - 1)$-Kette $\partial c^n$ bekannt ist.

Für spätere Zwecke sind noch die beiden folgenden Eigenschaften nützlich, die wir immer voraussetzen wollen: (a) Es gibt in $K$ mindestens eine 0-Zelle. (b) Für den Rand $\partial c^1 = \sum \nu_i c_i^0$ jeder 1-Zelle $c^1$ ist $\sum \nu_i = 0$.

**4.2.** Bei beliebigem Koeffizientenbereich $J$ versteht man unter dem Rand $\partial a^n$ einer Kette $a^n = \sum \tau_i c_i^n \in \mathfrak{L}^n(K,J)$ die $(n - 1)$-Kette

$$\partial a^n = \sum_i \tau_i \partial c_i^n \ ;$$

dann ist $\partial$ ein Homomorphismus von $\mathfrak{L}^n(K,J)$ in $\mathfrak{L}^{n-1}(K,J)$, für $n = 0, 1, 2, \ldots$ $\partial\mathfrak{L}^n = \mathfrak{H}^{n-1}$ ist die Untergruppe derjenigen $(n - 1)$-Ketten, welche *Ränder* sind, und der Kern des Homomorphismus $\partial$ von $\mathfrak{L}^n$ in $\mathfrak{L}^{n-1}$ ist die Untergruppe $\mathfrak{Z}^n$ derjenigen $n$-Ketten $a^n$, deren Rand $\partial a^n = 0$ ist und die man *Zyklen* nennt. Wegen $\partial\partial = 0$ ist $\mathfrak{H}^n$ Untergruppe von $\mathfrak{Z}^n$.

Für $n = 0$ ist wegen $\mathfrak{L}^{-1} = 0$ immer $\mathfrak{Z}^0 = \mathfrak{L}^0$, und $\mathfrak{L}^0 \neq 0$ wegen (a); ferner wegen (b) $\mathfrak{H}^0 \neq \mathfrak{Z}^0$, da nur 0-Ketten mit verschwindender Koeffizientensumme Ränder sein können. Die Gruppe der 0-Zyklen (0-Ketten) mit verschwindender Koeffizientensumme bezeichnen wir mit $\mathfrak{Z}^{00}$; es ist $\mathfrak{H}^0 \subset \mathfrak{Z}^{00}$.

Unter der *n-ten Homologiegruppe* $\mathfrak{B}^n(K,J)$ *von* $K$ *bezüglich* $J$ verstehen wir für $n \geqslant 1$ die Faktorgruppe $\mathfrak{Z}^n/\mathfrak{H}^n$, für $n = 0$ die Faktorgruppe $\mathfrak{Z}^{00}/\mathfrak{H}^0$; ihre Elemente heißen Homologieklassen.

**4.3.** Der *Cohomologietheorie* des Komplexes $K$ legen wir Ketten zugrunde, die auch unendlich viele Koeffizienten $\neq 0$ haben dürfen; es ist für unsere Zwecke etwas bequemer, von Funktionen zu sprechen: Eine *n-Funktion* $f^n$ in $K$ ist eine Funktion aller $n$-Zellen $c^n$ von $K$ mit Werten in $J$. Bezüglich ihrer natürlichen Addition bilden alle $n$-Funktionen in $K$ eine Abelsche Gruppe $L^n$ oder ausführlicher $L^n(K,J)$, $n = 0, 1, 2, \ldots$; unter $L^{-1}$ soll die Nullgruppe verstanden werden. Die direkte Summe aller $L^n(K,J)$ wird mit $L(K,J)$ bezeichnet.

$J_1$ und $J_2$ seien zwei Abelsche Gruppen, die bezüglich einer dritten $J$ ein *Paar* bilden (vgl. 3.4). Zu jeder Funktion $f^n \in L^n(K,J_1)$ der $n$-Zellen $c^n$ gehört eine Funktion der $n$-Ketten $a^n = \Sigma\, \tau_i\, c_i^n \in \mathfrak{L}^n(K,J_2)$, wenn man

$$f^n(a^n) = f^n(\sum_i \tau_i c_i^n) = \sum_i f^n(c_i^n) \cdot \tau_i$$

setzt; man nennt dieses Element $f^n(a^n) \in J$ den *Kroneckerschen Index* von $f^n$ und $a^n$. Faßt man $f^n(a^n)$ als Produkt von $f^n$ und $a^n$ auf, so ist dieses bilinear (distributiv) und macht $L^n(K,J_1)$ und $\mathfrak{L}^n(K,J_2)$ zu einem Paar bezüglich $J$. Wir werden als Gruppenpaare zur Bildung des Kroneckerschen Indexes nur die drei Fälle (1), (2), (3) aus 3.4 verwenden.

Bei festem $f^n$ ist $f^n(a^n)$ ein Homomorphismus von $\mathfrak{L}^n(K,J_2)$ in $J$. Man stellt leicht fest, daß in den drei Fällen (1), (2), (3) umgekehrt zu jedem Homomorphismus $h(a^n)$ von $\mathfrak{L}^n(K,J_2)$ in $J$ eine und nur eine Funktion $f^n \in L^n(K,J_1)$ gehört, für welche $f^n(a^n) = h(a^n)$ ist für alle $a^n$; insbesondere sind also zwei Funktionen $f^n$ und $g^n \in L^n(K,J_1)$, deren Kroneckerscher Index für alle $a^n \in \mathfrak{L}^n(K,J_2)$ übereinstimmt, identisch.

**4.4.** Der *Corand* $\delta f^{n-1}$ einer Funktion $f^{n-1} \in L^{n-1}(K,J)$, $n = 0, 1, 2, \ldots$, bei beliebigem Koeffizientenbereich $J$, ist die durch

$$\delta f^{n-1}(c^n) = f^{n-1}(\partial c^n) \tag{6}$$

definierte $n$-Funktion (die rechte Seite hat einen Sinn, da $\partial c^n$ ganzzahlig ist). Für den Kroneckerschen Index — in allen Fällen, wo er definiert ist — folgt aus (6)

$$\delta f^{n-1}(a^n) = f^{n-1}(\partial a^n) \tag{7}$$

für beliebige Funktionen $f^{n-1}$ und Ketten $a^n$. Ist $f^{n-1} \in L^{n-1}(K,J)$ mit beliebigem $J$ und $c^{n+1}$ eine $(n+1)$-Zelle, so gilt

$$\delta\delta f^{n-1}(c^{n+1}) = \delta f^{n-1}(\partial c^{n+1}) = f^{n-1}(\partial\partial c^{n+1}) = 0 .$$

Die Corandbildung $\delta$ ist für $n = 0, 1, 2, \ldots$ ein Homomorphismus von $L^{n-1}(K,J)$ in $L^n(K,J)$, wobei $\delta\delta = 0$ ist. Die *n-Coränder* bilden eine Untergruppe $H^n = \delta L^{n-1}$ von $L^n$, und der Kern von $\delta$ ist die Untergruppe $Z^{n-1}$ von $L^{n-1}$, die aus den Funktionen $f^{n-1}$ mit $\delta f^{n-1} = 0$, den $(n-1)$-*Cozyklen* besteht. Wegen $\delta\delta = 0$ ist $H^n \subset Z^n$. Die Faktorgruppe $Z^n/H^n$ wird für $n = 0, 1, 2, \ldots$ mit $B^n(K,J)$ bezeichnet und heißt die *n-te Cohomologiegruppe von K bezüglich J*; ihre Elemente heißen Cohomologieklassen, und zwei Cozyklen heißen cohomolog, wenn sie in derselben Klasse liegen. — Es ist immer $H^0 = 0$, also $B^0 = Z^0$.

Aus (7) folgt für den Kroneckerschen Index $f^n(a^n)$

$$\text{Cozyklus (Rand)} = \text{Corand (Zyklus)} = 0 .$$

Ist $f^n$ ein Cozyklus, $a^n$ ein Zyklus, so ist also $f^n(a^n)$ nur von der Cohomologieklasse von $f^n$ und der Homologieklasse von $a^n$ abhängig. Bilden $J_1$ und $J_2$ bezüglich $J$ ein Paar, so ist somit der Kroneckersche Index für die Elemente von $B^n(K,J_1)$ und $\mathfrak{B}^n(K,J_2)$ erklärt und macht diese zwei Gruppen zu einem Paar bezüglich $J$.

**4.5** Wir haben die Cohomologiegruppen $B^n(K,J)$ *nicht topologisiert*, d. h. wir fassen den Koeffizientenbereich $J$ und die Funktionengruppen ebenso wie die Kettengruppen $\mathfrak{L}^n$ als algebraische (diskrete) Gruppen auf. Es ist für die Zwecke dieser Arbeit auch gar nicht nötig, sie zu topologisieren; die Isomorphismen von Gruppen und Ringen, die das Hauptziel bilden (Sätze II und IV, im Abschnitt IV), lassen sich rein algebraisch herleiten. Die Topologisierung ist unerläßlich, wenn man den *Dualitätssatz* [8]) der Homologie- und Cohomologiegruppen, oft ein bequemes Hilfsmittel, heranziehen will; wir haben die Anwendung dieses Satzes vermieden — was ohne Komplikation möglich ist —, da er das Gruppenpaar (3) (vgl. 3.4) als Koeffizientenbereich voraussetzt, während unseren Ausführungen und der Formulierung der Sätze (Abschnitt IV) die Koeffizientenbereiche (1) und (2) angemessen sind.

Um immerhin den Dualitätssatz gelegentlich anwenden zu können (vgl. 8.4), erinnern wir an folgendes: $J$ sei eine topologische Abelsche

[8]) Vgl. [9], Kapitel I, bes. Nr. 7, und die dort zu findenden Literaturangaben.

Gruppe; führt man in $L^n(K,J)$ in üblicher Weise [9]) eine Topologie ein (die nicht diskret zu sein braucht, selbst wenn $J$ es ist), so kann man als topologisierte Cohomologiegruppe $\widehat{B}^n(K,J)$ die Faktorgruppe $Z^n/\widehat{H}^n$ definieren, wo $\widehat{H}^n$ die abgeschlossene Hülle von $H^n$ in $Z^n$ ist. Verwendet man nun die Koeffizientenbereiche (3), und ist dabei $J_1 = Ch J_2$ wie üblich bikompakt topologisiert, so gilt: $\widehat{B}^n(K,J_1)$ ist für $n \geqslant 1$ die bikompakte Charakterengruppe der diskreten Gruppe $\mathfrak{B}^n(K,J_2)$; umgekehrt ist also [8]) $\mathfrak{B}^n(K,J_2)$ die Gruppe der stetigen Charaktere von $\widehat{B}^n(K,J_1)$, also durch $\widehat{B}^n(K,J_1)$ bestimmt. — Die Gruppen $\widehat{B}^n(K,J)$ und $B^n(K,J)$ sind i. A. nicht nur topologisch, sondern auch algebraisch verschieden [10]). Sie fallen aber im algebraischen Sinne zusammen, wenn $J$ bikompakt ist, also gerade im Falle des Dualitätssatzes (außerdem übrigens auch in andern Fällen, speziell bei endlichen Komplexen [11])).

4.6. *In der Dimension* 0 haben wir die Definition der Cohomologiegruppe (d. h. des Corandes, also des Randes) so gewählt, wie sie sich für die Produktbildung als geeignet erweist (4.9); dies bringt für die 0-te Homologiegruppe Komplikationen der Darstellung mit sich, die wir dadurch vermeiden, daß wir $\mathfrak{B}^0$ (abweichend von den übrigen $\mathfrak{B}^n$) durch $\mathfrak{Z}^{00}/\mathfrak{H}^0$ definiert haben.

Die 0-Funktion $f^0$, die für alle Zellen $c^0$ denselben Wert $f^0(c^0) = \tau$ hat, ist ein Cozyklus. Dies folgt aus (b) in 4.1; denn es ist $\delta f^0(c^1) = f^0(\partial c^1) = \tau\sigma$, wo $\sigma$ die Koeffizientensumme von $\partial c^1$ ist, also $\delta f^0 = 0$. Wegen (a) in 4.1 ist ferner für $\tau \neq 0$ auch $f^0 \neq 0$. Es ist also (wegen $H^0 = 0$, $B^0 = Z^0$) stets $B^0 \neq 0$, genauer: $B^0$ enthält eine mit dem Koeffizientenbereich isomorphe Untergruppe $B^0_k$, bestehend aus den „Konstanten“ $f^0 = \tau$.

Wenn $\mathfrak{B}^0(K,J_2) = 0$ ist, so ist $B^0(K,J_1) = B^0_k(K,J_1) \cong J_1$ (dabei sollen $J_1$ und $J_2$ ein Paar bilden, vgl. 3.4).

*Beweis.* Es sei $a^0 = \sigma c^0_1 - \sigma c^0$, $\sigma \in J_2$, also $a^0 \in \mathfrak{Z}^{00} = \mathfrak{H}^0$. Dann ist für einen Cozyklus $f^0 \in L^0(K,J_1)$ $f^0(a^0) = 0$, d. h. $f^0(c^0_1)\cdot\sigma = f^0(c^0)\cdot\sigma$; dies gilt für zwei beliebige 0-Zellen und für alle $\sigma \in J_2$. Daraus folgt (in den Fällen (1), (2), (3) von 3.4), daß $f^0(c^0) = f^0(c^0_1)$, d. h. daß $f^0$ konstant ist.

[9]) Vgl. [10], S. 691.
[10]) Vgl. [10], S. 697.
[11]) Vgl. [10], S. 676.

**4.7.** *Zyklen erster Art.* Es sei hier ein Hilfssatz angeführt, der später eine Rolle spielen wird. Er handelt von den „Zyklen erster Art" bezüglich des (beliebigen) Koeffizientenbereiches $J$; darunter versteht man solche Zyklen, die Linearkombinationen ganzzahliger Zyklen mit Koeffizienten aus $J$ sind. Alle $n$-Zyklen erster Art bilden eine Untergruppe $\mathfrak{Z}^n_I(K,J)$ von $\mathfrak{Z}^n(K,J)$ oder von $\mathfrak{L}^n(K,J)$, welche $\mathfrak{H}^n$ umfaßt; die Faktorgruppe $\mathfrak{Z}^n_I/\mathfrak{H}^n = \mathfrak{B}^n_I$ heißt die $n$-te Homologiegruppe erster Art, $n=1$, $2,\ldots$ — Für $n = 0$ ist $\mathfrak{Z}^0_I = \mathfrak{Z}^0 = \mathfrak{L}^0$, $\mathfrak{Z}^{00}_I = \mathfrak{Z}^{00}$ und $\mathfrak{B}^0_I = \mathfrak{B}^0$ (vgl. 4.2).

*Hilfssatz.* Die Gruppe $\mathfrak{L}^n(K,J)$, $n = 1, 2, \ldots$, zerfällt in die direkte Summe ihrer Untergruppe $\mathfrak{Z}^n_I(K,J)$ und einer weitern Untergruppe.

*Beweis.* Čech[12]) hat gezeigt, daß die ganzzahlige Gruppe $\mathfrak{L}^n(K,\mathfrak{A})$ in die direkte Summe von $\mathfrak{Z}^n(K,\mathfrak{A})$ und einer weitern Untergruppe $\mathfrak{D}^n$ zerfällt; als Untergruppe der freien Abelschen Gruppe $\mathfrak{L}^n$ (von i. A. unendlich vielen Erzeugenden) sind $\mathfrak{Z}^n$ und $\mathfrak{D}^n$ selbst freie Abelsche Gruppen, und man kann als Basis von $\mathfrak{L}^n$ eine Basis von $\mathfrak{Z}^n$ zusammen mit einer solchen von $\mathfrak{D}^n$ wählen. Da $\mathfrak{L}^n(K,J)$ aus allen Linearkombinationen ganzzahliger Ketten mit Koeffizienten aus $J$ besteht, folgt hieraus die Behauptung. — Ähnlich beweist man für $n = 0$, indem man die Rolle von $\mathfrak{Z}^0_I$ der Gruppe $\mathfrak{Z}^{00}$ überträgt, den

*Zusatz.* $\mathfrak{L}^0(K,J)$ zerfällt in die direkte Summe von $\mathfrak{Z}^{00}(K,J)$ und einer weitern Untergruppe.

**4.8.** *Duale Homomorphismen.* Der Koeffizientenbereich für Ketten- und Homologiegruppen sei $J_2$, für Funktionen- und Cohomologiegruppen $J_1$, wobei $J_1$ und $J_2$ ein Paar bezüglich $J$ bilden (Fälle (1), (2), (3) aus 3.4). Wir betrachten einen Homomorphismus $V$ der Kettengruppe $\mathfrak{L}^n(K,J_2)$ des Komplexes $K$ in die Kettengruppe $\mathfrak{L}^m(K',J_2)$ eines Komplexes $K'$. Zu jeder Funktion $f^m \in L^m(K',J_1)$ gibt es dann eine und nur eine Funktion $g^n = V^*f^m \in L^n(K,J_1)$, derart daß für alle Ketten $a^n \in \mathfrak{L}^n(K,J_2)$ die Beziehung

$$V^*f^m(a^n) = f^m(Va^n)$$

besteht [denn der Kroneckersche Index auf der rechten Seite ist ein Homomorphismus $h$ von $\mathfrak{L}^n(K,J_2)$ in $J$, und zu $h$ gibt es nach 4.3 genau eine Funktion $g^n = V^*f^m \in L^n(K,J_1)$, derart daß $g^n(a^n) = h(a^n)$ ist für alle $a^n$]. $V^*$ ist ein Homomorphismus von $L^m(K',J_1)$ in $L^n(K,J_1)$, welchen wir *den zu V dualen Homomorphismus* nennen. Beispiel: Der zur Rand-

[12]) [3], S. 38, in Nr. 4.

bildung $\partial$ duale Homomorphismus $\partial^*$ ist die Corandbildung $\delta$. — Für zwei nacheinander ausgeübte Homomorphismen $W$ und $V$ verifiziert man leicht $(VW)^* = W^* V^*$. Sind insbesondere Homomorphismen $W$, $V$, $W_1$, $V_1$ gegeben, derart daß $VW = W_1 V_1$ ist, so folgt $W^* V^* = V_1^* W_1^*$. — Alles Gesagte überträgt sich natürlich auf Homomorphismen von $\mathfrak{L}(K,J_2)$, der direkten Summe aller $\mathfrak{L}^n(K,J_2)$, in $\mathfrak{L}(K',J_2)$.

Ist ein Homomorphismus $V$ *dimensionstreu*, d. h. bildet er für jede vorkommende Dimensionszahl $n$ jede $n$-Kette auf eine $n$-Kette ab, so ist auch $V^*$ dimensionstreu, d. h. bildet $n$-Funktionen auf $n$-Funktionen ab. Unter einer *Homologie-Abbildung* von $K$ in $K'$ verstehen wir einen dimensionstreuen Homomorphismus $\Phi$ der ganzzahligen Kettengruppe $\mathfrak{L}(K,\mathfrak{A})$ in $\mathfrak{L}(K',\mathfrak{A})$, für welchen $\partial\Phi = \Phi\partial$ ist, d. h. $\partial\Phi a = \Phi\partial a$ für jede ganzzahlige Kette $a$; wir sagen, $\Phi$ sei *mit $\partial$ vertauschbar*. $\Phi$ ist gegeben, wenn für jedes $n$ und jede $n$-Zelle $c^n$ von $K$ die ganzzahlige $n$-Kette $\Phi c^n$ bekannt ist. Wir setzen bei beliebigem $J$ für jede Kette $a^n = \Sigma\, \tau_i c_i^n \in \mathfrak{L}^n(K,J)$

$$\Phi\, a^n = \sum_i \tau_i \Phi c_i^n \; ;$$

dadurch wird $\Phi$ zu einem mit $\partial$ vertauschbaren dimensionstreuen Homomorphismus von $\mathfrak{L}(K,J)$ in $\mathfrak{L}(K',J)$. Es gilt dann für jedes $n$ $\Phi\mathfrak{H}^n(K,J) \subset \mathfrak{H}^n(K',J)$ und $\Phi\mathfrak{Z}^n(K,J) \subset \mathfrak{Z}^n(K',J)$; $\Phi$ induziert somit für $n = 1, 2, \ldots$ einen Homomorphismus von $\mathfrak{B}^n(K,J)$ in $\mathfrak{B}^n(K',J)$.

Ist $\Phi$ eine Homologie-Abbildung von $K$ in $K'$, so ist bei beliebigem $J$ der zum Homomorphismus $\Phi$ von $\mathfrak{L}(K,\mathfrak{A})$ in $\mathfrak{L}(K',\mathfrak{A})$ duale Homomorphismus $\Phi^*$ von $L(K',J)$ in $L(K,J)$ erklärt; er ist dimensionstreu und mit $\delta$ vertauschbar. Es gilt also für jedes $n$ $\Phi^* H^n(K',J) \subset H^n(K,J)$, $\Phi^* Z^n(K',J) \subset Z^n(K,J)$, und $\Phi^*$ induziert somit für $n = 0, 1, \ldots$ einen Homomorphismus von $B^n(K',J)$ in $B^n(K,J)$. Wir nennen $\Phi^*$ die zu $\Phi$ duale Cohomologie-Abbildung von $K'$ in $K$.

**4.9.** *Produktbildung im Komplex $K$.* Wir legen den Funktionen- und Cohomologiegruppen hier (es treten keine Ketten auf) einen Ring $J$ mit Einselement 1 zugrunde. Für jede Funktion $f^n \in L^n(K,J)$ und jedes Element $\tau \in J$ verstehen wir unter $\tau f^n$ bzw. $f^n \tau$ die Funktion, die man erhält, wenn man die Funktionswerte von $f^n$ alle von links bzw. rechts mit $\tau$ multipliziert. $e^0$ sei die durch $e^0(c^0) = 1$ für alle 0-Zellen definierte 0-Funktion; $\tau e^0$ ist dann eine „konstante" 0-Funktion (vgl. 4.6), also ein Cozyklus, und für $\tau \neq 0$ nicht 0, auch kein Corand, da $H^0 = 0$ ist.

Unter einem $\cup$-*Produkt* ("cup"-Produkt) in $K$ versteht man[13]) eine

[13]) Vgl. [9], S. 432 ff., auch wegen allgemeinerer Wahl der Koeffizienten; für unsere Zwecke genügt der Ring $J$.

Vorschrift, welche bei beliebigem Koeffizientenring $J$ je zwei Funktionen $f^n$ und $g^k$ von beliebigen Dimensionen $n$ und $k$ eine $(n+k)$-Funktion $f^n \cup g^k = h^{n+k}$ zuordnet, derart daß die Axiome erfüllt sind:

I. Distributivgesetz bezüglich der Addition der Funktionen.

II. Assoziativgesetz.

III. $\delta(f^n \cup g^k) = \delta f^n \cup g^k + (-1)^n f^n \cup \delta g^k$.

IV. $\tau e^0 \cup g^k = \tau g^k$ und $f^n \cup \tau e^0 = f^n \tau$ .

Aus III folgt leicht (genau wie in 3.3), daß dann auch ein $\cup$-Produkt für Cohomologieklassen beliebiger Dimensionen definiert ist; es macht die direkte Summe aller Cohomologiegruppen $B^n(K,J)$ zu einem Ring mit Einselement $R(K,J)$, dem *Cohomologiering des Komplexes K bezüglich J*. Das Einselement ist die Cohomologieklasse, die aus $e^0$ besteht.

## § 5. Simplizialer Komplex.

5.1. Einem endlichen oder unendlichen *simplizialen Komplex*[14]) $\mathsf{K}$ ordnen wir in folgender Weise einen rand-endlichen abstrakten Komplex $K$ (§ 4) zu: Die $n$-Zellen von $K$ sind für $n = 0$ die Eckpunkte von $\mathsf{K}$, für $n > 0$ die beliebig, aber fest orientierten $n$-dimensionalen Simplexe

$$c^n = [u_0, u_1, \ldots, u_n] \tag{8}$$

von $\mathsf{K}$ (dabei bedeuten $u_0, u_1, \ldots, u_n$ die Eckpunkte des betr. Simplexes, und die in (8) angeschriebene Reihenfolge entspricht der *positiven* Orientierung; ist $i_0, i_1, \ldots, i_n$ eine Permutation von $0, 1, \ldots, n$, so bedeutet das Symbol $[u_{i_1}, u_{i_2}, \ldots, u_{i_n}]$ die Kette $+c^n$ oder $-c^n$, je nachdem es sich um eine gerade oder ungerade Permutation handelt). Die Randbildung $\partial$ ist durch $\partial c^0 = 0$ und

$$\partial c^n = \partial[u_0, u_1, \ldots, u_n] = \sum_{i=0}^{n} (-1)^i [u_0, \ldots, \hat{u}_i, \ldots, u_n] = \sum_j \eta_j c_j^{n-1}$$

für $n > 0$ gegeben; rechts steht eine endliche ganzzahlige Kette, und es ist $\partial\partial = 0$. Die Bedingungen (a) und (b) aus 4.1 sind erfüllt. — Wir sagen gelegentlich, $K$ sei eine „Orientierung" von $\mathsf{K}$. Man kann die Orientierung auf verschiedene Arten wählen; die Homologie- und Cohomologie-

---

[14]) Darunter verstehen wir einen endlich-dimensionalen simplizialen Komplex im Sinne von [11], S. 155 ff.; ein solcher läßt sich geometrisch realisieren, ist also Simplizialzerlegung eines (Euklidischen oder krummen) Polyeders.

gruppen von $K$ haben aber stets dieselbe Struktur und dürfen deshalb mit $\mathfrak{B}^n(\mathsf{K},J)$ und $B^n(\mathsf{K},J)$ bezeichnet werden — es sind die üblichen (nicht-topologisierten) Homologie- und Cohomologiegruppen des simplizialen Komplexes $\mathsf{K}$.

**5.2.** *Das* $\cup$*-Produkt in* $\mathsf{K}$. In simplizialen Komplexen kann man bekanntlich[15]) stets ein $\cup$-Produkt (4.9) einführen. Man wählt in jedem Simplex von $\mathsf{K}$ eine *feste Reihenfolge seiner Eckpunkte*, und zwar so, daß im Durchschnitt zweier Simplexe die Reihenfolge übereinstimmt, und verwendet nur noch Symbole $[u_0, u_1, \ldots, u_n] = \pm c^n$, in denen die Eckpunkte $u_i$ in der vorgeschriebenen Reihenfolge stehen. Dann setzt man für zwei Funktionen $f^n$ und $g^k$ in $K$ und ein beliebiges $(n+k)$-Simplex $[u_0, u_1, \ldots, u_{n+k}] = \pm c^{n+k}$

$$f^n \cup g^k([u_0, u_1, \ldots, u_{n+k}]) = f^n([u_0, u_1, \ldots, u_n]) \cdot g^k([u_n, u_{n+1}, \ldots, u_{n+k}])$$

dadurch ist $f^n \cup g^k$ für alle $c^{n+k}$ definiert, und man verifiziert leicht, daß die Axiome I—IV (4.9) erfüllt sind. Der resultierende Cohomologiering ist bekanntlich[15]) von der Orientierung und von der gewählten Eckpunktreihenfolge unabhängig und darf deshalb mit $R(\mathsf{K},J)$ bezeichnet werden.

**5.3.** *Simpliziale Abbildung.* Es seien $\mathsf{K}$ und $\mathsf{K}_1$ zwei simpliziale Komplexe, $K$ und $K_1$ „Orientierungen" (5.1) von $\mathsf{K}$ bzw. $\mathsf{K}_1$. $\Phi$ sei eine simpliziale Abbildung von $\mathsf{K}$ in $\mathsf{K}_1$. Ist $c^n = [u_0, u_1, \ldots, u_n]$ ein orientiertes Simplex von $\mathsf{K}$ (eine Zelle von $K$), und ordnet man ihm das orientierte Simplex $[\Phi u_0, \Phi u_1, \ldots, \Phi u_n] = \pm c_1^n$ von $\mathsf{K}_1$ zu, falls die Bilder $\Phi u_i$ der Eckpunkte $u_i$ alle verschieden sind, andernfalls die Kette 0 (Ausartung), so entsteht bekanntlich eine Homologie-Abbildung (4.8) von $K$ in $K_1$, die ebenfalls mit $\Phi$ bezeichnet werden soll.

Hat man überdies die Eckpunktreihenfolge der Simplexe (5.2) in beiden Komplexen so gewählt, daß sie bei der simplizialen Abbildung erhalten bleibt — das ist immer möglich, wenn man zuerst die Reihenfolge in $\mathsf{K}_1$ festsetzt — so ist die zu $\Phi$ duale Cohomologie-Abbildung $\Phi^*$ (4.8) von $K_1$ in $K$ auch $\cup$-produkthomomorph[16]), induziert also einen dimensionstreuen Ringhomomorphismus des Cohomologieringes von $\mathsf{K}_1$ in denjenigen von $\mathsf{K}$; dieser Homomorphismus ist von den Orientierungen und von der in $\mathsf{K}_1$ gewählten Eckpunktreihenfolge unabhängig. Es gehört somit zu einer simplizialen Abbildung von $\mathsf{K}$ in $\mathsf{K}_1$ ein wohlbestimmter Ringhomomorphismus von $R(\mathsf{K}_1,J)$ in $R(\mathsf{K},J)$.

---

15) Vgl. [8] oder [6], S. 405; ferner [9], S. 436.

16) Vgl. [6], S. 406, Theorem 7.

## § 6. Automorphismengruppe und Überlagerung.

**6.1.** $K$ sei ein rand-endlicher abstrakter Komplex (§ 4). Unter einem *Automorphismus*[17]) von $K$ verstehen wir eine dimensionstreue Permutation $x$ aller Zellen von $K$, bei welcher „der Rand erhalten bleibt"; diese Bedingung bedeutet, daß der durch die Permutation definierte Homomorphismus der ganzzahligen Kettengruppe $\mathfrak{L}(K, \mathfrak{A})$ in sich, der ebenfalls mit $x$ bezeichnet wird, mit $\partial$ vertauschbar, also eine Homologie-Abbildung von $K$ in sich ist (4.8). Die zu $x$ duale Cohomologie-Abbildung wird gemäß 4.8 mit $x^*$ bezeichnet. $x$ bildet alle Gruppen $\mathfrak{L}^n(K,J)$, $\mathfrak{Z}^n(K,J)$ und $\mathfrak{H}^n(K,J)$, $x^*$ alle Gruppen $L^n(K,J)$, $Z^n(K,J)$ und $H^n(K,J)$ isomorph auf sich ab. Zu jedem Automorphismus $x$ existiert ein inverser Automorphismus $x^{-1}$.

**6.2.** Es sei eine *Gruppe* $\mathfrak{G}$ *von Automorphismen* des Komplexes $\overline{K}$ gegeben. Die Gesamtheit aller Zellen von $\overline{K}$ zerfällt in *Transitivitätsbereiche* gegenüber $\mathfrak{G}$: zwei Zellen gehören zu demselben Bereich, wenn es einen Automorphismus $x \in \mathfrak{G}$ gibt, welcher die eine in die andere überführt. Alle Zellen eines Bereiches haben dieselbe Dimension.

Wir definieren nun einen neuen (rand-endlichen abstrakten) Komplex $K$. Für $n = 0, 1, 2, \ldots$ wählen wir als $n$-Zellen $c^n$ von $K$ die $n$-dimensionalen Transitivitätsbereiche von $\overline{K}$ gegenüber $\mathfrak{G}$ (oder ihnen eineindeutig zugeordnete Dinge). Es besteht dann eine natürliche Abbildung $U$ von $\overline{K}$ auf $K$: Man ordne jeder Zelle $\bar{c}^n$ von $\overline{K}$ den Transitivitätsbereich $c^n = U\bar{c}^n$ zu, welcher sie enthält. Für $x \in \mathfrak{G}$ und für alle Zellen $\bar{c}^n$ von $\overline{K}$ gilt $Ux\bar{c}^n = U\bar{c}^n$, und, wenn man $U$ linear zu einem Homomorphismus der Kettengruppen von $\overline{K}$ auf diejenigen von $K$ erweitert, für jede Kette $\bar{a}^n$ von $\overline{K}$

$$Ux\bar{a}^n = U\bar{a}^n \quad ,$$

d. h. es ist $Ux = U$ für alle $x \in \mathfrak{G}$. — Wir sagen, $\overline{K}$ sei eine (abstrakte) *Überlagerung von* $K$ *mit der Automorphismengruppe* $\mathfrak{G}$; $U$ heißt die *Überlagerungsabbildung* von $\overline{K}$ auf $K$.

Wir haben noch die Randbildung in $K$ zu erklären. Ist $c^n$ eine beliebige Zelle von $K$, $\bar{c}^n$ eine Zelle von $\overline{K}$ mit $U\bar{c}^n = c^n$, so setzen wir

$$\partial c^n = U\partial\bar{c}^n \quad . \tag{11}$$

---

[17]) Zu diesem Begriff vgl. [2], S. 50 und die in [2] angegebene Literatur.

Die rechte Seite von (11) hängt tatsächlich nur von $c^n$ und nicht von der Auswahl von $\bar{c}^n$ ab; denn ist $U\bar{c}^n = U\bar{c}_1^n$, d. h. gehören $\bar{c}^n$ und $\bar{c}_1^n$ zu demselben Transitivitätsbereich, so gibt es ein $x$ mit $\bar{c}_1^n = x\bar{c}^n$, und es ist

$$U\partial\bar{c}_1^n = U\partial x\bar{c}^n = Ux\partial\bar{c}^n = U\partial\bar{c}^n \ .$$

(11) läßt sich auch in der Form $\partial U\bar{c}^n = U\partial\bar{c}^n$ schreiben; die Randbildung $\partial$ in $K$ ist also so gewählt, daß $U$ eine *Homologie-Abbildung von* $\bar{K}$ *in* $K$ ist.

Für jede Zelle $c^n = U\bar{c}^n$ von $K$ ist $\partial\partial c^n = \partial\partial U\bar{c}^n = U\partial\partial\bar{c}^n = 0$; die Bedingung $\partial\partial = 0$ ist also in $K$ erfüllt. Ebenso sind (a) und (b) aus 4.1 in $K$ erfüllt, weil sie es in $\bar{K}$ sind: (a) ist klar, und (b) ergibt sich so: Für jede 1-Zelle $c^1 = U\bar{c}^1$ von $K$ ist $\partial c^1 = U\partial\bar{c}^1 = U\Sigma\nu_i\bar{c}_i^0 = \Sigma\nu_i U\bar{c}_i^0$ mit $\Sigma\nu_i = 0$; da die $U\bar{c}_i^0$ 0-Zellen von $K$ sind, ist also die Koeffizientensumme von $\partial c^1$ gleich 0.

Für alle $n$ und jeden Koeffizientenbereich $J$ ist $U\mathfrak{L}^n(\bar{K},J) = \mathfrak{L}^n(K,J)$, d. h. $U$ ist eine Abbildung von $\bar{K}$ *auf* $K$; daraus folgt $U\mathfrak{H}^n(\bar{K},J) = U\partial\mathfrak{L}^{n+1}(\bar{K},J) = \partial U\mathfrak{L}^{n+1}(\bar{K},J) = \partial\mathfrak{L}^{n+1}(K,J) = \mathfrak{H}^n(K,J)$. Ferner sieht man leicht, daß $U\mathfrak{Z}^{00}(\bar{K},J) = \mathfrak{Z}^{00}(K,J)$ ist.

**6.3.** Eine Automorphismengruppe $\mathfrak{G}$ von $\bar{K}$ heißt *fixpunktfrei*[18]), wenn außer der Identität $e$ jeder Automorphismus $x \in \mathfrak{G}$ keine Zelle von $\bar{K}$ festläßt. In diesem Falle gilt für jede Zelle $\bar{c}^n$ von $\bar{K}$: Aus $x\bar{c}^n = y\bar{c}^n$ folgt $x^{-1}y\bar{c}^n = \bar{c}^n$, also $x^{-1}y = e$, also $x = y$. Man erhält somit in der Form $x\bar{c}^n$ jede Zelle des Transitivitätsbereiches von $\bar{c}^n$ genau einmal, wenn $x$ die Gruppe $\mathfrak{G}$ durchläuft.

**6.4.** *Reguläre Überlagerung eines simplizialen Komplexes.* $\mathsf{K}$ sei ein simplizialer Komplex (eine Simplizialzerlegung eines Polyeders[14])), $\bar{\mathsf{K}}$ ein regulärer Überlagerungskomplex von $\mathsf{K}$ im üblichen Sinne[2]). Diese Überlagerung kann in bekannter Weise mit Hilfe eines Normalteilers $\mathfrak{N}$ der Fundamentalgruppe $\mathfrak{F}$ von $\mathsf{K}$ konstruiert werden; es gehört zu ihr eine Gruppe $\mathfrak{G}$ von Decktransformationen[2]), die zur Faktorgruppe $\mathfrak{F}/\mathfrak{N}$ isomorph ist. Unter den *Decktransformationen* $x \in \mathfrak{G}$ versteht man eineindeutige simpliziale Abbildungen von $\bar{\mathsf{K}}$ auf sich, welche für jeden Eckpunkt $u$ von $\mathsf{K}$ die ihn überlagernden Eckpunkte $\bar{u}_j$ von $\bar{\mathsf{K}}$ permutieren. Die Überlagerungsabbildung $U$ ist die simpliziale Abbildung von $\bar{\mathsf{K}}$ auf $\mathsf{K}$, die jedem Eckpunkt $\bar{u}$ von $\bar{\mathsf{K}}$ den von ihm überlagerten Eckpunkt $u$ von $\mathsf{K}$ zuordnet.

Wir orientieren nun die Simplexe von $\mathsf{K}$ und $\bar{\mathsf{K}}$ und gehen zu den

---

[18]) Erläuterung dieser Bezeichnung s. [2], S. 52.

abstrakten Komplexen $K$ bzw. $\overline{K}$ über, deren Zellen die positiv orientierten Simplexe sind (vgl. 5.1). Und zwar orientieren wir die Simplexe von $\mathsf{K}$ beliebig, diejenigen von $\overline{\mathsf{K}}$ so, daß die simpliziale Abbildung $U$ die Orientierung erhält, d. h. positive Simplexe auf positive abbildet (Ausartungen kommen nicht vor). In diesem Fall erhalten auch alle Decktransformationen $x \in \mathfrak{G}$ die Orientierung: Ein orientiertes Simplex $\bar{c}^n = [\bar{u}_0, \bar{u}_1, \ldots, \bar{u}_n]$ von $\overline{\mathsf{K}}$ und $x\bar{c}^n = [x\bar{u}_0, x\bar{u}_1, \ldots, x\bar{u}_n]$ haben dasselbe $U$-Bild $[u_0, u_1, \ldots, u_n]$ in $\mathsf{K}$ mit $u_i = U\bar{u}_i = Ux\bar{u}_i$, somit dieselbe Orientierung. Die Decktransformationen bedeuten also (dimensionstreue und randtreue) Permutationen der positiv orientierten Simplexe von $\overline{\mathsf{K}}$, d. h. der Zellen von $\overline{K}$; es sind somit Automorphismen von $\overline{K}$. $\mathfrak{G}$ läßt sich also als *Automorphismengruppe von* $\overline{K}$ auffassen, die übrigens *fixpunktfrei* ist[2]); offenbar erzeugt sie im Sinne von 6.2 als überlagerten Komplex gerade den Komplex $K$, und $U$ ist die zugehörige Überlagerungsabbildung.

In dieser Weise ist die geometrische reguläre Überlagerung eines Polyeders in unserem abstrakten Begriff der Überlagerung (6.2) enthalten.

**6.5.** Es sei weiterhin $\overline{\mathsf{K}}$ eine reguläre Überlagerung des simplizialen Komplexes $\mathsf{K}$, mit der Decktransformationengruppe $\mathfrak{G}$ und der Überlagerungsabbildung $U$. In $\mathsf{K}$ sei, zum Zwecke der $\cup$-Produktbildung, für jedes Simplex eine Eckpunktreihenfolge ausgezeichnet (vgl. 5.2). Dann wähle man in den Simplexen von $\overline{\mathsf{K}}$ die Eckpunktreihenfolge so, *daß sie bei $U$ erhalten bleibt*; d. h. ist $\bar{c}^n = [\bar{u}_0, \bar{u}_1, \ldots, \bar{u}_n]$ ein in der richtigen Reihenfolge angeschriebenes (orientiertes) Simplex von $\overline{\mathsf{K}}$, dann ist $[u_0, u_1, \ldots, u_n]$, mit $u_i = U\bar{u}_i$, ein ebensolches von $\mathsf{K}$ (die zu $U$ duale Cohomologie-Abbildung $U^*$ ist dann $\cup$-produkthomomorph, vgl. 5.3). *Dann bleibt die Eckpunktreihenfolge bei allen Decktransformationen $x \in \mathfrak{G}$ erhalten*: Mit $\bar{c}^n = [\bar{u}_0, \bar{u}_1, \ldots, \bar{u}_n]$ ist auch $x\bar{c}^n = [x\bar{u}_0, x\bar{u}_1, \ldots, x\bar{u}_n]$ in der richtigen Reihenfolge angeschrieben, weil beide durch $U$ auf $[u_0, u_1, \ldots, u_n]$, mit $u_i = U\bar{u}_i = Ux\bar{u}_i$, abgebildet werden.

## § 7. Die Cohomologiegruppen des überlagerten Komplexes.

Wir zeigen in diesem Paragraphen, wie sich die Cohomologiegruppen $B^n(K, J)$ eines Komplexes $K$ in einer Überlagerung $\overline{K}$ von $K$ durch geeignete Gruppen von Funktionen beschreiben lassen; dabei ist in natürlicher Weise eine Untergruppe $B_0^n(K, J)$ von $B^n(K, J)$ — bzw. ein Teilring $R_0(K, J)$ des Cohomologieringes $R(K, J)$ — ausgezeichnet. Die Ergebnisse werden beim Beweis der Hauptsätze (Abschnitt IV) verwendet.

**7.1.** Es sei $K$ ein rand-endlicher Komplex, $\overline{K}$ eine Überlagerung von $K$ mit der Automorphismengruppe $\mathfrak{G}$, $U$ die zugehörige Überlagerungsabbildung (vgl. 6.2). $U$ ist eine Homologie-Abbildung von $\overline{K}$ auf $K$; $U^*$ sei die dazu duale Cohomologie-Abbildung von $K$ in $\overline{K}$ (4.8). Nach 6.2 gilt für jeden Automorphismus $x \in \mathfrak{G}$ die Beziehung $Ux = U$, somit auch $x^* U^* = U^*$.

Der Koeffizientenbereich $J$ sei beliebig, $n$ eine der Zahlen $0, 1, 2, \ldots$. Wir setzen zur Abkürzung $L^n = L^n(K,J)$ und $\overline{L}^n = L^n(\overline{K}, J)$. *$U^*$ bildet $L^n$ isomorph in $\overline{L}^n$ ab;* denn wenn für eine Funktion $f^n \in L^n$ gilt $U^* f^n = 0$, so folgt $U^* f^n(\bar{c}^n) = f^n(U\bar{c}^n) = 0$ für alle $\bar{c}^n$, also $f^n(c^n) = 0$ für alle $c^n$, d. h. $f^n = 0$. Wir bezeichnen das Bild $U^* L^n \subset \overline{L}^n$ mit $\overline{L}^n_0$.

**7.2.** *Die Untergruppe $\overline{L}^n_0$ von $\overline{L}^n$ besteht aus denjenigen Funktionen $\bar{f}^n \in \overline{L}^n$, die gegenüber der Gruppe $\mathfrak{G}$ invariant sind.* Dabei nennen wir eine Funktion $\bar{f}^n$ invariant, wenn für jedes $x \in \mathfrak{G}$ gilt $x^* \bar{f}^n = \bar{f}^n$, d. h. $\bar{f}^n(x\bar{c}^n) = \bar{f}^n(\bar{c}^n)$ für jede Zelle $\bar{c}^n$ von $\overline{K}$.

*Beweis.* a) Wenn $\bar{f}^n = U^* f^n$ ist, so gilt $x^* \bar{f}^n = x^* U^* f^n = U^* f^n = \bar{f}^n$. b) Es sei $x^* \bar{f}^n = \bar{f}^n$, d. h. $\bar{f}^n(x\bar{c}^n) = \bar{f}^n(\bar{c}^n)$ für jede Zelle $\bar{c}^n$ von $\overline{K}$, dies für alle $x \in \mathfrak{G}$. Dann kann man durch $f^n(U\bar{c}^n) = \bar{f}^n(\bar{c}^n)$ eine Funktion $f^n \in L^n$ definieren, für welche $U^* f^n = \bar{f}^n$ ist.

**7.3.** Wir verfolgen beim Isomorphismus $U^*$ von $L^n$ in $\overline{L}^n$ (auf $\overline{L}^n_0$) die Cozyklen und Coränder. Zur Abkürzung sei $Z^n = Z^n(K,J)$, $\overline{Z}^n = Z^n(\overline{K}, J)$, $H^n = H^n(K,J)$ und $\overline{H}^n = H^n(K,J)$ geschrieben.

Natürlich ist $U^* Z^n$ im Durchschnitt $\overline{Z}^n \cap \overline{L}^n_0$ von $\overline{Z}^n$ und $\overline{L}^n_0$ enthalten. Umgekehrt sei $\bar{f}^n \in \overline{Z}^n \cap \overline{L}^n_0$, d. h. $\delta \bar{f}^n = 0$ und $\bar{f}^n = U^* f^n$; dann folgt $\delta U^* f^n = U^* \delta f^n = 0$, also, weil $U^*$ isomorph ist, $\delta f^n = 0$ und somit $f^n \in U^* Z^n$. Es ist also

$$U^* Z^n = \overline{Z}^n \cap \overline{L}^n_0 . \tag{9}$$

Ferner ist

$$U^* H^n = U^* \delta L^{n-1} = \delta U^* L^{n-1} = \delta \overline{L}^{n-1}_0 .$$

Man erhält also für die Cohomologiegruppe $B^n(K,J)$ die Isomorphie

$$B^n(K,J) \cong \overline{Z}^n \cap \overline{L}^n_0 / \delta \overline{L}^{n-1}_0 . \tag{10}$$

**7.4.** *Die Gruppe $B^n_0$.* $U^*$ bewirkt einen Homomorphismus von $B^n(K,J)$ in $B^n(\overline{K}, J)$. Sein *Kern* sei mit $B^n_0(K,J)$ bezeichnet; das ist die folgendermaßen charakterisierte Untergruppe von $B^n(K,J)$: Ein Cozyklus $f^n \in Z^n$ repräsentiert dann und nur dann ein Element von $B^n_0(K,J)$, wenn $U^* f^n \in \overline{H}^n$ ist. Alle derartigen Cozyklen werden beim

Isomorphismus $U^*$ von $L^n$ auf $\overline{L}_0^n$ auf die Untergruppe $\overline{H}^n \cap \overline{L}_0^n$ von $\overline{Z}^n \cap \overline{L}_0^n$ abgebildet. Es gilt also

$$B_0^n(K,J) \cong \overline{H}^n \cap \overline{L}_0^n / \delta \overline{L}_0^{n-1} \ . \tag{11}$$

Wegen $\overline{H}^0 = 0$ ist offenbar $B_0^0(K,J) = 0$.

7.5. Als Koeffizientenbereiche für die Cohomologie- und die Homologiegruppen wählen wir jetzt zwei Abelsche Gruppen $J_1$ und $J_2$, die bezüglich $J$ ein Paar bilden (und zwar einen der Fälle (1), (2), (3) aus 3.4). Der Kroneckersche Index (4.3) ist in $K$ und $\overline{K}$ erklärt; er macht $B^n(K,J_1)$ und $\mathfrak{B}^n(K,J_2)$ zu einem Paar bezüglich $J$. Wir schreiben $B^n = B^n(K,J_1), \mathfrak{B}^n = \mathfrak{B}^n(K,J_2), \overline{\mathfrak{B}}^n = \mathfrak{B}^n(\overline{K}, J_2)$ usw. und setzen $n \geqslant 1$.

$U$ bewirkt einen (ebenfalls mit $U$ bezeichneten) Homomorphismus von $\overline{\mathfrak{B}}^n$ in $\mathfrak{B}^n$. *Das Bild* $U\overline{\mathfrak{B}}^n \subset \mathfrak{B}^n$ *wird durch* $B_0^n$ *annulliert*, d. h. der Kroneckersche Index eines Elementes von $B_0^n$ und eines solchen von $U\overline{\mathfrak{B}}^n$ ist stets $= 0$. In der Tat gilt für einen Cozyklus $f^n$, der einer Cohomologieklasse aus $B_0^n$ angehört, und einen Zyklus $\overline{a}^n \in \overline{\mathfrak{Z}}^n$

$$f^n(U\overline{a}^n) = U^*f^n(\overline{a}^n) = \delta g^{n-1}(\overline{a}^n) = g^{n-1}(\partial \overline{a}^n) = 0 \ .$$

Wir wollen untersuchen, ob sich die Untergruppe $B_0^n$ von $B^n$ durch diese Eigenschaft charakterisieren läßt. Es sei also $f^n$ ein Cozyklus in $K$, derart, daß $f^n(U\overline{a}^n) = 0$ ist für jeden Zyklus $\overline{a}^n \in \overline{\mathfrak{Z}}^n$; ist dann $U^*f^n \in \overline{H}^n$? Da $U^*f^n(\overline{a}^n) = 0$ ist für alle Zyklen $\overline{a}^n$, ist der Wert von $U^*f^n(\overline{b}^n)$ konstant, wenn $\overline{b}^n$ eine Restklasse von $\overline{\mathfrak{L}}^n$ nach $\overline{\mathfrak{Z}}^n$ durchläuft; er definiert also, weil $\overline{\mathfrak{L}}^n/\overline{\mathfrak{Z}}^n$ zu $\overline{\mathfrak{H}}^{n-1}$ isomorph ist, einen Homomorphismus $h$ von $\overline{\mathfrak{H}}^{n-1}$ in $J$, wenn man

$$h(\partial \overline{b}^n) = U^*f^n(\overline{b}^n)$$

setzt für alle $\overline{b}^n \in \overline{\mathfrak{L}}^n$. *Wenn man diesen Homomorphismus $h$ von $\overline{\mathfrak{H}}^{n-1}$ in $J$ zu einem solchen von $\overline{\mathfrak{L}}^{n-1}$ in $J$ erweitern kann,* dann gehört zu ihm eine $(n-1)$-Funktion $\overline{g}^{n-1}$ (vgl. 4.3), für welche

$$\overline{g}^{n-1}(\partial \overline{b}^n) = U^*f^n(\overline{b}^n) \ , \quad \text{also} \quad \delta \overline{g}^{n-1}(\overline{b}^n) = U^*f^n(\overline{b}^n)$$

ist für alle $\overline{b}^n \in \overline{\mathfrak{L}}^n$, also $U^*f^n = \delta \overline{g}^{n-1}$, d. h. $U^*f^n \in \overline{H}^n$, und $f^n$ gehört zu einer Cohomologieklasse von $B_0^n$.

Die genannte Erweiterung des Homomorphismus $h$ ist insbesondere dann möglich, wenn $\mathfrak{B}_I^{n-1} = 0$ ist[19]) ($\overline{\mathfrak{B}}_I^{n-1} \subset \overline{\mathfrak{B}}^{n-1}$ ist die Homologiegruppe erster Art, vgl. 4.8). Dies bedeutet nämlich für $n \geqslant 2$, daß $\overline{\mathfrak{H}}^{n-1}$ gleich der Gruppe $\overline{\mathfrak{Z}}_I^{n-1}$ der Zyklen erster Art ist, für $n = 1$, daß $\overline{\mathfrak{H}}^0$ gleich der Gruppe $\overline{\mathfrak{Z}}^{00}$ der 0-Ketten mit verschwindender Koeffizientensumme ist (4.2); in beiden Fällen also nach 4.7, daß $\overline{\mathfrak{H}}^{n-1}$ direkten Summand in $\overline{\mathfrak{L}}^{n-1}$ ist. Also:

**7.6.** *Hilfssatz. Wenn für ein* $n \geqslant 1$ $\mathfrak{B}_I^{n-1}(\overline{K}, J_2) = 0$ *ist, dann ist die Untergruppe* $B_0^n(K, J_1)$ *von* $B^n(K, J_1)$ *dadurch charakterisiert, daß sie* $U\mathfrak{B}^n(\overline{K}, J_2)$ *annulliert.*

*Korollar. Wenn für ein* $n \geqslant 1$ $\mathfrak{B}^{n-1}(\overline{K}, J_2) = \mathfrak{B}^n(\overline{K}, J_2) = 0$ *ist, dann ist* $B_0^n(K, J_1)$ *gleich der ganzen Gruppe* $B^n(K, J_1)$.

**7.7.** *Der Ring* $R_0$. Wir nehmen jetzt an, daß in $K$ und in $\overline{K}$ ein $\cup$-Produkt definiert und daß die Cohomologie-Abbildung $U^*$ von $K$ in $\overline{K}$ $\cup$-produkthomomorph ist; dann bewirkt sie, wenn $J$ ein Ring mit Einselement ist, einen Ringhomomorphismus von $R(K,J)$ in $R(\overline{K},J)$, dessen *Kern* ein Ideal (also ein Teilring) $R_0(K,J)$ von $R(K,J)$ ist. Seiner additiven Struktur nach ist der Ring $R_0$ die direkte Summe der Gruppen $B_0^n$, $n = 1, 2, \ldots$ (vgl. 7.4). Beim Isomorphismus $U^*$ von $L^n$ in $\overline{L}^n$ wird jede Cohomologieklasse $\in B_0^n$ auf eine Restklasse von $\overline{H}^n \cap \overline{L}_0^n$ modulo $\delta\overline{L}_0^{n-1}$ abgebildet; daraus folgt, daß das $\cup$-Produkt in $\overline{K}$ für die Restklassen von $\overline{H}^n \cap \overline{L}_0^n$ modulo $\delta\overline{L}_0^{n-1}$, also die Elemente der Gruppen $\overline{H}^n \cap \overline{L}_0^n / \delta\overline{L}_0^{n-1}$, $n = 1, 2, \ldots$, ein Produkt definiert, welches die direkte Summe der $\overline{H}^n \cap \overline{L}_0^n / \delta\overline{L}_0^{n-1}$ zu einem Ring $S(\overline{K}, J)$ macht, und dieser ist zu $R_0$ isomorph.

$R_0(K,J)$ *ist dimensionstreu isomorph zu dem Ring* $S(\overline{K}, J)$, *der seiner additiven Struktur nach die direkte Summe der Gruppen* $\overline{H}^n \cap \overline{L}_0^n / \delta\overline{L}_0^{n-0}$ *ist, und dessen multiplikative Struktur durch das* $\cup$*-Produkt in* $\overline{K}$ *gegeben ist.*

Bemerkung: Ist $\mathsf{K}$ ein simplizialer Komplex, $\overline{\mathsf{K}}$ eine reguläre Überlagerung von $\mathsf{K}$, so ist der Ringhomomorphismus $U^*$ von $R(\mathsf{K}, J)$ in $R(\overline{\mathsf{K}}, J)$ von der in $\mathsf{K}$ gewählten Numerierung der Eckpunkte und Orientierung der Simplexe unabhängig (vgl. 5.3); dasselbe gilt also auch für den Kern $R_0(\mathsf{K}, J)$ von $U^*$.

## III. Der zur Gruppe $\mathfrak{G}$ gehörige abstrakte Komplex

Jeder beliebigen Gruppe $\mathfrak{G}$ ordnen wir hier einen Komplex $K_{\mathfrak{G}}$ zu, welcher eine Überlagerung $\overline{K}_{\mathfrak{G}}$ mit zu $\mathfrak{G}$ isomorpher Automorphismen-

[19]) Diese Bedingung wird später auftreten. Natürlich ist die Erweiterung bei geeigneter Wahl der Koeffizienten auch in anderen Fällen möglich.

gruppe besitzt. $\overline{K}_{\mathfrak{G}}$ ist azyklisch, d. h. seine Homologiegruppen sind alle 0. Der im Abschnitt I beschriebene Ring $P(\mathfrak{G}, J)$ ist der Cohomologiering des Komplexes $K$.

## § 8. Der Komplex $K_{\mathfrak{G}}$.

**8.1.** $\mathfrak{G}$ sei wie im Abschnitt I eine beliebige, multiplikativ geschriebene Gruppe. Wir konstruieren von ihr ausgehend einen rand-endlichen abstrakten Komplex (Definition in § 4) $K_{\mathfrak{G}}$, indem wir festsetzen:

Die $n$-Zellen von $K_{\mathfrak{G}}$ sind für $n \geqslant 1$ die geordneten Systeme

$$c^n = (x_1, x_2, \ldots, x_n) \tag{12}$$

von $n$ Elementen $x_i \in \mathfrak{G}$. Es gibt eine einzige 0-Zelle $c^0$ (das leere System). Der Rand $\partial c^n$ der Zelle $c^n = (x_1, x_2, \ldots, x_n)$ wird für $n \geqslant 2$ durch

$$\begin{aligned} \partial c^n &= \partial(x_1, x_2, \ldots, x_n) = \\ &= (x_1^{-1} x_2, \ldots, x_1^{-1} x_n) + \sum_{i=1}^{n} (-1)^i (x_1, \ldots, \hat{x}_i, \ldots, x_n) \end{aligned} \tag{13}$$

definiert (Bedeutung von $\hat{x}_i$ s. 1.2); für $n = 0$ und 1 setzen wir $\partial c^0 = 0$ und $\partial c^1 = 0$. Die Bedingungen (a) und (b) aus 4.1 sind erfüllt. Wir haben zu verifizieren:

Für jede Zelle $c^n$ ist $\partial\partial c^n = 0$.

*Beweis.* Für $n \leqslant 2$ ist nichts zu zeigen. Es sei $n \geqslant 3$.

$$\begin{aligned} &\partial\partial(x_1, x_2, \ldots, x_n) = \\ &= \partial(x_1^{-1} x_2, \ldots, x_1^{-1} x_n) + \sum_{i=1}^{n} (-1)^i \partial(x_1, \ldots, x_i, \ldots, x_n) = \\ &= (x_2^{-1} x_3, \ldots, x_2^{-1} x_n) + \sum_{i=2}^{n} (-1)^{i-1} (x_1^{-1} x_2, \ldots, \widehat{x_1^{-1} x_i}, \ldots, x_1^{-1} x_n) \\ &\quad -(x_2^{-1} x_3, \ldots, x_2^{-1} x_n) + \sum_{i=2}^{n} (-1)^i (x_1^{-1} x_2, \ldots, \widehat{x_1^{-1} x_i}, \ldots, x_1^{-1} x_n) \\ &\quad + \sum_{i=1}^{n} (-1)^i \left[ \sum_{k=1}^{i-1} (-1)^k (x_1, \ldots, \hat{x}_k, \ldots, \hat{x}_i, \ldots, x_n) + \right. \\ &\quad \left. + \sum_{k=i+1}^{n} (-1)^{k-1} (x_1, \ldots, \hat{x}_i, \ldots, \hat{x}_k, \ldots, x_n) \right]. \end{aligned}$$

Das letzte Glied $\sum_{i=1}^{n} (-1)^i [\ldots]$ erweist sich leicht als 0; also ist $\partial\partial c^n = 0$.

**8.2.** Eine $n$-Funktion $f^n$ im Komplex $K_{\mathfrak{G}}$ ist eine Funktion aller $n$-Zellen $c^n = (x_1, x_2, \ldots, x_n)$ mit Werten im Koeffizientenbereich $J$; dieser Begriff läßt sich offenbar identifizieren mit dem der $n$-Funktion, den wir in 1.1 betrachtet haben; es ist also $L^n(\mathfrak{G}, J) = L^n(K_{\mathfrak{G}}, J)$. Ebenso sieht man, daß die Corandbildung in $K_{\mathfrak{G}}$

$$\delta f^n(c^{n+1}) = f^n(\partial c^{n+1}) = f^n\big(\partial(x_1, x_2, \ldots, x_{n+1})\big)$$

auf Grund von (13) mit derjenigen in 1.1 identisch ist. Da in jedem Komplex $\delta\delta = 0$ ist, haben wir damit den Beweis der Behauptung 1.4 nachgeholt, und es ist für alle $n \geqslant 0$

$$\Gamma^n(\mathfrak{G}, J) = B^n(K_{\mathfrak{G}}, J) \ .$$

**8.3.** *$\cup$-Produkt in $K_{\mathfrak{G}}$.* Wir übernehmen die Definition eines $\cup$-Produktes in $K_{\mathfrak{G}}$ aus 3.1 und setzen für zwei Funktionen $f^n$ und $g^k$ und jede $(n+k)$-Zelle $c^{n+k} = (x_1, x_2, \ldots, x_{n+k})$

$$f^n \cup g^k(c^{n+k}) = f^n(x_1, \ldots, x_n) \cdot g^k(x_n^{-1} x_{n+1}, \ldots, x_n^{-1} x_{n+k}) \qquad (14)$$

und

$$f^0 \cup g^k(c^k) = f^0 \cdot g^k(c^k) \ , \quad f^n \cup g^0(c^n) = f^n(c^n) \cdot g^0 \ .$$

Aus 3.1 und 3.2 ist zu entnehmen, daß die *Axiome* I—IV (vgl. 4.9) erfüllt sind.

$J$ sei ein Ring; der in § 3 definierte *Cohomologiering* $P(\mathfrak{G}, J)$ *der Gruppe* $\mathfrak{G}$ *ist identisch mit dem Cohomologiering des Komplexes* $K_{\mathfrak{G}}$:

$$P(\mathfrak{G}, J) = R(K_{\mathfrak{G}}, J) \ .$$

Wir werden auch — bei beliebiger Koeffizientengruppe $J$ — die Homologiegruppen $\mathfrak{B}^n(K_{\mathfrak{G}}, J)$ des Komplexes $K_{\mathfrak{G}}$ kurz die „Homologiegruppen der Gruppe $\mathfrak{G}$ bezüglich $J$" nennen und mit $\mathfrak{B}^n(\mathfrak{G}, J)$ bezeichnen.

**8.4.** *Die erste ganzzahlige Homologiegruppe* $\mathfrak{B}^1(\mathfrak{G}, J)$. Wir haben in 2.1 gesehen, daß $\Gamma^1(\mathfrak{G}, J)$ die Gruppe der Homomorphismen von $\mathfrak{G}$ in die Abelsche Gruppe $J$ ist; diese Homomorphismen lassen sich identifizieren mit denjenigen der Faktorgruppe $\mathfrak{G}'$ von $\mathfrak{G}$ nach ihrer Kommutatorgruppe (der „Abelsch gemachten Gruppe $\mathfrak{G}$") in $J$.

$\mathfrak{A}$ sei die additive Gruppe der ganzen Zahlen, $Ch\,\mathfrak{A} = \mathfrak{R}$ ihre Charaktergruppe, isomorph zur additiven Gruppe der reellen Zahlen modulo 1. Aus dem Dualitätssatz (4.5) ergibt sich: $\Gamma^1(\mathfrak{G}, \mathfrak{R}) = B^1(K_{\mathfrak{G}}, \mathfrak{R})$ ist isomorph zur Gruppe der Charaktere von $\mathfrak{B}^1(\mathfrak{G}, \mathfrak{A})$. Andererseits ist $\Gamma^1(\mathfrak{G}, \mathfrak{R})$ die Gruppe der Homomorphismen von $\mathfrak{G}'$ in $\mathfrak{R}$, d. h. der Charaktere von $\mathfrak{G}'$; aber daraus, daß die diskreten Gruppen $\mathfrak{B}^1(\mathfrak{G}, \mathfrak{A})$ und $\mathfrak{G}'$ isomorphe Charakterengruppen haben, folgt, daß sie selbst isomorph sind:

$\mathfrak{B}^1(\mathfrak{G}, \mathfrak{A})$ *ist isomorph zur Abelsch gemachten Gruppe* $\mathfrak{G}$.

## § 9. Der azyklische Komplex $\overline{K}_{\mathfrak{G}}$.

**9.1.** Wir konstruieren zu der Gruppe $\mathfrak{G}$ einen zweiten abstrakten Komplex $\overline{K}_{\mathfrak{G}}$. Es wird wie $K_{\mathfrak{G}}$ definiert durch Angabe seiner Zellen und der Randoperation $\partial$.

Die $n$-Zellen von $\overline{K}_{\mathfrak{G}}$ sind für alle $n \geqslant 0$ die geordneten Systeme

$$\bar{c}^n = \{x_0, x_1, \ldots, x_n\}$$

von $n+1$-Elementen $x_i \in \mathfrak{G}$. Der Rand $\partial \bar{c}^n$ der Zelle $\bar{c}^n = \{x_0, x_1, \ldots, x_n\}$ wird für $n \geqslant 1$ durch

$$\partial \bar{c}^n = \partial \{x_0, x_1, \ldots, x_n\} = \sum_{i=0}^{n} (-1)^i \{x_0, \ldots, \hat{x}_i, \ldots, x_n\} \tag{15}$$

definiert, für $n = 0$ durch $\partial \bar{c}^0 = \partial\{x_0\} = 0$. Die Bedingungen (a) und (b) aus 4.1 und ebenso $\partial\partial \bar{c}^n = 0$ sind erfüllt, wie man leicht feststellt.

**9.2.** Ein Komplex $K$ soll „*azyklisch in der Dimension n bezüglich des Koeffizientenbereiches J*" heißen, wenn $\mathfrak{B}^n(K, J) = 0$ ist; dies bedeutet für $n \geqslant 1$, daß jeder $n$-Zyklus ein Rand ist, für $n = 0$, daß jeder 0-Zyklus mit verschwindender Koeffizientensumme ein Rand ist (vgl. 4.2).

*Der Komplex* $\overline{K}_{\mathfrak{G}}$ *ist in allen Dimensionen und bezüglich jedes Koeffizientenbereiches J azyklisch.*

*Beweis.* Ist $x$ ein beliebiges Element von $\mathfrak{G}$, so verstehen wir für jede Zelle $\bar{c}^n = \{x_0, x_1, \ldots, x_n\}$ unter $\{x, \bar{c}^n\}$ die $(n+1)$-Zelle $\{x, x_0, \ldots, x_n\}$ und für jede Kette $\bar{a}^n = \Sigma \tau_i \bar{c}_i^n$ unter $\{x, \bar{a}^n\}$ die $(n+1)$-Kette $\Sigma \tau_i \{x, \bar{c}_i^n\}$. Für $n \geqslant 1$ gilt dann

$$\partial \{x, \bar{c}^n\} = \bar{c}^n - \{x, \partial \bar{c}^n\},$$

also für jede $n$-Kette $\bar{a}^n$

$$\partial \{x, \bar{a}^n\} = \bar{a}^n - \{x, \partial \bar{a}^n\};$$

ist $\bar{a}^n$ ein Zyklus, so folgt $\bar{a}^n = \partial\{x, \bar{a}^n)\}$, d. h. $\bar{a}^n$ ist ein Rand. Für $n=0$ gilt $\partial\{x, \bar{c}^0\} = \bar{c}^0 - \{x\}$; ist $\bar{a}^0 = \Sigma\, \tau_i\, \bar{c}_i^0$, so wird

$$\partial\{x, \bar{a}^0\} = \Sigma\, \tau_i\, \partial\{x, \bar{c}_i^0\} = \Sigma\, \tau_i\, (\bar{c}_i^0 - \{x\}) = \bar{a}^0 - \Sigma\, \tau_i\, \{x\} ,$$

und ist $\Sigma\, \tau_i = 0$, so folgt $\bar{a}^0 = \partial\{x, \bar{a}^0\}$, d. h. $\bar{a}^0$ ist ein Rand.

**9.3.** $\cup$-*Produkt in* $\overline{K}_{\mathfrak{G}}$. Für zwei Funktionen $\bar{f}^n$ und $\bar{g}^n$ in $\overline{K}_{\mathfrak{G}}$ und jede $(n+k)$-Zelle $\bar{c}^{n+k} = \{x_0, x_1, \ldots, x_{n+k}\}$ setzen wir

$$\bar{f}^n \cup \bar{g}^k(\bar{c}^{n+k}) = \bar{f}^n(\{x_0, \ldots, x_n\}) \cdot \bar{g}^k(\{x_n, \ldots, x_{n+k}\}) . \tag{16}$$

Daß die Axiome (vgl. 4.9) I, II und IV erfüllt sind ist klar. III ergibt sich so (wir lassen Funktionsklammern () bei Zellen $\{x_0, \ldots, x_n\}$ weg): $\bar{c}^{n+k+1} = \{x_0, x_1, \ldots, x_{n+k+1}\}$ sei eine beliebige $(n+k+1)$ Zelle. Es gilt

$$\begin{aligned}
&\delta(\bar{f}^n \cup \bar{g}^k)(\bar{c}^{n+k+1}) \\
&= \bar{f}^n \cup \bar{g}^k(\partial\bar{c}^{n+k+1}) = \sum_{i=0}^{n+k+1} (-1)^i\, \bar{f}^n \cup \bar{g}^k\{x_0, \ldots, \hat{x}_i, \ldots, x_{n+k+1}\} \\
&= \sum_{i=0}^{n} (-1)^i\, \bar{f}^n\{x_0, \ldots, \hat{x}_i, \ldots, x_{n+1}\} \cdot \bar{g}^k\{x_{n+1}, \ldots, x_{n+k+1}\} \\
&+ \sum_{i=n+1}^{n+k+1} (-1)^i\, \bar{f}^n\{x_0, \ldots, x_n\} \cdot \bar{g}^k\{x_n, \ldots, \hat{x}_i, \ldots, x_{n+k+1}\} .
\end{aligned}$$

Wir addieren zur ersten Summe

$$(-1)^{n+1}\, \bar{f}^n\{x_0, \ldots, x_n\} \cdot \bar{g}^k\{x_{n+1}, \ldots, x_{n+k+1}\}$$

und subtrahieren diesen Ausdruck von der zweiten und erhalten

$$\begin{aligned}
= \quad & \delta\bar{f}^n\{x_0, \ldots, x_{n+1}\} \cdot \bar{g}^k\{x_{n+1}, \ldots, x_{n+k+1}\} \\
& + (-1)^n\, \bar{f}^n\{x_0, \ldots, x_n\} \cdot \delta\bar{g}^k\{x_n, \ldots, x_{n+k+1}\} ,
\end{aligned}$$

also

$$\delta(\bar{f}^n \cup \bar{g}^k) = \delta\bar{f}^n \cup \bar{g}^k + (-1)^n\, \bar{f}^n \cup \delta\bar{g}^k .$$

## § 10. $\overline{K}_{\mathfrak{G}}$ als Überlagerung von $K_{\mathfrak{G}}$.

**10.1.** *Der soeben beschriebene Komplex* $\overline{K}_{\mathfrak{G}}$ *besitzt eine fixpunktfreie Automorphismengruppe, welche zu* $\mathfrak{G}$ *isomorph ist.*

Diese Automorphismen (Definition und Bezeichnungen vgl. § 6) erhält man so: Ist $x$ ein Element von $\mathfrak{G}$, $\bar{c}^n = \{x_0, x_1, \ldots, x_n\}$ eine $n$-Zelle von $\overline{K}_{\mathfrak{G}}$, so verstehen wir unter $x\bar{c}^n$ die $n$-Zelle $\{xx_0, xx_1, \ldots, xx_n\}$ für $n = 0, 1, 2, \ldots$ Offenbar ist $x\bar{c}^n = x\bar{c}_1^n$ nur für $\bar{c}^n = \bar{c}_1^n$, und $x\bar{c}^n = \bar{c}^n$ nur für $x = e$ (Einselement von $\mathfrak{G}$). Das bedeutet, daß der Übergang von $\bar{c}^n$ zu $x\bar{c}^n$ (für alle $n \geqslant 0$ und alle $n$-Zellen) eine dimensionstreue Permutation der Zellen von $\overline{K}_{\mathfrak{G}}$ ist, welche für $x \neq e$ fixpunktfrei ist, und es liegt eine treue Darstellung von $\mathfrak{G}$ durch Permutationen der Zellen von $\overline{K}_{\mathfrak{G}}$ vor (in der Dimension 0 ist es die „reguläre Darstellung" von $\mathfrak{G}$); man verifiziert leicht, daß bei diesen Permutationen der Rand $\partial$ erhalten bleibt, d. h. daß $\partial x\bar{c}^n = x\partial\bar{c}^n$ ist (vgl. 6.1). In dieser Weise läßt sich also tatsächlich $\mathfrak{G}$ als fixpunktfreie Automorphismengruppe von $\overline{K}_{\mathfrak{G}}$ auffassen.

**10.2.** Jeder $n$-dimensionale Transitivitätsbereich (6.2) von $\overline{K}_{\mathfrak{g}}$ gegenüber dieser Automorphismengruppe $\mathfrak{G}$, $n = 0, 1, 2, \ldots$ enthält eine und nur eine Zelle der Form $\{e, x_1, \ldots, x_n\}$, ist also durch ein geordnetes System von $n$ Elementen $x_1, \ldots, x_n$ aus $\mathfrak{G}$ bestimmt (für $n = 0$ durch das leere System). Wir können diese Transitivitätsbereiche also eineindeutig den $n$-Zellen $c^n = (x_1, x_2, \ldots, x_n)$ des Komplexes $K_{\mathfrak{G}}$ (§ 8) zuordnen. Die Abbildung $U$, welche jeder Zelle $\bar{c}^n = \{x_0, x_1, \ldots, x_n\}$ von $\overline{K}_{\mathfrak{G}}$ ihren Transitivitätsbereich, d. h. eine Zelle $c^n = U\bar{c}^n$ von $K_{\mathfrak{G}}$ zuordnet, ist durch

$$U\{x_0, x_1, \ldots, x_n\} = U\{e, x_0^{-1}x_1, \ldots, x_0^{-1}x_n\} = (x_0^{-1}x_1, \ldots, x_0^{-1}x_n) \quad (17)$$

für $n > 0$, und $U\{x_0\} = U\{e\} = c^0$ gegeben. Es gilt $\partial U\bar{c}^n = U\partial\bar{c}^n$; in der Tat ist für $n \geqslant 1$ (für $n = 0$ sind beide Seiten $= 0$)

$$U\partial\{x_0, x_1, \ldots, x_n\} = U\sum_{i=0}^{n}(-1)^i\{x_0, \ldots, \hat{x}_i, \ldots, x_n\}$$

$$= U\{x_1, \ldots, x_n\} + \sum_{i=1}^{n}(-1)^i U\{x_0, \ldots, \hat{x}_i, \ldots, x_n\},$$

und dies ist für $n = 1$ gleich 0, für $n \geqslant 2$

$$= (x_1^{-1}x_2, \ldots, x_1^{-1}x_n) + \sum_{i=1}^{n}(-1)^i(x_0^{-1}x_1, \ldots, \widehat{x_0^{-1}x_i}, \ldots, x_0^{-1}x_n)$$

$$= \partial(x_0^{-1}x_1, \ldots, x_0^{-1}x_n) = \partial U\{x_0, x_1, \ldots, x_n\}.$$

*Der Komplex $K_{\mathfrak{G}}$ besitzt somit $\overline{K}_{\mathfrak{G}}$ als Überlagerung mit zu $\mathfrak{G}$ isomorpher fixpunktfreier Automorphismengruppe.*

**10.3.** Die zur Überlagerungsabbildung $U$ von $\overline{K}_{\mathfrak{G}}$ auf $K_{\mathfrak{G}}$ duale Cohomologie-Abbildung $U^*$ von $K_{\mathfrak{G}}$ in $\overline{K}_{\mathfrak{G}}$ ist $\cup$-produkthomomorph.

*Beweis.* $f^n$ und $g^k$ seien zwei Funktionen in $K_{\mathfrak{G}}$, $\bar{c}^{n+k} = \{x_0, x_1, \ldots, x_{n+k}\}$ eine $(n+k)$-Zelle von $\overline{K}_{\mathfrak{G}}$, $n > 0$, $k > 0$.

$$\begin{aligned} U^*(f^n \cup g^k)\{x_0, \ldots, x_{n+k}\} &= (f^n \cup g^k)\, U\{x_0, \ldots, x_{n+k}\} \\ &= f^n \cup g^k\,(x_0^{-1}x_1, \ldots, x_0^{-1}x_{n+k}) \\ &= f^n\,(x_0^{-1}x_1, \ldots, x_0^{-1}x_n) \cdot g^k\,(x_n^{-1}x_{n+1}, \ldots, x_n^{-1}x_{n+k}), \quad \text{nach (14)}, \\ &= f^n\,(U\{x_0, \ldots, x_n\}) \cdot g^k\,(U\{x_n, \ldots, x_{n+k}\}) \\ &= U^* f^n\{x_0, \ldots, x_n\} \cdot U^* g^k\{x_n, \ldots, x_{n+k}\} \\ &= U^* f^n \cup U^* g^k\{x_0, \ldots, x_{n+k}\}, \quad \text{nach (16)}, \end{aligned}$$

also

$$U^*(f^n \cup g^k) = U^* f^n \cup U^* g^k .$$

Derselbe Beweis gilt für $n = 0$ oder $k = 0$; man hat nur für $U\{x_0\}$ bzw. $U\{x_n\}$ die 0-Zelle $c^0$ von $K_{\mathfrak{G}}$ (das leere System) zu setzen.

**10.4.** Anwendung auf endliche Gruppen.

*Ist $\mathfrak{G}$ eine endliche Gruppe der Ordnung $\gamma$, so ist bei beliebigem Koeffizientenbereich $J$ für alle $n \geqslant 1$ die Ordnung eines jeden Elementes von $\Gamma^n(\mathfrak{G}, J)$ endlich und ein Teiler von $\gamma$.*

*Beweis.* Wir betrachten den Komplex $K_{\mathfrak{G}}$ und seine azyklische Überlagerung $\overline{K}_{\mathfrak{G}}$ mit der Automorphismengruppe $\mathfrak{G}$. Es ist $\Gamma^n(\mathfrak{G}, J) = B^n(K_{\mathfrak{G}}, J)$. Nach dem Korollar zum Hilfssatz 7.6 ist $B^n(K_{\mathfrak{G}}, J) = B_0^n(K_{\mathfrak{G}}, J)$ für $n \geqslant 1$, d.h. es gibt zu jedem Cozyklus $f^n$ in $K_{\mathfrak{G}}$ eine Funktion $\bar{g}^{n-1}$ in $\overline{K}_{\mathfrak{G}}$ mit $U^* f^n = \delta \bar{g}^{n-1}$. Dann gilt

$$\sum_{x \in \mathfrak{G}} x^* U^* f^n = \sum_{x \in \mathfrak{G}} x^* \delta \bar{g}^{n-1} = \delta \Big(\sum_{x \in \mathfrak{G}} x^* \bar{g}^{n-1}\Big) .$$

Wegen $x^* U^* = U^*$ (7.1) ist das erste Glied $= \gamma U^* f^n$. $\bar{h}^{n-1} = \sum_{x \in \mathfrak{G}} x^* \bar{g}^{n-1}$ ist eine invariante Funktion; denn für $y \in \mathfrak{G}$ ist

$$y^* \bar{h}^{n-1} = \sum_{x \in \mathfrak{G}} y^* x^* \bar{g}^{n-1} = \sum_{x \in \mathfrak{G}} (xy)^* \bar{g}^{n-1} = \bar{h}^{n-1} .$$

Es gibt also (nach 7.2) in $K_{\mathfrak{G}}$ eine Funktion $h^{n-1}$ mit $U^* h^{n-1} = \bar{h}^{n-1}$, und es ist $\gamma\, U^* f^n = \delta\, U^* h^{n-1}$, also $U^* \gamma f^n = U^* \delta\, h^{n-1}$, also, weil $U^*$

isomorph ist, $\gamma f^n = \delta h^{n-1}$. Die Cohomologieklasse von $f^n$ ist also von endlicher Ordnung, welche Teiler von $\gamma$ ist.

*Ist* $\mathfrak{G}$ *endlich, so sind für* $n \geqslant 1$ *die ganzzahligen Gruppen* $\Gamma^n(\mathfrak{G}, \mathfrak{A})$ *endlich.*

*Beweis.* Die Gruppen $L^n(K_{\mathfrak{G}}, \mathfrak{A})$, also auch die $\Gamma^n(\mathfrak{G}, \mathfrak{A})$, sind Abelsche Gruppen mit endlich-vielen Erzeugenden, und jedes Element von $\Gamma^n(\mathfrak{G}, \mathfrak{A})$ hat endliche Ordnung; also ist $\Gamma^n(\mathfrak{G}, \mathfrak{A})$ endlich. — Dasselbe gilt offenbar, wenn man statt $\mathfrak{A}$ eine Abelsche Gruppe mit endlich-vielen Erzeugenden als Koeffizientenbereich nimmt.

Aus dem letzten Satz und aus dem bekannten Zusammenhang zwischen den ganzzahligen Homologie- und Cohomologiegruppen (in einem Komplex, der in jeder Dimension endlich viele Zellen hat) ergibt sich, daß für $n \geqslant 2$ $\Gamma^n(\mathfrak{G}, \mathfrak{A}) \cong \mathfrak{B}^{n-1}(\mathfrak{G}, \mathfrak{A})$, also nach 8.4 speziell $\Gamma^2(\mathfrak{G}, \mathfrak{A}) \cong \mathfrak{G}'$ ist, wo $\mathfrak{G}'$ die „Abelsch gemachte Gruppe $\mathfrak{G}$“ bedeutet. Beachtet man noch 2.4, so folgt:

*Die Gruppe der zentralen Erweiterungen von* $\mathfrak{A}$ *durch eine endliche Gruppe* $\mathfrak{G}$ *ist zur Abelsch gemachten Gruppe* $\mathfrak{G}$ *isomorph**). Ist die endliche Gruppe $\mathfrak{G}$ ihre eigene Kommutatorgruppe, so gibt es also als einzige zentrale Erweiterung von $\mathfrak{A}$ durch $\mathfrak{G}$ das direkte Produkt.

## IV. Zusammenhänge zwischen Automorphismengruppe und Cohomologie-Eigenschaften

### § 11. Azyklische Überlagerung und Cohomologiegruppen eines Komplexes.

**11.1.** Unter einem Komplex soll, wenn nicht ausdrücklich etwas anderes bemerkt ist, ein beliebiger rand-endlicher abstrakter Komplex (§ 4) verstanden werden. Als *Koeffizientenbereiche* verwenden wir in diesem Abschnitt IV entweder

(1) für die Homologie- und Cohomologiegruppen einen Ring $J$ mit Einselement 1, oder

(2) für die Homologiegruppen den Ring $\mathfrak{A}$ der ganzen Zahlen, für die Cohomologiegruppen eine beliebige Abelsche Gruppe $J$. Es handelt sich also um die Beispiele (1) und (2) von Gruppen-Paaren aus 3.4. Eine einzelne Zelle $c^n$ kann in beiden Fällen als Kette betrachtet werden.

*) Dies ist ein Spezialfall eines bekannten Satzes, vgl. *M. Hall*, Group rings and extensions, Ann. of Math. 39 (1938) 220—234, bes. S. 228.

Ein Komplex $K$ heißt in der Dimension $n$ *azyklisch* bezüglich $J$ (vgl. 9.2), wenn $\mathfrak{B}^n(K,J) = 0$ ist. Für einen simplizialen Komplex (§ 5) bedeutet bei beliebigem $J$ „azyklisch in der Dimension 0" dasselbe wie *zusammenhängend*. — Statt azyklisch bezüglich $\mathfrak{A}$ sagen wir *ganzzahlig azyklisch*.

Wegen der Begriffe Überlagerung und Automorphismus usw. vgl. man § 6.

**11.2. Satz I.** *Es seien $\overline{K}$ und $\overline{K_1}$ Überlagerungen der Komplexe $K$ bzw. $K_1$ mit fixpunktfreien Automorphismengruppen, welche isomorph sind.* (1) *$J$ sei ein Ring mit Einselement; sind $\overline{K}$ und $\overline{K_1}$ in den Dimensionen* $0, 1, \ldots, N-1$ $(N \geqslant 1)$ *azyklisch bezüglich $J$, dann gilt für die Cohomologiegruppen von $K$ und $K_1$ bezüglich $J$*

$$B^n(K,J) \cong B^n(K_1,J) \ , \qquad n = 1, 2, \ldots, N-1 \ .$$

(2) *Sind $\overline{K}$ und $\overline{K_1}$ in den Dimensionen* $0, 1, \ldots, N-1$ *ganzzahlig azyklisch, so gelten dieselben Isomorphien für eine beliebige Koeffizientengruppe $J$.*

$U$ bezeichne die Überlagerungsabbildung von $\overline{K}$ auf $K$ und ebenso diejenige von $\overline{K_1}$ auf $K_1$. $B_0^n(K,J)$ sei diejenige Untergruppe von $B^n(K,J)$, welche durch die zu $U$ duale Cohomologie-Abbildung $U^*$ auf die Null von $B^n(\overline{K},J)$ abgebildet wird (vgl. 7.4); analog sei $B_0^n(K_1,J)$ erklärt.

**Satz I'.** *Unter den Voraussetzungen von Satz I gilt ferner*

$$B_0^N(K,J) \cong B_0^N(K_1,J) \ .$$

**11.3.** Satz I ist eine Folge von Satz I'. Denn aus Satz I' folgt $B_0^n(K,J) = B_0^n(K_1,J)$ für $n = 1, 2, \ldots, N-1$; aber für diese $n$ ist $\mathfrak{B}^{n-1}(\overline{K}, J) = \mathfrak{B}^n(\overline{K}, J) = 0$ (bzw. $\mathfrak{B}^{n-1}(\overline{K}, \mathfrak{A}) = \mathfrak{B}^n(\overline{K}, \mathfrak{A}) = 0$), also nach dem Korollar von Hilfssatz 7.6 $B_0^n(K,J) = B^n(K,J)$, und dasselbe gilt für $K_1$. — Wir werden den Satz I' in § 12 beweisen.

**11.4.** Die Sätze I und I' besagen: In einem Komplex $K$, der eine in den Dimensionen $< N$ azyklische Überlagerung $K$ mit fixpunktfreier Automorphismengruppe $\mathfrak{G}$ besitzt, ist die Struktur der Cohomologiegruppen $B^n$, $n < N$, sowie $B_0^N$ durch diejenige der Gruppe $\mathfrak{G}$ bestimmt. Sie geben aber keine Auskunft über den algebraischen Zusammenhang zwischen diesen Strukturen, d. h. darüber, wie man bei gegebener

Gruppe $\mathfrak{G}$ auf algebraischem Wege die betr. Cohomologiegruppen bestimmen kann.

Um diese Frage zu beantworten, ziehen wir den zur Gruppe $\mathfrak{G}$ gehörigen Komplex $K_{\mathfrak{G}}$ (§ 8) heran; er besitzt nach § 10 eine Überlagerung $\overline{K}_{\mathfrak{G}}$ mit zu $\mathfrak{G}$ isomorpher fixpunktfreier Automorphismengruppe, und nach 9.2 ist $\overline{K}_{\mathfrak{G}}$ in allen Dimensionen und bezüglich jedes Koeffizientenbereiches azyklisch. Die Cohomologiegruppen von $K_{\mathfrak{G}}$ sind die in § 1 rein algebraisch definierten Gruppen $\Gamma^n(\mathfrak{G},J)$. Es folgt also aus Satz I:

**Satz II.** *Der Komplex $K$ besitze eine Überlagerung $\overline{K}$ mit der fixpunktfreien Automorphismengruppe $\mathfrak{G}$.* (1) *$J$ sei ein Ring mit Einselement; ist $\overline{K}$ in den Dimensionen* $0, 1, \ldots, N-1$ *azyklisch bezüglich $J$, dann gilt für die Cohomologiegruppen von $K$ bezüglich $J$*

$$B^n(K,J) \cong \Gamma^n(\mathfrak{G},J) \;, \quad n = 1,\, 2, \ldots, N-1 \;.$$

(2) *Ist $K$ in den Dimensionen* $0, 1, \ldots, N-1$ *ganzzahlig azyklisch, so gelten dieselben Isomorphien für eine beliebige Koeffizientengruppe $J$.*

Ebenso folgt aus Satz I′, wenn man noch beachtet, daß für alle $n \geqslant 1$ $B^n_0(K_{\mathfrak{G}},J) = B^n(K_{\mathfrak{G}},J) = \Gamma^n(\mathfrak{G},J)$ ist:

**Satz II′.** *Unter den Voraussetzungen von Satz II gilt ferner*

$$B^N_0(K\,,J) \cong \Gamma^N(\mathfrak{G},J) \;.$$

**11.5.** Die vorstehenden Sätze lassen sich nach 6.4 insbesondere anwenden auf *reguläre Überlagerungen simplizialer Komplexe* $\mathsf{K}$ mit der Decktransformationengruppe $\mathfrak{G}$, welche stets fixpunktfrei ist. Die so erhaltenen Resultate werden wir in § 13 auf den Cohomologiering von $\mathsf{K}$ ausdehnen (Sätze IV und IV′).

Handelt es sich speziell um die *universelle Überlagerung*[2]) $\overline{\mathsf{K}}$ eines zusammenhängenden simplizialen Komplexes $\mathsf{K}$, so ist die zugehörige Decktransformationengruppe zur Fundamentalgruppe $\mathfrak{F}$ von $\mathsf{K}$ isomorph, und man erhält Beziehungen zwischen der Fundamentalgruppe und den Cohomologie-Eigenschaften von $\mathsf{K}$. Diese sind in 13.9 (Sätze V und V′) ausführlich formuliert. — Die universelle Überlagerung $\overline{\mathsf{K}}$ ist zusammenhängend und einfach zusammenhängend (d. h. jeder geschlossene Weg in dem zu $\overline{\mathsf{K}}$ gehörigen Polyeder ist auf einen Punkt zusammenziehbar); also sind die Voraussetzungen $\mathfrak{B}^0(\overline{\mathsf{K}}, \mathfrak{A}) = \mathfrak{B}^1(\overline{\mathsf{K}}, \mathfrak{A}) = 0$ stets erfüllt. Es ergibt sich also eine Folgerung aus den Sätzen II und II′, die wir besonders hervorheben wollen:

**Satz III.** *Für jeden zusammenhängenden simplizialen Komplex* $\mathsf{K}$ *mit der Fundamentalgruppe* $\mathfrak{F}$ *gilt bei beliebiger Koeffizientengruppe* $J$

$$B^1(\mathsf{K}, J) \cong \Gamma^1(\mathfrak{F}, J) \quad \text{und} \quad B^2_0(\mathsf{K}, J) \cong \Gamma^2(\mathfrak{F}, J) .$$

Dabei bezieht sich $B^2_0(\mathsf{K}, J)$ auf die universelle Überlagerung $\overline{\mathsf{K}}$ von $\mathsf{K}$; die geometrische Bedeutung dieser Gruppe wird in 14.4 erläutert. Die gruppentheoretische Rolle von $\Gamma^1(\mathfrak{F}, J)$ und $\Gamma^2(\mathfrak{F}, J)$ haben wir in § 2 bestimmt.

*Korollar.* $\mathfrak{F}$ *sei eine beliebige,* $J$ *eine Abelsche Gruppe. Tritt* $\mathfrak{F}$ *auf als Fundamentalgruppe eines zusammenhängenden simplizialen Komplexes* $\mathsf{K}$, *für welchen* $B^2(\mathsf{K}, J) = 0$ *ist, so gibt es als einzige zentrale Erweiterung* (2.4) *von* $J$ *durch* $\mathfrak{F}$ *das direkte Produkt der beiden Gruppen.*

*Beispiel:* $\mathfrak{F}$ sei eine freie Gruppe, $J$ beliebig (als Komplex $\mathsf{K}$ kann man einen Streckenkomplex wählen; dann ist $B^n(\mathsf{K}, J) = 0$ für alle $n \geqslant 2$).

**11.6.** *Dimension* 0. In den Sätzen dieses § haben wir über die 0-te Cohomologiegruppe $B^0$ keine Aussagen gemacht; für diese liegen nämlich die Verhältnisse einfacher: Wenn die Überlagerung $\overline{K}$ von $K$ in der Dimension 0 azyklisch ist, dann ist auch $K$ in der Dimension 0 azyklisch. Denn es ist (vgl. 6.2) $\mathfrak{Z}^{00}(K, J) = U\mathfrak{Z}^{00}(\overline{K}, J) = U\mathfrak{H}^0(\overline{K}, J) = \mathfrak{H}^0(K, J)$, also $\mathfrak{B}^0(K, J) = 0$.

Nach 4.6 folgt aber aus $\mathfrak{B}^0(K, J) = 0$ für einen Ring $J$ mit Einselement $B^0(K, J) = B^0_k(K, J) \cong J$ und aus $\mathfrak{B}^0(K, \mathfrak{A}) = 0$ dasselbe für eine beliebige Abelsche Gruppe $J$ (dabei bedeutet $B^0_k(K, J)$ die Gruppe der konstanten 0-Funktionen $f^0$). Die Struktur von $B^0$ ist also, wenn $\overline{K}$ in der Dimension 0 azyklisch ist, stets dieselbe, unabhängig von der Automorphismengruppe $\mathfrak{G}$.

**11.7.** *Die Homologiegruppen.* Besitzt der Komplex $K$ eine Überlagerung $\overline{K}$ mit der fixpunktfreien Automorphismengruppe $\mathfrak{G}$, und ist $\overline{K}$ in den Dimensionen $0, 1, \ldots, N-1$ azyklisch bezüglich eines Ringes $J$ mit Einselement, so gilt nach *Hopf*[20]) für die Homologiegruppen von $K$ bezüglich $J$

$$\mathfrak{B}^n(K, J) \cong \mathfrak{G}^n_J, \qquad \text{für } n = 1, 2, \ldots, N-1$$

$$\mathfrak{B}^N(K, J)/U\mathfrak{B}^N(\overline{K}, J) \cong \mathfrak{G}^N_J .$$

---

[20]) [2], S. 56, Sätze II und III. Der dort gegebene Beweis überträgt sich ohne weiteres von simplizialen auf abstrakte Komplexe.

Dabei sind die $\mathfrak{G}_J^n$ Abelsche Gruppen, die einer beliebigen Gruppe $\mathfrak{G}$ und einem Ring $J$ mit Einselement in bestimmter, rein algebraischer Weise zugeordnet werden[21]). Insbesondere sieht man, wenn man für $K$ den in § 8 konstruierten Komplex $K_{\mathfrak{G}}$ heranzieht, daß *die Homologiegruppen* $\mathfrak{B}^n(\mathfrak{G},J) = \mathfrak{B}^n(K_{\mathfrak{G}}, J)$ von $\mathfrak{G}$ *bezüglich* $J$ *mit den Hopfschen Gruppen* $\mathfrak{G}_J^n$ *isomorph sind.* Aus 8.4 folgt z. B., daß $\mathfrak{G}_{\mathfrak{A}}^1$ die Abelsch gemachte Gruppe $\mathfrak{G}$ ist, was von Hopf auf anderem Wege bewiesen wurde[22]). Auf Grund des Dualitätssatzes der Homologie- und Cohomologiegruppen eines Komplexes (4.5) ergibt sich die folgende allgemeine Beziehung zwischen den Hopfschen Gruppen $\mathfrak{G}_J^n$ und unseren Gruppen $\Gamma^n(\mathfrak{G}, J_1)$, wenn $J_1 = Ch\, J$ die Charakterengruppe der diskreten additiven Gruppe von $J$ ist: $\Gamma^n(\mathfrak{G}, J_1)$ ist zur Gruppe der Charaktere von $\mathfrak{G}_J^n$ isomorph.

## § 12. Hilfssätze. Beweis von Satz I′.

**12.1.** Der Komplex $K$ besitze die Automorphismengruppe $\mathfrak{G}$. $J$ sei ein Ring mit Einselement; wir betrachten den *Gruppenring*[23]) $G$ von $\mathfrak{G}$ mit Koeffizienten aus $J$. Die Elemente von $G$, die endlichen Linearformen $g = \Sigma\, \sigma_j x_j$, $\sigma_j \in J$, $x_j \in \mathfrak{G}$, können als Operatoren der Kettengruppen $\mathfrak{L}^n = \mathfrak{L}^n(K,J)$ aufgefaßt werden, wenn man für jede Kette $a^n = \Sigma\, \tau_i c_i^n$ unter $g\, a^n$ die Kette

$$g\, a^n = \sum_j \sigma_j\, x_j\, a^n = \sum_j \sum_i \sigma_j\, \tau_i\, x_j\, c_i^n$$

versteht. $G$ ist dann ein *Operatorenring*[23]) von $\mathfrak{L}^n$. Ein Homomorphismus $V$ einer Kettengruppe $\mathfrak{L}^n$ in eine andere, die ebenfalls $G$ als Operatorenring besitzt, heißt ein *G-Homomorphismus*, wenn für alle $g \in G$ und $a^n \in \mathfrak{L}^n$

$$V g a^n = g\, V a^n$$

ist; m. a. W. wenn für alle $\sigma \in J$ $\quad V\sigma a^n = \sigma\, V a^n$ und für alle $x \in \mathfrak{G}$ $Vx = xV$ ist.

Die Automorphismengruppe $\mathfrak{G}$ sei nun fixpunktfrei (6.3). Wählt man aus jedem Transitivitätsbereich der $n$-Zellen von $K$ gegenüber $\mathfrak{G}$ eine Zelle beliebig aus, so bilden diese Zellen $c_i^n$ *eine Basis von* $\mathfrak{L}^n$ *in bezug auf* $G$ (kurz $G$-Basis; das bedeutet, daß jede Kette $a^n \in \mathfrak{L}^n$ sich auf eine und nur eine Art als Linearkombination der $c_i^n$ mit Koeffizienten aus $G$ darstellen

[21]) [2], Nr. 3.
[22]) [2], Nr. 4.
[23]) Vgl. [2], Nr. 3.1 und Nr. 1.

läßt). In der Tat kommt nach 6.3 unter den $x_j c_i^n$, wenn $x_j$ die Gruppe $\mathfrak{G}$ durchläuft, jede $n$-Zelle genau einmal vor, so daß jede Kette $a^n \in \mathfrak{L}^n$ eindeutig in der Form $a^n = \sum_{ij} \sigma_{ji} x_j c_i^n = \sum_i g_i c_i^n$ darstellbar ist. — Ein $G$-Homomorphismus von $\mathfrak{L}^n$ ist bekannt, wenn er für die Basiszellen $c_i^n$ bekannt ist; jede beliebige Wahl der Bilder der Basiszellen definiert einen $G$-Homomorphismus von $\mathfrak{L}^n$.

**12.2.** In der Funktionengruppe $L^n = L^n(K,J)$ bezeichnen wir mit $L_0^n$ die Untergruppe der gegenüber $\mathfrak{G}$ invarianten Funktionen $f^n$, d. h. derjenigen, für welche $x^* f^n = f^n$ ist für alle $x \in \mathfrak{G}$ (vgl. 7.2). Wegen $x^* \delta = \delta x^*$ ist $\delta L_0^{n-1}$ stets in $L_0^n$ enthalten, und natürlich in $H^n = \delta L^{n-1}$. Also ist $\delta L_0^{n-1}$ Untergruppe von $H^n \cap L_0^n$, und wir können die Faktorgruppe $F^n = H^n \cap L_0^n / \delta L_0^{n-1}$ bilden.

**12.3.** Es sei von jetzt an $K$ ein Komplex, welcher die fixpunktfreie Automorphismengruppe $\mathfrak{G}$ besitzt und welcher in den Dimensionen $0, 1, \ldots, N-1$ entweder (1) azyklisch bezüglich eines Ringes $J$ mit Einselement, oder (2) ganzzahlig azyklisch ist.

Der Koeffizientenbereich für die Kettengruppen $\mathfrak{L}^n$ von $K$ sowie für den Gruppenring $G$ von $\mathfrak{G}$ sei im Falle (1) der Ring $J$, im Falle (2) der Ring $\mathfrak{A}$ der ganzen Zahlen, derjenige für die Funktionengruppen $L^n$ im Falle (1) der Ring $J$, im Falle (2) eine beliebige Abelsche Gruppe.

*Hilfssatz.* Es sei für jede der Zahlen $n = 0, 1, \ldots, N-1$ ein $G$-Homomorphismus $V$ von $\mathfrak{L}^n$ in sich gegeben, derart daß $\partial V = V\partial$ ist und daß für jede 0-Kette $a^0$ die Koeffizientensumme von $Va^0$ verschwindet. Dann gibt es für $m = 0, 1, \ldots, N$ je einen $G$-Homomorphismus $Y$ von $\mathfrak{L}^{m-1}$ in $\mathfrak{L}^m$, derart daß $V = \partial Y + Y\partial$ ist, d. h. daß für $n = 0, 1, \ldots, N-1$ und jede Kette $a^n \in \mathfrak{L}^n$ gilt

$$Va^n = \partial Y a^n + Y \partial a^n \,. \tag{18}$$

*Beweis.* Wir bezeichnen den zu konstruierenden $G$-Homomorphismus $Y$ von $\mathfrak{L}^{m-1}$ in $\mathfrak{L}^m$ wenn nötig ausführlicher mit $Y_m$.

$Y_0$ ist die Nullabbildung von $\mathfrak{L}^{-1}$ in $\mathfrak{L}^0$. Wir definieren $Y_1$ für die 0-Basiszellen $c^0$ (vgl. 12.1): Nach Voraussetzung ist $Vc^0 \in \mathfrak{Z}^{00}$ und, weil $K$ in der Dimension 0 azyklisch ist, $\mathfrak{Z}^{00} = \mathfrak{H}^0$; es gibt also eine 1-Kette $Y_1 c^0$, deren Rand $Vc^0$ ist. Dadurch ist $Y_1$ für alle $a^0 \in \mathfrak{L}^0$ definiert und es gilt $Va^0 = \partial\, Y_1 a^0 + Y_0 \partial\, a^0$.

Es sei nun $m \leqslant N$, und $Y_0, Y_1, \ldots, Y_{m-1}$ seien schon definiert, so daß (18) für $n \leqslant m-2$ gilt. Wir definieren $Y_m$ für die $(m-1)$-Basiszellen $c^{m-1}$: Es ist

$$\partial V c^{m-1} = V\partial c^{m-1} = \partial Y \partial c^{m-1} + Y\partial\partial c^{m-1} = \partial Y\partial c^{m-1} ,$$

somit $\partial(Vc^{m-1} - Y\partial c^{m-1}) = 0$, d. h. $Vc^{m-1} - Y\partial c^{m-1}$ ist ein Zyklus, also, weil $K$ in der Dimension $m-1$ azyklisch ist, ein Rand; es gibt also eine $m$-Kette $Y_m c^{m-1}$, deren Rand $= Vc^{m-1} - Y\partial c^{m-1}$ ist. Dadurch ist $Y_m$ für alle $a^{m-1} \in \mathfrak{L}^{m-1}$ definiert, und es gilt $Va^{m-1} - Y\partial a^{m-1} = \partial Y_m a^{m-1}$, also

$$Va^{m-1} = \partial Y a^{m-1} + Y\partial a^{m-1} .$$

**12.4.** *Hilfssatz.* Es sei für jede der Zahlen $n = 0, 1, \ldots, N$ ein $G$-Homomorphismus $W$ von $\mathfrak{L}^n$ in sich gegeben, derart daß $\partial W = W\partial$ ist und daß $W$ jede 0-Zelle auf eine 0-Zelle abbildet; $W^*$ sei der zu $W$ duale Homomorphismus von $L^n$ in sich. Dann bildet $W^*$ für $n = 1, 2, \ldots, N$ die Faktorgruppe $F^n = H^n \cap L_0^n / \delta L_0^{n-1}$ identisch auf sich ab.

*Beweis.* $I$ sei für jedes $n$ die identische Abbildung von $\mathfrak{L}^n$ auf sich. $V = W - I$ erfüllt alle Voraussetzungen von Hilfss. 12.3; denn für jede 0-Zelle $c^0$ hat $Vc^0 = Wc^0 - c^0$ die Koeffizientensumme 0. Überdies ist $V$ auch in der Dimension $N$ definiert, mit $\partial Va^N = V\partial a^N$ für jede $N$-Kette $a^N$.

Nach Hilfssatz 12.3 gibt es für $m = 0, 1, \ldots, N$ $G$-Homomorphismen $Y$ von $\mathfrak{L}^{m-1}$ in $\mathfrak{L}^m$, derart daß in den Dimensionen $\leqslant N-1$ $V = \partial Y + Y\partial$ ist; $Y^*$ sei der zu $Y$ duale Homomorphismus von $L^m$ in $L^{m-1}$. Wegen $xY = Yx$ gilt, für alle $x \in \mathfrak{G}$, $x^*Y^* = Y^*x^*$. Mit dem zu $V$ dualen Homomorphismus $V^*$ von $L^n$ in sich ($n = 0, 1, \ldots, N$) ist $Y^*$ durch die in den Dimensionen $\leqslant N-1$ gültige Formel

$$V^* = Y^*\delta + \delta Y^*$$

verknüpft. Ferner gilt in denselben Dimensionen (wegen $\partial V = V\partial$) $V^*\delta = \delta V^*$ .

Es genügt, die Behauptung des Hilfssatzes 12.4 für $n = N$ zu beweisen. Es sei erstens $g^N \in L_0^N$, d. h. $x^* g^N = g^N$; dann ist $x^* Y^* g^N = Y^* x^* g^N = Y^* g^N$, für alle $x \in \mathfrak{G}$, also $Y^* g^N \in L_0^{N-1}$. Zweitens sei $g^N \in H^N$, d. h. $g^N = \delta f^{N-1}$; dann ist

$$V^* g^N = V^*\delta f^{N-1} = \delta V^* f^{N-1} = \delta Y^*\delta f^{N-1} + \delta\delta Y^* f^{N-1} = \delta Y^* g^N .$$

Zusammen ergibt sich, daß für $g^N \in H^N \cap L_0^N$ gilt

$$V^* g^N = W^* g^N - g^N \in \delta L_0^{N-1} ,$$

also

$$W^* g^N \equiv g \qquad \text{mod. } \delta L_0^{N-1} .$$

**12.5.** Es seien $K$ und $K_1$ zwei Komplexe mit fixpunktfreien Automorphismengruppen, die zueinander isomorph sind; ist $\mathfrak{G}$ eine zu beiden isomorphe Gruppe, so können wir die Elemente $x \in \mathfrak{G}$ gleichzeitig als Automorphismen von $K$ und von $K_1$ auffassen, und ebenso die Elemente $g$ des Gruppenringes $G$ von $\mathfrak{G}$ als Operatoren der Kettengruppen $\mathfrak{L}^n$ von $K$ und $\mathfrak{L}_1^n$ von $K_1$. In diesem Sinne werden wir sagen, $K$ und $K_1$ haben „dieselbe Automorphismengruppe $\mathfrak{G}$".

*Hilfssatz.* $K$ und $K_1$ seien zwei Komplexe mit derselben fixpunktfreien Automorphismengruppe $\mathfrak{G}$. $K$ sei in den Dimensionen $0, 1, \ldots, N-1$ azyklisch (Koeffizientenbereiche wie in 12.3). Dann gibt es für jede der Zahlen $n = 0, 1, \ldots, N$ einen $G$-Homomorphismus $A$ von $\mathfrak{L}_1^n$ in $\mathfrak{L}^n$, derart daß $\partial A = A \partial$ ist und daß $A$ jede 0-Zelle auf eine 0-Zelle abbildet.

*Beweis.* In $K_1$ seien Zellen ausgewählt, die eine $G$-Basis bilden (vgl. 12.1). Für jede 0-Basiszelle $c_1^0$ von $K_1$ wählen wir eine Zelle $c^0$ von $K$ und setzen $A c_1^0 = c^0$; dann ist $A$ für $\mathfrak{L}_1^0$ definiert. Sodann sei $n \leqslant N$, und $A$ sei für $\mathfrak{L}_1^0, \mathfrak{L}_1^1, \ldots, \mathfrak{L}_1^{n-1}$ schon erklärt und habe die gewünschten Eigenschaften; wir definieren $A$ für $\mathfrak{L}_1^n$: Für jede $n$-Basiszelle $c_1^n$ ist $\partial A \partial c_1^n = A \partial\partial c_1^n = 0$, also $A \partial c_1^n$ ein Zyklus (für $n = 1$ hat $\partial c_1^1$, also auch $A \partial c_1^1$ die Koeffizientensumme 0), und weil $K$ in der Dimension $n-1$ azyklisch ist, gibt es eine Kette $d^n$ in $K$ mit $\partial d^n = A \partial c_1^n$. Wir setzen $A c_1^n = d^n$; dann ist $A$ für $\mathfrak{L}^n$ definiert, und es gilt für jede Kette $a_1^n$ in $K_1$ $\partial A a_1^n = A \partial a_1^n$ .

**12.6.** $A^*$ sei der zum soeben konstruierten Homomorphismus $A$ von $\mathfrak{L}_1^n$ in $\mathfrak{L}^n$ $(n = 0, 1, \ldots, N)$ duale Homomorphismus der Funktionengruppe $L^n$ von $K$ in diejenige $L_1^n$ von $K_1$ (Koeffizienten wie in 12.3). Wegen $\partial A = A \partial$ ist $\delta A^* = A^* \delta$, und wegen $xA = Ax$ gilt $x^* A^* = A^* x^*$ für alle $x \in \mathfrak{G}$. Aus diesen beiden Eigenschaften folgt leicht: $A^*$ bildet die Gruppe $H^n \cap L_0^n$ von $K$ in die entsprechende $(H^n \cap L_0^n)_1$ von $K_1$ ab und $\delta L_0^{n-1}$ in $(\delta L_0^{n-1})_1$. Also bewirkt $A^*$ einen Homomorphismus der Gruppe $F^n = H^n \cap L_0^n / \delta L_0^{n-1}$ von $K$ in die entsprechende Gruppe $F_1^n = (H^n \cap L_0^n / \delta L_0^{n-1})_1$ von $K_1$. Wir wollen zeigen:

Ist nicht nur $K$, sondern auch $K_1$ in den Dimensionen $0, 1, \ldots, N-1$ azyklisch, so *bewirkt* $A^*$ *für* $n = 1, 2, \ldots, N$ *einen Isomorphismus von* $F^n$ *auf* $F_1^n$.

*Beweis.* Es gibt in diesem Falle ein System $B$ von Homomorphismen von $\mathfrak{L}^n$ in $\mathfrak{L}_1^n$ für $n = 0, 1, \ldots, N$, mit genau denselben Eigenschaften wie $A$; der duale Homomorphismus $B^*$ bewirkt einen Homomorphismus von $F_1^n$ in $F^n$.

$W = AB$ ist ein System von Homomorphismen von $\mathfrak{L}^n$ in sich, $n = 0, 1, \ldots, N$, welches den Voraussetzungen des Hilfssatzes 12.4 genügt. Also bildet $W^* = B^* A^*$ die Faktorgruppen $F^n$ identisch auf sich ab. Ebenso zeigt man, daß $A^* B^*$ die $F_1^n$ identisch auf sich abbildet. Es gibt also für $n = 1, 2, \ldots, N$ einen Homomorphismus $A^*$ von $F^n$ in $F_1^n$ und einen $B^*$ von $F_1^n$ in $F^n$, derart daß $A^* B^*$ die Identität von $F_1^n$, $B^* A^*$ die Identität von $F_1$ ist; daraus folgt aber, daß $A^*$ ein Isomorphismus von $F^n$ auf $F_1^n$ ist, und $B^*$ seine Umkehrung. — Wir fassen zusammen:

*Lemma 1. $K$ und $K_1$ seien zwei Komplexe mit derselben Automorphismengruppe $\mathfrak{G}$, beide in den Dimensionen $0, 1, \ldots, N-1$ azyklisch* (Koeffizientenbereiche wie in 12.3). *Dann sind für $n = 1, 2, \ldots, N$ die Gruppen $F^n$ und $F_1^n$ isomorph*; genauer: Ist für jede der Zahlen $n = 0, 1, \ldots, N$ ein $G$-Homomorphismus $A$ von $\mathfrak{L}_1^n$ in $\mathfrak{L}^n$ gegeben, derart daß $\partial A = A \partial$ und daß das Bild jeder 0-Zelle eine 0-Zelle ist — nach Hilfssatz 12.5 existiert stets ein solches System von Homomorphismen —, dann bewirkt $A^*$ für $n = 1, 2, \ldots, N$ einen Isomorphismus von $F^n$ auf $F_1^n$.

**12.7.** *Beweis von Satz I'* (11.2).

Die beiden in 11.2 vorkommenden Überlagerungskomplexe $\overline{K}$ und $\overline{K_1}$ erfüllen die Voraussetzungen von Lemma 1. Also sind die zugehörigen Gruppen $\overline{F}^N$ und $\overline{F}_1^N$ isomorph. Aber nach 7.4 und mit den dortigen Bezeichnungen ist $\overline{F}^N = H^N \cap \overline{L}_0^N / \delta \overline{L}_0^{N-1}$ zu $B_0^N(K, J)$ isomorph, wo $K$ der von $\overline{K}$ überlagerte Komplex ist, und analog $\overline{F}_1^N$ zu $B_0^N(K_1, J)$, wo $K_1$ der von $\overline{K_1}$ überlagerte Komplex ist. Damit ist die Isomorphie

$$B_0^N(K, J) \cong B_0^N(K_1, J)$$

bewiesen.

## § 13. Azyklische Überlagerungen und Cohomologiering eines simplizialen Komplexes.

**13.1.** Wir beschränken uns hier auf simpliziale Komplexe $\mathsf{K}$ und ihre regulären Überlagerungen (6.4) und dehnen dafür die Untersuchung auch auf das $\cup$-Produkt der Cohomologieklassen von $\mathsf{K}$ aus. Der Koeffizientenbereich sei stets, für die Homologiegruppen und den Cohomologiering, ein Ring $J$ mit Einselement. — Ist $\overline{\mathsf{K}}$ eine reguläre Überlagerung von $\mathsf{K}$ mit der Decktransformationengruppe $\mathfrak{G}$, so ziehen wir den abstrakten Komplex $K_{\mathfrak{G}}$ (§ 8) heran; der Cohomologiering von $K_{\mathfrak{G}}$ ist der in § 3 algebraisch definierte Ring $P(\mathfrak{G}, J)$, der seiner additiven Struktur nach die direkte Summe der Gruppen $\Gamma^n(\mathfrak{G}, J)$ ist.

**13.2.** $\overline{\mathsf{K}}$ sei eine reguläre Überlagerung des simplizialen Komplexes $\mathsf{K}$; die Überlagerungsabbildung $U$ von $\overline{\mathsf{K}}$ auf $\mathsf{K}$ ist eine simpliziale Abbildung, und es gehört zu ihr (vgl. 5.3) ein Ringhomomorphismus $U^*$ von $R(\mathsf{K},J)$ in $R(\overline{\mathsf{K}},J)$. Wir bezeichnen, wie in 7.7, den *Kern* von $U^*$ mit $R_0(\mathsf{K},J)$. — Im abstrakten Komplex $K_{\mathfrak{G}}$ ist ebenfalls ein Teilring $R_0(K_{\mathfrak{G}},J)$ von $R(K_{\mathfrak{G}},J) = P(\mathfrak{G},J)$ ausgezeichnet, wenn man die Überlagerung $\overline{K}_{\mathfrak{G}}$ von $K_{\mathfrak{G}}$ heranzieht (§ 10): für die zugehörige Überlagerungsabbildung $U$ ist $U^*$ nach 10.3 U-produkthomomorph, bewirkt also einen Ringhomomorphismus von $R(K_{\mathfrak{G}},J)$ in $R(\overline{K}_{\mathfrak{G}}, J)$, dessen Kern wir mit $R_0(K_{\mathfrak{G}},J)$ bezeichnen.

Es ist bequem, die folgende Bezeichnung zu verwenden: Für jeden Ring $R$, $R_0$, $P$ usw. verstehen wir unter $R^N$, $R^N_0$, $P^N$ usw. den Ring, den man erhält, wenn man im ursprünglichen *alle Elemente der Dimensionen* $n > N$ *gleich* 0 *setzt*; er gibt also die additive Struktur des ursprünglichen Ringes in den Dimensionen $n \leqslant N$ sowie alle Produkte von zwei Elementen der Dimensionen $n$ und $k$ mit $n + k \leqslant N$ getreu wieder.

*Lemma 2.* $\overline{\mathsf{K}}$ *sei eine reguläre Überlagerung des simplizialen Komplexes* $\mathsf{K}$ *mit der Decktransformationengruppe* $\mathfrak{G}$, *und* $\overline{\mathsf{K}}$ *sei bezüglich* $J$ *in den Dimensionen* $0, 1, \ldots, N-1$ *azyklisch. Dann sind die Ringe* $R_0^N(\mathsf{K},J)$ *und* $R_0^N(K_{\mathfrak{G}},J)$ *dimensionstreu isomorph.*

**13.3.** Dem Beweis dieses Lemmas (13.5) schicken wir einige Bemerkungen und Festsetzungen voraus. Wir wählen in $\mathsf{K}$ eine *Eckpunktreihenfolge* der Simplexe (5.2), die im folgenden stets festgehalten werden soll; in $\overline{\mathsf{K}}$ wählen wir die Eckpunktreihenfolge so, daß sie bei der Überlagerungsabbildung $U$ erhalten bleibt (6.5). Es sollen in $\mathsf{K}$ und $\overline{\mathsf{K}}$ nur Symbole $[u_0, u_1, \ldots, u_n]$ bzw. $[\overline{u}_0, \overline{u}_1, \ldots, \overline{u}_n]$ verwendet werden, in denen die Eckpunkte $u_i$ bzw. $\overline{u}_i$ in der vorgeschriebenen Reihenfolge stehen; nach 6.5 ist dann für jede Decktransformation $x \in \mathfrak{G}$ $x[\overline{u}_0, \overline{u}_1, \ldots, \overline{u}_n] = [x\overline{u}_0, x\overline{u}_1, \ldots, x\overline{u}_n]$. Wir bezeichnen ferner die durch die vorgeschriebene Eckpunktreihenfolge bestimmte Orientierung der Simplexe als die positive; $K$ bzw. $\overline{K}$ seien die abstrakten Komplexe, deren Zellen diese orientierten Simplexe sind (5.1); $\overline{K}$ ist eine Überlagerung von $K$ mit der Automorphismengruppe $\mathfrak{G}$.

Es sei $\overline{T}$ eine Basis der Eckpunkte von $\overline{\mathsf{K}}$, d. h. eine Teilmenge der Eckpunkte von $\overline{\mathsf{K}}$, welche genau einen Eckpunkt aus jedem Transitivitätsbereich gegenüber $\mathfrak{G}$ enthält, also für jeden Eckpunkt von $\mathsf{K}$ genau einen von $\overline{\mathsf{K}}$, der ihn überlagert. $\overline{T}$ läßt sich auf verschiedene Arten wählen; eine bestimmte sei herausgegriffen und im folgenden festgehalten. Eckpunkte aus $\overline{T}$ seien mit $\overline{v}$ (evtl. mit einem Index, $\overline{v}_0$, $\overline{v}_i$ usw.) bezeichnet.

Aus diesen Festsetzungen ergibt sich: *Jeder Eckpunkt* $\bar{u}$ *von* $\overline{K}$ *läßt sich auf eine und nur eine Art in der Form* $\bar{u} = x\bar{v}\,(x \in \mathfrak{G},\ \bar{v} \in \overline{T})$ *darstellen, und jede Zelle* $\bar{c}^n$ *von* $\overline{K}\,(n = 0, 1, 2, \ldots)$ *auf eine und nur eine Art in der Form*

$$\bar{c}^n = [x_0\bar{v}_0,\ x_1\bar{v}_0, \ldots, x_n\bar{v}_n] \qquad \text{mit } x_i \in \mathfrak{G},\ \bar{v}_i \in \overline{T}\ .$$

Dabei gilt, für alle $x \in \mathfrak{G}$, $x\bar{c}^n = [xx_0\bar{v}_0,\ xx_1\bar{v}_1, \ldots, xx_n\bar{v}_n]$.

**13.4.** Wir definieren nun eine *Homologie-Abbildung* $A$ *von* $\overline{K}$ *in* $\overline{K}_{\mathfrak{G}}$, indem wir für jedes $n$ und jede Zelle $\bar{c}^n$ von $\overline{K}$

$$A\bar{c}^n = A[x_0\bar{v}_0,\ x_1\bar{v}_1, \ldots, x_n\bar{v}_n] = \{x_0, x_1, \ldots, x_n\}$$

setzen; $\{x_0, x_1, \ldots, x_n\}$ ist eine $n$-Zelle von $\overline{K}_{\mathfrak{G}}$. Daß $A\partial = \partial A$ ist, folgt unmittelbar aus der Definition des Randes in $\overline{K}$ und in $\overline{K}_{\mathfrak{G}}$ (letztere vgl. Formel (15) in § 9). — Ferner kann man gemäß § 10 die Gruppe $\mathfrak{G}$ als fixpunktfreie Automorphismengruppe von $\overline{K}_{\mathfrak{G}}$ auffassen, und es ist

$$\begin{aligned} Ax\bar{c}^n &= A[xx_0\bar{v}_0,\ xx_1\bar{v}_1, \ldots, xx_n\bar{v}_n] = \{xx_0, xx_1, \ldots, xx_n\} \\ &= x\{x_0, x_1, \ldots, x_n\} = xA\bar{c}^n\ , \end{aligned}$$

also $Ax = xA$ für alle $x \in \mathfrak{G}$.

Überdies ist $A^*$ $\cup$-produkthomomorph (das $\cup$-Produkt in $\overline{K}_{\mathfrak{G}}$ ist durch Formel (16) in § 9 definiert); denn für zwei Funktionen $\bar{f}^n \in L^n(\overline{K}_{\mathfrak{G}}, J)$, $\bar{g}^k \in L^k(\overline{K}_{\mathfrak{G}}, J)$ und eine beliebige $(n+k)$-Zelle

$$\bar{c}^{n+k} = [x_0\bar{v}_0,\ x_1\bar{v}_1, \ldots, x_{n+k}\bar{v}_{n+k}]$$

aus $\overline{K}$ gilt

$$\begin{aligned} A^*(\bar{f}^n \cup \bar{g}^k)(\bar{c}^{n+k}) &= \bar{f}^n \cup \bar{g}^k(A\bar{c}^{n+k}) = \bar{f}^n \cup \bar{g}^k\{x_0, x_1, \ldots, x_{n+k}\} \\ &= \bar{f}^n\{x_0, \ldots, x_n\} \cdot \bar{g}^k\{x_n, \ldots, x_{n+k}\} \end{aligned}$$

und andererseits

$$\begin{aligned} A^*\bar{f}^n \cup A^*\bar{g}^k(\bar{c}^{n+k}) &= A^*\bar{f}^n[x_0\bar{v}_0, \ldots, x_n\bar{v}_n] \cdot A^*\bar{g}^k[x_n\bar{v}_n, \ldots, x_{n+k}\bar{v}_{n+k}] \\ &\phantom{=}\ \bar{f}^n\{x_0, \ldots, x_n\} \cdot \bar{g}^k\{x_n, \ldots, x_{n+k}\}\ . \end{aligned}$$

also $A^*(\bar{f}^n \cup \bar{g}^k) = A^*\bar{f}^n \cup A^*\bar{g}^k$ .

**13.5.** *Beweis von Lemma* 2. $\overline{K}$ ist in den Dimensionen $0, 1, \ldots, N-1$, $\overline{K}_{\mathfrak{G}}$ nach 9.2 in allen Dimensionen bezüglich des Ringes $J$ azyklisch, und beide Komplexe besitzen dieselbe Automorphismengruppe $\mathfrak{G}$. Durch die Homologie-Abbildung $A$ (13.4) ist für alle $n$ ein $G$-Homomorphismus $A$ (12.1) von $\mathfrak{L}^n(\overline{K}\ ,J)$ in $\mathfrak{L}^n(\overline{K}_{\mathfrak{G}}, J)$ gegeben, derart daß $\partial A = A\partial$ und daß das Bild jeder 0-Zelle eine 0-Zelle ist. Nach dem Lemma 1 (12.6) bewirkt also $A^*$ für $n = 1, 2, \ldots, N$ einen Isomorphismus der Faktorgruppe $\overline{F}^n = \overline{H}^n \cap \overline{L}_0^n / \delta \overline{L}_0^{n-1}$ in $\overline{K}_{\mathfrak{G}}$ auf die analoge Faktorgruppe in $\overline{K}$. Es sei nun, wie in 7.7, $S$ der Ring, der seiner additiven Struktur nach die direkte Summe der $\overline{F}^n$, seiner multiplikativen Struktur nach durch das $\cup$-Produkt gegeben ist, und $S^N$ entstehe aus $S$ durch Nullsetzen aller Elemente der Dimensionen $n > N$. Da $A^*$ $\cup$-produkthomomorph ist, bewirkt $A^*$ einen dimensionstreuen Ringisomorphismus von $S^N(\overline{K}_{\mathfrak{G}}, J)$ auf $S^N(\overline{K}, J)$. Aber nach 7.7 ist $S(\overline{K}_{\mathfrak{G}}, J)$ zu $R_0(K_{\mathfrak{G}}, J)$ und $S(\overline{K}, J)$ zu $R_0(\mathsf{K}, J)$ dimensionstreu isomorph. Es folgt also, daß $R_0^N(K_{\mathfrak{G}}, J)$ und $R_0^N(\mathsf{K}, J)$ dimensionstreu isomorph sind.

**13.6.** *Zusatz zum Lemma 2.* Der Isomorphismus von $R_0^N(K_{\mathfrak{G}}, J)$ und $R_0^N(\mathsf{K}, J)$ wird durch folgenden Homomorphismus $\Omega$ von $L(K_{\mathfrak{G}}, J) = L(\mathfrak{G}, J)$ in $L(K, J)$ bewirkt: Jedes $n$-Simplex $[u_0, u_1, \ldots, u_n]$ von $K$ $(n \geqslant 1)$ wird gemäß den Festsetzungen 13.3 von *genau einem* Simplex der Form $[\overline{v}_0, x_1\overline{v}_1, \ldots, x_n\overline{v}_n]$ mit $x_i \in \mathfrak{G}$ und $\overline{v}_i \in \overline{T}$ überlagert; für jede Funktion $f^n \in L^n(\mathfrak{G}, J)$ ist $\Omega f^n \in L^n(K, J)$ durch

$$\Omega f^n[u_0, u_1, \ldots, u_n] = f^n(x_1, x_2, \ldots, x_n) \tag{19}$$

definiert.

*Beweis.* Der Isomorphismus von $R_0^N(K_{\mathfrak{G}}, J)$ auf den Ring $S^N(\overline{K}_{\mathfrak{G}}, J)$ ist durch die Cohomologie-Abbildung $U_{\mathfrak{G}}^*$ von $K_{\mathfrak{G}}$ in $\overline{K}_{\mathfrak{G}}$ gegeben, derjenige von $S^N(\overline{K}_{\mathfrak{G}}, J)$ auf $S^N(\overline{K}, J)$ durch $A^*$ (13.4), und derjenige von $R_0^N(K, J)$ auf $S^N(\overline{K}, J)$ durch die Cohomologie-Abbildung $U^*$ von $K$ in $\overline{K}$; $U^*$ ist für jedes $n$ ein Isomorphismus von $L^n(K, J)$ auf $L_0^n(\overline{K}, J)$ (vgl. 7.2), und $V$ sei die Umkehrung von $U^*$.

$A^*U_{\mathfrak{G}}^*$ ist für jedes $n$ ein $G$-Homomorphismus von $L^n(\mathfrak{G}, J)$ in $L_0^n(\overline{K}, J)$, und $VA^*U_{\mathfrak{G}}^*$ von $L^n(\mathfrak{G}, J)$ in $L^n(K, J)$. Wir setzen $\Omega = VA^*U_{\mathfrak{G}}^*$; $\Omega$ ist ein dimensionstreuer $G$-Homomorphismus von $L(\mathfrak{G}, J)$ in $L(K, J)$, der den Isomorphismus von $R_0^N(K_{\mathfrak{G}}, J)$ auf $R_0^N(K, J)$ bewirkt. $\Omega$ läßt sich so beschreiben: Ist $n \geqslant 1$, $c^n = [u_0, u_1, \ldots, u_n]$ ein Simplex von $K$, $\overline{c}^n$ eines von $\overline{K}$, welches $c^n$ überlagert, so läßt sich $\overline{c}^n$ eindeutig in der Form $[x_0\overline{v}_0, x_1\overline{v}_1, \ldots, x_n\overline{v}_n]$ mit $x_i \in \mathfrak{G}$, $\overline{v}_i \in \overline{T}$ schreiben (vgl. 13.3), und es ist $U\overline{v}_i = u_i$ $(i = 0, \ldots, n)$; es gibt unter diesen Simplexen genau eines mit $x_0 = e$, d. h. $\overline{c}^n = [\overline{v}_0, x_1\overline{v}_1, \ldots, x_n\overline{v}_n]$. Dann ist für $f^n \in L^n(\mathfrak{G}, J)$

$$\begin{aligned} \Omega f^n(c^n) &= VA^*\, U_{\mathfrak{G}}^* f^n(c^n) = A^*\, U_{\mathfrak{G}}^* f^n[\overline{v}_0, x_1\overline{v}_1, \ldots, x_n\overline{v}_n] \\ &= U_{\mathfrak{G}}^* f^n\{e, x_1, \ldots, x_n\} = f^n(x_1, \ldots, x_n)\ . \end{aligned}$$

**13.7.** Die Elemente der Dimension 0 von $R(\mathsf{K},J)$ gehören nicht zu $R_0(\mathsf{K},J)$, werden also vom Lemma 2 nicht erfaßt; aber nach 11.6 ist, wenn $\mathfrak{B}^0(\overline{\mathsf{K}},J)=0$ ist, $B^0(\mathsf{K},J)\cong J$, nämlich gleich der Gruppe der konstanten 0-Funktionen, deren Rolle im $\cup$-Produkt durch das Axiom IV (4.9) festgelegt ist; dasselbe gilt für $B^0(K_{\mathfrak{G}},J)$. Bezeichnen wir mit $R_1$ den Ring, den man erhält, wenn man zu $R_0$ noch *alle Elemente der Dimension* 0 hinzunimmt, so dürfen wir die Behauptung des Lemmas 2 auch so aussprechen: *Die Ringe* $R_1^N(\mathsf{K},J)$ *und* $R_1^N(K_{\mathfrak{G}},J)$ *sind dimensionstreu isomorph.*

Die additive Gruppe des Ringes $R_0$ ist die direkte Summe der Gruppen $B_0^n$, $n=1,2,\ldots$ Da $\overline{K}_{\mathfrak{G}}$ in allen Dimensionen, $\mathsf{K}$ in den Dimensionen $0,1,\ldots,N-1$ bezüglich $J$ azyklisch ist, gilt nach dem Korollar von 7.6 für alle $n\geqslant 1$ $B_0^n(K_{\mathfrak{G}},J)=B^n(K_{\mathfrak{G}},J)=\Gamma^n(\mathfrak{G},J)$ und für $n=1, 2,\ldots,N-1$ $B_0^n(\mathsf{K},J)=B^n(\mathsf{K},J)$. Also ist

$$R_1(K_{\mathfrak{G}},J)=R(K_{\mathfrak{G}},J)=P(\mathfrak{G},J)$$

und

$$R_1^{N-1}(\mathsf{K},J)=R^{N-1}(\mathsf{K},J);$$

und $R_1^N(\mathsf{K},J)$ *unterscheidet sich von* $R^N(\mathsf{K},J)$ *nur in der Dimension* $N$, nämlich dadurch, daß der $N$-dimensionale Summand $B_0^N(\mathsf{K},J)$ statt $B^N(\mathsf{K},J)$ lautet (daß $R_1^N(\mathsf{K},J)$ ein Ring ist, d. h. daß das $\cup$-Produkt zweier Elemente der Dimensionen $n<N$ und $k<N$ mit $n+k=N$ stets in $B_0^N(\mathsf{K},J)$ liegt, hat sich von selbst ergeben).

**13.8.** Wir formulieren unsere Ergebnisse in folgender Weise.

**Satz IV.** $\overline{\mathsf{K}}$ *sei eine reguläre Überlagerung des simplizialen Komplexes* $\mathsf{K}$ *mit der Decktransformationengruppe* $\mathfrak{G}$, *und* $\overline{\mathsf{K}}$ *sei bezüglich des Ringes* $J$ *mit Einselement in den Dimensionen* $0,1,\ldots,N-1$ *azyklisch. Dann ist der Ring* $R^{N-1}(\mathsf{K},J)$ *dimensionstreu isomorph dem Ring* $P^{N-1}(\mathfrak{G},J)$; *seine Struktur ist also durch die Gruppe* $\mathfrak{G}$ *(und durch* $J$*) bestimmt.*

Dabei bedeutet, um daran zu erinnern, $R^n$ bzw. $P^n$ den Ring, der aus dem Cohomologiering $R$ bzw. $P$ durch Nullsetzen aller Elemente der Dimensionen $>n$ entsteht.

**Satz IV′.** *Unter den Voraussetzungen von Satz IV ist ferner der Ring* $R_1^N(\mathsf{K},J)$ *dimensionstreu isomorph dem Ring* $P^N(\mathfrak{G},J)$.

$R_1^N(\mathsf{K},J)$ ist der Teilring von $R^N(\mathsf{K},J)$, der entsteht, wenn man sich in der Dimension $N$ auf $B_0^N(\mathsf{K},J)$ beschränkt; dabei bezieht sich $B_0^N(\mathsf{K},J)$ auf die gegebene Überlagerung $\overline{\mathsf{K}}$ von $\mathsf{K}$.

Die Ringisomorphismen werden durch die Abbildung $\Omega$ von $L(\mathfrak{G}, J)$ in $L(\mathsf{K}, J)$ (Formel (19) in 13.6) bewirkt.

**13.9.** *Fundamentalgruppe und Cohomologiering.* Ist $\mathsf{K}$ ein zusammenhängender simplizialer Komplex mit der Fundamentalgruppe $\mathfrak{F}$, so ist die zur universellen Überlagerung $\overline{\mathsf{K}}$ von $\mathsf{K}$ gehörige Decktransformationengruppe zu $\mathfrak{F}$ isomorph. $\overline{\mathsf{K}}$ ist bezüglich eines jeden Koeffizientenbereiches in den Dimensionen 0 und 1 azyklisch (vgl. 11.5). Man erhält also als Spezialfälle der Sätze IV und IV′:

**Satz V.** *$\mathsf{K}$ sei ein zusammenhängender simplizialer Komplex mit der Fundamentalgruppe $\mathfrak{F}$, $J$ ein Ring mit Einselement; die universelle Überlagerung von $\mathsf{K}$ sei in den Dimensionen $2, 3, \ldots, N-1$ azyklisch bezüglich $J$. Dann ist der Ring $R^{N-1}(\mathsf{K}, J)$ dimensionstreu isomorph zu $P^{N-1}(\mathfrak{F}, J)$.*

**Satz V′.** *Unter den Voraussetzungen von Satz V ist ferner der Ring $R_1^N(\mathsf{K}, J)$ dimensionstreu isomorph zu $P^N(\mathfrak{F}, J)$. Dabei bezieht sich der Summand $B_0^N(\mathsf{K}, J)$ von $R_1^N(\mathsf{K}, J)$ auf die universelle Überlagerung von K.*

Der Spezialfall $N = 2$ von $V'$ lautet (vgl. Satz III):

**Satz VI.** *Ist $\mathsf{K}$ ein zusammenhängender simplizialer Komplex mit der Fundamentalgruppe $\mathfrak{F}$, $J$ ein Ring mit Einselement, so ist der Ring $R_1^2(\mathsf{K}, J)$ dimensionstreu isomorph zu $P^2(\mathfrak{F}, J)$.*

Auf die Bedeutung des Summanden $B_0^2(\mathsf{K}, J)$, der sich auf die universelle Überlagerung bezieht, kommen wir in 14.4 zu sprechen. — Ist $\mathsf{K}$ ein Komplex mit der Fundamentalgruppe $\mathfrak{F}$, und ist $\Gamma^2(\mathfrak{F}, J) = 0$, so ist das $\cup$-Produkt zweier 1-Cozyklen in $\mathsf{K}$ cohomolog 0; denn dieses Produkt liegt in einer Klasse aus $B_0^2(\mathsf{K}, J) \cong \Gamma^2(\mathfrak{F}, J)$.

## § 14. Asphärische Komplexe.

**14.1.** Ein simplizialer Komplex $\mathsf{K}$ heißt „*asphärisch* in der Dimension $n$“, wenn das zugehörige Polyeder $\Pi$ — dessen Simplizialzerlegung $\mathsf{K}$ ist — folgende Eigenschaft hat: Jede stetige Abbildung der $n$-dimensionalen Sphäre $S^n$ in $\Pi$ ist nullhomotop, d. h. läßt sich stetig in eine Abbildung auf einen einzigen Punkt deformieren.

Aus einfachen Sätzen der Homotopietheorie folgt[24]): Wenn der zusammenhängende simpliziale Komplex $\mathsf{K}$ asphärisch ist in den Dimensionen $2, 3, \ldots, N-1$, so ist seine universelle Überlagerung in diesen Dimensionen (übrigens auch in den Dimensionen 0 und 1) azyklisch be-

[24]) Vgl. [2], Nr. 16.1 oder [5], Teil I, Satz IV, in Verbindung mit Teil II, Satz II.

züglich eines jeden Koeffizientenbereiches. Aus Satz V ergibt sich also (wegen der Bezeichnungen $R^n$ usw. vgl. § 13):

**Satz VII.** *Der zusammenhängende simpliziale Komplex* $\mathsf{K}$ *mit der Fundamentalgruppe* $\mathfrak{F}$ *sei in den Dimensionen* $2, 3, \ldots, N-1$ *asphärisch. Dann ist für einen beliebigen Koeffizientenring* $J$ *mit Einselement der Ring* $R^{N-1}(\mathsf{K}, J)$ *dimensionstreu isomorph zu* $P^{N-1}(\mathfrak{F}, J)$; *seine Struktur ist also durch die Fundamentalgruppe* $\mathfrak{F}$ *(und durch* $J$*) bestimmt.*

Aus Satz V′ folgt unter denselben Voraussetzungen, daß $R_1^N(\mathsf{K}, J)$ und $P^N(\mathfrak{F}, J)$ dimensionstreu isomorph sind. Dabei ist der $N$-dimensionale Summand $B_0^N(\mathsf{K}, J)$ mit Hilfe der universellen Überlagerung von $\mathsf{K}$ erklärt. Er läßt sich aber, bei beliebiger Koeffizientengruppe $J$, in $\mathsf{K}$ selbst unabhängig von jeder Überlagerung charakterisieren, und zwar mit Hilfe der „Sphärenbilder".

**14.2.** Unter einem *n-Sphärenbild* in $\mathsf{K}$ versteht man einen ganzzahligen Zyklus in $\mathsf{K}$, welcher simpliziales Bild des Grundzyklus der $n$-dimensionalen Sphäre $S^n$ ist. Diejenigen ganzzahligen Homologieklassen der Dimension $n$ in $\mathsf{K}$, welche Sphärenbilder enthalten, bilden, wie man leicht zeigt[25]), eine Untergruppe $\mathfrak{S}^n(\mathsf{K})$ von $\mathfrak{B}^n(\mathsf{K}, \mathfrak{A})$.

Es sei nun $\mathsf{K}$ ein zusammenhängender simplizialer Komplex, der in den Dimensionen $2, 3, \ldots, N-1$ asphärisch ist, $\overline{\mathsf{K}}$ die universelle Überlagerung von $\mathsf{K}$ und $U$ die Überlagerungsabbildung von $\overline{\mathsf{K}}$ auf $\mathsf{K}$. Aus Sätzen der Homotopietheorie folgt[26]), daß $\overline{\mathsf{K}}$ in allen Dimensionen $\leqslant N-1$ asphärisch ist, und hieraus[27]), daß $\mathfrak{B}^N(\overline{\mathsf{K}}, \mathfrak{A}) = \mathfrak{S}^N(\overline{\mathsf{K}})$ ist; ferner gilt, wie leicht zu sehen[28]), $U\mathfrak{S}^N(\overline{\mathsf{K}}) = \mathfrak{S}^N(\mathsf{K})$. Es ist also, wenn $\overline{\mathsf{K}}$ die genannte Voraussetzung erfüllt, $\mathfrak{S}^N(\mathsf{K}) = U\mathfrak{B}^N(\overline{\mathsf{K}}, \mathfrak{A})$.

$J$ sei eine beliebige Abelsche Gruppe; sie bildet mit $\mathfrak{A}$ zusammen ein Paar (3.4, Fall (2)). Wegen $\mathfrak{B}^{N-1}(\overline{\mathsf{K}}, \mathfrak{A}) = 0$ (14.1) ist nach 7.6 die Untergruppe $B_0^N(\mathsf{K}, J)$ von $B^N(\mathsf{K}, J)$ dadurch charakterisiert, daß sie $U\mathfrak{B}^N(\overline{\mathsf{K}}, \mathfrak{A})$ annulliert, d. h. daß der Kroneckersche Index ihrer Elemente für alle Elemente von $U\mathfrak{B}^N(\overline{\mathsf{K}}, \mathfrak{A})$ gleich 0 ist. Also:

*Wenn* $K$ *in den Dimensionen* $2, 3, \ldots, N-1$ *asphärisch ist, so ist (für eine beliebige Koeffizientengruppe* $J$*) die auf die universelle Überlagerung bezügliche Gruppe* $B_0^N(\mathsf{K}, J)$ *diejenige Untergruppe von* $B^N(\mathsf{K}, J)$, *welche* $\mathfrak{S}^N(\mathsf{K})$ *annulliert.*

---

25) [1], Nachtrag, Nr. 1 (S. 28).
26) Nach [5], Teil I, Satz IV.
27) [5], Teil II, S. 526, Behauptung 2).
28) Vgl. [2], Nr. 16.4.

**14.3. Satz VII′.** *Unter den Voraussetzungen von Satz VII ist ferner der Ring* $R_1^N(\mathsf{K},J)$ *dimensionstreu isomorph zu* $P^N(\mathfrak{F},J)$. *Dabei ist der Summand* $B_0^N(\mathsf{K},J)$ *von* $R_1^N(\mathsf{K},J)$ *diejenige Untergruppe von* $B^N(\mathsf{K},J)$, *welche* $\mathfrak{S}^N(\mathsf{K})$ *annulliert.*

Die Struktur von $R_1^N(\mathsf{K},J)$ ist also in diesem Falle durch die Fundamentalgruppe $\mathfrak{F}$ von $\mathsf{K}$ (und durch $J$) bestimmt; oder: Wenn zwei Komplexe, die in den Dimensionen $2, 3, \ldots, N-1$ asphärisch sind, isomorphe Fundamentalgruppen haben, so sind ihre Ringe $R_1^N$ isomorph. Dieser Satz läßt sich leicht mit den Methoden der Hurewiczschen Homotopietheorie beweisen[29]), ohne daß aber dabei über den algebraischen Zusammenhang zwischen $R_1^N$ und $\mathfrak{F}$ etwas ausgesagt werden kann; dieser Zusammenhang wird durch den Ring $P^N(\mathfrak{F},J)$ gegeben.

**14.4.** Für $N = 2$ trifft die in 14.2 festgestellte Bedeutung von $B_0^N(\mathsf{K},J)$ (bezüglich der universellen Überlagerung von $\mathsf{K}$) auf *jeden* zusammenhängenden simplizialen Komplex $\mathsf{K}$ zu, unabhängig von weitern Voraussetzungen: $B_0^2(\mathsf{K},J)$ *ist für beliebige Koeffizientengruppe J diejenige Untergruppe von* $B^2(\mathsf{K},J)$, *welche* $\mathfrak{S}^2(\mathsf{K})$, *d. h. alle Kugelbilder annulliert.* Das ist die in 11.5 und 13.8 in Aussicht gestellte geometrische Charakterisierung von $B_0^2(\mathsf{K},J)$.

## § 15. Beispiele.

**15.1.** Die folgenden einfachen Beispiele sollen nur zur Illustration der Begriffe und Sätze dienen; auf weitergehende Anwendungen soll an anderer Stelle eingegangen werden.

Will man für spezielle Gruppen $\mathfrak{G}$ die Struktur von $P(\mathfrak{G},J)$ untersuchen oder sogar vollständig bestimmen, so kann dies auf zwei Arten geschehen: Man kann *erstens* von der algebraischen Definition von $P(\mathfrak{G},J)$ ausgehen, wie sie im Abschnitt I gegeben wurde; wir haben auf diesem direkten Wege in § 2 die algebraische Bedeutung der Gruppen $\Gamma^1(\mathfrak{G},J)$ und $\Gamma^2(\mathfrak{G},J)$, in 3.5 die Bedeutung des $\cup$-Produktes zweier Elemente von $\Gamma^1(\mathfrak{G},J)$ geklärt; auch 10.4 ist hierher zu rechnen, obwohl wir dort an Stelle der Definition den abstrakten Komplex $K_{\mathfrak{G}}$ verwenden (was nach 8.3 nur eine andere, allerdings bequemere Formulierung bedeutet). *Zweitens* kann man Eigenschaften von $P(\mathfrak{G},J)$ gewinnen, indem man ein spezielles, möglichst einfaches Polyeder (einen simplizialen Komplex) heranzieht, der eine azyklische Überlagerung mit der Deck-

[29]) Vgl. Fußnote [4]); ferner [1], Nachtrag.

transformationengruppe $\mathfrak{G}$ besitzt; die Beispiele 15.2 bis 15.5 gehören hierher, ferner das Korollar zu Satz III (11.5), in welchem aus der geometrischen Betrachtung eine algebraische Folgerung gezogen wird. — Die zweite Methode führt natürlich zu speziellen Resultaten von eher zufälligem Charakter.

Die Kenntnis von Eigenschaften des Ringes $P(\mathfrak{G},J)$ für eine gegebene Gruppe $\mathfrak{G}$ hat für die Topologie folgenden Wert: Man gewinnt Aussagen über die Cohomologiestruktur aller derjenigen zusammenhängenden Polyeder, welche eine reguläre Überlagerung mit der Decktransformationengruppe $\mathfrak{G}$ besitzen — oder deren Fundamentalgruppe $\mathfrak{G}$ als homomorphes Bild besitzt —; diese Aussagen gelten nur für diejenigen Dimensionen $1, 2, \ldots, N$, in welchen die Überlagerung azyklisch ist, so wie dies in unsern Sätzen präzisiert ist. Ist das Polyeder eine orientierbare *Mannigfaltigkeit* der Dimension $m$, so übertragen sich die Aussagen auf den *Schnittring*, wobei zu beachten ist, daß im bekannten Isomorphismus des Cohomologie- und des Schnittringes der Cohomologiegruppe der Dimension $n$ die Homologiegruppe[30]) der „Dualdimension" $m - n$, dem $\cup$-Produkt der Schnitt entspricht.[31])

**15.2.** *Ist $\mathfrak{G}$ eine abzählbare freie Gruppe, so sind bei beliebiger Koeffizientengruppe $J$ alle $\Gamma^n(\mathfrak{G},J) = 0$ für $n \geqslant 2$.*

*Beweis.* Es gibt einen Streckenkomplex $\mathsf{K}$ mit der Fundamentalgruppe $\mathfrak{G}$; seine universelle Überlagerung ist in allen Dimensionen azyklisch bezüglich eines jeden Koeffizientenbereiches. Also ist nach Satz II für $n \geqslant 2$ $\Gamma^n(\mathfrak{G},J) \cong B^n(K,J) = 0$. — $\Gamma^1(\mathfrak{G},J)$ ist auf Grund von 2.1 leicht zu bestimmen.

Aus 13.9 (Satz VI) ergibt sich also: Ist $\mathsf{K}$ ein simplizialer Komplex mit freier Fundamentalgruppe, so ist in $\mathsf{K}$ das $\cup$-Produkt zweier 1-Cozyklen stets cohomolog 0.

**15.3.** *$\mathfrak{G}$ sei die freie Abelsche Gruppe vom Range $r$, $J$ ein Ring mit Einselement. Dann ist $P(\mathfrak{G},J)$ isomorph dem Polynomring über $J$ in $r$ antikommutativen Unbestimmten $z_1, z_2, \ldots, z_r$, welche Cohomologieklassen der Dimension 1 entsprechen*; d. h. dem Ring aller Polynome

$$\tau + \sum_{p=1}^{r} \sum_{(i_1,\ldots,i_p)} \tau_{i_1 i_2 \ldots i_p} z_{i_1} z_{i_2} \ldots z_{i_p} \quad \text{mit } 1 \leqslant i_1 < i_2 < \cdots < i_p \leqslant r$$

---

[30]) Hier ist die Homologiegruppe i. A. mit unendlichen Ketten zu bilden.

[31]) Vgl. hiezu die Bemerkungen in Nr. 3 der Einleitung.

mit Koeffizienten aus $J$, wobei $z_i z_j + z_j z_i = 0$ ist. $\Gamma^n(\mathfrak{G},J)$ ist also die direkte Summe von $\binom{r}{n}$ mit $J$ isomorphen Gruppen ($= 0$, wenn $n > r$ ist).

*Beweis.* Der $r$-dimensionale Torus, das topologische Produkt von $r$ Kreislinien, besitzt $\mathfrak{G}$ als Fundamentalgruppe; seine universelle Überlagerung, der $r$-dimensionale Euklidische Raum, ist in allen Dimensionen azyklisch. Also ist $P(\mathfrak{G},J)$ nach Satz IV zum Cohomologiering des Torus dimensionstreu isomorph, und dieser hat bekanntlich die angegebene Struktur.

**15.4.** $\mathfrak{G}$ sei die Gruppe der Ordnung 2, $J$ der Ring, der aus 2 Elementen besteht. Dann ist $P(\mathfrak{G},J)$ isomorph dem Polynomring in einer Unbestimmten über $J$, welche einer 1-dimensionalen Cohomologieklasse entspricht.

Zum Beweis betrachte man einen $N$-dimensionalen reellen projektiven Raum $P^N$; seine Fundamentalgruppe ist $\mathfrak{G}$, seine universelle Überlagerung die Sphäre $S^N$, welche in den Dimensionen $< N$ azyklisch ist. Nach Satz IV ist $P^{N-1}(\mathfrak{G},J) \cong R^{N-1}(P^N,J)$, und letzterer ist isomorph dem Polynomring über $J$ in einer Unbestimmten $z$, welche einer 1-dimensionalen Cohomologieklasse entspricht und für welche $z^N = 0$ ist. Da $N$ beliebig ist, folgt daraus die Behauptung.

**15.5.** $\mathfrak{G}$ sei die Fundamentalgruppe der orientierbaren geschlossenen Fläche $F_p$ vom Geschlecht $p \geqslant 1$, also durch $2p$ Erzeugende $x_1, \ldots, x_p$, $y_1, \ldots, y_p$ und die Relation $x_1 y_1 x_1^{-1} y_1^{-1} \ldots x_p y_p x_p^{-1} y_p^{-1} = e$ gegeben. Dann ist für jeden Ring $J$ mit Einselement $P(\mathfrak{G}, J)$ isomorph dem Polynomring über $J$ in $2p+1$ Unbestimmten $z_1, \ldots, z_p, Z_1, \ldots, Z_p, z$, für welche $z_i z_j = Z_i Z_j = 0$, $z_i Z_j = -Z_j z_i = \delta_{ij} z$ gilt, und die $z_i, Z_i$ entsprechen 1-dimensionalen Elementen von $P(\mathfrak{G},J)$, also $z$ einem 2-dimensionalen. — Es ist also $\Gamma^n(\mathfrak{G},J) = 0$ für $n \geqslant 3$ und $\Gamma^2(\mathfrak{G},J) \cong J$, und dies gilt auch für eine beliebige Koeffizientengruppe $J$.

*Beweis.* $F_p$ besitzt die Ebene als universelle Überlagerung, und diese ist in allen Dimensionen azyklisch, ganzzahlig oder bezüglich beliebiger Koeffizienten. Also ist, nach Satz IV, $P(\mathfrak{G},J)$ zu $R(F_p, J)$ dimensionstreu isomorph für jeden Ring $J$ mit Einselement, und nach Satz II $\Gamma^n(\mathfrak{G},J) = B^n(F_p,J)$, $n = 1, 2, 3, \ldots$ für jede Koeffizientengruppe $J$.

**15.6.** Der zusammenhängende simpliziale Komplex $\mathsf{K}$ sei in den Dimensionen $2, 3, \ldots, N-1$ asphärisch und seine Fundamentalgruppe $\mathfrak{F}$ sei *endlich. Dann hat, für beliebige Koeffizientengruppe $J$, jede Cohomologieklasse der Dimension $\leqslant N-1$ endliche Ordnung* (die Teiler der

Ordnung von $\mathfrak{F}$ ist); dasselbe gilt für diejenigen Cohomologieklassen der Dimension $N$, welche alle $N$-Sphärenbilder annullieren. *Die Gruppen* $B^n(\mathsf{K}, \mathfrak{A})$, $n = 1, 2, \ldots, N-1$, *sind alle endlich.*

*Beweis.* Die universelle Überlagerung von $\mathsf{K}$ ist nach 14.1 in den Dimensionen $\leqslant N-1$ ganzzahlig azyklisch; also ist nach Satz II und II′ $B^n(\mathsf{K},J) \cong \Gamma^n(\mathfrak{F},J)$ für $n=1, 2, \ldots, N-1$ und $B_0^N(\mathsf{K},J) \cong \Gamma^N(\mathfrak{F},J)$. $B_0^N$ bezieht sich auf die universelle Überlagerung von $\mathsf{K}$, hat also die in 14.2 angegebene Bedeutung. Die $\Gamma^n(\mathfrak{F},J)$ haben nach 10.4 die genannten Endlichkeits-Eigenschaften.

(Eingegangen den 4. Dezember 1945.)

LITERATUR

[1] *H. Hopf*, Fundamentalgruppe und zweite Bettische Gruppe, Comm. math helv. 14 (1941/42) 257—309. — Nachtrag hiezu, Comm. math. helv. 15 (1943) 27—32.

[2] *H. Hopf*, Über die Bettischen Gruppen, die zu einer beliebigen Gruppe gehören, Comm. math. helv. 17 (1944/45) 39—79.

[3] *E. Čech*, Les groupes de Betti d'un complexe infini, Fund. math. 25 (1935) 33—44.

[4] *Seifert-Threlfall*, Lehrbuch der Topologie (Leipzig und Berlin 1934).

[5] *W. Hurewicz*, Beiträge zur Topologie der Deformationen, (I) Proc. Akad. Amsterdam 38 (1935) 112—119; (II) ibidem, 521—528; (IV) Proc. Akad. Amsterdam 39 (1936) 215—224.

[6] *H. Whitney*, On products in a complex, Ann. of math. 39 (1938) 397—432.

[7] *H. Zassenhaus*, Lehrbuch der Gruppentheorie (Leipzig und Berlin 1937).

[8] *J. W. Alexander*, On the connectivity ring of an abstract space, Ann. of math. 37 (1936) 698—708.

[9] *S. Eilenberg*, Singular homology theory, Ann. of math. 45 (1944) 407—447.

[10] *N. E. Steenrod*, Universal homology groups, Amer. Journ. of math. 58 (1936) 661—701.

[11] *Alexandroff-Hopf*, Topologie I (Berlin 1935).

# Coverings and Betti numbers

Bull. Amer. Math. Soc. **55** (1949), 95–101

1. **Introduction.** Let the finite polyhedron $P$ be a regular covering of the polyhedron $\bar{P}$, and let $G$ be the corresponding (finite) group of covering transformations of $P$. Then $G$ acts as operator group on the homology groups $H_n$ of $P$. If we consider homology with real coefficients, $H_n$ is a real vector group of finite rank $p_n = n$th Betti number of $P$, and $G$ operates in $H_n$ as a group of linear transformations; we denote by $s_n(x)$, $x \in G$, the character of this linear representation of $G$ of degree $p_n$. Let $g$ be the order of $G$.

In this note we shall prove:

THEOREM 1. *The nth Betti number $\bar{p}_n$ of $\bar{P}$ is given by*

$$\bar{p}_n = \frac{1}{g} \sum_{x \in G} s_n(x).$$

In the Princeton Bicentennial Conference W. Hurewicz raised the question whether the homology groups of a polyhedron $\bar{P}$ are determined by those of a regular covering $P$ given as groups with operators. According to Theorem 1 the answer is affirmative in the case of *finite* polyhedra $P$, $\bar{P}$ and real (or rational) coefficients. We shall show elsewhere—in a general theory of complexes with automorphisms—that the same is true for arbitrary (finite or infinite) polyhedra, provided that the group $G$ is finite. Since the proof in our present case, based upon "harmonic chains," is very simple and yields the explicit formula of Theorem 1, which has interesting applications, we give it here independently of other more general considerations.

2. **Simplicial covering and harmonic chains.** To compute the homology groups of $P$ and $\bar{P}$, let $K$ and $\bar{K}$ be finite simplicial complexes which are subdivisions of $P$ and $\bar{P}$ respectively, such that each oriented simplex of $K$ covers one oriented simplex of $\bar{K}$. Then $G$ acts as an *automorphism group*[1] on $K$; the automorphisms $x \in G$ are permutations of the oriented simplices $\sigma_n$ of $K$ in each dimension $n$ and preserve all incidence relations. The set of all simplices $\sigma_n$ covering a simplex $\bar{\sigma}_n$ of $\bar{K}$ is a transitivity domain of $G$; that is, it contains with any simplex $\sigma_n'$ all $x\sigma_n'$, $x \in G$, and only those. Furthermore, since in an automorphism $x \neq e$ no simplex is fixed,

Presented to the Society, April 17, 1948; received by the editors February 25, 1948.

[1] For details see for example [1, §6]. Numbers in brackets refer to the references at the end of the paper.

$x\sigma_n' = x_1\sigma_n'$ implies $x = x_1$. The simplicial map which projects each $\sigma_n$ of $K$ onto the $\bar{\sigma}_n$ it covers is denoted by $U$; obviously, $Ux\sigma_n = U\sigma_n$ for all $x \in G$.

In the simplicial complexes $K$ and $\bar{K}$ we shall only use chains with *real coefficients*, and no distinction will be made between chains and cochains. An $n$-chain $a_n$ in $K$ is a linear form $a_n = \sum_i \alpha_i \sigma_{ni}$ with real coefficients, $\alpha_i$, where the $n$-simplices $\sigma_{ni}$ of $K$ play the role of indeterminates. All $n$-chains $a_n$ in $K$ form a vector space $C_n$ (a real linear space) of finite rank, in which the scalar product of $a_n = \sum_i \alpha_i \sigma_{ni}$ and $b_n = \sum_i \beta_i \sigma_{ni}$ is defined by $a_n \cdot b_n = \sum_i \alpha_i \beta_i$. The boundary operator $\partial$ is a linear mapping of $C_n$ into $C_{n-1}$, $n = 0, 1, \cdots (C_{-1} = 0)$; the coboundary operator $\delta$ is the linear mapping of $C_{n-1}$ into $C_n$ which is *dual* to $\partial$, that is, $\delta$ is defined by $\delta a_{n-1} \cdot b_n = a_{n-1} \cdot \partial b_n$ for all $(n-1)$ chains $a_{n-1}$ and $n$-chains $b_n$. If $\partial a_n = \delta a_n = 0$, $a_n$ is called a *harmonic chain*; as in each homology or cohomology class there is exactly one harmonic chain,[2] the vector group $H_n$ of all harmonic $n$-chains (a linear subgroup of $C_n$) is isomorphic both to the $n$th homology and the $n$th cohomology group of $K$ (the isomorphism is given by representing a homology or cohomology class by the harmonic chain it contains). The rank of $H_n$ is the $n$th Betti number $p_n$ of $K$. All chains, groups, and so on, of $\bar{K}$ will be denoted by the same symbols as in $K$, with a bar (for example, $\bar{a}_n$, $\bar{C}_n$, $\bar{H}_n$), the boundary and coboundary operator as in $K$ by $\partial$ and $\delta$.

The linear mappings of the chain groups and the homology groups induced by the simplicial maps $U$ and $x \in G$ will also be denoted by $U$ and $x$ respectively. $x$ is an isomorphism of $C_n$ onto itself, $U$ a homomorphism of $C_n$ onto $\bar{C}_n$, for all $n$.

The simplicial map $U$ of $K$ onto $\bar{K}$ is locally one-one; that is, if the simplices $\sigma_n$ and $\sigma_n'$ of $K$ are both incident with a simplex $\sigma_k$, then $U\sigma_n = U\sigma_n'$ implies $\sigma_n = \sigma_n'$. For each simplex $\sigma_n$ of $K$ one has therefore not only $U\partial\sigma_n = \partial U\sigma_n$, but also

$$U\delta\sigma_n = \delta U\sigma_n; \tag{1}$$

in other words, the linear mapping $U$ of $C_n$ onto $\bar{C}_n$ commutes with $\partial$ and $\delta$. Let $U^*$ be the dual mapping of $\bar{C}_n$ into $C_n$, defined by $U^*\bar{a}_n \cdot b_n = \bar{a}_n \cdot Ub_n$ for all $n$-chains $\bar{a}_n \in \bar{C}_n$ and $b_n \in C_n$; it also commutes with $\partial$ and $\delta$. Hence

(2) *$U$ and $U^*$ both map harmonic chains onto harmonic chains.*

Since $U$ is a mapping of $C_n$ onto $\bar{C}_n$, the dual mapping $U^*$ is an isomorphism of $\bar{C}_n$ into $C_n$. For, $U^*\bar{a}_n = 0$ implies $U^*\bar{a}_n \cdot b_n = \bar{a}_n \cdot Ub_n = 0$

[2] See for example [2, pp. 245–246]. Other references are given in [2].

for all $b_n \in C_n$, hence $\bar{a}_n \cdot \bar{b}_n = 0$ for all $\bar{b}_n \in \bar{C}_n$, hence $\bar{a}_n = 0$. This together with (2) yields

THEOREM 2. *$U^*$ induces an isomorphism of $\bar{H}_n$ into $H_n$, $n = 0, 1, \cdots$.*

COROLLARY 1. *The nth Betti number $\bar{p}_n$ of $\bar{K}$ is not greater than the nth Betti number $p_n$ of $K$.*

We remark further that $U$ maps $U^*\bar{C}_n \subset C_n$ isomorphically onto $\bar{C}_n$. For, $UU^*\bar{a}_n = 0$ implies $UU^*\bar{a}_n \cdot \bar{a}_n = U^*\bar{a}_n \cdot U^*\bar{a}_n = 0$, hence $U^*\bar{a}_n = 0$. In particular $U$ maps $U^*\bar{H}_n \subset H_n$ isomorphically into $\bar{H}_n$, and since $U^*\bar{H}_n$ is isomorphic to $\bar{H}_n$, this must be a map onto $\bar{H}_n$. Hence

(3) *$U$ maps $H_n$ onto $\bar{H}_n$.*

REMARK. $UU^*$ is not the identity mapping of $\bar{C}_n$ or $\bar{H}_n$ but, as is easily seen, multiplies each chain $\bar{a}_n$ by the order $g$ of $G$.

3. **Invariant chains.** In the linear mapping of $C_n$ onto itself induced by an automorphism $x \in G$ the scalar product of two $n$-chains $a_n$, $b_n$ remains unchanged:

$$xa_n \cdot xb_n = a_n \cdot b_n. \tag{4}$$

This follows simply from the fact that $x$ is a permutation of the oriented simplices (that is, of the basis vectors of $C_n$). In other words, $x$ is an orthogonal transformation of $C_n$.

A chain $a_n \in C_n$ will be called *invariant* if $xa_n = a_n$ for all $x \in G$. This is the case if and only if

$$a_n \cdot b_n = a_n \cdot xb_n \tag{5}$$

for all $x \in G$ and $b_n \in C_n$. For, if $a_n$ is invariant, $a_n \cdot b_n = xa_n \cdot xb_n = a_n \cdot xb_n$; and conversely, if (5) holds for all $x \in G$, then $a_n \cdot b_n = a_n \cdot x^{-1}b_n = xa_n \cdot b_n$ for all $b_n \in C_n$, hence $a_n = xa_n$. The invariant chains constitute a linear subgroup $C_n^i$ of $C_n$.

(6) *The isomorphism $U^*$ maps $\bar{C}_n$ onto $C_n^i$.*

PROOF. For any $\bar{a}_n \in \bar{C}_n$, $U^*\bar{a}_n$ is invariant; for

$$U^*\bar{a}_n \cdot xb_n = \bar{a}_n \cdot Uxb_n = \bar{a}_n \cdot Ub_n = U^*\bar{a}_n \cdot b_n$$

for all $b_n \in C_n$. Conversely, if $a_n$ is invariant, the relation

$$\bar{a}_n \cdot U\sigma_n = a_n \cdot \sigma_n \qquad \text{for all } \sigma_n \text{ of } K$$

defines an $n$-chain $\bar{a}_n$ of $\bar{K}$ without ambiguity (for replacing $\sigma_n$ by $\sigma_n' = x\sigma_n$ does not change either side of this equation). Then $U^*\bar{a}_n \cdot \sigma_n = \bar{a}_n \cdot U\sigma_n = a_n \cdot \sigma_n$ for all $\sigma_n$, hence $U^*\bar{a}_n = a_n$.

The invariant harmonic $n$-chains of $K$ form a linear subgroup $H_n^i$ of $H_n$. For any $a_n \in H_n^i$ there is, by (6), an $\bar{a}_n$ such that $a_n = U^*\bar{a}_n$;

since $U^*$ commutes with $\partial$ and $\delta$ and is an isomorphism, it follows that $\bar{a}_n$ is harmonic. Combining this with Theorem 2 and (6) we obtain the following result.

THEOREM 3. *$U^*$ induces an isomorphism of $\overline{H}_n$ onto $H_n^I$.*

4. **Proof of Theorem 1.** Since the automorphisms $x \in G$ of $K$ permute the $n$-simplices, for each $n$, and preserve the incidence relations, the linear mappings $x$ of $C_n$ onto itself, $n=0, 1, \cdots$, commute with both $\partial$ and $\delta$. Hence they induce linear mappings of $H_n$ onto itself; these mappings describe *the operation of G on the n-dimensional homology and cohomology groups of K*. By (4) these linear mappings of $H_n$ onto itself are orthogonal. Hence for each $n$ one has an orthogonal representation $\mathfrak{R}_n$ of the group $G$ in the vector group $H_n$. The subspace $H_n^I$ of $H_n$ consists of those elements of $H_n$ which are fixed under this representation; by Theorem 3 it may be considered as the homology or cohomology group $\overline{H}_n$ of $\overline{K}$. This proves that the latter *is determined by $H_n$ and by the operation of G in $H_n$* (cf. §1).

The rank of $H_n^I$, which is the $n$th Betti number $\bar{p}_n$ of $\overline{K}$, is equal to the number of trivial irreducible representations of $G$ contained in the representation $\mathfrak{R}_n$ of $G$ in $H_n$, hence by a well known character relation[3] is equal to the average over the group $G$ of the character $s_n(x)$ of the representation $\mathfrak{R}_n$. This proves Theorem 1. Replacing $s_n(e)$ by the degree $p_n$ of the representation, where $e$ is the unit element of $G$, we may write the formula in the form

$$g \cdot \bar{p}_n = p_n + \sum_{x \in G,\, x \neq e} s_n(x). \tag{7}$$

REMARK. $p_n = \bar{p}_n$ holds if and only if $H_n = H_n^I$, hence if all harmonic $n$-chains of $K$ are invariant under the operations of $G$; in other words, if each $n$-dimensional homology class is mapped into itself by all $x \in G$. This result may be stated in the following way:

THEOREM 4. *The nth Betti numbers $p_n$ and $\bar{p}_n$ of K and $\overline{K}$ are equal if and only if in the dimension n all automorphisms $x \in G$ are of the homology type of the identity (for real coefficients).*[4]

5. **Products,[5] manifolds.** The Alexander $\cup$-product associates with two cohomology classes of $K$ of dimensions $n$ and $k$ a third one of di-

[3] Cf. [3, p. 201, formula (16)].

[4] The sufficiency of the condition has previously been proved by G. Hirsch, with an application to closed Lie groups; see [4, p. 226].

[5] For definitions and properties see [5]; for products in a covering complex the remarks of [1, §6] have to be used.

mension $n+k$, hence with two harmonic chains $a_n$ and $b_k$ a unique harmonic $(n+k)$-chain $a_n \cup b_k$. The Čech-Whitney $\cap$-product associates with a cohomology class of dimension $k$ and a homology class of dimension $k+p$ $(p \geqq 0)$ a homology class of dimension $p$, hence with two harmonic chains $b_k$ and $c_{k+p}$ a unique harmonic $p$-chain $b_k \cap c_{k+p}$. From the fact that all incidence relations are preserved by the automorphisms $x \in G$ it may easily be deduced that

$$xa_n \cup xb_k = x(a_n \cup b_k), \tag{8}$$

$$xb_k \cap xc_{k+p} = x(b_k \cap c_{k+p}) \tag{9}$$

for all harmonic chains $a_n$, $b_k$, $c_{k+p}$ and all $x \in G$.

It follows that the $\cup$- or $\cap$-product of invariant harmonic chains is again an invariant harmonic chain. The direct sum of all $H_n^i$, $n = 0, 1, \cdots$, together with the $\cup$-product, constitutes a subring $R^i$ of the Alexander ring (the cohomology ring) $R$ of $K$. Since $U^*$ preserves the $\cup$-product, it follows from Theorem 3:

(10) *$U^*$ induces a ring-isomorphism of the cohomology ring $\overline{R}$ of $\overline{K}$ onto $R^i$.*

We now assume $K$ to be a (closed) orientable $N$-dimensional manifold. Let $m_N$ be the fundamental harmonic $N$-chain corresponding to an orientation of $K$; that is, $m_N$ is a chain with coefficients $\pm 1$ generating $H_N$. The *duality operator* $D$ in $K$ may be defined by

$$Da_n = a_n \cap m_N \tag{11}$$

for harmonic chains $a_n$; if $a_n$ is considered as a representative of an $n$-dimensional cohomology class, $Da_n$ is the harmonic representative of the dual $(N-n)$-dimensional homology class. As is well known, $D$ is an isomorphism of $H_n$ onto $H_{N-n}$.

(12) *For any $x \in G$ one has $xDa_n = \gamma \cdot Dxa_n$, where $\gamma = \pm 1$ is the (topological) degree of $x$.*

PROOF. $xDa_n = x(a_n \cap m_N) = xa_n \cap xm_N = xa_n \cap \gamma m_N = \gamma \cdot (xa_n \cap m_N) = \gamma \cdot Dxa_n$.

As a consequence we have:

THEOREM 5. *If $K$ is an orientable $N$-dimensional manifold, then the characters $s_n(x)$ and $s_{N-n}(x)$ of the representations of $G$ in $H_n$ and $H_{N-n}$ are related by*

$$s_n(x) = \gamma \cdot s_{N-n}(x),$$

*where $\gamma$ is the degree of $x \in G$.*

6. **An application.** Let $\overline{K}$ be a non-orientable $N$-dimensional manifold, and $K$ an orientable two-sheeted covering of $\overline{K}$. The cover-

ing transformation group consists of the unit element $e$ and an element $y$ of degree $-1$. Various relations between the Betti numbers of $\bar{K}$ and $K$ may be deduced from (7) and (12). (7) becomes in this case (we write $s_n$ for $s_n(y)$)

$$2\bar{p}_n = p_n + s_n, \qquad n = 0, 1, \cdots, N. \tag{13}$$

Since $y$ has degree $-1$, one has, by (12), $s_n = -s_{N-n}$, hence $2\bar{p}_{N-n} = p_{N-n} + s_{N-n} = p_n - s_n = 2\bar{p}_n - 2s_n$, hence

$$\bar{p}_n - \bar{p}_{N-n} = s_n, \tag{14}$$

$$\bar{p}_n + \bar{p}_{N-n} = p_n. \tag{15}$$

This is a duality theorem for non-orientable $N$-dimensional manifolds. We shall use (13)–(15) to prove the following theorem.

THEOREM 6. *The following relations hold between the Betti numbers $\bar{p}_n$ of a closed non-orientable $N$-dimensional manifold $\bar{K}$ and the Betti numbers $p_n$ of a two-sheeted orientable covering $K$ of $\bar{K}$:*

(16) *for* $N = 3, \quad p_1 = 2\bar{p}_1 - 1;$[6]

(17) *for* $N = 2L, \quad p_L = 2\bar{p}_L;$

(18) *for* $N = 2L + 1, \quad \sum_{n=0}^{L} (-1)^n p_n = 2 \sum_{n=0}^{L} (-1)^n \bar{p}_n$ *and*

$$\sum_{n \text{ even}} p_n = 2 \sum_{n \text{ even}} \bar{p}_n.$$

PROOF. (a) If $N=3$, the Euler characteristic $\bar{p}_0 - \bar{p}_1 + \bar{p}_2 - \bar{p}_3 = 0$, where $\bar{p}_0 = 1$, $\bar{p}_3 = 0$, hence $\bar{p}_2 = \bar{p}_1 - 1$; by (15), $\bar{p}_1 + \bar{p}_2 = 2\bar{p}_1 - 1 = p_1$. (b) (17) follows immediately from (15). (c) If $N = 2L+1$, the characteristics of $K$ and $\bar{K}$ are 0 and we deduce from (13)

$$\sum_{n=0}^{N} (-1)^n s_n = 0, \tag{19}$$

hence $\sum_{n=0}^{L}(-1)^n s_n = -\sum_{n=L+1}^{N} (-1)^n s_n$; since $s_n = -s_{N-n}$, this is equal to $-\sum_{n=L+1}^{N}(-1)^{N-n} s_{N-n} = -\sum_{n=0}^{L}(-1)^n s_n$, hence $\sum_{n=0}^{L} (-1)^n s_n = 0$. Using $s_n = -s_{N-n}$ again, we may also write this as $\sum_{n \text{ even}} s_n = 0$. These two results together with (13) yield (18). We remark that since the characteristics of $K$ and $\bar{K}$ are 0 ($N = 2L+1$) the first of the formulas (18) is equivalent to $\sum_{n=L+1}^{N}(-1)p_n = 2\sum_{n=L+1}^{N}(-1)\bar{p}_n$, the second one to $\sum_{n \text{ odd}} p_n = 2\sum_{n \text{ odd}} \bar{p}_n$.

[6] For 3-dimensional manifolds $\bar{K}$ satisfying certain restrictive conditions (16) is proved in a note by T. H. Kiang [6].

REMARK. The formula (19), which here was proved directly, may also be deduced from a well known result concerning the number of fixed simplices in a simplicial self-mapping.[7] In the general case of an arbitrary automorphism group $G$ and arbitrary finite complexes $K$ and $\bar{K}$ it follows from this result that the "Lefschetz number" $\lambda(x) = \sum_{n=0}^{N} (-1)^n s_n(x)$ is 0 for any automorphism $x \neq e$.

## REFERENCES


1. B. Eckmann, *Der Cohomologiering einer beliebigen Gruppe*, Comm. Math. Helv. vol. 18 (1945–1946) pp. 232–282.
2. ———, *Harmonische Funktionen und Randwertaufgaben in einem Komplex*, Comm. Math. Helv. vol. 17 (1945) pp. 240–255.
3. B. L. van der Waerden, *Moderne Algebra*, vol. 2, Berlin, 1931.
4. G. Hirsch, *Sur les groupes d'homologie de certains complexes de recouvrement*, Portugaliae Math. vol. 4 (1945) pp. 225–237.
5. H. Whitney, *On products in a complex*, Ann. of Math. vol. 39 (1938) pp. 397–432.
6. T. H. Kiang, *An application of the addition formulas of Mayer-Vietoris*, Academia Sinica Science Record vol. 7 (1945) pp. 275–276.
7. P. Alexandroff and H. Hopf, *Topologie*, Berlin, 1935.


INSTITUTE FOR ADVANCED STUDY AND
UNIVERSITY OF LAUSANNE

[7] Cf. [7, p. 530].

# Formes différentielles et métrique hermitienne sans torsion. I. Structure complexe, formes pures

(with H. Guggenheimer)

C. R. Acad. Sci. Paris **229** (1949), 464–466

Dans cette Note et une Note suivante nous indiquerons une série de formules et de relations de caractère purement local concernant les formes différentielles dans un espace à métrique hermitienne sans torsion ([1]). Ces résultats seront utilisés dans des Notes ultérieures pour établir des propriétés topologiques qu'entraîne l'existence d'une telle métrique dans une variété complexe close; nous généraliserons et simplifierons ainsi la théorie de Hodge ([2]) sur la structure homologique des variétés algébriques. Les détails des énoncés et des démonstrations seront publiés dans un Mémoire en préparation.

1. Considérons l'espace numérique $R^{2m}$ des $2m$ variables réelles $x_1, \ldots, x_{2m}$ comme espace $E^m$ de $m$ variables complexes $z_1, \ldots, z_m$ en posant $z_j = x_{2j-1} + i x_{2j}$, $j = 1, \ldots, m$. $R^{2m}$ peut alors être décrit par les $2m$ variables $z_1, \ldots, z_m$, $\bar{z}_1, \ldots, \bar{z}_m$ (où $\bar{z}_j$ est le complexe conjugué de $z_j$), en ce sens que toute fonction dans $R^{2m}$ est une fonction des $z_j$, $\bar{z}_j$ et inversement. Parmi les transformations de coordonnées différentiables dans $R^{2m}$ qui font passer des $z_j$, $\bar{z}_j$ à de nouvelles coordonnées complexes $\zeta_j$, $\bar{\zeta}_j$, bornons-nous à celles où les $\zeta_j$ s'expriment comme fonctions des $z_1, \ldots, z_m$ seules (donc les $\bar{\zeta}_j$ des $\bar{z}_1, \ldots, \bar{z}_m$ seules); elles correspondent à des *transformations analytiques* dans $E^m$, données par $m$ fonctions analytiques $\zeta_j = f_j(z_1, \ldots, z_m)$ à Jacobien $\neq 0$. Nous dirons que les coordonnées $\zeta_j$, $\bar{\zeta}_j$ définissent dans $R^{2m}$ la même *structure complexe* que les $z_j$, $\bar{z}_j$. Par une propriété d'un tenseur ou d'une forme différentielle dans $R^{2m}$ relative à cette structure complexe, on entend une propriéte invariante dans ces transformations particulières.

2. Nous écrirons $z_{m+1}, \ldots, z_{2m}$ au lieu de $\bar{z}_1, \ldots, \bar{z}_m$. Soit

$$\varphi^p = \Sigma A_{\nu_1 \ldots \nu_p} dz_{\nu_1} \ldots dz_{\nu_p}$$

---

([1]) Ces métriques ont été examinées par E. Kähler, *Abh. Math. Sem. Hamburg*, **9**, 1933, p. 173-186.

([2]) W. V. D. Hodge, *The theory and application of harmonic integrals* (Cambridge, 1941), Chap. IV. Notre procédé a également été proposé et esquissé par A. Weil (*Comment. Math. Helv.*, **20**, 1947, p. 110-116). Nous avons adopté ici la plupart des notations de Weil.

une forme différentielle extérieure dans $R^{2m}$ de degré $p$, $0 \leqq p \leqq 2m$, appelée aussi tout court une $p$-forme; les coefficients $A_{\nu_1 \ldots \nu_p}$, fonctions complexes différentiables des $z_j$, $\bar{z}_j$, constituent un tenseur covariant antisymétrique, et la somme s'étend à toutes les combinaisons $\nu_1, \ldots, \nu_p$ de $1, \ldots, 2m$, chacune prise une seule fois dans un arrangement arbitraire. Une $p$-forme $\varphi^p$ sera dite *pure*, si tous les termes $\neq 0$ sont du même degré par rapport aux $d\bar{z}_j = dz_{m+j}$ seuls; cette notion, ainsi que ce degré que nous appellerons *le type de la forme pure* $\varphi^p$, a un sens invariant relatif à la structure complexe donnée dans $R^{2m}$. Toute forme $\varphi^p$ se décompose de façon unique en une somme de formes pures $\varphi^p_{(h)}$ de type $h = 0, 1, \ldots, p$.

Dans l'espace linéaire $\Phi^p$ de toutes les $p$-formes nous définissons un opérateur additif C en posant pour les $p$-formes pures $\varphi^p_{(h)}$ de type $h$

$$C\varphi^p_{(h)} = i^p(-1)^h \bar{\varphi}^p_{(h)}. \tag{I.1}$$

C est un isomorphisme de $\Phi^p$ sur lui-même avec $CC = (-1)^p$; $C\varphi^p_{(h)}$ est de type $p - h$.

3. Soient $d\varphi^p$ la différentielle extérieure de $\varphi^p$, $\star\varphi^p$ la forme adjointe de $\varphi^p$ par rapport à une métrique riemannienne donnée dans $R^{2m}$, $\delta$ l'opérateur $\star d \star$ et $\Delta = d\delta + \delta d$ l'opérateur généralisant celui de Laplace-Beltrami ([3]); si $\Delta\varphi^p = 0$, $\varphi^p$ est dite *harmonique*. Nous supposons en particulier que la métrique envisagée correspond à une métrique hermitienne dans $E^m$, c'est-à-dire qu'elle est de la forme

$$ds^2 = \sum_{j,k=1}^{m} g_{jm+k}(dz_j\, dz_{m+k}), \qquad g_{km+j} = \bar{g}_{jm+k}; \tag{I.2}$$

la parenthèse désigne le produit *ordinaire* des différentielles.

Les transformés des opérateurs $d$, $\star$, $\delta$ et $\Delta$ par C seront désignés par $\tilde{d}$, $\tilde{\star}$, $\tilde{\delta}$ et $\tilde{\Delta}$ respectivement, par exemple $\tilde{d} = C^{-1}dC$. Ces opérateurs obéissent aux mêmes règles élémentaires que les premiers, par exemple $\tilde{d}\tilde{d} = 0$, $\tilde{\delta} = \tilde{\star}\tilde{d}\tilde{\star}, \ldots$ De plus, on vérifie facilement que $\tilde{d}d + d\tilde{d} = 0$, $\tilde{\delta}\delta + \delta\tilde{\delta} = 0$ et $\tilde{\star} = \star$ (c'est-à-dire $C\star = \star C$). Pour une forme pure $\varphi^p_{(h)}$, $d\varphi^p_{(h)} = 0$ équivaut à $\tilde{d}\varphi^p_{(h)} = 0$, et il en est de même pour $\delta$ et $\tilde{\delta}$.

4. La métrique hermitienne I.2 est dite *sans torsion* ([4]), si

$$\frac{\partial g_{jk+m}}{\partial z_l} - \frac{\partial g_{lk+m}}{\partial z_j} = 0$$

---

([3]) Pour les définitions et les propriétés de ces opérateurs, *voir* par exemple G. de Rham et P. Bidal, *Comment. Math. Helv.*, **19**, 1946, p. 1-49 et G. de Rham, *Ann. de Grenoble*, **22**, 1946, p. 135-152. La définition de $\star\varphi^p$ (noté $\varphi^{p*}$ dans les Mémoires cités) est à compléter en remplaçant les coefficients de $\varphi^p$, qui sont ici complexes, par leurs complexes conjugués.

pour tous les indices $j, k, l = 1, 2, \ldots, m$. On déduit de cette condition des propriétés remarquables (relatives à la structure complexe) des symboles de Christoffel et du tenseur de courbure, par exemple $R_{\varkappa\lambda,\mu\nu} \neq 0$ seulement si dans les deux couples $\varkappa\lambda$ et $\mu\nu$ un indice est $\leqq m$ et l'autre $> m$. En utilisant ce fait et l'expression explicite des opérateurs $\Delta$ et $\tilde{\Delta}$, on démontre que $\Delta = \tilde{\Delta}$ (ou $C\Delta = \Delta C$), et que $\Delta$ appliqué à une forme pure donne une forme pure du même type. D'où les théorèmes :

(I.3) *Si* $\varphi^p$ *est harmonique,* $C\varphi^p$ *l'est aussi.*

(I.4) *Si* $\varphi^p = \sum_{h=0}^{p} \varphi^p_{(h)}$ *est harmonique, alors chaque composante pure* $\varphi^p_{(h)}$ *de* $\varphi^p$ *l'est aussi.*

(Extrait des *Comptes rendus des séances de l'Académie des Sciences*, t. **229**, p. 464-466, séance du 22 août 1949.)

# Formes différentielles et métrique hermitienne sans torsion. II. Formes de classe $k$; formes analytiques

(with H. Guggenheimer)

C. R. Acad. Sci. Paris **229** (1949), 489–491

Cette Note fait suite à une Note précédente [1] dont elle utilise les notations et les résultats.

1. A une métrique hermitienne $ds^2 = \sum_{j,k=1}^{m} h_{jk}(dz_j d\bar{z}_k)$ donnée dans l'espace $R^{2m}$ muni d'une structure complexe (*cf.* I), on associe la forme différentielle extérieure

$$\omega^2 = i \sum_{j,k=1}^{m} g_{j\,m+k}\, dz_j\, dz_{m+k} \qquad (\text{où } g_{j\,m+k} = h_{jk} \quad \text{et} \quad dz_{m+k} = d\bar{z}_k).$$

La condition qui exprime que la métrique est *sans torsion* est équivalente à $d\omega^2 = 0$; nous la supposons vérifiée. $\Phi^p$ désignant l'espace linéaire de toutes les formes différentielles $\varphi^p$ de degré $p$, une transformation linéaire L de $\Phi^p$ dans $\Phi^{p+2}$ est définie par $L\varphi^p = \varphi^p . \omega^2$ (produit extérieur), et la transformation *adjointe* $\Lambda$ par $\Lambda\varphi^p = (-1)^p \star L \star \varphi^p$. Entre ces opérateurs et les opérateurs $d$, $\delta$, $\Delta$ et C envisagés dans I, on a les relations suivantes, qui se démontrent par le calcul direct en se basant en partie sur la forme particulière du tenseur de courbure d'une métrique hermitienne sans torsion.

(II.1) $\qquad dL = Ld, \qquad \delta\Lambda = \Lambda\delta,$

(II.2) $\qquad CL = LC, \qquad C\Lambda = \Lambda C.$

(II.3) $\qquad \delta L - L\delta = \tilde{d}, \qquad d\Lambda - \Lambda d = -\tilde{\delta}.$

(II.4) $\qquad \Delta L = L\Delta, \qquad \Delta\Lambda = \Lambda\Delta.$

2. Dans tout ce qui suit, bornons-nous à des formes de degré $p \leqq m$; l'opérateur $\star$ permet d'obtenir les résultats analogues pour $p > m$. Une $p$-forme est dite *effective* ou *de classe zéro*, si $\Lambda\varphi^p = 0$; les $p$-formes effectives constituent un sous-espace linéaire $\Phi_0^p$ de $\Phi^p$. Une forme $\varphi^p = L^k\psi^r$ ($L^k$ est la puissance $k^{\text{ième}}$ de L, et $r = p - 2k$), où $\psi^r$ est effective, est dite *de classe* $k$, cela pour $k = 0, 1, \ldots, [p/2]$; les $p$-formes de classe $k$ constituent un sous-espace

[1] *Comptes rendus*, **229**, 1949, p. 464. Cette Note est désignée dans le texte par I.

linéaire $\Phi_k^p = L^k\Phi^{p-2k}$ de $\Phi^p$. Pour les formes $\varphi^p$ de $\Phi_k^p$ l'opérateur $\star$ peut s'exprimer par L et C :

$$(\text{II}.5)\qquad \star\varphi^p = a L^{m-p} C\varphi^p \qquad \text{avec} \quad a = \frac{k!\, 2^{p-m}}{(m-p+k)!}(-1)^{\frac{m(m-1)}{2}+\frac{p(p+1)}{2}+k}.$$

De cette formule on déduit une expression simple pour l'opérateur $\Lambda$ appliqué à une forme de classe $k$ : Si $\varphi^p = L^k\psi^r$ avec $\Lambda\psi^p = 0$, alors $\Lambda\varphi^p$ est à un facteur numérique près égal à $L^{k-1}\psi^r$, à savoir

$$(\text{II}.6)\qquad \Lambda L^k\psi^r = -k(m-r-k+1)L^{k-1}\psi^r \qquad \text{pour} \quad r+2k \leqq m.$$

3. Les formules ci-dessus permettent d'établir les deux théorèmes suivants concernant les opérateurs L et $\Lambda$ :

THÉORÈME $A_p$. — *$\Lambda L$ est un isomorphisme de $\Phi^p$ sur lui-même* ($p \leqq m-2$).

THÉORÈME $B_p$. — *$\Phi^p$ est la somme directe de $\Phi_0^p$ et de* $L\Phi^{p-2}$ ($p \leqq m$).

La démonstration très simple et courte se fait simultanément pour les deux théorèmes par induction : *a.* $B_0$ et $B_1$ sont triviaux. *b.* En utilisant II.6, on montre que $B_p$ entraîne $A_p$. *c.* $A_p$ entraîne $B_{p+2}$; en effet, il existe pour toute forme $\varphi^{p+2}$ une forme $\varphi^p$ et une seule telle que $\Lambda\varphi^{p+2} = \Lambda L\varphi^p$, c'est-à-dire telle que $\varphi^{p+2} - L\varphi^p$ soit effective.

Du théorème $A_p$ il suit que L est un *isomorphisme de $\Phi^p$ dans $\Phi^{p+2}$* ($p \leqq m-2$); en d'autres termes :

(II.7). *Pour toute p-forme $\varphi^p \neq 0$, $p \leqq m-2$, le produit $\varphi^p . \omega^2$ est $\neq 0$.*

$B_p$ ($p \leqq m$) peut aussi être énoncé comme ceci : $\Phi^p$ est la somme directe des $\Phi_k^p = L^k\Phi_0^{p-2k}$, $k = 0, 1, \ldots, [p/2]$, et d'après II.7 les $L^k$ sont des isomorphismes. On est ainsi amené au *théorème de décomposition* [*cf.* Hodge ([2])] :

(II.8). *Toute p-forme $\varphi^p$ se décompose en une somme*

$$\varphi^p = \psi^p + L\psi^{p-2} + \ldots + L^q\psi^{p-2q} \qquad \left(q = \left[\frac{p}{2}\right]\right),$$

*et cela d'une seule façon, c'est-à-dire que les formes effectives $\psi^p, \psi^{p-2}, \ldots, \psi^{p-2q}$ sont bien déterminées.*

4. Les opérateurs $\star$, C, L et $\Lambda$, appliqués à des formes *harmoniques*, donnent toujours des formes harmoniques, ce qui découle des formules relatives à $\Delta$; notons en particulier que toutes les puissances $k^{\text{ièmes}}$, $k = 0, 1, \ldots, m$, de $\omega^2$ sont harmoniques. Tous les résultats restent donc valables si l'on se borne partout à des formes harmoniques. Si $\varphi^p$ est de classe $k$, $\Delta\varphi^p$ l'est aussi; ainsi pour une forme harmonique, les termes de classe $k = 0, 1, \ldots, q$, de la décomposition II.8 sont tous harmoniques.

5. Pour toute forme pure $\varphi^p$ de type $m$ (*cf.* I, § 2) on a $L\varphi^p = 0$, et par

---

([2]) *The theory and application of harmonic integrals* (Cambridge, 1941), Chap. IV.

conséquent pour toute forme $\varphi^p$ de type o, $\Lambda\varphi^p = (-1)^p \star L \star \varphi^p = 0$ : *Toute forme de type o est effective*. Soit $\alpha^p = \Sigma A_{i_1 \ldots i_p} dz_{i_1} \ldots dz_{i_p}$ de type o (dans tous les termes $\neq 0$ les indices $i_1, \ldots, i_p$ sont donc $\leq m$), et soit $d\alpha^p$ également de type o; pour cela il faut et il suffit que les $\partial A_{i_1 \ldots i_p} / \partial \bar{z}_j$ soient $= 0$ : les coefficients sont des fonctions analytiques de $z_1, \ldots, z_m$. Appelons dans ce cas $\alpha^p$ une *forme différentielle analytique*. En vertu de II.3 elle vérifie $\bar{\delta}\alpha^p = 0$, donc (d'après I, § 3) $\delta\alpha^p = 0$. $\alpha^p$ est dite *intégrable*, si $d\alpha^p = 0$, c'est-à-dire si

$$\sum_{k=1}^{p} (-1)^{k-1} \frac{\partial A_{i_1 \ldots i_{k-1} i_{k+1} \ldots i_p}}{\partial z_{i_k}} = 0.$$

(II.9). *Pour toute forme différentielle analytique $\alpha^p$ on a $\delta\alpha^p = 0$. Si $\alpha^p$ est intégrable, elle est harmonique.*

On montre de façon analogue que toute forme $\beta^p$ pure et de classe $k$ vérifiant $d\beta^p = 0$ est harmonique.

(Extrait des *Comptes rendus des séances de l'Académie des Sciences*, t. **229**, p. 489-491, séance du 29 août 1949.)

# Sur les variétés closes à métrique hermitienne sans torsion

(with H. Guggenheimer)

C. R. Acad. Sci. Paris **229** (1949), 503–505

Dans cette Note nous appliquerons à des variétés complexes closes les considérations purement locales de deux Notes antérieures ([1]) sur la structure complexe et la métrique hermitienne, et nous en déduirons des propriétés globales.

1. Soit V une variété complexe ([2]) close à $2m$ dimensions; cela signifie que V est recouverte par un nombre fini de voisinages qui sont homéomorphes à l'espace numérique réel $R^{2m}$ et décrits par des coordonnées complexes $z_1, \ldots, z_m$, de telle façon que dans l'intersection de deux voisinages le passage d'un système de coordonnées à l'autre se fait par une transformation analytique (*cf.* I, §1). Toutes les notions et résultats de I et II relatifs à la structure complexe ont dans V un sens global, si on les applique à des formes différentielles définies et régulières sur toute la variété V, ce que nous ferons ici ([3]). En se bornant toujours à des formes *harmoniques* (par rapport à une métrique riemannienne positive définie donnée dans V), on est amené à des propriétés topologiques de V : désignons par $H^p$ l'espace linéaire de toutes les formes harmoniques de degré $p$; il existe un isomorphisme naturel de $H^p$ sur le $p^{\text{ième}}$ groupe de cohomologie (à coefficients complexes) de V, et le rang de $H^p$ est le $p^{\text{ième}}$ nombre de Betti $b^p$ de V. Dans la suite nous supposons V munie d'une métrique qui est, sous sa forme complexe, une métrique hermitienne sans torsion (*cf.* I, §4); appelons dans ce cas V une *variété*

(*) Séance du 29 août 1949.

([1]) Formes différentielles et métrique hermitienne sans torsion. I. Structure complexe, formes pures (*Comptes rendus*, **229**, 1949, p. 464). II. Formes de classe $k$; formes analytiques (*Comptes rendus*, **229**, 1949, p. 489). Ces deux Notes, dont nous conservons les définitions et les notations, sont désignées par I et II.

([2]) *Cf.* H. Hopf, *Zur Topologie der komplexen Mannigfaltigkeiten. Studies and Essays Presented to R. Courant* (New-York, 1948), p. 167-185.

([3]) Rappelons ici que nous remplaçons les variables réelles locales $x_1, \ldots, x_{2m}$ (= parties réelles et imaginaires des $z_1, \ldots, z_m$) dans V par $z_1, \ldots, z_m$, $\bar{z}_1 = z_{m+1}, \ldots, \bar{z}_m = z_{2m}$, et que les formes différentielles sont des formes en $dz_1, \ldots, dz_{2m}$ ou en $dx_1, \ldots, dx_{2m}$, à coefficients *complexes*. On pourrait se borner à des formes *réelles*, c'est-à-dire à des formes qui, exprimées par les $dx_1, \ldots, dx_{2m}$, ont des coefficients réels; les opérateurs introduits dans I et II transforment des formes réelles en formes réelles.

*kählérienne*. Les espaces projectifs complexes et les variétés algébriques plongées sans singularités dans un tel espace peuvent être considérés comme variétés kählériennes ([4]).

2. Soit $H^p_{(h)}$ l'espace linéaire des $p$-formes harmoniques de type $h$ (*cf.* I, § 2) dans V. D'après I.4, $H^p$ est la somme directe des $H^p_{(h)}$, $h=0, \ldots, p$ et, d'après I.3, l'opérateur C établit un isomorphisme de $H^p_{(h)}$ sur $H^p_{(p-h)}$. Si $b^p_{(h)}$ désigne le rang de $H^p_{(h)}$, on a $b^p = b^p_{(0)} + b^p_{(1)} + \ldots + b^p_{(p)}$ et $b^p_{(h)} = b^p_{(p-h)}$, donc

(1) $$b^p = 2\left[b^p_{(0)} + \ldots + b^p_{\left(\frac{p-1}{2}\right)}\right],$$

si $p$ est impair. D'où la généralisation suivante d'un théorème établi par Lefschetz pour les variétés algébriques :

(2) *Les nombres de Betti des dimensions impaires d'une variété kählérienne close sont tous pairs.*

3. Passons à l'application de II, §§ 1-4. La 2-forme $\omega^2$ associée à la métrique et donnée localement par $i\sum_{j,k=1}^{m} g_{jm+k}\, dz_j\, d\bar{z}_{m+k}$ est harmonique et $\neq 0$, et il en est de même des puissances $k^{\text{ièmes}}$, $k=0, 1, \ldots, m$ de $\omega^2$. Dans les dimensions paires $\leqq 2m$, les nombres de Betti sont donc $>0$. De plus, le produit extérieur de $\omega^2$ par une $p$-forme harmonique $\neq 0$, $p \leqq m-2$ est harmonique et $\neq 0$. La multiplication par $\omega^2$, opération désignée par L, définit un *isomorphisme* de $H^{p-2}$ dans $H^p$, $p \leqq m$. Notons en particulier :

(3) *Pour les nombres de Betti d'une variété kählérienne close à* $2m$ *dimensions on a* $b^{p-2} \leqq b^p$, *pour* $p \leqq m$.

Soient $H^p_0$ l'espace linéaire des $p$-formes harmoniques effectives [c'est-à-dire vérifiant $\Lambda\varphi^p = (-1)^p \star L \star \varphi^p = 0$] et $H^p_k = L^k H^{p-2k}_0$ celui des $p$-formes harmoniques de classe $k$, pour $k=0, 1, \ldots, [p/2]$.

(4) *Pour* $p \leqq m$, $H^p$ *est la somme directe de* $H^p_0$ *et de* $LH^{p-2}$ (*isomorphe à* $H^{p-2}$), *ou la somme directe des* $H^p_k$, $k=0, 1, \ldots, [p/2]$.

Le théorème de décomposition II.8 est ainsi valable pour des formes harmoniques régulières sur toute la variété V, autrement dit pour *les classes de cohomologie de* V.

4. Soit $\alpha^p$ une forme partout régulière et *analytique* dans V, c'est-à-dire donnée localement par $\alpha^p = \Sigma A_{i_1 \ldots i_p} dz_{i_1} \ldots dz_{i_p}$ où les $i_1, \ldots, i_p$ sont $\leqq m$ et où les $A_{i_1 \ldots i_p}$ sont des fonctions analytiques de $z_1, \ldots, z_m$. D'après II.9 on a alors $\delta\alpha^p = 0$. $\beta = d\alpha^p$ est également analytique, donc $\delta\beta = 0$ et, puisque $d\beta = 0$, $\beta$ est harmonique. Mais on sait que dans une variété close toute forme

---

([4]) *Cf.* V. W. D. Hodge, *The theory and application of harmonic integrals* (Cambridge, 1941), p. 147 et suivantes. Nous généralisons ainsi des résultats du Chap. IV de ce livre, par un procédé un peu différent [*cf.* ([2]) dans la Note I].

harmonique qui est une différentielle extérieure est nulle. $d\alpha^p$ est donc automatiquement $=0$, $\alpha^p$ est intégrable.

(5) *Dans une variété kählérienne close toute forme différentielle analytique est intégrable (donc harmonique).*

Il s'ensuit facilement que les formes différentielles analytiques $\alpha^p$ dans V sont identiques aux formes harmoniques de type o. Nous savons que ces dernières sont effectives : $H^p_{(0)} \subset H^p_0$, et il en est de même de $H^p_{(p)} = CH^p_{(0)}$, isomorphe à $H^p_{(0)}$. Pour le nombre maximum $a^p$ de $p$-formes différentielles analytiques dans V, linéairement indépendantes au sens complexe, on a ainsi l'inégalité $2a^p \leqq e^p$, où $e^p$ est le rang de $H^p_0$, qui d'après (4) est égal à $b^p - b^{p-2}$. D'où

$$2a^p \leqq b^p - b^{p-2}. \tag{6}$$

Pour $p=1$, (6) se réduit à l'équation $2a^1 = b^1$.

(Extrait des *Comptes rendus des séances de l'Académie des Sciences*, t. **229**, p. 503-505, séance du 5 septembre 1949.)

# Quelques propriétés globales des variétés kählériennes

C. R. Acad. Sci. Paris **229** (1949), 577–579

Soit V une variété kählérienne, c'est-à-dire une variété complexe (close, à $2m$ dimensions) munie d'une métrique hermitienne sans torsion. Dans cette Note, qui utilise la terminologie et les résultats de trois Notes antérieures ([1]), nous indiquerons quelques propriétés particulières de la structure homologique d'une telle variété.

1. Désignons par $H_p$ le $p^{\text{ième}}$ groupe d'homologie, par $H^p$ le $p^{\text{ième}}$ groupe de cohomologie de V, les deux à coefficients complexes ([2]). $H^p$ est isomorphe, de façon naturelle, au groupe des $p$-formes différentielles harmoniques (complexes) dans V; utilisons le même symbole $\varphi^p$ pour une telle forme et pour la classe de cohomologie correspondante. L'opérateur de dualité homologique D établit un isomorphisme de $H^p$ sur $H_{2m-p}$; D peut être décrit ([3]) par $D\varphi^p = \varphi^p \cap V$, où V désigne ici le cycle de base de la variété. Écrivons, comme dans II et III, $\omega^2$ pour la 2-forme associée à la métrique, et soit $\omega^{2q}$, $q = 0, 1, \ldots, m$, la puissance $q^{\text{ième}}$ de $\omega^2$ (au sens du produit extérieur des formes ou du produit $\cup$ en cohomologie, ce qui revient au même); les formes $\omega^{2q}$ sont harmoniques et $\neq 0$. Posons $D\omega^{2q} = Z_{2m-2q}$, et appelons $Z_{2m-2}$ la *classe d'homologie principale* de V [notée aussi Z(V) ou Z tout court]; on a ([3])

$$Z_{2m-4} = Z \otimes Z, \qquad Z_{2m-6} = Z_{2m-4} \otimes Z, \qquad \ldots$$

---

(*) Séance du 12 septembre 1949.

(1) *Comptes rendus*, **229**, 1949, p. 464, 489, 503.

Ces trois Notes sont citées dans le texte par I, II, et III respectivement.

(2) Il s'agira donc toujours d'homologie ou de cohomologie par rapport à des coefficients complexes. On ne changerait rien d'essentiel en considérant des coefficients réels; mais on devrait alors se restreindre à des formes différentielles *réelles* [*cf.* III, annotation (3)], ce qui serait moins commode à d'autres points de vue.

(3) Nous utilisons les notations suivantes : $\cup$ pour le produit d'Alexander en cohomologie, $\cap$ pour le produit associé (d'une classe de cohomologie et d'une classe d'homologie), $\otimes$ pour l'intersection de deux classes d'homologie. Pour les définitions et les règles de calcul, *voir* par exemple H. Whitney, *Ann. of Math.*, (2), **39**, 1938, p. 397-432.

2. L'opérateur $\star$ établit un isomorphisme entre $H^{2m-p}$ et $H^p$, les deux considérés comme groupes de formes harmoniques. $D\star$ est un isomorphisme de $H^p$ sur $H_p$ permettant de traduire en homologie des résultats valables pour les formes harmoniques. Ainsi $H_p$ est la somme directe des groupes $H_{p,k}$, $k=0, 1, \ldots, [p/2]$, correspondant au groupe $H^p_k$ des $p$-formes harmoniques de classe $k$ (*cf.* II, § 2 et III, § 3); les éléments de $H_{p,k}$ et les $p$-cycles qu'ils contiennent sont aussi dits *de classe k*. Soit $\varphi^p = L^k\psi^r$ $(r=p-2k, \Lambda\psi^r=0)$ une forme harmonique de classe $k$; d'après la formule (II.5) on a, $u$ étant un facteur constant,

$$D\star\varphi^p = uD(L^{m-p}C\varphi^p) = uD(C\psi^r \cup \omega^{2(m-p+k)})$$
$$= u(C\psi^r \cup \omega^{2(m-p+k)}) \cap V = uC\psi^r \cap (\omega^{2(m-p+k)} \cap V) = uC\psi^r \cap Z_{2p-2k}.$$

Ce dernier produit est égal à l'*intersection* $uDC\psi^r \otimes Z_{2p-2k}$ qui est, pour employer une expression facile à préciser, *située sur* $Z_{2p-2k}$, et par conséquent aussi *sur* $Z_{2p}$. Nous obtenons donc :

(1) *Tout p-cycle de* V *est homologue à un cycle situé sur* $Z_{2p}$; *s'il est de classe k, il est même homologue à un cycle sur* $Z_{2p-2k}$.

3. Soit W une variété complexe close à $2n < 2m$ dimensions, plongée analytiquement et de façon localement topologique dans V. La métrique de V induit une métrique hermitienne sans torsion sur W et la forme $\omega^2$ de W n'est autre chose que celle de V restreinte à W. La classe d'homologie principale Z(W) est donnée par $\omega^2 \cap W$; dans V ce produit est égal ([3]) à $D\omega^2 \otimes W = Z(V) \otimes W$, d'où

$$Z(W) = Z(V) \otimes W, \tag{2}$$

*Exemple.* — Soit V l'espace projectif complexe à $2m$ dimensions (réelles); les classes $Z_{2q}$ sont alors données, à des facteurs numériques près, par des plans projectifs de V considérés comme cycles. Si W est plongée analytiquement dans V, on déduit de (2) que les classes $Z_{2q}$ de W sont données par des *sections planes* de W. En combinant cela avec (1), on retrouve des théorèmes de Lefschetz concernant les *variétés algébriques*.

4. Par le calcul direct ou à l'aide de (II.5), on voit que l'élément de volume $d\sigma = \star 1$ de V est, à un facteur constant près, égal à $\omega^{2m}$. La remarque analogue pour W montre que $\int_W \omega^{2n} \neq 0$; il s'ensuit :

(3) *Une variété complexe close plongée analytiquement dans* V *n'est pas homologue à* 0 *dans* V.

Soient $C_\nu$, $\nu = 1, 2, \ldots, b^{2n}$, des cycles à coefficients entiers représentant une base de $H_{2n}$; W est homologue à $\Sigma m_\nu C_\nu$, où les $m_\nu$ sont des entiers *non tous nuls*. L'intégrale d'une $2n$-forme harmonique $\varphi$ étendue à W est égale à $\Sigma m_\nu \pi_\nu$, où les $\pi_\nu$ sont les périodes fondamentales de $\varphi$. D'autre part on voit facilement que pour une forme $\varphi$ pure (*cf.* II, § 2) de type $h \neq n$ cette intégrale est nulle, d'où le théorème :

(4) *S'il existe une variété complexe close* W *plongée analytiquement dans* V, *les périodes fondamentales* $\pi_\nu$ *de toute* $2n$*-forme harmonique de type* $h \neq n$ *vérifient la relation* $\Sigma m_\nu \pi_\nu = 0$, *à coefficients entiers non tous nuls* (*ne dépendant que de* W *et de la base d'homologie*).

Une application simple de ce résultat conduit aux relations bien connues qui existent entre les périodes d'une fonction analytique 4-fois périodique de deux variables complexes ([4]).

---

([4]) *Cf.* E. Kähler, *Abh. Math. Sem. Hamburg*, 7, 1930, p. 125-131.

(Extrait des *Comptes rendus des séances de l'Académie des Sciences*, t. 229, p. 577-579, séance du 19 septembre 1949.)

# Espaces fibrés et homotopie

Coll. Topol. Centre Belge de Rech. Math. (1950), 83–99

Le but de cette conférence est de donner un exposé sommaire des méthodes d'homotopie dans la théorie des espaces fibrés en vue de quelques applications importantes plus ou moins immédiates, anciennes et récentes, à des problèmes de champs de vecteurs, d'algèbre linéaire topologique, propriétés d'homotopie des espaces de groupe, etc.

## 1. Généralités. La suite exacte d'homotopie

1.1. L'espace fibré sera désigné par E, l'espace de base par B, et la fibre par F; E est donc un espace partagé en classes d'équivalence toutes homéomorphes à l'espace F, et B est l'espace quotient (ou un espace homéomorphe à celui-ci). L'application canonique de E sur B est appelée *projection* et notée $p$.

Nous n'insistons ici ni sur les définitions, ni sur les propriétés exigées pour les espaces topologiques considérés; remarquons toutefois que, dans les exemples traités ci-dessous, tous les espaces seront compacts métriques. L'espace fibré E est dit *trivial*, s'il existe un homéomorphisme de E sur l'espace produit $E \times F$ qui applique les fibres sur les ensembles $b \times F$ $(b \in B)$.

1.2. *Le lemme de déformation (relèvement des homotopies).* — Pour une application continue $\bar{f}$ d'un espace X dans E, l'application $f = p\bar{f}$ de X dans B, obtenue en faisant suivre à $f$ la projection $p$, est dite la « projection de $f$ ». Un lemme fondamental, établi par plusieurs auteurs sous des hypothèses légèrement différentes, exprime que *toute homotopie de la projection* $p\bar{f}$ *de* $\bar{f}$ *est la projection d'une homotopie de* f. Ce lemme est valable si X est compact (et même sous des hypothèses plus larges sur X), et si l'espace fibré E satisfait à certaines conditions locales, par exemple à l'une des deux suivantes : 1° E est *localement trivial*; c'est-à-dire tout point de B possède un voisinage U tel que la structure fibrée donnée dans $p^{-1}(U)$ soit triviale; 2° E est *localement contractile* (1); cette condition, facile à vérifier dans beaucoup de cas, conduit à une démonstration immédiate du lemme (valable, avec de légères modifications, si l'on remplace la fibration de E par un recouvrement de E, cf. [1]). Il sera supposé dans la suite, même sans mention explicite, qu'une condition assurant la validité du lemme soit vérifiée.

Le lemme peut être précisé en ce sens : si, dans l'homotopie de $f = p\bar{f}$, l'image d'un certain point $x_0 \in X$ est constante dans B, on peut choisir l'homotopie de $\bar{f}$ telle que l'image de $x_0$ dans E soit également constante.

Notons deux conséquences immédiates du lemme : *a*) Toute application de X dans B homotope à une projection est elle-même une projection. En particulier, si X est contractile, toute application de X dans B est une projection; *b*) Si E (compact) est essentiel, c'est-à-dire si l'application identique de E sur lui-même est essentielle, la projection $p$ est une application essentielle de E sur B.

1.3. Soit $\pi_n(E, F)$ le $n^{me}$ *groupe d'homotopie* relatif de E modulo une fibre $F_0 = p^{-1}(b_0)$, en un point $a_0$ de $F_0$ et $\pi_n(B)$ le $n^{me}$ groupe d'homotopie absolu de B, au point $b_0 \in B$. De la définition (2) de ces groupes et du lemme 1.2, il s'ensuit facilement que $p$ induit un isomorphisme $p_*$ de $\pi_n(E, F_0)$ sur $\pi_n(B)$ ; l'isomorphisme inverse sera noté $p^*$.

La structure de $\pi_n(E, F_0)$ ne dépend donc pas de $a_0 \in F_0$. Si B est connexe par arcs, la structure de $\pi_n(B)$, donc de $\pi_n(E, F_0)$, est indépendante de $b_0 \in B$. Nous supposerons dans tout ce qui suit que E, donc aussi B, est connexe par arcs; nous pouvons choisir de façon arbitraire, mais fixe, les points $b_0 \in B$ et $a_0 \in p^{-1}(b_0) = F_0$, et considérer les groupes $\pi_n(B)$ en $b_0$, $\pi_n(E)$, $\pi_n(F_0)$ et $\pi_n(E, F_0)$ en $a_0$, sans que leur structure dépende de ce choix.

(1) Voir [1], § 2. Les nombres entre crochets [ ] renvoient à l'index bibliographique placé à la fin du texte. Cet index ne représente pas une liste complète, mais sert seulement à donner quelques indications supplémentaires. D'autres travaux relatifs au sujet de cette conférence, en particulier à la suite exacte — découverte indépendamment par plusieurs auteurs — sont mentionnés par exemple dans [1], [6], [8], [15].

(2) Pour les définitions et les propriétés générales des groupes d'homotopie absolus et relatifs, voir par exemple [8]. Nous utiliserons dans la suite les premiers groupes d'homotopie des sphères (cf. par exemple [9], ou [1], p. 178) et en particulier le résultat correct $\pi_{n+2}(S_n) \neq 0$, donc d'ordre 2, pour $n > 1$ (cf. [13], [16]); nous profitons de cette occasion pour rectifier quelques résultats qui étaient basés sur l'énoncé incorrect de [13'].

1.4. Dans la *suite d'homotopie* relative de E modulo $F_0$

$$0 \leftarrow \pi_0(F_0) \xleftarrow[\partial_1]{} \pi_1(E,F_0) \leftarrow \dots$$

$$\dots \leftarrow \pi_{n-1}(F_0) \xleftarrow[\partial_n]{} \pi_n(E,F) \xleftarrow[j_n]{} \pi_n(E) \xleftarrow[i_n]{} \pi_n(F_0) \leftarrow \dots \qquad (1.41)$$

les « homomorphismes canoniques » $i_n$, $j_n$ et $\partial_n$ $(n \geqslant 1)$ sont définis comme ceci : $i_n$ est induit par l'application identique de $F_0$ dans E. Si l'on considère $\pi_n(E)$ comme groupe relatif $\pi_n(E, a_0)$, $j_n$ est induit par l'application identique du couple $(E, a_0)$ dans $(E, F_0)$. Les éléments de $\pi_n(E, F_0)$ sont définis par des applications de $(\Gamma_n, \Sigma_{n-1})$ dans $(E, F_0)$, où $\Gamma_n$ est une boule fermée à $n$ dimensions et $\Sigma_{n-1}$ sa frontière; $\partial_n$ est obtenu par la restriction de ces applications à $\Sigma_{n-1}$.

En remplaçant dans (1.41) le groupe $\pi_n(E, F_0)$ par $\pi_n(B)$ en vertu de l'isomorphisme $p_*$, on obtient *la suite d'homotopie de l'espace fibré* E

$$0 \leftarrow \pi_0(F) \xleftarrow[d_1]{} \pi_1(B) \leftarrow \dots.$$

$$\dots \leftarrow \pi_{n-1}(F) \xleftarrow[d_n]{} \pi_n(B) \xleftarrow[p_n]{} \pi_n(E) \xleftarrow[i_n]{} \pi_n(F) \leftarrow \dots, \qquad (1.42)$$

où nous écrivons F au lieu de $F_0$, $p_n$ pour $p_* j_n$ et $d_n$ pour $\partial_n p^*$. On voit facilement que $p_n$ est l'homomorphisme de $\pi_n(E)$ dans $\pi_n(B)$ induit par la projection $p$.

Comme c'est le cas [1] pour la suite (1.41), la suite d'homotopie de l'espace fibré est *exacte*; cela signifie que le noyau de chaque homomorphisme dans cette suite est égal à l'image de l'homomorphisme précédent. Ces noyaux-images seront désignés par $\pi_n'(E) \subset \pi_n(E)$, $\pi_n'(B) \subset \pi_n(B)$ et $\pi_n'(F) \subset \pi_n(F)$.

*Remarques.* — $\pi_0(F)$ est l'ensemble des composantes connexes par arcs de $F_0$, qui en général ne constitue pas un groupe. Si la composante de $a_0$ est considérée comme élément neutre 0, le noyau de $\partial_1$ ou de $d_1$ est défini. $\pi_1(E, F)$ n'est un groupe qu'en vertu de $p^*$, $\pi_1(B)$ étant un groupe. Le début $0 \leftarrow \dots$ des suites indique simplement que $\partial_1$ ou $d_1$ applique $\pi_1(E, F_0)$ ou $\pi_1(B)$ *sur* $\pi_0(F)$. Si F est connexe par arcs, $p_1$ applique $\pi_1(E)$ *sur* $\pi_1(B)$. Les groupes d'indices $n \geqslant 2$ dans la suite (1.42) sont abéliens [1].

1.5. *Quelques propriétés générales des suites exactes.* — Considérons des groupes $A_\nu$ $(\nu \geqslant 0)$ abéliens (pour une partie des énoncés ci-dessous, cette hypothèse n'est pas nécessaire),

[1] V. note 2, p. 84.

écrits additivement, et des homomorphismes $h_\nu$ de $A_\nu$ dans $A_{\nu-1}$ ($\nu \geqslant 1$) constituant une suite exacte

$$A_0 \underset{h_1}{\leftarrow} A_1 \underset{h_2}{\leftarrow} A_2 \leftarrow \dots ;$$

soit $A'_\nu \subset A_\nu$ l'image de $h_{\nu+1}$, $\nu \geqslant 0$, et en même temps le noyau de $h_\nu$, ($\nu \geqslant 1$). $\cong$ signifie isomorphe, par un isomorphisme qui n'est pas précisé, s'il est évident.

1.51. Si $A_0 = A_3 = 0$, $A_1 \cong A_2$.

1.52. Si $A_0 = A_4 = 0$, $A_2$ *est une extension de* $A_2' \cong A_3$ *par* $A_1$.

1.53. *S'il existe un homomorphisme* h *de* $A_0'$ *dans* $A_1$ *tel que* $h_1 h$ *soit l'identité de* $A_0'$, *alors* $A_1$ *est la somme directe de* $hA_0'(\cong A_0')$ *et de* $A_1'$. En effet, si $a_0 \in A_0'$ et $ha_0 \in A_1'$, alors $h_1 h a_0 = a_0 = 0$, c'est-à-dire le seul élément commun à $hA_0'$ et à $A_1'$ est 0; d'autre part, $h_1(a_1 - hh_1a_1) = 0$ pour tout $a_1 \in A_1$, donc $a_1 - hh_1a_1 = a_1' \in A_1'$, c'est-à-dire $a_1 = ha_0 + a_1'$.

1.54. Soit $f$ un homomorphisme d'un groupe C dans $A_1$, et $k = h_1 f$ de C dans $A_0'$. a) *Si* k *est un isomorphisme dans* $A_0'$, f *est un isomorphisme dans* $A_1$, *et* $fC \cap A_1' = 0$. b) *Si* $kC = A_0'$, *alors* $A_1$ *est somme de* fC *et de* $A_1'$. En effet, pour tout $a_1 \in A_1$, il existe un $c \in C$ tel que $h_1 a_1 = kc = h_1 fc$, donc $h_1(a_1 - fc) = 0$, c'est-à-dire $a_1 - fc = a_1' \in A$. En combinant *a* et *b*, on trouve : c) *Si* k *est un isomorphisme de* C *sur* $A_0'$, *alors* $A_1$ *est la somme directe de* $fC(\cong C)$ *et de* $A_1'$. (Ce dernier résultat se déduit également de 1.53, $fk^{-1}$ jouant le rôle de $h$.)

Une somme directe de groupes abéliens sera dans la suite indiquée par le signe $+$.

## 2. Cas particuliers importants

2.1. *Fibres homotopes à 0.* — Si les fibres de l'espace fibré E sont homotopes à 0 dans E, les homomorphismes $i_n$ de la suite exacte (1.42) sont tous 0; pour $n \geqslant 1$, $p_n$ est donc un isomorphisme de $\pi_n(E)$ dans $\pi_n(B)$, et $d_n$ est un homomorphisme de $\pi_n(B)$ *sur* $\pi_{n-1}(F)$, c'est-à-dire $\pi_n'(B) \cong \pi_n(E)$ et $\pi'_{n-1}(F) = \pi_{n-1}(F)$. De plus, si $c$ est une contraction déterminée de la fibre $F_0$ dans E, $c$ définit de façon évidente un homomorphisme $c_n$ de $\pi_{n-1}(F)$ dans $\pi_n(B)$ tel que $d_n c_n$ est l'identité de $\pi_{n-1}(F)$.

Il résulte de 1.53 que $\pi_n(B)$ est la somme directe

$$\pi_n(B) = c_n \pi_{n-1}(F) + \pi_n'(B) ,$$

avec $c_n \pi_{n-1}(F) \cong \pi_{n-1}(F)$ et $\pi_n'(B) \cong \pi_n(E)$ , $n \geqslant 1$.

2.2. *Section d'un espace fibré.* — Une section de l'espace fibré E est une application continue $s$ de B dans E telle que $ps$ soit l'identité de B. S'il existe une telle section, elle induit un homomorphisme $s_n$ de $\pi_n(B)$ dans $\pi_n(E)$ tel que $p_n s_n$ est l'identité de $\pi_n(B)$; d'où $\pi_n'(B) = \pi_n(B)$, donc $d_n = 0$ et $i_n =$ isomorphisme. De 1.53, on déduit que $\pi_n(E)$ est la somme directe

$$\pi_n(E) = s_n\pi_n(B) + \pi_n'(E) ,$$

avec $s_n\pi_n(B) \cong \pi_n(B)$ et $\pi_n'(E) \cong \pi_n(F)$, $n \geqslant 1$. Si l'espace fibré E est *trivial*, $E = B \times F$, il admet toujours une section, et le résultat précédent s'applique; d'où $\pi_n(B \times F) \cong \pi_n(B) + \pi_n(F)$.

2.3. *Cas où la base est une sphère* $S_m$ *à* m *dimensions.* — De $\pi_n(S_m) = 0$ pour $n < m$ et de la suite exacte, on tire dans ce cas

$$\pi_n(F) \cong \pi_n(E) , \ n < m-1$$

et

$$\pi_{m-1}(F) / \pi'_{m-1}(F) \cong \pi_{m-1}(E) .$$

$\pi_m(S_m)$ est infini cyclique (en signes $\pi_m(S_m) = Z$), engendré par la classe $\varepsilon$ de l'application de degré $+1$. $\pi'_{m-1}(F) = d_m\pi_m(S_m)$ est donc *cyclique, engendré par* $\delta = d_m\varepsilon = \partial_m(p^*\varepsilon)$. Pour trouver une application $t$ représentant $\delta \in \pi_{m-1}(F)$, on détermine une application $u$ de $(\Gamma_m, \Sigma_{m-1})$ dans $(E, F_0)$ représentant $p^*\varepsilon$ (topologique à l'intérieur de $\Gamma_m$), et on la restreint à $\Sigma_{m-1}$; $u$ est une « section de E avec une singularité isolée », et $t$ ou $\delta$ caractérise cette singularité.

Si $\delta = 0$, $\pi'_{m-1}(F) = 0$ et $p_m$ applique $\pi_m(E)$ sur $\pi_m(S_m)$; il existe donc une application $s$ de $S_m$ dans E avec $ps =$ identité de $S_m$, une section de E (sans singularités); et réciproquement. $\delta = 0$ $(\pi'_{m-1}(F) = 0)$ *est une condition nécessaire et suffisante pour que l'espace fibré* E *de base* $S_m$ *admette une section.*

L'application $t$ de $\Sigma_{m-1}$ dans $F_0$ induit un homomorphisme $t_n$ de $\pi_n(\Sigma_{m-1})$ dans $\pi_n(F)$, et même dans $\pi_n'(F)$, comme on le déduit aisément du fait que $t$ admet une extension $u$ qui applique $(\Gamma_m, \Sigma_{m-1})$ dans $(E, F_0)$. De ce même fait on déduit une relation simple entre $t_n$ et la *suspension* $\mathfrak{E}_n$ de Freudenthal [1]; $\mathfrak{E}_n$ est un homomorphisme de $\pi_n(\Sigma_{m-1})$ dans $\pi_{n+1}(S_m)$, dont l'image sera notée $\bar{\pi}_{n+1}(S_m)$. Cette relation est

$$t_n = d_{n+1}\,\mathfrak{E}_n .$$

On en tire, sous des hypothèses supplémentaires, les résultats suivants.

2.31. Si $\bar{\pi}_{n+1}(S_m) = \pi_{n+1}(S_m)$, on a $t_n\pi_n\ (\Sigma_{m-1}) = \pi_n'(F)$.

(1) Cf. le mémoire [9].

Cela permet dans certains cas de déterminer le noyau-image $\pi_n'(F)$ dans la suite exacte. Pour $n < 2m - 2$ ($n \leqslant 2m - 2$ si $m$ est impair), l'hypothèse est vérifiée [1].

2.32. Si $t_{n-1}$ est un *isomorphisme* de $\pi_{n-1}(\Sigma_{m-1})$ dans $\pi'_{n-1}(F)$, $\mathfrak{E}_{n-1}$ est un *isomorphisme* de $\pi_{n-1}(\Sigma_{m-1})$ dans $\pi_n(S_m)$, et $\bar{\pi}_n(S_m) \cap p_n\pi_n(E) = 0$.

2.33. Si $t_{n-1}$ est un *isomorphisme* de $\pi_{n-1}(\Sigma_{m-1})$ *sur* $\pi'_{n-1}(F)$, $\pi_n(S_m)$ est la somme directe

$$\pi_n(S_m) = \bar{\pi}_n(S_m) + \pi_n'(S_m) ,$$

où

$$\bar{\pi}_n(S_m) = \mathfrak{E}_{n-1}(\Sigma_{m-1}) \cong \pi_{n-1}(S_{m-1})$$

et

$$\pi_n'(S_m) = p_n\pi_n(E) \cong \pi_n(E) ,$$

donc

$$\pi_n(S_m) \cong \pi_{n-1}(S_{m-1}) + \pi_n(E) .$$

On obtient 2.32 comme application immédiate de 1.54 ($a$), et 2.33 en appliquant 1.54 ($c$), $\mathfrak{E}_{n-1}$ jouant le rôle de $f$ et $t_n$ celui de $k$.

2.4. *Exemples.* — Dans la fibration de $S_7$ en fibres $F = S_3$, de base $S_4$, indiquée par Hopf [2], l'application $t$ de $\Sigma_3$ dans F est de degré $+1$. $t_{n-1}$ est donc un isomorphisme pour tout $n$, et, d'après 2.32, $\mathfrak{E}_{n-1}$ *est un isomorphisme de* $\pi_{n-1}(\Sigma_3)$ *dans* $\pi_n(S_4)$ *pour tout* n. De plus, $t_{n-1}\pi_{n-1}(\Sigma_3) = \pi'_{n-1}(S_3)$, et, d'après 2.33, $\pi_n(S_4)$ se décompose en une somme directe

$$\pi_n(S_4) = \bar{\pi}_n(S_4) + p_n\pi_n(S_7) \cong \pi_{n-1}(S_3) + \pi_n(S_7) , \quad n \geqslant 1 .$$

Notons que dans $\pi_7(S_4) \cong \pi_6(S_3) + \pi_7(S_7)$, les deux termes sont $\neq 0$ (pour $\pi_6(S_3)$, voir [13] et [16]).

De cette façon analogue, en utilisant la fibration [2] de $S_{15}$ en fibres $F = S_7$, de base $S_8$, on trouve : $\mathfrak{E}_{n-1}$ *est pour tout* n *un isomorphisme de* $\pi_{n-1}(\Sigma_7)$ *dans* $\pi_n(S_8)$, et $\pi_n(S_8)$ est la somme directe

$$\pi_n(S_8) = \bar{\pi}_n(S_8) + p_n\pi_n(S_{15}) \cong \pi_{n-1}(S_7) + \pi_n(S_{15}) , \quad n \geqslant 1 .$$

La fibration [1] de $S_3$ en cercles $S_1$, de base $S_2$, donne

$$\pi_n(S_2) \cong \pi_{n-1}(S_1) + \pi_n(S_3) ,$$

donc

$$\pi_n(S_2) \cong \pi_n(S_3) , \quad n \geqslant 3 .$$

(1) Cf. le mémoire [9].
(2) Voir [10], p. 438, ou [1], p. 15.

## 3. Variétés $V_{n,m}$ et groupes orthogonaux

3.1. Par $V_{n,m}$, on désigne la variété dont les points $a$ sont les systèmes orthonormaux de $m < n$ vecteurs de l'espace euclidien $R_n$ à $n$ dimensions (variétés de Stiefel). $V_{n,m}$ est fibrée en fibres $V_{n-k,m-k}$, $0 < k < m$, la base étant $V_{n,k}$ : on définit cette fibration en faisant correspondre à tout point $a$ de $V_{n,m}$ le point $b = p(a)$ de $V_{n,k}$ donné par les $k$ premiers vecteurs de $a$; une fibre est donc formée par tous les points $a$ de $V_{n,m}$ ayant les mêmes $k$ premiers vecteurs. Ces fibrations seront désignées par $V_{n,m}/V_{n-k,m-k} = V_{n,k}$. Par rapport à une base orthonormale (arbitraire, mais fixe) de R, tout élément $a \in V_{n,m}$ est donné par une matrice A orthogonale [1] réelle à $m$ lignes et $n$ colonnes; pour $m = n-1$, cette matrice peut être complétée de façon unique à une matrice quadratique de déterminant $+1$. $V_{n,n-1}$ s'identifie donc au *groupe orthogonal unimodulaire* à $n$ variables $\Omega_n$. $V_{n+1,1}$ est homéomorphe à la sphère $S_n$, $V_{n+1,2}$ à l'espace de tous les vecteurs unités tangents à $S_n$, $V_{n+1,m+1}$ à l'espace de tous les système orthonormaux de $m$ vecteurs tangents à $S_n$; la fibration $V_{n+1,m+1}/V_{n,m} = V_{n+1,1} (= S_n)$ s'identifie à la fibration naturelle de ces espaces de vecteurs tangents.

3.2. De la fibration $V_{n+1,m+1}/V_{n,m} = S_n$ on déduit d'après 2.3 les relations

$$\pi_r(V_{n,m}) \cong \pi_r(V_{n+1,m+1}) , \quad r < n-1$$

et

$$\pi_{n-1}(V_{n,m}) / \pi'_{n-1}(V_{n,m}) \cong \pi_{n-1}(V_{n+1,m+1}) .$$

Pour tous les $n > r+1$, la structure de $\pi_r(V_{n,m})$ ne dépend donc que de la *différence* $d = n - m$, et, si $d < r+1$, elle est donnée par $\pi_r(V_{r+1,r+1-d}) / \pi_r'(\ldots)$. En particulier :

3.21. $\pi_r(V_{n,n-1}) \cong \pi_r(V_{r+1,r}) / \pi_r'(V_{r+1,r})$, $n > r+1$, c'est-à-dire

$$\pi_r(\Omega_n) \cong \pi_r(\Omega_{r+1}) / \pi_r'(\Omega_{r+1})$$

pour tous les $n > r+1$.

Par exemple

$$\pi_1(\Omega_n) \cong \pi_1(\Omega_2) / \pi_1'(\Omega_2) ;$$

[1] « Orthogonale » par rapport aux lignes, c'est-à-dire telle que le produit AA' de A par sa transposée A' soit la matrice unité à $m$ lignes et colonnes.

$\Omega_2$ est homéomorphe au cercle, $\Omega_3$ à l'espace projectif réel à 3 dimensions. On en déduit facilement que $\pi_1(\Omega_n) = Z_2$ pour $n > 2$. ($Z_\nu$ désigne le groupe cyclique d'ordre $\nu$, $Z_0 = Z$ le groupe cyclique infini.) De même $\pi_2(\Omega_n) \cong \pi_2(\Omega_3)/\pi_2'(\Omega_3) = 0$, $n > 3$, donc $\pi_2(\Omega_n) = 0$ pour tous les $n \geqslant 2$.

3.22. Si $d = n - m > r$, on a

$$\pi_r(V_{n,m}) \cong \pi_r(V_{n-m+1,1}) = \pi_r(S_{n-m}) = 0 .$$

Par exemple $\pi_1(V_{n,m}) = 0$ pour $n - m > 1$.

3.3. Pour obtenir des résultats moins immédiats, on détermine, en suivant le procédé indiqué dans 2.3, le générateur $\delta$ du groupe $\pi'_{n-1}(V_{n,m})$ dans la fibration $V_{n+1,m+1}/V_{n,m} = S_n$.

Soit $H_n$ l'hémisphère définie dans un système de coordonnées $x_0, \ldots, x_n$ de $R_{n+1}$ par $\sum_0^n x_i^2 = 1$, $x_0 \geqslant 0$, homéomorphe à $\Gamma_n$; la frontière $\Sigma_{n-1}$ est donnée par $x_0 = 0$. Soit $u$ l'application de $H_n$ dans $V_{n+1,m+1}$ donnée par la matrice orthogonale $u_{ij}(x)$, $x \in H_n$, à $m+1$ lignes et $n+1$ colonnes

$$u_{ij}(x) = \delta_{ij} - 2\,x_i x_j\,, \quad i = 0, \ldots, n\,; \quad j = 0, \ldots, m\,.$$

$u$ est topologique à l'intérieur de $H_n (x_0 > 0)$, et $pu(\Sigma_{n-1})$ est le point $(1, 0, \ldots, 0)$ de $S_n$. La restriction de $u$ à $\Sigma_{n-1}(x_0 = 0)$ est une application $t$ de $\Sigma_{n-1}$ dans la fibre $V_{n,m}$ qui représente le générateur $\delta \in \pi'_{n-1}(V_{n,m})$. $t$ est donnée par la matrice $\delta_{ij} - 2\,x_i x_j$, pour $\sum_1^n x_i^2 = 1$, $i = 1, \ldots, n$; $j = 1, \ldots, m$. Cette application sera désignée plus explicitement par $t(n, m)$.

Le problème le plus important dans cet ordre d'idées est donc de déterminer la classe $\delta \in \pi_{n-1}(V_{n,m})$ de cette application $t(n, m)$; il n'a pas encore été résolu dans tous les cas. Sa solution permet d'une part de calculer certains groupes $\pi_q(V_{n,m})$, et donne d'autre part des renseignements sur l'existence d'une section. *Pour que* $V_{n+1,m+1}/V_{n,m} = S_n$ *admette une section, il faut et il suffit que* $t(n, m)$ *soit homotope à* 0. Une telle section signifie, d'après 3.1, un champ de systèmes orthonormaux de $m$ vecteurs tangents à $S_n$; on pourrait dire de façon équivalente : un système de $m$ champs de vecteurs tangents à $S_n$, sans singularités et linéairement indépendants en tout point de $S_n$. Nous voulons parler en abrégé d'un « m-*champ sur* $S_n$ ». En particulier, pour que $S_n$ soit *parallélisable* (ce qui signifie qu'il existe sur $S_n$ un $(n-1)$-champ, donc même un $n$-champ), *il faut et il suffit que* $t(n, n-1)$ *soit homotope à* 0. Si $t(n, m)$ est homotope à 0, il en est de même pour $t(n, m')$, $m' < m$.

Dans les paragraphes suivants, nous allons indiquer une

série de résultats sur la classe de l'application $t(n, m)$ de $\Sigma_{n-1}$ dans $V_{n, m}$; nous n'insisterons pas sur les démonstrations, excepté quelques remarques simples, mais nous montrerons comment on en déduit certains groupes $\pi_q(V_{n, m})$, en particulier les cinq premiers groupes d'homotopie des groupes orthogonaux.

3.4. Si l'on prend seulement la première ligne de la matrice qui définit $t(n, m)$, on obtient une application $v_n$ de $\Sigma_{n-1}$ dans $S_{n-1}$ de degré 0 si $n$ est impair, de degré 2 si $n$ est pair. Si $m > 1$, $v_n$ est la projection de $t(n, m)$ dans la fibration $V_{n, m}/V_{n-1, m-1} = S_{n-1}$, et donne ainsi une description partielle de $t(n, m)$. Si $m = 1 : t(n, 1) = v_n$, et l'on connaît donc le générateur $\delta \in \pi'_{n-1}(V_{n, 1})$ dans $V_{n+1, 2}/V_{n, 1} = S_n$; d'après les remarques précédentes, il s'agit du résultat suivant, bien connu : Si $n$ est impair, il existe sur $S_n$ un champ de vecteurs tangents sans singularités; si $n$ est pair, il n'en existe pas, et pour un champ avec une singularité isolée l'indice est $= 2$. Nous allons déduire de ces faits quelques groupes $\pi_q(V_{n+1, 2})$, en utilisant la fibration $V_{n+1, 2}/V_{n, 1} = S_n$.

3.41. Si n *est impair*, $V_{n+1, 2}/V_{n, 1} = S_n$ admet une section, et d'après 2.2

$$\pi_r(V_{n+1, 2}) \cong \pi_r(V_{n, 1}) + \pi_r(S_n) = \pi_r(S_{n-1}) + \pi_r(S_n) .$$

Si une section particulière $s$ a été choisie, tout élément $\alpha \in \pi_r(V_{n+1, 2})$ est caractérisé par $p\alpha = \alpha' \in \pi_r(S_n)$ et par

$$i_r^{-1}(\alpha - s_r p_r \alpha) = \alpha'' \in \pi_r(V_{n, 1}) .$$

Pour $r = n$, $\alpha'$ est donné par un entier, $\alpha''$ par un entier modulo 2 si $n > 3$ et par un entier si $n = 3$.

3.42. Si n *est pair*, le générateur $\delta$ de $\pi'_{n-1}(V_{n, 1})$ étant de degré 2, on a

$$\pi_{n-1}(V_{n+1, 2}) \cong \pi_{n-1}(V_{n, 1}) / \pi'_{n-1}(V_{n, 1}) = Z_2 .$$

Calculons encore $\pi_n(V_{n+1, 2})$ et $\pi_{n+1}(V_{n+1, 2})$ pour $n > 2$ (le cas $n = 2$ se traite de façon directe, $V_{3, 2} = \Omega_3$ étant homéomorphe à l'espace projectif $P_3$).

De 2.32 il s'ensuit que $p_n \pi_n(V_{n+1, 2}) = 0$, donc

$$\pi_n(V_{n+1, 2}) \cong \pi_n(V_{n, 1}) / \pi_n'(V_{n, 1}) .$$

D'après 2.31, $\pi_n'(V_{n, 1}) = t_n \pi_n(\Sigma_{n-1})$; du fait que $t(n, 1)$ est de degré 2 on déduit (¹) que ce groupe est 0, d'où

$$\pi_n(V_{n+1, 2}) \cong \pi_n(S_{n-1}) = Z_2 \ (n \text{ pair} > 2) .$$

(¹) Voir [1], p. 178, ou [2], p. 237; pour $\pi_{n+1}(S_{n-1})$, le résultat s'établit de la même façon.

Comme $\pi_n'(V_{n,1})=0$, $i_n$ est un isomorphisme, donc $d_{n+1}=0$, d'où $p_{n+1}\pi_{n+1}(V_{n+1,2})=\pi_{n+1}(S_n)$. Le noyau de $p_{n+1}$ est isomorphe à $\pi_{n+1}(V_{n,1})/\pi'_{n+1}(V_{n,1})$, avec

$$\pi'_{n+1}(V_{n,1})=t_{n+1}\pi_{n+1}(\Sigma_{n-1})=0$$

comme auparavant ([1]); ce noyau est donc $\cong\pi_{n+1}(S_{n-1})=Z_2$ (cf. [13], [16]). $\pi_{n+1}(V_{n+1,2})$ est donc une extension de $Z_2$ par $Z_2$ ($n$ pair $>2$).

3.5. Comme on vient de le voir $t(n,1)$ est homotope à 0 pour $n=2k+1$. De même on sait que, pour $n=4k+3$, $m=1,2,3$ et pour $n=8k+7$, $m=1,2,\ldots,7$, les applications $t(n,m)$ sont homotopes à 0; car on connaît dans ces cas des $m$-champs sur $S_n$ ([2]), c'est-à-dire des sections de

$$V_{n+1,m+1}/V_{n,m}=S_n\,.$$

Pour $n=2k$, $m\geqslant 1$ et pour $n=4k+1$, $m\geqslant 2$ on sait que $t(n,m)$ n'est pas homotope à 0, c'est-à-dire que dans ces cas il n'existe pas de $m$-champs sur $S_n$. Pour la démonstration dans le cas $n=4k+1$, $m=2$, qui consiste en une étude approfondie de ces applications, voir [3] ou [15].

3.6. Dans le cas $n=2k$, $m=2$ la classe de $t(n,m)$, c'est-à-dire le générateur $\delta$ de $\pi'_{n-1}(V_{n,2})$, peut être déterminé complètement. D'après 3.41

$$\pi_{n-1}(V_{n,2})\cong\pi_{n-1}(V_{n-1,1})+\pi_{n-1}(S_{n-1})\,,$$

et, après le choix d'une section $s$ particulière de

$$V_{n,2}/V_{n-1,1}=S_{n-1}\,,$$

$\delta$ est donné par $\delta'\in\pi_{n-1}(S_{n-1})$ et $\delta''\in\pi_{n-1}(V_{n-1,1})=\pi_{n-1}(S_{n-2})$. On trouve ([3]) : $\delta'$ est de degré 2; $\delta''$ est 0 pour $n=4l+2$, et $\delta''$ est le générateur de $\pi_{n-1}(S_{n-2})$ pour $n=4l$ (d'ordre 2 pour $n>4$, d'ordre 0 pour $n=4$). Il en résulte que

$$\begin{aligned}\pi_{n-1}(V_{n+1,3})\cong\pi_{n-1}(V_{n,2})/\pi'_{n-1}(V_{n,2}) &= Z_4\,, & n&=4l>4\,,\\ &=Z\,, & n&=4\,,\\ &=Z_2+Z_2\,, & n&=4l+2\,.\end{aligned}$$

3.7. *Quelques groupes d'homotopie des groupes orthogonaux* $\Omega_n$. Les groupes $\pi_1(\Omega_n)$ et $\pi_2(\Omega_n)$ sont donnés dans 3.21. Pour déterminer $\pi_3$, $\pi_4$ et $\pi_5$ de $\Omega_n$, nous utiliserons les fibrations $V_{n+1,n}/V_{n,n-1}=S_n$, notées ici $\Omega_{n+1}/\Omega_n=S_n$, et les faits que

(1) V. note p. 91.
(2) Cf. [4], p. 326.
(3) Cf. [4] et [17].

$\Omega_2$ est homéomorphe à $S_1$, $\Omega_3$ à l'espace projectif $P_3$, $\Omega_4$ à l'espace produit $S_3 \times P_3$. D'après 3.21, $\pi_r(\Omega_n) \simeq \pi_r(\Omega_{r+2})$ pour $n \geqslant r+2$.

3.71. On a $\pi_3(\Omega_2)=0$, $\pi_3(\Omega_3)=Z$, $\pi_3(\Omega_4)=\pi_3(S_3 \times P_3)=Z+Z$ ; par rapport à une décomposition déterminée de $\Omega_4$ en un produit $S_3 \times P_3$ et à une section de cet espace fibré trivial, tout élément de $\pi_3(\Omega_4)$ est donné par deux entiers caractérisant des éléments de $\pi_3(S_3)$ et de $\pi_3(P_3)$.

$\pi_3(\Omega_5) \cong \pi_3(\Omega_4)/\pi_3'(\Omega_4)$ ; le générateur $\delta$ de $\pi_3'(\Omega_4)$ dans $\Omega_5/\Omega_4 = S_4$ est donné par $t(4,3)$ ; on voit sans peine que pour cette application les deux entiers sont 2 et 1, donc $\pi_3(\Omega_5)=Z$, et $\pi_3(\Omega_n)=Z$ pour $n \geqslant 5$.

3.72. On a $\pi_4(\Omega_2)=0$, $\pi_4(\Omega_3)=Z_2$ et

$$\pi_4(\Omega_4)=\pi_4(S_3 \times P_3)=Z_2+Z_2 ;$$

avec la même remarque qu'avant, tout élément de $\pi_4(\Omega_4)$ est caractérisé par deux entiers modulo 2.

Dans $\Omega_5/\Omega_4 = S_4$, le groupe $\pi_4'(\Omega_4) \subset \pi_4(\Omega_4)$ est engendré par l'application essentielle de $S_4$ sur $\Sigma_3$ suivie de $t(4,3) \in \pi_3(\Omega_4)$. On constate aisément que ce groupe est $\neq 0$, donc $=Z_2$. D'après 2.32, $p_4\pi_4(\Omega_5)=0$, donc $\pi_4(\Omega_5) \simeq \pi_4(\Omega_4)/\pi_4'(\Omega_4)=Z_2$. Dans la fibration $\Omega_6/\Omega_5=S_5$, on a $\pi_4(\Omega_6) \simeq \pi_4(\Omega_5)/\pi_4'(\Omega_5)$ ; mais $\pi_4'(\Omega_5)$ est $\neq 0$ d'après 3.5 ($t(5,4)$ n'est pas homotope à 0), donc $\pi_4'(\Omega_5)=\pi_4(\Omega_5)=Z_2$, d'où $\pi_4(\Omega_6)=0$.

En résumé : $\pi_4(\Omega_2)=0$, $\pi_4(\Omega_3)=Z_2$, $\pi_4(\Omega_4)=Z_2+Z_2$, $\pi_4(\Omega_5)=Z_2$ et $\pi_4(\Omega_n)=0$ pour $n \geqslant 6$.

3.73. On a $\pi_5(\Omega_2)=0$, $\pi_5(\Omega_3)=Z_2$,

$$\pi_5(\Omega_4)=\pi_5(S_3 \times P_3)=Z_2+Z_2 .$$

Dans $\Omega_5/\Omega_4 = S_4$, la suite exacte donne

$$\pi_5(S_4)/p_5\pi_5(\Omega_5) \cong \pi_4'(\Omega_4)=Z_2 ,$$

donc $p_5\pi_5(\Omega_5)=0$, d'où $\pi_5(\Omega_5) \simeq \pi_5(\Omega_4)/\pi_5'(\Omega_4)$. Le groupe $\pi_5'(\Omega_4)$ est engendré par le générateur de $\pi_5(\Sigma_3)$ suivi de $t(4,3) \in \pi_3(\Omega_4)$, et un examen direct montre que cette classe est $\neq 0$, donc $\pi_5'(\Omega_4)=Z_2$ et $\pi_5(\Omega_5)=Z_2$.

Dans $\Omega_6/\Omega_5=S_5$, on a $\pi_4'(\Omega_5)=Z_2$ (cf. 3.72), et

$$\pi_5(S_5)/p_5\pi_5(\Omega_6) \cong \pi_4'(\Omega_5)=Z_2 ,$$

donc

$$p_5\pi_5(\Omega_6)=2\,\pi_5(S_5) .$$

Le noyau de $p_5$ est isomorphe à $\pi_5(\Omega_5)/\pi_5'(\Omega_5)$ ; $\pi_5'(\Omega_5)$ est engendré par le générateur de $\pi_5(\Sigma_4)$ suivi de $t(5,4)$. Une étude directe montre de nouveau que ce groupe est $\neq 0$, donc

$= \pi_5(\Omega_5) = Z_2$. (Cette étude revient finalement à montrer que l'application essentielle de $S_5$ sur $\Sigma_4$ suivie de celle de $\Sigma_4$ sur $P_3$ est essentielle; cela se démontre à l'aide des propriétés de la suspension de Freudenthal et de [13] ou [16]). Le noyau de $p_5$ est donc $= 0$, et $\pi_5(\Omega_6) \cong 2\pi_5(S_5)$ est infini cyclique. Dans $\Omega_7/\Omega_6 = S_6$ on a $\pi_5(\Omega_7) \cong \pi_5(\Omega_6)/\pi_5'(\Omega_6)$, et le résultat précédent montre que le générateur $\delta$ de $\pi_5'(\Omega_6)$ est aussi celui de $\pi_5(\Omega_6)$; car la projection de $\delta$ dans $\Omega_6/\Omega_5 = S_5$ est de degré 2 (cf. 3.4). D'où $\pi_5(\Omega_7) = 0$.

En résumé : $\pi_5(\Omega_2) = 0$, $\pi_5(\Omega_3) = Z_2$, $\pi_5(\Omega_4) = Z_2 + Z_2$ $\pi_5(\Omega_5) = Z_2$, $\pi_5(\Omega_6) = Z$ et $\pi_5(\Omega_n) = 0$ pour tout $n \geqslant 7$.

## 4. Algèbre linéaire topologique; structure presque-complexe sur $S_n$

4.1. Une section $s$ de la fibration $V_{n,k+1}/V_{n-k,1} = V_{n,k}$ peut être interprétée de la façon suivante : c'est une fonction continue qui associe à toute matrice orthogonale [1] réelle A à $k$ lignes et $n$ colonnes une ligne qui forme avec celles de A une matrice orthogonale à $k+1$ lignes et $n$ colonnes, c'est-à-dire qui est normée et orthogonale à celles de A. Si une telle fonction existe, elle peut être étendue de façon évidente à toutes les matrices réelles à $k$ lignes et $n$ colonnes de rang maximum $k$. En d'autres termes : si dans le *système linéaire homogène*

$$\sum_{j=1}^{n} a_{ij} u_j = 0, \qquad i = 1, 2, \ldots, k \qquad (k < n)$$

nous donnons aux coefficients $a_{ij}$ toutes les valeurs réelles telles que la matrice $A = (a_{ij})$ soit de *rang maximum* k, la section $s$ définit une solution $u_j = s_j(a_{ij}, \ldots, a_{kn})$, $j = 1, \ldots, n$ du système, qui dépend de façon continue des coefficients $a_{ij}$ et qui est non-triviale pour toutes les valeurs admises de ces coefficients; nous l'appelons tout court une *solution continue du système*. Dans de nombreux cas, les méthodes précédentes permettent de montrer que de telles solutions continues n'existent pas [2].

4.2. On constate aisément que si $V_{n,k+1}/V_{n-k,1} = V_{n,k}$ admet une section, il en est de même pour $V_{n-1,k}/V_{n-k,1} = V_{n-1,k-1}$. Si $n$ est impair, $V_{n,2}/V_{n-1,1} = V_{n,1}$ n'admet pas de section

(1) V. note p. 89.

(2) Pour d'autres résultats concernant les solutions continues d'un système d'équations linéaires et pour un exposé plus détaillé, voir le mémoire [4]; le théorème 4.21 n'y est pas établi, mais seulement des cas particuliers de ce résultat.

(cf. 3.4). Il s'ensuit qu'un système linéaire de $k$ équations à $n$ inconnues n'a aucune solution continue si $n-k$ est pair. Et si $n-k$ est impair? Nous allons montrer que pour $k \geqslant 2$ et $n-k=4l-1$ il n'en existe pas non plus.

Pour cela, il suffit d'examiner le cas $k=2$, c'est-à-dire la fibration $V_{n,3}/V_{n-2,1}=V_{n,2}$, $n$ impair. Si elle admet une section, on a

$$\pi_r(V_{n,3}) \cong \pi_r(V_{n-2,1}) + \pi_r(V_{n,2}) \ , \ r \geqslant 1 \ ;$$

par exemple

$$\pi_{n-2}(V_{n,3}) \cong \pi_{n-2}(S_{n-3}) + \pi_{n-2}(V_{n,2}) \ ,$$

les deux termes étant $\neq 0$. Pour $n=4l+1$ nous avons vu dans 3.6 que $\pi_{n-2}(V_{n,3})$ est $=Z$ pour $n=5$, et $=Z_4$ pour $n>5$, donc que $\pi_{n-2}(V_{n,3})$ ne peut pas être décomposé en une somme directe; une section est donc impossible dans ce cas. D'où le résultat :

4.21. *Un système de* $k \geqslant 2$ *équations linéaires homogènes à* $n$ *inconnues avec* $n-k \equiv 3$ *(mod 4) n'admet pas de solution continue.*

4.3. Une solution continue d'un tel système de $k \geqslant 2$ équations à $n$ inconnues a encore une autre interprétation géométrique : c'est une fonction continue qui associe à tout système de vecteurs $x_1, \ldots, x_k$ de $R_n$ linéairement indépendants un vecteur $u=s(x_1, \ldots, x_k) \neq 0$ orthogonal à $x_1, \ldots, x_k$. On peut étendre cette fonction de façon continue à tous les vecteurs $x_1, \ldots, x_k$ de $R_n$; pour cela on multiplie $u$ par un facteur tel que $u^2$ soit égal au déterminant des produits scalaires $x_\nu \cdot x_\mu$, $\nu, \mu=1, \ldots, k$, et l'on pose $u=0$ si $x_1, \ldots, x_k$ sont linéairement dépendants. On peut appeler une telle fonction $u=S(x_1, \ldots, x_k)$ un *produit vectoriel continu de* k *vecteurs dans* $R_n$. Le produit vectoriel ordinaire de 2 vecteurs dans $R_3$ est un exemple d'un tel produit $S(x_1, x_2)$, qui est même bilinéaire; un produit vectoriel $S(x_1, x_2)$ de ce genre (bilinéaire) existe également dans $R_7$ (mais pas dans les autres espaces $R_n$).

D'après 4.2, *il n'est pas possible de définir un produit vectoriel continu de* $k \geqslant 2$ *vecteurs dans* $R_n$ *lorsque* $n-k$ *est pair, et lorsque* $n-k \equiv 3$ *(mod 4).*

4.4. *Sphères du type* J. — On dit que sur une variété V une « structure du type J » est donnée ou que V est « du type J » [11], si l'on a défini en tout point $x \in V$ une application continue $I_x$ de l'espace $T_x$ des vecteurs tangents à V en $x$ sur lui-même, vérifiant les propriétés suivantes : 1° $I_x$ dépend de façon continue de $x \in V$; 2° Pour tout $x$ et tout vecteur $v \in T_x$,

$I_x(v)$ et $v$ sont linéairement indépendants. Toute variété analytique complexe est du type J.

Si la sphère $S_{n-1}$ est du type J, on peut supposer $I_x(v)$ orthogonal à $v$ et définir un produit vectoriel de deux vecteurs dans $R_n$ : soient $x$, $y$ deux vecteurs normés et orthogonaux dans $R_n$; on considère $x$ comme un point de $S_{n-1}$ et $y$ comme un vecteur $\in T_x$, et l'on pose $s(x, y) = I_x(y)$ ; on étend ensuite, comme dans 4.3, la définition à tous les couples $x, y \in R_n$, ce qui donne un produit vectoriel $S(x, y)$.

De 4.3 il résulte que $S_{n-1}$ n'est pas du type J, si $n-2$ est pair ou si $n-2 \equiv 3 \pmod 4$; c'est-à-dire *la sphère* $S_m$ *n'est pas du type* J — *et n'admet par conséquent pas de structure analytique complexe* —, *si* m *est impair (ce qui est trivial) et si* m *est de la forme* 4 *l*.

4.5. Il existe un procédé simple pour déduire d'un produit vectoriel $S(x, y)$ dans $R_n$ une *multiplication* $X \circ Y$ définie pour tous les X et Y de l'espace euclidien $R_{n+1}$ et telle que : 1° il existe $\varepsilon \in R_{n+1}$ tel que $\varepsilon \circ X = X \circ \varepsilon = X$ pour tout $X \in R_{n+1}$ ; 2° $X^2$ désignant le carré scalaire de $X \in R_{n+1}$, $(X \circ Y)^2 = X^2 \cdot Y^2$. Pour définir cette multiplication, on considère $X \in R_{n+1}$ comme un couple $(x_0, x)$ d'un nombre réel $x_0$ et d'un vecteur $x \in R_n$, et on pose $X_0 Y = Z = (z_0, z)$ avec $z_0 = x_0 y_0 - x \cdot y$, $z = x_0 y + y_0 x + S(x, y)$. 1° et 2° se vérifient facilement, $E = (1,0)$ est l'unité. Par exemple, en partant de la structure du type J sur $S_2$ qui correspond à la structure analytique complexe ordinaire sur $S_2$, on obtient ainsi dans $R_3$ le produit vectoriel ordinaire (bilinéaire) et dans $R_4$ la multiplication des quaternions. De façon analogue, la multiplication des nombres de Cayley dans $R_8$ correspond à une produit vectoriel de deux vecteurs dans $R_7$ et à une structure du type J sur $S_6$.

Si $S(x, y)$ est un produit vectoriel dans $R_n$ qui est *linéaire en* y, la multiplication $X \circ Y$ dans $R_{n+1}$ est également linéaire en Y. Si l'on se borne à des $X \in R_{n+1}$ avec $X^2 = 1$, c'est-à-dire à $S_n$ dans $R_{n+1}$, $X \circ Y$ définit pour tout $X \in S_n$ une transformation linéaire orthogonale dans $R_{n+1}$, et on obtient ainsi une application continue $f$ de $S_n$ dans $\Omega_{n+1}$. Pour $Y = \varepsilon$, $X \circ \varepsilon = X$; dans la fibration $\Omega_{n+1}/\Omega_n = S_n$, la projection de $f$ est donc l'identité de $S_n$, c'est-à-dire $f$ est une section de $\Omega_{n+1}$. D'après 3.4 cela signifie que sur $S_n$ il existe un $(n-1)$-champ, c'est-à-dire que $S_n$ est parallélisable. En résumé : *S'il existe dans* $R_n$ *un produit vectoriel* $S(x, y)$ *linéaire en* y, *alors* $S_n$ *est parallélisable* ($\Omega_{n+1}/\Omega_n = S_n$ admet une section).

4.6. Un produit vectoriel $S(x, y)$ dans $R_n$, linéaire en $y$, est équivalent à une structure du type J sur $S_{n-1}$ qui est *linéaire*, c'est-à-dire où les $I_x$ sont des transformateurs linéaires de $T_x$.

On parle dans ce cas aussi d'une structure *presque-complexe* (et on peut montrer qu'on ne restreint pas la généralité en supposant $I_x^2(v) = -v$ pour tout $v \in T_x$; sous cette forme, la structure presque-complexe est étudiée dans [6]). Le résultat de 4.5 peut donc s'énoncer comme ceci :

*S'il existe une structure presque-complexe sur* $S_{n-1}$, *alors* $S_n$ *est parallélisable.* Ce théorème a été découvert (et démontré d'une façon différente) par Kirchhoff [12].

## 5. Fibrations de la sphère $S_n$

5.1. La suite d'homotopie permet de démontrer que certains espaces F ne peuvent pas apparaître comme fibres d'une fibration de $S_n$.

Si $E = S_n$, $n \geqslant 2$, est fibrée en fibres F, de base B non réduite à un seul point, on peut déduire quelques conséquences du fait que F est homotope à 0 dans E (elles pourraient donc rentrer dans les considérations générales de 2.1). Pour tout $r$, $d_{r+1}$ est un homomorphisme de $\pi_{r+1}(B)$ sur $\pi_r(F)$ ; pour $r = 1$, il en résulte que $\pi_1(F)$ *est abélien* : c'est donc une condition nécessaire pour que F puisse être la fibre d'une fibration de $S_r$.

Sans insister sur les détails, nous voulons remarquer ici que le même résultat est valable pour tous les groupes d'homotopie toroïdaux $\tau_r$ de Fox [8]. En général, ces groupes ne sont pas abéliens; mais dans la suite exacte pour les $\tau_r$, correspondant à (1.42), $d_{r+1}$ n'est défini que sur un certain sous-groupe abélien de $\tau_{r+1}(B)$. Pour une fibre homotope à 0, $d_{r+1}$ est un homomorphisme sur $\tau_r(F)$, et il résulte que $\tau_r(F)$ *est abélien* pour tous les $r$ (cela est équivalent à la condition que F soit $r$-simple au sens d'Eilenberg [1] dans toutes les dimensions $r$, et que dans F tous les produits de Whitehead [1] des éléments des groupes $\pi_q$ soient nuls).

5.2. Nous allons nous borner maintenant au cas spécial où F est un *tore* $T_s$ à $s$ dimensions, produit de $s \geqslant 1$ cercles $S_1$, et où une méthode particulière donne des résultats complets (cf. [5]).

Les groupes d'homotopie de F sont $\pi_1(F) = Z + \ldots + Z$ ($s$ termes) et $\pi_r(F) = 0$ pour $r \neq 1$. D'après 2.1, cela entraîne $\pi_1(B) = 0$, $\pi_2(B) = Z + \ldots + Z$, $\pi_r(B) = 0$, $2 < r < n$, et $\pi_n(B) \cong \pi_n(S_n) = Z$. D'après un théorème d'Eilenberg-MacLane [2] les groupes d'homotopie (par exemple à coefficients entiers) $H_r(B)$, $2 < r < n$, sont déterminés par $\pi_2(B)$, et de même le groupe $H_n(B)/H_n'(B)$, $H_n'$ étant le sous-groupe de $H_n$

(1) Pour les définitions et les relations avec les $\tau_r$, cf. [8]).
(2) Cf. [7], p. 508.

formé par les classes d'homologie sphériques. Cela veut dire : Si Y est un espace avec $\pi_r(Y)=0$, $0<r<n$, $r\neq 2$, et $\pi_2(Y)=Z+\ldots+Z$, alors $H_r(Y)\cong H_r(B)$, $2<r<n$, et

$$H_n(Y)/H_n'(Y)\cong H_n(B)/H_n'(B) .$$

La dimension de B étant $n-s$, ce dernier groupe est $=0$, donc $H_n(Y)=H_n'(Y)$. Prenons pour Y le produit de $s$ espaces projectifs complexes $C_k$ à $k$ dimensions complexes. Si $k$ est suffisamment grand (par exemple $k>n$), $\pi_r(C_k)=0$ pour $2<r<n$; comme $\pi_1(C_k)=0$ et $\pi_2(C_k)=Z$, ce produit Y satisfait aux conditions. On a alors $H_n(Y)=H_n'(Y)=0$, puisque $\pi_n(Y)=0$; mais dans les dimensions *paires* ($\leqslant \dim Y$) $H_n(Y)$ est $\neq 0$, et il faut donc que $n$ soit *impair*. D'où

$$H_{n-1}(B)\cong H_{n-1}(Y)\neq 0 ,$$

la dimension de B est donc $\geqslant n-1$, c'est-à-dire $n-s\geqslant n-1$, $s\leqslant 1$, donc $s=1$.

Il résulte donc qu'*une fibration de* $S_n$ *en tores* $T_s$ *est seulement possible pour* n *impair et* s $=1$. (Dans ce cas, on connaît effectivement des fibrations de $S_n$ en cercles, de base $C_k$ avec $k=\dfrac{n-1}{2}$; c'est de ces fibrations qu'on déduit les groupes d'homotopie des espaces projectifs $C_k$ utilisés plus haut, en se basant sur la suite exacte.)

5.3. Comme corollaire on retrouve un résultat bien connu, établi ici par une voie géométrique : Si $S_n$ est la variété d'un groupe de Lie G, alors le *rang* de G est $=1$ (et $n$ est impair). Cela résulte du fait que le rang $s$ est la dimension d'un sous-groupe abélien maximum H (homéomorphe à $T_s$) de G, et que les classes de restes de G modulo H forment une fibration de $S_n$ en fibres $T_s$.

Rappelons en quelques mots comment on en déduit d'après Samelson [14], à l'aide de la suite exacte d'homotopie, le théorème que *parmi les sphères, seules* $S_1$ *et* $S_3$ *peuvent être des groupes de Lie.*

Si $S_n (n>1)$ est la variété d'un groupe de Lie G, les sous-groupes monoparamétriques connexes H sont tous conjugués entre eux dans G; il y en a un et un seul dans chaque direction par l'élément neutre $e$ de G, et leur ensemble constitue un espace projectif réel $P_{n-1}$. Cet espace est homéomorphe à l'espace quotient de G modulo le normalisateur N de l'un de ces sous-groupes H. N est formé par H et un nombre fini de classes modulo H. On a donc une fibration de $S_n$ en fibres N (év. non connexes), de base $P_{n-1}$. De la suite exacte on déduit

$$\pi_2(P_{n-1})\cong\pi_1(N)=Z ,$$

d'où $n-1=2$ et $n=3$.

**Index bibliographique**


[1] B. Eckmann, *Zur Homotopietheorie gefaserter Räume* (*Comm. Math. Helv.*, 14, 1941, 141-192).

[2] B. Eckmann, *Ueber die Homotopiegruppen von Gruppenräumen* (*Comm. Math. Helv.*, 14, 1942, 234-256).

[3] B. Eckmann, *Systeme von Richtungsfeldern auf Sphären...* (*Comm. Math. Helv.*, 15, 1942, 1-26).

[4] B. Eckmann, *Stetige Lösungen linearer Gleichungssysteme* (*Comm. Math. Helv.*, 15, 1943, 318-339).

[5] B. Eckmann, H. Samelson, G. W. Whitehead, *On fibering spheres by toruses* (*Bull. Am. Math. Soc.*, 55, 1949, 433-438).

[6] Ch. Ehresmann, *Sur la théorie des espaces fibrés* (*Colloque de Topologie algébrique*, Paris, 1949, 3-15).

[7] S. Eilenberg and J. MacLane, *Relations between homology and homotopy groups of spaces* (*Ann. of Math.*, 46, 1945, 480-509).

[8] R. H. Fox, *Homotopy groups and torus homotopy groups* (*Ann. of Math.*, 49, 1948, 471-510).

[9] H. Freudenthal, *Ueber die Klassen der Sphärenabbildungen* (*Comp. Math.*, 5, 1937, 299-314).

[10] F. Hopf, *Ueber die Abbildungén von Sphären auf Sphären niedrigerer Dimension* (*Fund. Math.*, 25, 1935, 427-440).

[11] H. Hopf, *Zur Topologie der komplexen Mannigfaltigkeiten* (*Studies and Essays presented to R. Courant*, New York, 1948, 167-185).

[12] A. Kirchhoff, *Sur l'existence de certains champs tensoriels sur les sphères à n dimensions* (*C. R. Paris*, 225, 1947, 1258-1260).

[13] L. Pontrjagin, *C. R. Acad. Sci. U. R. S. S.*, 70, 1950, 957-959. — [13'] L. Ponrtjagin, *C. R. Acad. Sci. U. R. S. S.*, 19, 1938, 361-363.

[14] H. Samelson, *Ueber die Sphären, die als Gruppenmannigfaltigkeiten auftreten* (*Comm. Math. Helv.*, 13, 1940, 144-155).

[15] G. W. Whitehead, *Homotopy properties of the real orthogonal groups* (*Ann. of Math.*, 43, 1942, 132-146).

[16] G. W. Whitehead, *The* (n + 2)nd *homotopy group of the* n-*sphere* (*Ann. of Math.*, 52, 1950, 245-247).

[17] J. H. C. Whitehead, *On the groups* $\pi_r(V_{n,m})$ *and sphere-bundles* (*Proc. London Math. Soc.*, 48, 1944, 243-291).

# Sur l'intégrabilité des structures presque complexes

(with A. Frölicher)

C. R. Acad. Sci. Paris **232** (1951), 2284–2286

1. Une *structure presque complexe* ([1]) $\pi$ (de classe $C^h$) dans l'espace cartésien réel $E_{2m}$ des coordonnées $x^1, \ldots, x^{2m}$ est définie par la donnée d'un champ tensoriel $a^j_k$ (de classe $C^h$ par rapport aux $x^k$) vérifiant $a^j_k a^k_l = -\delta^j_l$. Elle est dite *intégrable* si elle est *induite par un système de coordonnées complexes dans* $E_{2m}$. De façon plus précise : Soit $(z^\mu)$ un tel système de coordonnées (de classe $C^{h+1}$), c'est-à-dire un système de $m$ fonctions complexes $z^\mu(x^1, \ldots, x^{2m})$, $\mu = 1, \ldots, m$ (de classe $C^{h+1}$) tel qu'en tout point la matrice $\partial z^\mu / \partial x^k$ soit de rang $m$. Par rapport à $(z^\mu)$, un vecteur contravariant $dx^k$ a les « composantes complexes » $dz^\mu = (\partial z^\mu / \partial x^k)\, dx^k$; le passage de $dz^\mu$ à $i\, dz^\mu \left(i = \sqrt{-1}\right)$ donne en tout point une transformation linéaire des vecteurs contravariants, de carré $-E$ ($E =$ identité), donc un tenseur $a^j_k$ définissant une structure presque complexe $\pi$ « induite par $(z^\mu)$ ». On a dans ce cas $a^j_k\, dx^k (\partial z^\mu / \partial x^j) = i\, dz^\mu$, donc $a^j_k (\partial z^\mu / \partial x^j) = i (\partial z^\mu / \partial x^k)$, $\mu = 1, \ldots, m$.

Deux systèmes de coordonnées complexes $(z^\mu)$ et $(w^\mu)$ appartenant à la même *structure analytique complexe* $\sigma$ dans $E_{2m}$, c'est-à-dire tels que les $w^\mu$ soient des fonctions analytiques complexes des $z^\nu$, induisent la même structure $\pi$; on dira que $\pi$ est induite par $\sigma$. Réciproquement, si $(z^\mu)$ et $(w^\mu)$ induisent la même structure $\pi$, on a, en posant $dw^\mu = A^\mu_\nu dz^\nu + B^\mu_\nu d\bar{z}^\nu$, $i\, dw^\mu = i\left(A^\mu_\nu dz^\nu + B^\mu_\nu d\bar{z}^\nu\right) = A^\mu_\nu (i\, dz^\nu) + B^\mu_\nu \left(-i\, d\bar{z}^\nu\right)$, d'où $B^\mu_\nu = 0$; il en résulte aisément (équations de Cauchy-Riemann) que les $w^\mu$ sont des fonctions analytiques complexes des $z^\nu$. *Une structure presque complexe $\pi$ qui est intégrable est donc induite par une structure analytique complexe $\sigma$ bien déterminée.*

2. Une structure presque complexe $\pi$ (de classe $C^1$) étant donnée par $a^j_k$, posons $a^j_{kl} = \partial a^j_k / \partial x^l - \partial a^j_l / \partial x^k$. *Alors* $t^j_{kl} = a^j_{pk} a^p_l - a^j_{pl} a^p_k$ *est un tenseur.* La démonstration se fait par le calcul direct, en utilisant $a^j_k a^k_l = -\delta^j_l$. Si une structure $\pi$ est induite par des coordonnées complexes $(z^\mu)$, le tenseur $a^j_k$ aura,

---

(*) Séance du 11 juin 1951.

([1]) *Cf.* C. Ehresmann, *Colloque de Top. alg.*, C. N. R. S., Paris, 1947, p. 3-15.

dans le système de coordonnées réelles donné par les parties réelles et imaginaires des $z^\mu$, des composantes constantes. D'où le

THÉORÈME 1. — *Si la structure presque complexe* $\pi$ (*de classe* $C^1$) *est intégrable, alors* $t^j_{kl} = a^j_{pk} a^p_l - a^j_{pl} a^p_k = 0$.

Il est facile de donner des exemples de structures $\pi$ dans $E_{2m}$ ($m \geqq 2$) pour lesquels cette condition nécessaire n'est pas satisfaite (dans $E_2$, $t^j_{kl}$ est toujours $= 0$).

3. Considérons sur la sphère $S_6$ donnée dans $E_7$ par $\Sigma(X^k)^2 = 1$ ($X^k$, $k = 0, \ldots, 6$, étant des coordonnées dans $E_7$) la structure presque complexe définie à l'aide des octaves de Cayley ([2]). Faisons correspondre à tout vecteur $Y^k$ tangent à $S_6$ en $X^k$ le produit de $X^k$ et de $Y^k$ au sens des octaves purement imaginaires; on obtient ainsi une transformation linéaire de carré $-$E dans l'espace tangen en $X^k$, $Y'^k = A^k_l Y^l$, où les $A^k_l$ sont des formes linéaires en $X^0, \ldots, X^6$ (ne contenant qu'un seul terme $\pm X^j$, ou $= 0$). On a donc sur $S_6$ une structure $\pi$; son tenseur s'exprime dans le voisinage du point $P: X^0 = 1$, dans le système de coordonnées locales $x^k = X^k$ ($k = 1, \ldots, 6$), par

$$a^j_k = A^j_k - A^j_0 \frac{x^k}{X^0} \qquad (j, k = 1, \ldots, 6).$$

En P, le tenseur $t^j_{kl}$ est donné par $t^j_{kl} = A^j_{pk} A^k_l - A^j_{pl} A^p_k$ ($A^j_{pk}$ étant défini comme $a^j_{pk}$). Un calcul élémentaire montre qu'on a en ce point

$$t^4_{15} = A^4_{61} A^6_5 - A^4_{25} A^2_1 \neq 0.$$

D'où : *la structure presque complexe donnée sur* $S_6$ *à l'aide des octaves de Cayley n'est pas intégrable* ([3]).

4. Soit $\pi$ une structure presque complexe (de classe $C^1$) dans $E_{2m}$, et supposons que $t^j_{kl} = 0$. Alors on a pour toutes les valeurs de $j$, $p$ et $q$

$$(1) \qquad a^j_{kl}(a^k_p - i\delta^k_p)(a^l_q - i\delta^l_q) = (a^l_q - i\delta^l_q)t^j_{lp} = 0.$$

Pour chaque valeur $p = 1, \ldots, 2m$, $dx^k_{(p)} = a^k_p - i\delta^k_p$ est une solution du système

$$(2) \qquad (a^j_k + i\delta^j_k)\,dx^k = 0 \qquad (j = 1, \ldots, 2m).$$

---

([2]) *Cf.* A. KIRCHHOFF, *Comptes rendus*, **225**, 1947, p. 1258, et Thèse (à paraître).

([3]) Ce résultat a également été établi par C. EHRESMANN et P. LIBERMANN (*Comptes rendus*, **232**, 1951, p. 1283), d'une façon différente; notons toutefois qu'il existe certaines relations entre les méthodes des nos **2** et **4** de notre Note et celles des divers travaux de ces deux auteurs sur les structures presque complexes.

Le rang de (2) ainsi que celui des $2m$ solutions $dx^k_{(p)}$ est $m$; toute solution de (2) est donc une combinaison linéaire des $dx^k_{(p)}$, $p=1, \ldots, 2m$. Ainsi les équations (1) signifient que $a^j_{kl}\,dx^k\,dy^l=0$ pour toute solution $dx^k$ et toute solution $dy^k$ de (2). En tenant compte de la définition des $a^j_{kl}$, on constate que ce sont les conditions de complète intégrabilité du système (2). Si $a^j_k$ est de *classe* $C^\omega$, c'est-à-dire *donné par des séries de puissances en* $x^1, \ldots, x^{2m}$, (2) admet donc* $m$ intégrales premières indépendantes $z^\mu(x^1, \ldots, x^{2m})$, $\mu=1, \ldots, m$ de classe $C^\omega$; on peut les utiliser* comme coordonnées complexes dans $E_{2m}$ (4).
Notons que si $z$ est une intégrale première de (2), on a $(\partial z/\partial x^k)\,dx^k=0$ pour les solutions $dx^k$ de (2), donc en particulier pour les $dx^k_{(p)}$; d'où

$$a^k_p \frac{\partial z}{\partial x^k} - i\frac{\partial z}{\partial x^p}=0 \qquad (p=1, \ldots, 2m). \tag{3}$$

Soit $dx^k$ un vecteur arbitraire; alors $a^j_k\,dx^k$ s'exprime dans le système de coordonnées complexes $(z^\mu)$ d'après (3) par $a^j_k\,dx^k(\partial z^\mu/\partial x^j)=i(\partial z^\mu/\partial x^k)\,dx^k=i\,dz^\mu$, ce qui signifie que la structure presque complexe induite par $(z^\mu)$ est la structure donnée $\pi$. En résumé :

Théorème 2. — *Toute structure presque complexe de classe* $C^\omega$ *dans* $E_{2m}$ *avec* $t^j_{kl}=0$ *est intégrable.*

5. Soient $V_{2m}$ une variété analytique réelle, $\pi$ une structure presque complexe de classe $C^\omega$ dans $V_{2m}$ avec $t^j_{kl}=0$ en tout point de $V_{2m}$. Alors $\pi$ est induite localement, dans tout voisinage euclidien U de $V_{2m}$, par une structure analytique complexe $\sigma(U)$ de classe $C^\omega$; d'après 1, les structures $\sigma(U)$ et $\sigma(U')$ sont identiques dans l'intersection de U et U'. On a donc le résultat global :

Théorème 3. — *Toute structure presque complexe de classe* $C^\omega$ *dans* $V_{2m}$ *avec* $t^j_{kl}=0$ *est intégrable, c'est-à-dire induite par une structure analytique complexe de classe* $C^\omega$ *dans* $V_{2m}$.

---

(4) Un procédé semblable a déjà été appliqué par G. de Rham (non publié).

* localement.

(Extrait des *Comptes rendus des séances de l'Académie des Sciences*, t. 232, p. 2284-2286, séance du 18 juin 1951.)

# Complex-analytic manifolds

Proc. Int. Congr. of Math. 1950 II,
American Mathematical Society (1952), 420–427

**1. Generalities.** 1.1. The concept of a *complex-analytic manifold* (in short *complex manifold*) is the natural generalization of the concept of a Riemann surface in the abstract sense. A $2m$-dimensional complex manifold $M$ is a manifold of dimension $2m$ in the usual sense which is covered by a family of systems of local complex coordinates $z_1, \cdots, z_m$ (instead of the usual $2m$ real coordinates) in such a way that the relation between two such complex coordinate systems in the intersection of their existence domains is given by complex-analytic functions. Since the coordinate transformation is one-to-one, the Jacobian of these functions is not equal to 0, and the square of its absolute value is easily seen to be equal to the Jacobian of the corresponding real coordinate transformation. A complex manifold $M$ is therefore orientable and has a natural orientation. We shall restrict ourselves throughout to closed manifolds. The set of all local complex coordinate systems which are admissible, i.e., which may be added to the given family in accordance with the analyticity condition, is called the *complex structure* of $M$. Concepts like analytic function, analytic map, etc. have an invariant meaning with respect to the given complex structure (i.e., are independent of special coordinate systems used to describe them).

1.2. Algebraic varieties in a complex projective space $P_n$ (of $n$ complex, i.e., $2n$ real, dimensions) have a natural complex structure, as well as $P_n$ itself, and are therefore complex manifolds—provided that there are no "singularities". There exist, on the other hand, examples of complex manifolds which cannot be imbedded in a $P_n$ (cf. 3.4). The concept of a complex manifold is therefore more general than that of an algebraic variety. It is probably also more general than that of a higher-dimensional Riemann surface in a concrete sense, defined as the space of all function elements of an algebroid function on some standard space $S$; but such a statement depends of course on the space $S$ and on uniformization possibilities.

1.3. It is well-known that all orientable surfaces admit complex structures. For higher-dimensional manifolds (orientable, of even dimension) this is not the case. On the 4-dimensional sphere $S^4$, for example, it is not possible to define a complex structure (cf. Hopf [1][2], Ehresmann [2]). The general *existence problem* of a complex structure on a given manifold $M$, or the problem of what special properties of $M$ are implied by such a structure, has several quite different aspects. Actually there is not much known about the complex structure itself; all consequences are deduced from assumptions which are weaker—the *almost complex* structure, or stronger—the existence of a *Kaehler metric* (or Hermitean metric without torsion). The reason for these two approaches is simple: Almost complex structure is an

[1] This address was listed on the printed program under the title *Topologie der komplexen Mannigfaltigkeiten*.

[2] Numbers in brackets refer to the bibliography at the end of the address.

assumption concerning the tangent bundle of $M$, and therefore suitable for fiber space methods; and Kaehler metric is an assumption on the Riemannian or Hermitean geometry of $M$, which can be investigated by the methods of harmonic differential forms and of differential geometry. In both cases powerful existing theories can be applied.

Concerning the first approach I shall make only a few remarks, which overlap to some extent with Ehresmann's address; after that I shall discuss in more detail the second approach.

**2. Almost complex manifolds.** 2.1. A manifold $M$ is called *almost complex* if for each point $x$ of $M$ a linear map $I_x$ of the tangent space $T_x$ at $x$ into itself is defined such that $I_x^2 = -1$ ($1$ = identity map) for all $x$, and such that $I_x$ depends continuously upon $x$. This is possible only if $M$ is of even dimension $2m$. A complex manifold is almost complex; for if we use in the tangent space $T_x$ complex vector components corresponding to local complex coordinates, multiplication of the vector components by $i = (-1)^{1/2}$ is a linear map of the required type, independent of the special coordinate system. I do not know of an example of an almost complex manifold which does not admit a complex structure, but probably there are such.

2.2. Let $M$ be almost complex and $v(x)$ a continuous nonzero vector field on $M$ with one possible singularity; then $I_x v(x) = w(x)$ is a second field with one possible singularity at the same point and such that $w(x)$ and $v(x)$ are independent everywhere else since $I_x^2 = -1$. Therefore there exists on $M$ a 2-field with one isolated singularity, which is obviously of a quite special nature. This fact was used by Hopf [1] to prove that certain manifolds (the spheres $S^4$ and $S^8$ and many other examples) do not admit an almost complex structure, i.e., a field of transformations $I_x$; a fortiori these are not complex manifolds. Another way (cf. Ehresmann [2]) to prove existence or nonexistence of an almost complex structure on a manifold $M$ is to apply the obstruction theory of fiber bundles; the base space of the fibering to be used is $M$, and the fiber at a point $x$ is the space of all tensors at $x$ describing transformations $I_x$ (or related to them). For the simplest manifolds, the *spheres*, both methods give only quite special results, and in this case the existence problem seems to be related in a peculiar way to other topological questions, as I would like to indicate by some remarks.

2.3. If on a *sphere* $S^n$ ($n = 2m$) a field of transformations $I_x$ is given, we may assume that for all tangent vectors $v$ at all points $x$, $I_x v$ is orthogonal to $v$. We have then for all pairs of *orthogonal* unit vectors $x$, $y$ in $(n+1)$-dimensional Euclidean space $E^{n+1}$ a unit vector function $z = F(x, y)$, $z$ orthogonal to both $x$ and $y$, continuous in $x$ and linear in $y$; this function is obtained by considering $x$ as a point of $S^n$ and $y$ as a tangent vector at $x$, and defining $z = I_x y$. It can be extended in an obvious way to a function $\bar{F}(x, y) = z$ of two *arbitrary* vectors in $E^{n+1}$ such that $z$ is orthogonal to $x$ and $y$ and of length $(x^2y^2 - (x \cdot y)^2)^{1/2}$ ($x \cdot y$ is the scalar product of $x$ and $y$, $x^2 = x \cdot x$); $\bar{F}$ may be called a "*vector product in*

$E^{n+1}$" (continuous in the first factor, linear in the second). Applying this to the usual complex structure on $S^2$, we obtain a vector product in $E^3$ which is the usual one, bilinear in $x$, $y$. By fiber space methods using special homotopy groups, it can be proved that *for $n = 4k$ there exists no such vector product in $E^{n+1}$* of the required type, not even in the more general sense of continuity in both factors. The proof is a simple extension of the method I used previously [3] for the same purpose, but only for $n = 4$ and 8; to extend it to all $n = 4k$, one has to compute more of the homotopy groups involved, which can be done by straightforward deformations. From the argument above it follows that *there is no almost complex structure on the spheres $S^{4k}$* (not even if one would admit fields of transformations $I_x$ which are only continuous, not linear, in the tangent spaces $T_x$, but such that $v(x)$ and $I_x v(x)$ are always independent—this is, by the way, the concept of a "manifold of type $I$" considered by Hopf [1]).

2.4. It is well-known [3] that a vector product in $E^{n+1}$ leads in a natural way to a *multiplication* in $E^{n+2}$, i.e., a rule associating with any two vectors $X$, $Y \in E^{n+2}$ a product $U = X \circ Y$, with a unit and with the "norm product rule" $U^2 = X^2 \cdot Y^2$. Namely, let $X \in E^{n+2}$ be given by a pair $(x_0, x)$ of a real number $x_0$ and a vector $x \in E^{n+1}$; then $X \circ Y = U = (u_0, u)$ is defined by $u_0 = x_0 y_0 - x \cdot y$, $u = x_0 y + y_0 x + \bar{F}(x, y)$. The rule $U^2 = X^2 \cdot Y^2$ is easily checked, and $E = (1, 0)$ is the unit. For the usual vector product in $E^3$ (i.e., the complex structure on $S^2$), this gives exactly the *quaternion* multiplication in $E^4$. The Cayley numbers in $E^8$ are related in the same way to a (bilinear) vector product in $E^7$, hence to an almost complex structure on $S^6$. It is not known whether it corresponds to a complex structure on $S^6$, nor indeed whether there is at all a complex structure on $S^6$. [*Added in proof:* It has been proved (cf. Eckmann and Frölicher, C. R. Acad. Sci. Paris vol. 232 (1951) p. 2284) that the almost complex structure on $S^6$, derived from the Cayley numbers does not belong to a complex structure on $S^6$ by studying the "integrability conditions" relating almost complex to complex structures.]

Furthermore, if $U = X \circ Y$ is a multiplication in $E^{n+2}$ as described before, continuous in $X$ and linear in $Y$, we have for each $X$ with $X^2 = 1$ an orthogonal transformation $U(Y) = X \circ Y$ of $E^{n+2}$ such that for $Y = (1, 0)$, $U(Y) = X$; i.e., we have a map $\Phi$ of $S^{n+1}$ into the orthogonal group $\Omega_{n+2}$ of $n + 2$ variables, such that under the natural projection of $\Omega_{n+2}$ onto $S^{n+1}$ the map $\Phi$ becomes the identity of $S^{n+1}$. It is easy to see that this map $\Phi$ is nothing else than a global parallelism on $S^{n+1}$ (a system of $n + 1$ pairwise orthogonal tangent unit vector fields). Combining this with 2.3, we obtain a theorem discovered and proved first by Kirchhoff [4] in a different way: *An almost complex structure on $S^n$ induces a global parallelism on $S^{n+1}$.* From this it follows again that on $S^{4k}$ there is no almost complex structure (same result as above, here only in the sense of linear $I_x$).

2.5. In all preceding remarks the existence problem of an almost complex or complex structure is considered in terms of a definite differentiable structure on the manifold, and it is not clear from the method whether for another differentiable structure the answer would be the same.

It might be worthwhile to note here that the complex structure on a (differentiable) manifold, if it exists, is in general not unique. There are manifolds which admit several different complex structures—different in the sense of analytic equivalence. The 2-dimensional torus, for example, has infinitely many different conformal structures (and the analogue holds for higher-dimensional tori); for all of them, however, the corresponding complex structure of the universal covering is the same. Hirzebruch [5] discovered the interesting result that there exist also *simply connected* manifolds with infinitely many different complex structures; the simplest example is the Cartesian product of $S^2$ by itself.

**3. Complex structure and homology.** 3.1. To obtain relations between homology properties and complex structure, it seems natural to study the influence of the transformations $I_x$ belonging to that structure on *exterior differential forms*. A differential form $\alpha$ of degree $r$ in the manifold $M$ (in short, an $r$-form) may be considered, at each point $x$ of $M$, as a skew-symmetric multilinear function of $r$ vectors in the tangent space $T_x$ ; if these vectors are transformed by $I_x$ , $\alpha$ becomes a new form denoted by $C\alpha$ (if not only real, but also complex forms, i.e., complex functions in $T_x$ , are admitted, it is convenient to include in the definition of $C$ the passage to the conjugate-complex form; an explicit expression of $C$ is given in 3.2). Obviously the operator $C$ verifies $CC\alpha = (-1)^r\alpha$ for all $r$-forms $\alpha$, hence $C$ is an isomorphi m of the linear group $\Phi^r$ of all $r$-forms in $M$ onto itself. In general $dC\alpha \neq C\,d\alpha$, and $\tilde{d} = C^{-1}\,dC$ is a differential operator from $\Phi^r$ to $\Phi^{r+1}$ which is not equal to $d$, but has some of the same properties (e.g., $\tilde{d}\tilde{d} = 0$). $\tilde{d}$ leads to de Rham cohomology groups $\tilde{H}^r$ isomorphic to the usual ones $H^r$ based on $d$. By Hodge's theorem ([6], [7]) these groups may be replaced by those of *harmonic* $r$-forms (with respect to a Riemann metric given on $M$), which are easier to handle than cohomology classes; i.e., by forms $\alpha$ with $\Delta\alpha = 0$ or $\tilde{\Delta}\alpha = 0$, where $\Delta$ is the generalized Laplace-Beltrami operator used by de Rham [6], and $\tilde{\Delta} = C^{-1}\Delta C$. It seems interesting to study the relation between $\Delta$ and $\tilde{\Delta}$; here we shall do this only in the case when we assume a complex structure in the strict sense, or even more than that. Before discussing this, we have to make some preliminary remarks.

3.2. On a $2m$-dimensional complex manifold $M$ we can use, in the calculus of differential forms, instead of the $2m$ real differentials $dx_\nu$ (or vector components in $T_x$) the *complex differentials* $dz_j$ , $j = 1, \cdots, m$, corresponding to admissible coordinate systems $z_1, \cdots, z_m$ *and their conjugates* $d\bar{z}_j$ . The coordinate transformations, say from $z_1, \cdots, z_m$ to $\zeta_1, \cdots, \zeta_m$ being analytic, the $dz_j$ are carried over to the $d\zeta_j$ and the $d\bar{z}_j$ to the $d\bar{\zeta}_j$ only, this splitting of the $2m$ differentials into two groups has an invariant meaning. A differential form which is homogeneous with respect to the $d\bar{z}_j$ will be called *pure*; and the corresponding degree in the $d\bar{z}_j$ only, its *type*. Any $r$-form $\alpha$ has a unique decomposition as a sum of pure forms $\alpha = \alpha_{(0)} + \cdots + \alpha_{(r)}$ of type $h = 0, 1, \cdots, r$. For a form $\alpha_{(h)}$ of type $h$, $C\alpha_{(h)}$ is given by $(-1)^h i^r \bar{\alpha}_{(h)}$ , which is of type $r - h$; for pure forms, $\tilde{d}$ differs therefore from $d$ only by a constant factor.

3.3. The Riemann metric, used in the definition of $\Delta$, is called *Hermitean* if in the given complex structure the line element $ds^2$ may be written as $\sum_{j,k} h_{jk} \cdot (dz_j\, d\bar{z}_k)$, $h_{jk} = \bar{h}_{kj}$, where $(\cdots)$ indicates the *ordinary* product of differentials. Such a metric is however not sufficient for our purposes. For it appears that, roughly speaking, one must, in the relations between harmonic forms and complex structure, consider permutations of the second covariant derivatives involved in $\Delta$ and therefore use the Riemann curvature tensor of the metric; and moreover, one should compute this tensor by the complex formalism, i.e., in the so-called Hermitean geometry. This is in general not possible: it is easy to see that the connexions (the Christoffel symbols) computed from the same Hermitean metric in Riemannian and in Hermitean geometry are *different*. There is a special case where they coincide, and this case seems of great importance: namely when the metric is a "*Kaehler metric*" [8]; i.e., has the special property that the exterior differential form $\omega = \sum_{j,k} h_{jk}\, dz_j\, d\bar{z}_k$ is *closed* ($d\omega = 0$). Actually many of the homology properties we are going to describe can be deduced from assumptions which are stated in terms of real differential geometry, without using a complex structure; these are however less natural and intuitive, and for the purpose of this address we shall stay within the frame of the Kaehler metric.

It is well-known that on the complex projective space $P_n$ there exists a Kaehler metric, and therefore on all algebraic varieties imbedded without singularities in $P_n$. More generally, if a complex manifold $M$ is imbedded analytically in a Kaehler manifold, the induced metric on $M$ fulfills also the Kaehler condition (cf. 3.6).

3.4. In the case of a Kaehler metric, the explicit expression of $\Delta$ yields the following results (cf.[10]) on pure forms and on $C$. (a) If a form $\alpha$ is harmonic, then all the "pure components" $\alpha_{(h)}$ of $\alpha$ (cf. 3.2) are also harmonic. In other words: $H^r$ is the direct sum $H^r_{(0)} + H^r_{(1)} + \cdots + H^r_{(r)}$, where $H^r_{(h)}$ is the group of pure harmonic forms of type $h$. If $p^r_{(h)}$ denotes the rank of $H^r_{(h)}$, we have for the Betti number $p^r = \sum_{h=0}^r p^r_{(h)}$. Of course $p^r_{(h)}$ is also defined for a general Hermitean metric; but all one can prove without the Kaehler condition is the inequality $p^r \geqq \sum p^r_{(h)}$. (b) $\tilde{\Delta} = \Delta$. Let $\tilde{H}^r_{(h)}$ be the analogue of $H^r_{(h)}$, computed from $\tilde{\Delta}$ instead of $\Delta$, $\tilde{p}^r_{(h)}$ its rank; it follows that $\tilde{H}^r_{(h)} = H^r_{(h)}$ and $\tilde{p}^r_{(h)} = p^r_{(h)}$. But since by definition $C\tilde{\Delta} = \Delta C$, $C$ maps $\tilde{H}^r_{(h)}$ isomorphically onto $H^r_{(r-h)}$; hence $\tilde{p}^r_{(h)} = p^r_{(r-h)} = p^r_{(h)}$. Therefore, *if $r$ is odd*, $p^r = 2\sum_{h=0}^{(r-1)/2} p^r_{(h)}$, i.e., $p^r \equiv 0 \pmod 2$; *if $r$ is even*, $p^r \equiv p^r_{(r/2)} \pmod 2$. For algebraic varieties the fact that $p^r$ is even in odd dimensions $r$ is a well-known result already proved by Lefschetz and, using differential forms, by Hodge.

There exist complex manifolds which do not admit a Kaehler metric since their Betti numbers do not agree with the above conditions, namely the manifolds of topological structure $S^1 \times S^{2k+1}$ discovered by Hopf [1] (a complex structure on $S^1 \times S^3$, e.g., is obtained from the covering of $S^1 \times S^3$ by $E^4$ without the origin). From this it follows that these complex manifolds cannot be imbedded analytically in a complex projective space (nor in any Kaehler manifold).[3]

[3] *Added in proof*: E. Calabi and the author showed that the product of any two odd-

3.5. All this is only one, somewhat special, aspect of the Kaehler metric, and there are other surprisingly strong consequences.

There is one immediate fact, which does not even use harmonic forms, but just some simple properties of the closed 2-form $\omega$ (cf. 3.3), depending only weakly upon the relation of $\omega$ to the metric. Let $n = 2m$ be the dimension of the Kaehler manifold $M$. The $m$th power $\omega^m$ is equal, up to a constant factor not equal to 0, to $| h_{jk} | dz_1 d\bar{z}_1 \cdots dz_m d\bar{z}_m$; since the determinant $| h_{jk} |$ is everywhere positive, $\int_M \omega^m \neq 0$ ($\omega^m$ is actually, except for a constant nonzero factor, the volume element of the metric considered as a Riemann metric). Hence $\omega^m$ is not cohomologous to 0, and the same is true for all powers $\omega^k$, $k = 0, 1, \cdots, m$; the corresponding Betti numbers $p^{2k}$ are therefore greater than or equal to 1.

These nonvanishing cohomology classes in even dimensions may be carried over by the duality operator $D$ of $M$ to homology classes. Using the same symbol $\alpha$ for a closed form and for the corresponding cohomology class, the dual homology class $D\alpha$ is given by $\alpha \cap M$ (here $M$ is the fundamental $2m$-cycle of the oriented manifold, and $\cap$ the Čech-Whitney cap-product). Let us call the classes $D\omega^k = \omega^k \cap M = Z_{2(m-k)}$ of dimension $2(m - k)$ the *principal homology classes* of $M$. Clearly, writing $Z$ for $Z_{2(m-1)} = D\omega$, $Z_{2(m-2)}$ is the *intersection* $Z \otimes Z$, $Z_{2(m-3)} = Z \otimes Z \otimes Z$, etc. If $M$ is the complex projective space $P_m$, the principal classes $Z_{2q}$, $q = 0, 1, \cdots, m$, are all represented, up to certain numerical factors, by the projective planes $P_q$ in $P_m$.

3.6. Let $L'$ be a complex manifold of dimension $2l < 2m$, and $f$ an *analytic* and locally topological *imbedding of $L'$ in the Kaehler manifold $M$*, $f(L') = L \subset M$. Considering the induced dual homomorphism $f^*$, the image $f^*\omega$ is the form $\omega'$ in $L'$ corresponding to the induced metric in $L'$, which obviously is also a Kaehler metric. Thus, by the same argument as above, $0 \neq \int_{L'} \omega'^l = \int_{L'} f^*\omega^l = \int_L \omega^l$; by Stokes theorem it follows *that $L \not\sim 0$ (not homologuous to 0) in $M$.*

Furthermore consider the principal homology classes $Z'_{2(l-k)}$ of $L'$ ($k = 0, \cdots, l$), and their images $f(Z'_{2(l-k)})$ in $M$; they are equal to $f(\omega'^k \cap L') = f(f^*\omega^k \cap L') = \omega^k \cap f(L') = \omega^k \cap L = Z_{2(m-k)} \otimes L$, i.e., they are the intersections of $L$ with the principal classes of $M$ (for example, the principal classes of a manifold $L$ imbedded in a complex projective space are given by the *plane sections of* $L$). *These classes are all $\not\sim 0$ in $M$.* For $\int_{\omega^k \cap L} \omega^{l-k} = \int_L \omega^l \neq 0$, hence by Stokes theorem $\omega^k \cap L \not\sim 0$.

Analogous remarks apply to "analytic cycles" in $M$, i.e., to the set of zeros of a distribution of local analytic functions. The problem of finding not only necessary, but also sufficient conditions for a homology class to contain analytic cycles seems to be difficult.

3.7. Very precise results on the role of $\omega$ and of principal classes in the homology structure of a Kaehler manifold $M$, including all of the known general homology structure of algebraic varieties, are obtained if, following the method of Hodge, harmonic forms in $M$ are investigated in connection with special properties of

dimensional spheres $S^{2p+1} \times S^{2q+1}$ can be given a complex structure; for $p > 0$, $q > 0$ this is an example of a *simply connected* complex manifold which does not admit a Kaehler metric.

$\omega$ and of the differential geometry of the Kaehler metric. All these results are due to some simple formulas relating $\omega$ to the usual operations on differential forms: $d$, $*$ ($*\alpha$ is the adjoint of the $r$-form $\alpha$, with respect to the metric, of degree $n - r = 2m - r$; cf. [6]), $\delta = \pm * d *$, $\Delta = d\delta + \delta d$, and the operator $C$, with $\bar{d}$, $\bar{\delta}$, etc. These formulas, most of which appear in Hodge's book [7] and in a note by A. Weil [9], have been completely established and discussed by Guggenheimer and myself [10]. They are of purely local character.

The main formula is a relation between $*$ and $\omega$, replacing the operator $*$ for $r$-forms with $r \leqq m$ by $C$ and by multiplication with $\omega^{m-r}$ (and with a certain numerical factor $u$; I omit here all details about such factors): $*\alpha = u\omega^{m-r}C\alpha$. This is however not true for all forms $\alpha$. It holds (1) if $\omega * \alpha = 0$—such forms are called *effective*; and more generally (2) if $\alpha = \omega^k\beta$, where $\beta$ is effective—we shall call such a form *simple, of class k*. The nonzero factor $u$ depends upon $m$, $r$, and $k$. Under condition (2) we have for $r \leqq m - 2$, $\omega * (\omega\alpha) = u'\omega\cdot\omega^{m-r-2}\, C\omega\alpha = u'' * \alpha$, with nonzero factors $u'$, $u''$. From this it follows that (a) $\omega\alpha = 0$ only if $\alpha = 0$. By an easy induction argument it can be proved that (b) *every r-form $\alpha$ ($r \leqq m$) has a unique decomposition into a sum of simple forms of class $k = 0, 1, \cdots, q = [r/2]$, $\alpha = \beta_0 + \omega\beta_1 + \cdots + \omega^q\beta_q$.* (a) holds therefore for *all* forms of degree $r \leqq m - 2$: (c) *Multiplication by $\omega$ is an isomorphism of $\Phi^r$, the group of all r-forms, into $\Phi^{r+2}$.*

Further relations give $\Delta(\omega^k\alpha) = \omega^k(\Delta\alpha)$ for all forms $\alpha$, and commutation of $\Delta$ with all operators involved. Hence all results apply in particular to harmonic forms, i.e., to cohomology groups $H^r$. From (b) above it follows that $H^r$ is for $r \leqq m$ the direct sum $H_0^r + \omega H_0^{r-2} + \cdots + \omega^q H_0^{r-2q}$, where $H_0^{r-2k} \subset H^{r-2k}$ is the group of effective harmonic $(r - 2k)$-forms; from (c), that multiplication by $\omega$ is, for $r \leqq m - 2$, an *isomorphism of $H^r$ into $H^{r+2}$* (cf. [7], Chap. IV). For the Betti numbers of a Kaehler manifold $M$ we obtain therefore $p^r \leqq p^{r+2}$ for $r \leqq m - 2$ (and, of course, the dual statements for higher dimensions). These are strong topological conditions for the existence of a Kaehler metric; they are not fulfilled by all complex manifolds (e.g., by the examples mentioned in 3.4).

3.8. To translate the results from cohomology to homology, we take the operator $D$, which maps $H^r$ isomorphically onto the $r$th homology group $H_r$ of $M$ (with complex coefficients). Since $*\omega^k = u\omega^{m-k}$, $D*\omega^k$ is, except for a constant nonzero factor, the principal homology class $Z_{2k}$ of $M$, (e.g., a plane section if $M$ lies analytically in a complex projective space). Each homology class $z_r$ of $M$ of dimension $r \leqq m$ may be written as $z_r = D*\alpha = D*(\beta_0 + \omega\beta_1 + \cdots + \omega^q\beta_q)$, $q = [r/2]$, according to (b) in 3.7, with uniquely determined effective harmonic forms $\beta_0, \cdots, \beta_q$. The term $D*\omega^k\beta_k$ is, except for the nonzero factor $u$, equal to $D(C\omega^k\beta_k\omega^{m-r}) = C\omega^k\beta_k\omega^{m-r} \cap M$; that is, to $C\omega^k\beta_k \cap (\omega^{m-r} \cap M) = C\omega^k\beta_k \cap D\omega^{m-r} = C\omega^k\beta_k \cap Z_{2r} = DC\omega^k\beta_k \otimes Z_{2r}$, or to $C\beta_k \cap (\omega^{m-(r-k)} \cap M) = DC\beta_k \otimes Z_{2(r-k)}$. Therefore, (a) *all homology classes of dimension $r \leqq m$ lie on the principal class $Z_{2r}$*, in the sense that they are intersections of something with $Z_{2r}$, and (b) *they have a unique decomposition into a sum $z_r = z_r^{[0]} + z_r^{[1]} + \cdots + z_r^{[q]}$, where $z_r^{[k]} = D*\omega^k\beta_k$ lies on $Z_{2(r-k)}$* (but not on $Z_{2l}$, $l < r - k$). Using only the assumption of a Kaehler metric we obtain thus a geometric situation of the same nature as the homology structure of algebraic varieties discovered by Lefschetz.

3.9. I would like to conclude with a remark on the differential forms themselves. If we have a simple form $\alpha = \omega^k\beta$ (cf. 3.7.), and if $\alpha$ is closed, it follows easily from the general relations that $\bar{\delta}\alpha = 0$; if in addition $\alpha$ is pure, this means $\delta\alpha = 0$, hence $\alpha$ is harmonic. A closed form $\alpha$ which is pure and simple is therefore always harmonic. If in particular $\alpha = d\gamma$, it must be equal to 0 (here we use a global result, based on the fact that $M$ is closed), and we have the theorem: *If on a Kaehler manifold a form $\alpha$ is such that $\alpha$ and $d\alpha$ are both pure and simple, then $d\alpha = 0$, and $\alpha$ is harmonic.*

Let us take for example an *analytic* form $\alpha$, i.e., a form in the $dz_j$ only, with analytic coefficients. $\alpha$ is of type 0, and also $d\alpha$, since for all coefficients $a$ of $\alpha$ we have $\partial a/\partial \bar{z}_j = 0$; it is easily seen that a form of type 0 is always effective. Therefore, by the above theorem, for *an analytic differential form $\alpha$ in a Kaehler manifold, $d\alpha$ is always equal to* 0, *and $\alpha$ harmonic.* Relations between the set of all analytic differential forms $\alpha$ in the manifold and its Betti numbers (cf. [7], [9], [10]) are therefore obtained without assuming in advance $d\alpha = 0$.

## Bibliography


1. H. Hopf, *Studies and essays presented to R. Courant*, New York, 1948, pp. 167–185.
2. Ch. Ehresmann, *Topologie algébrique*, Paris, 1949, pp. 3–15.
3. B. Eckmann, Comment. Math. Helv. vol. 15 (1942–1943) pp. 318–339.
4. A. Kirchhoff, C. R. Acad. Sci. Paris vol. 225 (1947) pp. 1258–1260.
5. F. Hirzebruch, Doctoral thesis, University of Münster, 1950.
6. G. de Rham and P. Bidal, Comment. Math. Helv. vol. 19 (1946) pp. 1–49; G. de Rham, Annales de Grenoble vol. 22 (1946) pp. 135–152.
7. W. V. D. Hodge, *Harmonic integrals*, Cambridge, 1941.
8. E. Kaehler, Abh. Math. Sem. Hamburgishen Univ. vol. 9 (1933) pp. 173–186.
9. A. Weil, Comment. Math. Helv. vol. 20 (1947) pp. 110–116.
10. B. Eckmann and H. Guggenheimer, C. R. Acad. Sci. Paris vol. 229 (1949) pp. 464–466, 489–491, 503–505; B. Eckmann, C. R. Acad. Sci. Paris vol. 229 (1949) pp. 577–579.


Eidgenössische Technische Hochschule,
Zürich, Switzerland.

# On complexes with operators

Proc. Nat. Acad. Sci. USA **39** (1953), 35–42

Communicated by H. Weyl, October 23, 1952

In the algebraic topology of covering spaces one is led to a study of complexes with groups or rings of operators corresponding to the covering transformations. Such complexes with operators have been investigated[1] in connection with the *relations between the fundamental group and the homology structure of an aspherical space*, and with the *cohomology theory of groups and rings*. For this purpose, various kinds of cohomology groups, with special properties relative to the operators, had to be considered. In this note a fundamental isomorphism for such cohomology groups is established (Theorem 1) and applications to different problems are sketched: cohomology of groups, generalization of the "transfer" (Verlagerung) of a group into a subgroup; cohomology groups of general covering spaces; "derivations" in abstract groups[2] and end-points of groups.

*1. Complex.—1.1:* By a complex $\mathfrak{C}$ we mean a sequence of Abelian groups $C_p$ and of homomorphisms $\partial$ of $C_{p+1}$ into $C_p$, $p = -1, 0, 1, 2, \ldots$, with $\partial\partial C_p = 0$ for $p > 0$ and $\partial C_0 = C_{-1}$. The complexes used in algebraic topology and in abstract algebra have, in most cases, the additional property that the groups $C_p$ are free and have, for $p \geqslant 0$, a distinguished set of free generators corresponding to the cells or simplices (of dimension $p$) of a polyhedron, to the singular simplices of a space, to abstractly defined symbols, etc.[3]

*1.2:* Homology groups of $\mathfrak{C}$ are defined as usual by $H_p(\mathfrak{C}) = Z_p/\partial C_{p+1}$, $p \geqslant 0$, where $Z_p$ is the kernel of $\partial$ in $C_p$. We shall deal mainly with *cohomology groups* of various types; we start with the "ordinary" cohomology groups of $\mathfrak{C}$ relative to an Abelian group $J$ as coefficient group, denoted by $\check{H}^p(\mathfrak{C}, J)$ (the notation $H^p$ will be used for certain "restricted" cohomology groups in complexes with operators): Let $\check{C}^p = \check{C}^p(\mathfrak{C}, J)$ be the group of all homomorphisms of $C_p$ into $J$, and $\delta$ the homomorphism of $\check{C}^p$ into $\check{C}^{p+1}$ defined for $p \geqslant 0$ by $\delta f^p(c_{p+1}) = f^p(\partial c_{p+1})$ for all $f^p \in \check{C}^p$, $c_{p+1} \in C_{p+1}$, for $p = -1$ by $\delta\check{C}^{-1} = 0$. Then $\delta\delta\check{C}^p = 0$ for all $p$, and one defines $\check{H}^p(\mathfrak{C}, J) = \check{Z}^p/\delta\check{C}^{p-1}$, $p \geqslant 0$, $\check{Z}^p$ being the kernel of $\delta$ in $\check{C}^p$.

Elements $c_p \in C_p$ are called chains, $f^p \in \check{C}^p$ cochains, of dimension $p$.

*2. Complex with Operators from a Ring R.—2.1:* Let $R$ be a ring with a unit $e$. A complex $\mathfrak{C}$ is called a *complex over* $R$, in short an $R$*-complex*, if all its groups $C_p$ are $R$-modules[4] and all its homomorphisms $\partial$, $R$-homomorphisms. In this case, "*equivariant*" cohomology groups of $\mathfrak{C}$ relative to an $R$-module $J$ are defined as follows: Let $C^p = C^p(\mathfrak{C}, J)$ be the group of all $R$-homomorphisms of $C_p$ into $J$ ($C^p$ is a subgroup of $\check{C}^p$ = group of all *additive* homomorphisms of $C_p$ into $J$); it is easily seen that $\delta$ maps $C^p$ into $C^{p+1}$, and we put $H^p(\mathfrak{C}, J) = Z^p/\delta C^{p-1}$, $p \geqslant 0$, where $Z^p = \check{Z}^p \cap C^p$ is the kernel of $\delta$ in $C^p$.

*2.2:* $\check{H}^p$ and $H^p$ are examples of the following general kind of cohomology groups which are useful in several applications.

For a ring $R$ and an (additive) Abelian group $J$, let $\Phi = \Phi(R, J)$ be the group of all additive homomorphisms of $R$ into $J$, turned into an $R$-module by $(r'.\varphi)(r) = \varphi(rr')$ for all $\varphi \in \Phi$, $r, r' \in R$. If $\mathfrak{C}$ is an $R$-complex, we define for any *submodule* $\Psi$ of $\Phi$ cohomology groups $H_\Psi{}^p(\mathfrak{C}, J)$ "*of type* $\Psi$," as follows: Take all cochains $f^p \in \check{C}^p$ such that for each $c_p \in C_p$, $f^p(rc_p)$ considered as a function of $r \in R$ is an element of $\Psi$; they constitute a subgroup $C_\Psi{}^p$ of $C^p$. Again $\delta$ maps $C_\Psi{}^p$ into $C_\Psi{}^{p+1}$, and we put $H_\Psi{}^p(\mathfrak{C}, J) = Z_\Psi{}^p/\delta C_\Psi{}^{p-1}$, $p \geqslant 0$, where $Z_\Psi{}^p$ is the kernel of $\delta$ in $C_\Psi{}^p$.

*2.3:* Examples of modules $\Psi \subset \Phi(R, J)$.

(*a*) If we take for $\Psi$ the whole group $\Phi$, there is no restriction on the cochains $f^p \in C_\Phi{}^p$; hence $H_\Phi{}^p(\mathfrak{C}, J) = \check{H}^p(\mathfrak{C}, J)$.

(*b*) Let $J$ be an $R$-module, and $\Psi_0$ the group of all $R$-homomorphisms of $R$ into $J$; $f^p \in C_{\Psi_0}{}^p$ is "equivariant," hence $H_{\Psi_0}{}^p(\mathfrak{C}, J) = H^p(\mathfrak{C}, J)$. Obviously $\Psi_0 \cong J$; an isomorphism $q$ of $J$ onto $\Psi_0$ is given by $q\tau(r) = r.\tau$ for all $\tau \in J$, $r \in R$.

(*c*) Let $Q$ be a *subring* of $R$, $J$ a $Q$-module; we consider the group $\Psi = Q\text{-Hom}(R, J)$ of all $Q$-homomorphisms of $R$ into $J$. In this case, a cochain $f^p \in C_\Psi{}^p$ is simply a $Q$-homomorphism of $C_p$ into $J$. In other words, the groups $H_\Psi{}^p(\mathfrak{C}, J)$ are the equivariant cohomology groups of $\mathfrak{C}$ *considered as a complex over* $Q$. If $\mathfrak{C}$ as a $Q$-complex is denoted by $\mathfrak{C}_Q$, we thus have $H_\Psi{}^p(\mathfrak{C}, J) = H^p(\mathfrak{C}_Q, J)$.

(*d*) By $R_A$ we denote the *group ring* of a group $A$, with integer coefficients. The elements $\varphi \in \Phi(R_A, J)$ can be considered as $J$-valued functions $\varphi(a)$ of $a \in A$. An $R_A$-module is an additive Abelian group in which $A$ acts as a group of left operators.

The $R_A$-modules $\Psi \subset \Phi$ are groups of functions from $A$ to $J$. E.g., let $J$ be an $R_A$-module and define $\Psi_0$ as in (*b*): the elements of $\Psi_0$ are functions $\psi$ from $A$ to $J$ such that $\psi(a) = a.\psi(e)$. If $A$ operates trivially in $J$ ($a.\tau = \tau$ for all $a \in A$, $\tau \in J$), then $\psi$ is constant.

We shall use two other examples of function groups $\Psi \subset \Phi(R_A, J)$:

(*d'*) Let $B$ be a subgroup of $A$, $J$ an $R_B$-module. If in example (*c*) we take $R = R_A$, $Q = R_B$, we obtain the group $\psi$ of functions $\psi$ from $A$ to $J$ such that $\psi(ba) = b.\psi(a)$ for all $b \in B$, $a \in A$. We call $\Psi$ the *$R_A$-module induced by the $R_B$-module $J$:* the representation of $A$ by operators of $\Psi$ is exactly what one calls in the theory of linear representations the "*induced representation,*" induced by the representation of $B$ in $J$. If $B$ operates trivially in $J$, the functions $\psi \in \Psi$ are constant on the right cosets of $A$ modulo $B$; the induced representation of $A$ is then simply given by the translations of the right cosets.

($d''$) For an arbitrary group $A$ and an Abelian group $J$, let $\Psi$ consist of those functions $\psi$ for which $\psi(a) \neq 0$ *for at most a finite number of* $a \in A$. In an $R_A$-*complex* $\mathfrak{C}$, the corresponding groups $H_\Psi^p(\mathfrak{C}, J)$ are called the $A$-*finite cohomology groups* and are denoted by $H_{A\text{-fin}}^p(\mathfrak{C}, J)$; they are based upon cochains $f^p$ such that, for any $c_p \in C_p$, $f^p(ac_p) \neq 0$ for a finite number of $a \in A$ only. *Remark:* If $J$ is the additive group of integers, $\Psi$ is $R_A$-*isomorphic* to $R_A$. *Proof:* The mapping of $\Psi$ into $R_A$ defined by $\mu(\psi) = \sum_a \psi(a)a^{-1}$ is obviously an additive isomorphism onto $R_A$. Moreover, for any $x \in A$, we have $\mu(x.\psi) = \sum_a \psi(ax)a^{-1} = x.\sum_a \psi(ax)(ax)^{-1} = x.\sum_a \psi(a)a^{-1} = x.\mu(\psi)$.

3. *Reduction to the Equivariant Case.—3.1:* The equivariant cohomology groups of an $R$-complex $\mathfrak{C}$ are a special case of the groups of type $\Psi$. The following simple but fundamental theorem states that conversely all groups of type $\Psi$ are isomorphic to certain equivariant groups.[5]

THEOREM 1. *Let $\mathfrak{C}$ be an $R$-complex, $J$ an Abelian group and $\Psi$ a submodule of $\Phi(R, J)$. There is a natural isomorphism $H_\Psi^p(\mathfrak{C}, J) \cong H^p(\mathfrak{C}, \Psi)$.*

*Proof:* For a cochain $g^p \in C^p(\mathfrak{C}, \Psi)$ we define a cochain $Ig^p = f^p \in \check{C}^p(\mathfrak{C}, J)$ by $f^p(c_p) = g^p(c_p)(e)$ for all $c_p \in C_p$. Then $f^p(rc_p) = g^p(rc_p)(e) = (r.g^p(c_p))(e) = g^p(c_p)(r) = \psi(r)$, with $\psi \in \Psi$; hence $f^p \in C_\Psi^p(\mathfrak{C}, J)$. The mapping $I$ is an isomorphism of $C^p(\mathfrak{C}, \Psi)$ onto $C_\Psi^p(\mathfrak{C}, J)$, which commutes with $\delta$; it yields therefore an isomorphism of $H^p(\mathfrak{C}, \Psi)$ onto $H_\Psi^p(\mathfrak{C}, J)$.

*3.2:* Applying this theorem to the examples 2.3 the following results are obtained.

($a$) For any $R$-complex $\mathfrak{C}$ and coefficient group $J$, $\check{H}^p(\mathfrak{C}, J) \cong H^p(\mathfrak{C}, \Phi)$, where $\Phi = \Phi(R, J)$ is the group of all additive homomorphisms of $R$ into $J$.

($b$) If $J$ is an $R$-module, we obtain $H^p(\mathfrak{C}, J) \cong H^p(\mathfrak{C}, \Psi_0)$, which is obvious since $J \cong \Psi_0$.

($c$) For a subring $Q$ of $R$ and a $Q$-module $J$, we have with the notations of 2.3($c$), $H^p(\mathfrak{C}_Q, J) \cong H^p(\mathfrak{C}, \Psi)$, where $\Psi = Q\text{-Hom}(R, J)$.

($d'$) Let $A$ be a group, $B$ a subgroup of $A$, $J$ an $R_B$-module, and $\Psi$ the induced $R_A$-module. For an $R_A$-complex $\mathfrak{C}$, denoted by $\mathfrak{C}_B$ if considered as an $R_B$-complex, we have $H^p(\mathfrak{C}_B, J) \cong H^p(\mathfrak{C}, \Psi)$. Note that ($d'$) is a special case of ($c$).

($d''$) Let $A$ be a group, $\mathfrak{C}$ an $R_A$-complex, $J$ the additive group of integers; then $H_{A\text{-fin}}^p(\mathfrak{C}, J) \cong H^p(\mathfrak{C}, R_A)$.

4. *Acyclic Complexes, Cohomology of Groups.—4.1:* An $R$-complex $\mathfrak{C}$ is called *free*, if for $p \geqslant 0$ its $R$-modules $C_p$ are *free over* $R$. $\mathfrak{C}$ is called *acyclic* in dimension $p$, if $H_p = 0$. It is a well-known result[1] that if an $R$-complex $\mathfrak{C}$ is free and acyclic in dimensions $0 \leqslant p < N$, then the structure of $H^p(\mathfrak{C}, J)$, $0 \leqslant p < N$, is determined by $R$ and $C_{-1}$ (and $J$). Fur-

thermore, there exist for any given $R$ and $C_{-1}$ complexes which are free and acyclic in all dimensions; they are called "*models* for $R$ and $C_{-1}$," and their groups $H^p(\mathfrak{C}, J)$, as abstract groups, the "*cohomology groups of R and $C_{-1}$*."

In many cases, $H_p = 0$ for all $p \geqslant 0$ implies $\check{H}^p = 0$ for all $p > 0$ and all coefficient groups; hence, by 3.2($a$), we have $H^p(\mathfrak{C}, \Phi) = 0$ for all $p > 0$, where $\Phi = \Phi(R, J)$, for any Abelian group $J$. If $J$ is an $R$-module, it is a submodule of $\Phi$; more precisely, $J$ is $R$-isomorphic to $\Psi_0 \subset \Phi$, by the mapping $q$ in 2.3($b$).

*4.2:* If the ring $R$ is the group ring $R_A$ of an *arbitrary group* $A$, and $C_{-1}$ the group of integers in which $A$ operates trivially, then the cohomology groups of $R_A$ and $C_{-1}$ are called the *cohomology groups of the group* $A$, and are denoted by $H^p(A, J)$. Using special models,[1, 6] algebraic descriptions of various kinds of the $H^p(A, J)$ are obtained.

In this case, it is easily seen that one has for any model $\check{H}^p = 0$ for all $p > 0$; hence $H^p(A, \Phi(R_A, J)) = 0$ *for any Abelian group* $J$. In particular we have the result:

THEOREM 2. *Let $A$ be a group, $J$ an $R_A$-module; $J$ can be extended to an $R_A$-module $J'$ such that $H^p(A, J') = 0$ for all $p > 0$.* Namely, $J'$ = group of all functions from $A$ to $J$; an $R_A$-isomorphism $q$ of $J$ into $J'$ is given by $q\tau(a) = a.\tau$ ($\tau \in J$, $a \in A$).[7]

This result is important in algebraic applications, and can be used in an axiomatic approach to the cohomology theory of groups.

*4.3:* Let $B$ be a *subgroup* of $A$. We apply 3.2($d'$) to a model $\mathfrak{C}$ for the cohomology theory of $A$; since $\mathfrak{C}_B$ is a model for $B$, we obtain:

THEOREM 3. *Let $B$ be a subgroup of $A$, $J$ an $R_B$-module. The cohomology groups of $B$ are related to those of $A$ by the isomorphism $H^p(B, J) \cong H^p(A, \Psi)$, where $\Psi$ is the $R_A$-module induced by $J$* (the group of all functions $\psi$ from $A$ to $J$ such that $\psi(ba) = b.\psi(a)$ for all $b \in B$, $a \in A$).

5. *Covering Spaces.—5.1:* Let $\mathfrak{C}$ be a free complex over the group ring $R_A$. The operations of the group $A$ establish an equivalence relation among the chains of $\mathfrak{C}$; the equivalence classes of chains together with the induced homomorphisms $\partial$ constitute a new complex, denoted by $\mathfrak{C}/A$. It is easily seen that, for any coefficient group $J$, $\check{H}^p(\mathfrak{C}/A, J) \cong H^p(\mathfrak{C}, J)$, where, in the equivariant group $H^p(\mathfrak{C}, J)$, $J$ is an $R_A$-module by trivial operations of $A$ in $J$.

*5.2:* Now we consider a *topological space* $S$. By the cohomology groups $\mathcal{H}^p(S, J)$ of $S$, with an Abelian group $J$ as coefficient group, we understand the *singular groups;* i.e., the cohomology groups $\check{H}^p(\mathfrak{C}(S), J)$ of the *singular complex* $\mathfrak{C}(S)$ of $S$.

Assuming that $S$ is arcwise connected, locally arcwise connected and locally simply connected, let $T$ be its *universal covering space.* The *fundamental group* $A = \pi_1(S)$ operates in a well-known way in $T$; the singular complex $\mathcal{C}(T)$ is an $R_A$-complex, and $\mathcal{C}(T)/A$ is isomorphic to $\mathcal{C}(S)$. For an Abelian group $J$ in which $A$ operates trivially, we have therefore $H^p(\mathcal{C}(T), J) \cong \check{H}^p(\mathcal{C}(S), J)$, hence $\mathcal{H}^p(S, J) \cong H^p(\mathcal{C}(T), J)$. This formula remains true even if $J$ is an arbitrary $R_A$-module, provided that we understand by $\mathcal{H}^p(S, J)$ the singular cohomology groups of $S$ *with local coefficients*,[8] corresponding to the operations of $A$ in $J$.

*5.3:* To a subgroup $B$ of $A = \pi_1(S)$ there corresponds a covering space $\bar{S}$ with $\pi_1(\bar{S}) = B$ (the covering being regular only if $B$ is normal in $A$). $T$ is the universal covering space not only of $S$, but also of $\bar{S}$. For the singular group $\mathcal{H}^p(\bar{S}, J)$ with local coefficients from an $R_B$-module $J$, we have as before the relation $\mathcal{H}^p(\bar{S}, J) \cong H^p(\mathcal{C}(T)_B, J)$, where $\mathcal{C}(T)_B$ denotes $\mathcal{C}(T)$ considered as an $R_B$-complex. From 3.2($d'$) it follows that $\mathcal{H}^p(\bar{S}, J) \cong \mathcal{H}^p(S, \Psi)$, $\Psi$ being the $R_A$-module induced by $J$.

THEOREM 4. *Let $\bar{S}$ be the covering space of the space $S$ (with the topological assumptions above) corresponding to the subgroup $B$ of $A = \pi_1(S)$. The singular cohomology groups of $\bar{S}$ and $S$ with local coefficients are related by $\mathcal{H}^p(\bar{S}, J) \cong \mathcal{H}^p(S, \Psi)$, where $J$ is an $R_B$-module, and $\Psi$ the induced $R_A$-module* (the "induced representation of $A$," cf. ($d'$) in 2.3).

*5.4:* If $S$ is a polyhedron, the results of this section hold, of course, for the combinatorial cohomology groups of $S$, $T$ and $\bar{S}$. This can be established directly, by applying the same arguments to the simplicial complexes associated with suitable decompositions of $S$, $T$ and $\bar{S}$.

6. *Transfer.—6.1:* For a group $A$, a subgroup $B$ of $A$ and an $R_B$-module $J$, the "*induced $R_A$-module*" $\Psi$ as defined in 2.3($d'$) has been used repeatedly in this note. In this section, some further properties of $\Psi$ are studied under the special assumption that the index $n$ of $B$ in $A$ is *finite*, and that $J$ is an $R_A$-module.

As before let $q$ be the $R_A$-isomorphism of $J$ into $\Psi$ (onto $\Psi_0$) defined by $q\tau(a) = a.\tau$ ($\tau \in J$, $a \in A$). A mapping $t$ of $\Psi$ into $J$ is defined as follows. We take a set $X = \{x_1, \ldots, x_n\}$ of representatives of the right cosets of $A$ modulo $B$ and put

$$t(\psi) = \sum_{j=1}^{n} x_j^{-1}.\psi(x_j), \qquad \text{for all } \psi \in \Psi.$$

It can be verified[9] that ($a$) $t$ is independent of the choice of $X$, ($b$) $t$ is an $R_A$-homomorphism of $\Psi$ into $J$, ($c$) $tq\tau = n\tau$ for all $\tau \in J$. We write $M_n$ for the endomorphism $\tau \to n\tau$ in any additive Abelian group; hence $tq = M_n$.

For an $R_A$-complex $\mathcal{C}$, we saw that $H^p(\mathcal{C}_B, J) \cong H^p(\mathcal{C}, \Psi)$. Therefore $t$ induces a *homomorphism $\mathfrak{T}$ of $H^p(\mathcal{C}_B, J)$ into $H^p(\mathcal{C}, J)$, $q$ a homomorphism $\mathfrak{Q}$ of $H^p(\mathcal{C}, J)$ into $H^p(\mathcal{C}_B, J)$ such that $\mathfrak{T}\mathfrak{Q}$ is the endomorphism $M_n$ of $H^p(\mathcal{C}, J)$*; $\mathfrak{T}$ is called "transfer," $\mathfrak{Q}$ "injection."

*6.2:* Applying this to a space $S$ and a finite covering space $\bar{S}$ of $S$ (cf. 5.3), we obtain homomorphisms $\mathfrak{T}$ of $\mathcal{H}^p(\bar{S}, J)$ into $\mathcal{H}^p(S, J)$ and $\mathfrak{Q}$ in the opposite sense, with $\mathfrak{T}\mathfrak{Q} = M_n$ in $\mathcal{H}^p(S, J)$. The "injection" $\mathfrak{Q}$ is easily seen to be the dual homomorphism of $\mathcal{H}^p(S, J)$ into $\mathcal{H}^p(\bar{S}, J)$ induced by the canonical *projection* of $\bar{S}$ onto $S$. The *"transfer"* $\mathfrak{T}$ *of* $\mathcal{H}^p(\bar{S}, J)$ *into* $\mathcal{H}^p(S, J)$ can be given by the following cochain mapping $\mathfrak{T}$: Let $\bar{f}^p$ be a singular cochain in $\bar{S}$, $\sigma_p$ a singular simplex in $S$, and $\bar{\sigma}_p^{(j)}$, $j = 1, \ldots, n$, the $n$ simplices in $\bar{S}$ covering $\sigma_p$; then, in the case of constant coefficients (i.e., of trivial operations of $A$ in $J$), $\mathfrak{T}\bar{f}^p(\sigma_p) = \sum_j \bar{f}^p(\bar{\sigma}_p^{(j)})$, and similarly for local coefficients.

*6.3:* Applying 6.1 to the cohomology theory of an arbitrary *group* $A$ and a *subgroup* $B$ of $A$ of finite index $n$ (i.e., to a free acyclic $R_A$-complex $\mathfrak{C}$ and to $\mathfrak{C}_B$, cf. 4.2, 4.3), we obtain homomorphisms $\mathfrak{T}$ of $H^p(B, J)$ into $H^p(A, J)$ and $\mathfrak{Q}$ in the other sense, with $\mathfrak{T}\mathfrak{Q} = M_n$. A detailed discussion and application of these mappings is given in a separate paper,[9] from which we quote here only the following few results:

(*a*) If the cohomology groups of $A$ (and $B$) are described[6] by means of $J$-valued functions of several variables in $A$ (in $B$), $\mathfrak{Q}$ is given by the *restriction* of these functions from $A$ to $B$.

(*b*) The transfer $\mathfrak{T}$ is a generalization of the *classical transfer*[9] $\mathfrak{V}$ of $A$ into $B/B'$ ($B'$ = commutator group of $B$), in the sense that for trivial operations of $A$ in $J$, the homomorphism of $H^1(B, J) = \text{Hom}(B, J)^e$ into $H^1(A, J) = \text{Hom}(A, J)$ is *dual to* $\mathfrak{V}$.

(*c*) If $M_n$ is an automorphism of $J$, then $\Psi$ is isomorphic to the direct sum $J + \Psi/J$ (where $J$ is identified with its image in $\Psi$ under $q$), hence $H^p(B, J) \cong H^p(A, J) + H^p(A, \Psi/J)$; moreover $\mathfrak{Q}$ is an isomorphism of $H^p(A, J)$ into $H^p(B, J)$.

*Remark:* In the case of a finite covering space $\bar{S}$ of $S$ (6.2), one obtains similarly under the condition (*c*): $\mathcal{H}^p(\bar{S}, J) = \mathcal{H}^p(S, J) + \mathcal{H}^p(S, \Psi/J)$, and $\mathfrak{Q}$ is an isomorphism of $\mathcal{H}^p(S, J)$ into $\mathcal{H}^p(\bar{S}, J)$. E.g., if $J$ is the field of reals, condition (*c*) holds, and it follows that *the Betti numbers of* $S$ *are not greater than those of* $\bar{S}$; the analog inequalities hold for the Betti numbers of a group $A$ and those of a subgroup $B$ with finite index.

7. *Derivatives in Groups and End-points.—7.1:* We conclude with a special application of our general method, in the case of the cohomology group $H^1(A, R_A)$ of a group $A$. It is closely related to the "derivatives in $A$" introduced by Fox[2] (and applied to groups given by generators and relations and to 3-dimensional topology, in particular knot theory), and on the other hand to the "end-points[10] of $A$."

A *derivative in* $A$ is a function $D$ from $A$ to $R_A$ satisfying $D(ab) = D(a) + a.D(b)$ for all $a, b \in A$. The condition holds for all functions of the type $D(a) = (a - e)r$, $r \in R$; these are called "trivial derivatives." Under addition, all derivatives constitute an Abelian group $\mathfrak{D}$, all trivial ones a subgroup $\mathfrak{D}_0$ of $\mathfrak{D}$. From the usual models[6] for the cohomology theory of a group $A$ one sees immediately that $\mathfrak{D}/\mathfrak{D}_0 = H^1(A, R_A)$.

*7.2:* If $A$ is finitely generated, there exists a connected finite polyhedron $P$ with fundamental group $\pi_1(P) = A$. Let $T$ be its universal covering space; using a suitable decomposition of $T$, we obtain a simplicial complex $\mathcal{C}$ (augmented) such that (*a*) $\mathcal{C}$ is a free $R_A$-complex, (*b*) $\mathcal{C}/A$ is a *finite* simplicial complex, (*c*) $H_0(\mathcal{C}) = H_1(\mathcal{C}) = 0$. It follows (cf. 4.1) that $H^1(A, R_A) \cong H^1(\mathcal{C}, R_A)$, which is isomorphic, by 3.2($d''$), to $H_{A\text{-fin}}^1(\mathcal{C}, J)$, $J$ being the additive group of integers. Due to property (*b*) above, this group is the integer cohomology group $H^1_{\text{fin}}(\mathcal{C}, J)$ of $\mathcal{C}$ *based upon finite cochains*, i.e., cochains $f^p$ with values $\neq 0$ for at most a finite number of simplices (generators of $C_p$). Specker proved[11] that this group is a free Abelian group of rank $e - 1$, where $e$ is the *number of end-points* of $\mathcal{C}$ in the sense of Freudenthal-Hopf[10] (of rank 0 if $\mathcal{C}$ is finite). Since we have seen that $H^1_{\text{fin}}(\mathcal{C}, J) \cong H^1(A, R_A)$, $e$ depends only upon $A$. It is called the "number of end-points" of $A$ and denoted here by $e(A)$; for a finite group one puts $e(A) = 0$.

THEOREM 5. *Let $A$ be a finitely generated group. The group $\mathfrak{D}/\mathfrak{D}_0$ of derivatives in $A$ modulo trivial derivatives is a free Abelian group of rank $e(A) - 1$, where $e(A)$ is the number of end-points of $A$ (of rank 0, if $A$ is finite).*

According to a theorem of Hopf,[10] the only possible values of $e(A)$ are $0, 1, 2, \infty$. The value of $e(A)$ is known for several examples. For a finitely generated Abelian group $A$, e.g., $e(A) = 2$ if the rank of $A$ is 1, and $e(A) = 1$ if the rank is $>1$. *In a finite group there are only trivial derivatives;* a direct proof of this fact and of Theorem 5 (without using the general arguments of the present note and partly without assuming $A$ to be finitely generated) will be given in a forthcoming separate paper, together with a more complete discussion.

* The results here reported were obtained in part at the Institute for Advanced Study, Princeton.

[1] Eckmann, B., PROC. NATL. ACAD. SCI., **33**, 275–281 and 372–376 (1947), where further references are given. See also Eilenberg, S., *Bull. Am. Math. Soc.*, **55**, 3–37 (1949). The present note can be considered as a continuation of the two above notes of the author; for certain details the reader is referred to them.

[2] Fox, R. H., *Bull. Am. Math. Soc.*, **55**, 276 (abstract 115) and 512 (abstract 228), 1949; see also Lyndon, R., *Ann. Math.* **52,** 650–665 (1950).

[3] The complexes considered here are "closure finite," and "augmented" (i.e., $C_{-1}$ = group of integers, with $\partial c_0 = 1$ for the distinguished generators $c_0$ of $C_0$; $H_0$ is therefore the *reduced* 0-dim. homology group).

[4] By an *R-module* we understand an additive Abelian group with $R$ as a ring of left operators ($e$ being the unit operator); by an *R-homomorphism*, an admissible homomorphism for these operators.

[5] This result, obtained jointly by A. Wittenberg and the author, was stated in a master's thesis, Eidg. Technische Hochschule, 1949 (unpublished).

[6] Cf. Eilenberg, S., ref. 1, or Eckmann, B., *Comment. Math. Helv.*, **18,** 232–282 (1945), Chap. I and III. By Hom($A$, $J$) we denote the group of homomorphisms of $A$ into $J$.

[7] One could also take for $J'$ an *injective* extension $E$ of $J$. For any $J$ there exists such an $E$, but the proof of this fact is rather complicated, and it is much simpler to take $J' = \Phi(R, J)$. It is easily seen that $\Phi(R, J)$ is injective in a *weaker* sense, which is sufficient for the cohomology theory of groups.

[8] Steenrod, N. E., *Ann. Math.*, **44,** 610–627 (1943).

[9] Eckmann, B., Cohomology of groups and transfer, to appear in *Ann. Math.*

[10] Hopf, H., *Comment. Math. Helv.*, **16,** 81–100 (1943), and Freudenthal, H., *Ibid.*, **17,** 1–38 (1944).

[11] Specker, E., *Ibid.*, **23,** 303–332 (1949), theorem IV (§5).

# Über injektive Moduln

(with A. Schopf)

Arch. Math. **4** (1953), 75–78

**1.** $R$ sei ein Ring mit Einselement 1. Unter einem $R$-Modul verstehen wir eine additiv geschriebene Abelsche Gruppe, die $R$ als Ring von Linksoperatoren besitzt (wobei 1 der identische Operator ist); ein $R$-Homomorphismus eines $R$-Moduls $M$ in einen andern $M'$ ist ein bezüglich dieser Operatoren zulässiger Homomorphismus. $I$ bezeichne den Ring der ganzen Zahlen; ein $I$-Modul ist dasselbe wie eine Abelsche Gruppe.

**1.1.** Ein $R$-Modul $M$ heißt *injektiv*, wenn für jeden $R$-Modul $A$ und Teilmodul $B \subset A$ jeder $R$-Homomorphismus von $B$ in $M$ zu einem solchen von $A$ in $M$ fortgesetzt werden kann. Soll der Operatorenring hervorgehoben werden (und gelegentlich wird ein Modul gleichzeitig bezüglich verschiedener Ringe betrachtet), so sprechen wir von $R$-injektiven Moduln. Ein injektiver $I$-Modul ist, wie leicht zu sehen, dasselbe wie eine *unbeschränkt teilbare* Abelsche Gruppe. Eine direkte Summe von zwei Moduln ist dann und nur dann injektiv, wenn die Summanden es sind.

Injektive Moduln spielen bei verschiedenen algebraischen Fragen, insbesondere in der Cohomologietheorie (von Gruppen, Ringen, Räumen) eine wichtige Rolle[1]). Diese beruht wesentlich auf dem folgenden Satz.

**1.2.** *Jeder $R$-Modul $M$ kann in einen injektiven $R$-Modul eingebettet werden*; d. h. es gibt zu $M$ einen injektiven *$R$-Modul $N$*, welcher einen zu $M$ $R$-isomorphen Teilmodul enthält. Wir nennen $N$ eine „*injektive Erweiterung*" von $M$.

Dieser Satz stammt von R. Baer[2]), der ihn mit Hilfe einer Limeskonstruktion bewiesen hat. In den vorliegenden Zeilen soll vor allem für diesen Satz ein neuer, besonders einfacher Beweis angegeben werden (2.). Er beruht auf einer ganz elementaren Konstruktion, welche den Satz auf den Fall $R = I$ zurückführt. Die Konstruktion hängt mit einer abgeschwächten Form der Injektivität zusammen (3.). In 4. wird die Existenz und Eindeutigkeit der *kleinsten injektiven Erweiterung* nachgewiesen; dies unter Verwendung von 1.2, aber ohne jede Benützung der Beweiskonstruktion, auf Grund einfacher Bemerkungen über „wesentliche" Modulerweiterungen.

---

[1]) Vgl. H. Cartan und S. Eilenberg, Ann. Math. Studies (in Vorbereitung).

[2]) R. Baer, Bull. Amer. Math. Soc. **46**, 800—806 (1940); es ist dort nicht von Injektivität, sondern einer damit äquivalenten Eigenschaft (4.2 (c) unserer Note) die Rede.

**2.** Ist $G$ eine Abelsche Gruppe, so bezeichnen wir mit $\Phi(R,G)$ die Gruppe aller $I$-Homomorphismen von $R$ in $G$; sie ist ein $R$-Modul vermöge der Festsetzung $(r' \cdot \varphi)(r) = \varphi(rr')$ für $\varphi \in \Phi$, $r, r' \in R$.

**2.1.** *Wenn $G$ $I$-injektiv ist, dann ist $\Phi(R,G)$ $R$-injektiv.*

Beweis: $B$ sei ein Teilmodul des $R$-Moduls $A$, $f$ ein $R$-Homomorphismus von $B$ in $\Phi(R,G)$. Für $b \in B$, $r, r' \in R$ gilt $f(r'b)(r) = f(b)(rr')$, also speziell $f(b)(r) = f(rb)(1)$. Wir setzen $f(b)(1) = \psi(b)$; $\psi$ ist ein $I$-Homomorphismus von $B$ in $G$, der zu einem solchen $\overline{\psi}$ von $A$ in $G$ erweitert werden kann, da $G$ $I$-injektiv ist (die Erweiterung ist auch in anderen Fällen möglich, z. B. wenn $B$ bezüglich $I$ direkter Summand in $A$ ist, vgl. 3). Setzt man nun $\overline{f}(a)(r) = \overline{\psi}(ra)$, $a \in A$, $r \in R$, so ist $\overline{f}(r'a)(r) = \overline{\psi}(rr' \cdot a) = \overline{f}(a)(rr')$, d. h. $\overline{f}(r'a) = r' \cdot \overline{f}(a)$; $\overline{f}$ ist also ein $R$-Homomorphismus von $A$ in $\Phi(R,G)$, der offenbar auf $B$ mit $f$ übereinstimmt.

**2.2.** Ist $G$ Untergruppe von $G'$, so ist offenbar $\Phi(R,G)$ ein Teilmodul des $R$-Moduls $\Phi(R,G')$.

**2.3.** *Jeder $R$-Modul $M$ ist Teilmodul von $\Phi(R,M)$.* Genauer: Es gibt einen $R$-Isomorphismus $j$ von $M$ in $\Phi(R,M)$, nämlich $j(m)(r) = rm$ für alle $m \in M$, $r \in R$. Es ist in der Tat $j(r'm)(r) = rr' \cdot m = j(m)(rr')$, also $j(r'm) = r' \cdot j(m)$, $j$ ist also ein $R$-Homomorphismus; ferner ist $j$ wegen $j(m)(1) = m$ ein Isomorphismus in $\Phi(R,M)$.

**2.4.** Im Spezialfall $R = I$ ist der zu beweisende Satz 1.2 wohlbekannt und leicht zu beweisen: *Jede Abelsche Gruppe $G$ läßt sich in eine unbeschränkt teilbare Gruppe $\tilde{G}$ einbetten.* Es genügt, $G$ als Faktorgruppe $F/H$ einer freien Abelschen Gruppe $F = \sum_k I_k$ ($I_k \cong$ zur additiven Gruppe der ganzen Zahlen) darzustellen; $I_k$ läßt sich einbetten in $Q_k \cong$ zur Gruppe der rationalen Zahlen, und $F$ in $\tilde{F} = \sum_k Q_k$, also $\tilde{F} \supset F \supset H$. $\tilde{F}/H = \tilde{G}$ ist die gesuchte unbeschränkt teilbare Gruppe, die $G = F/H$ enthält.

**2.5.** Es sei nun $M$ ein $R$-Modul; es gibt einen $I$-injektiven $I$-Modul $\tilde{M}$, der $M$ enthält, und $N$ sei der $R$-Modul $\Phi(R,\tilde{M})$. Dann ergeben die $R$-Inklusionen

$$M \subset \Phi(R,M) \subset \Phi(R,\tilde{M}) = N$$

die gewünschte Einbettung von $M$ in einen $R$-injektiven Modul $N$.

**3.** $\Phi(R,M)$ ist i. a. noch nicht eine injektive Erweiterung von $M$. Für manche Zwecke[3]) genügt jedoch eine schwächere Art von Injektivität: Wir nennen einen $R$-Modul *schwach injektiv*, wenn die Fortsetzung von $R$-Homomorphismen von $B$ in $M$ auf $A$ (vgl. 1.1) für alle solchen Teilmoduln $B$ von $A$ möglich ist, welche in $A$ bezüglich $I$ direkte Summanden sind.

[3]) Vgl. B. ECKMANN, Proc. Nat. Acad. Sci. U.S.A. **39**, 35—42 (1953), bes. Abschnitt 4.2.

Aus dem Beweis in 2.1 ist sofort ersichtlich, daß der $R$-Modul $\Phi(R,G)$ für eine beliebige Abelsche Gruppe *$G$ stets schwach $R$-injektiv* ist. Insbesondere ist also, für jeden $R$-Modul $M$, $\Phi(R,M)$ eine schwach injektive Erweiterung von $M$.

**4.** Unter einer *minimalen injektiven Erweiterung* des Moduls $M$ verstehen wir eine injektive Eweiterung $K$, die in jede andere eingebettet werden kann (unter Festhaltung von $M$, d. h. derart, daß die Einbettung auf $M$ die Identität ist). In diesem Abschnitt zeigen wir, daß *es stets eine solche gibt, und zwar — bis auf Isomorphie — nur eine.* Die Betrachtungen, die zu diesem Ergebnis führen, und die Rolle, die der Existenzsatz 1.2 dabei spielt, scheinen uns auch selbständiges Interesse zu verdienen[4]); sie beruhen auf dem naheliegenden Begriff der wesentlichen Modulerweiterung (4.1).

Es kommen hier nur $R$-Moduln über einem festen Ring $R$ vor; alle Homomorphismen sind $R$-Homomorphismen, und die Inklusion $M \subset M'$ bedeutet, daß $M$ Teilmodul des $R$-Modul $M'$ ist (wir sagen auch, $M'$ sei eine Erweiterung von $M$). Der Ring $R$ wird nicht mehr erwähnt.

**4.1.** Der Modul $M_1 \supset M$ heißt eine *wesentliche Erweiterung* von $M$, wenn aus $H \subset M_1$, $H \cap M = 0$ folgt $H = 0$. $M$ selbst ist eine solche; sie heißt unecht, die anderen echt.

**4.1.1.** Es sei $M_2 \supset M_1 \supset M$; $M_2 \supset M$ ist dann und nur dann wesentlich, wenn $M_2 \supset M_1$ und $M_1 \supset M$ wesentlich sind. — Der Beweis folgt unmittelbar aus der Definition.

**4.1.2.** *Ist $N$ eine injektive, $M_1$ eine wesentliche Erweiterung von $M$, so läßt sich die Einbettung $j$ von $M$ in $N$ auf $M_1$ fortsetzen.* — Ist $M$ selbst injektiv, so besitzt $M$ also keine echte wesentliche Erweiterung.

Beweis: $j$ läßt sich zu $\bar{j} : M_1 \to N$ fortsetzen. Für den Kern $H$ von $\bar{j}$ gilt $H \cap M = 0$, also $H = 0$.

**4.1.3.** Alle wesentlichen Erweiterungen $M_i$ von $M$ lassen sich also in *einer* injektiven Erweiterung $N$ von $M$ realisieren; dies sei in bestimmter Weise getan. Dann sind die $M_i$ durch die Inklusion $\subset$ (partiell) geordnet, und zwar induktiv (denn die Vereinigung $V$ einer aufsteigenden Familie von $M_i$ ist wieder wesentlich: aus $H \subset V$, $H \cap M = 0$ folgt $(H \cap M_i) \cap M = 0$, also $H \cap M_i = 0$, also $H = 0$). Es gibt also eine *maximale wesentliche Erweiterung $\widehat{M}$ von $M$.* Sie besitzt selbst keine echte wesentliche Erweiterung.

**4.1.4.** *In jeder Erweiterung $M' \supset M$ gibt es einen Modul $H$ mit $H \cap M = 0$ derart, daß $M'/H \supset M$ [genauer $M'/H \supset (M+H)/H$] wesentlich ist.*

---

[4]) Sie hängen mit der Arbeit[2]) eng zusammen.

Beweis: Die Menge der $H_i \subset M'$ mit $H_i \cap M = 0$ ist durch Inklusion induktiv geordnet und besitzt somit ein maximales Element $H$. Es sei nun $L/H \subset M'/H$ und $L/H \cap (M+H)/H = 0$, m. a. W. $M' \supset L \supset H$ und $L \cap M = 0$; dann muß $L = H$ sein, d. h. $L/H = 0$: $M'/H \supset (M+H)/H$ ist wesentlich.

**4.2.** Die folgenden drei Eigenschaften eines Moduls sind äquivalent:

(a) *$M$ ist injektiv.* (b) *$M$ besitzt keine echte wesentliche Erweiterung.* (c) *$M$ ist direkter Summand in jeder Erweiterung.*

Beweis: (a) → (b): vgl. 4.1.2.

(b) → (c): Es sei $M' \supset M$. Mit den Bezeichnungen von 4.1.4. ist $M'/H \supset (M+H)/H$ ($\cong M$) wesentlich, also $M' = M + H$, $M \cap H = 0$.

(c) → (a): $N$ sei eine injektive Erweiterung von $M$. Als direkter Summand von $N$ ist $M$ selbst injektiv.

Bemerkung: (c) → (a) läßt sich auch ohne Benützung des Existenzsatzes 1.2 beweisen.

**4.3.** Eine maximale wesentliche Erweiterung $\widehat{M}$ eines Moduls $M$ (4.1.3) ist somit injektiv; nach 4.1.2 kann sie unter Festhaltung von $M$ in jede andere injektive Erweiterung eingebettet werden, ist also eine minimale injektive Erweiterung von $M$.

Es sei ferner $K$ eine minimale injektive Erweiterung von $M$. Sie läßt sich in $\widehat{M}$ einbetten: $\widehat{M} \supset K \supset M$. Also ist (4.1.1) $\widehat{M} \supset K$ wesentlich; da $K$ injektiv ist, besitzt $K$ keine echte wesentliche Erweiterung, also ist $\widehat{M} = K$: *Es gibt bis auf Isomorphie genau eine minimale injektive Erweiterung von $M$, nämlich $\widehat{M}$.*

Eingegangen am 20. 2. 1953

# Cohomology of groups and transfer

Ann. of Math. **58** (1953), 481–493

(Received August 25, 1952)

The purpose of this paper is to show how the transfer (Verlagerung) of a group $A$ into a subgroup $B$ of finite index can be obtained and generalized in the framework of the cohomology theory of groups (cf. [3][1]) and of abstract complexes over a ring [2]. The *generalized transfers* are homomorphisms of the cohomology groups of the subgroup $B$ into those of the group $A$; they are in general non-trivial and related in a simple way to the *restriction* homomorphism of the cohomology groups of $A$ into those of $B$. The situation in which they come up quite naturally is that of a complex over a ring $R$ considered as a complex over a subring $S$ of $R$; the existence of these homomorphisms as well as their main properties follow very easily from the concepts and methods used in this connection in algebraic topology for the relations between the fundamental group and the homology structure of a space (cf. [3, 2]). The topological meaning of the transfers is not mentioned in this note; it will be studied elsewhere in a more general context, including other topological and algebraic applications.[2]

In §1 we give a brief account of the theory of complexes over a ring and of acyclic complexes. §2 contains the definitions and main theorems in the general situation of complexes over rings mentioned above; they are all based upon the following simple but fundamental result[3]: If $\mathfrak{C}$ is a complex over the ring $R$, $\mathfrak{C}_S$ the same complex considered over a subring $S$ of $R$, $J$ an $S$-module, $\Psi$ the group of all $S$-homomorphisms of $R$ into $J$ ($\Psi$ is an $R$-module), then there is a natural isomorphism between the (equivariant) cohomology groups $H^p(\mathfrak{C}_S, J) \cong H^p(\mathfrak{C}, \Psi)$.

In §3 we consider a group $A$ and a subgroup $B$ and apply §2 to the case where $R = R_A$, the integer group ring of $A$, and $S = R_B$, and where $\mathfrak{C}$ is free and acyclic. The cohomology groups of $\mathfrak{C}$ are then the "cohomology groups of $A$", $H^p(A, J)$, and those of $\mathfrak{C}_S$ the groups $H^p(B, J)$; the above result gives the isomorphism $H^p(B, J) \cong H^p(A, \Psi)$. If $J$ is an $R_A$-module, and if the index $n$ of $B$ in $A$ is finite, a certain $R_A$-homomorphism $t$ of $\Psi$ into $J$ is considered; it induces a homomorphism of $H^p(B, J)$ into $H^p(A, J)$, for any $p \geqq 0$, called *transfer of $B$ into $A$*. If, as usual, the groups $H^p(A, J)$ and $H^p(B, J)$ are described by means of cochains which are functions of several variables in $A$ (in $B$) with values in $J$, the transfer can be given by an explicit cochain map $\mathfrak{T}$ of $B$ into $A$ (cf. 3.3,

---

[1] Numbers in brackets [ ] refer to the references at the end of the paper.

[2] *On complexes with operators*, to appear in Proc. Nat. Acad.—This note is a continuation of [2], where other references may be found and where the topological background of the algebraic concepts $R$-complex, cohomology of a group etc. are explained.

[3] This result is actually a special case of a basic theorem in the note announced in [2]; we prefer to give here a direct proof, independently of more general considerations.

formula (2)). In the case $p = 1$, the corresponding map $\mathfrak{T}$ of $H^1(B, J) = \text{Hom}(B, J)$ into $\text{Hom}(A, J)$ turns out to be the *dual of the transfer of A into B/B'* ($B'$ = commutator group of $B$) *in the classical sense.* The following basic property of the transfer is established: Let $\mathfrak{Q}$ denote the "restriction map" of $H^p(A, J)$ into $H^p(B, J)$, defined by the restriction of cochains in $A$ to variables in $B$; then *the endomorphism* $\mathfrak{T}\mathfrak{Q}$ *of* $H^p(A, J)$ *is the multiplication* $M_n$ *by* $n$. We note that for this and other general results the explicit formula for $\mathfrak{T}$ is not needed; they depend only upon the properties of the map $t$ of $\Psi$ into $J$. As an example of an application, we mention the following theorem: *If* $M_n$ *is an automorphism of* $H^p(A, J)$, *then the restriction map* $\mathfrak{Q}$ *is an isomorphism of* $H^p(A, J)$ *into* $H^p(B, J)$, $p \geqq 0$. Other applications are given in §4, where we restrict ourselves to immediate consequences of the general results; under special assumptions, some simple relations between the cohomology groups of $A$ and of $B$ are obtained.

Some of the results of the present paper have been duplicated by Artin and Tate in their work on class field theory (not yet published).

## 1. Complex over a ring; cohomology of groups

1.1. Let $R$ be a ring with a unit $e$. *A complex* $\mathfrak{C}$ *over* $R$, in short an *R-complex*, is a sequence of $R$-modules[4] $C_p$, $p = -1, 0, 1, 2 \cdots$, and of $R$-homomorphisms $\partial$ of $C_{p+1}$ into $C_p$ such that $\partial\partial C_p = 0$ for $p > 0$ and $\partial C_0 = C_{-1}$. For $p \geqq 0$, let $Z_p$ be the kernel of $\partial$ in $C_p$; the module $H_p = Z_p/\partial C_{p+1}$ is the $p^{\text{th}}$ homology group of $\mathfrak{C}$.

For a given $R$-module $J$, let $C^p = R\text{-Hom}(C_p, J)$ be the group of all $R$-homomorphisms of $C_p$ into $J$, $p \geqq 0$ and $C^{-1} = 0$. A homomorphism $\delta$ of $C^p$ into $C^{p+1}$ is defined as follows: for $f^p \in C^p$, we put $\delta f^p(c_{p+1}) = f^p(\partial c_{p+1})$ for all $c_{p+1} \in C_{p+1}$. Then $\delta\delta = 0$; the kernel of $\delta$ in $C^p$ is denoted by $Z^p$ and $H^p = Z^p/\delta C^{p-1}$, $p \geqq 0$, is called the $p^{\text{th}}$ cohomology group of $\mathfrak{C}$ with coefficient group $J$.

If different complexes or coefficient groups are involved, more explicit notations will be used: $C_p(\mathfrak{C})$ for $C_p$ etc., $C^p(\mathfrak{C}, J)$ for $C^p$, etc. As usual, elements $c_p \in C_p$ are called chains, $f^p \in C^p$ cochains, of dimension $p$; the elements $f^p \in Z^p$ are called cocycles, and $f^p, g^p \in Z^p$ are said to be cohomologous, if they are in the same class modulo $\delta C^{p-1}$.

1.2. An $R$-homomorphism $h$ of a coefficient module $J$ into another one $J'$ induces in an obvious way, for each $p \geqq 0$, a homomorphism $h_*$ of the cochain group $C^p(\mathfrak{C}, J)$ into $C^p(\mathfrak{C}, J')$; namely, for $f^p \in C^p(\mathfrak{C}, J)$, $f^p$ followed by $h$ is an $R$-homomorphism of $C^p$ into $J'$, i.e., an element of $C^p(\mathfrak{C}, J')$. These homomorphisms of the cochain groups commute with $\delta$ and therefore induce homomorphisms[5] $h_*$ of $H^p(\mathfrak{C}, J)$ into $H^p(\mathfrak{C}, J')$, $p \geqq 0$. Clearly, for three $R$-modules $J, J'$,

[4] An $R$-module is an Abelian group, additively written, which admits $R$ as a ring of left operators, $e$ being the identity operator. $M$ is said to be *free* (over $R$), if it is generated by elements which are linearly independent over $R$. An $R$-homomorphism $h$ of one $R$-module into another is a homomorphism such that $h(rc) = rh(c)$ for all $r \in R$, $c \in M$.

[5] We use throughout the same notation for a *cochain transformation* (i.e., a homomorphism of the cochain groups which commutes with $\delta$) as for the corresponding homomorphism of the cohomology groups.

$J''$ and two $R$-homomorphisms $h: J \to J'$, $k: J' \to J''$, we have $(hk)_* = h_* k_*$. If $h$ is an isomorphism of $J$ onto $J'$, $h_*$ is an isomorphism of $H^p(\mathcal{C}, J)$ onto $H^p(\mathcal{C}, J')$. The cases of an "isomorphism into" and of a "homomorphism onto" are related by an exact sequence as follows.

Let $h$ be an $R$-homomorphism of $J$ onto $J'$ with kernel $J_0$, and $j$ the injection of $J_0$ into $J$. For a cocycle $f'^p \in Z^p(\mathcal{C}, J')$ there is an $f^p \in C^p(\mathcal{C}, J)$, determined up to an arbitrary $g^p \in C^p(\mathcal{C}, J_0)$, such that $hf^p = f'^p$. Since $\delta f'^p = 0$, $\delta f^p \in Z^{p+1}(\mathcal{C}, J_0)$, and $\delta f^p$ is determined by $f'^p$ modulo $\delta C^p(\mathcal{C}, J_0)$; we obtain therefore a homomorphism of $Z^p(\mathcal{C}, J')$ into $H^{p+1}(\mathcal{C}, J_0)$, which obviously maps $\delta C^{p-1}(\mathcal{C}, J')$ into 0; the corresponding homomorphism of $H^p(\mathcal{C}, J')$ into $H^{p+1}(\mathcal{C}, J_0)$ is denoted by $\delta_h$. By standard arguments of algebraic topology, one proves that the sequence of groups and homomorphisms

$$0 \to H^0(\mathcal{C}, J_0) \xrightarrow{j_*} H^0(\mathcal{C}, J) \to \cdots \to H^p(\mathcal{C}, J_0) \xrightarrow{j_*}$$
$$H^p(\mathcal{C}, J) \xrightarrow{h_*} H^p(\mathcal{C}, J') \xrightarrow{\delta_h} H^{p+1}(\mathcal{C}, J_0) \to \cdots$$

is exact (i.e., the kernel of any one of the homomorphisms is the image of the preceding one).

1.3. From one coefficient module $J$, others are derived in the following way. Let $\Phi$ be the group Hom add $(R, J)$ of all *additive homomorphisms* $\phi$ of $R$ into $J$, turned into an $R$-module by $(r' \cdot \phi)(r) = \phi(rr')$ for all $\phi \in \Phi$, $r, r' \in R$; we shall use certain submodules of $\Phi$ as coefficient groups.

Example. $\Psi_0 = R\text{-Hom}(R, J)$ is a submodule of $\Phi$. If $\phi \in \Psi_0$, we have $\phi(r) = r \cdot \phi(e)$ for all $r \in R$; $i\phi = \phi(e)$ defines an isomorphism $i$ of $\Psi_0$ onto $J$, and $i_*$ is an isomorphism of $H^p(\mathcal{C}, \Psi_0)$ onto $H^p(\mathcal{C}, J)$.—In the following, $\Psi_0$ and $J$ will sometimes be identified under the map $i$, and in this sense $J$ will be considered as a submodule of $\Phi$.

1.4. Let $\mathcal{C}$ and $\mathcal{C}'$ be two $R$-complexes. A *chain transformation* $V$ of $\mathcal{C}$ into $\mathcal{C}'$ is a system of $R$-homomorphisms $V$ of $C_p(\mathcal{C})$ into $C_p(\mathcal{C}')$, one for each $p = -1, 0, 1, \cdots$, such that $V\partial = \partial V$. Then the dual homomorphisms $V^*$ of $C^p(\mathcal{C}', J)$ into $C^p(\mathcal{C}, J)$—defined by $V^* f'^p(c_p) = f'^p(Vc_p)$ for all $f'^p \in C^p(\mathcal{C}', J)$ and $c_p \in C_p(\mathcal{C})$—commute with $\delta$ and therefore induce homomorphisms of $H^p(\mathcal{C}', J)$ into $H^p(\mathcal{C}, J)$, also denoted[5] by $V^*$, for $p \geqq 0$.

An $R$-complex is called *free*, if its modules $C_p$, $p \geqq 0$, are *free over* $R$; it is called *acyclic*, if its homology groups $H_p$, $p \geqq 0$, are all $=0$. For a *free* $R$-complex $\mathcal{C}$ and an *acyclic* $R$-complex $\mathcal{C}'$ the following two lemmas hold (we omit the proofs here which consist in simple and straightforward constructions).[6]

Lemma 1. *Two chain transformations $V$ and $W$ of $\mathcal{C}$ into $\mathcal{C}'$ which are identical on $C_{-1}(\mathcal{C})$ induce the same homomorphism $V^* = W^*$ of $H^p(\mathcal{C}', J)$ into $H^p(\mathcal{C}, J)$, for all $p \geqq 0$.*

Lemma 2. *An $R$-homomorphism of $C_{-1}(\mathcal{C})$ into $C_{-1}(\mathcal{C}')$ can always be extended to a chain transformation of $\mathcal{C}$ into $\mathcal{C}'$.*

---

[6] Cf. [2], p. 279; the details of the constructions are given, e.g., in [1], §12.

From these lemmas, one easily obtains the following result[6]: *If two $R$-complexes $\mathfrak{C}$, $\mathfrak{C}'$ are free and acyclic and have isomorphic modules $C_{-1}$, then their cohomology groups $H^p(\mathfrak{C}, J)$ and $H^p(\mathfrak{C}', J)$ are isomorphic, for all $p \geqq 0$.* More precisely, any $R$-isomorphism $Y$ of $C_{-1}(\mathfrak{C})$ onto $C_{-1}(\mathfrak{C}')$ induces an isomorphism of $H^p(\mathfrak{C}', J)$ onto $H^p(\mathfrak{C}, J)$, $p \geqq 0$, which is completely determined by $Y$.

For a free and acyclic $R$-complex $\mathfrak{C}$, the structure of $H^p(\mathfrak{C}, J)$ is therefore determined by $R$ and $C_{-1}$(and $J$); any such $R$-complex with an isomorphic $C_{-1}$ can be used as a model to compute it. For any given ring $R$ and $R$-module $C$ there is a free and acyclic $R$-complex with $C_{-1} = C$;[7] its cohomology groups, considered as abstract groups, are called "*the cohomology groups of $R$ and $C$*", with coefficient group $J$.

Remarks. (a) If $C$ is a *free* $R$-module, then the cohomology groups $H^p$ of $R$ and $C$, for any coefficient module $J$, are $=0$ in all dimensions $p > 0$.

Proof. We take as a model the following $R$-complex $\mathfrak{C}$: $C_{-1} = C_0 = C$, with $\partial: C_0 \to C_{-1}$ being the identity map, $C_p = 0$ for all $p > 0$. Obviously $H^p(\mathfrak{C}, J) = 0$ for all $p > 0$.

(b) *The group* $H^0(\mathfrak{C}, J)$. Let $\mathfrak{C}$ be an $R$-complex with $H_0 = 0$; then $H^0(\mathfrak{C}, J)$ is isomorphic to $R$-Hom$(C_{-1}, J)$, the group of all $R$-homomorphisms of $C_{-1}$ into $J$, under the following isomorphism $\lambda$: A cochain $f^0 \in C^0$ is a cocycle, if and only if $f^0(c_0) = 0$ for all $c_0 \in \partial C_1 = Z_0$; hence $g(c) = f^0(\partial^{-1}c)$ for $c \in C_{-1}$ defines an $R$-homomorphism $g = \lambda f^0$ of $C_{-1}$ into $J$. Conversely, if $g \in R = \mathrm{Hom}(C_{-1}, J)$, we put $f^0(c_0) = g(\partial c_0)$ for all $c_0 \in C_0$; then $f^0 \in Z^0$ and $\lambda f^0 = g$. Thus $\lambda$ is an isomorphism of $Z^0 = H^0$ onto $R$-Hom$(C_{-1}, J)$.

1.5. For an arbitrary multiplicative group $A$, let $R_A$ be the integer group ring of $A$, and $C$ the additive group of integers turned into an $R_A$-module by $a \cdot 1 = 1$ for all $a \in A$. The corresponding "cohomology groups of $R_A$ and $C$" are called the *cohomology groups of the group $A$ and denoted by $H^p(A, J)$*. As coefficient group $J$ we have to use an $R_A$-module, in other words, an additive Abelian group with $A$ as a group of left operators. Any free acyclic $R_A$-complex $\mathfrak{C}$ with $C_{-1} = C$ is called a *model* for the cohomology theory of $A$.

A simple model for $A$ is given[8] by the following $R_A$-complex $\mathfrak{C}(A)$, called the "*standard complex*" *of* $A$: $C_{-1}$ is the $R_A$-module $C$ above, and $C_p$, $p \geqq 0$, the free Abelian group generated by all ordered systems $(a_0, a_1, \cdots, a_p)$ of $p + 1$ elements $a_j \in A$; $C_p$ is defined as an $R_A$-module by $a \cdot (a_0, \cdots, a_p) = (aa_0, \cdots, aa_p)$. All systems $(e, a_1, \cdots, a_p)$, where $e$ is the neutral element of $A$ (the unit of $R_A$), constitute an $R_A$-basis of $C_p$, which is therefore a free $R_A$-module, $p \geqq 0$. $\partial$ is defined by $\partial(a_0, \cdots, a_p) = \sum_{i=0}^{p} (-1)^i (a_0, \cdots, a_{i-1}, a_{i+1}, \cdots, a_p)$ for $p > 0$ and $\partial(a_0) = 1$. It is easily checked that $\partial$ is an $R_A$-homomorphism of $C_p$ into $C_{p-1}$, $p \geqq 0$, that $\partial\partial = 0$, and that $\mathfrak{C}(A)$ is acyclic.[8] A cochain $f^p \in C^p(C(A), J)$ can be considered as a *function* $f^p(a_0, \cdots, a_p)$ *of* $p + 1$ *variables* $\in A$ *with values in* $J$, with the "homogeneity condition" $f^p(aa_0, \cdots, aa_p) =$

[7] Cf. Hopf [4], p. 42.

[8] Cf. Eckmann [1], §§9 and 10, where the standard complex is denoted by $\bar{K}_{\mathfrak{G}}$.

$a \cdot f^p(a_0, \cdots, a_p)$, $a \in A$; the "coboundary" $\delta f^p$ is defined by $\delta f^p(a_0, \cdots, a_{p+1}) = \sum_{i=0}^{p+1} (-1)^i f^p(a_0, \cdots, a_{i-1}, a_{i+1}, \cdots, a_{p+1})$. The equivalence of the present definition of $H^p(A, J)$ with others (cf. [3, 1]) is easily checked.

From this model, other algebraic descriptions of the groups $H^p(A, J)$ for small values of $p$ are obtained.[9] E.g., if $A$ operates trivially in $J$, *$H^1(A, J)$ is isomorphic to the group of all homomorphisms of $A$ into $J$*, $\mathrm{Hom}(A, J)$.

REMARKS. (a) If $A$ is trivial (i.e., consists of $e$ only), the module $C$ above is free, and therefore, by remark (a) of 1.4, $H^p(A, J) = 0$ for all $p > 0$.

(b) From remark (b) of 1.4 it follows that for an arbitrary group $A$ and an $R_A$-module $J$, $H^0(A, J) = R_A\text{-Hom}(C, J)$. An $R_A$-homomorphism $g$ of $C$ into $J$ is given by $g(1) = \tau$, with $g(1) = g(a \cdot 1) = a \cdot g(1)$ hence $\tau = a \cdot \tau$; i.e., $R_A$-$\mathrm{Hom}(C, J)$ is isomorphic to the subgroup $J^A$ of $J$ consisting of those elements $\tau \in J$, which are invariant under $A$ ($a \cdot \tau = \tau$ for all $a \in A$). Hence $H^0(A, J) = J^A$.

## 2. Cohomology of a ring and a subring

2.1. If $S$ is a subring of $R$ (containing $e$), an $R$-complex $\mathfrak{C}$ can be considered in a natural way as an $S$-complex; as such it will be denoted by $C_S$. As additive groups, $C_p(\mathfrak{C})$ and $C_p(\mathfrak{C}_S)$ are identical and will be denoted by $C_p$.

The cochain groups $C_p(\mathfrak{C}_S) = S\text{-Hom}(C_p, J)$, for an $S$-module $J$, can be described in $\mathfrak{C}$ as follows. Let $\Psi$ be *the group $S$-$\mathrm{Hom}(R, J)$ of all $S$-homomorphisms of $R$ into $J$*; $\Psi$ is a submodule of $\Phi = \mathrm{Hom\ add}\ (R, J)$ (cf. 1.3). For $f^p \in C^p(\mathfrak{C}_S, J)$ and $c_p \in C_p$, $f^p(rc_p)$ considered as a function of $r \in R$ is an $S$-homomorphism of $R$ into $J$, i.e., an element $\psi \in \Psi$. If we put $g^p(c_p) = \psi$, then $g^p(r'c_p) = \psi'$ for any $r' \in R$, is given by $\psi'(r) = f^p(rr'c_p) = \psi(rr') = (r'\psi)(r)$, hence $\psi' = r'\psi$. In other words $g^p$ is an $R$-homomorphism of $C_p$ into $\Psi$, i.e., an element of $C^p(\mathfrak{C}, \Psi)$. Conversely if $g^p \in C^p(\mathfrak{C}, \Psi)$, we put $f^p(c_p) = g^p(c_p)(e)$; then $f^p \in C^p(\mathfrak{C}_S, J)$, and the relation between $f^p$ and $g^p$ is as before.

Therefore, we have an isomorphism $\sigma$ of $C^p(\mathfrak{C}, \Psi)$ onto $C^p(\mathfrak{C}_S, J)$, given by $\sigma g^p(c_p) = g^p(c_p)(e)$; it commutes with $\delta$ and induces an isomorphism, also denoted[5] by $\sigma$, of $H^p(\mathfrak{C}, \Psi)$ onto $H^p(\mathfrak{C}_S, J)$, $p \geqq 0$.

THEOREM 1. *Let $\mathfrak{C}$ be an $R$-complex, $S$ a subring of $R$, $J$ an $S$-module, and $\Psi = S$-$\mathrm{Hom}(R, J)$. Then there is an isomorphism $\sigma$*

$$H^p(\mathfrak{C}, \Psi) \cong H^p(\mathfrak{C}_S, J)$$

*given by $\sigma g^p(c_p) = g^p(c_p)(e)$ for all $g^p \in C^p(\mathfrak{C}, \Psi)$ and $c_p \in C_p$, $p \geqq 0$.*

2.2. Now let $J$ be an $R$-module. Obviously, $C^p(\mathfrak{C}, J)$ is a subgroup of $C^p(\mathfrak{C}_S, J)$; the injection map $Q$ commutes with $\delta$ and induces[5] a *"canonical homomorphism"* $Q$ of $H^p(\mathfrak{C}, J)$ into $H(\mathfrak{C}_S, J)$.

Using the isomorphism $\sigma$ of Theorem 1, $Q$ can be described as follows. Consider the submodule $\Psi_0 = R\text{-Hom}(R, J)$ of $\Psi = S\text{-Hom}\ (R, J)$, and let $q$ be the map of $J$ onto $\Psi_0$ defined by $(q\tau)(r) = r \cdot \tau$ for all $\tau \in J$, $r \in R$; $q$ is an $R$-iso-

[9] Cf. Eckmann [1], §2.

morphism of $J$ onto $\Psi_0$ (the inverse of the isomorphism $i$, $i\psi_0 = \psi_0(e)$, considered in 1.3; if $J$ and $\Psi_0$ are identified under $i$, $q$ is the injection of $J$ into $\Psi$). With the induced homomorphism $q_*$ of $H^p(\mathcal{C}, J)$ into $H^p(\mathcal{C}, \Psi)$, we have obviously $\sigma q_* = Q$.

Let $t$ be *an $R$-homomorphism of $\Psi$ into $J$*, $t_*$ the induced homomorphism of $H^p(\mathcal{C}, \Psi)$ into $H^p(\mathcal{C}, J)$, and $T = t_*\sigma^{-1}$ the corresponding map of $H^p(\mathcal{C}_S, J)$ into $H^p(\mathcal{C}, J)$. The various maps related with $T$ and $Q$ are shown in the following scheme.

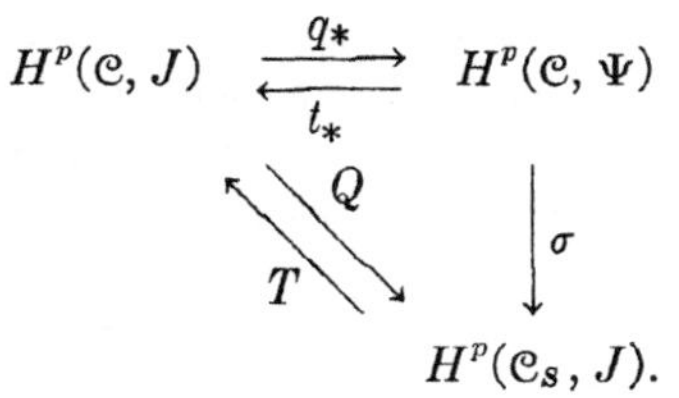

For the combination of $T$ and $Q$ we obtain:

$$TQ = t_*\sigma^{-1}\sigma q_* = t_* q_* = (tq)_* ,$$
$$QT = \sigma q_* t_*\sigma^{-1} = \sigma(qt)_*\sigma^{-1}.$$

If $J$ is identified with $\Psi_0$, $tq$ is the $R$-homomorphism of $J$ into itself obtained by restricting $t$ to $J$, while $qt$ is the map $t$ of $\Psi$ into $J$ considered as a map of $\Psi$ into itself; $qt$ is given by $qt(\psi)(r) = r\cdot t(\psi)$ for all $\psi \in \Psi$, $r \in R$. Thus we see that $TQ$ is induced by the restriction of $t$ to $J$, and that $QT$ corresponds under $\sigma$ to the homomorphism induced by the map $t$ of $\Psi$ into itself.—We summarize:

THEOREM 2. *Let $\mathcal{C}$ be an $R$-complex, $J$ an $R$-module, $S$ a subring of $R$ and $\Psi$ = $S$-Hom$(R, J)$. To an $R$-homomorphism $t$ of $\Psi$ into $J$ there corresponds a homomorphism $T$ of $H^p(\mathcal{C}_S, J)$ into $H^p(\mathcal{C}, J)$ which combines with the canonical map $Q$ of $H^p(\mathcal{C}, J)$ into $H^p(\mathcal{C}_S, J)$ as follows: $TQ$ is the endomorphism of $H^p(\mathcal{C}, J)$ induced by restriction of $t$ to $J$, and $QT$ is the endomorphism of $H^p(\mathcal{C}_S, J) \cong H^p(\mathcal{C}, \Psi)$ induced by $t$ as a map of $\Psi$ into itself.*

2.3. Again let $S$ be a subring of $R$, and $\mathcal{C}$ an $R$-complex. If $\mathcal{C}$ is acyclic, so is $\mathcal{C}_S$; if in addition $\mathcal{C}$ is free over $R$, it is a model for the cohomology groups of $R$ (and $C_{-1}$), and if $\mathcal{C}_S$ is free over $S$—e.g., if $R$ is free over $S$—it is a model for those of $S$. Let $J$ be an $R$-module; an $R$-homomorphism $t$ of $\Psi = S$-Hom$(R, J)$ into $J$ defines a *map $T$ of the cohomology groups of $S$ into those of $R$*, with the properties described above.

If, instead of $\mathcal{C}_S$, another free and acyclic $S$-complex $\mathcal{C}'$ is used for $S$, one first has to exhibit an isomorphism $I$ of the cohomology groups of $\mathcal{C}'$ onto those of $\mathcal{C}_S$ (cf. 1.4), and then to combine it with $Q$ and with $T$; one obtains a canonical map $\mathfrak{Q} = I^{-1}Q$ of $H^p(\mathcal{C}, J)$ into $H^p(\mathcal{C}', J)$, and, for a given $t$, a map $\mathfrak{T} = TI$ of $H^p(\mathcal{C}', J)$ into $H^p(\mathcal{C}, J)$. The maps $\mathfrak{T}$ and $\mathfrak{Q}$ combine as follows: $\mathfrak{T}\mathfrak{Q} = TII^{-1}Q = TQ = (tq)_*$, and $\mathfrak{Q}\mathfrak{T} = I^{-1}QTI = I^{-1}\sigma q_* t_*\sigma^{-1}I = I_0(qt)_* I_0^{-1}$, where $I_0$ is the isomorphism $I^{-1}\sigma$ of $H^p(\mathcal{C}, \Psi)$ onto $H^p(\mathcal{C}', J)$.

2.4. In the situation considered in Theorem 2, we assume further that $tq$, the restriction of $t$ to $J$, induces an *automorphism* $A$ of $H^p(\mathcal{C}, J)$, for a certain dimension $p \geqq 0$. Since $TQ = A$, it follows that $Q$ is an *isomorphism of* $H^p(\mathcal{C}, J)$ into $H^p(\mathcal{C}_S, J)$, and $T$ a homomorphism of $H^p(\mathcal{C}_S, J)$ *onto* $H^p(\mathcal{C}, J)$.

Moreover, $QA^{-1} = Q'$ is a right inverse of $T$, i.e., $TQ' =$ identity of $H^p(\mathcal{C}, J)$. It follows that $H^p(\mathcal{C}, J)$ is isomorphic to a direct summand of $H^p(\mathcal{C}_S, J)$; namely, $H^p(\mathcal{C}_S, J)$ is the direct sum of the image of $Q$ and of the kernel of $T$.

PROOF. For $\eta \in H^p(\mathcal{C}_S, J)$ we have $T(\eta - Q'T\eta) = T\eta - T\eta = 0$, hence $\eta = Q'T\eta + \eta_0$, with $Q'T\eta \in$ image of $Q$, $\eta_0 \in$ kernel of $T$. Assume that $\eta \in QH^p(\mathcal{C}, J)$ and $\eta \in$ kernel of $T$. Then there is an $\eta_1 \in H^p(\mathcal{C}_S, J)$ such that $\eta = Q'T\eta_1$; since $T\eta = TQ'T\eta_1 = T\eta_1 = 0$, we have $\eta = 0$. The direct sum decomposition is thus established; it corresponds under $\sigma$ to an analogous decomposition of $H^p(\mathcal{C}, \Psi)$.

Let us assume, in addition, that $(tq)_*$ is an automorphism of $H^{p+1}(\mathcal{C}, J)$. Then in the exact sequence (cf. 1.2)

$$\cdots \to H^p(\mathcal{C}, J) \xrightarrow{q_*} H^p(\mathcal{C}, \Psi) \xrightarrow{h_*} H^p(\mathcal{C}, \Psi/J) \xrightarrow{\delta_h} H^{p+1}(\mathcal{C}, J) \xrightarrow{q_*} H^{p+1}(\mathcal{C}, \Psi) \to \cdots$$

the kernel of $q_*$ in $H^{p+1}(\mathcal{C}, J)$ is 0, hence $\delta_h = 0$, and $h_*$ is onto; therefore we have $H^p(\mathcal{C}, \Psi/J) \cong H^p(\mathcal{C}, \Psi)/\text{image of } q_* \cong \text{kernel of } t_*$. Using the isomorphism $\sigma$, we see that the kernel of $T$ in $H^p(\mathcal{C}_S, J)$ is isomorphic to $H^p(\mathcal{C}, \Psi/J)$. Thus $H^p(\mathcal{C}_S, J)$ is isomorphic to the direct sum $H^p(\mathcal{C}, J) + H^p(\mathcal{C}, \Psi/J)$. In summary we have the following result.

THEOREM 3. *If under the assumptions of Theorem 2 the restriction $tq$ of $t$ to $J$ induces an automorphism of $H^p(\mathcal{C}, J)$, for a certain $p \geqq 0$, then $Q$ is an isomorphism into, $T$ a homomorphism onto, and $H^p(\mathcal{C}_S, J)$ is the direct sum*

$$H^p(\mathcal{C}_S, J) = \text{image of } Q + \text{kernel of } T.$$

*If in addition $tq$ induces an automorphism of $H^{p+1}(\mathcal{C}, J)$, then the kernel of $T$ is $\cong$ $H^p(\mathcal{C}, \Psi/J)$, hence*

$$H^p(\mathcal{C}_S, J) \cong H^p(\mathcal{C}, J) + H^p(\mathcal{C}, \Psi/J).$$

2.5. If the restriction $tq$ of $t$ to $J$ is an automorphism of $J$, it induces, of course, automorphisms of all $H^p(\mathcal{C}, J)$, and the conclusions of Theorem 3 hold for all $p \geqq 0$. In this case, however, the argument used in 2.4 shows that $\Psi$ itself is already isomorphic to the direct sum $J + \Psi/J$. This implies immediately the decomposition $H^p(\mathcal{C}_S, J) \cong H^p(\mathcal{C}, \Psi) \cong H^p(\mathcal{C}, J) + H^p(\mathcal{C}, \Psi/J)$, for all $p \geqq 0$.

### 3. Cohomology of a group and a subgroup; transfer

3.1. The results of the preceding sections will be applied to the following situation. Let $A$ *be an arbitrary group*, $B$ *a subgroup of* $A$. We take $R = R_A$, the integer group ring of $A$, and $S = R_B$; it is easily seen that $R_A$ is free over $R_B$. Let $\mathcal{C}$ be a model for the cohomology groups $H^p(A, J)$ of $A$ (cf. 1.5), i.e., a free and acyclic $R_A$-complex with $C_{-1}$ = integers ($a \cdot 1 = 1$ for all $a \in A$). The $R_B$-complex $\mathfrak{C}_{R_B}$ ($=\mathfrak{C}$, considered as a complex over $R_B$) is a model for the cohomology groups $H^p(B, J)$; for simplicity we write $\mathfrak{C}_B$ instead of $\mathfrak{C}_{R_B}$.

An additive homomorphism $\phi$ of $R_A$ into an Abelian group $J$ is completely determined by its values $\phi(a)$, $a \in A$; conversely, any function from $A$ to $J$ defines an element $\phi \in$ Hom add $(R_A, J)$. In particular, if $J$ is an $R_B$-module, an $R_B$-homomorphism of $R_A$ into $J$ is, in this sense, the same as a function $\psi$ from $A$ to $J$ satisfying $\psi(ba) = b \cdot \psi(a)$ for all $a \in A$, $b \in B$; $\Psi = R_B\text{-Hom}(R_A, J)$ can therefore be considered as the group of these functions $\psi$. From Theorem 1 (cf. 2.1) we obtain:

THEOREM 4. *Let $A$ be an arbitrary group, $B$ a subgroup of $A$, $J$ an $R_B$-module, $\Psi$ the group of all functions $\psi$ from $A$ to $J$ satisfying $\psi(ba) = b \cdot \psi(a)$ for all $a \in A$, $b \in B$. The cohomology groups of $B$ are related to those of $A$ by*

$$H^p(B, J) \cong H^p(A, \Psi), \qquad p = 0, 1, 2, \cdots$$

*If $\mathfrak{C}$ is a model for the cohomology groups of $A$, $\mathfrak{C}_B$ is one for $B$, and an isomorphism $\sigma$ of $H^p(\mathfrak{C}, \Psi)$ onto $H^p(\mathfrak{C}_B, J)$ is obtained by $\sigma g^p(c_p) = g^p(c_p)(e)$ for all $g^p \in C^p(\mathfrak{C}, \Psi)$ and $c_p \in C_p$.**

3.2. Let us recall that there is, for any $R_A$-module $J$, a "canonical map" $Q$ of $H^p(A, J)$ into $H^p(B, J)$, defined by considering cochains of the $A$-model $\mathfrak{C}$ as cochains of $\mathfrak{C}_B$. According to Theorem 2, there corresponds to an $R_A$-homomorphism $t$ of $\Psi$ into $J$ a map $T$ of $H^p(B, J)$ into $H^p(A, J)$, which combines with $Q$ as described in 2.2.

We assume now that *the index $n$ of $B$ in $A$ is finite*, and denote by $x_1, \cdots, x_n$ a *set of representatives* of the right cosets of $A$ modulo $B$. Let $t$ be the map of $\Psi$ into $J$ defined by

$$t(\psi) = \sum_{j=1}^{n} x_j^{-1} \cdot \psi(x_j) \tag{1}$$

for all $\psi \in \Psi$. Since $(ba)^{-1} \cdot \psi(ba) = a^{-1} \cdot \psi(a)$, the function $a^{-1} \cdot \psi(a)$ is constant on the right cosets of $A$ modulo $B$; therefore $t$ is independent of the choice of representatives $x_j$. The operations of $A$ in $\Psi$ are defined (cf. 1.3) by $(a\psi)(a') = \psi(a'a)$ for all $a, a' \in A$; hence

$$t(a\psi) = \sum x_j^{-1}\, \psi(x_j a) = a \cdot \sum (x_j a)^{-1} \cdot \psi(x_j a) = a \cdot t(\psi),$$

since the $x_j a$ constitute also a set of representatives. Thus $t$ is an $R_A$-homomorphism of $\Psi$ into $J$, associated in a natural way with the subgroup $B$ of $A$ of finite index $n$ (and with the $R_A$-module $J$). The corresponding map $T$ of $H^p(B, J)$ into $H^p(A, J)$ will be called the transfer of $B$ into $A$.

In order to investigate the properties of this map $T$, we have to combine $t$ with the isomorphism $q$ of $J$ into $\Psi$ (onto $\Psi_0 = R_A\text{-Hom}(R_A, J)$, which consists of all functions $\psi_0$ from $A$ to $J$ such that $\psi_0(a) = a \cdot \psi_0(e)$). $q$ is defined by

*(*Added in proof*). This result has already been stated by A. Weil, Journal of the Math. Soc. of Japan, 3(1951), 1–35, footnote (4).

$(q\tau)(a) = a\cdot\tau$ for all $\tau \in J$, $a \in A$. Therefore, $tq(\tau) = \sum x_j^{-1}\, q\tau(x_j) = \sum x_j^{-1} x_j \cdot \tau = n\tau$; i.e., the "restriction $tq$ of $t$ to $J$" is the multiplication $M_n$ by the index $n$[10]. For the endomorphism $qt$ of $\Psi$ we obtain $qt(\psi)(a) = a\cdot t(\psi) = a\cdot \sum x_j^{-1}\cdot\psi(x_j)$.

THEOREM 5. *Let $A$ be a group, $B$ a subgroup of $A$ of finite index $n$, $J$ an $R_A$-module, $Q$ the canonical homomorphism of $H^p(A, J)$ into $H^p(B, J)$. There exists a homomorphism $T$ of $H^p(B, J)$ into $H^p(A, J)$, called transfer, such that $TQ$ is the endomorphism $M_n$ of $H^p(A, J)$.*

THEOREM 5'. *With the assumptions and notations above (Theorems 4 and 5), $QT$ is the endomorphism of $H^p(B, J) \cong H^p(A, \Psi)$ induced by the map $\psi \to \psi'$, $\psi'(a) = a\cdot\sum x_j^{-1}\cdot\psi(x_j)$, of $\Psi$ into itself.*

Applying Theorem 3 we obtain:

THEOREM 6. *Let $B$ be a subgroup of $A$ of finite index $n$, $J$ an $R_A$-module. If $M_n$ is an automorphism of $H^p(A, J)$, then the canonical map $Q$ is an isomorphism of $H^p(A, J)$ into $H^p(B, J)$, and the transfer $T$ a homomorphism of $H^p(B, J)$ onto $H^p(A, J)$; moreover $H^p(B, J)$ = image of $Q$ + kernel of $T$ (direct sum).*

*If $M_n$ is an automorphism of $H^p(A, J)$ and of $H^{p+1}(A, J)$, then the kernel of $T$ is $\cong$ $H^p(A, \Psi/J)$, and*

$$H^p(B, J) \cong H^p(A, J) + H^p(A, \Psi/J).$$

*If $M_n$ is an automorphism of $J$, the conclusions hold for all $p \geqq 0$.*

3.3. The usual algebraic description of the cohomology groups of a group $A$ is the one in the "*standard model*" $\mathcal{C}(A)$ *of* $A$ (*cf.* 1.5); we recall that this description is based upon cochains $f^p$ which are homogeneous functions of $p+1$ variables in $A$ with values in $J$ and upon the coboundary formula $\delta f^p(a_0, \cdots, a_{p+1}) = \sum_{i=0}^{p+1} (-1)^i f^p(a_0, \cdots, a_{i-1}, a_{i+1}, \cdots, a_{p+1})$. In the standard complexes $\mathcal{C}(A)$ and $\mathcal{C}(B)$ the transfer of $B$ into $A$ can be expressed by explicit formulas, which are of importance in algebraic applications. In the present section we are going to deduce these formulas. In addition to the relations between $\mathcal{C}(A)$ and $\mathcal{C}(A)_B$—cf. 3.1—we have to use explicit isomorphisms between the cohomology groups of the two $R_B$-complexes $\mathcal{C}(B)$ and $\mathcal{C}(A)_B$.

3.3.1. Let $W$ be the *imbedding* of $\mathcal{C}(B)$ into $\mathcal{C}(A)_B$; i.e., $W(b_0, \cdots, b_p) = (b_0, \cdots, b_p)$ for all additive generators $(b_0, \cdots, b_p)$ of $C_p(\mathcal{C}(B))$, $p \geqq 0$, and $W(1) = 1$ in the dimension $p = -1$. $W$ is a chain transformation of $\mathcal{C}(B)$ into $\mathcal{C}(A)_B$; since $C_{-1}(\mathcal{C}(B))$ is mapped $R_B$-isomorphically onto $C_{-1}(\mathcal{C}(A)_B)$, it follows (cf. 1.4) that $W^*$ is an isomorphism of $H^p(\mathcal{C}(A)_B, J)$ onto $H^p(\mathcal{C}(B), J)$, for any $R_B$-module $J$, $p \geqq 0$.

3.3.2. Let $X$ be a set of representatives of the right cosets of $A$ modulo $B$ (it is here and in 3.3.3 not necessary to assume that the index is finite). An element $a \in A$ can be written uniquely as a product $a = b\bar{a}$, $b \in B$, $\bar{a} \in X$. Using $X$, we define a chain transformation $V$ of $\mathcal{C}(A)_B$ into $\mathcal{C}(B)$ as follows: $V(a_0, \cdots, a_p) = (a_0\bar{a}_0^{-1}, \cdots, a_p\bar{a}_p^{-1})$ for all additive generators $(a_0, \cdots, a_p)$ of $\mathcal{C}(A)$, $p \geqq 0$, and

[10] For any additive Abelian group, we denote by $M_n$ the endomorphism defined by multiplication of the elements by the integer $n$.

$V(1) = 1$ in the dimension $-1$. Again $V^*$ is an isomorphism of $H^p(\mathcal{C}(B), J)$ onto $H^p(\mathcal{C}(A)_B, J)$, $p \geqq 0$. We note that $V^*$ is completely determined by the map $V$ of $C_{-1}$ (cf. 1.4) and thus independent of the choice $X$ of representatives; moreover, it is the inverse of $W^*$.

3.3.3. Now we combine, for an $R_A$-module $J$, the canonical map $Q$ of $H^p(\mathcal{C}(A), J)$ into $H^p(\mathcal{C}(A)_B, J)$ with $W^*$ and obtain a canonical homomorphism $\mathfrak{Q} = W^*Q$ of $H^p(\mathcal{C}(A), J)$into $H^p(\mathcal{C}(B), J)$. For a cochain $f^p \in C^p(\mathcal{C}(A), J)$, $Qf^p$ is by definition $f^p$ itself, considered as a cochain in $\mathcal{C}(A)_B$; thus $\mathfrak{Q}f^p$ is given by $\mathfrak{Q}f^p(b_0, \cdots, b_p) = W^*f^p(b_0, \cdots, b_p) = f^p(W(b_0, \cdots, b_p))$, hence

$$\mathfrak{Q}f^p(b_0, \cdots, b_p) = f^p(b_0, \cdots, b_p)\cdot$$

i.e., $\mathfrak{Q}$ is simply the restriction of $f^p(a_0, \cdots, a_p)$ to variables $b_0, \cdots, b_p \in B$ (in short, the *restriction of* $f^p$ *to* $B$).

3.3.4. Assuming that the *index* $n$ *of* $B$ *in* $A$ *is finite* ($X = \{x_1, \cdots, x_n\}$), we combine $V^*$ with the transfer $T$ of $B$ into $A$, i.e., of $H^p(\mathcal{C}(A)_B, J)$ into $H^p(\mathcal{C}(A), J)$, and obtain a transfer $\mathfrak{T} = TV^*$ of the cohomology groups of $\mathcal{C}(B)$ into those of $\mathcal{C}(A)$. We recall that $T = t_* \sigma^{-1}$, where $t$ is the map (1) of $\Psi$ into $J$ (cf. 3.2), and that $\sigma^{-1}$(cf. 2.1) is the isomorphism of $H^p(\mathcal{C}(A)_B, J)$ onto $H^p(\mathcal{C}(A), \Psi)$ defined by

$$\sigma^{-1}f^p(a_0, \cdots, a_p)(a) = f^p(aa_0, \cdots, aa_p)$$

for all cochains $f^p$ in $\mathcal{C}(A)$ and all $a, a_0, \cdots, a_p \in A$. Hence $Tf^p(a_0, \cdots, a_p) = t_* \sigma^{-1}f^p(a_0, \cdots, a_p) = \sum_{j=1}^n x_j^{-1}\cdot f^p(x_ja_0, \cdots, x_ja_p)$. For a cochain $h^p \in C^p(\mathcal{C}(B), J)$ we obtain

$$\begin{aligned}\mathfrak{T}h^p(a_0, \cdots, a_p) &= T(V^*h^p)(a_0, \cdots, a_p) = \sum_{j=1}^n x_j^{-1}\cdot V^*h^p(x_ja_0, \cdots, x_ja_p)\\ &= \sum_{j=1}^n x_j^{-1}\cdot h^p(V(x_ja_0, \cdots, x_ja_p)) = \sum_{j=1}^n x_j^{-1}\cdot h^p(x_ja_0\overline{x_ja_0}^{-1}, \cdots, x_ja_p\overline{x_ja_p}^{-1}).\end{aligned}$$

In the standard models, the transfer of $B$ into $A$ can therefore be defined by this cochain map[5] $\mathfrak{T}$ of $C^p(\mathcal{C}(B), J)$ into $C^p(\mathcal{C}(A), J)$. The homomorphisms $\mathfrak{T}$ and $\mathfrak{Q}$ of the cohomology groups are related as follows: (a) $\mathfrak{T}\mathfrak{Q} = TV^*W^*Q = TQ$ is the endomorphism $M_n$ of $H^p(\mathcal{C}(A), J)$. (b) $\mathfrak{Q}\mathfrak{T} = W^*QTV^*$ corresponds to the endomorphism of $H^p(\mathcal{C}(A), \Psi)$ induced by the map $\psi \to \psi'$, $\psi'(a) = a\cdot\sum_{j=1}^n x_j^{-1}\cdot\psi(x_j)$.

THEOREM 7. *In the standard models* $\mathcal{C}(A)$ *and* $\mathcal{C}(B)$ *for the group* $A$ *and its subgroup* $B$ *of finite index* $n$, *the transfer of* $H^p(B, J)$ *into* $H^p(A, J)$, *for any* $R_A$-*module* $J$, *can be described as follows: It is the homomorphism* $\mathfrak{T}$ *of the cohomology groups given by the cochain transformation of* $\mathcal{C}(B)$ *into* $\mathcal{C}(A)$

$$\mathfrak{T}h^p(a_0, \cdots, a_p) = \sum_{j=1}^n x_j^{-1}\cdot h^p(x_ja_0\overline{x_ja_0}^{-1}, \cdots, x_ja_p\overline{x_ja_p}^{-1}). \tag{2}$$

$X = \{x_1, \cdots, x_n\}$ *is a set of representatives of the right cosets of* $A$ *modulo* $B$, *and* $\bar{a}$ *the representative of the coset of* $a \in A$; *the map* $\mathfrak{T}$ *of* $H^p(\mathcal{C}(B), J)$ *into* $H^p(\mathcal{C}(A), J)$ *is independent of the choice of* $X$. *If* $\mathfrak{Q}$ *denotes the map of* $H^p(\mathcal{C}(A), J)$ *into* $H^p(\mathcal{C}(B), J)$ *given by the restriction of cochains from* $A$ *to* $B$, $\mathfrak{T}\mathfrak{Q}$ *is the endomorphism* $M_n$ *of* $H^p(\mathcal{C}(A), J)$.

3.4. In the case of dimension $p = 1$ and of $A$ operating trivially in $J$ the relation between our transfer of $H^1(B, J)$ into $H^1(A, J)$ and the transfer (*Verlagerung*), in the usual sense,[11] of $A$ into the Abelianised group $B/B'$ is easily deduced from formula (2). In order to obtain this relation, we note that $H^1(B, J)$ is isomorphic to $\mathrm{Hom}(B, J)$;[9] namely, a cocycle $h^1 \in Z^1(\mathfrak{C}(B), J)$ is given by its values $\chi(b) = h^1(e, b)$ for all $b \in B$, and $\delta h^1 = 0$ is easily seen to be equivalent with $\chi(b^{-1}b') = \chi(b') - \chi(b)$, $b, b' \in B$, while $\delta C^0 = 0$, hence $H^1(\mathfrak{C}(B), J) = Z^1(\mathfrak{C}(B), J) = \mathrm{Hom}(B, J)$. The transfer $\mathfrak{T}$ of $H^1(\mathfrak{C}(B), J)$ into $H^1(\mathfrak{C}(A), J)$ is therefore defined by the map

$$\mathfrak{T}\chi(a) = \sum_{j=1}^{n} \chi(x_j a_0 \overline{x_j a_0}^{-1})$$

of $\mathrm{Hom}(B, J)$ into $\mathrm{Hom}(A, J)$. Its *dual* is a map $\mathfrak{V}$ of $A$ into $B/B'$ ($B'$ = commutator group of $B$), given by

$$\mathfrak{V}(a) = B' \prod_{j=1}^{n} x_j a_p \overline{x_j a_p}^{-1};$$

in other words, it *is the transfer in the classical sense.*[11] Our transfer of $H^p(B, J)$ into $H^p(A, J)$ is therefore a generalization of the dual of the classical transfer to the cohomology groups in all dimensions $p \geqq 0$ including the case of nontrivial operators in $J$.

3.5. In the dimension $p = 0$, we have (cf. 1.5) $H^0(A, J) \cong J^A$; the transfer $\mathfrak{T}$ of $J^B$ into $J^A$ is given by $\mathfrak{T}\tau = \sum_{j=1}^{n} x_j^{-1} \cdot \tau$, $\tau \in J^B$, and the "restriction map" $\mathfrak{Q}$ is the injection of $J^A$ into $J^B$.

## 4. Some applications and complements

Again let $A$ be a group, $B$ a subgroup of $A$ of finite index $n$, $J$ an $R_A$-module, $T$ the transfer of $H^p(B, J)$ into $H^p(A, J)$ as defined in §3, $Q$ the canonical map of $H^p(A, J)$ into $H^p(B, J)$; if the standard models $\mathfrak{C}(A)$ and $\mathfrak{C}(B)$ are used for $A$ and $B$, we consider $\mathfrak{T}$ and $\mathfrak{Q}$ instead of $T$, $Q$, where $\mathfrak{T}$ is given explicitly by the cochain map (2) and $\mathfrak{Q}$ is the restriction of cochains in $A$ to variables in $B$. We recall that $TQ = \mathfrak{T}\mathfrak{Q}$ is the endomorphism[11] $M_n$ of $H^p(A, J)$.

4.1. If $H^p(B, J) = 0$, then $n \cdot H^p(A, J) = 0$. Applications:

4.1.1. Let $A$ be a finite group of order $n$, and take $B = \{e\}$. By 1.5, remark (a), $H^p(B, J) = 0$ for all $p > 0$. Hence $n \cdot H^p(A, J) = 0$, and we have the known result (cf. [1], p. 263): *If $A$ is finite of order $n$, the order of each element of $H^p(A, J)$, $p > 0$, is a divisor of $n$.*

4.1.2. If $B$ is a free group, $H^p(B, J) = 0$ for all $p > 1$; it follows that *if $A$ contains a free subgroup with finite index $n$, then $n \cdot H^p(A, J) = 0$ for all $p > 1$.*

4.2. If $n \cdot H^p(A, J) = H^p(A, J)$, i.e., if $M_n$ is a map onto $H^p(A, J)$, $T$ is a map of $H^p(B, J)$ onto $H^p(A, J)$. If $M_n$ is an isomorphism into $H^p(A, J)$, $Q$ is an isomorphism of $H^p(A, J)$ into $H^p(B, J)$.—Both assumptions hold, if $M_n$ is an automorphism of $H^p(A, J)$, e.g., if $M_n$ is an automorphism of $J$. In this case, we have the more precise results of theorem 6.—Applications:

[11] Cf. [5], p. 137.

4.2.1. If $J$ is the additive group of a field of characteristic 0 or $q$ (with $q$ prime to $n$), then $M_n$ is an automorphism of $J$. It follows in particular, that the *rank of* $H^p(A, J)$ *is less or equal to the rank of* $H^p(B, J)$. If $J$ is the field of reals, with $A$ operating trivially in $J$, the rank of $H^p(A, J)$ is the $p^{\text{th}}$ Betti number $\beta_p(A)$ of $A$, and we have the result: *If $B$ is a subgroup of finite index of the group $A$, then $\beta_p(B) \geqq \beta_p(A)$ for all $p \geqq 0$.*

4.2.2. Let $J$ be the reals modulo 1, with $A$ operating trivially in $J$. Then $H^1(A, J) = \text{Hom}(A, J) = \text{Ch } A$ is the character group (modulo 1) of $A$, which can be identified with the character group Ch $A/A'$ of the Abelianised group $A/A'$. If $M_n$ maps Ch $A$ onto itself, $\mathfrak{T}$ maps Ch $B$ onto Ch $A$. The dual of $\mathfrak{T}$, considered as a map of $A/A'$ into $B/B'$ is therefore an isomorphism (into); in other words, the kernel of the classical transfer $\mathfrak{V}$ of $A$ into $B/B'$ is the commutator group $A'$. Hence the result:

*If $B$ is a subgroup of $A$ of index $n$ and if $n$* Ch $A$ = Ch $A$, *then the kernel of the classical transfer $\mathfrak{V}$ of $A$ into $B/B'$ is $A'$.*

For example, this holds if $A/A'$ is a free Abelian group, e.g., if $A$ (and therefore $B$) is a free group. *The kernel of the transfer $\mathfrak{V}$ of a free group $A$ into any subgroup of finite index is the commutator group $A'$.*

4.3. Let $J$ be an $R_A$-module such that $M_n$ is an automorphism of $J$. Then the cochain map $M_n^{-1}\mathfrak{T}\mathfrak{Q}$ induces the identical isomorphism of $H^p(\mathfrak{C}(A), J)$. In other words, for any cocycle $f^p$ in $\mathfrak{C}(A)$, the cocycle $\bar{f}^p = M_n^{-1}\mathfrak{T}\mathfrak{Q}f^p$, given by

$$\bar{f}^p(a_0, \cdots, a_p) = \frac{1}{n}\sum_{j=1}^{n} x_j^{-1}\cdot f^p(x_j a_0 \overline{x_j a_0}^{-1}, \cdots, x_j a_p \overline{x_j a_p}^{-1}) \tag{3}$$

is cohomologous to $f^p$. Thus we have an explicit formula for computing *from the restriction of a cocycle $f^p$ to $B$ a cocycle $\bar{f}^p$ in $\mathfrak{C}(A)$ which is cohomologous to $f^p$.*

4.4. Let us assume that there is in $A$ a set of representatives $X = \{x_1, \cdots, x_n\}$ of the right cosets modulo $B$ which is a *normal subgroup* of $A$; in other words, that there exists in $A$ a normal subgroup $X$ such that $BX = A$, $B \cap X = e$. For $a \in A$, we put $a = b\bar{a}$, $b \in B$, $\bar{a} \in X$; then $x_j a = x_j b\bar{a} = b\cdot b^{-1}x_j b\bar{a} = b\overline{x_j a}$, hence $x_j a\overline{x_j a}^{-1} = b = a\bar{a}^{-1}$. In this case the transfer $\mathfrak{T}$, formula (2), is given by

$$\mathfrak{T}h^p(a_0, \cdots, a_p) = \sum_{j=1}^n x_j^{-1}\cdot h^p(a_0\bar{a}_0^{-1}, \cdots, a_p\bar{a}_p^{-1}).$$

We write $s = \sum_{j=1}^n x_j^{-1} = \sum_{j=1}^n x_j \in R_A$; since $x_j s = s$ for all $x_j \in X$, $\mathfrak{T}h^p$ has all its values in the submodule $J^X$ of $J$.

If we assume further that $M_n$ is an automorphism of $J$, it follows from 4.3 that any cocycle $f^p$ in $\mathfrak{C}(A)$ is cohomologous to a cocycle $\bar{f}^p$ *with values in* $J^X$. On the other hand the injection $j$ of $J^X$ into $J$ admits a left inverse, namely $\tau \to s\tau/n (\tau \in J)$. Therefore, $J^X$ is a direct summand of $J$, and the map $j_*$ of $H^p(A, J^X)$ into $H^p(A, J)$ is an *isomorphism*; by the above result, $j_*$ is an isomorphism of $H^p(A, J^X)$ *onto* $H^p(A, J)$. It follows that $H^p(A, J/J^X) = 0$. Whence the result: *If there exists in $A$ a normal subgroup $X$ such that $BX = A$,*

*$B \cap X = e$, and if $M_n$ is an automorphism of $J$, then $H^p(A, J) \cong H^p(A, J^X)$, and $H^p(A, J/J^X) = 0$.*

University of Illinois and
Institute for Advanced Study

## References

[1] B. Eckmann, Comment. Math. Helv., 18 (1946), 272–282.
[2] B. Eckmann, Proc. Nat. Acad. Sci., U.S.A., 33 (1947), 275-281.
[3] S. Eilenberg, Bull. Amer. Math. Soc., 55 (1949), 3–37.
[4] H. Hopf, Comment. Math. Helv., 17 (1944), 39–79.
[5] H. Zassenhaus, The theory of groups, New York, 1949.

# A class of compact, complex manifolds which are not algebraic

(with E. Calabi [2])

Ann. of Math. **58** (1953), 494–500

(Received April 22, 1953)

## 1. Introduction

The main purpose of this note is to exhibit the existence of complex analytic structures in the Cartesian product $\mathbf{S}^{2p+1} \times \mathbf{S}^{2q+1}$ of any two odd-dimensional spheres. Since the case $p = q = 0$ is trivially equivalent to a closed Riemann surface of genus 1 and periods 1, $\tau$ (hereinafter denoted by $\mathbf{T}^2_{1,\tau}$), we can exclude it a priori by assuming $p > 0$ from now on. The complex structures applied to the special case $\mathbf{S}^{2p+1} \times \mathbf{S}^1$ (for $q = 0$) are equivalent (see §3) to those discovered by H. Hopf [3], who obtained them starting from the universal covering space of $\mathbf{S}^{2p+1} \times \mathbf{S}^1$ with the obvious complex structure of $\mathbf{C}^p - \{0\}$ ($\mathbf{C}^p$ = $p$-dimensional vector space over the complex field); this method can not be easily generalized to $\mathbf{S}^{2p+1} \times \mathbf{S}^{2q+1}$ ($q > 0$), because these manifolds are simply connected.

We shall denote by $\mathbf{M}_{p,q}$ any complex manifold homeomorphic to $\mathbf{S}^{2p+1} \times \mathbf{S}^{2q+1}$ of the type described in this article. Leaving the actual construction of such manifolds to the next section, we list in the following theorems some properties which are consequences of their existence and construction and which are interesting in connection with some problems and conjectures on complex analytic structure in higher dimensions.

THEOREM I. *$\mathbf{M}_{p,q}$ does not admit any Kaehler metric, and therefore can not be imbedded in any complex projective space; hence it is not algebraic.*

In particular, for $q > 0$, $\mathbf{M}_{p,q}$ is the first known example of *a compact, simply connected complex manifold which is not algebraic*, since all previously known examples of compact, complex manifolds are either algebraic, or their universal covering spaces are open subsets of algebraic manifolds.

To prove Theorem I it is sufficient to recall that in a Kaehler manifold of complex dimension $m$ all even dimensional Betti numbers $R^{2k}$ ($0 \leqq k \leqq m$) are positive and all odd dimensional ones are even valued [4], [2]. In the case of $\mathbf{M}_{p,q}$ (which is $p + q + 1$-dimensional), on the contrary, we note that $R^{2k} = 0$ ($1 \leqq k \leqq p + q$) and, if $p \neq q$, $R^{2p+1} = R^{2q+1} = 1$, so that at least one, and generally both necessary restrictions on the Betti numbers of a manifold, in order that it may be Kaehlerian, are violated.

THEOREM II. *$\mathbf{M}_{p,q}$ admits a complex analytic fibering, the fibres being 2-dimensional tori (algebraic curves of genus 1 of fixed, but arbitrary conformal type) and the base space the product $\mathbf{P}_p \times \mathbf{P}_q$ of a p-dimensional by a q-dimensional complex projective space.*

---

[1] Presented to the American Mathematical Society Sept. 4, 1951, Paper #533.

[2] Office of Naval Research Fellow under Contract N-onR-09800, Project #nR-045-001 during part of the time of preparation of this article.

This property will follow immediately from the construction of $\mathbf{M}_{p,q}$ in §2.

THEOREM III. *There exist in* $\mathbf{M}_{p,q}$ *compact, complex analytic submanifolds, whose carrying cycles are homologous to* 0 *in* $\mathbf{M}_{p,q}$, *namely the tori of the fibering of* $\mathbf{M}_{p,q}$, *according to Theorem II.*

We note that this last property proves again that $\mathbf{M}_{p,q}$ does not admit a Kaehler metric, since otherwise no compact, complex submanifold could be homologous to zero [2].

THEOREM IV. *Every compact, complex subvariety of* $\mathbf{M}_{p,q}$ *is the set of all points that are mapped onto an algebraic subvariety of* $\mathbf{P}_p \times \mathbf{P}_q$ *by the fibre projection described in Theorem II; it is therefore also fibered by tori.*

THEOREM V. *Every meromorphic function in* $\mathbf{M}_{p,q}$ *is constant along the torus-like fibres of* $\mathbf{M}_{p,q}$ *described in Theorem II.*

The two theorems stated above are proved in §4; the latter theorem is a corollary of the former.

THEOREM VI. *Let a and a′ be points of* $\mathbf{S}^{2p+1}$ *and* $\mathbf{S}^{2q+1}$ *respectively and denote by* $\mathbf{E}_{p,q}$ *the open region in* $\mathbf{M}_{p,q}$ *corresponding to* $(\mathbf{S}^{2p+1} - \{a\}) \times (\mathbf{S}^{2q+1} - \{a'\})$. *Then* $\mathbf{E}_{p,q}$ *is an open* $p + q + 1$*-dimensional complex manifold homeomorphic to a cell and has the property that, for* $q > 0$, *it neither admits a Kaehler metric, nor can be covered by a single complex coordinate system, nor contains any non-constant, entire holomorphic function.*

This last theorem follows from Theorem III; the detailed proof is in §5. The implication of this theorem is to answer negatively a question raised by S. Bochner [1] regarding the uniformization of complex analytic cells.

## 2. The Complex Manifolds $M_{p,q;\tau}$

Let $\mathbf{E}_{p+1}$ be the $2p + 2$-dimensional Euclidean space described by the $p + 1$ complex affine coordinates $z_0, z_1, \cdots, z_p$, and consider its unit sphere $\mathbf{S}$ of dimension $2p + 1$, defined by the equation $\sum_{j=0}^{p} |z_j|^2 = 1$. The coordinates $z_0, \cdots, z_p$ of any point $z \in \mathbf{S}$ can be considered as the homogeneous coordinates of a point $w$ of a $p$-(complex) dimensional complex projective space $\mathbf{P}$ and the map $\pi$, carrying $z$ onto $w$ defines a projection of $\mathbf{S}$ onto $\mathbf{P}$. For each $z \in \mathbf{S}$ the set $\pi^{-1}\pi(z)$ of all points equivalent to $z$ under the mapping $\pi$ consists of all points $\lambda z = (\lambda z_0, \cdots, \lambda z_p)$ with $|\lambda| = 1$; $\pi^{-1}\pi(z)$ is therefore a great circle of $\mathbf{S}$ and $\pi$ is the well known fibre map of $\mathbf{S}^{2p+1}$ onto $\mathbf{P}$. Similarly let $\mathbf{E}'$ be the $q + 1$-dimensional complex affine space with coordinates $z_0', \cdots, z_q'$, $\mathbf{S}'$ its unit sphere (of dimension $2q + 1$), and $\pi'$ the fibre map of $\mathbf{S}'$ onto $\mathbf{P}'$, the $q$-dimensional complex projective space whose homogeneous coordinates are represented by the affine coordinates of the points of $\mathbf{S}'$.

The map $\Pi$ of the Cartesian product $\mathbf{S} \times \mathbf{S}'$ onto $\mathbf{P} \times \mathbf{P}'$, defined by $\Pi(z, z') = (\pi(z), \pi'(z'))$ is again a fibre map, the fibres $\Pi^{-1}\Pi(z, z')$ being the 2-dimensional tori described by $(\lambda z, \lambda' z')$ $(|\lambda| = |\lambda'| = 1)$. We shall define on each of these tori a conformal structure so as to yield, together with the complex analytic structure of $\mathbf{P} \times \mathbf{P}'$, a complex structure on $\mathbf{S} \times \mathbf{S}'$.

Let $\mathbf{V}_{\alpha\beta}$ $(\alpha = 0, 1, \cdots, p; \beta = 0, 1, \cdots, q)$ be any one of the open subsets of

$\mathbf{S} \times \mathbf{S}'$ defined by $z_\alpha z'_\beta \neq 0$. It is clear that the $(p + 1)(q + 1)$ domains $\mathbf{V}_{\alpha\beta}$ cover $\mathbf{S} \times \mathbf{S}'$. For each point $(z, z')$ of $\mathbf{S} \times \mathbf{S}'$ and each $\mathbf{V}_{\alpha\beta}$ to which it belongs we set

$$(1) \qquad {}_\alpha w_j = \frac{z_j}{z_\alpha} \; (j = 0, \cdots, p); \qquad {}_\beta w'_k = \frac{z'_k}{z'_\beta} \; (k = 0, \cdots, q).$$

Then ${}_\alpha w_j$ $(j \neq \alpha)$ and ${}_\beta w'_k$ $(k \neq \beta)$ are local in homogeneous coordinates in the open subdomains $\Pi(\mathbf{V}_{\alpha\beta})$ covering $\mathbf{P} \times \mathbf{P}'$. If $\tau$ is an arbitrary, fixed, complex constant such that $\mathrm{Im}\,(\tau) \neq 0$, we set in addition

$$(2) \qquad t_{\alpha\beta} \equiv \frac{1}{2\pi i} (\log z_\alpha + \tau \log z'_\beta) \bmod (1, \tau) \qquad ((z, z') \in \mathbf{V}_{\alpha\beta}),$$

where $t_{\alpha\beta}$ will remain defined only within its congruence class modulo the discrete lattice generated by 1 and $\tau$. The $p + q + 1$ complex valued functions ${}_\alpha w_j$, ${}_\beta w'_k$, $t_{\alpha\beta}$ map $\mathbf{V}_{\alpha\beta}$ differentiably into the complex manifold $\mathbf{C}^{p+q} \times \mathbf{T}^2_{(1,\tau)}$ equal to the product of a $p + q$-dimensional complex affine space $\mathbf{C}^{p+q}$ with a complex torus $\mathbf{T}^2$ with periods $1, \tau$: we shall now show that this map is a homeomorphism of $\mathbf{V}_{\alpha\beta}$ onto $\mathbf{C}^{p+q} \times \mathbf{T}^2_{(1,\tau)}$. In fact, given any $p + q$ complex numbers ${}_\alpha w_j$, ${}_\beta w'_k$ $(j \neq \alpha, k \neq \beta)$ and any point of $\mathbf{T}^2$, represented by a complex number $t_{\alpha\beta} \bmod (1, \tau)$, we can find a unique set of complex numbers

$$z_j, z'_k \; (0 \leqq j \leqq p; 0 \leqq k \leqq q),$$

depending differentiably on the given quantities, satisfying (1), (2), and

$$(3) \qquad \textstyle\sum_{j=0}^{p} | z_j |^2 = \sum_{k=0}^{q} | z'_k |^2 = 1; \; z_\alpha z'_\beta \neq 0$$

as follows. We set ${}_\alpha w_\alpha = {}_\beta w'_\beta = 1$; from (1) and (3) we have

$$\sum_{j=0}^{p} | {}_\alpha w_j |^2 = \frac{1}{| z_\alpha |^2}; \qquad \sum_{k=}^{q} | {}_\beta w'_k |^2 = \frac{1}{| z'_\beta |^2};$$

thus the uniqueness and continuity of $| z_\alpha |$ and $| z'_\beta |$ are established. From (2) we have

$$\begin{aligned} \arg z_\alpha + \tau \arg z'_\beta &\equiv -i[(\log z_\alpha + \tau \log z'_\beta) - (\log | z_\alpha | + \tau \log | z'_\beta |) \\ &\equiv 2\pi t_{\alpha\beta} + i(\log | z_\alpha | + \tau \log | z'_\beta |) \bmod (2\pi, 2\pi\tau), \end{aligned}$$

and, since $\arg z_\alpha$, $\arg z'_\beta$ are real (mod $2\pi$), and $\tau$ is not real, $\arg z_\alpha$ and $\arg z'_\beta$ are uniquely determined mod $2\pi$ and depend differentiably on $t_{\alpha\beta}$, $| z_\alpha |$, and $| z'_\beta |$.

Having thus determined the existence, uniqueness, and continuity of $z_\alpha$ and $z'_\beta$, we obtain the other coordinates $z_j$, $z'_k$ immediately by setting $z_j = {}_\alpha w_j \, z_\alpha$, $z'_k = {}_\beta w'_k \, z'_\beta$, as required by (1), completing the proof of the homeomorphism between each $\mathbf{V}_{\alpha\beta}$ and $\mathbf{C}^{p+q} \times \mathbf{T}^2_{(1,\tau)}$.

We can now consider the complex valued functions ${}_\alpha w_j$ $(0 \leqq j \leqq p, j \neq \alpha)$, ${}_\beta w'_k$ $(0 \leqq k \leqq q, k \neq \beta)$, $t_{\alpha\beta}$ (mod $1, \tau$) as local coordinates in $\mathbf{V}_{\alpha\beta}$. We next prove that these coordinate systems are biregularly related in the intersection of their domains of definition. In fact we have in each intersection $\mathbf{V}_{\alpha\beta} \cap \mathbf{V}_{\gamma\delta}$ of any two such domains, after putting ${}_\alpha w_\alpha = {}_\gamma w_\gamma = {}_\beta w'_\beta = {}_\delta w'_\delta = 1$,

$$(4) \qquad {}_\gamma w_j = {}_\alpha w_j / {}_\alpha w_\gamma \ (0 \leqq j \leqq p); \qquad {}_\delta w'_k = {}_\beta w'_k / {}_\beta w'_\delta \qquad (0 \leqq k \leqq q)$$

$$(5) \qquad t_{\gamma\delta} \equiv t_{\alpha\beta} + \frac{1}{2\pi i} (\log {}_\alpha w_\gamma + \tau \log {}_\beta w'_\gamma) \ (\text{mod } 1, \tau).$$

Since the coordinate transformation from any $\mathbf{V}_{\alpha\beta}$ to any $\mathbf{V}_{\gamma\delta}$ are clearly complex analytic, we have introduced in the manifold $\mathbf{S} \times \mathbf{S}'$ a complex analytic structure. We shall call the complex manifold thus obtained $\mathbf{M}_{p,q;\tau}$, or, if the value of $\tau$ is unimportant, $\mathbf{M}_{p,q}$.

Let $(z, z')$ be a point in the coordinate domain $\mathbf{V}_{\alpha\beta}$; then the functions ${}_\alpha w_j$ and ${}_\beta w'_k$ $(j \neq \alpha; k \neq \beta)$ are the inhomogeneous coordinates of $\Pi(z, z')$ in $\Pi(\mathbf{V}_{\alpha\beta})$. Thus the fibre projection map $\Pi$ can be rewritten in terms of the local complex coordinates at $(z, z')$ as $\Pi({}_\alpha w_j, {}_\beta w'_k, t_{\alpha\beta}) = ({}_\alpha w_j, {}_\beta w'_k)$; this shows that the map $\Pi$ of $\mathbf{M}_{p,q}$ onto $\mathbf{P} \times \mathbf{P}'$ is complex analytic. The fibre at each point $({}_\alpha w_j, {}_\beta w'_k, t_{\alpha\beta})$ is given by $\Pi^{-1}\Pi({}_\alpha w_j, {}_\beta w'_k, t_{\alpha\beta}) = ({}_\alpha w_j, {}_\beta w'_k, \mathbf{T}^2_{(1,\tau)})$, so that the fibres appear as complex curves without singularities in the complex manifold; moreover equation (5) shows that the operations of the structure group on the fibre under coordinate transformations are translations, i.e. complex analytic automorphisms, and that they depend complex analytically on the coordinates $({}_\alpha w_j, {}_\beta w'_k)$ of the base point (see Steenrod, [5]); thus $\mathbf{M}_{p,q}$ is a complex fibre bundle space, which proves Theorem II. Since the fibre is isomorphic to its own structural group of automorphisms, the bundle is actually a principal fibre bundle.

It is worth mentioning also that the manifolds $\mathbf{M}_{p,q;\tau}$ admit transitive Lie groups of complex analytic automorphisms, namely the direct product of the unitary groups acting on $\mathbf{S}$ and on $\mathbf{S}'$ respectively. The verification of this fact is immediate.

### 3. The Complex Manifolds $M_{p,0;\tau}$

In the special case $q = 0$ the sphere $\mathbf{S}'$ becomes a circle, whose points are described by a single coordinate system $z'_0$ ($z'_0 = e^{2\pi i\rho}$, $\rho$ real mod 1). Having constructed the complex manifold $M_{p,0;\tau}$ with any fixed constant $\tau$ ($\text{Im}(\tau) \neq 0$), we set $a = e^{2\pi i\tau}$ ($|a| \neq 1$); in this manifold we consider the multi-valued functions $u_j = z_j a^\rho$ $(j = 0, 1, \cdots, p)$ expressed in terms of $\rho$ and the affine coordinates $(z_0, z_1, \cdots, z_p)$ of points of $\mathbf{S}$. The various values of each of these functions at each point of the manifold differ from each other by constant factors $a^N$ ($N$ integer). It is easily seen that at any point in any coordinate domain $\mathbf{V}_{\alpha 0}$ $(\alpha = 0, \cdots, p)$ one has

$$(6) \qquad u_j = z_j a^\rho = {}_\alpha w_j \, z_\alpha e^{\tau \log z'_0} = {}_\alpha w_j e^{2\pi i t_{\alpha 0}};$$

since each $u_j$ can be expressed as a holomorphic function, locally, of the complex coordinates in $\mathbf{M}_{p,0;\tau}$, $u_j$ is itself a regular analytic function, and because of the multiplicative relation between the various values it takes at each point, it is a multiplicative entire function on the manifold, and hence an entire function on the universal covering space of $\mathbf{M}_{p,0}$. The set of functions $u_j$ map $\mathbf{M}_{p,0;\tau}$ complex analytically into the complex manifold $\mathbf{H}_{p,\tau}$ described as follows, and originally discovered by H. Hopf, [3]. Let $\mathbf{E}^*_{p+1}$ be the complex manifold obtained by deleting the origin from the $p + 1$-dimensional complex affine space with coordinates $u_0, \cdots, u_p$ and let $\mathcal{G}$ be the discontinuous group of analytic automorphisms of $\mathbf{E}^*_{p+1}$ generated by the complex dilation $\gamma: (u_j) \rightarrow (au_j)$, for $a = e^{2\pi i\tau}$. A fundamental domain with respect to this group can be described as the spherical shell of points $(u_j)$ satisfying $1 \leqq \sum_{j=0}^{p} | u_j |^2 < \max (| a |^2, | a |^{-2}) = e^{4\pi|\mathrm{Im}(\tau)|}$ with the obvious identification $\gamma$ between the two components of the boundary. The manifold $\mathbf{H}_{p,\tau}$ is the complex manifold obtained by this identification. The mapping of $\mathbf{M}_{p,0;\tau}$ into $\mathbf{H}_{p,\tau}$ described by (6) is clearly an analytic isomorphism. In fact the image of each $\mathbf{V}_{\alpha 0}$ in $\mathbf{H}_{p,\tau}$ is the set of points $(u_j)$ satisfying $u_\alpha \neq 0$, and for any such point the inverse map is represented by

$$t_{\alpha 0} \equiv \frac{1}{2\pi i} \log u_\alpha \bmod (1, \tau); \qquad {}_\alpha w_j = u_j/u_\alpha, \tag{7}$$

which is everywhere complex analytic. This completes the proof of the analytic equivalence between $\mathbf{M}_{p,0;\tau}$ and $\mathbf{H}_{p,\tau}$.

## 4. Subvarieties of $M_{p,q}$

Let $\mathbf{W}$ be a compact, irreducible, complex analytic subvariety of $\mathbf{M}_{p,q}$ (defined by local equations with possible algebraic singularities) of complex dimension $m < p + q + 1$, other than a point. $\mathbf{W}$ is mapped under the fibre map $\Pi$ onto a compact subvariety $\Pi(\mathbf{W}) = \mathbf{W}_0$ of $\mathbf{P} \times \mathbf{P}'$ of complex dimension $m_0 \leqq m$. A theorem due to W. L. Chow states that $\mathbf{W}_0$ is an irreducible algebraic subvariety of $\mathbf{P} \times \mathbf{P}'$ [6]; we shall prove that $m_0 < m$. In fact assume first that $m_0 = m$: then, since $\mathbf{W}_0$ is orientable, $\Pi$ maps the cycle carried by $\mathbf{W}$ onto the one carried by $\mathbf{W}_0$ with positive degree. This is impossible, since on one hand $\Pi$ induces a homomorphism of the $2m^{\text{th}}$ homology group of $\mathbf{M}_{p,q}$ (which is zero) into the corresponding homology group of $\mathbf{P} \times \mathbf{P}'$, and on the other hand the cycle carried by $\mathbf{W}_0$, which is an image, can not be homologous to zero, because of a theorem by S. Lefschetz [4]. Thus it is true that $m_0 < m$; for any point $y$ of $\mathbf{W}$ the set $\Pi^{-1}\Pi(y) \cap \mathbf{W}$ is a compact, positive dimensional, complex analytic subvariety of the complex analytic fibre $\mathbf{T}_y = \Pi^{-1}\Pi(y)$ containing $y$, hence it is $\mathbf{T}_y$ itself. Thus we have shown that every positive dimensional, compact, analytic subvariety of $\mathbf{M}_{p,q}$ is fibered by tori, the base space being the projection of the variety into $\mathbf{P} \times \mathbf{P}'$, completing the proof of Theorem IV.

The proof of Theorem V follows as a corollary. In fact, if $f(y)$ is any meromorphic function of the points $y$ of $\mathbf{M}_{p,q}$, then the set defined by $f(y) =$ constant is a $p + q$-dimensional subvariety of $\mathbf{M}_{p,q}$, and hence it is a union of fibres. This implies that every meromorphic function is constant along the fibres, so that its values are determined by $\Pi(y)$; in other words every meromorphic function

$f(y)$ on $\mathbf{M}_{p,q}$ satisfies the equation $f(y) = g(\Pi(y))$ for some meromorphic function $g$ defined on $\mathbf{P} \times \mathbf{P}'$.

## 5. The Complex Analytic Cells $E_{p,q;\tau}$

Let $(a, a')$ be an arbitrary point of $\mathbf{S} \times \mathbf{S}'$. Since the sets $\mathbf{S} - \{a\}$ and $\mathbf{S}' - \{a'\}$ are homeomorphic to cells, their Cartesian product $(\mathbf{S} - \{a\}) \times (\mathbf{S}' - \{a'\})$ is an open subset of $\mathbf{S} \times \mathbf{S}'$ homeomorphic to a Euclidean space of dimension $2p + 2q + 2$. If we superimpose on $\mathbf{S} \times \mathbf{S}'$ the complex structure of $\mathbf{M}_{p,q;\tau}$, then the cell $(\mathbf{S} - \{a\}) \times (\mathbf{S}' - \{a'\})$ becomes an open complex manifold, homeomorphic to a cell, which we denote by $\mathbf{E}_{p,q;\tau}$, or, if the value of $\tau$ is unimportant, by $\mathbf{E}_{p,q}$. We denote as in §2 by $\pi$, $\pi'$ the fibre maps of $\mathbf{S}$ and $\mathbf{S}'$ onto $\mathbf{P}$ and $\mathbf{P}'$ respectively and by $\Pi_0$ the restriction to $\mathbf{E}_{p,q}$ of the fibre map $\Pi$ of $\mathbf{M}_{p,q}$ onto $\mathbf{P} \times \mathbf{P}'$.

The inverse images $\Pi_0^{-1}(w, w')$ of points $(w, w') \in \mathbf{P} \times \mathbf{P}'$ into $\mathbf{E}_{p,q}$ are described completely by the following four cases; $\Pi_0^{-1}(w, w')$ is homeomorphic to a plane, if $(w, w') = \Pi(a, a')$; to a cylinder, if $w \neq \pi(a)$, but $w' = \pi'(a')$; to a cylinder also, if $w = \pi(a)$, but $w' \neq \pi'(a')$; to the whole torus of the original fibering of $\mathbf{M}_{p,q}$, if $w \neq \pi(a)$ and $w' \neq \pi'(a')$. The last two cases are possible, of course, if and only if $\mathbf{P}'$ has more than one point, i.e. if $q > 0$. We observe immediately that, if $q > 0$, the complex analytic cell $\mathbf{E}_{p,q;\tau}$ contains an everywhere dense set of tori $\mathbf{T}^2_{(1,\tau)}$ as compact, complex analytic submanifolds. It follows from this that $\mathbf{E}_{p,q}$, for $q > 0$, can not be mapped analytically and topologically into any complex affine space, because the affine coordinates, being entire holomorphic functions on $\mathbf{E}_{p,q}$ must be constants along its compact submanifolds; thus $\mathbf{E}_{p,q}$ *can not be covered by any single analytic coordinate system;* it follows also that $\mathbf{E}_{p,q}$ *can not have a Kaehler metric*, because no compact, complex submanifold of a Kaehler manifold (open or not) can be homologous to zero, as was shown by Hodge, [2], while on the other hand the tori $\mathbf{T}^2_{(1,\tau)}$ analytically imbedded in the cell $\mathbf{E}_{p,q}$ are continuously contractible to a point, and hence homologous to zero. Let $f$ be an entire holomorphic function in $E_{p,q}(q > 0)$: $f$ is obviously constant along the tori $\Pi_0^{-1}(w, w')$ of the fourth case mentioned above, and hence, by continuity, along each of the cylinders and the plane making up the remaining cases of $\Pi_0^{-1}(w, w')$; thus $f$ induces a holomorphic function over $\Pi_0(\mathbf{E}_{p,q})$, i.e. $\mathbf{P} \times \mathbf{P}'$, and hence $f$ is a constant; thus we have proved the last contention of Theorem VI, namely that *the only entire holomorphic functions on* $\mathbf{E}_{p,q}$ *are constants.* One can similarly prove that all meromorphic functions on $\mathbf{E}_{p,q}$ can be extended by continuity to meromorphic functions on $\mathbf{M}_{p,q}$, and hence they are characterized by Theorem V and by the comment at the end of §4. The three properties we have proved about the cells $\mathbf{E}_{p,q}(q > 0)$ of complex dimension $p + q + 1$ answer negatively, at least in the case of complex dimension $\geqq 3$, some of the questions raised by Bochner, [1], regarding the possibility of uniformization of complex manifolds homeomorphic to cells.

In the case we expressly excluded above, namely $q = 0$, the cell $\mathbf{E}_{p,0}$, being a simply connected subregion of the non-simply connected manifold $\mathbf{M}_{p,0;\tau}$ (isomorphic to $\mathbf{H}_{p,\tau}$), can be "rolled out" univalently into the universal covering space $\mathbf{E}^*_{p+1}$ (see §3) of $\mathbf{H}_{p,\tau}$. Hence $\mathbf{E}_{p,0;\tau}$ is analytically equivalent to a cellular region in the complex affine space $\mathbf{E}_{p+1}$, so that it is clear that none of the conclusions of Theorem VI can be applied to the cellular regions in the Hopf manifolds, which therefore appear to have several properties which make them exceptional among the other manifolds $\mathbf{M}_{p,q;\tau}$.

Louisiana State University
Swiss Federal School of Technology

References

[1] Bochner, S., Contributions to the Theory of Riemann Surfaces (by L. Ahlfors et al.), Princeton University Press, 1953.
[2] Hodge, W. V. D., Theory and Applications of the Harmonic Integrals, Cambridge University Press, 1941.
[3] Hopf, H., Zur Topologie der komplexen Mannigfaltigkeiten, Courant Anniversary Volume, New York, 1948, p. 168.
[4] Lefschetz, S., L'analysis situs et la Géométrie algébrique, Paris, Gauthier-Villars, 1950.
[5] Steenrod, N. E., The Topology of Fibre Bundles, Princeton University Press, 1952.
[6] Chow, W. L., *On Compact Complex Analytic Varieties*, Amer. J. Math., Vol. 71 (1949), pp. 893–914.

# Structures complexes et transformations infinitésimales

Convegno di Geometria Differenziale 1953, Edizioni Cremonese (1954), 1–9

Cet exposé est consacré à quelques relations entre structures complexes et presque-complexes d' une part, et champs vectoriels (transformations infinitésimales, crochets de Poisson) d'autre part, ainsi qu'à des questions relatives aux variétés complexes et presque-complexes homogènes. Les résultats annoncés dans cette conférence ont été obtenus en collaboration avec M. A. Frölicher. Les problèmes traités seront repris avec tous les détails dans un mémoire en préparation.

Les généralités relatives aux structures complexes sont résumées au § 1 ci-dessous; pour plus de détails, le lecteur est renvoyé à [1] (1) et [2] et aux articles qui y sont mentionnés. Au § 2, la structure presque-complexe J dans une variété $V$ est interprétée comme opération dans le *module* $M(V)$ *des champs vectoriels* dans $V$, et la *condition d'intégrabilité* est formulée à l'aide du crochet $[a, b]$ dans $M(V)$. Au § 3, le problème d'existence de *structures complexes invariantes dans une variété homogène* est étudié. En particulier nous montrons que *tout groupe de Lie compact à un nombre pair de dimensions admet une structure complexe invariante à gauche,* en vertu d'un critère simple concernant l'algèbre de Lie du groupe; un *critère général* analogue est formulé pour les espaces homogènes.

(1) Les nombres entre crochets [ ] renvoient à l'index bibliographique placé à la fin du présent article.

## § 1. Structures complexes et presque-complexes: Rappel de définitions et de propriétés fondamentales.

1.1. Soit $V$ une variété différentiable à $2m$ dimensions réelles. On appelle *structure presque-complexe* $J$ dans $V$ un champ continu $J(x)$ de transformations linéaires des espaces tangents $E_x$ aux différents points $x \in V$, de carré $-1$ ($1 =$ transformation identique); dans ce qui suit, ce champ sera toujours supposé différentiable. En d'autres termes, $J$ est un endomorphisme de l'espace tangent total $\mathfrak{T}(V)$ de carré $-1$, se réduisant pour tout $x \in V$ dans l'espace vectoriel $E_x \subset \mathfrak{T}(V)$ à une transformation linéaire.

1.2. La variété $V$ est une *variété analytique complexe* (ou *complexe* tout court) si elle est recouverte par des systèmes de coordonnées complexes locales $z^1, \ldots, z^m$ tels que le passage d'un tel système de coordonnées à un autre, dans leur domaine commun, se fait par une transformation analytique complexe; l'ensemble de tous les systèmes de coordonnées locales complexes dans $V$ admissibles dans ce sens, est dit la structure complexe de la variété.

Une structure complexe dans $V$ *induit* de façon naturelle une structure presque-complexe $J$ dans $V$: pour tout vecteur $v \in \mathfrak{T}(V)$, $Jv$ est le vecteur obtenu en multipliant les composantes complexes de $v$ (p. r. à un système de coordonnées complexes locales admissible) par $i = \sqrt{-1}$. Une telle structure $J$ induite par une structure complexe est dite *intégrable*. Deux structures complexes dans $V$ induisant la même structure $J$ sont égales (théoreme d'unicité).

1.3. A une structure presque-complexe $J$, on associe un champ tensoriel $t$ (deux fois covariant, une fois contravariant) dans $V$ dit la *torsion de* $J$. Si $J$ est intégrable, $t$ est identiquement 0; pour des champs $J$ de classe $C^\omega$ (analytiques au sens réel), $t \equiv 0$ entraîne réciproquement que $J$ est intégrable.

1.4. A toute structure presque-complexe $J$ dans $V$ on peut associer des *connexions affines* $\Lambda$, non nécessairement symétriques, telles que le camp $J(x)$ soit parallèle p. r. à $\Lambda$, c. à d. que la dérivée covariante relative à $\Lambda$ de $J(x)$ — en tant que champ tensoriel — soit 0. On peut même choisir $\Lambda$ de telle façon que la « torsion » $T$ de $\Lambda$ ($=$ 2. partie antisymétrique de $\Lambda$) soit identique à la torsion $t$ de la structure $J$.

## § 2. Module des champs vectoriels dans $V$.

2.1. Dans la suite nous aurons à considérer *le module* $M(V)$ — relatif aux nombres réels — de tous les champs vectoriels différentiables contravariants («transformations infinitésimales») dans $V$; c. à d., de toutes les sections différentiables de la fibration canonique de $\mathfrak{T}(V)$ en fibres $E_x$. Dans ce module, $J$ définit un automorphisme (linéaire) de carré $-1$, noté également $J$. En outre, considérons dans $M(V)$ les opérations bilinéaires suivantes, associant à $a, b \in M(V)$ un champ $c \in M(V)$.

($a$) $c = [a, b]$ (crochet de Poisson), défini de façon habituelle à l'aide de coordonnées locales réelles $x^j$ et de composantes locales correspondantes $a^j, b^j$ de $a$ et $b$, $j = 1, \ldots, 2m$, par $c^j = b^k \dfrac{\partial a^j}{\partial x^k} - a^k \dfrac{\partial b^j}{\partial x^k}$.

($b$) $c = [a, b]_\Gamma$, $\Gamma$ étant une connexion affine arbitraire dans $V$, défini par $c^j = b^k D_k a^j - a^k D_k b^j$, où $D_j$ est la dérivée covariante p. r. à $\Gamma$.

($c$) $c = T(a, b)$, $T$ étant la torsion de la connexion $\Gamma$ (= 2. partie antisymétrique de $\Gamma$) défini par $c^j = T^j_{kl}\, a^k b^l$. En un point $x \in V$, $T(a, b)$ ne dépend que des vecteurs $a$ et $b$ en $x$, tandis que les crochets dépendent des champs $a$ et $b$ (de leurs dérivées en $x$).

La relation $[a, b]_\Gamma = [a, b] + T(a, b)$ est évidente.

2.2. Pour établir une relation entre $J$ et le crochet $[a, b]$ choisissons une connexion affine $\Lambda$ dans $V$ p. r. à laquelle $J$ est parallèle, et calculons $[Ja, Jb]_\Lambda$. On trouve

(1) $$[Ja, Jb]_\Lambda = [a, b]_\Lambda + J[Ja, b]_\Lambda + J[a, Jb]_\Lambda .$$

Démonstration : En termes de coordonnées locales $x^j$, notons $D_j$ la dérivée covariante p. r. à $\Lambda$ et soient $a^j_k$ les composantes du champ tensoriel représentant $J(x)$, donc $D_j a^k_l = 0$. La composante $j$-ième de $[Ja, Jb]_\Lambda$ est égale à

$$a^j_k a^p_l (b^l D_p a^k - a^l D_p b^k) =$$
$$= (b^p D_p a^j - a^p D_p b^j) + (a^j_k b^p D_p (a^k_l a^l) - a^j_k a^p_l a^l D_p b^k) +$$
$$+ (a^j_k a^p_l b^l D_p a^k - a^j_k a^p D_p (a^k_l b^l)),$$

ce qui est bien la composante $j$-ième du second membre de (1).

2. 3. En remplaçant dans (1) $[a,b]_A$ par $[a\,,b]+T\,(a\,,b)$ il vient

$$(2)\qquad \begin{aligned}[J\,a\,,J\,b] = [a\,,b] + J\,[J\,a\,,b] + J\,[a\,,J\,b] - T\,(J\,a\,,J\,b) + \\ + T\,(a\,,b) + J\,T\,(J\,a\,,b) + J\,T\,(a\,,J\,b).\end{aligned}$$

D'après 1.4, on peut en particulier s'arranger de telle façon que $T$ soit la torsion $t$ de la structure $J$. Or dans ce cas, les opérations $J$ et $T\,(a\,,b)=t\,(a\,,b)$ dans $M\,(V)$ sont liées par

$$(3)\qquad t\,(a\,,J\,b) = t\,(J\,a\,,b) = -\,J\,t\,(a\,,b)$$

Ces relations sont des conséquences de la définition du tenseur t. En effet, ce tenseur est défini [2] en termes de coordonnées locales comme partie antisymétrique en $k\,,l$ de $\frac{1}{2}\left(\frac{\partial\, a^j_p}{\partial\, x^l} - \frac{\partial\, a^j_l}{\partial\, x^p}\right) a^p_k$, où $a^j_k$ sont les composantes du champ tensoriel $J\,(x)$; de là, en tenant compte de $a^j_k\, a^k_l = -\,\delta^j_l$, on vérifie directement les formules

$$t^j_{pk}\, a^k_l = t^j_{kl}\, a^k_p = -\,t^k_{pl}\, a^j_k\ ,$$

équivalentes à (3).

En appliquant (3) à (2), on obtient

$$(4)\qquad [J\,a\,,J\,b] = [a\,,b] + J\,[J\,a\,,b] + J\,[a\,,J\,b] + 4\,t\,(a\,,b).$$

En résumé: *La torsion d'une structure presque-complexe $J$ dans $V$ peut être exprimée, à l'aide de l'opération* [ ] *dans $M\,(V)$, par*

$$-4t\,(a\,,b) = [a\,,b] + J\,[J\,a\,,b] + J\,[a\,,J\,b] - [J\,a\,,J\,b],\quad a\,,b \in M(\,V).$$

*En tout point $x$ de $V$, $t$ est déterminé par cette relation appliquée à des champs $a\,,b$ pris parmi $2m$ champs linéairement indépendants en $x$.*

2.4. La condition d'intégrabilité $t=0$ peut alors être formulée comme suit.

*Pour que la structure presque-complexe $J$ dans $V$ soit sans torsion (intégrable, si $J$ est de classe $C^\infty$), il faut et il suffit que*

$$(5)\qquad [J\,a\,,J\,b] = [a\,,b] + J\,[J\,a\,,b] + J\,[a\,,J\,b]$$

[2] Voir [1], § 2 ou [2], 1. 3.

*pour tous champs $a$ et $b \in M(V)$ ; il suffit que cette relation ait lieu, en tout point $x \in V$, pour $a$ et $b$ pris parmi des champs linéairement indépendants en $x$.*

2.5. On peut exprimer les relations ci-dessus en termes d'opérateurs dans $M(V)$. Désignons par $\theta(a)$, $a \in M(V)$, l'opération definie par $\theta(a)\, b = [a, b]$ pour tout $b \in M(V)$, par $t(a)$ l'opération $t(a)\, b = t(a, b)$. De (4) on obtient

$$-4\, t(a) = \theta(a) + J\,\theta(Ja) + J\,\theta(a)\,J - \theta(Ja)\,J =$$

$$= J\,\theta(Ja) - \theta(Ja)\,J + J(\theta(a)\,J - J\,\theta(a)).$$

Si nous notons $\{\theta_1, \theta_2\}$ le commutateur $\theta_1 \theta_2 - \theta_2 \theta_1$ de deux opérateurs $\theta_1$, $\theta_2$ dans $M(V)$, on a donc

$$-4\, t(a) = \{J, \theta(Ja)\} + J\{\theta(a), J\}, \tag{6}$$

et la condition d'intégrabilité $t = 0$ s'exprime par

$$\{J, \theta(Ja)\} = J\{J, \theta(a)\} \qquad \text{pour tout } a \in M(V).$$

2.6. La condition d'intégrabilité devient très simple si l'on considère des *éléments propres* de l'opération $J$ dans $M(V)$. Puisque $J^2 = -1$, les valeurs propres de $J$ sont $+i$ et $-i$ (chacune de multiplicité $m$); ces éléments ne sont donc pas réels. Désignons par $M^*$ l'extension complexe de $M(V)$, et par $M'$ $(M'')$ le sous-module des éléments $a \in M^*$ tels que $Ja = ia$ $(Ja = -ia)$; $M'$ et $M''$ sont *conjugués complexes* relativement à $M$ (c. à d. à une base prise dans $M$), et $M^*$ en est la somme directe.

Pour $a, b \in M'$, la condition d'intégrabilité (5) prend la forme

$$-[a, b] = [a, b] + 2\, i\, J\, [a, b],$$

ou $J[a, b] = i[a, b]$, donc $[a, b] \in M'$, et de façon analogue pour $M''$.

*Pour que la structure presque-complexe dans $V$ soit sans torsion, il faut et il suffit que les modules propres $M'$ et $M''$ de $J$ (dans l'extension complexe $M^*$ de $M(V)$) contiennent avec deux quelconques $a, b$ de leurs éléments le crochet* $[a, b]$. Cette forme de la condition d'intégrabilité pourrait aussi être obtenue de façon plus directe.

## § 3. Variétés complexes homogènes.

3.1. Une variété complexe $V$ est dite *homogène*, si elle admet un group transitif d'automorphismes analytiques complexes. Ce groupe est un groupe de Lie [3].

Partons donc d'un espace homogène de Lie à $2m$ dimensions, c. à d. d'une variété $V$ où opère transitivement un groupe de Lie connexe $G$; soit $H$ le groupe d'isotropie d'un point $x_0 \in V$ (arbitraire, mais fixe). Une *structure complexe* dans $V$ est dite *invariante par* $G$, si relativement à cette structure les opérations $g \in G$ sont des automorphismes analytiques complexes. Désignons, pour tout $g \in G$, par $g'$ l'effet de $g$ sur l'espace tangent $\mathfrak{T}(V)$; une *structure presque-complexe* $J$ dans $V$ sera dite *invariante par* $G$ si $J$ est permutable avec tous les $g'$, c. à d. si pour tout vecteur $v \in \mathfrak{T}(V)$ et tout $g \in G$ on a

$$g'(Jv) = J\,g'(v) \tag{7}$$

3.2. On établit facilement, en se basant sur le théorème d'unicité (1. 2), le résultat suivant.

*Pour qu'une structure complexe dans $V$ soit invariante par $G$, il faut et il suffit que la structure presque-complexe $J$ induite soit invariante par $G$.*

Notons que toute structure $J$ invariante par $G$ est analytique réelle; si sa torsion $t$ est nulle, $J$ est donc intégrable et fournit une structure complexe dans $V$ invariante par $G$. Ainsi, pour trouver des structures complexes invariantes par $G$, on essaiera de construire des structures $J$ invariantes et on examinera la condition d'intégrabilité sous une forme adéquate.

3.3. Soit $J$ invariante par $G$. Alors la transformation linéaire $J(x_0)$ de l'espace tangent $E_{x_0}$ à $V$ en $x_0$ est permutable avec les $h'$, $h \in H$, qui constituent le groupe linéaire d'isotropie $H'$ en $x_0$. Réciproquement, soit $I$ une transformation linéaire de $E_{x_0}$, de carré $-1$ et permutable avec les éléments $h' \in H'$; alors il existe une (et une seule) structure $J$ invariante avec $J(x_0) = I$. En effet, soit $x \in V$, $g \in G$ tel que $g(x_0) = x$, et posons $J(x)\,v = g'\,I\,g'^{-1}(v)$ pour tous les vecteurs $v \in E_x$; on voit facilement que, grâce aux propriétés de $I$, cette définition est indépendante du choix de $g \in G$, et que la structure $J$ ainsi obtenue est invariante.

Ainsi le problème d'existence des structures presque-complexes $J$ invariantes par $G$ est ramené à une propriété algébrique simple du *groupe linéaire d'isotropie* $H'$, à savoir d'être *permutable avec une transformation linéaire* $I$ *de carré* $-1$. Cette propriété peut facilement être formulée dans l'algèbre de Lie du groupe $G$, mais nous n'insistons pas là-dessus.

Quant à la condition d'intégrabilité de $J$, elle peut également être ramenée à une propriété algébrique de l'algèbre de Lie de $G$. Pour simplifier cet exposé, nous le ferons seulement dans le cas particulier $V = G$ (3.5), et nous nous bornerons à indiquer (dans 3.7) sans démonstration le résultat général.

3.5. Soit donc $G$ un groupe de Lie à un nombre pair $2m$ de dimensions, considéré comme espace homogène en vertu de ses translations à gauche; faisons jouer à l'élément neutre $e \in G$ le rôle de $x_0$ ci-dessus. Le groupe d'isotropie se réduisant à l'identité, on peut choisir arbitrairement une transformation linéaire $I$ de carré $-1$ dans $E_e$ et définir à l'aide des translations à gauche une structure presque-complexe $J$ dans $G$ invariante à gauche, avec $J(e) = I$.

Appliquons à cette structure $J$ la condition d'intégrabilité sous la forme 2.4; il suffit de l'appliquer à des champs vectoriels $a$ et $b \in M(G)$ invariants à gauche, puisqu'en tout point $g$ de $G$ ces champs constituent l'espace tangent $E_g$ tout entier. Si $a$ et $b$ sont invariants à gauche, il en est de même de leur crochet $[a, b]$, et du champ $Ja$. Les champs invariants à gauche avec l'opération $[a, b]$ constituent *l'algèbre de Lie* $\mathcal{G}$ du groupe $G$; en tant qu'espace vectoriel, $\mathcal{G}$ peut être identifié à $E_e$, et $J$ définit une transformation linéaire de $\mathcal{G}$ qui n'est autre chose que $I$. Pour que la structure presque-complexe $J$ définie par $I$ soit intégrable, il faut donc et il suffit que dans l'algèbre de Lie $\mathcal{G}$ de $G$ la relation $[Ia, Ib] = [a, b] + I[Ia, b] + I[a, Ib]$, ait lieu pour tout $a$ et $b \in \mathcal{G}$.

Or, comme le montrent les raisonnements de 2.5, cela est équivalent au fait que dans l'extension complexe $\mathcal{G}^*$ de $\mathcal{G}$ les espaces propres $\mathcal{G}'$ et $\mathcal{G}''$ de $I$ sont des sous-algèbres de Lie. Si réciproquement $\mathcal{G}^*$ est en tant qu'espace vectoriel la somme directe de deux sous-algébres de Lie conjuguées complexes (relativement à $\mathcal{G} \subset \mathcal{G}^*$) $\mathcal{G}'$ et $\mathcal{G}''$, on définira $I$ par $Ia = ia$ pour $a \in \mathcal{G}'$ et $= -ia$ pour $a \in \mathcal{G}''$. Alors $I$ est de carré $-1$ et réelle, c. à d. transforme le sous-espace $\mathcal{G}$ de $\mathcal{G}^*$ en lui-même; la structure presque-complexe $J$ invariante dans $G$, définie par $I$, est alors intégrable.

En résumé : *Pour qu'un groupe de Lie $G$ admette une structure complexe invariante à gauche, c. à d. telle que les translations à gauche soient des automorphismes analytiques complexes, il faut et il suffit que l'extension complexe $\mathcal{G}^*$ de son algèbre de Lie $\mathcal{G}$ soit, en tant qu'espace vectoriel, la somme directe de deux sous-algèbres de Lie $\mathcal{G}'$ et $\mathcal{G}''$, conjuguées complexes relativement à $\mathcal{G}$.*

3.6. Si $G$ est un groupe compact (à un nombre pair de dimensions $2m$), son algèbre de Lie $\mathcal{G}$ a toujours la propriété requise par ce critère.

Esquissons la démonstration de ce fait, qui est une conséquence simple de propriétés classiques des groupes compacts, en particulier de leurs « racines » (³). Soit $\mathcal{C}$ une sous-algèbre commutative ($[a, b] = 0$ pour $a, b \in \mathcal{C}$) *maximum* de $\mathcal{G}$; sa dimension est paire $= 2(m - l)$. L'extension complexe $\mathcal{G}^*$ de $\mathcal{G}$ admet une base p. r. aux nombres complexes, formée par des éléments $a_1, \ldots, a_l, c_1, \ldots, c_{m-l}$ et leurs conjugués complexes (relativement à $\mathcal{G}$) $\bar{a}_1, \ldots, \bar{a}_l, \bar{c}_1, \ldots, \bar{c}_{m-l}$, tels que $c_1, \ldots, c_{m-l}, \bar{c}_1, \ldots, \bar{c}_{m-l}$ soit une base de $\mathcal{C}^*$ et que les $a_\nu, \bar{a}_\nu$ aient les propriétés suivantes:

$$[c, a_\nu] = i\lambda_\nu(c)\, a_\nu \quad \text{et} \quad [c, \bar{a}_\nu] = -i\lambda_\nu(c)\, \bar{a}_\nu, \quad \nu = 1, \ldots, l$$

pour tout $c \in \mathcal{C}$, les $\lambda_\nu(c)$ étant des formes linéaires réelles $\not\equiv 0$ en $c \in \mathcal{C}$;

$$\begin{aligned}[a_\nu, a_\mu] &= K a_\varrho && \text{si } \lambda_\nu + \lambda_\mu = \lambda_\varrho \\ &= K' \bar{a}_\varrho && \text{si } \lambda_\nu + \lambda_\mu = -\lambda_\varrho \\ &= 0 && \text{si } \lambda_\nu + \lambda_\mu \text{ n'est pas égal à l'un des } \pm\lambda_\varrho,\end{aligned}$$

$K, K'$ étant des constantes $\neq 0$ dépendant de $\nu, \mu$. On peut, en échangeant au besoin certains $a_\nu$ et $\bar{a}_\nu$, s'arranger de telle façon que, p. r. à une base fixe de $\mathcal{C}$, le premier coefficient $\neq 0$ des $\lambda_\nu(c)$ soit $> 0$; il en sera alors de même de celui de $\lambda_\nu + \lambda_\mu$, et il s'ensuit que $[a_\nu, a_\mu]$ est soit 0, soit un multiple de $a_\varrho$ pour un indice $\varrho$. Le sous-espace $\mathcal{G}'$ de $\mathcal{G}^*$ défini par les $a_1, \ldots, a_l, c_1, \ldots, c_{m-l}$ est donc une sous-algèbre de Lie, et de même $\mathcal{G}''$ défini par $\bar{a}_1, \ldots, \bar{a}_l, \bar{c}_1, \ldots, \bar{c}_{m-l}$; en tant qu'espace vectoriel, $\mathcal{G}^*$ est la somme directe de $\mathcal{G}'$ et $\mathcal{G}''$.

(³) Pour une présentation de ces résultats sous une forme appropriée, voir p. ex. [4], § 3.

*Tout groupe de Lie compact connexe $G$ à un nombre pair de dimensions admet une structure complexe invariante à gauche.*

Dans la construction ci-dessus on est libre dans le choix de la base $c_1 \ldots, c_{m-l}, \bar{c}_1, \ldots, \bar{c}_{m-l}$ de; il en résulte facilement que $G$ admet même une *infinité continue* de telles structures *différentes entre elles.*

3.7. Revenons au cas général d'un espace homogène $V$ (à un nombre pair de dimensions) d'un groupe de Lie connexe $G$, où nous supposons le groupe linéaire d'isotropie $H'$ connexe, et indiquons le critère analogue à 3.5 pour ce cas (la démonstration de ce résultat général sera donnée ailleurs).

*Soit $\mathcal{G}$ l'algèbre de Lie de $G$, $\mathcal{H}$ celle de $H$; pour que $V$ admette une structure complexe invariante par $G$, il faut et il suffit que l'extension complexe $\mathcal{G}^*$ de $\mathcal{G}$ soit (en tant qu'espace vectoriel) la somme de deux sous-algèbres de Lie $\mathcal{G}'$ et $\mathcal{G}''$, conjuguées complexes relativement à $\mathcal{G}$ et telles que leur intersection $\mathcal{G}' \cap \mathcal{G}''$ soit $= \mathcal{H}^*$.*

De là on peut obtenir facilement des conséquences topologiques générales et une énumération des variétés complexes homogènes, et arriver aux résultats annoncés par *Wang* [5]. A titre d'exemple, mentionnons que si $H$ est un sous-groupe Abélien maximum de $G$ (compact), $V$ admet toujours des structures complexes invariantes par $G$; on les construit de façon analogue à 3.6 (4), mais ici leur nombre est fini. Remarquons encore qu'en vertu des propriétés homologiques des espaces homogènes, les variétés complexes homogènes obtenues à l'aide du critère ci-dessus *n'admettent en général pas de métrique Kaehlerienne* et constituent ainsi un complément important aux variétés complexes fournies par la géométrie algébrique.

## INDEX BIBLIOGRAPHIQUE.

[1] B. ECKMANN ET A. FRÖLICHER, *C. R. Acad. Sci.* Paris 232 (1951), 2284-6.

[2] B. ECKMANN, *Colloque de Géométrie Différentielle*, Strasbourg 1953, C. N. R. S., 151-159.

[3] S. BOCHNER, AND D. MONTGOMERY, *Ann. of Math.* 47 (1946), 639-653.

[4] H. C. WANG, *Ann. of. Math.* 50 (1949), 925-953.

[5] H. C. WANG, *Bull. Am. Math. Soc.* 59 (1953), 64 (abstract 81).

[6] A. BOREL, *Ann. of. Math.* 57 (1953), 115-207.

(4) Pour une autre démonstration de ce résultat particulier, voir [6] p. 197

# Räume mit Mittelbildungen

Comment. Math. Helv. **28** (1954), 329–340

*Herrn Heinz Hopf in Verehrung und Freundschaft zum 60. Geburtstag gewidmet*

## § 1. Einleitung

1.1. Unter einem Mittel von $n$ Argumenten in einem topologischen Raume $R$ – kurz „$n$-Mittel in $R$" genannt – verstehen wir eine stetige Funktion $M$, welche jedem System von $n$ Punkten $x_1, \ldots, x_n \in R$ einen Punkt $M(x_1, \ldots, x_n) \in R$ zuordnet und für welche gilt:

(1) $M(x_1, \ldots, x_n)$ ist symmetrisch in $x_1, \ldots, x_n$, d. h. bleibt ungeändert bei allen Permutationen von $x_1, \ldots, x_n$.

(2) $M(x, \ldots, x) = x$ für alle $x \in R$.

Ein 1-Mittel in $R$ ist die Identität von $R$; im folgenden sei stets $n \geqslant 2$ angenommen. In den vorliegenden Zeilen werden notwendige *topologische Bedingungen* für die Existenz eines $n$-Mittels in $R$ aufgestellt. Es wird sich zeigen, daß diese eine starke Einschränkung bedeutet; mit anderen Worten, daß in sehr großen Klassen von Räumen für kein $n \geqslant 2$ ein $n$-Mittel existiert. Ein Raum $R$, in welchem es für ein $n \geqslant 2$ ein $n$-Mittel gibt, soll kurz ein „$M_n$-Raum" genannt werden.

1.2. Beispiele von $n$-Mitteln:

(a) $R$ sei ein Intervall der reellen Zahlgeraden, $M(x_1, \ldots, x_n)$ einer der klassischen Mittelwerte (arithmetisches, geometrisches Mittel usw.) der reellen Zahlen $x_1, \ldots, x_n$.

(b) $R$ sei eine konvexe Punktmenge in einem Euklidischen Raum, $M(x_1, \ldots, x_n)$ der Schwerpunkt von $x_1, \ldots, x_n \in R$.

(c) $R$ sei ein Gebiet der komplexen Zahlenebene; eine Funktion $M$ von $x_1, \ldots, x_n \in R$ mit komplexen Werten, die $R$ angehören, mit den Eigenschaften (1), (2), und welche in $x_1, \ldots, x_n$ komplex-analytisch ist, heißt ein analytisches Mittel in $R$.

(d) $R$ sei eine topologische Abelsche Gruppe (additiv geschrieben), in welcher $x \to nx\,(x \in R)$ ein Automorphismus[1]) ist; das arithmetische

[1]) Im algebraischen und topologischen Sinne.

Mittel $n^{-1}(x_1 + \cdots + x_n)$ ist ein $n$-Mittel in $R$. – Beispiel: Das $n$-adische Solenoid, vgl. 4.3.

Der Begriff „$n$-Mittel in $R$" stammt von G. Aumann[2]), welcher weitere Beispiele und Zusatzbedingungen über (1) und (2) hinaus untersucht und spezielle Fälle der im folgenden zu besprechenden topologischen Bedingungen angegeben hat. Insbesondere hat er die Aufgabe behandelt, unter den $n$-Mitteln auf der Zahlgeraden oder in der komplexen Ebene die klassischen Mittel durch weitere Forderungen zu charakterisieren; diese Untersuchungen werden hier nicht berührt.

1.3. Unsere Resultate betreffen die *Homotopiegruppen* $\pi_r(R)$, $r \geqslant 1$, und die ganzzahligen singulären *Homologiegruppen* $H_r(R)$, $r \geqslant 1$, des Raumes $R$. Zur kürzern Formulierung sagen wir, eine Abelsche Gruppe $G$ habe die Eigenschaft $\mathfrak{a}_n$, wenn $x \to nx$, $x \in G$, ein *Automorphismus* von $G$ ist. Wir werden zeigen: *In einem $M_n$-Raum $R$ ist die Fundamentalgruppe $\pi_1(R)$ Abelsch, und alle genannten Gruppen $\pi_r(R)$ und $H_r(R)$ besitzen die Eigenschaft $\mathfrak{a}_n$.*

Hieraus ist für viele Räume $R$ leicht zu ersehen, daß es in ihnen für bestimmte $n \geqslant 2$ oder sogar für alle $n \geqslant 2$ kein $n$-Mittel geben kann. Denn die Eigenschaft $\mathfrak{a}_n$ in einer Abelschen Gruppe $G$ impliziert (vgl. § 3), daß die Ordnung eines jeden Elementes von $G$ gleich 0 oder zu $n$ teilerfremd ist, und wenn $G$ direkte Summe zyklischer Gruppen ist, daß keine Elemente der Ordnung 0 auftreten. Es ist leicht, Beispiele von Räumen $R$ anzugeben, in welchen einzelne Homotopiegruppen diese Bedingungen nicht erfüllen. Ebenso für die Homologiegruppen $H_r(R)$; setzen wir noch voraus, daß die $H_r(R)$ von endlich vielen Elementen erzeugt sind (z. B. daß $R$ ein endliches Polyeder ist), so folgt aus der Existenz eines $n$-Mittels in $R$: *In den Dimensionen $r \geqslant 1$ sind alle Bettischen Zahlen $= 0$ und alle Torsionskoeffizienten zu $n$ teilerfremd.* – Unter geeigneten topologischen Voraussetzungen über $R$ ergibt sich ferner (s. § 4): *Gibt es in $R$ für alle $n \geqslant 2$ ein $n$-Mittel, so ist $R$ in sich zusammenziehbar.*

1.4. Ein $n$-Mittel in $R$ läßt sich auch auffassen als eine stetige Abbildung des Cartesischen Produkts $P = R_1 \times \ldots \times R_n$ von $n$ Exemplaren $R_i = R$ in den Raum $R$; die Eigenschaften (1) und (2) lassen sich dann so formulieren: $D$ sei die Abbildung $D(x) = x \times \ldots \times x$, $x \in R$, von $R$ in $P$; $D(R) = \Delta \subset P$ heißt die *Diagonale* von $P$. (2) besagt, daß $MD$ die identische Abbildung von $R$ auf sich ist. (1) bedeutet, daß Punkte von $P$, die auseinander durch Permutation der $n$ Komponenten $x_i \in R_i$,

[2]) Vgl. [1], [2]. – Zahlen in eckiger Klammer verweisen auf das Literaturverzeichnis am Schluß der Arbeit.

$i = 1, \ldots, n$ hervorgehen, bei der Abbildung $M$ dasselbe Bild haben. Diese Permutationen bilden eine Gruppe $\Gamma$ von Homöomorphismen von $P$; identifiziert man äquivalente Punkte, so erhält man das *symmetrische Produkt* $S$ von $n$ Faktoren $R_i = R$. Da $\Gamma$ die Diagonale $\Delta$ punktweise festläßt, darf man $\Delta$ als Teilmenge von $S$ betrachten. Man kann somit $M$ auch auffassen als *Abbildung von $S$ in $R$, derart daß $MD$ die Identität von $R$ ist.* In diesem Sinne ist die Frage, ob es in $R$ ein $n$-Mittel gibt, eine Erweiterungsaufgabe: Die Abbildung $D^{-1}$ von $\Delta$ auf $R$ soll zu einer Abbildung $M$ von ganz $S$ in $R$ erweitert werden. Ist z. B. $R$ in sich zusammenziehbar, so ist die Erweiterung trivialerweise möglich: *In einem zusammenziehbaren Raum gibt es für jedes $n$ ein $n$-Mittel.*

Ebenso elementar sind die folgenden Aussagen über $n$-Mittel[3]): $R$ sei ein $M_n$-Raum; jede Zusammenhangskomponente von $R$, jeder Retrakt von $R$ und die universelle Überlagerung von $R$ sind selbst $M_n$-Räume.

1.5. In § 2 der vorliegenden Arbeit werden die Homotopiegruppen eines $M_n$-Raumes $R$ untersucht; ein $n$-Mittel in $R$ induziert ein „homomorphes $n$-Mittel" in jeder Homotopiegruppe von $R$. § 3 handelt von Mittelbildungen in Gruppen, mit Anwendung auf die Homotopiegruppen eines $M_n$-Raumes. In § 4 wird der Fall behandelt, daß $R$ für *jedes* $n \geqslant 2$ ein $n$-Mittel besitzt. – Für die singulären Homologiegruppen eines $M_n$-Raumes $R$ (§ 5) werden andere Methoden angewendet als für die Homotopiegruppen, das Ergebnis lautet jedoch gleich[4]).

## § 2. Homotopiegruppen eines $M_n$-Raumes

2.1. Für zwei Räume $T$ und $R$ bezeichne $R^T$ den Raum[5]) aller stetigen Abbildungen von $T$ in $R$. Eine Abbildung $F$ von $R$ in einen Raum $S$ bewirkt eine Abbildung von $R^T$ in $S^T$, die ebenfalls mit $F$ bezeichnet sei: Man definiert, für $f \in R^T, F(f) = g \in S^T$ durch $g(t) = F(f(t)), t \in T$.

Ist $P$ das Cartesische Produkt $R_1 \times \ldots \times R_n$ von Räumen $R_i$, so kann man $P^T$ in kanonischer Weise darstellen als Cartesisches Produkt $P^T = R_1^T \times \ldots \times R_n^T$; ist $F$ eine Abbildung von $P$ in $R$, so läßt sich die induzierte Abbildung von $P^T$ in $R^T$ also auffassen als Abbildung von $R_1^T \times \ldots \times R_n^T$ in $R^T$: für $f_i \in R_i^T, i = 1, \ldots, n$ ist $F(f_1, \ldots, f_n) = g \in R^T$ gegeben durch $g(t) = F(f_1(t), \ldots, f_n(t)), t \in T$.

---

[3]) Vgl. [1].

[4]) Mit Hilfe der Methoden von *Serre* [6] könnte auf Grund allgemeiner Beziehungen von den Homotopie- auf die singulären Homologiegruppen geschlossen werden; die direkte Behandlung der Homologiegruppen (§ 5) ist aber so einfach, daß wir diese vorziehen.

[5]) In der üblichen („kompakt-offenen") Topologie.

Sind insbesondere alle $R_i = R, i = 1, \ldots, n$, und ist $F = M$ ein $n$-Mittel in $R$ – d. h. eine Abbildung von $P$ in $R$ mit den Eigenschaften (1) und (2) –, so gelten (1) und (2) auch für die induzierte Abbildung von $R_1^T \times \ldots \times R_n^T$ in $R^T$:

**Satz 1.** *Ein $n$-Mittel $M$ in $R$ induziert ein $n$-Mittel im Raum $R^T$ der Abbildungen von $T$ in $R$.* — Dies gilt auch dann, wenn man die Elemente $f \in R^T$ durch die Bedingung einschränkt, daß für eine gewisse Teilmenge $T_0 \subset T$ stets $f(T_0)$ ein vorgegebener Punkt $p$ von $R$ sein soll.

2.2. Es sei nun $\Omega(R)$ der Raum der geschlossenen Wege in $R$ mit Anfangs- und Endpunkt $p$, wo $p$ ein festgewählter Punkt von $R$ ist; d. h. $T$ sei die reelle Einheitsstrecke $0 \leqslant t \leqslant 1$, und $\Omega(R)$ die Teilmenge von $R^T$ bestehend aus denjenigen Abbildungen $f$ von $T$ in $R$, bei welchen $f(0) = f(1) = p$ ist. In $\Omega(R)$ ist in üblicher Weise eine Operation erklärt, die wir mit $+$ bezeichnen: $\omega + \omega'$ $(\omega, \omega' \in \Omega(R))$ ist definiert durch $(\omega + \omega')(t) = \omega(2t)$ für $0 \leqslant t \leqslant \frac{1}{2}, = \omega'(2t-1)$ für $\frac{1}{2} \leqslant t \leqslant 1$. Sie ist i. A. nicht assoziativ, kommutativ usw.; $\varepsilon$ bezeichne den Weg $\omega(T) = p$. Für jede Abbildung $F$ von $R$ in $S$ ist die induzierte Abbildung von $\Omega(R)$ in $\Omega(S)$ offenbar homomorph bezüglich dieser Operation.

In einem Cartesischen Produkt $P = R_1 \times \ldots \times R_n$ ist

$$\Omega(P) = \Omega(R_1) \times \ldots \times \Omega(R_n),$$

und die Operation $+$ läßt sich komponentenweise ausführen. Eine Abbildung $F$ von $P$ in $R$ induziert eine Abbildung von $\Omega(R_1) \times \ldots \times \Omega(R_n)$ in $\Omega(R)$ – wo $\Omega(R_i)$ bezüglich $p_i \in R_i$ und $\Omega(R)$ bezüglich $F(p_1, \ldots, p_n) \in R$ genommen sei –, und es gilt für $\omega_i, \omega_i' \in \Omega(R_i), i = 1, \ldots, n$

$$F(\omega_1 + \omega_1', \ldots, \omega_n + \omega_n') = F(\omega_1, \ldots, \omega_n) + F(\omega_1', \ldots, \omega_n').$$

Handelt es sich bei $F$ insbesondere um ein $n$-Mittel $M$ in $R$, so hat also das gemäß Satz 1 in $\Omega(R)$, bezüglich $p \in R$, induzierte $n$-Mittel $M$ außer (1) und (2) die Homomorphieeigenschaft

$$M(\omega_1 + \omega_1', \ldots, \omega_n + \omega_n') = M(\omega_1, \ldots, \omega_n) + M(\omega_1', \ldots, \omega_n') \quad (3)$$

für alle $\omega_i, \omega_i' \in \Omega(R)$; wir nennen es ein *homomorphes $n$-Mittel.*

2.3. Die durch Wege zusammenhängenden Komponenten von $\Omega(R)$ – d. h. die Homotopieklassen geschlossener Wege in $R$ mit festem Anfangs- und Endpunkt $p$ – bilden bezüglich der Operation $+$ eine Gruppe, die *Fundamentalgruppe* $\pi_1(R)$ in $p$; sie ist i. A. nicht Abelsch, und ihr Neutralelement 0 ist die Klasse, welche $\varepsilon$ enthält. Zum homomorphen $n$-Mittel $M$ in $\Omega(R)$ gehört offenbar ein ebensolches in $\pi_1(R)$. Es ergibt sich somit:

**Satz 2.** *Ein n-Mittel in R induziert ein homomorphes n-Mittel in der Fundamentalgruppe* $\pi_1(R)$ (bezogen auf einen beliebigen Punkt $p \in R$).

Unter einer allgemeinen *Homotopiegruppe* $\Pi(R)$ von $R$ versteht man die Fundamentalgruppe $\pi_1(R^T)$ eines Abbildungsraumes $R^T$, in einem vorgegebenen Punkt $f_0 \in R^T$. Aus den Sätzen 1 und 2 folgt unmittelbar

**Satz 2'.** *Ein n-Mittel in R induziert ein homomorphes n-Mittel in jeder Homotopiegruppe* $\Pi(R)$ *von R.*

Dies gilt insbesondere für die *Hurewicz'schen Homotopiegruppen* $\pi_n(R)$, $r \geqslant 2$, da diese bekanntlich als Fundamentalgruppen von Abbildungsräumen $R^T(T = \text{Sphäre } S^{n-1})$ aufgefaßt werden kann. — Um aus Satz 2 und 2' weitere Folgerungen ziehen zu können, untersuchen wir im nächsten Abschnitt den Begriff des homomorphen $n$-Mittels in einer Gruppe.

## § 3. Mittelbildung in Gruppen

3.1. $G$ sei eine beliebige, additiv geschriebene Gruppe, $M$ ein *homomorphes n-Mittel* in $G$, $n \geqslant 2$, also eine Funktion $M(x_1, \ldots, x_n)$ von $n$ Variablen $x \in G$ mit Werten in $G$, welche (1) symmetrisch in $x_1, \ldots, x_n$ ist, (2) $M(x, \ldots, x) = x$ erfüllt für alle $x \in G$, (3) homomorph ist in allen Variablen:

$$M(x_1 + x_1', \ldots, x_n + x_n') = M(x_1, \ldots, x_n) + M(x_1', \ldots, x_n'), \; x_i, x_i' \in G.$$

(Mit anderen Worten: $M$ ist ein Homomorphismus der direkten Summe von $n$ Exemplaren $G$ in $G$.)

Wir setzen $\mu(x) = M(x, 0, \ldots, 0) = M(0, x, \ldots, 0) = \ldots = M(0, 0, \ldots, x)$, $x \in G$. Aus (3) folgt, daß $\mu$ ein Homomorphismus von $G$ in sich ist. Ferner gilt für $x, y \in G$

$$\mu(x) + \mu(y) = M(x, 0, \ldots, 0) + M(0, y, 0, \ldots, 0) = M(x, y, 0, \ldots, 0),$$

also wegen der Symmetrieeigenschaft (1)

$$\mu(x) + \mu(y) = \mu(y) + \mu(x),$$

d. h. $\mu(G) \subset G$ ist Abelsch.

3.2. Aus (2) folgt für jedes $x \in G$:

$$x = M(x, x, \ldots, x) = M(x, 0, \ldots, 0) + \cdots + M(0, 0, \ldots, x) = n \cdot \mu(x) = \mu(nx).$$

Somit ist $G = \mu(G)$ eine *Abelsche* Gruppe. Die Zuordnung $x \to nx$

ist also ein Endomorphismus von $G$; wegen $n\mu(x) = \mu(nx) = x$ für alle $x \in G$ ist sie sogar ein *Automorphismus*, und $\mu$ ist der inverse Automorphismus $x \to n^{-1}x$.

Für $M(x_1, \ldots, x_n)$ erhält man dann

$$M(x_1,\ldots,x_n) = M(x_1,0,\ldots,0) + \cdots + M(0,\ldots,0,x_n) = \mu(x_1) + \cdots + \mu(x_n)$$
$$= \mu(x_1 + \cdots + x_n) = n^{-1}(x_1 + \cdots + x_n),$$

also das „arithmetische Mittel".

**Satz 3.** *In einer Gruppe $G$ gibt es dann und nur dann ein homomorphes $n$-Mittel $M$, wenn $G$ Abelsch und $x \to nx$, $x \in G$, ein Automorphismus von $G$ ist. In diesem Falle gibt es nur ein $n$-Mittel, nämlich*

$$M(x_1, \ldots, x_n) = n^{-1}(x_1 + \cdots + x_n).$$

3.3. Die Abelschen Gruppen, in denen $x \to nx$ ein Automorphismus ist, sollen näher untersucht werden; wie in § 1 bezeichnen wir diese Eigenschaft mit $\mathfrak{a}_n$, und es sei stets $n \geqslant 2$.

$G$ habe die Eigenschaft $\mathfrak{a}_n$, und $x \in G$ sei von der Ordnung $k > 0$. Ist $(n, k)$ der größte gemeinsame Teiler von $n$ und $k$, und

$$k = k'(n, k), \; n = n'(n, k),$$

also $nk' = kn'$, so ist $k'(nx) = n'kx = 0$; da $nx$ auch die Ordnung $k$ hat, ist $k$ Teiler von $k'$, somit $(n, k) = 1$:

**Satz 4.** *Wenn die Abelsche Gruppe $G$ die Eigenschaft $\mathfrak{a}_n$ hat, dann ist die Ordnung eines jeden Elementes von $G$ entweder 0 oder zu $n$ teilerfremd.*

Die Umkehrung hievon gilt offenbar nicht, wie die unendliche zyklische Gruppe zeigt. Sie gilt jedoch für Torsionsgruppen, d. h. für Gruppen ohne Elemente der Ordnung 0.

**Satz 4'.** *Ist die Ordnung eines jeden Elementes der Abelschen Gruppe $G$ zu $n$ teilerfremd, so hat $G$ die Eigenschaft $\mathfrak{a}_n$.*

*Beweis.* Zu jedem Element $x \in G$ gibt es eine ganze Zahl $v$, derart, daß $vx = x$ ist; ist nämlich $k$ die Ordnung von $x$, so gibt es wegen $(k, n) = 1$ zwei ganze Zahlen $u$, $v$ mit $uk + vn = 1$, also

$$ukx + vnx = vnx = x.$$

Es ist somit $nG = G$, und aus $nx = 0$ folgt $x = vnx = 0$. –

In einer direkten Summe gilt die Eigenschaft $\mathfrak{a}_n$ dann und nur dann, wenn sie in jedem Summanden gilt. Eine Abelsche Gruppe mit der Eigenschaft $\mathfrak{a}_n$ (für ein $n \geqslant 2$) enthält also keinen direkten Summanden, der unendlich zyklisch ist; sie kann also sicher *nicht frei* sein. – Für direkte Summen zyklischer Gruppen (z. B. Abelsche Gruppen mit endlich vielen Erzeugenden) ist, ebenso wie für Torsionsgruppen, die Eigenschaft $\mathfrak{a}_n$ äquivalent damit, daß die Ordnung eines jeden Elementes zu $n$ teilerfremd ist.

3.4. In Verbindung mit den Ergebnissen von § 2 erhalten wir nun Begingungen für die Existenz von $n$-Mitteln in einem Raume $R$; sie betreffen die Homotopiegruppen $\Pi(R)$ von $R$ (vgl. 2.3):

**Satz 5.** *Gibt es im Raume $R$ ein $n$-Mittel, so ist jede Homotopiegruppe $\Pi(R)$ Abelsch, und $\alpha \to n\alpha$, $\alpha \in \Pi(R)$, ist ein Automorphismus von $\Pi(R)$. Die Ordnung eines jeden Elementes von $\Pi(R)$ ist also 0 oder zu $n$ teilerfremd, und $\Pi(R)$ enthält keinen direkten Summanden, welcher unendlich zyklisch ist.*

Dies gilt insbesondere für die Fundamentalgruppe $\pi_1(R)$ und für die Hurewicz'schen Homotopiegruppen $\pi_r(R)$, $r \geqslant 2$. Auf Grund der Kenntnis dieser Gruppen lassen sich viele Beispiele von Räumen angeben, in welchen es für kein $n \geqslant 2$ ein $n$-Mittel gibt; wir erwähnen hier nur

a) die $p$-dimensionale Sphäre $S^p$ ($\pi_p(S^p)$ ist unendlich zyklisch),

b) die geschlossenen Flächen $\Phi$ vom Geschlecht $g > 1$ ($\pi_1(\Phi)$ ist nicht Abelsch).

Satz 5 läßt sich auch auf die *Torus-Homotopiegruppen*[6]) eines $M_n$-Raumes $R$ anwenden; es ergibt sich u. a., daß diese Abelsch sind. Dies bedeutet für die Homotopiegruppen $\pi_r(R)$, $r \geqslant 1$: ein $M_n$-Raum $R$ ist *einfach* in allen Dimensionen $r \geqslant 1$ (im Sinne von Eilenberg[6])), und alle Whiteheadprodukte[6]) zwischen den Elementen der $\pi_r(R)$ sind 0.

## § 4. Räume mit $n$-Mitteln für alle $n$

4.1. Wir nehmen an, es gebe im Raume $R$ für jedes $n \geqslant 2$ ein $n$-Mittel. $\Pi(R)$ sei eine Homotopiegruppe von $R$ (vgl. 2.3); sie ist Abelsch und hat die Eigenschaft $\mathfrak{a}_n$, $n = 2, 3, \ldots$. Ist $\alpha \in \Pi(R)$ ein Element der Ordnung $k > 0$, so muß $k$ zu $n = 2, 3, \ldots$ teilerfremd, also $= 1$ sein, d. h. es ist $\alpha = 0$. Alle Elemente $\neq 0$ von $G$ haben also die Ordnung 0; eine solche Gruppe heißt *torsionsfrei*.

[6]) Siehe *Fox* [4].

**Satz 6.** *Gibt es in $R$ für jedes $n \geqslant 2$ ein $n$-Mittel, so sind alle Homotopiegruppen $\Pi(R)$ torsionsfreie Abelsche Gruppen mit der Eigenschaft $\mathfrak{a}_n$ für alle $n$.*

Unendlich zyklische direkte Summanden können in einer solchen Gruppe nicht auftreten. Ist von der Homotopiegruppe $\Pi(R)$ des Raumes $R$ zum vorneherein bekannt, daß sie eine direkte Summe zyklischer Gruppen sein muß, so ist also nur $\Pi(R) = 0$ möglich (z. B. wenn $\Pi(R)$ von endlich vielen Elementen erzeugt wird).

4.2. **Satz 6′.** *$R$ sei ein zusammenhängendes endliches Polyeder. Dann und nur dann gibt es in $R$ für jedes $n$ ein $n$-Mittel, wenn $R$ in sich auf einen Punkt zusammenziehbar ist.*

*Beweis.* Die ganzzahligen singulären Homologiegruppen $H_r(R)$ sind von endlich vielen Elementen erzeugt. Aus der Existenz der $n$-Mittel folgt, daß $\pi_1(R)$ Abelsch ist, also $= H_1(R)$, somit von endlich vielen Elementen erzeugt; nach 4.1 ist also $\pi_1(R) = 0$. Hieraus folgt aber $\pi_2(R) \cong H_2(R)$, also von endlich vielen Elementen erzeugt, also ebenfalls $= 0$. Durch Induktion folgt $\pi_r(R) = 0$ für alle $r \geqslant 1$; nach dem Satz von Hurewicz [5] bedeutet dies, daß $R$ zusammenziehbar ist. – Umgekehrt existieren in einem zusammenziehbaren Raum $n$-Mittel für alle $n$ (vgl. 1.4).

Ein einfaches Beispiel (4.3) zeigt, daß i. A. aus der Existenz eines $n$-Mittels in $R$ für ein bestimmtes $n$ noch nicht die Zusammenziehbarkeit von $R$ folgt. Jedoch bleibt hier die Frage offen, ob dies für spezielle Räume $R$ (etwa diejenigen von Satz 6′) der Fall ist; ebenso, ob für gewisse Klassen von Räumen aus der Existenz eines $n$-Mittels für ein bestimmtes $n$ diejenige für alle andern $n$ folgt, und auch ob die Aussage von Satz 6′ für allgemeinere Räume als die dort genannten gilt.

4.3. *Beispiel eines $n$-Mittels in einem nicht-zusammenziehbaren Raum:* $n \geqslant 2$ sei beliebig vorgegeben, $R$ der Raum des $n$-adischen Solenoids $\Sigma_n$; dieses kann definiert werden als kompakte Charakterengruppe mod. 1 der diskreten additiven Gruppe $A_n$ aller $n$-albrüche. $R$ ist nicht zusammenziehbar (da gewisse Čech-Homologiegruppen von $R \neq 0$ sind[7])).

Jedes Element $\chi \in \Sigma_n$ ist durch $n$ teilbar. Aus $n\chi = 0$, folgt $\chi(na) = 0$ für alle $a \in A_n$, also, da $nA_n = A_n$ ist, $\chi(a) = 0$ für alle $a \in A_n$, d. h. $\chi = 0$. Somit hat $\Sigma_n$ die Eigenschaft $\mathfrak{a}_n$, und gemäß 1.2 liefert das arithmetische Mittel von $n$ Elementen ein $n$-Mittel in $\Sigma_n$.

---

[7]) Vgl. *Eilenberg-Steenrod:* Foundations of Algebraic Topology, (Princeton 1952) p. 296.

## § 5. Homologiegruppen eines $M_n$-Raumes

5.1. Es handelt sich im folgenden durchwegs um die *singuläre* Homologietheorie. $H_p(R)$ sei die $p$-te Homologiegruppe des Raumes $R$, mit ganzzahligen Koeffizienten. Wir erinnern zunächst an einige bekannte Eigenschaften der Homologiegruppen Cartesischer Produkte, die wir nachher benötigen.

5.1.1. Für ein Cartesisches Produkt $R \times Q$ zweier Räume $R, Q$ gilt die Isomorphie

$$H_p(R \times Q) \cong \sum_{r+s=p} H_r(R) \otimes H_s(Q) + \sum_{r+s=p-1} H_r(R) * H_s(Q)$$

für $p > 0$; dabei handelt es sich um direkte Summen, und $A \otimes B$ bezeichnet das *Tensorprodukt* der Abelschen Gruppen $A$ und $B$, $A * B$ deren *Torsionsprodukt* (letzteres läßt sich so definieren[8]): Es sei $B = F/F_0$, wo $F$ eine freie Abelsche Gruppe ist. $A * B$ ist isomorph zum Kern des natürlichen Homomorphismus von $A \otimes F_0$ in $A \otimes F$. Man kann zeigen, daß $A * B$ keine Elemente der Ordnung 0 enthält). Für unsere Zwecke wird die folgende Zerlegung von $H_p(R \times Q)$ genügen:

$$H_p(R \times Q) \cong H_p(R) \otimes H_0(Q) + H_0(R) \otimes H_p(Q) + \tilde{H}_p ,$$

wo $\tilde{H}_p$ eine direkte Summe von Tensor- und Torsionsprodukten gewisser $H_r(R), H_s(Q)$ mit $r < p, s < p$ ist; für $p = 1$ ist $\tilde{H}_1 = 0$. Außerdem brauchen wir noch Einzelheiten über die Art, wie diese Zerlegung von $H_p(R \times Q)$ explizite hergestellt werden kann.

5.1.2. Es bezeichne $H'_p$ (bzw. $H''_p$) die Untergruppe von $H_p(R \times Q)$, deren Elemente durch Cartesische Produktzyklen $c_p \times c_0$ eines $p$-Zyklus $c_p$ in $R$ und eines 0-Zyklus $c_0$ in $Q$ (bzw. $c_0 \times c_p$, $c_0$ in $R$, $c_p$ in $Q$) repräsentiert werden können; sind $z_p \in H_p(R)$ und $z_0 \in H_0(Q)$ die Homologieklassen von $c_p$ und $c_0$, so bezeichne $z_p \times z_0$ diejenige von $c_p \times c_0$. Dann ist $H_p(R \times Q)$ direkte Summe von $H'_p$, $H''_p$ und einer weitern Untergruppe $\bar{H}_p$, und es ist $H'_p \cong H_p(R) \otimes H_0(Q)$, $H''_p \cong H_0(R) \otimes H_p(Q)$, also $\bar{H}_p \cong \tilde{H}_p$.

$R$ und $Q$ seien *durch Wege zusammenhängend*, also $H_0(R)$ und $H_0(Q)$ unendlich zyklisch und $H'_p \cong H_p(R)$, $H''_p \cong H_p(Q)$; bezeichnet $z_0$ die durch einen Punkt von $Q$ repräsentierte Homologieklasse $\in H_0(Q)$, so ist die Zuordnung $z_p \to z_p \times z_0$, $z_p \in H_p(R)$, ein Isomorphismus von $H_p(R)$ auf $H'_p$, und analog läßt sich der Isomorphismus $H_p(Q) \cong H''_p$

[8]) Vgl. [3].

erhalten. Die Elemente von $\overline{H}_p$ sind dadurch charakterisiert, daß sie sich durch Cartesische Produkte von lauter Zyklen[9]) in $R$ der Dimensionen $< p$ repräsentieren lassen.

5.1.3. Durch Iteration erhält man für das Cartesische Produkt $P = R_1 \times R_2 \times \ldots \times R_n$ von $n$ Räumen $R_i$, die durch Wege zusammenhängend sind, eine Zerlegung von $H_p(P)$ in eine direkte Summe von Untergruppen

$$H_p(P) = H_p^{(1)} + \ldots + H_p^{(n)} + \overline{H}_p\,;$$

dabei ist $H_p^{(i)} \cong H_p(R_i)$, und $\overline{H}_p \cong \tilde{H}_p$, wo $\tilde{H}_p$ eine direkte Summe von $n$-fachen Tensor- und Torsionsprodukten gewisser Gruppen $H_r(R_i), r<p$, ist. Mit $z_0^{(j)}$ bezeichnen wir die Homologieklasse aus $H_0(R_j)$, die durch einen Punkt $x_j \in R_j, j = 1, \ldots, n$ repräsentiert wird; die Zuordnung $z_p^{(i)} \to z_0^{(1)} \times \ldots \times z_0^{(i-1)} \times z_p^{(i)} \times z_0^{(i+1)} \times \ldots \times z_0^{(n)}$ ist ein Isomorphismus $I_i$ von $H_p(R_i)$ auf $H_p^{(i)}$. Die Elemente von $\overline{H}_p$ sind analog charakterisiert wie in 5.1.2; für $p = 1$ ist $\overline{H}_p = 0$.

5.2. Es seien nun in $P$ alle $R_i = R$, und $D$ bezeichne wie in 1.4 die Diagonalabbildung von $R$ in $P$, gegeben durch $D(x) = (x, x, \ldots, x)$, $x \in R$; $D(R) = \Delta \subset P$ ist die *Diagonale* von $P$. $D$ induziert einen Homomorphismus $D_*$ von $H_p(R)$ in $H_p(P)$; entsprechend der Zerlegung in 5.1.3 zerfällt $D_* z_p, z_p \in H(R)$, eindeutig in eine Summe

$$D_* z_p = D_1 z_p + \ldots + D_n z_p + \overline{D} z_p\,,$$

wo $D_i$ ein Homomorphismus von $H_p(R)$ in $H_p^{(i)}, i = 1, \ldots, n$, $\overline{D}$ von $H_p(R)$ in $\overline{H}_p$ ist.

Unterwirft man die $n$ Komponenten $x_i \in R$ eines jeden Punktes $(x_1, \ldots, x_n)$ von $P$ einer bestimmten Permutation, so erhält man eine topologische Abbildung $T$ von $P$ auf sich, welche $\Delta$ punktweise festläßt. Offenbar bildet $T_*$ die Gruppen $\sum_i H_p^{(i)}$ und $\overline{H}_p$ in sich ab. Wegen $TD = D$ ist $T_* D_* z_p = D_* z_p, z_p \in H_p(R)$, also

$$T_*(\sum_i D_i z_p) + T_* \overline{D} z_p = \sum_i D_i z_p + \overline{D} z_p\,,$$

somit $T_*(\sum_i D_i z_p) = \sum_i D_i z_p$. Da dies für jede Permutation $T$ gilt, folgt leicht, daß alle $I_i^{-1} D_i z_p \in H_p(R), i = 1, \ldots, n$, einander gleich sind; wir setzen $I_i^{-1} D_i z_p = J z_p$ und erhalten

$$D_i z_p = z_0^{(1)} \times \ldots \times z_0^{(i-1)} \times J z_p \times z_0^{(i+1)} \times \ldots \times z_0^{(n)}\,.$$

[9]) und ganzzahlige Zyklen mod $m$.

5.3. $M$ sei ein $n$-Mittel in $R$, also eine Abbildung von $P = R \times \ldots \times R$ in $R$ mit den Eigenschaften (1) und (2) (vgl. 1.3). Wir betrachten, für $z_p \in H_p(R)$, $M_* D_* z_p = M_* (\sum_i D_i z_p) + M_* \overline{D} z$. Repräsentiert man in der obigen Darstellung von $D_i z_p$ alle $z_0^{(i)}$ durch denselben Punkt von $R$ und berücksichtigt man die Symmetrieeigenschaft (1), so folgt, daß alle $M_* D_i z_p$ einander gleich sind. Es ist also $M_* D_* z_p = n M_* D_1 z_p + M_* \overline{D} z$. Aus (2) folgt ferner $M_* D_* z_p = z_p$.

*Es gibt also zwei Endomorphismen $\sigma$ und $\tau$ von $H_p(R)$, derart daß für alle $z_p \in H_p(R)$ gilt*

$$z_p = n \sigma z_p + \tau z_p ;$$

*dabei ist $\tau = M_* \overline{D}$, wo $\overline{D}$ ein Homomorphismus von $H_p(R)$ in $\overline{H}_p$ ist.*

Für $p = 1$ ist $\overline{H}_1 = 0$, also $\tau = 0$; es gibt also einen Endomorphismus $\sigma$, derart daß $n \sigma z_1 = z_1$ ist für alle $z_1 \in H_1(R)$. Hieraus folgt wie in 3.2, *daß $H_1(R)$ die Eigenschaft $\mathfrak{a}_n$ hat:* $z_1 \to n z_1$ ist ein Automorphismus von $H_1(R)$.

Um durch Induktion bezüglich $p$ weiter schließen zu können, benötigen wir ein Lemma bezüglich der Eigenschaft $\mathfrak{a}_n$.

5.4. **Lemma.** $A$ und $B$ seien zwei Abelsche Gruppen. Mit $A$ hat auch (a) ihr Tensorprodukt $A \otimes B$ und (b) ihr Torsionsprodukt $A * B$ die Eigenschaft $\mathfrak{a}_n$.

*Beweis.* (a) Ist $\alpha$ ein Automorphismus von $A$, so ist $\alpha \otimes i$ ($i$ = Identität von $B$) ein Automorphismus von $A \otimes B$; wegen

$$(na) \otimes b = n(a \otimes b)$$

für alle $a \in A, b \in B$, ist also $a \otimes b \to n(a \otimes b)$ ein Automorphismus von $A \otimes B$. – Es folgt insbesondere, daß die Ordnung von $a \otimes b$ ($a \in A$, $b \in B$) entweder 0 oder zu $n$ teilerfremd ist.

(b) $A * B$ ist Untergruppe von $A \otimes F_0$ (vgl. 5.1) und hat keine Elemente der Ordnung 0; die Ordnung eines jeden Elementes von $A * B$ ist also zu $n$ teilerfremd, woraus nach Satz 5 (3.3) die Eigenschaft $\mathfrak{a}_n$ folgt.

5.5. Wir gehen nun zurück zum $M_n$-Raum $R$. Es sei $p \geqslant 2$, und es sei schon gezeigt, daß alle $H_s(R)$, $0 < s < p$, die Eigenschaft $\mathfrak{a}_n$ haben; da $\overline{H}_p$ einer direkten Summe von Tensor- und Torsionsprodukten von $H_s$, $s < p$, isomorph ist (wobei für mindestens einen Faktor $s > 0$ ist), hat auf Grund des Lemmas $\overline{H}_p$ die Eigenschaft $\mathfrak{a}_n$. Setzen wir nun für $z_p \in H_p(R)$

$$\mu z_p = \sigma z_p + M_* (n^{-1} \overline{D} z_p) ,$$

so ist $\mu$ ein Endomorphismus von $H_p(R)$, für welchen nach 5.3 gilt:

$$n\mu z_p = \mu n z_p = n\sigma z_p + M_* \overline{D} z_p = n\sigma z_p + \tau z_p = z_p \,.$$

Somit hat $H_p(R)$ die Eigenschaft $\mathfrak{a}_n$.

**Satz 8.** *R sei ein durch Wege zusammenhängender Raum. Wenn es in R ein n-Mittel gibt, so ist in allen Dimensionen* $p > 0$ *die Zuordnung* $z_p \to n z_p$ *ein Automorphismus von* $H_p(R)$. *Die Ordnungen aller Homologieklassen sind also* 0 *oder zu n teilerfremd; ist* $H_p(R)$ *direkte Summe zyklischer Gruppen, so sind alle Ordnungen zu n teilerfremd (die Bettischen Zahlen also* $= 0$, *die Torsionskoeffizienten zu n teilerfremd).*

Dies sind, insbesondere für endliche Polyeder oder Räume von demselben Homologiecharakter, sehr starke Bedingungen, die die Existenz eines $n$-Mittels nur in seltenen Fällen zulassen.

## LITERATURVERZEICHNIS


[1] *G. Aumann*, Math. Ann. 119 (1943), 210–215.

[2] *G. Aumann*, Math. Ann. 111 (1935), 713–730.

[3] *H. Cartan* und *S. Eilenberg*, Homological algebra (in Vorbereitung).

[4] *R. H. Fox*, Ann. of Math. 49 (1948), 471–510.

[5] *W. Hurewicz*, Proc. Akad. Amsterdam 38 (1935), 521–528.

[6] *J. P. Serre*, Ann. of Math. 58 (1953), 258–294.


(Eingegangen den 7. Mai 1954)

# Zur Cohomologietheorie von Räumen und Gruppen

Proc. Int. Congr. of Math. 1954 III,
North-Holland Publishing Co. (1957), 170–177

Das Grenzgebiet zwischen Topologie und Algebra, das etwa mit dem Namen „homologische Algebra" bezeichnet wird, hat sich in der letzten Zeit nach beiden Seiten hin ausgedehnt, derjenigen der Räume und derjenigen der algebraischen Strukturen. Die Anwendungen und die gegenseitigen Anregungen erstrecken sich von Homotopiefragen bis zur Klassenkörpertheorie; verschiedenartige geometrische und algebraische Fragenstellungen haben sich als verwandt und denselben Methoden zugänglich erwiesen.

In diesem Vortrag handelt es sich um einen methodisch und inhaltlich eng begrenzten Ausschnitt aus diesem weit verzweigten Gebiet: nämlich um einen grundlegenden Satz über Komplexe mit Operatoren [1]) und verschiedene Folgerungen bezüglich der additiven Cohomologie; diese sind teils topologisch, teils gruppentheoretisch — es liegt wohl in der Natur der Sache, dass hier eine strenge Trennung nicht angebracht wäre.

**1.** Den natürlichen Ausgangspunkt bilden die *Ueberlagerungsräume*. Es sei $U$ eine reguläre Ueberlagerung des Raumes $S$, mit der Decktransformationengruppe $G$, die in $U$ fixpunktfrei operiert; $U$ zerfällt in Aequivalenzklassen, die den Punkten von $S$ eineindeutig entsprechen. Eine Funktion in $S$ lässt sich auffassen als eine solche in $U$, die auf jeder Aequivalenzklasse konstant ist, eine „automorphe" Funktion. Analog können Cohomologieeigenschaften von $S$ *in* $U$ untersucht werden, wenn man sich dort auf Coketten beschränkt, die automorph sind, d.h. bei den Decktransformationen $x \in G$ in sich übergehen. Es sei hier etwa die singuläre Theorie zugrundegelegt. Für ein singuläres $p$-Simplex $\sigma_p$ bezeichne $x\sigma_p$ sein Bild bei $x \in G$; dadurch wird $G$ zu einem Automorphismus der Kettengruppe $C_p$ von $U$, welcher randtreu ist: $\partial(xc_p) = x\partial c_p$ für alle $x \in G$, $c_p \in C_p$. M.a.W.: $G$ ist eine Automorphismengruppe des singulären Komplexes $C(U)$ von $U$. Die automorphen Coketten $f^p$ sind die, welche bei diesen Automorphismen in sich übergehen.

Etwas allgemeiner sei angenommen, die Abelsche Gruppe $J$, in welcher die Werte der $f^p$ liegen, besitze $G$ als Gruppe von Linksoperatoren, und es gelte

[1]) Vgl. [1] und die dort zu findenden Literaturhinweise. Als übersichtliche Einführung in die vorliegenden Fragestellungen verweisen wir ferner auf [3]. — Zahlen in eckiger Klammer [ ] beziehen sich auf das Literaturverzeichnis am Schluss des vorliegenden Berichtes.

$f^p(x\,c_p) = x.f^p(c_p)$ für alle $x \in G$, $c_p \in C_p$); solche Coketten heissen *zulässig* oder äquivariant (die automorphen erhält man im Spezialfall, wo die Operationen von $G$ in $J$ alle trivial, d.h. gleich der Identität von $J$ sind: $f^p(xc_p) = f^p(c_p)$). Die mit solchen zulässigen Coketten gebildeten Cohomologiegruppen seien im Folgenden mit $H^p$ bezeichnet; im Gegensatz dazu die „gewöhnlichen", auf keine Automorphismengruppe bezogenen, mit $\mathbf{H}^p$. Offenbar gilt die Isomorphie $\mathbf{H}^p(S, J) \cong H^p(C(U), J)$, wenn $G$ in $J$ trivial operiert — aber auch sonst, falls unter $\mathbf{H}^p$ die Cohomologiegruppen von $S$ mit *lokalen Koeffizienten* im Sinne von Steenrod verstanden werden.

$R_G$ sei der ganzzahlige Gruppenring von $G$. Vermöge linearer Fortsetzung fassen wir die $C_p$ und $J$ als $R_G$-Modulen auf, die Randbildung $\partial$ als $R_G$-Homomorphismus von $C_p$ in $C_{p-1}$, ($p \geqq 0$; $C_{-1}$ sei die additive Gruppe $Z$ der ganzen Zahlen, in welcher $G$ trivial operiert, und $\partial\sigma^0 = 1$ für jedes 0-Simplex $\sigma^0$), und die zulässigen Coketten $f^p$ als $R_G$-Homomorphismen von $C_p$ in $J$.

**2.** Durch diese Situation wird der Begriff des „*Komplexes über dem Ring R*" (kurz „$R$-Komplex") nahegelegt, wo $R$ ein beliebiger Ring mit Einselement $e$ ist; darunter verstehen wir einen Komplex $C$, in dem die Kettengruppen $C_p$, $p = -1, 0, 1, 2, \ldots$ $R$-Moduln [2]) sind, und die Randoperationen $\partial$ $R$-Homomorphismen [2]) von $C_p$ in $C_{p-1}$, $p \geqq 0$ (für $p = 0$ *auf* $C_{-1}$). Die zulässigen Cohomologiegruppen $H^p(C, J)$ von $C$ sind so definiert: $J$ sei ein $R$-Modul, $C^p = \mathrm{Hom}_R(C_p, J)$ die Gruppe der $R$-Homomorphismen von $C_p$ in $J$, $\delta$ der zu $\partial$ duale Homomorphismus von $C^p$ in $C^{p+1}$ (für $f^p \in C^p$ ist $\delta f^p \in C^{p+1}$ durch $\delta f^p(c_{p+1}) = f^p(\partial C_{p+1})$ erklärt); wegen $\partial\partial = 0$ ist $\delta\delta = 0$; $Z^p$ sei der Kern von $\delta$ in $C^p$ und $H^p(C, J) = Z^p/\delta C^{p-1}$ für $p \geqq 1$, $= Z^0$ für $p = 0$. Soll der Ring hervorgehoben werden, auf welchen sich „zulässig" bezieht, so schreiben wir $H^p_R$ statt $H^p$. Offenbar kann man i.A. einen Komplex $C$ gleichzeitig über verschiedenen Ringen betrachten, insbesondere stets über $Z$ (ganze Zahlen) statt $R$; für eine beliebige Abelsche Gruppe $J$ ist dann $H^p_Z(C, J)$ die gewöhnliche Cohomologiegruppe $\mathbf{H}^p(C, J)$ von $C$.

Die Tatsache, dass in $C$ gleichzeitig *verschiedene Arten zulässiger Coketten* $f^p$ auftreten, sei nun in folgender Weise formuliert und verallgemeinert. Es ist stets $f^p \in \mathrm{Hom}_Z(C_p, J)$, aber $f^p(rc_p)$ als Funktion von $r \in R$ von Fall zu Fall verschieden. Wir setzen $\Phi = \mathrm{Hom}_Z(R, J)$, für eine Abelsche Gruppe $J$; $\Phi$ ist ein $R$-Modul vermöge $(r'\varphi)(r) = \varphi(rr')$, für alle $r, r' \in R$. Ferner sei $\Psi$ ein Teilmodul von $\Phi$. Eine Cokette $f^p \in \mathrm{Hom}_Z(C_p, J)$ heisst „vom Typus $\Psi$",

---

[2]) Ein R-Modul ist eine additive Abelsche Gruppe, welche R als Ring von Linksoperatoren besitzt, wobei e der identische Operator ist; ein R-Homomorphismus ist ein bezüglich dieser Operatoren zulässiger Homomorphismus.

wenn für jedes feste $c_p \in C_p$ die Funktion $f^p(rc_p) = \psi(r)$ zu $\Psi$ gehört. In üblicher Weise, aber unter *durchgehender Beschrankung auf Coketten vom* Typus $\Psi$, erhält man dann Cohomologiegruppen $H^p_{\text{Typ}\,\Psi}(C, J)$.

Beispiele: (1) $\Psi = \Phi = \text{Hom}_Z(R, J)$. Dann ist $H^p_{\text{Typ}\,\Phi}(C, J) = H^p_Z(C, J) = \mathbf{H}^p(C, J)$ die gewöhnliche Cohomologiegruppe von C.

(2) $\Psi = \text{Hom}_R(R, J)$, wo $J$ ein $R$-*M*odul ist. $H^p_{\text{Typ}\,\Psi}(C, J) = H^p_R(C, J)$ ist die bezüglich $R$ zulässige Cohomologiegruppe von $C$. — Man sieht leicht ein, dass in diesem Falle $\Psi \cong J$ ist: die Zuordnung $\psi \to \psi(e)$ vermittelt den Isomorphismus.

(3) $\Psi = \text{Hom}_Q(R, J)$, wo $Q$ ein Teilring von $R$ ist und $J$ ein Q-Modul. $H^p_{\text{Typ}\,\Psi}(C, J)$ ist die bezüglich $Q$ zulässige Cohomologiegruppe $H^p_Q(C, J)$.

In den folgenden Beispielen sei $R = R_G$ der *Gruppenring* der Gruppe $G$. Die Elemente $\varphi \in \Phi$ sind durch ihre Werte $\varphi(x)$, $x \in G$, bestimmt, also beliebige Funktionen von $G$ nach $J$. — Wir schreiben kurz statt $\text{Hom}_{R_G}$ stets $\text{Hom}_G$ und statt $H^p_{R_G}$ stets $H^p_G$.

(4) $\Psi$ bestehe aus den Funktionen $\psi(x) = x.\,\psi(e)$, wo $J$ ein $R_G$-Modul und $e$ das Neutralelement von $G$ ist. Z.B. $\psi(x) =$ konstant. Dieser Typus liefert im singulären Komplex $C(U)$ des Ueberlagerungsraumes $U$ von $S$ (vgl. § 1) die Gruppen $H^p(S, J)$ des Raumes $S$.

(5) $G$ sei unendlich, und $\Psi$ bestehe aus den Funktionen $\psi$, welche nur für endlich viele $x \in G$ einen Wert $\neq 0$ haben. $H^p_{\text{Typ}\,\Psi}$ heisst in diesem Falle die $G$-endliche Cohomologiegruppe von $C$, $H^p_{G\text{-endl.}}(C, J)$. — Für $J = Z$ ist $\Psi$, wie leicht zu sehen, zu $R_G$ selbst $R_G$-isomorph.

(6) $g$ sei eine Untergruppe von $G$, und $\Psi = \text{Hom}_g(R_G, J)$, wo $J$ ein $R_G$-Modul ist. $H^p_{\text{Typ}\,\Psi}(C, J) = H^p_g(C, J)$ ist die bezüglich $g \subset G$ zulässige Cohomologiegruppe von $C$. — Wir nennen $\Psi$ den *durch den $R_g$-Modul $J$ induzierten $R_G$-Modul*; ist $J$ der Modul einer linearen Darstellung von $g$, so ist $\Psi$ derjenige der induzierten linearen Darstellung von $G$, im üblichen Sinne.

Aus diesen Beispielen ist zu ersehen, dass in topologischen und algebraischen Anwendungen Cohomologiegruppen verschiedener Typen $\Psi$ auftreten.

**3.** Alle diese Typen lassen sich nun auf *einen einzigen, den „zulässigen" zurückführen,* und zwar bezüglich eines einzigen Operatorenringes $R$. Es gilt nämlich, für alle $p$

$$H^p_{\text{Typ}\,\Psi}(C, J) \cong H^p_R(C, \Psi).$$

Zum Beweis ordnet man jeder Cokette $f^p$ vom Typus $\Psi$ eine Cokette $F^p$ mit Werten in $\Psi$ zu: $F^p(c_p) = f^p(rc_p)$, als Funktion $\psi$ von $r \in R$ aufgefasst. $F^p$ ist zulässig bezüglich $R$, und $f^p \to F^p$ liefert den gewünschten Isomorphismus. — Aus den Beispielen in § 2 ergibt sich unmittelbar:

(1') $H^p_Z(C, J) \cong H^p_R(C, \Phi)$

(2') $H^p_R(C, J) \cong H^p_R(C, \Psi)$. — Wegen $\Psi \cong J$ ist dies nichtssagend. Analog bei Beispiel (4).

(3') $H^p_Q(C, J) \cong H^p_R(C, \Psi)$, wo $Q$ ein Teilring von $R$, $J$ ein $Q$-Modul und $\Psi = \mathrm{Hom}_Q(R, J)$ ist.

(5') $H^p_{G-\mathrm{endl.}}(C, J) \cong H^p_G(C, R_G)$.

(6') $H^p_g(C, J) \cong H^p_G(C, \Psi)$, wo $g$ eine Untergruppe von $G$, $J$ ein $R_g$-Modul und $\Psi$ der induzierte $R_G$-Modul ist.

Diese formalen Aussagen, gültig ohne weitere Voraussetzungen über den Komplex $C$, werden nun geometrisch und algebraisch angewendet.

**4.** *Ueberlagerungen.* Es sei $\overline{S}$ eine Ueberlagerung von $S$, die *nicht regulär* zu sein braucht, $U$ die universelle Ueberlagerung von $S$, also auch von $\overline{S}$; die Decktransformationengruppe $G$ von $U$ über $S$ enthält diejenige $g$ von $U$ über $\overline{S}$ als Untergruppe ($g$ ist dann und nur dann Normalteiler von $G$, wenn $\overline{S}$ über $S$ regulär ist). Gemäss § 1 ist $\mathbf{H}^p(S, J) \cong H^p(C(U), J)$, wo $C(U)$ der singuläre Komplex von $U$ ist und $J$ ein $R_G$-Modul. Ebenso gilt, für einen $R_G$-Modul $J$, $\mathbf{H}^p(\overline{S}, J) \cong H^p_g(C(U), J)$; nach § 3, (6') ist diese Gruppe $\cong H^p_G(C(U), \Psi)$, also $\cong \mathbf{H}^p(S, \Psi)$. Wir erhalten somit die Isomorphie

$$\mathbf{H}^p(\overline{S}, J) \cong \mathbf{H}^p(S, \Psi),$$

*gültig für eine beliebige Ueberlagerung $\overline{S}$ von $S$, zur Untergruppe $g$ von $G$ gehörend, und für einen $R_g$-Modul $J$; $\Psi$ ist der von $J$ induzierte $R_G$-Modul* ($G$ operiert darin i.A. nichttrivial, selbst wenn $g$ in $J$ trivial operiert).

Ist hierbei $J$ sogar ein $R_G$-Modul (z.B. der triviale), so existiert eine natürliche *Einbettung* $q$ von $J \cong \mathrm{Hom}_G(R_G, J)$ in $\Psi = \mathrm{Hom}_g(R_G, J)$. Sie induziert einen Homomorphismus $\mathfrak{Q}$ von $\mathbf{H}^p(S, J)$ in $\mathbf{H}^p(S, \Psi) \cong \mathbf{H}^p(\overline{S}, J)$; man verifiziert leicht, dass $\mathfrak{Q}$ die *zur Ueberlagerungsprojektion* u *von $\overline{S}$ auf $S$ duale Abbildung* ist. Nach geläufigen Schlussweisen gibt q: $J \to \Psi$ sogar Anlass zu einer exakten Sequenz, welche $\mathbf{H}^p(S, J)$, $\mathbf{H}^p(S, J)$ und $\mathbf{H}^p(S, \Psi/J)$ verknüpft. Solche explizite Zusammenhänge zwischen induzierten Darstellungen und Ueberlagerungsräumen gestatten Anwendungen in beiden Richtungen.

Ein wichtiger Fall ist der, wo die Ueberlagerung $\overline{S}$ von $S$ von *endlicher* Blätterzahl $n$ (= Index von $g$ in $G$) ist. Dann lässt sich der Einbettung $q$ von $J$ in $\Psi$ eine geometrisch und algebraisch naheliegende Abbildung $t$ von $\Psi$ in $J$ zur Seite stellen; man wählt Repräsentanten $x_1, \ldots, x_n$ der Rechtsrestklassen von $G$ mod $g$ und setzt für $\psi \in \Psi$, $t(\psi) = \Sigma x_i^{-1}\psi(x_i)$. Man sieht leicht ein, [3]) dass $t(\psi)$ von den Repräsentanten nicht abhängt, dass $t$ ein $R_G$-Homomorphis-

[3]) vgl. [2], wo auch verschiedene algebraische Anwendungen zu finden sind.

mus von $\Psi$ in $J$ ist, und dass $tq(\tau) = n\tau$ ist für $\tau \in J$, kurz $tq = M_n$ geschrieben[4]). Die durch $t$ induzierte Abbildung $\mathfrak{T}$ von $\mathbf{H}^p(\overline{S}, J)$ in $\mathbf{H}^p(S, J)$ heisst *Verlagerung* (oder *Transfer*), und es gilt: $\mathfrak{T}\mathfrak{Q} = M_n$ (in $\mathbf{H}^p(S, J)$). Ein Anwendungsbeispiel[3] Ist $M_n$ in $\mathbf{H}^p(S, J)$ *eineindeutig*, dann auch $\mathfrak{Q}$ von $\mathbf{H}^p(\overline{S}, J)$, also ist dann $\mathbf{H}^p(S, J)$ *einer Untergruppe von* $\mathbf{H}^p(\overline{S}, J)$ *isomorph* — Folgerungen bezüglich der Bettischen Zahlen, Torsionskoeffizienten usw. liegen auf der Hand.

**5.** *Freie azyklische Komplexe; algebraischer Aspekt.* Wir nehmen an, der $R$-Komplex $C$ sei (a) frei bezüglich $R$, ($b$) azyklisch in allen Dimensionen. ($a$) besagt, dass alle $C_p$ für $p \geqq 0$ freie $R$-Moduln sind, ($b$) dass in $C_p$, $p \geqq 0$, jeder Zyklus ein Rand ist. Offenbar hat ($b$) mit dem Operatorenring nichts zu tun. Ist $R$ frei über $Z$, was wir hier zur Vereinfachung *) annehmen wollen, so ist wegen ($a$) der Komplex $C$ auch frei über $Z$ (Beispiel: $R = R_G$). — Nach bekannten Schlüssen gilt für die Cohomologie von $C$:

I. Zu jeder *exakten Sequenz* von $R$-Moduln $0 \to J \xrightarrow{j} J^0 \xrightarrow{\pi} J' \to 0$ gehört die exakte Sequenz $H^0(J) \to \ldots \to H^p(J) \xrightarrow{j_*} H^p(J_0) \xrightarrow{\pi_*} H^p(J') \xrightarrow{\Delta} H^{p+1}(J) \to \ldots$ Dabei handelt es sich um die zulässigen Cohomologiegruppen $H^p_R(C, J)$ usw; das Argument $C$ und den Index $R$ lassen wir jetzt meistens weg. $j_*$ und $\pi_*$ sind die durch $j$ bzw. $\pi$ induzierten Homomorphismen, und $\Delta$ ist in geläufiger Weise durch die Operation $\delta$ definiert.

II. $H^p_Z(J) = 0$ für $p \geqq 1$.

III. $H^0(J) = \mathrm{Hom}_R(C_{-1}, J)$, und für einen $R$-Homomorphismus $h$ von $J$ in $J_1$ ist $h_* H^0(J) \to H^0(J_1)$ durch Zusammensetzen der Elemente von $\mathrm{Hom}_R(C_{-1}, J)$ mit $h$ gegeben.

Nach § 3, (1′) ist $H^p_Z(J) \cong H^p(\Phi)$, wo $\Phi = \mathrm{Hom}_Z(R, J)$. Bilden wir nun vermöge der durch $J \cong \mathrm{Hom}_R(R, J)$ gegebenen Einbettung $j$ von $J$ in $\Phi$ die exakte Folge $0 \to J \xrightarrow{j} \Phi \xrightarrow{\pi} \Phi/J \to 0$, so folgt:

$$H^p(\Phi/J) \cong H^{p+1}(J), \text{ für } p \geqq 1,$$

$$H^0(\Phi/J)/\pi_* H^0(\Phi) \cong H^1(J).$$

Dadurch sind alle $H^p(J)$ auf $C_{-1}$ zurückgeführt, also *bestimmt durch* $R$, $C_{-1}$ *und* $J$, *und im übrigen vom Komplex* $C$ *unabhängig*. Die Zurückführung ist ganz explizit und ergibt für die $H^p(J)$ Ausdrücke in Iterationen von $\Phi = \mathrm{Hom}_Z(R, J)$, $\Phi/J$ und $\mathrm{Hom}_R(C_{-1}, J)$. Ferner gibt es *zu jedem $R$-Modul $M$* einen freien azyklischen $R$-Komplex mit $C_{-1} = M$.

---

[4]) Für jede additive Abelsche Gruppe sei $M_n$ der durch Multiplikation mit der ganzen Zahl n definierte Endomorphismus.

*) Die folgenden Betrachtungen gelten auch ohne diese Voraussetzung, wenn der Begriff eines „R-injektiven" Moduls verwendet wird; $\Phi = \mathrm{Hom}_Z(R, J)$ ist dann durch eine $R$-injektive Erweiterung von $J$ (vgl. B. Eckmann u. A. Schopf, Arch. Math. IV (1953), 75—78) zu ersetzen.

Einem $R$-Modul $M$ ist also, für jeden $R$-Modul $J$, eine Folge von Gruppen $H^p(J)$, $p = 0, 1, 2, \ldots$ zugeordnet, für $h\colon J \to J_1$ eine Folge induzierter Homomorphismen $h_*\colon H^p(J) \to H^p(J)_1$ und für $J_0/J = J'$ eine Folge von Homomorphismen $\Delta : H^p(J') \to H^{p+1}(J)$. Dabei gilt I. Exaktheit der Cohomologiesequenz, II. $H^p(\Phi) = 0$ für $p \geqq 1$ und $\Phi = \mathrm{Hom}_Z(R, J)$. III. $H^0(J) = \mathrm{Hom}_R(M, J)$, mit dem entsprechenden $h_*$. Offenbar kann man I. — III. als *Axiome* der „*Cohomologietheorie des R-Moduls M*" betrachten; sie *lassen sich stets erfüllen, und bis auf Isomorphie der $H^p(J)$ nur auf eine Art* (sollen auch die induzierten Homomorphismen eindeutig festgelegt sein, d.h. bei dieser Isomorphie einander entsprechen, so braucht es weitere, naheliegende Axiome).

Ist $R$ der Gruppenring $R_G$ einer Gruppe $G$ und $M = Z$, als trivialer $R_G$-Modul aufgefasst, so spricht man von den *Cohomologiegruppen $H^p(G, J)$ der Gruppe $G$*, bezüglich des $R_G$-Moduls J. Offenbar braucht dabei $G$ keine Gruppe zu sein (nur ein „Monoid").

Ist $R$ eine *Algebra $A$* über einer Körper $K$, so betrachtet man gewöhnlich durchwegs beidseitige $A$-Moduln und setzt $M = A$ (als 2-seitiger $A$-Modul). Die zugehörigen Gruppen $H^p(J)$, für einen 2-seitigen $A$-Modul $J$, heissen die Cohomologiegruppen der Algebra $A$. Der Körper $K$ hat in diesem Falle in allen unsern *B*etrachtungen die Rolle von $Z$ zu übernehmen.

**6.** Die Bedeutung der Abelschen Gruppen $H^p(G, J)$, die in dieser Weise einer beliebigen Gruppe $G$ zugeordnet worden sind, lässt sich auf verschiedene Arten untersuchen: **1.** Die durch die Axiome I. — III. gegebene explizite Beschreibung vermittelst $\Phi$, $\Phi/J$ usw. liefert u.a. folgende Aussagen: $H^0(G, J)$ ist der Teilmodul aller bei $G$ invarianten Elemente von $J$; $H^1(G, J)$ ist die sog. Crosshomomorphismengruppe von $G$ nach $J$; $H^2(G, J)$ ist die Gruppe der Erweiterungen von $J$ durch $G$, die zu den Operatoren in $J$ gehören. Operiert $G$ trivial in $J$, so ist $H^0(G, J) = J$; $H^1(G, J) = \mathrm{Hom}(G, J)$; $H^2(G, J)$ die Gruppe der zentralen Erweiterungen von $J$ durch $G$. —**2.** Jeder freie azyklische $R_G$-Komplex $C$ mit $C_{-1} = Z$ (trivial) ist ein „*Modell" für die Cohomologietheorie von $G$*, da $H^p(G, J) \cong H^p(C, J)$ ist. Solche Modelle lassen sich in sehr einfacher Weise rein algebraisch konstruieren, z.B. durch mehrfache Tensorprodukte von $R_G$; man erhält dann eine Beschreibung [5]) der $H^p(G, J)$ durch *Funktionen mehrerer Variablen $x \in G$* mit Werten in $J$, die bestimmten Relationen genügen. Aehnlich verhält es sich in der Cohomologie der Algebren.—**3.** Es gibt in manchen Fällen *geometrische Modelle*, nämlich dann, wenn $G$ die Fundamentalgruppe eines zusammenhängenden Raumes $S$ mit *azyklischer* universeller Ueberlagerung $U$ ist; der singuläre Komplex $C(U)$ ist ein Modell für die $H^p(G, J)$. Hieraus

---

[5]) vgl. [1] und [3], sowie die dort erwähnten Publikationen von Eilenberg-MacLane und von Eckmann.

ergeben sich die bekannten *algebraischen Beziehungen zwischen der Fundamentalgruppe G von S und den* $H^p(S, J)$ sowie weitern Homologieeigenschaften von $S$. — Wenn man sich nur für die $H^p$, $p \leqq N$ interessiert, so braucht $U$ nur in diesen Dimensionen $p \leqq N$ azyklisch zu sein (was für $N = 1$ stets der Fall ist).

Ist $g$ eine *Untergruppe* von $G$, so ist jedes Modell $C$ für $G$ auch eines für $g$; aus $H_g^p(C, J) = H_G^p(C, \Psi)$, wo $J$ ein $R_g$-Modul und $\Psi = \mathrm{Hom}_g(R_G, J)$ ist, erhalten wir die Relation

$$H^p(g, J) \cong H^p(G, \Psi) \qquad \text{für alle } p \geqq 0.$$

Genau wie im Falle der Ueberlagerungen $\overline{S}$ von $S$ (§ 4) ist auch hier, für einen $R_G$-Modul $J$, die Abbildung $\mathfrak{Q}$ von $H^p(G, J)$ in $H^p(g, J)$ erklärt und, wenn der Index $n$ von $g$ in $G$ endlich ist, die *Verlagerung* $\mathfrak{T}$ von $H^p(g, J)$ in $H^p(G, J)$. Am geeigneten Modell verifiziert man [6]): $\mathfrak{Q}$ ist gegeben durch die *Beschränkung* der Funktionen mehrerer Variablen $x \in G$ auf $g$; $\mathfrak{T}$ ist, für $p = 1$ und bei trivialen Operatoren in J, eine Abbildung von Hom $(g, J)$ in Hom $(G, J)$ die zur klassischen „*Verlagerung von G in die Untergruppe* $g$" dual ist. Es gilt wiederum $\mathfrak{T}\mathfrak{Q} = \mathrm{M}$, und die Anwendungen [6]) sind analog denen bei Ueberlagerungen. $\mathfrak{T}$ verallgemeinert also die klassische gruppentheoretische Verlagerung dual auf Dimensionen $p \geqq 1$ und auf nichttriviale Operatoren, und stellt sie in den Rahmen weniger Axiome und Festsetzungen, die einer einfachen geometrischen Situation entspringen.

**7.** Zum Abschluss eine Bemerkung über die Gruppen $H^p(G, R_G)$ einer Gruppe $G$ ($J = R_G$, als $R_G$-Modul betrachtet). Sie sind einerseits verknüpft mit den „*Derivationen* in einer Gruppe $G$" im Sinne von Fox [7]): $H^1(G, R_G)$ ist die Gruppe $\mathfrak{D}$ aller Derivationen in $G$ modulo der trivialen Derivationen, und $H^p(G, R_G)$ eine natürliche Verallgemeinerung dieses Begriffs, der Aussagen über $G$ liefert. Andererseits ist, in einem Modell $C$ für $G$, $H^p(G, R_G) \cong \mathrm{H}^p(C, R)$ $= H^p_{G-\text{endl.}}(C, Z)$, nach (6'). Es sei z.B. $C$ die universelle Ueberlagerung $U$ eines endlichen Polyeders $S$ mit der Fundamentalgruppe $G$ (ein solches existiert, wenn $G$ von endlich vielen Elementen erzeugt ist), als simplizialer Komplex aufgefasst, und $U$ sei azyklisch. Dann ist $H^p_{G-\text{endl.}}(U, J) = \mathbf{H}^p_{\text{endl.}}(U, J)$ die mit *endlichen* Coketten gebildete gewöhnliche Cohomologiegruppe von $U$, und es gilt

$$H^p(G, R_G) \cong \mathbf{H}^p_{\text{endl.}}(U, Z).$$

*Die linke Seite hängt nur von G, die rechte nur von U ab*: man erhält eine Be-

---

6) Ausführliche Darstellung und Anwendungen s. [2].

7) Hinweise auf die hier verwendeten Begriffe und Sätze, insbesondere von Hopf und Specker, s. [1], Abschnitt 7.

ziehung zwischen den „Derivationen" in der Fundamentalgruppe des endlichen Polyeders $S$ und topologischen Eigenschaften seiner universellen Ueberlagerung $U$ (falls diese azyklisch ist).

Beschränken wir uns auf $p = 1$: $\mathbf{H}^1_{\text{endl.}}(U, Z)$ ist [7]) eine freie Abelsche Gruppe vom Rang $e - 1$, wo $e$ die *Endenzahl* [7]) von $U$ ist (Rang 0, wenn $U$ endlich ist). Somit ist $e$ durch $G$ bestimmt, $= 0$ wenn $G$ endlich, $=$ Rang von $H^1(G, R_G) + 1$, wenn $G$ unendlich ist. $e$ heisst die Endenzahl der Gruppe $G$; sie ist übrigens [7]) stets $= 0, 1, 2$ oder $\infty$. Die Derivationsgruppe $\mathfrak{D}$ ist somit eine freie Abelsche Gruppe vom Rang $e - 1 = 0$, 1 oder $\infty$.

### Literatur


[1] B. Eckmann, On complexes with operators, Proc. Natl. Acad. Sci. U.S.A., **39**, 35—42 (1953).

[2] B. Eckmann, Cohomology of groups and transfer, Ann. Math. 58, 481—493 (1953).

[3] S. Eilenberg, Topological methods in abstract algebra. Cohomology of groups. Bull. Am. Math. Soc. 55, 3—37 (1949).

# Homotopie et dualité

Coll. Topol. Alg. Centre Belge des Rech. Math. (1956), 41–53

Cette conférence donne un résumé préliminaire d'un travail commun de P. J. Hilton et de l'auteur. On y définit une notion d'homotopie pour les *homomorphismes de modules*, suggérée par analogie avec des propriétés fondamentales de l'homotopie topologique. Cette notion purement algébrique conduit à des concepts tels que type d'homotopie, groupes d'homotopie absolus et relatifs, suite exacte d'homotopie, etc., tout à fait analogues aux notions topologiques correspondantes et capables de jouer un rôle semblable en algèbre. La dualité standard dans le domaine des homomorphismes de modules fait correspondre à cette homotopie algébrique une notion duale avec tous les énoncés et résultats duaux. La recherche de la dualité correspondante en *topologie* donne lieu à deux suites exactes différentes pour un seul type de groupes d'homotopie, dont l'une généralise la suite d'homotopie classique et l'autre la suite de cohomologie ; il résulte ainsi une dualité entre homotopie et cohomologie, pour des espaces convenables.

Pour les détails et démonstrations ne se trouvant pas dans cet exposé le lecteur est renvoyé au mémoire de P. J. Hilton et de l'auteur, en préparation.

## I. Homomorphismes de modules

### 1. *Homotopie injective et projective*

Soit $\Lambda$ un anneau avec 1 ; « module » signifie dans la suite $\Lambda$-module à gauche, unitaire. Pour deux modules A, B notons $(A, B) = \mathrm{Hom}_\Lambda(A, B)$ le groupe des $\Lambda$-homomorphismes de A dans B. Deux notions d'homotopie sont définies pour les éléments de (A, B) :

(1) $f$ et $g \in (A, B)$ sont dits *i-homotopes* ($f \underset{i}{\sim} g$), si $f$-$g$ peut se prolonger à tout module $A' \supset A$ ;

(2) $f$ et g sont *p-homotopes* ($f \underset{p}{\sim} g$), si $f$-$g$ peut se factoriser par tout homomorphisme sur B d'un module B′ ayant B comme quotient.

Pour que $f \underset{i}{\sim} 0$, il faut et il suffit que $f$ puisse se prolonger à un module injectif arbitraire $\overline{A} \supset A$, c'est-à-dire [1] puisse se factoriser par un monomorphisme $j$ de A dans un module injectif $\overline{A}$ ; pour $f \underset{p}{\sim} 0$, que $f$ puisse se factoriser par un épimorphisme $p$ d'un module projectif $\underline{B}$ sur B. Ainsi les classes d'homotopie sont pour (1) les éléments du groupe $\overline{\pi}(A, B) = (A, B)/j^*(\overline{A}, B)$, pour (2) de $\underline{\pi}(A, B) = (A, B)/p_*(A, \underline{B})$.

Si $f \in (A, B)$, $h \in (B, C)$, et si $f$ ou $g$ est $\underset{i}{\sim} 0$, il en est de même pour le composé $h \circ f$. Par suite tout $\varphi \in (A, A')$ induit par composition un homomorphisme $\varphi^*$ du groupe $\overline{\pi}(A', B)$ dans $\overline{\pi}(A, B)$, et tout $\psi \in (B, B')$ un $\psi_*$ de $\overline{\pi}(A, B)$ dans $\overline{\pi}(A, B')$. Ainsi $\overline{\pi}(A, B)$ est un *foncteur* contravariant en A et covariant en B ; il est additif. Si A est injectif, $\overline{\pi}(A, B) = 0$ pour tout B, et réciproquement ; et B injectif équivaut à $\overline{\pi}(A, B) = 0$ pour tout A. — Pour la $p$-homotopie on a les énoncés analogues.

## 2. *Type d'homotopie*

On dira que $\varphi \in (A, A')$ est une *équivalence d'homotopie injective* (*i*-équivalence), s'il existe $\psi \in (A', A)$ tel que $\psi \circ \varphi$ et $\varphi \circ \psi$ soient *i*-homotopes à l'identité de A et A′ respectivement. Dans ce cas A et A′ sont dits i-*équivalents* ou *du même* i-*type* ($A \underset{i}{\sim} A'$). Pour que A soit $\underset{i}{\sim} 0$, il faut et il suffit qu'il soit injectif. Si $A \underset{i}{\sim} A'$, $B \underset{i}{\sim} B'$, alors $A + B \underset{i}{\sim} A' + B'$. On démontre facilement la

PROPOSITION 2-1. — *Si un foncteur additif* (*co- ou contravariant*) $\mathfrak{F}(A)$ *a la propriété d'être* 0 *pour tout* A *injectif, alors toute* i-*équivalence* $\varphi$ *de* A *dans* A′ *induit un isomorphisme entre* $\mathfrak{F}(A)$ *et* $\mathfrak{F}(A')$ ; *en d'autres termes*, $\mathfrak{F}$ *ne dépend que du* i-*type de A*. — *Exemples* [2] : $\overline{\pi}(A, B)$ *comme foncteur de* A *ou de* B. — $\mathrm{Ext}^n(A, B)$ *comme foncteur de* B.

[1] $f \in (A, B)$ est dit monomorphe (ou un monomorphisme), si son noyau est 0; épimorphe (épimorphisme), si son conoyau $B/f(A)$ est 0, c'est-à-dire si $f(A) = B$.

[2] Pour les définitions et propriétés de Ext et Tor voir H. CARTAN and S. EILENBERG, *Homological Algebra*, Princeton, 1956.

La notion de $p$-équivalence et de $p$-type étant définie de la même façon, on a le résultat dual : Un foncteur additif qui est $=0$ pour tout A projectif *ne dépend que du* p-*type de la variable*. — Exemples ([2]) : $\underline{\pi}(A, B)$. — $\mathrm{Ext}^n(A, B)$ comme foncteur de A. — $\mathrm{Tor}_n(A, B)$.

PROPOSITION 2-2 (*théorèmes de factorisation*). — *Tout homomorphisme* f $\in$ (A, B) *peut se factoriser* (a) *en un monomorphisme suivi d'une* i-*équivalence ;* (b) *en une* p-*équivalence suivie d'un épimorphisme.*

En effet, soit $j$ un monomorphisme de A dans un module injectif $\bar{A}$, $f'$ l'homomorphisme de A dans la somme directe $\bar{A}+B$ donné par $f'(a)=(j(a), f(a))$, et $f''$ celui de $\bar{A}+B$ dans B donné par $f''(a, b)=b$ ; $f''$ est une $i$-équivalence, et $f'' \circ f' = f$. — Construction duale pour ($b$).

PROPOSITION 2.3. — *Si* $A \underset{i}{\sim} B$, *il existe deux modules injectifs* $A_0$ *et* $B_0$ *tel que* $A+A_0 \cong B+B_0$ (*et réciproquement*).

## 3. *Suspension*

Nous appelons « suspension » SA du module A le quotient $\bar{A}/A$ d'un module injectif $\bar{A} \supset A$. Bien que SA dépende du choix de $\bar{A}$, son $i$-type n'en dépend pas ; de façon plus précise : Soient $j$ l'inclusion de A dans un module injectif $\bar{A}$, $k$ celle de B dans $\bar{B}$. Pout tout $f \in (A, B)$, le composé $k \circ f \in (A, \bar{B})$ peut se prolonger à $\bar{A}$ et définit ainsi un homomorphisme S$f$ de SA dans SB. Quel que soit le choix de ce prolongement, la classe d'$i$-homotopie de S$f$ reste la même, comme on voit aisément. De là on déduit :

PROPOSITION 3-1. — *Soit* $\varphi$ *une* i-*équivalence entre* A *et* A′, *et* SA, SA′ *des suspensions arbitraires de* A *et* A′. *L'homomorphisme* S$\varphi$ (*déterminé à une* i-*homotopie près*) *est une* i-*équivalence entre* SA *et* SA′.

A l'aide de la suspension $S^nA$ itérée $n$ fois, on forme le groupe $\bar{\pi}(S^nA, B)$. Il est déterminé par A et B (même par leurs $i$-types) et sera noté $\bar{\pi}_n(A, B)$, $n=0, 1, 2, \ldots$; c'est le $n^{\text{me}}$ *groupe d'homotopie injective de* A *dans B.*

De façon duale, notons $\Omega B$ le noyau de l'épimorphisme $p$ d'un module projectif $\underline{B}$ sur B ; le $p$-type de $\Omega B$ ne dépend que de celui de B, et le $n^{\text{me}}$ *groupe d'homotopie projective de* A *dans* B *est défini par*

$$\underline{\pi}_n(A, B) = \underline{\pi}(A, \Omega^n B), \; n = 0, 1, 2, \ldots$$

On peut aussi introduire les groupes $\bar{\pi}_n$ à l'aide d'une *résolution injective de* A, c'est-à-dire d'une suite exacte

$$0 \to A \to A_1 \to A_2 \to \dots$$

où les $A_i$ sont injectifs (le noyau-image dans $A_{n+1}$ est $S^n A$). La suite induite

$$0 \leftarrow (A, B) \leftarrow (A_1, B) \leftarrow (A_2, B) \leftarrow \dots$$

n'est en général pas exacte, et ses groupes d'homologie sont justement les $\bar{\pi}_n(A, B)$. De façon duale, on peut définir les $\underline{\pi}_n$ à l'aide d'une résolution projective de B. — Il est, du reste, clair que toutes les définitions et les raisonnements s'appliquent sans modifications à toute « catégorie exacte », et que la dualité entre *i*- et *p*-théorie est une conséquence du principe de dualité général.

## 4. *Groupes relatifs*

La notion de « groupe relatif » se rapporte en général à un *couple*, et par là on entend une inclusion $A_1 \subset A_2$ ; les considérations suivantes s'appliquent aussi bien au cas d'un homomorphisme arbitraire $\alpha$ de $A_1$ dans $A_2$, non nécessairement monomorphe. $\alpha$ donne lieu à la suite exacte

$$0 \to A_0 \to A_1 \xrightarrow{\alpha} A_2 \to A_3 \to 0\ ,$$

déterminée à un isomorphisme près ($A_0 =$ noyau, $A_3 =$ conoyau de $\alpha$). Convenons d'entendre ici par un couple $\alpha$ soit une telle suite exacte de quatre termes $\neq 0$ au plus, soit un homomorphisme $\alpha \in (A_1, A_2)$ définissant une telle suite.

On voit sans peine que de telles suites exactes ne conviennent pas pour former une « catégorie exacte » par rapport à la notion habituelle d'homomorphisme d'une suite dans une autre ; la suite des noyaux, par exemple, avec les homomorphismes induits ne sera en général pas exacte. Passons donc tout de suite à des objets plus généraux, les *suites différentielles.*

Une suite différentielle $\sigma$ est une suite

$$S_0 \to S_1 \to S_2 \to \dots$$

de modules $S_i$ et d'homomorphismes $d$ tels que la composition de deux homomorphismes successifs soit toujours $= 0\,(dd = 0)$. On appelle homomorphisme $f$ d'une suite différentielle $\sigma$ dans une autre $\tau$ une suite d'homomorphismes $f_i$ de $S_i$ dans $T_i$ telle que le diagramme

$$\begin{array}{ccccccc} S_0 & \to & S_1 & \to & S_2 & \to & \dots \\ \downarrow & & \downarrow & & \downarrow & & \\ T_0 & \to & T_1 & \to & T_2 & \to & \dots \end{array}$$

soit commutatif ($d \circ f = f \circ d$). Ces homomorphismes $f$ de $\sigma$ dans $\tau$ forment un groupe $(\sigma, \tau)$, et on vérifie les propriétés d'une catégorie exacte ; en particulier, pour que $f \in (\sigma, \tau)$ soit monomorphe, il faut et il suffit que tous les $f_i \in (S_i, T_i)$ le soient ; si les $f_i$ sont des inclusions, $f$ sera dit une inclusion de $\sigma$ dans $\tau$. La notion de suite *injective* est définie comme dans le cas des modules : $\tau$ est injectif si quels que soient $\sigma$ et $f \in (\sigma, \tau)$, on peut prolonger $f$ à tout $\sigma'$ contenant $\sigma$.

PROPOSITION 4.1. — *Pour qu'une suite exacte $\sigma$ soit injective, il faut et il suffit que tous les* $S_i$ *soient injectifs.*

PROPOSITION 4-2. — *Toute suite $\sigma$ est contenue dans une suite injective $\bar{\sigma}$ ; c'est-à-dire il existe une suite injective $\bar{\sigma}$ et un monomorphisme de $\sigma$ dans $\bar{\sigma}$.*

Comme pour les modules, on définit des groupes d'homotopie injective $\bar{\pi}(\sigma, \tau)$ pour les suites différentielles et leur homomorphisme, la notion de type d'homotopie, etc. $\bar{\pi}(\sigma, \tau)$ est le groupe $(\sigma, \tau)/j^*(\bar{\sigma}, \tau)$, où $j : \sigma \longrightarrow \bar{\sigma}$ est l'inclusion de $\sigma$ dans une suite injective $\bar{\sigma}$ ; les homomorphismes $f$ de $\sigma$ dans $\tau$ *i-homotopes à* 0 sont ceux qu'on peut prolonger à tout $\sigma'$ contenant $\sigma$. Le groupe $\bar{\pi}(\sigma, \tau)$ ne dépend que des *i*-types de $\sigma$ et $\tau$.

Le cas particulier qui nous intéresse spécialement est celui où la suite différentielle est un couple $\alpha$ (suite exacte déterminée par $\alpha \in (A_1, A_2)$). Insistons sur quelques détails relatifs à ce cas : 1° pour que $\alpha$ soit injectif, il faut et il suffit que $A_1$, $A_2$ *et le noyau de* $\alpha$ soient des modules injectifs ; 2° dire qu'un couple $\alpha$ est contenu dans le couple $\alpha'$ ne signifie pas seulement que $A_1 \subset A_1'$, $A_2 \subset A_2'$ et que $\alpha$ est la restriction de $\alpha'$ à $A_1 \subset A_1'$ (en tant qu'application dans $A_2$) — ce qui entraîne automatiquement $A_0 \subset A_0'$ — mais encore que $A_3 \subset A_3'$ ; en d'autres termes que l'*homomorphisme induit du conoyau de $\alpha$ dans celui de $\alpha'$ est monomorphe*. Cela peut encore s'exprimer sous la forme $\sigma'(A_1') \cap A_2 = \alpha(A_1)$ ; 3° tout couple $\alpha$ est contenu dans un couple injectif $\bar{\alpha}$, c'est-à-dire si dans la proposition 4.2 $\alpha$ est un couple, on peut choisir pour $\bar{\alpha}$ injectif un couple ; 4° les homomorphismes du couple $\alpha$ dans une suite $\sigma$ *i*-homotopes à 0 sont ceux qu'on peut prolonger à tout couple $\alpha'$ contenant $\alpha$.

Dans la suite il sera seulement question de groupes d'homotopie de couples $\alpha$, $\beta$ ; le groupe $\bar{\pi}(\alpha, \beta)$ peut être défini par $\bar{\pi}(\alpha, \beta) = (\alpha, \beta)/j^*(\bar{\alpha}, \beta)$, où $j$ est l'inclusion de $\alpha$ dans un couple injectif $\bar{\alpha}$. Soient en particulier A un module arbitraire, $\iota_n$ l'inclusion de $S^{n-1}A$ dans $\overline{S^{n-1}A}$, et $\beta \in (B_1, B_2)$ un couple arbitraire. Le groupe $\bar{\pi}(\iota_n, \beta)$ ne dépend pas de la résolution injective de A utilisée (en effet, les couples $\iota_n$ et $\iota_n^*$ provenant de deux résolutions de A sont *i*-équivalents) ; ce groupe est noté $\bar{\pi}_n(A, \beta)$ et appelé le $n^{me}$ *groupe relatif d'homotopie injective de* A *dans le couple* $\beta$. On voit aisément que si $B_1 = 0$ ($\beta = 0$), $\bar{\pi}_n(A, \beta)$ est isomorphe canoniquement au groupe « absolu » $\bar{\pi}_n(A, B_2)$.

Les définitions et notions duales conduisent au *groupe relatif* $\underline{\pi}_n(\alpha, B)$ *d'homotopie projective d'un couple* $\alpha$ *dans* B ; nous n'insistons pas sur les détails.

### 5. *Suites exactes d'un couple. Fibrations*

Un couple $\beta \in (B_1, B_2)$ et un module A étant donnés, nous leur associons la suite d'homomorphismes (*suite d'homotopie injective de* $\beta$)

$$\Sigma_i : \ldots \to \bar{\pi}_n(A, B) \xrightarrow{\beta_*} \bar{\pi}_n(A, B_2) \xrightarrow{J} \bar{\pi}_n(A, \beta) \xrightarrow{\partial} \bar{\pi}_{n-1}(A, B_1) \to \ldots \to \bar{\pi}_0(A, B_2) .$$

Les homomorphismes de $\Sigma_i$ sont les suivants : 1° $\beta_*$ est induit par l'homomorphisme $\beta : B_1 \to B_2$ ; 2° soit $\beta_0 : 0 \to B_2$, et identifions $\bar{\pi}_n(A, B_2)$ à $\bar{\pi}_n(A, \beta_0)$. Par l'application triviale $g_1 : 0 \to B_1$ et l'identité $g_2 : B_2 \to B_2$, nous définissons un homomorphisme $g$ de $\beta_0$ dans $\beta$, et nous posons

$$J = g_* : \bar{\pi}_n(A, B_2) \cong \bar{\pi}_n(A, \beta_0) \to \bar{\pi}_n(A, \beta) .$$

3° par définition $\bar{\pi}_n(A, \beta) = \pi(\iota_n, \beta)$, où $\iota_n$ = inclusion de $S^{n-1}A \subset \overline{S^{n-1}A}$. L'homomorphisme $\partial$ fait correspondre à tout $f \in (i_n, \beta)$ la « composante » qui applique $S^{n-1}A$ dans $B_1$.

La suite d'*homotopie projective d'un couple* $\alpha \in (A_1, A_2)$, pour un module B, est définie de façon analogue :

$$\Sigma_p : \ldots \to \underline{\pi}_n(A_2, B) \to \underline{\pi}_n(A_1, B) \to \underline{\pi}_n(\alpha, B) \to \underline{\pi}_{n-1}(A_2, B) \to \ldots \to \underline{\pi}_0(A_1, B) .$$

Théorème 5.1. — *Les suites* $\Sigma_i$ *et* $\Sigma_p$ *sont exactes.*

La démonstration peut se faire en vérifiant l'exactitude à chaque étape de la suite. Un procédé plus élégant consiste à considérer, pour $\Sigma_i$ par exemple, une résolution injective

$$C(A) = \{ 0 \to A \to \bar{A} \to \overline{SA} \ldots \}$$

ainsi que les suites différentielles induites

$$(C(A), B_i) = \{ 0 \leftarrow (A, B_i) \leftarrow (\bar{A}, B_i) \leftarrow (\overline{SA}, B_i) \leftarrow \ldots \} . \quad i = 0, 1, 2, 3,$$

et les homomorphismes de ces suites. Leurs groupes d'homologie étant les groupes d'homotopie en question, le théorème est une conséquence d'un résultat algébrique général.

Sous des hypothèses particulières sur les couples, ces suites deviennent des « suites absolues » ne contenant pas de groupes relatifs. Par analogie à des situations topologiques bien connues, nous donnons à ces conditions le nom de « fibrations ». Un homomorphisme $f \in (A, B)$ est dit une i-*fibration*, s'il jouit de la propriété de *relèvement des* i-*homotopies* ; c'est-à-dire si tout homomorphisme d'un module injectif dans B peut se factoriser par $f$.

THÉORÈME 5.2. — *Soit* $\beta \in (B_1, B_2)$ *une* i-*fibration*, $\varkappa$ *le monomorphisme du noyau* $B_0$ *de* $\beta$ *dans* $B_1$. Alors

a) $$\bar{\pi}_n(A,\beta) \cong \bar{\pi}_{n-1}(A, B_0)$$

*par un isomorphisme sous lequel*

$$\partial : \bar{\pi}_n(A, \beta) \to \bar{\pi}_{n-1}(A, B_1)$$

*s'identifie à*

$$\varkappa_* : \bar{\pi}_{n-1}(A, B_0) \to \bar{\pi}_{n-1}(A, B_1)\,.$$

b) $$\bar{\pi}_n(A, \varkappa) \cong \bar{\pi}_n(A, B_2)$$

*par un isomorphisme sous lequel, dans la suite* $\Sigma_i$ *de* $\varkappa$, *l'homomorphisme*

$$J : \bar{\pi}_n(A, B_1) \to \bar{\pi}_n(A, \varkappa)$$

*s'identifie à*

$$\beta_* : \bar{\pi}_n(A, B_1) \to \bar{\pi}_n(A, B_2)\,.$$

Examinons les suites relatives $\Sigma_i$ de $\beta$ et de $\varkappa$.

*a*) La suite $\Sigma_i$ de $\beta$ devient

$$\Sigma_i' : \ldots \to \bar{\pi}_n(A,B_1) \xrightarrow{\beta_*} \bar{\pi}_n(A, B_2) \to \bar{\pi}_{n-1}(A, B_0) \xrightarrow{\varkappa_*} \bar{\pi}_{n-1}(A, B_1) \to \ldots$$

*b*) La suite $\Sigma_i$ de $\varkappa$

$$\ldots \to \bar{\pi}_n(A, B_0) \xrightarrow{\varkappa_*} \bar{\pi}_n(A, B_1) \xrightarrow{J} \bar{\pi}_n(A, \varkappa) \xrightarrow{\partial} \bar{\pi}_{n-1}(A, B^0) \to \ldots$$

devient

$$\Sigma_i' : \ldots \to \bar{\pi}_n(A, B_0) \xrightarrow{\varkappa_*} \bar{\pi}_n(A, B_1) \xrightarrow{\beta_*} \bar{\pi}_n(A, B_2) \to \bar{\pi}_{n-1}(A, B_0) \to \ldots$$

On obtient donc, de deux façons différentes, la même suite absolue (au signe de certains homomorphismes près).

Un homomorphisme $f \in (A, B)$ est dit une p-*fibration*, s'il jouit de la propriété d'*abaissement des* p-*homotopies*, c'est-à-dire si tout homomorphisme de A dans un module projectif peut se factoriser par $f$ (si $f$ est une inclusion, il s'agit d'une « extension des $p$-homotopies » !).

THÉORÈME 5.3. — *Soit* $\alpha \in (A_1, A_2)$ *une* p-*fibration*, $\in (A_2, A_3)$ *l'épimorphisme de* $A_2$ *sur le conoyau* $A_3$ *de* $\alpha$. *Alors*

a) $$\underline{\pi}_n(\alpha, B) \cong \underline{\pi}_{n-1}(A_3, B)$$

*par un isomorphisme sous lequel*

$$\partial : \underline{\pi}_n(\alpha, B) \rightarrow \underline{\pi}_{n-1}(A_2, B)$$

*s'identifie à*

$$\gamma^* : \underline{\pi}_{n-1}(A_3, B) \rightarrow \underline{\pi}_{n-1}(A_2, B) .$$

b) $$\underline{\pi}_n(\gamma, B) \cong \underline{\pi}_n(A_1, B)$$

*par un isomorphisme sous lequel, dans la suite* $\Sigma_p$ *de* $\gamma$, *l'homomorphisme*

$$J : \underline{\pi}_n(A_2, B) \rightarrow \underline{\pi}_n(\gamma, B)$$

*s'identifie à*

$$\alpha^* : \underline{\pi}_n(A_2, B) \rightarrow \underline{\pi}_n(A_1, B) .$$

La suite exacte des $p$-fibrations qui en résulte est

$$\Sigma_p' : \ldots \rightarrow \underline{\pi}_n(A_3, B) \xrightarrow{\gamma^*} \underline{\pi}_n(A_2, B) \xrightarrow{\alpha^*} \underline{\pi}_n(A_1, B) \rightarrow \underline{\pi}_{n-1}(A_3, B) \rightarrow \ldots$$

On pourrait ainsi poursuivre la liste des procédés et résultats topologiques qui se retrouvent de façon tout à fait analogue dans l'homotopie purement algébrique introduite ici. Nous y reviendrons ailleurs, ainsi que sur des applications diverses en algèbre, dont certaines font intervenir des hypothèses particulières sur l'anneau $\Lambda$ opérant sur les modules et des propriétés des groupes d'homotopie qui en résultent.

## II. APPLICATIONS CONTINUES

### 6. *Homotopie*

Interprétons tous les concepts et énoncés de I en topologie, en remplaçant partout les modules par des espaces topologiques (avec points de base notés $*$), et les homomorphismes par des applications continues (respectant les points de base ; de même, les homotopies — au sens habituel — seront sous-entendues relatives aux points de base). Il s'agit d'un procédé heuristique, et les propositions topologiques obtenues se démontrent de façon directe ([3]).

([3]) Et séparément pour la partie « injective » et la partie « projective »; on ne dispose — tout au moins sous la forme présente — pas d'un principe de dualité disant que si un résultat est établi, l'énoncé dual est automatiquement valable.

Les notions d'homotopie injective et projective suggérées par cette analogie paraissent toutefois trop restrictives pour la suite, et nous les modifions comme ceci : L'application $f$ d'un espace A dans B sera dite $\underset{i}{\sim} 0$, si elle peut s'étendre à tout espace $A' \supset A$ *ayant la propriété d'extension des homotopies* (au sens habituel); et $f$ sera dit $\underset{p}{\sim} 0$, si on peut la factoriser par toute projection $p$ de B' sur B ayant la propriété de *relèvement des homotopies* (au sens habituel). Or sous cette forme il est immédiat que $f \underset{i}{\sim} 0$ équivaut à l'homotopie habituelle $f \sim 0$ (extension de $f$ au *cône sur* A, noté $\bar{A}$). Il en est de même pour $f \underset{p}{\sim} 0$ : en effet, $f \sim 0$ entraîne que $f$ peut se relever dans B'; réciproquement, si $f \underset{p}{\sim} 0$, relevons $f$ dans l'*espace* $\underline{B}$ *des chemins* dans B d'extrémité fixe $*$, qui est contractile, et il résulte $f \sim 0$. Ainsi on est amené à identifier les notions d'homotopie injective et projective avec l'homotopie ordinaire. Désignons par $\pi(A, B)$ l'ensemble des classes d'applications homotopes de A dans B ; il peut être doué d'une structure de *groupe*, si B est un H-*espace* (espace muni d'une multiplication, c'est-à-dire d'une application $B \times B \to B$ avec identité, existence d'un inverse et loi associative — à des homotopies près), ou si A est un H'-*espace* (par là nous entendons un espace muni d'une « comultiplication », c'est-à-dire d'une application $A \to A \vee A$ vérifiant les propriétés duales). En particulier, l'*espace* $\Omega X$ *des lacets dans* X (en $*$) est un H-espace, et la *suspension* SX un H'-espace, relatifs à des structures H, H' évidentes. On établit facilement les deux propositions :

a) *Si* A *est un* H'-*espace et* B *un* H-*espace, les deux structures de groupe définies dans* $\pi(A, B)$ *sont identiques, et abéliennes.*

*b*) $$\pi(SA, B) \cong \pi(A, \Omega B)$$

par un isomorphisme canonique.

## 7. *Suites exactes*

Dans la correspondance modules-espaces le cône $\bar{X}$ sur X joue, pour l'homotopie, le rôle d'un module injectif contenant un module donné, et l'espace $\underline{X}$ des chemins (d'extrémité $*$) dans X celui d'un module projectif de quotient donné. Appelons, pour poursuivre cette analogie, *noyau de l'application* $f : A \to B$ le sous-espace $f^{-1}(*)$ de A, et *conoyau* l'espace $B/f(A)$ obtenu en identifiant $f(A)$ en un seul point $*$. La *suspension* SX = conoyau de l'inclusion $X \subset \bar{X}$ et l'*espace des* *lacets* $\Omega X$ = noyau de la projection $\underline{X} \longrightarrow X$ correspondent alors aux modules notés par les mêmes symboles. Pour les groupes d'homotopie

$$\pi_n(A, B) = \pi(S^n A, B) \quad et \quad \pi_n(A, B) = \pi(A, \Omega^n B)$$

il s'ensuit de 6. qu'ils sont *isomorphes*, et abéliens pour $n \geqslant 2$ (pour $n = 0$ une structure de groupe n'est définie que si A est un H'-espace ou B un H-espace) ; on les notera $\pi_n(A, B)$. Les groupes relatifs sont définis comme avant : Un « couple » $\alpha$ est une application continue $A_1 \longrightarrow A_2$, une application $f$ du couple $\alpha : A_1 \longrightarrow A_2$ dans le couple $\beta : B_1 \longrightarrow B_2$ une paire d'applications $f_1 : A_1 \longrightarrow B_1$ et $f_2 : A_2 \longrightarrow B_2$ telles que

$$\begin{array}{ccc} A_1 & \rightarrow & A_2 \\ \downarrow & & \downarrow \\ B_1 & \rightarrow & B_2 \end{array}$$

soit commutatif ; rappelons qu'il s'agit toujours d'applications respectant les points de base $*$. On a alors une application induite $f_0 : A_0 \longrightarrow B_0$, où $A_0 = \alpha^{-1}(*)$ est le noyau de $\alpha$, $B_0$ celui de $\beta$, et une application induite $f_3 : A_3 \longrightarrow B_3$ des conoyaux. Le « groupe d'homotopie » $\pi(\alpha, \beta)$ est l'ensemble des classes d'homotopie de ces applications $f : \alpha \longrightarrow \beta$, muni d'une structure de groupe (abélien) sous des conditions convenables.

En particulier, soit $\iota_n$ l'homéomorphisme de $S^{n-1}A$ dans $\overline{S^{n-1}A}$ ; on définit le $n^{me}$ *groupe relatif d'homotopie de* A *dans le couple* $\beta$ par

$$\pi_n(A, \beta) = \pi(\iota_n, \beta) .$$

De même, si $\varphi_n$ est la projection de $\underline{\Omega^{n-1}B}$ sur $\Omega^{n-1}B$, le $n^{me}$ *groupe relatif du couple* $\alpha$ *dans* B est défini par

$$\pi_n(\alpha, B) = \pi(\alpha, \varphi_n) .$$

Ce sont des groupes si $n \geqslant 2$, abéliens pour $n \geqslant 3$. Les suites relatives d'homotopie, $\Sigma_i$ du couple $\beta : B_1 \longrightarrow B_2$ et $\Sigma_p$ du couple $\alpha : A_1 \longrightarrow A_2$, sont construites comme dans le cas des modules (cf. 4) :

$$\Sigma_i : \ldots \rightarrow \pi_n(A, B_1) \xrightarrow{\beta_*} \pi_n(A, B_2) \xrightarrow{J} \pi_n(A, \beta) \xrightarrow{\partial} \pi_{n-1}(A, B_1) \rightarrow \ldots$$

$$\Sigma_p : \ldots \rightarrow \pi_n(A_2, B) \xrightarrow{\alpha^*} \pi_n(A_1, B) \xrightarrow{J} \pi_n(\alpha, B) \xrightarrow{\partial} \pi_{n-1}(A_2, B) \rightarrow \ldots$$

THÉORÈME 7.1. — *Les suites* $\Sigma_i$ *et* $\Sigma_p$ *sont exactes.*

Cas particuliers :

1. Soit $S_n$ la sphère à $n$ dimensions. Pour $A = S_0$,

$$\pi_n(S_0, B) = \pi(S_n, B)$$

est le $n^{me}$ groupe d'homotopie ordinaire $\pi_n(B)$ ; notons $\pi_n(\beta)$ le groupe $\pi_n(S_0, \beta)$ (dans le cas d'un homéomorphisme de $B_1$ dans $B_2$, c'est le $n^{me}$ groupe d'homotopie relatif ordinaire de $B_2$ mod. $B_1$). La suite $\Sigma_i$ pour $A = S_0$

$$\Sigma_i^0 : \ldots \to \pi_n(B_1) \xrightarrow{\beta_*} \pi_n(B_2) \xrightarrow{J} \pi_n(\beta) \xrightarrow{\partial} \pi_{n-1}(B_1) \to \ldots$$

généralise ainsi la suite d'homotopie relative classique.

Il faut encore noter que pour un espace A localement compact, mais autrement arbitraire, la suite $\Sigma_i$ d'un couple $\beta : B_1 \to B_2$ peut aussi s'interpréter comme suite $\Sigma_i^0$ du couple induit $\beta^A : B_1^A \to B_2^A$ (espaces des applications continues de A dans $B_1$ et $B_2$)

$$\ldots \to \pi_n(B_1^A) \to \pi_n(B_2^A) \to \pi_n(\beta^A) \to \pi_{n-1}(B_1^A) \to \ldots$$

2. $\Sigma_p$ du couple $\alpha : A_1 \to A_2$ généralise la *track-group sequence* de M. Barratt (4) ; si $A_1$ et $A_2$ sont localement compacts, $\Sigma_p$ est identique à la suite $\Sigma_i^0$ du couple $B^\alpha$:

$$B^{A_2} \to B^{A_1}.$$

3.
$$\pi_n(A, S_{n+k}) = \pi(S^n A, S^n S_k) \cong \pi(A, S_k)$$

pour A compact, dim $A \leqslant 2k - 2$. Ce dernier groupe étant le groupe de cohomologie de Borsuk-Spanier, $\Sigma_p$ contient comme cas particulier et avec les restrictions habituelles sur les dimensions la suite de cohomotopie.

## 8. *Fibrations, cohomologie*

A la lumière des observations des paragraphes 5 et 6, il convient d'appeler i-*fibration* une application $f : A \to B$ avec *relèvement des homotopies* ; p-*fibration* une application $f : A \to B$ avec « *abaissement des homotopies* », c'est-à-dire avec la propriété que si une application $g : A \to X$ peut se factoriser par $f$, alors il en est de même pour toute homotopie de $g$ (dans le cas d'un homéomorphisme de A dans B c'est la propriété d'*extension des homotopies* de A à B).

Pour ces fibrations, on établit les analogues des théorèmes 5.2 et 5.3. Les énoncés correspondants s'obtiennent en remplaçant dans 5.2 et 5.3, modules par espaces, homomorphismes $\beta : B_1 \to B_2$ et $\alpha : A_1 \to A_2$ par applications continues, $\varkappa$ par l'homéomorphisme du noyau $f^{-1}(*) = B_0$ dans $B_1$, $\gamma$ par l'identification $A_2 \to A_3 = A_2/\alpha(A_1)$, etc. Bornons-nous à donner ici les suites exactes « absolues » qui en résultent (et qui peuvent s'obtenir de deux manières différentes, en partant

(4) M. G. Barratt, *Track groups*, I, II (*Proc. London Math. Soc.*, V, 1955).

de la suite relative soit du couple $\beta$ soit du couple $\varkappa$ dans le cas de $\Sigma_i$, et du couple $\alpha$ ou $\gamma$ dans le cas de $\Sigma_p$) :

Théorème 8.1. — *Soit* $\beta : B_1 \longrightarrow B_2$ *une* i-*fibration,* $\varkappa$ *l'homéomorphisme de* $B_0 = f^{-1}(*)$ *dans* $B_1$. *On a, pour un espace* A *arbitraire, la suite d'homotopie injective exacte*

$$\Sigma_i' : \ldots \rightarrow \pi_n(A, B_0) \xrightarrow{\varkappa_*} \pi_n(A, B_1) \xrightarrow{\beta_*} \pi_n(A, B_2) \rightarrow \pi_{n-1}(A, B_0) \rightarrow \ldots$$

Théorème 8.2. — *Soit* $\alpha : A_1 \longrightarrow A_2$ *une* p-*fibration,* $\gamma$ *l'identification* $A_2 \longrightarrow A_3 = A_2/\alpha(A_1)$ *de l'image de* $A_1$ *en un point. On a, pour un espace* B *arbitraire, la suite d'homotopie projective exacte*

$$\Sigma_p' : \ldots \rightarrow \pi_n(A_3, B) \xrightarrow{\gamma^*} \pi_n(A_2, B) \xrightarrow{\alpha^*} \pi_n(A_1, B) \rightarrow \pi_{n-1}(A_3, B) \rightarrow \ldots$$

Donnons une application de 8.2 qui présente un intérêt particulier. Soit B un espace d'Eilenberg-Mac Lane $K(G, q)$, où G est un groupe abélien et $q$ un entier positif

$$[\pi_n(K(G, q)) = 0 \text{ pour } n \neq q, \text{ et } = G \text{ pour } n = q].$$

Rappelons que $K(G, q)$ possède une H-structure, unique à l'homotopie près, et posons

$$\pi(X, K(G, q)) = H^q(X, G)$$

pour tout espace X. On sait que $\Omega K(G, q)$ est un $K(G, q-1)$, donc

$$\begin{aligned} \pi_n(X, K(G, n+q)) &= \pi_n(X, \Omega^n K(G, n+q)) \\ &= \pi(X, K(G, q)) = H^q(X, G). \end{aligned}$$

En substituant $K(G, n+q)$ pour B dans $\Sigma_p$, pour une $p$-fibration $\alpha : A_1 \longrightarrow A_2$, on obtient

$$\ldots \rightarrow H^q(A_3, G) \xrightarrow{\gamma^*} H^q(A_2, G) \xrightarrow{\alpha^*} H^q(A_1, G) \rightarrow H^{q+1}(A_3, G) \rightarrow \ldots;$$

cette suite correspond entièrement à la suite exacte de cohomologie, $H^q(A_3, B)$ jouant le rôle du groupe de cohomologie relatif [sans l'hypothèse que $\alpha$ est une $p$-fibration, on définirait ce groupe relatif simplement par $\pi_n(\alpha, K(G, q+n))$]. Si $\alpha$ est un homéomorphisme de $A_1$ dans $A_2$, on constate sans peine que les autres axiomes d'Eilenberg-Steenrod ([5]) pour la cohomologie sont satisfaits par les $H^q(X, G)$. Il résulte que pour la classe des polyèdres X, $H^q(X, G)$ *est le* $q^{me}$ *groupe de cohomologie de* X *à coefficients dans* G, et $\Sigma_p$ contient donc comme cas particulier la suite de cohomologie pour les polyèdres.

Dans la dualité entre $i$- et $p$-théories topologiques, les groupes d'homotopie classiques correspondent donc aux groupes de cohomologie. Les premiers se basent sur la suite d'espaces standard $S^nS_0 = S_n$, les seconds sur les $K(G, q)$ définis par

$$\pi(S_n, K(G, q)) = 0 \text{ pour } n \neq q, \text{ et } = G \text{ pour } n = q.$$

Pour compléter la symétrie on peut définir pour un groupe abélien G des espaces (6) $K'(G, n)$ en posant

$$H^q(K'(G, n), Z) = \pi(K'(G, n), K(Z, q)) = 0$$

pour $n \neq q$, $= G$ pour $n = q$ ($Z$ = groupe des entiers); $S_n$ est donc un $K'(Z, n)$. Ensuite on définit des groupes d'homotopie à coefficients dans G par

$$\pi_n(X; G) = \pi(K'(G, n), X).$$

Ils vérifient les axiomes duaux de ceux des $H^q(X, G)$; en particulier, on voit que la suite exacte des *i*-fibrations correspond à la suite exacte de cohomologie, et elle peut jouer un rôle analogue dans l'axiomatique des groupes d'homotopie.

On traitera ailleurs d'autres aspects de cette dualité qui s'applique à beaucoup de concepts et résultats topologiques ou en suggère de nouveaux.

(5) S. Eilenberg and N. E. Steenrod, *Foundations of Algebraic Topology*, Princeton, 1952 (« Single space » theory, chap. X).

(6) Nous n'entrons pas ici dans la discussion de l'existence et de la construction de ces espaces.

# Groupes d'homotopie et dualité. Groupes absolus

(with P. J. Hilton)

C. R. Acad. Sci. Paris **246** (1958), 2444–2447

Dans cette Note et d'autres qui la suivront on définit, pour des espaces A, B arbitraires et tout entier $n > 0$ des « groupes d'homotopie » $\Pi_n(A, B)$. Suivant que A ou B est maintenu fixe, on peut établir deux suites exactes « duales » reliant ces groupes et des groupes relatifs appropriés. Ces suites permettent de baser des concepts fondamentaux de la topologie algébrique sur la notion classique d'homotopie et suggèrent des généralisations naturelles. La catégorie $\mathcal{E}$ considérée est celle des espaces topologiques avec point de base et des applications (continues) $f: A \to B$ respectant ces points-base. Pour $A, B \in \mathcal{E}$, $\Pi(A, B)$ désigne l'ensemble des classes d'homotopie des applications de A dans B ; toute homotopie $f \simeq g$ est entendue relativement aux points-base. Les points-base sont notés $o$, et de même les applications triviales $(f(A) = o)$ de A dans B.

1. *Structures de groupe naturelles dans* $\Pi(A, B)$. — On appelle H-*structure* dans l'espace B une application $M : B \times B \to B$ (dite multiplication) vérifiant les axiomes de groupe à l'homotopie près (I désigne l'application identique de B sur lui-même, $\Delta$ l'application diagonale $B \to B \times B$) :

(1) $M \circ (M \times I) \simeq M \circ (I \times M) : B \times B \times B \to B$;

(2) $M \circ (I \times o) \Delta \simeq I : B \to B$;

(3) Il existe $\mu : B \to B$ telle que $M \circ (I \times \mu) \circ \Delta \simeq o : B \to B$. (2) Signifie que $o \in B$ est l'élément neutre à droite (homotopique), (3) qu'il existe un inverse homotopique à droite. Il s'ensuit que $o$ est aussi neutre à gauche, que $\mu$ est aussi l'inverse à gauche, et que la classe d'homotopie de $\mu$ est déterminée par celle de M.

Si une H-structure est donnée dans B, on définit une structure de groupe dans $\Pi(A, B)$ pour tout A par $f.g = M \circ (f \times g) \circ \Delta$, $f, g \in \Pi(A, B)$; c'est la « multiplication des valeurs de $f$ et $g$ dans B ». Cette structure de groupe est *naturelle* par rapport à A; par là nous entendons que pour tout $\varphi : A \to A'$ l'application induite $\varphi^* : \Pi(A', B) \to \Pi(A, B)$ est un homomorphisme.

Proposition 1. — *Pour* B *donné, les seules structures de groupe naturelles par rapport à* A *dans* $\Pi(A, B)$ *sont celles induites par une* H-*structure de* B.

En effet, si $p_1$ et $p_2$ sont les projections canoniques $B \times B \to B$, $p_1 . p_2$ au sens du groupe $\Pi(B \times B, B)$ fournit une multiplication M dans B.

Dualement, appelons H'-*structure* une application $M' : A \to A \vee A$ satisfaisant aux axiomes ($\Delta'$ désigne l'application $A \vee A \to A$ identifiant les points correspondants) :

(1) $(M' \vee I) \circ M' \sim (I \vee M') \circ M' : A \to A \vee A \vee A$;

(2) $\Delta' \circ (I \vee o) \circ M' \sim I : A \to A$;

(3) Il existe $\mu' : A \to A$ tel que $\Delta' \circ (I \vee \mu') \circ M' \sim o : A \to A$.

Si A est muni d'une H'-structure, $f + g = \Delta' \circ (f \vee g) \circ M'$ établit une structure de groupe naturelle par rapport à B dans $\Pi(A, B)$.

PROPOSITION 1'. — *Pour* A *donné, les seules structures de groupe naturelles par rapport à* B *dans* $\Pi(A, B)$ *sont celles induites par une* H'-*structure dans* A.

PROPOSITION 2. — *Si* A *admet une* H'-*structure et* B *une* H-*structure, alors les deux structures de groupe induites dans* $\Pi(A, B)$ *coïncident, et sont abéliennes.*

2. *Les groupes* $\Pi_n(A, B)$. — Soit $\Omega X$ l'espace des *lacets* dans l'espace X basés en $o$, et $\Sigma X$ la *suspension* de X (le double cône sur X, avec le double cône sur $o$ identifié en un seul point). $\Omega X$ est muni d'une H-structure canonique, $\Sigma X$ d'une H'-structure. Pour deux espaces A et B, on a un isomorphisme naturel $\Pi(\Sigma A, B) \cong \Pi(A, \Omega B)$; nous identifions les deux groupes et posons pour tout entier $n > 0$ :

$$\Pi_n(A, B) = \Pi(\Sigma^n A, B) = \Pi(\Sigma^{n-k} A, \Omega^k B) \qquad (0 \leq k \leq n).$$

Ce sont des foncteurs contravariants en A, covariants en B, de la catégorie $\mathcal{E}$ à celle des groupes et homomorphismes.

PROPOSITION 3. — $\Pi_n(A, B)$ *est abélien pour* $n \geq 2$.

Cas particuliers : (*a*) Pour la sphère $S_m$, $m \geq 0$, on a $\Sigma^n S_m = S_{m+n}$; d'où $\Pi_n(S_{m-n} B) = \Pi(S_m, B) = \pi_m(B)$, groupe d'homotopie de Hurewicz. C'est la seule façon naturelle de donner à $\Pi(S_m, B)$ une structure de groupe pour tout B. Notons que $\pi_n(\Omega^k B) = \pi_{n+k}(B)$.

(*b*) Soit $K(G, m)$ un espace d'Eilenberg-MacLane pour un groupe abélien G et un entier $m \geq 0$ $[\pi_n(K(G, m)) = 0$ pour $n \neq m$, $= G$ pour $n = m]$, et considérons $\Pi(A, K(G, m))$. Si $K(G, m)$ est un polyèdre, son type d'homotopie est déterminé par G et $m$, sinon seulement son type singulier; même dans ce dernier cas, $\Pi(A, K(G, m))$ est déterminé par A, G et $m$, si l'on se borne à des polyèdres A. Comme $\pi_n(\Omega K(G, m+1)) = \pi_{n+1}(K(G, m+1))$, $\Omega K(G, m+1)$ est un $K(G, m)$, et en vertu de sa H-structure, on établit une structure de groupe naturelle (unique) dans $\Pi(A, K(G, m)) = \Pi(A, \Omega^k K(G, m+k))$; désignons ce groupe abélien par $H^m(A; G)$. Si A n'est pas un polyèdre, sous-entendons que dans cette définition A doit être remplacé par son polyèdre singulier. Il s'ensuit immédiatement :

PROPOSITION 4. — $H^{m+1}(\Sigma A; G) \cong H^m(A; G)$.

Pour un groupe topologique G, on peut donner une topologie à $H^m(A; G)$, compacte si G est compact. Nous posons, pour G discret, et Car désignant le passage d'un groupe abélien à son groupe de caractères (Pontrjagin), $H_m(A;\ G) = \operatorname{Car} H^m(A;\ \operatorname{Car} G)$. On vérifie directement que $H^m$ et $H_m$ coïncident avec les *groupes de cohomologie et d'homologie singuliers* au sens habituel ([1]). On peut modifier les définitions de façon à obtenir d'autres théories d'homologie.

(*c*) Soit ([2]) $K'(G, m)$, $m \geq 1$, un polyèdre tel que $H_n(K'(G, m)) = 0$ pour $n \neq m$, $= G$ pour $m = n$, et $\pi_1 = H_1$. Son type d'homotopie est déterminé par le groupe abélien G et par l'entier $m$, pour $m \geq 2$, et $\Sigma K'(G, m-1)$ est un $K'(G, m)$. En vertu de cette $H'$-structure, $\Pi(K'(G, m), B)$ possède, pour tout espace B, une structure de groupe naturelle pour $m \geq 2$, abélienne pour $m \geq 3$. Nous définissons le $m^{\text{ième}}$ *groupe d'homotopie de* B *à coefficients dans* G par

$$\pi_m(G;\ B) = \Pi(K'(G, m), B).$$

On a $\pi_m(Z;\ B) = \pi_m(B)$, et

Proposition 4. — $\pi_{m-1}(G;\ \Omega B) = \pi_m(G;\ B)$.

(*) Séance du 9 avril 1958.

([1]) Pour $m=0$ on a les groupes réduits. Il y a lieu de souligner que $\Pi(A, K(G, m))$, $m>0$, ne change pas si la condition de respecter les points-base dans les applications et homotopies est supprimée; on pourrait donc remplacer A par $A^+$ obtenu en ajoutant à A un point *o* qui constitue une nouvelle composante et qu'on choisit comme point-base, et poser $H^m(A;\ G) = \Pi(A^+, K(G, m))$; alors $H^0$ est le groupe non réduit.

([2]) *cf.* J. C. Moore, *Ann. Math.*, 59, 1954, p. 549.

(Extrait des *Comptes rendus des séances de l'Académie des Sciences*, t. 246, p. 2444-2447, séance du 28 avril 1958.)

# Groupes d'homotopie et dualité. Suites exactes

(with P. J. Hilton)

C. R. Acad. Sci. Paris **246** (1958), 2555–2558

1. *Groupes d'homotopie relatifs.* — Les groupes d'homotopie $\Pi_n(A, B)$, $n > 0$, introduits dans la Note I ([1]), pour deux espaces A et B avec points-base, peuvent être reliés entre eux par des suites d'homomorphismes. Nous allons d'abord définir les groupes « relatifs » qui interviendront dans ces suites. Pour cela passons de la catégorie $\mathcal{E}$ des espaces à celle $\mathcal{E}_r$ des « paires d'espaces » ; il convient de ne pas se borner aux paires au sens habituel : plongement de $A_1$ comme sous-espace dans $A_2$, mais d'appeler *paire* $\alpha \in \mathcal{E}_r$ toute application $\alpha : A_1 \to A_2$ arbitraire. Dans $\mathcal{E}_r$ une *application* $f$ *de* $\alpha$ *dans* $\beta : B_1 \to B_2$ est un système de deux applications $f_i : A_i \to B_i$, $i = 1, 2$ telles que $f_2 \circ \alpha = \beta \circ f_1$ ; une homotopie de $f$ consiste en une homotopie de $f_1$ et une de $f_2$ telles que cette condition soit satisfaite pour toute valeur du paramètre de déformation. Soit $\Pi(\alpha, \beta)$ l'ensemble de ces classes d'homotopie des applications $f : \alpha \to \beta$ ; quant aux structures de groupe naturelles dans $\Pi(\alpha, \beta)$ les raisonnements de I (§ 1) peuvent se reproduire pour la catégorie $\mathcal{E}_r$ des paires, la notion de H-structure dans $\beta$ (H'-structure dans $\alpha$) étant définie de façon évidente. En particulier, pour $\alpha : A_1 \to A_2$, soit $\Sigma\alpha$ l'application induite des suspensions $\Sigma A_1 \to \Sigma A_2$, et pour $\beta : B_1 \to B_2$, $\Omega\beta$ celle des espaces de lacets $\Omega B_1 \to \Omega B_2$. On a $\Pi(\Sigma\alpha, \beta) = \Pi(\alpha, \Omega\beta)$, et $\Pi(\Sigma^n\alpha, \beta) = \Pi(\Sigma^{n-k}\alpha, \Omega^k\beta)$, $0 \leq k \leq n$, est un groupe pour $n \geq 1$, abélien pour $n \geq 2$.

Dans la suite, seuls les cas particuliers suivants interviendront.

(*a*). Désignons par EB l'espace des chemins dans B commençant en $o$, et par $\rho$ la « projection » $EB \to B$ faisant correspondre à tout chemin dans B son extrémité ; $\rho^{-1}(o) = \Omega B$. L'application $\Omega^{n-1}\rho : \Omega^{n-1}EB \to \Omega^{n-1}B$ est notée $\rho_n(B)$ ou $\rho_n$ tout court ; dans l'équivalence naturelle de $\Omega^{n-1}EB$ et de $E\Omega^{n-1}B$ elle s'identifie à la « projection » de $E\Omega^{n-1}B$ sur $\Omega^{n-1}B$, le noyau $\rho_n^{-1}(o)$ étant $\Omega^n B$. En vertu de la H-structure de $\rho_n$, $n \geq 2$, on a une *structure de groupe naturelle* dans $\Pi(\alpha, \rho_n(B))$ pour $n \geq 2$, abélienne pour $n \geq 3$, pour tout $\alpha$. Ce groupe est noté $\Pi_n(\alpha, B)$ et appelé $n^{\text{ième}}$ groupe d'homotopie relatif de $\alpha$ (par rapport à l'espace B).

Proposition 1. — *Pour l'application triviale* $\underset{\circ}{\alpha} : A_1 \to o$, $\Pi_n(\underset{\circ}{\alpha}, B)$ *s'identifie au groupe absolu* $\Pi_n(A_1, B)$ ; *pour* $\mathring{\alpha} : o \to A_2$, $\Pi_n(\mathring{\alpha}, B) = \Pi_{n-1}(A_2, B)$.

(*b*). Soit CA le cône de base A (où la génératrice sur *o* est identifiée en un point), $\iota : A \to CA$ le plongement de A comme base dans le cône, et $\iota_n(A)$ ou $\iota_n$ tout court, l'application $\Sigma^{n-1}\ \iota : \Sigma^{n-1}A \to \Sigma^{n-1}CA = C\Sigma^{n-1}A$; le « conoyau » de $\iota_n$, l'espace quotient $C\Sigma^{n-1}A/\Sigma^{n-1}A$ est $\Sigma^n A$. Le groupe $\Pi(\iota_n(A), \beta)$, $n \geqq 2$ et $\beta : B_1 \to B_2$ arbitraire, abélien pour $n \geqq 3$, est noté $\Pi_n(A, \beta)$ est dit le $n^{\text{ième}}$ groupe d'homotopie relatif *dual* de $\beta$ (par rapport à l'espace A).

Proposition 1'. — *Pour l'application triviale* $\mathring{\beta} : o \to B_2$, $\Pi_n(A, \mathring{\beta})$ *s'identifie au groupe absolu* $\Pi_n(A, B_2)$; *pour* $\underset{\circ}{\beta} : B_1 \to o$, $\Pi_n(A, \underset{\circ}{\beta}) = \Pi_{n-1}(A, B_1)$.

2. *Fibrations et excision.* — L'application $\beta : B_1 \to B_2$ est dite une fibration, si elle a la propriété de relèvement des homotopies (pour les applications dans $B_1$ et $B_2$ d'une certaine classe d'espaces A admis qu'on précise suivant le cas); c'est-à-dire si pour $f_1 : A \to B_1$, $f_2 = \beta \circ f_1 : A \to B_2$, toute homotopie de $f_2$ peut être obtenue par une homotopie de $f_1$ suivie de $\beta$. Le noyau $\beta^{-1}(o) = B_0 \subset B_1$ s'appelle la fibre de $\beta$. L'application $\alpha : A_1 \to A_2$ est dite une *cofibration*, si elle a la propriété d'abaissement des homotopies (pour les applications de $A_1$ et $A_2$ dans une certaine classe d'espaces); c'est-à-dire si pour $f_2 : A_2 \to B$ et $f_1 = f_2 \circ \alpha : A \to B_1$ toute homotopie de $f_1$ peut s'obtenir en composant $\alpha$ avec une homotopie de $f_2$. Le conoyau $A_2/\alpha A_1 = A_3$ s'appelle la cofibre de $\alpha$. Si $\alpha$ est un plongement $A_1 \subset A$, il s'agit de la propriété *d'extension des homotopies*.

Théorèmes d'excision. — *Si* $\beta : B_1 \to B_2$ *est une fibration,* $\nu$ *le plongement de la fibre* $\beta^{-1}(o) = B_0$ *dans* $B_1$, *alors on a pour tout* A *admis des isomorphismes canoniques*

(*a*) $$\Pi_n(A, \beta) \cong \Pi_{n-1}(A, B_0),$$

(*b*) $$\Pi_n(A, \nu) \cong \Pi_n(A, B_2).$$

*Si* $\alpha : A_1 \to A_2$ *est une cofibration,* $\gamma$ *la projection de* $A_2$ *sur la cofibre* $A_2/\alpha A_1 = A_3$, *on a pour tout* B *admis des isomorphismes canoniques*

(*a'*) $$\Pi_n(\alpha, B) \cong \Pi_{n-1}(A_3, B),$$

(*b'*) $$\Pi_n(\gamma, B) \cong \Pi_n(A_1, B).$$

Par exemple, (*a*) est induit par l'application de $\underset{\circ}{\beta} : B_0 \to o$ dans $\beta : B_1 \to B_2$ qui plonge $B_0$ dans $B_1$. L'énoncé exprime donc simplement que le groupe relatif $\Pi_n(A, \beta)$ ne change pas si l'on remplace $\beta : B_1 \to B_2$ par $\underset{\circ}{\beta} : B_0 \to o$, c'est-à-dire si l'on enlève de l'espace $B_1$ l'ensemble $B_1 - B_0$. Dualement, (*a'*) exprime que $\Pi_n(\alpha, B)$ ne change pas si l'on remplace $\alpha A_1 \subset A_2$ par un point, donc en particulier si l'on enlève l'intérieur de $\alpha A_1$. Si $\alpha$ est le plongement $A_1 \subset A_2$, cette propriété s'appelle excision.

3. *Suites exactes.* — Les homomorphismes induits $\beta_* : \Pi_n(A, B_1) \to \Pi(A, B_2)$

par $\beta : B_1 \to B_2$ pour les différents $n$, sont reliés par la suite relative

$$S_*(\beta) : \quad \ldots \to \Pi_n(A, B_1) \xrightarrow{\beta_*} \Pi_n(A, B_2) \xrightarrow{J} \Pi_n(A, \beta) \xrightarrow{\partial} \Pi_{n-1}(A, B_1) \xrightarrow{\beta_*} \ldots.$$

J est l'homomorphisme induit par l'application de $\mathring{\beta} : o \to B_2$ dans $\beta : B_1 \to B_2$ qui se réduit à l'identité sur $B_2$. L'homomorphisme $\partial$ est induit par l'application de $\beta : B_1 \to B_2$ dans $\underset{\circ}{\beta} : B_1 \to o$ qui est l'identité sur $B_1$.

De façon duale on définit pour $\alpha : A_1 \to A_2$ la suite relative

$$S^*(\alpha) : \quad \ldots \to \Pi_n(A_2, B) \xrightarrow{\alpha^*} \Pi_n(A_1, B) \xrightarrow{J} \Pi_n(\alpha, B) \xrightarrow{\partial} \Pi_{n-1}(A_2, B) \xrightarrow{\alpha^*} \ldots.$$

Théorème d'exactitude. — *Les suites relatives* $S_*(\beta)$ *et* $S^*(\alpha)$ *sont exactes.*

Si $\beta$ est une fibration, $S_*(\beta)$ est en vertu de $(a)$ une suite exacte *absolue*

$$\ldots \to \Pi_n(A, B_1) \xrightarrow{\beta} \Pi_n(A, B_2) \xrightarrow{d} \Pi_{n-1}(A, B_0) \xrightarrow{\nu_*} \Pi_{n-1}(A, B_1) \xrightarrow{\beta_*} \ldots.$$

La même suite ([2]) peut s'obtenir à partir de $S_*(\nu)$, en se servant de $(b)$. Si $\alpha$ est une cofibration, $S^*(\alpha)$ combinée avec $(a')$, ou $S^*(\gamma)$ avec $(b')$ donne la suite exacte absolue

$$\ldots \to \Pi_n(A_2, B) \xrightarrow{\alpha^*} \Pi_n(A_1, B) \xrightarrow{d} \Pi_{n-1}(A_3, B) \xrightarrow{\gamma^*} \Pi_{n-1}(A_2, B) \xrightarrow{\alpha^*} \ldots.$$

Ces quatre suites contiennent comme cas particuliers un grand nombre des suites exactes qu'on rencontre en topologie algébrique : Si A est une sphère et $\beta$ un plongement $B_1 \to B_2$, $S_*(\beta)$ est la suite exacte des groupes d'homotopie $\pi_n$(Hurewicz-Steenrod). $S^*(\alpha)$ généralise la « trackgroup sequence » (Barratt); pour $B = S_{n+k}$, $\alpha =$ plongement d'espaces compacts (ou de polyèdres) de dim $\leq 2k+2$, $A_1 \subset A_2$, $S^*(\alpha)$ se réduit à la suite de cohomotopie (Spanier)

$$\pi^k(A_2) \to \pi^k(A_1) \to \pi^k(A_3) \to \pi^{k+1}(A_2) \to \ldots,$$

et l'on peut obtenir de façon analogue celle de cohomotopie à groupe de coefficients donné (Peterson). De même les suites classiques de cohomologie sont des cas particuliers de $S^*(\alpha)$ et $S_*(\beta)$; nous y reviendrons dans une publication ultérieure.

(*) Séance du 9 avril 1958.

(1) *Comptes rendus*, **246**, 1958, p. 2444. Cette Note est citée dans le texte par I.

(2) A des signes près (cf. une publication ultérieure, consacrée à la notion générale de *transgression*).

(Extrait des *Comptes rendus des séances de l'Academie des Sciences*, t. **246**, p. 2555-2558, séance du 5 mai 1958.)

# Groupes d'homotopie et dualité. Coefficients

(with P. J. Hilton)

C. R. Acad. Sci. Paris **246** (1958), 2291–2293

Les suites exactes reliant les groupes d'homotopie généraux $\Pi_n(A, B)$ rattachés à deux espaces A, B (introduits dans deux Notes antérieures) contiennent comme cas particuliers les suites exactes de cohomologie; de mêmes celles des « groupes d'homotopie à coefficients », pour une paire d'espaces et pour une paire de groupes de coefficients, et l'on établit pour ces groupes d'homotopie un théorème de coefficients universels.

1. *Suites de cohomologie.* — Les suites exactes établies pour les groupes [1] $\Pi_n(A, B)$ contiennent comme cas particuliers les suites de cohomologie relatives, pour une paire d'*espaces* et pour une paire de *groupes de coefficients*. En effet, considérons la suite $S^*(\alpha)$ pour $\alpha : A_1 \to A_2$ et $B =$ espace d'Eilenberg-Mac Lane $K(G, m+n)$ pour un groupe abélien G. Avec les notations

$$H^m(A; G) = \Pi(A, K(G, m)) = \Pi_n(A, K(G, m+n)) \qquad \textit{cf. II, § 2 (b)},$$

et

$$H^m(\alpha; G) = \Pi_1(\alpha, K(G, m)) = \Pi_n(\alpha, K(G, m+n-1)),$$

on obtient

$$(1) \qquad \ldots \to H^m(A_2; G) \xrightarrow{\alpha^*} H^m(A_1; G) \to H^{m+1}(\alpha; G) \to H^{m+1}(A_2; G) \to \ldots.$$

On vérifie que $H^m(\alpha; G)$ s'identifie au $m^{\text{ième}}$ groupe de cohomologie (singulière) de la paire $\alpha : A_1 \to A_2$, lorsqu'il s'agit d'un plongement $A_1 \subset A_2$; la définition du groupe $H^m$ relatif est donc ici étendue à une application arbitraire [2]. D'autre part, les axiomes de cohomologie (Eilenberg-Steenrod) sont tous satisfaits, ce qui montre directement que les groupes $H^m$ définis ici sont, pour des polyèdres et des paires de polyèdres $A_1 \subset A_2$, les groupes de cohomologie habituels.

Tout homomorphisme $h$ de groupes abéliens $G_1 \to G_2$ peut être « réalisé » par une application $\beta: K(G_1, m) \to K(G_2, m)$, dans ce sens que pour les $\pi_m$ l'homomorphisme induit est $=h$; $\beta$ est déterminée à une homotopie près. On a donc un homomorphisme $\beta_*$ de $H^m(A; G_1)$ dans $H^m(A; G_2)$, déterminé canoniquement par $h$ et noté $h_*$. Si $h$ est épimorphe, de noyau $G_0$ ($k: G_0 \to G_1$), et si l'on a choisi pour $\beta$ une fibration (ce qui est toujours possible), alors $\beta^{-1}(o)$ est un $K(G_0, m)$. Pour A arbitraire, la suite $S_*(\beta)$ donne alors, en tenant compte de la propriété d'« excision » (*voir* II.2) et en remplaçant $m$ ci-dessus par $m+n$

$$(2) \qquad \ldots \to H^m(A;G_1) \xrightarrow{h_*} H^m(A;G_2) \xrightarrow{\delta} H^{m+1}(A;G_0) \xrightarrow{k_*} H^{m+1}(A;G_1) \to \ldots,$$

*suite exacte de cohomologie pour les coefficients* $G_1/G_0 = G_2$; l'homomorphisme $\delta$ est égal à $\mathcal{J}$ de la suite $S_*(\beta)$, suivi de l'un des isomorphismes d'excision.

2. *Suites d'homotopie.* — De façon duale, considérons pour $\beta: B_1 \to B_2$ arbitraire et $A = K'(G, n-m)$, la suite $S_*(\beta)$. Avec les notations

$$\pi_m(G;B) = \Pi(K'(G,m),B) = \Pi_n(K'(G,m-n),B) \qquad [cf.\ \text{I}, \S\, 2(c)],$$

et

$$\pi_m(G;\beta) = \Pi_1(K'(G,m-1),\beta) = \Pi_n(K'(G,m-n),\beta)$$

on obtient

$$(1') \qquad \ldots \to \pi_m(G;B_1) \xrightarrow{\beta_*} \pi_m(G;B_2) \xrightarrow{J} \pi_m(G;\beta) \xrightarrow{\partial} \pi_{m-1}(G;B_1) \to \ldots.$$

Cette suite relative des groupes d'homotopie à coefficients, pour $\beta: B_1 \to B_2$, se réduit, dans le cas $G = Z$ (groupe cyclique infini), et pour un plongement $\beta: B_1 \subset B_2$, à la *suite d'homotopie classique* (Hurewicz-Steenrod) qui se trouve ainsi généralisée dans deux sens : groupe abélien de coefficients G arbitraire, et $\beta =$ application $B_1 \to B_2$ arbitraire.

Tout homomorphisme $h$ de groupes abéliens $G_1 \to G_2$ peut être réalisé par une application $\alpha$ : $K'(G_1, m) \to K'(G_2, m)$ telle que l'homomorphisme induit des $H_m$ (groupes d'homologie à coefficients entiers) soit égal à $h$; ici la classe d'homotopie de $\alpha$ n'est pas déterminée par $h$, il en est donc de même pour l'homomorphisme $\alpha^*: \pi_m(G_2;\ B) \to \pi_m(G_1;\ B)$ que nous disons « *associé à h* »; il sera noté $h^*$ bien qu'il ne soit pas déterminé par $h$ en général. Si $h$ est monomorphe, de conoyau $G_3 = G_2/G_1$ ($k: G_2 \to G_3$), et si l'on choisit pour $\alpha$ une cofibration $K'(G_1, m) \to K'(G_2, m)$, par exemple un plongement de polyèdres, alors l'espace quotient est un $K'(G_3, m)$, et la suite $S^*(\alpha)$ pour une cofibration donne, en remplaçant $m$ ci-dessus par $m-n$

$$(2') \qquad \ldots \to \pi_m(G_2;B) \xrightarrow{h^*} \pi_m(G_1;B) \xrightarrow{\delta} \pi_{m-1}(G_3;B) \xrightarrow{k^*} \pi_{m-1}(G_2;B) \to \ldots,$$

*suite d'homotopie pour les coefficients* $G_2/G_1 = G_3$, où $\delta$ est bien déterminé, tandis que $h^*$ et $k^*$ ne le sont pas de façon univoque. Notons toutefois que si $G_1$ est libre, $h^*$ associé à $h: G_1 \to G_2$ est déterminé de façon univoque.

3. *Coefficients universels pour les groupes d'homotopie.* Considérons, pour tout élément de $\pi_m(G;\ B) = \Pi(K'(G,\ m),\ B)$ l'homomorphisme induit de $\pi_m(K'(G,\ m)) = G$ dans $\pi_m(B)$; cela définit un homomorphisme $\eta$ : $\pi_m(G;B) \to \text{Hom}(G,\ \pi_m(B))$; $\eta$ est un isomorphisme si G est libre. Si G n'est pas libre, soit $F/R = G$ une présentation libre de G; elle donne lieu à

une suite exacte bien déterminée

$$\ldots \to \pi_{m+1}(F; B) \to \pi_{m+1}(R; B) \to \pi_m(G; B) \to \pi_n(F; B) \to \pi_m(R; B) \to \ldots$$

qui peut aussi s'écrire

$$\ldots \to \mathrm{Hom}(F, \pi_{m+1}(B)) \to \mathrm{Hom}(R, \pi_{m+1}(B)) \to \pi_m(G; B)) \\ \to \mathrm{Hom}(F, \pi_m(B)) \to \mathrm{Hom}(R, \pi_m(B)) \to \ldots$$

D'où le *théorème des coefficients universels pour les groupes d'homotopie*, s'exprimant comme suite exacte

$$(3) \qquad 0 \to \mathrm{Ext}(G, \pi_{m+1}(B)) \to \pi_m(G; B) \xrightarrow{\eta} \mathrm{Hom}(G, \pi_m(B)) \to 0;$$

les groupes $\pi_m(B)$ et $\pi_{m+1}(B)$ et G déterminent donc $\pi_m(G; B)$ *à une extension près*. Pour les groupes relatifs $\pi_m(G; \beta)$ on a un théorème de coefficients universels analogue.

En général, l'extension dans (3) n'est pas triviale, comme le montre l'exemple suivant ([3]) : B = double suspension du plan projectif réel, $G = Z_2$; $\pi_3(Z_2; B) = Z_4$. D'autre part, d'après des résultats de Barratt, l'extension est triviale dans tous les cas où G n'a pas de coefficient de torsion = 2.

*Remarque* : Soit $h$ un homomorphisme de groupes abéliens $G_1 \to G_2$, et $h^*$ un homomorphisme $\pi_m(G_2; B) \to \pi_m(G_1; B)$ associé (*voir* ci-dessus § 2). Bien que $h^*$ ne soit pas déterminé de façon univoque, il est restreint par la condition que le diagramme

$$\begin{array}{ccccccccc} 0 \to & \mathrm{Ext}(G_2, \pi_{m+1}(B)) & \to & \pi_m(G_2; B) & \to & \mathrm{Hom}(G_2, \pi_m(B)) & \to 0, \\ & \downarrow h^\# & & \downarrow h^* & & \downarrow h^\# & \\ 0 \to & \mathrm{Ext}(G_1, \pi_{m+1}(B)) & \to & \pi_m(G_1; B) & \to & \mathrm{Hom}(G_1, \pi_m(B)) & \to 0 \end{array}$$

doit être commutatif, $h^\#$ étant des homomorphismes induits par $h$. Il s'ensuit que $h^*$ est essentiellement déterminé à un homomorphisme de $\mathrm{Hom}(G_2, \pi_m(B))$ dans $\mathrm{Ext}(G_1, \pi_{m+1}(B))$ près.

(*) Séance du 12 mai 1958.

([1]) *Voir* les Notes : *Comptes rendus*, **246**, 1958, p. 2444 et 2555 dont nous conservons la terminologie et les notations. Ces Notes sont citées par I et II.

([2]) Conformément à l'usage, la dimension des groupes relatifs est définie de telle façon qu'elle coïncide, pour *un plongement* $o \to X$ avec celle du groupe absolu de X; cela pour les groupes de cohomologie $H^m$ et les groupes d'homotopie $\pi_m$. La dualité exigerait de choisir dans un cas $o \to X$, dans l'autre $X \to o$. C'est ainsi que s'expliquent les différences d'une unité dans les définitions de $H^m(\alpha; G)$ et de $\pi_m(G; \beta)$ et dans les suites exactes (1) et (1'). $o$ désigne toujours un point-base arbitraire, mais fixe.

([3]) M. G. Barratt, *Proc. London Math. Soc.*, (3), 5, 1957, p. 285-329.

# Transgression homotopique et cohomologique

(with P. J. Hilton)

C. R. Acad. Sci. Paris **247** (1958), 620–623

**Pour un triple différentiel d'espaces on établit des relations simples entre les deux suites exactes d'homotopie du triple (faisant intervenir les groupes d'homotopie généraux $\Pi_n$ définis antérieurement). Ces relations conduisent à une notion générale de transgression qui contient comme cas particuliers la transgression cohomologique dans les fibrations et son dual homotopique pour les cofibrations.**

1. *Triples.* — Dans la catégorie $\mathcal{E}$ des espaces topologiques avec point-base (arbitraire, mais fixe) noté $o$ et des applications continues respectant les points-base, une « paire » est un système formé par deux espaces $X'$, $X$ et une application $\xi : X' \to X$. Appelons « triple » un système formé par trois espaces $X'$, $X$, $X''$ et deux applications $\xi : X' \to X$, $\eta : X \to X''$. Un triple est dit « *différentiel* », si $\eta \circ \xi$ est l'application triviale de $X'$ dans $X''(X' \to o \in X'')$. Pour un tel triple, nous établirons certaines relations entre les groupes d'homotopie généraux $\Pi_n$ des espaces $X'$, $X$, $X''$ et des paires $\xi$, $\eta$ qui conduisent, en particulier, à une notion générale de « transgression ». Les groupes $\Pi_n$ ont été introduits et discutés dans trois Notes antérieures ([1]) dont nous conservons la terminologie et les notations. Pour un triple $X' \to X \to X''$ arbitraire, considérons l'application $f : \xi \to \eta$ de la paire $\xi$ dans la paire $\eta$

$$\begin{array}{ccc} X' & \xrightarrow{f_1} & X \\ \downarrow{\scriptstyle \xi} & & \downarrow{\scriptstyle \eta} \\ X & \xrightarrow{f_2} & X'' \end{array}$$

donnée par $f_1 = \xi$, $f_2 = \eta$.

Proposition 1. — *L'homomorphisme induit $f_*$ du groupe* $\Pi_n(A, \xi)$ *dans* $\Pi_n(A, \eta)$, $n > 0$, $A$ *étant un espace arbitraire, est* $= 0$.

2. Dans le cas d'un *triple différentiel* $X' \xrightarrow{\xi} X \xrightarrow{\eta} X''$, soient $g$ l'application de $\mathring{\xi} : X \to o$ dans $\eta$, et $h$ celle de $\xi$ dans $\mathring{\eta} : o \to X''$,

$$\begin{array}{ccc} X & \xrightarrow{g_1} & X \\ \downarrow{\scriptstyle \mathring{\xi}} & & \downarrow{\scriptstyle \eta} \\ o & \xrightarrow{g_2} & X'' \end{array} \qquad \text{et} \qquad \begin{array}{ccc} X' & \xrightarrow{h_1} & o \\ \downarrow{\scriptstyle \xi} & & \downarrow{\scriptstyle \mathring{\eta}} \\ X & \xrightarrow{h_2} & X'' \end{array}$$

données respectivement par $g_1 = \xi$, $g_2 = o$ et $h_1 = o$, $h_2 = \eta$.

Les homomorphismes induits $g_*$ de $\Pi_n(A, \mathring{\xi}) = \Pi_{n-1}(A, X')$ dans $\Pi_n(A, \eta)$ et $h_*$

de $\Pi_n(A, \xi)$ dans $\Pi_n(A, \mathring{\eta}) = \Pi_n(A, X'')$ donnent lieu à un diagramme $\mathcal{D}_*$ reliant les suites exactes ([2]) $S_*(\xi)$ et $S_*(\eta)$, pour un espace A arbitraire ($i$ désignant l'application identique)

$$\mathcal{D}_* \left\{ \begin{array}{ccccccccc} \ldots \to & \Pi_n(A, X') & \xrightarrow{\xi_*} & \Pi_n(A, X) & \xrightarrow{J} & \Pi_n(A, \xi) & \xrightarrow{\partial} & \Pi_{n-1}(A, X') & \to \ldots, \\ & \downarrow g_* & (1) & \downarrow i & (2) & \downarrow h_* & (3) & \downarrow g_* & \\ \ldots \to & \Pi_{n+1}(A, \eta) & \xrightarrow{\partial} & \Pi_n(A, X) & \xrightarrow{\eta_*} & \Pi_n(A, X'') & \xrightarrow{J} & \Pi_n(A, \eta) & \to \ldots . \end{array} \right.$$

Proposition 2. — *Les carrés* (1) *et* (2) *du diagramme* $\mathcal{D}_*$ *sont commutatifs; le carré* (3) *est anticommutatif*, c'est-à-dire on a $g_* \circ \partial + J \circ h_* = 0$ (en effet, le premier membre est $f_*$ de la proposition 1).

3. Dans le carré (3) du diagramme $\mathcal{D}_*$, considérons les deux applications $\partial \circ h_*^{-1}$ et $g_*^{-1} \circ J$ qui font passer de $\Pi_n(A, X'')$ à $\Pi_{n-1}(A, X')$. En général elles ne sont ni univalentes ni définies pour tout le groupe $\Pi_n(A, X'')$. En vertu de la proposition 2 et de l'exactitude des suites $S_*(\xi)$ et $S_*(\eta)$, on démontre :

Proposition 3. — *Les applications* $\partial \circ h_*^{-1}$ *et* $-g_*^{-1} \circ J$ *sont égales*, c'est-à-dire *leur domaine de définition est le même* [c'est l'image de $h_*$ dans $\Pi_n(A, X'')$], *et les ensembles-image d'un même élément sont les mêmes.*

Appelons *transgression covariante* dans le triple différentiel $X' \xrightarrow{\xi} X \xrightarrow{\eta} X''$ le passage de $\Pi_n(A, X'')$ à $\Pi_{n-1}(A, X')$ défini par $\sigma = \partial \circ h_*^{-1} = -g_*^{-1} \circ J$; les éléments pour lesquels $\sigma$ est défini sont dits transgressifs.

4. Au sens de la dualité exposée dans les Notes antérieures ([1]) pour les groupes $\Pi_n(A, B)$, associons au triple différentiel $X' \xrightarrow{\xi} X \xrightarrow{\eta} X''$ un second diagramme $\mathcal{D}^*$ dual de $\mathcal{D}_*$, reliant les suites exactes $S^*(\xi)$ et $S^*(\eta)$, par rapport à un espace arbitraire B. Les applications $g : \xi \to \eta$ et $h : \xi \to \mathring{\eta}$ considérées plus haut (1.2) induisent des homomorphismes $g^*$ de $\Pi_n(\eta, B)$ dans $\Pi_n(X', B)$ et $h^*$ de $\Pi_{n-1}(X'', B)$ dans $\Pi_n(\xi, B)$, et l'on a un diagramme $\mathcal{D}^*$ comme suit :

$$\mathcal{D}^* \left\{ \begin{array}{ccccccccc} \ldots \to & \Pi_{n+1}(\xi, B) & \xrightarrow{\partial} & \Pi_n(X, B) & \xrightarrow{\xi^*} & \Pi_n(X', B) & \xrightarrow{J} & \Pi_n(\xi, B) & \to \ldots, \\ & \uparrow h^* & & \uparrow i & & \uparrow g^* & & \uparrow h^* & \\ \ldots \to & \Pi_n(X'', B) & \xrightarrow{\eta^*} & \Pi_n(X, B) & \xrightarrow{J} & \Pi_n(\eta, B) & \xrightarrow{\partial} & \Pi_{n-1}(X, B) & \to \ldots . \end{array} \right.$$

Les carrés de $\mathcal{D}^*$ jouissent des propriétés analogues d'avant

$$\partial \circ h^* = \eta^*, \qquad g^* \circ J = \xi^* \qquad \text{et} \qquad J \circ g^* + h^* \circ \partial = 0.$$

La *transgression* (*contravariante*) $\tau = h^{*-1} \circ J = -\partial \circ g^{*-1}$ fait passer de $\Pi_n(X', B)$ à $\Pi_{n-1}(X'', B)$.

5. Nous allons examiner les deux transgressions $\sigma$ et $\tau$ dans les cas particuliers où le triple $X' \xrightarrow{\xi} X \xrightarrow{\eta} X''$ provient, soit d'une fibration, soit d'une cofibration :

*a.* $\eta : X \to X''$ est une *fibration*, de fibre $X' = \eta^{-1}(o)$, et $\xi$ le plongement de $X'$ dans X. D'après II (§ 2), $g_*$ et $h_*$ du diagramme $\mathcal{D}_*$ sont des isomorphismes; la transgression covariante $\sigma = \partial \circ h_*^{-1}$ est définie pour tout élément de $\Pi_n(A, X'')$

et univalente. $\mathcal{D}_*$ se réduit simplement à la suite exacte des fibrations :

$$\ldots \to \Pi_n(A, X') \xrightarrow{\xi_*} \Pi_n(A, X) \xrightarrow{\eta_*} \Pi_n(A, X'') \xrightarrow{\sigma} \Pi_{n-1}(A, X') \to \ldots$$

$\sigma' = g_*^{-1} \circ J = -\sigma$ donne la même suite, au signe près.

*b.* $\xi : X' \to X$ est une *cofibration*, de cofibre $X'' = X/\xi(X')$, et $\eta$ l'identification $X \to X''$. D'après II (§ 2), $h^*$ est un isomorphisme, et le diagramme $\mathcal{D}^*$ se réduit à la suite exacte des cofibrations.

*c.* Soit $\eta : X \to X''$ une *fibration*, de base $X''$ simplement connexe et de fibre $X'(m-1)$-connexe, $\xi$ le plongement $X' \subset X$. Dans $\mathcal{D}^*$, posons $B = K(G, m+n)$, G étant un groupe abélien arbitraire. En vertu de $\Pi_n(\xi, B) = H^{m+1}(\xi; G), \ldots$ (*voir* III, § 1), la partie relevante du diagramme devient

$$\begin{array}{ccccccccc}
\ldots \to H^m(\xi; G) & \xrightarrow{\partial} & H^m(X; G) & \xrightarrow{\xi^*} & H^m(X'; G) & \xrightarrow{J} & H^{m+1}(\xi; G) & \to \ldots, \\
\uparrow h^* & & \uparrow i & & \uparrow g^* & & \uparrow h^* & \\
\ldots \to H^m(X''; G) & \xrightarrow{\eta^*} & H^m(X; G) & \xrightarrow{J} & H^{m+1}(\eta; G) & \xrightarrow{\partial} & H^{m+1}(X''; G) & \to \ldots.
\end{array}$$

On sait ([3]) que $h^* : H^{m+1}(X''; G) \to H^{m+1}(\xi; G)$ est un isomorphisme. La transgression (contravariante) $\tau = h^{*-1} \circ J$ est donc un homomorphisme de $H^m(X'; G)$ dans $H^{m+1}(X''; G)$, et $\tau' = \partial \circ g^{*-1}$ le même changé de signe. Il s'agit de la *transgression cohomologique* habituelle; si $G = \pi_m(X')$, et si $u \in H^m(X'; G)$ est la « classe fondamentale » de $X'$ [induisant l'identité de $\pi_m(X')$], alors $\tau(u) = c \in H^{m+1}(X''; G)$ est la *classe caractéristique* de la fibration. Notons que $\tau'(u) = c'$ donne la même classe changée de signe; cette nouvelle façon de définir la classe caractéristique correspond à la méthode des obstacles à la construction d'une section.

*d.* Soit $\xi : X' \to X$ une *cofibration* de « cobase » $X'$ simplement connexe et de cofibre $X'' = X/\xi(X')(m-1)$-connexe, $\eta$ l'identification $X \to X''$. Dans $\mathcal{D}_*$, posons $A = K'(G, m-n)$; alors $\Pi_n(A, \xi) = \pi_m(G; \xi), \ldots$ et $\mathcal{D}_*$ devient

$$\begin{array}{ccccccccc}
\ldots \to \pi_m(G; X') & \xrightarrow{\xi_*} & \pi_m(G; X) & \xrightarrow{J} & \pi_m(G; \xi) & \xrightarrow{\partial} & \pi_{m-1}(G; X') & \to \ldots, \\
\downarrow g_* & & \downarrow i & & \downarrow h_* & & \downarrow g_* & \\
\ldots \to \pi_{m+1}(G; \eta) & \xrightarrow{\partial} & \pi_m(G; X) & \xrightarrow{\eta_*} & \pi_m(G; X'') & \xrightarrow{J} & \pi_m(G; \eta) & \to \ldots.
\end{array}$$

Dans ces circonstances on démontre, en se basant sur le théorème de coefficients universels des groupes $\pi_m$ (*voir* III, § 3) et sur un résultat de Blakers-Massey ([4]) :

Proposition 4. — $h_* : \pi_m(G; \xi) \to \pi_m(G; X'')$ *est un épimorphisme, et même un isomorphisme si l'on suppose en plus* $\pi_2(X') = 0$ (et aussi dans d'autres conditions, par exemple si G est libre).

La transgression covariante $\sigma = \partial \circ h_*^{-1}$ est donc ici *définie pour tout élément* de $\pi_m(G; X'')$, et univalente—un homomorphisme de $\pi_m(G; X'')$ dans $\pi_{m-1}(G; X')$ — si $\pi_2(X') = 0$ (ainsi que dans d'autres cas).

En particulier, soit $\theta$ un homomorphisme d'un groupe abélien $G'$ dans $H_m(X'')$ et $u_\theta$ un élément de $\pi_m(G'; X'')$ qui induit $\theta : H_m(K'(G', m)) \to H_m(X'')$. Appelons alors $\sigma(u_\theta) \in \pi_{m-1}(G'; X')$ une *classe caractéristique* associée à $\theta$ de la cofibration $\xi$ [ou donnons ce nom à tout élément de $\sigma(u_\theta)$ dans le cas où $\sigma$ n'est pas univalent]. Pour $G' = H_m(X'')$ et $\theta =$ identité, parlons de classes caractéristiques tout court. Ces classes sont capables de jouer un rôle analogue aux classes caractéristiques des fibrations; en particulier, on montrera dans une publication ultérieure qu'elles permettent de *classer les cofibrations* $X' \subset X$ *de cofibre* $X/X' = K'(G, m)$.

(*) Séance du 4 août 1958.

([1]) *Comptes rendus*, 246, 1958, p. 2444, 2555 et 2991. Ces Notes sont citées ici par I, II et III.

([2]) *Voir* la Note II.

([3]) J.-P. Serre, *Ann. of Math.*, 54, 1951, p. 425-505, chap. III.

([4]) Blakers-Massey, *Ann. of Math.*, 55, 1952, p. 192-201; une partie de la proposition 4 peut aussi se démontrer de façon plus élémentaire.

(Extrait des *Comptes rendus des séances de l'Académie des Sciences*, t. 247, p. 620-632, séance du 11 août 1958.)

# Décomposition homologique d'un polyèdre simplement connexe

(with P. J. Hilton)

C. R. Acad. Sci. Paris **248** (1959), 2054–2056

On donne une description du type d'homotopie d'un polyèdre simplement connexe par ses groupes d'homologie entière et des éléments $k_n$ de certains groupes d'homotopie à coefficients. Ce résultat est basé sur une classification des cofibrations à cofibre $K'(G, m)$ (espace de Moore) à l'aide de classes caractéristiques.

Cette Note fait suite à des Notes antérieures [1] et en conserve la terminologie. Les espaces dont il s'agit ici sont tous supposés des polyèdres simplement connexes. On dira « équivalence » pour équivalence d'homotopie.

1. *Classification des cofibrations de cofibre* $K'(G, m)$. — Par une cofibration de base X nous entendons [2] une paire d'espaces $X \subset X'$ (avec la propriété d'extension des homotopies); le quotient $X'/X = X''$ est dit la cofibre. Deux cofibrations $X \subset X_1$ et $X \subset X_2$ sont dites *équivalentes* s'il existe une équivalence $X_1 \to X_2$ se réduisant à l'identité sur X. Si $f$ est une application d'un espace Q dans X, notons $X_f$ l'espace obtenu en attachant à X le cône CQ en vertu de $f$; la paire $X \subset X_f$ est une cofibration de base X et de cofibre $\Sigma Q$ (suspension de Q) dite la *cofibration induite par f*.

Supposons que la cofibre $X'' = X'/X$ de $X \subset X'$ soit un $K'(G, m)$, pour un $m \geqq 3$. Soit R un $K'(G, m-1)$ choisi de façon arbitraire mais fixe, donc $\Sigma R$ un $K'(G, m)$.

Proposition 1. — *Toute cofibration de base* X *et de cofibre* $K'(G, m)$, $m \geqq 3$, *est équivalente à la cofibration* $X \subset X_f$ *induite par une application f de* R *dans* X. En effet, on considère une classe fondamentale $u \in \pi_m(G; X'')$, c'est-à-dire la classe d'une équivalence $\Sigma R \to X''$; par transgression [3] on obtient une *classe caractéristique* $c \in \pi_{m-1}(G; X) = \Pi(R, X)$, et toute application $f$ de $c$ a la propriété exigée (on peut construire une application de $X_f$ dans $X'$ induisant un isomorphisme de l'homologie entière).

Appelons *conjugués* deux éléments $a$ et $b$ de $\pi_{m-1}(G; X)$ si $a = b \circ q$, où $q$ est une équivalence de R sur lui-même.

Proposition 2. — Si deux applications de R dans X correspondent à des éléments conjugués de $\pi_{m-1}(G; X)$, les cofibrations induites, de base X et de cofibre $K'(G, m)$, sont équivalentes; et réciproquement, si l'on suppose G libre ou X 2-connexe.

2. *Applications homologiquement triviales.* — Soit $X \subset X_f$ induite par $f : Q \to X$. Notons $\xi$ le plongement $X \to X_f$, $\eta$ l'identification $X_f \to X_f/X = \Sigma Q$, et considérons la suite exacte d'homologie

$$\ldots \to H_n(X) \xrightarrow{\xi_*} H_n(X_f) \xrightarrow{\eta_*} H_n(\Sigma Q) \xrightarrow{\partial} H_{n-1}(X) \to \ldots.$$

L'isomorphisme de suspension $H_{n-1}(Q) \cong H_n(\Sigma Q)$ étant noté $\Sigma$, on a :

PROPOSITION 3. — $\partial \circ \Sigma = f_* : H_{n-1}(Q) \to H_{n-1}(X)$.

PROPOSITION 4. — Pour que $f$ soit *homologiquement triviale* (c'est-à-dire $f_* = 0$ pour tout $n$), il faut et il suffit que pour tout $n$ la suite

$$0 \to H_n(X) \xrightarrow{\xi_*} H_n(X_f) \xrightarrow{\Sigma_0^{-1}\eta_*} H_{n-1}(Q) \to 0$$

soit exacte.

Prenons pour Q l'espace R qui est un $K'(G, m-1)$; on a alors $\xi_* : H_n(X) \cong H_n(X_f)$, $n \neq m, m-1$, pour tout $f : R \to X$. Pour que $f$ soit homologiquement triviale, il faut et il suffit dans ce cas que $\xi_* : H_{m-1}(X) \to H_{m-1}(X_f)$ soit un isomorphisme et que la suite

$$0 \to H_m(X) \to H_m(X_f) \to H_{m-1}(R) = G \to 0$$

soit exacte.

3. *Espace à groupes d'homologie donnés.* — Soient donnés des groupes abéliens $H_n$, $n = 2, 3, \ldots$; on va construire un polyèdre simplement connexe X avec $H_n(X) = H_n$ pour tout $n$. Choisissons d'abord pour chaque $n$ un polyèdre déterminé $K'(H_n, n-1)$, se réduisant à un point si $H_n = 0$, et posons $K'(H_n, n) = \Sigma K'(H_n, n-1)$. Posons ensuite $X_2 = K'(H_2, 2)$ et $X_3 = (X_2)_{f_2}$ où $f_2$ est une application homologiquement triviale de $K'(H_3, 2)$ dans $X_2$ et $X_2 \subset (X_2)_{f_2}$ la cofibration induite, de cofibre $K'(H_3, 3)$. D'après la proposition 4,

$$H_2(X_3) = H_2, \qquad H_3(X_3) = H_3 \qquad \text{et} \qquad H_n(X_3) = 0 \qquad \text{pour } n > 3.$$

De même, construisons par induction une *suite croissante de polyèdres* $X_m$, $m = 2, 3, \ldots$ avec $H_n(X_m) = H_n$ pour $n \leq m$, $= 0$ pour $n > m$ : on choisit $f_m : K'(H_{m+1}, m) \to X_m$ homologiquement triviale et l'on pose $X_{m+1} = (X_m)_{f_m}$; la cofibre de $X_m \subset X_{m+1}$ est $K'(H_{m+1}, m+1)$. La réunion X de la suite des $X_m$ a la propriété exigée. (Si $H_m = 0$ pour un $m$, on a $X_m = X_{m-1}$; si les $H_n$ sont de type fini et 0 pour $n > N$, on peut s'arranger de telle façon que X soit un polyèdre fini de dimension $\leq N + 1$.)

La construction de X dépend du choix des $f_n$; désignons par $k_n$ les éléments correspondants de $\pi_n(H_{n+1}; X_n)$ et appelons $\mathcal{H} = \{H_2, H_3, \ldots; k_2, k_3, \ldots\}$ le *système de* X. De plus, notons $\mathcal{H}_m = \{H_2, \ldots, H_m, 0, \ldots; k_2, \ldots, k_{m-1}, 0, \ldots\}$ le système de $X_m$.

4. *Polyèdre normal.* — Un polyèdre simplement connexe sera dit *normal*, s'il est épuisé par une suite croissante de sous-polyèdres $Y_m$, $m = 2, 3, \ldots$ tels que $H_n(Y_m) = 0$ pour $n > m$ et que l'inclusion $Y_m \subset Y$ induise $H_n(Y_m) \cong H_n(Y)$ pour $n \leq m$. Deux polyèdres normaux Y et Z, normalisés respectivement par des $Y_m$ et des $Z_m$, sont dits *normalement équivalents* s'il existe une suite croissante d'équivalences $Y_m \to Z_m$. D'après la construction dans 3, X est normal, et *le système* $\mathcal{H}$ *détermine* X *à une équivalence normale près;* écrivons dans ce sens $X = K'(\mathcal{H})$ et $X_m = K'(\mathcal{H}_m)$. Soulignons que dans la donnée d'un système $\mathcal{H}$, $k_n$ est un élément (homo-

logiquement trivial, autrement arbitraire) de $\pi_n(H_{n+1}; K'(\mathcal{H}_n))$ et a ainsi un sens seulement après la donnée de $k_2, \ldots, k_{n-1}$.

De la proposition 1 on déduit que *tout polyèdre normal simplement connexe est normalement équivalent à un* $K'(\mathcal{H})$; et de la proposition 2, qu'*à deux systèmes conjugués* $\mathcal{H}^{(1)}$ *et* $\mathcal{H}^{(2)}$ *correspondent des* $K'(\mathcal{H}^{(1)})$ *et* $K'(\mathcal{H}^{(2)})$ *normalement équivalents*, et réciproquement si l'on suppose $H_2 = 0$. Par « systèmes conjugués », on entend deux systèmes formés par les mêmes $H_n$ et par des $k_n$ conjugués [après identification de $\pi_n(H_{n+1}; K'(\mathcal{H}_n^{(1)}))$ et $\pi_n(H_{n+1}; K'(\mathcal{H}_n^{(2)}))$ en vertu d'une équivalence].

Proposition 5. — Tout polyèdre simplement connexe est équivalent à un polyèdre normal.

La démonstration est indépendante des autres raisonnements de cette Note et se base sur un procédé récursif opérant sur les squelettes des différentes dimensions.

Il résulte donc (4) le

Théorème. — *Tout polyèdre simplement connexe admet un système* $\mathcal{H}$, *c'est-à-dire est équivalent à un* $K'(\mathcal{H})$; *deux polyèdres admettant des systèmes conjugués sont équivalents*. Le *type d'homotopie* d'*un* polyèdre peut ainsi être spécifié par un système $\mathcal{H}$, c'est-à-dire les groupes d'homologie entière $H_n$ et des éléments homologiquement triviaux $k_n \in \pi_n(H_{n+1}; K'(\mathcal{H}_n))$.

(*) Séance du 1er avril 1959.

(1) *Comptes rendus*, 246, 1958, p. 2444, 2555 et 2991; 247, 1958, p. 620. Ces Notes sont citées ici par I, II, III, IV.

(2) *Cf.* II, section 2. Dans la Note présente nous ne considérons que des cofibrations qui sont des inclusions.

(3) *Cf.* IV, section 5 *d*; remarquons qu'ici un $C \in \pi_{m-1}(G; X)$ répondant aux besoins de la démonstration de la prop. 1 peut aussi être obtenu de façon plus élémentaire, à l'aide des isomorphismes de Hurewicz pour $\xi$ et pour $X''$, et de l'excision homologique.

(4) *Voir* aussi J. C. Moore, *Séminaire Henri Cartan E. N. S.*, 1954-1955, appendice à l'exposé 22.

# On the homology and homotopy decomposition of continuous maps

(with P. J. Hilton)

Proc. Nat. Acad. Sci. USA **45** (1959), 372–375

*Communicated by Saunders Mac Lane, December 31, 1958*

*1. Introduction.*—In this note we discuss two decompositions of a continuous map of 1-connected spaces which stand in a heuristic duality to each other. The homology (Moore) decomposition[1] of the map $f: X \to Y$ reduces to a homology decomposition[2] of $Y$ when $X$ is reduced to a point, while the homotopy (Postnikov) decomposition of $f$ reduces to a Postnikov system for $X$ when $Y$ is reduced to a point.

Considerable use is made here of the notions of homology, cohomology, and homotopy groups of maps.[3,4] By framing our definitions in terms of the map itself, we avoid resorting to replacements by mapping cylinders or equivalent fibrations, and, further, no transgression theorems are required. The resulting simplicity, together with the duality, are the features of the treatment.

*2. Basic Facts.*—We collect together in this section the basic results we require. We consider maps and homotopies in the category of 1-connected spaces with base points $o$. There is a Hurewicz homomorphism $\theta: \pi_m(f) \to H_m(f)$.

PROPOSITION 2.1. *If* $H_r(f) = 0$, $r < n$, *then* $\theta: \pi_n(f) \cong H_n(f)$.

There are coefficient theorems in homotopy[5] and cohomology; namely, for an arbitrary abelian group $G$,

PROPOSITION 2.2. (*a*) *The sequence*

$$0 \to Ext(G, \pi_{n+1}(f)) \xrightarrow{\bar{\eta}} \pi_n(G; f) \xrightarrow{\eta} Hom(G, \pi_n(f)) \to 0$$

*is exact;*

(*b*) *The sequence*

$$0 \to Ext(H_{n-1}(f), G) \xrightarrow{\bar{\eta}} H^n(f; G) \xrightarrow{\eta} Hom(H_n(f), G) \to 0$$

*is exact.*

We recall the definition of $\eta$ in 2.2(a). Let $\{u, v\} \in \pi_n(G; f)$, given by the map

$$\begin{array}{ccc} K'(G, n-1) & \xrightarrow{u} & X \\ \downarrow i & & \downarrow f \\ CK'(G, n-1) & \xrightarrow[v]{} & Y \end{array}$$

of $i$ into $f$ ($K'(f, n-1)$ denotes a space with one nonvanishing integer homology group, $CK'(G, n-1)$ its cone). Then $\theta\ \pi_n(i) \cong G$, so $\{u, v\}$ induces $\{u, v\}_{*1}$: $G \to \pi_n(f)$ and $\eta\{u, v\} = \{u, v\}_*$. We may give a dual description for $\eta$ in 2.2(*b*).

There are homology and homotopy exact sequences for a triple;[4] namely, if $f = gh$, then

PROPOSITION 2.3. (*a*) *There is an exact sequence*

$$\ldots \to H_r(h) \xrightarrow{(1,g)} H_r(f) \xrightarrow{(h,1)} H_r(g) \to H_{r-1}(h) \to \ldots;$$

(*b*) *There is an exact sequence*

$$\ldots \to \pi_r(h) \xrightarrow{(1,g)_*} \pi_r(f) \xrightarrow{(h,1)_*} \pi_r(g) \to \pi_{r-1}(h) \to \ldots.$$

These are, of course, corresponding sequences for groups with coefficients and for cohomology, but we will make no use of these.

*3. The Construction.*—We suppose $H_r(f) = 0,\ r < n,\ H_n(f) \neq 0$. Then $\theta$: $\pi_n(f) \cong H_n(f)$, and by 2.2(*a*) we may choose $\{u, v\} \in \pi_n(H_n(f); f)$ so that $\eta\{u, v\} = \theta^{-1}$. Thus we have a map $(u, v): i \to f$,

$$\begin{array}{ccc} K'(H_n(f), n-1) & \xrightarrow{u} & X \\ i\downarrow & & \downarrow f \\ CK'(H_n(f), n-1) & \xrightarrow{v} & Y, \end{array} \tag{3.1}$$

and $(u, v)_*: H_n(i) \cong H_n(f)$.

Form $X_1$ by attaching $CK'(H_n(f), n-1)$ to $X$ by means of $u$. Then $(u, v)$ admits the canonical factorization

$$\begin{array}{ccccc} K'(H_n(f), n-1) & \xrightarrow{u} & X & \xrightarrow{1} & X \\ i\downarrow & & \downarrow j_1 & & \downarrow f \\ CK'(H_n(f), n-1) & \xrightarrow{w} & X_1 & \xrightarrow{f_1} & Y. \end{array} \tag{3.2}$$

Here $X_1$ is obtained from $X \cup CK'(H_n(f), n-1)$ by identifying $u(z)$ with $i(z)$ for $z \in K'(H_n(f), n-1)$; $j_1(x) = x,\ x \in X$; $w(p) = p,\ p \in CK'(H_n(f), n-1)$; $f_1(x) = f(x), f_1(p) = v(p)$.

Since $i, j_1$ are cofibrations and $(u, w)$ induces the identity on the cofibers, it follows that $(u, w)_*: H_*(i) \cong H_*(j_1)$. Thus $H_r(j_1) = 0$, r $\neq n$, and

$$(1, f_1)_*: H_n(j_1) \cong H_n(f). \tag{3.3}$$

We now apply 2.3(*a*) and obtain

$$(j_1, 1)_*: H_r(f_1) \cong H_r(f), \qquad r \neq n \tag{3.4}$$

$$H_n(f_1) = 0. \tag{3.5}$$

We have thus factored $f$ as $f_1 j_1$, where $j_1$ is an inclusion cofibration with cofiber $K'(H_n(f), n)$ and $f_1$ is obtained from $f$ by killing $H_n(f)$.

Now suppose that $H_r(f) = 0$ except for $r = n_1, n_2, \ldots$, where $n_1 < n_2 < \ldots$. Then for each $k$ we obtain, by iterating the construction above, a factorization

$$X \xrightarrow{j_1} X_1 \xrightarrow{j_2} X_2 \rightarrow \ldots \xrightarrow{j_k} X_k \xrightarrow{f_k} Y, \qquad f = f_k j_k \ldots j_2 j_1, \tag{3.6}$$

where the cofiber of the inclusion $j_r$ is $K'(H_{n_r}(f), n_r)$, $r = 1, \ldots, k$, and $H_r(f_k) = 0$, $r < n_{k+1}$, $H_r(f_k) \cong H_r(f)$, $r \geq n_{k+1}$.

If the sequence $\{n_i\}$ terminates with $k = m$, say, then $H_r(f_m) = 0$ for all $r$, so that $f_m$ is a singular homotopy equivalence. We then describe $f = f_m j_m \ldots j_2 j_1$ as a *homology decomposition* of $f$. We observe, and emphasize, that if $X$, $Y$ are finite-dimensional polyhedra, then the sequence $\{n_i\}$ terminates; moreover in this case the factors $j_i$ may be chosen to be polyhedral inclusions so that $f_m$ will be a homotopy equivalence. If the sequence $\{n_i\}$ does not terminate we may form $X_\infty = \cup X_k$, giving it the weak topology, and define $f_\infty: X_\infty \rightarrow Y$ by $f_\infty | X_k = f_k$. Then $f_\infty$ is a singular homotopy equivalence. We would then write, formally,

$$f = f_\infty \ldots j_k \ldots j_2 j_1 \tag{3.7}$$

and call (3.7)—or the set of maps ($j_k, f_k, k = 1, 2, \ldots$)—a *homology decomposition*[1] of $f$. The *$k'$-classes* of the decomposition are the classes $\{u_k\} \in \pi_{n_k - 1}(H_{n_k}(f); X_{k-1})$, where $\{u_k, v_k\}$ was chosen so that $\eta\{u_k, v_k\} = \theta^{-1}: H_{n_k}(f) \cong \pi_{n_k}(f_{k-1})$.

To obtain a homology decomposition of $Y$ we take $X$ to be a point $o$. Then $H_r(f) = H_r(Y)$ and $X_\infty$ is a polyhedron having the homotopy type of the singular polyhedron of $Y$. Moreover, in the sense of a former note,[2] $X_\infty$ is normalized by the subpolyhedra $X_k$ and the $k'$-classes of the decomposition of $f$ are just the $k'$-classes of the decomposition[6] of $Y$. If we take $Y = o$, then $H_r(f) = H_{r-1}(X)$ and we obtain a process for successively killing the homology groups of $X$.

The *homotopy decomposition* of the map $f: X \rightarrow Y$ proceeds in a manner dual to that of the homology decomposition. Propositions 2.2($b$) and 2.3($b$) replace 2.2($a$) and 2.3($a$) and the cofibration $j_1: X \rightarrow X_1$ induced by the map $u$ is replaced by the fibration $q^1: Y^1 \rightarrow Y$ induced by a suitable map $u: Y \rightarrow K(\pi_n(f), n)$. We obtain a factorization $f = q^1 f^1$, where $q^1$ is a fiber map with fiber $K(\pi_n(f), n - 1)$ and $f^1$ is obtained from $f$ by killing $\pi_n(f)$. Iterating the construction, and supposing that in fact $\pi_r(f) = 0$ except for $f = m_1, m_2, \ldots$, where $m_1 < m_2 < \ldots$, we obtain, for each $k$, a factorization

$$X \xrightarrow{f^k} Y^k \xrightarrow{q^k} \ldots \rightarrow Y^2 \xrightarrow{q^2} Y^1 \xrightarrow{q^1} Y, \qquad f = q^1 q^2 \ldots q^k f^k, \tag{3.6*}$$

where the fiber of $q^r$ is $K(\pi_{m_r}(f), m_r - 1)$, $r = 1, \ldots, k$, and $\pi_r(f^k) = 0$, $r < m_{k+1}$, $\pi_r(f_k) = \pi_r(f)$, $r \geqslant m_{k+1}$. We regard the collection of maps ($f^k, q^k, k = 1, 2, \ldots$) as a *homotopy decomposition* of the map $f$. The *$k$-classes* (Postnikov invariants) of the decomposition are the elements[7] $\{u^k\} \in H^{m_k}(Y^{k-1}, \pi_{m_k}(f))$, where $\{v^k, u^k\} \in H^{m_k}(f^{k-1}; \pi_{m_k}(f))$ was chosen so that $\eta\{v^k, u^k\} = \theta^{-1}: H_{m_k}(f^{k-1}) = \pi_{m_k}(f)$.

If $Y$ is a point then $\pi_r(f) = \pi_{r-1}(X)$ and we obtain the standard Postnikov decomposition of $X$. Notice that if $\pi_*(X)$ is nonzero in dimensions $p_1, p_2, \ldots$, then the Postnikov invariants are located, as usual, in the groups $H^{p_k+1}(Y^{k-1}, \pi_{p_k}(X))$. If $X$ is a point, we recover the Cartan-Serre-Whitehead technique for killing the homotopy groups of $Y$.

*4. Remarks.*—(1) We do not claim the homotopy invariance of the homology decomposition. We may prove, however, that if $\Phi: f \rightarrow f'$ induces homology isomorphisms, then, given a homology decomposition $D$ of $f$, we may choose a decomposition $D'$ of $f'$ such that $\Phi$ respects the decompositions in an evident sense. Thus in particular we may choose compatible decompositions for a cofiber map $f$ and its cofiber $F$.

(2) Let cat $X$ be the Lusternik-Schnirelmann category of $X$. Then we may show

THEOREM: *If $X$ is a 1-connected polyhedron with exactly m nonvanishing homology groups, then* cat $X \leq m + 1$.

For $X$ may be regarded as being constructed by successive attachment of cones, and each attachment increases the category by at most 1. It would be interesting to relate the category to the $k'$-classes. It would also be interesting to dualize the theorem.

* Permanent address: Department of Pure Mathematics, Birmingham University, England.

[1] The decomposition is essentially the one described in Moore, J. C., *Séminaire H. Cartan E.N.S.*, 1954–1955, Appendice à Exposé 22.

[2] Eckmann, B., and P. J. Hilton, "Décomposition Homologique d'un Polyèdre Simplement Connexe" (to appear).

[3] Eckmann, B., and P. J. Hilton, *C. R. Acad. Sci. Paris*, **246**, 2555–2558 (1958).

[4] Eckmann, B., and P. J. Hilton, "Homotopy Groups of Maps and Exact Sequences" (to appear).

[5] Eckmann, B., and P. J. Hilton, *C. R. Acad. Sci. Paris*, **246**, 2993–2995 (1958).

[6] We have been informed that E. H. Brown and A. H. Copeland describe a homology decomposition of a 1-connected polyhedron in a forthcoming paper.

[7] The dimensional discrepancies between the descriptions of the homology and homotopy decompositions (e.g., between $k'$-classes and $k$-classes) are explained in footnote 2 of reference 5, If they were eliminated the duality aspect of our results would gain, but we would lose the identity between the relative homotopy group of $Y$ mod $X$ and the homotopy group of the inclusion map $X \rightarrow Y$. In addition—and perhaps more serious—the Hurewicz homomorphism $\theta$ for maps would involve an unfamiliar dimensional displacement.

# Groupes d'homotopie et dualité

Bull. Soc. Math. France **86** (1958), 271–281

## I. — INTRODUCTION.

1. — Dans cet exposé je me propose de montrer comment il est possible, en partant du concept classique d'*homotopie*, d'obtenir une grande partie des notions et lois fondamentales de la topologie algébrique en réduisant l'appareil algébrique à un minimum; au lieu de l'introduire *a priori* sous forme de complexes, cochaînes, etc., on fait intervenir les structures algébriques de façon directe, par des définitions topologiques et naturelles au sens de l'homotopie. Je n'affirme nullement que cette façon de faire soit nécessaire ou supérieure aux autres, ou même qu'elle permette de se passer des procédés classiques dans les exemples les plus élémentaires. Il s'agit simplement de montrer qu'elle est possible et donne une vue d'ensemble unifiée sur la topologie algébrique, et avant tout qu'elle conduit tout naturellement à une *dualité* qui, tout au moins, a une valeur heuristique. La forme générale de cette dualité s'exprime dans *deux suites exactes* d'homotopie très générales qui contiennent comme cas particuliers presque toutes les suites exactes connues.

Il existe, dans l'algèbre des modules — ou plus généralement dans toute catégorie abélienne vérifiant certains axiomes — deux « suites d'homotopie » purement algébriques tout à fait analogues; j'en ai parlé ailleurs [1] et je ne reviens pas ici sur cette analogie. Je tiens à remarquer que le présent exposé est une introduction sommaire à des recherches faites en collaboration avec Peter J. Hilton.

2. — On va donc considérer les *applications* (continues) d'un espace $A$ dans un espace $B$ et les *classes d'homotopie* de ces applications, au sens habituel; par exemple $A$ étant un cercle $S_1$, les classes des chemins fermés dans $B$. Le rôle essentiel d'un point de base, dont on a besoin pour définir une opération de groupe parmi ces classes, est bien connu. Je précise que dans ce qui suit, « espace » signifie toujours *espace avec point-base* déterminé, noté $o$, « application » une application $A \to B$ envoyant $o$ de $A$ dans $o$ de $B$, et « homotopie » une déformation respectant cette condition (pour toute valeur du paramètre de déformation). L'ensemble des applications $A \to B$ sera noté $(A, B)$, celui des classes d'homotopie de ces applications $\Pi(A, B)$; dans ce dernier il y a un élément distingué $o$, la classe des applications « homotopes à $o$ », celle qui contient l'application triviale $f_0$, $f_0(A) = o$. L'ensemble $\Pi(A, B)$ est l'objet essentiel de ce qui suit; en essayant d'y introduire des *structures de groupe naturelles*, dans un sens précis, on sera amené aux groupes d'homotopie généraux et aux deux suites exactes duales qui constituent un accès « homotopique » à la topologie algébrique.

Pour $g : A \to A'$, notons comme d'habitude $g^*$ l'application de $(A', B)$ dans $(A, B)$ induite, donnée par $g^*(f) = f \circ g : A \to A' \to B$ pour tout $f \in (A, B)$, et aussi celle de $\Pi(A', B)$ dans $\Pi(A, B)$ correspondante. De même pour $h : B \to B'$, par $h_*$ l'application induite de $(A, B)$ dans $(A, B')$ ou de $\Pi(A, B)$ dans $\Pi(A, B')$, donnée par $h_*(f) = h \circ f : A \to B \to B'$, pour tout $f \in (A,B)$.

## II. — GROUPES D'HOMOTOPIE.

3. — Le procédé le plus simple pour définir une structure de groupe dans $\Pi(A, B)$ se présente lorsque $B$ est un *groupe topologique* (par exemple $S_1$) : On multiplie deux fonctions $f$ et $g$ en multipliant les valeurs, c'est-à-dire les images $f(a).g(a)$, et les axiomes de groupe sont satisfaits pour cette opération $f.g$. Il en est de même lorsque $B$ est un groupe « à l'homotopie près » seulement, ce qu'on appelle un *H-espace*. C'est un espace $B$ muni d'une *multiplication* $M$ associant à $b$, $b' \in B$ un produit $M(b, b')$ continu, c'est-à-dire d'une application continue $M : B \times B \to B$, de telle façon que les axiomes de groupe soient satisfaits « à l'homotopie près » (par exemple l'application $M_0 : b \to M(b, o)$ est homotope à l'identité $I$ de $B$, etc.); $M$ est aussi appelée une *H-structure dans B*. Le produit $f.g$ de deux applications $A \to B$ est alors défini par $(f.g)(a) = M(f(a), g(a))$; il établit dans $\Pi(A, B)$ une structure de groupe.

Notons que dans ce cas, pour tout $h : A \to A'$, l'application induite $h^*$ : $\Pi(A', B) \to \Pi(A, B)$ respecte le produit $f.g$. Ce procédé pour définir une structure de groupe dans $\Pi(A, B)$ pour un $H$-espace $B$ et tout $A$, est donc « naturel »; par là nous entendons que les applications induites $h^*$ sont toujours des *homomorphismes*.

Nous allons examiner de façon générale toutes les structures de groupe naturelles qu'on peut définir dans $\Pi(A, B)$. Soit donc donnée une règle qui, pour $B$ fixe, fait de $\Pi(A, B)$ un groupe pour tout $A$, de telle façon que tous les $h^*$ induits par $h : A \to A'$ soient des homomorphismes. L'opération dans ces groupes est notée multiplicative. Alors la classe triviale $o \in \Pi(A, B)$ est l'élément neutre de ce groupe. En effet, il en est ainsi pour $A = o$ se réduisant à un point; pour $A$ arbitraire et $h : A \to o$, l'image de cette classe par $h^*$ qui est égale à $o \in \Pi(A, B)$ doit être l'élément neutre, $h^*$ étant un homomorphisme. Prenons ensuite $A = B \times B$; soient $p_1, p_2 : B \times B \to B$ les projections sur les deux facteurs, $p_1(b, b') = b$, $p_2(b, b') = b'$, et soit $p = p_1 . p_2$. On remarque que pour $l : B \to B \times B$ défini par $l(b) = (b, o)$, on a $l^*p = l^*(p_1 . p_2) = l^*p_1 . l^*p_2 = I . o = I \in \Pi(B, B)$; en effet, $l^*p_1 : b \to b \times o \to b$ est l'identité de $B$, $l^*p_2 : b \to b \times o \to o$ est l'application triviale. Choisissons une application $M$ dans la classe $p : B \times B \to B$. L'application $M_0 = l^*M : b \to b \times o \to M(b, o)$ est donc homotope à l'identité $I$ de $B$. De façon analogue on vérifie les autres axiomes : *$M$ est une $H$-structure dans $B$.*

Soient $f, g$ deux applications $A \to B$, $f \times g$ l'application $A \to B \times B$ donnée par $a \to f(a) \times g(a)$. On a pour les classes correspondantes $\in \Pi(A, B)$, $f . g = (f \times g)^* p$, donc $(f . g)(a) = M(f(a), g(a))$. En effet, $(f \times g)^* p = (f \times g)^* p_1 . (f \times g)^* p_2$; or $(f \times g)^* p_1$ est l'application $a \to f(a) \times g(a) \to f(a)$, c'est $f$, et $(f \times g)^* p_2 = g$. Il résulte ainsi :

*Si, pour un espace $B$, une structure de groupe naturelle est donnée dans $\Pi(A, B)$ pour tout $A$, alors $B$ est un $H$-espace et l'opération dans $\Pi(A, B)$ est celle définie par la multiplication ($H$-structure) dans $B$.*

4. — La question qui s'impose alors est de déterminer les structures de groupe naturelles dans $\Pi(A, B)$ pour $A$ fixe et $B$ variable, dualité consistant à renverser le sens des flèches (des applications) ou, ce qui revient au même, à permuter le rôle de $A$ et de $B$.

Supposons une telle règle donnée, définissant dans $\Pi(A, B)$ pour tout $B$ une opération naturelle, que nous désignerons par $+$. Alors, de façon tout à fait analogue à ce qui précède, il s'ensuit que $A$ est muni d'une *comultiplication* (*$H'$-structure*), et que $f + g$ est définie par cette comultiplication.

Que faut-il entendre par là ? Choisissons $B = A \vee A$, la réunion de deux exemplaires de $A$ ayant $o$ en commun (par exemple $A \times o \cup o \times A \subset A \times A$); appelons $p_1$ la classe de l'application $a \to a \times o$, $p_2$ celle de $a \to o \times a$, et soit $M' : A \to A \vee A$ dans la classe $p_1 + p_2$. Cette application $M'$ vérifie des axiomes correspondant par dualité à ceux d'une $H$-structure; par exemple, pour $l : A \vee A \to A$ [donnée par $l(a \times o) = a$, $l(o \times a) = o$], $l_* M' : A \xrightarrow{M'} A \vee A \xrightarrow{l} A$ est homotope à l'identité $I$ de $A$, etc. Nous l'appellerons une $H'$-structure dans $A$. On montre comme avant, que pour $f, g : A \to B$ on a $f + g = (f \vee g)_* M'$; c'est-à-dire $f + g$ est donnée par l'application $A \xrightarrow{M'} A \vee A \xrightarrow{f \vee g} B$ [$f \vee g$ désignant l'application $a \times o \to f(a)$, $o \times a \to g(a)$]. Comme avant, la classe triviale $o$ est l'élément neutre de $\Pi(A, B)$.

*Si, pour un espace $A$, une structure de groupe naturelle est donnée dans $\Pi(A, B)$ pour tout $B$, alors $A$ est un $H'$-espace et l'opération dans $\Pi(A, B)$ est celle définie par la comultiplication ($H'$-structure) dans $A$.*

Si $A$ est un $H'$-espace et $B$ un $H$-espace, on a donc deux opérations naturelles $+$ et $.$ dans $\Pi(A, B)$. Pour quatre éléments $f, f_1, g, g_1 \in (A, B)$ effectuons $(f+g).(f_1+g_1)$ :

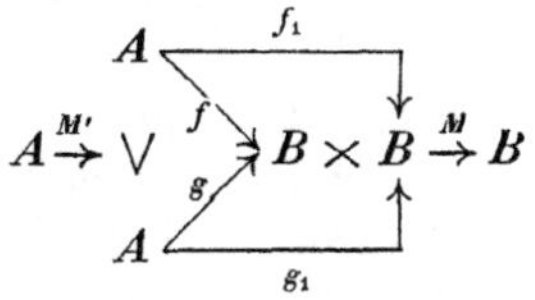


C'est évidemment la même chose que $f.f_1 + g.g_1$, donc

$$(f+g).(f_1+g_1) = f.f_1 + g.g_1.$$

Choisissons $g = f_1 = o =$ classe triviale $\in \Pi(A, B)$ :

$$(f+o).(o+g_1) = (o+g_1).(f+o) = f+g_1,$$
$$f+g_1 = f.g_1 = g_1.f,$$

c'est-à-dire : *Si $A$ est un $H'$-espace et $B$ un $H$-espace, les deux structures de groupe dans $\Pi(A, B)$ coïncident et sont abéliennes.* La structure de groupe dans $\Pi(A, B)$ ne dépend donc, dans ce cas, ni de la $H$- ni de la $H'$-structure choisie dans $B$ et $A$ ; il y a une seule structure de groupe naturelle dans $\Pi(A, B)$, et elle est abélienne.

5. — Il existe des procédés standard pour associer à des espaces donnés des $H$-espaces et des $H'$-espaces.

*a.* $\Omega B$, *l'espace des lacets dans $B$* au point $o$ [ c'est-à-dire des application continues $\omega$ du segment $s = (0 \leqq t \leqq 1)$ dans $B$ avec $\omega(0) = \omega(1) = o$ ] est un $H$-espace par rapport à une multiplication classique, la composition habituelle des chemins.

*b.* $\Sigma A$, *la suspension de $A$* (le cône double sur la base $A$) est définie par $A \times s$, avec $A \times (0) \cup A \times (1) \cup o \times s$ identifié en un seul point $o$; elle possède une comultiplication $M'$ évidente.

On voit sans peine qu'il y a correspondance biunivoque canonique entre les éléments de $\Pi(\Sigma A, B)$ et $\Pi(A, \Omega B)$, et qu'elle respecte les opérations $+$ et $.$ induites par ces structures : $\Pi(\Sigma A, B) \cong \Pi(A, \Omega B)$ par un isomorphisme canonique.

Pour deux espaces $A$ et $B$ et un entier $n$, définissons le $n^{\text{ième}}$ *groupe d'homotopie de $A$ dans $B$* par

$$\Pi_n(A, B) = \Pi(\Sigma^n A, B) = \Pi(A, \Omega^n B) = \Pi(\Sigma^{n-k} A, \Omega^k B),$$

$0 \leq k \leq n$. Si $n$ est $> 1$, $\Pi_n(A, B)$ est abélien. Ces groupes coïncident, dans le cas particulier où $A$ est une sphère $S_k$ à $k$ dimensions, donc $\Sigma^n A = S_{n+k}$, avec les groupes d'homotopie de Hurewicz $\pi_{n+k}(B)$. Nous reviendrons sur d'autres choix particuliers importants de $A$ ou de $B$.

6. — La dualité qui s'est imposée ci-dessus consiste en un procédé systématique pour obtenir, à partir d'un énoncé (définition, théorème, ...) l'énoncé dual. Sans trop insister, notons qu'on « renverse les flèches » (les directions des applications); remplacer le produit cartésien $B \times B$ par la somme $A \vee A$, $\Omega B$ par $\Sigma A$, etc. peut aussi être interprété dans ce sens.

Pour une application $f: A \to B$, appelons $N = f^{-1}(o) \subset A$ le noyau, et $C = B/f(A)$, obtenu par identification de $f(A)$ en un point $o$, le conoyau; $N$ et $C$ se correspondent dans la dualité. Notons que la suite

$$N \to A \xrightarrow{f} B \to B/f(A)$$

n'est pas « exacte » : l'image $f(A)$ n'est pas équivalente à $A/N$. La dualité n'a qu'un caractère heuristique, dans ce sens que le dual d'un énoncé n'est pas automatiquement valable, mais doit être redémontré.

## III. — GROUPES RELATIFS, SUITES EXACTES.

7. — Les groupes d'homotopie de Hurewicz $\pi_m(B)$, cas particuliers de nos $\Pi_n(A, B)$, sont liés entre eux par une suite exacte relative, instrument fondamental et bien connu pour les raisonnements où interviennent ces groupes. Nous allons généraliser cette suite exacte dans le cas de nos groupes $\Pi_n(A, B)$.

Pour cela, rappelons que le lien essentiel entre les $\pi_m(B)$ des différentes dimensions $m$ est le *groupe relatif* $\pi_m(\beta)$ d'une paire $\beta$ d'espaces $B_1 \subset B_2$ : les eléments de $\pi_m(\beta)$ sont les classes d'homotopie des applications $(V_m, S_{m-1}) \to (B_1, B_2)$, où $V_m$ désigne la boule à $m$ dimensions, $S_{m-1}$ sa frontière (où bien $V_m =$ cône sur $S_{m-1}$). Plus exactement, il s'agit d'une paire d'applications $f_1 : S_{m-1} \to B_1$, $f_2 : V_m \to B_2$ avec $f_2 \mid S_{m-1} = f_1$, c'est-à-dire telles que le diagramme

$$\begin{array}{ccc} S_{m-1} & \xrightarrow{f_1} & B_1 \\ \downarrow j & & \downarrow \beta \\ V_m & \xrightarrow{f_2} & B_2 \end{array}$$

($j =$ plongement de $S_{m-1}$ dans $V_m$, $\beta =$ plongement de $B_1$ dans $B_2$) soit commutatif.

Il convient pour la suite de nos raisonnements de ne pas se restreindre au cas d'un plongement $\beta : B_1 \to B_2$; nous entendrons par *une « paire » simplement une application arbitraire* $\beta$ de $B_1$ dans $B_2$. En passant de la *catégorie des espaces à celle des paires*, on peut refaire les raisonnements de la partie II de cet exposé; nous allons les exquisser, sans entrer dans les détails.

Soient $\alpha : A_1 \to A_2$, $\beta : B_1 \to B_2$ deux paires. Une application $f : \alpha \to \beta$ est formée par deux applications $f_i : A_i \to B_i$, $i = 1, 2$, telles que

$$\begin{array}{ccc} A_1 & \xrightarrow{f_1} & B_1 \\ \downarrow{\scriptstyle\alpha} & & \downarrow{\scriptstyle\beta} \\ A_2 & \xrightarrow{f_2} & B_2 \end{array}$$

soit commutatif. Une homotopie de $f : \alpha \to \beta$ et $g : \alpha \to \beta$ est formée par une homotopie de $f_1$ et une de $f_2$ telles que pour toute valeur du paramètre de déformation la commutativité soit conservée. L'ensemble $\Pi(\alpha, \beta)$ de ces classes d'homotopie contient un élément trivial $[f_i(A_i) = o \in B_i]$. On peut établir une structure de groupe naturelle dans $\Pi(\alpha, \beta)$ pour $\beta$ fixe et $\alpha$ variable, si $\beta$ est une *H-paire* et seulement dans ce cas; pour $\alpha$ fixe et $\beta$ variable, si $\alpha$ est une *H'-paire*. Une $H$-paire $b : B_1 \to B_2$ est une application d'un $H$-espace $B_1$ dans un $H$-espace $B_2$ qui est un homomorphisme pour les deux $H$-structures; de façon analogue pour une $H'$-paire $\alpha$. *Si $\alpha$ est une $H'$-paire et $\beta$ une $H$-paire, les deux structures de groupe dans* $\Pi(\alpha, \beta)$ *coïncident et sont abéliennes.*

En particulier, pour $\beta : B_1 \to B_2$ arbitraire, l'application induite $\Omega\beta : \Omega B_1 \to \Omega B_2$ des lacets de $B_1$ dans ceux de $B_2$ est une $H$-paire. De même, pour $\alpha : A_2 \to A_2$, l'application correspondante des suspensions $\Sigma\alpha : \Sigma A_1 \to \Sigma A_2$ est une $H'$-paire, et l'on a $\Pi(\Sigma\alpha, \beta) \cong \Pi(\alpha, \Omega\beta)$; on pourrait définir des groupes $\Pi_n(\alpha, \beta)$, etc.

**8.** Ici nous allons nous borner à ce qui est nécessaire pour définir les groupes « relatifs » tels qu'ils interviennent dans les suites exactes reliant les $\Pi_n(A, B)$.

Soit $\beta$ une application $B_1 \to B_2$ arbitraire, et, pour $A$ arbitraire, $\iota_1$ l'application qui plonge $A$ comme base dans son cône $CA$. Comme $\Sigma^{n-1}CA$ est équivalent à $C\Sigma^{n-1}A$, l'application $\iota_n = \Sigma^{n-1}\iota_1 : \Sigma^{n-1}A \to \Sigma^{n-1}CA$ peut aussi s'interpréter comme plongement de $\Sigma^{n-1}A$ dans $C\Sigma^{n-1}A$. Le groupe $\Pi(\iota_n, \beta) = \Pi(\Sigma^{n-1}\iota_1, \beta)$ est noté $\Pi_n(A, \beta)$ et dit le $n^{\text{ième}}$ *groupe d'homotopie relatif de A dans la paire* $\beta$. Pour qu'il y ait effectivement une structure de groupe, il faut supposer $n > 1$; ce groupe est abélien pour $n > 2$. Les éléments de $\Pi_n(A, \beta)$ sont, dans le cas d'un plongement $\beta : B_1 \subset B_2$, les classes d'applications de $C\Sigma^{n-1}A$ dans $B_2$ envoyant $\Sigma^{n-1}A$ dans $B_1$. Si

$B_1 = o \in B_2$, on peut identifier ces applications à celles de $\Sigma^n A = C\Sigma^{n-1}A/\Sigma^{n-1}A$ dans $B_2$, et le groupe relatif $\Pi_n(A, \beta)$ s'identifie au groupe absolu $\Pi_n(A, B_2)$. De façon analogue, si $B_2$ se réduit à un point $o$ ($\beta : B_1 \to o$), le groupe $\Pi_n(A, \beta)$ s'identifie à $\Pi_{n-1}(A, B_1)$.

Pour $\beta : B_1 \to B_2$ arbitraire, on a alors une suite d'homomorphismes

$$S_*(\beta) : \quad \ldots \to \Pi_n(A, B_1) \xrightarrow{\beta_*} \Pi_n(A, B_2) \xrightarrow{J} \Pi_n(A, \beta) \xrightarrow{\partial} \Pi_{n-1}(A, B_1) \to \ldots,$$

$J$ s'obtient en interprétant $\Pi_n(A, B_2)$ comme $\Pi_n(A, \mathring{\beta})$, $\mathring{\beta} : o \to B_2$, et en prenant l'homomorphisme de $\Pi_n(A, \mathring{\beta})$ dans $\Pi_n(A, \beta)$ induit par l'application de $\mathring{\beta}$ dans $\beta$ qui est l'identité sur $B_2$. L'homomorphisme $\partial$ est donné par la restriction à $\Sigma^{n-1}A \to B_1$ des applications de $\iota_n$ dans $\beta$. On vérifie directement que *cette suite* $S_*(\beta)$ *est exacte*.

De façon duale, on définit pour une application $\alpha : A_1 \to A_2$ arbitraire et un espace $B$ les *groupes relatifs* $\Pi_n(\alpha, B)$, $n > 1$ (ensemble sans structure de groupe pour $n = 1$), abéliens pour $n > 2$ : On entend par $\rho_1$ la projection naturelle de $EB$ [espace des chemins ouverts $\omega$ d'origine $o$ dans $B$, $\rho_1(\omega) =$ extrémité de $\omega$] dans $B$, de noyau $\rho_1^{-1}(o) = \Omega B$, et l'on pose $\rho_n = \Omega^{n-1}\rho_1$, $n > 0$. Alors $\rho_n$ s'interprète aussi comme projection de $E\Omega^{n-1}B$ dans $\Omega^{n-1}B$, de noyau $\Omega^n B$. Le groupe $\Pi_n(\alpha, B)$ est défini par $\Pi(\alpha, \rho_n)$; si $A_2 = o$, $\Pi_n(\alpha, B)$ s'identifie à $\Pi_n(A_1, B)$, et si $A_1 = o$, à $\Pi_{n-1}(A_2, B)$. On associe à $\alpha$ arbitraire la *suite exacte*

$$S^*(\alpha) : \quad \ldots \to \Pi_n(A_2, B) \xrightarrow{\alpha^*} \Pi_n(A_1, B) \xrightarrow{J} \Pi_n(\alpha, B) \xrightarrow{\partial} \Pi_{n-1}(A_2, B) \to \ldots$$

les homomorphismes $J$ et $\partial$ étant définis de façon tout à fait duale de ceux dans $S_*(\beta)$.

Si $A$ est une sphère, et $\beta : B_1 \subset B_2$ un plongement, la suite $S_*(\beta)$ se réduit à la suite relative classique des groupes d'homotopie $\pi_m$ de Hurewicz. On constate également que $S^*(\alpha)$ contient comme cas particulier, avec les restrictions habituelles sur les dimensions, la suite de *cohomotopie* (Borsuk-Spanier), et d'autres suites connues. Le fait que la suite de Hurewicz se réduit, sous des conditions particulières (fibration), à une suite *absolue*, se retrouve pour notre suite générale $S_*(\beta)$ et de façon duale, pour $S^*(\alpha)$; entrons dans quelques détails de cette question.

9. — Appelons *fibration* une application $\beta : B_1 \to B_2$ qui jouit de la propriété de *relèvement des homotopies* (pour les applications dans $B_2$ d'une certaine classe d'espaces précisée suivant le cas) : pour toute application $f_2 : X \to B_2$ qui se factorise par $\beta$, $f_2 = \beta \circ f_1$, toute homotopie de $f_2$ se factorise également par $\beta$. Dualement, appelons *cofibration* une application $\alpha : A_1 \to A_2$ avec la propriété d' « *abaissement des homotopies* » : Pour toute application $f_1 : A_1 \to X$ qui se factorise par $\alpha$, $f_1 = f_2 \circ \alpha$, toute homotopie

de $f_1$ se factorise également par $\alpha$. En diagrammes :

Si $\alpha$ est un plongement $A_1 \subset A_2$, alors cette dernière propriété n'est autre chose que celle d'*extension des homotopies*, valable en particulier pour tout polyèdre $A_2$ et sous-polyèdre $A_1$.

Pour une *fibration* $\beta : B_1 \to B_2$, soit $B_0 = \beta^{-1}(o)$ la fibre-type et $\nu : B_0 \subset B_1$ le plongement de $B_0$ dans $B_1$. On démontre alors sans peine que, pour $A$ arbitraire,

$$\Pi_n(A, \nu) \cong \Pi_n(A, B_2) \qquad \text{et} \qquad \Pi_n(A, \beta) \cong \Pi_{n-1}(A, B_0)$$

par des isomorphismes canoniques; le premier fait de $S_*(\nu)$ une suite absolue

$$\ldots \to \Pi_n(A, B_0) \to \Pi_n(A, B_1) \to \Pi_n(A, B_2) \to \Pi_{n-1}(A, B_0) \to \ldots,$$

et le second de $S_*(\beta)$ la même suite (à des signes près).

Pour une *cofibration* $\alpha : A_1 \to A_2$, appelons *cofibre* le quotient $A_2/\alpha A_1 = A_3$ (le conoyau de $\alpha$), et $\gamma$ l'application $A_2 \to A_3$ donnée par l'identification de $\alpha A_1$ en un point $o$. On démontre alors que, pour $B$ arbitraire,

$$\Pi_n(\gamma, B) \cong \Pi_n(A_1, B) \qquad \text{et} \qquad \Pi_n(\alpha, B) \cong \Pi_{n-1}(A_3, B),$$

et l'on obtient une suite exacte absolue

$$\ldots \to \Pi_n(A_3, B) \to \Pi_n(A_2, B) \to \Pi_n(A_1, B) \to \Pi_{n-1}(A_3, B) \to \ldots.$$

Dans le cas d'une cofibration $\alpha : A_1 \subset A_2$, l'isomorphisme

$$\Pi_n(\alpha, B) \cong \Pi_{n-1}(A_3, B)$$

peut s'interpréter ainsi : Le groupe relatif $\Pi_n(\alpha, B)$ de $\alpha : A_1 \to A_2$ ne dépend que du quotient $A_2/A_1$, c'est-à-dire ne change pas si l'on enlève de $A_1 \subset A_2$ les points intérieurs. C'est donc simplement la *propriété d'excision* comme on la rencontre en homologie et cohomologie. La propriété duale $\Pi_n(A, \beta) \cong \Pi_{n-1}(A, B_0)$ dans le cas d'une fibration $\beta : B_1 \to B_2$ exprime que le groupe relatif $\Pi_n(A, \beta)$ ne dépend que de $B_0 = \beta^{-1}(o)$.

## IV. — COHOMOLOGIE ET HOMOTOPIE A COEFFICIENTS.

**10.** La suite exacte $S_*(\beta)$ se réduit, si l'on prend pour $A$ la sphère $S_{m-n}$, à la suite exacte des groupes de Hurewicz $\pi_m$.

Soit maintenant $B$ un espace d'Eilenberg-MacLane $K(G, m)$, où $G$ est un groupe abélien et $m$ un entier $\geqq 0$ ; c'est-à-dire $\pi_n(B) = 0$ pour $n \neq m$, et $\pi_m(B) = G$. On sait que pour tout $G$ et $m$ il existe un polyèdre de ce genre, et que son type d'homotopie est déterminé par G et $m$. De plus, il est immédiat que $\Omega K(G, m+1)$ est un espace $K(G, m)$; si $A$ est un polyèdre, les éléments de $\Pi(A, K(G, m))$ et de $\Pi(A, \Omega K(G, m+1))$ se correspondent de façon biunivoque. $\Pi(A, K(G, m))$ est donc un groupe, $\cong \Pi_n(A, K(G, m+n))$ pour tout $n \geqq 0$, noté $H^m(A; G)$. Si $A$ n'est pas un polyèdre, sous-entendons qu'on remplace $A$ par son polyèdre singulier.

De façon analogue, définissons pour $\alpha : A_1 \to A_2$, un groupe abélien $G$ et un entier $m$, le groupe *relatif* $H^m(\alpha; G)$ par

$$H^m(\alpha; G) = \Pi_1(\alpha, K(G, m)) = \Pi_n(\alpha, K(G, m+n-1));$$

pour $\alpha : o \to A_2$ il se confond avec $\Pi_{n-1}(A_2, K(G, m+n-1)) = H^m(A_2; G)$.

Avec ces définitions, la suite exacte $S^*(\alpha)$ avec $B = K(G, m+n)$ prend la forme

$$\ldots \to H^m(A_2; G) \xrightarrow{\alpha^*} H^m(A_1; G) \xrightarrow{J} H^{m+1}(\alpha; G) \xrightarrow{\partial} H^{m+1}(A; G) \to \ldots.$$

On y reconnaît la *suite de cohomologie*, lorsque $\alpha$ est un plongement $A_1 \subset A_2$, $J$ étant le « cobord » et $\partial$ induit par l'application

$$\begin{array}{ccc} o & \xrightarrow{f_1} & A_1 \\ {\scriptstyle \mathring{\alpha}}\downarrow & & \downarrow{\scriptstyle \alpha} \\ A_2 & \xrightarrow{f_2} & A_2 \end{array}$$

de $\mathring{\alpha}$ dans $\alpha$ donnée par $f_2 =$ Identité de $A_2$.

Quant aux autres axiomes de cohomologie (Eilenberg-Steenrod), on vérifie sans peine qu'ils sont satisfaits pour les $H^m$ ici définis ; pour cela il est entre autre, nécessaire de se débarrasser de la condition $\alpha(o) = o$ pour les applications $\alpha : A_1 \to A_2$ et définir l'homomorphisme induit $\alpha^*$ dans le cas général. L'axiome d'*excision* est satisfait pour toute cofibration $A_1 \subset A_2$ (donc pour des polyèdres). On est donc en présence d'une théorie de cohomologie « légitime » ; elle coïncide pour les polyèdres avec la cohomologie habituelle — cela peut, du reste, aussi être vérifié directement. La convention de remplacer, si $A$ est un espace arbitraire, dans la définition $H^m(A, G) = \Pi(A, K(G, m))$, l'espace $A$ par son polyèdre singulier conduit naturellement à la *théorie singulière*. Il est clair comment il faudrait procéder pour obtenir d'autres théories de cohomologie.

Si $G$ est un groupe topologique, on peut donner une *topologie* à $\Pi(A, K(G, m))$, compacte si $G$ est compact. Cela permet de définir les groupes d'*homologie* par rapport à un groupe de coefficients discret $G$ par $H_m(A; G) = \operatorname{Car} H^m(A; \operatorname{Car} G)$, où Car désigne le passage au groupe des caractères (Pontrjagin). Ces groupes $H_m$ coïncident avec les groupes d'homologie habituels (simpliciaux, singuliers, etc., suivant le cas).

**11.** — Notre dualité pour les groupes $\Pi_n(A, B)$, qui s'exprime en particulier dans les deux suites exactes $S_*(\beta)$ et $S^*(\alpha)$, contient ainsi comme cas spécial une *dualité entre homotopie (groupes de Hurewicz $\pi_m$) et cohomologie $H^m$*. Pour la rendre plus complète, il convient de définir des *groupes d'homotopie à coefficients*, par rapport à un groupe de coefficients abélien $G$ arbitraire.

Soit $K'(G, m)$ un espace à homologie entière triviale excepté en dimension $m$, où $H_m = G$, et avec $\pi_1 = H_1$ (espace de Moore); $m$ est un entier $> 0$. Si c'est un polyèdre, et si $m > 1$, son type d'homotopie est déterminé par $G$ et $m$; la suspension $\Sigma K'(G, m-1)$ est un $K'(G, m)$. En vertu de cette $H'$-structure, $\Pi(K'(G, m), B)$ est un groupe pour $m > 1$, abélien pour $m > 2$, que nous notons $\pi_m(G; B)$. Pour $\beta : B_1 \to B_2$ arbitraire, le groupe relatif $\Pi_1(K'(G, m), \beta)$ est noté $\pi_{m+1}(G; \beta)$; ce groupe s'identifie à $\pi_{m+1}(G; B_2)$ pour $\beta : o \to B_2$. Notons que

$$\pi_m(G; B) = \Pi_n(K'(G, m-n), B) \qquad \text{et} \qquad \pi_m(G; \beta) = \Pi_n(K'(G, m-n), \beta)$$

où $n$ est arbitraire dans des limites évidentes; de la suite exacte $S_*(\beta)$ on déduit la suite exacte des groupes d'homotopie à coefficients

$$\ldots \to \pi_m(G; B_1) \xrightarrow{\beta_*} \pi_m(G; B_2) \xrightarrow{J} \pi_m(G; \beta) \xrightarrow{\partial} \pi_{m-1}(G; B_1) \to \ldots,$$

De cette façon, les $\pi_m(G; B)$ vérifient des axiomes duaux de ceux des $H^m(A; G)$; en particulier, la propriété duale de l'excision exprime que pour une fibration $\beta$ le groupe relatif $\pi_m(G; \beta)$ ne dépend que de $\beta^{-1}(o) = B_0 \subset B_1$. On peut baser une axiomatique des groupes d'homotopie à coefficients sur ces axiomes duaux, où le cas d'un plongement $\beta : B_1 \subset B_2$ ne joue aucun rôle, mais doit être remplacé par celui d'une fibration $\beta : B_1 \subset B_2$.

**12.** — Les deux suites générales $S_*(\beta)$ et $S^*(\alpha)$ pour les groupes $\Pi_n(A, B)$ contiennent également les *suites exactes* de cohomologie et d'homotopie *relatives aux coefficients*. En effet, soit $h : G_1 \to G_2$ un homomorphisme de groupes abéliens; il peut être « réalisé » par une application

$$\beta : K(G_1, m) \to K(G_2, m)$$

telle que l'homomorphisme des $\pi_m$ induit par $\beta$ soit égal à $h$, la classe d'homotopie de $\beta$ étant déterminée par $h$ (on peut même choisir pour $\beta$ une fibration). L'homomorphisme $\beta_*$ de $H^m(A; G_1) = \Pi(A, K(G_1, m))$ dans $H^m(A; G_2) = \Pi(A, K(G_2, m))$ est déterminé par $h$ et noté $h_*$. Soit alors $0 \to G_0 \xrightarrow{j} G_1 \xrightarrow{h} G_2 \to 0$ une suite exacte de groupe abéliens; si l'on réalise $h$ par une fibration $\beta : K(G_1, m+n) \to K(G_2, m+n)$, la fibre est un $K(G_0, m+n)$ et la suite exacte $S_*(\beta)$ donne

$$\ldots \to H^m(A; G_0) \xrightarrow{j_*} H^m(A; G_1) \xrightarrow{h_*} H^m(A; G_2) \to H^{m+1}(A; G_0) \to \ldots,$$

la suite de coefficients en cohomologie.

De façon duale, on peut « réaliser » $o \to G_0 \overset{j}{\to} G_1 \overset{h}{\to} G_2 \to o$ par une cofibration $\alpha : K'(G_0, m-n) \subset K'(G_1, m-n)$ de cofibre $K'(G_2, m-n)$, et la suite $S^*(\alpha)$ donne la suite de coefficients pour l'homotopie

$$\ldots \to \pi_m(G_2; B) \overset{h^*}{\to} \pi_m(G_1; B) \overset{j^*}{\to} \pi_m(G_0; B) \to \pi_{m-1}(G_2; B) \to \ldots.$$

Il faut toutefois remarquer que pour les groupes d'homotopie à coefficients les homomorphismes notés $h^*$ et $j^*$ ci-dessus ne sont en général pas déterminés entièrement par $h$ et $j$. Comme en cohomologie, on déduit de cette dernière suite exacte un « *théorème de coefficients universels* » pour les groupes $\pi_m(G; B)$ : Pour $G = Z$ (groupe cyclique infini), $\pi_m(Z; B) = \pi_m(B)$ est le $m^{\text{ième}}$ groupe de Hurewicz, et l'on a une suite exacte

$$o \to \operatorname{Ext}(G, \pi_{m+n}(B)) \to \pi_m(G; B) \to \operatorname{Hom}(G, \pi_m(B)) \to o.$$

$\pi_m(G; B)$ *est donc déterminé par les groupes* $\pi_m(B)$, $\pi_{m+1}(B)$ *et* $G$, à une extension près (qui n'est en général pas triviale, même si $B$ est un polyèdre).

13. — La dualité entre cohomologie et homotopie telle que je viens de l'exposer suggère beaucoup de problèmes et méthodes faisant intervenir de façon systématique les groupes d'homotopie à coefficients. Mentionnons pour terminer quelques-uns de ces aspects, qui seront traités ailleurs :

*a*. Opérations homotopiques pour les groupes $\pi_m(G; B)$ dans les cas d'un groupe de coefficients $G \neq Z$ (par exemple $G = Z_2$ ou $Z_p$).

*b*. Notion générale de transgression, contenant comme cas particuliers la transgression cohomologique dans les espaces fibrés et son dual homotopique pour les cofibrations.

*c*. Classification des cofibrations $A_1 \subset A_2$ de cofibre $A_2/A_1 = K'(G, m)$, et classes caractéristiques de ces cofibrations.

*d*. Décomposition homologique d'un espace simplement connexe (dual de la décomposition de Postnikov) : on peut caractériser le type d'homotopie (singulier) d'un tel espace par ses groupes d'homologie entière et certains éléments de groupes d'homotopie à coefficients.

## BIBLIOGRAPHIE.

[1] ECKMANN (B.). — *Homotopie et dualité* (*Colloque de Topologie algébrique*, Louvain, Centre belge de Recherches mathématiques, 1956, p. 41-53).

[2] ECKMANN (B.) et HILTON (Peter J.). — *Groupes d'homotopie et dualité* ... (*C. R. Acad. Sc.*, t. 246, 1958, p. 2444-2447, 2555-2558 et 2991-2993).
ainsi que les Mémoires cités dans [1] et dans [2].

[3] ECKMANN (B.) et HILTON (Peter J.) — *Transgression homotopique et cohomologique* (*C. R. Acad. Sc.*, t. 247, 1958, p. 620-623).

Beno ECKMANN,
Professeur à l'École polytechnique fédérale,
Zurich (Suisse).

# Structure maps in group theory

(with P. J. Hilton)

Fund. Math. **50** (1961), 207–221

**Introduction and notation.** In [3] the authors elaborate a theory of structure maps in general categories. If the category $\mathcal{C}$ admits direct products the notion of group structure (1) and the group axioms may be formulated entirely in terms of the maps of the category; and this enables us to carry over to categories other than categories of sets and element-maps certain classical notions of group theory. Moreover the definitions and results may be dualized and applied to categories admitting free products. We also discuss in [3] various generalizations of the classical notions of group theory, for example, the notions of unions and intersections of subgroups.

Among the concrete categories to which the notions of [3] may be applied is the category $\mathcal{G}$ of groups and homomorphisms; indeed the notions and terminology of [3] were in part inspired by the category $\mathcal{G}$. The present paper consists of a fairly detailed discussion of the application of the notions of [3] to the category $\mathcal{G}$. In the course of this discussion we naturally find ourselves introducing ideas and adopting arguments peculiar to the category of groups. Thus, unlike [3], we claim here no generality for our results which are all group-theoretic, and the present paper is intended to be, more or less, readable independently of [3], owing to [3] merely its motivation.

If $\mathcal{C}$ is a category of the type considered in [3] and if $X_1, \dots, X_n$ are $n$ objects of $\mathcal{C}$ then there is a natural (self-dual) map

$$\varkappa\colon X_1 * \dots * X_n \to X_1 \times \dots \times X_n$$

in $\mathcal{C}$ from the free product of $X_1, \dots, X_n$ to the direct product. An important general construction described in [3] consists of the two (dual) factorizations of the map $\varkappa$, namely,

$$\text{(F)}\quad X_1 * \dots * X_n = X^n \xrightarrow{\varkappa^{n-1}} X^{n-1} \to \dots \to X^{p+1} \xrightarrow{\varkappa^p} X^p \to \dots \xrightarrow{\varkappa^1} X^1 = X_1 \times \dots \times X_n\,,$$

$$\text{(F')}\quad X_1 * \dots * X_n = {}^1X \xrightarrow{{}^1\varkappa} \dots \to {}^qX \xrightarrow{{}^q\varkappa} {}^{q+1}X \to \dots \to {}^{n-1}X \xrightarrow{{}^{n-1}\varkappa} {}^nX = X_1 \times \dots \times X_n\,,$$

(1) And, of course, semigroup structure.

where $X^p$, ${}^pX$, $1 < p < n$, are defined as certain generalized intersections and unions. The factorizations (F) and (F′) were used in [3] to define the two dual concepts of length, $l(X)$ and $l'(X)$, of an object $X$ of $\mathcal{C}$. Precisely, let us single out the map $\varkappa^{n-1}$ in (F) and write $\sigma$ for $\varkappa^{n-1}$, $T = T(X_1, \ldots, X_n)$ for $X^{n-1}$. Then if $X_1 = \ldots = X_n = X$ we have a folding map $d$: $X^n \to X$ and we define $l(X) < n$ if there exists a *structure map* $\mu$: $T \to X$ such that $\mu\sigma = d$. A dual procedure yields the definition of $l'(X)$.

It turns out (Theorem 1.1) that, in the category $\mathcal{G}$, the factorization (F′) is trivial for $q > 1$ in the sense that ${}^q\varkappa$ is an isomorphism if $q > 1$; it follows therefore that $l'(G) < 3$ for all $G \in \mathcal{G}$. On the other hand the factorization (F) coincides, in $\mathcal{G}$, with that described in [5], Proposition 2.3, where it is shown that each $\varkappa^p$ is an epimorphism. Thus in testing the length $l(G)$ of $G \in \mathcal{G}$ it is sufficient to look at the kernel of $\sigma = \varkappa^{n-1}$ and see whether the map $d$ annihilates this kernel. If so, the map induced by $d$ on the quotient group $G^n/\ker\sigma \cong T$ is the corresponding structure map. Let $X_1 * \ldots * \hat{X}_i * \ldots * X_n$ be the free product of the $X_j$ with $j \neq i$ and let $\pi_i$: $X^n \to X_1 * \ldots * \hat{X}_i * \ldots * X_n$ be the projection off $X_i$, $i = 1, \ldots, n$. Then $\ker\varkappa^{n-1} = \ker\sigma$ is just the intersection of the kernels of the projections $\pi_i$, so that the study of the length $l(G)$ in $\mathcal{G}$ leads naturally to a consideration of the projection kernels $\ker\pi_i$ and their intersections.

We recall that in a general category $\mathcal{C}$ of the type considered in [3] the property $l(X) \leqslant 1$ is equivalent to the statement that $X$ admits an $H$-structure; for an $H$-structure map on $X$ is a map

$$\mu\colon X \times X \to X \quad \text{such that} \quad \mu\iota_1 = \mu\iota_2 = 1\,,$$

where $\iota_1$, $\iota_2$ embed $X$ as the first, second factor in $X \times X$; and $\mu\iota_1 = \mu\iota_2 = 1$ if and only if $\mu\varkappa = d$ where $\varkappa$: $X * X \to X \times X$. Dually $l'(X) \leqslant 1$ if and only if $X$ admits an $H'$-structure. Section 1 of this paper is devoted to proving the triviality of (F′) in $\mathcal{G}$ for $q > 1$ and studying $H$- and $H'$-structures in $\mathcal{G}$; it turns out that $l(G) \leqslant 1$ if and only if $G$ is abelian and $l'(G) \leqslant 1$ if and only if $G$ is free. Section 2 is devoted to a detailed study of the structure of arbitrary intersections of projection kernels in $\mathcal{G}$. Our general theorems lead in particular to a description of a canonical system of generators for $\ker\sigma$ and the proof that $l(G)$ is just the nilpotency class of $G$ (Theorem 2.17; see also [1]). We also prove a theorem (Theorem 2.19) which generalizes the result that the free group $[G_1, G_2] \subseteq G_1 \cap G_2$ is freely generated by commutators $[g_1, g_2]$, $g_1 \in G_1$, $g_2 \in G_2$, $g_1 \neq e$, $g_2 \neq e$.

The notations of sections 1 and 3 are described either in the foregoing introduction or explicitly in those sections. The notations of sections 2 are those of [5] appearing in the foregoing introduction augmented as follows. If $I$ is an $r$-string (ordered subset of $r$ elements of the ordered set $1, 2, \ldots, n$) then, if $j \in I$, $I_j$ is the $(r-1)$-string obtained from $I$ by removing $j$, and, if $j \notin I$, $I^j$ is the $(r+1)$-string obtained from $I$ by adjoining $j$. We adopt the notational convention that the *left-normed* commutator

$$\left[g_1, \left[g_2, \ldots, [g_{k-1}, g_k]\ldots\right]\right]$$

is written

$$[g_1, \ldots, g_k] .$$

We also write $a^b$ for $b^{-1}ab$, where $a, b$ are group elements.

The authors wish to acknowledge the benefit of correspondence with T. Ganea in developing the ideas of this paper. It is hoped to publish later a joint paper with Ganea discussing the notion of *n-mean* (see [2]) in general categories, and in special categories including $\mathcal{G}$ and categories appropriate to algebraic topology.

**1. Dual lengths in $\mathcal{G}$.** To define the dual lengths in $\mathcal{G}$ we must construct the groups $T = T(G_1, \ldots, G_n)$ and $T' = T'(G_1, \ldots, G_n)$ and the natural homomorphisms

$$\sigma\colon\ G_1 * \ldots * G_n \to T ,$$
$$\sigma'\colon\ T' \to G_1 \times \ldots \times G_n .$$

Certainly $T(G_1) = T'(G_1) = (e)$; also $T(G_1, G_2) = G_1 \times G_2$, $T'(G_1, G_2) = G_1 * G_2$ and, for $n = 2$, $\sigma = \sigma'$ is the natural map $\varkappa$ from the free product $G_1 * G_2$ to the direct product [2] $G_1 \times G_2$. In fact, quite generally, $\sigma'$ coincides with the map ${}^{n-1}\varkappa$ in the factorization

$$(\mathrm{F}')\qquad G_1 * \ldots * G_n = {}^1G \xrightarrow{{}^1\varkappa} {}^2G \to \ldots \to {}^qG \xrightarrow{{}^q\varkappa} {}^{q+1}G \to \ldots \to {}^{n-1}G \xrightarrow{{}^{n-1}\varkappa} {}^nG = G_1 \times \ldots \times G_n$$

of the natural map $\varkappa\colon G_1 * \ldots * G_n \to G_1 \times \ldots \times G_n$. We now prove

THEOREM 1.1. *For $q > 1$ the map ${}^q\varkappa$ is an isomorphism: ${}^qG \to {}^{q+1}G$; in particular $\sigma'\colon T' \cong G_1 \times \ldots \times G_n$ if $n > 2$.*

Proof. It is plainly sufficient to prove that ${}^q\lambda = \lambda\colon {}^qG \cong {}^nG$ is an isomorphism, where ${}^q\lambda = {}^{n-1}\varkappa \circ \ldots \circ {}^q\varkappa$, $q > 1$. Since $\varkappa$ is onto so is $\lambda$ and it remains to construct a left inverse of $\lambda$. To do this we first give a description of the construction of ${}^qG$ and $\lambda$ appropriate to the category $\mathcal{G}$.

For any string $I$ let $G^I = \underset{i \in I}{\times} G_i$. If $J \subseteq I$ there is a natural embedding $i_I^J\colon G^J \to G^I$; let $i^J\colon G^J \to {}^nG$ also be the embedding map. We form $\underset{|I|=q}{*} G^I$ and impose the relations

$$i_I^J(x) = i_{I'}^J(x) , \qquad x \in G^J , \qquad J \subseteq I \cap I' .$$

The resulting group is ${}^qG$. The inclusions $i^I$ together yield a map $\underset{|I|=q}{*} G^I \to {}^nG$ which respects the defining relations for ${}^qG$ and thus induces a map ${}^qG \to {}^nG$ which is precisely the map $\lambda$.

(2) These remarks follow from the general theory; see [3].

Let us write $x \equiv y$, where $x, y \in \underset{|I|=q}{\ast} G^I$, to indicate that $x$ and $y$ represent the same element of ${}^qG$ and let us write $\{x\}$ for that element; let us also write $(z)^I$ for the image, in $\ast G^I$, of $z \in G^I$. Finally, we will agree to identify $z \in G^J$ with $i_I^J z \in G^I$ if no confusion is to be feared. With these notational conventions we observe first that, if $g_i' \in G_i$, $g_j \in G_j$, $i \neq j$, then

(1.2) $$(g_i')^I(g_j)^J \equiv (g_j)^J(g_i')^I\,, \quad i \in I\,,\ j \in J\,.$$

For let $K$ be any $q$-string containing $i$ and $j$; then $(g_i')^I \equiv (g_i')^K$, $(g_j)^J \equiv (g_j)^K$, so that

$$(g_i')^I(g_j)^J \equiv (g_i')^K(g_j)^K = (g_j)^K(g_i')^K \equiv (g_j)^J(g_i')^I\,.$$

Now if we adjoin a finite number of trivial groups to the collection $G_1, \dots, G_n$ we affect neither their direct product nor ${}^qG$; thus there is no real loss of generality in supposing that $q|n$, say $n = kq$. We suppose this and understand by $I(r)$ the $q$-string $rq+1, rq+2, \dots, (r+1)q$, for $r = 0, \dots, k-1$. We may now define $\tau$: ${}^nG \to {}^qG$ by

$$\tau(g_1, \dots, g_n) = \{(g_1, \dots, g_q)^{I(0)}(g_{q+1}, \dots, g_{2q})^{I(1)} \dots (g_{n-q+1}, \dots, g_n)^{I(k-1)}\}\,.$$

We must first prove that $\tau$ is a homomorphism; to do this it is clearly sufficient to establish that $\{(g'_{rq+1}, \dots, g'_{(r+1)q})^{I(r)}\}$ commutes with $\{g_{sq+1}, \dots, g_{(s+1)q})^{I(s)}\}$ if $r \neq s$. But then $I(r)$ and $I(s)$ are disjoint and $(g'_{rq+1}, \dots, g'_{(r+1)q})^{I(r)} = (g'_{rq+1})^{I(r)} \dots (g'_{(r+1)q})^{I(r)}$, $(g_{sq+1}, \dots, g_{(s+1)q})^{I(s)} = (g_{sq+1})^{I(s)} \dots (g_{(s+1)q})^{I(s)}$. Thus the required commutativity relation follows from (1.2) and $\tau$ is a homomorphism.

Finally we show that $\tau\lambda = 1$. Let $p_r$: $G^I \to G^{I \cap I(r)}$ be the natural projection, $r = 0, \dots, k-1$; if $I \cap I(r) = \emptyset$, $p_r(G^I) = e$. Then, if $p_r(x) = x_r$, $(x_r)^{I(r)} \equiv (x_r)^I$. Now to show that $\tau\lambda = 1$ it is sufficient to prove that $\tau\lambda\{x\} = \{x\}$ for $x \in G^I$; or, in the more elaborate notation, $\tau\lambda\{(x)^I\} = \{(x)^I\}$. But $\lambda\{(x)^I\} = i^I(x)$, so plainly $\tau\lambda\{(x)^I\} = \{(x_0)^{I(0)} \dots (x_{k-1})^{I(k-1)}\} = \{(x_0)^I \dots (x_{k-1})^I\} = \{(x)^I\}$; and the theorem is proved.

Corollary 1.3. *For any group $G$, $l'(G) < 3$.*

Now only the trivial group has length 0. It remains then to consider the groups of length $l' = 1$. These are precisely the non-trivial groups $G$ admitting a map $\mu$: $G \to G \ast G$ such that $\sigma\mu = \Delta$: $G \to G \times G$, where $\Delta$ is the diagonal map and $\sigma$ the natural map $\varkappa$: $G \ast G \to G \times G$. We refer to the pair $(G, \mu)$ as an *$H'$-object* and to $\mu$ as an *$H'$-structure* on $G$, and prove

Theorem 1.4. *The group $G$ admits an $H'$-structure if and only if it is free. Thus $l'(G) = 1$ if and only if $G$ is free and non-trivial.*

Proof. Let $G$ be free and let $\{g_i\}$ be a set of free generators of $G$. Let $g_i \to g_i'$, $g_i \to g_i''$ copy $G$ into the first and second factors of $G \ast G$ respectively; then the map $\mu$: $G \to G \ast G$ defined by $\mu(g_i) = g_i'g_i''$ is easily seen to be an $H'$-structure.

We now prove the converse. Consider, for any group $G$, the subgroup $F = \sigma^{-1}(\Delta G)$ of $G * G$. Grant for the moment that $F$ is free. Then if $\mu$ is an $H'$-structure, $\mu$ maps $G$ monomorphically into $F$, so that $G$ is itself free.

It remains to show that $F$ is free. This may be done by an application of the Kuros subgroup theorem, but a more direct argument is to hand ([3]).

Namely, we show that if $\{\nu_i\}$ ranges over the elements of $G$ different from $e$, then the elements $\{\nu_i'\nu_i''\}$ constitute a free generating set for $F$. It is obvious that they are free. Now any element of $F$, being also an element of $G * G$, is expressible as

$$x = \alpha_1'\beta_1'' \dots \alpha_n'\beta_n'' , \tag{1.5}$$

where $\alpha_i, \beta_i \in G$. We argue by induction on the 'length' $n$ that $x$ belongs to the group generated by the elements $\nu_i'\nu_i''$. If $n = 1$, then $\sigma x = (\alpha_1, \beta_1)$ so that $\alpha_1 = \beta_1$ and $x = e$ or $x$ is itself one of the proposed generators. Now suppose the assertion proved for elements of length $< n$, and consider (1.5). Then if $y = \alpha_1''^{-1}\alpha_1'^{-1}x\beta_n''^{-1}\beta_n'^{-1}$, it is clear that $y^{-1}$ is of length $< n$. It follows that $y$ is expressible in terms of the chosen generators and so therefore is $x$. This completes the proof.

In considering $H'$-structures in a general category we may investigate associativity and commutativity. An associative $H'$-structure is a *comonoid structure* in the sense of [7] and we have Kan's theorem ([7], Theorem 3.10).

THEOREM 1.6. *Let $(G, \mu)$ be an associative $H'$-object. Then $G$ is a free group and those elements $g \in G$, different from $e$, such that $\mu(g) = g'g''$ constitute a set of free generators of $G$.*

For the sake of completeness we sketch briefly the proof of Kan's theorem. It is already clear from the proof of Theorem 1.4 that the elements $g \neq e$ such that $\mu(g) = g'g''$ constitute a free set of elements, and it remains to show that they generate $G$ if $\mu$ is associative. Let $y \in G$ and let $\mu(y) = \alpha_1'\beta_1'' \dots \alpha_n'\beta_n''$ (compare (1.5)). Then it is not difficult to show that the associativity of $\mu$ implies that $\mu(\alpha_1) = \alpha_1'\alpha_1''$, $\mu(\beta_n) = \beta_n'\beta_n''$, and Theorem 1.6 then follows by induction with respect to the integer $n$.

Theorems 1.4 and 1.6 show that, within the category of groups, we may characterize both free groups and their sets of free generators without any reference to the elements of the groups in question, but simply in terms of the maps of the category.

Certainly any group admitting an $H'$-structure admits an associative $H'$-structure; for these groups are just the free groups and the $H'$-structure described in the proof of theorem 1.4 is clearly associative. Theorem 1.6 shows that every associative $H'$-structure is, in fact, of the described form.

---

([3]) This argument was suggested to us by M. Kneser.

However there do exist non-associative $H'$-structures. Thus if $G$ is free cyclic generated by $g$ and if $c$ is an element of $[G', G'']$ different [4] from $e$ or $[g'', g']$, then $\mu(g) = g'g''c$ is a non-associative $H'$-structure. Thus non-trivial free groups admit infinitely many $H'$-structures; we stress this because of the contrast with $H$-structures below.

We now prove

THEOREM 1.7. *An $H'$-structure on a non-trivial free group is non-commutative.*

Proof. Let $g$ belong to a free generating set for the free group $G$ and let $\mu$: $G \to G \ast G$ be an $H'$-structure. Then there exists $c \in [G', G'']$ such that

$$\mu g = g'g''c .$$

Let $\tau$: $G \ast G \to G \ast G$ interchange the factors. Then $\tau$ maps $[G', G'']$ into itself and

$$\tau\mu g = g''g'\bar{c} ,$$

where $\bar{c} = \tau c$. Thus if $\mu$ is commutative, $g'g''c = g''g'\bar{c}$, or

$$[g', g''] = \bar{c}c^{-1} . \tag{1.8}$$

Now $[G', G'']$ is a free group freely generated by elements $[\alpha', \beta'']$ where $\alpha, \beta \in G$, $\alpha \neq e$, $\beta \neq e$; and $\bar{c}$, $c$ clearly have the same length with respect to this generating set. Thus (1.8) purports to be a relation between members of a free generating set which is impossible. It follows that $\mu$ is not commutative.

Recall that, given two $H'$-objects $(G, \mu)$ and $(K, \nu)$, a *primitive* map $\Phi$: $(G, \mu) \to (K, \nu)$ is a map $\Phi$: $G \to K$ such that $(\Phi \ast \Phi) \circ \mu = \nu \circ \Phi$. Now by Theorem 1.6 an associative $H'$-object is just a free group with a preferred free generating set. We may thus assert

THEOREM 1.9. *Let $(G, \mu)$, $(K, \nu)$ be two associative $H'$-objects. Then a map $\Phi$: $G \to K$ is primitive if and only if $\Phi$ maps each preferred generator of $G$ to $e$ or to a preferred generator of $K$.*

Proof. The sufficiency is obvious. Conversely let $\Phi$ be primitive and let $g$ be a preferred generator of $G$. Then if $\Phi g = h$, $\nu h = (\Phi \ast \Phi)\mu g = (\Phi \ast \Phi) g'g'' = (\Phi g)'(\Phi g)'' = h'h''$. Thus $h = e$ or $h$ is a preferred generator of $K$.

COROLLARY 1.10. *Let $(G, \mu)$ be an $H'$-object and let $G \ast G$ be given the induced $H'$-structure. Then if $G$ is non-trivial $\mu$: $G \to G \ast G$ is not primitive*

Proof. By the general theory $\mu$ is primitive if and only if it is associative and commutative. Thus the corollary follows from Theorem 1.7 or from Theorem 1.9.

---

(4) We use $G'$, $G''$ for the first and second factors, respectively, of $G \ast G$, considered as subgroups of $G \ast G$.

Again we may point out the contrast with $H$-structures in $\mathcal{G}$; see Corollary 1.14. In fact we now turn our attention to the dual story. Then the group $T(G_1, \ldots, G_n)$ is just the group $G^{n-1}$ considered in [5] and the natural homomorphism $\sigma$ is the epimorphism

$$\sigma = \varkappa^{n-1}\colon G^n \to G^{n-1}.$$

Now consider the case $G_1 = \ldots = G_n = G$; then $l(G) < n$ if and only if there is a map $\mu\colon G^{n-1} \to G$ such that $d = \mu\sigma\colon G^n \to G$, where $d$ is the homomorphism $G^n \to G$ which is the identity on each factor of $G^n$. However, since $\sigma$ is an epimorphism, we have

PROPOSITION 1.11. *Let $[G^n]$ be the kernel of $\sigma$. Then $l(G) < n$ if and only if $d[G^n] = (e)$. Moreover if $l(G) < n$ the map $\mu\colon G^{n-1} \to G$ is uniquely determined.*

Again $l(G) = 0$ if and only if $G$ is trivial. We study groups $G$ with $l(G) > 1$ in the next section and direct our main attention here to groups $G$ with $l(G) = 1$. The situation is very simple and is described in the following theorem.

An $H$-object is a pair $(G, \mu)$ consisting of a group $G$ and a map $\mu\colon G \times G \to G$ such that $d = \mu\sigma\colon G * G \to G$, and $l(G) = 1$ if and only if $G$ is non-trivial and admits an $H$-structure. Then

THEOREM 1.12. *The group $G$ admits an $H$-structure if and only if it is abelian. The $H$-structure is then uniquely determined and is associative and commutative.*

Proof. Let $G$ be an abelian group (5). Then the homomorphism $\mu\colon G \times G \to G$, given by

$$\mu(g, h) = gh \tag{1.13}$$

is plainly an $H$-structure. Conversely let $\mu\colon G \times G \to G$ be an $H$-structure and let $g, h \in G$. Then $\mu(g, e) = g$, $\mu(e, h) = h$. But $(g, e)(e, h) = (e, h)(g, e)$ so that $gh = hg$ and $G$ is abelian.

It now follows from Proposition 1.11 that (1.13) is the unique $H$-structure on $G$ if $G$ is abelian. It is manifestly associative and commutative.

COROLLARY 1.14. *If $(G, \mu)$ is an $H$-object and $G \times G$ is given the induced $H$-structure then $\mu\colon G \times G \to G$ is primitive. Indeed, for any two abelian groups $G, K$ every homomorphism $G \to K$ is primitive.*

This last result illustrates a general theorem on categories in which the natural map $\sigma$ is an epimorphism. Confining our attention still to the category $\mathcal{G}$, suppose $l(G) < n$ and $\mu\colon G^{n-1} \to G$ is the structure map. Suppose also $l(K) < n$ with structure map $\nu\colon K^{n-1} \to K$; then a homomorphism

(5) Which we will *not* write additively.

$\Phi: G \to K$ is primitive if $\Phi\mu = \nu\Phi^{n-1}$ where $\Phi^{n-1}: G^{n-1} \to K^{n-1}$ is induced by $\Phi$.

Proposition 1.15. *Every homomorphism $\Phi: G \to K$ is primitive.*

Proof. Consider the diagram

$$\begin{array}{ccccc} G^n & \xrightarrow{\sigma} & G^{n-1} & \xrightarrow{\mu} & G \\ \downarrow{\scriptstyle \Phi^n} & & \downarrow{\scriptstyle \Phi^{n-1}} & & \downarrow{\scriptstyle \Phi} \\ K^n & \xrightarrow{\sigma} & K^{n-1} & \xrightarrow{\nu} & K \end{array}$$

Then $\Phi\mu\sigma = \Phi d = d\Phi^n = \nu\sigma\Phi^n = \nu\Phi^{n-1}\sigma$; but $\sigma: G^n \to G^{n-1}$ is onto so $\Phi\mu = \nu\Phi^{n-1}$.

**2. The projection kernels** (6). Let $I = (i_1, \ldots, i_r)$ be an $r$-string, that is, an ordered subset of the ordered set $(1, 2, \ldots, n)$ containing $r$ elements. We define an *I-commutator* in $G^n = G_1 * \ldots * G_n$ inductively with respect to $|I| = r$. Thus if $|I| = 1$ and $I = (i)$ then an $I$-commutator is just an element of $\bar{G}_i$, the normal closure of $G_i$ in $G^n$. If $|I| > 1$ then an *I-commutator* is a commutator $[g_J, g_K]$ where $(J, K)$ is a partition of $I$ and $g_J$ is a $J$-commutator, $g_K$ is a $K$-commutator. Further a ***left-normed*** $I$-commutator is defined inductively in the obvious way: every $I$-commutator is left-normed if $|I| = 1$ and, if $|I| > 1$, a left-normed $I$-commutator is an $I$-commutator $[g_J, g_K]$ such that $|J| = 1$ and $g_K$ is left-normed. Let $N(I) = N(i_1, \ldots, i_r)$ be the subgroup of $G^n$ generated by all $I$-commutators and let $N_l(I)$ be the subgroup of $G^n$ generated by all left-normed $I$-commutators. A simple inductive argument shows that a conjugate of a (left-normed) $I$-commutator is a (left-normed) $I$-commutator, so that $N(I)$ and $N_l(I)$ are normal subgroups of $G^n$. We first prove some elementary propositions about $I$-commutators.

Proposition 2.1. *Every right-normed I-commutator (defined in the obvious way) is equal to a left-normed I-commutator.*

Proof. We use the commutator identity

$$[a, b] = [b^{-1}, a^b] \tag{2.2}$$

to establish the induction on $|I|$. For if $x$ is a right-normed $I$-commutator then $x = [y, z]$ where $y$ is a right-normed $I_j$-commutator and $z \in \bar{G}_j$ for some $j \in I$. By the inductive hypothesis $y = y'$, where $y'$ is a left-normed $I_j$-commutator so

$$x = [y, z] = [y', z] = [z^{-1}, y'^z]$$

and thus $x$ is equal to a left-normed $I$-commutator.

Since the inverse of a left-normed $I$-commutator is a right-normed $I$-commutator, it follows from Proposition 2.1 that every element of $N_l(I)$ is expressible as a product of left-normed $I$-commutators.

(6) See the introduction for an explanation of the notations used.

PROPOSITION 2.3. *If* $(J, K)$ *is a partition of* $I$ *then*

$$[N_l(J), N_l(K)] \subseteq N_l(I)\,.$$

Proof. It is classic that if $A, B, C$ are normal subgroups of a group $G$ then

$$[[A, B]C] \subseteq [[B, C]A]\,[[C, A], B]\,. \tag{2.4}$$

We now prove the proposition by induction on $|J|$. If $|J| = 1$, then every element of $N_l(K)$ is expressible as a product of left-normed $K$-commutators and the commutator identity

$$[x, yz] = [x, z][x, y]^z \tag{2.5}$$

shows that every commutator $[u, v]$, $u \in N_l(J)$, $v \in N_l(K)$, belongs to $N_l(I)$ so that the proposition is proved in this case.

Now suppose the proposition proved for partitions $(J', K')$ of $I$ with $|J'| < |J|$, where $|J| \geqslant 2$. In the light of (2.5) it is sufficient to prove that if $u$ is a left-normed $J$-commutator and $v$ is left-normed $K$-commutator then $[u, v] \in N_l(I)$. Since $|J| \geqslant 2$, $u = [s, t]$ where $s \in \bar{G}_j$ and $t$ is a left-normed $J_j$-commutator for some $j \in J$. Thus

$$\begin{aligned}
[u, v] &\in \big[[\bar{G}_j, N_l(J_j)], N_l(K)\big] \\
&\subseteq \big[\bar{G}_j, [N_l(J_j), N_l(K)]\big]\big[N_l(J_j), [\bar{G}_j, N_l(K)]\big] \quad \text{by (2.4)} \\
&\subseteq [\bar{G}_j, N_l(I_j)][N_l(J_j), N_l(K^j)], \quad \text{by the inductive hypothesis} \\
&\subseteq N_l(I), \quad \text{again by the inductive hypothesis.}
\end{aligned}$$

THEOREM 2.6. $N(I) = N_l(I)$.

Proof. This is trivial if $|I| = 1$; assume it true for strings $I'$ with $|I'| < |I|$, and $|I| \geqslant 2$. Then it is sufficient to prove that if $y \in N(J)$, $z \in N(K)$ for some partition $(J, K)$ of $I$ then $[y, z] \in N_l(I)$. But

$$\begin{aligned}
[y, z] &\in [N(J), N(K)] \\
&= [N_l(J), N_l(K)] \quad \text{by the inductive hypothesis} \\
&\subseteq N_l(I) \quad \text{by Propositions 2.3.}
\end{aligned}$$

COROLLARY 2.7. *Every I-commutator is expressible as a product of left-normed I-commutators.*

It is evident that if $\pi_i$ projects $G^n$ off $G_i$ and if $i \in I$ then $\pi_i(N(I)) = (e)$. Thus

$$N(I) \subseteq \ker \pi_i = \bar{G}_i\,,$$

so that

$$N(I) \subseteq \bigcap_{i \in I} \bar{G}_i\,. \tag{2.8}$$

The main theorem of this section establishes that the inclusion (2.8) is actually an equality:

THEOREM 2.9. $N(I) = \bigcap_{i \in I} \bar{G}_i$.

Proof. We have only to establish the inclusion $\bigcap_{i \in I} \bar{G}_i \subseteq N(I)$. This is trivial if $|I| = 1$ and we proceed to prove it if $|I| = 2$. It is then plainly sufficient to take $n = 3$; for this case we change notation, writing $F, G, H$ for $G_1, G_2, G_3$ where $I = (1, 2)$. We write $N$ for $N(I) = [\bar{F}, \bar{G}]$.

Let $x \in \bar{F} \cap \bar{G}$; then $x$ may be written as

$$x = f_1 g_1 h_1 f_2 g_2 h_2 \dots f_m g_m h_m, \; f_i \in F, \; g_i \in G, \; h_i \in H,$$

where $g_1 h_1 g_2 h_2 \dots g_m h_m = f_1 h_1 f_2 h_2 \dots f_m h_m = e$. Then

$$\begin{aligned} x &= f_1 g_1 h_1 \dots f_{m-1} g_{m-1} h_{m-1} f_m h_{m-1}^{-1} g_{m-1}^{-1} \dots h_1^{-1} g_1^{-1} \\ &\equiv f_1 g_1 h_1 \dots f_{m-2} g_{m-2} h_{m-2} f_{m-1} h_{m-1} f_m h_{m-1}^{-1} h_{m-2}^{-1} g_{m-2}^{-1} \dots h_1^{-1} g_1^{-1} \bmod N, \\ &\quad \text{commuting } g_{m-1} \text{ with } h_{m-1} f_m h_{m-1}^{-1}, \\ &\equiv f_1 g_1 h_1 \dots f_{m-3} g_{m-3} h_{m-3} f_{m-2} h_{m-2} f_{m-1} h_{m-1} f_m h_{m-1}^{-1} h_{m-2}^{-1} h_{m-3}^{-1} g_{m-3}^{-1} \dots \\ &\qquad h_1^{-1} g_1^{-1} \bmod N, \\ &\quad \text{commuting } g_{m-2} \text{ with } h_{m-2} f_{m-1} h_{m-1} f_m h_{m-1}^{-1} h_{m-2}^{-1}, \\ &\quad \dots \\ &\equiv f_1 h_1 \dots f_{m-1} h_{m-1} f_m h_{m-1}^{-1} h_{m-2}^{-1} \dots h_1^{-1} \bmod N, \\ &= f_1 h_1 \dots f_{m-1} h_{m-1} f_m h_m \\ &= e. \end{aligned}$$

Thus the theorem is proved if $|I| = 2$.

We now proceed by induction on $|I|$, assuming the theorem true for strings $I'$ with $|I'| < |I|$, where $|I| > 2$. There is clearly no real loss of generality in taking $I = (1, 2, \dots, r)$ and this we will henceforth do. With a view to establishing the inductive step we prove a lemma and its corollary.

LEMMA 2.10. *Let $(J, K)$ be a partition of $(1, 2, \dots, s-1)$, let $a, a' \in N(J)$, $b, b' \in N(K)$, and let $a \equiv a' \bmod N(J^s)$, $b \equiv b' \bmod N(K^s)$. Then*

$$[a, b] \equiv [a', b'] \bmod N(1, 2, \dots, s).$$

Proof. We have $a = ua'$, $b = vb'$ where $u \in N(J^s)$, $v \in N(K^s)$. Thus

$$\begin{aligned} [a, b] &= [ua', b] \\ &= [u, b]^{a'} [a', b] \quad \text{by} \quad (2.5) \\ &\equiv [a', b] \bmod N(1, 2, \dots, s) \\ &= [a', vb'] \\ &= [a', b'][a', v]^{b'} \quad \text{by} \quad (2.5) \\ &\equiv [a', b'] \bmod N(1, 2, \dots, s). \end{aligned}$$

Corollary 2.11. *If* $j_1, \ldots, j_{t-1}$ *is a permutation of* $(1, 2, \ldots, t-1)$, *if* $g_k, g'_k \in \bar{G}_{j_k}$ *and* $g'_k \equiv g_k \bmod N(j_k, t)$, $k = 1, \ldots, t-1$, *then* $[g_1, \ldots, g_{t-1}] \equiv [g'_1, \ldots, g'_{t-1}] \bmod N(1, 2, \ldots, t)$.

Proof. We apply Lemma 2.10 to prove that $[g_m, \ldots, g_{t-1}] \equiv [g'_m, \ldots, g'_{t-1}] \bmod N(j_m, \ldots, j_{t-1}, t)$ successively for $m = t-1, \ldots, 2, 1$.

We now return to the proof of the inductive step establishing Theorem 2.9. Let $x \in \bigcap_{i \in I} \bar{G}_i$; then certainly $x \in \bigcap_{i \in I_r} \bar{G}_i$ so that, by the inductive hypothesis,

$$x = c_1 c_2 \ldots c_q$$

where $c_j = [g_{j_1}, \ldots, g_{j_{r-1}}]$, $g_{j_k} \in \bar{G}_{j_k}$, $j = 1, \ldots, q$, $k = 1, \ldots, r-1$; $j_1, \ldots, j_{r-1}$ being a permutation $P_j$ of $1, \ldots, r-1$. We now project $c_j$ off $G_r$. We obtain an element

$$c'_j = [g'_{j_1}, \ldots, g'_{j_{r-1}}],$$

where $g'_{j_k}$ is the projection of $g_{j_k}$ off $G_r$. Then clearly $g_{j_k} \equiv g'_{j_k} \bmod \bar{G}_{j_k} \cap \bar{G}_r$. But since our theorem is already proved for 2-strings we know that

$$\bar{G}_{j_k} \cap \bar{G}_r = N(j_k, r).$$

Thus

$$g_{j_k} \equiv g'_{j_k} \bmod N(j_k, r), \quad k = 1, 2, \ldots, r-1,$$

and we may apply Corrollary 2.11 to infer that

$$c_j \equiv c'_j \bmod N(I).$$

Then

$$x \equiv c'_1 c'_2 \ldots c'_q \bmod N(I);$$

but $c'_1 c'_2 \ldots c'_q$ is just the projection of $x$ off $G_r$ and so $c'_1 c'_2 \ldots c'_q = e$ since $x \in \bar{G}_r$. Thus $x \in N(I)$ and the theorem is proved.

In [5]—and, of course, in the study of $l$-length $l(G)$—we were particularly interested in the case in which $I$ is the full set $(1, 2, \ldots, n)$. Then Theorem 2.9 implies (see also [1])

Corollary 2.12. $[G^n]$ *is generated by the set of all (left-normed) commutators*

$$[g_{j_1}, \ldots, g_{j_n}], \; g_{j_k} \in \bar{G}_{j_k}, \quad k = 1, \ldots, n.$$

*where* $j_1, \ldots, j_n$ *is a permutation of* $1, \ldots, n$.

In [5] we introduced the homomorphism $\lambda^p\colon G^n \to G^p$, $1 < p < n$, defined in terms of the factorization (F)

$$G^n \xrightarrow{\varkappa^{n-1}} G^{n-1} \to \ldots \to G^2 \xrightarrow{\varkappa^1} G^1 \tag{2.13}$$

of the natural map $\varkappa$ by $\lambda^p = \varkappa^p \circ \ldots \circ \varkappa^{n-1}$. Then $\lambda^1 = \varkappa$, $\lambda^{n-1} = \varkappa^{n-1} = \sigma$ and $[G^n] = \ker \lambda^{n-1}$; the group $\ker \lambda^1$ is the Cartesian subgroup of $G^n$ and the groups $\ker \lambda^p$ were called in [1] *generalized Cartesian subgroups* of $G^n$.

For any string $I$ let us call the left-normed $I$-commutator $[g_{j_1}, \ldots, g_{j_r}]$ *special* if $g_{j_k}$ belongs to the normal closure of $G_{j_k}$ in $G_I$, $k = 1, \ldots, r = |I|$. Then the following assertion is plainly a generalization of Corollary 2.12.

Theorem 2.14. $\ker \lambda^p$ *is generated by the set of all special left-normed $I$-commutators, where $I$ ranges over all strings such that* $|I| > p$.

Proof. Define $\lambda^{p,q} = \varkappa^p \circ \ldots \circ \varkappa^{q-1}: G^q \to G^p$ for $q > p$. Then $\lambda^{p,n} = \lambda^p$ and $\varkappa^{q-1}$ plainly maps $\ker \lambda^{p,q}$ into $\ker \lambda^{p,q-1}$. Let $\bar{\varkappa}^{q-1}: \ker \lambda^{p,q} \to \ker \lambda^{p,q-1}$ be the induced map, so that (2.13) induces the factorization

$$\ker \lambda^p \overset{\bar{\varkappa}^{n-1}}{\to} \ker \lambda^{p,n-1} \to \ldots \overset{\bar{\varkappa}^{p+1}}{\to} \ker \lambda^{p,p+1}. \tag{2.15}$$

We now consider the transformation $\tau^q: G^q \to G^n$ given by (2.12) of [5], and claim that it maps $\ker \lambda^{p,q}$ into $\ker \lambda^p$. For $\ker \lambda^{p,q}$ is just $F_p(G^q)$ and it is plain that, if $g \in F_p(G^q)$, then $\theta_0(g) = \ldots = \theta_p(g) = g$, $\beta_0(g) = \ldots = \beta_{p-1}(g) = e$. Since $\theta_s$ maps into $F_s(G^q)$ and $\beta_s$ maps $F_s(G^q)$ into $F_s(G^n)$, and since the subgroups $F_s$ form a decreasing filtration, the assertion follows from the definition of $\tau^q$.

It is now immediate that the transformation $\eta^q: G^q \to G^{q+1}$ of Theorem 2.5 of [5] maps $\ker \lambda^{p,q}$ into $\ker \lambda^{p,q+1}$ and thus induces $\bar{\eta}^q: \ker \lambda^{p,q} \to \ker \lambda^{p,q+1}$ such that $\bar{\varkappa}^q \bar{\eta}^q = 1$. Since $\ker \varkappa^q \subseteq \ker \lambda^{p,q+1}$, it follows that the map $\sigma^q$ of Proposition 2.19 of [5] maps $\underset{|I|=q+1}{\times} [G_I] \times \ker \lambda^{p,q}$ onto $\ker \lambda^{p,q+1}$. Thus, by iteration, the (1,1) correspondence

$$\tau: \underset{I}{\times} [G_I] \leftrightarrow G^n$$

of Theorems 2.20, 2.21 of [5] maps $\underset{|I|>p}{\times} [G_I]$ onto $\ker \lambda^p$. This proves the theorem.

Corollary 2.16. $\ker \lambda^p$ *is the normal closure of the group generated by all left-normed $I$-commutators with* $|I| = p + 1$.

Remark 1. It follows readily from the proof of Proposition 2.1 that every special right-normed $I$-commutator is equal to a special left-normed $I$-commutator. Thus in Corollary 2.12, Theorem 2.13 and Corollary 2.16 the given generating sets generate the appropriate groups *qua semigroups*—inverses are not required.

Remark 2. $N(I)$ is, of course, generated by all left-normed $I$-commutators. However, it is clear that it is also generated by the smaller set consisting of left-normed $I$-commutators

$$[g_{j_1}^{\gamma_1}, \ldots, g_{j_r}^{\gamma_r}],$$

where $g_{j_k} \in G_{j_k}$, $k = 1, \ldots, r$; $\gamma_k \in G^n$, $k = 1, \ldots, r$; and $j_1, \ldots, j_r$ is a permutation of the elements of $I$. This follows by an evident induction, using (2.5). Here again $N(I)$ is generated qua semigroup by the given set of elements.

Let us now suppose that $G_1 = \dots = G_n = G$ and let $d$: $G^n \to G$ be the map which is the identity on each factor. From Corollary 2.16 we immediately infer (see [1])

THEOREM 2.17. *The homomorphism* $d$: $G^n \to G$ *maps* $\ker \lambda^p$ *onto the* $(p+1)$st *term* $G^{(p+1)}$ *of the lower central series of* $G$. *Thus* $d[G^n] = d\ker\sigma = d\ker\lambda^{n-1} = G^{(n)}$; *hence the length of* $G$ *is precisely its nilpotency class.*

We close this section with a brief study of the algebraic structure of $N(I)$. We first observe

THEOREM 2.18. *If* $|I| > 1$, $N(I)$ *is free.*

Proof. It is clearly sufficient to consider the case $|I| = 2$, and we may then suppose that $n = 3$. It is clear however that $[\bar{G}_1, \bar{G}_2] = \bar{G}_1 \cap \bar{G}_2$. is contained in the Cartesian subgroup of $G_1 * G_2 * G_3$. Since the Cartesian subgroup is free (see [4]) so is $[\bar{G}_1, \bar{G}_2]$.

Let $G_i \supset H_i$, $i = 1, \dots, n$, and let $N(I; G)$, $N(I; H)$ refer to the groups $N(I)$ computed from the groups $G_1, \dots, G_n$; $H_1, \dots, H_n$ respectively. Then Higman's argument in [5] applies here to show that, if $|I| > 1$, $N(I; G)$ is a free factor in $N(I; H)$. We may also infer easily from the definition of $N(I)$ that epimorphisms $\Phi_i$: $G_i \to H_i$ induce an epimorphism of $N(I; G)$ onto $N(I; H)$.

We would wish to show that if each $G_i$ is a *group complex* and $|I| > 1$ then $N(I)$ is a free group complex (see [6]). The argument given by Cohen in [1] will apply to this situation provided we can establish the facts when $|I| = 2$. This we now proceed to do.

Let $F, G, H$ be 3 groups. We will describe a set of free generators of the group $\bar{F} \cap \bar{G} \subseteq F * G * H$; this set will be canonical in a sense which will be made clear later. Let, then, $S$ be the set of commutators

$$[f_1^{h_1} \dots f_m^{h_m}, g_1^{k_1} \dots g_n^{k_n}],$$

where $f_i \in F$, $g_i \in G$, $h_i, k_i \in H$, $f_i \neq e$, $g_i \neq e$, $h_i \neq h_{i+1}$, $k_i \neq k_{i+1}$.

We prove

THEOREM 2.19. *The set* $S$ *is a free generating set for* $\bar{F} \cap \bar{G}$.

Proof. Let $T$ be the set $S$ enlarged by the removal of the restrictions $f_i \neq e$, $g_i \neq e$, $h_i \neq h_{i+1}$, $k_i \neq k_{i+1}$. Then the group $N$ generated by $T$ coincides with the group generated by $S$ and we prove that $S$ is a generating set for $\bar{F} \cap \bar{G}$ by showing that $N = \bar{F} \cap \bar{G}$.

We first observe that $N$ is normal in $F * G * H$; this follows from the identities

$$[\gamma, \delta]^f = [\gamma f, \delta][\delta, f],$$
$$[\gamma, \delta]^g = [g, \gamma][\gamma, \delta g],$$
$$[\gamma, \delta]^h = [\gamma^h, \delta^h],$$

where $f \in F$, $g \in G$, $h \in H$, $\gamma = f_1^{h_1} \dots f_m^{h_m}$, $\delta = g_1^{k_1} \dots g_n^{k_n}$.

Now, by Remark 2, $\bar{F} \cap \bar{G}$ is generated by commutators $[f^\alpha, g^\beta]$, $f \in F$, $g \in G$, $\alpha, \beta \in F * G * H$. Thus it remains to show that $[f^\alpha, g^\beta] \in N$ for all $f, g, \alpha, \beta$; by the normality of $N$ it is sufficient to take $\beta = e$. We will complete the argument with the help of the following reduction lemma.

LEMMA 2.20. *Let $f \in F$, $g \in G$, $u, v, w, \in F * G * H$ and let $[f^{uw}, g] \in N$. Then $[f^{uvw}, g] \in N$ if* (i) *$v \in F$ and $[(v^{-1})^w, g] \in N$ or* (ii) *$v \in G$ and $[f^u, v] \in N$.*

Proof of Lemma. Consider first the case (ii). We use the identity

$$[\varrho^\sigma, \tau] = [\sigma, \varrho][\varrho, \tau][\varrho, \sigma]^\tau . \tag{2.21}$$

Thus $[f^{uv}, g^{w^{-1}}][= [v, f^u][f^u, g^{w^{-1}}][f^u, v]^\tau$, where $\tau = g^{w^{-1}}$. By hypothesis $[f^u, v] \in N$ and $[f^{uw}, g] \in N$ and $N$ is normal. Thus $[f^{uv}, g^{w^{-1}}] \in N$ so that $[f^{uvw}, g] \in N$ as asserted.

Case (i) is proved in the same way: we consider $[f, g^{(uvw)^{-1}}]$ and interchange the roles of $F$ and $G$. We omit the details and return to the proof of the Theorem.

Any element $\alpha \in F * G * H$ is expressible as

$$\alpha = f_1 g_1 h_1 \dots f_n g_n h_n, \quad f_i \in F, \quad g_i \in G, \quad h_i \in H;$$

if $\alpha$ is precisely so expressible we write $l(\alpha) \leqslant n$, and say that $\alpha$ admits length $n$. Suppose that $\alpha$ admits length 1 so that $\alpha = f_1 g_1 h_1$. Now obviously $[f^{f_1 h_1}, g] = [(f^{f_1})^{h_1}, g] \in N$ and $[f^{f_1}, g_1] \in N$ so that, by 2.20 (ii), $[f^{f_1 g_1 h_1}, g] \in N$. Suppose now that $[f^\beta, g] \in N$ for all $f \in F$, $g \in G$, $\beta \in F * G * H$ with $l(\beta) \leqslant n-1$, where $n \geqslant 2$; and let $\alpha = \beta f_n g_n h_n$, with $l(\beta) \leqslant n-1$. By the inductive hypothesis $[f^{\beta h_n}, g] \in N$ and $[f^\beta, g_n] \in N$ so that, by 2.20 (ii), $[f^{\beta g_n h_n}, g] \in N$. But we have proved that $[(f_n^{-1})^{g_n h_n}, g] \in N$ so that, by 2.20 (i), $[f^{\beta f_n g_n h_n}, g] \in N$. This completed the induction and establishes that $S$ is a generating set for $\bar{F} \cap \bar{G}$.

It remains to prove that $S$ is a free generating set. The reader will be familiar with the argument when the group $H$ is trivial (7). The argument in the general case is essentially the same and we will omit the details. This completes the proof of Theorem 2.19.

The free generating set $S$ is, in a slightly generalized sense, verbal. Certainly it has the property that, if $F_0$, $G_0$, $H_0$ are subgroups of $F$, $G$, $H$ and if $S_0$ is the free generating set for $\bar{F}_0 \cap \bar{G}_0$ (normal closure in $F_0 * G_0 * H_0$), then

$$S_0 = S \cap (\bar{F}_0 \cap \bar{G}_0) . \tag{2.22}$$

For plainly $S_0 \subset S$; and if $s \in S \cap (\bar{F}_0 \cap \bar{G}_0)$ then $s$ is expressible in terms of the members of $S_0$ and this would contradict the freedom of $S$ unless

(7) If $c_i = [f_i, g_i]$, $i = 1, 2, \dots$, then $c_1^{\varepsilon_1} c_2^{\varepsilon_1} \dots = e$ only if, for some $i$, $\varepsilon_i = -\varepsilon_{i+1}$ and $c_i = c_{i+1}$.

$s \in S_0$. Relation (2.22)—or indeed the nature of $S$ itself—shows that if $G_1, \ldots, G_n$ are complexes and $|I| = 2$, then $N(I)$ is a free group complex. We may then use the arguments of [1] to show that 'verbal' free generating sets may be obtained for $N(I)$ whenever $|I| \geqslant 2$ and thus, if $G_1, \ldots, G_n$ are group complexes, $N(I)$ is a free group complex provided $|I| \geqslant 2$.

## References


[1] D. E. Cohen, *On certain subgroups of a free product*, Mathematika (1960), pp. 117-124.

[2] B. Eckmann, *Räume mit Mittelbildungen*, Comm. Math. Helv. 28 (1954), pp. 329-340.

[3] — and P. J. Hilton, *Group-like structures in general categories I, II, III*, Math. Ann. (1961).

[4] K. W. Gruenberg, *Residual properties of infinite solvable groups*, Proc. London Math. Soc. 7 (1957), pp. 29-62.

[5] P. J. Hilton, *Remark on free products of groups*, Trans. Amer. Math. Soc. 96 (1960), pp. 478-487.

[6] D. M. Kan, *Homotopy theory and c.s.s. groups*, Ann. of Math. 68 (1958), pp. 38-53.

[7] — *Monoids and their dual*, Bol. Soc. Mat. Mex. (1958), pp. 52-61.


*Reçu par la Rédaction le 12. 11. 1960*

# Group-like structures in general categories I. Multiplications and comultiplications

(with P. J. Hilton)

Math. Ann. **145** (1962), 227–255

## 1. Introduction

The starting point of the investigation whose results are to be presented in a series of three papers, of which this is the first, was an attempt to give precise meaning to and to answer the question how group structures arise in homotopy theory and why these group structures satisfy the familiar conditions of naturality. This problem, set in the restricted context of homotopy theory, was discussed in [2], but it was already clear that, by restricting the category of study in this way, we were disguising the generality of the approach and of the results. A more general treatment was indicated in Chapter 14 of [6] but not taken very far.

A group is a set $A$ with a multiplication $m: A \times A \to A$ satisfying certain axioms. The basic idea of this paper is to consider categories $\mathfrak{C}$ rich enough in objects and maps to enable us to formulate a set of axioms which, in the case where $\mathfrak{C}$ is the category $\mathfrak{S}$ of (based) sets, are equivalent to the group axioms. Of course these axioms are formulated entirely in terms of the maps of the category $\mathfrak{C}$. It is then a basic observation that if $(A, m)$ is a "group" in $\mathfrak{C}$ or, as we shall prefer to say, a $\underline{G}$-object, and if $H(X, A)$ is the set of maps from $X$ to $A$, then $H(X, A)$ acquires a group-structure, in the familiar sense, from the structure map $m$; and the group-structure is commutative if $m$ is "commutative" in a sense applicable to the category $\mathfrak{C}$. Moreover the group-structure is natural with respect to maps $X \to Y$ in $\mathfrak{C}$ in the sense that, for such a map $f$, the induced set-transformation $f^*: H(Y, A) \to H(X, A)$ is a homomorphism; and it may be shown (see [2] or Theorem 4.3 of this paper) that all such natural group-structures are induced from $\underline{G}$-structures $m$. The cohomology groups $H^n(X; G)$ of a polyhedron $X$ give us an example of such a natural group structure. We may identify $H^n(X; G)$ with $\Pi(X, K(G, n))$, the set of homotopy classes of continuous maps of $X$ into the Eilenberg-MacLane space $K(G, n)$ and the natural group structure of $H^n(X; G)$ is then acquired from a $\underline{G}$-structure or group-like multiplication on $K(G, n)$ in the category $\mathfrak{T}_h$ of (based) spaces and homotopy classes[1]).

By working in an arbitrary category $\mathfrak{C}$, we achieve, of course, a gain in generality. However, other advantages also accrue which are worth mentioning. The first advantage, which we will discuss in some detail, is the availability of

[1]) *Added in proof:* Thus $H^n(\ ; G)$ is a "representable" functor in the sense of GROTHENDIECK; many of the notions of these three papers are related to those in the categorical foundations of GROTHENDIECK's work.

the formal duality principle. With every category $\mathfrak{C}$ is associated its *dual category* $\mathfrak{C}^*$. The objects of $\mathfrak{C}^*$ are the objects of $\mathfrak{C}$ and the set of maps $H^*(B, A)$ in $\mathfrak{C}^*$ is precisely $H(A, B)$; moreover if we, temporarily, indicate composition of maps in $\mathfrak{C}$ by $g \circ f$, $f \in H(A, B)$, $g \in H(B, C)$, then composition in $\mathfrak{C}^*$ is given by

$$f \circ^* g = g \circ f \,. \tag{1.1}$$

It is easy (but vital) to observe that $\mathfrak{C}^*$, so defined, is a category whose identity maps coincide with those of $\mathfrak{C}$; if $\mathfrak{C}$ has zero-maps (see section 2) so has $\mathfrak{C}^*$ and the zero-map in $H^*(B, A)$ is just the zero-map of $H(A, B)$. Further $\mathfrak{C}^{**} = \mathfrak{C}$.

The construction of $\mathfrak{C}^*$ is a formal device to enable us to dualize axioms, definitions and theorems in the theory of categories. Two statements in $\mathfrak{C}$, in terms of objects and maps, are called *dual* if they differ only in the direction of the maps involved[1a]). More precisely, if $S$ is a statement which is meaningful in any category, let $S(\mathfrak{C})$ be the statement $S$ applied to the category $\mathfrak{C}$. If we *interpret* $S(\mathfrak{C}^*)$ as a statement about the objects and maps of $\mathfrak{C}$ we get a statement $S^*$, meaningful in any category, given by $S^*(\mathfrak{C}) = S(\mathfrak{C}^*)$. Then $S^*$ is the *dual* of $S$. It is in this precise sense that we will speak of dual axioms, dual definitions and dual theorems. If the proof of a theorem belongs to the theory of categories the dual theorem is automatically true, being, in fact, logically equivalent to it.

This duality principle is exploited repeatedly in this series of papers. If a theorem $T$ is proved for all categories satisfying some axioms $A$, then theorem $T^*$ automatically holds for all categories satisfying axiom $A^*$. If one works in a single category $\mathfrak{C}_0$ (say, the category of groups $\mathfrak{G}$ or the category of based sets $\mathfrak{S}$) then $\mathfrak{C}_0$ may satisfy axiom $A$ but not axiom $A^*$ so the duality principle does not allow us to deduce the truth of $T^*$ in $\mathfrak{C}_0$ even if the proof of theorem $T(\mathfrak{C}_0)$ has been made in category-theoretic terms. It may also happen that while theorem $T^*$ does hold in $\mathfrak{C}_0$ it is trivial or even vacuous there; and that the interesting categories for the applications of theorems $T$ and $T^*$ are certainly not identical. Thus, for example, comultiplications with two-sided units are definable only on the one-element sets of $\mathfrak{S}$ and so are totally uninteresting. However they are of great interest in $\mathfrak{G}$ and in the category $\mathfrak{T}_h$ of (based) spaces and homotopy classes, and thus the theorems about multiplicative structures in general categories yield on dualization theorems of interest in group theory and homotopy theory.

We should at this stage make a remark about notation in connection with the application of the duality principle. In previous publications (e.g. [2], [3], [4]) we have indicated the dual of a statement or concept by attaching a prime $'$. Thus we have talked of $H'$-spaces and referred to Theorem $X \cdot YZ'$. The choice of which of the two notions to regard as "basic" and which as "the dual" was determined in each case on various grounds - traditional, psychological, and pedagogic - and could not, in the nature of things, be systematic.

---

1a) Indeed we speak of obtaining the dual of statement $S$ by "reversing the arrows" occurring in $S$.

Here we have preferred to start with a completely unprejudiced viewpoint and have sought a notation appropriate to that viewpoint. Thus two notions which are dual to each other are indicated by the same letter, underlined in the one case and overlined in the other; for example a multiplication on an object $A$ is called an $\underline{\mathrm{M}}$-structure and a comultiplication is called an $\overline{\mathrm{M}}$-structure. Where a notation is represented by a symbol rather than a letter we have chosen a comparable symbol for the dual notion; for example the direct product of $A_1$ and $A_2$ is written $A_1 \times A_2$ and the component form of a map $X \to A_1 \times A_2$ is written $\{f_1, f_2\}$, while the inverse product of $A_1$ and $A_2$ is written $A_1 * A_2$ and the component form of a map $A_1 * A_2 \to X$ is written $\langle f_1, f_2 \rangle$. The break with tradition is not complete, of course, as our choice of the phrase "direct product" indicates; and since we refer to direct products and inverse products we have felt compelled to refer to a category with direct products as a D-category and a category with inverse products as an I-category although these concepts are dual to each other. We do not index dual theorems in the way referred to above. Usually only one of a pair of dual theorems is enunciated and in the exceptional cases where we think it preferable to give both statements explicitely each statement receives the enumeration appropriate to its position in the text.

A second advantage of working in a general category which we mention briefly is that of the functorial approach. Since our theorems consist of assertions about categories in which certain constructions may be carried out, attention is naturally directed to those functors which respect the constructions. Such functors effect the transport of the structures we are studying from one category to another.

The contents of the present paper are as follows. Following a brief section describing categories with zero-maps, section 3 contains the theory of *direct products* in general categories and the dual theory of *inverse products*[2]). This provides a preparation for section 4 wherein multiplicative structures in categories are discussed. Simultaneously with the introduction of such a concept we naturally define the notion of *homomorphism* or, as we prefer to say to avoid confusion, the notion of a *primitive* map which is a map of the category from one object with multiplication to another which is compatible with the multiplications. Various axioms are considered to which the multiplicative structures may be subjected, in particular, axioms producing group-like structures. Section 5 consists of examples of the fundamental notions of the paper; one of the examples treated briefly here, namely that of the category of groups $\mathfrak{G}$, is dealt with more extensively in a separate publication [5]. Section 6 is concerned with the relation of Kan's theory of adjoint functors (see [7]) to the theory presented here. It turns out that the condition of possessing an adjoint has important implications for the structure preserving properties of the functor. Section 7 contains an example of a category with direct products in which there exist epimorphisms whose direct product is not an epimorphism. We would mention that the theory of operators and cooperators in general

[2]) For further details of this theory, see [9], [10].

categories, appropriate though it is to this paper, has not been discussed as it appeared in sufficient generality in [3].

It may help the reader if we summarize the contents of the second and third papers of this series. The second paper is concerned with generalized unions and intersections in arbitrary categories and with a consequent notion of the *length* of an object which generalizes the multiplicative and comultiplicative structures of this paper; this generalization includes and dualizes, e.g., Lusternik-Schnirelmann "category" of spaces. The third paper is concerned with what we call *primitive* categories, namely, categories in which the objects are multiplicative objects of a given category $\mathfrak{C}$ and in which the maps are primitive maps. We show how various phenomena familiar in group theory and abelian group theory (as well as certain less familiar ones) are explicable as properties of primitive categories, and we derive a curious relation of symmetry between the categories $\mathfrak{S}$ and $\mathfrak{G}$.

We wish to acknowledge the benefit of very fruitful correspondence with T. Ganea on the topics covered by these three papers.

## 2. Categories with zero-maps

Let $\mathfrak{C}$ be a category; following [9] we will denote the set of maps associated with the ordered pair of objects $(A, B)$ of $\mathfrak{C}$ by $H(A, B)$, and we will permit ourselves to write $f: A \to B$ for a map in $H(A, B)$ and call $f$ a map from $A$ to $B$. We will denote the identity map of $H(A, A)$ by $1_A$, frequently abbreviated to 1, and the dual category of $\mathfrak{C}$ by $\mathfrak{C}^*$ (cf. 1).

A map $f: A \to B$ is called an *equivalence* (or *invertible*) if there is a map $f'$: $B \to A$ such that $f'f = 1_A$ and $ff' = 1_B$; in that case $A$ and $B$ are called *equivalent*. Of course the equivalence $f$ determines its inverse $f'$ and we may write $f^{-1}$ for $f'$. The map $f$ is called an *epimorphism* if for any $C$ and any $v_i$: $B \to C$, $i = 1, 2$, the relation $v_1 f = v_2 f$ implies $v_1 = v_2$. The map $f$ is called a *monomorphism* if for any $D$ and any $w_i: D \to A$, $i = 1, 2$, the relation $fw_1 = fw_2$ implies $w_1 = w_2$. Notice that if $f$ is an equivalence then $f$ is both an epimorphism and a monomorphism, but the converse is in general false.

We shall suppose — though this is by no means necessary for all our subsequent definitions and results — that $\mathfrak{C}$ possesses *zero-maps*. That is, we suppose that for any two objects $A$, $B$ of $\mathfrak{C}$ the set $H(A, B)$ is non-empty and contains a distinguished element, $0 = 0_{AB}$, such that

(2.1) $$f 0_{AB} = 0_{AC} \quad \text{for all } C \text{ and all } \quad f \in H(B, C)\,,$$
$$0_{AB} g = 0_{DB} \quad \text{for all } D \text{ and all } \quad g \in H(D, A)\,.$$

Note that the zero-maps are unique; for if also

$$f \tilde{0}_{AB} = \tilde{0}_{AC}, \tilde{0}_{AB} g = \tilde{0}_{DB}, \quad \text{all} \quad f, g\,,$$

then

$$0_{AB} = \tilde{0}_{BB} 0_{AB} = \tilde{0}_{AB}\,.$$

We list some elementary but important observations in the following propositions.

**Proposition 2.2.** (i) *The map $f$ is an equivalence in $\mathfrak{C}$ if and only if it is an equivalence in $\mathfrak{C}^*$;*

(ii) *The map $f$ is a monomorphism in $\mathfrak{C}$ if and only if it is an epimorphism in $\mathfrak{C}^*$;*

(iii) *$\mathfrak{C}$ possesses zero-maps if and only if $\mathfrak{C}^*$ possesses zero-maps, and the zero-map in $H(A, B)$ coincides with the zero-map in $H^*(B, A)$.*

**Proposition 2.3.** (i) *If $f$ is an epimorphism and $vf = 0$ then $v = 0$.*

(ii) *If $f$ is a monomorphism and $fw = 0$ then $w = 0$.*

In the light of Prop. 2.2 (ii) the two parts of this proposition are dual to each other. Note that the converse of Prop. 2.3 is, in general, false.

Since in our discussion all categories will be assumed to possess zero-maps we will henceforth simply use the word "category" to denote a category with zero-maps and the word "functor" to denote a (unary) functor which preserves zero-maps. Examples of such categories and functors are given below (§ 5).

## 3. Direct and inverse products

Let $A_1, A_2, \ldots, A_n$ be a finite collection of objects of $\mathfrak{C}$. A *direct product* $(P; p_1, p_2, \ldots, p_n)$, abbreviated to $(P; p_j)$ or even $P$, of $A_1, A_2, \ldots, A_n$ is an object $P$ of $\mathfrak{C}$ and a system of maps $p_j\colon P \to A_j$, $j = 1, 2, \ldots, n$, with the property[3]): (D) For any object $X$ of $\mathfrak{C}$ and any system of maps $f_j\colon X \to A_j$, $j = 1, 2, \ldots, n$, there exists a unique map $f\colon X \to P$ with $p_j f = f_j$.

The maps $p_j$ are called the *projections* of $P$, and the maps $f_j$ are called the *components* of $f$; we write $f = \{f_1, f_2, \ldots, f_n\}$, so that

$$p_j\{f_1, f_2, \ldots, f_n\} = f_j \,. \tag{3.1}$$

Notice that

$$\{0_1, 0_2, \ldots, 0_n\} = 0\,, \tag{3.2}$$

in view of (3.1) and the uniqueness of $f$.

Suppose that $(P'; p_j')$ is a direct product of the objects $A_1', A_2', \ldots, A_n'$ and let maps $g_j\colon A_j \to A_j'$ be given, $j = 1, 2, \ldots, n$. The map

$$g = \{g_1 p_1, g_2 p_2, \ldots, g_n p_n\}\colon P \to P' \tag{3.3}$$

will frequently be written $g_1 \times g_2 \times \cdots \times g_n$. In particular setting $A_j' = A_j$, $g_j = 1$, $j = 1, 2, \ldots, n$, we have

$$1 = 1 \times 1 \times \cdots \times 1 = \{p_1, p_2, \ldots, p_n\}\colon P \to P\,. \tag{3.4}$$

We now list some rules which may be deduced immediately from the definitions.

**Proposition 3.5.** *Given $h\colon X' \to X$ and $\{f_1, f_2, \ldots, f_n\}\colon X \to P$, then*

$$\{f_1, f_2, \ldots, f_n\}h = \{f_1 h, f_2 h, \ldots, f_n h\}\colon X' \to P\,.$$

---

[3]) There is, of course, no difficulty in generalizing this definition and the subsequent discussion to arbitrary collections of objects of $\mathfrak{C}$, but we are content to leave this generalization to the reader.

**Proposition 3.6.** *Given* $\{f_1, f_2, \ldots, f_n\} : X \to P$ *and* $g_1 \times g_2 \times \cdots \times g_n : P \to P'$, *then*

$$(g_1 \times g_2 \times \cdots \times g_n)\{f_1, f_2, \ldots, f_n\} = \{g_1 f_1, g_2 f_2, \ldots, g_n f_n\} : X \to P'.$$

**Proposition 3.7.** *Given*

$$g_1 \times g_2 \times \cdots \times g_n : P \to P' \quad \text{and} \quad h_1 \times h_2 \times \cdots \times h_n : P' \to P'',$$

*where* $(P''; p_j'')$ *is a direct product of* $A_1'', A_2'', \ldots, A_n''$, *then*

$$(h_1 \times h_2 \times \cdots \times h_n)(g_1 \times g_2 \times \cdots \times g_n) = h_1 g_1 \times h_2 g_2 \times \cdots \times h_n g_n : P \to P''.$$

From Prop. 3.6 we immediately infer

**Theorem 3.8.** *If* $g_j : A_j \to A_j'$ *is a monomorphism for each* $j$, *then* $g = g_1 \times \times g_2 \times \cdots \times g_n : P \to P'$ *is a monomorphism.*

(The corresponding statement for epimorphisms is false; see the appendix.)

From Prop. 3.7 and (3.4.) we immediately infer

**Theorem 3.9.** *If* $g_j : A_j \to A_j'$ *is an equivalence for each* $j$, *then* $g = g_1 \times \times g_2 \times \cdots \times g_n : P \to P'$ *is an equivalence such that*

$$(3.10) \qquad p_j' g = g_j p_j, \quad j = 1, 2, \ldots, n;$$

*and* $g$ *is uniquely determined by* (3.10).

By taking $A_j' = A_j$ in this theorem and all $g_j = 1$, we see that if $(P; p_j)$, $(P'; p_j')$ are both direct products of $A_1, A_2, \ldots, A_n$ then there is a unique equivalence $g : P \to P'$ such that

$$(3.11) \qquad p_j' g = p_j;$$

we say that $g$ is the *canonical* equivalence between $(P; p_j)$ and $(P'; p_j')$. Conversely if $(P; p_j)$ is a direct product of $A_1, A_2, \ldots, A_n$ and $g : P \to Q$ is an equivalence then $(Q; p_j g^{-1})$ is a direct product of $A_1, A_2, \ldots, A_n$ and $g$ is the canonical equivalence between $(P; p_j)$ and $(Q; p_j g^{-1})$.

The definition of a direct product refers to an unordered[4]) set of objects so that it is, *per definitionem*, commutative as a function of two objects. On the other hand if we wish to form the direct product of objects presented as $A, B, C, \ldots$, it is necessary to assign to them a definite but arbitrary order so that we may be able to refer to a map $f : X \to P$ by means of its components $f_1, f_2, \ldots, f_n$ without ambiguity. Once this order is assigned the notations $f = \{f_1, f_2, \ldots, f_n\}$ and $p_j$ for the projections become unambiguous.

Let us take the case of two objects which is quite typical. If then we say that $(P; k, l)$ *is a direct product of* $A$ *and* $B$ it is to be understood that $k, l$ are maps in $H(P, A), H(P, B)$ respectively; and if we refer to a map $f : X \to P$ by means of its components, $f = \{g, h\}$, it is to be understood that $g \in H(X, A)$, $h \in H(X, B)$ and $kf = g$, $lf = h$. Now let $(P'; k', l')$ be a direct product of $B$ and $A$. Then $(P'; l', k')$ is a direct product of $A$ and $B$ so that there is a canonical equivalence

$$\tau : (P; k, l) \to (P'; l', k')$$

[4]) An alternative procedure is to define the direct product for *ordered* sets of objects. This procedure leads, of course, to a different development of the basic concepts.

such that

(3.12) $$l'\tau = k, \quad k'\tau = l\,.$$

If we regard $\tau$ as a map from $P$ to $(P'; k', l')$ it follows from (3.12) that we may write it

(3.13) $$\tau = \{l, k\} : P \to (P'; k', l')\,.$$

Of course we may have $P' = P$, $\tau = 1$, $l' = k$, $k' = l$. On the other hand *in the particular case* $A = B$ we may take $P' = P$, $k' = k$, $l' = l$, giving rise to an equivalence,

(3.14) $$\tau = \{l, k\} : P \to (P; k, l)$$

which is, in general, different from the identity map.

We shall henceforth adopt the notation $(A \times B \times C \times \ldots; p_1, p_2, p_3, \ldots)$, usually contracted to $A \times B \times C \times \ldots$, for an arbitrary representative of the class of canonically equivalent direct products of the objects $A, B, C, \ldots$, Indeed by writing the object $A \times B \times C \times \ldots$ in this way we are exhibiting the range of the $j$th projection $p_j$ and rendering unambiguous the expression by components of a map into $A \times B \times C \times \ldots$. In this notation the symbol $p_j$ becomes a generic symbol for the projection of a direct product onto its $j$th factor and assumes the nature of an operator which, when applied to a map $f = \{f_1, f_2, f_3, \ldots\}$ yields its $j$th component (see (3.1)). With these notational conventions (3.13) assumes the form

(3.15) $$\tau = \{p_2, p_1\} : A_1 \times A_2 \to A_2 \times A_1$$

and (3.14) becomes

(3.16) $$\tau = \{p_2, p_1\} : A \times A \to A \times A\,.$$

We call the map $\tau$ in (3.15) or (3.16) the *switching map* or switch; it switches components in the precise sense that

(3.17) $$\tau\{f_1, f_2\} = \{f_2, f_1\}\,,$$

$f_i \in H(X, A_i)$, $i = 1, 2$. We can, of course, have $A_1 = A_2 = A$ in this formula, as in the following theorem.

**Theorem 3.18.** *Let* $\alpha_i : A_i \to B_i$, $i = 1, 2$. *Then, assuming the direct products to exist, the diagram*

$$\begin{array}{ccc} A_1 \times A_2 & \xrightarrow{\alpha_1 \times \alpha_2} & B_1 \times B_2 \\ \downarrow{\scriptstyle \tau} & & \downarrow{\scriptstyle \tau} \\ A_2 \times A_1 & \xrightarrow{\alpha_2 \times \alpha_1} & B_2 \times B_1 \end{array}$$

*is commutative.*

For $\tau(\alpha_1 \times \alpha_2) = \{p_2, p_1\}\,(\alpha_1 \times \alpha_2)$
$= \{p_2(\alpha_1 \times \alpha_2), p_1(\alpha_1 \times \alpha_2)\}$ by Prop. 3.5,
$= \{\alpha_2 p_2, \alpha_1 p_1\}$ by definition of $\alpha_1 \times \alpha_2$,
$= (\alpha_2 \times \alpha_1)\,\{p_2, p_1\}$ by Prop. 3.6,
$= (\alpha_2 \times \alpha_1)\tau$.

We will call $\mathfrak{C}$ a *category with direct products* or *D-category* if any *finite*[5]) collection of objects of $\mathfrak{C}$ has a direct product. We prove

**Theorem 3.19.** *$\mathfrak{C}$ is a D-category if and only if any two objects of $\mathfrak{C}$ have a direct product.*

This follows immediately from

**Lemma 3.20.** $((A_1 \times \cdots \times A_r) \times (A_{r+1} \times \cdots \times A_n);\ p_1p_1, \ldots, p_rp_1, p_1p_2, \ldots, p_{n-r}p_2)$ *is a direct product of* $A_1, A_2, \ldots, A_n$.

*Proof.* Suppose given $f_i : X \to A_i$, $i = 1, \ldots, n$. Then there exist $f' : X \to A_1 \times \cdots \times A_r$ such that $p_jf' = f_j$, $j = 1, \ldots, r$, and $f'' : X \to A_{r+1} \times \cdots \times A_n$ such that $p_kf'' = f_{k+r}$, $k = 1, \ldots, n - r$. Consequently there exists $f : X \to (A_1 \times \cdots \times A_r) \times (A_{r+1} \times \cdots \times A_n)$ such that $p_1f = f'$, $p_2f = f''$, whence

$$p_jp_1f = f_j,\ j = 1, \ldots, r; \quad p_kp_2f = f_{k+r},\ k = 1, \ldots, n - r .$$

Now suppose that $p_jp_1f = p_jp_1g$, $j = 1, \ldots, r$, and $p_kp_2f = p_kp_2g$, $k = 1, \ldots, n - r$. Then $p_1f = p_1g$, $p_2f = p_2g$, so that $f = g$ and the lemma is proved.

The lemma implies also the *associativity* of direct products:

**Theorem 3.21.** *There is a canonical equivalence* $a : (A_1 \times A_2) \times A_3 \to A_1 \times (A_2 \times A_3)$ *such that*

$$a\{\{f_1, f_2\}, f_3\} = \{\{f_1, \{f_2, f_3\}\}$$

*where* $f_i \in H(X, A_i)$, $i = 1, 2, 3$.

Note that the map $a$ may be written $\{p_1p_1, p_2 \times 1\}$ and $a^{-1}$ may be written $\{1 \times p_1, p_2p_2\}$. There is also a canonical equivalence

$$b : (A_1 \times A_2) \times A_3 \to A_1 \times A_2 \times A_3 ,$$

given by

$$b = \{p_1p_1, p_2p_1, p_2\}, \quad b^{-1} = \{\{p_1, p_2\}, p_3\} . \tag{3.22}$$

We may use such equivalences as $b$ implicitly to introduce brackets into a direct product object. Thus, for example, we may refer to the map

$$1 \times \tau : A_1 \times A_2 \times A_3 \to A_1 \times A_3 \times A_2$$

as a shorthand notation for $c(1 \times \tau)c^{-1}$, where $c$ is the canonical equivalence

$$c = ba^{-1} = \{p_1, p_1p_2, p_2p_2\} : A_1 \times (A_2 \times A_3) \to A_1 \times A_2 \times A_3 .$$

In fact in calculations involving implicit bracketing it is usually preferable to present the maps by means of their components *in the unbracketed form.* Thus, for example the map $1 \times \tau$ above is given in components by

$$1 \times \tau = \{p_1, p_3, p_2\} \tag{3.23}$$

To prove (3.23) we must show that

$$\{p_1, p_1p_2, p_2p_2\}\,(1 \times \{p_2, p_1\}) = \{p_1, p_3, p_2\}\,\{p_1, p_1p_2, p_2p_2\} . \tag{3.24}$$

[5]) See footnote 3.

Now $1 \times \{p_2, p_1\} = \{p_1, \{p_2, p_1\} p_2\} = \{p_1, \{p_2 p_2, p_1 p_2\}\}$. Thus

$$\begin{aligned}\{p_1, p_1 p_2, p_2 p_2\}(1 \times \{p_2, p_1\}) &= \{p_1, p_1\{p_2 p_2, p_1 p_2\}, p_2\{p_2 p_2, p_1 p_2\}\} \\ &= \{p_1, p_2 p_2, p_1 p_2\} \\ &= \{p_1, p_3, p_2\}\{p_1, p_1 p_2, p_2 p_2\}.\end{aligned}$$

In this calculation we have made repeated use of (3.1) and Prop. 3.5; in future we will state the component forms of such maps as $1 \times \tau$ without proof, leaving the verification to the reader. We illustrate the notation in the following proposition which will be used in a later paper of the series.

**Proposition 3.25.** The diagram

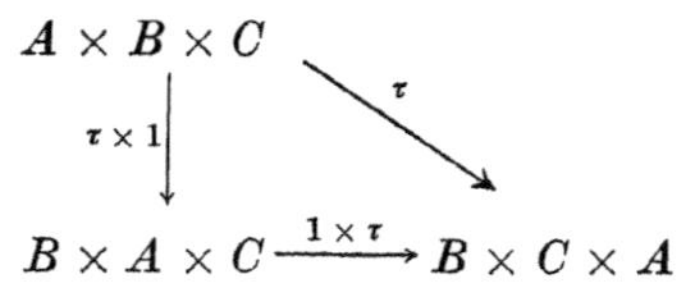


*commutes.*

Notice that the description of the maps in the diagram involves implicit bracketing. However in component form the maps are given by

$$\begin{aligned}\tau \times 1 &= \{p_2, p_1, p_3\}, \\ 1 \times \tau &= \{p_1, p_3, p_2\}, \\ \tau &= \{p_2, p_3, p_1\},\end{aligned}$$

and in this form the commutativity is trivial.

Frequent use will be made of the following special maps related to direct products. If $A_1, A_2, \ldots, A_n$ are objects of a D-category $\mathfrak{C}$ then there exists for each $j$, $1 \leqq j \leqq n$, a map

(3.26) $$\iota_j = \{0, \ldots, 0, 1, 0, \ldots, 0\} : A_j \to A_1 \times A_2 \times \cdots \times A_n,$$

where the $j$th component is 1 and the rest are zero. Since $p_j \iota_j = 1$ it follows that each $p_j$ is an epimorphism and each $\iota_j$ is a monomorphism. If $A_1 = A_2 = \cdots = A_n$ there is a map

(3.27) $$\underline{d} = \{1, 1, \ldots, 1\} : A \to A \times A \times \cdots \times A,$$

called the *diagonal map*; it is evidently a monomorphism, and, moreover

(3.28) $$\{f_1, f_2, \ldots, f_n\} = (f_1 \times f_2 \times \cdots \times f_n)\underline{d},$$

for maps $f_j \in H(A, B_j)$, $j = 1, 2, \ldots, n$.

**Proposition 3.29.** The diagram

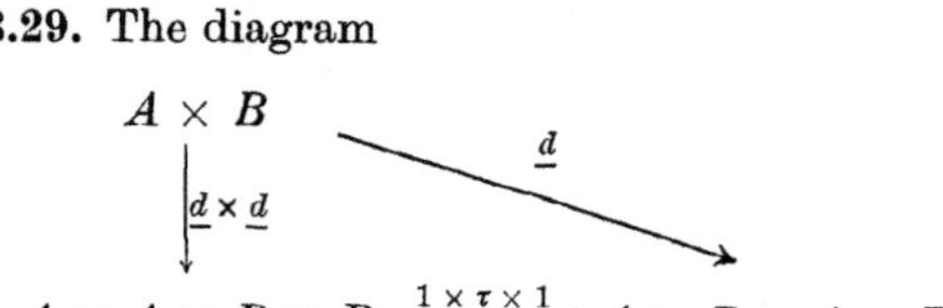


*is commutative.*

For, in terms of components, the assertion is that

$$\{p_1, p_3, p_2, p_4\}\{p_1, p_1, p_2, p_2\} = \{p_1, p_2, p_1, p_2\},$$

which is obviously true.

We turn now to the concept dual to that of direct product; this will be called the *inverse product* and it is sufficient of course to establish terminology and notation. Thus an inverse product of the objects $A_1, A_2, \ldots, A_n$ is an object $Q$ and a system of maps $q_j : A_j \to Q$, $j = 1, 2, \ldots, n$, with the property: (I) For any object $X$ of $\mathfrak{C}$ and any system of maps $f_j : A_j \to X$, $j = 1, 2, \ldots, n$, there exists a unique map $f : Q \to X$ with $f q_j = f_j$.

The maps $q_j$ are called the *injections* into $Q$, and the maps $f_j$ are called the *components* of $f$; we write $f = \langle f_1, f_2, \ldots, f_n \rangle$, so that

$$\text{(3.30)} \qquad \langle f_1, f_2, \ldots, f_n \rangle q_j = f_j$$

If $(Q'; q'_j)$ is an inverse product of $A'_1, A'_2, \ldots, A'_n$ and maps $g_j : A'_j \to A_j$, $j = 1, 2, \ldots, n$, are given, the map $g = \langle q_1 g_1, q_2 g_2, \ldots, q_n g_n \rangle : Q' \to Q$ will be written $g_1 * g_2 * \cdots * g_n$. Further we shall write $A_1 * A_2 * \cdots * A_n$ for an arbitrary representative of the class of canonically equivalent inverse products of the objects $A_1, A_2, \ldots, A_n$. If in $\mathfrak{C}$ any two objects and hence any finite number of objects have an inverse product we say that $\mathfrak{C}$ is a *category with inverse products* or an *I-category*.

Dual to the maps $\iota_j$ we have the maps

$$\text{(3.31)} \qquad \pi_j = \langle 0, \ldots, 0, 1, 0, \ldots, 0 \rangle : A_1 * A_2 * \cdots * A_n \to A_j$$

in an I-category; and if $A_1 = A_2 = \cdots = A_n$ we have the *folding map*

$$\bar{d} = \langle 1, 1, \ldots, 1 \rangle : A * A * \cdots * A \to A,$$

such that

$$\text{(3.32)} \qquad \langle f_1, f_2, \ldots, f_n \rangle = \bar{d}(f_1 * f_2 * \cdots * f_n),$$

for maps $f_j \in H(B_j, A)$, $j = 1, 2, \ldots, n$.

If no ambiguity is to be feared we will write $d$ for $\underline{d}$ or $\bar{d}$.

A category with direct and inverse products is called a DI-category. We prove the following theorem for such categories.

**Theorem 3.33.** *Let $A_1, \ldots, A_m$; $B_1, \ldots, B_n$ be objects and $f_{ij} : A_i \to B_j$, $i = 1, \ldots, m$, $j = 1, \ldots, n$, maps in the DI-category $\mathfrak{C}$. Then*

$$\bar{f} = \underline{f} : A_1 * \cdots * A_m \to B_1 \times \cdots \times B_n,$$

*where* $\bar{f} = \langle \{f_{11}, \ldots, f_{1n}\}, \ldots, \{f_{m1}, \ldots, f_{mn}\} \rangle$, *and* $\underline{f} = \{\langle f_{11}, \ldots, f_{m1} \rangle, \ldots, \langle f_{1n}, \ldots, f_{mn} \rangle\}$.

For $p_j \bar{f} = \langle p_j\{f_{11}, \ldots, f_{1n}\}, \ldots, p_j\{f_{m1}, \ldots, f_{mn}\} \rangle$, by the dual of Prop. 3.5,
$= \langle f_{1j}, \ldots, f_{mj} \rangle$
$= p_j \underline{f}, \quad 1 \leqq j \leqq n.$

In particular we may take $m = n$, $A_j = B_j$, $j = 1, \ldots, n$, and $f_{ii} = 1$, $f_{ij} = 0$, $i \neq j$. We thus obtain a map

$$\text{(3.34)} \qquad \varkappa = \langle \iota_1, \ldots, \iota_n \rangle = \{\pi_1, \ldots, \pi_n\} : A_1 * \cdots * A_n \to A_1 \times \cdots \times A_n,$$

called the *canonical* map, from inverse to direct product. It is natural in an obvious sense.

We close this section with a brief discussion of the functors which are of special interest to us in considering D-categories and I-categories. Since our categories will always be categories with zero-maps, *we shall always insist that a functor preserve zero maps*. Now let $F : \mathfrak{C} \to \mathfrak{C}'$ be a covariant functor from the D-category $\mathfrak{C}$ to the D-category $\mathfrak{C}'$. We will say that $F$ is a *D-functor* if it preserves direct products in the following sense: If $(P; p_j)$ is a direct product of $A_1, A_2, \ldots, A_n$, then $(F(P); F(p_j))$ is a direct product of $F(A_1)$, $F(A_2), \ldots, F(A_n)$. We shall write this property briefly as

$$F(A_1 \times A_2 \times \cdots \times A_n) = F(A_1) \times F(A_2) \times \cdots \times F(A_n)\,,$$
$$F(p_j) = p'_j\,.$$

**Proposition 3.35.** *If* $F : \mathfrak{C} \to \mathfrak{C}'$ *is a D-functor and* $f_j \in H(X, A_j)$, $j = 1, 2, \ldots, n$, *then*

$$F\{f_1, f_2, \ldots, f_n\} = \{Ff_1, Ff_2, \ldots, Ff_n\}\,.$$

For
$$\begin{aligned} p'_j F\{f_1, f_2, \ldots, f_n\} &= F(p_j) F\{f_1, f_2, \ldots, f_n\} \\ &= F(p_j\{f_1, f_2, \ldots, f_n\}) \\ &= F(f_j) \\ &= p'_j\{Ff_1, Ff_2, \ldots, Ff_n\}\,. \end{aligned}$$

We omit the proofs of the following propositions, in which $F$ is understood to be a D-functor.

**Proposition 3.36.** $F(\tau) = \tau' : F(A_1) \times F(A_2) \to F(A_2) \times F(A_1)$.

**Proposition 3.37.** (i) $F(\iota_j) = \iota'_j : F(A_j) \to F(A_1) \times F(A_2) \times \cdots \times F(A_n)$

(ii) $F(d) = d' : F(A) \to F(A) \times F(A) \times \cdots \times F(A)$.

Of course an I-functor from the I-category $\mathfrak{C}$ to the I-category $\mathfrak{C}'$ is defined similarly; in particular a D-functor from $\mathfrak{C}$ to $\mathfrak{C}'$ can be interpreted as an I-functor from $\mathfrak{C}^*$ to $\mathfrak{C}'^*$. A contravariant functor from the I-category $\mathfrak{C}$ to the D-category $\mathfrak{C}'$ will be called an *I-functor* (or, more explicitly, a contravariant I-functor) if it is an I-functor from $\mathfrak{C}$ to the I-category $\mathfrak{C}'^*$; a contravariant D-functor is defined analogously. If $\mathfrak{C}$ and $\mathfrak{C}'$ are both DI-categories then we may define covariant and contravariant DI-functors from $\mathfrak{C}$ to $\mathfrak{C}'$ in an evident way; and we have

**Proposition 3.38.** If $F : \mathfrak{C} \to \mathfrak{C}'$ is a DI-functor then

$$F(\varkappa) = \varkappa' : F(A_1) * F(A_2) * \cdots * F(A_n) \to F(A_1) \times F(A_2) \times \cdots \times F(A_n)\,.$$

We are deferring our principal examples to section 5, but we mention here two very important examples of the special functors we have been discussing. Let $\mathfrak{S}$ be the category of based sets and let $\mathfrak{C}$ be any category (with zero maps). Then for each fixed object $A$ of $\mathfrak{C}$ the transformation

$$X \to H(A, X)$$

induces a (covariant) functor $\overline{F}$ from $\mathfrak{C}$ to $\mathfrak{S}$, if, for $f : X \to Y$,

$$\overline{F}(f) : H(A, X) \to H(A, Y)$$

is defined by the rule

$$\overline{F}(f)(g) = fg, \ g \in H(A, X).$$

The zero maps of $\mathfrak{S}$ are just the functions sending sets to base elements and the base element of $H(A, X)$ is the zero map from $A$ to $X$. Thus $\overline{F}$ certainly preserves zero maps. We prove

**Theorem 3.39.** *If $\mathfrak{C}$ is a D-category then $\overline{F} = H(A, \ )$ is a D-functor from $\mathfrak{C}$ to $\mathfrak{S}$.*

*Proof.* We must show that if $X_1, X_2, \ldots, X_n \in \mathfrak{C}$ then $H(A, X_1 \times X_2 \times \cdots \times X_n; \overline{F}(p_j))$ is the direct product of $H(A, X_n)$, $j = 1, 2, \ldots, n$, in $\mathfrak{S}$.

Let $Y \in \mathfrak{S}$ and let $f_j : Y \to H(A, X_j)$ be maps in $\mathfrak{S}$. Writing $X$ for $X_1 \times X_2 \times \cdots \times X_n$, we define $f : Y \to H(A, X)$ by the rule

$$f(y) = \{f_1(y), f_2(y), \ldots, f_n(y)\}, \ y \in Y.$$

Then $f$ is a map of based sets by (3.2). Moreover

$$(\overline{F}(p_j) f)(y) = p_j \circ f(y) = f_j(y), \quad \text{all}^{6)} \quad y \in Y,$$

so that

$$\overline{F}(p_j) f = f_j.$$

Now suppose $\overline{F}(p_j) f = \overline{F}(p_j) g$. Then $p_j \circ f(y) = p_j \circ g(y)$, all $y \in Y$, so that $f(y) = g(y)$, $f = g$. This proves the theorem.

In an obviously analogous way we obtain, by fixing $A \in \mathfrak{C}$, a contravariant functor $H( \ , A)$ from $\mathfrak{C}$ to $\mathfrak{S}$. The duality principle ensures

**Theorem 3.40.** *If $\mathfrak{C}$ is an I-category then $\underline{F} = H( \ , A)$ is a (contravariant) I-functor from $\mathfrak{C}$ to $\mathfrak{S}$.*

## 4. Multiplicative structures

Let $\mathfrak{C}$ be a D-category and let $A$ be an object of $\mathfrak{C}$. Then an $\underline{M}$-*structure (or multiplication) on* $A$ is simply a map $m : A \times A \to A$ in $\mathfrak{C}$ and the pair $(A, m)$ is called an $\underline{M}$-*object*. If $(A, m)$ and $(A', m')$ are two $\underline{M}$-objects a map $g : A \to A'$ is called *primitive* or *homomorphic* with respect to the given $\underline{M}$-structures if $m'(g \times g) = gm : A \times A \to A'$; that is, if the diagram

$$\begin{array}{ccc} A \times A & \xrightarrow{m} & A \\ \downarrow{\scriptstyle g \times g} & & \downarrow{\scriptstyle g} \\ A' \times A' & \xrightarrow{m'} & A' \end{array}$$

commutes. We observe that identity and zero maps are primitive. It is easy to prove:

**Proposition 4.1.** *If $(A, m)$, $(A', m')$, $(A'', m'')$ are $\underline{M}$-objects and $g : A \to A'$, $h : A' \to A''$ are maps then* (i) *if $g$ and $h$ are primitive so is $hg$;* (ii) *if $hg$ and $h$ are primitive and $h$ is a monomorphism then $g$ is primitive.*

6) We use the notation $\circ$ to indicate composition of maps where its omission might lead to confusion.

Given an $\underline{M}$-object $(A, m)$ and an arbitrary $X \in \mathfrak{C}$, the map $m$ induces a composition in the set $H(X, A)$ by the rule

$$(4.2) \qquad f + g = m\{f, g\} : X \to A \times A \to A, f, g \in H(X, A) .$$

Thus $(H(X, A), +)$ is an $\underline{M}$-object in the category $\mathfrak{S}$, or, as we may say, an $\underline{M}$-*set*. If $h : X \to Y$ in $\mathfrak{C}$, we write $h^*$ for $\underline{F}(h)$ where $\underline{F} : \mathfrak{C} \to \mathfrak{S}$ is the contravariant functor of Theorem 3.40 and prove

**Theorem 4.3.** $h^* : H(Y, A) \to H(X, A)$ *is primitive with respect to the* $\underline{M}$-*structures in* $H(Y, A)$, $H(X, A)$ *induced by the* $\underline{M}$-*structure in* $A$. *Conversely, if for each* $X \in \mathfrak{C}$ *an* $\underline{M}$-*structure* $+$ *is defined on* $H(X, A)$ *in such a way that* $h^*$ *is primitive for every map* $h$ *of* $\mathfrak{C}$, *then* $A$ *admits a unique* $\underline{M}$-*structure* $m$ *such that* (4.2) *holds.*

*Proof.* Notice that to assert primitivity for $h^*$ is simply to assert that

$$(4.4) \qquad h^*(f_1 + f_2) = h^*(f_1) + h^*(f_2), f_1, f_2 \in H(Y, A) .$$

Now $h^*(f_1 + f_2) = (f_1 + f_2)h = m\{f_1, f_2\}h = m\{f_1 h, f_2 h\} = f_1 h + f_2 h = h^*(f_1) + h^*(f_2)$, proving the first part of the theorem.

Conversely let each set $H(X, A)$ have an $\underline{M}$-structure $+$ and let $h^*$ be primitive with respect to $+$ for all $h$. Take in particular $X = A \times A$ and consider the map $p_1 + p_2 : A \times A \to A$. If now $X$ is an arbitrary object of $\mathfrak{C}$ and $f_1, f_2 \in H(X, A)$, then $\{f_1, f_2\} : X \to A \times A$, so, by (4.4),

$$\begin{aligned}(p_1 + p_2)\{f_1, f_2\} = \{f_1, f_2\}^*(p_1 + p_2) &= \{f_1, f_2\}^*(p_1) + \{f_1, f_2\}^*(p_2)\\ &= p_1\{f_1, f_2\} + p_2\{f_1, f_2\}\\ &= f_1 + f_2 .\end{aligned}$$

This means that the $\underline{M}$-structure in $H(X, A)$ is induced by the map $m = p_1 + p_2 : A \times A \to A$. If the map $n : A \times A \to A$ induces the same $\underline{M}$-structure $+$ in $H(X, A)$ for each $X \in \mathfrak{C}$, then

$$p_1 + p_2 = n\{p_1, p_2\} = n\, 1_{A \times A} = n ,$$

so that the uniqueness is proved.

We may express the conclusion of Theorem 4.3 in the following way. Let $\mathfrak{M}$ be the category of $\underline{M}$-sets and primitive maps. There is then an evident functor $U$ from $\mathfrak{M}$ to $\mathfrak{S}$ which simply divests an $\underline{M}$-set of its $\underline{M}$-structure, and the rule (4.2) sets up a one-to-one correspondence between $\underline{M}$-structures $m$ on $A$ and contravariant functors $\underline{F}_m : \mathfrak{C} \to \mathfrak{M}$ such that $U\underline{F}_m = \underline{F}$.

We now dualize. Let $\mathfrak{C}$ be an I-category and let $A$ be an object of $\mathfrak{C}$. Then an $\overline{M}$-*structure* (or *comultiplication*) on $A$ is a map $m : A \to A * A$ and the pair $(A, m)$ is called an $\overline{M}$-*object*. If $(A, m)$ and $(A', m')$ are two $\overline{M}$-objects a map $g : A' \to A$ is called *primitive* or homomorphic if the diagram

$$\begin{array}{ccc} A' & \xrightarrow{m'} & A' * A' \\ \Big\downarrow{\scriptstyle g} & & \Big\downarrow{\scriptstyle g * g} \\ A & \xrightarrow{m} & A * A \end{array}$$

commutes. We omit the dual of Prop. 4.1 and pass to the observation that, given an $\overline{\underline{\mathrm{M}}}$-object $(A, m)$ and an arbitrary $X \in \mathfrak{C}$, the map $m$ induces an $\underline{\mathrm{M}}$-structure in the set $H(A, X)$ by the rule

$$(4.5) \qquad f + g = \langle f, g \rangle m : A \to A * A \to X, f, g \in H(A, X) .$$

We write $h_*$ for $\overline{F}(h)$ where $\overline{F} : \mathfrak{C} \to \mathfrak{S}$ is the covariant functor of Theorem 3.39 and $h : X \to Y$; the duality principle yields

**Theorem 4.6.** *$h_* : H(A, X) \to H(A, Y)$ is primitive with respect to the $\underline{\mathrm{M}}$-structures in $H(A, X)$, $H(A, Y)$ induced by the $\overline{\underline{\mathrm{M}}}$-structure on $A$. Conversely if for each $X$ an $\underline{\mathrm{M}}$-structure $+$ is defined on $H(A, X)$ in such a way that $h_*$ is primitive for every map $h$ of $\mathfrak{C}$, then $A$ admits a unique $\overline{\underline{\mathrm{M}}}$-structure $m$ such that (4.5) holds.*

We may rephrase this by saying that (4.5) sets up a one-to-one correspondence between $\overline{\underline{\mathrm{M}}}$-structures $m$ on $A$ and covariant functors $\overline{F}_m : \mathfrak{C} \to \mathfrak{M}$ such that $U \overline{F}_m = \overline{F}$.

We next enunciate two theorems whose duals will remain implicit.

**Theorem 4.7.** *Let $(A, m)$, $(A', m')$ be two $\underline{\mathrm{M}}$-objects and let $g : A \to A'$ be primitive; then $g_* : H(X, A) \to H(X, A')$ is primitive with respect to the $\underline{\mathrm{M}}$-structures induced by $m, m'$.*

*Proof.* Let $f_1, f_2 \in H(X, A)$. Then

$$\begin{aligned} g_*(f_1 + f_2) = g(f_1 + f_2) &= gm\{f_1, f_2\} \\ &= m'(g \times g)\{f_1, f_2\}, \quad \text{since } g \text{ is primitive}, \\ &= m'\{gf_1, gf_2\}, \quad \text{by Prop. 3.6}, \\ &= gf_1 + gf_2 \\ &= g_*(f_1) + g_*(f_2) . \end{aligned}$$

It is obvious that the converse of Theorem 4.7 holds: if $g_* : H(X, A) \to H(X, A')$ is primitive for all $X \in \mathfrak{C}$ then $g$ is primitive.

**Theorem 4.8.** *Let $(A_1, m_1)$, $(A_2, m_2)$ be two $\underline{\mathrm{M}}$-objects. Then there exists a unique $\underline{\mathrm{M}}$-structure $m$ on $A_1 \times A_2$ such that $p_1$ and $p_2$ are primitive. Moreover if $(X, m')$ is an $\underline{\mathrm{M}}$-object then $\{f_1, f_2\} : X \to A_1 \times A_2$ is primitive (with respect to $m'$ and $m$) if $f_1$ and $f_2$ are primitive.*

*Proof.* Define $m : A_1 \times A_2 \times A_1 \times A_2 \to A_1 \times A_2$ by $m = \{m_1\{p_1, p_3\}, m_2\{p_2, p_4\}\}$; using implicit bracketing $m$ may be described as $(m_1 \times m_2)(1 \times \tau \times 1)$. Now the map $p_1 \times p_1 : A_1 \times A_2 \times A_1 \times A_2 \to A_1 \times A_1$ is given in components by $\{p_1, p_3\}$. Thus

$$p_1 m = m_1(p_1 \times p_1)$$

and, similarly,

$$p_2 m = m_2(p_2 \times p_2) ,$$

so that $p_1$ and $p_2$ are primitive. The uniqueness of $m$ follows from the fact that the primitivity of $p_1(p_2)$ determines the first (second) component of $m$.

By Prop. 4.1 $f_1$ and $f_2$ are primitive if $\{f_1, f_2\}$ is primitive. Conversely let $f_1, f_2$ be primitive. Then

$$\begin{aligned} p_j m(\{f_1, f_2\} \times \{f_1, f_2\}) &= m_j(p_j \times p_j)(\{f_1, f_2\} \times \{f_1, f_2\}) \\ &= m_j(f_j \times f_j) \\ &= f_j m', \quad \text{since } f_j \text{ is primitive} \\ &= p_j\{f_1, f_2\}m', j = 1, 2, \end{aligned}$$

and $\{f_1, f_2\}$ is primitive.

**Corollary 4.9.** *If* $g_j : A_j \to B_j, j = 1, 2$, *are primitive then* $g_1 \times g_2 : A_1 \times A_2 \to \to B_1 \times B_2$ *is primitive.*

The converse of this corollary also holds since $g_j = p_j(g_1 \times g_2)\iota_j$.

We call the $\underline{M}$-object $(A_1 \times A_2, m)$ the *direct product* of the $\underline{M}$-objects $(A_j, m_j)$, $j = 1, 2$. This terminology is amply justified since it is indeed their direct product in the category of $\underline{M}$-objects and primitive maps.

We now consider axioms which we might wish to impose on an $\underline{M}$-structure. These axioms which are natural generalizations of those employed in group theory are as follows; they relate to the $\underline{M}$-object $(A, m)$.

I (zero as unit) $m\{1, 0\} = m\{0, 1\} = 1 : A \to A \times A \to A$;

II (associativity)

$$m(m \times 1) = m(1 \times m)a : (A \times A) \times A \to A \times (A \times A) \to A \times A \to A;$$

III (existence of an inverse) there exists $s : A \to A$ such that

$$m\{1, s\} = m\{s, 1\} = 0 : A \to A \times A \to A;$$

IV (commutativity) $m = m\tau : A \times A \to A \times A \to A$.

In II the map $a$ is the canonical equivalence of Theorem 3.21. We will generally omit it, writing simply $m(m \times 1) = m(1 \times m)$. In terms of components $m \times 1 = \{m\{p_1, p_2\}, p_3\}$ and $1 \times m = \{p_1, m\{p_2, p_3\}\}$.

An $\underline{M}$-structure satisfying I will be called an $\underline{H}$-structure

An $\underline{M}$-structure satisfying I, II will be called an $\underline{AH}$-structure.

An $\underline{M}$-structure satisfying I, II, III will be called a $\underline{G}$-structure.

An $\underline{M}$-structure satisfying I, II, III, IV will be called a $\underline{CG}$-structure.

An $\underline{M}$-structure satisfying I, II, IV will be salled an $\underline{ACH}$-structure.

Similar conventions apply to $\underline{M}$-objects and $\underline{M}$-sets, except that a $\underline{G}$-set will usually be given its familiar name "group" and a $\underline{CG}$-set its familiar name "commutative group" or "abelian group". We now prove a basic theorem.

**Theorem 4.10.** *Let* $(A, m)$ *be an* $\underline{M}$*-object and let* $H(X, A)$ *have the induced* $\underline{M}$*-structure for each* $X$. *Then* $m$ *satisfies axiom* $K(K = \text{I, II, III, IV})$ *if and only if the induced* $\underline{M}$*-structures satisfy axiom* $K$. *Indeed zero is a right (left) unit in* $A$ *if and only if it is a right (left) unit in* $H(X, A)$ *and a right (left) inverse exists in* $A$ *if and only if it exists in* $H(X, A)$.

*Proof.* I. Let $m\{1, 0\} = 1$. Then $f + 0 = m\{f, 0\} = m\{1, 0\}f = f$. Conversely if 0 is a right unit in $H(A, A)$ then $1 = 1 + 0 = m\{1, 0\}$. Similarly for left units.

II. If $f_i \in H(X, A)$, $i = 1, 2, 3$, then $(f_1 + f_2) + f_3 = m\{m\{f_1, f_2\}, f_3\}$, $f_1 + (f_2 + f_3) = m\{f_1, m\{f_2, f_3\}\}$. Now

$$\{m\{f_1, f_2\}, f_3\} = \{m\{p_1, p_2\}, p_3\}\{f_1, f_2, f_3\}.$$

For
$$\begin{aligned}\{m\{p_1, p_2\}, p_3\}\{f_1, f_2, f_3\} &= \{m\{p_1, p_2\}\{f_1, f_2, f_3\}, p_3\{f_1, f_2, f_3\}\}\\ &= \{m\{p_1\{f_1, f_2, f_3\}, p_2\{f_1, f_2, f_3\}\}, p_3\{f_1, f_2, f_3\}\}\\ &= \{m\{f_1, f_2\}, f_3\}.\end{aligned}$$

Similarly $$\{f_1, m\{f_2, f_3\}\} = \{p_1, m\{p_2, p_3\}\}\{f_1, f_2, f_3\}.$$

Thus if $m$ satisfies axiom II $H(X, A)$ is associative and if, in particular, $H(A \times A \times A, A)$ is associative then $m$ satisfies axiom II.

III. Let $m\{1, s\} = 0$. Then $f + sf = m\{f, sf\} = m\{1, s\}f = 0$. Conversely if $s$ is a right inverse of 1 in $H(A, A)$ then $0 = 1 + s = m\{1, s\}$. Similarly for left inverses.

IV. Let $m\tau = m$. Then if $f_1, f_2 \in H(X, A)$, $f_1 + f_2 = m\{f_1, f_2\} = m\tau\{f_1, f_2\} = m\{f_2, f_1\} = f_2 + f_1$. Conversely if $H(A \times A, A)$ is commutative then $m = p_1 + p_2 = p_2 + p_1 = m\{p_2, p_1\} = m\tau$.

Theorem 4.10 enables us to transfer certain theorems from group theory to general $\underline{G}$-objects. Thus let $I_r(I_l)$ be the axiom that zero is a right (left) unit and let $III_r(III_l)$ be the axiom asserting the existence of right (left) inverses. Then we have

**Corollary 4.11.** *If the $\underline{M}$-structure $m: A \times A \to A$ satisfies axioms $I_r$, $II$, $III_r$, (or $I_l$, $II$, $III_l$) then it is a $\underline{G}$-structure. Moreover the right inverse $s$ is uniquely determined by $m$.*

For if $m$ satisfies $I_r$, II, $III_r$ so does the $\underline{M}$-structure $+$ in $H(A, A)$ with $s$ as the right inverse of 1. Thus, by classical group theory, $H(A, A)$ is a group, where $0 + 1 = 1$, $s + 1 = 0$, and $s$ is unique. The first two conclusions assert that $m$ satisfies axioms I and II and the third asserts that $m$ determines $s$.

Again we may prove by using Theorem 4.10

**Corollary 4.12.** *Let $(A_1 \times A_2, m)$ be the direct product of the $\underline{M}$-objects $(A_1, m_1)$, $(A_2, m_2)$. Then if the structures $m_1, m_2$ satisfy axiom K, so does the structure $m$.*

*Proof.* Instead of a direct proof we use Theorem 4.10 and refer to known (or obvious) facts in the category $\mathfrak{S}$. We show that if $H(X, A_1)$, $H(X, A_2)$ have the $\underline{M}$-structures induced by $m_1, m_2$, then, in the direct product $H(X, A_1) \times H(X, A_2) = H(X, A_1 \times A_2)$, the direct product $\underline{M}$-structure coincides with the structure induced by $m$. For if $f_i, f_i' \in H(X, A_i)$, $i = 1, 2$, then

$$\begin{aligned}m\{f_1, f_2, f_1', f_2'\} &= \{m_1\{p_1, p_3\}, m_2\{p_2, p_4\}\}\{f_1, f_2, f_1', f_2'\}\\ &= \{m_1\{p_1, p_3\}\{f_1, f_2, f_1', f_2'\}, m_2\{p_2, p_4\}\{f_1, f_2, f_1', f_2'\}\}\\ &= \{m_1\{f_1, f_1'\}, m_2\{f_2, f_2'\}\}\\ &= \{f_1 + f_1', f_2 + f_2'\},\end{aligned}$$

or

$$\{f_1, f_2\} + \{f_1', f_2'\} = \{f_1 + f_1', f_2 + f_2'\},$$

where $+$ on the left is induced by $m$. We now conclude the proof of the Corollary by claiming that the assertion is trivial in $\mathfrak{S}$ and then inferring the assertion in an arbitrary category by means of Theorem 4.10.

We next prove the general associativity law for $\underline{M}$-structures satisfying axiom II. This could also be achieved by referring to properties of the category $\mathfrak{S}$ but we prefer a direct proof. We define an *n-product* in the $\underline{M}$-object $(A, m)$ as follows.

(a) An $n$-product in $(A, m)$ is a map in $H(A^n, A)$, where $A^n$ is the direct product of $n$ copies of $A$;

(b) The unique 1-product in $(A, m)$ is the identity map in $H(A, A)$;

(c) Assume $n$-products defined for $n < k$. Then a $k$-product is any map of the form

$$A^k \xrightarrow{w} A^q \times A^r \xrightarrow{f \times g} A \times A \xrightarrow{m} A\,,$$

where $q + r = k$, $w$ is the canonical equivalence, $f$ is a $q$-product and $g$ is a $r$-product. Notice that (by a simple inductive argument) there are $n$-products for every $n \geqq 1$.

**Theorem 4.13.** *If* $(A, m)$ *satisfies axiom* II *then the n-product in* $(A, m)$ *is unique.*

*Proof.* We argue by induction on $n$, the assertion being true by definition if $n = 1$.

Suppose the assertion true for $n < k$ and consider two $k$-products

$$A^k \xrightarrow{w} A^q \times A^r \xrightarrow{f \times g} A \times A \xrightarrow{m} A\,,$$

$$A^k \xrightarrow{w} A^{q'} \times A^{r'} \xrightarrow{f' \times g'} A \times A \xrightarrow{m} A\,;$$

notice that we use the generic symbol $w$ for the canonical equivalence. If $q = q'$ it is clear by the inductive hypothesis that these two $k$-products coincide. Thus we may suppose without real loss of generality that $q > q'$, say $q = q' + s$. Let $h : A^s \to A$ be an $s$-product. Then consider

$$\begin{array}{ccccccccc}
A^k \xrightarrow{w} A^q \times A^r & \xrightarrow{w \times 1} & (A^{q'} \times A^s) \times A^r & \xrightarrow{(f' \times h) \times g} & (A \times A) \times A & \xrightarrow{m \times 1} & A \times A & \xrightarrow{m} & A \\
\searrow^{w} & & \downarrow{\scriptstyle a} & & \downarrow{\scriptstyle a} & & & \nearrow_{m} & \\
A^{q'} \times A^{r'} & \xrightarrow{1 \times w} & A^{q'} \times (A^s \times A^r) & \xrightarrow{f' \times (h \times g)} & A \times (A \times A) & \xrightarrow{1 \times m} & A \times A & &
\end{array}$$

where $a$ is the canonical equivalence of Theorem 3.21. This diagram is commutative because (i) the canonical equivalence $A^k \to A^{q'} \times (A^s \times A^r)$ is unique, (ii) $a$ is natural, (iii) $m$ satisfies axiom II. But

$$m(m \times 1)\big((f' \times h) \times g\big)(w \times 1)w = m\big((m(f' \times h)w) \times g\big)w = m(f \times g)w\,,$$

by the inductive hypothesis, and similarly

$$m(1 \times m)\big(f' \times (h \times g)\big)(1 \times w)w = m\big(f' \times (m(h \times g)w)\big)w = m(f' \times g')w\,.$$

This completes the induction. We will later adopt the notation $m^n : A^n \to A$ $(m^2 = m)$, for the unique $n$-product in an associative $\underline{M}$-object $(A, m)$.

That part of Theorem 4.10 which asserts that the $\underline{M}$-structure in $H(X, A)$ inherits properties from the $\underline{M}$-structure $m$ on $A$ admits an evident generalization. For let $F$ be a covariant D-functor from the category $\mathfrak{C}$ to the category $\mathfrak{C}'$. Then if $m$ is an $\underline{M}$-structure on $A$, $F(m)$ is evidently an $\underline{M}$-structure on $F(A)$ and it is easy to show

**Theorem 4.14.** *The $\underline{M}$-structure $F(m)$ satisfies axiom $K$ if the $\underline{M}$-structure $m$ satisfies axiom $K$, ($K = $ I, II, III, IV).*

The following elementary result has important consequences when the question of uniqueness of structure is under discussion.

**Proposition 4.15.** *Let $(A, m)$ be an $\underline{M}$-object and let $\tau : A \times A \to A \times A$ be the switch. Then $m\tau$ is an $\underline{M}$-structure on $A$ and $m$ satisfies axiom $K$ if and only if $m\tau$ satisfies axiom $K$ ($K = $ I, II, III, IV).*

We next prove

**Proposition 4.16.** *Let $(A, m)$, $(A', m')$ be two $\underline{G}$-objects and let $g : A \to A'$ be primitive. Then $g$ commutes with inverses; i.e., if $s : A \to A$, $s' : A' \to A'$ are inverses with respect to the structures $m$, $m'$, then $gs = s'g$.*

*Proof.* Consider $g_* : H(X, A) \to H(X, A')$. By Theorems 4.7 and 4.10 $g_*$ is a homomorphism of groups and so maps inverses to inverses. Moreover if $f \in H(X, A)$ its inverse if $sf$; similarly the inverse of $f'$ in $H(X, A')$ is $s'f'$.

Take $X = A$. Then in $H(A, A)$, $s$ is the inverse of 1 so that $g_*(s)$ is the inverse of $g_*(1)$ in $H(A, A')$, or $gs$ is the inverse of $g$ in $H(A, A')$. Thus $gs = s'g$.

Assertions 4.7—4.16 may all be dualized, but we will not make the duals explicit. However the following important theorem (which is self-dual) relates to DI-categories.

**Theorem 4.17.** *Let $(A, m_1)$ be an $\overline{\text{H}}$-object and $(B, m_2)$ an $\underline{H}$-object in the DI-category $\mathfrak{C}$; and let $m_1$ induce the $\underline{H}$-structure $+_1$ in $H(A, X)$, $m_2$ induce the $\underline{H}$-structure $+_2$ in $H(Y, B)$. Then $+_1 = +_2$ in $H(A, B)$, and is a commutative $\underline{H}$-structure.*

*Proof.* Let $f, g \in H(A, B)$. Then by Theorem 3.33

$$\langle\{f, 0\}, \{0, g\}\rangle = \{\langle f, 0\rangle, \langle 0, g\rangle\} : A * A \to B \times B$$

But

$$\begin{aligned} m_2\langle\{f, 0\}, \{0, g\}\rangle m_1 &= \langle m_2\{f, 0\}, m_2\{0, g\}\rangle m_1, \quad \text{by the dual of Prop. 3.5} \\ &= \langle f, g\rangle m_1, \quad \text{since } m_2 \text{ is an } \underline{\text{H}}\text{-structure} \\ &= f +_1 g; \end{aligned}$$

while

$$\begin{aligned} m_2\{\langle f, 0\rangle, \langle 0, g\rangle\} m_1 &= m_2\{\langle f, 0\rangle m_1, \langle 0, g\rangle m_1\}, \quad \text{by Prop. 3.5} \\ &= m_2\{f, g\}, \quad \text{since } m_1 \text{ is an } \overline{\text{H}}\text{-structure} \\ &= f +_2 g. \end{aligned}$$

To prove commutativity we simply consider the $\underline{M}$-structure $\tilde{m}_2 = m_2\tau$ on $B$. By Prop. 4.15 $\tilde{m}_2$ is an $\underline{H}$-structure since $m_2$ is, and, if $\tilde{m}_2$ induces $\tilde{+}_2$ in $H(Y, B)$ then

$$f \,\tilde{+}_2\, g = g +_2 f, \quad f, g \in H(Y, B).$$

But, by what we have already proved, if $Y = A$ then $f \,\tilde{+}_2\, g = f +_1 g$. Thus

$$f +_1 g = g +_1 f, \quad f, g \in H(A, B).$$

We close this section with some brief remarks about $\underline{H}$-structures in DI-categories.

**Proposition 4.18.** *Let $\mathfrak{C}$ be a* DI-*category and let* $\varkappa : A * A \to A \times A$ *be the canonical map* (3.34). *Then an* $\underline{\mathrm{M}}$-*structure* $m$ *on* $A$ *is an* $\underline{\mathrm{H}}$-*structure if and only if*

$$m\varkappa = \langle 1, 1\rangle : A * A \to A \, .$$

For $m\varkappa = m\langle \iota_1, \iota_2\rangle = \langle m\iota_1, m\iota_2\rangle$, and $m$ is an $\underline{\mathrm{H}}$-structure if and only if $m\iota_1 = 1$, $m\iota_2 = 1$. We apply this proposition in proving

**Theorem 4.19.** *Let $\mathfrak{C}$ be a* DI-*category and let* $\varkappa : A * A \to A \times A$ *be an epimorphism. Then if* $A$ *admits an* $\underline{\mathrm{H}}$-*structure that structure is unique and commutative. If also* $B$ *admits an* $\underline{\mathrm{H}}$-*structure then every map in* $H(A, B)$ *is primitive.*

*Proof.* If $m$, $m'$ are two $\underline{\mathrm{H}}$-structures on $A$, then by Prop. 4.18 $m\varkappa = m'\varkappa$. Thus, $\varkappa$ being an epimorphism, $m = m'$. The commutativity of $m$ follows from Prop. 4.15, since $m\tau$ is also an $\underline{\mathrm{H}}$-structure on $A$.

Now let $(B, m)$ be an $\underline{\mathrm{H}}$-object and $\varphi : A \to B$. Consider the diagram

$$\begin{array}{ccccc} A * A & \xrightarrow{\varkappa} & A \times A & \xrightarrow{m} & A \\ \downarrow{\scriptstyle \varphi * \varphi} & & \downarrow{\scriptstyle \varphi \times \varphi} & & \downarrow{\scriptstyle \varphi} \\ B * B & \xrightarrow{\varkappa} & B \times B & \xrightarrow{m} & B \end{array}$$

The canonical map $\varkappa$ is certainly natural so $\varkappa(\varphi * \varphi) = (\varphi \times \varphi)\varkappa$. On the other hand

$$\varphi m \varkappa = \varphi\langle 1, 1\rangle = \langle \varphi, \varphi\rangle = \langle 1, 1\rangle\,(\varphi * \varphi) = m\varkappa(\varphi * \varphi)$$

Thus

$$\varphi m\varkappa = m\varkappa(\varphi * \varphi) = m(\varphi \times \varphi)\varkappa \, .$$

But $\varkappa : A * A \to A \times A$ is an epimorphism so $\varphi m = m(\varphi \times \varphi)$ and $\varphi$ is primitive.

There is, in fact, a stronger result underlyng Theorem 4.19. For the conclusion of the theorem holds in any D-category $\mathfrak{C}$in which maps $f : A \times A \to X$ are determined by $f\iota_1$ and $f\iota_2$; and if $A * A$ exists this condition is equivalent to the conditions that $\varkappa : A * A \to A \times A$ be an epimorphism.

## 5. Examples

5.1. *The category $\mathfrak{S}$ of based sets.* We have already discussed this category extensively in connection with the sets $H(A, B)$ and the functors $\underline{F}, \overline{F}$. We have remarked that it is a D-category, the direct product of the based sets $S_1, S_2$ being the Cartesian product $S_1 \times S_2$ based at the direct product of the base-points of $S_1$ and $S_2$. It is indeed a DI-category, $S_1 * S_2$ being the union of $S_1$ and $S_2$ with base-points identified, and $\varkappa : S_1 * S_2 \to S_1 \times S_2$ is given by $\varkappa(x_1) = (x_1, o)$, $\varkappa(x_2) = (o, x_2)$, $x_i \in S_i$, where $o$ is the base-point[7]) of $S_1$ or $S_2$. Notice that $\varkappa$ is a monomorphism in $\mathfrak{S}$.

As remarked $\underline{\mathrm{G}}$-objects of $\mathfrak{S}$ are just *groups* and $\underline{\mathrm{C\,G}}$-objects are *commutative groups*. On the other hand the notion of $\overline{\mathrm{H}}$-object is uninteresting in $\mathfrak{S}$; for

[7]) It is convenient to adopt a common notation for all base-elements in $\mathfrak{S}$ and all base-points in $\mathfrak{T}$.

**Proposition 5.1.1.** *The only* $\overline{\text{H}}$*-objects in* $\mathfrak{S}$ *are the one-point sets.*

*Proof.* Let $(S, m)$ be an $\overline{\text{H}}$-object in $\mathfrak{S}$, so that $m$ is a map from $S$ to $S * S$. By the dual of Prop. 4.16 $\varkappa m = \{1, 1\} : S \to S \times S$. Now $\varkappa(S * S)$ intersects the diagonal in $S \times S$ in the single point $(o, o)$ where $o$ is the base-point of $S$. Thus for any $x \in S$, $(x, x) = \varkappa m(x) = (o, o)$ or $x = o$.

5.2. *The category* $\mathfrak{T}$ *of based topological spaces.* The objects of $\mathfrak{T}$ are topological spaces with a base-point[7]) $o$, the maps continuous maps preserving the base-point. An equivalence is a homeomorphism. As in $\mathfrak{S}$ there exist direct and inverse products: the direct product of $X_1$ and $X_2$ is the Cartesian product $X_1 \times X_2$ with the usual product topology and base-point, and the inverse product is the union $X_1 \vee X_2$ with base-points identified, topologized so that a subset is closed if and only if it intersects $X_i$ in a closed subset of $X_i$, $i = 1, 2$. The map $\varkappa : X_1 * X_2 \to X_1 \times X_2$ is defined as in $\mathfrak{S}$ and is a monomorphism. The functor from $\mathfrak{T}$ to $\mathfrak{S}$ which associates with every space the underlying set is a DI-functor and the only $\overline{\text{H}}$-objects in $\mathfrak{T}$ are the one-point spaces.

5.3. *The category* $\mathfrak{T}_h$ *of based topological spaces and based homotopy classes.* The objects of $\mathfrak{T}_h$ are the same as those of $\mathfrak{T}$; the elements of $H(A, B)$ in $\mathfrak{T}_h$ are, however, the homotopy classes of continuous maps $A \to B$, the base-points $o$ being preserved by maps and homotopies. The element $0 \in H(A, B)$ is the class of nullhomotopic maps; an equivalence $A \to B$ in $\mathfrak{T}_h$ is a (based) homotopy equivalence. Direct (and inverse) products in $\mathfrak{T}$ and $\mathfrak{T}_h$ coincide in the sense that the objects are the same in the two categories and the projections (injections) in $\mathfrak{T}_h$ are the homotopy classes of the projections (injections) in $\mathfrak{T}$; but the canonical map $\varkappa : X_1 \vee X_2 \to X_1 \times X_2$ in $\mathfrak{T}_h$ (which is the homotopy class of the canonical map in $\mathfrak{T}$) is, in general, neither a monomorphism nor an epimorphism. The functor $h : \mathfrak{T} \to \mathfrak{T}_h$ which puts each map in its homotopy class is a DI-functor, and we sometimes permit ourselves to use this functor implicitly[8]) in referring to notions in $\mathfrak{T}_h$.

An $\underline{\text{H}}$-object $(A, m)$ in $\mathfrak{T}_h$ is usually called an H-space (a space with a continuous multiplication having $o$ as two-sided homotopy-unit). A $\underline{\text{G}}$-object in $\mathfrak{T}_h$ is a homotopy-associative H-space with homotopy-inverse. All topological groups are $\underline{\text{G}}$-objects in $\mathfrak{T}_h$; and loop-spaces furnished with the multiplication given by composition of loops are also $\underline{\text{G}}$-objects in $\mathfrak{T}_h$. The loop-space functor $\Omega$, regarded as a functor from $\mathfrak{T}$ to $\mathfrak{T}$ or from $\mathfrak{T}_h$ to $\mathfrak{T}_h$, is a D-functor but not an I-functor.

In $\mathfrak{T}_h$ there exist non-trivial $\overline{\text{H}}$-objects, indeed $\overline{\text{G}}$-objects, namely the suspensions $\Sigma X (= I \times X/(0) \times X \cup (1) \times X \cup I \times (0))$. The comultiplication in $\Sigma X$ is the homotopy class of the map $m : \Sigma X \to \Sigma X * \Sigma X$, given by

$$m(t, x) = q_1(2t, x),\ 0 \leqq t \leqq \frac{1}{2},\ x \in X\,,$$

$$= q_2(2t - 1, x), \frac{1}{2} \leqq t \leqq 1,\ x \in X\,;$$

---

[8]) As in the next paragraph where, for example, we refer to $\underline{\text{H}}$-spaces; strictly, an $\underline{\text{H}}$-space is an $\underline{\text{M}}$-object $(A, m)$ of $\mathfrak{T}$ such that $(A, h(m))$ is an $\underline{\text{H}}$-object of $\mathfrak{T}_h$.

here $q_1, q_2$ are the injections of $\Sigma X$ into the inverse product $\Sigma X * \Sigma X$. With respect to this comultiplication the inverse is the homotopy class of the map $s : \Sigma X \to \Sigma X$ given by

$$s(t, x) = (1 - t, x) .$$

There exist in $\mathfrak{T}_h$ $\overline{\text{H}}$-objects which are not $\overline{\text{G}}$-objects; if we confine attention to polyhedra then a space $A$ admits an $\overline{\text{H}}$-structure in $\mathfrak{T}_h$ if and only if it is of Lusternik-Schnirelmann category $\leqq 2$ and there exist (see [1]) non-suspensions (even non-$\overline{\text{G}}$-objects) with this property. The suspension functor $\Sigma$, regarded as a functor from $\mathfrak{T}$ to $\mathfrak{T}$ or from $\mathfrak{T}_h$ to $\mathfrak{T}_h$, is an I-functor but not a D-functor.

Double loop-spaces $\Omega^2 X$ are $\underline{\text{CG}}$-objects; indeed $\Omega A$ is a $\underline{\text{CG}}$-object if $A$ is an $\underline{\text{H}}$-object. Similarly double suspensions $\Sigma^2 X$, and suspensions $\Sigma A$ where $A$ is an $\overline{\text{H}}$-object, are $\overline{\text{CG}}$-objects. We refer again to the functors $\Omega$ and $\Sigma$ in the appendix on adjoint functors.

We will adopt the notation of [2] and write $\Pi(A, B)$ for $H(A, B)$ when we are working in the category $\mathfrak{T}_h$. If $(A, m)$ is a $\overline{\text{G}}$-object in $\mathfrak{T}_h$ then by the dual of Theorem 4.10 the induced $\underline{\text{M}}$-structure in $\Pi(A, B)$ is a group structure. In particular if $A$ is the $n$-sphere $S_n$ with its suspension structure then $\Pi(A, B) = \pi_n(B)$, the $n$th homotopy group of $B$; and if $A = \Sigma P$ then $\Pi(A, B) = \Pi_1(P, B)$; see [2]. From Theorem 4.17 we deduce that if $B$ admits an $\underline{\text{H}}$-structure then the group structure in $\Pi_1(P, B)$ is commutative and may be obtained from the $\overline{\text{H}}$-structure in $B$. This is a classical theorem if $P = S_0$ and $B$ is a topological group. We also infer from Theorems 4.6 and 4.10 that the only natural group structure which could be introduced into the sets $\pi_n(X)$, $n > 1$, is the *homotopy group* structure, and the only two natural group structures which could be introduced into the sets $\pi_1(X)$ are the *fundamental group* structure and its anti-isomorph. For $S_n$, $n > 1$, admits a unique $\overline{\text{G}}$-structure in $\mathfrak{T}_h$, and $S_1$ admits only the usual $\overline{\text{G}}$-structure[9]) $m : S_1 \to S_1 * S_1$ and the $\overline{\text{G}}$-structure $\tau m : S_1 \to S_1 * S_1$.

5.4. *The category $\mathfrak{G}$ of groups.* The objects of $\mathfrak{G}$ are groups and $H(A, B)$ consists of homomorphisms from $A$ to $B$; we write $\text{Hom}(A, B)$ for $H(A, B)$ in $\mathfrak{G}$. The zero-map in $H(A, B)$ is the trivial homomorphism mapping $A$ to the unit element $e$ of $B$. An equivalence in $\mathfrak{G}$ is an isomorphism of groups.

Direct products in $\mathfrak{G}$ are those considered as usual in group theory; inverse products in $\mathfrak{G}$ are just free products of groups. The projections $p_1 : A \times B \to A$, $p_2 : A \times B \to B$ are given by $p_1(a, b) = a$, $p_2(a, b) = b$; the injections $q_1 : A \to A * B$, $q_2 : B \to A * B$ by $q_1(a) = a$, $q_2(b) = b$ (and $A * B$ is the group generated without further relations by $q_1(A)$ and $q_2(B)$). The theory of $\underline{\text{G}}$- and $\underline{\text{H}}$-objects in $\mathfrak{G}$ and their duals has been discussed in a separate paper [5]; here we merely list a few elementary facts, together with some results from [5].

First we note that for all $A, B \in \mathfrak{G}$ the canonical map $\varkappa : A * B \to A \times B$, given by $\varkappa(a) = (a, e)$, $\varkappa(b) = (e, b)$, $a \in A$, $b \in B$, is an epimorphism. Thus by Theorem 4.19 an $\underline{\text{H}}$-structure on $A \in \mathfrak{G}$ is unique and commutative. Now if

[9]) Actually $S_n$, $n > 1$, admits only one $\overline{\text{H}}$-structure, but $S_1$ admits infinitely many H-structures.

$(A, m)$ is an $\underline{\mathrm{H}}$-object then

(5.4.1) $m(a_1, a_2) = m(a_1, e) \cdot m(e, a_2) = a_1 a_2$ by axiom I, $a_1, a_2 \in A$ ,

whence, $m$ being commutative, $a_1 a_2 = a_2 a_1$; conversely if $A$ is an abelian group the rule (5.4.1) does give an $\underline{\mathrm{H}}$-structure on $A$. Thus

**Theorem 5.4.2.** *$(A, m)$ is an $\underline{\mathrm{H}}$-object in $\mathfrak{G}$ if and only if $A$ is an abelian group, the $\underline{\mathrm{H}}$-structure $m$ being the group operation in $A$. If $A$, $B$ are abelian groups every element of* Hom$(A, B)$ *is primitive.*

Of course the $\underline{\mathrm{H}}$-structures in $\mathfrak{G}$ are, in fact, $\underline{\mathrm{G}}$-structures.

Turning to $\overline{\mathrm{H}}$-structures in $\mathfrak{G}$ we quote from [5] (see also [8]).

**Theorem 5.4.3.** *A group $A$ admits an $\overline{\mathrm{H}}$-structure if and only if it is free. There are, in a free group, several $\overline{\mathrm{H}}$-structures. The $\overline{\mathrm{AH}}$-structures in $A$ are in one-to-one correspondence with the sets of free generators of $A$. There are no non-trivial commutative $\overline{\mathrm{H}}$-structures in $\mathfrak{G}$. If $(A, m)$, $(B, m')$ are $\overline{\mathrm{AH}}$-objects in $\mathfrak{G}$ an element of* Hom$(A, B)$ *is primitive if and only if it maps each generator of the generating set of $A$ corresponding to the $\overline{\mathrm{AH}}$-structure $m$ to $e \in B$ or to a generator of the generating set of $B$ corresponding to $m'$.*

The functor $\mathfrak{G} \to \mathfrak{S}$ which associates with each group its underlying set is a D-functor but not an I-functor. A more interesting functor is the fundamental group functor $\pi_1$ which may be regarded either as a functor $\mathfrak{T} \to \mathfrak{G}$ or as a functor $\mathfrak{T}_h \to \mathfrak{G}$; we will take the latter view. Then $\pi_1$ is a D-functor; if we impose some restriction on the spaces we study, e.g., if we consider spaces of the based homotopy type of CW-complexes, then $\pi_1$ not only remains a D-functor but indeed is a DI-functor. We infer immediately from this and the results above

**Theorem 5.4.4.** *If $X$ is an $\underline{\mathrm{H}}$-space then $\pi_1(X)$ is commutative; if $X$ is a space of the based homotopy type of a CW-complex and if $X$ admits an $\overline{\mathrm{H}}$-structure then $\pi_1(X)$ is free.*

The first assertion of this theorem has already been deduced from Theorem 4.15; the second assertion, restricted to suspension spaces, is fairly well-known and may be proved, for example, by purely combinatorial methods.

5.5. *The category $\mathfrak{A}$ of abelian groups.* The objects of $\mathfrak{A}$ are (additive) abelian groups, and $H(A, B)$, which we again write as Hom$(A, B)$, consists of homomorphisms from $A$ to $B$. The direct sum $A + B$ of the two abelian groups $A$ and $B$ has the properties both of the direct product and of the inverse product; the injections of $A$ and $B$ into $A + B$ are given by $q_1 = \{1, 0\}$, $q_2 = \{0, 1\}$. Thus the canonical map $\varkappa$ is the identity. All objects $B$ admit a unique $\underline{\mathrm{H}}$-structure, given by the group operation, and this structure is a $\underline{\mathrm{CG}}$-structure; similarly all objects $A$ admit a unique $\overline{\mathrm{H}}$-structure, given by $a \to (a, a)$, $a \in A$, and this structure is a $\overline{\mathrm{CG}}$-structure. The abelian group structure induced by either of these structures in Hom$(A, B)$ is the usual abelian group structure in Hom$(A, B)$. These remarks apply, of course, equally to the category $\mathfrak{M}$ of (right) $\Lambda$-modules where $\Lambda$ is any ring. In particular, it follows from Prop. 4.18 that in any DI-category in which $\varkappa$ is the identity each object admits a unique $\underline{\mathrm{H}}$-structure $m = \langle 1, 1 \rangle$ and a unique

$\overline{\mathrm{H}}$-structure $m = \{1, 1\}$. On the other hand we show in the third paper of the series how tha features of the category $\mathfrak{A}$ may be derived by considering its special relation to the category $\mathfrak{G}$, and the latter category's special relation to the category $\mathfrak{S}$.

The functors $H_n$ ($n$th reduced homology group, $n = 0, 1, 2, \ldots$) are I-functors from $\mathfrak{T}$ or $\mathfrak{T}_h$ to $\mathfrak{A}$; the functors $H^n$ ($n$th reduced cohomology group, $n = 0, 1, 2, \ldots$) are contravariant I-functors from $\mathfrak{T}$ or $\mathfrak{T}_h$ to $\mathfrak{A}$; the functors $\pi_n$ ($n$th homotopy group, $n = 2, 3, \ldots$) are D-functors from $\mathfrak{T}$ or $\mathfrak{T}_h$ to $\mathfrak{A}$. The failure of $H_n$ to be a D-functor is measured by the Künneth formula, but no such universal formula has yet been found for measuring the failure of $\pi_n$ to be an I-functor.

5.6. *The category of pairs of a given category.* Given any category $\mathfrak{C}$ we may form a new category $\mathfrak{P} = \mathfrak{P}(\mathfrak{C})$ in which the objects are the maps of $\mathfrak{C}$ and in which $H(f, g)$, where $f, g$ are objects of $\mathfrak{P}$, consists of maps $(a, b)$ such that $ga = bf$, i.e., such that the diagram

$$\begin{array}{ccc} A & \xrightarrow{a} & C \\ \downarrow{\scriptstyle f} & & \downarrow{\scriptstyle g} \\ B & \xrightarrow{b} & D \end{array}$$

is commutative. If also $(a', b'): g \to h$ then, by definition,

$$(a', b')\,(a, b) = (a'a, b'b)\,.$$

It is plain that, $\mathfrak{C}$ being a category with zero maps, $\mathfrak{P}$ is also a category with zero maps, with $0 = (0, 0)$.

Now let $g_j : A_j \to B_j$, $j = 1, 2, \ldots, n$ in the D-category $\mathfrak{C}$. Then

**Theorem 5.6.1.** *$\mathfrak{P}(\mathfrak{C})$ is a D-category in which the direct product of $g_1, g_2, \ldots, g_n$ is $g_1 \times g_2 \times \cdots \times g_n$, the projections being the pairs of projections $(p_j(A), p_j(B))$.*

We leave the proof to the reader.

Let $(A, m_A)$ and $(B, m_B)$ be $\underline{\mathrm{M}}$-objects in $\mathfrak{C}$ and let $g : A \to B$ be a map. Then $(m_A, m_B) \in H(g \times g, g)$ if and only if $g$ is primitive; and every $\underline{\mathrm{M}}$-structure in $\mathfrak{P}$ is such a pair $(m_A, m_B)$ of $\underline{\mathrm{M}}$-structures, belonging to a set $H(g \times g, g)$ where $g$ is primitive with respect to $m_A$ and $m_B$. We again leave to the reader the proof of

**Theorem 5.6.2.** *The $\underline{\mathrm{M}}$-structure $(m_A, m_B)$ satisfies axiom $K$ ($K = \mathrm{I}, \mathrm{II}, \mathrm{III}, \mathrm{IV}$) if and only if $m_A$ and $m_B$ each satisfy axiom $K$.*

Notice, too, that the categories $\mathfrak{P}^*(\mathfrak{C})$ and $\mathfrak{P}(\mathfrak{C}^*)$ are isomorphic; for if $f, g$ are maps of $\mathfrak{C}$ and if $(a, b)$ is a map from $f$ to $g$ in $\mathfrak{P}^*$ then $(b, a)$ is a map from $f$ to $g$ in $\mathfrak{P}(\mathfrak{C}^*)$.

Categories of pairs play an important role in topology and algebra and have been used in homotopy theory (see [2], [4]).

5.7. *The category of functors $\mathfrak{C} \to \mathfrak{D}$.* Let $\mathfrak{C}, \mathfrak{D}$ be two categories and let $\mathfrak{F} = \mathfrak{F}(\mathfrak{C}, \mathfrak{D})$ be the category whose objects are the covariant functors $F, G, \ldots : \mathfrak{C} \to \mathfrak{D}$ and whose maps are the natural transformations[10]): $F \to G$.

[10]) See, for example, [9].

It is plain that if $\mathfrak{D}$ is a category with zero-maps, so is $\mathfrak{F}$; precisely $0 : F \to G$ is given by $0(X) = 0 : F(X) \to G(X)$, $X \in \mathfrak{C}$.

**Theorem 5.7.1.** *If $\mathfrak{D}$ is a* D*-category so is* $\mathfrak{F}(\mathfrak{C}, \mathfrak{D})$.

*Proof.* Given functors $F_1, F_2 : \mathfrak{C} \to \mathfrak{D}$, define $F_1 \times F_2 : \mathfrak{C} \to \mathfrak{D}$ by $(F_1 \times F_2)(X) = F_1(X) \times F_2(X)$, $(F_1 \times F_2)(f) = F_1(f) \times F_2(f)$. Clearly $F_1 \times F_2$ is a functor. Define natural transformations $p_j : F_1 \times F_2 \to F_j$ by $p_j(X) = p_j : F_1(X) \times \times F_2(X) \to F_j(X)$, $j = 1, 2$. These transformations are indeed natural since if $f : X \to Y$ in $\mathfrak{C}$ then $F_j(f) \circ p_j(X) = p_j(Y) \circ (F_1(f) \times F_2(f))$.

Now let $J$ be an arbitrary functor and let $\theta_j : J \to F_j$ be natural transformations, $j = 1, 2$. Define $\theta : J \to F_1 \times F_2$ by $\theta(X) = \{\theta_1(X), \theta_2(X)\}$, $X \in \mathfrak{C}$. Then $\theta$ is natural; for if $f : X \to Y$ then

$$\begin{aligned}\theta(Y) \circ J(f) &= \{\theta_1(Y), \theta_2(Y)\} \circ J(f)\\ &= \{\theta_1(Y) \circ J(f), \theta_2(Y) \circ J(f)\}\\ &= \{F_1(f) \circ \theta_1(X), F_2(f) \circ \theta_2(X)\}, \text{by the naturality of } \theta_1, \theta_2\\ &= (F_1(f) \times F_2(f)) \circ \{\theta_1(X), \theta_2(X)\}\\ &= (F_1 \times F_2)(f) \circ \theta(X)\,.\end{aligned}$$

Moreover $p_j \theta = \theta_j$, evidently.

Finally let $p_j \varphi = \theta_j$ for $\varphi : J \to F_1 \times F_2$. Then $p_j \varphi(X) = \theta_j(X)$ so that $\varphi(X)$ is uniquely determined and hence so too is $\varphi$.

Now an $\underline{\mathrm{M}}$-structure on the functor $F$ is a natural transformation $\mu : F \times F \to F$. This is a collection of $\underline{\mathrm{M}}$-structures $\mu(X)$ on $F(X)$ for each $X \in \mathfrak{C}$ such that $F(f)$ is primitive for each $f : X \to Y$ in $\mathfrak{C}$. We discuss such $\underline{\mathrm{M}}$-structures in the next section where we refer to them as *natural families* of $\underline{\mathrm{M}}$-structures.

We remark that 5.6 is a special case of the notion of category of functors: we take for $\mathfrak{C}$ a category with two objects (which we may call "domain" and "range") and, apart from identities, one map (which we may call "arrow", going from "domain" to "range"). Then an object of $\mathfrak{F}(\mathfrak{C}, \mathfrak{D})$ is a map of $\mathfrak{D}$ and a map of $\mathfrak{F}(\mathfrak{C}, \mathfrak{D})$ is a pair of maps yielding a commutative diagram.

Notice that, in general,

(5.7.2) $$\mathfrak{F}^*(\mathfrak{C}, \mathfrak{D}) = \mathfrak{F}(\mathfrak{C}^*, \mathfrak{D}^*)\,.$$

Thus we may deduce from Theorem 5.7.1.

**Theorem 5.7.3.** *If $\mathfrak{D}$ is an* I*-category so is* $\mathfrak{F}(\mathfrak{C}, \mathfrak{D})$.

## 6. Adjoint functors

KAN [7] has given the following definition of adjoint functors. Let $\mathfrak{C}$, $\mathfrak{D}$ be two categories and let $S : \mathfrak{C} \to \mathfrak{D}$, $T : \mathfrak{D} \to \mathfrak{C}$ be covariant functors. If $A$, $B$ are objects of $\mathfrak{C}$ then $H(A, B)$ is an element of the category $\mathfrak{S}$ and we write[11])

[11]) The notion of *direct product* of two categories presents no difficulty. Objects of $\mathfrak{C} \times \mathfrak{D}$ are pairs $(A, B)$, $A \in \mathfrak{C}$, $B \in \mathfrak{D}$, and similarly maps of $\mathfrak{C} \times \mathfrak{D}$ are pairs of maps $(f, g)$, $f$ in $\mathfrak{C}$, $g$ in $\mathfrak{D}$; moreover composition of maps in $\mathfrak{C} \times \mathfrak{D}$ is componentwise. Direct products of (covariant) functors are defined in the obvious way.

$M_1$ for the associated functor $\mathfrak{C} \times \mathfrak{C} \to \mathfrak{S}$; similarly $M_2$ is a functor $\mathfrak{D} \times \mathfrak{D} \to \mathfrak{S}$. We also have functors $S \times 1 : \mathfrak{C} \times \mathfrak{D} \to \mathfrak{D} \times \mathfrak{D}$ and $1 \times T : \mathfrak{C} \times \mathfrak{D} \to \mathfrak{C} \times \mathfrak{C}$ and we declare $S$ to be *left-adjoint* to $T$ ($T$ to be *right-adjoint* to $S$) if there is a natural equivalence $\eta$ between the functors $M_2(S \times 1)$ and $M_1(1 \times T)$ from $\mathfrak{C} \times \mathfrak{D}$ to $\mathfrak{S}$. In other words, given $A \in \mathfrak{C}$, $B \in \mathfrak{D}$, there exists a one-to-one correspondence $\eta = \eta_{AB}$ between the sets $H(SA, B)$ and $H(A, TB)$ such that, for all $f : A' \to A$ in $\mathfrak{C}$ and $g : B \to B'$ in $\mathfrak{D}$,

$$\eta(g \circ \alpha \circ Sf) = Tg \circ \eta(\alpha) \circ f, \quad \alpha \in H(SA, B) . \tag{6.1}$$

We call $\eta$ the *adjugant* of $S$ and $T$. Of particular interest in homotopy theory are the adjoint functors $\Sigma$ and $\Omega$, regarded either as functors from $\mathfrak{T}$ to $\mathfrak{T}$ or from $\mathfrak{T}_h$ to $\mathfrak{T}_h$. If $A, B \in \mathfrak{T}$ the adjugant $\eta : H(\Sigma A, B) \to H(A, \Omega B)$ is given by $\eta(f)(a)(t) = f(a, t)$; the adjugant of the functors $\Sigma$ and $\Omega$ in $\mathfrak{T}_h$ is the map of homotopy classes induced by the adjugant in $\mathfrak{T}$. We remarked in 5.3 that $\Sigma$ is an I-functor and $\Omega$ a D-functor. That this is merely a consequence of their adjointness is attested by

**Theorem 6.2.** *Let $\mathfrak{C}$, $\mathfrak{D}$ be* D*-categories and let $T : \mathfrak{D} \to \mathfrak{C}$ be a covariant functor. Then if $T$ admits a left-adjoint, $T$ is a* D*-functor.*

*Proof.* We have to show that $(T(A_1 \times A_2); Tp_1, Tp_2)$ is a direct product of $TA_1$ and $TA_2$ in $\mathfrak{C}$ for all $A_1, A_2$ in $\mathfrak{D}$. Let $S : \mathfrak{C} \to \mathfrak{D}$ be left-adjoint to $T$ and let $\eta$ be the adjugant of $S$ and $T$. Given $f_j : X \to TA_j$, $j = 1, 2$, in $\mathfrak{C}$ let $g_j = \eta^{-1}(f_j) : SX \to A_j$, and consider the map $\eta\{g_1, g_2\} : X \to T(A_1 \times A_2)$. Then

$$\begin{aligned} Tp_j \circ \eta\{g_1, g_2\} &= \eta(p_j\{g_1, g_2\}) \quad \text{by} \quad (6.1) \\ &= \eta(g_j) \\ &= f_j, \quad j = 1, 2 . \end{aligned}$$

It remains to show that if $f, f' : X \to T(A_1 \times A_2)$ are such that $Tp_j \circ f = Tp_j \circ f'$, $j = 1, 2$, then $f = f'$. Let $f = \eta(g)$, $f' = \eta(g')$. Then $Tp_j \circ f = \eta(p_j g)$, $Tp_j \circ f' = \eta(p_j g')$ so $p_j g = p_j g'$, $j = 1, 2$, whence $g = g'$, $f = f'$, and the theorem is proved.

Next we relate the two facts that every loop-space carries a "natural" multiplication and every suspension a "natural" comultiplication. Let $\mathfrak{C}$ be a D-category and $T : \mathfrak{D} \to \mathfrak{C}$ a covariant functor. We denote by $m_T$ a family of $\underline{\mathrm{M}}$-structures, one for each $TB$ as $B$ ranges over the objects of $\mathfrak{D}$ and we say that $m_T$ is *natural*[12]) if $Tf$ is primitive for each map $f$ in $\mathfrak{D}$. We say that $m_T$ satisfies axiom $K$ if $m_{TB}$ satisfies axiom $K$ for each $B \in \mathfrak{D}$. Similar definitions apply to a functor $S : \mathfrak{C} \to \mathfrak{D}$ where $\mathfrak{D}$ is an I-category, and $m_S$ denotes a family of $\overline{\mathrm{M}}$-structures.

In fact we apply these definitions when $\mathfrak{C}$ is a D-category, $\mathfrak{D}$ is an I-category and $S : \mathfrak{C} \to \mathfrak{D}$ is left-adjoint to $T : \mathfrak{D} \to \mathfrak{C}$ with adjugant $\eta$. Let $m_T$ be a family of $\underline{\mathrm{M}}$-structures as above and let $A \in \mathfrak{C}$. Then we may define an $\overline{\mathrm{M}}$-structure on $SA$,

$$n = n_{SA} : SA \to SA * SA ,$$

[12]) See 5.7.

by the rule

$$\eta(n) = m_{TB_0} \circ \{\eta q_1, \eta q_2\} : A \to TB_0 \times TB_0 \to TB_0 , \tag{6.3}$$

where $B_0 = SA * SA$.

We suppose in enunciating the next theorem that each $TB$, $B \in \mathfrak{D}$, is endowed with its $\underline{\mathrm{M}}$-structure $m_{TB}$ and each $SA$, $A \in \mathfrak{C}$, is endowed with its $\overline{\mathrm{M}}$-structure $n_{SA}$. We prove

**Theorem 6.4.** *Let the family $m_T$ be natural. Then*

(i) *$\eta : H(SA, B) \to H(A, TB)$ is an isomorphism of $\underline{\mathrm{M}}$-sets for each $A \in \mathfrak{C}$, $B \in \mathfrak{D}$;*

(ii) *the family $n_S$ is natural;*

(iii) *$n_S$ satisfies axiom K if $m_T$ satisfies axiom $K$ ($K$ = I, II, III, IV).*

*Proof.* Fix $A$ and give $H(A, TB)$ the $\underline{\mathrm{M}}$-structure induced by $m_{TB}$ for each $B \in \mathfrak{D}$. If we define an $\underline{\mathrm{M}}$-structure in each $H(SA, B)$ by the rule

$$\eta(g_1 + g_2) = \eta(g_1) + \eta(g_2), g_1, g_2 \in H(SA, B) , \tag{6.5}$$

then it follows from the naturality of $m_T$ and Theorem 4.7 that $f_*$ is primitive with respect to the $\underline{\mathrm{M}}$-structures (6.5) for each $f: B \to B'$ in $\mathfrak{D}$. Hence by Theorem 4.6 there exists an $\overline{\mathrm{M}}$-structure $n'_{SA}$ on $SA$ which induces the given $\underline{\mathrm{M}}$-structures in $H(SA, B)$, $B \in \mathfrak{D}$. Moreover since $h^* : H(A, TB) \to H(A', TB)$ is primitive for all $h : A' \to A$ in $\mathfrak{C}$ and since, by (6.1),

$$\eta((Sh)^* g) = h^* \eta(g) ,$$

it follows from the converse of Theorem 4.7 that $Sh$ is primitive with respect to the $\overline{\mathrm{M}}$-structures $n'_{SA'}$, $n'_{SA}$ so that the family $n'_S$ is natural. Thus, in the light of Theorem 4.10, Theorem 6.4 is proved when we have shown that $n'_S = n_S$. But $n' = q_1 + q_2 \in H(SA, SA * SA)$ so

$$\eta(n') = \eta(q_1) + \eta(q_2) = m_{TB_0} \circ \{\eta q_1, \eta q_2\} , \quad B_0 = SA * SA$$

and the theorem is proved.

Notice that, of course, the family $n_S$ determines the family $m_T$ by the rule dual to (6.3) provided the family $m_T$ is natural. It is easy to verify that the natural structures in $\Omega B$ and $\Sigma A$, $A, B \in \mathfrak{T}$ or $\mathfrak{T}_h$, are related exactly as in (6.3).

We now put the extra condition on the category $\mathfrak{D}$ that it be also a D-category (and so, in fact, a DI-category). Let $(B, \mu)$ be an $\underline{\mathrm{M}}$-object in $\mathfrak{D}$. Then by theorem 4.14 $(TB, T\mu)$ is an $\underline{\mathrm{H}}$-object in $\mathfrak{C}$ if $\mu$ is an $\underline{\mathrm{H}}$-structure; here again $T$ is a covariant functor $\mathfrak{D} \to \mathfrak{C}$ with left-adjoint $S$ and adjugant $\eta$, but for the moment we do not postulate a natural family $m_T$. We remark that for any $D \in \mathfrak{D}$, $A \in \mathfrak{C}$, $f_j : SA \to D$ in $\mathfrak{D}$, $j = 1, 2$,

$$\eta\{f_1, f_2\} = \{\eta f_1, \eta f_2\} . \tag{6.6}$$

For $T$ is a D-functor, $Tp_j = p_j$, whence

$$p_j \circ \eta\{f_1, f_2\} = Tp_j \circ \eta\{f_1, f_2\} = \eta(p_j\{f_1, f_2\}) = \eta f_j, j = 1, 2 .$$

**Proposition 6.7.** *Let $H(SA, B)$ be given the $\underline{\mathrm{M}}$-structure induced by $\mu$ and $H(A, TB)$ the $\underline{\mathrm{M}}$-structure induced by $T\mu$. Then $\eta : H(SA, B) \to H(A, TB)$ is an isomorphism of $\underline{\mathrm{M}}$-sets.*

$$\text{For } \eta(\mu \circ \{f_1, f_2\}) = T\mu \circ \eta\{f_1, f_2\} \quad \text{by (6.1)}$$
$$= T\mu \circ \{\eta f_1, \eta f_2\} \quad \text{by (6.6)}\,.$$

Now let $m_T$ be a natural family of $\underline{\mathrm{H}}$-structures in $\mathfrak{C}$ and let $\mu$ be an $\underline{\mathrm{H}}$-structure. We prove

**Theorem 6.8.** *Under these hypotheses $m_{TB} = T\mu$ and is commutative.*

*Proof.* Let $A$ be a fixed but arbitrary object of $\mathfrak{C}$. Then $H(SA, B)$ receives an $\underline{\mathrm{H}}$-structure either from the $\overline{\mathrm{H}}$-structure $n_{SA}$ in $SA$ given by (6.3) or from the $\underline{\mathrm{H}}$-structure $\mu$ in $B$. By Theorem 4.17 these two $\underline{\mathrm{H}}$-structures coincide in $H(SA, B)$ and are commutative. On the other hand $\eta : H(SA, B) \to H(A, TB)$ is an isomorphism of $\underline{\mathrm{H}}$-sets either if we use the structures $n_{SA}$ and $m_{TB}$ (Theorem 6.4) or if we use the structures $\mu$ and $T\mu$ (Prop. 6.7). It follows that the structures $m_{TB}$ and $T\mu$ induce the *same commutative* structure in $H(A, TB)$. Since this is true for every $A$ in $\mathfrak{C}$, we must have $m_{TB} = T\mu$ and each is commutative.

The assertion of Theorem 6.8 is familiar for the functor $\Omega$. Our proof yields simultaneously, by the duality principle, the corresponding conclusion for $\Sigma$; these conclusions were referred to near the end of 5.3.

## 7. Appendix: a counterexample

In this appendix we show that there exist D-categories in which the direct product of epimorphisms is not always an epimorphism (compare Theorem 3.8); it will be shown in the third paper of this series that, in an important class of D-categories (namely, the *primitive* categories), the direct product of epimorphisms is an epimorphism.

The category of our example is a subcategory of the category $\mathfrak{S}$. Let $A = (a, o)$, $B = (b, b', o)$. Then the objects of our category $\mathfrak{C}$ are precisely all the finite direct products $A^m \times B^n$, $m \geqq 0$, $n \geqq 0$, of copies of $A$ and $B$. A map $A^m \times B^n \to A^r \times B^s$ of $\mathfrak{S}$ is in $\mathfrak{C}$ if and only if its components are in $\mathfrak{C}$ (this will ensure that $\mathfrak{C}$ is a D-category) so it remains to describe those maps $A^m \times B^n \to A$, $A^m \times B^n \to B$ of $\mathfrak{S}$ which belong to $\mathfrak{C}$. For this description we will write an element of $A^m$ as a "vector" $\mathbf{a}$, and an element of $B^n$ as a "vector" $\mathbf{b}$; and the fact that $a$ is among the components of $\mathbf{a}$ will be denoted by $a \in \mathbf{a}$; similarly $b \in \mathbf{b}$, $b' \in \mathbf{b}$.

The maps of $\mathfrak{C}$ are determined as follows. A map $f : A^m \times B^n \to A$ is in $\mathfrak{C}$ if and only if the equation $f(\mathbf{a}, \mathbf{b}) = a$ implies that $f$ is a projection *or* $b, b' \in \mathbf{b}$ *or* $a \in \mathbf{a}$, $b' \in \mathbf{b}$. A map $g : A^m \times B^n \to B$ is in $\mathfrak{C}$ if and only if the equation $g(\mathbf{a}, \mathbf{b}) = b$ implies that $g$ is a projection *or* $b, b' \in \mathbf{b}$ *or* $a \in \mathbf{a}$ and the equation $g(\mathbf{a}, \mathbf{b}) = b'$ implies that $g$ is a projection.

To illustrate this definition we describe the maps for small values of $m$, $n$. Thus we exclude from $\mathfrak{C}$ the map $A \to B$ sending $a$ to $b'$; we include only the zero map $B \to A$; we include only the zero and identity maps $B \to B$; we include in $\mathfrak{C}$ only the maps $0, p_1, k : A \times B \to A$, where $k(a, b') = a$ and maps the rest of $A \times B$ to $o$; the maps $A \times B \to B$ in $\mathfrak{C}$ are $p_2$ and any map sending $(o, b)$ and $(o, b')$ to $o$; the maps $A \times A \to A$ in $\mathfrak{C}$ are $0, p_1, p_2$; the maps $A \times A \to B$ in $\mathfrak{C}$ are all those whose image does not contain $b'$; the maps $B \times B \to A$ in $\mathfrak{C}$ are those which map all elements except $(b, b')$ and $(b', b)$ — and possibly these elements, too — to $o$; and the maps $B \times B \to B$ in $\mathfrak{C}$ are $p_1$ and $p_2$ and those which map all elements except $(b, b')$ and $(b', b)$ to $o$ and map $(b, b')$ and $(b', b)$ to $o$ or $b$. Notice that $\mathfrak{C}$ contains all projections $A^m \times B^n \to A$, $A^m \times B^n \to B$.

**Proposition 7.1.** *$\mathfrak{C}$ is a category.*

*Proof.* We call the maps $f : A^m \times B^n \to A$, $g : A^m \times B^n \to B$ *admissible* if they are in $\mathfrak{C}$. Thus we must show that if $u = \{f_1, \ldots, f_m, g_1, \ldots, g_n\} : A^r \times B^s \to A^m \times B^n$ has admissible components and if $f : A^m \times B^n \to A$, $g : A^m \times B^n \to B$ are admissible then $fu$ and $gu$ are admissible.

Let $u(\mathbf{a}, \mathbf{b}) = (\boldsymbol{\alpha}, \boldsymbol{\beta})$, and suppose $fu(\mathbf{a}, \mathbf{b}) = a$. Then $f(\boldsymbol{\alpha}, \boldsymbol{\beta}) = a$ so $f$ is a projection or $b, b' \in \boldsymbol{\beta}$ or $a \in \boldsymbol{\alpha}$, $b' \in \boldsymbol{\beta}$. If $f = p_j$ then $fu = f_j$ and is admissible; If $b = \beta_i$, $b' = \beta_j$, then $g_j$ is a projection, so $b' \in \mathbf{b}$ and $g_i$ is a projection or $b, b' \in \mathbf{b}$ or $a \in \mathbf{a}$. Thus $b, b' \in \mathbf{b}$ or $a \in \mathbf{a}$, $b' \in \mathbf{b}$ if $b, b' \in \boldsymbol{\beta}$. If $a = \alpha_i$, $b' = \beta_j$ then $b' \in \mathbf{b}$ and $f_i$ is a projection or $b, b' \in \mathbf{b}$ or $a \in \mathbf{a}$, $b' \in \mathbf{b}$. Thus $a \in \mathbf{a}$, $b' \in \mathbf{b}$ or $b, b' \in \mathbf{b}$ if $a \in \boldsymbol{\alpha}$, $b' \in \boldsymbol{\beta}$. This shows that $fu$ is admissible.

Now suppose that $gu(\mathbf{a}, \mathbf{b}) = b$. Then $g(\boldsymbol{\alpha}, \boldsymbol{\beta}) = b$ so $g$ is a projection or $b, b' \in \boldsymbol{\beta}$ or $a \in \boldsymbol{\alpha}$. If $g = p_{m+j}$ then $gu = g_j$ and is admissible. If $b, b' \in \boldsymbol{\beta}$ then, as above $b, b' \in \mathbf{b}$ or $a \in \mathbf{a}$, $b' \in \mathbf{b}$, so certainly $b, b' \in \mathbf{b}$ or $a \in \mathbf{a}$. If $a = \alpha_i$ then, as above, $f_i$ is a projection or $b, b' \in \mathbf{b}$ or $a \in \mathbf{a}$, $b' \in \mathbf{b}$. Thus, if $a \in \alpha$, $a \in \mathbf{a}$ or $b, b' \in \mathbf{b}$.

Finally suppose that $gu(\mathbf{a}, \mathbf{b}) = b'$. Then $g(\boldsymbol{\alpha}, \boldsymbol{\beta}) = b'$ so $g$ is a projection, say $g = p_{m+j}$. Then $gu = g_j$ and $g_j(\mathbf{a}, \mathbf{b}) = b'$ so $g_j$ is a projection. Thus $gu$ is a projection and the proposition is proved. Plainly $\mathfrak{C}$ is a D-category.

**Proposition 7.2.** *Let $h : A \to B$ be the map given by $h(a) = b$. Then $h$ is an epimorphism in $\mathfrak{C}$ but $h \times 1 : A \times B \to B \times B$ is not an epimorphism in $\mathfrak{C}$.*

*Proof.* To test whether $h$ is an epimorphism it is sufficient to compose it with maps $B \to A$, $B \to B$. Since only $0 : B \to A$ is in $\mathfrak{C}$, it is trivial that $v_1 h = v_2 h \Rightarrow v_1 = v_2$ for $v_1, v_2 : B \to A$ in $\mathfrak{C}$. Since only $0, 1 : B \to B$ are in $\mathfrak{C}$ and $0h \neq 1h : A \to B$, it is plain that $v_1 h = v_2 h \Rightarrow v_1 = v_2$ for $v_1, v_2 : B \to B$. Thus $h$ is an epimorphism in $\mathfrak{C}$. On the other hand let $v : B \times B \to A$ be the map sending all of $B \times B$ to $o$ except that $(b', b)$ is mapped to $a$. Then $v$ is in $\mathfrak{C}$ and $v \neq 0$. On the other hand $v(h \times 1) = 0(h \times 1) = 0$ so that $h \times 1$ is not an epimorphism.

We should remark that a far simpler example is available of this phenomenon if we do not insist on D-categories; it is comparatively trivial to find a category with two epimorphisms whose direct product is not an epimorphism.

## References

[1] Berstein, I., and P. J. Hilton: Category and generalized Hopf invariants. Illinois J. Math. **4**, 437 (1960).
[2] Eckmann, B., and P. J. Hilton: Groupes d'homotopie et dualité I, II, III. Compt. rend. **246**, pp. 2444, 2555, 2993 (1958).
[3] Eckmann, B., and P. J. Hilton: Operators and cooperators in homotopy theory. Math. Ann. **141**, 1 (1960).
[4] Eckmann, B., and P. J. Hilton: Homotopy groups of pairs and exact sequences. Comment. Math. Helv. **34**, 271 (1960).
[5] Eckmann, B., and P. J. Hilton: Structure maps in group theory. Fund. Math. **50**, 207 (1961).
[6] Hilton, P. J.: Homotopy and duality. Lecture notes. Cornell University, 1959.
[7] Kan, D. M.: Adjoint functors. Trans. Am. Math. Soc. **87**, 294 (1958).
[8] Kan, D. M.: On monoids and their dual. Bol. Soc. Math. Mex. **3**, 52 (1958).
[9] Kurosh, A. G., A. Kh. Livshits and E. G. Shul'geifer: Foundations of the theory of categories. Uspekhi Matem. Nauk XV, **6**, 1 (1960).
[10] Tsalenko, M. S.: On the foundations of the theory of categories. Uspekhi Matem. Nauk XV, **6**, 53 (1960).

*(Received April 25, 1961)*

# Homotopie und Homologie

Enseignement Math. **8** (1962), 209–217

In diesem Vortrag [1]) wird dargelegt, wie sich die Begriffe und Sätze der Homotopie- und der Homologietheorie in einheitlicher Form aus einem umfassenden Begriff herleiten lassen. Dieser ist insofern geometrischer Natur, als er die Menge der Homotopieklassen $\Pi(A, B)$ der Abbildungen [2]) des Raumes $A$ in den Raum $B$ zum Ausgangspunkt und zum eigentlichen Gegenstand der Untersuchung macht; diese Menge kann bei festem $A$ als Funktor von $B$ aufgefasst werden, der zur Untersuchung von $B$ dient, oder, bei festem $B$ als Funktor von $A$ — die beiden Auffassungen sind dual zueinander im Sinne der Dualität, die im Umkehren der Abbildungsrichtung besteht. Spezielle Wahl des Testraumes $A$ ergibt die Homotopiegruppen, spezielle Wahl von $B$ die Cohomologiegruppen; diese beiden Gruppen stehen somit in einer einfachen Dualität zueinander. Die Dualität ist zunächst nur heuristischer Natur, da kein allgemeines Prinzip zur Verfügung steht, welches garantiert, dass mit einem Satz auch der duale richtig ist, und dieser muss erneut bewiesen werden. Jedoch ist zum mindesten die Formulierung des dualen Satzes stets dann eindeutig möglich, wenn der Ausgangssatz gänzlich mit Hilfe von Abbildungen bzw. Abbildungsklassen formuliert war (und in einem gewissen Rahmen lässt sich auch das ganze Beweisverfahren dualisieren, bzw. vereinheitlichen, vergl. P. J. Huber [5]; hier soll dieser Aspekt allerdings nicht zur Sprache kommen). Die Dualität versagt dann, wenn spezielle Räume, Punkte, usw. verwendet werden; allgemeine Abbildungsresultate lassen sich auch auf diese Fälle spezialisieren, aber dass etwa die Struktur der resultierenden Gruppen immer noch dual sein sollte, darf im allgemeinen nicht erwartet

1) Internationales Kolloquium über Differentialgeometrie und Topologie (Zürich, Juni 1960).

2) Es handelt sich durchwegs um Räume mit Basispunkt und Abbildungen und Homotopien, welche die Basispunkte respektieren.

werden. Die angedeuteten allgemeinen Resultate, die neues Licht auf die Beziehungen zwischen Homologie und Homotopie werfen, haben vor allem die Gestalt exakter Folgen und damit verknüpfter Isomorphismen, welche alle die $\Pi(A, B)$ oder von ihnen abgeleitete Gruppen betreffen, und von diesen ist im folgenden die Rede. Sie sind in Zusammenarbeit mit P. J. Hilton entwickelt worden und grösstenteils an anderer Stelle ausführlich dargestellt [1, 2, 4].

## 1. Die Gruppen $\Pi_n(A, B)$.

Die Menge $\Pi(A, B)$ besitzt eine natürliche Gruppenstruktur bezüglich $A$ — d.h. bei festem $B$ als Funktor von $A$ — falls $B$ ein gruppenähnlicher Raum ist (d.h. ein Raum mit einer Multiplikation $m\colon B\times B \to B$, welche bis auf Homotopie die Gruppenaxiome erfüllt), und nur in diesem Falle. Sie besitzt eine natürliche Gruppenstruktur bezüglich $B$ bei festem $A$, wenn $A$ mit einer Comultiplikation versehen ist, d.h. mit einer Abbildung $m'\colon A \to A \vee A$ mit den dualen Axiomen (vgl. [1]). Dies ist insbesondere der Fall für $B = \Omega Y$, den Schleifenraum von $Y$, oder für $A = \Sigma X$, die Suspension von $X$. Zwischen $\Pi(\Sigma X, Y)$ und $\Pi\,(X, \Omega Y)$ besteht eine natürliche, d.h. mit allen Abbildungen verträgliche Isomorphie, und man kann diese Gruppen ohne Schaden identifizieren; durch Iteration erhält man die Gruppen

$$\Pi_n(A, B) = \Pi(\Sigma^n A, B) = \Pi(\Sigma^{n-k} A, \Omega^k B)\,, \quad 0 \leqslant k \leqslant n$$

für $n = 1, 2, 3, \ldots$, wobei es für $1 \leqslant k \leqslant n-1$ gleichgültig ist, welche der gruppenbildenden Strukturen man verwendet. Sie sind covariante Funktoren von $B$, contravariante von $A$; für $n \geqslant 2$ sind sie stets Abelsche Gruppen [1]. Wählt man für $A$ die Sphäre $S_{m-n}$, so ist $\Pi_n(A, B) = \pi_m(B)$ die $m$-te Hurewicz'sche Homotopiegruppe; wählt man für $B$ den Eilenberg-MacLane-Raum $K(G, m+n)$, wo $G$ eine Abelsche Gruppe ist, so ist $\Pi_n(A, B) = H^m(A; G)$ eine homotopisch definierte Cohomologiegruppe, die für Polyeder $A$ mit der üblichen (etwa der singulären) übereinstimmt, wie man z.B. von der Erweiterungstheorie der Abbildungen her weiss.

Eine Abbildung $\beta : B \to B'$ induziert Homomorphismen $\beta_*: \Pi_n(A, B) \to \Pi_n(A, B')$, $n = 1, 2, 3, \ldots$; diese lassen sich verknüpfen durch „relative" Gruppen $P_n(A, B)$ und eine *exakte* Sequenz (Definition der $P_n$ sowie von $J$ und $\partial$ vgl. [1, 3])

$$\ldots \to \Pi_n(A, B) \xrightarrow{\beta_*} \Pi_n(A, B') \xrightarrow{J} P_n(A, \beta) \xrightarrow{\partial} \Pi_{n-1}(A, B) \to \ldots;$$

wir fassen diese in evidenter Weise in ein exaktes Dreieck

$$\begin{array}{ccc} \Pi_*(A, B) & \xrightarrow{\beta_*} & \Pi_*(A, B') \\ & {}_{\partial}\nwarrow \quad \swarrow_{J} & \\ & P_*(A, \beta) & \end{array}$$

zusammen, wobei $\Pi_*$ bezw. $P_*$ die direkte Summe der $\Pi_n$ bezw. $P_n$ ist und $\beta_*$ und $J$ als Homomorphismen vom Grade 0, $\partial$ vom Grade $-1$ aufzufassen sind. Für die relative Gruppe $P_*(A, \beta)$, die zum Testraum $A$ und zur Abbildung $\beta$ gehört, gilt die *Exzisionseigenschaft* für Faserungen, wie sie im Spezialfall der $\pi_n$ wohlbekannt ist: Ist $\beta$ eine Faserabbildung (im Sinne des „covering homotopy theorem") mit Faser $B_0$, so hängt $P_*(A, \beta)$ nur von $B_0$ ab; das exakte Dreieck ergibt dann einen natürlichen Isomorphismus vom Grade $-1$

$$P_*(A, \beta) \cong \Pi_*(A, B_0)\,.$$

Die duale Betrachtung — fester Raum $B$ und Abbildung $\alpha : A \to A'$ — ergibt analog relative Gruppen $P_n(\alpha, B)$ und ein exaktes Dreieck

$$\begin{array}{ccc} \Pi_*(A', B) & \xrightarrow{\alpha^*} & \Pi_*(A, B) \\ & {}_{\partial}\nwarrow \quad \swarrow_{J} & \\ & P_*(\alpha, B) & \end{array}$$

sowie einen Exzisionsisomorphismus vom Grade $-1$ für Cofaserungen $\alpha$ (d.h. Abbildungen $\alpha : A \to A'$ mit „homotopy extension property", $A'/\alpha(A) = A_0$ heisst dann die Cofaser von $\alpha$)

$$P_*(\alpha, B) \cong \Pi_*(A_0, B)\,.$$

Die Gruppen $\Pi_*(A, B)$ besitzen somit die Eigenschaften:

bei festem $A$

(I) Exaktheit für Abbildungen $\beta : B \to B'$ und passende relative Gruppen $P_*(A, \beta)$,

(II) Exzision für Faserungen;

bei festem $B$

(I′) Exaktheit für Abbildungen $\alpha : A \to A'$ und passende relative Gruppen $P_*(\alpha, B)$,

(II′) Exzision für Cofaserungen.

Hiezu kommt offenbar die Homotopie-Eigenschaft (III) bezw. (III′), dass homotope Abbildungen denselben Homomorphismus $\beta_*$ bezw. $\alpha^*$ induzieren. Die Gruppen $\Pi_*(A, B)$ verdienen also weitgehend die Bezeichnung *Cohomologiegruppen mit Koeffizientenraum B* oder *Homotopiegruppen mit Koeffizientenraum A*, wobei eine Unterscheidung für die „absoluten" Gruppen nicht möglich ist — sie liegt nur in der Auffassung als Funktor von $A$ bezw. $B$ —, sondern erst bei den relativen Gruppen auftritt. Die Uebereinstimmung mit der vollen Cohomologietheorie erhält man allerdings erst durch die spezielle Wahl von Eilenberg-MacLane-Räumen als Testräume $B$, vgl. Abschnitt 3.

## 2. Die exakte Sequenz der relativen Gruppen.

Sind $\beta_1$ und $\beta_2$ Abbildungen, $\beta_1 : B_1 \to B'_1$, $\beta_2 : B_2 \to B'_2$, so versteht man unter einer Abbildung $\Phi : \beta_1 \to \beta_2$ ein Paar von Abbildungen $\varphi : B_1 \to B_2$ und $\varphi' : B'_1 \to B'_2$ derart dass

$$\begin{array}{ccc} B_1 & \xrightarrow{\varphi} & B_2 \\ \beta_1 \downarrow & & \downarrow \beta_2 \\ B'_1 & \xrightarrow{\varphi'} & B'_2 \end{array}$$

kommutativ ist. Eine solche Abbildung $\Phi$ induziert Homomorphismen $\Phi_* : P_n(A, \beta_1) \to P_n(A, \beta_2)$, $n = 1, 2, \ldots$, die sich wiederum durch passende relative Gruppen "zweiter Stufe"

$\mathbf{P}_n(A, \Phi)$ zu einer exakten Sequenz verknüpfen lassen; wie vorher schreiben wir auch diese als exaktes Dreieck

$$\begin{array}{ccc} P_*(A, \beta_1) & \overset{\Phi_*}{\rightarrow} & P_*(A, \beta_2) \\ {\scriptstyle \partial}\nwarrow & & \swarrow {\scriptstyle J} \\ & \mathbf{P}_*(A, \Phi) & \end{array} \tag{2.1}$$

Dual hiezu erhält man für die Gruppen $P_*(\alpha, B)$ und für eine Abbildung $\Phi : \alpha_1 \rightarrow \alpha_2$ ein exaktes Dreieck

$$\begin{array}{ccc} P_*(\alpha_2, B) & \overset{\Phi^*}{\rightarrow} & P_*(\alpha_1, B) \\ {\scriptstyle \partial}\nwarrow & & \swarrow {\scriptstyle J} \\ & \mathbf{P}_*(\Phi, B) & \end{array} \tag{2.2}$$

Das Verfahren lässt sich natürlich iterieren, und man gelangt zu relativen Gruppen beliebig hoher Stufe.

Aus den beiden exakten Dreiecken erhält man durch Spezialisierung viele bekannte Folgen der Cohomologie – und der Homotopietheorie, so insbesondere die *Triadensequenzen* und die *Tripelsequenzen* (vgl. [4]). Wir weisen hier nur auf die Tripelsequenz hin, die aus (2.1) entsteht, wenn man $B_1 = B_2$ und $\varphi =$ Identität wählt, also $\beta_2 = \varphi'\beta_1$; man erhält dann das exakte Dreieck

$$\begin{array}{ccc} P_*(A, \beta_1) & \overset{\Phi_*}{\rightarrow} & P_*(A, \beta_2) \\ {\scriptstyle \partial}\nwarrow & & \swarrow {\scriptstyle J} \\ & P_*(A, \varphi') & \end{array}$$

in welchem $\Phi_*$ und $J$ vom Grad 0, $\partial$ vom Grad $-1$ ist und welches die Verknüpfung der $P_*(A, \beta)$ *für die Zusammensetzung zweier Abbildungen* liefert. Ebenso erhält man aus (2.2) ein zum obigen duales Dreieck. (Die Spezialfälle, wo die betreffenden Abbildungen Inklusionen sind, sind wohlbekannt für Cohomologie- und Homotopiegruppen.)

Für Zusammensetzungen von mehr als zwei Abbildungen ergeben sich hieraus leicht verschiedene *Spektralreihen* für die $P_*(A, \beta)$, die Cohomologiegruppen usw., die alle bekannten und für Theorie und Anwendung wichtigen Spektralreihen als Spezialfälle enthalten.

## 3. Cohomologie, Hindernis, Transgression.

Wir betrachten hier nicht einen einzelnen Testraum $B$, sondern eine Folge von Räumen (Polyedern) $B_n$, $n = 0, 1, 2, \ldots$ und Homotopieäquivalenzen $\omega_n : B_n \to \Omega B_{n+1}$. Die Gruppen $\Pi_n(A, B_{m+n}) = \Pi(A, \Omega^n B_{m+n}) \cong \Pi(A, B_m)$ sind dann von $n > 0$ unabhängig, vermöge bestimmter Isomorphismen; wir bezeichnen sie mit $h^m(A)$. Dasselbe gilt für die relativen Gruppen $P_{n+1}(\alpha, B_{m+n})$, für eine Abbildung $\alpha : A \to A'$, die mit $h^m(\alpha)$ bezeichnet werden.

Diese Gruppen $h^m(A)$, $h^m(\alpha)$, bezw. ihre direkten Summen $h^*(A)$ und $h^*(\alpha)$ erfüllen dann die Eigenschaften

(I′) Exaktheit, d.h. man hat ein exaktes Dreieck

$$\begin{array}{ccc} h^*(A') & \xrightarrow{\alpha^*} & h^*(A) \\ {}^{\partial}\nwarrow & & \swarrow{}^{J} \\ & h^*(\alpha) & \end{array}$$

wobei $J$ (gewöhnlich mit $\delta$ bezeichnet) den Grad $+1$ hat, und $\partial$ den Grad 0, dies wegen der Definition der $h_m(\alpha) = P_1(\alpha, B_m)$.

(II′) Exzision, d.h. man hat für Cofaserungen $\alpha$ mit der Cofaser $A_0$ einen Exzisionsisomorphismus vom Grade 0

$$h^*(\alpha) \cong h^*(A_0)\,.$$

(III′) Homotopie.

Von den Cohomologie-Axiomen von Eilenberg-Steenrod fehlt also nur das *Dimensionsaxiom* $h^m(S_k) = 0$ für $m \neq k$; es ist dann erfüllt, wenn alle $B_n$ Eilenberg-MacLane-Polyeder $K(G, n)$ sind, wobei $G$ eine beliebige Abelsche Gruppe ist (für alle $n$ dieselbe, da $\pi_n(B_n) \cong \pi_n(\Omega B_{n+1}) = \pi_{n+1}(B_{n+1})$ ist), und in diesem Fall ist der Homotopietypus von $B_m$, somit die Struktur von $h^m(A)$ und $h^m(\alpha)$ durch die Gruppe $G$ und die Zahl $m$ bestimmt. Wir schreiben für diese Gruppen, die eine volle Cohomologietheorie [1]) bilden, $H^m(A; G)$ bezw. $H^m(\alpha; G)$. Auf die

[1]) Es handelt sich natürlich um die „reduzierte“ Cohomologie für Räume mit Basispunkt; daraus lässt sich in bekannter Weise die „nicht reduzierte“ für Räume ohne Basispunkt herleiten.

verallgemeinerten Cohomologietheorien ohne Dimensionsaxiom gehen wir hier nicht ein.

Diese homotopisch definierten Gruppen $H^m$ stimmen (nach dem Eindeutigkeitssatz von Eilenberg-Steenrod) für ein endliches Polyeder mit den üblichen überein. Für kompakte Räume — und unter gewissen Einschränkungen auch für parakompakte — sind es die Čechschen Cohomologiegruppen, vgl. P. J. Huber [6]. Für beliebige (endliche oder unendliche) Polyeder $A$ lässt sich mit Hilfe der Tripelsequenz (vgl. Abschnitt 2) leicht in direkter und elementarer Weise zeigen, dass sie mit den gewöhnlichen simplizialen Cohomologiegruppen zusammenfallen; dabei ergibt sich folgende Beschreibung der simplizialen Cozyklen von $A$: Es bezeichne $A^k$ das $k$-dimensionale Skelett von $A$, $j_m$ die Inklusion $A^{m-1} \to A$; die Cozyklengruppe $Z^m$ ist isomorph $P_1(j_m, K(G, m))$, d.h. ein Cozyklus ist eine Abbildungsklasse $\Phi = (\varphi, \varphi')$

$$\begin{array}{ccc} A^{m-1} & \xrightarrow{\varphi} & EK(G, m) \\ j_m \downarrow & \overset{\Phi}{\Rightarrow} & \downarrow p \\ A & \xrightarrow{\varphi'} & K(G, m) \end{array}$$

wo $EK(G, m)$ den Wegeraum und $p$ seine natürliche Projektion bedeutet. Die Cohomologieklasse von $\Phi$ ist das durch $\varphi'$ gegebene Element von $\Pi(A, K(G, m)) = H^m(A; G)$.

Eine einfache Anwendung hievon: Es sei $f: E \to B$ eine Faserabbildung mit der Faser $F$, und $s: B^{m-1} \to E$ eine Schnittfläche über dem $(m—1)$-Skelett von $B$ (also $fs = j_m$). Ferner sei $\Phi: f \to p$ eine Abbildung von $f$ in die Faserung $p: EK(G, m) \to K(G, m)$, d.h. ein Element der relativen Gruppe $P_1(f, K(G, m)) = H^m(f; G)$. Im Diagramm

$$\begin{array}{ccccc} B^{m-1} & \xrightarrow{s} & E & \xrightarrow{\varphi} & EK(G, m) \\ j_m \downarrow & \overset{\Psi}{\Rightarrow} & \downarrow & \overset{\Phi}{\Rightarrow} & \downarrow p \\ B & \xrightarrow[1]{} & B & \xrightarrow[\varphi']{} & K(G, m) \end{array}$$

ist $\Phi\Psi$ ein simplizialer $m$-Cozyklus von $B$. Man verifiziert leicht, dass er folgende Bedeutung hat: es ist der zur Schnittfläche $s$ gehörige *Hinderniscozyklus* $\eta$ (mit Koeffizienten in $\pi_{m-1}(F)$), in welchem man die Werte noch einem Koeffizienten-Homomorphismus $h : \pi_{m-1}(F) \to G$ unterworfen hat, nämlich dem durch $\Phi$ induzierten Homomorphismus von $\pi_{m-1}$ der Faser von $f$ in $\pi_{m-1}$ der Faser von $p$ (diese ist $\Omega K(G, m)$, also ist $\pi_{m-1}(\Omega K(G, m)) = G$).

Die *Cohomologieklasse* dieses Cozyklus $\Phi\Psi = h_*(\eta)$ ist gemäss der obigen Vorschrift gegeben durch die „untere Komponente" von $\Phi$, also durch $\varphi' \in H^m(B; G)$ und *somit von s unabhängig.* $\varphi'$ ist übrigens nichts anderes als ein durch *Transgression* aus einem Cohomologieelement $\in H^{m-1}(F; G)$ der Faser gewonnenes Element. Man beachte, dass dieser Zusammenhang zwischen Hindernis und Transgression nicht nur für das "erste Hindernis", sondern für eine beliebige Schnittfläche gilt. Im Fall des *ersten Hindernisses*, d.h. wenn die Faser $F$ $(m$-$2)$-zusammenhängend ist ($\pi_i(F) = 0$, $i \leqslant m - 2$), weiss man, dass eine Fundamentalklasse $\Phi \in H^m(f; \pi_{m-1}(F))$ existiert, derart dass der induzierte Homomorphismus $h$ von $\pi_{m-1}(F)$ in $G = \pi_{m-1}(F)$ die Identität ist; somit ist dann der Cozyklus $\Phi\Psi = \eta$ gleich dem *ersten Hinderniscozyklus selbst*, und seine Cohomologieklasse $\in H^m(B; \pi_{m-1}(F))$ ist einfach gleich der Komponente $\varphi'$ von $\Phi$, unabhängig von der speziell gewählten $(m$—$1)$-Schnittfläche.

Damit wird auch eine Definition des ersten Hindernisses nahegelegt, die nicht auf der Polyeder-Eigenschaft von $B$ beruht und das übliche schrittweise Erweiterungsverfahren nicht benützt: es ist gegeben durch die Komponente $\varphi'$ einer Fundamentalklasse $\Phi \in H^m(f; \pi_{m-1}(F))$. Von dieser Hindernisklasse $\varphi' \in H^m(B; \pi_{m-1}(F))$ lässt sich im Falle $F = K(G, m$—$1)$ direkt nachweisen, dass sie die Faserungen $E \to B$ mit Faser $K(G, m$—$1)$ charakterisiert.

Auf den Fall höherer Hindernisse soll an anderer Stelle eingegangen werden.

## 4. Ausblicke.

Die homotopische Auffassung der Cohomologie, wie sie oben skizziert ist, lässt sich sehr weit fortführen (obwohl die explizite Berechnung in Spezialfällen sich stets auf simpliziale oder Zellenstrukturen stützt). In diesen Gedankenkreis gehört die Postnikovzerlegung eines Raumes (Charakterisierung des Homotopietypes durch die Homotopiegruppen und gewisse Cohomologieklassen) sowie diejenige einer Abbildung, vgl. [3]; ferner die Cohomologieoperationen, sowohl die primären wie die höhern. Ueberdies legt die Dualität Cohomologie-Homotopie, sei sie heuristischer oder strikter Art, analoge Bildungen für die Homotopiegruppen nahe: Homotopiegruppen mit Koeffizienten (vgl. [1]), Homotopiezerlegung eines einfach-zusammenhängenden Polyeders, oder einer Abbildung, vgl. [3]; Charakterisierung spezieller Cofaserungen durch eine Hindernisklasse, genau dual zu dem am Schluss von Abschnitt 3 beschriebenen Vorgehen, vgl. [2]. Weitere duale Beziehungen bestehen zwischen dem cup-Produkt in der Cohomologie und dem Whitehead-Produkt in der Homotopie. Auch zu numerischen Invarianten wie der „Lusternik-Schnirelman-Categorie" eines Raumes konnten duale Grössen definiert werden (P. J. Hilton, Berstein-Ganea), wobei jedoch offensichtlich die naive Dualität versagt; sie kann nur durch Zwischenschaltung geeigneter Funktoren, die von Räumen zu algebraischen Begriffen führen (z.B. Gruppen, semisimplizialen Gruppen usw.) oder umgekehrt, gerettet werden. Die Gründe hiezu liegen in allgemeinen kategorietheoretischen Gesetzmässigkeiten, die von P. J. Hilton und dem Verfasser ausführlich untersucht worden sind [7].

## LITERATUR

[1] B. Eckmann et P. J. Hilton: Groupes d'homotopie et dualité. *C.R. Acad. Sc., Paris*, t. 246 (1958), pp. 2444, 2555, 2991.

[2] — — Transgression homotopique et cohomologique. *C.R. Acad. Sc.*, Paris, t. 247 (1958), p. 620.

[3] — — On the homology and homotopy decomposition of continuous maps. *Proc. Nat. Acad. Sc.*, USA, Vol. 45 (1959), p. 372.

[4] — — Homotopy Groups of Maps and Exact Sequences. *Comm. Math. Helv.*, 34 (1960), p. 272.

[5] P. J. Huber: Homotopy Theory in General Categories. *Math. Annalen* (1961) p. 361.

[6] P. J. Huber: Homotopical cohomology and Čech cohomology. *Math. Annalen* (1961) p. 73.

[7] B. Eckmann and P. J. Hilton: Group-like structures in general categories, I. *Math. Annalen* (1962) p. 227. II, III (to appear).

Eidg. Technische Hochschule
Zürich.

# Generalized means

(with T. Ganea and P. J. Hilton)

Studies in Mathematical Analysis and Related Topics,
Stanford University Press (1962), 82–92

## 1. Introduction

In a space $X$, generalized means of $n$ points (in short, $n$-means) are considered, i.e., functions $f(x_1, \cdots, x_n)$ of $n$ points of $X$ with values in $X$ which are symmetric in all variables and which, moreover, satisfy $f(x, \cdots, x) = x$ for all $x \in X$. Thus the arithmetic mean of $n$ real (complex) numbers is an $n$-mean, $X$ being the real line (the complex plane); the geometric mean is an $n$-mean on the non-negative reals, and so on. An $n$-mean is, in other words, a continuous map $\mu: X^n \to X$, where $X^n$ is the $n$-fold Cartesian product of $X$ with itself, which is invariant under all permutations of the factors and which fulfills $\mu d =$ identity, $d$ being the diagonal map $d(x) = (x, x, \cdots, x)$. Throughout the discussions, the trivial case $n = 1$ will be excluded.

Such $n$-means have been studied by Aumann and Caratheodory (see, e.g., [1]), mainly in domains of the complex plane and of Euclidean $n$-space, with the objective of showing that the existence of a mean implies strong topological consequences, e.g., that the domain must be simply connected. The study has been continued by Eckmann [3] in a more general context, placing the problem in the framework of algebraic topology; there it appeared useful to apply the concept of a mean to groups (the maps $\mu, d$ involved being homomorphisms). The groups admitting $n$-means can be easily characterized. Various results then immediately follow from the fact that an $n$-mean is carried over from a space to its fundamental group, its homotopy groups, and so on (mean-preserving functors). This paper is a continuation of this study and gives a more systematic approach valid for general categories. The generality thus obtained not only simplifies considerably the arguments but also suggests further results and leads, in particular, to the dual concepts. Moreover, going back to the special case of means in a space $X$, it turns out that compact polyhedra admit no such means at all, unless they are contractible—a very far-reaching generalization of the above-mentioned first results in that direction.

Along these lines, we shall formulate first the notion of $n$-mean in any category admitting (finite) direct products; this formulation is carried out in Sec. 2, where we prove certain general theorems about objects with $n$-means. It turns out, just as for so many category-theoretic notions, that many properties of groups with means hold simply because we are working in a *primitive* category in the sense of [5]; see, in particular, Theorems 2.12, 2.18, and 2.19. The general framework of our formulation not only extends the applicability of the definitions and results but also leads immediately to the formulation of the dual notion of *n-comean*. Mean-preserving functors are also discussed, with several concrete examples.

Our principal categories for the application of these notions are the category $\mathscr{G}$ of groups and homomorphisms, the category $\mathscr{A}$ of Abelian groups and homomorphisms, and the category $\mathscr{T}_h$ of based spaces (of the based homotopy type of polyhedra) and based homotopy classes. The concept of $n$-mean coincides in $\mathscr{G}$ and $\mathscr{A}$; for a study of groups with $n$-means, see [3] and [6]. The concept of $n$-comean is vacuous in $\mathscr{G}$ (Theorem 2.20); but the concepts of $n$-mean and $n$-comean coincide essentially in $\mathscr{A}$ (Theorem 2.18). Examples of $n$-means and $n$-comeans are given in Sec. 2, and a more systematic study is made in Sec. 3. It turns out that spaces with $n$-means are always commutative $\boldsymbol{H}$-spaces, and spaces with $n$-comeans are always commutative $\boldsymbol{H}'$-spaces (Theorems 3.1 and 3.3). However, at this point a deep theorem due to Browder [2] intervenes to imply that there are no non-contractible compact polyhedra with $n$-mean. It has already been shown in [3] that a compact polyhedron with $n$-means *for all* $n$ is necessarily contractible; here we show (Corollary 3.2) that this is the case even if there exists an $n$-mean for *a single* $n \geqq 2$. However, non-contractible non-compact polyhedra with $n$-mean certainly do exist. So, too, do non-contractible compact polyhedra with $n$-comean, but Eckmann's theorem dualizes to the conclusion that a compact polyhedron with $n$-comeans for all $n$ is contractible.

Insofar as the language of category theory is concerned, the terminology and notations are those of [4], except that we adopt the notation $X^n$ for the *direct* product of $n$ copies of $X$, in conformity with standard usage.

## 2. Means in General Categories

Let $\mathscr{C}$ be a $D$-category (a category in which direct products exist) and let $A \in \mathscr{C}$. We will write $A^n$ for the direct product of $n$ copies of $A$. Then the symmetric group $S_n$ operates on $A^n$ in the obvious way by "permuting the factors"; thus for each $\sigma \in S_n$ there is a well-defined map $A^n \to A^n$ denoted by the same symbol $\sigma$.

An *object with n-mean* $(A, \mu)$ is a pair consisting of an object $A \in \mathscr{C}$ and a map $\mu: A^n \to A$, called an $n$-mean on $A$, such that

(M1) $\mu\sigma = \mu$ for all $\sigma \in S_n$; and

(M2) $\mu\Delta = 1: A \to A$; where $\Delta: A \to A^n$ is the diagonal map $\{1, 1, \cdots, 1\}$.

It follows from (M1) and (M2) that $1: A \to A$ is the unique 1-mean on $A$. *In discussing $n$-means, we assume henceforth that $n > 1$.* Our first proposition expresses the standard representation property for means in general categories (compare with [4, th. 4.3]).

PROPOSITION 2.1. *If $X$ is an object of $\mathscr{C}$ and $(A, \mu)$ is an object with $n$-mean, then the set $H(X, A)$ of maps from $X$ to $A$ acquires an $n$-mean $\mu_X$ by the rule*

$$\mu_X(f_1, \cdots, f_n) = \mu\{f_1, \cdots, f_n\} \qquad (f_i: X \to A,\ i = 1, \cdots, n)\ ; \tag{2.2}$$

*moreover, if $g: Y \to X$ in $\mathscr{C}$, then*

$$\mu_X(f_1, \cdots, f_n)g = \mu_Y(f_1 g, \cdots, f_n g)\ . \tag{2.3}$$

*Conversely, suppose that for each $X \in \mathscr{C}$ the set $H(X, A)$ is furnished with an $n$-mean $\mu_X$ such that* (2.3) *holds. Then there exists a unique $n$-mean $\mu$ on $A$ such that* (2.2) *holds.*

We omit the proof, which is quite elementary.

Let $(A, \mu)$ and $(B, \nu)$ be objects with $n$-means and let $\varphi: A \to B$ be a map in $\mathscr{C}$. Then $\varphi$ is said to be *mean-preserving* if

$$\varphi\mu = \nu\varphi^n: A^n \to B\ . \tag{2.4}$$

PROPOSITION 2.5. *The map $\varphi: A \to B$ is mean-preserving if and only if the induced maps $\varphi_*: H(X, A) \to H(X, B)$ are mean-preserving, with respect to $\mu_X$ and $\nu_X$, for each $X \in \mathscr{C}$.*

PROPOSITION 2.6. *If $(A_i, \mu_i)\,(i = 1, 2)$ are objects with $n$-mean, then there exists on $A_1 \times A_2$ a unique $n$-mean such that the projections $p_1$ and $p_2$ are mean-preserving.*

Conversely, of course, an $n$-mean on $A_1 \times A_2$ induces $n$-means on $A_1$ and $A_2$. More generally, we have

PROPOSITION 2.7. *Let $u: A \to B$, $v: B \to A$ be maps in $\mathscr{C}$ such that $uv = 1$. Then if $\mu$ is an $n$-mean on $A$, $\nu = u\mu v^n$ is an $n$-mean on $B$.*

We have

$$\nu\sigma = u\mu v^n\sigma = u\mu\sigma v^n = u\mu v^n = \nu \qquad \text{for all } \sigma \in S_n\ ,$$

and

$$\nu\Delta = u\mu v^n\Delta = u\mu\Delta v = uv = 1\ .$$

Note, however, that in general neither $u$ nor $v$ is mean-preserving with respect to $\mu$ and $\nu$.

It is not necessary, of course, to describe the dual concept of an *$n$-comean* in detail; an $n$-comean on $A \in \mathscr{C}$ is just an $n$-mean on $A \in \mathscr{C}^*$, where $\mathscr{C}^*$ denotes the dual category. However, it is useful to have this concept and we are able, by introducing it, to enrich our supply of examples of means and of applications of our results. An evident result is the following:

PROPOSITION 2.8. *A covariant D-functor preserves means.*

Specifically, we assert that if $F: \mathscr{C} \to \mathscr{D}$ is a covariant $D$-functor and if $(A, \mu)$ is an object with $n$-mean in $\mathscr{C}$ then $(FA, F\mu)$ is an object with $n$-mean in $\mathscr{D}$. The assertion is just a consequence of the relations $F\sigma = \sigma$, $F\Delta = \Delta$; by applying the duality principle, we obtain other equivalent formulations of the proposition, e.g., "a covariant $I$-functor preserves comeans," or "a contravariant $D$-functor maps means to comeans."

Let us consider, as an example, the category $\mathscr{T}_h$ of based topological spaces and based homotopy classes.* If $G$ is an Abelian group with $n$-mean (see [3]; $G$ is an Abelian group in which the mapping $x \to nx$ is an automorphism), the Eilenberg-MacLane space $K(G, m)$ admits an $n$-mean in $\mathscr{T}_h$, if a space admits an $n$-mean in $\mathscr{T}_h$, we may describe it as admitting a *homotopy n-mean in* $\mathscr{T}$ (and similarly for homotopy $n$-comeans).

In particular, let $q$ be prime to $n$ and let $K = K(Z_q, m)$. Then if $nn' \equiv 1 \bmod q$, we have an $n$-mean $\bar{\mu}: (Z_q)^n \to Z_q$ given by $\bar{\mu}(\xi_1, \cdots, \xi_n) = n'(\xi_1 + \cdots + \xi_n)$ $(\xi_i \in Z_q)$. The homomorphism $\bar{\mu}$ corresponds to a map $\mu: K((Z_q)^n, m) \to K(Z_q, m)$ in the sense that $\mu_* = \bar{\mu}$ on $\pi_m$ and $K((Z_q)^n, m) = (K(Z_q, m))^m$; then $\mu$ is a homotopy $n$-mean on $K(Z_q, m)$.

In the dual case, consider the Moore space $K'(Z_q, m) (m \geqq 3)$. Suppose first that $q$ is odd. Then $\pi_m(Z_q; K'(Z_q, m)) = Z_q$, generated by $\theta$, the class of the identity, and the map $K'(Z_q, m) \to {}^nK'(Z_q, m)$ [where the range space is the union (inverse product) of $n$ copies of $K'(Z_q, m)$] whose class is $n'(\theta_1 + \cdots + \theta_n)$, is a homotopy $n$-comean in $K'(Z_q, m)$. If $q$ is even, the situation is a little more complicated. If $4 \mid q$, then [though no longer generating $\pi_m (Z_q; K'(Z_q, m))$] $\theta$ is still of order $q$ and so $n'(\theta_1 + \cdots + \theta_n)$ is an $n$-comean. But if $4 \mid q$, then $\theta$ is of order $2q$ and $n'$ must be chosen so that $nn' \equiv 1 \bmod 2q$ in order that $n'(\theta_1 + \cdots + \theta_n)$ be an $n$-comean.

Thus there certainly exist in $\mathscr{T}_h$ objects with $n$-mean and objects with $n$-comean. Proposition 2.8 now enables us to infer the existence of other such objects in $\mathscr{T}_h$. We have the following corollaries of Proposition 2.8.

THEOREM 2.9. *Let $A \in \mathscr{T}_h$ admit an n-mean. Then so do the spaces $A^X$ (for any $X$); $\Omega A$, the loop space on $A$; and $\tilde{A}$, the universal covering space of $A$.*

THEOREM 2.10. *Let $A \in \mathscr{T}_h$ admit an n-comean. Then so do the spaces $A\ X$ (for any $X$); in particular, $\Sigma A$ admits an n-comean if $A$ does.*

THEOREM 2.11. *Let $A \in \mathscr{T}_h$ admit an n-comean. Then the spaces $X^A$ (for any $X$) admit an n-mean.*

We take up the question of $n$-means and $n$-comeans in $\mathscr{T}_h$ in greater detail in Sec. 3. Here we wish merely to exemplify the concepts. The reader is referred to [6] for a discussion of $n$-means in the category $\mathscr{A}$ of Abelian groups; the application of Proposition 2.8 to the $q$th homotopy group functor is contained in [3]. One may similarly apply Proposition 2.8 to comeans and the $q$th cohomology group functor.

* We shall confine our attention to spaces of the based homotopy type of polyhedra.

We return now to general categories and consider $\underline{\boldsymbol{H}}$-objects in the category $\mathscr{C}$ (cf. [4]; we shall omit the underbar for notational simplicity). We prove

THEOREM 2.12. *Let $(A, m)$ be an $\boldsymbol{H}$-object of $\mathscr{C}$ and let $\mu\colon A^n \to A$ be an $n$-mean on $A$ that is primitive with respect to the product $\boldsymbol{H}$-structure on $A^n$ and the given $\boldsymbol{H}$-structure on $A$. Then $m$ is an $\boldsymbol{ACH}$-structure and determines $\mu$. Moreover, the map $n.1\colon A \to A$ is an equivalence in $\mathscr{C}$. Conversely, if $(A, m)$ is an $\boldsymbol{ACH}$-object such that the map $n.1\colon A \to A$ is an equivalence, then $A$ admits a unique primitive $n$-mean.*

Before proving this theorem we remark that, as shown in [3], groups with $n$-mean are precisely those Abelian groups in which (using additive notation) the map $x \to nx$ is an automorphism; and the $n$-mean is then uniquely determined as the map $(x_1, \cdots, x_n) \to (1/n)(x_1 + \cdots + x_n)$. Theorem 2.12 generalizes this fact. We now prove the theorem.

Observe first that

$$\Delta = \iota_1 + \cdots + \iota_n\colon A \to A^n\,, \tag{2.13}$$

where the bracketing of the sum $\iota_1 + \cdots + \iota_n$ is *arbitrary*; for $p_i(\iota_1 + \cdots + \iota_n) = 1$ $(i = 1, \cdots, n)$ independent of the bracketing. Now let $\mu\colon A^n \to A$ be a primitive $n$-mean and let $\theta = \mu\iota_1 = \cdots = \mu\iota_n\colon A \to A$. Then

$$\begin{aligned} 1 = \mu\Delta = \mu(\iota_1 + \cdots + \iota_n) &= \mu\iota_1 + \cdots + \mu\iota_n \quad \text{(since } \mu \text{ is primitive)} \\ &= \theta + \cdots + \theta\,. \end{aligned}$$

Thus $n\theta$ has an unambiguous meaning; in fact, $n\theta = 1$. We now prove that $m$ is associative. We first observe that*

$$(\iota_1 p_1 + \iota_2 p_2) + \iota_1 p_3 = \iota_1 p_1 + (\iota_2 p_2 + \iota_1 p_3)\colon A^3 \to A^n \qquad (n \geqq 2) \tag{2.14}$$

for any $\boldsymbol{H}$-object $A$; to verify this it is only necessary to apply the projections $p_j$ $(j = 1, \cdots, n)$ to each side. But

$$\begin{aligned} \theta[(p_1 + p_2) + p_3] &= (\theta p_1 + \theta p_2) + \theta p_3 \quad \text{(since } \theta \text{ is primitive)} \\ &= (\mu\iota_1 p_1 + \mu\iota_2 p_2) + \mu\iota_1 p_3 \\ &= \mu\,[(\iota_1 p_1 + \iota_2 p_2) + \iota_1 p_3] \quad \text{(since } \mu \text{ is primitive)}\,. \end{aligned}$$

Similarly, $\theta[p_1 + (p_2 + p_3)] = \mu[\iota_1 p_1 + (\iota_2 p + \iota_1 p_3)]$, so that (2.14) implies

$$\theta[(p_1 + p_2) + p_3] = \theta[p_1 + (p_2 + p_3)]\,.$$

Finally, we use the fact that $n\theta = 1$ to deduce that

$$(p_1 + p_2) + p_3 = p_1 + (p_2 + p_3)\colon A^3 \to A\,;$$

in other words, $m$ is associative.

A similar argument establishes that $m$ is commutative. We observe that

$$\iota_1 p_1 + \iota_2 p_2 = \iota_2 p_2 + \iota_1 p_1\colon A^2 \to A^n\,, \tag{2.15}$$

for any $\boldsymbol{H}$-object $A$. Hence $\theta(p_1 + p_2) = \theta(p_2 + p_1)$ and thus, finally, $p_1 + p_2 = p_2 + p_1$.

---

* We must take "$\iota_1 p_3$" rather than "$\iota_3 p_3$" in (2.14) in order to include the case $n=2$.

Plainly, $\theta$ is the inverse of the equivalence $n.1: A \to A$ and thus is determined by $m$. That $\mu$ is itself determined by $m$ follows from the formula

$$\mu = \theta(p_1 + \cdots + p_n): A^n \to A \,, \tag{2.16}$$

For

$$\begin{aligned} \mu = \mu(\iota_1 p_1 + \cdots + \iota_n p_n) &= \mu\iota_1 p_1 + \cdots + \mu\iota_n p_n \quad \text{(since } \mu \text{ is primitive)} \\ &= \theta p_1 + \cdots + \theta p_n \\ &= \theta(p_1 + \cdots + p_n) \quad \text{(since } \theta \text{ is primitive)}\,. \end{aligned}$$

Conversely, let $(A, m)$ be an ***ACH***-object (i.e., an associative and commutative ***H***-object) and let $n.1: A \to A$ be an equivalence. Since $m$ is an ***ACH***-structure, $n.1$ is primitive, and its inverse $\theta: A \to A$ is also primitive. Define $\mu: A^n \to A$ by Proposition 2.6. Then $\mu$ is also primitive. That $\mu$ satisfies (M1) is obvious since $m$ is commutative; $\mu$ satisfies (M2), since

$$\theta(p_1 + \cdots + p_n)\Delta = \theta(p_1\Delta + \cdots + p_n\Delta) = \theta(n.1) = 1 \,.$$

The uniqueness of $\mu$ follows from the first part of the theorem; thus Theorem 2.12 is completely proved.

That an object with $n$-mean admits a $p$-mean for all $p \mid n$ is obvious from the definition. We observe that Theorem 2.12 establishes a converse of this for primitive means.

Corollary 2.17. *Let $n = pq$. Then the **H**-object $(A, m)$ admits a primitive $n$-mean if and only if it admits primitive $p$-means and $q$-means.*

Suppose first that $\mu: A^n \to A$ is a primitive $n$-mean and let $A^n$ be expressed as $A^p \times \cdots \times A^p$ ($q$ factors). The diagonal map $\Delta: A^p \to A^p \times \cdots \times A^p$ is then primitive, so that $\mu\Delta: A^p \to A$ is primitive, and it is easy to see that it is a $p$-mean.

Conversely, let $(A, m)$ admit a primitive $p$-mean and a primitive $q$-mean. Then $m$ is an ***ACH***-structure and $p.1: A \to A, q.1: A \to A$ are both equivalences. But then $n.1 = (p.1)(q.1)$ is an equivalence, so that $(A, m)$ admits a primitive $n$-mean.

We have given the two halves of the argument in dissimilar form in order to emphasize the fact that whereas the procedure describing the passage from $n$-means to $p$-means is valid in any category (no assumption of multiplicative structure is necessary), it is not always possible to deduce a $pq$-mean from a $p$-mean and a $q$-mean, and thus this half of the theorem is special to primitive means. In fact, given maps $\mu': A^p \to A$ and $\mu''$: $A^q \to A$, we may define a map $\mu: A^{qp} \to A$ by $\mu = \mu''(\mu' \times \cdots \times \mu')$, where $A^{pq}$ is expressed as the direct product of $q$ copies of $A^p$. If we examine the proof of Theorem 2.12, we see that this map $\mu$ is precisely the primitive $pq$-mean that $A$ admits if it admits the primitive $p$-mean $\mu'$ and the primitive $q$-mean $\mu''$. However, in general, $\mu'$ and $\mu''$ may be means without $\mu$'s being a mean.

We remark that if $\mathscr{D}$ is an ***H***-primitive category over $\mathscr{C}$ and if $(A, m) \in \mathscr{D}$, then the concept of a primitive $n$-mean on $A$ in $\mathscr{C}$ coincides with that of an $n$-mean on $A$ in $\mathscr{D}$. Thus Theorem 2.12 may also be viewed as asserting that the objects of $\mathscr{D}$ which admit $n$-means are precisely the ***ACH***-objects of $\mathscr{C}$ for which $n.1$ is an equivalence, and the $n$-mean is then uniquely determined. For $n.1$, as an equivalence in $\mathscr{C}$ that is primitive, is an equivalence in $\mathscr{D}$.

Suppose now that $\mathscr{D}$ is itself an ***ACH***-primitive category over $\mathscr{C}$. Then we know (see [5]) that (finite) direct and inverse products essentially coincide in $\mathscr{D}$. We now prove the following theorem:

THEOREM 2.18. *Let $\mathscr{D}$ be an **ACH**-primitive category over $\mathscr{C}$. Then the following three assertions about the object $D \in \mathscr{D}$ are equivalent:*

(i) *$D$ admits an $n$-mean;*

(ii) *$D$ admits an $n$-comean;*

(iii) *the map $n.1: D \to D$ is an equivalence.*

We have already observed that (i) and (iii) are equivalent; we now prove the equivalence of (ii) and (iii). Now the inverse product of the objects $D_1, \cdots, D_n$ of $\mathscr{D}$ is the object $D_1 \times \cdots \times D_n$ together with the maps $q_i = \{0, \cdots, 0, 1, 0, \cdots, 0\}: D_i \to D_1 \times \cdots \times D_n$. We shall use the notation $\iota_i$ for the injections $q_i$. We also remark that the folding map $\nabla: D^n \to D$ is just given by $\nabla = p_1 + \cdots + p_n$. For $\nabla\iota_i = (p_1 + \cdots + p_n)\iota_i = p_1\iota_1 + \cdots + p_n\iota_n = 1$.

Now an $n$-comean on $D$ is a map $\mu: D \to D^n$ such that $\sigma\mu = \mu$ for all $\sigma \in S_n$, and $\nabla\mu = 1$. Suppose first that (iii) holds and let $\theta: D \to D$ be inverse to $n.1$. Then we set $\mu = \{\theta, \cdots, \theta\}: D \to D^n$. Obviously, $\sigma\mu = \mu$ and

$$\nabla\mu = (p_1 + \cdots + p_n)\{\theta, \cdots, \theta\} = \theta + \cdots + \theta = n\theta = 1 .$$

Conversely, let $\mu: D \to D^n$ be an $n$-comean. Then $p_1\mu = \cdots = p_n\mu$; call this map $\theta$. We have

$$n\theta = \theta + \cdots + \theta = p_1\mu + \cdots + p_n\mu = (p_1 + \cdots + p_n)\mu = \nabla\mu = 1 ,$$

so that $\theta$ is an equivalence with inverse $n.1$.

We also remark that the comean $\mu$ is uniquely determined. That is, a comean is certainly of the form $\{\varphi, \cdots, \varphi\}: D \to D^n$ for some $\varphi: D \to D$, and then $1 = \nabla\{\varphi, \cdots, \varphi\} = n\varphi$; thus $\varphi$ is the inverse of $n.1$.

We close this general discussion by looking at maps of objects with means, in a primitive category.

THEOREM 2.19. *Let $\mathscr{D}$ be an **H**-primitive category over $\mathscr{C}$, let $(D_i, \mu_i)$ $(i = 1, 2)$, be two objects with $n$-means in $\mathscr{D}$, and let $\psi: D_1 \to D_2$ be a map in $\mathscr{D}$. Then $\psi$ is mean-preserving. If $\mathscr{D}$ is **ACH**-primitive, then $\psi$ is also comean-preserving.*

For $\mu_i = \theta_i(p_1 + \cdots + p_n)$, where $\theta_i$ is the inverse of $n.1: D_i \to D_i$ $(i = 1, 2)$. Since $\psi$ commutes with $n.1$, it also commutes with their inverses, so that $\theta_2\psi = \psi\theta_1$. Thus

$$\begin{aligned}\psi\mu_1 &= \psi\theta_1(p_1 + \cdots + p_n) = \theta_2\psi(p_1 + \cdots + p_n) = \theta_2(\psi p_1 + \cdots + \psi p_n) \\ &= \theta_2(p_1\psi^n + \cdots + p_n\psi^n) \\ &= \theta_2(p_1 + \cdots + p_n)\psi^n = \mu_2\psi^n ,\end{aligned}$$

so $\psi$ is mean-preserving.

If $\mathscr{D}$ is ***ACH***-primitive, then $D_i$ admits the comean $\bar{\mu}_i = \{\theta_i, \cdots, \theta_i\}$ $(i = 1, 2)$ and

$$\psi^n \bar{\mu}_1 = \psi^n\{\theta_1, \cdots, \theta_1\} = \{\psi\theta_1, \cdots, \psi\theta_1\} = \{\theta_2\psi, \cdots, \theta_2\psi\} = \{\theta_2, \cdots, \theta_2\}\psi = \bar{\mu}_2\psi ;$$

so $\psi$ is comean-preserving.

Theorems 2.12, 2.18, and 2.19 have applications to the categories $\mathscr{G}$ (groups and homomorphisms) and $\mathscr{A}$ (Abelian groups and homomorphisms) that are familiar or obvious (see [3, 6]). On the other hand, the concept of comean is not significant in the category $\mathscr{G}$.

THEOREM 2.20. *Let $n \geqq 2$ be given. Then the only objects with $n$-comean in $\mathscr{G}$ are the trivial groups.*

We are given a group $G$ and a homomorphism $\mu$: $G \rightarrow G * \cdots * G$ (free product of $n$ copies of $G$) such that $\sigma\mu = \mu$ and $\nabla\mu = 1$. Let us write $G_1, \cdots, G_n$ for the $n$ copies of $G$ and let $x \in G_1 * \cdots * G_n$. If $x \neq e$, then $x$ has a unique minimal representation:

$$x = g_{i_1} \cdots g_{i_k}, \qquad (k \geqq 1,\ g_{i_j} \in G_j,\ g_{i_j} \neq e,\ i_j \neq i_{j+1}) .$$

If $\sigma$ is the permutation that interchanges $i_1$ and $m$, say, where $m \neq i_1$, then plainly $\sigma x \neq x$. Thus, if $\sigma x = x$ for all $\sigma$ in $S_n$, then $x = e$. But $\sigma\mu g = \mu g$ for all $g \in G$, $\sigma \in S_n$, so that $\mu g = e$ for all $g \in G$. Finally, $g = \nabla\mu g = e$, so that $G = (e)$.

## 3. Mean and Comeans in $\mathscr{T}_h$

In this section we make a closer study of means and comeans in $\mathscr{T}_h$ than in the previous sections. As always in this paper, we confine attention to $n \geqq 2$ in discussing $n$-means and $n$-comeans. We also recall that all our spaces have the based homotopy type of polyhedra; in this section we shall further assume them to be *connected.*

THEOREM 3.1. *If $A \in \mathscr{T}$ admits a homotopy $n$-mean, it also admits the structure of a homotopy-commutative* ***H***-space.

If we let $\mu$: $A^n \rightarrow A$ be a homotopy $n$-mean, then $\mu_*$: $[\pi_q(A)]^n = \pi_q(A^n) \rightarrow \pi_q(A)$ is an $n$-mean on $\pi_q(A)$ (Proposition 2.8) so that $(\mu\iota_1)_* = \mu_*\iota_{1*}$: $\pi_q(A) \rightarrow \pi_q(A)$ is an isomorphism for all $q$ (see proof of Theorem 2.12). Thus, by Whitehead's theorem, $\mu\iota_1$ is a homotopy equivalence. Let $s$ be a homotopy inverse and define $m = s\mu\iota_{12}$: $A^2 \rightarrow A$, where $\iota_{12}$ embeds $A^2$ in $A^n$ as the product of the first two factors. Then

$$m\iota_i = s\mu\iota_{12}\iota_i = s\mu\iota_i \cong 1 \qquad (i = 1, 2) ,$$

so that $m$ is an ***H***-structure map on $A$. It is plain that $m$ is homotopy-commutative, for if $\tau$: $A^2 \rightarrow A^2$ switches the factors, then $\tau$ may be interpreted as operating on $A^n$ by switching the first two factors, and $m\tau = s\mu\iota_{12}\tau = s\mu\tau\iota_{12} \cong s\mu\iota_{12} = m$.

This theorem has the following somewhat devastating corollary:

COROLLARY 3.2. *Let $n \geqq 2$ be given, and let $A \in \mathscr{T}$ have the based homo-*

*topy type of a compact polyhedron. Then A admits a homotopy n-mean if and only if it is contractible.*

Let $A$ admit a homotopy $n$-mean. Then $A$ is an $\boldsymbol{H}$-space whose homology is finitely generated in each dimension and vanishes above a certain dimension. Now Browder has shown [2] that such spaces admit Poincaré duality and, in particular, that the top-dimensional homology group, $H_k(A)$, is cyclic infinite. But Eckmann [3] shows that the positive-dimensional homology groups of a space with $n$-mean are (uniquely) divisible by $n$. Since $H_k(A)$ is not divisible by $n$, we must have $k = 0$, so that $A$ is contractible. The converse is, of course, trivial.

We remark that the conclusion of Corollary 3.2 is valid for spaces that are polyhedra and have finitely generated homology in each dimension and vanishing homology above a certain dimension. These conditions are necessary, because (a) the example of the solenoid in [3] shows the existence of compact, finite-dimensional, non-contractible spaces with $n$-mean, (b) the example $K(Q, m)$ ($m$ odd) shows the existence of countable, finite-dimensional, non-contractible polyhedra with $n$-mean, and (*c*) the example $K(Z_q, m)$ shows the existence of countable, non-contractible polyhedra with finitely generated homology in each dimension and with $n$-mean.

The statement dual to Theorem 3.1 is proved similarly.

THEOREM 3.3. *If $A \in \mathscr{T}$ admits a homotopy n-comean, it also admits the structure of a homotopy-commutative $\boldsymbol{H}'$-space.*

Applying the fundamental group functor, which is an $I$-functor, we infer from Proposition 2.8 and Theorem 2.20 that if $A$ admits the homotopy comean $\mu\colon A \to {}^nA$ (${}^nA = A \vee \cdots \vee A$), then $A$ is simply connected. We now apply the homology functor $H_q$ to deduce, again using Proposition 2.8, that $\mu_*\colon H_q(A) \to (H_q(A))^n$ is an $n$-comean for all $q > 0$, and thus that $(p_1\mu)_* = p_{1*}\mu_*\colon H_q(A) \to H_q(A)$ is an isomorphism where $p$ projects onto the first summand. It follows that $p_1\mu$ is a homotopy equivalence, and if $s\colon A \to A$ is a homotopy inverse, it is easy to deduce that the map $m = p_{12}\mu s\colon A \to {}^2A$ is a homotopy-commutative $\boldsymbol{H}'$-structure on $A$.

Here we certainly have compact polyhedra with $n$-comean; the example $K'(Z_q, m)$ given in the previous section is such a space. However, we do have the dual of Eckmann's result [3]:

THEOREM 3.4. *If A has the based homotopy type of compact polyhedron and admits a homotopy n-comean for all n, then A is contractible.*

Then $A$ is simply connected and the homology groups of $A$ are, by Proposition 2.8, (uniquely) divisible by $n$ for all $n$. However, being finitely generated, they must therefore be trivial, and so $A$ is contractible. Of course, we may weaken the hypotheses of this theorem by merely asking that $A$ have finitely generated homology in each dimension.

We have not succeeded in proving that the homotopy groups of an arbitrary space with $n$-comean admit an $n$-mean, i.e., that they are uniquely divisible by $n$. However, we can prove the following theorem:

THEOREM 3.5. *If $A \in \mathscr{T}$ admits a homotopy $n$-comean and has finitely generated homology groups, then the homotopy groups of $A$ admit an $n$-mean.*

The homology groups of $A$ admit an $n$-mean (since they admit an $n$-comean). Since they are finitely generated, it follows that they are torsion groups and, moreover, that their $p$-components vanish for each prime factor $p$ of $n$. Since $A$ is simply connected, we may apply the Hurewicz theorem in Serre's $C$-theory to deduce that the homotopy groups of $A$ are finitely generated torsion groups (i.e., finite groups) whose $p$-component vanishes for each prime factor $p$ of $n$. Thus the homotopy groups of $A$ are uniquely divisible by $n$ and so admit an $n$-mean.

Finally, we prove two theorems on $n$-means in $\mathscr{T}_k$, each of which generalizes the assertion in Theorem 2.9 that the universal cover of a space with $n$-mean admits an $n$-mean.

Let $G$ be an Abelian group; we will call a subgroup $G_0 \subset G$ *$n$-pure** if $G_0 \cap nG = nG_0$.

THEOREM 3.6. *Let $A \in \mathscr{T}_k$ admit the $n$-mean $\mu$ and let $p: \tilde{A} \to A$ be the covering map corresponding to a given $n$-pure subgroup of $\pi_1(A)$. Then $\tilde{A}$ admits a unique $n$-mean $\bar{\mu}$ such that $p$ is mean-preserving.*

In proving this, let us also write $\mu: A^n \to A$ for a map in the class $\mu$. Now $\pi_1(A)$ is uniquely divisible by $n$; for such groups it is easy to see that a subgroup is $n$-pure if and only if it is closed under division by $n$. Thus, since $\pi_1(\tilde{A})$ is $n$-pure in $\pi_1(A)$, $(\mu p^n)_* \pi_1(A^n) \subset p_* \pi_1(\tilde{A})$. This implies that there is a map $\bar{\mu}: \tilde{A}^n \to \tilde{A}$ such that $p\bar{\mu} = \mu p^n$ and that $\bar{\mu}$ is uniquely determined. Indeed, the homotopy class of $\bar{\mu}$ is determined by $p\bar{\mu} \simeq \mu p^n$, and it is plain that $\bar{\mu}$ is a homotopy mean.

The condition that $\pi_1(\tilde{A})$ be $n$-pure in $\pi_1(A)$ is evidently necessary, since it is equivalent to the condition that $\pi_1(\tilde{A})$ be a group with $n$-mean. It is, of course, automatically satisfied when $\pi_1(\tilde{A})$ is a torsion group.

THEOREM 3.7. *Let $X$ be $(m-1)$-connected and let $p: Y \to X$ be the $m$-connective fibre map over $X$. Then if $X$ admits the $n$-mean $\mu$, $Y$ admits a unique $n$-mean $\nu$ such that $p$ is mean-preserving.*

We omit the proof, which is elementary. We remark, however, that Theorems 3.6 and 3.7 may be combined in a common formulation if one strengthens 3.7 by merely asking that $p$ be induced by a map $g: X \to K(G, m)$ such that $g_*: \pi_m(X) \to G$ be an epimorphism with $n$-pure kernel.

*Swiss Federal Institute of Technology, University of Birmingham*

REFERENCES

[1] AUMANN, G., Ueber Räume mit Mittelbildungen, *Math. Ann.*, **119** (1943), 210-15.
[2] BROWDER, W., On Torsion in *H*-Spaces, *Ann. Math.* (**2**) **74** (1961), 24-51.
[3] ECKMANN, B., Räume mit Mittelbildungen, *Comm. Math. Helv.*, **28** (1954), 329-40.

* This is a slight modification of the terminology adopted in [6].

[4] ECKMANN B., and P. J. HILTON, Group-Like Structures in General Categories: I. Multiplication and Comultiplication, *Math. Ann.*, **145** (1962), 227-55.

[5] ECKMANN B., and P. J. HILTON, Group-Like Structures in General Categories: III. Primitive Categories (to be published in *Math. Ann.*).

[6] HILTON P. J., and S. M. YAHYA, Unique Divisibility in Abelian Groups (to be published).

# Homotopy and cohomology theory

Proc. Int. Congr. of Math. 1962,
Institut Mittag-Leffler (1963), 59–73

## 1. Introduction

Algebraic topology has become a quite complex discipline. This is not only due to many new ramifications and to highly developed, refined and powerful algebraic techniques, but also to the topic itself. Its aim is to solve geometrical problems by algebraic computation; but these problems come from very different sources ranging from point-set theory in Euclidean space to differential geometry and Lie group theory and to algebraic geometry and complex analysis. The algebraic-topological methods have in many cases been suggested by the respective fields, and they have, conversely, strongly influenced them and contributed to their recent development.

Nevertheless there has been in recent years a trend to unification, which clarifies the common ideas and is helpful for applications. At its origin is, on one hand, the functorial formulation due to Eilenberg and MacLane and the axiomatic approach to homology due to Eilenberg and Steenrod; and, on the other hand, the successful efforts made by many authors in homotopy and fiber bundle theory, including operations, manifold theory, extraordinary cohomology etc., where it would be difficult to list all the names. It appeared more and more clear that there is a common framework for the various concepts and methods, simple at least in its basic ideas. It is this simplicity I wish to emphasize in the following, without attempting any degree of completeness.

The unified approach I would like to present in this expository lecture is based on the simple and intuitive geometrical concept of *homotopy*. Thus our starting point for the algebraization is the set $\Pi(X, Y)$ of homotopy classes of maps of the space $X$ into the space $Y$. The following conventions are valid throughout: All spaces are assumed to be provided with a base-point written $o$, all maps $f: X \to Y$ carry base-points into base-points, and all homotopies (i.e., continuous one-parameter families of maps $X \to Y$) respect base-points for all values of the deformation parameter; in other words, the image of the base-point remains fixed during the deformation. The set $\Pi(X, Y)$ contains a distinguished element 0, namely the homotopy class of the constant map $X \to o \in Y$, the maps in that class being called "contractible" or null-homotopic. A map $h: Y \to Y'$ induces, by composition, a map $h_*$ of the set $\Pi(X, Y)$ into $\Pi(X, Y')$, with $h_*(0)=0$; and a map $g: X' \to X$ induces a map $g^*$ of $\Pi(X, Y)$ into $\Pi(X', Y)$, with $g^*(0)=0$. The set $\Pi(X, Y)$ is, of course, a topological invariant of both $X$ and $Y$; more precisely, it is a functor from based spaces to based sets, covariant in $Y$ and contravariant in $X$, the map $h_*$ induced by a homeomorphism $h$: $Y \to Y'$ (or $g^*$ induced by a homeomorphism $g: X' \to X$) being an equivalence of sets. In fact $\Pi(X, Y)$ depends only on the homotopy type of $X$ and of $Y$: if $h: Y \to Y'$ is a homotopy equivalence (i.e., if there is a map $h': Y' \to Y$ such that $hh'$ and $h'h$ are homotopic to the respective identities), then $h_*$ is an equivalence of the sets $\Pi(X, Y)$ and $\Pi(X, Y')$; and similarly for a homotopy equivalence $g: X' \to X$.

Our starting point thus seems to make use of only a weak part of the structure present in the spaces involved, and to eliminate all those aspects which are not homotopy invariant. The situation, however, is as follows: In general neither the problems nor the results are homotopy invariant; but whenever it comes to actual algebraization and computation, the construction depends only on the homotopy type—not of the original space, manifold variety, etc., but of other spaces associated with them by procedures (which need not be homotopy invariant, nor even of topological nature) which use as much of the given structures as possible.

## 2. Two-space homotopy groups

For a fixed space $Y$ the set $\Pi(X, Y)$ is a contravariant functor of the space $X$ which will be used to investigate $X$; and vice versa, for a fixed $X$, a covariant functor of $Y$ used to investigate $Y$. The structure "set with distinguished element 0" is, of course, not good enough for algebraic purposes, and one wants to give this set a *natural group structure*, with 0 being the neutral element of the group. "Natural" means that the structure in $\Pi(X, Y)$, for fixed $Y$, turns $\Pi(X, Y)$ into a functor from spaces to groups, the induced maps $g^*$ being homomorphisms; and similarly for fixed $X$. We do not go here into the general question of finding all test-spaces $Y$ or $X$ respectively for which this is possible (cf. [4, 5]), but simply list the two cases which will be used in the following.

(*a*) For an arbitrary space $B$, let $\Omega B$ be the space of loops in $B$ beginning and ending at $o$, with the constant loop as base-point; $\Omega B$ is provided with a multiplication (a map $\Omega B \times \Omega B \to \Omega B$), namely the usual composition of loops, fulfilling the group axioms up to homotopy. Two maps $f, f' : X \to \Omega B$ can be multiplied by multiplying the images $f(x)$ and $f'(x)$ in $\Omega B$, and this establishes in $\Pi(X, \Omega B)$ a natural group structure.

(*b*) For a space $A$, let $\Sigma A$ be the suspension of $A$, i.e., the double cone with basis $A$; more precisely, $\Sigma A$ is the product space of $A$ with the unit interval $I = \{0 \leqslant t \leqslant 1\}$, where the union $A \times (0) \cup A \times (1) \cup o \times I$ is identified to single point, the base-point of $\Sigma A$. There is a "comultiplication" $\mu$ in $\Sigma A$, i.e. a map of $\Sigma A$ into $\Sigma A \vee \Sigma A$ (union with identified base-points); it essentially consists in pinching $A \times (\frac{1}{2})$ to a point. For an arbitrary space $Y, \mu$ can be used to define a multiplication for maps $f, f' : \Sigma A \to Y$, as follows: Let $F : \Sigma A \vee \Sigma A \to Y$ be the map given by $f$ on the first copy $\Sigma A$ and by $f'$ on the second, and define $F\mu : \Sigma A \to Y$ to be the product of $f$ and $f'$. It is easily checked that this establishes a group structure in $\Pi(\Sigma A, Y)$, natural with respect to $Y$.

Moreover, the usual identification of maps from $A \times I$ to $B$ with maps of $A$ into the mapping space $B^I$ immediately yields a natural equivalence between $\Pi(\Sigma A, B)$ and $\Pi(A, \Omega B)$ which is a group isomorphism. We thus identify the groups $\Pi(\Sigma A, B) = \Pi(A, \Omega B)$ and define *two-space homotopy groups* $\Pi_n(A, B), n \geqslant 0$, by

$$\Pi_n(A, B) = \Pi(\Sigma^n A, B) = \Pi(\Sigma^{n-k} A, \Omega^k B), \quad 0 \leqslant k \leqslant n,$$

where $\Sigma^n$ is the $n$-fold suspension and $\Omega^n$ the $n$-fold loop-space. For $n \geqslant 2$, we can use in $\Pi_n(A, B) = \Pi(\Sigma^{n-1} A, \Omega B)$ either the multiplication in $\Omega B$ or the comultiplication in $\Sigma^{n-1} A$ for defining the group structure; by a simple and general argument the two group structures coincide and are Abelian (cf. [4, 5]). We thus obtain, for $n \geqslant 2$, functors $\Pi_n(A,B)$ from (based) spaces to Abelian groups, covariant in $B$ and contravariant in $A$, with homotopic maps inducing the same homomorphisms. We sometimes write $\Pi_*(A,B)$ for the direct sum of all $\Pi_n(A,B)$, $n \geqslant 2$. If $A$ is a sphere $S_{m-n}$, then $\Pi_n(A,B) = \Pi(\Sigma^n S_{m-n}, B) = \Pi(S_m, B) = \pi_m(B)$ is the usual $m$th Hurewicz homotopy group of $B$; the well-known and important algebraic feature of these groups is expressed by an exact sequence. In the next section we show more generally that there are two dual exact sequences for the $\Pi_n(A,B)$, one for a fixed $A$ and one for a fixed $B$. The "duality" appearing here and in other instances consists in exchanging the role of $A$ and $B$, i.e., in reversing the directions of all maps; it can be given an abstract foundation, cf. [5] and [6].

## 3. Exact sequences

For a fixed space $A$, we consider the group $\Pi_n(A,B)$ and, for a given map $\beta: B \to B'$, the induced homomorphism $\beta_*: \Pi_n(A,B) \to \Pi_n(A,B')$, $n \geqslant 2$. In the usual manner, the deviation of these $\beta_*$ from being isomorphisms is measured by "relative" groups; this means that we can define groups $\Pi_n(A,\beta)$ attached to the map $\beta$ (and to $A$) and two homomorphisms $J$: $\Pi_n(A,B') \to \Pi_n(A,\beta)$ and $\partial: \Pi_n(A,\beta) \to \Pi_{n-1}(A,B)$ such that the sequence

$$\ldots \to \Pi_n(A,B) \xrightarrow{\beta} \Pi_n(A,B') \xrightarrow{J} \Pi_n(A,\beta) \xrightarrow{\partial} \Pi_{n-1}(A,B) \to \ldots$$

is exact. We do not give here the full details of these definitions, but only some indications to show that everything is obtained in a quite elementary geometrical fashion.

In order to define $\Pi_n(A,\beta)$, we have to consider maps $f: \alpha \to \beta$ "of the map $\alpha$ into the map $\beta$". We write $CX$ for the cone over $X$ (i.e., the space $X \times I$ with $X \times (1) \cup o \times I$ identified to a single point $o$) and take for $\alpha$ the inclusion map $\Sigma^{n-1}A \to C(\Sigma^{n-1}A)$ of the basis into the cone. A map $f: \alpha \to \beta$ is then given by two "components" $f_0: \Sigma^{n-1}A \to B$ and $f_1: C(\Sigma^{n-1}A) \to B'$ subject to the condition that the diagram

$$\begin{array}{ccc} \Sigma^{n-1}A & \xrightarrow{f_0} & B \\ \alpha\downarrow & & \downarrow\beta \\ C(\Sigma^{n-1}A) & \xrightarrow[f_1]{} & B' \end{array}$$

be commutative. By a homotopy of $f$ we understand a pair of homotopies of $f_0$ and $f_1$ respectively such that the above diagram is commutative for all values of the deformation parameter. The homotopy classes of these maps $f: \alpha \to \beta$ are the elements of the group $\Pi_n(A,\beta)$; the group structure is again defined with the help of the suspension $\Sigma$ (for $n \geqslant 2$; it is Abelian for $n \geqslant 3$). If $B'$ consists of a single point $o$, one has $\Pi_n(A,\beta) \cong \Pi_{n-1}(A,B)$ by an obvious isomorphism (omitting the component $f_1$). If $B$ consists of a single point, one has $\Pi_n(A,\beta) \cong \Pi_n(A,B')$, since the space $C(\Sigma^{n-1}A)/\Sigma^{n-1}A$, obtained from the cone by identifying its basis to a single point $o$, is homeomorphic to $\Sigma^n A$.

In order to define $J$ and $\partial$, we consider the commutative diagram

$$\begin{array}{ccccccc} & & & & & & o \\ & & & & & & \downarrow\gamma \\ o & \rightarrow & o & \rightarrow & B & \xrightarrow{1} & B \\ \gamma\downarrow & & \downarrow\gamma' & & \downarrow\beta & & \downarrow\tilde{\gamma} \\ B & \xrightarrow{\beta} & B' & \xrightarrow{1} & B' & \rightarrow & o \end{array}$$

where $\beta$ is the given map $B \rightarrow B'$, $\gamma$ and $\gamma'$ are the embeddings of the base-point into $B$ and $B'$ respectively, and $\tilde{\gamma}$ is the trivial map $B \rightarrow o$. The horizontal maps define three maps: $\gamma \rightarrow \gamma'$, $\gamma' \rightarrow \beta$ and $\beta \rightarrow \tilde{\gamma}$, with induced homomorphisms $\Pi_n(A,\gamma) \rightarrow \Pi_n(A,\gamma') \rightarrow \Pi_n(A,\beta) \rightarrow \Pi_n(A,\tilde{\gamma}) \cong \Pi_{n-1}(A,\gamma)$; replacing the first group by $\Pi_n(A,B)$, the second by $\Pi_n(A,B)$ and the fourth by $\Pi_{n-1}(A,B)$ we get the three homomorphisms $\beta_*$, $J$ and $\partial$ of the sequence above. From these definitions, exactness is easily obtained.

[If we take for $A$ a sphere $S_{m-n}$, $\Pi_n(A,B) = \pi_m(B)$ is the $m$th Hurewicz homotopy group of $B$; if $\beta: B \rightarrow B'$ is an inclusion map of a subspace $B \subset B'$, $\Pi_n(A,\beta)$ is the relative Hurewicz homotopy group $\pi_m(B' \bmod B)$, and the sequence is the classical relative Hurewicz homotopy sequence, which thus appears as the first natural case of algebraization. Obviously the assumption that $\beta$ be an inclusion map is irrelevant.]

From the above considerations it is clear that the groups appearing in the exact sequence are in fact special cases of relative groups, and the whole argument generalizes easily to arbitrary relative groups, as follows. In the diagram above we replace the two first vertical maps by non-trivial maps $\gamma: B_0 \rightarrow B$, $\gamma': B_0 \rightarrow B'$ of a space $B_0$ into $B$ and $B'$:

$$\begin{array}{ccccccc} & & & & & & B_0 \\ & & & & & & \downarrow\gamma \\ B_0 & \xrightarrow{1} & B_0 & \xrightarrow{\gamma} & B & \xrightarrow{1} & B \\ \gamma\downarrow & & \downarrow\gamma' & & \downarrow\beta & & \downarrow\tilde{\gamma} \\ B & \xrightarrow[\beta]{} & B' & \xrightarrow[1]{} & B' & \rightarrow & o \end{array}$$

Commutativity of the diagram then requires that $\gamma' = \beta\gamma$. The group $\Pi_n(A,\tilde{\gamma}) = \Pi_{n-1}(A,B)$ can no longer be identified with the group $\Pi_{n-1}(A,\gamma)$, but there is an obvious homomorphism $\eta$ into it. Thus the three homomorphisms induced by the vertical maps (the third one composed with $\eta$) yield a sequence

$$\ldots \rightarrow \Pi_n(A,\gamma) \rightarrow \Pi_n(A,\beta\gamma) \rightarrow \Pi_n(A,\beta) \rightarrow \Pi_{n-1}(A,\gamma) \rightarrow \ldots.$$

of relative groups for the maps $\gamma,\beta$ and $\beta\gamma: B_0 \rightarrow B \rightarrow B'$. As before the sequence is easily seen to be exact. It is called the *triple sequence* for the "triple" of spaces $B_0 \xrightarrow{\gamma} B \xrightarrow{\beta} B'$, *relating the three relative groups of* $\gamma$, *of* $\beta$, *and of the composition* $\beta\gamma$, for a fixed $A$. It establishes a precise relation between $\Pi_*(A,\gamma)$ and $\Pi_*(A,\beta)$ on one hand, and $\Pi_*(A,\beta\gamma)$ on the other; this relation does not determine $\Pi_*(A,\beta\gamma)$ but expresses it in a well-known fashion "up to a group extension". The ordinary exact sequence is a special case of the triple sequence; the latter has the advantage of making use of the additional structure present in the category of maps between spaces, namely the composition of maps.

The next step then is obviously the take a composition of more than two maps $\beta=\beta_1\beta_2...\beta_r$ (for some integer $r\geqslant 2$; the infinite case could be handled similarly, but is omitted here for simplicity):

$$B_r \xrightarrow{\beta_r} B_{r-1} \to \dots \xrightarrow{\beta_2} B_1 \xrightarrow{\beta_1} B$$

and to ask for the relationship between the $\Pi_*(A,\beta_i), i=1,...,r$ on one hand and $\Pi_*(A,\beta)$ on the other. The answer is clearly given by a *spectral sequence*: one starts from the direct sum $\sum_{i=1}^r \Pi_*(A,\beta_i)$ and amalgamates the triple sequences corresponding to the successive compositions into exact couples; the spectral sequence thus obtained (cf. Eckmann–Huber [6]) begins with $E_1=\sum_{i=1}^r \Pi_*(A,\beta_i)$ and ends with $\Pi_*(A,\beta)$ in the usual sense that $E_\infty$ is the graded group of $\Pi_*(A,\beta)$ for an obvious filtration (given by the factorization $\beta=\beta_1\beta_2...\beta_r$). The differentials of the spectral sequence are obtained from the homomorphisms appearing in the various triple sequences.

Just a few words about the dual situation: In the groups $\Pi_n(A,B)$, a fixed test-space $B$ is considered; for a map $\alpha: A\to A'$ with induced homomorphisms $\alpha^*:\Pi_n(A',B)\to\Pi_n(A,B)$ a relative group $\Pi_n(\alpha,B)$ is defined and homomorphisms $J:\Pi_n(A,B)\to\Pi_n(\alpha,B)$, $\partial:\Pi_n(\alpha,B)\to\Pi_{n-1}(A',B)$ such that the sequence

$$\dots\to\Pi_n(A',B)\xrightarrow{\alpha^*}\Pi_n(A,B)\xrightarrow{J}\Pi_n(\alpha,B)\xrightarrow{\partial}\Pi_{n-1}(A',B)\to\dots$$

is exact. The elements of $\Pi_n(\alpha,B)$ are the homotopy classes of maps of $\alpha$ into $\beta$, where $\beta$ designates the projection map $E\Omega^{n-1}B\to\Omega^{n-1}B$ ($EX$ denoting the space of all open paths in $X$ ending at $o$, with projection $\beta: EX\to X$, which is a fiber space over $X$ with fiber $\beta^{-1}(o)=\Omega X$):

$$\begin{array}{ccc} A & \to & E\Omega^{n-1}B \\ {\scriptstyle\alpha}\downarrow & & \downarrow{\scriptstyle\beta} \\ A' & \to & \Omega^{n-1}B \end{array}$$

More generally, for the composition $\gamma\alpha$ of two maps $A\xrightarrow{\alpha}A'\xrightarrow{\gamma}A_0$ one has an exact *triple sequence*

$$\dots\to\Pi_n(\gamma,B)\to\Pi_n(\gamma\alpha,B)\to\Pi_n(\alpha,B)\to\Pi_{n-1}(\gamma,B)\to\dots,$$

and for the composition of $r$ maps $\alpha=\alpha_r\,\alpha_{r-1}\dots\alpha_1$ a *spectral sequence* beginning with the direct sum $E_1=\sum_{i=1}^r\Pi_*(\alpha_i,B)$ and ending with $\Pi_*(\alpha,B)$ for a filtration corresponding to the factorization.

The two dual results, incidentally, need not be established separately, but can be obtained from a general categorical argument using semi-simplicial constructions (cf. P. J. Huber [7]).

Before going into the applications of this general algebraic framework, all based upon a special choice of the test-spaces $A$ or $B$ respectively, we describe a further general feature known under the name of "excision". It again manifests itself in two perfectly dual forms.

## 4. Excision

A map $\beta: E\to B$ is called a *fiber map*, with fiber $F=\beta^{-1}(o)$, if the *covering homotopy property* holds for arbitary maps $f: X\to B$; i.e., if $f$ is factored through

$\beta$ as $f=\beta f'$, then any homotopy of $f$ can be factored through $\beta$. For the Hurewicz homotopy groups it is then a well-known fact that $\pi_n(\nu)$ is naturally isomorphic to $\pi_n(B)$, where $\nu$ denotes the inclusion $F\subset E$; this is easily seen to be equivalent to the isomorphism $\pi_n(\beta)\cong\pi_{n-1}(F)$, and in this form a general statement can be formulated, expressing relative groups $\Pi_n(A,\beta)$ of a fiber map $\beta$ by "absolute" groups of the fiber $F$: The commutative diagram

$$\begin{array}{ccc} F & \xrightarrow{\nu} & E \\ {\scriptstyle\beta_0}\downarrow & & \downarrow{\scriptstyle\beta} \\ o & \rightarrow & B \end{array}$$

considered as a map of $\beta_0$ into $\beta$ induces a homomorphism $\Pi_n(A,\beta_0)\to\Pi_n(A,\beta)$, called excision; from the fiber map property it follows easily that this excision homomorphism is an isomorphism. The left-hand side being $\cong\Pi_{n-1}(A,F)$, one has a natural isomorphism $\Pi_{n-1}(A,F)\cong\Pi_n(A,\beta)$. [Equivalently one might say that for a fiber map $\beta$ the group $\Pi_n(A,\beta)$ remains unchanged if everything but the fiber is removed from $E$; i.e., if $\beta$ is replaced by $\beta_0$. The exact sequence then gives the above isomorphism.]

Dually a map $\alpha:A\to E$ is called a *cofiber map*, with cofiber $F=E/\alpha(A)$ (the image in $E$ identified to a single point $o$), if the *homotopy extension property* holds for arbitrary maps $f:A\to X$; i.e., if $f$ is factored through $\alpha$ as $f=f'\alpha$, then any homotopy of $f$ can be factored through $\alpha$. For an inclusion $A\subset E$ this is the ordinary homotopy extension property. The diagram

$$\begin{array}{ccc} A & \rightarrow & o \\ {\scriptstyle\alpha}\downarrow & & \downarrow{\scriptstyle\alpha_0} \\ E & \rightarrow & F \end{array}$$

then induces an excision isomorphism $\Pi_n(\alpha_0,B)\to\Pi_n(\alpha,B)$, where the right-hand side is $\cong\Pi_{n-1}(F,B)$. Thus the relative group $\Pi_n(\alpha,B)$ of a cofibration is naturally isomorphic to the "absolute" group $\Pi_{n-1}(F,B)$ of the cofiber. In other words, the relative group of a cofibration only depends on the cofiber $F=E/\alpha(A)$ and remains unchanged if the interior of $\alpha(A)$ is removed.

These two excision isomorphisms for fiberings and cofiberings, converting relative groups into absolute ones, prove in certain cases useful for computation.

## 5. Spectra. Cohomology

From the general set-up the groups normally used in algebraic topology are obtained by special choices of the test-spaces $A$ and $B$ respectively. As said before, taking for $A$ a sphere (e.g., $S_0$) yields the Hurewicz homotopy groups with their exact sequences, triple sequences and spectral sequences, and with the excision property for fiberings. In the dual situation, cohomology theory is obtained by using test-spaces $B$ belonging to a "spectrum", as explained below (there is a certain lack of duality appearing at this stage, which will be discussed later).

An $\Omega$-*spectrum* $\mathfrak{B}$, or in short a spectrum, is a sequence of spaces $B_k$ given for all integers $k$, together with maps $w_k:B_k\to\Omega B_{k+1}$ which are *homotopy equivalences* for all $k$. Given such a spectrum $\mathfrak{B}=(B_k, w_k)$, there is an isomorphism (given by the respective $w_k$) between the groups $\Pi_n(A, B_{m+n})=\Pi(A, \Omega^n B_{m+n})$ and $\Pi(A, B_m)$, for any $n>0$. Thus the two groups can be identified; thus $\Pi_n(A, B_{m+n})=\Pi(A, B_m)$ is independent of $n>0$ and we denote this Abelian group by $h^m(A)$, $m$ being an arbitrary integer. Similarly, relative groups $h^m(\alpha)$ for a map $\alpha: A\to A'$ are defined by $h^m(\alpha)=\Pi_{n+1}(\alpha, B_{m+n})=\Pi_1(\alpha, B_m)$ for all $m$; for $\alpha^0: o\to A$ one has $h^m(\alpha^0)=h^m(A)$, for $\alpha_0: A\to o$, one has $h^m(\alpha_0)=h^{m-1}(A)$. The exact sequence of the groups $\Pi_n$

$$\ldots\to\Pi_n(A', B_{m+n})\xrightarrow{\alpha^*}\Pi_n(A, B_{m+n})\xrightarrow{J}\Pi_n(\alpha, B_{m+n})\xrightarrow{\partial}\Pi_{n-1}(A', B_{m+n})\to\ldots$$

then translates into an exact sequence

$$(S)\qquad \ldots\to h^m(A')\xrightarrow{\alpha^*}h^m(A)\xrightarrow{J}h^{m+1}(\alpha)\xrightarrow{\partial}h^{m+1}(A')\to\ldots$$

which looks like a cohomology sequence, where the upper indices correspond to dimensions and where $J$ is usually denoted by $\delta$. The excision property for cofibrations $\Pi_{n+1}(\alpha, B_{n+m})\cong\Pi_n(F, B_{m+n})$, $F$ being the cofiber of $\alpha$, translates into the isomorphism $h^m(F)\cong h^m(\alpha)$, again in agreement with cohomology excision; the isomorphism is induced by

$$\begin{array}{ccc} A & \to & o \\ {\scriptstyle\alpha}\downarrow & & \downarrow{\scriptstyle\varphi} \\ A' & \to & F \end{array}$$

considered as a map of $\alpha$ into $\varphi$. A third cohomology property to be mentioned here, obvious from our homotopical definitions, is the fact that homotopic maps $\alpha$ induce the same homomorphisms $\alpha^*: h^m(A')\to h^m(A)$.

To sum up: We have obtained a sequence of contravariant functors $h^m(\alpha)$ from the category of based maps $\alpha$ of spaces, to the category of Abelian groups, defined for all integers $m$ and such that for any space $A$ the two maps $\alpha^0: o\to A$ and $\alpha_0: A\to o$ are related by a natural "connecting" isomorphism $h^m(\alpha^0)\cong h^{m+1}(\alpha_0)$; this group is written $h^m(A)$, defining a contravariant functor from spaces to Abelian groups. These functors have the three properties (I) Exactness, (II) Excision, (III) Homotopy; (I) means that the sequence (S) induced by the diagram

$$\begin{array}{ccccccc} o & \to & A & \xrightarrow{1} & A & \xrightarrow{\alpha} & A' \\ \downarrow & & \downarrow{\scriptstyle\alpha} & & \downarrow & & \downarrow \\ A' & \xrightarrow{1} & A' & \to & o & \to & o \end{array}$$

and the "connecting isomorphism" is exact; (II) means that for a cofibration $\alpha$ the group $h^m(\alpha)$ depends only on the cofiber, and (III) that homotopic maps induce the same homomorphism. Any system of functors with these properties is called a *general cohomology theory*. We thus summarize the above considerations by saying that, *given a spectrum* $\mathfrak{B}=(B_m, w_m)$, *our homotopical definitions yield a general cohomology theory* $h^m(\alpha)$. We will limit ourselves here entirely to such homotopically defined cohomology theories; by a recent representation theorem of R. Brown [2] this is, to a large extent not a real restriction: the theorem states that (under certain countability assumptions) any abstractly given cohomology theory can be realized homotopically by means of a spectrum $\mathfrak{B}$.

Here the following remarks should be added for completeness or in view of later application.

(1) We have restricted ourselves to "reduced" cohomology theories $h^*$, with $h^m=0$ for a one-point space and with groups and homomorphisms defined for spaces with base-points and based maps only. "Unreduced" theories $h^*_+$ for free spaces[1] can be obtained from these reduced ones (and vice versa) by standard procedures (cf., e.g., [8]), and there are no essentially different features. In particular, if we write $A^+$ for the topological sum of $A$ with an extra point which is taken as base-point of $A^+$, the groups $h^m_+(A)$ of $h^*_+$ are given by $h^m(A^+)$; the map $A^+\to A$ which is the identity on $A$ induces a monomorphism $h^m(A)\to h^m_+(A)$.

(2) The exactness property (I) includes, in fact, the triple sequence for the composition of two maps; and consequently also the *spectral sequence* for the composition of $r\geqslant 2$ maps $\alpha=\alpha_r\alpha_{r-1}\ldots\alpha_1$, with $E_1=\sum_{i=1}^r h^*(\alpha_i)$ and $E_\infty$ equal to the graded group associated with the filtration of $h^*(\alpha)$ determined by the factorization.

(3) From the definitions it follows immediately that $\Pi(\Sigma A, B_{m+1})\cong \Pi(A,\Omega B_{m+1})=\Pi(A,B_m)$, i.e., $h^{m+1}(\Sigma A)\cong h^m(A)$. Thus, for example, the cohomology $h^*$ of the $k$-sphere $S_k$ can be expressed by $h^*(S_0)$, with $h^m(S_k)\cong h^{m-k}(S_0)$ for all $m$.

(4) The "dimension axiom" of cohomology requires that $h^m(S_0)=0$ for all $m\neq 0$, or equivalently, that for any $k\geqslant 0$ $h^m(S_k)=0$ for all $m\neq k$. We note that $h^m(S_k)=\Pi(S_k,B_m)=\pi_k(B_m)$, and there may very well be spectra for which *this dimension axiom does not hold*. In order that this axiom holds, it is necessary and sufficient that, for each integer $m$, $\pi_k(B_m)=0$ for $k\geqslant 0$, $k\neq m$; this means for $m\geqslant 0$ that $B_m$ is an Eilenberg–MacLane space $K(G_m,m)$ for the dimension $m$ and the Abelian group $G_m=\pi_m(B_m)$, and for $m<0$ that $B_m$ is (homotopy equivalent to) a one-point space $o$. Moreover the homotopy equivalence $w_m\colon B_m\to\Omega B_{m+1}$ shows that $G_m\cong G_{m+1}, m\geqslant 0$. Thus the *cohomology with respect to a spectrum $\mathfrak{B}$ fulfills the dimension axiom if and only if $\mathfrak{B}$ is the Eilenberg-MacLane spectrum*: $B_m=K(G,m)$ for $m\geqslant 0$ and a fixed Abelian group $G$, $B_m=o$ for $m<0$ (hence $h^m(A)=0$ for all $m<0$).

It is to be emphasized that the above homotopical definition of cohomology (without or with dimension axiom) and the whole algebraic machinery including the spectral sequence is entirely independent of any type of cellular structure of the spaces involved or of "cohomology" in any of the classical meanings.

## 6. Polyhedra, simplicial cohomology

The special role of polyhedral spaces in the context of cohomology lies, roughly speaking, in the particular "possibilities for effective computation" given by the cellular structure. The precise meaning of this feature, in addition to the general algebraization outlined above, can be described as follows.

By a "polyhedron" we mean here, for simplicity, a finite simplicial complex (the finiteness is only used for part of the following considerations,

[1] The notations normally used are $h^m$ for our $h^m_+$ and $\tilde{h}^m$ for our $h^m$.

and moreover everything can be carried over to spaces having the homotopy type of $CW$-complexes). For such a polyhedron $A$, let $A^{(m)}$ denote its $m$-skeleton, $A^{(-1)}=o\subset A^{(0)}$, and $\alpha_m$ the embedding $A^{(m-1)}\to A^{(m)}$ for $m=0,1,\ldots,$ $n(=\dim. A)$. Then the map $\alpha: o\to A$ is factored as $\alpha=\alpha_n\alpha_{n-1}\ldots\alpha_1\alpha_0$. The spectral sequence for $h^*(\alpha)=h^*(A)$ corresponding to that factorization begins with $E_1=\sum_{m=0}^{n}h^*(\alpha_m)$. By the excision property for cofibrations we have $h^q(\alpha_m)=h^q(A^{(m)}/A^{(m-1)})$; now $A^{(m)}/A^{(m-1)}$, the $m$-skeleton where the $(m-1)$-skeleton is identified to a single point $o$, is the union of a certain number of spheres $S_m$ with one common point $o$, each sphere corresponding to an $m$-simplex $\sigma_m$ of $A$. The elements of the group $h^q(\alpha_m)\cong\Pi(A^{(m)}/A^{(m-1)}, B_q)$ can thus be considered as functions associating to each simplex $\sigma_m$ of $A$ an element of $\Pi(S_m, B_q)=\pi_m(B_q)=h^q(S_m)\cong h^{q-m}(S_0)$; in other words, $h^q(\alpha_m)$ is the group $C^m(A;\pi_m(B_q))=C^m(A;h^{q-m}(S_0))$ *of all simplicial $m$-cochains of $A$ with values in* $\pi_m(B_q)\cong h^{q-m}(S_0)$. Thus the spectral sequence begins with

$$E_1=C^*(A;h^*(S_0));$$

more precisely, writing p for $q-m$, $E_1=\sum_{m=0}^{n}\sum_{p=-\infty}^{+\infty}E_1^{m,p}$ with $E_1^{m,p}=h^{m+p}(\alpha_m)=C^m(A;\ h^p(S_0))$ [contributing through the spectral sequence to $h^{m+p}(\alpha)=h^{m+p}(A)$]. The differential $d_1$ in $E_1$ is easily computed: it is the ordinary simplicial coboundary in $C^m(A;h^p(S_0))$. Therefore we have

$$E_2=H^*(A;h^*(S_0)),$$

more precisely $E_2=\sum_{m,p}E_2^{m,p}$ with $E_2^{m,p}=H^m(A;\ h^p(S_0))$. Here $H^m$(and $H^*$) denote the (reduced) *elementary simplicial cohomology* of the polyhedron $A$, with the respective coefficient groups, computed as usual from incidence numbers, cocycles and coboundaries.

We summarize the result: *For a cohomology theory* $h^*$ (with respect to a given spectrum $\mathfrak{B}$) *and a polyhedron $A$ there is a spectral sequence for $h^*(A)$ with $E_2=H^*(A;h^*(S_0))$, where all $H^m(A;h^p(S_0))$ with $m+p=q$ contribute to $h^q(A)$. Thus the first step of the computation of $h^*(A)$ is given by the simplicial cohomology of $A$ with coefficients in $h^*(S_0)$.*

The remainder of this lecture (sections 7 and 8) is devoted to a rapid description of some of the numerous applications of this fundamental fact of polyhedral algebraic topology; I have to choose from a large variety of results which increases every day. Some of them use further "partly computable" spectral sequences obtained from other factorizations of maps (the factorization being defined with the help of skeletons), e.g. for fiber maps. A different approach to such spectral sequences, for abstractly given cohomology is due to Dold (an outline can be found in [3]); it includes multiplicative structures and interesting general properties of cohomology for polyhedra.

## 7. Special cases and remarks

(1) We first consider, for a polyhedron $A$, the case of a cohomology theory $h^*$ *with dimension axiom*: $h^q(S_0)=0$ for $q\neq 0$, and we write $G$ for the group $h^0(S_0)\cong h^m(S_m)$ for arbitrary $m\geqslant 0$ (the isomorphism being given by suspension). Then in the spectral sequence for $h^*(A)$ we have $E_2=\sum_{m=0}^{n}E_2^{m,p}$ $(n=\dim. A)$ with $E_2^{m,p}=H^m(A;\ h^p(S_0))=0$ for $p\neq 0$ and $=H^m(A;G)$ for $p=0$ It follows that $d_r=0$ for all $r\geqslant 2$, hence

$$E_2^{m,p} = E_r^{m,p} = E_\infty^{m,p} = 0 \text{ for } p \neq 0, \ = H^m(A; G) \quad \text{for} \quad p = 0, \ m = 0, \ldots, n,$$

and $h^q(A) \cong E_\infty^{q,0}$; we thus obtain

$$h^q(A) \cong H^q(A; G), \quad \text{with} \quad G = h^0(S_0),$$

for $0 \leqslant q \leqslant n$ and 0 otherwise. The isomorphism (of degree 0) $h^*(A) \cong H^*(A; h^0(S_0))$ is the *uniqueness theorem for cohomology with dimension axiom* in the category of polyhedra: any such theory is isomorphic to the simplicial cohomology relative to the coefficient group $G = h^0(S_0)$. It may also be called the simplicial computation theorem for cohomology with dimension axiom, thus making the whole classical machinery available for applications where the explicit structure of cohomology groups is needed.

In terms of the homotopical definitions the dimension axiom tells that the spectrum $\mathfrak{B}$ of the cohomology theory $h^*$ consists of Eilenberg–MacLane spaces $K(G,m)$, i.e., $h^m(A) = \Pi(A, K(G,m))$. Then the above isomorphism $\Pi(A, K(G,m)) \cong H^m(A; G)$ yields the "simplicial computation of homotopical Eilenberg-MacLane cohomology". It should be added that in the whole argument above the spectral sequence is not really needed, since the term $E_2$ only occurs; the triple sequence for two maps $A^{(m-1)} \rightarrow A^{(m)} \rightarrow A^{(m+1)}$ would be sufficient. A close inspection of course provides an explicit homotopical description not only of simplicial cohomology classes, but also of simplicial cocycles and coboundaries (useful, for example, in obstruction theory).

In the following $H^*$ always denotes cohomology with dimension axiom, which on polyhedra is identified with simplicial cohomology.

(2) The spectral sequence for $h^*(A)$, where $h^*$ is a general cohomology theory and $A$ a polyhedron, depends functorially upon $A$ and upon $h^*$. As an application of the functorial dependence upon $A$, we consider a map $\alpha: A \rightarrow A'$ and assume that it induces an isomorphism $H^*(A'; G) \cong H^*(A; G)$ for any $G$ (or, equivalently, that $\alpha$ induces an isomorphism of simplicial integral homology). Then $\alpha$ induces isomorphisms of all the terms $E_r$, $r \geqslant 2$, of the spectral sequence for $h^*(A')$ onto those for $h^*(A)$, and thus an isomorphism $h^*(A') \cong h^*(A)$. [An alternative proof for this result, not using the spectral sequence, is given by the fact that the map $\alpha$ yields a homotopy equivalence of $\Sigma A$ with $\Sigma A'$.] The functorial behavior with respect to $h^*$ appears in the next item.

(3) Let $\mathfrak{B} = (B_m, w_m)$ and $\mathfrak{B}' = (B'_m, w'_m)$ be two spectra, and $t: \mathfrak{B} \rightarrow \mathfrak{B}'$ a map of $\mathfrak{B}$ into $\mathfrak{B}'$, i.e., a sequence of maps $t_m: B_m \rightarrow B'_m$ compatible with the homotopy equivalences $w_m$ and $w'_m$. Let $h^*, k^*$ denote the cohomology theories relative to $\mathfrak{B}$ and $\mathfrak{B}'$ respectively. For an arbitrary space $A$, the maps $T_A$ of $h^m(A) = \Pi(A, B_m)$ into $k^m(A) = \Pi(A, B'_m)$ induced by the $t_m$ are then homomorphisms. They constitute a system of natural transformations of the functors $h^m$ into $k^m$ for all $m$, compatible with the "connecting isomorphism" (cf. section 4). Such a system is called in short a *transformation of the cohomology theory $h^*$ into $k^*$*; any such transformation can be given by maps of the corresponding spectra. As particular cases, these transformations include (additive) cohomology operations, coefficient relations in ordinary cohomology, etc. The spectral sequences for $h^*$ and $k^*$ can be applied to such transformations (there is a possibility of applying also the dual exact and spectral sequences of the $\Pi_n(A, B)$ to $t_m: B_m \rightarrow B'_m$, but we do not describe it here).

We first consider a transformation $T: h^* \to k^*$ of cohomology theories which is an *isomorphism on* $S_0$. *Then, for any polyhedron* $A$, $T$ induces isomorphisms of the terms $E_r, r \geqslant 2$, of the spectral sequence for $h^*(A)$ into those for $k^*(A)$, and thus $T$ *is an isomorphism* $h^*(A) \cong k^*(A)$. Again it should be observed here that the result can also be obtained by homotopical arguments not using the spectral sequence; namely, it follows easily from the assumption that the map $t: \mathfrak{B} \to \mathfrak{B}'$ corresponding to the transformation is for each $m$ a weak homotopy equivalence $B_m \to B'_m$.

(4) The following procedure due to Dold [3] yields an interesting transformation $T$ relating an arbitrary cohomology theory $h^*$ to ordinary cohomology $H^*$ relative to the coefficient group $h^*(S_0) \otimes \mathbf{Q}$ (tensor product with the group of rationals).

Let $k^*$ be a cohomology theory, with spectrum $\mathfrak{B} = (B_m, w_m)$, and consider the composition of maps

$$\Sigma^N A \xrightarrow{f} S_{N+p} \xrightarrow{g} B_{N+p+q}.$$

For $N$ sufficiently large the homotopy class of $f$ is (under the suspension isomorphism) independent of $N$ and defines an element of the stable cohomotopy group $\pi^p_{st}(A)$, while $g$ defines, for an arbitrary $N$, an element of $k^q(S_0)$ and $gf$ an element of $k^{p+q}(A)$. We thus get a transformation $T'$ given by

$$T'_A: \pi^p_{st}(A) \otimes k^q(S_0) \to k^{p+q}(A).$$

Now $\pi^p_{st}(S_0)$ is finite for $p \neq 0$ and infinite cyclic for $p=0$; therefore, if we assume $k^*(S_0)$ to be a module over the ring $\mathbf{Q}$ of rationals, $T'_{S_0}$ will be an isomorphism and thus $T'_A$ an isomorphism for polyhedra $A$. This result can be applied (a) to $k^q = h^q \otimes \mathbf{Q}$, where $h^*$ is an arbitrary cohomology theory, and (b) to $k^q = \sum_{m+p=q} H^m(A; h^p(S_0) \otimes \mathbf{Q})$, and thus yields an isomorphism

$$T''_A: h^q(A) \otimes \mathbf{Q} \cong \sum_{m+p=q} H^m(A; h^p(S_0) \otimes \mathbf{Q})$$

for polyhedra $A$. Combining this with the natural embedding $\tau_A: h^q(A) \to h^q(A) \otimes \mathbf{Q}$ *we get a transformation* $T$ *given by*

$$T_A: h^q(A) \to \sum_{m+p=q} H^m(A; h^p(S_0) \otimes \mathbf{Q})$$

*which reduces to* $\tau_{S_0}$ *on the* 0*-sphere and which is, for any polyhedron* $A$, *an isomorphism if tensored by* $\mathbf{Q}$. Thus for polyhedra the difference between $H^*$ and an arbitrary cohomology theory $h^*$ lies essentially only in torsion elements. The transformation $T$ is, by the way, uniquely determined by the fact that $T_{S_0}$ is the embedding $\tau_{S_0}: h^*(S_0) \to h^*(S_0) \otimes \mathbf{Q}$.

(5) There is a famous example (Grothendieck-Atiyah-Hirzebruch) of a cohomology theory without dimension axiom and the corresponding transformation into ordinary rational cohomology. It is given by the *unitary spectrum* $\mathfrak{B} = (B_m, w_m)$ with $B_m = \Omega U$ if $m$ is even, $B_m = U$ if $m$ is odd, where $U$ denotes the infinite unitary group and $\Omega U$ its loop-space; by the Bott periodicity theorem $\Omega U$ can be used as classifying space for $U$ (there is a (weak) homotopy equivalence $w: U \to \Omega\Omega U$; hence we can put $w_m = 1$ for $m$

even, $w_m = w$ for $m$ odd). The corresponding cohomology groups $\Pi(A, \Omega U)$ and $\Pi(A, U)$ are denoted by $K^m(A)$ (reduced, usually written $\tilde{K}^m$); one has $K^m(S_0) = \pi_0(\Omega U)$ or $\pi_0(U)$ respectively, i.e. $K^m(S_0) = \mathbf{Z}$ if $m$ is even, $=0$ if $m$ is odd. The transformation $T$ of (4) yields isomorphisms for polyhedra $A$

$$K^q(A) \otimes \mathbf{Q} \cong \sum_{m+p=q} H^m(A; K^p(S_0) \otimes \mathbf{Q})$$

$$= \sum_{m \text{ even}} H^m(A; \mathbf{Q}) \quad \text{if} \quad q \text{ is even},$$

$$= \sum_{m \text{ odd}} H^m(A; \mathbf{Q}) \quad \text{if} \quad q \text{ is odd},$$

thus expressing $K^q(A) \otimes \mathbf{Q}$ by the Betti numbers of $A$. Moreover one has, of course, the whole spectral sequence of section 6 for $K^*(A)$, with $E_2 = H^*(A; K^*(S_0))$, as given originally by Atiyah-Hirzebruch. All this and related further facts have been used successfully to compute $K^*$ and $K^*_+$ (unreduced theory, cf. section 5) for complex and real projective spaces, and "truncated" ones; and also to compute, in these cases, cohomology operations $K^* \to K^*$ defined by linear representations of the unitary groups. On the basis of these computations, Adams has given the complete solution of the real and of the unitary vector field problem on spheres (determination of the maximum number of independent fields; for the real case, see [1]).

We have not so far mentioned the relationship between $K^*(A)$ and unitary *vector bundles* over $A$: Since $B_m$ is the classifying space of the unitary group ($m$ even) or its loop-space ($m$ odd), the group $K^m(A) = \Pi(A, B_m) = \Pi(\Sigma A, B_{m+1})$ is the group of stable unitary vector bundles over $A$ ($m$ even) or over $\Sigma A$ ($m$ odd); and $K^m_+(A)$ the group of vector bundles with specified fiber dimension. The transformation $T: K^*(A) \to H^*(A; K^*(S_0) \otimes \mathbf{Q})$ above, regarded as a transformation into $H^*(A; \mathbf{Q})$ is nothing else than the "Chern character": for $\xi \in K^*(A)$, $T(\xi) = \text{ch}\, \xi$ is the Chern character belonging to the total Chern class of $\xi$ (ch $\xi$ and the total Chern class determine each other).

This relation to bundle theory is irrelevant for the computations above, but of course it plays an important part in many other connections; in particular when multiplicative structures are involved, see section 8.

(8) We close this section with some remarks on *duality*. The duality aspects of the two-space homotopy groups $\Pi_n(A, B)$, including their algebraic properties as described in sections 2–4, are obtained by interchanging $A$ and $B$, i.e, by reversing the direction of all maps. The Hurewicz homotopy groups $\pi_m(B) = \Pi(S_m, B)$ and the cohomology groups $h^m(A) = \Pi(A, B_m)$ for some spectrum $\mathfrak{B} = (B_m, w_m)$ behave, in some respects, dually to each other: from $\Pi(A, B)$ one obtains the $\pi_m$ by choosing $A = S_m$, the $h^m$ by choosing $B = B_m$ (with equivalences $w'_m: \Sigma S_m \to S_{m+1}$ and $w_m: B_m \to \Omega B_{m+1}$, hence $\pi_m(B) = \Pi_n(S_{m-n}, B)$ and $h^m = \Pi_n(A, B_{m+n})$, independent of $n$), and thus many dual features obviously are carried over from the general $\Pi_n(A, B)$ to a dual behavior of the $\pi_m$ and the $h^m$ (exactness, spectral sequence for composition of maps, excision, etc.). It is, however, clear that cohomology goes beyond the general set-up and that there is no obvious dualization of the special properties of $h^*$ described in sections 5 and 6. In this context we add two simple comments.

(*a*) The simplicial computation theorem for $h^*$ relies on the special structure of polyhedral spaces and on the excision property for cofibrations. In order to obtain a similar computation scheme for $\pi_*$ one has to take, instead of polyhedra, complicated spaces constructed artificially (by certain fibrations with Eilenberg–MacLane fibers). There is no evidence so far that these spaces are of geometrical significance.

(*b*) If one considers, in a spectrum $\mathfrak{B}=(B_m, w_m)$ a fixed $B_m$, one has in $\mathfrak{B}$ a "trivial" part below $B_m$, in the sense that all $B_n$ with $n<m$ can be replaced by $\Omega^{m-n}B_m$, and a non-trivial part above $B_n$. The system of spheres $S_m$ together with $w_m': \Sigma S_m = S_{m+1}$ contains for $m=0$ *only the trivial part above* $S_0$, $S_n = \Sigma^n S_0$ for $n>0$, and it cannot be extended to a non-trivial part below $S_0$. Thus the $\pi_m$ do not go beyond the general $\Pi_n(A, B)$, except that a special space $A$ is being used; other choices of $A$ such as Moore spaces ($\pi_m$ with coefficients, cf. [4]) do not essentially change the situation. However a more systematic use of spectra may lead to further duality.

It is well-known that the $\pi_m$ and the $\Pi_n(A, B)$ in general, even if there is no simple geometrical class of spaces for which they are easily computable, have been and will continue to be of great interest. This is due both to their intuitive geometrical meaning and to their algebraic structure as explained above, which through the spectra directly leads to cohomology. There are various ways to bring also *homology* and related duality theorems into the picture but we do not describe them here (cf. G. W. Whitehead [8]).

## 8. Multiplicative cohomology

In this section we sketch some aspects of general cohomology which play a central role in current developments of algebraic topology and which, at least in their algebraic background, belong to the methods outlined in this lecture. No details will be given, and very few references and definitions will be included.

A cohomology theory is *multiplicative* if $h^*$ is provided with a natural product turning this graded group into a graded anti-commutative ring, with $h^*(A^+) = h_+^*(A)$ having a unit $e \in h^0(A^+)$, and if, moreover, the relative cohomology $h^*(\alpha)$, $\alpha: A' \to A$, is a module over $h^*(A)$. (In particular, if $P$ denotes a one-point space, $h^*(P^+) = h^*(S_0)$ has a unit $e \in h^0(S_0)$; under suspension it corresponds to an element $\gamma^n$ of $h^n(S_n)$.)

The spectral sequence arguments for polyhedra can be carried over to multiplicative cohomology theories. In particular, a transformation $T$: $h^* \to k^*$ where $h^*$ and $k^*$ are multiplicative cohomology theories and $k^*$ a $\mathbf{Q}$-module, preserves products if it does so on $S_0$. For example, $H^*(\ ;\mathbf{Q})$ is multiplicative with respect to the cup-product; and $K^*$ with respect to the product given in $K^0$ by the tensor product of bundles and given between any $K^m$ and $K^n$ by means of standard suspension properties. Then the Chern character ch: $K^* \to H^*(\ ;\mathbf{Q})$ is a ring homomorphism on $S_0$, namely the embedding of $K^*(S_0)$ into $K^*(S_0)\otimes\mathbf{Q}$, and ch is a product preserving transformation on polyhedra.

As one very well knows, further very effective structure properties of ordinary cohomology $H^*$ (with a coefficient ring, for example) are available if one confines attention to *manifolds*; most important are of course those connected with Poincaré duality and the Hopf "inverse homomorphism" $f_*: H_+^*(A) \to H_+^*(A')$ associated with a map $f: A \to A'$ of manifolds. In particular, if $f$ is the trivial map $A \to P$ of the $n$-dimensional orientable manifold $A$ onto the one-point space $P$, then $f_* a = [a] \cdot e \in H_+^0(P)$, where $[a]$ is the "top-component" $\in H^n(A)$ of $a$, evaluated on the manifold-cycle of $A$. Such special properties valid for manifolds can be expressed with the help of the tangent bundle or normal bundle of $A$ (for differentiable manifolds; for non-differentiable ones the new concept of "micro-bundle" has to be used, cf. the lecture of John Milnor). In order to obtain similar further structure properties for general cohomology $h^*$, it is therefore natural to start from *real vector bundles over A*.

Let $\xi$ be such a bundle, with fiber dimension $n$, and $h^*$ a multiplicative cohomology theory. Let further $A^\xi$ denote the Thom space of $\xi$ (the associated solid sphere bundle $E$ over $A$ modulo its boundary $S_{n-1}$-bundle $\dot{E}$), $p$ the projection $E \to A$. Using the multiplicative properties of the spectral sequence (cf. Dold [3]) one proves: *If there is a* $v \in h^n(A^\xi)$ *which on a fiber of* $A^\xi$ *reduces to an element corresponding to* $\gamma^n \in h^n(S_n)$, *then the map* $\varphi_h: h_+^m(A) \to h^{m+n}(A^\xi)$ *given by* $\varphi_h(a) = p^*(a) \cdot v$, $a \in h_+^m(A)$ *is an isomorphism* (Thom–Gysin isomorphism). The element $v$, and therefore also $\varphi_h$, are not unique in general. [For ordinary cohomology $H^*(\quad; \mathbf{Z})$ the element $v$ exists (and is unique) if and only if $\xi$ is orientable (and oriented); Poincaré duality can be obtained as a special case. For $K^*$ special conditions for existence and uniqueness of $v$ have been given by Atiyah–Hirzebruch.] If one now takes for $A$ a (differentiable) manifold and for $\xi$ the stable normal bundle $\nu$ of $A$, the Thom–Gysin isomorphism $\varphi_h: h_+^*(A) \to h^*(A^\nu)$ can be used to define an inverse homomorphism: $A^\nu$ is a model of the $S$-dual $\hat{A}$ of $A$, and if $f: A \to A'$ is a map of differentiable manifolds, there is an $S$-dual map $\hat{f}: \hat{A}' \to \hat{A}$ and an induced homomorphism $\hat{f}^*: h^*(\hat{A}) \to h^*(\hat{A}')$; the inverse homomorphism $f_*$ is then defined by $f_* = \varphi_h'^{-1} \hat{f}^* \varphi_h$: $h_+^*(A) \to h^*(\hat{A}) \to h^*(\hat{A}') \to h_+^*(A')$. Here $\varphi_h'$ of course denotes the Thom–Gysin isomorphism $h^*(A') \to h^*(A'^{\nu})$; note that $f_*: h_+^*(A) \to h_+^*(A')$ depends on the choice of $v \in h^*(A^\nu)$ and $v' \in h^*(A'^\nu)$. This inverse homomorphism in $h^*$-theory has properties analogous to those of the Hopf inverse homomorphism for $H^*$. The element $f_* a \in h_+^*(A')$ can be considered as the generalized analogue of the "top-component" of $a$, in particular for $A' = P$.

Using the Thom–Gysin isomorphism $\varphi_h: h_+^*(A) \to h^*(A^\nu)$, if it exists, one further defines, for a product-preserving transformation $T: h^* \to k^*$ of multiplicative cohomology theories, a sort of "genus" $\mathfrak{T}(A)$ of the manifold $A$: one puts

$$T\varphi_h(e) = \varphi_k(\mathfrak{T}(A)),$$

where $e \in h_+^*(A), \mathfrak{T}(A) \in k_+^*(A)$. It then easily follows that

$$T\varphi_h(a) = \varphi_k(T(a) \cdot \mathfrak{T}(A))$$

for all $a \in h_+^*(A)$. Combining this with the inverse homomorphisms $f_*^h: h_+^*(A) \to h_+^*(A')$ and $f_*^k: k_+^*(A) \to k_+^*(A')$ for a map of manifolds $f: A \to A'$, a simple computation yields the formula

$$f_*^k(T(a) \cdot \mathfrak{T}(A)) = T(f_*^h a) \cdot \mathfrak{T}(A'),$$

i.e., a relation for the "top-components" $f_*^k(Ta)$ and $T(f_*^h a)$, $\mathfrak{T}(A)$ and $\mathfrak{T}(A')$ giving the necessary corrections between the two terms. [Of course $\mathfrak{T}(A)$ and $\mathfrak{T}(A')$ depend on the same choices of the Thom–Gysin isomorphisms $\varphi_h, \varphi_k$ on $A$ and $A'$ as the $f_*^h$ and $f_*^k$]. This general relation is a formal expression for the various Riemann–Roch theorems, and also for the analogous formulae for cohomology operations, according to the choices of $h^*$, $k^*$ and $T$, and to the special properties of $f$. It was communicated to the author by E. Dyer, but seems already to belong to the folklore of algebraic topology. In the different interesting cases to which this general formula can be applied, deeper results are based on explicit relations of $\mathfrak{T}(A)$ to characteristic classes.

## REFERENCES

[1]. Adams, J. F., Vector fields on spheres. *Ann. Math.*, 75 (1962), 603–632.
[2]. Brown, E. H., Cohomology theories. *Ann. Math.*, 75 (1962).
[3]. Dold, A., Relations between ordinary and extraordinary homology. *Algebraic Topology Colloquium Aarhus*, 1962, 2–9.
[4]. Eckmann, B. & Hilton, P. J., Groupes d'homotopie et dualité. *C. R. Acad. Sci. Paris*, 246 (1958), 2444–2447; 2555–2558; and 2991–2993. See also: Eckmann, B., Groupes d'homotopie et dualité. *Bull. Soc. Math. France*, 86 (1958), 271–281.
[5]. Eckmann, B. & Hilton, P. J., Group-like structures in general categories. I. Multiplications and comultiplications. *Math. Ann.* 145 (1962), 227–255.
[6]. Eckmann, B. & Huber, P. J., Spectral sequences for homology and homotopy groups of maps. *Report Battelle Memorial Institute Geneva*, (1960).
[7]. Huber, P. J., Homotopy theory in general categories. *Math. Ann.*, 144 (1961), 361–385.
[8]. Whitehead, G. W., Generalized homology theories. *Trans. Amer. Math. Soc.*, 102 (1962), 227–283.

# Unions and intersections in homotopy theory

(with P. J. Hilton *)

Comment. Math. Helv. **38** (1963/64), 293–307

## 1. Introduction

Much of the algebra of category theory has been concerned with abelian categories: this is natural in view of the importance of homological algebra and the fact that, for such categories $\mathfrak{C}$, the set of morphisms $M_{\mathfrak{C}}(A, B)$ has the rich algebraic structure of an abelian group with respect to which composition is distributive. However in representing group theory or homotopy theory it is no longer possible to confine attention to abelian categories: the resulting algebraic theory of categories which emerges from a generalization of such mathematical theories has been discussed in [5, 6, 7] and [8]. In both these works one has retained from homological algebra at least the notion of the existence of kernels and cokernels, and unions and intersections. However it was remarked in [6] that, for example, even where there are no kernels in the strict sense one always has a *kernel ideal;* but it is not necessarily the case that this ideal is principal, let alone principal and generated by a monomorphism.

Our interest in this paper is almost exclusively in the homotopy category $\mathfrak{T}_h$ belonging to $\mathfrak{T}$, the category of based spaces of the based homotopy type of CW-complexes and based maps; the morphisms $[f]$ of $\mathfrak{T}_h$ are the based homotopy classes (of based maps $f$ in $\mathfrak{T}$). In this category $\mathfrak{T}_h$ it turns out that the kernel, cokernel, union, intersection and equalizer ideals are all principal but are not furnished with canonical generators. Let us exemplify the situation with regard to kernels and cokernels. Consider first the fibration (in $\mathfrak{T}$)

$$S^1 \xrightarrow{\ i\ } SO(3) \xrightarrow{\ p\ } S^2. \tag{1.1}$$

Were $X \xrightarrow{[q]} SO(3)$ the kernel of $[p]$ in $\mathfrak{T}_h$, so that $[q]$ is a monomorphism in $\mathfrak{T}_h$, we would have the following commutative diagram

$$\begin{array}{ccccccc}
\pi_2(S^2) & \longrightarrow & \pi_1(S^1) & \longrightarrow & \pi_1(SO(3)) & \longrightarrow & 0 \\
 & & \alpha \downarrow \uparrow \beta & & \| & & \\
0 & \longrightarrow & \pi_1(X) & \longrightarrow & \pi_1(SO(3)) & \longrightarrow & 0
\end{array}$$

This would imply $\pi_1(X) = Z_2$ and $\alpha\beta = 1$, an evident contradiction. Now

*) This research was partly supported by the U.S. Department of Army through its European Research Office.

consider the cofibration (in $\mathfrak{T}$), where $P^2$ is the real projective plane and $S^1$ an embedded projective line,

$$S^1 \xrightarrow{j} P^2 \xrightarrow{k} S^2. \tag{1.2}$$

Were $P^2 \xrightarrow{[q]} X$ the cokernel of $[j]$ in $\mathfrak{T}_h$, so that $[q]$ is an epimorphism in $\mathfrak{T}_h$, we would have the following commutative diagram (cohomology with integer coefficients)

$$\begin{array}{ccccccc} H^1(S^1) & \longrightarrow & H^2(S^2) & \longrightarrow & H^2(P^2) & \longrightarrow & 0 \\ & & \alpha\big\downarrow\big\uparrow\beta & & \big\| & & \\ 0 & \longrightarrow & H^2(X) & \longrightarrow & H^2(P^2) & \longrightarrow & 0. \end{array}$$

This would imply $H^2(X) = Z_2$ and $\alpha\beta = 1$, an evident contradiction.

It is plain that in these examples $[i]$ generates the kernel ideal of $[p]$ and $[k]$ generates the cokernel ideal of $[j]$; clearly these statements generalize to embeddings of fibres in any fibration and projection onto cofibres in any cofibration. These observations are the basis of the study of these and related ideals in $\mathfrak{T}_h$.

We have preferred to work in an arbitrary (pointed) category $\mathfrak{C}$ rather than in the category $\mathfrak{T}$ and its related homotopy category $\mathfrak{T}_h$. Our reason has not been primarily that of increased generality nor even the exploitation of the duality principle; but rather to exhibit how little of the richness of the categories $\mathfrak{T}$ and $\mathfrak{T}_h$ is required to prove the ideals in question principal. Essentially one requires only an equivalence relation compatible with composition to associate a homotopy category $\mathfrak{C}_h$ with any category $\mathfrak{C}$. Then one may define fibrations and cofibrations in $\mathfrak{C}$ and our results apply to any category $\mathfrak{C}$ in which maps may be expressed as compositions of homotopy equivalences and fibrations (cofibrations and homotopy equivalences). Thus we have deliberately stressed the simplicity, indeed triviality, of our arguments, in order to achieve clarification. The universality thereby achieved does in fact enable us to apply the results to abelian categories furnished with the notions of $p$-homotopy or $i$-homotopy; see [3]. It is worth remarking that the explicit constructions of generators of equalizer ideals, for example, are quite different in the case of the category $\mathfrak{T}_h$ and the homotopy category associated with an abelian category; but their existence admits a common, and elementary proof.

The desire to elucidate some of the algebraic structure of the category $\mathfrak{T}_h$ did not constitute the only motive for assembling the facts presented here. In his paper [2], Brown pushes through a rather subtle 5-lemma argument (in the absence of group structure in all the terms) by means of a construction of a certain space $W_f$ auxiliary to a map $f$. In reporting on Brown's paper, one of the authors found that this construction, together with the crucial property enjoyed by the space $W_f$, rested on the facts that equalizer ideals were principal (in the category $\mathfrak{T}_h$ and in the category of sets) and that the «cohomology» functors BROWN considers preserve equalizers. Thus it seemed desirable to present the necessary category-theoretical background to this approach to BROWN's argument. We should further explain that, having BROWN's construction in mind, we were led to give preference in our exposition to cokernels, unions, and right equalizers over their duals.

The last two sections of the paper lead in a different direction. In section 4 we look at the relation between the very general homotopy notion of the previous three sections and the homotopy notion which arises from a homotopy system in the category. In section 5 we consider the circumstances under which a MAYER-VIETORIS sequence may be valid in a category with homotopy.

The notations and terminology of this paper are based on those of [5, 6], but the inverse product $A * B$ of two objects $A, B$ is written $A \vee B$ in the categories $\mathfrak{T}$ and $\mathfrak{T}_h$. – A monomorphism $f: A \to B$ in $\mathfrak{C}$ is sometimes also called an «embedding». By convention, since the categories we consider are always pointed, functors will always be supposed to transform zero morphisms to zero morphisms.

## 2. Categories and associated homotopy categories

Let $\mathfrak{C}$ be an $I$-category; i.e., a category with inverse products. We call $\mathfrak{C}$ an $h$-category (or, more strictly, we furnish $\mathfrak{C}$ with an $h$-structure) if, for each $A, B \in \mathfrak{C}$, the set of maps $M_{\mathfrak{C}}(A, B)$ is furnished with an equivalence relation $\simeq$ such that

(i) if $g \simeq g' : A \to B$, $f: B \to C$, $h: D \to A$, then

$$fgh \simeq fg'h : D \to C; \tag{2.1}$$

and

(ii) if $g_i \simeq g_i' : A_i \to B$, $i = 1, 2$, then

$$\langle g_1, g_2 \rangle \simeq \langle g_1', g_2' \rangle : A_1 * A_2 \to B. \tag{2.2}$$

Plainly if $\mathfrak{C}$ is an $h$-category we may form a new category $\mathfrak{C}_h$ whose objects are those of $\mathfrak{C}$ and whose maps are equivalence classes of maps in $\mathfrak{C}$; moreover $\mathfrak{C}_h$ is again an $I$-category and the evident functor $\mathfrak{C} \to \mathfrak{C}_h$, which we will also designate by $H$, is an $I$-functor. We will sometimes write $[g]$ for $H(g)$, where $g$ is a map in $\mathfrak{C}$. We call $\mathfrak{C}_h$ *the homotopy category associated with the h-category* $\mathfrak{C}$. An $I$-functor $T$ from the $h$-category $\mathfrak{C}$ to the $h$-category $\mathfrak{D}$ is called an *h-functor* if it transforms equivalent maps into equivalent maps. Evidently $H$ is itself an

$h$-functor if we furnish $\mathfrak{C}_h$ with the trivial $h$-structure given by the equality relation. A map $g$ in $\mathfrak{C}$ is called a *homotopy equivalence* if $[g]$ is an equivalence in $\mathfrak{C}_h$.

Let $g : A \to B$ be a map in the $h$-category $\mathfrak{C}$. We call $g$ a *cofibration* if, for all $X \in \mathfrak{C}$ and all maps $f_0 : B \to X$, $h_1 : A \to X$ with $f_0 g \simeq h$, there exists $f_1 : B \to X$ with $f_0 \simeq f_1$ and $f_1 g = h_1$.

**Proposition 2.3.** *If $A$ can be embedded in a contractible object*[1]), *then every cofibration $g : A \to B$ is a monomorphism.*

*Proof:* Let $h_1$ embed $A$ in the contractible object $X$ and let $f_0 = 0 : B \to X$. Then $f_0 g \simeq h_1$ since $X$ is contractible. Since $g$ is a cofibration, there exists $f_1 : B \to X$ with $f_1 g = h_1$. Since $h_1$ is a monomorphism so is $g$. –

Any map $g : A \to B$ has a *cokernel ideal*, coker $g$. This is the family of maps $f$, with domain $B$, such that $fg = 0$. We say that coker $g$ is *principal* if there exists $c \in$ coker $g$ such that every $f \in$ coker $g$ is of the form $f'c$; we then call $c$ a *generator* of coker $g$. Note that $d$ is also a generator of coker $g$ if and only if $d = uc$, $c = vd$ for some $u, v$. If $g$ is a cofibration then coker $g$ may also be called the *cofibre ideal* of $g$, and written cofib $g$.

Now let $T$ be a covariant functor from $\mathfrak{C}$ to $\mathfrak{D}$ and let $g : A \to B$ in $\mathfrak{C}$. Then plainly $T$ (coker $g$) $\subset$ coker $Tg$. We say that $T$ *preserves cokernels* if

$$T\,(\text{coker } g) = \text{coker } (Tg) \qquad (2.4)$$

for all $g$ in $\mathfrak{C}$. If coker $g$ is principal then (2.4) holds for $g$ if and only if coker $(Tg)$ is principal and $T$ maps generators of coker $g$ to generators of coker $Tg$; indeed $T$ maps every generator of coker $g$ to a generator of coker $Tg$ if it so maps one generator.

**Proposition 2.5.** *Let $g : A \to B$ be a cofibration in the $h$-category $\mathfrak{C}$ and let $H : \mathfrak{C} \to \mathfrak{C}_h$ be the homotopy classification functor. Then*

$$H\,(\text{cofib } g) = \text{coker } (Hg).$$

*Proof:* Let $[f] \in$ coker $(Hg)$. Thus $fg \simeq 0$. Since $g$ is a cofibration, there exists $f' \simeq f$ with $f'g = 0$. Thus $f' \in$ cofib $g$ and $[f] = [f'] \in H$ (cofib $g$).

**Corollary 2.6.** *If $g$ is a cofibration and* cofib $g$ *is principal, generated by $c$, then* coker $(Hg)$ *is principal, generated by $Hc$.*

**Proposition 2.7.** *Let $g \simeq qu : A \to B$ where $q$ is a homotopy equivalence with homotopy inverse $j$. Then*

$$(\text{coker } Hu) Hj = \text{coker } Hg.$$

[1]) $X$ is *contractible* if $1 \simeq 0 : X \to X$.

We omit the proof but draw the immediate conclusion:

**Theorem 2.8.** *All morphisms in $\mathfrak{T}_h$ have principal cokernels and kernels.*

*Proof:* The mapping cylinder functor provides a factorization $g = qu$ of every map $g$ in $\mathfrak{T}$, where $q$ is a homotopy equivalence and $u$ is a cofibration. All cokernels in $\mathfrak{T}$ are principal. Thus by Corollary 2.6 coker $Hu$ is principal and then by Proposition 2.7 coker $Hg$ is principal.

The dual assertion about kernels in $\mathfrak{T}_h$ follows immediately from the observation that every $g$ may be factorized in $\mathfrak{T}$ as $u'q'$, where $q'$ is a homotopy equivalence and $u'$ a fibration. –

We now consider unions in $\mathfrak{C}$ and $\mathfrak{C}_h$; we are content to discuss a pair of maps $(g_1, g_2)$ in $\mathfrak{C}$, where $g_i: A \to B_i$, and leave generalizations to the reader. The *union ideal*, $UN(g_1, g_2)$, of $(g_1, g_2)$ is the family of pairs $(f_1, f_2)$ such that $f_i$ has domain $B_i$ and $f_1 g_1 = f_2 g_2$. We say that $UN(g_1, g_2)$ is *principal* if there exists a pair $(c_1, c_2) \in UN(g_1, g_2)$ such that every pair $(f_1, f_2)$ in $UN(g_1, g_2)$ is of the form $(f' c_1, f' c_2)$; we then call $(c_1, c_2)$ a *generator* of $UN(g_1, g_2)$. The concept of *union-preserving* functor is easily formulated and remarks analogous to those made for principal cokernels may be made for principal unions. We prove

**Proposition 2.9.** *Let $g_i: A \to B_i$, $i = 1, 2$, be maps in the h-category $\mathfrak{C}$ and let $g_1$ be a cofibration. Then*

$$H(UN(g_1, g_2)) = UN(Hg_1, Hg_2).$$

*Proof:* Of course, for any covariant functor $T: \mathfrak{C} \to \mathfrak{D}$,

$$T(UN(g_1, g_2)) \subset UN(Tg_1, Tg_2). \tag{2.10}$$

Thus it remains to establish the converse inclusion. Let $([f_1], [f_2]) \in UN([g_1], [g_2])$, so that $f_1 g_1 \simeq f_2 g_2$. Since $g_1$ is a cofibration, $f_1 \simeq f_1'$ with $f_1' g_1 = f_2 g_2$. Thus $(f_1', f_2) \in UN(g_1, g_2)$ and $([f_1], [f_2]) = ([f_1'], [f_2]) = H(f_1', f_2) \in H(UN(g_1, g_2))$.

**Corollary 2.11.** *If $UN(g_1, g_2)$ is principal generated by $(c_1, c_2)$ and $g_1$ is a cofibration then $UN(Hg_1, Hh_2)$ is principal generated by $(Hc_1, Hc_2)$.*

**Proposition 2.12.** *Let $g_i \simeq q_i u_i: A \to B_i$, $i = 1, 2$, where $q_i$ is a homotopy equivalence with homotopy inverse $j_i$. Then*[2])

$$(UN(Hu_1, Hu_2))\,(Hj_1, Hj_2) = UN(Hg_1, Hg_2).$$

We omit the proof but draw the immediate conclusion:

---

[2]) The composition on the left of the equality if that of maps in $\mathfrak{C}_h \times \mathfrak{C}_h$.

**Theorem 2.13.**

(i) *If* $g_i : A \to B_i$, $i = 1, 2$, *in* $\mathfrak{T}$ *then* $([g_1), [g_2])$ *has a principal union in* $\mathfrak{T}_h$.

(ii) *If* $g_i : A_i \to B$, $i = 1, 2$, *in* $\mathfrak{T}$ *then* $([g_1], [g_2])$ *has a principal intersection in* $\mathfrak{T}_h$.

The proof follows the lines of that of Theorem 2.8, using the fact that (provided their ranges and domains are appropriate) pairs of maps in $\mathfrak{T}$ have principal unions and also have principal intersections. In fact, of course, pairs of maps in $\mathfrak{T}$ have *unions*, that is, essentially unique canonical generators for their union ideals. In this case we may, given $g_1, g_2$, construct canonical generators for $UN(Hg_1, Hg_2)$ by expressing $g_i$ as $q_i u_i$ through the mapping cylinder functor, taking the union $(v_1, v_2)$ of $(u_1, u_2)$ in $\mathfrak{T}$ and setting $c_i = v_i j_i$, $i = 1, 2$, where $j_i$ is homotopy inverse to $q_i$. Then $UN(Hg_1, Hg_2)$ is generated by $([c_1], [c_2])$. Similarly a canonical procedure may be applied to obtain a generator of the intersection ideal, $IN(Hg_1, Hg_2)$, of the homotopy classes of maps $g_i : A_i \to B$.

Before closing this section we exemplify the main ideas by considering categories other than $\mathfrak{T}_h$ to which the results apply. Let $\mathfrak{A}$ be an abelian category and let us declare (see [3]) two maps $g, g' : A \to B$ to be homotopic if $g - g'$ may be factored through an injective object of $\mathfrak{A}$. Then $\mathfrak{A}$ is thereby furnished with an $h$-structure. Moreover every monomorphism is a cofibration and (Proposition 2.3) if $\mathfrak{A}$ has sufficient injectives every cofibration is a monomorphism. Also if $\mathfrak{A}$ has sufficient injectives every map $g : A \to B$ may be factored as $g = qu$ where $q$ is a homotopy equivalence and $u$ is a monomorphism. Thus we infer

**Theorem 2.14.** *Let* $\mathfrak{A}$ *be an abelian category with sufficient injectives and let* $\mathfrak{A}_h$ *be the associated injective-homotopy category. Then in* $\mathfrak{A}_h$ *cokernels and unions are principal.*

Note that the set of morphisms $M_{\mathfrak{A}_h}(A, B)$ has the natural abelian group structure of the quotient of $M_{\mathfrak{A}}(A, B)$ by the subgroup of nullhomotopic maps; and, of course, composition is distributive over addition.

## 3. Equalizers and a Lemma of E. H. Brown

We now consider (right) equalizers in the $h$-category $\mathfrak{C}$ and its associated homotopy category $\mathfrak{C}_h$. We are again content to discuss a pair of maps $g_i : A \to B$, $i = 1, 2$, in $\mathfrak{C}$. Then their *right equalizer ideal*, $RE(g_1, g_2)$, is the family of maps $f$, of domain $B$, such that $fg_1 = fg_2$. It is clear what is meant by the statement that $RE(g, g_2)$ is *principal, generated by* $c$, and what is meant by a right-equalizer-preserving functor. We prove

**Lemma 3.1.** *Let $\mathfrak{C}$ be an I-category in which union ideals are principal. Then right equalizer ideals in $\mathfrak{C}$ are principal.*

*Proof:* Given $g_i : A \to B$ in $\mathfrak{C}$, let $(c_1, c_2)$ generate $UN(g_1, g_2)$ and let $(c, s)$ generate $UN(\langle 1, 1\rangle, \langle c_1, c_2\rangle)$, where $c_i : B \to U, \langle 1, 1\rangle : B * B \to B$, $\langle c_1, c_2\rangle : B * B \to U$. We assert that $c : B \to C$ generates $RE(g_1, g_2)$. First $\langle c, c\rangle = c\ \langle 1, 1\rangle = s\langle c_1, c_2\rangle = \langle sc_1, sc_2\rangle$, so $c = sc_1 = sc_2$, and $cg_1 = = sc_1g_1 = sc_2g_2 = cg_2$. Second, let $fg_1 = fg_2$, Then $f = f'c_1 = f'c_2$ so that $f\langle 1, 1\rangle = \langle f, f\rangle = \langle f'c_1, f'c_2\rangle = f'\langle c_1, c_2\rangle$. Thus $f = f''c$ (and $f' = f''s$) and the lemma is proved.

We note that Lemma 3.1 may also be proved by showing that if $(t, c)$ generates $UN(\langle 1, 1\rangle, \langle g_1, g_2\rangle)$, then $c$ generates $RE(g_1, g_2)$.

**Corollary 3.2.** *Right and left equalizer ideals in $\mathfrak{T}_h$ are principal.*

*Proof:* Apply Theorem 2.13.

**Remark 3.3.** (i) Theorem 2.8 is, of course, a special case of Corollary 3.2. Note however that Theorem 2.8, restricted to cokernels, generalizes to any $\mathfrak{C}_h$ in which $\mathfrak{C}$ has principal *cokernels* and maps in $\mathfrak{C}$ factorize as $qu$ where $q$ is a homotopy equivalence and $u$ a cofibration. On the other hand Corollary 3.2, restricted to right equalizers, generalizes to any $\mathfrak{C}_h$ in which $\mathfrak{C}$ has principal *unions* and maps in $\mathfrak{C}$ factorize as $qu$.

(ii) We may, of course, construct a generator of $RE(Hg_1, Hg_2)$ in $\mathfrak{T}_h$ quite explicitly. Namely, we consider the union $(A \times I) \vee B$, where $I$ is the unit interval, and construct $C$ by way of the identifications $g_1 a = (a, 0), g_2 a = (a, 1)$. Then $c : B \to C$ is induced by the embedding of $B$ in $(A \times I) \vee B$.

Before proceeding to discuss Brown's lemma, we record a further consequence of Lemma 3.1, for abelian categories.

**Corollary 3.4.** *Let $\mathfrak{A}_h$ be as in Theorem 2.14. Then in $\mathfrak{A}_h$ right equalizers are principal.*

In [2] Brown considers a contravariant functor $H : \mathfrak{C} \to \mathfrak{S}$ where $\mathfrak{C}$ is a category of based spaces and $\mathfrak{S}$ is the category of sets[3]); and he imposes certain axioms, including two axioms designated by h) and e), on the functor $H$. Interpreting $H$ as a covariant functor $T : \mathfrak{C} \to \mathfrak{S}^*$, where $\mathfrak{C}$ is structured as an $h$-category in the usual way and $\mathfrak{S}^*$ is the category dual to $\mathfrak{S}$ furnished with the trivial $h$-structure given by the equality relation, it is easy to see that axioms h) and e) together assert that $T$ is an $h$-functor with the further property that

$$T(UN(u_1, u_2)) = UN(Tu_1, Tu_2) \tag{3.5}$$

if $u_1, u_2$ are cofibrations.

[3]) Here we prefer to regard $\mathfrak{S}$, as we may, as the category of *based* sets.

We wish to fit Lemma 2.6 of [2] into the category-theoretic framework set up in this paper. First we prove a general result whose applicability to the situation described above is evident.

Let $T_h : \mathfrak{C}_h \to \mathfrak{D}_h$ be the $I$-functor induced by an $h$-functor $T : \mathfrak{C} \to \mathfrak{D}$ having property (3.5). Assume (i) that every map $g$ in $\mathfrak{C}$ may be factored as $g = qu$, where $q$ is a homotopy equivalence and $u$ is a cofibration, and (ii) that the classifying functor $H : \mathfrak{D} \to \mathfrak{D}_h$ preserves unions. We prove

**Theorem 3.6.** *Under these hypotheses $T_h$ preserves unions and right equalizers.*

*Proof:* Observe first that since $T$ is an $h$-functor it transforms homotopy equivalences into homotopy equivalences. Now let $g_i : A \to B_i$ in $\mathfrak{C}$, $i = 1, 2$; factorize $g_i$ as $q_i u_i$ and let $j_i$ be homotopy inverse to $q_i$. Then

$$\begin{aligned}
T_h(UN(Hg_1, Hg_2)) &= T_h((UN(Hu_1, Hu_2))(Hj_1, Hj_2)) && \text{(Prop. 2.12)}\\
&= T_h(H(UN(u_1, u_2)))(T_hHj_1, T_hHj_2) && \text{(Prop. 2.9)}\\
&= H(T(UN(u_1, u_2)))(HTj_1, HTj_2), && \text{since } T \text{ is an } h\text{-functor}\\
&= H(UN(Tu_1, Tu_2))(HTj_1, HTj_2), && \text{by (3.5)}\\
&= UN(HTu_1, HTu_2)(HTj_1, HTj_2), && \text{by assumption (ii)}\\
&= UN(HTg_1, HTg_2) && \text{(Prop. 2.12)}\\
&= UN(T_hHg_1, T_hHg_2),
\end{aligned}$$

and thus $T_h$ preserves unions.

To show that $T_h$ preserves right equalizers, it is convenient to remark that, in any category $\mathfrak{C}$, $RE(g_1, g_2)$ is characterized as follows: $f \in RE(g_1, g_2)$ if and only if there exist maps $f_1, f_2, s$ such that $(f_1, f_2) \in UN(g_1, g_2)$ and $(f, s) \in UN(\langle 1, 1\rangle, \langle f_1, f_2\rangle)$. We omit the proof of this assertion[4]).

Of course $T_h(RE(\alpha_1, \alpha_2)) \subset RE(T_h\alpha_1, T_h\alpha_2), \alpha_1, \alpha_2 : A \to B$ in $\mathfrak{C}_h$. To prove the opposite inclusion, let $\beta \in RE(T_h\alpha_1, T_h\alpha_2)$. Then there exist $\beta_1, \beta_2, \sigma$ with $(\beta_1, \beta_2) \in UN(T_h\alpha_1, T_h\alpha_2)$ and $(\beta, \sigma) \in UN(\langle 1, 1\rangle, \langle \beta_1, \beta_2\rangle)$. Since $T_h$ preserves unions, $\beta_i = T_h\gamma_i$, where $(\gamma_1, \gamma_2) \in UN(\alpha_1, \alpha_2)$. Then since $T_h$ is an $I$-functor, $\langle 1, 1\rangle = T_h\langle 1, 1\rangle, \langle \beta_1, \beta_2\rangle = T_h\langle \gamma_1, \gamma_2\rangle$ and

$$(\beta, \sigma) \in UN(T_h\langle 1, 1\rangle, T_h\langle \gamma_1, \gamma_2\rangle).$$

Again, it follows that $\beta = T_h\gamma, \sigma = T_h\tau$, where $(\gamma, \tau) \in UN(\langle 1, 1\rangle, \langle \gamma_1, \gamma_2\rangle)$. Thus $\gamma \in RE(\alpha_1, \alpha_2)$, $T_h\gamma = \beta$, and the theorem is proved.

**Remark 3.7.** The second part of the proof simply shows that if an $I$-functor preserves unions it preserves right equalizers; this was already known if maps of the category have unions in the precise sense.

---

[4]) Cf. the proof of Lemma 3.1.

We now recapitulate rapidly the background to Lemma 2.6 of [2]; Brown's category $\mathfrak{C}$ is essentially our category $\mathfrak{T}$, so we discuss a covariant functor $H:\mathfrak{T}\to\mathfrak{S}$.

Let $f:A\to B$ be a map in $\mathfrak{T}$ and let $Q$ be obtained by attaching the cone on $A$ to $B$ by means of $f$. Let $q:B\to Q$ be the embedding. Then there is a cooperation[5] $r:Q\to Q\vee\Sigma A$ (where $\Sigma$ denotes suspension), obtained by pinching the cone $CA$ half-way up, and, as observed by Brown, an induced exact sequence of sets

$$\ldots\to H(\Sigma B)\xrightarrow{H(\Sigma f)}H(\Sigma A)\xrightarrow{\partial}H(Q)\xrightarrow{H(q)}H(B)\xrightarrow{H(f)}H(A).$$

Moreover $H(\Sigma B), H(\Sigma A)$ are groups and $H(\Sigma f)$ is a homomorphism. Also $H(\Sigma A)$ operates on $H(Q)$ through $H(r):H(Q)\times H(\Sigma A)=H(Q\vee\Sigma A)\to H(Q)$; and two elements $u, u'\in H(Q)$ satisfy $H(q)u=H(q)u'$ if and only if $u'=u\alpha$ for some $\alpha$ in $H(\Sigma A)$.

Let $v\in H(B)$ and $H(f)v=0$ so that $v=H(q)u$ for some $u\in H(Q)$, and let $H_u$ be the subgroup of $H(\Sigma A)$ consisting of those $\alpha\in H(\Sigma A)$ such that $u\alpha=u$. Plainly if $H(\Sigma A)$ is abelian (e.g. if $A$ is itself a suspension) then $H_u$ depends only on $v$; we may then write $H_v$ for $H_u$. Brown proves the following lemma.

**Lemma 3.8.** *If $H(\Sigma A)$ is abelian, then there is a space $W$ and maps $h:B\to W$, $k:\Sigma A\to W$, depending only on $f$, such that $H_v=H(k)H(h)^{-1}(v)$ for all $v\in\ker H(f)$.*

This lemma is an obvious consequence of

**Proposition 3.9.** *There is a space $W$ and maps $j:Q\to W, k:\Sigma A\to W$, depending only on $f$, such that $H_u=H(k)H(j)^{-1}(u)$ for $u\in H(Q)$.*

For we take $h=jq$. Then $H(h)^{-1}v=\bigcup_{H(q)u=v}H(j)^{-1}u$, so

$$\begin{aligned}H(k)H(h)^{-1}v&=\bigcup_{H(q)u=v}H(k)H(j)^{-1}u\\&=\bigcup_{H(q)u=v}H_u, &&\text{if Prop. 3.9 is assumed,}\\&=Hv &&\text{if } H(\Sigma A) \text{ is abelian.}\end{aligned}$$

**Proof of Proposition 3.9.** Let $i:Q\to Q\vee\Sigma A$ be the inclusion. Let $[c]:Q\vee\Sigma A\to W$ generate $RE([r],[i])$ in $\mathfrak{T}_h$ (Corollary 3.2). We set $c=\langle j,k\rangle$ and must show that $u\alpha=u$ if and only if there is $\beta\in H(W)$ with $H(j)\beta=u, H(k)\beta=\alpha$.

[5]) See [4, 9].

Now $H(r)(u,\alpha) = u\alpha$, $H(i)(u,\alpha) = u$ and, by Theorem 3.6 (recall that $H$, as a functor from $\mathfrak{T}$ to $\mathfrak{S}$, is contravariant and homotopy-invariant and that $H: \mathfrak{S} \to \mathfrak{S}_h$ is the identity functor), $LE(H(r), H(i))$ is generated by $H(c)$. Thus $u\alpha = u$ if and only if there is $\beta \in H(W)$ with $H(c)\beta = (u,\alpha)$, and $H(c)\beta = (H(j)\beta, H(k)\beta)$.

**Remark 3.10.** Proposition 3.9 clearly has a dual in the same category $\mathfrak{T}$.

## 4. Homotopy systems, cofibrations, unions

We have worked, in the previous two sections, with a very general – and emasculated – homotopy concept. In this section we relate this concept to the richer notion of a homotopy system (see [6]).

We recall that a (left) homotopy system $S$ on a category $\mathfrak{C}$ consists of a *cylinder* $I$-functor $Z: \mathfrak{C} \to \mathfrak{C}$ together with certain natural transformations

$$t, b: I \to Z,$$
$$p: Z \to I,$$
$$r: Z \to Z,$$

such that[6]) $pt = pb = 1$, $rt = b$, $rb = t$. We may then introduce the notion of strict homotopy in $\mathfrak{C}$ by declaring that $g \sim g': A \to B$ if there exists $F: ZA \to B$ such that $Fb_A = g$, $Ft_A = g'$. The relation $\sim$ is then reflexive and symmetric. Let $\simeq_s$ be the equivalence relation generated by $\sim$. Then (Proposition 6.2 of [6])

**Proposition 4.1.** *If $S$ is a left homotopy system on $\mathfrak{C}$ then $\mathfrak{C}$ acquires an h-structure through the relation $\simeq_s$.*

We suppose henceforth that $\mathfrak{C}$ is furnished with a fixed homotopy system $S$. We then call the $h$-structure of Prop. 4.1 the *canonical* $h$-structure on $\mathfrak{C}$.

Let $g: A \to B$ be a map in $\mathfrak{C}$. We say that $g$ has the *$HE$-property* if $(b_B, Zg)$ generates $UN(g, b_A)$. We justify this terminology by observing that *$g$ has the $HE$-property if and only if it has the homotopy extension property in the following sense:* for all $X$ and all $F: ZA \to X$, $h: B \to X$, with $hg = Fb_A$, there exists $F': ZB \to X$ with $F'b_B = h$, $F'Zg = F$.

**Theorem 4.2.** *If $g$ has the $HE$-property then $g$ is a cofibration with respect to the canonical h-structure on $\mathfrak{C}$.*

[6]) I is the identity functor. We did not explicitly require the *reversal* $r$ in [6] but it is convenient to have it here.

*Proof:* Let $f_0: B \to X, h_1: A \to X$ be maps such that $f_0 g \simeq_s h_1$; we seek $f_1: B \to X$ with $f_0 \simeq_s f_1$ and $f_1 g = h_1$. Since $\sim$ is reflexive and symmetric we may suppose there are maps $u^0, u^1, \ldots, u^n: A \to X$ with $f_0 g = u^0 \sim \sim u^1 \sim \ldots \sim u^n = h_1$. Thus there exists $F: ZA \to X$, with $f_0 g = F b_A$ and $u^1 = F t_A$. Since $g$ has the $HE$-property there exists $F': ZB \to X$ with $F' b_B = f_0$, $F' Zg = F$. Set $F' t_B = v^1$. Then $f_0 \sim v^1$ and $v^1 g = u^1$. We repeat the argument with $v^1, u^2$ replacing $f_0, u_1$ to obtain $v^1 \sim v^2$ and $v^2 g = u^2$. Thus we obtain a sequence of maps $v^1, v^2, \ldots, v^n$ with $f_0 \sim v^1 \sim v^2 \sim \ldots \sim v^n$ and $v^n g = u^n = h_1$. Set $f_1 = v^n$. -

Now let $g_i: A \to B_i, i = 1, 2$, in $\mathfrak{C}$ and let $(c_1, c_2)$ be *the union* of $(g_1, g_2)$ in the strict sense of [6]: that is to say, $(c_1, c_2)$ generates the $UN(g_1, g_2)$ *and* $\langle c_1, c_2 \rangle: B_1 * B_2 \to C$ *is an epimorphism.* We then call

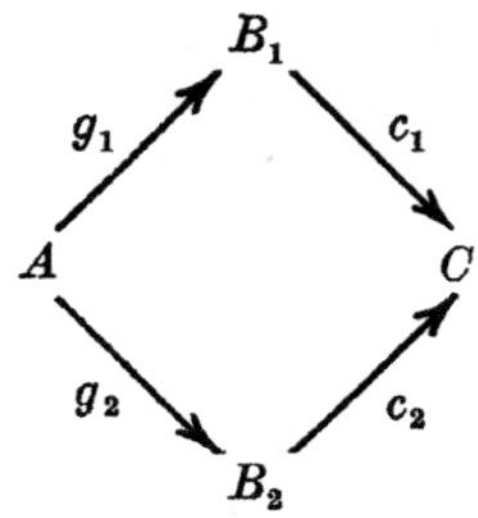


(4.3)

a *union-diagram*, and prove

**Theorem 4.4.** *Let the homotopy system $S$ be faithful*[7]) *and let $g_1$ in the union-diagram* (4.3) *have the $HE$-property. So then does $c_2$.*

*Proof.* Consider, in addition to (4.3), the diagrams

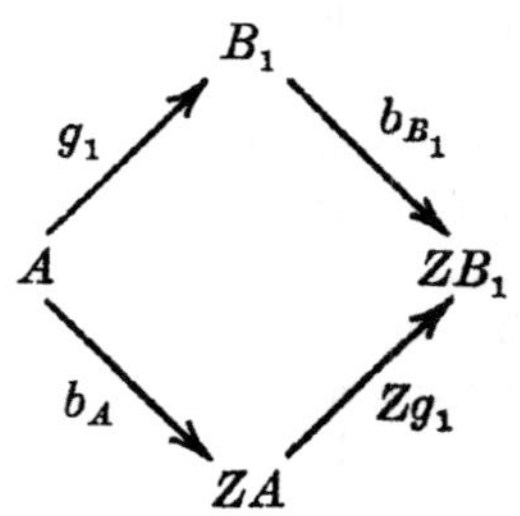


(4.5)

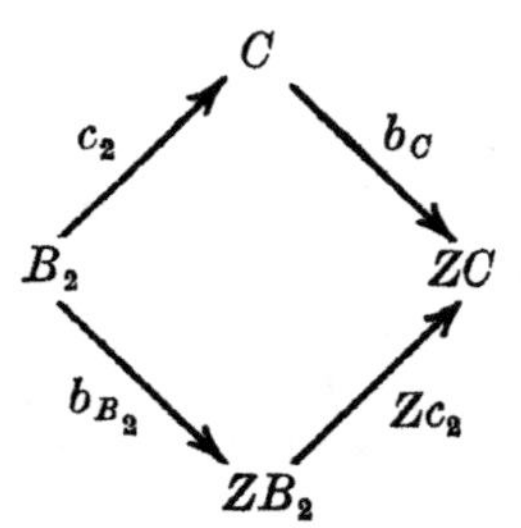


(4.6)

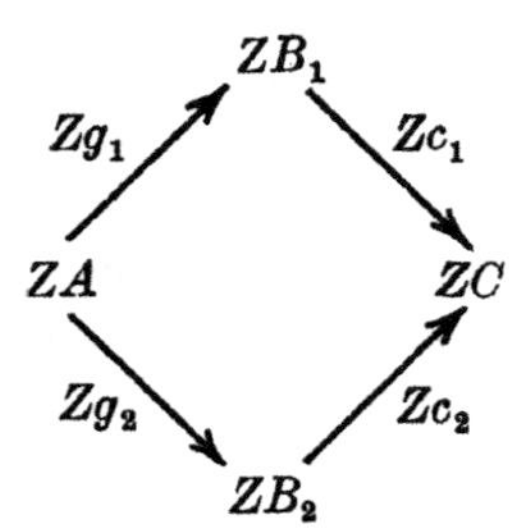


(4.7)

Then (4.7) is a union-diagram since $S$ is faithful; in (4.5) $(b_{B_1}, Zg_1)$ generates $UN(g_1, b_A)$; and we wish to prove, in (4.6), that $(b_C, Zc_2)$ generates

[7]) See [7]; $Z$ is union-preserving, in the strict sense of [6].

$UN(c_2, b_{B_2})$. Thus let $k: C \to X$, $l: ZB_2 \to X$ be maps with $kc_2 = lb_{B_2}$. Consider the maps $kc_1: B_1 \to X$, $lZg_2: ZA \to X$. Then

$$kc_1 g_1 = kc_2 g_2 = lb_{B_2} g_2 = lZg_2 b_A.$$

Thus (since $g_1$ has the $HE$-property) there exists $u: ZB_1 \to X$ with $ub_{B_1} = kc_1$, $uZg_1 = lZg_2$. This last equality yields, from the union-diagram (4.7) a map $v: ZC \to X$ with $vZc_1 = u$, $vZc_2 = l$.

It remains to show that $vb_C = k$. Since (4.3) is a union-diagram, it suffices to show that $vb_C c_1 = kc_1$, $vb_C c_2 = kc_2$. Now

$$vb_C c_1 = vZc_1 b_{B_1} = ub_{B_1} = kc_1,$$

and

$$vb_C c_2 = vZc_2 b_{B_2} = lb_{B_2} = kc_2,$$

so the theorem is proved.

We remark that we have only used here the fact that $(Zc_1, Zc_2)$ generates $UN(Zg_1, Zg_2)$. It would thus appear to be asking too much that $Z$ preserve strict unions. But any $I$-functor preserving unions (in the sense of this paper) certainly preserves right-equalizers (see Remark 3.7) and hence zero-cokernel maps; thus it is asking little more that $Z$ preserve strict unions and $S$ be faithful.

Of course the usual homotopy system (and its adjoint system) in $\mathfrak{T}$ is faithful. The *right* homotopy system in the category of c.s.s. groups is also faithful and the dual of Theorem 4.4 naturally holds for that category.

## 5. The MAYER-VIETORIS Theorem

We revert to the union-diagram (4.3) and prove

**Proposition 5.1.** *The rule* $v \to vc_1$ *sets up a one-to-one correspondence between the ideals coker* $c_2$ *and coker* $g_1$ *under which epimorphisms are mapped to epimorphisms.*

*Proof:* Certainly if $v \in$ coker $c_2$ then $vc_1 \in$ coker $g_1$. Set $P(v) = vc_1$ so $P$: coker $c_2 \to$ coker $g_1$. Now let $u \in$ coker $g_1$. Then $ug_1 = 0 = 0g_2$ so there is a unique $v$ such that $vc_1 = u$, $vc_2 = 0$. Set $Q(u) = v$, so $Q$: coker $g_1 \to$ coker $c_2$. It is plain that $PQ = 1$, $QP = 1$.

Now suppose $v$ an epimorphism and let $fvc_1 = f'vc_1$. But $fvc_2 = f'vc_2 (= 0)$, so that $fv = f'v$, and, $v$ being an epimorphism, $f = f'$. This shows that $vc_1$ is an epimorphism when $v$ is.

**Corollary 5.2.** *The map* $g_1$ *has a strict cokernel if and only if the map* $c_2$ *has a strict cokernel. Moreover, if* $v$ *is the cokernel of* $c_2$ *then* $vc_1$ *is the cokernel of* $g_1$.

Now let $\mathfrak{C}$ be an $h$-category and let $T_n : \mathfrak{C} \to \mathfrak{A}\ (-\infty < n < \infty)$ be a sequence of functors from $\mathfrak{C}$ to the abelian category $\mathfrak{A}$ with the property that if

$$A \xrightarrow{g} B \xrightarrow{q} Q$$

is a cofibre-sequence there is a natural transformation

$$\omega = \omega_n(g, q) : T_n(Q) \to T_{n-1}(A)$$

such that

$$\ldots \to T_n(A) \xrightarrow{T_n(g)} T_n(B) \xrightarrow{T_n(q)} T_n(Q) \xrightarrow{\omega} T_{n-1}(A) \to \ldots$$

is an exact sequence. Then we infer from Corollary 5.2

**Theorem 5.3.** (MAYER-VIETORIS sequence) *Suppose in* (4.3) *that* $g_1$ *and* $c_2$ *are cofibrations with strict cokernels. Then there is an exact sequence*

$$\ldots \to T_n(A) \xrightarrow{\alpha} T_n(B_1) \oplus T_n(B_2) \xrightarrow{\beta} T_n(C) \xrightarrow{\gamma} T_{n-1}(A) \to \ldots \tag{5.4}$$

*where* $\alpha = \{T_n(g_1), T_n(g_2)\}$, $\beta = \langle T_n(c_1), -T_n(c_2)\rangle$, *and* $\gamma = \omega_n(g_1, kc_1)\, T_n(k)$, $k : C \to Q$ *being the cofibre of* $c_2$.

*Proof:* We have a commutative diagram

$$\begin{array}{ccccccccc}
\ldots \to & T_n(A) & \xrightarrow{T_n(g_1)} & T_n(B_1) & \xrightarrow{T_n(kc_1)} & T_n(Q) & \xrightarrow{\omega} & T_{n-1}(A) & \to \ldots \\
& \downarrow{\scriptstyle T_n(g_2)} & & \downarrow{\scriptstyle T_n(c_1)} & & \downarrow{\scriptstyle 1} & & \downarrow{\scriptstyle T_{n-1}(g_2)} & \\
\ldots \to & T_n(B_2) & \xrightarrow[T_n(c_2)]{} & T_n(C) & \xrightarrow[T_n(k)]{} & T_n(Q) & \xrightarrow[\omega]{} & T_{n-1}(B_2) & \to \ldots
\end{array}$$

Since there is an exact functor from $\mathfrak{A}$ to the category of abelian groups we may suppose that the functors $T_n$ themselves take values in the category of abelian groups and Theorem 5.3 is then a consequence of the theorem of BARRATT-WHITEHEAD (see [1]).

We may readily combine Theorems 4.4 and 5.3 to obtain

**Theorem 5.5.** *Let* $\mathfrak{C}$ *be a category furnished with a faithful left homotopy system. Then if* $g_1$ *has the* $HE$*-property and possesses a strict cokernel, the sequence* (5.4) *is exact.*

**Remark 5.6.** The topological context in which Theorem 5.3 (or Theorem 5.5) becomes applicable is that in which the functors $T_n$ are actually defined on the *maps* of the category $\mathfrak{C}$ and pass to the objects of $\mathfrak{C}$ through an embedding functor $\mathfrak{C} \to \mathfrak{C}^2$. Thus the assumptions made on the system of functors $T_n$ would arise from hypothesizing the usual exact sequence of a cofibration. Systems of functors $T_n$ satisfying this latter exact sequence hypothesis are studied in detail in [10]. The additional excision hypothesis is also satisfied by any homology theory in $\mathfrak{T}$, ordinary or extraordinary, so that the MAYER-VIETORIS sequence is valid in any homology theory. If we replace $\mathfrak{A}$ by the dual category we obtain a MAYER-VIETORIS sequence for any cohomology theory in $\mathfrak{T}$. Also we may pass to the dual category of $\mathfrak{T}$ and obtain a MAYER-VIETORIS sequence for any homotopy theory in $\mathfrak{T}$. In more detail, this would relate to an *intersection-diagram,*

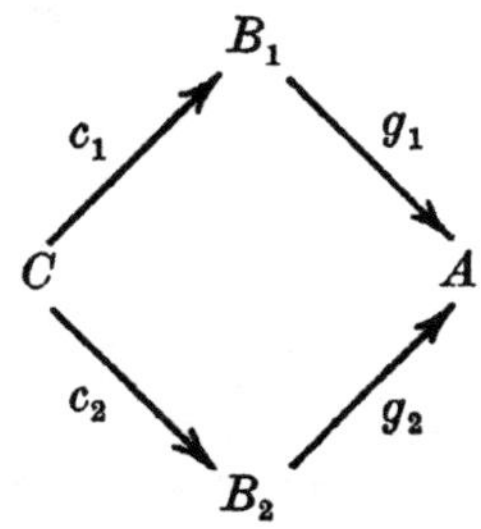


(5.7)

in $\mathfrak{T}$, in which $g_1$ is a fibration; the functors $T_n$ are required to convert a fibre-sequence

$$Q \xrightarrow{q} B \xrightarrow{g} A$$

into an exact sequence

$$\ldots \to T_n(Q) \to T_n(B) \to T_n(A) \to T_{n-1}(Q) \to \ldots$$

We would then infer from Theorem 5.5 – and (5.7) – the exact sequence

$$\ldots \to T_n(C) \to T_n(B_1) \oplus T_n(B_2) \to T_n(A) \to T_{n-1}(C) \to \ldots, \qquad (5.8)$$

and the hypotheses would apply to the homotopy groups $T_n = \Pi_n(X,\ \ )$.

**Remark 5.9.** On the other hand Theorem 5.3 also applies in purely algebraic contexts in which it appears less natural to regard the functors $T_n$ as defined on maps of the category. Indeed we would then take $\mathfrak{C}$ to be itself an abelian category and formally replace the notion of cofibration by monomorphism[8]). Thus the $T_n$ are to be a connected sequence of functors and we infer, just as for Theorem 5.5

**Theorem 5.10.** *Let $\mathfrak{C}$ be an abelian category and let* (4.3) *be a union-diagram in $\mathfrak{C}$ in which $g_1$ is a monomorphism. Then, if $T_n$ is a connected sequence of functors from $\mathfrak{C}$ to the abelian category $\mathfrak{A}$, there is an exact* (MAYER-VIETORIS) *sequence*

$$\ldots \to T_n(A) \to T_n(B_1) \oplus T_n(B_2) \to T_n(C) \to T_{n-1}(A) \to \ldots$$

[8]) Recall that these notions in fact coincide if $\mathfrak{C}$ has sufficient injectives.

For it is only necessary to observe that if $g_1$ is a monomorphism and (4.3) is a union-diagram in an abelian category $\mathfrak{C}$, then $c_2$ is also a monomorphism. As examples we may take $T_n = Ext^{-n}(K, \ )$, $n \leq 0$, $T_n = 0$, $n > 0$; or, if $\mathfrak{C}$ has sufficient injectives, $T_n = Ext^{-n}(K, \ )$, $n < 0$, $T_n = \bar{\pi}_n(K, \ )$, the $n^{\text{th}}$ injective homotopy group functor, $n \geq 0$. There are also the obvious duals.

Eidgenössische Technische Hochschule, Zürich
Cornell University, Ithaca N. Y.

REFERENCES

[1] M. G. Barratt and J. H. C. Whitehead, *The first non-vanishing group of an* $(n+1)-ad$. Proc. London Math. Soc. (3)6 (1956), 417–439.
[2] E. H. Brown, Jr., *Cohomology theories*, Ann. Math. 75 (1962), 467–484.
[3] B. Eckmann, *Homotopie et dualité, Colloque de topologie algébrique*, CBRM, Louvain 1956, 41–53.
[4] B. Eckamann and P. J. Hilton, *Operators and cooperators in homotopy theory*, Math. Annalen 141 (1960), 1–21.
[5] B. Eckmann and P. J. Hilton, *Group-like structures in general categories, I. Multiplications and Comultiplications*, Math. Annalen 145 (1962), 227–255.
[6] B. Eckmann and P. J. Hilton, *Group-like structures in general categories, II. Equalizers. Limits. Lengths*, Math. Annalen 151 (1963), 150–186.
[7] B. Eckmann and P. J. Hilton, *Group-like structures in general categories, III. Primitive categories*, Math. Annalen 150 (1963), 165–187.
[8] A. G. Kuros, A. Kh. Livshits and E. G. Shulgeifer, *Foundations of the theory of categories*, Upsekhi Matem. Nauk XV (1960), 6, 3–52.
[9] D. Puppe, *Homotopiemengen und ihre induzierten Abbildungen I*, Math. Zeitschrift 69 (1958), 299–344.
[10] B. Eckmann and P. J. Hilton, *Factorization of maps and spectral sequences* (*to appear*).

(Received November 11, 1963)

# Composition functors and spectral sequences

(with P. J. Hilton)

Comment. Math. Helv. **41** (1966/67), 187–221

## 1. Introduction

This paper constitutes an attempt at unification of the many spectral sequences current in algebraic topology. The basic notion is that, given a factorization

$$f = \ldots j_{p+1} j_p j_{p-1} \cdots \tag{1.1}$$

of a morphism $f$ in a given category $\mathfrak{C}$, and given a connected sequence of functors $T_q$, defined on the morphisms of $\mathfrak{C}$, then under certain very general assumptions it should be possible to obtain a spectral sequence relating $T(f)$ to the objects $T(j_p)$. If $\mathfrak{C}$ is the category consisting of based topological spaces and based continuous maps, and if the factorization (1.1) consists of two factors,

$$f = h g,$$

then it is fairly well-known that there is an exact sequence for homotopy, homology and cohomology functors which does relate $T(g)$ and $T(h)$ to $T(f)$. We regard such an exact sequence both as a special case of the result we aim at and as the axiomatic jumping-off point for the abstract algebraic theory which is developed and applied in this paper.

In a previous paper [10], to which this may be regarded as a sequel, we established the machinery of exact couples and spectral sequences in an abelian category $\mathfrak{A}$. In particular we studied the convergence problem in its fullest generality, and established the exact sequence (Theorem 4.16 of [10]),

$$0 \to \operatorname{coker} \alpha' \xrightarrow{\beta_*} E_\infty \xrightarrow{\gamma_*} \ker \alpha'' \to 0, \tag{1.2}$$

as a functor of the exact couple

$$\begin{array}{ccc} D & \xrightarrow{\alpha} & D \\ & {}_{\gamma}\nwarrow \quad \swarrow_{\beta} & \\ & E & \end{array} \tag{1.3}$$

where $U = D/\alpha^{-\infty}(0) = D/\bigcup_n \alpha^{-n}(0)$, $I = \alpha^\infty D = \bigcap_n \alpha^n D$, and $\alpha' : U \to U$, $\alpha'' : I \to I$ are induced by $\alpha$. We obtained convergence theorems from (1.2), and used hypotheses about the grading of the couple (1.3) to derive properties of $\alpha'$ and $\alpha''$. These convergence theorems naturally play a crucial role in the applications which appear in this paper. We also defined and discussed in [10] a special diagram in $\mathfrak{A}$ which we called a Rees system. This diagram also plays a key role in the present paper. Thus, both for the content of the earlier paper and for the notations introduced there and continued into the present paper, a certain familiarity with [10] must be assumed of the reader. This is especially true of section 5.

The plan of the paper is as follows. In section 2 we introduce the general concept of a connected sequence of functors defined on the morphisms of a category $\mathfrak{C}$. To avoid confusion with the (very closely related) concept of an exact sequence of functors defined on the objects of an abelian category[1]), we adopt the terminology *composition functor* for the concept introduced here. Thus a composition functor $(T, \omega)$ from $\mathfrak{C}$ to the abelian category $\mathfrak{A}$ consists of graded functor $T=(T_q, -\infty<q<\infty)$, $T_q: \mathfrak{C}^2 \to \mathfrak{A}$, together with a graded natural transformation $\omega=(\omega_q, -\infty<q<\infty)$, subject to the condition that, given $f=hg$ in $\mathfrak{C}$, the sequence

$$\cdots \to T_q(g) \xrightarrow{T_q\binom{1}{h}} T_q(f) \xrightarrow{T_q\binom{g}{1}} T_q(h) \xrightarrow{\omega_q(g,h)} T_{q-1}(g) \to \cdots \tag{1.4}$$

is exact. Properties of composition-functors are obtained; in particular, the case when $\mathfrak{C}$ is a *pointed* category is picked out and the familiar relation between the homotopy sequences of a pair and a triple is generalized and the logical relation between the two sequences is elucidated. In the course of this study a certain 'rolling stone' lemma from homological algebra (Lemma 2.14) is formulated; this may have some interest in its own right.

In section 3 we derive certain consequences from the associativity of composition in $\mathfrak{C}$, when a composition functor is applied. The main result, in essence, is the commutative diagram (3.3). This is really a special case of the exact couple which we obtain from an arbitrary factorization (1.1); in fact, the special case of three factors,

$$f = wvu.$$

Moreover, the various commutativity relations incorporated in (3.3) are crucial to establishing the properties of the associated Rees system in the general case (1.1). Thus we may say that we assume axiomatically the properties of the Rees system for a factorization into two factors – this is just (1.4); we then deduce the required properties for a factorization into three factors – this is (3.3); and we may then jump to the general case of an arbitrary infinite factorization.

In section 4 we digress from the programme outlined to enlarge the scope of

[1]) DOLD [5] introduced the notion of an exact sequence of functors. His notion and that of a composition functor are distinct but have overlapping domains where they agree. The relation between the two notions is studied by I. Pressman in his doctoral thesis (Cornell University, 1965). DOLD [7] has discussed *half-exact* functors. Again, there is overlap, but there is the crucial difference that Dold always requires some excision property for his functors, whereas we do not.

application of composition functors by introducing cut-off functors. Here we have principally in mind the case of the homotopy groups $\pi_q$. It is well-known that, for a map $f$, $\pi_q(f)$ is an abelian group if $q\geq 3$, a group if $q=2$, and a based set if $q=1$. In order, then, to apply the theory of composition functors it is necessary to modify the definition of $\pi_q$ for $q<3$. Our main observation here is that there is a process which does *not* require that $\pi_q$ had been defined at all for $q<3$ (let alone that exactness is in some sense preserved down to $q=1$). Thus we suppose that $(T, \omega)$ is defined down to dimension $q$. We then define $T_{q-1}$ and $\omega_q$ in such a way that, if we take $T_r=0$, $r<q-1$, we obtain a composition-functor. This process is quite natural and may, of course, be applied to 'cut-off' any composition functor.

Section 5 contains our main theoretical results. In it we apply the theory of [10] to the case when a composition functor $(T, \omega)$ is applied to a factorization (1.1). The factorizations we consider are 'doubly-infinite'. We introduce this generality not because such factorizations have so far turned up in nature[1]) (though they can easily be synthesized in the laboratory), but because both left-finite, right-infinite factorizations (e.g., skeleton decompositions of infinite-dimensional polyhedra), and right-finite, left-infinite factorizations (e.g., Postnikov decompositions) do certainly arise and we wish to handle both simultaneously. We obtain (Theorem 5.5) a bigraded Rees system and pass to the limit 5.11. In the latter the graded groups associated with $T(f)$, $\varinjlim T(g_p)$, and $\varinjlim T(\bar{g}_p)$, all suitably filtered, appear and we then apply the convergence criteria, established in [10] and adapted to our situation, to relate these graded groups to the $E_\infty$ term of the spectral sequence arising from either exact couple of the Rees system. Here $g_p=j_p j_{p-1}\cdots$, $\bar{g}_p=\cdots j_{p+1} j_p$; thus each is a familiar morphism in any of the standard factorizations arising in algebraic topology. The section closes with an explicit description of the objects ker $\alpha''$, coker $\alpha'$ which occur in the crucial short exact sequence (1.2) and which measure, under suitable hypotheses, the deviation of $E_\infty$ from the graded group associated with $T(f)$. For we wish to emphasize that we are not just concerned to give conditions under which $E_\infty$ is isomorphic to this graded group; we regard it as a justification of the lengthy algebraical preliminaries that we are able immediately to identify the deviation when isomorphism does not hold.

In Section 6 we take up the contravariant case, that is, the case in which it is natural to regard each $T_q$ as a contravariant functor into the abelian category $\mathfrak{A}$, say, rather than as a covariant functor into $\mathfrak{A}^{\text{opp}}$. Of course, nothing new enters into the theory as a result of this changed point of view, but, as the authors have themselves discovered, there is a considerable pedagogical problem in effecting a smooth translation of the previous results into contravariant terms. We adopt, for the purpose of achiev-

---

[1]) That is, in topology! A complete resolution can be interpreted as a doubly-infinite factorization arising in homological algebra.

ing such a smooth transition, the convention of relabelling the factorization (1.1) in such a way that the results of Section 5 continue to hold in the contravariant case without any substantial – and hence confusing – change of statement being required. In particular, the Rees systems (5.6) and (6.6) have identical appearance and practically identical properties, the one difference being that the $q$-degrees of the morphisms are changed into their negatives. Even this one difference could have been eliminated had we not been so conservative as to wish to retain the convention that the coboundary *raises* degree by 1!

We stress that, up to this point, we have introduced no special categories $\mathfrak{C}$, although our examples have been largely, but not entirely, drawn from topology. Thus our results certainly contain no reference to homotopy axioms or excision axioms, since these are naturally, though not exclusively, formulated in categories of topological spaces. Section 7, on the other hand, is devoted to a description of several applications of the theory to algebraic topology. The spectral sequences are set up then, using only the exactness axiom (1.4); but in computing with any given spectral sequence (for example, in identifying the differentials $d_n$) the homotopy and excision axioms, where they hold, are plainly of vital importance. The first example given is that of the Massey spectral sequence [19], here slightly generalized. This arises by applying a covariant composition functor to a skeleton decomposition. The second example is that of the Federer spectral sequence [14] and the treatment is similar; here, however, the composition functor is contravariant so that the conventions of section 6 are applied. These lead to some unusual degree conventions but no difficulty ensues.[1]) The differential $d_0$ is identified and convergence conditions are discussed. In particular, the point arises here of the *completeness* of the filtration of $T(f)$, referred to above. We emphasize that the question of completeness (see [11, 13]) is quite distinct from that of the relation of $E_\infty$ to $\mathscr{G}T(f)$, but it does, of course, affect the extent to which the spectral sequence can provide information about $T(f)$.

In the third example the Federer spectral sequence is applied to a representable cohomology theory; the result is an Atiyah-Hirzebruch spectral sequence relating ordinary and extraordinary cohomology. Convergence questions are again taken up and the completeness of the filtration is discussed. In particular, we sketch the proof that a cohomology theory with dimension axiom on the category of CW-complexes coincides with the cellular theory, provided it satisfies a certain wedge axiom (see BROWN [4]). We also discuss abstract cohomology theories (i.e., those not necessarily given by an $\Omega$-spectrum).

In the final example the covariant truncated composition factor $\Pi_q(A, \ )$ is applied

[1]) We point out that we are not recommending these degree conventions when a single one of the examples of Section 7 is under consideration. The conventions are designed solely to achieve a unification of the general theoretical results.

to a right-finite composition of fibrations. This case includes that of a Postnikov decomposition of a space $X$ and that of the Adams spectral sequence [1]; the latter was discussed rather fully in [17], from the present point of view, and so has been omitted from the present paper.

The authors wish to acknowledge the important contribution of P. J. Huber to the early development of the ideas in this paper; indeed, ECKMANN and HUBER, in a more restricted and earlier approach to the problem, [12], developed much of the material of [10] in the category of abelian groups and applied it in connection with the functors $\Pi_q(A, \ )$, $\Pi_q(\ , B)$. It should also be remarked that DOLD [6, 7] has already dealt with the case when we are working in the category of finite CW-complexes and (1.1) is a skeleton decomposition. His results there go further in as much as he has also elucidated the product structure in the spectral sequence associated with a half-exact functor. It seems, however, that one should not always demand excision; and that one should look at other filtrations of complexes (e.g., the Milnor filtration, the James filtration of a reduced product complex); and that one should also have available 'cofiltrations' of complexes (e.g., the Postnikov decomposition). Thus, even if we confine attention to applications to algebraic topology, a case for generalization does exist.

A preliminary report on the contents of the present paper appeared in [16].

## 2. Composition functors

Let $\mathfrak{C}$ be an arbitrary category; let $\mathfrak{C}^2$ be the category of diagrams in $\mathfrak{C}$ based on the model category

$$\cdot \rightarrow \cdot\,,$$

and let $\mathfrak{C}^3$ be the category of diagrams in $\mathfrak{C}$ based on the model category

$$\cdot \rightarrow \cdot \rightarrow .$$

The objects of $\mathfrak{C}^2$ are thus morphisms of $\mathfrak{C}$, and the objects of $\mathfrak{C}^3$ are pairs of morphisms $(f, g)$ such that $gf$ is defined. There are functors

$$L, R: \mathfrak{C}^3 \rightarrow \mathfrak{C}^2$$

given by $L(f, g)=f$, $R(f, g)=g$.

*A composition functor*, $(T, \omega)$ from $\mathfrak{C}$ to the abelian category $\mathfrak{A}$ consists of

(i) a graded functor $T=(T_q, -\infty<q<\infty)$, $T_q$: $\mathfrak{C}^2 \rightarrow \mathfrak{A}$

and

(ii) a graded natural transformation $\omega=(\omega_q, -\infty<q<\infty)$, $\omega_q$: $T_q R \rightarrow T_{q-1} L$: $\mathfrak{C}^3 \rightarrow \mathfrak{A}$ subject to the exactness condition:

for any $(f, g) \in \mathfrak{C}^3$, the sequence (in $\mathfrak{A}$)

$$\cdots \rightarrow T_q(f) \xrightarrow{T_q\binom{1}{g}} T_q(gf) \xrightarrow{T_q\binom{f}{1}} T_q(g) \xrightarrow{\omega_q(f,g)} T_{q-1}(f) \rightarrow \cdots \tag{2.1}$$

is exact.

PROPOSITION 2.2 *If $(T, \omega)$ is a composition functor from $\mathfrak{C}$ to $\mathfrak{A}$ and if $f$ is an equivalence in $\mathfrak{C}$, then $T_q(f)=0$ for all $q$.*

*Proof.* We apply (2.1) to the object $(f, 1)$ and obtain the exact sequence

$$\cdots \to T_q(f) \xrightarrow{T_q\binom{1}{1}} T_q(f) \xrightarrow{T_q\binom{f}{1}} T_q(1) \xrightarrow{\omega_q(f,1)} T_{q-1}(f) \to \cdots \tag{2.3}$$

Now $\binom{1}{1}$ and $\binom{f}{1}$ are equivalences in $\mathfrak{C}^2$. Thus $T_q\binom{1}{1}$ and $T_q\binom{f}{1}$ are isomorphisms, so that (2.3) is just the zero sequence.

Before proceeding further, we make explicit the naturally condition on $\omega$. We suppose given the commutative diagrams

$$\begin{array}{ccccc} X_1 & \xrightarrow{f_1} & Y_1 & \xrightarrow{g_1} & Z_1 \\ \xi\downarrow & & \eta\downarrow & & \downarrow\zeta \\ X_2 & \xrightarrow{f_2} & Y_2 & \xrightarrow{g_2} & Z_2 \end{array} \tag{2.4}$$

in $\mathfrak{C}$; then, for each $q$, the diagram

$$\begin{array}{ccc} T_q(g_1) & \xrightarrow{\omega_q(f_1,g_1)} & T_{q-1}(f_1) \\ T_q\binom{\eta}{\zeta}\Big\downarrow & & \Big\downarrow T_{q-1}\binom{\xi}{\eta} \\ T_q(g_2) & \xrightarrow{\omega_q(f_2,g_2)} & T_{q-1}(f_2) \end{array} \tag{2.5}$$

commutes.

Now let us suppose that $\mathfrak{C}$ posseses a zero-object, $o$. Then there are unique morphisms $0_X: o \to X$, $0^X: X \to o$, and we obtain in this way embeddings

$$\underline{\imath}, \bar{\imath}: \mathfrak{C} \to \mathfrak{C}^2, \quad \underline{\jmath}, \bar{\jmath}: \mathfrak{C}^2 \to \mathfrak{C}^3$$

given by

$$\underline{\imath}(X) = 0_X, \quad \underline{\imath}(X) = 0^X, \quad \underline{\jmath}(f) = (0_X, f), \quad \bar{\jmath}(f) = (f, 0^Y), \quad \text{for} \quad f: X \to Y.$$

We define graded functors $\underline{\tau}$, $\bar{\tau}$ from $\mathfrak{C}$ to $\mathfrak{A}$ by

$$\underline{\tau} = T\underline{\imath}, \quad \bar{\tau} = T\bar{\imath}, \tag{2.6}$$

and graded natural transformation $\underline{\partial}$, $\bar{\partial}$ by

$$\bar{\partial} = \omega\underline{\jmath}, \quad \underline{\partial} = \omega\bar{\jmath}. \tag{2.7}$$

Thus

$$\underline{\partial}_q(f) = \omega_q \underline{\jmath}(f) = \omega_q(0_X, f): T_q(f) \to \underline{\tau}_{q-1}(X), \quad \text{and}$$
$$\bar{\partial}_q(f) = \omega_q \bar{\jmath}(f) = \omega_q(f, 0^Y): \bar{\tau}_q(Y) \to T_{q-1}(f).$$

Let $\zeta$ be the graded transformation given by $\zeta_q(X) = \omega_q(0_X, 0^X)$. We prove

THEOREM 2.8 (i) *$\zeta$ is a graded natural equivalence, $\zeta_q : \bar{\tau}_q \cong \underline{\tau}_{q-1}$;* (ii) *in the diagram*

$$\begin{array}{ccccccccc}
\cdots \to \bar{\tau}_{q+1}(X) & \xrightarrow{\bar{\tau}_{q+1}(f)} & \bar{\tau}_{q+1}(Y) & \xrightarrow{\bar{\partial}_{q+1}(f)} & T_q(f) & \xrightarrow{\bar{\sigma}_q(f)} & \bar{\tau}_q(X) & \to \cdots \\
\cong \downarrow \zeta_{q+1}(X) & & \cong \downarrow \zeta_{q+1}(Y) & & = \downarrow & & \cong \downarrow \zeta_q(X) & \\
\cdots \to \underline{\tau}_q(X) & \xrightarrow{\underline{\tau}_q(f)} & \underline{\tau}_q(Y) & \xrightarrow{\underline{\sigma}_q(f)} & T_q(f) & \xrightarrow{\underline{\partial}_q(f)} & \underline{\tau}_{q-1}(X) & \to \cdots
\end{array}$$

*where* $\underline{\sigma}_q(f) = T_q\binom{0_X}{1_Y}$, $\bar{\sigma}_q(f) = T_q\binom{1_X}{0_Y}$,

*the squares commute and the rows are exact;* (iii) *for any*

$$X \xrightarrow{f} Y \xrightarrow{g} Z$$

in $\mathfrak{C}^3$,

$$\omega_q(f,g) = T_{q-1}\binom{0_X}{1_Y} \circ \zeta_q(Y) \circ T_q\binom{1_Y}{0_Z} = \underline{\sigma}_{q-1}(f) \circ \zeta_q(Y) \circ \bar{\sigma}_q(g). \tag{2.9}$$

*Proof* (i) To see that $\zeta$ is natural, we apply (2.5) to the diagram

$$\begin{array}{ccccc} o & \to & X & \to & o \\ \downarrow & & \downarrow f & & \downarrow \\ o & \to & Y & \to & o \end{array}$$

To see that $\zeta$ is an equivalence, we construct the sequence (2.1) for $(0_X, 0^X)$ and apply Proposition 2.2.

(ii) The rows are exact, being simply (2.1) for $\underline{j}(f)$, $\bar{j}(f)$ respectively. The first square commutes because $\zeta$ is natural; for the second we apply (2.5) to the diagram

$$\begin{array}{ccccc} o & \to & Y & \to & o \\ \downarrow & & \downarrow 1 & & \downarrow \\ X & \xrightarrow{f} & Y & \to & o\,; \end{array}$$

and for the third we apply (2.5) to the diagram

$$\begin{array}{ccccc} o & \to & X & \xrightarrow{f} & Y \\ \downarrow & & \downarrow 1 & & \downarrow \\ o & \to & X & \to & o\,. \end{array}$$

(iii) In the light of (ii) it suffices to show that

$$\omega_q(f,g) = \underline{\sigma}_{q-1}(f) \circ \underline{\partial}_q(g). \tag{2.10}$$

This, however, follows immediately by applying (2.5) to the diagram

$$\begin{array}{ccccc} o & \to & Y & \xrightarrow{g} & Z \\ \downarrow & & \downarrow 1 & & \downarrow 1 \\ X & \xrightarrow{f} & Y & \xrightarrow{g} & Z \end{array}$$

*Remarks* (i) In most applications, the lower sequence of Theorem 2.8 (ii) is the first to become familiar, especially when $f$ is an inclusion; the upper sequence was noticed (e.g. in [3]) when homology and homotopy functors were applied directly to maps without the intervention of a "mapping-cylinder" to reduce them effectively to inclusions.

(ii) Notice that (2.9) asserts that, for a pointed category, $\omega$ is entirely known when $\zeta$ is known; so, a fortiori, are $\underline{\partial}$ and $\bar{\partial}$. Further we have

$$\omega_q(f,g) = \underline{\sigma}_{q-1}(f)\circ\underline{\partial}_q(g) = \bar{\partial}_q(f)\circ\bar{\sigma}_q(g). \tag{2.11}$$

We now prove a converse of Theorem 2.8. Suppose given a graded functor $T\colon \mathfrak{C}^2\to\mathfrak{A}$ and a graded natural transformation $\zeta$, $\zeta_q\colon\bar{\tau}_q\to\underline{\tau}_{q-1}\colon \mathfrak{C}\to\mathfrak{A}$. There are then sequences, and a map of sequences,

$$\begin{array}{ccccccccc}
\cdots\to \bar{\tau}_{q+1}(X) & \xrightarrow{\bar{\tau}_{q+1}(f)} & \bar{\tau}_{q+1}(Y) & \xrightarrow{\bar{\partial}_{q+1}(f)} & T_q(f) & \xrightarrow{\bar{\sigma}_q(f)} & \bar{\tau}_q(X) & \to\cdots & \text{(2.12a)}\\
\Big\downarrow{\scriptstyle \zeta_{q+1}(X)} & & \Big\downarrow{\scriptstyle \zeta_{q+1}(Y)} & = & \Big\downarrow & & \Big\downarrow{\scriptstyle \zeta_q(X)} & & \\
\cdots\to \underline{\tau}_q(X) & \xrightarrow{\underline{\tau}_q(f)} & \underline{\tau}_q(Y) & \xrightarrow{\underline{\sigma}_q(f)} & T_q(f) & \xrightarrow{\underline{\partial}_q(f)} & \underline{\tau}_{q-1}(X) & \to\cdots & \text{(2.12b)}
\end{array}$$

for any $f\colon X\to Y$ in $\mathfrak{C}$, where $\bar{\sigma}$, $\underline{\sigma}$ are defined as in Theorem 2.8 and $\bar{\partial}$, $\underline{\partial}$ are defined to make the appropriate squares commute. Then we have

THEOREM 2.13 *If* (2.12a) *or* (2.12b) *is exact (for all $f$), then*

(i) *$\zeta$ is an equivalence*

(ii) (2.12a) *and* (2.12b) *are both exact (for all $f$);*

(iii) *if $\omega$ is given by* (2.11), *then $(T,\omega)$ is a composition functor and*

$$\omega_q(0_X, 0^X) = \zeta_q(X)$$

*Proof.* (i) Let us suppose for definiteness that (2.12a) is exact. Setting $Y=o$, and noting that then $\bar{\sigma}_q(f)=1$, we deduce that $\bar{\tau}_q(o)=0$ for all $q$. But if we now set $X=o$ and look at the centre square we have

$$\begin{array}{ccc}
\bar{\tau}_{q+1}(Y) & \xrightarrow[\cong]{\bar{\partial}_{q+1}(0_Y)} & \underline{\tau}_q(Y)\\
\Big\downarrow{\scriptstyle \zeta_{q+1}(Y)} & = & \Big\downarrow\\
\underline{\tau}_q(Y) & \xrightarrow[1]{} & \underline{\tau}_q(Y).
\end{array}$$

Thus $\zeta_{q+1}(Y)$ is an isomorphism and so $\zeta$ is an equivalence. Similarly one deduces the conclusion from the assumption that (2.12b) is exact.

(ii) follows immediately from (i).

(iii) We first show that $\omega_q$ is natural, that is, that (2.5) holds. We note that, in the notation of (2.4),

$$\bar{\sigma}_{q-1}(f_2)\circ\underline{\tau}_{q-1}(\eta) = {}_{q-1}\binom{\xi}{\eta}\circ\underline{\sigma}_{q-1}(f_1), \quad \text{and}$$
$$\bar{\sigma}_q(g_2)\circ T_q\binom{\eta}{\zeta} = \bar{\tau}_q(\eta)\circ\bar{\sigma}_q(g_1),$$

just because $T_{q-1}$, $T_q$ are functors. Thus

$$\begin{aligned}
\omega_q(f_2,g_2)\circ T_q\binom{\eta}{\zeta} &= \underline{\sigma}_{q-1}(f_2)\circ\zeta_q(Y_2)\circ\bar{\sigma}_q(g_2)\circ T_q\binom{\eta}{\zeta}\\
&= \underline{\sigma}_{q-1}(f_2)\circ\zeta_q(Y_2)\circ\bar{\tau}_q(\eta)\circ\bar{\sigma}_q(g_1)\\
&= \underline{\sigma}_{q-1}(f_2)\circ\underline{\tau}_{q-1}(\eta)\circ\zeta_q(Y_1)\circ\bar{\sigma}_q(g_1), \quad \text{since } \zeta \text{ is natural}\\
&= T_{q-1}\binom{\xi}{\eta}\circ\underline{\sigma}_{q-1}(f_1)\circ\zeta_q(Y_1)\circ\bar{\sigma}_q(g_1)\\
&= T_{q-1}\binom{\xi}{\eta}\circ\omega_q(f_1,g_1).
\end{aligned}$$

The relation $\omega_q(0_X, 0^X)=\zeta_q(X)$ is immediate from the definition of $\omega_q$, so it remains only to prove the exactness of (2.1). We invoke the following general lemma.

Lemma 2.14 *Let $\mathfrak{A}$ be an abelian category and let*

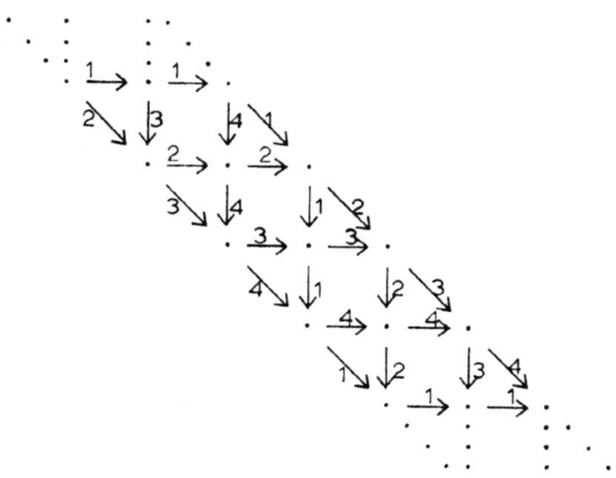


*be a commutative diagram in $\mathfrak{A}$. We consider the four sequences of morphisms marked* 1, 2, 3, 4 *and assume*

(i) *three of the four sequences are exact;*

(ii) *the fourth sequence is differential where it appears vertically or horizontally. Then the fourth sequence is exact.*

*Proof.* We may suppose that $\mathfrak{A}$ is the category of abelian groups. The argument now proceeds by standard diagram-chasing and is left to the reader. (Note the symmetry in the roles of the four sequences in the diagram; thus we may suppose that the sequences 1, 2 and 3 are exact in the proof, without loss of generality).

We apply Lemma 2.14 to the diagram

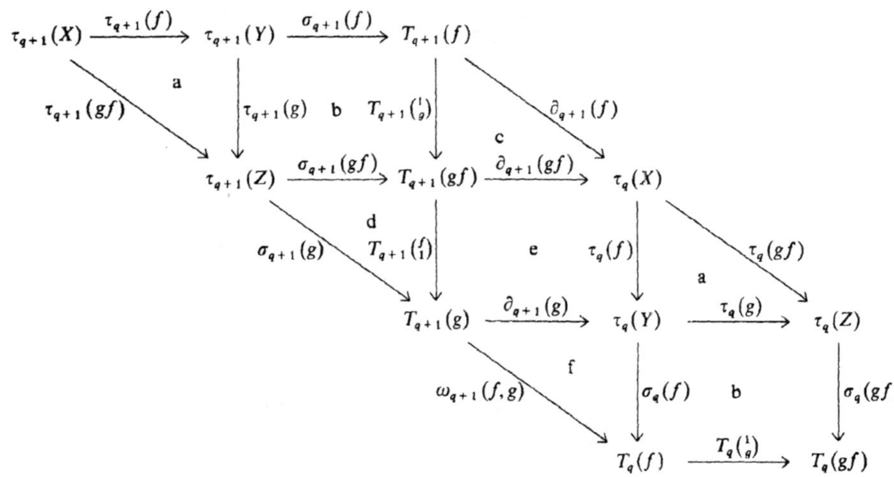


where we have omitted the underlines from the sequences (2.12b). The commutativity of a, b, and d follows from the functorial property of $T$. The commutativity of c follows by applying (2.5) to the diagram

$$\begin{array}{ccccc} o & \to & X & \xrightarrow{f} & Y \\ \downarrow & & \downarrow{\scriptstyle 1} & & \downarrow{\scriptstyle g} \\ o & \to & X & \xrightarrow{gf} & Z \end{array} \quad ;$$

the commutativity of e follows by applying (2.5) to the diagram

$$\begin{array}{ccccc} 0 & \to & X & \xrightarrow{gf} & Z \\ \downarrow & & \downarrow{\scriptstyle f} & & \downarrow{\scriptstyle 1} \\ o & \to & Y & \xrightarrow{g} & Z \end{array} \quad ;$$

and the commutativity of $f$ is just (2.10) – which followed from the naturality of $\omega$. Thus, to apply Lemma 2.14 to prove the exactness of (2.1), it remains to show that (2.1) is differential at $T_q(gf)$.

Now $\binom{f}{1}\binom{1}{g}=\binom{f}{g}=\binom{1_Y}{g}\binom{f}{1_Y}$. But $T_q\binom{f}{1_Y}$: $T_q(f)\to T_q(1_Y)$, and the exactness of (2.12) immediately implies that $T_q(1_Y)=0$. Thus $T_q\binom{f}{1}T_q\binom{1}{g}=0$, and the lemma may be applied to complete the proof of the theorem.

We have therefore established that, in a pointed category $\mathfrak{C}$, a composition functor $(T,\omega)$ may be specified by $(T,\zeta)$, or, indeed, by $(T,\underline{\partial})$ or $(T,\overline{\partial})$. We will permit ourselves in the sequel to use whichever specification is convenient.

*Examples.* (i) $\mathfrak{C}=\mathfrak{T}$, the category of topological spaces, and $T_q=H_q$, the $q^{th}$ singular homology group (with integer coefficients, say). Here $\mathfrak{A}$ is the category of abelian groups. We apply $H_q$ directly to the singular chain complex of $f$ itself. The existence of $\omega$ and the exactness of (2.1) then follow from standard homological algebra. We may also consider cohomology (essentially, by considering the category dual to the category of abelian groups). We obtain a pointed category by replacing $\mathfrak{T}$ by the category $\mathfrak{T}_0$ of based spaces and based maps and may then apply Theorems 2.8, 2.13.

(ii) $\mathfrak{C}=$category of $\Lambda$-modules, $T_q=\mathrm{Ext}_\Lambda^{-q}(A,\ )$, $q<0$, $T_q=\underline{\pi}_q(A,\ )$, $q\geq 0$. Here $\underline{\pi}_q$ stands for the projective homotopy group of [8, 15]. The category $\mathfrak{A}$ is the category of abelian groups. We note that our formulation requires that the functors $\mathrm{Ext}_\Lambda^q(A,\ )$ and $\underline{\pi}_q(A,\ )$ be applied to *morphisms* of $\mathfrak{C}$. This may be achieved, by defining $\mathrm{Ext}_\Lambda^q(A,\varphi)$ to be $\mathrm{Ext}_\Lambda^q(A, C_\varphi)$, where $C_\varphi$ is the injective mapping cone of $\varphi$, $q>0$, and defining $\underline{\pi}_q(A,\varphi)$ to be $\underline{\pi}_{q-1}(A, K_\varphi)$, where $K_\varphi$ is defined in a manner dual to $C_\varphi$, $q>0$. A special definition of $\underline{\pi}_0(A,\varphi)$, and a natural definition of $\omega$, may then be given to make $(T_q,\omega)$ a composition functor. For details see [18].

## 3. Associativity of composition

Of course, the associativity of composition in $\mathfrak{C}$ is essential to the definition of composition in $\mathfrak{C}^2$ and $\mathfrak{C}^3$ (since, otherwise, the juxtaposition of commutative squares would not lead to a commutative square). In this section we draw some further elementary consequences from associativity under the application of a composition functor.

We consider the diagram

$$\cdot \xrightarrow{u} \cdot \xrightarrow{v} \cdot \xrightarrow{w} \cdot \tag{3.1}$$

in $\mathfrak{C}$, so that $wvu=w(vu)=(wv)u$. We expand the diagram (3.1) to the commutative diagram

$$\begin{array}{ccccc}
\cdot & \xrightarrow{u} & \cdot & \xrightarrow{v} & \cdot \\
\downarrow{\scriptstyle 1} & & \downarrow{\scriptstyle 1} & & \downarrow{\scriptstyle w} \\
\cdot & \xrightarrow{u} & \cdot & \xrightarrow{wv} & \cdot \\
\downarrow{\scriptstyle 1} & & \downarrow{\scriptstyle v} & & \downarrow{\scriptstyle 1} \\
\cdot & \xrightarrow{vu} & \cdot & \xrightarrow{w} & \cdot \\
\downarrow{\scriptstyle u} & & \downarrow{\scriptstyle 1} & & \downarrow{\scriptstyle 1} \\
\cdot & \xrightarrow{v} & \cdot & \xrightarrow{w} & \cdot
\end{array} \tag{3.2}$$

Now let $(T,\omega)$ be a composition functor from $\mathfrak{C}$ to $\mathfrak{A}$. We apply $(T,\omega)$ to the diagram (3.2) and obtain the commutative diagram

$$
\begin{array}{ccccccccc}
\cdots\to T_q(u) & \xrightarrow{T_q\binom{1}{v}} & T_q(vu) & \xrightarrow{T_q\binom{u}{1}} & T_q(v) & \xrightarrow{\omega_q(u,v)} & T_{q-1}(u) & \to\cdots & \\
\downarrow{\scriptstyle 1} & & \downarrow{\scriptstyle T_q\binom{1}{w}} & & \downarrow{\scriptstyle T_q\binom{1}{w}} & & \downarrow{\scriptstyle 1} & & \\
\cdots\to T_q(u) & \xrightarrow{T_q\binom{1}{wv}} & T_q(wvu) & \xrightarrow{T_q\binom{u}{1}} & T_q(wv) & \xrightarrow{\omega_q(u,wv)} & T_{q-1}(u) & \to\cdots & \\
\downarrow{\scriptstyle T_q\binom{1}{v}} & & \downarrow{\scriptstyle 1} & & \downarrow{\scriptstyle T_q\binom{v}{1}} & & \downarrow{\scriptstyle T_{q-1}\binom{1}{v}} & & (3.3)\\
\cdots\to T_q(vu) & \xrightarrow{T_q\binom{1}{w}} & T_q(wvu) & \xrightarrow{T_q\binom{vu}{1}} & T_q(w) & \xrightarrow{\omega_q(vu,w)} & T_{q-1}(vu) & \to\cdots & \\
\downarrow{\scriptstyle T_q\binom{u}{1}} & & \downarrow{\scriptstyle T_q\binom{u}{1}} & & \downarrow{\scriptstyle 1} & & \downarrow{\scriptstyle T_{q-1}\binom{u}{1}} & & \\
\cdots\to T_q(v) & \xrightarrow{T_q\binom{1}{w}} & T_q(wv) & \xrightarrow{T_q\binom{v}{1}} & T_q(w) & \xrightarrow{\omega_q(v,w)} & T_{q-1}(v) & \to\cdots &
\end{array}
$$

Here the rows are, of course, exact: the commutativity of the squares on the right will be invoked in section 5, when we discuss the Rees system obtained by applying a composition functor to a morphism in $\mathfrak{C}$. Indeed, (2.1) and (3.3) may be regarded as the special cases of the Rees system, when the factorization involves two and three factors respectively.

We may apply the Barratt-Whitehead procedure [3] to (3.3) to obtain three "Mayer-Vietoris" sequences. However, it turns out that the first and third essentially coincide; thus we obtain the following result.

THEOREM 3.4 *Suppose given the diagram* (3.1) *in* $\mathfrak{C}$ *and a composition functor* $(T,\omega)$ *from* $\mathfrak{C}$ *to* $\mathfrak{A}$. *Then there are exact sequences*

$$
\begin{aligned}
\cdots\to T_{q+1}(wv) &\xrightarrow{T_q\binom{1}{v}\,\omega_{q+1}(u,wv)} T_q(vu) \xrightarrow{\{T_q\binom{u}{1},\,T_q\binom{1}{w}\}} T_q(v)\oplus T_q(wvu)\\
&\xrightarrow{\langle T_q\binom{1}{w},\,-T_q\binom{u}{1}\rangle} T_q(wv)\to\cdots
\end{aligned}
\tag{3.5}
$$

*and*

$$
\begin{aligned}
\cdots\to T_q(vu) &\xrightarrow{T_q\binom{u}{w}} T_q(wv) \xrightarrow{\{\omega_q(u,wv),\,T_q\binom{v}{1}\}} T_{q-1}(u)\oplus T_q(w)\\
&\xrightarrow{\langle T_{q-1}\binom{1}{v},\,-\omega_q(vu,w)\rangle} T_{q-1}(vu)\to\cdots
\end{aligned}
\tag{3.6}
$$

(Notice that the sequence obtained from the last two rows of (3.3) coincides with (3.5) in the light of the commutativity of the right-hand centre square of (3.3).)

*Examples* (i) Consider a nested sequence of complexes $N\subset M\subset L\subset K$. Then applying the homology functor we obtain an exact sequence

$$\cdots\to H_{q+1}(K,M)\to H_q(L,N)\to H_q(L,M)\oplus H_q(K,N)\to H_q(K,M)\to\cdots$$

and an exact sequence

$$\cdots\to H_q(L,N)\to H_q(K,M)\to H_{q-1}(M,N)\oplus H_q(K,L)\to H_{q-1}(L,N)\to\cdots$$

(ii) Let $K^n$ be the $n$-skeleton of the complex $K$. Then applying the homotopy functor we obtain an exact sequence

$$\cdots \to \pi_{q+1}(K^n, K^{n-2}) \to \pi_q(K^{n-1}, K^{n-3}) \\ \to \pi_q(K^{n-1}, K^{n-2}) \oplus \pi_q(K^n, K^{n-3}) \to \pi_q(K^n, K^{n-2}) \to \cdots$$

and an exact sequence

$$\cdots \to \pi_q(K^{n-1}, K^{n-3}) \to \pi_q(K^n, K^{n-2}) \\ \to \pi_{q-1}(K^{n-2}, K^{n-3}) \oplus \pi_q(K^n, K^{n-1}) \to \pi_{q-1}(K^{n-1}, K^{n-3}) \to \cdots$$

*Remarks* (i) (3.5) and (3.6), which were deduced from (2.1) are, in fact, each equivalent to (2.1); for we recover (2.1) from (3.5) or (3.6) by setting $v=1$ or $u=1$ (or $w=1$) respectively.

(ii) It might be interesting to study the interrelations of (3.5) and (3.6).

## 4. Cut-off functors

In the second example in section 3 we implicitly invoked the homotopy groups as a composition functor. Plainly this is not valid without some modification as $\pi_2$ is not a functor to abelian groups but to groups[1]), $\pi_1$ is a functor to sets, and $\pi_q$ is not defined for $q<1$. Now MASSEY described in [19] a procedure whereby one may adapt the functor $\pi$ so that its values are always abelian groups. We will simply describe this procedure in the setting in which we are developing the theory.

Let $\mathfrak{C}$ be a category and $\mathfrak{A}$ an abelian category. We will suppose throughout this section that $\mathfrak{C}$ is *pointed.* Then a *truncated* composition functor from $\mathfrak{C}$ to $\mathfrak{A}$ is a triple $(T, \omega, t)$ where $t \in Z$, $T=(T_q, q \geq t)$ is a graded functor from $\mathfrak{C}^2$ to $\mathfrak{A}$, and $\omega=(\omega_q, q\geq t+1)$, $\omega_q: T_q R \to T_{q-1} L: \mathfrak{C}^3 \to \mathfrak{A}$, is a graded natural transformation. Moreover, the triple is subject to the exactness condition: the sequence

$$\cdots \to T_q(f) \to T_q(gf) \to T_q(g) \to T_{q-1}(f) \to \cdots \to T_t(f) \to T_t(gf) \to T_t(g) \tag{4.1}$$

is *exact* for all $(f, g) \in \mathfrak{C}^3$. We may for further precision say that $(T, \omega, t)$ is *truncated below at t*; one may deal similarly with composition functors truncated *above*, but there is no necessity to deal with them separately since they may be brought within the compass of the case considered by considering composition functors from $\mathfrak{C}^{opp}$ to $\mathfrak{A}^{opp}$ and applying the sign-reversing trick. If a composition functor is truncated above and below then we may apply the technique described below first to the lower and then to the upper end of its domain of definition.

Our object, then, is to take a composition functor truncated below at $t$, and to construct from it a composition functor, over the whole range $-\infty < q < \infty$, which

[1]) Recall that, here, $\pi_q: \mathfrak{C}^2 \to \mathfrak{Ab}$, $q > 2$; that is, we are considering the homotopy groups of *maps.*

coincides with the given functor where the latter is defined. We do this in a canonical way and, as is to be expected, it turns out that it is only necessary to find suitable definitions of $T_{t-1}$, $\omega_t$.

Let, then, $(T, \omega, t)$ be a truncated composition functor from $\mathfrak{C}$ to $\mathfrak{A}$. Then $\bar{\tau}_q$, $\underline{\tau}_q$ are defined for $q \geq t$, and $\zeta_q : \bar{\tau}_q \to \underline{\tau}_{q-1}$, given by

$$\zeta_q(X) = \omega_q(0_X, 0^X), \tag{4.2}$$

is defined for $q \geq t+1$, and it follows, just as in section 2, that $\zeta_q$ is a natural equivalence. For the analogue of Proposition 2.2 plainly holds if we replace $(T, \omega)$ by $(T, \omega, t)$ and only ask for the conclusion for $q \geq t$.

We now proceed to extend $T$ so that it is defined for each $q$. Specifically we set, for $f \in \mathfrak{C}^2$,

$$\begin{aligned} T_{t-1}(f) &= \operatorname{coker} \bar{\tau}_t(f), \\ T_q(f) &= 0, \quad q < t-1 \end{aligned} \tag{4.3}$$

Since $\bar{\tau}_t$ is a functor it is plain that $T_{t-1}$ is indeed a functor $\mathfrak{C}^2 \to \mathfrak{A}$. Moreover since (as was observed above) $\bar{\tau}_t(o) = T_t(1_0) = 0$, it follows that

$$\begin{aligned} \underline{\tau}_{t-1}(X) &= T_{t-1}(0_X) = \operatorname{coker} \bar{\tau}_t(0_X) = \operatorname{coker}(0 \to \bar{\tau}_t(X)) = \bar{\tau}_t(X), \\ \bar{\tau}_t(X) &= \underline{\tau}_{t-1}(X); \end{aligned} \tag{4.4}$$

and

$$\begin{aligned} \bar{\tau}_{t-1}(X) &= T_{t-1}(0^X) = \operatorname{coker} \bar{\tau}_t(0^X) = \operatorname{coker}(\bar{\tau}_t(X) \to 0) = 0, \\ \bar{\tau}_{t-1}(X) &= 0. \end{aligned} \tag{4.5}$$

We further extend $\zeta_q : \bar{\tau}_q - \underline{\tau}_{q-1}$ from (4.2), to the whole range by setting

$$\begin{cases} \zeta_t = 1 : \bar{\tau}_t \to \underline{\tau}_{t-1} \\ \zeta_q = 1 (= 0), \quad q < t. \end{cases} \tag{4.6}$$

Definition (4.6) is valid in the light of (4.4), (4.5).

THEOREM 4.7. *The pair $(T, \zeta)$ satisfies the hypothesis of Theorem 2.13. Moreover, the associated composition functor extends the original truncated composition functor over the whole range.*

*Proof.* We must verify the exactness of one of the sequences

$$\begin{array}{ccccccccc} \cdots \to & \bar{\tau}_t(X) & \xrightarrow{\bar{\tau}_t(f)} & \bar{\tau}_t(Y) & \xrightarrow{\bar{\delta}_t(f)} & T_{t-1}(f) & \xrightarrow{\bar{\sigma}_{t-1}(f)} & \bar{\tau}_{t-1}(X) = 0 \\ & = \big\downarrow \zeta_t(X) & & = \big\downarrow \zeta_t(Y) & & = \big\downarrow & & \\ \cdots \to & \underline{\tau}_{t-1}(X) & \xrightarrow{\underline{\tau}_{t-1}(f)} & \underline{\tau}_{t-1}(Y) & \xrightarrow{\underline{\sigma}_{t-1}(f)} & T_{t-1}(f) & \xrightarrow{\bar{\delta}_{t-1}(f)} & \underline{\tau}_{t-2}(X) = 0. \end{array}$$

Let $\kappa(f) : \bar{\tau}_t(Y) \twoheadrightarrow \operatorname{coker} \bar{\tau}_t(f) = T_{t-1}(f)$ be the natural projection. It then suffices to show that $\kappa(f) = \underline{\sigma}_{t-1}(f) = T_{t-1}\left(\begin{smallmatrix} 0_X \\ 1_Y \end{smallmatrix}\right)$. We have, however, the commutative diagram

$$\begin{array}{ccc} 0 & \longrightarrow & \bar{\tau}_t(X) \\ \downarrow & & \downarrow \bar{\tau}_t(f) \\ \bar{\tau}_t(Y) & \xrightarrow{=} & \bar{\tau}_t(Y) \\ = \downarrow & & \downarrow \kappa(f) \\ \underline{\tau}_{t-1}(Y) & \xrightarrow{\underline{\sigma}_{t-1}(f)} & T_{t-1}(f) \end{array}$$

and this establishes the result. The second assertion is quite evident in view of (4.2). Note that

$$\omega_t(f,g) = \kappa(f) \circ \bar{\sigma}_t(g) : T_t(g) \to T_{t-1}(f).$$

*Remark* In [19], Massey modifies the homotopy group functor by replacing $\pi_2(f)$ by the subgroup $\operatorname{Im} \pi_2(Y) \subset \pi_2(f)$. This procedure is essentially equivalent to ours, but in our formulation it is superfluous to suppose that $\pi_2(f)$ is already defined in a larger category than $\mathfrak{Ab}$, namely in the category $\mathfrak{G}$ of groups. We now proceed to describe this example in detail.

*Example* 4.8 Let $\mathfrak{T}_0$ be the category of based spaces and based maps. We take $A \in \mathfrak{T}_0$ and we then have a truncated composition functor $(T, \omega, 3)$, where $T_q = \Pi_q(A, )$, and $\omega_q$ is the natural boundary homomorphism in the homotopy sequence of a triple. Then $\bar{\tau}_3(X) = \Pi_3(A, 0^X) = \Pi_2(A, X)$ and $\bar{\tau}_3(f) = f_* : \Pi_2(A, X) \to \Pi_2(A, Y)$. Thus the procedure we have described leads to the definition $T_2(f) = \operatorname{coker} f_*$. In fact, of course, $\operatorname{coker} f_* \cong \mathit{Im}\, \Pi_2(A, Y) \subset \Pi_2(A, f)$; but it was not necessary to our purpose that $\Pi_2(A, f)$ had already been defined as a group. Indeed it was not even necessary that $\Pi_2(A, X)$ had already been defined as an abelian group. For, given the functor $\Pi_3(A, )$, we could have defined $T_2$ as in the general theory and we would then have had $\underline{\tau}_2(X) = \bar{\tau}_3(X) \, (= \Pi_2(A, X))$.

This example serves to underline a general question. We plainly lose information in passing from $\Pi_2(A, )$ to $T_2$. We should therefore investigate the question to what extent we need the structure of an abelian category for the range category of $T$. This question has been considered (from a slightly different viewpoint) by Dold; and we ourselves hope to return to it in a subsequent paper. Meanwhile we think it worth mentioning that we cannot apply the procedure described in this section when, for example, we replace $\mathfrak{A}$ by the category of groups. For

$$\pi_1(X) \xrightarrow{f_*} \pi_1(Y) \to \operatorname{coker} f_* \to 0$$

is not always exact in $\mathfrak{G}$.

We should point out how the general argument we have given would proceed if we began with a truncated system $(T, \zeta, t)$. That is, we might have assumed the functors $T_q$ defined for $q \geq t$, the natural transformation $\zeta : \bar{\tau}_q \to \underline{\tau}_{q-1}$ for $q \geq t+1$ and then that (2.12a) or (2.12b) is exact so far as it is defined. However there is then a difference of an essential nature between these two sequences since (2.12b) terminates at $\to T_t(f)$, whereas (2.12a) goes on for two more terms. If we assume (2.12a) exact then we infer (setting $X=Y=o$) that $\bar{\tau}_q(o)=0$, $q\geq t$, and hence, as in the proof of Theorem 2.13(i), that $\zeta_q$ is an equivalence, $q\geq t+1$. Thus we may proceed to define $T_{t-1}$, $\zeta_t$ as in (4.3), (4.6) and so extend $(T, \zeta, t)$ to a full system $(T, \zeta)$. If on the other hand we assumed (2.12b) exact, we would then have no reason to assume the exactness of $\underline{\tau}_t(Y)\to T_t(f)\to\bar{\tau}_t(X)$ or, equivalently, to suppose $\zeta_{t+1}$ an equivalence. Thus, the hypothesis of the exactness of (2.12b) would need to be supplemented by a condition equivalent to that of supposing $\zeta_{t+1}$ to be a natural *equivalence* in order that the truncated system could be completed.

## 5. Factorizations of morphisms

Let $\mathfrak{C}$ be a category (not necessarily pointed) and let $f$ be a morphism in $\mathfrak{C}$. A *finite factorization* of $f$ is then an expression for $f$ as

$$f = j_{P_0}\cdots j_{p+1}\, j_p\, j_{p-1}\cdots j_{P_1}, \tag{5.1}$$

where each $j_p$, $P_1\leq p\leq P_0$, is a morphism in $\mathfrak{C}$. The *length* of the factorization is $P_0-P_1+1$.

We wish to consider *infinite factorizations* of $f$. By an infinite factorization of $f$ we understand a triple of sequences of morphisms in $\mathfrak{C}$, $(j_p, g_p, \bar{g}_p, -\infty<p<\infty)$, satisfying the relations

$$f=\bar{g}_p g_{p-1}, \quad j_p g_{p-1}=g_p, \quad \bar{g}_{p+1} j_p=\bar{g}_p, \quad -\infty<p<\infty. \tag{5.2}$$

Formally we may write

$$\begin{aligned} f &= \ldots j_{p+1}\, j_p\, j_{p-1}\cdots, \\ g_p &= j_p\, j_{p+1}\cdots, \\ \bar{g}_p &= \ldots j_{p+1}\, j_p, \end{aligned}$$

and regard $f$ as factorized as an (infinite) product of the morphisms $j_p$. The case (5.1) of the finite factorization of $f$ is then subsumed under the definition of an infinite factorization by taking

$$g_p=1, \quad p<P_1, \tag{5.3}$$

$$\bar{g}_p=1, \quad p>P_0. \tag{5.4}$$

Notice that (5.3) implies $j_p=1, p<P_1$, and (5.4) implies $j_p=1, p>P_0$. If (5.3) holds we say that the factorization of $f$ is *left-finite*, and if (5.4) holds we say that the factorization of $f$ is *right-finite*.

*Examples* (i) The skeleton decomposition of a simplicial complex is a left-finite factorization by inclusions. It is finite if the complex is finite-dimensional.

(ii) The Postnikov decomposition of a 1-connected space is a right-finite factorization of fibrations.

(iii) An injective resolution of a module gives rise to a left-finite factorization; a projective resolution of a module to a right-finite factorization.

Now let $(T, \omega)$ be a composition-functor from $\mathfrak{C}$ to $\mathfrak{A}$ and let (5.2) be an infinite factorization of $f$. We then utilize the exactness axiom (2.1) to prove

THEOREM 5.5 *There is a diagram in* $\mathfrak{A}^{\mathbf{Z}\times\mathbf{Z}}$

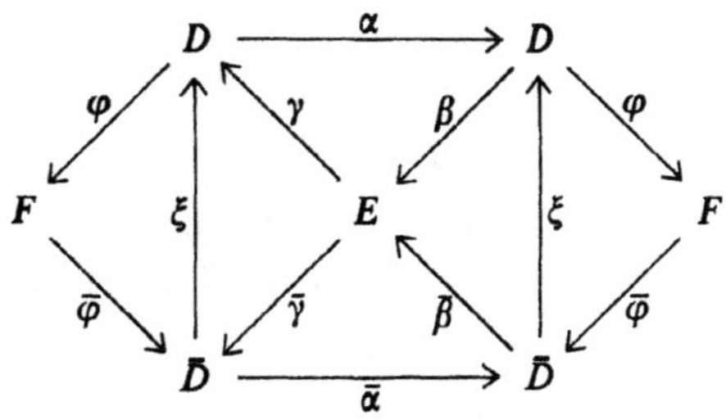


(5.6)

*in which*

(*i*) $D = (D^{p,q}) = \big(T_q(g_p)\big)$; $\bar{D} = (\bar{D}^{p,q}) = \big(T_q(\bar{g}_p)\big)$; $E = (E^{p,q}) = \big(T_q(j_p)\big)$; $F = (F^{p,q}) = \big(T_q(f)\big)$;

(*ii*) $\alpha^{p,q} = T_q\binom{1}{j_{p+1}}$; $\beta^{p,q} = T_q\binom{g_{p-1}}{1}$; $\gamma^{p,q} = \omega_q(g_{p-1}, j_p)$; $\bar{\alpha}^{p,q} = T_q\binom{j_p}{1}$; $\bar{\beta}^{p,q} = \omega_q(j_{p-1}, \bar{g}_p)$; $\bar{\gamma}^{p,q} = T_q\binom{1}{\bar{g}_{p+1}}$; $\xi^{p,q} = \omega_q(g_{p-1}, \bar{g}_p)$; $\varphi^{p,q} = T_q\binom{1}{\bar{g}_{p+1}}$; $\bar{\varphi}^{p,q} = T_q\binom{g_{p-1}}{1}$;

(iii) $\deg \alpha = \deg \bar{\alpha} = (1, 0)$; $\deg \beta = \deg \bar{\gamma} = (0, 0)$; $\deg \gamma = \deg \bar{\beta} = \deg \xi = (-1, -1)$; $\deg_q \varphi = \deg_q \bar{\varphi} = 0$; $\deg_p \bar{\varphi}\varphi = 1$;

(iv) $(\alpha, \beta, \gamma)$ *and* $(\bar{\alpha}, \bar{\beta}, \bar{\gamma})$ *are exact couples*;

(v) $(\xi, \varphi, \bar{\varphi})$ *is an exact triangle*;

(vi) *the commutativity relations* $\alpha\xi = \xi\bar{\alpha}$, $\beta\xi = \bar{\beta}$, $\gamma = \xi\bar{\gamma}$ hold;

(vii) $\varphi^{p+1}\alpha^p = \varphi^p$, $\bar{\alpha}^p\bar{\varphi}^p = \bar{\varphi}^{p+1}$ *for all* $p, q$;

(viii) $\bar{\varphi}^p\varphi^p = \bar{\gamma}^p\beta^p$ *for all* $p, q$;

(ix) *the spectral sequences associated with* $(\alpha, \beta, \gamma)$, $(\bar{\alpha}, \bar{\beta}, \bar{\gamma})$ *coincide and*

$$d^{p,q} = \omega_q(j_{p-1}, j_p) \colon E^{p,q} \to E^{p-1,q-1}. \tag{5.7}$$

*Proof* Statements (i)–(v) are immediate consequences of the exactness axiom (2.1). Statement (vi) ist just the commutativity of the three right-hand squares in (3.3), where $u = g_{p-1}$, $v = j_p$, $w = \bar{g}_{p+1}$.
Statements (vii) and (viii) follow from the functorial nature of $T_q$. Now statements (iv)–(vi) assert that (5.6) is a Rees system [10]; thus Theorem 7.10 of [10] may be applied to show that the spectral sequences associated with $(\alpha, \beta, \gamma)$, $(\bar{\alpha}, \bar{\beta}, \bar{\gamma})$ coincide. Finally (5.7) follows from the commutativity of the right-hand bottom square in (3.3), where

$$u = g_{p-2}, v = j_{p-1}, w = j_p.$$

(Recall that $d^{p,q} = \beta^{p-1,q-1}\gamma^{p,q}$)

Let $\Phi \in \mathfrak{A}^{\mathbf{Z}}$ be given by $\Phi^q = T_q(f)$. Then

$$F = \Delta \Phi$$

where $\Delta : \mathfrak{L} \to \mathfrak{L}^{\mathbf{Z}}$ is the functor, defined for any category $\mathfrak{L}$, given by

$$(\Delta B)^p = B, \qquad (\text{for all } p \in \mathbf{Z}).$$

Let $\theta : \mathfrak{L}^{\mathbf{Z}} \to \mathfrak{L}^{\mathbf{Z}}$ be the functor given by

$$(\theta M)^p = M^{p-1}, \; M \in \mathfrak{L}^{\mathbf{Z}}.$$

Then

$$\theta \Delta = \Delta . \tag{5.8}$$

Let $\vartheta : 1 \to \theta$ be the natural transformation given by: $\vartheta_M : M \to \theta M$ is the morphism of degree 1 which is the identity on each component. Then, in particular,

$$\vartheta_{\Delta B} : \Delta B \to \Delta B$$

is an automorphism; we write it simply as $\vartheta$.

With this convention, we note that $F$ in (5.6) admits the automorphism $\vartheta$ and that, in terms of this automorphism, statements (vii) and (viii) of Theorem 5.5 may be reexpressed as

$$\varphi \alpha = \vartheta \varphi, \; \bar{\alpha} \bar{\varphi} = \bar{\varphi} \vartheta, \; \bar{\varphi} \vartheta^{-1} \varphi = \bar{\gamma} \beta , \tag{5.9}$$

where we regard $\varphi, \bar{\varphi}$ as having some fixed, but arbitrary, $p$-degree, subject only to the condition that the sum of their $p$-degrees is 1 (see Theorem 5.5(iii)). The degree of $\vartheta$ is (1, 0).

Comparing with (7.9) of [10], we conclude

THEOREM 5.10 *The diagram* (5.6) *is a special Rees system, where* $\vartheta : F \cong F$ *is given by*

$$\vartheta^{p,q} = 1 : F^{p,q} \to F^{p+1,q} .$$

The general theory of special Rees systems thus applies to (5.6). We may, in particular, pass to the limit and obtain the diagram (see Theorem 7.32 and subsequent remarks in [10])

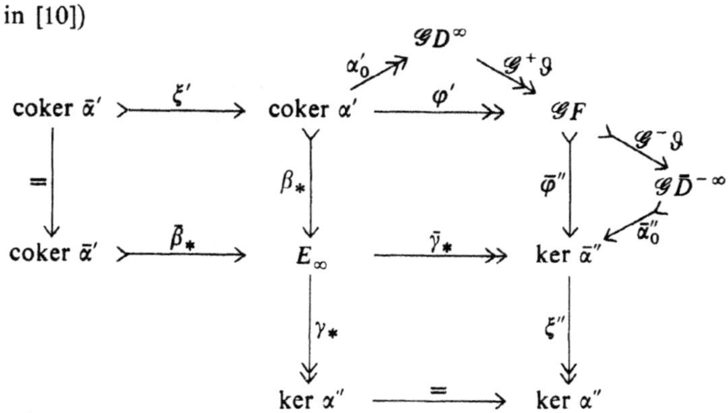


(5.11)

where

(i) commutativity holds in all squares and triangles;
(ii) the horizontal and vertical sequences are exact;
(iii) $\xi'$ and $\xi''$ are induced by $\xi$ and have degree $(-1, -1)$;
(iv) $\beta_*, \gamma_*, \bar{\beta}_*, \bar{\gamma}_*$ are induced by $\beta, \gamma, \bar{\beta}, \bar{\gamma}$ and have their respective degrees;
(v) $\varphi', \bar{\varphi}''$ are induced by $\varphi, \bar{\varphi}$ and have degrees (0, 0);
(vi) $\mathscr{G}F$ is the $p$-graded object associated with the filtration

$$\ldots \subset \varphi^{p-1} T(g^{p-1}) \subset \varphi^p T(g^p) \subset \ldots \subset T(f)$$

which coincides with the filtration

$$\ldots \subset \ker \bar{\varphi}^p \qquad \subset \ker \bar{\varphi}^{p+1} \subset \ldots \subset T(f);$$

(vii) $\mathscr{G}D^\infty$ is the $p$-graded object associated with the filtration

$$\ldots \subset \pi^{p-1} T(g^{p-1}) \subset \pi^p T(g^p) \subset \ldots \subset \varinjlim_p (T(g_p), \alpha^p);$$

(viii) $\mathscr{G}\bar{D}^{-\infty}$ is the p-graded object associated with the filtration

$$\ldots \subset \ker \pi^p \qquad \subset \ker \bar{\pi}^{p+1} \subset \ldots \subset \varprojlim_p (T(\bar{g}_p), \bar{\alpha}^p);$$

(ix) $\alpha'_o, \bar{\alpha}''_o$ are of degree (0, 0);
(x) $\mathscr{G}^+\vartheta, \mathscr{G}^-\vartheta$ are induced by $\varphi, \bar{\varphi}$ and have degree (0, 0).

Here $(D^\infty, \pi^p) = \varinjlim_p (T(g_p), \alpha^p)$, $(\bar{D}^{-\infty}, \bar{\pi}^p) = \varprojlim_p (T(g_p), \bar{\alpha}^p)$.

REMARKS (i) The interpretation of $\mathscr{G}F$ is simply taken from (6.18) in [10]; we have here written $\mathscr{G}F$ rather than $F^+$ in order to stress that it is a graded object associated with a filtration.

(ii) When we identify $F^-$ with $F^+$ (Theorem 7.26 of [10]), we do so via an automorphism induced by $\vartheta$ which has degree (1,0). This explains why $\bar{\varphi}''\varphi'$ has $p$-degree 0 while $\bar{\varphi}\varphi$ has $p$-degree 1. This remark is also brought out in the two descriptions above of the filtration of $T(f)$.

(iii) The diagram (5.11) has been supplemented by the objects $\mathscr{G}D^\infty, \mathscr{G}\bar{D}^{-\infty}$ and their associated morphisms in order to emphasize that it is impossible to obtain from the spectral sequence information about $F$ not relevant to $D^\infty$ or $\bar{D}^{-\infty}$.

(iv) Consider the morphism $\psi_{p,p'}: D^p \to \bar{D}^{p'}$, given by

$$\psi_{p,p'} = \bar{\varphi}^p \varphi^{p'}.$$

Then $\bar{\alpha}^{p'} \psi_{p,p'} = \psi_{p,p'+1}$ and $\psi_{p,p'} \alpha^{p-1} = \psi_{p-1,p'}$. Thus the family $\psi_{p,p'}$ determine a morphism $\psi: D^\infty \to \bar{D}^{-\infty}$ with $\bar{\pi}^{p'} \psi \pi^p = \psi_{p,p'}$. Moreover $\psi$ is filtration preserving; for

$$\bar{\pi}^{p+1} \psi \pi^p = \psi_{p,p+1} = \bar{\varphi}^{p+1} \varphi^p = 0,$$

so that $\psi$ induces $\psi^p: \pi^p D^p \to \ker \bar{\pi}^{p+1}$. The morphisms $\psi^p$ induce a morphism

$\mathscr{G}\psi:\mathscr{G}D^{\infty}\to\mathscr{G}\bar{D}^{-\infty}$ of the associated graded objects which is just the composite $(\mathscr{G}^{-}\vartheta)(\mathscr{G}^{+}\vartheta)$ in (5.11).

We now draw the evident conclusions from (5.11). We first state the formal conclusions and then interpret them in terms of the factorization (5.2) and the composition functor $(T, \omega)$.

THEOREM 5.12 (i) *If* $E_{\infty}=0$, *then all objects in* (5.11) *are zero; in particular* $\mathscr{G}F=0$.

(ii) *If* coker $\bar{\alpha}'=0$, *then* coker $\bar{\alpha}'\cong\mathscr{G}D^{\infty}\cong GF$, $E_{\infty}\cong\ker\bar{\alpha}''$, *and there is an exact sequence*

$$\mathscr{G}F \rightarrowtail E_{\infty} \twoheadrightarrow \ker\alpha''. \tag{5.13}$$

(iii) *If* $\ker\alpha''=0$, *then* $\mathscr{G}F\cong\mathscr{G}\bar{D}^{-\infty}\cong\ker\bar{\alpha}''$, coker $\alpha'\cong E_{\infty}$, *and there is an exact sequence*

$$\operatorname{coker}\bar{\alpha}' \rightarrowtail E_{\infty} \twoheadrightarrow \mathscr{G}F. \tag{5.14}$$

(iv) *If* coker $\bar{\alpha}'=\ker\alpha''=0$, *then all other objects in* (5.11) *are isomorphic; in particular*

$$E_{\infty}\cong\mathscr{G}F. \tag{5.15}$$

It should be noted that we are concerned here with morphisms of bigraded objects; thus the isomorphisms of this theorem are not necessarily of degree (0, 0). Indeed, the degrees of the morphisms above may be readily inferred from the statements following (5.11); in particular, when (5.15) holds the isomorphism in question has degree (0, 0).

We now discuss conditions under which the hypotheses of Theorem 5.12 are verified. Let us say that the factorization (5.2) is *left-T-finite* if, for each $q$, there is a $P_1(q)$ such that

$$T_q(g_p)=0\,,\qquad p<P_1\,.$$

Thus (5.2) is left-$T$-finite if and only if, in (5.6), $D$ is *positively graded* in the sense of [10]; and plainly (5.2) is left-$T$-finite if it is left-finite. We also introduced in [10] the concept of $D$ being *ultimately* positively graded; by this we understood that $D_n$ is positively graded for some $n$. There is a more general – and, in a sense, more natural – definition of this concept, in which the index $n$ is itself allowed to depend on[1] $q$. We are led, then, to make the following definition. The factorization (5.2) is *ultimately* left-$T$-finite if, for each $q$, there exist $n(q)$, $P_1(q)$ such that

$$\alpha^n T_q(g_{p-n})=0\,,\qquad p<P_1\,,$$

where $\alpha^n$ is the $n^{th}$ power of the morphism $\alpha$.

---

[1]) This generalization was suggested by R. Greenblatt.

There is evidently the corresponding notion of an *ultimately right-T-finite* factorization. We then have

COROLLARY 5.16 (i) *If the factorization* (5.2) *is ultimately right-T-finite then there is an exact sequence*

$$\mathscr{G}F \rightarrowtail E_\infty \twoheadrightarrow \ker \alpha''.$$

(ii) *If the factorization* (5.2) *is ultimately left-T-finite then there is an exact sequence*

$$\operatorname{coker} \bar{\alpha}' \rightarrowtail E_\infty \twoheadrightarrow \mathscr{G}F.$$

(iii) *If the factorization* (5.2) *is ultimately T-finite then*

$$E_\infty \cong \mathscr{G}F.$$

We recall that $\mathscr{G}F$ is the bigraded object explained in (5.11 i); $E_\infty$ is the limit of the spectral sequence associated with each of the couples $(\alpha, \beta, \gamma)$, $(\bar{\alpha}, \bar{\beta}, \bar{\gamma})$ of Theorem 5.5; $\alpha'': I \to I$ is the endomorphism induced by $\alpha: D \to D$, where $I = \bigcap_n \alpha^n D$; and $\bar{\alpha}': \bar{U} - \bar{U}$ is the endomorphism[1]) induced by $\bar{\alpha}: \bar{D} \to \bar{D}$, where $\bar{U} = \bar{D}/\bigcup_n \ker \bar{\alpha}^n$. We also remark that the condition on (5.2) imposed in Corollary 5.16(i) implies not simply that coker $\bar{\alpha}' = 0$ but even that $\bar{U} = 0$; it is therefore very far from a necessary condition for the validity of (5.13); similar remarks hold for (ii) and (iii) above.

In [10] we also introduced the notion of *stationarity* for the endomorphism $\alpha: D \to D$. Generalizing as for positive and negative grading, we say that $\alpha$ is *ultimately positively stationary* if, given any $q$, there exist $n(q)$, $p_0(q)$ such that $\alpha_n^{p,q}$ is an isomorphism for $p \geq p_0$. Similarly we define ultimate negative stationarity; and we say that the factorization (5.2) is *ultimately right-T-stationary* if $\alpha: T(g) \to T(g)$ is ultimately positively stationary; and that it is *ultimately left-T-stationary* if $\bar{\alpha}: T(\bar{g}) \to T(\bar{g})$ is ultimately negatively stationary. We have the following implications.

PROPOSITION 5.17 (i) *If* (5.2) *is ultimately right-T-finite it is ultimately right-T-stationary;*

(ii) *if* (5.2) *is ultimately left-T-finite it is ultimately left-T-stationary;*

(iii) *if* (5.2) *is ultimately right-T-stationary then* coker $\alpha' \cong \mathscr{G}D^\infty$;

(iv) *if* (5.2) *is ultimately left-T-stationary then* $\mathscr{G}\bar{D}^{-\infty} \cong \ker \bar{\alpha}''$;

(v) $\alpha$ *is ultimately positively (negatively) stationary if and only if* $\bar{\alpha}$ *is ultimately positively (negatively) stationary.*

*Proof.* (i) and (ii) are trivial; (iii) and (iv) are translations of Theorem 6.10 of [2]) [10]. To prove (v), we consider the Rees system (5.6). First we remark that if

[1]) In the notation of [10], we have $\alpha^n = \nu_n \eta_n: D \twoheadrightarrow D_n \rightarrowtail D$, and $I = \underleftarrow{\lim}(D_n, \nu_n)$, $\bar{U} = \underrightarrow{\lim}(\bar{D}_n, \bar{\eta}_n)$.

[2]) The slight generalization of the concept 'ultimate', compared with [10], complicates the proof imperceptibly.

$\alpha_m^{p,q}: D_m^{p,q} \cong D_m^{p+1,q}$, $p \geq p_0$, and if $n \geq m$, then $\alpha_n^{p,q}: D_n^{p,q} \cong D_n^{p+1,q}$, $p \geq p_0 + n - m$. Let us then suppose that $\alpha$ is ultimately positively stationary. If we fix $q$, then $\exists n_0, n_1, p_0, p_1$ such that

$$\begin{aligned} &\alpha_{n_0}^{p,q} \quad \text{is an isomorphism,} \quad p \geq p_0, \\ &\alpha_{n_1}^{p,q-1} \quad \text{is an isomorphism,} \quad p \geq p_1. \end{aligned}$$

Let $n = \max(n_0, n_1)$, $P = \max(p_0 + n - n_0, p_1 + n - n_1)$. Then

$$\alpha_n^{p,q} \text{ and } \alpha_n^{p,q-1} \quad \text{are isomorphisms,} \quad p \geq P.$$

We study the $n^{th}$ derived system of (5.6). Adopting the convention that $D_n^{p,q}$ is a subobject of $D^{p,q}$, we have the exact sequence

$$\cdots \to D_n^{p+n-1,q} \xrightarrow{\alpha_n^{p+n-1,q}} D_n^{p+n,q} \to E_n^{p,q} \to D_n^{p-1,q-1} \xrightarrow{\alpha_n^{p-1,q-1}} D_n^{p,q-1} \to \cdots.$$

This shows that $E_n^{p,q} = 0$ for $p \geq P+1$. Here $n$ and $P$ are functions of $q$. Let $N = \max(n(q), n(q-1))$ and consider the following exact sequence extracted from the lower couple of the $n^{th}$ derived system of (5.6):

$$E_N^{p,q} \to \bar{D}_N^{p,q} \xrightarrow{\bar{\alpha}_N^{p,q}} \bar{D}_N^{p+1,q} \to E_N^{p-N,q-1}$$

Then $E_N^{p,q} = 0$ if $p \geq P+1$, $E_N^{p-N,q-1} = 0$ if $p \geq P+N+1$. Thus if $p \geq P+N+1$, $\bar{\alpha}_N^{p,q}$ is an isomorphism, so $\bar{\alpha}$ is ultimately positively stationary. The converse is proved by the same argument and the case of negative stationarity similarly.

REMARKS (i) We may suppress the word 'ultimately' from any of the statements of Proposition 5.17.

(ii) Proposition 5.17(v) shows that we could have defined right- and left-stationarity for (5.2) in terms of $\alpha$ or $\bar{\alpha}$. We chose the definitions given because the stated hypotheses seem to arise naturally in applications.

THEOREM 5.18 *If $\alpha$ (or $\bar{\alpha}$) is ultimately stationary, then the spectral sequence of* (5.6) *converges finitely. That is, given $p, q$, there exists $N$, such that $E_N^{p,q} = E_{N+1}^{p,q} = \ldots$ $\ldots = E_\infty^{p,q}$.*

*Proof.* This was proved in [10], Theorem 6.13, under more general assumptions on the degrees of $\beta$ and $\gamma$, but with a more restricted definition of ultimate stationarity. However the essential observation in the proof is that, for each $q$, there exist $P'$, $P''$, $n$ such that

$$E_n^{p,q} = 0 \quad \text{except perhaps if} \quad P'' \leq p \leq P';$$

and the argument for this was given in the proof of Proposition 5.17(v) above. We then conclude that

$$E_N^{p,q} = E_{N+1}^{p,q}, \tag{5.19}$$

provided $N > \{P'(q+1) - p - 1, p + 1 - P''(q-1), n(q+1), n(q-1)\}$.

Plainly (5.19) implies that, with such a value of $N$,

$$E_N^{p,q} = E_{N+1}^{p,q} = \cdots = E_\infty^{p,q}.$$

Proposition 5.17 and Theorem 5.18 enable us to strengthen Corollary 5.16 in the following way.

THEOREM 5.20 (i) *If the factorization* (5.2) *is ultimately right-T-finite then* $\ker \alpha'' \cong \mathscr{G} D^{-\infty}$ *and there is an exact sequence*

$$\mathscr{G} F \rightarrowtail E_\infty \twoheadrightarrow \mathscr{G} D^{-\infty}$$

(ii) *If the factorization* (5.2) *is ultimately left-T-finite then* $\operatorname{coker} \bar{\alpha}' \cong \mathscr{G} \bar{D}^{\infty}$ *and there is an exact sequence*

$$\mathscr{G} \bar{D}^{\infty} \rightarrowtail E_\infty \twoheadrightarrow \mathscr{G} F$$

(iii) *If the factorization* (5.2) *is ultimately T-finite then the spectral sequence of* (5.6) *converges finitely and*

$$E_\infty \cong \mathscr{G} F.$$

*Proof.* We prove (i) and (ii) by invoking Proposition 5.17(v), and Theorem 6.10 of [10]. (iii) just restates Theorem 5.18 and Corollary 5.16 (iii).

REMARKS (i) In Theorem 5.10 (i, ii) we may replace $\mathscr{G} F$ by $\mathscr{G} D^{\infty}$, $\mathscr{G} \bar{D}^{-\infty}$respectively. However the real interest of this theorem is likely to be precisely that $\mathscr{G} D^{-\infty}$, $\mathscr{G} \bar{D}^{\infty}$ measure the deviation of $E_\infty$ (which is 'too big') from $\mathscr{G} F$.

(ii) It is evident, when the argument of Theorem 5.18 is analysed, that if (5.2) is ultimately right-$T$-stationary, then, given $(p, q)$, there is an $N_1$ such that

$$E_{N_1}^{p,q} \supset E_{N_1+1}^{p,q} \supset \cdots \supset E_\infty^{p,q};$$

and that, if (5.2) is ultimately left-$T$-stationary, then, given $(p, q)$, there is an $N_2$ such that

$$E_{N_2}^{p,q} \twoheadrightarrow E_{N_2+1}^{p,q} \twoheadrightarrow \cdots \twoheadrightarrow E_\infty^{p,q}.$$

(iii) If $\mathfrak{A}$ is a category of modules then $\operatorname{coker} \bar{\alpha}' \cong \mathscr{G} \bar{D}^{\infty}$ without further hypothesis on the factorization; but one cannot infer the short exact sequence of Theorem 5.20 (ii).

Diagram (5.11) demonstrates the crucial role played by $\operatorname{coker} \bar{\alpha}'$ and $\ker \alpha''$ in studying the relation between $E_\infty$ and $\mathscr{G} F$. It is therefore worthwhile giving alternative characterizations of these objects which may be better adapted to our applications (see section 7). We study the case of $\ker \alpha''$ in detail and appeal to the duality principle for the interpretation of $\operatorname{coker} \bar{\alpha}'$.

Referring back to the factorization (5.1), let us set

$$j_{p,n} = j_p j_{p-1} \cdots j_{p-n}, \; n \geq 0. \tag{5.21}$$

Then plainly

$$j_{p+1,n}g_{p-n}=g_{p+1},$$

and, more generally,

$$j_{p+k,n+k-1}g_{p-n}=g_{p+k} \tag{5.22}$$

We now apply the centre part of the diagram (3.2) with $u=g_{p-n}$, $v=j_{p,n-2}$, $w=j_{p+1}$, to obtain the commutative diagram

$$\begin{array}{ccccccccc}
\cdots\to & T_{q+1}(j_{p+1,n}) & \xrightarrow{\gamma(n)} & T_q(g_{p-n}) & \xrightarrow{\alpha(n)} & T_q(g_{p+1}) & \xrightarrow{\beta(n)} & T_q(j_{p+1,n}) & \to\cdots \\
& \downarrow T_{q+1}\binom{j_{p,n-1}}{1} & & \downarrow \alpha^n & & \downarrow = & & \downarrow T_q\binom{j_{p,n-1}}{1} & \\
\cdots\to & T_{q+1}(j_{p+1}) & \xrightarrow{\gamma} & T_q(g_p) & \xrightarrow{\alpha} & T_q(g_{p+1}) & \xrightarrow{\beta} & T_q(j_{p+1}) & \to\cdots
\end{array} \tag{5.23}$$

where the rows are exact, $\alpha^n$ is the $n^{th}$ iterate of $\alpha$, the dimension symbols on the morphisms have been suppressed, and $\alpha(n)$, $\beta(n)$, $\gamma(n)$ are merely ad hoc notations for the morphisms of the exact sequence obtained by applying $(T,\omega)$ to the object $(j_{p+1,n}, g_{p-n})$ of $\mathfrak{C}^3$. Of course, $\alpha(n)=\alpha^{n+1}$.

THEOREM 5.24 $(\ker\alpha'')^{p,q}=\bigcap_n Im\,\alpha^n\gamma(n)$.

*Proof.* This theorem holds in any abelian category $\mathfrak{A}$ when we interpret the right hand side as $\varprojlim \mu_n$, where $\alpha^n\gamma(n)$ splits as $\mu_n\varepsilon_n$. However, since this theorem is quoted mainly with a view to certain specific applications, we will be content to give a proof when $\mathfrak{A}$ is a category of modules.

Now $x\in(\ker\alpha'')^{p,q}$ if and only if $x\in\gamma T_{q+1}(j_{p+1})$ and $x\in\alpha^n T_q(g_{p-n})$ for every $n$. Moreover, it follows from the exactness of the rows of (5.23) that $x\in\gamma T_{q+1}(j_{p+1})\cap\cap\alpha^n T_q(g_{p-n})$ if and only if $x\in\alpha^n\gamma(n)T_{q+1}(j_{p+1,n})$. This proves the theorem if $\mathfrak{A}$ is a category of modules.

We note that, for $x$ to be a *non-zero* element of $(\ker\alpha'')^{p,q}$, it is necessary and sufficient that $x$ should be in the image of every $T_{q+1}(j_{p+1,n})$ without being in the image of $T_{q+1}(g_{p+1})$, or, as we may write $g_{p+1}$ for this purpose as $j_{p+1,\infty}$, without being in the image of $T_{q+1}(j_{p+1,\infty})$. This formulation expresses most clearly the situation under which we will arrive at a non-zero object $\ker\alpha''$.

We now pass briefly to a discussion of coker $\bar{\alpha}'$. We consider the diagram

$$\begin{array}{ccccccccc}
\cdots\to & T_q(j_{p-1}) & \xrightarrow{\bar\gamma} & T_q(g_{p-1}) & \xrightarrow{\bar\alpha} & T_q(g_p) & \xrightarrow{\bar\beta} & T_{q-1}(j_{p-1}) & \to\cdots \\
& \downarrow T_q\binom{1}{j_{p+n-1,n-1}} & & \downarrow = & & \downarrow \bar\alpha^n & & \downarrow T_{q-1}\binom{1}{j_{p+n-1,n-1}} & \\
\cdots\to & T_q(j_{p+n-1,n}) & \xrightarrow[\bar\gamma(n)]{} & T_q(g_{p-1}) & \xrightarrow[\bar\alpha(n)]{} & T_q(g_{p+1}) & \xrightarrow[\bar\beta(n)]{} & T_{q-1}(j_{p+n-1,n}) & \to\cdots
\end{array} \tag{5.25}$$

This diagram may be brought into closer relation to (5.23) by writing

$$\bar{j}_{p,n}=j_{p+n,n}=j_{p+n}\cdots j_p,\ n\geq 0. \tag{5.26}$$

(It would thus be reasonable to write $\bar{j}_p$ for $j_p$ also). Then if $\bar\beta(n)\bar\alpha^n$ splits as $\bar\mu_n\bar\varepsilon_n$, we have (compare the interpretation of Theorem 5.24)

$$(\operatorname{coker} \bar{\alpha}')^{p,q} = \varinjlim \bar{\varepsilon}_n . \tag{5.27}$$

Assuming $\mathfrak{A}$ to be a category of modules, we may say that $x \in \bar{D}^{p,q} = T_q(\bar{g}_p)$ represents a non-zero element of $(\operatorname{coker} \bar{\alpha}')^{p,q}$ if and only if it has non-zero image under every morphism $\bar{\beta}(n)\bar{\alpha}^n$, $n \geq 0$.

## 6. The contravariant case

Since all our results have been obtained for composition functors into arbitrary abelian categories there has been no logical necessity to deal separately with covariant and contravariant functors. However, in the applications we make in the next section we are concerned with categories of modules and it will therefore be convenient to reformulate our results for contravariant functors. All that is involved, then, is the mechanical process of interpreting our results, obtained for composition functors from $\mathfrak{C}$ to $\mathfrak{A}$, in $\mathfrak{A}^{\text{opp}}$. However it will be convenient to reformulate some of our definitions, too: for it is realistic to suppose given a factorization of a morphism in $\mathfrak{C}$, together with a composition functor, as defined in section 2, from $\mathfrak{C}$ to $\mathfrak{A}^{\text{opp}}$, with the interest residing in the interpretation in $\mathfrak{A}$.

DEFINITION *6.1* A *contravariant* composition functor from $\mathfrak{C}$ to $\mathfrak{A}$ is a composition functor from $\mathfrak{C}$ to $\mathfrak{A}^{\text{opp}}$.

REMARK It is perfectly acceptable to regard a composition functor from $\mathfrak{C}^{\text{opp}}$ to $\mathfrak{A}$ as a contravariant composition functor from $\mathfrak{C}$ to $\mathfrak{A}$, since we may identify $(\mathfrak{C}^{\text{opp}})^2$ with $(\mathfrak{C}^2)^{\text{opp}}$ in an obvious way. However, this point of view leads to the convention that the 'connecting homomorphism' $\omega$ reduces degree by 1. Since in our applications it is natural (or customary, according to viewpoint) to have $\omega$ raise degree by 1 in the contravariant case, we prefer to adopt Definition 6.1 rather than that indicated in this remark; of course the latter could be brought into line by changing the sign of the degree index on the graded functor $T$.

*Let $(T, \omega)$ be a contravariant composition functor from $\mathfrak{C}$ to $\mathfrak{A}$ throughout this section.* Our notational conventions are sufficiently indicated by the following proposition.

PROPOSITION *6.2 Corresponding to each object $(f, g)$ of $\mathfrak{C}^3$ there is an exact sequence*

$$\cdots \to T^q(g) \xrightarrow{T^q\binom{f}{1}} T^q(gf) \xrightarrow{T^q\binom{1}{g}} T^q(f) \xrightarrow{\omega^q(f,g)} T^{q+1}(g) \to \cdots$$

*in $\mathfrak{A}$, which is natural in the evident sense.*

We will not stop to describe explicitly the contravariant forms of the theorems of sections 2, 3, 4 since these are obtained immediately. Our real concern in this section is to translate the principal results of section 5.

We will find it convenient to reindex the factors in a factorization (5.2) as follows. We set

$$f = g^p \bar{g}^{p+1},\ j^p \bar{g}^{p+1} = \bar{g}^p,\ g^{p-1} j^p = g^p,\quad -\infty < p < \infty . \tag{6.3}$$

Formally we may write

$$\begin{aligned} f &= \cdots j^{p-1} j^p j^{p+1} \cdots, \\ g^p &= \cdots j^{p-1} j^p, \\ \bar{g}^p &= \qquad\quad j^p j^{p+1} \cdots, \end{aligned}$$

and we may identify (6.3) with (5.2) by the rule

$$j_p = j^{-p},\ g_p = \bar{g}^{-p},\ \bar{g}_p = g^{-p}. \tag{6.4}$$

This rule is important since, in practice, we often wish to consider a single factorization and apply to it various functors, covariant and contravariant. However, the advantage of the adoption of (6.3) is that it assigns to $j$, $g$, $\bar{g}$, and the index $p$, under the contravariant composition functor $(T, \omega)$, the same roles as they played originally under a (covariant) composition functor. In other words, (6.3) *could* be interpreted as expressing (5.2) in the category $\mathfrak{C}^{\mathrm{opp}}$ (see the Remark above).

Now let the contravariant composition-functor from $\mathfrak{C}$ to $\mathfrak{A}$ be applied to the factorization (6.3). We obtain the basic theorem:

THEOREM 6.5 *There is a diagram in* $\mathfrak{A}^{\mathbf{Z}\times\mathbf{Z}}$

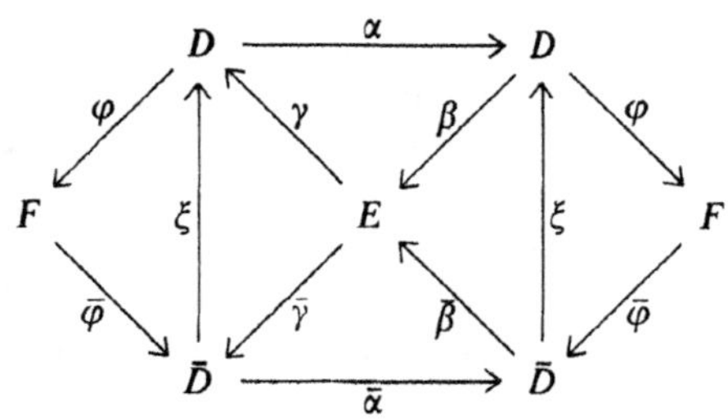


(6.6)

*in which*

(i) $D = (D^{p,q}) = (T^q(g^p))$; $\bar{D} = (\bar{D}^{p,q}) = (T^q(g^p))$: $E = (E^{p,q}) = (T^q(j^p))$; $F = (F^{p,q}) = (T^q(f))$;

(ii) $\alpha^{p,q} = T^q\binom{j^{p+1}}{1}$; $\beta^{p,q} = T^q\binom{1}{g^{p-1}}$; $\gamma^{p,q} = \omega^q(j^p, g^{p-1})$; $\bar{\alpha}^{p,q} = T^q\binom{1}{j^p}$; $\bar{\beta}^{p,q} = \omega^q(\bar{g}^p, j^{p-1})$; $\bar{\gamma}^{p,q} = T^q\binom{g^{p+1}}{1}$; $\xi^{p,q} = \omega^q(\bar{g}^p, g^{p-1})$; $\varphi^{p,q} = T^q\binom{\bar{g}_{p+1}}{1}$; $\bar{\varphi}^{p,q} = T^q\binom{1}{g^{p-1}}$;

(iii) $\deg \alpha = \deg \bar{\alpha} = (1,0)$; $\deg \beta = \deg \bar{\gamma} = (0,0)$; $\deg \gamma = \deg \bar{\beta} = \deg \xi = (-1,1)$; $\deg_q \varphi = \deg_q \bar{\varphi} = 0$; $\deg_p \bar{\varphi}\, \varphi = 1$;

(iv) $(\alpha, \beta, \gamma)$ *and* $(\bar{\alpha}, \bar{\beta}, \bar{\gamma})$ *are exact couples;*

(v) $(\xi, \varphi, \bar{\varphi})$ *is an exact triangle;*

(vi) *the commutativity relations* $\alpha\xi = \xi\bar{\alpha}$, $\beta\xi = \bar{\beta}$, $\gamma = \xi\bar{\gamma}$ *hold;*

(vii) $\varphi^{p+1}\alpha^p=\varphi^p$, $\bar{\alpha}^p\bar{\varphi}^p=\bar{\varphi}^{p+1}$ *for all* $p$, $q$;

(viii) $\bar{\varphi}^p\varphi^p=\bar{\gamma}\beta^p$ *for all* $p$, $q$;

(ix) *the spectral sequences associated with* $(\alpha, \beta, \gamma)$, $(\bar{\alpha}, \bar{\beta}, \bar{\gamma})$ *coincide and*

$$d^{p,q}=\omega^q(j^p,j^{p-1})\colon E^{p,q}\to E^{p-1,q+1}. \tag{6.7}$$

Note that the only formal difference between diagrams (5.6) and (6.6) is that the $q$-degrees of the morphisms have been changed into their negatives. The other difference is one of interpretation, based on the device (6.4) of renaming the factors in the factorization of $f$. Since all our subsequent theorems in section 5 are based on Theorem 5.5, they therefore remain valid (with the replacement only of $q$ by $-q$ where appropriate) in the new interpretation. In particular

THEOREM 6.8 *Let* $(T, \omega)$ *be a contravariant composition functor from* $\mathfrak{C}$ *to* $\mathfrak{A}$ *and let* (6.3) *be a factorization of* $f$ *in* $\mathfrak{C}$. *Then the limit diagram* (5.11).*holds with the sole change that the morphisms* $\xi'$, $\xi''$ *have degrees* $(-1,1)$. *The interpretation of the morphisms of* (5.11) *is made through Theorem* 6.5. *Theorem* 5.12 *remains valid.*

We say that the factorization (6.3) is left-$T$-finite if $D$ is positively graded in (6.6) with the evident generalization to ultimate left-$T$-finiteness. Similarly we say that (6.3) is (ultimately) right-$T$-stationary if $\alpha\colon T(g)\to T(g)$ is (ultimately) positively stationary. Then Corollary 5.16, Proposition 5.17, Theorems 5.18 and 5.20 all continue to hold, without any change of wording. However it is particularly necessary at this stage to stress the difference of interpretation. It would be absurd to change the notion of a left-finite or right-finite factorization according to whether we anticipated the application of a covariant or a contravariant functor. Thus we must remember that, if $(T, \omega)$ is a *covariant* composition-functor then a *left*-finite factorization is *left-T*-finite; but if $(T, \omega)$ is a *contravariant* composition functor then a *left*-finite factorization is *right-T*-finite.

Also we must change the interpretations given at the close of section 5 of the objects $\ker \alpha''$, coker $\bar{\alpha}'$, which play so crucial a role in the passage from $E_\infty$ to $\mathscr{G}F$. The diagram corresponding to (5.23) is

$$\begin{array}{ccccccccc}
\cdots\to T^{q-1}(j^{p+1,n}) & \xrightarrow{\gamma(n)} & T^q(g^{p-n}) & \xrightarrow{\alpha(n)} & T^q(g^{p+1}) & \xrightarrow{\beta(n)} & T^q(j^{p+1,n}) & \to\cdots \\
\downarrow T^{q-1}(1_{j^{p,n-1}}) & & \downarrow \alpha^n & & \downarrow = & & \downarrow T^q(1_{j^{p,n-1}}) & \\
\cdots\to T^{q-1}(j^{p+1}) & \xrightarrow{\gamma} & T^q(g^p) & \xrightarrow{\alpha} & T^q(g^{p+1}) & \xrightarrow{\beta} & T^q(j^{p+1}) & \to\cdots
\end{array} \tag{6.9}$$

where

$$j^{p,n}=j^{p-n}\dots j^p, n\geq 0. \tag{6.10}$$

Then Theorem 5.24 holds:

$$(\ker \alpha'')^{p,q}=\bigcap_n Im\,\alpha^n\gamma(n); \tag{6.11}$$

and, as in the covariant case, we find that $(\ker \alpha'')^{p,q}$ is non-zero if and only if there is an element[1]) in $T^q(g^p)$ which lies in the image of every $T^{q-1}(j^{p+1,n})$ without being in the image of $T^{q-1}(g^{p+1})$.

The diagram corresponding to (5.25) is

$$\begin{array}{ccccccccc}
\cdots\to & T^q(\bar{j}^{p-1}) & \xrightarrow{\bar{\gamma}} & T^q(\bar{g}^{p-1}) & \xrightarrow{\bar{\alpha}} & T^q(\bar{g}^p) & \xrightarrow{\bar{\beta}} & T^{q+1}(\bar{j}^{p-1}) & \to\cdots \\
 & \downarrow T^q\binom{\bar{j}^{p,n-1}}{1} & & \downarrow = & & \downarrow \bar{\alpha}^n & & \downarrow T^{q+1}\binom{\bar{j}^{p,n-1}}{1} & \\
\cdots\to & (\bar{j}^q T^{p-1,n}) & \xrightarrow{\bar{\gamma}(n)} & T^q(\bar{g}^{p-1}) & \xrightarrow{\bar{\alpha}(n)} & T^q(\bar{g}^{p+n}) & \xrightarrow{\bar{\beta}(n)} & T^{q+1}(\bar{j}^{p-1,n}) & \to\cdots
\end{array} \tag{6.12}$$

where

$$\begin{aligned}\bar{j}^{p,n} &= j^p \dots j^{p+n}, n \geq 0, \\ &= j^{p+n,n}\end{aligned}$$

(and $\bar{j}^p = j^p$). Then (5.27) remains true with the same formal definition of $\bar{\varepsilon}_n$; and, when $\mathfrak{A}$ is a category of modules, we conclude that $x \in \bar{D}^{p,q} = T^q(\bar{g}^p)$ represents a non-zero element of (coker $\bar{\alpha}'$)$^{p,q}$ if and only if $\bar{\beta}(n)\bar{\alpha}^n x \neq 0 \in T^{q+1}(j^{p-1,n})$ for all n.

## 7. Applications to algebraic topology

We confine ourselves to applications of the general theory to various spectral sequences of algebraic topology, all obtained from suitable factorizations of maps by applying homotopy or cohomology functors. In establishing the existence of the spectral sequences under consideration, only the axioms for composition functors are used, and excision and homotopy play no rôle. However they are essential in obtaining properties of the spectral sequences; e.g., in computing the first terms and in discussing convergence. The factorizations are either skeleton decompositions of CW-complexes or successive fibrations. Some of the examples are only sketched; complete arguments and further developments will be or have been given elsewhere.

EXAMPLE 7.1. Let $\mathfrak{C}$ be the category of based CW-complexes; for $X \in \mathfrak{C}$, $X_p$ will denote the $p$-skeleton of $X$, for $p \geq 0$, $X_p$ = base-point $o$ for $p < 0$, $j_p = j^{-p}$ the embedding $X_{p-1} \subset X_p$, $f = \dots j_{p+1} j_p j_{p-1} \dots$ the embedding $o \in X$. If $X$ is finite-dimensional, of dimension $N$, $j_p = 1$ for $p > N$. The maps $g_p$, $\bar{g}_p$ of the former sections are

$$\begin{aligned} g_p &= \bar{g}^{-p} = \text{inclusion } o \to X_p, \\ \bar{g}_p &= g^{-p} = \text{inclusion } X_{p-1} \to X. \end{aligned}$$

The factorization is left-finite, and finite if $X$ is finite-dimensional.

Further let $T$ be the truncated composition functor of Example 4.8: $T_q$ is the homotopy group functor $\Pi_q(A, \ ) = \Pi(\Sigma^q A, \ )$ for $q \geq 3$, $T_q = 0$ for $q \leq 1$, and $T_2(f)$ for $f: X \to Y$ in $\mathfrak{C}$ is the cokernel of $f_*: \Pi_2(A, X) \to \Pi_2(A, Y)$. The "lower end" of the

---

[1]) We assume here that $\mathfrak{A}$ is a category of modules, so that we may talk of elements.

exact triple sequence for the triple $gf$ is

$$\cdots \to \Pi_3(A,gf) \to \Pi_3(A,g) \to T_2(f) \to T_2(gf) \to T_2(g) \to 0 \to \cdots$$

Applying this functor to the skeleton factorization of $f: o \to X$, we obtain a Rees system and, the factorization being left-$T$-finite, a spectral sequence $(E_n, d_n)$ whose limit $E_\infty$ is related to the $F_q = \Pi_q(A, X)$ by the exact sequence (cf. Theorem 5.20)

$$\mathscr{G}\bar{D}^\infty \rightarrowtail E_\infty \twoheadrightarrow \mathscr{G}F.$$

Here $F$ is the graded Abelian group whose $q$-component $F_q$ is $\Pi_q(A, X)$ for $q \geq 2$, 0 for $q < 2$, filtered by the images of the $\Pi_q(A, X_p)$. The spectral sequence starts with $E_o = (E_o^{p,q})$, $E_o^{p,q} = \Pi_q(A, j_p)$ for $q \geq 3$, $E_o^{p,q} = 0$ for $q < 2$, and $E_o^{p,2}$ is the cokernel of the map $\Pi_2(A, X_{p-1}) \to \Pi_2(A, X_p)$ induced by the embedding. The differential $d_o^{p,q}$ is the boundary homomorphism $\Pi_q(A, j_p) \to \Pi_{q-1}(A, j_{p-1})$ in the triple sequence for $j_p j_{p-1}$ $(q > 3)$; it is the homomorphism $\Pi_3(A, j_p) \to \operatorname{Coker}(\Pi_2(A, X_{p-2}) \to \Pi_2(A, X_{p-1}))$ for $q = 3$. This is a mild generalization of the Massey spectral sequence [19] which we obtain by putting $A = S_o$.

The groups $\bar{D}^{p,q} = \Pi_q(A, \bar{g}_p)$ for $q \geq 3$, $= \operatorname{Coker}(\Pi_2(A, X_{p-1}) \to \Pi_2(A, X))$ for $q = 2$, and 0 for $q < 2$. If $X$ is finite-dimensional, we know that $\mathscr{G}\bar{D}^\infty$ is 0. For general $X$, if we assume $A$ to be a finite-dimensional $CW$-complex, we have $\Pi_q(A, \bar{g}_p) = 0$ for $p > P$ depending on $q$ and the dimension of $A$; thus again $\mathscr{G}\bar{D}^\infty = 0$: *If $A$ or $X$ are finite-dimensional, $E_\infty$ is related to the $\Pi_q(A, X)$ by*

$$E_\infty^{p,q} = \mathscr{G}^p \Pi_q(A, X), \quad q \geq 2,$$
$$= 0 \quad , \quad q < 2.$$

EXAMPLE 7.2. Here we apply the truncated contravariant homotopy group functor $\Pi_q(\ , B)$ to the skeleton factorization of Ex. 7.1; i.e., $T_q = \Pi_q(\ , B)$ for $q \geq 3$, $T_q = 0$ for $q < 2$ and $T_2(f) = $ cokernel of $f^*: \Pi_2(Y, B) \to \Pi_2(X, B)$ for $f: X \to Y$. The functor being contravariant, the index $p$ in the bigrading of $E$, $D$ etc. will refer to the notation $j^p$, $g^p$ and $\bar{g}^p$ of the factorization, according to the conventions laid down in section 6 (note that the $q$-index in the triple sequence for $T_q$ is decreasing, which is not customary for contravariant functors; this, however, does not affect the general arguments of section 6).

In the Rees system and the spectral sequence obtained here, the relevant terms can be described as follows (we do not insist here on the small values of $q$, but simply note that for $q < 2$ everything is 0): $E_o = (E_o^{p,q})$ with[1] $E_o^{-p,q} = \Pi_q(j^{-p}, B) = \Pi_q(j_p, B)$; by excision this is naturally isomorphic to $\Pi_{q-1}(X_p/X_{p-1}, B) = \Pi(X_p/X_{p-1}, \Omega^{q-1} B)$,

[1]) We could translate our statements about $E_r$ into the usual statements by replacing $-p$ by p. But this would force us also to change the statements of Section 6. A similar remark also applies to the subsequent examples.

which is equal, under an obvious identification, to the cellular cochain group $C^p(X;\ \pi_{p+q-1}(B))$. The differential $d_o^{-p,q}\colon E_o^{-p,q} \to E^{-p-1,q+1}$ can be computed explicitely: it is the combinatorial coboundary

$$C^p(X;\ \pi_{p+q-1}(B)) \to C^{p+1}(X;\pi_{p+q-1}(B))$$

of the $CW$-complex $X$. Without giving the proof in detail, we simply remark that the only non-trivial argument to be used is the homotopy addition theorem, when $X$ is assumed to be a simplicial complex. Thus $E_1^{-p,q}$ is equal to the cellular cohomology group $H^p(X;\pi_{p+q-1}(B))$. For the groups $D=(D^{p,q})$, $\bar{D}=(\bar{D}^{p,q})$ and $F=(F^q)$ we have

$$\begin{aligned} D^{-p,q} &= \Pi_q(g^{-p}, B) = \Pi_q(\bar{g}_p, B) \cong \Pi(X/X_{p-1}, \Omega^{q-1} B), \\ \bar{D}^{-p,q} &= \Pi_q(\bar{g}^{-p}, B) = \Pi_q(g_p, B) \cong \Pi(X_p, \Omega^{q-1} B), \\ F^q &= \Pi_q(f, B) \quad = \Pi(X, \Omega^{q-1} B), \end{aligned}$$

and the filtration $(F^q)^{-p}$ of $F^q$ is by the images of the groups $\Pi(X/X_{p-1}, \Omega^{q-1} B)$ under the maps $X \to X/X_{p-1}$. The $(-p)$-component of $\mathscr{G} F^q$ is

$$\mathscr{G}^{-p} F^q = (F^q)^{-p}/(F^q)^{-p-1} = Im\ \Pi(X/X_{p-1}, \Omega^{q-1} B)/Im\ \Pi(X/X_p, \Omega^{q-1} B).$$

Since $\bar{D}^{-p,q}=0$ for $p<0$, i.e. for $-p>0$, the factorization is *right-T-finite*, and hence there is the exact sequence

$$\mathscr{G} F \rightarrowtail E_\infty \twoheadrightarrow \mathscr{G} D^{-\infty} = \ker \alpha''.$$

Furthermore, if $X$ is finite-dimensional, $D^{-p,q}=0$ for large $p$, i.e., for small $-p$, and thus the factorization is also left-$T$-finite, which yields $\mathscr{G} F \cong E_\infty$. The same conclusion holds for arbitrary $X$, if $B$ has only a finite number of homotopy groups $\pi_r \neq 0$; for there is, in that case, for each $q$ an integer $P(q)$ such that $D^{-p,q} = \Pi(X/X_{p-1}, \Omega^{q-1} B) = 0$ for $p > P(q)$, in other terms, for $-p < -P(q)$.

In conclusion we have a spectral sequence starting with $E_1^{-p,q} = H^p(X;\pi_{p+q-1}(B))$ and converging to

$$E_\infty^{-p,q} = \mathscr{G}^{-p}\Pi(X, \Omega^{q-1}(B))$$

if $X$ has finite dimension or if $B$ has only a finite number of $\pi_r \neq 0$; in the general case $\mathscr{G}^{-p}\Pi(X, \Omega^{q-1} B)$ is isomorphic to a subgroup of $E_\infty^{-p,q}$, the factor group being isomorphic to $(\ker \alpha'')^{-p,q}$ as described in 5.24. – The spectral sequence above is due to FEDERER [14].

It should be noted that in general the filtration of $F^q = \Pi(X, \Omega^{q-1} B)$ is *not complete* [13]. The direct limit ($-p \to \infty$, i.e. $p \to -\infty$) is, of course, equal to $F^q = \Pi(X, \Omega^{q-1} B)$; the inverse limit ($p \to \infty$) of the corresponding cofiltration $F^q/(F^q)^{-p} = \Pi(X, \Omega^{q-1} B)/Im\ \Pi(X/X_{p-1}, \Omega^{q-1} B)$ is $\cong F^q/\tilde{F}^q$, where $\tilde{F}^q = \tilde{\Pi}(X, \Omega^{q-1} B)$ is the *subgroup consisting of those homotopy classes $X \to \Omega^{q-1} B$ which vanish on all skeleta $X_{p-1}$*, and this subgroup need not be 0. Since we are not interested here in the comparison theorem for spectral sequences, completeness is not of main importance. However, the subgroup $\tilde{F}^q$ is relevant to the information on $F^q$ obtained from the spectral sequence. Since $\mathscr{G}F^q=\mathscr{G}(F^q/\tilde{F}^q)$, the information, given by the spectral sequence and ker $\alpha''$, can only help us in reconstructing $\Pi(X,\Omega^{q-1}B)/\tilde{\Pi}(X,\Omega^{q-1}B)$. In the two special cases above which yield $E_\infty\cong\mathscr{G}F$ ($X$ finite-dimensional or $B$ having a finite number of $\pi_r\neq 0$), the group $\tilde{\Pi}(X,\Omega^{q-1}B)$ is 0.

EXAMPLE 7.3. The Federer spectral sequence can be applied to *representable cohomology theories*, as follows. Let $\{B_m,\sigma_m\}$ be an $\Omega$-spectrum; i.e., $B_m$, $m\in\mathbf{Z}$, is a sequence of based topological spaces and the $\sigma_m$ are homotopy equivalences $B_m\to\Omega B_{m+1}$. Then, for $f:X\to Y$ the groups $\Pi_q(f,B_{m+q-1})$ are defined and abelian for all $q\geq 1$ and independent of $q$ (up to natural isomorphisms); they can thus be identified with each other and denoted by $h^m(f)$. If $f:o\to X$, the group $h^m(f)$ is, according to usual conventions, written $h^m(X)$. The functor $h^m$ is a (reduced) cohomology functor fulfilling the exactness, excision and homotopy axioms, but in general not the dimension axiom $h^m(S_o)=0$ for $m\neq 0$. The dimension axiom is fulfilled if and only if the spectrum is the Eilenberg-Maclane spectrum $B_m=K(G,m)$ for a fixed abelian group $G$, $m\geq 0$, $B_m=o$ for $m<0$.

In order to apply the Federer sequence, we can fix the value of $q$, e.g. by taking $q=3$, and choose $B=B_{m+2}$; then $h^m(\ )=\Pi_3(\ ,B_{m+2})$ is a contravariant composition functor, where now $m$ plays the role of $q$ in the general theory. The various groups in the Rees system and the spectral sequence for the skeleton decomposition of $x$ are:

$$E_o^{-p,m}=C^p(X;\pi_{p+2}(B_{m+2}))=C^p(X;\pi_o(B_{m-p}))=C^p(X;h^{m-p}(S_o)),$$

$d_o^{-p,m}$ being the cellular coboundary $C^p(X;h^{m-p}(S_o))\to C^{p+1}(X;h^{m-p}(S_o))$;

$$E_1^{-p,m}=H^p(X;h^{m-p}(S_o));$$
$$D^{-p,m}=h^m(X/X_{p-1}),$$

(obtained as $\Pi(X/X_{p-1},\Omega^2B_{m+2})=\Pi(X/X_{p-1},B_m)$),

$$\bar{D}^{-p,m}=h^m(X_p),$$
$$F^m=h^m(X),\qquad \text{filtered by}\quad (F^m)^{-p}=Im\,h^m(X/X_{p-1}).$$

The factorization is always *right-h-finite*. It is also *left-h-finite* (*a*) if $X$ is finite dimensional or (*b*) if $h^m(S_o)=0$ for $m<M$, for some $M\in\mathbf{Z}$. The proof of (*a*) is immediate, since $D^{-p,m}=0$ for $p>\dim X$. In the case (*b*), we have $\pi_r(B_m)=h^{m-r}(S_o)=$ $=0$ for $m-r<M$, i.e. for $r>m-M$; in other words, there is an integer $P(m)$ such that $\Pi(X/X_{p-1},B_m)=0$ for $p>P(m)$, hence $D^{-p,m}=0$ for $-p<-P(m)$.

We thus obtain a spectral sequence, generalizing the Atiyah-Hirzebruch spectral sequence [2], *relating ordinary and extraordinary cohomology on CW-complexes*: $E_1^{-p,m}$ is the cellular cohomology group $H^p(X;h^{m-p}(S_o))$; and $E_\infty^{-p,m}$ the graded group $\mathscr{G}^{-p}h^m(X)$ associated with the fibration $(h^m(X))^{-p}=$subgroup of $h^m(X)$

consisting of those elements which vanish on $X_{p-1}$, if $(a)$ $X$ is finite-dimensional or if $(b)$ $h^m(S_o)=0$ for small $m$. In the general case, not assuming $(a)$ or $(b)$, $\mathscr{G}^{-p}h^m(X)$ is a subgroup of $E_\infty^{-p,m}$, the factor group being $=(\ker \alpha'')^{-p,m}$. This group, measuring the "deviation from convergence" of the spectral sequence, has been described in (6.11): it consists of those elements of $D^{-p,m}=h^m(X/X_{p-1})$ which are images under $\alpha^n\gamma(n)$: $h^{m-1}(X_{p-1+n}/X_{p-2})\to h^m(X/X_{p-1})$ for all $n$ (note that for the index $p$ in (6.9)–(6.11) we have taken here $-p$). A non-zero element of $(\ker \alpha'')^{-p,m}$ is thus an $x\in h^m(X/X_{p-1})$ such that there is, for each $n$, an element $y_n\in h^{m-1}(X_{p-1+n}/X_{p-2})$ mapped under the "coboundary" $\alpha^n\gamma(n)$ to $x$, but where no $y_n$ can be chosen so as to come from a $y\in h^{m-1}(X/X_{p-2})$ under the restriction from $X$ to $X_{p-1+n}$.

As before in 7.2, the filtration of $F^m=h^m(X)$ is not complete; the information given by the spectral sequence will refer to the factor group $h^m(X)/\tilde{h}^m(X)$ only, $\tilde{h}^m(X)$ being the subgroup consisting of elements of $h^m(X)$ which vanish on all skeleta $X_p$. The filtration of $h^m(X)/\tilde{h}^m(X)$ is then complete, and every element of $h^m(X)/\tilde{h}^m(X)$ is actually represented in $E_\infty$ (but $E_\infty$ may be "too big"). In the two convergence cases $(a)$ and $(b)$ above, where $E_\infty^{-p,m}\cong\mathscr{G}^{-p}h^m(X)$, the group $\tilde{h}^m(X)$ is automatically 0; this is obvious in case $(a)$, and follows, in case $(b)$, from the relation $\pi_r(B_m)=0$ for $r>m-M$: an element $x\in\tilde{h}^m(X)$ is represented by a map $g_x$: $X\to B_m$ which is nullhomotopic on all skeleta, and it is possible to choose the nullhomotopies such that they are coherent, and hence yield a nullhomotopy of $g_x$.

If, in particular, a *representable cohomology theory* $h^m$ *with dimension axiom* is considered, condition $(b)$ is fulfilled. We thus have $E_\infty^{-p,m}\cong\mathscr{G}^{-p}h^m(X)$, the filtration being complete. Moreover $E_1^{-p,m}=H^p(X;h^{m-p}(S_o))=0$ for $m\neq p$, $=H^p(X;G)$ for $m=p$, and thus all differentials $d_n$, $n\geq 1$, vanish; thus $E_\infty^{-p,m}=H^p(X;G)$ for $m=p$, and $=0$ for $m\neq p$, which yields

$$h^m(X)\cong H^m(X;G);$$

Thus a representable cohomology theory with dimension axiom coincides with cellular cohomology on the category of all CW-complexes.

REMARK 7.4. Example 7.3 (representable cohomology functors) can, of course, be dealt with directly, without passing through the Federer spectral sequence 7.2. The arguments are then exactly the same, except that the general theory is applied to the (non-truncated) composition functor $h^m$, with $h^m(f)=\Pi_1(f,B_m)$, $h^m(X)==\Pi(X,B_m)$, for the given $\Omega$-spectrum $\{B_m,\sigma_m\}$. In particular, the identification of $E_o^{-p,m}=\Pi(X_p/X_{p-1},B_m)$ with the cochain group $C^p(X;\pi_p(B_m))=C^p(X;h^{m-p}(S_o))$ uses the fact that the homotopy functor $\Pi(\ ,B_m)$ transforms an arbitrary wedge into a product; and the computation of $d_o^{-p,m}=$cellular coboundary is based on the homotopy addition theorem.

REMARK 7.5. In the case of an abstract cohomology theory $h^m$ (not given by an

$\Omega$-spectrum), fulfilling the exactness, excision and homotopy axioms, the spectral sequence can be set up for an arbitrary $CW$-complex $X$ exactly as in 7.4. However, in order to identify $E_o^{-p,m}$ with the cochain group $C^p(X; h^{m-p}(S_o))$, we need an extra axiom saying that $h^m$ of an arbitrary wedge of spheres of the same dimension is the product of the $h^m$ of the spheres[1]). The identification of $d_o^{-p,m}$ with the cellular coboundary cannot be based on homotopy addition, but would use the degrees of the attaching maps of the cells of $X$.

Thus all the previous results hold for *a cohomology theory with the "special wedge axiom"* above on the category of all based $CW$-complexes, with the exception that nothing can be said about $\tilde{h}^m(X)$ and it is not always true that the filtration of $h^m(X)/\tilde{h}^m(X)$ is complete. It should, however, be remarked that according to Brown [4], a cohomology theory with a *general* wedge axiom is representable; thus in the latter case we can recover all the above results via the representation theorem. However, it is clear from examples that the *special* wedge axiom does not imply representability.[2])

EXAMPLE 7.6. Let $\mathfrak{C}$ be the category of based topological spaces, and $f = \ldots j_{p+1} j_{p-1} \ldots$, where $f\colon X \to o$ is a composition of fibrations $j_p\colon X_{p-1} \to X_p$, with $X_p = o$ for $p \geq 0$. The factorization is *right-finite*. We have

$$\begin{aligned} j^p &= j_{-p}\colon X_{-p-1} \to X_{-p}, \\ \bar{g}^p &= g_{-p}\colon X \to X_{-p}, \\ g^p &= \bar{g}_{-p}\colon X_{-p-1} \to o. \end{aligned}$$

We take $T$ to be the covariant truncated composition functor $\Pi_q(\mathrm{A},\ )$ of Example 4.8 and Example 7.1; we will not describe here explicitly the modifications for low values of $q$. We obtain a spectral sequence with

$$\mathscr{G}F \rightarrowtail E_\infty \twoheadrightarrow \ker \alpha''.$$

The groups in the Rees system are

$$E_o^{-p,q} = T_q(j_{-p}) = \Pi_q(A, j_{-p}) = \Pi_{q-1}(A, Y_p),$$

$Y_p$ being the fibre of $j_{-p}\colon X_{-(p+1)} \to X_{-p}$;

$$D^{-p,q} = T_q(g_{-p}) = \Pi_q(A, g_{-p}) = \Pi_{q-1}(A, Z_p)$$

$Z_p$ being the fibre of $g_{-p}\colon X \to X_{-p}$;

$$\bar{D}^{-p,q} = T_q(\bar{g}_{-p}) = \Pi_q(A, \bar{g}_{-p}) = \Pi_{q-1}(A, X_{-(p+1)}).$$

The differential $d_o^{-p,q}$ is the boundary homomorphism $\Pi_q(A, j_{-p}) \to \Pi_{q-1}(A, j_{-(p+1)})$

---

[1]) No extra axiom is needed if $X$ is finite in each dimension.

[2]) (Added in proof) We discuss this question in detail in Example 7.28 of [11].

of the triple sequence for $j_p j_{p-1}$; we can regard $d_o^{-p,q}$: $\Pi_{q-1}(A, Y_p) \to \Pi_{q-2}(A, Y_{p+1})$ as the ordinary homotopy boundary homomorphism of the fibration $\bar{Y}_p \to Y_p$ with fibre $Y_{p+1}$ ($\bar{Y}_p$ = fiber of $j_{-p}\, j_{-p-1}$).

Furthermore $F_q = \Pi_q(A, f) = \Pi_{q-1}(A, X)$, filtered by the images $(F_q)^{-p}$ of $\Pi_{q-1}(A, Z_p)$. The spectral sequence converges to $E_\infty \cong \mathscr{G} F$ (*a*) if the factorization is left-finite, i.e., if $g_{-p}: X \to X_{-p}$ is the identity for large $p$; (*b*) if $A$ is a finite-dimensional $CW$-complex and the connectivity of $Z_p$ tends to infinity with $p$. The case (*a*) is obvious. In the case (*b*) there is, for a given $q$, an integer $P(q)$ such that $D^{-p,q} = \Pi(A, \Omega^q Z_p) = 0$ for $-p < -P(q)$; hence the factorization is left-$T$-finite.

We thus obtain a spectral sequence starting with $E_o^{-p,q} = \Pi_{q-1}(A, Y_p)$, $Y_p$ being the fibre of $j_{-p}: X_{-(p+1)} \to X_{-p}$, and converging to $E_\infty^{-p,q} = \mathscr{G}^{-p} \Pi_{q-1}(A, X)$, either

(*a*) in the case of a finite composition $X = X_{-N} \to \ldots \to X_{-1} = o$ of fibrations, or

(*b*) in the case of an infinite composition of fibrations, provided $A$ is a finite-dimensional $CW$-complex and the connectivity of the fibres $Z_p$ of $X \to X_{-p}$ tends to infinity with $p$.

The connectivity condition in (*b*) is fulfilled, e.g., if the composition of fiberings is the Postnikov decomposition of $X$ (assumed, for simplicity, 1-connected), with

$$Y_p = \text{fiber of } j_{-p} = K(\pi_p(X), p).$$

Then

$$\begin{aligned} E_o^{-p,q} &= \Pi_{q-1}(A, K(\pi_p(X), p)) = \Pi(A, \Omega^{q-1} K(\pi_p(X), p)) \\ &= \Pi(A, K(\pi_p(X), p-q+1)) = H^{p-q+1}(A; \pi_p(X)), \end{aligned}$$

and the $d_o^{-p,q}$ are easily deducible from the Postnikov invariants of $X$. For a finite-dimensional $CW$-complex, $E_\infty^{-p,q} \cong \mathscr{G}^{-p} \Pi_{q-1}(A, X)$.

As another application of the present example one may also obtain the Adams spectral sequence [1], as described in [17]. In this case we again have $\ker \alpha'' = 0$ although neither condition (*a*) nor (*b*) is, in general, fulfilled.

## BIBLIOGRAPHY

[1] ADAMS, J. F., *On the Structure and Applications of the Steenrod Algebra*, Comment Math. Helv. *32* (1958), 180.

[2] ATIYAH, M. F., and HIRZEBRUCH, F., *Vector Bundles and Homogeneous Spaces*, Proc. Symp. Diff. Geom., Tucson (1960).

[3] BARRATT, M. G., and WHITEHEAD, I. H. C., *The first Non-Vanishing Group of an* (n + 1)-*ad*, Proc. London Math. Soc. *6* (1956), 417.

[4] BROWN, E. H., Jr., *Abstract Homotopy Theory*, Trans. Amer. Math. Soc., *115* (1965), 79.

[5] DOLD, A., *Universelle Koeffizienten*, Math. Z., *80* (1962), 63.

[6] DOLD, A., *Relations between Ordinary and Extraordinary Cohomology*, Coll. Algebraic Topology, Aarhus (1962), 1.

[7] DOLD, A., *Half-exact Functors and Cohomology*, Summer Inst. in Differential and Algebraic Topology, Seattle (1963).

[8] ECKMANN, B., *Homotopie et Dualité*, Coll. de Topologie Algébrique, Louvain (1956), 41.

[9] Eckmann, B., and Hilton, P. J., *Homotopy Groups of Maps and Exact Sequences*, Comment. Math. Helv., *34* (1960), 271.
[10] Eckmann, B., and Hilton, P. J., *Exact Couples in Abelian Categories*, Journal of Algebra **3** (1966), 38.
[11] Eckmann, B., and Hilton, P. J., *Filtrations, Associated Graded Objects and Completions* (to appear).
[12] Eckmann, B. and Huber, P. J., *Spectral Sequences for Homology and Homotopy Groups of Maps*, Batelle Research Report, Geneva (1962).
[13] Eilenberg, S., and Moore, J. C., *Limits and Spectral Sequences*, Topology, *1* (1962), 1.
[14] Federer, H., *Study of Function Spaces by Spectral Sequences*, Trans. Amer. Math. Soc., *82* (1956), 340.
[15] Hilton, P. J., *Homotopy Theory of Modules and Duality*, Proc. Mexico Symp. Algebraic Topology, (1958), 273.
[16] Hilton, P. J., *Spectral Sequences for Factorizations of Maps*, Summer Inst. in Differential and Algebraic Topology, Seattle (1963).
[17] Hilton, P. J., *Exact Couples for Iterated Fibrations*, Coll. de Topologie Algébrique, Bruxelles (1964).
[18] Hilton, P. J., and Pressman, I., *A generalization of certain Homological Functors*, Ann. Mat. Pura Appl. **71** (1966), 331.
[19] Massey, W. S., *Exact Couples in Algebraic Topology*, Ann. of Math. *56* (1952), 363; ibid. *57* (1953), 248.

Received March 3, 1966

# Commuting limits with colimits

(with P. J. Hilton)

J. Algebra **11** (1969), 116–144

*Communicated by Saunders MacLane*

Received October 24, 1967

## 1. Introduction

Let $\mathfrak{C}$ be a category, let $I$, $J$ be two index categories and let $F : I \times J \to \mathfrak{C}$ be a functor. Then for each $j \in |J|$ we have a functor $F_j : I \to \mathfrak{C}$ and we may take the limit $R_j = \varprojlim_I F_j$. We may then take the colimit $\varinjlim_J R_j$ and refer to the double limit as

$$\varinjlim_J \varprojlim_I F.$$

Similarly we may construct $\varprojlim_I \varinjlim_J F$ and there is a natural transformation (of functors $\mathfrak{C}^{I \times J} \to \mathfrak{C}$)

$$\omega = \omega_F : \varinjlim_J \varprojlim_I F \to \varprojlim_I \varinjlim_J F. \tag{1.1}$$

The object of this paper is to study conditions under which $\omega$ in (1.1) is a natural equivalence. The transformation $\omega$, together with the question when $\omega$ is an equivalence, have already been considered by Roos [*8*], under the heading of the distributivity of $\lim_{\leftarrow}$ with respect to $\lim_{\rightarrow}$ but he worked in a special category (of faisceaux or topos) and showed that distributivity holds there when one distributes limits with respect to sums, no matter what the functor $F$. In this work we are primarily concerned to show that, if $\mathfrak{C}$ is abelian and $I$, $J$ are suitable, then $\omega$ is an equivalence for certain functors $F$. For, clearly, if $\mathfrak{C}, I, J$ are fairly general, then it cannot be the usual case that $\omega$ is an equivalence. Consider, for example, the following situation. Let $\mathfrak{Ab}$ be the category of abelian groups and let $D(i, j)$ be a doubly-indexed family of non-zero objects of $\mathfrak{Ab}$, $0 \leqslant i < \infty$, $0 \leqslant j < \infty$. Let $I^{\mathrm{opp}} = J$ be the ordered set of nonnegative integers and let $F : I \times J \to \mathfrak{Ab}$ be given by

$$F(i_0, j_0) = \bigoplus_{\substack{i \leqslant i_0 \\ j \leqslant j_0}} D(i, j).$$

Then $F(i_0, j_0)$ projects onto $F(i_1, j_0)$ if $i_1 < i_0$, and $F(i_0, j_0)$ embeds in $F(i_0, j_1)$ if $j_0 < j_1$. For this functor $F$ it is clear that

$$\varinjlim_J \varprojlim_I F = \bigoplus_j \prod_i D(i, j),$$

$$\varprojlim_I \varinjlim_J F = \prod_i \bigoplus_j D(i, j),$$

and $\omega$ is a monomorphism but not an isomorphism.

Thus $F$ must be substantially restricted in order to achieve an equivalence $\omega$ in (1.1). Nevertheless, it turns out that two distinct cases when $\omega$ is an equivalence arise in the very foundations of spectral sequence theory, and it was the study of these two cases which led to the considerations which occupy the main part of this paper. We now describe these cases.

First, we recall from [*4*] how an exact couple

$$(1.2) \qquad \begin{array}{ccc} D & \xrightarrow{\ \alpha\ } & D \\ & {\scriptstyle\gamma}\nwarrow \qquad \swarrow{\scriptstyle\beta} & \\ & E & \end{array}$$

in an abelian category $\mathfrak{A}$ gives rise to a diagram

$$(1.3) \qquad \begin{array}{ccccc} D_m & \xrightarrow{\beta_{m,n}} & E_{m,n} & \xrightarrow{\gamma_{m,n}} & D_n \\ {\scriptstyle\eta_m}\uparrow & & & & \downarrow{\scriptstyle\nu_n} \\ D & \xrightarrow{\ \beta\ } & E & \xrightarrow{\ \gamma\ } & D \end{array}, \quad D_n = \alpha^n D,$$

and hence to a commutative square

$$(1.4) \qquad \begin{array}{ccc} E_{m,n+1} & \xrightarrow{\sigma_{m,n+1}} & E_{m+1,n+1} \\ {\scriptstyle\rho_{m,n}}\downarrow & & \downarrow{\scriptstyle\rho_{m+1,n}} \\ E_{m,n} & \xrightarrow{\sigma_{m,n}} & E_{m+1,n} \end{array}$$

Moreover, if $E_n = E_{nn}$ and $d_n = \beta_{nn}\gamma_{nn}$, then $(E_n, d_n)$ is the spectral sequence associated with (1.2). It turns out that the limit of the spectral sequence, $E_\infty$, is given by

$$E_\infty = \varinjlim_m \varprojlim_n (E_{mn}\,;\rho_{mn}, \sigma_{mn}) = \varprojlim_n \varinjlim_m (E_{mn}\,;\rho_{mn}, \sigma_{mn}) \tag{1.5}$$

(Theorem 4.13 of [*4*]), so that in this case $\omega$ is an isomorphism. We remark that, in fact, (1.4) and (1.5) are valid for any spectral sequence in $\mathfrak{A}$ without it being necessary to postulate an exact couple lying behind the spectral sequence.

Second let

$$\cdots X^{p-1} \subseteq X^p \subseteq \cdots \subseteq X \tag{1.6}$$

be a filtration of the object $X$ in the abelian category $\mathfrak{A}$, and, for $q \leqslant p$, let $X_q{}^p$ be the quotient object $X_q{}^p = X^p/X^q$. Then there is a commutative square

(1.7) 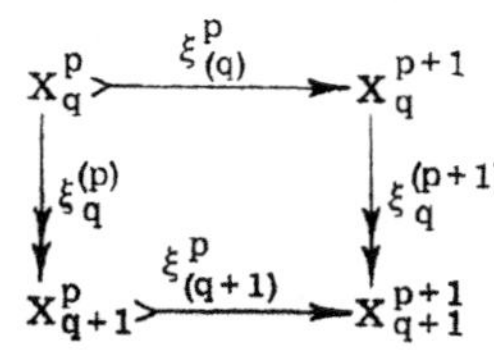

, $q+1 \leq p$.

It then turns out (Theorem 5.26 of [*5*]) that

$$\omega : \varinjlim_p \varprojlim_q (X_q{}^p; \xi_q{}^{p)}, \xi^p_{(q)}) \cong \varprojlim_q \varinjlim_p (X_q^p\,; \xi_q{}^{p)}, \xi^p_{(q)}). \tag{1.8}$$

Indeed the common double limit, $X^\infty_{-\infty}$, is precisely the object obtained in completing the filtration (1.6). However it will be noted that there is an essential algebraic distinction between (1.4) and (1.7) for whereas, in (1.4), we take limits over *monics* and colimits over *epics*, in (1.7) we take limits over *epics* and colimits over *monics*. On the other hand, (1.4) and (1.7) do have in common the property of being bicartesian (pull-backs and push-outs). This property, which is not possessed by the counterexample in $\mathfrak{Ab}$ given earlier, is basic to the arguments of this paper. The property, while restrictive, is by no means unreasonable. In the general setting of the functor $F : I \times J \to \mathfrak{C}$ we are asking that, if $\phi : i_2 \to i_1$ in $I$, $\psi : j_1 \to j_2$ in $J$, then

(1.9) 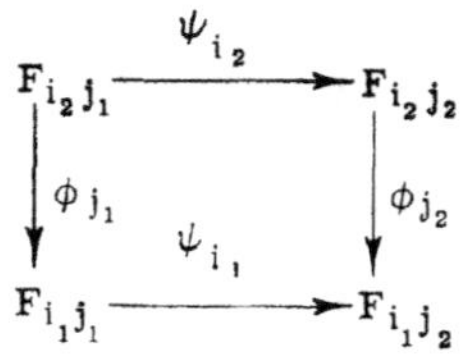

generalizing (1.4) and (1.7), be bicartesian. But (1.9) is the $F$-image of the square

$$(1.10)\qquad \begin{array}{ccc} i_2 \times j_1 & \xrightarrow{1 \times \psi} & i_2 \times j_2 \\ \downarrow{\scriptstyle \phi \times 1} & & \downarrow{\scriptstyle \phi \times 1} \\ i_1 \times j_1 & \xrightarrow{1 \times \psi} & i_1 \times j_2 \end{array}$$

in $I \times J$, which, of course, is bicartesian. The main results of this paper give hypotheses on the square (1.9) and on the categories $I$ and $J$ which ensure that (when $\mathfrak{C}$ is abelian) $\omega$ in (1.1) is an isomorphism.

The plan of the paper is as follows. In section 2 we define the natural transformation $\omega$ (assuming only that the limits exist and that $I$, $J$ are connected) and show that the definition is selfdual. We also compare the main problem with the situation of commuting two limits or two colimits. These situations, of course, present no problem and the commutability of limits (and colimits) is exploited in section 3. In that section we describe the restrictions to be placed on the categories $I$ and $J$. Apart from the requirement that they be small (to avoid foundational difficulties) these restrictions are those discussed by Artin and Grothendieck ([*1*], [*2*]) among others to ensure good properties of limits; we use their terminology of *quasi-filtered* and quasi-cofiltered categories. We also introduce in this section a notion of cofinality which is a very natural extension of the classical notion for directed sets; generalizations and specializations of this notion of cofinality certainly exist in literature and folklore[1].

In section 4 we consider the square (1.9) which we embed in what we call the *key diagram* (4.3). A general proposition is proved (Proposition 4.4) giving conditions on the diagram under which $\omega$ is an isomorphism; and special cases, including, of course, the two cases discussed above, are deduced from it. In the final section we further specialize the category $\mathfrak{C}$ to be a category of modules. This enables us to relax the requirements on the functor $F$, for we can exploit the fact that, in a category of modules, the direct limit (= colimit) functor, with respect to a quasi-filtered category, is exact. It thus turns out that we may concentrate attention on the problem of when the inverse limit functor is exact. We base ourselves here on ([*3*], [*6*]) and introduce the notion of the *Mittag-Leffler property* for functors of quasi-cofiltered categories, generalizing the usual definition. We prove the natural generalization of Theorem 3.8 of [*3*], and Proposition 13.2.2 of [*6*] allowing

[1] Dold (unpublished) has exploited a very general form of this notion in studying cohomology theories on the category of topological spaces.

the domain category of our functors to be a *special* quasi-cofiltered category (although special, such a category is more general than a countable codirected set) and the range category to be the category of groups. Thus we prove that if $F$, $G$, $H$ are such functors and

$$F \rightarrowtail G \twoheadrightarrow H$$

is exact, and if $F$ has the Mittag-Leffler property, then

$$\varprojlim F \rightarrowtail \varprojlim G \twoheadrightarrow \varprojlim H$$

is exact (Theorem 5.5). This theorem allows us to establish conditions on the functor $F : I \times J \to \mathfrak{E}$ ($\mathfrak{E}$ a category of modules), considerably more general than those of section 4, under which $\omega$ in (1.1) is an isomorphism. These conditions are embodied in Theorem 5.12.

## 2. The Limit-Switching Transformation

We first recall some familiar notions and establish notation.

Let $I$ be an index category and, for any category $\mathfrak{C}$, let $P = P(I, \mathfrak{C})$ be the embedding functor of $\mathfrak{C}$ into the functor category $\mathfrak{C}^I$,

$$P : \mathfrak{C} \to \mathfrak{C}^I.$$

Lemma 2.1. *A functor $F : \mathfrak{C} \to \mathfrak{D}$ induces a functor $F^I : \mathfrak{C}^I \to \mathfrak{D}^I$ such that $(F_1F_2)^I = F_1{}^IF_2{}^I$ and $F^IP = PF$. A natural transformation $\pi : F \to G : \mathfrak{C} \to \mathfrak{D}$ induces a natural transformation*

$$\pi^I : F^I \to G^I : \mathfrak{C}^I \to \mathfrak{D}^I$$

*such that $\pi^IP = P\pi$, and $\pi^IS^I = (\pi S)^I$, $T^I\pi^I = (T\pi)^I$ for any $S : \mathfrak{C}' \to \mathfrak{C}$, $T : \mathfrak{D} \to \mathfrak{D}'$.*

Given any category $\mathfrak{E}$ and index categories $I$, $J$ we may identify by canonical isomorphism the categories

$$\mathfrak{E}^{I \times J} \cong (\mathfrak{E}^I)^J \cong (\mathfrak{E}^J)^I. \tag{2.2}$$

Indeed, if $\Omega$ is the second isomorphism in (2.2), then plainly

$$\Omega P^J(I, \mathfrak{E}) = P(I, \mathfrak{E}^J). \tag{2.3}$$

Our convention in what follows is always to write $\mathfrak{E}^{I \times J}$ for any of the three categories in (2.2) and then to understand that all embedding functors are related to the category $\mathfrak{E}$. Then Lemma 2.1 implies

PROPOSITION 2.4. *A functor $F : \mathfrak{C}^J \to \mathfrak{C}$ induces a functor $F^I : \mathfrak{C}^{I \times J} \to \mathfrak{C}^I$ such that*

$$F^I P^J = PF$$

*where $P : \mathfrak{C} \to \mathfrak{C}^I$ is the embedding functor.*

PROPOSITION 2.5. *A natural transformation $\pi : F \to G : \mathfrak{C}_1{}^J \to \mathfrak{C}_2{}^J$ induces a natural transformation $\pi^I : F^I \to G^I : \mathfrak{C}_1^{I \times J} \to \mathfrak{C}_2^{I \times J}$ such that $\pi^I P_1{}^J = P_2{}^J \pi$, where $P_i : \mathfrak{C}_i \to \mathfrak{C}_i{}^I$, $i = 1, 2$, are the embedding functors.*

We also have the trivial

PROPOSITION 2.6. *Let $P : \mathfrak{C} \to \mathfrak{C}^I, Q : \mathfrak{C} \to \mathfrak{C}^J$ be embedding functors. Then $P^J Q = Q^I P$.*

We now suppose $I$ and $J$ to be connected so that $P$ and $Q$ are full embeddings. We further suppose that $P$ has a right adjoint (right inverse) $R : \mathfrak{C}^I \to \mathfrak{C}$ and that $Q$ has a left adjoint (left inverse) $L : \mathfrak{C}^J \to \mathfrak{C}$. Thus there are natural transformations $\tau : PR \to 1 : \mathfrak{C}^I \to \mathfrak{C}^I$, $\pi : 1 \to QL : \mathfrak{C}^J \to \mathfrak{C}^J$ and

$$RP = 1 : \mathfrak{C} \to \mathfrak{C}, \qquad \tau P = 1, \qquad R\tau = 1, \tag{2.7}$$

$$LQ = 1 : \mathfrak{C} \to \mathfrak{C}, \qquad \pi Q = 1, \qquad L\pi = 1. \tag{2.8}$$

From the naturality of $\tau$, $\pi$ we infer immediately

PROPOSITION 2.9. (i) *For any $\phi : H \to PX$, $\psi : PY \to K$, $H, K \in \mathfrak{C}^I$, $X, Y \in \mathfrak{C}$ we have*

$$PR\phi = \phi \circ \tau_H, \qquad \psi = \tau_K \circ PR\psi.$$

(ii) *For any $\phi : H \to QX$, $\psi : QY \to K$, $H, K \in \mathfrak{C}^J$, $X, Y \in \mathfrak{C}$ we have*

$$\phi = QL\phi \circ \pi_H, \qquad QL\psi = \pi_K \circ \psi.$$

Moreover, the adjunction maps

$$\eta_R : \mathfrak{C}^I(PY, K) \cong \mathfrak{C}(Y, RK), \qquad \eta_L : \mathfrak{C}(LH, X) \cong \mathfrak{C}^J(H, QX)$$

are given by

$$\begin{aligned} \eta_R &= R, & \eta_R^{-1}(\zeta) &= \tau_K \circ P\zeta, & \zeta &: Y \to RK \\ \eta_L^{-1} &= L, & \eta_L(\theta) &= P\theta \circ \pi_H, & \theta &: LH \to X. \end{aligned} \tag{2.10}$$

We will write

$$P \overset{\tau\cdot}{\vdash} R, \qquad L \overset{\cdot\pi}{\vdash} Q \tag{2.11}$$

to express the adjunction relations (2.7), (2.8).

PROPOSITION 2.12. $P^J \overset{\tau\cdot^J}{\vdash} R^J$, $L^I \overset{\cdot\pi^I}{\vdash} Q^I$.

We now consider the two functors

$$LR^J, RL^I : \mathfrak{C}^{I\times J} \to \mathfrak{C}. \tag{2.13}$$

In view of Proposition 2.12 it is legitimate to write

$$LR^J = \varinjlim_J \varprojlim_I , \qquad RL^I = \varprojlim_I \varinjlim_J .$$

Since $\tau^J : P^J R^J \to 1$, it follows that

$$RL^I \tau^J : RL^I P^J R^J \to RL^I,$$

but

$$\begin{aligned} RL^I P^J R^J &= RPLR^J && \text{by Proposition 2.4} \\ &= LR^J && \text{by (2.7).} \end{aligned}$$

Thus

$$\omega = RL^I \tau^J : LR^J \to RL^I : \mathfrak{C}^{I\times J} \to \mathfrak{C}. \tag{2.14}$$

Similarly,

$$\omega' = LR^J \pi^I : LR^J \to RL^I : \mathfrak{C}^{I\times J} \to \mathfrak{C}. \tag{2.15}$$

Plainly $\omega$ and $\omega'$ are defined by dual procedures. The main theorem of this section is

THEOREM 2.16. $\omega = \omega'$.

We first prove a preliminary lemma. Denote the embedding $P^J Q = Q^I P : \mathfrak{C} \to \mathfrak{C}^{I\times J}$ by $\bar{P}$. Then let $A : \mathfrak{C} \to \mathfrak{C}^I$, $B : \mathfrak{C} \to \mathfrak{C}^J$ be functors and $\lambda : LB \to RA : \mathfrak{C} \to \mathfrak{C}$ a natural transformation.

LEMMA 2.17. *Let* $\mu = Q^I \tau A \circ \bar{P}\lambda \circ P^J \pi B : P^J B \to Q^I A : \mathfrak{C} \to \mathfrak{C}^{I\times J}$. *Then*

$$\lambda = RL^I \mu = LR^J \mu.$$

*Proof of lemma.* We have

$$\begin{aligned} \mu &= Q^I \tau A \circ \bar{P}\lambda \circ P^J \pi B \\ &= Q^I(\tau A \circ P\lambda) \circ \pi^J PB \text{ by Proposition 2.5.} \end{aligned}$$

Thus $L^I \mu = \tau A \circ P\lambda$, $RL^I \mu = \lambda$ by (2.8) and (2.7). Similarly $LR^J \mu = \lambda$.

*Proof of theorem.* Consider

$$P^J R^J \xrightarrow{P^J \pi R^J} \bar{P}LR^J \underset{\bar{P}\omega'}{\overset{\bar{P}\omega}{\rightrightarrows}} \bar{P}RL^I \xrightarrow{Q^I \tau L^I} Q^I L^I.$$

Then

$$
\begin{aligned}
Q^I\tau L^I \circ \bar{P}\omega \circ P^J\pi R^J &= Q^I(\tau L^I \circ PRL^I\tau^J) \circ \pi^I P^J R^J \text{ by Proposition 2.5} \\
&= Q^I L^I \tau^J \circ \pi^I P^J R^J \text{ by Proposition 2.9 (i)} \\
&= \pi^I \circ \tau^J \text{ by the naturality of } \pi^I \text{ (or } \tau^J\text{)}.
\end{aligned}
$$

We obtain, by the dual argument, the same equality as above with $\omega'$ replacing $\omega$. But in any case we may invoke Lemma 2.17 to infer that

$$\omega = LR^J(\pi^I \circ \tau^J) = LR^J\pi^I = \omega'.$$

Thus we have established the existence of a natural self-dual limit-switching transformation $\omega = \omega' : LR^J \to RL^I$, or, as we may write it,

$$\omega_F = \omega'_F : \underset{\overrightarrow{J}}{\lim}\, \underset{\overleftarrow{I}}{\lim}\, F \to \underset{\overleftarrow{I}}{\lim}\, \underset{\overrightarrow{J}}{\lim}\, F, \qquad F \in \mathfrak{C}^{I\times J}$$

In the next sections we will consider under what conditions on $\mathfrak{C}$, $I$, $J$, $F$ it will happen that $\omega_F$ is an isomorphism. We close this section by rendering precise the fact that we may always commute two limits or two colimits. (Of course, this is only a special case of the fact that right adjoints commute with limits, and left adjoints commute with colimits.)

Thus (to concentrate on limits) we now suppose that, as before, $P \overset{\tau\cdot}{\longmapsto} R$, and, moreover,

$$Q \overset{\kappa\cdot}{\longmapsto} S, \qquad S : \mathfrak{C}^J \to \mathfrak{C}, \qquad \kappa : QS \to 1 : \mathfrak{C}^J \to \mathfrak{C}^J.$$

Then we may show (see [7])

**Proposition 2.18.** *$\bar{P} \overset{(\kappa^I \circ Q^I\tau S^I)\cdot}{\longmapsto} RS^I$, $\bar{P} \overset{(\tau^J \circ P^J\kappa R^J)\cdot}{\longmapsto} SR^J$, and there is a natural equivalence*

$$SR^J\kappa^I : RS^I \to SR^J$$

*with inverse $RS^I\tau^J$.*

If we write $\chi$ for the natural equivalence $\chi = SR^J\kappa^I$, then we have

$$\chi_F : \underset{\overleftarrow{I}}{\lim}\, \underset{\overleftarrow{J}}{\lim}\, F \cong \underset{\overleftarrow{J}}{\lim}\, \underset{\overleftarrow{I}}{\lim}\, F, \qquad F \in \mathfrak{C}^{I\times J}. \tag{2.19}$$

There is, of course, a dual result for colimits.

## 3. Quasifiltered and Quasicofiltered Categories

In this section we are concerned with the restrictions we intend to impose on the index categories $I$, $J$ of the preceding section. Of course, they are to be small non-empty connected categories. We say that $J$ is *quasi-filtered* if it also has the following two properties[2]:

(3.1) given $\begin{smallmatrix} & \overset{\alpha}{\nearrow} \\ \cdot & \\ & \underset{\beta}{\searrow} \end{smallmatrix}$ in $J$, we may find $\begin{smallmatrix} & \overset{\alpha}{\nearrow} & & \overset{\gamma}{\searrow} & \\ \cdot & & & & \cdot \\ & \underset{\beta}{\searrow} & & \underset{\delta}{\nearrow} & \end{smallmatrix}$ in $J$, with $\gamma\alpha = \delta\beta$

(3.2) given $\underset{\sigma}{\overset{\rho}{\rightrightarrows}}$ in $J$, we may find $\underset{\sigma}{\overset{\rho}{\rightrightarrows}} \xrightarrow{\eta}$ in $J$ with $\eta\rho = \eta\sigma$.

By dualizing these requirements (we will refer to the duals as (3.1)d, (3.2)d) we get the notion of a *quasi-cofiltered* category. We write, for brevity, $qf$, $qf'$ for quasi-filtered, quasi-cofiltered. *Examples of $qf$-categories*: (i) any directed set; (ii) any small connected category with terminal object; (iii) any small connected category cocomplete with respect to finite diagrams.

We wish to consider certain full subcategories $J_0$ of a $qf$-category $J$. First, however, we make an elementary but important observation showing that $J$ resembles a directed set quite closely.

Proposition 3.3. *Let $j_1, j_2 \in |J|$. Then there is a diagram*

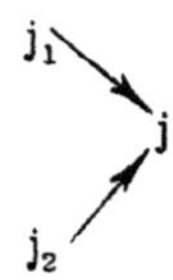

*in $J$.*

*Proof.* Since $J$ is connected there is certainly a diagram

$$k^1 \to k^2 \leftarrow k^3 \to k^4 \cdots k^{2n-1} \to k^{2n} \leftarrow k^{2n+1} \tag{3.4}$$

in $J$ with $k^1 = j_1$, $k^{2n+1} = j_2$. If $n = 1$, we are home. If $n > 1$ we use (3.1) to reduce the length of the chain (3.4). For we find

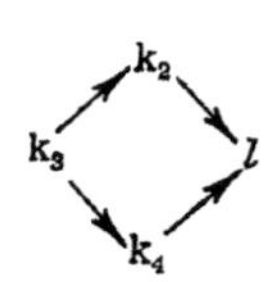

[2] This terminology is essentially due to Grothendieck, but we insist that quasi-filtered and quasi-cofiltered categories be connected. See ([*1*], [*2*]).

in $J$ and hence construct

$$k^1 \to l \leftarrow k^5 \cdots k^{2n-1} \to k^{2n} \leftarrow k^{2n+1}$$

in $J$.

The full subcategory $J_0$ is then to be *cofinal* in $J$. That is to say, given $j \in |J|$, we require a morphism

$$j \to j_0$$

in $J$ with $j_0 \in |J_0|$.

PROPOSITION 3.4. *Let $J_0$ be a non-empty full subcategory of $J$ with the property that if $\phi : j_0 \to j$ in $J$ and $j_0 \in |J_0|$ then $\phi \in J_0$. Then $J_0$ is cofinal in $J$.*

*Proof.* Let $k \in |J|$. Choose any $j_0 \in |J_0|$. By Proposition 3.3 there exists a diagram

$$k \to j_1 \leftarrow j_0$$

in $J$. But then $j_1 \in |J_0|$ by hypothesis, so that $J_0$ is cofinal in $J$.

It is clear that the property attributed to $J_0$ in this proposition is more special than cofinality: take, for example, any infinite subsequence of an infinite sequence. This is cofinal but only right-hand sections enjoy the special property.

We omit the proof of the following proposition.

PROPOSITION 3.5. *A cofinal subcategory of a qf-category is qf. A cofinal subcategory of a cofinal subcategory is cofinal.*

We now suppose $J_0$ cofinal in the $qf$-category $J$; let $E : J_0 \subseteq J$ be the embedding, inducing

$$E^* : \mathfrak{C}^J \to \mathfrak{C}^{J_0}.$$

If $Q : \mathfrak{C} \to \mathfrak{C}^J$, $Q_0 : \mathfrak{C} \to \mathfrak{C}^{J_0}$ are the embeddings of Section 2, then

$$Q_0 = E^*Q. \tag{3.6}$$

We further suppose the existence of a left adjoint to $Q_0$,

$$L_0 \overset{\cdot \pi_0}{\vdash\!\!-} Q_0, \qquad L_0 : \mathfrak{C}^{J_0} \to \mathfrak{C}, \qquad \pi_0 : 1 \to Q_0 L_0 : \mathfrak{C}^{J_0} \to \mathfrak{C}^{J_0}$$

$$L_0 Q_0 = 1, \qquad \pi_0 Q_0 = 1, \qquad L_0 \pi_0 = 1.$$

Set $L = L_0 E^* : \mathfrak{C}^J \to \mathfrak{C}$. We prove

THEOREM 3.7. *There exists a unique $\pi : 1 \to QL : \mathfrak{C}^J \to \mathfrak{C}^J$ such that $E^*\pi = \pi_0 E^*$ and*

$$L \overset{\cdot \pi}{\vdash\!\!-} Q.$$

In other words, colimits over $J$ coincide with colimits over $J_0$. However we should be cautious over using this imprecise formulation since we do not postulate that functors $J_0 \to \mathfrak{C}$ can be extended to $J$. For example, let

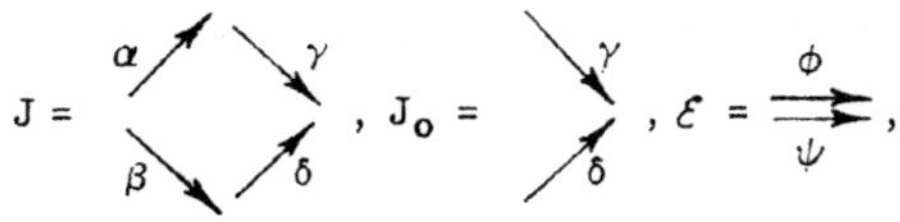


$, \quad F_0(\gamma) = \phi, \quad F_0(\delta) = \psi.$

$$\phi \neq \psi$$

Then plainly $F_0$ has no extension to $F : J \to \mathfrak{C}$.

*Proof of theorem.* Let $F : J \to \mathfrak{C}$ be a functor. Write $F_i$ for $F(i)$, $i \in |J|$, and, by abuse, write $\phi : F_i \to F_j$ for $F(\phi) : F_i \to F_j$ where $\phi : i \to j$ in $J$. Also write $L$ for $L(F)$ and $\pi_i$ for $(\pi_0)_{FE}(i)$, $i \in |J_0|$, so that $\pi_i : F_i \to L$, $i \in |J_0|$. Then

$$\pi_j \phi = \pi_i \qquad \text{for all} \quad \phi : i \to j \quad \text{in} \quad J_0, \tag{3.8}$$

and we have the universal property: if $\rho_i : F_i \to M$, $i \in |J_0|$, such that $\rho_j \phi = \rho_i$ for all $\phi$ in $J_0$, then there exists a unique $\rho : L \to M$ with $\rho_i = \rho \pi_i$. Of course, $\rho$ is given by $\rho = L_0(\rho_0)$, where $\rho_0 : FE \to Q_0 M$ is defined by $\rho_0(i) = \rho_i$.

The main burden of the theorem is that we may define $\pi_i : F_i \to L$, uniquely, over the whole of $J$ so that (3.8) then also holds in $J$ and the universal property extends to morphisms $\rho_0 : F \to QM$.

We now establish these facts. Let $i \in |J|$. Then, there exists $\phi : i \to j$ in $J$ with $j \in |J_0|$ and we set

$$\pi_i = \pi_j \phi : F_i \to L. \tag{3.9}$$

Plainly this agrees with the given $\pi_i$ if $i \in |J_0|$, by (3.8). Also, since (3.8) is to hold throughout $J$, this is the only possible value to assign to $\pi_i$. Thus the question of uniqueness is disposed of, and it remains to show that, with the definition (3.9), (3.8) does in fact hold throughout $J$—and that the universal property also holds.

In fact we show that the definition (3.9) is independent of the choice of $\phi$. Suppose also given $\psi : i \to k$ with $k \in |J_0|$. By (3.1) and the cofinality of $J_0$ in $J$ it follows that there is a diagram

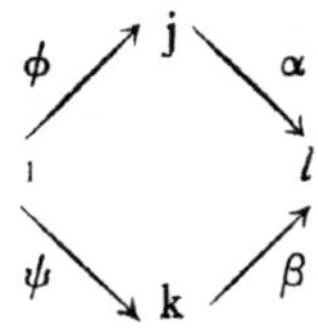

with $l \in | J_0 |$ and $\alpha\phi = \beta\psi$. But since $J_0$ is full, $\alpha$ and $\beta$ are in $J_0$ so $\pi_j = \pi_l\alpha : F_j \to L$, $\pi_k = \pi_l\beta : F_k \to L$. Thus[3]

$$\pi_j\phi = \pi_l\alpha\phi = \pi_l\beta\psi = \pi_k\psi.$$

Now let $\phi : i \to j$ in $J$. Then there exists $\psi : j \to k$ in $J$ with $k$ in $| J_0 |$ and, by (3.9)

$$\pi_j = \pi_k\psi, \qquad \pi_i = \pi_k\psi\phi.$$

Thus $\pi_i = \pi_j\phi$ and (3.8) is established throughout $J$.

To establish the universal property we suppose $\rho_i : F_i \to M$, for all $i \in | J |$ with $\rho_j\phi = \rho_i$ for all $\phi : i \to j$ in $J$. We must show that $\rho_i = \rho\pi_i$ for all $i \in | J |$. Given such an $i$ and $\phi : i \to j$ with $j \in | J_0 |$, then

$$\begin{aligned} \rho_i &= \rho_j\phi \\ &= \rho\pi_j\phi, && \text{by the universal property of } L \text{ in } J_0 \\ &= \rho\pi_i, && \text{by definition of } \pi_i. \end{aligned}$$

The naturality of $\pi$ is evident so that the theorem is completely proved.

So far no use has been made of condition (3.2), so that all our results in this section are valid even if (3.2) does not hold in $J$. We now, however, make our main application of $qf$-categories and in this application we make essential use of (3.2).

Let $\kappa : A \to B : J \to \mathfrak{C}$ be a natural transformation. Thus for each $\psi : j \to k$ in $J$ we have a commutative diagram (in obvious notation, as already employed)

(3.10)

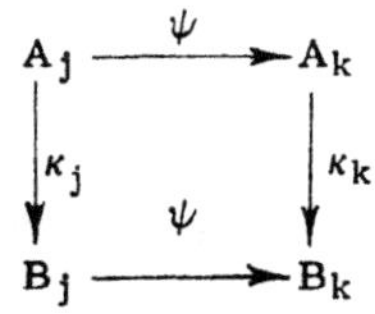


Let $L \overset{\pi}{\longmapsto} Q$ as in §2 (and Theorem 3.7). Then we obtain for each $i \in | J |$, the commutative diagram

(3.11)

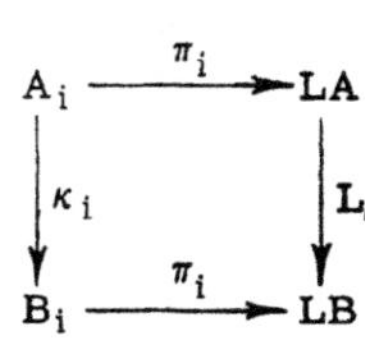


[3] Notice that we may have $j = k$.

We call the passage from (3.10) to (3.11) the *L-process*; there is, of course, a dual *R-process*.

We assert

THEOREM 3.12. *Let $J$ be a qf-category. If* (3.10) *is a push-out diagram for all $\psi$ in $J$, then* (3.11) *is a push-out diagram for all $i \in |J|$. That is, the L-process preserves push-outs.*

Before proving the theorem we draw attention to the special case when $J$ is a directed set. In that case there is an easy proof, applying (2.19)d and Theorem 3.7. We fix $i \in |J|$ and let $J_0$ be the directed subset of $J$ consisting of all $j \geqslant i$. Let $\Gamma$ be the category represented by

and let $F : \Gamma \times J_0 \to \mathfrak{C}$ be the functor such that, if $j \leqslant k$ in $J_0$, then

(3.13) $F[\Gamma \times (j \leq k)] =$

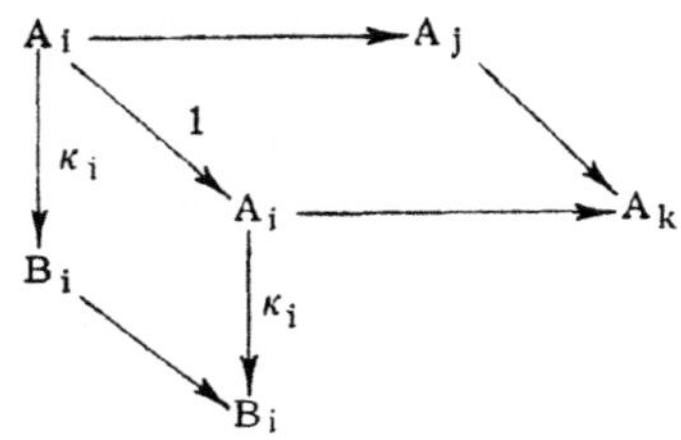


Then $J_0$ is cofinal in $J$ and the push-out in just $\varinjlim_{\Gamma}$. Thus

$$\varinjlim_{\Gamma} \varinjlim_{J_0} F \cong \varinjlim_{J_0} \varinjlim_{\Gamma} F,$$

which, in view of Theorem 3.7, says that the push-out of

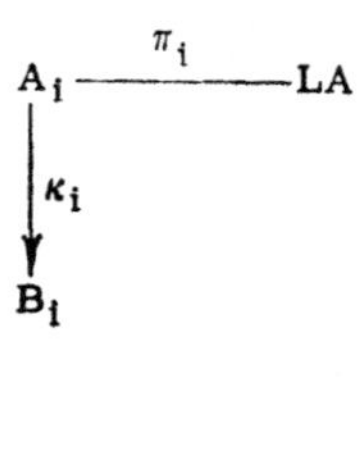

is just (3.11) provided

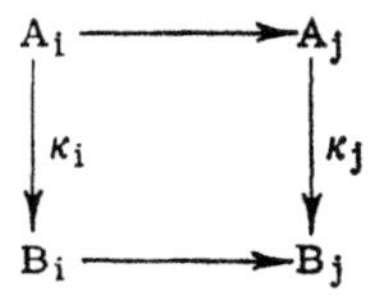


is a push-out for all $j \geqslant i$.

However for an arbitrary $qf$-category we cannot define the functor $F$ above (the horizontal maps in (3.13) are not well-defined) and we must modify the procedure.

To this end we construct, for a fixed $i \in | J |$, a new category $J_i$, called[4] the *category of objects of J under i*. An object of $J_i$ is a morphism $\varphi : i \to j$ in $J$ and a morphism $\theta : \varphi \to \psi$ in $J_i$ is a morphism $\theta : j \to k$ such that the diagram

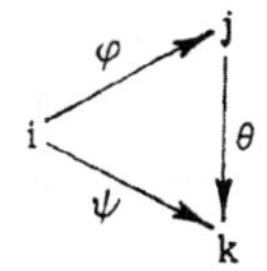


commutes. Let $J_0$ stand, as before, for the full subcategory of $J$ such that $j \in | J_0 |$ if and only if there is a morphism $i \to j$ in $J$, and let $J$ be, as usual, a $qf$-category. Then there is a functor

$$E_i : J_i \to J$$

given by $E_i(\varphi) = j$, $E_i(\theta) = \theta$, and $E_i$ factors through the embedding $E : J_0 \subseteq J$. Let $E^* : \mathfrak{C}^J \to \mathfrak{C}^{J}$. be induced by $E_i$ and let

$$Q_i = E_i^* Q : \mathfrak{C} \to \mathfrak{C}^{J_i}, \qquad F_i = FE_i \qquad \text{for any} \quad F : J \to \mathfrak{C}.$$

Suppose (compare Theorem 3.7) the existence of a left adjoint to $Q_i$, which is a full embedding: thus,

$$L_i \overset{\cdot \pi_i}{\vdash} Q_i, \qquad L_i : \mathfrak{C}^{J_i} \to \mathfrak{C}, \qquad \pi_i : 1 \to Q_i L_i : \mathfrak{C}^{J_i} \to \mathfrak{C}^{J_i}.$$

Set[5] $L = L_i E^* : \mathfrak{C}^J \to \mathfrak{C}$. We prove

[4] It is also called a "comma category". Other notations are $i/J$ and $(i, J)$.

[5] Note the slight change of notation in the use of the symbol $\pi_i$. To avoid misunderstanding we use ordinary functorial notation in the proof of Theorem 3.14 (compare the proof of Theorem 3.7).

THEOREM 3.14. *There exists a unique* $\pi : 1 \to QL : \mathfrak{C}^J \to \mathfrak{C}^J$ *such that* $E_i^*\pi = \pi_i E_i^*$ *and*

$$L \overset{\pi}{\vdash} Q.$$

In other words,

$$\varinjlim_J F = \varinjlim_{J_i} F_i , \qquad F \in \mathfrak{C}^J.$$

*Proof.* In view of Theorem 3.7 (and Proposition 3.6) it suffices to take $J = J_0$. Then to prove (3.15) we only need to show that if $L$, together with the morphisms $\pi_\varphi : F(j) \to L$, is the colimit of $F_i$, then (i) $\pi_\varphi = \pi_j$ is independent of the choice of $\varphi : i \to j$, and (ii) $L$, together with the morphisms $\pi_j$, is the colimit of $F$.

Now $\pi_\varphi = \pi_\psi F(\theta)$ where $\theta : \varphi \to \psi$ in $J_i$. Given $\varphi, \varphi' : i \to j$, choose $\eta : j \to k$,

$$i \overset{\varphi}{\underset{\varphi'}{\rightrightarrows}} j \overset{\eta}{\longrightarrow} k$$

such that $\eta\varphi = \eta\varphi'$ (by (3.2)). Then $\pi_\varphi = \pi_{\eta\varphi} F(\eta) = \pi_{\eta\varphi'} F(\eta) = \pi_{\varphi'}$, establishing (i) above. Certainly $\pi_j = \pi_k F(\theta)$ for all $\theta : j \to k$ in $J_0$. For let $\varphi : i \to j$ in $J$ (this exists by definition of $J_0$ and $J_i$) and let $\psi = \theta\varphi$. Then $\pi_\varphi = \pi_\psi F(\theta)$ so $\pi_j = \pi_k F(\theta)$. Thus it only remains to show that if $\sigma_j : F(j) \to M$, $j \in | J_0 |$, with $\sigma_j = \sigma_k F(\theta)$ then there exists a unique $\sigma : L \to M$ with $\sigma\pi_j = \sigma_j$. Set $\sigma_\varphi = \sigma_j$ for $\varphi : i \to j$ in $| J_i |$. This defines $\sigma_\varphi$ for all $\varphi$ in $| J_i |$ and $\sigma_\varphi = \sigma_\psi F(\theta)$ for $\theta : \varphi \to \psi$ in $J_i$. The conclusion (ii) now follows from the fact that $\varinjlim_{J_i} F_i = L$.

We return now to the issue of Theorem 3.12. We again take $\Gamma$ to be the category

Then given $\kappa : A \to B : J \to \mathfrak{C}$ and $i \in | J |$ we define $F : \Gamma \times J_i \to \mathfrak{C}$ to be the functor such that, if $\theta : \varphi \to \psi$ in $J_i$, then

(3.16) $\quad F(\Gamma \times \theta) =$

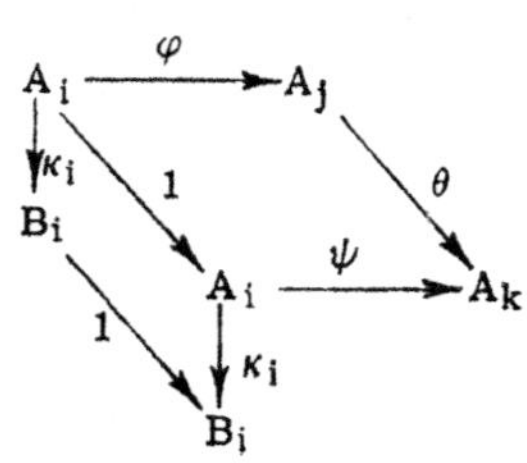

Then, using (2.19)d,

$$\varinjlim_{\Gamma} \varinjlim_{J_i} F = \varinjlim_{J_i} \varinjlim_{\Gamma} F$$

which, in the light of Theorem 3.14, asserts just Theorem 3.12.

*Example* 3.17. The importance of condition (3.2) may be brought out by the following counterexample where $J$ is $\rightrightarrows$. Thus we consider, with $\mathfrak{C} = \mathfrak{Ab}$, the square

$$\begin{array}{ccc} O & \rightrightarrows & A \\ \downarrow & & \downarrow{\scriptstyle \kappa} \\ B & \underset{\varphi_2}{\overset{\varphi_1}{\rightrightarrows}} & A \oplus B \end{array}$$

Here $A = \mathbf{Z} = (a)$, $B = \mathbf{Z} = (b)$, $\kappa(a) = (a, 0)$, $\varphi_1(b) = (0, b)$, $\varphi_2(b) = (a, b)$. Clearly we get a push-out with $\varphi_1$ or $\varphi_2$. The equalizer of $\varphi_1$ and $\varphi_2$ is plainly the projection $A \oplus B \to B$. But the diagram

$$\begin{array}{ccc} O & \longrightarrow & A \\ \downarrow & & \downarrow{\scriptstyle 0} \\ B & \xrightarrow{\;1\;} & B \end{array}$$

is obviously not a push-out. We can apply Theorem 3.12 if we replace $J$ by the category

$$\underset{\alpha_2}{\overset{\alpha_1}{\rightrightarrows}} \xrightarrow{\beta}$$

where $\beta\alpha_1 = \beta\alpha_2$. This means that we look at diagrams

$$A \underset{\varphi_2}{\overset{\varphi_1}{\rightrightarrows}} B \xrightarrow{\eta} C$$

in $\mathfrak{C}$ with $\eta\varphi_1 = \eta\varphi_2$. Then we construct the equalizer "relative to $\eta$". That is, we seek equalizers of $\varphi_1$, $\varphi_2$ which factor through $\eta$, postulating the universal property with respect to such equalizers. The "limit" diagram then retains the push-out property.

For later applications we will also need

Proposition 3.18. *If $J$ is a qf-category, so is $J_i$ for any $i \in |J|$.*

*Proof.* $J_i$ is obviously small if $J$ is small. Also $J_i$ is connected. For given $\phi, \psi \in |J_i|$ we invoke (3.1) to find $\theta, \chi$ with $\theta\phi = \chi\psi$,

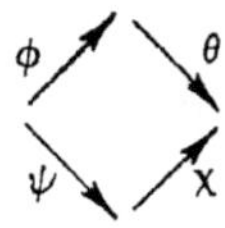


But then $\theta : \phi \to \theta\phi, \chi : \psi \to \theta\phi$ in $J_i$.

Thus it remains to prove (3.1), (3.2) for $J_i$. We suppose given $\kappa, \lambda, \mu \in |J_i|$ and $\alpha : \kappa \to \lambda, \beta : \kappa \to \mu$. Thus we have, in $J$, $\kappa : i \to k$, $\lambda : i \to l$, $\mu : i \to m$ and $\alpha\kappa = \lambda, \beta\kappa = \mu$,

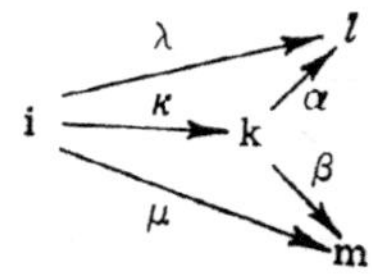


in J.

By (3.1) for $J$ we may find $\gamma : l \to n$, $\delta : m \to n$ with $\gamma\alpha = \delta\beta$. Then we have

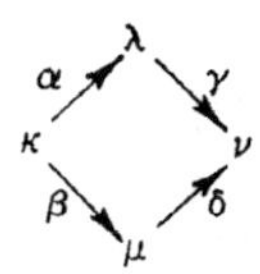


$$, \quad \nu = \gamma\lambda = \delta\mu,$$

in $J_i$ establishing (3.1) for $J_i$. As to (3.2) we suppose given $\rho, \sigma : \kappa \to \lambda$ with $\kappa, \lambda$ as above. Then

$$k \overset{\rho}{\underset{\sigma}{\rightrightarrows}} l \quad \text{in } J.$$

By (3.2) for $J$ we may find $\eta : l \to m$ with $\eta\rho = \eta\sigma$. But then $\eta : \lambda \to \eta\lambda$ in $J_i$, so the proposition is proved.

## 4. Commuting Limits in an Abelian Category

We will be assuming later in this section that $\mathfrak{C}$ is an abelian category and will be examining when the canonical map

$$\omega_F : \underset{\overrightarrow{J}}{\lim}\ \underset{\overleftarrow{I}}{\lim} F \to \underset{\overleftarrow{I}}{\lim}\ \underset{\overrightarrow{J}}{\lim} F, \qquad F \in \mathfrak{C}^{I \times J}, \tag{4.1}$$

is an isomorphism. We first, however, fix notation, which will differ somewhat from that of Section 2 in view of our special purposes. We suppose throughout that the appropriate limits and colimits exist.

Let, then, $F \in \mathfrak{C}^{I \times J}$ and let $\phi : i_2 \to i_1$ in $I$, $\psi : j_1 \to j_2$ in $J$. Then we have the commutative square

(4.2)

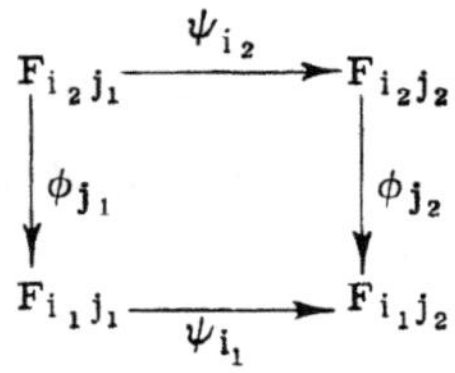


where $F_{ij} = F(i, j), \phi_j = F(\phi \times 1_j), \psi_i = F(1_i \times \psi)$.

We may now carry out the $L$-process on (4.2), with respect to $J$, followed by the $R$-process with respect to $I$; alternatively we may proceed in the opposite order. We obtain the *key diagram*:

(4.3)

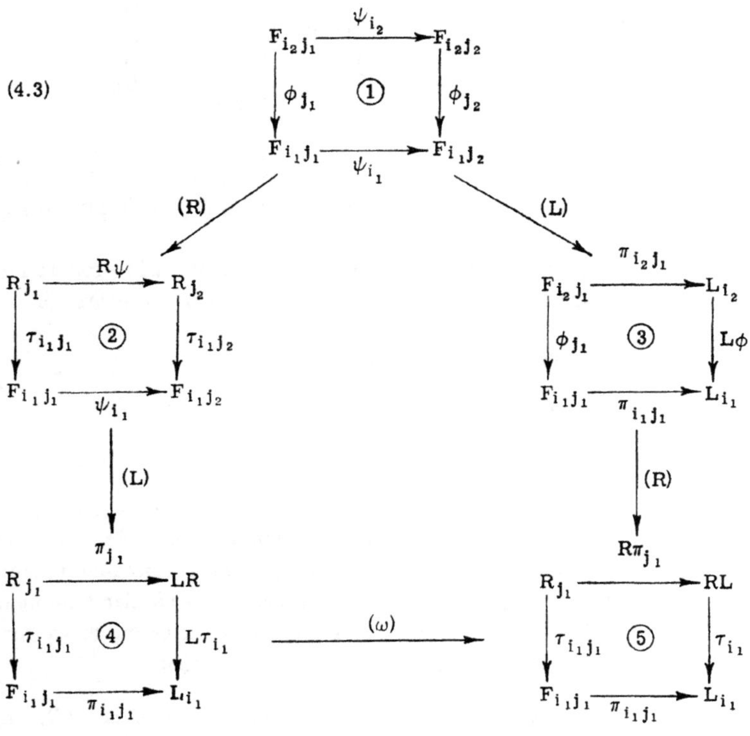

The arrows labelled $(L)$, $(R)$ simply indicate $L$- and $R$-processes. On the other hand, the horizontal passage at the bottom of (4.3) is a genuine map

$$\begin{pmatrix} 1 & \omega \\ 1 & 1 \end{pmatrix}$$

of commutative squares, by Proposition 2.9, (i) or (ii).

PROPOSITION 4.4. *Let* $\mathfrak{C}$ *be an abelian category. Then*

(i) *If* ④ *is exact and* ⑤ *is cartesian, then* ④ *is cartesian and* $\omega$ *is monic.*

(ii) *If* ④ *is cocartesian and* ⑤ *is exact, then* ⑤ *is cocartesian and* $\omega$ *is epic.*

(iii) *If* ④ *is cocartesian and* ⑤ *is cartesian, then both are bicartesian and* $\omega$ *is an isomorphism.*

*Proof.* We have the commutative diagram

$$(4.5)\qquad \begin{array}{ccccc} R_{j_1} & \xrightarrow{\{\pi,\tau\}} & LR \oplus F_{i_1 j_1} & \xrightarrow{\langle L\tau, -\pi\rangle} & L_{i_1} \\ \| & & \downarrow{\scriptstyle \omega \oplus 1} & & \| \\ R_{j_1} & \xrightarrow[\{R\pi,\tau\}]{} & RL \oplus F_{i_1 j_1} & \xrightarrow[\langle \tau, -\pi\rangle]{} & L_{i_1} \end{array}$$

Then under hypothesis (i) it is obvious that ④ is cartesian and that $\omega \oplus 1$ is monic, so that $\omega$ is monic. (ii) follows similarly and (iii) simply puts (i) and (ii) together.

We will apply Proposition 4.4 (iii) to two situations. We will suppose $I$ to *be* $qf'$, $J$ *to be* $qf$ *and* ① *to be bicartesian for fixed* $i_1$, $j_1$ *and variable* $\phi$, $\psi$.

COROLLARY 4.6. *Suppose, in addition, that*

(a) $\psi_{i_1}$ *is epic for all* $\psi$;

(b) $\phi_{j_1}$ *is monic for all* $\phi$.

*Then* $\omega_F$ *in* (4.1) *is an isomorphism.*

*Proof.* Since ① is bicartesian and $I$ is $qf'$, it follows from Theorem 3.12d that ② is cartesian. But $\psi_{i_1}$ is epic, so ② is bicartesian. It now follows from Theorem 3.12, since $J$ is $qf$, that ④ is cocartesian. By a similar argument, using the fact that $\phi_{j_1}$ is monic, it follows that ⑤ is cartesian, so we may apply Proposition 4.4 (iii) to infer that $\omega_F$ is an isomorphism.

*Example* 4.7. It was shown in [3] how a spectral sequence $\{E_n, d_n\}$

arising from an exact couple in an abelian category $\mathfrak{A}$ gives rise to a functor $E : \mathbf{Z} \times \mathbf{Z} \to \mathfrak{A}$ yielding a bicartesian square

$$\begin{array}{ccc} E_{m,n+1} & \twoheadrightarrow & E_{m+1,n+1} \\ \downarrow & & \downarrow \\ E_{m,n} & \twoheadrightarrow & E_{m+1,n} \end{array} \tag{4.8}$$

with $E_n = E_{nn}$ . Corollary 4.6 yields the conclusion

$$\varinjlim_m \varprojlim_n E_{mn} = \varprojlim_n \varinjlim_m E_{mn} ;$$

this common double limit is precisely $E_\infty$ .

For our second corollary we need some notation. An object $G \in | \mathfrak{C}^J |$ is called a ***prefiltration*** [5] if there exists a monic $G \rightarrowtail QA$ in $\mathfrak{C}^J$. This condition implies that $G\psi$ is monic for every $\psi$ in $J$; the converse also holds if $\mathfrak{C}$ is a category of modules. Similarly we have the notion of a *precofiltration*; $H \in \mathfrak{C}^I$ is a precofiltration if there exists an epic $PB \twoheadrightarrow H$ in $\mathfrak{C}^I$. Then $H\phi$ is epic for every $\phi$ in $I$; and the converse also holds if $\mathfrak{C}$ is a category of modules and $I$ is *special* in the sense of Section 5 (e.g., if $I$ is a countable codirected set).

We recall from Section 3 the category $J_j$ of objects of $J$ under $j$; the obvious dual notion is that of the category $I_i$ of objects of $I$ over $i$. We are now ready to state the corollary; again $I$ is $qf'$, $J$ is $qf$ and ① is bicartesian for fixed $i_1$ , $j_1$ and variable $\phi$, $\psi$.

Corollary 4.9. *Suppose, in addition, that*

(a) $\psi_i$ *is a prefiltration for every* $\psi$ *and every* $i \to i_1$ *in* $I_{i_1}$ ,

(b) $\phi_j$ *is a precofiltration for every* $\phi$ *and every* $j_1 \to j$ *in* $J_{j_1}$ .

*Then* $\omega_F$ *in* (4.1) *is an isomorphism.*

*Proof.* As in Corollary 4.6, ② is cartesian. Hypothesis (b), however, implies that $\tau_{i_1 j_2}$ is epic, so ② is bicartesian, whence ④ is cocartesian. Similarly ⑤ is cartesian, so we again apply Proposition 4.4 (iii).

*Example* 4.10. Let (see [5])

$$\cdots X^{p-1} \subseteq X^p \subseteq \cdots \subseteq X, \qquad -\infty < p < \infty, \tag{4.11}$$

be a filtration of $X$, an object in the abelian category $\mathfrak{A}$. We may write this as

$$\mu : G \rightarrowtail PX$$

where $G : \mathbf{N} \to \mathfrak{A}$, $P : \mathfrak{A} \to \mathfrak{A}^{\mathbf{N}}$, $\mathbf{N}$ being the ordered set of integers, $G(p) = X^p$, and $P$ is the embedding functor. We may also write $\mu^p : X^p \rightarrowtail X$, $\xi^p : X^p \rightarrowtail X^{p+1}$ for the inclusion maps. The annihilating cofiltration of (4.11) is then

$$X \overset{\epsilon_p}{\twoheadrightarrow} X_p \overset{\xi_p}{\twoheadrightarrow} X_{p+1} \twoheadrightarrow \cdots$$

where $\epsilon_p$ annihilates $\mu^p$ and $\xi_p$ is induced by $\xi^p$. Let us also write $X_q{}^p$, $q \leqslant p$, for the cokernel of the composite inclusion $X^q \subseteq X^p$. Then there is a bicartesian square

$$\text{(4.12)} \qquad \begin{array}{ccc} X_q^p & \overset{\xi_{(q)}^p}{\rightarrowtail} & X_q^{p+1} \\ \Big\downarrow{\scriptstyle \xi_q^{(p)}} & & \Big\downarrow{\scriptstyle \xi_q^{(p+1)}} \\ X_{q+1}^p & \underset{\xi_{(q+1)}^p}{\rightarrowtail} & X_{q+1}^{p+1} \end{array}$$

if $p \geqslant q + 1$, induced by the maps $\xi^p$ or $\xi_p$ (thus depending only on $G$ and not on $\mu : G \rightarrowtail PX$). However, the *existence* of $\mu$, that is, the fact that $G$ is a prefiltration, guarantees that $(\xi_{(q)}^p)$ is a prefiltration, filtering $X_q$; of course, $(\xi_q^{(p)})$ is a precofiltration, cofiltering $X^p$. Thus we may apply Corollary 4.9 to yield the conclusion that

$$\varinjlim_p \varprojlim_q X_q{}^p = \varprojlim_q \varinjlim_p X_q{}^p;$$

this common double limit $X_{-\infty}^{\infty}$, is the (filtered) object obtained by completing the filtration (4.11) according to [5]. As remarked, in a category of modules the conclusion may be drawn without postulating $\mu$, since we only needed the existence of $\mu$ to guarantee that $(\xi_{(q)}^p)$ is a prefiltration.

The fact that the square (4.12) only exists for $p \geqslant q + 1$ naturally has no effect on the argument. We have not thought it necessary to insist, in stating the corollaries, on such an evident generalization. Plainly it is sufficient that the functor $F$ be defined on a full subcategory $S$ of $I \times J$ with the property:

(a) for each $i \in |I|$, there exists $J(i)$ cofinal in $J$ with $i \times J(i) \subseteq S$;

(b) for each $j \in |J|$, there exists $I(j)$ cofinal in $I$ with $I(j) \times j \subseteq S$.

Of course, this by no means exhausts the possibility of generalization in this direction.

*Remark* 4.13. Axiom *AB*-6 of Grothendieck is also expressible as a statement that, for a certain type of functor $F$, the transformation $\omega_F$ is an isomorphism. We note that if ① is a bicartesian square of monics and if $L$ is an exact functor (for this $AB$-5 is sufficient), then $(\omega)$ : ④ → ⑤ is a morphism of cartesian squares. Axiom $AB$-6 implies that if, in addition, the objects $F_{ij}$ constitute a system of subobjects of an object $A$ in $\mathfrak{C}$ then $\omega$ (and hence $(\omega)$) is an isomorphism. We note that we may then deduce from the main diagram that if ② is becartesian, so is ⑤. We will devote the next section to a study of the situation (present in a category of modules) when $L$ is exact.

## 5. Commuting Limits in a Category of Modules

In this section we continue to base our arguments on the key diagram (4.3) but we suppose that $\mathfrak{C}$ is a category of modules. Precisely we require that $\mathfrak{C}$ be embedded exactly in a category of modules and satisfy $AB$-5, but we will use the terminology of modules, in particular allowing our objects to possess elements.

We have immediately

Proposition 5.1. *Let $\mathfrak{C}$ be a category of modules. Let $I$ be $qf'$, let $J$ be $qf$, and let ① in* (4.5) *be cartesian. Then $\omega_F$ in* (4.1) *is monic.*

*Proof.* In a category of modules $L$ is an exact functor. Now let $\phi : i_2 \to i_1$ in $I$ and let

$$G'_\phi, \quad G_\phi, \quad G''_\phi : J_{j_1} \to \mathfrak{C}$$

be the functors given by

$$\begin{aligned} G'_\phi(\psi) &= F_{i_2 j_1}, \quad \psi \in | J_{j_1} |, \quad \psi : j_1 \to j_2 ; \\ G_\phi(\psi) &= F_{i_1 j_1} \oplus F_{i_2 j_2}, \\ G_\phi(\theta) &= 1 \oplus \theta_{i_2}, \quad \theta : \psi \to \psi' \quad \text{in} \quad J_{j_1} ; \\ G''_\phi(\psi) &= F_{i_1 j_2}, \\ G''_\phi(\theta) &= \theta_{i_1}. \end{aligned}$$

We then have natural transformations $\mu : G'_\phi \to G_\phi$, $\epsilon : G_\phi \to G''_\phi$, given by

$$\mu(\psi) = \{\phi_{j_1}, \psi_{i_2}\}, \quad \epsilon(\psi) = \langle \psi_{i_1}, \quad -\phi_{j_2} \rangle, \quad \text{and ① is cartesian}$$

if and only if

$$G'_\phi \xrightarrow{\mu} G_\phi \xrightarrow{\epsilon} G''_\phi \tag{5.2}$$

is left exact. Applying $L$ to (5.2) we then find that

$$LG'_{\Phi} \xrightarrow{L\mu} LG_{\Phi} \xrightarrow{L\epsilon} LG''_{\Phi}$$

is left exact; this, however, is precisely the statement that ③ is cartesian. More generally, we see that the $L$-process preserves exact, cartesian, cocartesian and bicartesian squares. Thus we infer that if ① is cartesian then ③ is cartesian, so ⑤ is cartesian. Similarly ② is cartesian so ④ is cartesian. We now apply Proposition 4.4 (i).

*Remark.* The conditions governing the monicity of $\omega_F$ in Proposition 5.1 are clearly too strong. For example it is readily seen that if $D(p, q)$, $p \geqslant 0$, $q \geqslant 0$, is a doubly indexed system of modules then we have a limit-switching morphism

$$\omega : \bigoplus_p \prod_q D(p, q) \to \prod_q \bigoplus_p D(p, q), \tag{5.3}$$

which is monic (but not in general epic). On the other hand $\omega$ may be obtained from the diagram

$$\begin{array}{ccc} X_{m,n} & \rightarrowtail & X_{m+1,n} \\ \downarrow & & \downarrow \\ X_{m,n-1} & \rightarrowtail & X_{m+1,n-1} \end{array} \quad , \quad X_{m,n} = \bigoplus_{\substack{p \leq m \\ q \leq n}} D(p,q)$$

which is not, in general, cartesian. In fact our purpose in enunciating Proposition 5.1 is really to pinpoint the problem as to when $\omega$ is an isomorphism. Proposition 5.1 shows that, *in a category of modules, $\omega$ is an isomorphism if $\psi_{i_1}$ is epic for all $\psi$, and ① is bicartesian.* More generally, it shows that the essential question is whether the $R$-process will preserve bicartesian squares. This motivates our next discussion.

We say that the $qf'$-category $I$ is *special* if (i) $|I|$ is countable and (ii) given $i_1, i_2 \in |I|$, there exists $\varphi$ in $I$ with range $i_1$, such that $\theta\varphi = \bar{\theta}\varphi$ for any $\theta, \bar{\theta} : i_1 \to i_2$. We then say that $\varphi$ *equalizes* $I(i_1, i_2)$. Of course, (ii) is a strengthening of (3.2)d; in particular, if the set $I(i_1, i_2)$ is finite for all $i_1, i_2 \in |I|$, then (ii) follows (by induction) from (3.2)d. Notice that every countable codirected set is a special $qf'$-category; on the other hand, the important category

$$\cdot \xrightarrow{\kappa} \cdot \underset{\varphi_2}{\overset{\varphi_1}{\rightrightarrows}} \cdot\,, \qquad \varphi_1\kappa = \varphi_2\kappa,$$

is a special $qf'$-category which is not a codirected set.

LEMMA 5.4. *Let $I$ be a special $qf'$-category. Then given $1, 2, \ldots, k \in |I|$, $\exists\, m \in |I|$ such that $I(m, i) \neq \varnothing$, $i = 1, 2, \ldots, k$. Moreover, for any such $m$, $\exists\, \rho : n \to m$ in $I$ such that, for any $i$, $1 \leqslant i \leqslant k$, and any $\theta, \bar{\theta} : m \to i$, we have $\theta\rho = \bar{\theta}\rho$. That is, $\rho$ equalizes $I(m, i)$, $1 \leqslant i \leqslant k$.*

*Proof.* The first assertion does not require that $I$ be special and follows immediately from Proposition 3.3d by induction on $k$.

Since $I$ is special there exists $\varphi_i : n_i \to m$ equalizing $I(m, i)$, $i = 1, 2, \ldots, k$. It now follows from 3.1d by induction on $k$, that there exist $\rho_i : n \to n_i$, $i = 1, 2, \ldots, k$, with $\varphi_1\rho_1 = \varphi_2\rho_2 = \cdots = \varphi_k\rho_k : n \to m$. This morphism is then a suitable $\rho$.

Let $I$ be a $qf'$-category, and let $F : I \to \mathfrak{G}$ be a functor to the category of groups. We then say (see [3], [6]) that $F$ has the *Mittag-Leffler property* if, given any $i \in |I|$, there exists $\phi : j \to i$ in $I$ such that

$$\sigma\psi(F_k) = \phi(F_j)$$

for all $k$ and all $\psi : k \to j$ in $I$. Of course this definition is equally applicable when the range of $F$ is a category of modules[6]; so, too, then is the following theorem (generalizing Proposition 13.2.2 of [6]).

THEOREM 5.5. *Let $I$ be a special $qf'$-category and let*

$$F \overset{\kappa}{\rightarrowtail} G \overset{\lambda}{\twoheadrightarrow} H$$

*be an exact sequence of functors $I \to \mathfrak{G}$. Then if $F$ has the Mittag-Leffler property*

$$RF \overset{R\kappa}{\rightarrowtail} RG \overset{R\lambda}{\twoheadrightarrow} RH \tag{5.6}$$

*is exact.*

*Proof.* The point at issue is the epicity of $R\lambda$. To simplify the proof we take $\kappa$, $R\kappa$ to be inclusions. Indeed, the sequence (5.6) is obtained by restricting the exact sequence

$$\prod_{i\in|I|} F_i \overset{\Pi\kappa_i}{\rightarrowtail} \prod_{i\in|I|} G_i \overset{\Pi\lambda_i}{\twoheadrightarrow} \prod_{i\in|I|} H_i\,;$$

the element $\{h_i\}$ then belongs to $RH$ if and only if $\phi(h_i) = h_j$ for all $\phi : i \to j$ in $I$ and we must find $\{g_i\}$ in $\prod_{i\in|I|} G_i$ such that $\lambda_i(g_i) = h_i$ and $\phi(g_i) = g_j$

[6] It could also be applied when the range of $F$ is an arbitrary abelian category, but we have no proof of Theorem 5.5 in this generality.

for all $\phi$. We enumerate the objects of $I$ as $1, 2, 3, \ldots$, and we make the inductive hypothesis that we have constructed $g_i \in G_i$, $i \leqslant k-1$, so that

(i) $\lambda_i(g_i) = h_i$, $i \leqslant k-1$,

(ii) $\phi(g_i) = g_j$, $\phi : i \to j$, $i, j \leqslant k-1$,

(iii) for every $i \in |I|$, $\exists\, g_i' \in G_i$ with $\lambda_i(g_i') = h_i$ and $\phi(g_i') = g_j$, $\phi : i \to j$, $j \leqslant k-1$.

(The hypothesis is vacuous for $k = 1$, save for the observation that $\Pi\lambda_i$ is epic)

By Lemma 5.4 there exists $\rho : n \to m$ which equalizes $I(m, i)$, $1 \leqslant i \leqslant k$, none of $I(m, i)$ being empty. Let $\omega : u \to n$ be such that

$$\omega\psi(F_l) = \omega(F_u), \qquad \text{for all} \quad \psi : l \to u \quad \text{in} \quad I; \tag{5.7}$$

such a morphism $\omega$ exists because $F$ has the Mittag-Leffler property. Then by hypothesis

$$g_i = \nu_i\rho\omega(g_u), \qquad \text{for any} \quad \nu_i : m \to i, \qquad 1 \leqslant i \leqslant k-1. \tag{5.8}$$

We set

$$g_k = \nu_k\rho\omega(g_u'), \qquad \text{for a fixed but arbitrary} \quad \nu_k : m \to k. \qquad 5.9)$$

Then

(i) $\lambda_k(g_k) = \nu_k\rho\omega\lambda_u(g_u') = \nu_k\rho\omega(h_u) = h_k$,

(ii) if $\phi : i \to j$ in $I$, $i$, $j \leqslant k$, then $\phi(g_i) = \phi\nu_i\rho\omega(g_u')$, $g_j = \nu_j\rho\omega(g_u')$.

But $\nu_j\rho = \phi\nu_i\rho$, by choice of $\rho$, so $\phi(g_i) = g_j$.

(iii) Thus it remains to define suitable elements $g_u''$. Given $i$, we may apply Proposition 3.3d and Lemma 5.4 to find

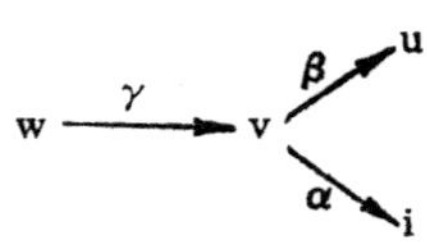


in $I$, where $\gamma$ equalizes $I(v, j)$, $j \leqslant k$. Now $\lambda_u(g_u') = \lambda_u\beta\gamma(g_w')(=h_u)$ so that

$$\begin{aligned} g_u'\{\beta\gamma(g_w')\}^{-1} &\in F_u \\ g_u' = \beta\gamma(g_w')f_u, &\qquad f_u \in F_u. \end{aligned} \tag{5.10}$$

By (5.7) we infer $f_w \in F_w$ with

$$\omega\beta\gamma(f_w) = \omega(f_u),$$

so that, by (5.10)

$$\omega(g_u') = \omega\beta\gamma(g_w' f_w). \tag{5.11}$$

We set $g_i'' = \alpha\gamma(g_w' f_w)$. Then $\lambda_i(g_i'') = \alpha\gamma\lambda_w(g_w' f_w) = \alpha\gamma(h_w) = h_i$. Finally if $\phi : i \to j$ in $I$ with $j \leqslant k$, then

$$\phi(g_i'') = \phi\alpha\gamma(g_w' f_w); \qquad \text{but} \quad \phi\alpha\gamma = \nu_j\rho\omega\beta\gamma, \qquad \text{by choice of } \gamma.$$

Thus

$$\begin{aligned}\phi(g_i'') &= \nu_j\rho\omega\beta\gamma(g_w' f_w)\\ &= \nu_j\rho\omega(g_u') && \text{by (5.11)}\\ &= g_j && \text{by (5.8) or (5.9).}\end{aligned}$$

This completes the inductive step: it also completes the proof of the theorem. For we have constructed an element $\{g_i\}$ in $\prod_i G_i$ with the property that $\lambda_i(g_i) = h_i$ and $\varphi(g_i) = g_j$ for any $\varphi$ in $I$; this is guaranteed at the stage $\max(i, j)$ of the construction.

Theorem 5.5 enables us to prove the main theorem of this section.

THEOREM 5.12. *Let $F : I \times J \to \mathfrak{C}$ be a functor such that*

(i) *$I$ is a special $qf'$-category:*

(ii) *$J$ is a $qf$-category:*

(iii) *$\mathfrak{C}$ is a category of modules.*

*Let $F_{j_1} : I \to \mathfrak{C}$ have the Mittag-Leffler property for a fixed $j_1 \in |J|$. Then if ① in the key diagram* (4.3) *is bicartesian, for fixed $i_1$, $j_1$ and variable $\varphi$, $\psi$,*

$$\omega_F : \varinjlim_J \varprojlim_I F \cong \varprojlim_I \varinjlim_J F.$$

*Proof.* If we compare the proof of Proposition 5.1, and take the dual viewpoint, then the bicartesian property of ① is reflected in the exact sequence of functors

$$F_\psi' \rightarrowtail F_\psi \twoheadrightarrow F_\psi'' \tag{5.13}$$

where $\psi : j_1 \to j_2$ in $J$, and $F_\psi', F_\psi, F_\psi'' : I_{i_1} \to \mathfrak{C}$, $I_{i_1}$ being as usual the category of objects of $I$ over $i_1$. Moreover the $R$-process from ① to ② is then translated into the application of the limit functor to (5.13).

We now make the additional assumption that $I(i, i_1)$ is countable for all $i$. Now by Proposition 3.18d $I_{i_1}$ is a $qf'$-category. It is special since $I$ is special and $|I_{i_1}| = \bigcup_{i \in |I|} I(i, i_1)$. Moreover $F_\psi'$ is given by

$$\begin{aligned}F_\psi'(\varphi) &= F_{j_1}(i_2), && \varphi : i_2 \to i_1 \text{ in } I,\\ F_\psi'(\theta) &= F_{j_1}(\theta), && \theta \text{ in } I_{i_1} \quad \text{(and hence in } I),\end{aligned}$$

so plainly $F_\psi'$ has the Mittag-Leffler property for all $\psi$ if $F_{j_1}$ has the Mittag-Leffler property. We may therefore apply Theorem 5.5 to infer that the limit functor is exact on (5.13). This means that, in (4.3), the square ② is bicartesian and hence, as in the proof of Proposition 5.1, so is ④. We already know that ⑤ is cartesian, so we get our conclusion by applying Proposition 4.4 (iii).

It remains to avoid the assumption that $I(i, i_1)$ is countable for all $i$. We base ourselves on the following proposition.

PROPOSITION 5.14. *Let $I$ be a special $qf'$-category. Then there exists a subcategory $\bar{I}$ of $I$ such that*

(i) $|\bar{I}| = |I|$

(ii) *$\bar{I}$ is countable:*

(iii) *$\bar{I}$ is a special $qf'$-category:*

(iv) *for any $F : I \to \mathfrak{C}$, $\varprojlim F = \varprojlim \bar{F}$, where $\bar{F} = F \mid \bar{I}$:*

(v) *if $F : I \to \mathfrak{G}$ has the Mittag-Leffler property, so has $\bar{F}$.*

*Proof.* We construct $\bar{I}$ as follows. For each non-empty $I(i, j)$ we pick one morphism $\xi_{ij} : i \to j$ and one equalizer, $\eta_{ij}$, of $I(i, j)$; for convenience we choose $\xi_{ii} = 1$. Let $\bar{I}$ be the smallest subcategory of $I$ containing all $\xi_{ij}$ and all $\eta_{ij}$. Then certainly $|\bar{I}| = |I|$ and $\bar{I}$ is countable since $|I|$ is countable. It remains to verify (iii), (iv), (v).

Plainly $\bar{I}$ is connected, for any two objects connected by an arrow in $I$ are connected by an arrow in $\bar{I}$. Now consider[7]

(5.15) 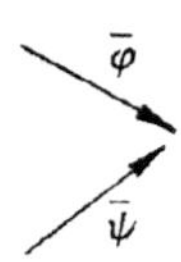


in $\bar{I}$. Since $I$ is $qf'$ there exists

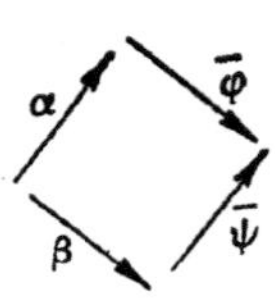


in $I$ (in fact with $\bar{\varphi}\alpha = \bar{\psi}\beta$). Thus by construction of $\bar{I}$ there exists

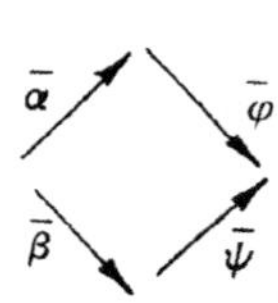


[7] The argument holds even if (5.15) is only a diagram in I, not $\bar{I}$.

in $\bar{I}$, though we can no longer claim that $\bar{\varphi}\bar{\alpha} = \bar{\psi}\bar{\beta}$. However, again invoking the construction of $\bar{I}$, we may equalize $\bar{\varphi}\bar{\alpha}$ and $\bar{\psi}\bar{\beta}$ with $\eta$ in $\bar{I}$. Then

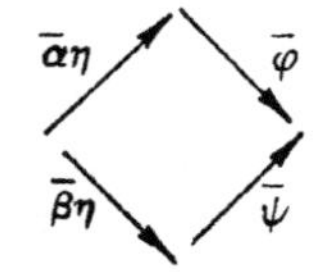


is a commutative diagram in $\bar{I}$, proving (3.1)d for $\bar{I}$.

Clearly $\eta_{ij}$ equalizes $\bar{I}(i, j)$ since it equalizes $I(i, j)$ so (3.2)d holds in $\bar{I}$ and (iii) is established.

Now let $R = \varprojlim F$. Thus there exists, for each $i \in |I|$, a morphism $\tau_i : R \to F_i$ with $\varphi\tau_i = \tau_j$ for $\varphi : i \to j$ in $I$; and $(R, \tau_i)$ enjoys the universal property in $I$. We must show that $(R, \tau_i)$ enjoys the universal property in $\bar{I}$. Thus we suppose given $\sigma_i : S \to F_i$ with $\bar{\varphi}\sigma_i = \sigma_j$ for $\bar{\varphi} : i \to j$ in $\bar{I}$; it is then sufficient to show that also $\varphi\sigma_i = \sigma_j$ for any $\varphi : i \to j$ in $I$ (recall that if there is $\varphi : i \to j$ in $I$ then there is $\bar{\varphi} : i \to j$ in $\bar{I}$). Now let $\eta \in \bar{I}$ equalize $\varphi$ and $\bar{\varphi}$ so that $\varphi\eta = \bar{\varphi}\eta$, and let $\eta : k \to i$. Then $\eta\sigma_k = \sigma_i$ and

$$\sigma_j = \bar{\varphi}\sigma_i = \bar{\varphi}\eta\sigma_k = \varphi\eta\sigma_k = \varphi\sigma_i \, .$$

This establishes (iv).

Finally let $F : I \to \mathfrak{G}$ have the Mittag-Leffler property and let $i \in |I|$. Then there exists $\varphi : j \to i$ in $I$ such that $\varphi\rho(F_m) = \varphi(F_j)$ for any $\rho : m \to j$ in $I$. Let $\bar{\varphi} : j \to i$ in $\bar{I}$ and let $\eta : k \to j$ in $\bar{I}$ equalize $\varphi$ and $\bar{\varphi}$. Then, for any $\xi : l \to k$ in $\bar{I}$,

$$\bar{\varphi}\eta\xi(F_l) = \varphi\eta\xi(F_l) = \varphi(F_j) = \varphi\eta(F_k) = \bar{\varphi}\eta(F_k).$$

This proves that $\bar{F}$ has the Mittag-Leffler property and hence establishes the proposition.

To complete the proof of Theorem 5.12, we replace $I$ at the outset by $\bar{I}$. Then if $\bar{F} = F \mid \bar{I} \times J$, it is plain that $L^I\bar{F} = L^IF$ and moreover

$$\bar{R}^J\bar{F} = R^JF \qquad \text{(Proposition 5.14, (iv))}.$$

Thus $\omega_F$ is left unchanged by the restriction to $\bar{I}$, that is, $\omega_{\bar{F}} = \omega_F$. Moreover $\bar{F}_{j_1}$ has the Mittag-Leffler property (Proposition 5.14 (v)); and trivially $\bar{I}(i, i_1)$ is countable since $I$ is countable. Thus on replacing $I$ by $\bar{I}$ we prove that $\omega_F$ is an isomorphism and $I$ may be restored in the conclusion. This completes the proof of Theorem 5.12.

*Remarks.*

(i) Theorem 5.5, in the case in which $I$ is a countable codirected set[8], appeared as (3.8) of [*3*], the proof in that case being attributed to Dieudonné and Grothendieck ([*6*], Proposition 1.3.2.2), where codirected sets having countable cofinal subsets are considered. Assertion (3.6), (3.7) and (3.9) of [*3*], which also relate to the Mittag-Leffler property, all remain true when $I$ is a special $qf'$-category. Indeed, assertions (3.6), (3.7) hold for any category $I$.

(ii) Reverting to Theorem 5.5, it is plain that the Mittag-Leffler property holds trivially if all morphisms $F(\varphi)$, $\varphi$ in $I$, are epic. The conclusion of Theorem 5.5 thus holds if $I$ has a cofinal special $qf'$-subcategory all of whose morphisms are mapped by $F$ to epimorphisms. Thus Theorem 5.12 applies when $\theta_{j_1}$ is epic for all $\theta$ in $I_{i_1}$ or in a cofinal subcategory of $I_{i_1}$. On the other hand, we may improve Corollary 4.9 in a category of modules by simply dropping condition (a), without any special assumptions on $I$.

## References

*1.* Artin, M. Grothendieck topologies. Lecture notes, Harvard University, (1962).

*2.* Artin, M. and Grothendieck, A. Cohomologie étale des schemas. *Sém. de Géom. Alg., I.H.E.S.*, (1963–64).

*3.* Atiyah, M. F. Characters and cohomology of finite groups. *Publ. Math., I.H.E.S.* (1961), 23–64.

*4.* Eckmann, B. and Hilton, P. J. Exact couples in an abelian category, *J. Alg.* **3** (1966), 38–87.

*5.* Eckmann, B. and Hilton, P. J. Filtrations, associated graded objects and completions. *Math. Zeit.* **98** (1967), 319–354.

*6.* Grothendieck, A. and Dieudonné, J. Étude cohomologique des faisceaux cohérents: Préliminaires. *Publ. Math., I.H.E.S.* (1961), 349–423.

*7.* Mitchell, B. Theory of Categories. New York, 1965.

*8.* Roos, J.-E. Sur la distributivité des foncteurs $\varprojlim$ par rapport aux $\varprojlim$ dans les catégories des faisceaux (topos). *C. R. Acad. Sc. Paris* **259** (1964), 969–972; 1605–1608; 1801–1804.

[8] Actually functors to abelian groups are considered in [*3*] in view of the author's applications (in particular (3.9)).

# Continuous solutions of linear equations – some exceptional dimensions in topology

Battelle Rencontres 1967 Lectures in Mathematics and Physics,
W. A. Benjamin (1968), 516–526



This is a report on some elementary problems in real $n$-space $\mathbf{R}^n$ which admit solutions for a few exceptional values of $n$ only. The results are stated in an elementary way, without reference to algebraic topology; the proofs, however, rely heavily on the technique of homology and general cohomology theory, and relate these results to a deep theorem in the topology of polyhedra.

# 1 VECTOR PRODUCTS AND CONTINUOUS SOLUTIONS

## 1.1 Vector Products

We first recall some properties of the usual "vector product" $a \times b$ of vectors $a, b$ in $\mathbf{R}^3$:

(i)$_0$ $a \times b$ is bilinear in $a$ and $b$.
(ii)$_0$ $a \times b$ is orthogonal to $a$ and $b$, with respect to a positive-definite inner product $\langle\,,\rangle$ in $\mathbf{R}^3$.
(iii)$_0$ the length $|a \times b| = \langle a \times b, a \times b\rangle^{1/2}$ is given by $|a \times b|^2 = |a|^2|b|^2 - \langle a, b\rangle^2$.

By a *continuous vector product of r vectors in* $\mathbf{R}^n$, $0 < r < n$, we understand a function $x(a_1, \dots, a_r)$ of $r$ variable vectors $a_1, \dots, a_r \in \mathbf{R}^n$ with range $\mathbf{R}^n$ having properties analogous to those above, with (i)$_0$ replaced by continuity; i.e., a function satisfying

(i) $x$ is continuous in $a_1, \dots, a_r \in \mathbf{R}^n$.
(ii) $\langle x(a_1, \dots, a_r), a_j\rangle = 0$ for $j = 1, \dots, r$.
(iii) $|x(a_1, \dots, a_r)|^2 =$ Determinant of $\langle a_i, a_j\rangle_{i,j=1,\dots,r}$.

$\langle\,,\rangle$ denotes again a positive-definite inner product in $\mathbf{R}^n$. The usual vector product $a \times b$ in $\mathbf{R}^3$ is an example for $n = 3$, $r = 2$. An example for $n$ even, $r = 1$ can be given explicitly: Denote by $a^1, \dots, a^n$ the components of the vector $a \in \mathbf{R}^n$ in a fixed orthonormal basis of $\mathbf{R}^n$, and let $x(a)$ be the vector with components $a^2, -a^1, a^4, -a^3, \dots$. For arbitrary $n$ and $r = n - 1$, a (multilinear) vector product is well known in linear algebra: consider the $n \times (n-1)$ matrix of the components of the vectors $a_1, \dots, a_{n-1} \in \mathbf{R}^n$, and take as components of $x(a_1, \dots, a_{n-1})$ the $(n-1) \times (n-1)$ determinants of that matrix, in suitable order and with suitable signs.

There exist a further (bilinear) example for $n = 7$, $r = 2$; it is related to the Cayley number multiplication in $\mathbf{R}^8$ in the same manner the vector product $a \times b$ in $\mathbf{R}^3$ is related to the quaternion multiplication in $\mathbf{R}^4$. We recall that the quaternion multiplication in $\mathbf{R}^4$ can be described as follows: a vector $A \in \mathbf{R}^4 = \mathbf{R} \oplus \mathbf{R}^3$ is written uniquely as $A = \alpha + a$, $\alpha \in \mathbf{R}$, $a \in \mathbf{R}^3$; then the quaternion product $A \cdot B$, $A = \alpha + a$, $B = \beta + b$ is given by

$$A \cdot B = \alpha\beta - \langle a, b\rangle + \alpha b + \beta a + a \times b \tag{1}$$

It is immediately checked that this is indeed in agreement with the usual multiplication table of quaternions; the element $A = 1$ (that is, $\alpha = 1$, $a = 0$) is a two-sided unit. We note that the "norm product rule" valid for quaternions can be viewed as a consequence of (ii) and (iii): one extends the inner product of $\mathbf{R}^3$ to $\mathbf{R}^4$ by $\langle A, B\rangle = \alpha\beta + \langle a, b\rangle$; then the length of $A \cdot B$ is given by

$$\begin{aligned}|A \cdot B|^2 &= \alpha^2\beta^2 - 2\alpha\beta\langle a, b\rangle + \langle a, b\rangle^2 + \alpha^2|b|^2 + \beta^2|a|^2 + 2\alpha\beta\langle a, b\rangle \\ &\quad + |a \times b|^2 \\ &= \alpha^2\beta^2 + \alpha^2|b|^2 + \beta^2|a|^2 + \langle a, b\rangle + |a|^2|b|^2 - \langle a, b\rangle^2 \\ &= (\alpha^2 + |a|^2)(\beta^2 + |b|^2) = |A|^2|B|^2\end{aligned}$$

This equality

$$|A \cdot B|^2 = |A|^2|B|^2$$

is called the norm product rule.

One may, of course, define $a \times b$ in terms of the quaternion multiplication: we take, in (1), $\alpha = \beta = 0$ and obtain

$$a \cdot b = -\langle a, b\rangle + a \times b \tag{2}$$

Using this as a definition of $a \times b$, the associative law for quaternions yields $a \cdot (b \cdot b) = (a \cdot b) \cdot b$, where the left-hand side is in $\mathbf{R}^3$, since $b \cdot b = -|b|^2 \in \mathbf{R}$; the right-hand side is equal to $(-\langle a, b\rangle + a \times b) \cdot b = -\langle a \times b, b\rangle - \langle a, b\rangle b + (a \times b) \times b$, hence $\langle a \times b, b\rangle = 0$, and similarly $\langle a \times b, a\rangle = 0$. The above computation of $|A \cdot B|$ shows that then the norm product rule implies (iii): $|a \times b|^2 = |a|^2|b|^2 - \langle a, b\rangle^2$.

Now we turn to the Cayley multiplication in $\mathbf{R}^8 = \mathbf{R} \oplus \mathbf{R}^7$; it has all the properties which were just used for quaternions: $A = 1$ is a two-sided unit; the norm product rule holds; although the associative law is not valid for the Cayley numbers, its weaker form $(A \cdot B) \cdot B = A \cdot (B \cdot B)$ used above is valid. Thus $a \cdot b = -\langle a, b\rangle + a \times b$ defines $a \times b$ in $\mathbf{R}^7$ with all the required properties.

The Cayley numbers can further be used to define a (multilinear) vector product of 3 vectors in $\mathbf{R}^8$, *cf.* [7] or [6].

### 1.2 Nonexistence Theorems

In the case $r = 1$, the procedure given above to construct an example for *n even* obviously fails if $n$ is *odd*, and it is clear that in this case a solution $x(a)$ which is linear in $a$ cannot exist [for $\langle x(a), a\rangle = 0$ implies that $\langle x(a), b\rangle + \langle a, x(b)\rangle = 0$ for all $a, b \in \mathbf{R}^n$, and thus for $n$ odd $x(a)$ has determinant 0, which contradicts (iii)]. But even if $x(a)$ is allowed to be continuous instead of linear, no such function can exist; for it would constitute on the unit sphere $S^{n-1}$ given in $\mathbf{R}^n$ by $|a| = 1$ a continuous tangent unit vector field, and by a classical theorem of algebraic topology such a field does not exist on a sphere of even dimension. This is just the simplest case of the nonexistence theorem which is one of the objectives of this lecture (Theorem 1 below); it tells that except for the dimensions $n$ and $r$ which occur in the examples described in 1.1, vector products of $r$ vectors in $\mathbf{R}^n$ cannot exist. Similar nonexistence theorems for related problems, allowing a few exceptional dimensions only, will be described in Section 2.

***Theorem 1.*** Continuous vector products of $r$ vectors in $\mathbf{R}^n$ exist only in the cases $n$ even, $r = 1$; $n$ arbitrary, $r = n - 1$; $n = 7$, $r = 2$; and $n = 8$, $r = 3$.

The proof of this theorem is discussed in 1.4 and in Section 3.

### 1.3 Continuous Solutions

An equivalent version of the existence problem of vector products can be given in terms of continuous solutions of linear equations. We consider a system of $r$ linear equations:

$$\sum_{k=1}^{n} a_{ik} x_k = 0 \qquad i = 1, \ldots, r < n$$

in $n$ unknowns $x_1, \ldots, x_n$ with real coefficients, and we ask for a solution $x_1, \ldots, x_n$ depending continuously on the coefficients $a_{ik}$, defined and non-trivial for all those real values of the $a_{11}, \ldots, a_{rn}$ for which the matrix has maximum rank $r$; that is, we ask for a system of continuous real functions $x_k = f_k(a_{11}, \ldots, a_{rn})$, defined and without common zeros for all admissible real values of the $a_{ik}$ and satisfying the identities

$$\sum_{k=1}^{n} a_{ik} f_k(a_{11}, \ldots, a_{rn}) = 0 \qquad i = 1, \ldots, r$$

If such a solution exists, it can always be renormalized in such a way that

$$\sum_{k=1}^{n} x_k^2 = \operatorname{Det} \langle a_i, a_j \rangle_{i,j=1,\ldots,r}$$

where $\langle , \rangle$ is a positive-definite inner product in $\mathbf{R}^n$ and where $a_i$ denotes the vector given in an orthonormal basis by the components $a_{i1}, \ldots, a_{in}$, $i = 1, \ldots, r$. If the functions $f_k(a_{11}, \ldots, a_{rn})$ are then extended to *all* real values of the $a_{ik}$ by setting $f_k = 0$ if the rank of the matrix is $< r$, they remain continuous. The vector $x$ with components $x_k = f_k(a_1, \ldots, a_r)$ is then a vector product of $r$ vectors in $\mathbf{R}^n$.

***Theorem 1'.*** A system of $r$ real linear equations with $r$ unknowns admits continuous solutions only for the values of $n$ and $r$ listed in Theorem 1.

In many applications solutions of linear systems should depend continuously upon the coefficients, or even in a more restricted way (differentiably, etc.). According to Theorem 1′ this is possible—unless one is in the exceptional cases $n$, $r$—only if the domain of the coefficients $a_{ik}$ is restricted in some way; or in different terms, if the solution is allowed to become trivial for some values of the coefficients. This statement can, of course, also be given a positive version: Let the pair of integers $n, r$ with $0 < r < n$ be different from those in Theorem 1; if $n$ continuous real functions $x_k = f_k(a_{11}, \ldots, a_{rn})$ defined for all real $n \times r$-matrices $(a_{ik})$ of rank $r$ satisfy the identities

$$\sum_{k=1}^{n} a_{ik} f_k(a_{11}, \ldots, a_{rn}) = 0 \qquad i = 1, \ldots, r$$

then they must have a common zero.

### 1.4 Reduction

***Lemma.*** If there exists a continuous vector product of $r$ vectors in $\mathbf{R}^n$, then there also exists one of $r - 1$ vectors in $\mathbf{R}^{n-1}$.

PROOF. Let $x(a_1, \ldots, a_r)$ be the vector product in $\mathbf{R}^n$; consider $\mathbf{R}^{n-1}$ as a subspace of $\mathbf{R}^n$ and let $\mathbf{R}^1 = \mathbf{R}e$ be its orthogonal complement, with respect to $\langle , \rangle$. If we write $x(a_1, \ldots, a_{r-1}, e) = x' + x''$, $x' \in \mathbf{R}^{n-1}$, $x'' \in \mathbf{R}e$, one easily checks that $x'$ as a function of $a_1, \ldots, a_{r-1}$ is a vector product in $\mathbf{R}^{n-1}$ (relative to the induced inner product).

To establish *nonexistence* (Theorem 1), it is therefore sufficient to do so for the lowest values of $r$.

The case $r = 1$ being settled, we have to consider $r = 2$. This case essentially reduces to the existence problem of continuous multiplications in $\mathbf{R}^{n+1}$: *If there exists a continuous vector product of two vectors in* $\mathbf{R}^n$, *then there exists in* $\mathbf{R}^{n+1}$ *a continuous multiplication* $A \cdot B$ *with two-sided unit and with norm product rule.*

Indeed, if $a \times b$ denotes the vector product in $\mathbf{R}^n$, and if $A \in \mathbf{R}^{n+1} = \mathbf{R} \oplus \mathbf{R}^n$ is written as $A = \alpha + a$, $\alpha \in \mathbf{R}$, $a \in \mathbf{R}^n$, then formula (1) above yields a continuous multiplication in $\mathbf{R}^{n+1}$ with $A = 1$ being the unit, and where the norm product rule follows from (ii) and (iii) exactly as shown above for the quaternions.

Multiplications in $\mathbf{R}^{n+1}$ of the required type are discussed in Section 2; the main result (Theorem A) states that they exist (if and) only if $n + 1 = 1, 2, 4$, or 8. Therefore a vector product of two vectors in $\mathbf{R}^n$ can only exist for $n = 3$ or 7; according to the reduction lemma a vector product of $r$ vectors in $\mathbf{R}^n$ can only exist if $n - r = 1$ or $n - r = 5$. For $n = 7$, $r = 2$ and for $n = 8$, $r = 3$ (bilinear) vector products exist. To complete the proof of Theorem 1, one has therefore just to show that for $n = 9$, $r = 4$ no vector product can exist; this can be done by a simple cohomology ring argument (cf. [6]) in the Stiefel manifold $V_{9,5}$. The main burden of the proof, however, is transferred to the proof of Theorem A, sketched in Section 3.

## 2 CONTINUOUS MULTIPLICATIONS IN $\mathbf{R}^{n+1}$

The length $|A|$ of $A \in \mathbf{R}^{n+1}$ and the norm produced rule always refer to a positive-definite inner product in $\mathbf{R}^{n+1}$.

### 2.1 Adams' Theorem

***Theorem A.*** A continuous multiplication in $\mathbf{R}^{n+1}$ with two-sided unit and with norm product rule exists only for $n + 1 = 1, 2, 4, 8$.

In the four exceptional cases multiplications of the required type do exist: the product of reals, of complex numbers, of quaternions, and of Cayley numbers have a unit and fulfill the norm product rule (for a suitable inner product). These multiplications are even bilinear; Hurwitz' classical theorem, the analog of Theorem A for the bilinear case, states that this can only occur in the dimensions $n + 1 = 1, 2, 4$, or 8. Thus Theorem A simply says that the possible dimensions remain the same if bilinearity is replaced by continuity.

Theorem A was first proved by Adams [1]. A very simple proof has been given by Adams–Atiyah [2] (*cf.* also [4] for a similar version which we use in Section 3 to give a sketch of the proof). The simplified proofs are based on the technique of $K$-theory and on some fundamental properties of the Chern character; for an introduction to these techniques see for example [4] and the reference given there.

As shown in 1.4, our Theorem 1 on continuous vector products (continuous solutions of linear equations) is essentially a corollary of Theorem A. The present section is devoted to further corollaries; they emphasize the great importance of Adams' theorem.

### 2.2 Division Algebras

$\mathbf{R}^{n+1}$ is turned into a division algebra, if a bilinear multiplication $A \cdot B$ is given which has no zero divisors. Note that the norm product rule is *not* required (but if it holds, there are, of course, no zero divisors). Without loss of generality, we can assume a bilinear multiplication to have a two-sided unit of length 1. If $A \cdot B$ is replaced by $A \cdot B\,|A|\,|B|/|A \cdot B|$ for $A, B \neq 0$, the new multiplication will satisfy the norm product rule. It will, however, have lost bilinearity, but remain continuous. Thus Theorem A implies

***Theorem 2.*** $\mathbf{R}^{n+1}$ admits a division algebra structure (if and) only if $n + 1 = 1, 2, 4$ or 8.

### 2.3 Parallelizability of Spheres

The unit sphere $S^n \subset \mathbf{R}^{n+1}$ is said to be parallelizable, if there exist $n$ tangent vector fields on $S^n$ which are linearly independent at every point $X \in S^n$ ($X =$ unit vector $\in \mathbf{R}^{n+1}$). If this is the case, one can replace these fields by orthonormalized ones. The components of $X$ and those of the $n$ vector fields, with respect to an orthonormal basis of $\mathbf{R}^{n+1}$, taken as rows form an orthogonal $(n+1) \times (n+1)$ matrix $C = (c_{ik}(X))$, the elements $c_{ik}(X)$ being continous functions of $X$; we take the components of $X$ as first row $c_{1k} = x_k$. Let $y_k$, $k = 1, \ldots, n$ be the components of $Y \in \mathbf{R}^{n+1}$ and define $Z \in \mathbf{R}^{n+1}$ by its components $z_k$,

$$z_k = \sum_{j=1}^{n} c_{jk}(X) y_j \qquad k = 1, \ldots, n$$

Writing $X \cdot Y$ for $Z$, this is a continuous multiplication in $\mathbf{R}^{n+1}$ (for $|X| = 1$, $Y$ arbitrary) with $|X \cdot Y| = |Y|$. We extend it to all $X \in \mathbf{R}^{n+1}$ by $X \cdot Y = |X|((X/|X|) \cdot Y)$ for $X \neq 0$ and $0 \cdot Y = 0$. Then the norm product rule holds, and the vector $E = (1, 0, \ldots, 0)$ is a right unit. By a suitable choice of the basis one may assume $C(E)$ to be the unit matrix, that is, that $E$ is also a left unit. Thus Theorem A implies

***Theorem 3.*** $S^n$ is parallelizable only for $n = 1$, 3, or 7.

***Remarks.*** (a) In these three cases, the classical multiplications in $\mathbf{R}^2$, $\mathbf{R}^4$, and $\mathbf{R}^8$ actually yield a parallelization of $S^n$, by vector fields which are linear in $X$. (b) The multiplication $Z = X \cdot Y$ above is linear in $Y$ and continuous in $X$. Thus Theorem A has not been used in its full generality. Other proofs of Theorem 3, not depending on Theorem A, have been given earlier (see, for example, [5]).

### 2.4 Almost-Complex Structures on Spheres

Let $M$ be a complex-analytic manifold; its tangent bundle admits a complex vector bundle structure: Multiplication by $\sqrt{-1}$ of complex vector components in an admissible local complex coordinate system defines, at each point $p \in M$, a linear transformation $J(p)$ of the real tangent space $M_p$ at $p$, with $J(p)^2 = -$identity, and $J(p)$ does not depend upon the complex coordinate system used. In fact the field $J(p)$ characterizes the complex-analytic structure given on $M$. If on a real differentiable manifold $M$ such a field $J(p)$ of linear transformations with $J(p)^2 = -$identity is given, independently of any complex-analytic structure, $M$ is called an almost-complex manifold (and $J(p)$ an almost-complex structure on $M$).

***Theorem 4.*** $S^n$ admits an almost-complex structure only for $n = 2$ or 6.

PROOF. If an almost-complex structure $J$ is given on $S^{n-1} \subset \mathbf{R}^n$, a continuous vector product $a \times b$ can be defined in $\mathbf{R}^n$ : for $a \in S^{n-1}$ and a unit tangent vector $b$ at $a$ (that is, for $a$ and $b \in \mathbf{R}^n$ with $|a| = |b| = 1$, $\langle a, b \rangle = 0$), we consider the oriented tangent two-plane determined by $b$ and $J(a)b$ and choose $a \times b$ to be the unit vector orthogonal to $b$ in that plane and corresponding to the orientation; the product $a \times b$ is then easily extended to all $a$ and $b \in \mathbf{R}^n$ so as to fulfill the properties of a vector product. Thus $n + 1$ must be $= 1$, 2, 4, or 8, that is, $n = 1$, 3, or 7, and hence the dimension of the sphere is 2 or 6. In these two dimensions, almost-complex structures actually exist.

### 2.5 Complex Vector Products

***Theorem 5.*** A continuous vector product of two vectors in $\mathbf{C}^n$, with respect to a positive-definite Hermitian inner product in $\mathbf{C}^n$, only exists for $n = 3$.

The definition of the complex vector product is of course entirely analogous to the real case; the proof of Theorem 5 uses a construction similar to (1) to yield a continuous multiplication in $\mathbf{C}^{n+1}$ with two-sided unit and with norm product rule (with respect to the Hermitian length of vectors). This can be interpreted as a multiplication in $\mathbf{R}^{2n+2}$ with two-sided unit and norm product rule. Hence, $2n + 2 = 2$, 4, or 8, that is, $n = 3$.

## 3 PROOF OF THEOREM A AND GENERAL REMARKS

In this section we make free use, without reference, of concepts and results in algebraic topology of polyhedra (some of the material is covered in the course of R. Bott at these Rencontres); and further of $K$-theory and some of the fundamental properties of the Chern character of complex vector bundles. (For an introduction to these topics see, for example, [4] and references given there.)

In the proof of Theorem A the trivial case $n = 0$ will always be excluded.

### 3.1 Pseudoprojective Planes

If in $\mathbf{R}^{n+1}$ a continuous multiplication $A \cdot B$ with unit $E$ and with norm product rule is given, we consider the map $f\colon S^n \times S^n \to S^n$ defined by $f(A, B) = A \cdot B$, $|A| = |B| = 1$ (that is, $(A, B)$ is considered to be a point of $S^n \times S^n$). The map $f$ restricted to $S^n \times E$ is the identity of $S^n$ (that is, a map of degree 1), and so is $f$ restricted to $E \times S^n$. By an elementary construction due to Hopf one obtains from $f$ a map $F\colon S^{2n+1} \to S^{n+1}$ having "Hopf invariant one." $F$ is used to attach to $S^{n+1}$ a $(2n + 2)$-cell $e^{2n+2}$ by mapping the boundary of $e^{2n+2}$ to $S^{n+1}$ by $F$ (*cf.* Bott's course). The polyhedron (finite $CW$-complex) $X = S^{n+1} \bigcup_F e^{2n+2}$ may be called the pseudo-projective plane over $R^{n+1}$ relative to the given multiplication; for $n = 1$ and the $\mathbf{C}$-multiplication in $\mathbf{R}^2$, $X$ is the complex projective plane $\mathbf{C}P_2$, and the above construction is a simple generalization of the usual procedure which leads from the affine plane $\mathbf{C}^2$ to $\mathbf{C}P_2$.

The cohomology algebra with integer coefficients $H(X)$ of this polyhedron $X$ is easily computed from the explicit cell structure: it is the polynomial algebra $\mathbf{Z}[a]$ over the integers $\mathbf{Z}$ in a certain element $a \in H^{n+1}(X)$, modulo the ideal $(a^3)$ generated by $a^3$,

$$H(X) = \mathbf{Z}[a]/(a^3) \qquad a \in H^{n+1}(X)$$

the generator $a$ corresponds to the fundamental cohomology class of $S^{n+1} \subset X$. Theorem $A$ is then an immediate consequence of the following purely cohomological theorem (which, in its turn, admits further interesting generalizations, see [2]).

***Theorem*** $A'$. A finite polyhedron $X$ with $H(X) = \mathbf{Z}[a]/(a^3)$, $a \in H^{n+1}(X)$, exists only for $n + 1 = 2, 4,$ or $8$.

From the anticommutativity of the graded algebra $H(X)$ it is clear that $n + 1$ must be even; we put $n + 1 = 2l$.

### 3.2 Properties of $K(X)$

We now consider the group $K(X)$ for an arbitrary finite polyhedron $X$; it is the Grothendieck group of complex vector bundles over $X$, or equivalently, the group of homotopy classes of maps of $X$ into $\Omega U$ (the "loop space of the infinite unitary group," *cf.* Bott's lectures). We will use a few standard properties of the contravariant functor $K$, listed below.

The tensor product of complex vector bundles defines in $K(X)$ a commutative ring structure with unit. There exists a natural transformation ch, called the Chern character of complex vector bundles, of $K(X)$ into $H(X; \mathbf{Q})$, the cohomology algebra of $X$ over the rationals $\mathbf{Q}$; it maps $K(X)$ into even-dimensional cohomology only:

$$\text{ch}\, z = a_0 + a_2 + \cdots + a_{2j} + \cdots \qquad a_{2j} \in H^{2j}(X; \mathbf{Q})$$

for $z \in K(X)$, and it is a ring homomorphism. Furthermore there exist natural transformations $\psi_k : K(X) \to K(X)$, the Adams operations, one for each $k = 1, 2, 3, \ldots$, which are ring homomorphisms and related to the Chern character by

$$\text{ch}\, \psi_k z = a_0 + k a_2 + \cdots + k^j a_{2j} + \cdots$$

where $\mathrm{ch}\, z = a_0 + a_2 + \cdots + a_{2j} + \cdots$ as above with $a_{2j} \in H^{2j}(X; \mathbf{Q})$. The $\psi_k$ are defined by means of exterior powers $\Lambda_q$ of complex vector bundles; in particular, $\psi_2 z = z^2 - 2\Lambda_2 z$.

If the polyhedron $X$ is without torsion, that is, if $H(X)$ over the integers has no torsion, $\mathrm{ch} : K(X) \to H(X; \mathbf{Q}) = H(X) \otimes \mathbf{Q}$ has kernel 0. Moreover, in $\mathrm{ch}\, z = a_0 + a_2 + \cdots + a_{2j} + \cdots$, the first nonvanishing term, say, $a_{2i}$, is *integral*, that is, it lies in the subgroup $H^{2i}(X) \subset H^{2i}(X; \mathbf{Q})$, where the integral cohomology is identified with its natural image in $H^{2i}(X; \mathbf{Q}) = H^{2i}(X) \otimes \mathbf{Q}$; any given element of $H^{2i}(X)$, $i = 0, 1, 2, \ldots$, appears in this way as the first nonvanishing component of ch $z$ for some $z \in K(X)$ (these last statements constitute the Atiyah–Hirzebruch integrality theorem in its simplest version).

### 3.3 Proof of Theorem A′

In the case of Theorem A′ we consider a polyhedron $X$ with $H(X) = \mathbf{Z}[a]/(a^3)$, $H(X; \mathbf{Q}) = \mathbf{Q}[a]/(a^3)$, $a \in H^{2l}(X)$, $2l = n + 1$. There exists an element $z \in K(X)$ with

$$\mathrm{ch}\, z = a + \lambda a^2 \qquad \lambda \in \mathbf{Q}$$

For this $z$ the properties listed in 3.2 yield the following relations:

$$\mathrm{ch}\, z^2 = a^2$$
$$\mathrm{ch}\, \psi_k z = k^l a + \lambda k^{2l} a^2$$
$$\mathrm{ch}\, (\psi_k z - k^l z) = \lambda k^l (k^l - 1) a^2 = \lambda k^l (k^l - 1)\, \mathrm{ch}\, z^2$$

with $\lambda k^l(k^l - 1) \in \mathbf{Z}$. Since the kernel of ch is 0, $\psi_k z = k^l z + \lambda k^l (k^l - 1) z^2$. In particular, for $k = 2$, we have

$$\psi_2 z = 2^l z + \lambda 2^l (2^l - 1) z^2 = z^2 - 2\Lambda_2 z$$

therefore $\lambda 2^l(2^l - 1)$ is odd, and thus $\lambda \in \mathbf{Q}$ must be of the form

$$\lambda = \frac{\text{odd}}{\text{odd} \cdot 2^l}$$

For an arbitrary odd integer $k \geqslant 1$, $(\text{odd}/\text{odd} \cdot 2l) \cdot k^l(k^l - 1)$ is an integer, which means that $2^l$ divides $k^l - 1$.

Thus from the existence of a polyhedron $X$ satisfying the assumption of Theorem A′, $n + 1 = 2l$, we conclude that $2^l$ *divides* $k^l - 1$ *for all odd integers* $k \geqslant 1$.

From this purely numerical result one easily draws very precise conclusions. First we note that for $l = 1$ the property holds, and we therefore assume $l > 1$. Taking $k = 2^{l-1} + 1$, the fact that $2^l$ divides $(2^{l-1} + 1)^l - 1 = 2^l \cdot \text{integer} + l 2^{l-1}$ implies that $l$ is even, $l = 2m$. Taking $k = 2^m + 1$, the fact that $2^{2m}$ divides $(2^m + 1)^{2m} - 1 = 2^{2m} \cdot \text{integer} + 2m2^m$ implies that $2^{2m}$ divides $m2^{m+1}$, that is, $2^{m-1}$ *divides* $m$. This is so for $m = 1$ and 2 only, whence $l = 2$ or 4. Together with $l = 1$, we thus have $n + 1 = 2l = 2, 4$, or 8, which proves Theorem A′.

### 3.4 Remarks

We finally remark that Theorem A can be given the following interpretation: With regard to the existence of multiplications in $\mathbf{R}^{n+1}$ with unit and with norm product rule, the *dimensions which are exceptional* (in the sense that such a multiplication exists) *in the continuous case are also exceptional in the bilinear case* (the latter is solved by Hurwitz' classical theorem, that is, by elementary algebra). The proof reproduced above, although it is very simple, does not explain directly why this is so. The situation is similar in various other problems of that type; for example, in the vector product problem (continuous solutions of linear equations) from which we started; or in the problem of finding the maximum number of independent tangent vector fields on a sphere, also solved by Adams [8], and in the application thereof to linear families of nonsingular matrices [9]. It would be most interesting to find an *a priori* reason why the existence of "continuous solutions" in all these cases implies the existence of "linear solutions" (or, in any case, simple algebraic solutions). If such a reduction principle from the continuous to the algebraic case could be established, it might clarify the exceptional character of certain low dimensions $n$ of the real $n$-spaces.

## REFERENCES


1. J. F. Adams, *Ann. of Math.* **72** (1960), 20–104.
2. J. F. Adams and M. F. Atiyah, *Quart. J. Math.* **17** (1966), 31–38.
3. B. Eckmann, *Comm. Math. Helv.* **15** (1942/43), 318–339.
4. B. Eckmann, *Cours CIME* (cohomologie et classes caractéristiques) (1966).
5. M. Kervaire, *Proc. Nat. Acad. Sci. USA* (1958), 280–283.
6. G. W. Whitehead, *Comm. Math. Helv.* **37** (1962), 239–240.
7. P. Zvengrowski, *Comm. Math. Helv.* **40** (1965/66), 149–152.
8. J. F. Adams, *Ann. of Math.* **75** (1962), 603–632.
9. J. F. Adams, P. Lax, and R. S. Phillips, *Proc. A.M.S.*, **16** (1965), 318–322.

# Le groupe des types simples d'homotopie sur un polyèdre

(with S. Maumary)

Essays on Topology and Related Topics, Mémoires dédiés à Georges de Rham
Springer-Verlag (1970), 173–187

## § 1. Introduction

La notion d'équivalence d'homotopie simple entre deux polyèdres compacts permet de diviser les polyèdres compacts en classes dites «types simples d'homotopie». Si $X$ est un polyèdre compact connexe, on sait que les types simples d'homotopie des polyèdres homotopiquement équivalents à $X$ sont en correspondance bi-univoque avec les éléments d'un certain groupe Abélien rattaché à $X$, le groupe de Whitehead; ce dernier se définit de façon purement algébrique à partir du groupe fondamental $\pi_1 X$. Il est ainsi possible de munir d'une structure de groupe Abélien l'ensemble $E(X)$ des types simples d'homotopie des polyèdres compacts homotopiquement équivalents à $X$.

Le but de cet article est de donner une *description géométrique* directe – sans aucun appel à des constructions algébriques telles que $K^1(\mathbf{Z}G)$ et $Wh(G)$ pour un groupe $G$, torsion d'un $\mathbf{Z}G$-complexe etc. – de cette structure de groupe Abélien dans $E(X)$, de montrer qu'elle est naturelle, et finalement que ce groupe Abélien est déterminé par $\pi_1 X$. De façon plus précise, on montrera que $E$ est un foncteur de la catégorie $\underline{P}_0$ des $CW$-complexes finis connexes dans la catégorie $\underline{Ens}$ des ensembles, et que ce foncteur se factorise à travers la catégorie $\underline{Ab}$ des groupes Abéliens. En outre, le foncteur $E$ de $\underline{P}_0$ dans $\underline{Ab}$ se factorise à travers la catégorie $\underline{G}_0$ des groupes de présentation finie par le foncteur $\pi_1 : \underline{P} \to \underline{G}_0$,

$$E = F\pi_1 : \underline{P}_0 \to \underline{G}_0 \to \underline{Ab}.$$

On peut vérifier que le foncteur $F: \underline{G}_0 \to \underline{Ab}$ ainsi obtenu n'est autre chose que le groupe de Whitehead $Wh$ (plus précisément la restriction du foncteur $Wh$, défini pour tous les groupes, aux groupes de présentation finie).

Une notion adéquate d'équivalence d'homotopie simple permet de faire les mêmes raisonnements dans le cas des $CW$-complexes localement finis, en se bornant à des applications et homotopies propres. On associe à un tel polyèdre $X$ un groupe Abélien naturel $E(X)$ dont les éléments sont les types simples d'homotopie des polyèdres localement finis proprement-homotopiquement équivalents à $X$; $E$ définit de nouveau un foncteur dans la catégorie $\underline{Ab}$, mais ce foncteur ne se factorise plus par $\pi_1$, c.à.d. $E(X)$ n'est pas en général déterminé par $\pi_1 X$. Nous nous bornerons à quelques remarques à ce sujet, et nous nous proposons d'y revenir ailleurs.

Les raisonnements géométriques de cet exposé relatifs au cas général des polyèdres localement finis peuvent être placés dans un cadre catégorique beaucoup plus général. Cela a été fait, selon une communication orale, par Siebenmann, et de facon indépendante par Bolthausen[1]. Le fait que dans le cas des polyèdres finis $E(X)$ est déterminé par $\pi_1 X$ sort naturellement de ce cadre général. En vue d'une définition purement géométrique du groupe de Whitehead nous avons préféré ici d'adopter un point de vue géométrique élémentaire; il est possible qu'il puisse éclaircir la nature algébrique de $E(X)$ également dans le cas des polyèdres infinis. Les constructions géométriques explicites permettent, en plus, d'éviter des complications provenant de notions catégoriques telles que push-out, localisation etc.

Dans tout cet exposé les «complexes» considérés sont des $CW$-complexes cellulaires finis, à l'exception du §8 où on admettra aussi des $CW$-complexes infinis. Pour tout complexe $X$, son $k$-squelette (réunion des cellules de dimensions $\leqslant k$) est noté $X^k$.

## § 2. Classes simples d'applications

2.1. Rappelons d'abord la notion d'équivalence simple d'homotopie (ou «équivalence simple» plus court).

On notera $D^{\lambda+1}$ le disque standard dans $\mathbf{R}^{\lambda+1}$, $S^\lambda$ son bord partagé en deux hémisphères $D^\lambda_+$ et $D^\lambda_-$ d'intersection (équateur) $S^{\lambda-1}$. Etant donné un complexe $X$ on considère un complexe $Y$ réunion de $X$ et de deux cellules $e^{\lambda+1}$, $e^\lambda$ et tel qu'il existe une application $\phi: D^{\lambda+1} \to Y$ vérifiant

(i) $\phi(D^\lambda_+) \subset X^\lambda$,

(ii) $\phi(S^{\lambda-1}) \subset X^{\lambda-1}$,

(iii) la restriction de $\Phi$ à l'intérieur de $D^{\lambda+1}$ est un homéomorphisme sur $e^{\lambda+1}$,

(iv) la restriction de $\Phi$ à l'intérieur de $D^\lambda_-$ est un homéomorphisme sur $e^\lambda$.

[1] Travail de diplôme E. T. H. Zürich 1968.

On dit dans ce cas que $Y$ est une *expansion élémentaire* de $X$ et que $X$ est une *contraction élémentaire* de $Y$. L'inclusion $i$ de $X$ dans $Y$ est alors une équivalence d'homotopie; l'application $r\colon Y \to X$ qui est l'identité sur $X$ et qui ailleurs est l'image par $\Phi$ d'une rétraction standard de $D^{\lambda+1}$ sur $D^{\lambda}_{+}$ est une équivalence d'homotopie, inverse de $i$. Toute application $X \to X'$ entre deux complexes qui est homotope à une composition finie d'équivalences associées de cette facon à des expansions ou des contractions élémentaire est dite une *équivalence simple* (d'homotopie). Les identités, les compositions d'équivalences simples et les inverses homotopiques d'équivalences simples sont toutes des équivalences simples. S'il existe une équivalence simple $X \to X'$ on dit que $X$ et $X'$ ont le même *type simple d'homotopie;* il en est ainsi p.ex. pour une subdivision $X'$ de $X$, pour le cylindre $X \times I$ sur $X$ etc. Rappelons aussi que pour deux complexes $Y_1 = X \cup e_1^{\lambda+1}$, $Y_2 = X \cup e_2^{\lambda+1}$, où les applications $\phi_1, \phi_2\colon S^{\lambda} \to X$ qui attachent les cellules $e_1^{\lambda+1}$ et $e_2^{\lambda+1}$ respectivement sont *homotopes*, il existe une équivalence simple (dite *glissement*) $Y_1 \to Y_2$ qui est l'identité sur $X$ (voir [2]).

2.2. On divise alors toutes les applications $f\colon X \to Y$ issues d'un complexe donné $X$ en classes, $f\colon X \to Y$ et $f'\colon X \to Y'$ étant dans la même classes s'il existe une équivalence simple $s\colon Y \to Y'$ telle que le diagramme

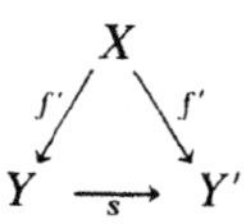


soit homotopiquement commutatif; en d'autres termes, que $f' \sim sf$. La classe de $f$ sera notée $\langle f \rangle$. La classe $\langle 1_x \rangle$ de l'identité de $X$ est constituée par toutes les équivalences simples issues de $X$. Ecrivons $A(X)$ pour l'ensemble de toutes ces «classes simples d'applications» issues de $X$.

Nous montrerons que $A(X)$ définit un foncteur de la catégorie $\underline{P}_0$ des $CW$-complexes finis dans $\underline{Ens}$, la catégorie des ensembles pointés. Pour cela, nous utiliserons des propriétés du cylindre $M_f$ d'une application $f$ («mapping cylinder»); ces propriétés ainsi que d'autres utilisées plus tard sont réunies au § 3.

## § 3. Cylindres d'applications

3.1. Fixons d'abord quelques notations. $I$ est l'intervalle $0 \leqslant t \leqslant 1$. Le cylindre $M_f$ d'une application $f\colon X \to Y$ est l'espace $M_f = X \times I \cup Y / \{(x, 1) = f(x), x \in X\}$. L'inclusion évidente $j\colon Y \to M_f$, la projection

$p: M_f \to Y$ donnée par $p(x,t)=f(x)$ pour tout $x \in X, t \in I$ et par $p|Y = 1_Y$, et l'inclusion $i_f: X \to M_f$ donnée par $i_f(x)=(x,0)$, $x \in X$, sont liées par les relations

(1) $$p i_f = f, \quad pj = 1_Y, \quad \text{et} \quad jp \sim 1_{M_f}.$$

En particulier, $j$ et $p$ sont des équivalences d'homotopie.

Pour $f: X \to Y$ et $g: X \to Z$, notons $M_{f,g}$ la «réunion de $M_f$ et $M_g$ avec $X$ identifié»; c'est l'espace $M_f \cup M_g / \{i_f(x) = i_g(x), x \in X\}$. On a donc une inclusion $i_{f,g}: X \to M_{f,g}$ donnée par $i_{f,g}(x) = i_f(x) = i_g(x)$, et des inclusions $q: M_f \to M_{f,g}$, $q': M_g \to M_{f,g}$ vérifiant

(2) $$i_{f,g} = q i_f = q' i_g.$$

On notera $g^f$ l'inclusion $Y \to M_{f,g}$ donnée par $qj: Y \to M_f \to M_{f,g}$; remarquons que

(3) $$g^f f = qjp i_f \sim q i_f = i_{f,g}: X \to M_{f,g}.$$

De façon analogue, on définit, pour $f: X \to Y$, $g: X \to Z$, $h: X \to W$ le «triple cylindre» $M_{f,g,h} = M_f \cup M_g \cup M_h / \{i_f(x) = i_g(x) = i_h(x),\ x \in X\}$, ainsi que des inclusions $X \to M_{f,g,h}$, $M_{f,g} \to M_{f,g,h}$, $Y \to M_{f,g,h}$ etc., avec des relations analogues. De même on fera appel à d'autres combinaisons des cylindres $M_f, M_g, \ldots$. Il sera utile de représenter schématiquement les cylindres de la façon suivante:

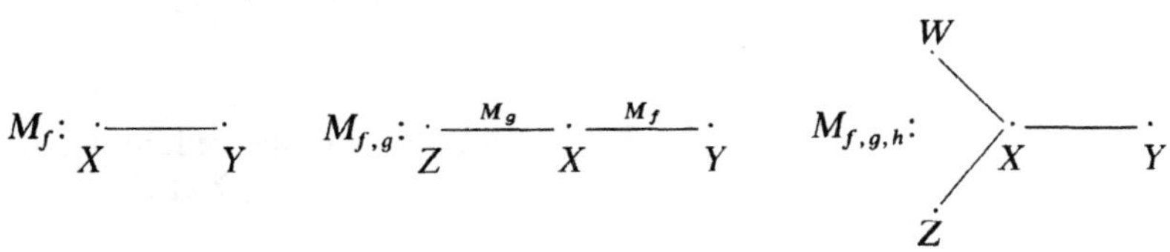


etc., cas où tous les espaces $X, Y, \ldots$ se réduisent à des points.

3.2. Si les espaces considérés $X, Y, \ldots$ sont des complexes et $f, g, \ldots$ des applications cellulaires, alors les cylindres $M_f, M_{f,g}, \ldots$ sont également des complexes. On démontre aisément que les diverses applications ci-dessus sont des équivalences simples ou liées entre elles par des équivalences simples; nous allons formuler des énoncés à ce suject en laissant presque toutes les démonstrations au lecteur.

(4) Si $f: X \to Y$ est une application cellulaire, $j: Y \to M_f$ et $p: M_f \to Y$ sont des équivalences simples.

Comme $f = p i_f$, il s'ensuit que $\langle f \rangle = \langle i_f \rangle$. Si $f \sim f': X \to Y$ sont des applications cellulaires homotopes, on a donc $\langle i_f \rangle = \langle i_{f'} \rangle$. Il existe donc une équivalence simple $s: M_f \to M_{f'}$, telle que $i_{f'} \sim s i_f$. On verra plus bas (6) que $s$ peut être choisie «relativement à $X$», c.à.d. telle que $i_{f'}=si_f$. – Si dans (4) $f$ est une équivalence simple, $f=pi_f$ montre qu'il en est de même pour $i_f\colon X\to M_f$.

(5) Soit $f\colon X\to Y$ cellulaire, et $F\colon X\times I\to Y$ une homotopie cellulaire de $f$, c.à.d. $f=Fi$ où $i\colon X\to X\times I$ est donnée par $i(x)=(x,0)$. L'inclusion $i\colon X\to X\times I$ s'étend à *une inclusion* $\sigma\colon M_f\to M_F$ *qui est une équivalence simple;* comme inverse de $\sigma$ on peut prendre l'application $\pi\colon M_F\to M_f$ qui est une rétraction de $M_F$ sur $M_f\cup X\times I$ composée avec la projection de $X\times I$ sur $i(X)$. Les équivalences simples $\sigma$ et $\pi$ sont compatibles avec les inclusions de $Y$ dans $M_f$ et $M_F$, et vérifient les relations

$$\pi i_F i=i_f,\qquad \sigma i_f=i_F i.$$

On peut naturellement remplacer dans ces raisonnements $i$ par $i'\colon X\to X\times I$ donnée par $i'(x)=(x,1)$, $f$ par $f'=Fi'$ et $\sigma$, $\pi$ par $\sigma'\colon M_{f'}\to M_F$, $\pi'\colon M_F\to M_{f'}$. Notons que $\pi' i_F i=i_{f'}\colon X\to M_f$. Pour deux applications cellulaires $f\sim f'\colon X\to Y$ on a ainsi des équivalences simples $M_f\xrightarrow{\sigma} M_F\xrightarrow{\pi'} M_{f'}$ vérifiant

$$\pi'\sigma i_f=\pi' i_F i=i_{f'}.$$

En résumé:

(6) *Si* $f\sim f'\colon X\to Y$ *sont des applications cellulaires homotopes, il existe une équivalence simple* $s\colon M_f\to M_{f'}$ *rel.* $X$ *et rel.* $Y$*;*

$$si_f=i_{f'}\colon X\to M_{f'},\qquad sj=j'\colon Y\to M_{f'}.$$

(7) Soient $f\sim f'\colon X\to Y$ et $g\colon X\to Z$ des applications cellulaires. Il existe une équivalence simple $\tau\colon M_{f,g}\to M_{f',g}$ rel. $X$, $Y$ et $Z$.

En effet, on obtient $\tau$ en combinant l'équivalence simple $s\colon M_f\to M_{f'}$ de (6) avec l'identité de $M_g$. – En utilisant des notations introduites dans 3.1, «rel. $X$, $Y$ et $Z$» signifie

$$\begin{aligned}\tau i_{f,g}&=i_{f',g}\colon X\to M_{f',g},\\ \tau g^f&=g^{f'}\colon Y\to M_{f',g},\\ \tau f^g&=f'^g\colon Z\to M_{f',g}.\end{aligned}$$

On a donc en particulier $\langle g^f\rangle=\langle g^{f'}\rangle$ et $\langle f^g\rangle=\langle f'^g\rangle$.

3.3. Nous allons étudier quelques propriétés du cylindre $M_{i_f}$, où $i_f\colon X\to M_f$ est associé comme avant à une application cellulaire $f\colon X\to Y$. On voit immédiatement que $M_{i_f}=M_{1_X,f}$

$$\underset{X}{\cdot}\overset{M_{1_X}}{\overline{\qquad\quad}}\underset{X}{\cdot}\overset{M_f}{\overline{\qquad\quad}}\underset{Y}{\cdot}$$

$(M_{1_X} = X \times I)$, et il existe une équivalence simple $M_{i_f} \to M_f$ rel. $Y$.

Pour $g: X \to Z$ cellulaire considérons $M_{i_f, g}$

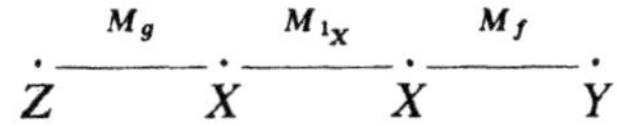


(8) *Il existe une équivalence simple* $\sigma: M_{i_f, g} \to M_{f,g}$ *rel.* $Y$ *et* $Z$.

En effet, soit $\psi = gp: X \times I \to Z$, où $p: X \times I \to X$ est la projection sur $X \times (0)$, et considérons $M_{\psi, f}$

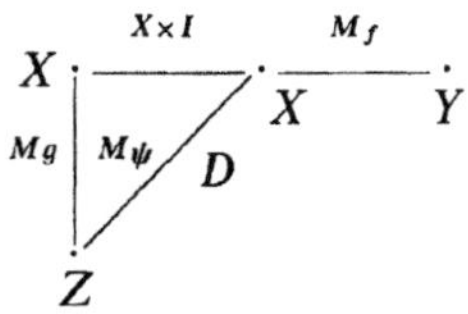


On construit aisément une équivalence simple $M_{i_f, g} \to M_\psi$ et une équivalence simple $M_\psi \to M_{f,g}$, en observant que $D$ dans le schéma peut être considéré comme un exemplaire de $M_g$; les deux équivalences sont rel. $Y$ et $Z$.

De façon analogue, considérons pour $f: X \to Y$ et $g: X \to Z$ le cylindre $M_{i_f, g}$;

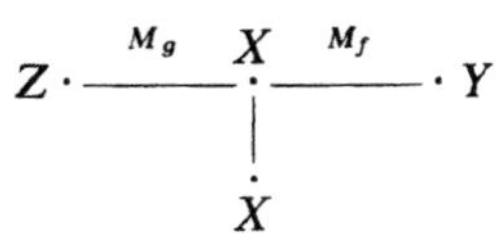


il y a évidemment une équivalence simple $M_{i_f, g} \to M_{f,g}$ rel. $Y$ et $Z$. Soit encore $h: X \to W$, et considérons $M_{i_f, g, h}$

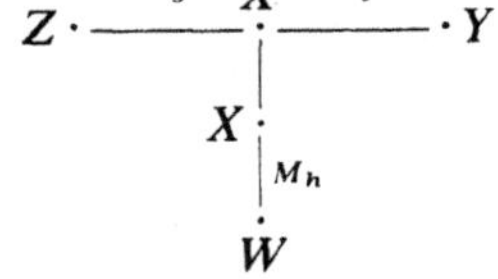


Comme dans le cas (8) on montre:

(9) *Il existe une équivalence simple* $M_{i_f, g, h} \to M_{f,g,h}$ *rel.* $Y, Z$ *et* $W$.

Dans la même situation qu'avant considérons les inclusions (cf. 3.1) $g^f: Y \to M_{f,g}$ et $h^f: Y \to M_{f,h}$ et formons $M_{g^f, h^f}$

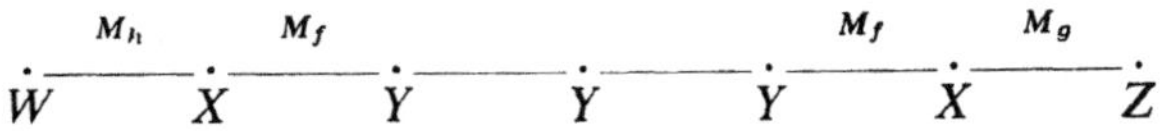

(10) *Il existe une équivalence simple* $M_{gf,hf} \to M_{f,g,h}$ *rel.* $Y, Z$ *et* $W$.

La démonstration découle du schéma suivant

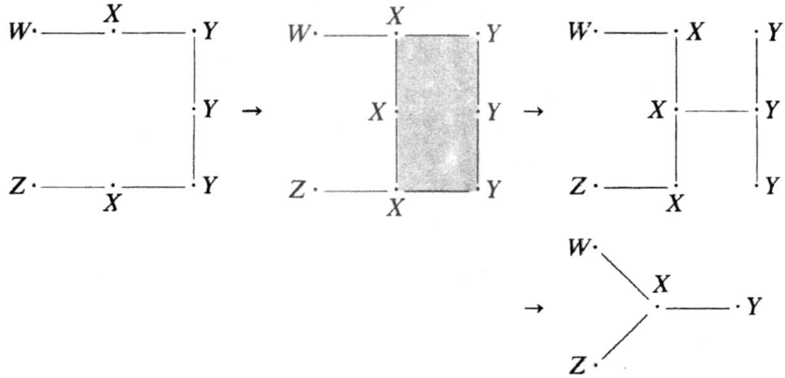


qui représente une suite d'équivalences simples rel. $Y, Z$ et $W$.

3.4. Nous allons examiner le cylindre $M_{f'f}$ d'une *composition* $f'f: X \xrightarrow{f} Y \xrightarrow{f'} Y'$ de deux applications cellulaires; il est lié à $M_f$ et $M_{f'}$ de la façon suivante.

Soit $\bar{M} = M_f \cup M_{f'}/\{j(y) = i_{f'}(y),\ y \in Y\}$, où $j$ est l'inclusion $Y \to M_f$:

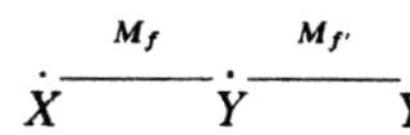


(11) *Il existe une équivalence simple* $\bar{M} \to M_{f'f}$ *rel.* $X$ *et* $Y'$.

Démonstration. Avec les notations $i_{f'}: Y \to M_{f'}$, $j': Y \to M_{f'}$ et $p': M_{f'} \to Y'$ comme avant on a $j'p' \sim 1_{M_{f'}}$ et $p'i_{f'} = f'$. Soit $\rho_t$, $0 \leqslant t \leqslant 1$ une déformation (cellulaire) de $1_{M_{f'}}$ en $j'p'$:

$$\rho_0 = 1_{M_{f'}}, \qquad \rho_1 = j'p'.$$

Posons $\phi_t(x) = \rho_t(f(x))$, $x \in X$, $0 \leqslant t \leqslant 1$; $\phi_t$ définit une application $\phi: X \times I \to M_{f'}$ avec

$$\phi_0 = i_{f'}f: X \to Y \to M_{f'},$$
$$\phi_1 = j'p'i_{f'}f = j'(f'f): X \to Y' \to M_{f'}.$$

Le cylindre $M_\phi$ est représenté par

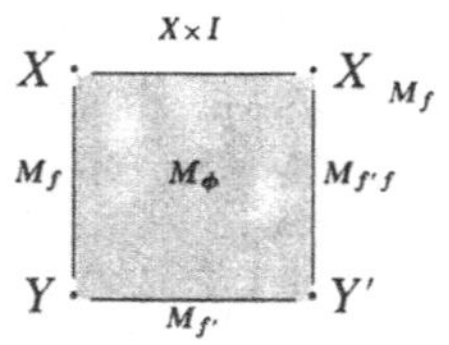

On a donc une équivalence simple $\bar{M} \to M_\phi$ et une équivalence simple $M_\phi \to M_{1_X, f'f}$, et ce dernier se transforme par une équivalence simple en $M_{f'f}$; toutes ces équivalences sont rel. $X$ et $Y'$.

## § 4. L'ensemble $A(X)$ des classes simples d'applications

4.1. Pour un complexe $X$, considérons l'ensemble $A(X)$ des classes simples d'applications issues de $X$, introduit dans 2.2. A toute application $f: X \to Y$ est associée une application induite $f_*: A(X) \to A(Y)$, de la façon suivante.

Soit d'abord $f$ cellulaire. Pour $\langle g \rangle \in A(X)$, choisissons un représentant cellulaire $g$ de $\langle g \rangle$ – ce qui est toujours possible par approximation cellulaire – et posons

$$f_* \langle g \rangle = \langle g^f \rangle,$$

où $g^f: Y \to M_{f,g}$ est l'inclusion définie dans 3.1. Cette définition est légitime; en effet tout autre représentant cellulaire $g'$ de $\langle g \rangle$ est homotope à $sg$ avec $s$=équivalence simple, et on a construit des équivalences simples $M_{f,sg} \to M_{f,g}$ rel. $Y$ et $M_{f,sg} \to M_{f,g'}$ rel. $Y$ qui montrent que $\langle g^f \rangle = \langle (sg)^f \rangle = \langle g'^f \rangle$.

Si $f'$ est cellulairement homotope à $f: X \to Y$, on a une équivalence simple $M_{f,g} \to M_{f',g}$ rel. $Y$ qui montre que $\langle g^f \rangle = \langle g^{f'} \rangle$. Ainsi $f_*$ est définie pour une application continue $f$ arbitraire à l'aide d'une approximation cellulaire quelconque de $f$, et on voit que pour $f_0 \sim f_1$ on a $f_{0*} = f_{1*}$.

4.2. **Proposition.** *Les $A(X)$ avec les applications induites $A(f) = f_*$ définissent un foncteur $A: \underline{P}_0 \to \underline{Ens}$.*

Démonstration. Vérifions d'abord que $(f'f)_* = f'_* f_*$ pour $f: X \to Y$, $f': Y \to Y'$ (cellulaires).

Pour $g: X \to Z$ cellulaire $(f'f)_* \langle g \rangle$ est donné par $g^{f'f}: Y' \to M_{f'f,g}$ et $f'_* f_* \langle g \rangle$ par $(g^f)^{f'}: Y' \to M_{f',g^f}$. Il existe une équivalence simple de ce dernier cylindre sur $M_g \cup \bar{M}$ avec $X$ identifié (pour $\bar{M}$ voir 3.4)

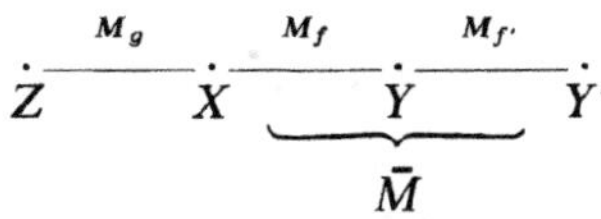


qui est relative à $Y'$ et $Z$; en combinant l'équivalence $\bar{M} \to M_{f'f}$ de (11) avec l'identité de $M_g$, on obtient donc une équivalence simple $\tau: M_{f',g^f} \to M_{f'f,g}$ telle que $\tau (g^f)^{f'} = g^{ff'}: Y' \to M_{f'f,g}$, d'où

$$\langle (g^f)^{f'} \rangle = \langle g^{f'f} \rangle.$$

Prenons ensuite $f=1_X$. $f_*\langle g\rangle$ est donné par $g^{1_X}: X\to M_{1_X,g}$. Il existe une équivalence simple $\tau: M_{1_X,g}\to M_g$ telle que $\tau g^{1_X}=i_g: X\to M_g$, d'où $\langle g^{1_X}\rangle=\langle i_g\rangle=\langle g\rangle$.

4.3. **Proposition.** *$A$ est un foncteur homotopique et pointé.*

Démonstration. On a déjà vu que des applications homotopes induisent le même $f_*$.

Pour $g=1_X$ et $f: X\to Y$, $f_*\langle 1_X\rangle$ est donné par $1_X{}^f: Y\to M_{f,1_X}$. Il existe une équivalence simple $\tau: M_{f,1_X}\to M_f$ telle que $\tau 1_X{}^f=j: Y\to M_f$. Comme $j$ est une équivalence simple, on a donc $\langle 1_X{}^f\rangle=\langle j\rangle=\langle 1_Y\rangle$, c.à.d. $f_*\langle 1_X\rangle=\langle 1_Y\rangle$.

Une équivalence d'homotopie $f: X\to Y$ induit donc une application bi-univoque pointée $f_*$ de $A(X)$ sur $A(Y)$.

## § 5. Le monoïde Abélien $A(X)$

5.1. Dans l'ensemble pointé $A(X)$ nous allons définir une structure naturelle de monoïde.

Soient $\langle g\rangle, \langle h\rangle\in A(X)$ et $g,h$ des représentants cellulaires. On pose

$$\langle g\rangle+\langle h\rangle=\langle i_{g,h}\rangle,$$

où $i_{g,h}$ est l'inclusion $X\to M_{g,h}$ considérée dans 3.1. Pour montrer que cette définition est légitime, remplaçons d'abord $g$ pàr $sg$, où $s$ est une équivalence simple. Il existe alors une équivalence simple $\tau: M_{sg,h}\to M_{g,h}$ telle que $\tau i_{sg,h}=i_{g,h}$ (on utilise les raisonnements de 3.4 relatifs à $M_{sg}$), d'où $\langle i_{sg,h}\rangle=\langle i_{g,h}\rangle$. Ensuite on remarque que pour $g'\sim g$ il existe une équivalence simple $M_{g,h}\to M_{g',h}$ rel. $X$ (3.2.(7)).

Cette addition est commutative. L'élément distingué $\langle 1_X\rangle\in A(X)$ est *neutre;* en effet, on a une équivalence simple $\tau: M_{g,1_X}\to M_g$ avec $\tau i_{g,1_X}=i_g: X\to M_g$, donc

$$\langle g\rangle+\langle 1_X\rangle=\langle g\rangle$$

pour tout $\langle g\rangle\in A(X)$. Nous écrirons souvent 0 pour $\langle 1_X\rangle$, quel que soit $X$.

5.2. *L'addition $\langle g\rangle+\langle h\rangle$ est associative.*

Démonstration. Pour $g: X\to Y$, $h: X\to Z$, $k: X\to W$ cellulaires $(\langle g\rangle+\langle h\rangle)+\langle k\rangle$ est donnée par $i_{i_{g,h},k}: X\to M_{i_{g,h},k}$. Dans 3.3(9) nous avons indiqué une équivalence simple $\tau: M_{i_{g,h},k}\to M_{g,h,k}$ rel. $X$, c.à.d. telle que

$$\tau i_{i_{g,h},k}=i_{g,h,k}: X\to M_{g,h,k},$$

d'où $(\langle g\rangle+\langle h\rangle)+\langle k\rangle=\langle i_{g,h,k}\rangle=\langle g\rangle+(\langle h\rangle+\langle k\rangle)$.

5.3. **Théorème.** *L'addition* $\langle f\rangle+\langle g\rangle$ *dans les* $A(X)$ *fait de* $A$ *un foncteur homotopique de* $\underline{P}_0$ *dans la catégorie des monoïdes Abéliens avec élément neutre.*

Il reste seulement à démontrer que l'application $A(f)=f_*: A(X) \to A(Y)$ induite par $f: X\to Y$ est un homomorphisme. Soit $f$ cellulaire et considérons, pour $g: X\to Z$, $h: X\to W$, $f_*(\langle g\rangle+\langle h\rangle)=\langle (i_{g,h})^f\rangle$, où $i_{g,h}: X\to M_{g,h}$, $(i_{g,h})^f: Y\to M_{i_{g,h},f}$ sont les inclusions définies plus haut. D'autre part, on a $f_*\langle g\rangle+f_*\langle h\rangle=\langle i_{g^f,h^f}\rangle$, $i_{g^f,h^f}: Y\to M_{g^f,h^f}$. Dans 3.3.(9) et (10) on a construit des équivalences simples $M_{i_{g,h},f}\to M_{f,g,h}$ et $M_{g^f,h^f}\to M_{f,g,h}$ rel. $Y, Z$ et $W$. Il en résulte une équivalence simple $\tau: M_{i_{g,h},f}\to M_{g^f,h^f}$ telle que $\tau(i_{g,h})^f=i_{g^f,h^f}: Y\to M_{i_{g,h},f}$, d'où

$$f_*(\langle g\rangle+\langle h\rangle)=f_*\langle g\rangle+f_*\langle h\rangle.$$

5.4. Il existe une relation simple et importante entre $f_*: A(X)\to A(Y)$ et $\langle f\rangle+\langle g\rangle$, $f: X\to Y$, $g: X\to Z$.

**Proposition.** $\langle f\rangle+\langle g\rangle=\langle \bar{g}f\rangle$, *où* $\bar{g}: Y\to W$ *est un représentant de* $f_*\langle g\rangle\in A(Y)$.

Démonstration. D'après 3.1 (3) on a $g^f f\sim i_{f,g}: X\to M_{f,g}$, donc $\langle f\rangle+\langle g\rangle=\langle i_{f,g}\rangle=\langle g^f f\rangle$. Si $\bar{g}$ est un représentant de $f_*\langle g\rangle=\langle g^f\rangle$, on a $\bar{g}\sim s g^f$, où $s$ est une équivalence simple, donc $\bar{g}f\sim s g^f f$ et $\langle f\rangle+\langle g\rangle=\langle g^f f\rangle=\langle \bar{g}f\rangle$.

**Corollaire.** *Si* $f: X\to Y$ *est une équivalence d'homotopie, il existe* $g: X\to Z$ *tel que* $\langle f\rangle+\langle g\rangle=0$.

En effet, soit $f': Y\to X$ une équivalence inverse de $f$; comme $f_*: A(X)\to A(Y)$ est une bijection, il existe $\langle g\rangle\in A(X)$ tel que $f_*\langle g\rangle=\langle f'\rangle$; puisque $f'f\sim 1_X$, il s'ensuit que

$$\langle f\rangle+\langle g\rangle=\langle f'f\rangle=\langle 1_X\rangle=0.$$

## § 6. Le groupe $E(X)$ des types simples d'homotopie

6.1. Soit $X$ un complexe fini. Si un représentant $g$ de $\langle g\rangle\in A(X)$ est une équivalence d'homotopie, il en est de même pour tous les autres représentants de $\langle g\rangle$. Notons $E(X)$ le sous-ensemble de $A(X)$ constitué par de tels éléments contenant des équivalences d'homotopie; on les appelle les *types simples d'homotopie sur* $X$.

Pour toute application $f: X\to Y$, l'application induite $f_*: A(X)\to A(Y)$ applique $E(X)$ dans $E(Y)$.

Démonstration. Soit $g: X\to Z$ une équivalence d'homotopie cellulaire. Par définition $f_*\langle g\rangle=\langle g^f\rangle$, $\langle g^f\rangle: Y\to M_{f,g}$. Considérons

$i_g: X \to M_g$; comme $\langle g\rangle = \langle i_g\rangle$, $i_g$ est une équivalence d'homotopie. Cette dernière s'étend à une équivalence d'homotopie $\phi: M_f \to M_{f,g}$ (identité sur $M_f$) vérifiant $\phi j = g^f$, où $j$ est l'inclusion $Y \to M_f$. On constate ainsi que $g^f$ est une équivalence d'homotopie.

6.2. **Théorème.** *$E(X)$ est un sous-groupe du monoïde Abélien $A(X)$. Les groupes $E(X)$, $X \in \underline{P}_0$, et les homomorphismes induits par les applications continues définissent un foncteur homotopique $E$ de $\underline{P}_0$ dans la catégorie $\underline{Ab}$ des groupes Abéliens.*

Démonstration. Il reste à montrer que pour $\langle g\rangle, \langle h\rangle \in E(X)$ $\langle g\rangle + \langle h\rangle \in E(X)$ et $-\langle g\rangle \in E(X)$.

Soient $g$ et $h$ des équivalences d'homotopie cellulaires. Considérons $i_{g,h}: X \to M_{g,h}$. Comme $i_g$ et $i_h$ sont, dans ce cas, des équivalences d'homotopie, il en est de même pour $i_{g,h}$. Par conséquent $\langle g\rangle + \langle h\rangle = \langle i_{g,h}\rangle \in E(X)$. Quant à $-\langle g\rangle$, on a vu que c'est $g_*^{-1}\langle g'\rangle$, où $g'$ est une équivalence d'homotopie inverse de $g$. L'application induite $g'_*$ est égale à $g_*^{-1}$, et ainsi $-\langle g\rangle = g'_*\langle g'\rangle$; d'après 6.1 $g'_*\langle g'\rangle \in E(X)$.

## § 7. $E(X)$ est déterminé par $X^2$

7.1. Nous allons montrer que pour tout complexe fini $X$ le groupe Abélien $E(X)$ est déterminé par le 2-squelette $X^2$; c.à.d. l'inclusion de $X^2$ dans $X$ induit un isomorphisme $E(X^2) \to E(X)$.

Nous donnons d'abord aux éléments $\langle g\rangle$ de $E(X)$ une «forme normale»; elle s'obtient à l'aide des méthodes de Whitehead[1] qui relient les groupes d'homotopie relatifs aux propriétés des équivalences simples (la théorie de la torsion n'intervient pas). Rappelons d'abord que tout $\langle g\rangle \in A(X)$ peut être représenté par une inclusion cellulaire $X \subset Y$ (car $\langle g\rangle = \langle i_g\rangle$). Dans le cas où $\langle g\rangle \in E(X)$, c.à.d. où $g$ est une équivalence d'homotopie, on peut préciser cette inclusion de la façon suivante.

*Proposition.* Tout élément $\langle g\rangle \in E(X)$ peut être représenté par une inclusion $g_1: X \to Y_1$ avec $Y_1 = X \vee B^\lambda \bigcup_j e_j^{\lambda+1}$, où $B^\lambda$ est un bouquet de sphères $\bigvee_i S_i^\lambda$ et où les cellules $e_j^{\lambda+1}$ sont attachées à $X \vee B^\lambda$ par des éléments $\phi_j \in \pi_\lambda(X \vee B^\lambda)$ de la forme $\phi_j = \sum_i a_{ij}\gamma_i$, $a_{ij} \in \mathbf{Z}[\pi_1 X]$, $\gamma_i =$ générateur de $\pi_\lambda(S_i^\lambda)$.

Démonstration. Soit $g: X \subset Y$ une inclusion cellulaire qui est une équivalence d'homotopie, $r$ une rétraction $Y \to X$ homotope à $1_Y$. Grâce au procédé d'élimination de Whitehead on peut, sans changer

[1] Voir [1] ou [3].

$\langle g \rangle$, supposer $Y$ de la forme $X \bigcup_i e_i^\lambda \bigcup_j \tilde{e}_j^{\lambda+1}$; en vertu de $r$, les cellules $e_i^\lambda$ sont attachées à $X$ par des applications homotopes à zero, d'où $Y = X \vee B^\lambda \bigcup_j e_j^{\lambda+1}$, et les éléments $\psi_j \in \pi_\lambda(X \vee B^\lambda)$ qui attachent les cellules $\tilde{e}_j^{\lambda+1}$ sont de la forme $\psi_j = \phi_j + \alpha_j$, $\alpha_j \in \pi_\lambda(X)$ et $\phi_j = \sum_i a_{ij} \gamma_i$, $a_{ij} \in \mathbf{Z}[\pi_1 X]$.

Soit $Y_1$ le complexe $X \vee B^\lambda \bigcup_j e_j^{\lambda+1}$, où les $e_j^{\lambda+1}$ sont attachées à $X \vee B^\lambda$ par les $\phi_j \in \pi_\lambda(X \vee B^\lambda)$ provenant des $\psi_j$ ci-dessus. Le procédé d'élimination fournit une équivalence simple $s: Y_1 \to Y_2 = X \vee \bar{B}^{\lambda+1} \bigcup_i \bar{e}_i^{\lambda+2}$ telle que les deux isomorphismes-bord

$$(1) \qquad \pi_{\lambda+1}(Y_1, X \vee B^\lambda) \to \pi_\lambda(X \vee B^\lambda, X),$$

$$(2) \qquad \pi_{\lambda+2}(Y_2, X \vee \bar{B}^{\lambda+1}) \to \pi_{\lambda+1}(X \vee \bar{B}^{\lambda+1}, X)$$

s'expriment, dans des bases évidentes, par des matrices inverses $b$ et $b^{-1}$ (à éléments dans $\mathbf{Z}[\pi_1 X]$).

Posons maintenant $g_1 =$ inclusion $X \subset Y_1$ et $h = g_1 r: Y \to Y_1$, donc $hg = g_1 rg = g_1: X \subset Y_1$, et montrons que $h$ est une équivalence simple rel. $X$, d'où $\langle g \rangle = \langle g_1 \rangle$. Pour cela, considérons le cylindre $M_{sh}$ de $sh: Y \to Y_2$; il est, à une équivalence simple rel. $Y$ près (voir 3.4), donné par $M = M_h \cup M_s$ avec $Y_1$ identifié, et $i_{sh}$ est alors l'inclusion $Y \subset M$ composée de $Y \subset M_h$ et de $M_h \subset M$. L'isomorphisme-bord

$$(3) \qquad \pi_{\lambda+2}(M, Y \cup X \times I \cup B^\lambda \times \mathring{I} \bigcup_j \bar{e}_j^{\lambda+1})$$

$$\to \pi_{\lambda+1}(Y \cup X \times I \cup B^\lambda \times \mathring{I} \cup \bar{e}_j^{\lambda+1}, Y \cup X \times I)$$

est donné par une matrice $\begin{pmatrix} b & 0 \\ * & b^{-1} \end{pmatrix}$, donc un produit de matrices élémentaires, car

$$\begin{pmatrix} b & 0 \\ 0 & b^{-1} \end{pmatrix} = \begin{pmatrix} e & b \\ 0 & e \end{pmatrix} \begin{pmatrix} e & 0 \\ e - b^{-1} & e \end{pmatrix} \begin{pmatrix} e & e \\ 0 & e \end{pmatrix} \begin{pmatrix} e & 0 \\ e - b & e \end{pmatrix}$$

($e =$ matrice unité). Comme les matrices élémentaires peuvent être réalisées géométriquement par des équivalences simples (glissements), il en résulte une équivalence simple $M \to Y \cup X \times I$ inverse de l'inclusion $Y \cup X \times I \subset M$; ainsi $i_{sh}: Y \subset M$ est simple, donc $\langle i_{sh} \rangle = \langle sh \rangle = \langle h \rangle = 0$.

7.2. Si $f: X \subset Z$ et $g: X \subset Y$ sont des inclusions cellulaires, on construit facilement une équivalence simple rel. $Y$ du cylindre $M_{f,g}$ sur $Y \cup Z$ ($X$ identifié), l'inclusion $g^f: Y \to M_{f,g}$ correspondant à $\bar{g}: Y \subset Y \cup Z$. Ainsi $f_* \langle g \rangle$ est donné par $\bar{g}: Y \subset Y \cup Z$.

Soit, en particulier, $g: X^2 \subset Y$ un représentant de $\langle g \rangle \in A(X^2)$, et $f$ l'inclusion $X^2 \subset X$; alors $f_* \langle g \rangle$ est donné par $\bar{g}: X \subset X \cup Y$. Pour les éléments $\langle g\rangle \in E(X^2)$ et $\langle h\rangle \in E(X)$ choisissons la forme normale de 7.1, donc

$$g: X^2 \subset X^2 \vee B^\lambda \bigcup_j e_j^{\lambda+1}, \qquad h: X \subset X \vee B'^\lambda \bigcup_k e_k'^{\lambda+1}.$$

A $h$ faisons correspondre $\Phi h: X^2 \subset X^2 \vee B'^\lambda \bigcup_j e_k'^{\lambda+1}$, où les $\Phi_j$ qui attachent les cellules $e_k'^{\lambda+1}$ s'identifient à ceux de $h$, en vertu de l'isomorphisme $\pi_1 X^2 \cong \pi_1 X$. L'isomorphisme-bord (1) donne donc lieu à un isomorphisme-bord pour $\Phi h$

$$\pi_\lambda(X^2 \vee B'^\lambda \bigcup_j e_j'^{\lambda+1}, X^2 \vee B'^\lambda) \to \pi_\lambda(X^2 \vee B'^\lambda, X^2).$$

Les groupes d'homotopie relatifs de $\Phi h$ sont tous 0, et $\Phi h$ est une équivalence d'homotopie, donc $\langle \Phi h\rangle \in E(X^2)$. Il est clair que $f_*\langle \Phi h\rangle = \langle h\rangle$; ainsi *$f_*: E(X^2) \to E(X)$ est surjectif.*

7.3. Soit $\langle g\rangle \in E(X^2)$ dans le noyau de $f_*$, donc $f_*\langle g\rangle = \langle \bar{g}\rangle = 0$, où

$$g: X^2 \subset X^2 \vee B^\lambda \bigcup_j e_j^{\lambda+1},$$

$$\bar{g}: X \subset X \vee B^\lambda \bigcup_j e_j^{\lambda+1}$$

les cellules $e_j^{\lambda+1}$ étant attachées à $X^2 \vee B^\lambda$ et à $X \vee B^\lambda$ par les même $\phi_j$. Les isomorphismes-bord (1) sont les mêmes pour $g$ et $\bar{g}$. Si l'inclusion $\bar{g}$ est une équivalence simple, la matrice qui décrit (1) est un produit de matrices élémentaires (démonstration ci-dessous); en réalisant ces matrices par des glissements dans $X^2 \vee B^\lambda$ on constate que $g$ est une équivalence simple, donc $\langle g\rangle = 0$.

Reste donc à démontrer que la matrice de (1) est un produit de matrices élémentaires. En effet, le cylindre d'une expansion ou d'une contraction arbitraire $K \to L$ rel. $X$ $(X \subset K, X \subset L)$ se contracte sur $K \cup X \times I$. Donc d'après 3.4, $M_{\bar{g}}$ résulte de $X$ par une suite d'expansions suivie d'une suite de glissements rel. $X$. De plus, en remplaçant $X$ par une subdivision finie de $X$, on peut supposer que les contractions qui interviennent dans $\bar{g}: X \to X \vee B^\lambda \bigcup_j e_j^{\lambda+1}$ laissent $X$ fixe. Alors $M_{\bar{g}} = X \times I \cup Y$ résulte de $X \times I$ par une suite d'expansions suivie d'une suite de glissements, et cela entraîne l'assertion.

En résumé, nous avons établi le

**Théorème.** *Pour tout complexe fini $X$, l'inclusion $f: X^2 \subset X$ induit un isomorphisme $f_*: E(X^2) \cong E(X)$.*

7.4. **Théorème.** *Le foncteur $E: \underline{P}_0 \to \underline{Ab}$ se factorise à travers la catégorie $\underline{G}_0$ des groupes de présentation finie, en $E = F\pi_1$, $\pi_1$ étant le foncteur groupe fondamental $\underline{P}_0 \to \underline{G}_0$ et $F$ un foncteur $\underline{G}_0 \to \underline{Ab}$.*

Démontrons de façon générale que tout facteur homotopique $E: \underline{P}_0 \to \underline{Ab}$ tel que l'inclusion $X^2 \subset X$ induit un isomorphisme $E(X^2) \to E(X)$ se factorise de la manière indiquée. Soit, en effet, pour tout $G \in G_0$, $X_G$ un complexe cellulaire d'Eilenberg-MacLane $K(G,1)$, fini en dimensions $\leqslant 2$, et posons $F(G) = E(X_G^2)$. A un homomorphisme $\eta: G \to G'$ dans $\underline{G}_0$ est associée une application $f: X_G \to X_{G'}$, déterminée à l'homotopie près, qui réalise $\eta: \pi_1(X_G) \to \pi_1(X_{G'})$. La restriction $h: X_G^2 \to X_{G'}^2$ de $f$ n'est pas déterminée à l'homotopie près; mais si $h$ et $h'$ sont deux telles réalisations de $\eta$, on peut plonger $X_{G'}^2$ dans un complexe fini $Y$ avec $Y^2 = X_{G'}^2$ tel que $h$ et $h'$ soient homotopes dans $Y$ (il suffit d'ajouter un nombre fini de 3-cellules convenables à $X_{G'}^2$). Alors $h_* = h'_*: E(X_G^2) \to E(Y)$, et comme l'inclusion $X_{G'}^2 \to Y$ induit un isomorphisme $E(X_G^2) \cong E(Y)$, on a $h_* = h'_*: E(X_G^2) = F(G) \to E(X_{G'}^2) = F(G')$. Cela définit $F(\eta)$, et les propriétés fonctorielles sont immédiates à verifier.

**Corollaire.** *$E(X)$ est déterminé par $\pi_1 X$, c.à.d. un isomorphisme $\pi_1 X \to \pi_1 X'$ induit un isomorphisme $E(X) \to E(X')$.*

*Remarque.* Le foncteur $F: \underline{G}_0 \to \underline{Ab}$ s'identifie au foncteur groupe de Whitehead $Wh$. En effet, on obtient pour tout complexe fini $X$ une application $E(X) \to Wh(\pi_1 X)$ en associant à $\langle f \rangle \in E(X)$ la torsion $\tau(f) \in Wh(\pi_1 X)$; on démontre à l'aide de la théorie de Whitehead [4] que c'est un isomorphisme.

## § 8. Le cas des *CW*-complexes localement finis

Tous les raisonnements précédents, à l'exception de ceux du § 7, restent valables dans le cas des *CW*-complexes localement finis (de dimension finie) et de leurs applications propres et homotopies propres. La notion d'équivalence simple doit être prise dans un sens un peu plus général: On considère la plus petite famille d'inclusions cellulaires contenant les expansions élémentaires (2.1) et fermée par rapport aux extensions (si $X \subset Y$, et si $X \subset X'$ appartient à la famille, il en est de même pour $Y \subset Y \cup X'$), aux compositions (finies), et aux unions disjointes (infinies). Ces «expansions généralisées» sont des équivalences d'homotopie propres. On appelle alors équivalence simple d'homotopie toute application proprement homotope à une composition finie d'expansions généralisées et d'inverses homotopiques de telles expansions. Une subdivision d'un complexe $X$ aura alors le même type simple d'homotopie que $X$, etc.

On définit $A(X)$ et le groupe Abélien $E(X)$ comme avant; $E(X)$ est le groupe des types simples d'homotopie des complexes localement finis proprement-homotopiquement équivalent à $X$. Les raisonnements du § 7 sur l'inclusion $X^2 \subset X$ ne s'appliquent plus à ce cas; en fait, on peut montrer par des contre-exemples que $E(X)$ n'est pas déterminé par $\pi_1 X$. Le problème de la détermination algébriques de $E(X)$ par des invariants de $X$ reste ainsi ouvert; il paraît lié à certaines suites exactes.

## Bibliographie

[1] Whitehead, J. H. C.: Simple homotopy type. Amer. Jour. Math. **72** (1950).

[2] Wall, C. T. C.: Formal deformations. Proc. Lond. Math. Soc. **XVI** part 2 (1966).

[3] Rham, G. de, S. Maumary et M. A. Kervaire: Torsion et type simple d'homotopie. Lecture Notes in Math. **48** (1967).

[4] Milnor, John: Whitehead torsion. Am. Math. Soc. (1966).

# Simple homotopy type and categories of fractions

Symp. Math. 5 (1970), 285–299

The purpose of this lecture is to give a categorical description for the group of simple homotopy types which can be assigned to a polyhedron. The description is valid both for the case of finite (compact) polyhedra and of infinite, locally finite polyhedra (in the latter case all maps and homotopies being proper). The definition of the group is entirely independent of algebraic tools such as $K$-theory and torsion: we show that the set of simple homotopy types of a polyhedron can be given an Abelian group structure, and moreover this defines a homotopy functor $E$: $\mathfrak{CW} \to \mathfrak{Ab}$ from the appropriate category of $CW$-complexes to Abelian groups. In the case of a finite $CW$-complex $X$ it can be shown *a posteriori* that the group $E(X)$ is isomorphic to the Whitehead group of $\pi_1 X$. In the infinite case the fundamental group $\pi_1$ is not sufficient for an algebraic description of $E(X)$.

The general categorical construction reported here has been given independently by Siebenmann (mimeographed notes), and by the author and Bolthausen (diploma thesis ETH 1968). A purely geometrical approach is due to the author and Maumary [1].

In section 1 below we outline the topological motivation for the categorical construction. The simple isomorphisms and the simple morphism classes, in a category of fractions $\mathfrak{C}(\Sigma^{-1})$ relative to a family of morphisms $\Sigma$ in $\mathfrak{C}$, are introduced and discussed in section 2. Section 3 deals with the functorial nature of the set $A(X)$ of simple morphism classes starting from an object $X$, and of the set $E(X)$ of simple isomorphism classes; the main tool is a « push-out axiom » in $\mathfrak{C}$ relative to $\Sigma$. In section 4 natural Abelian monoid and group structures are defined in $A(X)$ and $E(X)$ respectively, using the same axiom. In some cases the category of fractions $\mathfrak{C}(\Sigma^{-1})$ can be identified with

(*) I risultati contenuti in questo lavoro sono stati esposti nella conferenza tenuta il 13 aprile 1970.

more familiar categories; conditions for this are given in section 5, in view of the application to simple homotopy type of polyhedra. In section 6 we briefly describe the topological situation in the case of locally finite and of finite $CW$-complexes.

## 1. Introduction.

1.1. We first recall the notion of simple homotopy type for finite polyhedra. Given a finite $CW$-complex $X$, one considers all homotopy equivalences $f\colon X \to Y$; these are divided into classes $\langle f \rangle$ by defining $\langle f \rangle = \langle g \rangle$, $g\colon X \to Z$ if there is a «simple» homotopy equivalence $h\colon Y \to Z$ such that $g$ is homotopic to $hf$. The simple equivalences are defined as follows: Among the cellular inclusion maps of $CW$-complexes there are special ones called *elementary expansions* (cf. [1], [5], for example), and their finite compositions are called *expansions*; they are homotopy equivalences. A *simple* homotopy equivalence is a map $h\colon X \to Y$ of finite $CW$-complexes which is homotopic to a finite composition of expansions and of homotopy inverses of expansions. For example, the inclusion of $Y$ into the mapping cylinder $M_f$ of $f\colon X \to Y$ is simple, and so is the identity map of a finite $W$-complex $X$ onto a subdivision of $X$.

The classes $\langle f \rangle$ described above, for a finite $CW$-complex $X$, are the «simple homotopy types of complexes homotopy equivalent to $X$»; the set of these classes will be written $E(X)$. It is well known that the Whitehead torsion $\tau$ establishes a 1-1-correspondence between the elements of $E(X)$ and those of Wh $(\pi_1 X)$, the Whitehead group of $\pi_1 X$; thus $E(X)$ can be given an Abelian group structure. We will give a description of this group structure which is elementary and categorical in the sense that it does not use Whitehead methods and $K$-theory etc., but only categorical properties. It applies to other similar categorical situations, and it exhibits the functorial nature of the group $E(X)$. More generally we will consider the set $A(X)$ of all classes $\langle f \rangle$ defined as above, where $f\colon X \to Y$, $g\colon X \to Z$ are arbitrary maps (not homotopy equivalences), and show that $A(X)$ has a natural functorial *Abelian monoid* structure, $E(X)$ being a *subgroup* of the monoid $A(X)$. Both $A(X)$ and $E(X)$ are homotopy type invariants of $X$.

1.2. Due to the role of special inclusions in these concepts, the categorical description cannot be given in $\mathfrak{CW}^0$ (the category of finite $CW$-complexes and continuous maps), nor in its homotopy category $\mathfrak{CW}^0_{\text{homot.}}$, but in an intermediate category obtained as follows. Let $\mathfrak{CW}^0_{\text{incl.}}$ be the *inclusion category* of $\mathfrak{CW}^0$, the morphisms being the cellular maps $X \to Y$ which are isomorphisms of $X$ onto a subcomplex of $Y$. In this category, let $\Sigma$ be the class of all expansions, and $\mathfrak{CW}^0_{\text{incl.}}(\Sigma^{-1})$ the corresponding *category of fractions*. It is a special feature of polyhedral topology that $\mathfrak{CW}^0_{\text{incl.}}(\Sigma^{-1})$ can be identified with $\mathfrak{CW}^0_{\text{homot.}}$. Thus the isomorphisms in the category of fractions correspond to homotopy equivalences; the finite compositions of morphisms of $\Sigma$ and of their inverses, to simple homotopy equivalences.

From this the general categorical construction of $E(X)$ and $A(X)$ becomes clear. Under suitable axioms on $\Sigma$, all fulfilled in the case of finite $CW$-complexes and of $\Sigma =$ expansions, $A(X)$ and $E(X)$ define functors to Abelian monoids and groups respectively, which factor through the category of fractions. The whole set-up can be applied to the category $\mathfrak{CW}$ of locally finite $CW$-complexes, with the class $\Sigma$ of expansions modified as follows: it is the smallest class of inclusions containing all elementary expansions and closed with respect to finite compositions, arbitrary disjoint unions and extensions (cf. 6.1). The category of fractions $\mathfrak{CW}_{\text{incl.}}(\Sigma^{-1})$ can then be identified with the homotopy category of $\mathfrak{CW}$, all maps and homotopies being *proper.* $E(X)$ and $A(X)$ define functors as before; $E(X)$ is the *group of proper simple homotopy types of CW-complexes properly homotopy equivalent to X.*

## 2. Categories of fractions and simple morphism type.

2.1. Let $\mathfrak{C}$ be a category, $\Sigma$ a class of morphisms of $\mathfrak{C}$ containing all isomorphisms and closed with respect to composition. We recall (cf. [2]) that the *category of fractions* of $\mathfrak{C}$ with respect to $\Sigma$ is defined as a category $\mathfrak{C}(\Sigma^{-1})$ together with a functor $Q: \mathfrak{C} \to \mathfrak{C}(\Sigma^{-1})$ which turns all morphisms in $\Sigma$ into isomorphisms and which is universal with respect to that property; i.e., if $F: \mathfrak{C} \to \mathfrak{D}$ is any functor which maps the morphisms of $\Sigma$ to isomorphisms in $\mathfrak{D}$, then $F$ factors uniquely through $Q$ as $F = F'Q$. It is easily seen that $\mathfrak{C}(\Sigma^{-1})$, if it exists, is unique up to category isomorphism. The existence can be exhibited by an explicit construction: The objects of $\mathfrak{C}(\Sigma^{-1})$ are those of $\mathfrak{C}$, and a morphism $\alpha: X \to Y$ in $\mathfrak{C}(\Sigma^{-1})$ is an equivalence class of diagrams in $\mathfrak{C}$ of the form

$$(*) \qquad X \to X_1 \to X_2 \leftarrow \dots \to X^r \leftarrow \dots \to X_1 \leftarrow Y$$

of arbitrary length, with arrows pointing from $X$ to $Y$ or from $Y$ to $X$, the latter being taken from $\Sigma$. The equivalence relation is generated by replacing $\to\cdot\to$ or $\leftarrow\cdot\leftarrow$ by their composition, and $Z \xrightarrow{s} W \xleftarrow{s} Z$ by $1_Z$, $W \xleftarrow{s} Z \xrightarrow{s} W$ by $1_W$. Composition of these morphisms is simply given by composing the diagrams (compatible with the equivalence relation). The functor $Q$ is given by $Q(f) = \{f\}$ (single arrow diagram), and all the properties above are easily checked.

2.2. The isomorphisms in $\mathfrak{C}(\Sigma^{-1})$ which are finite compositions of $Q(s)$ and $Q(t)^{-1}$, $s, t, \ldots \in \Sigma$ are called *simple*. Two morphisms $\alpha$, $\beta$ in $\mathfrak{C}(\Sigma^{-1})$, $\alpha\colon X \to Y$, $\beta\colon X \to Z$ belong to the same *simple morphism class* of $X$, if $\beta = \gamma\alpha$, where $\gamma\colon Y \to Z$ is simple; the class of $\alpha$ is denoted by $\langle\alpha\rangle$. We assume in the following that the simple morphism classes of $X$ form a *set* $A(X)$. This set has a distinguished element $\langle 1_X \rangle$. If $\alpha$ is an isomorphism in $\mathfrak{C}(\Sigma^{-1})$, all other morphisms in $\langle\alpha\rangle$ are also isomophisms, and these classes form a subset $E(X)$ of $A(X)$ containing the distinguished element.

2.3. We will now formulate additional axioms on $\Sigma$ (and $\mathfrak{C}$) which imply special properties of $A(X)$ and $E(X)$, in particular the functoriality of $A$ and $E$.

(1) For $f\colon X \to Y$, $s\colon X \to Z$ in $\mathfrak{C}$, $s \in \Sigma$, there is a commutative square

$$\begin{array}{ccc} X & \xrightarrow{f} & Y \\ {\scriptstyle s}\downarrow & & \downarrow{\scriptstyle s'} \\ Z & \xrightarrow[f']{} & W \end{array}$$

with $s' \in \Sigma$.

(2) For $f$ and $g$ in $\mathfrak{C}$, $Q(f) = Q(g)$ implies the existence of $s, t \in \Sigma$ such that $sf = tg$

$$X \underset{g}{\overset{f}{\rightrightarrows}} Y \underset{t}{\overset{s}{\rightrightarrows}} Z$$

(3) $\mathfrak{C}$ has push-outs, and the push-out of $f$ and $s$ can be taken as commutative square in (1).

The axioms are used individually at the different stages of our procedure. (1) is of general importance in categories of fractions, (2) provides a characterization of simple morphism classes, and (3) is used for the functoriality and for the monoid and group operation. It should be noted that the axioms do not provide a « calculus of fractions » [2] which requires an axiom stronger than (2).

2.4. Axiom (1) yields the well-known fraction representation of morphisms in $\mathfrak{C}(\Sigma^{-1})$:

Proposition 2.1. If (1) holds, all morphisms $\alpha$ in $\mathfrak{C}(\Sigma^{-1})$ can be written in the form $\alpha = Q(s)^{-1}Q(f)$, the simple isomorphisms in the form $Q(s^{-})^{1}Q(t)$, $s, t \in \Sigma$.

For any diagram (*) representing $\alpha$ can be shortened by applying (1) and the equivalence relation, until it is reduced to $X \xleftarrow{t} Z \xrightarrow{s} Y$ or $X \xleftarrow{t} Z \xrightarrow{s} Y$.

Axiom (2) allows to better characterize the simple morphism classes.

Proposition 2.2. If (1) and (2) hold, all simple morphism classes $\langle\alpha\rangle$ in $\mathfrak{C}(\Sigma^{-1})$ are of the form $\langle\alpha\rangle = \langle Q(f)\rangle$, $f$ in $\mathfrak{C}$.

For $\alpha = Q(s)^{-1}Q(f)$, and $Q(s)\alpha = Q(f)$ is in the same class as $\alpha$. Since $\langle\alpha\rangle = \langle Q(f)\rangle$ is determined by $f$, we will simply write $\langle f\rangle$ for $\langle Q(f)\rangle$; in other words, the morphisms in $\mathfrak{C}$ are divided into simple classes, $\langle f\rangle = \langle g\rangle$ being defined by $Q(f) = \gamma Q(g)$, $\gamma =$ simple isomorphism in $\mathfrak{C}(\Sigma^{-1})$.

Proposition 2.3. If (1) and (2) hold, then $\langle f\rangle = \langle g\rangle$ for two morphisms $f$, $g$ in $\mathfrak{C}$ if and only if there exist morphisms $s, t \in \Sigma$ such that

$$sf = tg: \qquad \begin{array}{ccccc} & & Y & & \\ & \overset{f}{\nearrow} & & \overset{s}{\searrow} & \\ X & & & & W \\ & \underset{g}{\searrow} & & \underset{t}{\nearrow} & \\ & & Z & & \end{array}$$

Proof. $\langle f\rangle = \langle g\rangle$ means $Q(f) = \gamma Q(g)$ with $\gamma = Q(s_0)^{-1}Q(t_0)$, $s_0, t_0 \in \Sigma$. Hence $Q(s_0)Q(f) = Q(t_0)Q(g)$, i.e., $Q(s_0f) = Q(t_0g)$, and hence there are $s_1, t_1 \in \Sigma$ such that

$$s_1s_0f = t_1t_0g\,.$$

The converse is obvious.

## 3. The functor $A$.

3.1. We assume that the class of morphisms $\Sigma$ in $\mathfrak{C}$ fulfills (2), and that the push-out axiom (3) holds (and whence (1)). Then the functoriality of the set function $A(X)$ can be established as follows.

Let $f\colon X \to Y$ and $h\colon X \to Z$ be in $\mathfrak{C}$. In the push-out square

$$\begin{array}{ccc} X & \xrightarrow{f} & Y \\ {\scriptstyle h}\downarrow & & \downarrow{\scriptstyle h'} \\ Z & \xrightarrow[f']{} & W \end{array}$$

we write temporarily $h_*f$ for $f'$. Then we have, for a composition $f_1f\colon X \to Y \to Y_1$,

$$h_*(f_1f) = h'_*f_1 \circ h_*f\,.$$

To prove this we consider the diagram

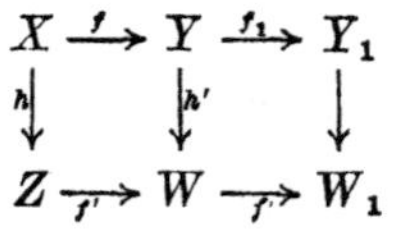

consisting of two push-out squares. It yields $f_1'f'$ for the right-hand side; but since the whole square is also a push-out diagram, $f_1'f'$ is equal to $h_*(f_1 f)$.

If $f_1 \in \Sigma$, then $f_1' \in \Sigma$. Assuming now $\langle f \rangle = \langle g \rangle$, i.e., according to Proposition 2.3, $sf = tg$ for suitable $s, t \in \Sigma$, it follows that

$$h_*(sf) = h'_* s \circ h_* f = h_*(tg) = h''_* t \circ h_* g ,$$

(with obvious notations $h'$, $h''$). Since $h'_* s$ and $h''_* t \in \Sigma$, we have $\langle h_* f \rangle = \langle h_* g \rangle$. Thus we are in a position to *define*, for $\langle f \rangle \in A(X)$ and $h \colon X \to Z$

$$A(h)\langle f \rangle = \langle h_* f \rangle \in A(Z) .$$

The functor properties of $A(h)$ follow easily from simple push-out arguments. Moreover $A(h)\langle 1_X \rangle = \langle 1_Y \rangle$. Thus we get a *functor* $A$: $\mathfrak{C} \to \mathit{Sets}$, the category of pointed sets.

3.2. We will now show that $A$ factors through $\mathfrak{C}(\Sigma^{-1})$. We first prove

PROPOSITION 3.1. If $s \in \Sigma$, $s \colon X \to Y$, then the map $A(s)$ is a bijection of the sets $A(X) \to A(Y)$.

PROOF. A map $\varphi \colon A(Y) \to A(X)$ is defined by

$$\varphi \langle g \rangle = \langle gs \rangle$$

$g \colon Y \to Z$, obviously independent of the choice of $g$ in $\langle g \rangle$. Then $\varphi A(s)\langle f \rangle$, for $\langle f \rangle \in A(X)$ is given by $f's$

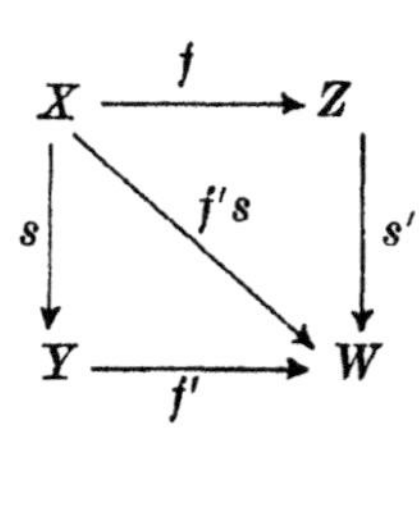

in the push-out square. Since $\langle f's\rangle = \langle s'f\rangle = \langle f\rangle$, we see that $\varphi A(s) =$ identity of $A(X)$.

The composition $A(s)\varphi\langle g\rangle$, for $\langle g\rangle \in A(Y)$ is given by $t$ in the push-out square

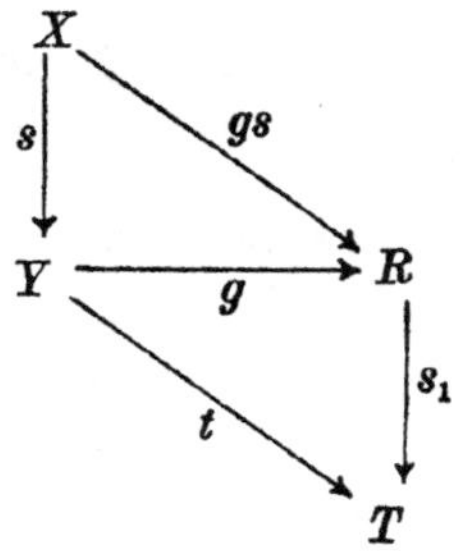


with $ts = s_1 gs$, hence $Q(t) = Q(s_1)Q(g)$, and thus $\langle t\rangle = \langle g\rangle$. Hence $A(s)\varphi$ is the identity of $A(Y)$, and $A(s)$ is a bijection.

Since the functor $A$: $\mathfrak{C} \to \mathit{Sets}$ maps all $s \in \Sigma$ to isomorphisms, it factors uniquely through the category of fractions $\mathfrak{C}(\Sigma^{-1})$ as $A = A'Q$, $A'$: $\mathfrak{C}(\Sigma^{-1}) \to \mathit{Sets}$. In particular we have

PROPOSITION 3.3. Let $h$ be a morphism in $C$ such that $Q(h)$ is an isomorphism in $\mathfrak{C}(\Sigma^{-1})$. Then $A(h)$ is a bijection.

## 4. The monoid structure in $A(X)$ and the group $E(X)$.

4.1. The assumptions on $\mathfrak{C}$ and $\Sigma$ are the same as in section 3 above.

For $\langle f\rangle$, $\langle g\rangle \in A(X)$ we *define*

$$(+) \qquad \langle f\rangle + \langle g\rangle = \langle f'g\rangle = \langle g'f\rangle$$

where $\langle f'\rangle = A(g)f$ and $\langle g'\rangle = A(f)\langle g\rangle$; i.e., $f'g = g'f$ is the diagonal in the push-out square

$$\begin{array}{ccc} X & \xrightarrow{f} & Y \\ {\scriptstyle g}\downarrow & & \downarrow{\scriptstyle g'} \\ Z & \xrightarrow[f']{} & W \end{array}$$

Obviously $\langle f\rangle + \langle g\rangle = \langle g\rangle + \langle f\rangle$.

4.2. The two following propositions are straightforward consequences of general properties of push-out squares and of their compositions. We leave the proofs to the reader and give only a short sketch of one argument.

Proposition 4.1. The addition (+) turns $A(X)$ into an Abelian monoid, $\langle 1_X \rangle$ being the neutral element 0.

Proposition 4.2. For any $h\colon X \to X'$ in $\mathfrak{C}$, $A(h)$ is a monoid homomorphism. In other words, $A\colon \mathfrak{C} \to \mathit{Sets}$ factors through the category of Abelian monoids.

As an example of proof, we point out that the formula

$$A(h)(\langle f \rangle + \langle g \rangle) = A(h)\langle f \rangle + A(h)\langle g \rangle$$

is obtained from the diagram

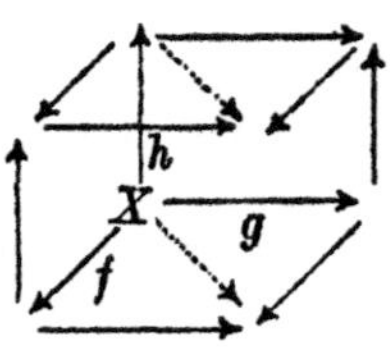


where all squares are push-outs; then the two dotted arrows together with $h$ belong also to a push-out square.

4.3. The subset $E(X)$ of $A(X)$ defined in 2.2. consists of those classes $\langle \alpha \rangle$ containing isomorphism in $\mathfrak{C}(\Sigma^{-1})$. Under our assumption on $\mathfrak{C}$ and $\Sigma$ it can be described as consisting of those $\langle f \rangle$, $f$ in $\mathfrak{C}$, for which $Q(f)$ is an ismorphism in $\mathfrak{C}(\Sigma^{-1})$; this property is independent of the representative $f$ of $\langle f \rangle$. The key lemma for dealing with such $\langle f \rangle$ is the following.

Lemma 4.3. For a morphism $f$ in $\mathfrak{C}$, $Q(f)$ has a left-inverse if and only if there is an $\bar{f}$ in $\mathfrak{C}$ such that $\bar{f}f \in \Sigma$.

Proof. *a*) Assume that $Q(f)$ has a left-inverse $\alpha = Q(s)^{-1}Q(g)$, with $s \in \Sigma$. Then $Q(s)^{-1}Q(g)Q(f) = 1$, or $Q(gf) = Q(s)$. Hence there are $r, t \in \Sigma$ such that $rgf = ts$, and $\bar{f} = rg$ has the required property.

*b*) If conversely there is an $\bar{f}$ with $\bar{f}f = s \in \Sigma$, then $Q(s)^{-1}Q(\bar{f})Q(f) = 1$, and thus $Q(f)$ has a left-inverse $\alpha = Q(s)^{-1}Q(\bar{f})$.

Remark: If $Q(f)$ has an *inverse* $\alpha$, it is of course the $Q(s)^{-1}Q(\bar{f})$ above. Therefore, if $Q(f)$ is an isomorphism and if $\bar{f}$ is chosen according to the Lemma ($\bar{f}f \in \Sigma$), then $Q(\bar{f})$ is also an isomorphism in $\mathfrak{C}(\Sigma^{-1})$.

PROPOSITION 4.4. Let $f, h$ be in $\mathfrak{C}$, and $\langle f'\rangle = A(h)\langle f\rangle$. If $Q(f)$ is an isomorphism, then $Q(f')$ is also an isomophism.

PROOF. Since $Q(f)$ has a left-inverse, we choose $\bar{f}$ such that $\bar{f}f = s \in \Sigma$ and consider the push-out diagram

$$\begin{array}{ccccc} \cdot & \xrightarrow{f} & \cdot & \xrightarrow{\bar{f}} & \cdot \\ {\scriptstyle h}\downarrow & & \downarrow & & \downarrow \\ \cdot & \xrightarrow[f']{} & \cdot & \xrightarrow[\bar{f}']{} & \cdot \end{array}$$

Since $\bar{f}f = s$ is in $\Sigma$, so is $\bar{f}'f' = s'$. Hence $Q(f')$ has a left-inverse. Moreover $Q(\bar{f}')Q(f') = Q(s')$, hence

$$Q(\bar{f}')Q(f')Q(s'^{-1}) = 1 .$$

Thus $Q(\bar{f}')$ has a *right-inverse.*

$Q(f)$ being an isomorphism, so is $Q(\bar{f})$, and the above argument applied to $\bar{f}$ instead of $f$ shows that $Q(\bar{f}')$ has a *left-inverse.* Therefore $Q(\bar{f}')$ is an isomorphism. The relation $\bar{f}'\bar{f}' = s'$ implies that $Q(f')$ is also an isomorphism.

COROLLARY 4.5. If $\langle f\rangle$, $\langle g\rangle \in E(X)$, then $\langle f\rangle + \langle g\rangle \in E(X)$.

For $\langle f\rangle + \langle g\rangle = \langle f'g\rangle$, $\langle f'\rangle = A(g)\langle f\rangle$, and since $Q(f)$ and $Q(g)$ are isomorphisms, so are $Q(f')$ and $Q(f')Q(g) = Q(f'g)$.

Moreover $\langle 1_X\rangle \in E(X)$. We see thus that $E(X)$ is a submonoid of $A(X)$ for all $X \in \mathfrak{C}$. The $E(X)$ together with the maps $E(h)$ induced by $h\colon X \to Y$, $E(h) =$ restriction of $A(h)$ to $E(X)$, define a functor $E$ from $\mathfrak{C}$ to the category of Abelian monoids; it factors through $\mathfrak{C}(\Sigma^{-1})$.

4.4. Let $\langle f\rangle$ be an element of $E(X)$, $f\colon X \to Y$. We choose $\bar{f}$: $Y \to Z$ such that $\bar{f}f = s \in \Sigma$. We know (Prop. 3.3) that $A(f)$ is a bijection $A(X) \to A(Y)$; hence there is an element $\langle g\rangle \in A(X)$ such that $A(f)\langle g\rangle = \langle \bar{f}\rangle \in E(Y)$. This element $\langle g\rangle$ is in $E(X)$. For we can assume that $g$ belongs to a push-out square

$$\begin{array}{ccc} X & \xrightarrow{f} & Y \\ {\scriptstyle g}\downarrow & & \downarrow{\scriptstyle \bar{f}} \\ W & \xrightarrow[f']{} & Z \end{array}$$

with $f'g = \bar{f}f = s \in \Sigma$; hence $Q(f')Q(g) = Q(s)$. On the other hand $\langle f'\rangle = A(g)\langle f\rangle$ is in $E(W)$, according to Proposition 4.4; hence $Q(f')$ is an isomorphism, and so is $Q(g)$.

For this element $\langle g\rangle \in E(X)$ we now have

$$\langle f\rangle + \langle g\rangle = \langle \bar{f} f\rangle = \langle s\rangle = 0\,,$$

i.e., $\langle f\rangle$ is invertible in the monoid structure of $E(X)$: The submonoid $E(X)$ of $A(X)$ is an *Abelian group.*

THEOREM 4.6. The addition $\langle f\rangle + \langle g\rangle$ defined in $E(X)$, $X \in \mathfrak{C}$, turns the functor $E$ into a functor from $\mathfrak{C}$ to $\mathfrak{Ab}$, the category of Abelian groups. This functor factors through $\mathfrak{C}(\Sigma^{-1})$ as $E = E'Q$: $\mathfrak{C} \to \mathfrak{C}(\Sigma^{-1}) \to \mathfrak{Ab}$.

## 5. Categories isomorphic to the category of fractions.

5.1. We consider a functor $H\colon \mathfrak{C} \to \mathfrak{D}$ from $\mathfrak{C}$ to a category $\mathfrak{D}$ and assume that $H$ is bijective on objects and maps all $s \in \Sigma$ to isomorphisms in $\mathfrak{D}$. By the universal property of $\mathfrak{C}(\Sigma^{-1})$ we then have $H = H'Q$: $\mathfrak{C} \xrightarrow{Q} \mathfrak{C}(\Sigma^{-1}) \xrightarrow{H'} \mathfrak{D}$. Under suitable conditions on $H$ we show that $H'$ is a *category isomorphism.* These conditions are patterned after the case of polyhedra and passage $H$ to homotopy classes; we do not attempt here to go into further generality.

The following assumptions on $H$, obviously suggested by homotopy, will be sufficient for our purpose.

($A$) For any morphism $\varphi$ in $\mathfrak{D}$ there exists $f$, $s$ in $\mathfrak{D}$, $s \in \Sigma$, such that $H(s)\varphi = H(f)$.

($B$) To any object $X$ in $\mathfrak{C}$ there are assigned an object $Z$ and two morphisms $r, t\colon X \to Z$ in $\Sigma$ with the property: If $f, g\colon X \to Y$ are morphisms with $H(f) = H(g)$, there exist $s$ in $\Sigma$ and $h$ in $\mathfrak{C}$ such that

$$Q(sf) = \beta Q(hr) \quad \text{and} \quad Q(sg) = \beta Q(ht), \quad \text{with} \quad \beta \in \Sigma\,,$$

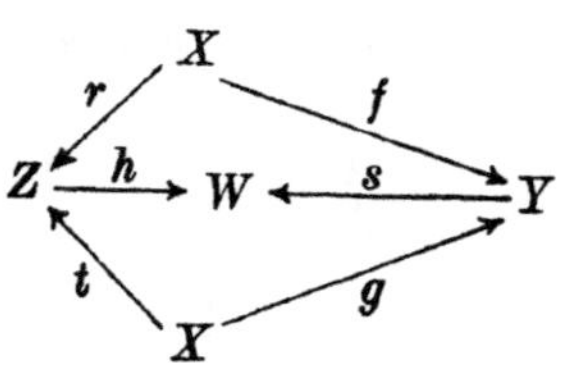


PROPOSITION 5.1. If $H\colon \mathfrak{C} \to \mathfrak{D}$ fulfills ($A$), then $H'$ is surjective on morphisms.

**Proof.** Let $\varphi$ be in $\mathfrak{D}$. Then there are $f, s$ in $\mathfrak{C}$, $s$ in $\Sigma$ such that $\varphi = H(s)^{-1}H(f) = H'(Q(s)^{-1}Q(f)) = H'(\alpha)$, $\alpha$ in $\mathfrak{C}(\Sigma^{-1})$.

5.2. A first consequence of assumption $(B)$ is that $H'$ is injective on those morphisms of $\mathfrak{C}(\Sigma^{-1})$ which are of the form $Q(f)$.

**Proposition 5.2:** If $H$: $\mathfrak{C} \to \mathfrak{D}$ fulfills $(B)$, then $H(f) = H(g)$, $f$, $g$ in $\mathfrak{C}$, implies $Q(f) = Q(g)$.

**Proof.** Using $(B)$, we deduce from $H(f) = H(g)$, $f, g$: $X \to Y$, the relations

$$Q(sf) = \beta Q(h)Q(r) = \beta Q(h)Q(t)\alpha ,$$

where $\alpha = Q(t)^{-1}Q(r)$, hence

$$Q(sf) = \beta Q(ht)\alpha = Q(sg)\alpha .$$

Since $\alpha$ depends on $X$ only, this can be applied to $f = g$ and yields

$$Q(sg) = Q(sg)\alpha ,$$

hence $Q(sf) = Q(sg)$. Since $Q(s)$ is invertible, this implies $Q(f) = Q(g)$.

From this we deduce that $H'$ is injective on all morphisms of $\mathfrak{C}(\Sigma^{-1})$:

**Proposition 5.3.** If $H$: $\mathfrak{C} \to \mathfrak{D}$ fulfills $(B)$, then $H'(\alpha) = H'(\beta)$, $\alpha, \beta$ in $\mathfrak{C}(\Sigma^{-1})$, implies $\alpha = \beta$.

**Proof.** Let $\alpha, \beta$: $X \to W$ be in $\mathfrak{C}(\Sigma^{-1})$ such that $H'(\alpha) = H'(\beta)$. Using axiom (1), we know that $\alpha, \beta$ are of the form $\alpha = Q(s)^{-1}Q(f)$, $\beta = Q(t)^{-1}Q(g)$, with $f$: $X \to X_1$, $s$: $W \to X_1$, $g$: $X \to X_2$, $t$: $W \to X_2$, $s, t \in \Sigma$. $s, t$ can be completed to a commutative square

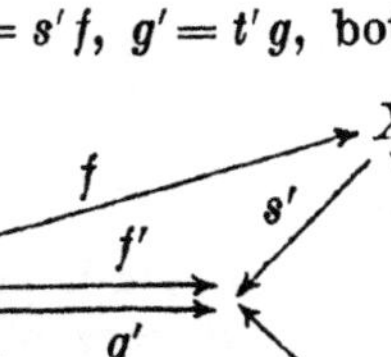


with $s', t' \in \Sigma$. We put $f' = s'f$, $g' = t'g$, both: $X \to Y$.

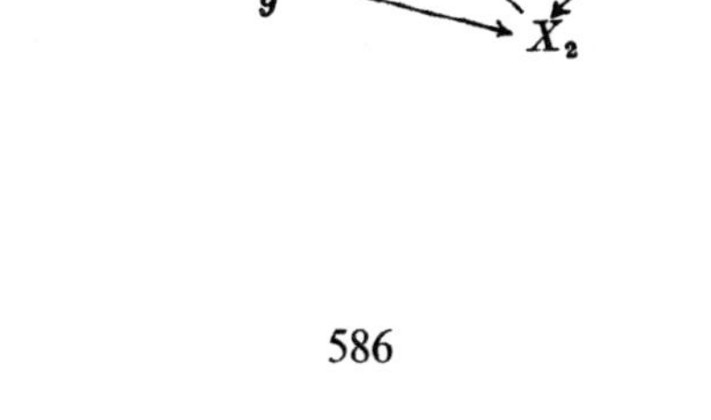

Then

$$H'(\alpha) = H(s)^{-1}H(f) = H(s)^{-1}H(s')^{-1}H(s')H(f) = H(s's)^{-1}H(f')$$

and similarly

$$H'(\beta) = H(t't)^{-1}H(g') .$$

Since $s's = t't \in \Sigma$, this implies $H(f') = H(g')$, and thus $Q(f') = Q(g')$, or

$$Q(s')Q(f) = Q(s's)Q(s)^{-1}Q(f) = Q(t')Q(g) = Q(t't)Q(t)^{-1}Q(g) ,$$

hence $\alpha = \beta$.

REMARK: Among the axioms on $\Sigma$ (cf. 2.3), only (1) has been used. If one knows that $H$: $\mathfrak{C} \to \mathfrak{D}$ above (without even assuming ($A$) or ($B$)) has the property: $H(f) = H(g)$ implies $sf = tg$ for suitable $s, t \in \Sigma$, then it is clear that $Q(f) = Q(g)$ implies the same; i.e., (2) holds.

## 6. Simple homotopy type of polyhedra.

6.1. We now return to our starting point and show—without detailed proof—how the general procedure for obtaining functors $A$ and $E$ can be applied to $\mathfrak{C} = \mathfrak{CW}_{\text{incl.}}$, the category of locally finite $CW$-complexes and their inclusion maps (cellular maps which are isomorphisms onto a subcomplex). The distinguished class $\Sigma$ of morphisms is the family of all (generalized) *expansions*: i.e., the smallest class of inclusion maps containing all elementary expansions and closed with respect to finite composition, to arbitrary disjoint union and to « extension ». The last property means that if $s$: $X \to Y$ is in $\Sigma$ and if $f$: $X \to Z$ is any inclusion map, then the inclusion $s'$ of $Z$ into $W = Y \bigcup_X Z$ (union with images of $X$ identified) is also in $\Sigma$; we note that

$$\begin{array}{ccc} X & \xrightarrow{s} & Y \\ {\scriptstyle f}\downarrow & & \downarrow{\scriptstyle f'} \\ Z & \xrightarrow[s']{} & W \end{array}$$

is a push-out square in $\mathfrak{CW}_{\text{incl.}}$.

All these expansions $s \in \Sigma$ are proper homotopy equivalences. Those $s \in \Sigma$ which are in $\mathfrak{CW}^0_{\text{incl.}}$, the category of finite $CW$-complexes and their inclusion maps, are finite compositions of elementary expansions, i.e., expansions in the usual sense; we write $\Sigma_0$ for this subclass. If $f\colon X \to Y$ is in $\mathfrak{CW}_{\text{incl.}}$, the inclusion map of $Y$ into the mapping cylinder $M_h$ is in $\Sigma$. The proof of these statements is easily obtained along the usual lines of homotopy theory; in certain instances, here and in the following, classical arguments have to be carried over to proper maps and proper homotopies.

The class $\Sigma$ *fulfills the push-out* [1] *axiom* (3) of 2.3; this is true for generalized expansions by definition, and for the class $\Sigma_0$ of ordinary expansions in $\mathfrak{CW}^0_{\text{incl.}}$ by the remark above. Since (3) implies axiom (1), the fraction representation of Proposition 2.1 for $\mathfrak{CW}_{\text{incl.}}(\Sigma^{-1})$ and for $\mathfrak{CW}^0_{\text{incl.}}(\Sigma_0^{-1})$ can be applied.

6.2. Let $\mathfrak{CW}_{\text{homot.}}$ denote the category of all locally finite $CW$-complexes and of the proper homotopy classes of proper continuous maps between them. Let further $H$ be the functor $\mathfrak{CW}_{\text{incl.}} \to \mathfrak{CW}_{\text{homot.}}$ which is bijective on objects and which places each cellular inclusion map into its proper homotopy class. Since $H$ turns all $s \in \Sigma$ into isomorphisms, it factors through $Q\colon \mathfrak{CW}_{\text{incl.}} \to \mathfrak{CW}_{\text{homot.}}(\Sigma^{-1})$ as $H = H'Q$.

By a mapping-cylinder and push-out argument one establishes the following property of $H$: If two inclusion maps $f, g\colon X \to Y$ are properly homotopic, then there exist $s, t \in \Sigma$ such that $sf = tg$. In other words, $H(f) = H(g)$ implies $sf = tg$. The same conclusion holds, of course, if $Q(f) = Q(g)$. Hence $\Sigma$ *fulfills axiom* (2) of 2.3.

6.3. The properties $(A)$ and $(B)$ of 5.1. hold for the functor $H$. The proof of $(A)$ is given by the usual mapping cylinder argument: For $\varphi$ in $\mathfrak{CW}_{\text{homot.}}$, let $h\colon X \to Y$ be a continuous map representing the homotopy class $p$, and factor $h$ as $pf$, $f =$ top inclusion of $X$ into the mapping cylinder $M_h$, $p =$ projection of $M_h$ into $Y$. The inclusion $s\colon Y \to M_h$ is in $\Sigma$. Then $sh = spf$ is properly homotopic to $f$, i.e., $H(s)\varphi = H(f)$.

To prove $(B)$, one takes $r, t\colon X \to Z$ to be the top and bottom inclusion of $X$ into the cylinder over $X$. For two inclusion maps $f, g\colon X \to Y$ which are properly homotopic, one takes $W$ to be the mapping cylinder of the homotopy between $f$ and $g$, and $h\colon Z \to W$ the top inclusion, $s\colon Y \to W$ the bottom inclusion ($\in \Sigma$). A slight modification of the mapping cylinder then yields the commutativity formulas of $(A)$.

From 5.1. and 5.2. it follows that $H'\colon \mathfrak{CW}_{\text{incl.}}(\Sigma^{-1}) \to \mathfrak{CW}_{\text{homot.}}$ is a *category isomorphism.* The same holds for $H'\colon \mathfrak{CW}^0_{\text{incl.}}(\Sigma^{-1}) \to \mathfrak{CW}^0_{\text{homot.}}$.

PROPOSITION 6.1. There are natural category isomorphisms $\mathfrak{CW}_{\text{incl.}}(\Sigma^{-1}) \cong \mathfrak{CW}_{\text{homot.}}$ and $\mathfrak{CW}^0_{\text{incl.}}(\Sigma_0^{-1}) \cong \mathfrak{CW}^0_{\text{homot.}}$.

[1] The push-out of two inclusions is to be taken in $\mathfrak{CW}$, but it lies in $\mathfrak{CW}_{\text{incl.}}$. This slight complication does not affect the general arguments.

6.3. The general construction of the functors $A$ to Abelian monoids and $E$ to Abelian groups can be applied to $\mathfrak{CW}_{\text{incl.}}$. One only has to check that for any locally finite $CW$-complex $X$ the simple morphism classes form a set $A(X)$, and this can easily be done.

The meaning of the functors $A$ and $E$ from $\mathfrak{CW}_{\text{incl.}}$ to monoids and groups can be interpreted, by Proposition 6.1, in the *homotopy category* $\mathfrak{CW}_{\text{homot.}}$, as follows.

*a*) The simple isomorphism in $\mathfrak{CW}_{\text{incl.}}(\Sigma^{-1})$ correspond to those maps between locally finite $CW$-complexes which are properly homotopic to finite compositions of expansions and of homotopy inverses of expansions; they are called *simple homotopy equivalences.*

*b*) For a locally finite $CW$-complex $X$, the elements of $A(X)$ can be regarded as classes $\langle f \rangle$ of proper continuous maps from $X$ to any $Y$, two maps $f, g$ being in the same class if there is a simple homotopy equivalence $h$ such that $hf$ is properly homotopic to $g$.

*c*) The functor $A$ from $\mathfrak{CW}_{\text{incl.}}$ to Abelian monoids factors through $\mathfrak{CW}_{\text{incl.}}(\Sigma^{-1}) \cong \mathfrak{CW}_{\text{homot.}}$. It therefore defines a *homotopy functor from* $\mathfrak{CW}$ to the *category of Abelian monoids.*

*d*) The elements of $E(X)$ can be regarded as the proper simple homotopy types of locally finite $CW$-complexes properly homotopy equivalent to $X$.

*e*) The functor $E$ from $\mathfrak{CW}_{\text{incl.}}$ to $\mathfrak{Ab}$, the category of Abelian groups, factors through $\mathfrak{CW}_{\text{incl.}}(\Sigma^{-1}) \cong \mathfrak{CW}_{\text{homot.}}$ and thus defines a homotopy functor from $\mathfrak{CW}$ to $\mathfrak{Ab}$.

Similar statements are valid for $\mathfrak{CW}^0$, the category of finite $CW$-complexes; they are left to the reader.

6.4. As for the functor $E\colon \mathfrak{CW} \to \mathfrak{Ab}$ or its restriction to $\mathfrak{CW}^0 \to \mathfrak{Ab}$, it has the particular property that $E(X)$ *depends on the* 2*-skeleton of* $X$ *only.* More precisely, the inclusion map of the 2-skeleton $X^2$ into $X$ induces an isomorphism $E(X^2) \cong E(X)$.

The proof of this fact is given, in the finite case $X \in \mathfrak{CW}^0$, in [1]; it uses a canonical form of the elements of $E(X)$ obtained by the Whitehead technique (cf. [6] or [4]). For infinite $CW$-complexes the result has been announced by Siebenmann.

For finite $CW$-complexes, this result implies that $E(X)$ depends on the fundamental group $\pi_1 X$ only; more precisely, $E\colon \mathfrak{CW} \to \mathfrak{Ab}$ factors through the fundamental group functor $\pi_1$ as $E = \bar{E}\pi_1$ (cf. [1]), and it can be shown by means of the « Whitehead torsion » that $\bar{E}$ is the functor Whitehead group $Wh$ from groups to Abelian groups.

**Such a conclusion is not possible in the infinite case, where other algebraic and geometrical methods are needed for a description of $E(X)$ in terms of invariants of $X$.**

Testo pervenuto il 14 aprile 1970.
Bozze licenziate il 24 luglio 1970.

## REFERENCES

[1] B. ECKMANN et S. MAUMARY, *Le groupe des types simples d'homotopie*, Essays on Topology..., dediçated to G. de Rham (Springer, Berlin, 1970).
[2] P. GABRIEL and M. ZISMAN, *Calculus of fractions and homotopy theory*, Ergebn. Math., Bd. 35 (Springer, Berlin, 1967), Kap. I.
[3] J. MILNOR, *Whitehead torsion*, Bull. Am. Math. Soc., 72 (1966).
[4] G. DE RHAM, S. MAUMARY and M. KERVAIRE, *Torsion et type simple d'homotopie*, Lecture Notes in Math., Vol. 48 (Springer, Berlin, 1967).
[5] C. T. C. WALL, *Formal deformations*, Proc. Lond. Math. Soc., XVI (1966).
[6] J. H. C. WHITEHEAD, *Simple homotopy type*, Amer. Journ. Math., 72 (1950).

# On central group extensions and homology

(with P. J. Hilton)

Comment. Math. Helv. **46** (1971), 345–355

## 0. Introduction

Given an extension of groups

$$N \rightarrowtail G \twoheadrightarrow Q \tag{0.1}$$

it is well-known (see [7, 8]) that there is an exact sequence in homology

$$H_2G \to H_2Q \to N/[G, N] \to H_1G \to H_1Q \to 0, \tag{0.2}$$

where $H_1G = G_{ab}$ is the abelianized group $G/[G, G]$. Ganea pointed out in [5] that, if $N$ is *central* in $G$, we may extend the sequence (0.2) one place to the left, obtaining

$$N \otimes G_{ab} \to H_2G \to H_2Q \to N \to G_{ab} \to Q_{ab} \to 0. \tag{0.3}$$

Ganea's proof is topological, but uses no explicit spectral sequence technique. In this paper we exploit Ganea's topological approach, but by using spectral sequence techniques for fibre spaces, we extend (0.3) a further four places to the left. The feature which then enters into the sequence, beyond the ordinary homology groups of groups, is the group $H_4(N, 2)$, that is, the fourth homology group of the Eilenberg-Mac Lane complex $K(N, 2)$. Indeed, we associate naturally with the central extension (0.1) a homomorphism

$$\sigma: H_4(N, 2) \to N \otimes G_{ab} \tag{0.4}$$

which, in fact, factors as

$$H_4(N, 2) \xrightarrow{\bar{\sigma}} N \otimes N \to N \otimes G_{ab}, \tag{0.5}$$

where $\bar{\sigma}$ is intrinsic to $N$ and natural, and the second homomorphism is induced by the evident map $N \to G_{ab}$. Then, in particular, we obtain the 8-term sequence

$$H_3G \to H_3Q \to \operatorname{coker}\sigma \to H_2G \to H_2Q \to N \to G_{ab} \to Q_{ab} \to 0. \tag{0.6}$$

Our full 10-term sequence (1.5) then involves a certain quotient, $\overline{H_3G}$, of $H_3G$, which we explicitly describe, and commences

$$H_4Q \to \ker\sigma \to \overline{H_3G} \to H_3Q \to \cdots. \tag{0.7}$$

We remark that the Ganea extension (0.3) of (0.2) and certain parts of our further extension can be established by an elementary method using free presentations of the groups concerned. This is done in a separate paper [2] which also discusses some elementary applications.[1])

[1] **Added in proof:** Y. Nomura, *The Whitney Join and its Dual*, Osaka J. Math. 7 (1970), 353–373, uses topological methods to obtain an extension of (0.2), different from ours, back to $H_3Q$, even if $N$ is not central in $G$.

In Section 3 of the present paper we show that the sequence (0.6) is relevant to the study by Bass [1] and Kervaire [6] of *perfect* (or *connected*) groups, that is, groups $G$ such that the abelianized group $G_{ab}$ is trivial. For we obtain immediately from it the results of Section 1 of [6] and the principal lemma of Section 2 of [6], namely that, if (0.1) is a central extension with $G$ perfect, then $H_3G \to H_3Q$ is surjective. Kervaire also obtains an exact sequence in [6], relating to an extension

$$K \rightarrowtail G \twoheadrightarrow Q$$

of perfect groups, which suggests a definition of $K_3(\Lambda)$ in algebraic $K$-theory. In Section 3 of this paper we offer a commentary on this sequence in the form of a natural generalization which exploits again the fact that $H_3G \to H_3Q$ is surjective. With regard to algebraic $K$-theory, we note that an immediate proof of the exact sequence

$$K_2(\Lambda) \to K_2(\Lambda/\mathfrak{a}) \to K_1(\Lambda, \mathfrak{a}) \to K_1(\Lambda) \to K_1(\Lambda/\mathfrak{a})$$

of algebraic $K$-theory can be obtained from (0.2) and from well-known properties (Theorem 15.1 of [9] of $GL(\Lambda)$) and $GL(\Lambda/a)$; this proof is given in [2].

Section 2 is devoted to a study of $\bar{\sigma}: H_4(N, 2) \to N \otimes N$ and a companion homomorphism

$$\bar{\tau}: H_5(N, 2) \to \operatorname{Tor}(N, N).$$

We use the full 10-term exact sequence to compute $\bar{\sigma}$ and $\bar{\tau}$; we reobtain in the process the values of the groups $H_4(N, 2)$, $H_5(N, 2)$, first computed by Eilenberg-Mac Lane [3]. Their procedure in computing $H_4(N, 2)$ was to use the bar construction to identify $H_4(N, 2)$ with Whitehead's $\Gamma$-group, and then use Whitehead's calculations [10]. Our procedure in computing $H_4(N, 2)$ exploits the more general homomorphism $\sigma$ and the factorization (0.5).

We remark in Section 1 that the topological situation giving rise to a 10-term exact sequence is much more general than that obtained from a central extension of groups, although the latter is in a sense universal. All we require is a fibration

$$F \to E \to B$$

in which $F$ is connected and $B$ is 1-connected with $H_3B = 0$. Thus, for example, such a sequence obtains whenever we have a fibration over $S^2$.

## 1. The Extended Exact Sequence

Let

$$N \rightarrowtail G \twoheadrightarrow Q \tag{1.1}$$

be a central group extension. There is then an operation of $N$ on $G$, that is, a homomorphism

$$\varrho: N \times G \to G \tag{1.2}$$

which is simply given by the product operation in $G$, $\varrho(x, y) = xy$, $x \in N$, $y \in G$. Then $\varrho$ induces a homomorphism, which we also denote $\varrho$, in homology,

$$\varrho: H_i(N \times G) \to H_i G, \quad i \geqslant 0. \tag{1.3}$$

Our main theorem is the following.

THEOREM 1.1: *Given the central group extension $N \rightarrowtail G \twoheadrightarrow Q$, there is a natural homomorphism*

$$\sigma: H_4(N, 2) \to N \otimes G_{ab} \tag{1.4}$$

*and a natural exact sequence*

$$\begin{aligned} &H_4 Q \to \ker \sigma \to H_3 G/\varrho((N \otimes H_2 G) \oplus \operatorname{Tor}(N, G_{ab})) \\ &\quad \to H_3 Q \to \operatorname{coker} \sigma \xrightarrow{\varrho} H_2 G \to H_2 Q \to N \to G_{ab} \to Q_{ab} \to 0. \end{aligned} \tag{1.5}$$

Before proving this theorem we make the following remark. In the third term of the sequence the denominator is to be understood as the image under $\varrho$ of a subgroup of $H_3(N \times G)$. Now it is true that the Künneth formula does not split naturally; nevertheless, the quotient group of $H_3 G$ is described in natural, unambiguous fashion, since $\operatorname{Tor}(N, G_{ab})$ is embedded naturally in $H_3(N \times G)/N \otimes H_2 G$. Equivalently, one may observe that $H_2(G; H_1 N)$ is embedded naturally in $H_3(N \times G)$.

We now prove the theorem. Following Ganea [5], we base ourselves on the fibre sequence

$$K(G, 1) \to K(Q, 1) \to K(N, 2). \tag{1.6}$$

There is then an operation of $K(N, 1) = \Omega K(N, 2)$ on $K(G, 1)$ and this is precisely the operation derived from $\varrho$ (1.2). This observation enables us to interpret certain differentials in the Serre spectral sequence associated with[2]) (1.6). This spectral sequence relates, in its simplest form, to a fibration

$$F \to E \to B$$

in which $B$ is 1-connected and $F$ is 0-connected. Then, in the spectral sequence $\{E_r^{pq}\}$, we have

$$E_2^{pq} = H_p(B; H_q(F)),$$

[2]) Ganea [5] does not use the Serre spectral sequence directly, basing himself instead on his result [4] that a fibration $F \to E \to B$ yields a fibration $F * \Omega B \to E \cup CF \to B$. However, the action of $\Omega B$ on $F$ is also implicit in this result.

and the sequence converges (finitely) to the graded group associated with $H_*E$, suitably filtered. Moreover the degree of $d_r$ is $(-r, r-1)$.

Since in the fibration (1.6) the base is 1-connected and the fibre 0-connected, we immediately obtain the right hand end of the sequence (1.5), beginning with $H_2G \to H_2Q$, i.e., the sequence (0.2) in the central case. Moreover, the homomorphism $H_2G \to H_2Q$ is effectively just the passage from $E_2^{02}$ to $E_\infty^{02}$ in the spectral sequence. Now consider

$$E_2^{40} \xrightarrow{d_2} E_2^{21} \xrightarrow{d_2} E_2^{02}. \tag{1.7}$$

The first homomorphism provides the definition of $\sigma: H_4(N, 2) \to N \otimes G_{ab}$, while the second is the restriction of $\varrho: H_2(N \times G) \to H_2G$ to $N \otimes G_{ab}$; we also denote this restriction by $\varrho$. We thus have exactness

$$N \otimes G_{ab} \xrightarrow{\varrho} H_2G \twoheadrightarrow E_3^{02}.$$

However, $E_2^{30} = H_3(N, 2) = 0$, so $E_3^{02} = E_4^{02} = E_\infty^{02}$ and we have the exact sequence, due to Ganea [5],

$$N \otimes G_{ab} \xrightarrow{\varrho} H_2G \to H_2Q. \tag{1.8}$$

Now $E_3^{21} = \ker \varrho / \operatorname{im} \sigma$, hence

$$E_\infty^{21} = \ker \varrho / \operatorname{im} \sigma. \tag{1.9}$$

Also

$$E_\infty^{30} = 0, \tag{1.10}$$

since $E_2^{30} = 0$, and

$$E_\infty^{12} = 0, \tag{1.11}$$

since $E_2^{12} = 0$. Thus we have an exact sequence

$$E_\infty^{03} \rightarrowtail H_3Q \twoheadrightarrow \ker \varrho / \operatorname{im} \sigma, \tag{1.12}$$

which yields, with (1.8), the exact sequence

$$E_\infty^{03} \rightarrowtail H_3Q \to N \otimes G_{ab} / \operatorname{im} \sigma \xrightarrow{\varrho} H_2G \to H_2Q, \tag{1.13}$$

where we again denote by $\varrho$ the homomorphism induced by $\varrho$.

We now analyze the passage through the spectral sequence from $E_2^{03}$ to $E_\infty^{03}$. We start with $E_2^{03} = H_3G$; passing to $E_3^{03}$, we factor out $\varrho(N \otimes H_2G)$; passing to $E_4^{03}$, we further factor out $\varrho(\operatorname{Tor}(N, G_{ab}))$; we thus have the exact sequence

$$E_\infty^{40} \rightarrowtail E_4^{40} \xrightarrow{d_4} H_3G / \varrho((N \otimes H_2G) \oplus \operatorname{Tor}(N, G_{ab})) \twoheadrightarrow E_\infty^{03}. \tag{1.14}$$

Now, reverting to (1.7), $E_3^{40} = \ker \sigma$; and $E_3^{40} = E_4^{40}$ since $E_2^{12} = 0$. This completes the proof of the theorem since $E_\infty^{40}$ is a quotient of $H_4Q$.

COROLLARY 1.2 (see also [2]): *Suppose that G is perfect (i.e., $G_{ab}=0$). Then*
*a) There is an exact sequence*

$$0 \to H_2G \to H_2Q \to N \to 0,$$

*b) $H_3G \to H_3Q$ is surjective. Indeed, we have an exact sequence*

$$H_4Q \to H_4(N, 2) \to H_3G/\varrho(N \otimes H_2G) \to H_3Q \to 0.$$

We observe that we may pass immediately to a generalization of Theorem 1.1. We suppose given a fibration

$$F \to E \to B, \tag{1.15}$$

with $F$ connected and $B$ 1-connected; and we suppose further that $H_3B=0$. We have an operation of $\Omega B$ on $F$,

$$\varrho: \Omega B \times F \to F,$$

and, by identifying $H_1\Omega B$ with $H_2B$, we obtain induced homomorphisms

$$\varrho: H_2B \otimes H_iF \to H_{i+1}F, \quad \varrho: \mathrm{Tor}(H_2B, H_{i-1}F) \to H_{i+1}F. \tag{1.16}$$

Then Theorem 1.1 generalizes to assert a natural homomorphism

$$\sigma: H_4B \to H_2B \otimes H_1F \tag{1.17}$$

and a natural exact sequence

$$\begin{aligned} &H_4E \to \ker\sigma \to H_3F/\varrho(H_2B \otimes H_2F \oplus \mathrm{Tor}(H_2B, H_1F)) \\ &\quad \to H_3E \to \mathrm{coker}\,\sigma \xrightarrow{\varrho} H_2F \to H_2E \to H_2B \to H_1F \to H_1E \to 0. \end{aligned} \tag{1.18}$$

Indeed, the homomorphism $\sigma$ (1.17) exists without the supplementary hypothesis that $H_3B=0$.

## 2. The Homomorphism $\sigma$

Let us consider the homomorphism $\sigma: H_4B \to H_2B \otimes H_1F$ of (1.17) in full generality. By considering the diagram

$$\begin{array}{ccccc} \Omega B & \to & EB & \to & B \\ \downarrow & & \downarrow & & \downarrow \\ F & \to & E & \to & B \end{array} \tag{2.1}$$

we obtain the commutative diagram

$$\begin{array}{ccc} H_4B & \xrightarrow{\sigma} & H_2B \otimes H_1\Omega B \\ \| & & \downarrow \\ H_4B & \xrightarrow{\sigma} & H_2B \otimes H_1F, \end{array} \tag{2.2}$$

so that it is sufficient to analyze the homomorphism $\sigma: H_4B \to H_2B \otimes H_1\Omega B$ or, equivalently,

$$\sigma: H_4B \to H_2B \otimes H_2B, \tag{2.3}$$

arising from the path-space fibration $\Omega B \to EB \to B$.

Now let $\pi = \pi_2 B = H_2 B$; then another application of naturality shows that if $\eta: B \to K(\pi, 2)$ is the fundamental class, then $\sigma$ in (2.3) factors as

$$H_4B \xrightarrow{\eta} H_4(\pi, 2) \xrightarrow{\sigma} \pi \otimes \pi.$$

Thus we will be content to take $B = K(\pi, 2)$ and thus to analyze $\sigma = \bar{\sigma}: H_4(\pi, 2) \to \pi \otimes \pi$; this is, in any case, our real concern in this note. We will use (1.5) to carry out the calculation of $\bar{\sigma}$ and will at the same time compute $H_4(\pi, 2)$. This group has, of course, originally been computed by Eilenberg-Mac Lane [3], but we will base ourselves simply on (1.5).

We thus consider the homomorphism

$$\bar{\sigma}: H_4(\pi, 2) \to \pi \otimes \pi. \tag{2.4}$$

The sequence (1.5) reduces, for the central extension $\pi \rightarrowtail \pi \twoheadrightarrow 1$, to

$$0 \to \ker \bar{\sigma} \to H_3\pi/\varrho((\pi \otimes H_2\pi) \oplus \operatorname{Tor}(\pi, \pi)) \to 0 \to \operatorname{coker} \bar{\sigma} \to H_2\pi \to 0. \tag{2.5}$$

Assume now that $\pi$ is cyclic; then $H_2\pi = 0$ and coker $\bar{\sigma} = 0$, $\bar{\sigma}$ is surjective. If $\pi = \mathbf{Z}$, then ker $\bar{\sigma} = 0$, so $\bar{\sigma}$ is an isomorphism, and (2.4) is then an isomorphism $\bar{\sigma}: \mathbf{Z} \cong \mathbf{Z}$.

Now let $\pi = \mathbf{Z}_m$. Then $H_3\pi = \mathbf{Z}_m$ and we will prove below the key lemma.

LEMMA 2.1:

$$\varrho \operatorname{Tor}(\mathbf{Z}_m, \mathbf{Z}_m) = 2\mathbf{Z}_m.$$

Granted this lemma, we immediately deduce that, if $\pi = \mathbf{Z}_m$, then

$$\ker \bar{\sigma} = \begin{cases} 0, & m \text{ odd} \\ \mathbf{Z}_2, & m \text{ even}. \end{cases}$$

Thus, if $\pi = \mathbf{Z}_m$, $m$ odd, (2.4) is then an isomorphism $\bar{\sigma}: \mathbf{Z}_m \cong \mathbf{Z}_m$. If $m$ is even, we must determine the group extension to compute $H_4(\mathbf{Z}_m, 2)$. To do this we consider the central extension $\mathbf{Z}_m \overset{\iota}{\rightarrowtail} \mathbf{Z}_{m^2} \twoheadrightarrow \mathbf{Z}_m$. Then (1.5) yields

$$0 \to \ker \sigma \to \text{quotient of } \mathbf{Z}_{m^2} \to \cdots. \tag{2.6}$$

Moreover, by (2.2), $\sigma: H_4(Z_m, 2) \to \mathbf{Z}_m \otimes \mathbf{Z}_{m^2}$ factors as

$$H_4(\mathbf{Z}_m, 2) \xrightarrow{\bar{\sigma}} \mathbf{Z}_m \otimes \mathbf{Z}_m \xrightarrow{1 \otimes \iota} \mathbf{Z}_m \otimes \mathbf{Z}_{m^2}.$$

But plainly $1 \otimes \iota = 0$, so $\sigma = 0$, ker $\sigma = H_4(\mathbf{Z}_m, 2)$, so that, by (2.6), $H_4(\mathbf{Z}_m, 2)$ is cyclic, and we have proved that if $\pi = \mathbf{Z}_m$, $m$ even, then (2.4) is an epimorphism $\bar{\sigma}: \mathbf{Z}_{2m} \twoheadrightarrow \mathbf{Z}_m$. Summing up, we have

THEOREM 2.2:
(i) *If* $\pi = \mathbf{Z}$, *then* $H_4(\pi, 2) = \mathbf{Z}$ *and* (2.4) *is an isomorphism;*
(ii) *if* $\pi = \mathbf{Z}_m$, *m odd, then* $H_4(\pi, 2) = \mathbf{Z}_m$ *and* (2.4) *is an isomorphism;*
(iii) *if* $\pi = \mathbf{Z}_m$, *m even, then* $H_4(\pi, 2) = \mathbf{Z}_{2m}$ *and* (2.4) *is an epimorphism.*

We now prove Lemma 2.1. Let $x$ generate $\pi = \mathbf{Z}_m$ and let

$$\cdots \xrightarrow{f} \mathbf{Z}\pi \xrightarrow{g} \mathbf{Z}\pi \xrightarrow{f} \mathbf{Z}\pi \xrightarrow{\varepsilon} \mathbf{Z} \to 0, \quad f = x - 1, \quad g = x^{m-1} + x^{m-2} + \cdots + x + 1,$$

be the usual $\pi$-resolution of $\mathbf{Z}$. That is, we take the resolution $\mathbf{P} \twoheadrightarrow \mathbf{Z}$ in which $P_n = \mathbf{Z}\pi$, generated by $a_n$, and

$$\begin{aligned} \partial_n a_n &= f a_{n-1}, \quad n \text{ odd}, \\ &= g a_{n-1}, \quad n \text{ even}, \quad n > 0, \\ \varepsilon a_0 &= 1. \end{aligned}$$

Then $\mathbf{P} \otimes \mathbf{P}$ is a $\pi \times \pi$-resolution of $\mathbf{Z}$ and we seek a chain map $\varphi: \mathbf{P} \otimes \mathbf{P} \to \mathbf{P}$, compatible with the augmentations and with the multiplication map $\varrho: \pi \times \pi \to \pi$. Proceeding step-by-step, we find that we may define $\phi$ as follows in dimensions $\leqslant 3$:

$$\begin{aligned} &\phi_0(a_0 \otimes a_0) = a_0, \\ &\phi_1(a_1 \otimes a_0) = \phi_1(a_0 \otimes a_1) = a_1, \\ &\phi_2(a_2 \otimes a_0) = \phi_2(a_0 \otimes a_2) = a_2, \ \phi_2(a_1 \otimes a_1) = 0, \\ &\phi_3(a_3 \otimes a_0) = \phi_3(a_2 \otimes a_1) = \phi_3(a_1 \otimes a_2) = \phi_3(a_0 \otimes a_3) = a_3. \end{aligned}$$

Now $\operatorname{Tor}(\mathbf{Z}_m, \mathbf{Z}_m) \subseteq H_3(\mathbf{Z}_m \times \mathbf{Z}_m)$ is generated by $a_2 \otimes a_1 + a_1 \otimes a_2$. Thus, the image of $\operatorname{Tor}(\mathbf{Z}_m, \mathbf{Z}_m)$ in $H_3 \mathbf{Z}_m$ under $\varrho$ is the subgroup generated by $2a_3$, that is, $2\mathbf{Z}_m$.

*Remark.* We may identify $\bar{\sigma}: H_4(\pi, 2) \to \pi \otimes \pi$ with an element of $H^4(\pi, 2; \pi \otimes \pi)$ since $H_3(\pi, 2) = 0$. Since $\bar{\sigma}$ is just $d_2$ in the Serre spectral sequence, the standard identification of the differential shows that $\bar{\sigma} = \eta_1 \eta_2$, where $\eta \in H^2(\pi, 2; \pi)$ is the fundamental class and $\eta_1$, $\eta_2$ copy $\eta$ into the first and second factors of $\pi \otimes \pi$. This remark may be used to establish the next theorem.

Let $\pi = N \otimes N'$. Then plainly $\bar{\sigma}: H_4(\pi, 2) \to \pi \otimes \pi$ maps $N \otimes N'$ to $N \otimes N' \oplus N' \otimes N$.

THEOREM 2.3:

$$\bar{\sigma}(x \otimes x') = x \otimes x' + x' \otimes x, \ x \in N, \ x' \in N'.$$

*Proof.* We note from (2.5) that $\varrho: \pi \otimes \pi \to H_2 \pi$ induces an isomorphism coker $\bar{\sigma} \cong H_2\pi$. It is plain that $\varrho(x \otimes x') = x \otimes x'$ and $\varrho(x' \otimes x) = -x \otimes x'$. This establishes the theorem, in view of the naturality of $\bar{\sigma}$ with respect to $\pi$.

We thus have a complete determination of $H_4(\pi, 2)$ and $\bar{\sigma}$ for any finitely generated abelian group $\pi$. Of course we may, if we wish, use a direct limit argument to extend the determination of $\bar{\sigma}$ to any abelian group $\pi$.

We close this section by mentioning a companion homomorphism to $\sigma$, namely, $\tau: H_5(N, 2) \to \mathrm{Tor}(N, G_{ab})$ in the situation of (1.1). This is just $d_2: E_2^{50} \to E_2^{31}$ in the Serre spectral sequence of (1.6). Again it follows by naturality that $\tau$ is just

$$H_5(N, 2) \xrightarrow{\bar{\tau}} \mathrm{Tor}(N, N) \to \mathrm{Tor}(N, G_{ab}),$$

where the second homomorphism is induced by $N \to G_{ab}$. Thus, reverting to our previous notation, we consider the central extension $\pi \rightarrowtail \pi \twoheadrightarrow 1$ and the resulting

$$\bar{\tau}: H_5(\pi, 2) \to \mathrm{Tor}(\pi, \pi). \tag{2.7}$$

We will be content to study (2.7) when $\pi$ is cyclic.

THEOREM 2.4:
(i) *If* $\pi = \mathbf{Z}$, *then* $H_5(\pi, 2) = 0$;
(ii) *if* $\pi = \mathbf{Z}_m$, *m odd, then* $H_5(\pi, 2) = 0$;
(iii) *if* $\pi = \mathbf{Z}_m$, *m even, then* $H_5(\pi, 2) = \mathbf{Z}_2$ *and* $\bar{\tau}$ *is a monomorphism.*

*Proof.* (i) is well-known. We will prove (ii) and (iii) simultaneously. In the Serre spectral sequence we have $\bar{\tau} = d_2: E_2^{50} \to E_2^{31}$. Then ker $\bar{\tau} = E_3^{50}$. Now $E_2^{22} = 0$ since $\pi$ is cyclic; $E_2^{13} = 0$; and $E_2^{04} = 0$ since $\pi$ is cyclic. Thus $E_3^{50} = E_\infty^{50} = 0$, and $\bar{\tau}$ is a monomorphism.

Since $E_2^{12} = 0$, coker $\bar{\tau} = E_3^{31}$. Thus we have the exact sequence

$$H_5(\pi, 2) \rightarrowtail \mathbf{Z}_m \twoheadrightarrow E_3^{31}.$$

Also, we have $\bar{\sigma}: E_2^{40} \to E_2^{21}$ and we know that

$$E_3^{40} = \ker \bar{\sigma} = \begin{cases} 0, & m \text{ odd} \\ \mathbf{Z}_2, & m \text{ even}, \end{cases}$$

by Theorem 2.2. Then $E_3^{40} = E_4^{40}$ since $E_2^{12} = 0$, so we have an exact sequence

$$E_3^{31} \overset{d_3}{\rightarrowtail} E_3^{03} \twoheadrightarrow E_4^{03},$$

and

$$E_4^{40} \overset{d_4}{\rightarrowtail} E_4^{03}.$$

Finally, $E_2^{22} = 0$ since $\pi$ is cyclic and $E_2^{03} = \mathbf{Z}_m$, so $E_3^{03} = \mathbf{Z}_m$. Putting all these facts together yields the theorem.

We remark that this theorem does have some relevance to (1.5); for in the third term, when we factor out the image of Tor $(N, G_{ab})$, we actually pass through coker $\tau$, where $\tau: H_5(N, 2) \to \mathrm{Tor}(N, G_{ab})$.

## 3. The Kervaire Exact Sequence

In [6], Kervaire associates with a short exact sequence of perfect groups

$$1 \to K \to G \to Q \to 1 \tag{3.1}$$

an exact sequence

$$H_3K_0 \to H_3G_0 \to H_3Q_0 \to H_2K \to H_2G \to H_2Q \to 0\,, \tag{3.2}$$

provided that $Q$ operates trivially on $H_2K$; here, $G_0$ (for example) denotes the *universal cover* of $G$, that is, there is a central extension

$$N \rightarrowtail G_0 \twoheadrightarrow G\,,$$

$G_0$ is perfect and $H_2G_0 = 0$.

We wish to remark in this section that we may, just as easily, obtain an exact sequence like (3.2) for any covering

$$\tilde{K} \to \tilde{G} \to \tilde{Q} \to 1$$

of (3.1). We first explain what we mean by a *covering* of (3.1). From (3.1) we obtain the exact sequence

$$H_2K \to H_2G \to H_2Q \to 0\,; \tag{3.3}$$

this follows (see [6]) from the Hochschild-Serre spectral sequence and the fact that $K$ is perfect. Now let

$$U \to V \to W \to 0 \tag{3.4}$$

be an exact subsequence of (3.3); that is, (3.4) is exact and

$$\begin{array}{ccccccc} U & \to & V & \to & W & \to & 0 \\ \downarrow & & \downarrow & & \downarrow & & \\ H_2K & \to & H_2G & \to & H_2Q & \to & 0 \end{array}$$

commutes. Let $\tilde{K}, \tilde{G}, \tilde{Q}$ be the covers of $K, G, Q$ corresponding to $U, V, W$. Then there is a sequence

$$\tilde{K} \to \tilde{G} \to \tilde{Q}$$

covering $K \to G \to Q$ and an elementary and familiar argument establishes the exactness of

$$\tilde{K} \to \tilde{G} \to \tilde{Q} \to 1\,. \tag{3.5}$$

Thus, we call (3.5) the covering of (3.1) corresponding to (3.4). As special cases we have the universal cover of Kervaire, when (3.4) is the zero sequence; and (3.1) itself when (3.4) coincides with (3.3). We may set the covering of (3.1) in evidence by means of the commutative diagram

$$\begin{array}{ccccc} \tilde{K} & \to & \tilde{G} & \twoheadrightarrow & \tilde{Q} \\ \downarrow & & \downarrow & & \downarrow \\ K & \rightarrowtail & G & \twoheadrightarrow & Q \end{array} \tag{3.6}$$

THEOREM 3.1. *Let* (3.5) *be a covering of the sequence* (3.1) *of perfect groups. If $Q$ operates trivially on $H_2K$, the sequence*

$$H_3(\tilde{K}) \to H_3(\tilde{G}) \to H_3(\tilde{Q}) \to H_2K \to H_2G \to H_2Q \to 0$$

*is exact.*

*Proof.* A straightforward application of the Hochschild-Serre spectral sequence for the extension $K \rightarrowtail G \twoheadrightarrow Q$ ($E_2^{pq} = H_p(Q; H_qK)$), using the facts that $E_2^{p1} = 0$ since $K$ is perfect and $E_2^{12} = 0$ since $Q$ is perfect and operates trivially on $H_2K$, yields the exact sequence

$$H_3K \to H_3G \to H_3Q \to H_2K \to H_2G \to H_2Q \to 0.$$

Now let $C$ be the kernel of $\tilde{K} \to \tilde{G}$. Then it is clear from (3.6) that $C$ lies in the kernel of $\tilde{K} \to K$ and hence is central in $\tilde{K}$. Moreover, $\tilde{K}/C$ is also perfect. We obtain from (3.6) the commutative diagram

$$\begin{array}{ccccc} \tilde{K}/C & \rightarrowtail & \tilde{G} & \twoheadrightarrow & \tilde{Q} \\ \downarrow & & \downarrow & & \downarrow \\ K & \rightarrowtail & G & \twoheadrightarrow & Q. \end{array}$$

We claim that $H_2(\tilde{K}/C) \to H_2K$ is monomorphic. This follows from Corollary 1.2 since the kernel of $\tilde{K}/C \twoheadrightarrow K$ is central. Thus, by the naturality of the operation, we infer that $\tilde{Q}$ operates trivially on $H_2(\tilde{K}/C)$. Thus, we have the commutative diagram, with exact rows,

$$\begin{array}{ccccccccccccc} H_3(\tilde{K}/C) & \to & H_3\tilde{G} & \to & H_3\tilde{Q} & \to & H_2(\tilde{K}/C) & \to & H_2\tilde{G} & \to & H_2\tilde{Q} & \to & 0 \\ \downarrow & & \downarrow & & \downarrow & & \downarrow & & \downarrow & & \downarrow & & \\ H_3K & \longrightarrow & H_3G & \to & H_3Q & \longrightarrow & H_2K & \longrightarrow & H_2G & \to & H_2Q & \to & 0. \end{array} \tag{3.7}$$

Now the first three vertical arrows in (3.7) are surjective by Corollary 1.2, and the last three are injective. Since, again by Corollary 1.2, $H_3\tilde{K} \to H_3(\tilde{K}/C)$ is surjective, the theorem is proved.

We close by offering an example to show that, if $\tilde{G}$ covers $G$, then $H_3\tilde{G} \to H_3G$ may fail to be injective, that is, fail to be an isomorphism. Let $B$ be the binary icosahedral group.[3]) Then $B$ is perfect and the center of $B$ is $\mathbf{Z}_2$ and we have the central extension

$$\mathbf{Z}_2 \rightarrowtail B \twoheadrightarrow A_5$$

where $A_5$ is the alternating group of degree 5. Moreover, $B$ is the fundamental group of a Poincaré space with universal covering space $S^3$, so that $H_2B=0$, $H_3B=\mathbf{Z}_{120}$. Thus $B$ is the universal cover of the group $A_5$ and plainly $H_3B \to H_3A_5$ is not injective, since the order of $A_5$ is 60. Indeed, the exact sequence b) of Corollary 1.2 reads, in this case,

$$H_4A_5 \to \mathbf{Z}_4 \to \mathbf{Z}_{120} \to \mathbf{Z}_{30} \to 0$$

(from the exact sequence, $H_3A_5$ must be $Z_{60}$ or $Z_{30}$; since the 2-Sylow subgroup of $A_5$ is $\mathbf{Z}_2 \times \mathbf{Z}_2$, it follows that the 2-component of $H_3A_5$ has exponent 2, so $H_3A_5 = \mathbf{Z}_{30}$). Part a) of Corollary 1.2 simply asserts that $H_2A_5 = \mathbf{Z}_2$.

The failure of $H_3\tilde{G} \to H_3G$ to be an isomorphism, on the one hand, vindicates Kervaire's definition of $\pi_2G$ as $H_3G_0$. On the other hand, it does introduce a somewhat unsatisfactory feature into the analogy with covering spaces of connected spaces.

## REFERENCES

[1] Bass, H., Springer Lecture Notes No. 108 (1969), 1–11.
[2] Eckmann, B., P. J. Hilton, and U. Stammbach, (to appear).
[3] Eilenberg, S., and S. MacLane, Ann. of Math. *60* (1954), 49–139.
[4] Ganea, T., Comment. Math. Helv. *39* (1965), 295–322.
[5] Ganea, T., C. R. Acad. Sci., Paris *266* (1968), 556–558.
[6] Kervaire, M., *Symposium de Rham* (1970), 212–225.
[7] Stallings, J., J. Algebra *2* (1965), 170–181.
[8] Stammbach, U., Math. Z. *94* (1966), 157–177.
[9] Swan, R. G., Springer Lecture Notes No. 76 (1968).
[10] Whitehead, J. H. C., Ann. of Math. *52* (1950), 51–110.

Received March 26, 1971

[3]) We are indebted to R. Beyl for drawing our attention, in a slightly different context, to this example of a perfect group.

# On the homology theory of central group extensions: I – The commutator map and stem extensions

(with P. J. Hilton and U. Stammbach)

Comment. Math. Helv. **47** (1972), 102–122

*In Memoriam Heinz Hopf (1894–1971)*

## 1. Introduction

For any group extension

$$N \overset{\mu}{\rightarrowtail} G \overset{\varepsilon}{\twoheadrightarrow} Q \tag{1.1}$$

and any $Q$-module $B$, there is a five-term exact homology sequence

$$H_2(G; B) \overset{\alpha_B}{\to} H_2(Q; B) \overset{\beta_B}{\to} N_{ab} \otimes_Q B \overset{\sigma_B}{\to} H_1(G; B) \overset{\tau_B}{\to} H_1(Q; B) \to 0, \tag{1.2}$$

due to Stallings and Stammbach [8, 9]. If $B = \mathbf{Z}$, regarded as trivial $Q$-module, (1.2) reduces to

$$H_2G \overset{\alpha}{\to} H_2Q \overset{\beta}{\to} N/[G, N] \overset{\sigma}{\to} H_1G \overset{\tau}{\to} H_1Q \to 0. \tag{1.3}$$

For a simple proof of (1.2), including the statement of naturality, see Eckmann-Stammbach [3]; of course, $\alpha_B$ and $\tau_B$ in (1.2) are induced by $\varepsilon$; $\sigma_B$ is, in a sense explained later, induced by $\mu$ (the sense is perfectly clear in the case (1.3)); and $\beta_B$ will be elucidated in the next section.

In the special case where (1.1) is a *central* extension, that is, $N$ is central in $G$, Ganea [5] has added a further term on the left of the exact sequence (1.3), thus,

$$G_{ab} \otimes N \overset{\chi_0}{\to} H_2G \overset{\alpha}{\to} H_2Q \to \cdots \to 0, \tag{1.4}$$

using methods of algebraic topology.

In [2], Eckmann-Hilton extended the sequence (1.4) by four further non-trivial homology terms, first replacing $G_{ab} \otimes N$ by a suitable quotient. Their method was based on a spectral sequence for the homology of a suitable fibre space. The Ganea sequence (1.4) and its extension in [2] are important for applications, beyond those of (1.3), in group theory, homology, algebraic $K$-theory, etc.

In the present paper we present an elementary approach to the Ganea extension (1.4) and to those parts of the extended sequence in [2] which are relevant to applications to *stem-extensions* of groups (see Section 4), and, in particular, to the study of *perfect* groups. The argument is based on a fixed, but arbitrary, free presentation of (1.1) (see Section 2), and the associated *Gruenberg resolutions* [4; Chapter VI] of **Z** over $N$, $G$ and $Q$. The maps of (1.3) are exhibited and exactness is proved, by using these explicit resolutions.

In Section 2 we study (1.3) – and, in less detail, (1.2) – from the viewpoint of the given presentation of (1.1). In particular, we recall the relation with the *Hopf formula* for $H_2G$ and $H_2Q$ and obtain an explicit form for ker $\alpha$. Moreover, the connection between $\beta$ and the characteristic class of the central extension

$$N/[G,N] \rightarrowtail G/[G,N] \twoheadrightarrow Q\,, \tag{1.5}$$

associated with (1.1), is obtained.

In Section 3 the Ganea extension (1.4) is established by means of an explicit commutator map $\chi$; and the equivalence of this map $\chi$ with Ganea's map $\chi_0$ is demonstrated. In Section 4 we obtain an extended exact sequence

$$H_3G \to H_3Q \xrightarrow{\delta} G_{ab} \otimes N \xrightarrow{\chi} H_2G \xrightarrow{\alpha} H_2Q \to \cdots \tag{1.6}$$

for stem-extensions, that is, central extensions (1.1) with $N \subseteq [G, G]$. Actually, we will obtain (1.6) for an even broader class of central extensions, which we tentatively call *weak stem-extensions*. Whereas a stem-extension (1.1) is characterized by the vanishing of the abelianization of $\mu$, i.e. $\mu_*\colon N \to G_{ab}$ is the zeromap, for weak stem extensions we merely demand that $\mu_*\colon N \otimes N \to G_{ab} \otimes N$ is the zeromap. We give examples to show that this generalization is significant, and we also show how (1.6) may be regarded as contained in the extended sequence of [2].

Section 5 deals with perfect groups; we assume $Q$ perfect and obtain, beyond the results of Schur [7] and Kervaire [6] on stem-extensions of $Q$, a description of the universal stem-extension of $Q$ in terms of the given presentation of $Q$. Moreover, we use the given presentations of $N$, $G$ and $Q$ to carry further the analogy remarked by Kervaire between the theory of perfect groups and covering space theory for connected topological spaces.

Section 6 is an appendix concerning algebraic $K$-theory, in which we show how the exact sequence for Milnor's $K_2$ may be obtained from (1.3).

## 2. Extensions, Free Presentations, and Resolutions

Given the group extension (1.1),

$$N \overset{\mu}{\rightarrowtail} G \overset{\varepsilon}{\twoheadrightarrow} Q\,,$$

let

$$R \overset{\mu'}{\rightarrowtail} F \overset{\varepsilon'}{\twoheadrightarrow} G \tag{2.1}$$

be a (free) presentation of $G$. There are then presentations of $Q$, $N$,

$$S \overset{\bar{\mu}}{\rightarrowtail} F \overset{\bar{\varepsilon}}{\twoheadrightarrow} Q\,, \tag{2.2}$$

$$R \overset{\mu''}{\rightarrowtail} S \overset{\varepsilon''}{\twoheadrightarrow} N, \tag{2.3}$$

where

$$\bar{\mu}\mu'' = \mu', \quad \varepsilon\varepsilon' = \bar{\varepsilon}, \quad \varepsilon'\bar{\mu} = \mu\varepsilon''. \tag{2.4}$$

We sum this up in the single diagram

$$\begin{array}{ccccc} & & & & N \\ & & & & \downarrow{\scriptstyle\mu} \\ R & \overset{\mu'}{\rightarrowtail} & F & \overset{\varepsilon'}{\twoheadrightarrow} & G \\ {\scriptstyle\mu''}\downarrow & & \| & & \downarrow{\scriptstyle\varepsilon} \\ S & \overset{\bar{\mu}}{\rightarrowtail} & F & \overset{\bar{\varepsilon}}{\twoheadrightarrow} & Q, \\ {\scriptstyle\varepsilon''}\downarrow & & & & \\ N & & & & \end{array} \tag{2.5}$$

which we call a *presentation of the extension* (1.1).

Applying (1.3) to the two centre rows of (2.5) we obtain the commutative diagram

$$\begin{array}{ccccccc} 0 \to & H_2G & \overset{\beta'}{\to} & R/[F,R] & \overset{\sigma'}{\to} & F/[F,F] & \to \cdots \\ & \downarrow{\scriptstyle\alpha} & & \downarrow{\scriptstyle\gamma} & & \| & \\ 0 \to & H_2Q & \overset{\bar{\beta}}{\to} & S/[F,S] & \overset{\bar{\sigma}}{\to} & F/[F,F] & \to \cdots, \end{array} \tag{2.6}$$

where $\alpha$ is as in (1.3) and $\gamma$ is induced by the inclusion $\mu'' \colon R \rightarrowtail S$. Thus

$$\ker\gamma = (R \cap [F,S])/[F,R], \qquad \operatorname{coker}\gamma = S/R[F,S]. \tag{2.7}$$

We note that $\varepsilon''$ induces an isomorphism of coker $\gamma$ onto $N/[G,N]$. We write $\eta\colon S/[F,S] \twoheadrightarrow N/[G,N]$ for the map induced by $\varepsilon''$, and thus embed (2.6) in the larger commutative diagram, with exact rows and columns,

$$\begin{array}{ccccccc} 0 \to & \ker\alpha & \to & \ker\gamma & \to 0 & & \\ & \downarrow & & \downarrow & \downarrow & & \\ 0 \to & H_2G & \overset{\beta'}{\to} & R/[F,R] & \overset{\sigma'}{\to} & F/[F,F] & \to \cdots \\ & \downarrow{\scriptstyle\alpha} & & \downarrow{\scriptstyle\gamma} & & \downarrow{\scriptstyle=} & \\ 0 \to & H_2Q & \overset{\bar{\beta}}{\to} & S/[F,S] & \overset{\bar{\sigma}}{\to} & F/[F,F] & \to \cdots \\ & \downarrow{\scriptstyle\beta} & & \downarrow{\scriptstyle\eta} & & \downarrow & \\ 0 \to & N/[G,N] & \overset{=}{\to} & N/[G,N] & \to 0 & & \end{array} \tag{2.8}$$

We use $\beta'$ to induce the *Hopf formula*

$$H_2G \cong (R \cap [F,F])/[F,R]; \tag{2.9}$$

likewise $\bar{\beta}$ induces

$$H_2Q \cong (S \cap [F,F])/[F,S]. \tag{2.10}$$

We make the identifications (2.9), (2.10), so that ker $\alpha$ is identified with ker $\gamma$,

$$\ker\alpha = (R \cap [F, S])/[F, R],$$

and the map $\beta$,

$$\beta: (S \cap [F, F])/[F, S] \to N/[G, N],$$

is just the restriction of $\eta$ to $H_2Q$, and thus is induced by $\varepsilon''$. Note that the relation $\beta = \eta\bar{\beta}$ in (2.8) simply results from the naturality of (1.3), applied to

$$\begin{array}{ccccc} S & \overset{\bar{\mu}}{\rightarrowtail} & F & \overset{\bar{\varepsilon}}{\twoheadrightarrow} & Q \\ \downarrow{\scriptstyle \varepsilon''} & & \downarrow{\scriptstyle \varepsilon'} & & \| \\ N & \overset{\mu}{\rightarrowtail} & G & \overset{\varepsilon}{\twoheadrightarrow} & Q \end{array} .$$

We now wish to relate $\beta$ to the *associated central extension* (1.5). It follows from naturality that the homomorphism $H_2Q \to N/[G, N]$ in the sequence (1.3) corresponding to (1.5) coincides with $\beta$, so that, in this part of the argument, we lose no generality in supposing that $N$ *is itself central* in (1.1). Then

$$\beta: H_2Q \to N,$$

and we propose to relate $\beta$ to the element of $H^2(Q; N)$ characterized by the *central* extension

$$N \rightarrowtail G \twoheadrightarrow Q.$$

We now have $[G, N] = 1$, so that

$$[F, S] \subseteq R, \qquad \ker\alpha = [F, S]/[F, R], \tag{2.11}$$

and $\beta: (S \cap [F, F])/[F, S] \to S/R$ is induced by the inclusions $S \cap [F, F] \subseteq S$, $[F\ S] \subseteq R$.

We begin by giving an explicit description of $H^2(Q; N)$ in terms of (2.5). We use the *Gruenberg resolution* [4; VI. 13] of $\mathbf{Z}$ over $Q$ based on (2.2), namely,

$$\cdots \overset{\partial_3}{\to} S_{ab} \otimes \mathbf{Z}Q \overset{\partial_2}{\to} JF \otimes_F \mathbf{Z}Q \overset{\partial_1}{\to} \mathbf{Z}Q \overset{\partial_0}{\to} \mathbf{Z} \to 0. \tag{2.12}$$

Here $\partial_0$ is the augmentation; $JF$ is the augmentation ideal of $F$; $\partial_1$ is given by

$$\partial_1((x - e) \otimes_F e) = \bar{\varepsilon}(x) - e, \qquad x \in F,$$

where $e$ stands for the unity in any group; the kernel of $\partial_1$ is known to be isomorphic to $S_{ab}$, with $Q$ operating by inner automorphisms of $F$, under the monomorphism

$$\sigma_1: S_{ab} \rightarrowtail JF \otimes_F \mathbf{Z}Q$$

given by

$$\sigma_1(s[S, S]) = (s - e) \otimes_F e;$$

and $\partial_2$ is the composite of $\sigma_1$ with the $Q$-module map $s[S, S]\otimes e \mapsto s[S, S]$. (See [4; VI. 6], where the argument is given in detail but for the Gruenberg resolution of $\mathbf{Z}$ as *left* $Q$-module.)

THEOREM 2.1. *The Gruenberg resolution* (2.12) *induces an isomorphism*

$$H^2(Q; N) \cong \mathrm{Hom}(S/[F, S], N)/\bar{\sigma}^* \mathrm{Hom}(F/[F, F], N)$$

*for any trivial Q-module N.*

*Proof.* For any resolution $\cdots \to C_3 \xrightarrow{\partial_3} C_2 \xrightarrow{\partial_2} C_1 \xrightarrow{\partial_1} C_0$ of $\mathbf{Z}$ over $Q$, $H^2(Q; N) = \mathrm{Hom}_Q(\ker \partial_1, N)/i^* \mathrm{Hom}_Q(C_1, N)$, where $i\colon \ker \partial_1 \subseteq C_1$. Thus, using the Gruenberg resolution,

$$H^2(Q; N) = \mathrm{Hom}_Q(S_{ab}, N)/\sigma_1^* \mathrm{Hom}_Q(JF \otimes_F \mathbf{Z}Q, N).$$

Now $\mathrm{Hom}_Q(S_{ab}, N) = \mathrm{Hom}((S_{ab})_Q, N) = \mathrm{Hom}(S/[F, S], N)$, and $\mathrm{Hom}_Q(JF \otimes_F \mathbf{Z}Q, N) = \mathrm{Hom}(JF \otimes_F \mathbf{Z}, N)$. Moreover there is a natural isomorphism $\psi\colon JF \otimes_F \mathbf{Z} \cong F_{ab}$, given by $\psi((x-e)\otimes_F 1) = x[F, F]$, $x \in F$, and plainly $\psi\sigma_1$ induces $\bar{\sigma}\colon S/[F, S] \to F/[F, F]$. This proves the theorem.

Now given the central extension $N \rightarrowtail G \twoheadrightarrow Q$, the map $\eta\colon S/[F, S] \to N$ of (2.8) (recall that $[G, N] = 1$) then determines, in the light of Theorem 2.1, an element $\xi \in H^2(Q; N)$ and this is the characteristic cohomology class of the given central extension (see [4; VI. 10]). We now readily prove

THEOREM 2.2. *If $N \rightarrowtail G \twoheadrightarrow Q$ is a central extension with characteristic class $\xi \in H^2(Q; N)$, then the homomorphism $\beta\colon H_2Q \to N$ of* (1.3) *is the image of $\xi$ under the epimorphism*

$$\Phi\colon H^2(Q; N) \twoheadrightarrow \mathrm{Hom}(H_2Q, N)$$

*of the universal coefficient theorem.*

*Proof.* For any $\zeta \in H^2(Q; N)$, $\Phi(\zeta)$ is obtained by picking a representative $\theta\colon S/[F, S] \to N$ and restricting $\theta$ to $(S \cap [F, F])/[F, S]$. Since $\eta$ represents $\xi$ and $\beta$ is the restriction of $\eta$ to $(S \cap [F, F])/[F, S]$, the theorem follows.

*Remark.* If $\mathrm{Ext}(Q_{ab}, N) = 0$, then $\Phi$ is an isomorphism, so that $\beta$ characterizes the central extension. An important special case is that in which $Q_{ab} = 0$ (i.e., $Q$ is *perfect*). The fact that $\beta$ characterizes the extension when $Q$ is perfect may be seen directly by observing that then $\bar{\sigma}\colon S/[F, S] \to F/[F, F]$ is surjective, so that two homomorphisms $S/[F, S] \to N$ determine the same element of $H^2(Q; N)$ (see Theorem 2.1) if and only if they agree on $H_2Q$.

We close this section by recalling from VI.8 of [4] how $\beta_B$ and $\sigma_B$ are defined in (1.2). In terms of the resolution (2.12),

$$H_2(Q; B) = \ker(S_{ab} \otimes_Q B \to JF \otimes_F B) \tag{2.13}$$

and then $\beta_B: H_2(Q; B) \to N_{ab} \otimes_Q B$ is given by restricting to $H_2(Q; B)$ the homomorphism $S_{ab} \otimes_Q B \to N_{ab} \otimes_Q B$ induced by $\varepsilon''$. As to $\sigma_B$, we exploit the short exact sequence (Theorem VI.6.3 of [4])

$$N_{ab} \rightarrowtail JG \otimes_G \mathbf{Z}Q \twoheadrightarrow JG$$

of $Q$-modules to obtain

$$N_{ab} \otimes_Q B \to JG \otimes_G B. \tag{2.14}$$

Moreover the image of this homomorphism obviously lies in the kernel of $JG \otimes_G B \to B$, that is, in $H_1(G; B)$, and thus (2.14) determines $\sigma_B$.

## 3. The Commutator Map and the Ganea Term

Given a *central* group extension $N \rightarrowtail G \twoheadrightarrow Q$ we now define a homomorphism $\chi: G_{ab} \otimes N \to H_2 G$ which will yield exactness in

$$G_{ab} \otimes N \xrightarrow{\chi} H_2 G \xrightarrow{\alpha} H_2 Q. \tag{3.1}$$

We return to the presentation (2.5) and recall (2.11) that then

$$\ker \alpha = [F, S]/[F, R].$$

Thus our objective is to define a natural surjection $G_{ab} \otimes N \to [F, S]/[F, R]$. We define a map

$$c: F \times S \to [F, S]/[F, R]$$

by

$$c(x, s) = [x, s]\,[F, R], \qquad x \in F, \quad s \in S \tag{3.2}$$

where $[x, s]$ is the commutator $xsx^{-1}s^{-1}$. We call $c$ the *commutator map* (relative to the presentation (2.5)).

PROPOSITION 3.1. *The commutator map c is a bihomomorphism, that is,*

$$c(xx', s) = c(x, s)\, c(x', s),$$
$$c(x, ss') = c(x, s)\, c(x, s').$$

*Proof.* Since $[ab, c] = a[b, c]\, a^{-1}[a, c]$, and $[a, bc] = [a, b]\, b[a, c]\, b^{-1}$, we have

$$c(xx', s) = x\, c(x', s)\, x^{-1}\, c(x, s),$$
$$c(x, ss') = c(x, s)\, s\, c(x, s')\, s^{-1}.$$

But $[F, S] \subseteq R$ and $[F, S]/[F, R]$ is commutative. Thus

$$c(xx', s) = c(x, s)\, c(x', s),$$
$$c(x, ss') = c(x, s)\, c(x, s').$$

Again, since $[F, S]/[F, R]$ is commutative, Proposition 3.1 shows that $c([F, F]\times S)=e$; plainly $c(R\times S)=e$, $c(F\times R)=e$. Thus $c$ induces a bihomomorphism of abelian groups

$$F/[F, F]\,R \times S/R \to [F, S]/[F, R],$$

and hence a homomorphism

$$c_1 : G_{ab} \otimes N \to [F, S]/[F, R],$$

which is plainly surjective. We define $\chi$ to be the composite of $c_1$ and the embedding of $[F, S]/[F, R]=\ker\alpha$ in $H_2G$. We have thus proved, for a central extension $N \rightarrowtail G \twoheadrightarrow Q$,

THEOREM 3.2. *The commutator map c defines a homomorphism* $\chi: G_{ab}\otimes N \to H_2G$ *such that the sequence*

$$G_{ab} \otimes N \xrightarrow{\chi} H_2G \xrightarrow{\alpha} H_2Q \xrightarrow{\beta} N \to G_{ab} \to Q_{ab} \to 0$$

*is exact.*

We show later that $\chi$ is equivalent to Ganea's $\chi_0$. This would imply the naturality of $\chi$, but we give now an independent proof so that our arguments may be entirely self-contained. Suppose given a map of central extensions,

$$\begin{array}{ccccc} N & \overset{\mu}{\rightarrowtail} & G & \overset{\varepsilon}{\twoheadrightarrow} & Q \\ \downarrow f_1 & & \downarrow f_2 & & \downarrow f_3 \\ N_0 & \overset{\mu_0}{\rightarrowtail} & G_0 & \overset{\varepsilon_0}{\twoheadrightarrow} & Q_0, \end{array} \tag{3.3}$$

and a presentation of $N_0 \rightarrowtail G_0 \twoheadrightarrow Q_0$, designated by (2.5) with all elements assigned the suffix 0. We lift $f_2$ to $\bar{f}: F \to F_0$ such that $\varepsilon_0'\bar{f}=f_2\varepsilon'$. Then $\bar{f}(S)\subseteq S_0$, $\bar{f}(R)\subseteq R_0$. Thus if $c_0: F_0\times S_0 \to [F_0, S_0]/[F_0, R_0]$ is the commutator map,

$$c_0(\bar{f}x, \bar{f}s) = [\bar{f}x, \bar{f}s]\,[F_0, R_0] = \bar{f}[x, s]\,[F_0, R_0] = \bar{f}_*c(x, s),$$

where $\bar{f}_*: [F, S]/[F, R] \to [F_0, S_0]/[F_0, R_0]$ is induced by $\bar{f}$. It follows that the diagram

$$\begin{array}{ccc} G_{ab} \otimes N & \overset{\chi}{\to} & H_2G \\ \downarrow f_* & & \downarrow f_* \\ G_{0ab} \otimes N_0 & \overset{\chi}{\to} & H_2G_0 \end{array}$$

commutes, where the vertical arrows are induced by (3.3) and are independent of the choice of presentations. This shows that $\chi$ is itself independent of the choice of presentation and is natural.

Ganea's map $\chi_0: G_{ab}\otimes N \to H_2G$ is effectively defined as follows. The multiplication in $G$ induces a homomorphism $\mu: G\times N \to G$, inducing $\mu_*: H_2(G\times N)\to H_2G$. According to the Künneth formula, $H_1G\otimes H_1N(=G_{ab}\otimes N)$ is naturally embedded in $H_2(G\times N)$.

Then

$$\chi_0 = \mu_* \,|\, (G_{ab} \otimes N).$$

We prove

THEOREM 3.3. $\chi_0 = -\chi$.

*Proof.* We first study, in general, the embedding of $G_{1ab} \otimes G_{2ab}$ in $H_2(G_1 \times G_2)$. Since we know this is natural, it suffices to choose suitable resolutions. Thus we choose the Gruenberg resolutions

$$\cdots \to R_{iab} \otimes \mathbf{Z}G_i \overset{\partial_2}{\to} JF_i \otimes_{F_i} \mathbf{Z}G_i \overset{\partial_1}{\to} \mathbf{Z}G_i \overset{\partial_0}{\to} \mathbf{Z} \to 0,$$

of $\mathbf{Z}$ over $G_i$, corresponding to presentations $R_i \rightarrowtail F_i \twoheadrightarrow G_i$, $i=1, 2$. Then a partial resolution of $\mathbf{Z}$ over $G_1 \times G_2$ is given by

$$\begin{aligned}\cdots \to (JF_1 \otimes_{F_1} \mathbf{Z}G_1) \otimes (JF_2 \otimes_{F_2} \mathbf{Z}G_2) &\xrightarrow{\partial \otimes 1 - 1 \otimes \partial} \{(JF_1 \otimes_{F_1} \mathbf{Z}G_1) \otimes \mathbf{Z}G_2\} \\ \oplus \{\mathbf{Z}G_1 \otimes (JF_2 \otimes_{F_2} \mathbf{Z}G_2)\} &\to \mathbf{Z}G_1 \otimes \mathbf{Z}G_2 \to \mathbf{Z} \to 0, \end{aligned} \tag{3.4}$$

where we have only written down that part of $C_2$ which contributes to $H_1G_1 \otimes H_1G_2$. Tensoring with $\mathbf{Z}$ over $G_1 \times G_2$, we get

$$(JF_1 \otimes_{F_1} \mathbf{Z}) \otimes (JF_2 \otimes_{F_2} \mathbf{Z}) \overset{0}{\to} JF_1 \otimes \mathbf{Z} \oplus \mathbf{Z} \otimes JF_2 .$$

Thus we have proved – in view of the natural isomorphisms $JF_i \otimes_{F_i} \mathbf{Z} \cong F_{iab}$, $i=1, 2$ – writing $Z_k$ for the $k$th cycle group,

LEMMA 3.4. *With respect to the resolution* (3.4), $Z_1G_1 \otimes Z_1G_2$ *is embedded in* $Z_2(G_1 \times G_2)$ *as* $F_{1ab} \otimes F_{2ab}$, *and hence* $G_{1ab} \otimes G_{2ab}$ *is embedded in* $H_2(G_1 \times G_2)$ *as* $F_1/[F_1, F_1]\, R_1 \otimes F_2/[F_2, F_2]\, R_2$.

We now revert to our special case. We must construct a chain-map $\phi_0, \phi_1, \phi_2, \cdots$

$$\begin{array}{ccccccccc} \cdots \to (JF \otimes_F \mathbf{Z}G) \otimes (JS \otimes_S \mathbf{Z}N) & \xrightarrow{\partial_2} & \{(JF \otimes_F \mathbf{Z}G) \otimes \mathbf{Z}N\} \oplus \{\mathbf{Z}G \otimes (JS \otimes_S \mathbf{Z}N)\} & \xrightarrow{\partial_1} & \mathbf{Z}G \otimes \mathbf{Z}N & \to & \mathbf{Z} & \to & 0 \\ \downarrow \phi_2 & & \downarrow \phi_1 & & \downarrow \phi_0 & & \| & & \\ \cdots \to \quad R_{ab} \otimes \mathbf{Z}G & \xrightarrow{\partial_2} & JF \otimes_F \mathbf{Z}G & \xrightarrow{\partial_1} & \mathbf{Z}G & \longrightarrow & \mathbf{Z} & \to & 0 \end{array}$$

compatible with $\mu: G\times N\to G$. Direct calculation shows that we may take

$$\phi_0(e\otimes e)=e,$$
$$\phi_1((x-e)\otimes_F e\otimes e)=(x-e)\otimes_F e,$$
$$\phi_1(e\otimes(s-e)\otimes_S e)=(s-e)\otimes_F e,$$
$$\phi_2((x-e)\otimes_F e\otimes(s-e)\otimes_S e)=[s,x]\,[R,R]\otimes xs,\quad x\in F,\quad s\in S.$$

The last formula is justified by observing that

$$\begin{aligned}
&\phi_1\partial_2((x-e)\otimes_F e\otimes(s-e)\otimes_S e)\\
&=\phi_1((\varepsilon' x-e)\otimes_F(s-e)\otimes_S e-(x-e)\otimes_F e\otimes(\varepsilon'' s-e))\\
&=(s-e)\otimes_F(\varepsilon' x-e)-(x-e)\otimes_F(\varepsilon'' s-e)\\
&=(s-e)(x-e)\otimes_F e-(x-e)(s-e)\otimes_F e\\
&=(sx-xs)\otimes_F e\\
&=([s,x]-e)\otimes_F xs\\
&=\partial_2([s,x]\,[R,R]\otimes xs).
\end{aligned}$$

Again writing $Z_k$ for the $k$th cycle group, we observe that $\phi_2$ induces

$$\phi_2: Z_1G\otimes Z_1N\to Z_2G$$

given by

$$\phi_2(x[F,F]\otimes s[S,S])=[s,x]\,[R,R],$$

and so induces, in the light of Lemma 3.4, $\chi_0$ given by

$$\chi_0(xR[F,F]\otimes sR)=[s,x]\,[F,R].$$

(Recall that $[S,S]\subseteq R$). This proves the theorem, since

$$\chi(xR[F,F]\otimes sR)=[x,s]\,[R,R].$$

*Remark.* The difference of sign is not unexpected, since Ganea is considering the *left* operation of $N$ on $G$.

## 4. Stem-Extensions

A central extension $N\overset{\mu}{\rightarrowtail}G\overset{\varepsilon}{\twoheadrightarrow}Q$ is called a *stem-extension* if $N\subseteq[G,G]$. From (1.3) we immediately deduce

PROPOSITION 4.1. *Let $N\overset{\mu}{\rightarrowtail}G\overset{\varepsilon}{\twoheadrightarrow}Q$ be a central extension. Then the following statements are equivalent:*

(i) $N \rightarrowtail G \twoheadrightarrow Q$ *is a stem-extension;*
(ii) $\mu_*: N \to G_{ab}$ *is the zeromap;*
(iii) $\tau = \varepsilon_*: G_{ab} \to Q_{ab}$ *is an isomorphism;*
(iv) $\beta: H_2 Q \to N$ *is an epimorphism.*

Note that (iv) implies that if $\xi \in H^2(Q; N)$ is the characteristic class of the central extension, then the stem-extensions are precisely those for which $\Phi(\xi)$ is an epimorphism, where

$$\Phi: H^2(Q; N) \twoheadrightarrow \mathrm{Hom}(H_2 Q, N)$$

is the natural epimorphism of the universal coefficient theorem.

We will apply the notion of a stem-extension in later sections. Here we wish to show that the exact sequence of Theorem 3.2 extends two further places to the left in the case of stem-extensions. However, our arguments encompass a generalization of the notion of stem-extensions, which we now give.

We say that the central extension $N \overset{\mu}{\rightarrowtail} G \overset{\varepsilon}{\twoheadrightarrow} Q$ is a *weak stem-extension* if $\mu$ induces $0: N \otimes N \to G_{ab} \otimes N$. Thus we have, by applying (1.2) – compare Proposition 4.1 –

PROPOSITION 4.2. *Let* $N \overset{\mu}{\rightarrowtail} G \overset{\varepsilon}{\twoheadrightarrow} Q$ *be a central extension. Then the following statements are equivalent:*
(i) $N \rightarrowtail G \twoheadrightarrow Q$ *is a weak stem-extension;*
(ii) $\tau_N = \varepsilon_*: G_{ab} \otimes N \to Q_{ab} \otimes N$ *is an isomorphism;*
(iii) $\beta_N: H_2(Q; N) \to N \otimes N$ *is an epimorphism.*

We will abbreviate 'weak stem-extension' to 'ws-extension'. We give some examples:

*Examples.* (a) If $G$ is perfect then every central extension is a stem-extension.

(b) Consider $\mathbf{Z}_m \rightarrowtail \mathbf{Z}_{m^2} \twoheadrightarrow \mathbf{Z}_m$. Obviously this is not a stem-extension, but it is clearly a ws-extension, for $\mathbf{Z}_{m^2} \otimes \mathbf{Z}_m \to \mathbf{Z}_m \otimes \mathbf{Z}_m$ is certainly an isomorphism. It is interesting to note that, in this example, while $\beta_N$ is, by Proposition 4.2, an epimorphism, $\beta \otimes 1: H_2 Q \otimes N \to N \otimes N$ is not an epimorphism.

(c) Let $p$ be a fixed prime, let $r \geqslant s$ be positive integers, and let $G = G(p^r, p^s)$ be the group

$$G = \{a, b \mid a^{p^r} = b^{p^s} = a^{-1} b^{-1} ab\}.$$

Then $a$ is of order $p^{r+s}$, and the center of $G$ is generated by $a^{p^s}$. For any $t \geqslant s$, let $N_t$ be the (central) subgroup of $G$ generated by $a^{p^t}$. One may then readily verify that $N_t \rightarrowtail G \twoheadrightarrow Q_t$ is a stem-extension iff $t \geqslant r$ and a ws-extension iff $t \geqslant \frac{1}{2}(r+s)$.

Our main theorem, which we prove by the elementary methods of Sections 2 and 3 is the following.

THEOREM 4.3. *Let* $N \overset{\mu}{\rightarrowtail} G \overset{\varepsilon}{\twoheadrightarrow} Q$ *be a weak stem-extension. Then there is a homo-*

*morphism* $\delta: H_3Q \to G_{ab}\otimes N$ *such that the sequence*

$$H_3G \xrightarrow{\varepsilon_*} H_3Q \xrightarrow{\delta} G_{ab}\otimes N \xrightarrow{\chi} H_2G \xrightarrow{\varepsilon_*} H_2Q \xrightarrow{\beta} N \xrightarrow{\sigma} G_{ab} \xrightarrow{\varepsilon_*} Q_{ab} \to 0$$

*is exact.*

*Proof.* We have only to define $\delta$ and prove exactness at $H_3Q$ and $G_{ab}\otimes N$. Now by the reduction theorem (see for example [4; Corollary VI. 6.5]), we have natural isomorphisms

$$H_3G \cong H_1(G; R_{ab}), \qquad H_3Q \cong H_1(Q; S_{ab}),$$

so that it is sufficient to define $\delta: H_1(Q; S_{ab}) \to G_{ab}\otimes N$ and prove exactness in

$$H_1(G; R_{ab}) \xrightarrow{\varepsilon_*} H_1(Q; S_{ab}) \xrightarrow{\delta} G_{ab}\otimes N \xrightarrow{\chi} H_2G. \tag{4.1}$$

Now from the exact sequence of $Q$-modules

$$R/[S,S] \rightarrowtail S/[S,S] \twoheadrightarrow N$$

we get a coefficient sequence

$$H_2(Q; N) \xrightarrow{\psi} H_1(Q; R/[S,S]) \xrightarrow{\phi'} H_1(Q; S_{ab}) \xrightarrow{\delta'} H_1(Q; N) \xrightarrow{\chi'} (R/[S,S])_Q \to \cdots. \tag{4.2}$$

Since $\varepsilon_*: G_{ab}\otimes N \cong Q_{ab}\otimes N = H_1(Q; N)$, we may define $\delta$ by $\delta = \varepsilon_*^{-1}\delta'$. We now show that the diagram

$$\begin{array}{ccc} G_{ab}\otimes N & \xrightarrow{\chi} & R/[F,R] \\ \downarrow{\scriptstyle \varepsilon_*} & & \downarrow{\scriptstyle \zeta} \\ Q_{ab}\otimes N & \xrightarrow{\chi'} & R/[F,R][S,S] \end{array} \tag{4.3}$$

commutes, where $\zeta$ is the natural projection; here no use is made of the assumption that $N \rightarrowtail G \twoheadrightarrow Q$ is weak stem. Using the Gruenberg resolution of $\mathbf{Z}$ over $Q$, we have $C_1 \otimes_Q N = JF \otimes_F N$, consisting exclusively of cycles. Thus, to compute $\chi'$ on $[(x-e)\otimes_F sR]$ we pass to $(x-e)\otimes_F s[S,S]$ and apply the boundary $\partial_1$, obtaining $xsx^{-1}s^{-1}[S,S]$. We have shown that $\chi'[(x-e)\otimes_F sR] = [x,s][F,R][S,S]$. Identifying $JF\otimes_F N$ with $F_{ab}\otimes N$, we find

$$\chi'(xS[F,F]\otimes sR) = [x,s][F,R][S,S],$$

proving (4.3). Now enlarge (4.3) to the diagram, with exact columns,

$$\begin{array}{ccc} N\otimes N & \xrightarrow{\bar{\chi}} & [S,S]/[S,R] \\ \downarrow{\scriptstyle \mu_*} & \chi & \downarrow \\ G_{ab}\otimes N & \to & R/[F,R] \\ \downarrow{\scriptstyle \varepsilon_*} & & \downarrow{\scriptstyle \zeta} \\ Q_{ab}\otimes N & \xrightarrow{\chi'} & R/[F,R][S,S] \end{array}, \tag{4.4}$$

where $\bar{\chi}$ is defined by the commutator map for the extension $N \rightarrowtail N \twoheadrightarrow 1$. It follows from (4.4) that, in the case of a ws-extension, $\varepsilon_*$ induces an isomorphism of $\ker\chi$ onto $\ker\chi'$. Thus the exactness of (4.2) at $H_1(Q; N)$ implies the exactness of the sequence of Theorem 4.3 at $G_{ab} \otimes N$.

Before proceeding with the argument, we remark that it follows from (4.4) that, for a ws-extension,

$$[S, S] \subseteq [F, R], \tag{4.5}$$

so that $\zeta$ in (4.3) is the identity, and $(R/[S, S])_Q = R/[F, R]$.

It remains to prove the exactness of (4.1) at $H_1(Q; S_{ab})$. Our first step is to factorize $\varepsilon_*: H_1(G; R_{ab}) \to H_1(Q; S_{ab})$ as $\varepsilon_* = \phi'\phi''\phi'''$,

$$H_1(G; R_{ab}) \xrightarrow{\phi'''} H_1(Q; (R_{ab})_N) \xrightarrow{\phi''} H_1(Q; R/[S, S]) \xrightarrow{\phi'} H_1(Q; S_{ab}). \tag{4.6}$$

Here $\phi'''$ is the 'change-of-rings' homomorphism; $\phi''$ is induced by the sequence of $Q$-modules,

$$[S, S]/[S, R] \rightarrowtail R/[S, R] \twoheadrightarrow R/[S, S]$$

(note that $(R_{ab})_N = R/[S, R]$); and $\phi'$ is as in (4.2). We will prove

$$\phi''' \text{ is surjective}; \tag{4.7}$$

$$\operatorname{im}\phi'\phi'' = \operatorname{im}\phi'. \tag{4.8}$$

These two facts together establish the exactness of (4.1) at $H_1(Q; S_{ab})$ – in view of (4.2) – and hence Theorem 4.3. To prove (4.7), we demonstrate the following more general lemma.

LEMMA 4.4. *Given any extension $N \rightarrowtail G \overset{\varepsilon}{\twoheadrightarrow} Q$ and any $G$-module $B$,*

$$\varepsilon_*: H_1(G; B) \to H_1(Q; B_N)$$

*is surjective.*

*Proof of Lemma.* This is well-known (see for example [9]), but we give an elementary proof here in the framework of our paper. Using the Gruenberg resolutions, we readily obtain a commutative diagram

$$\begin{array}{ccccc}
 & & H_1(G; B) & \xrightarrow{\varepsilon_*} & H_1(Q; B_N) \\
 & & \downarrow & & \downarrow \\
JN \otimes_N B & \xrightarrow{\mu_*} & JG \otimes_G B & \xrightarrow{\varepsilon_*} & JQ \otimes_Q B_N \\
\| & & \downarrow & & \downarrow \\
JN \otimes_N B & \longrightarrow & B & \longrightarrow & B_N
\end{array}$$

in which the columns are exact, the bottom row is exact, and the middle row is differential. It is now trivial that $\varepsilon_*: H_1(G; B) \to H_1(Q; B_N)$ is surjective.

The proof of (4.8) is based on the following lemma. As usual, we refer to the presentation (2.5).

LEMMA 4.5. *Let* $N \rightarrowtail G \twoheadrightarrow Q$ *be a central extension. Let* $\delta'': H_1(Q; R/[S, S]) \to ([S, S]/[S, R])_Q$ *be the connecting homomorphism associated with the sequence of* $Q$*-modules*

$$[S, S]/[S, R] \rightarrowtail R/[S, R] \twoheadrightarrow R/[S, S]$$

*and let* $\bar{\chi}: N \otimes N \to [S, S]/[S, R]$ *be the commutator map* (4.4) *for the extension* $N \rightarrowtail N \twoheadrightarrow 1$. *Then* $([S, S]/[S, R])_Q = [S, S]/[S, R]$ *and the square*

$$\begin{array}{ccc} H_2(Q; N) & \xrightarrow{\psi} & H_1(Q; R/[S, S]) \\ \downarrow{\scriptstyle \beta_N} & & \downarrow{\scriptstyle \delta''} \\ N \otimes N & \xrightarrow{\bar{\chi}} & [S, S]/[S, R] \end{array} \tag{4.9}$$

*commutes.*

*Proof of Lemma.* Since $N$ is central, $Q$ operates trivially on $H_2N = [S, S]/[S, R]$. We now prove the commutativity of (4.9) by again appealing to the Gruenberg resolution of $\mathbf{Z}$ over $Q$. Then a 2-chain of $C_2(Q; N)$ has the form $\sum_i s_i[S, S] \otimes s_i' R$. Since $\psi$ is the connecting homomorphism associated with the sequence of $Q$-modules

$$R/[S, S] \rightarrowtail S/[S, S] \twoheadrightarrow N,$$

it follows that the value of $\psi$ on the class of the cycle $w = \sum_i s_i[S, S] \otimes s_i' R$ is the class, in $H_1(Q; R/[S, S])$, of $\sum_i (s_i - e) \otimes_F s_i'[S, S]$, i.e., (using $\{\ \}$ for homology classes)

$$\psi\{w\} = \{\sum_i (s_i - e) \otimes_F s_i'[S, S]\}. \tag{4.10}$$

Now a 1-chain of $C_1(Q; R/[S, S]) = JF \otimes_F R/[S, S]$ has the form $\sum_j (x_j - e) \otimes_F r_j [S, S]$, and the value of $\delta''$ on the class of the cycle $z = \sum_j (x_j - e) \otimes_F r_j\ [S, S]$ is the class, in $H_0(Q; [S, S]/[S, R])$, of $\sum_j [x_j, r_j]\ [S, R]$. But since $Q$ operates trivially on $[S, S]/[S, R]$, we may write

$$\delta''\{z\} = \sum_j [x_j, r_j]\ [S, R]. \tag{4.11}$$

We now define a 'commutator map' $\theta: JF \otimes_F S/[S, S] \to [F, S]/[S, R]$ by the rule

$$\theta((x - e) \otimes_F s[S, S]) = [x, s]\ [S, R]. \tag{4.12}$$

To check that $\theta$ is well-defined we must verify that

$$[x, s_1 s_2]\ [S, R] = [x, s_1]\ [x, s_2]\ [S, R] \tag{4.13}$$

and that $\theta((x - e)\, y \otimes_F s[S, S]) = \theta((x - e) \otimes_F ysy^{-1}[S, S])$, or

$$[xy, s]\ [y, s]^{-1}\ [S, R] = [x, ysy^{-1}]\ [S, R]. \tag{4.14}$$

Now (4.13) follows exactly as in the proof of Proposition 3.1, since $[S, [F, S]] \subseteq [S, R]$, and (4.14) holds since, in fact, $[xy, s] = [x, ysy^{-1}] [y, s]$. Thus $\theta$ is well-defined; and we observe that $JF \otimes_F R/[S, S]$ is a subgroup of $JF \otimes_F S/[S, S]$ and that, from (4.11),

$$\theta(z) = \delta'' \{z\}. \tag{4.15}$$

It thus follows from (4.10), (4.12) and (4.15) that, if $w = \sum s_i [S, S] \otimes s_i' R$,

$$\delta'' \psi \{w\} = \sum_i [s_i, s_i'] [S, R]. \tag{4.16}$$

Now, as shown in Section 2, $\beta_N : H_2(Q; N) \to N \otimes N = N \otimes_Q N$ is given by restricting to $H_2(Q; N)$ the homomorphism $S_{ab} \otimes_Q N \to N \otimes_Q N$ induced by $\varepsilon''$. Thus, with $w = \sum_i s_i [S, S] \otimes s_i' R$,

$$\beta_N \{w\} = \sum_i s_i R \otimes s_i' R,$$

so that

$$\bar{\chi} \beta_N \{w\} = \sum_i [s_i, s_i'] [S, R],$$

and the lemma is proved.

The relation (4.8) quickly follows from Lemma 4.5. For we have the diagram (with exact row and column)

$$\begin{array}{ccccc} & & H_1(Q; R/[S, R]) & & \\ & & \downarrow{\scriptstyle \phi''} & & \\ H_2(Q; N) & \xrightarrow{\psi} & H_1(Q; R/[S, S]) & \xrightarrow{\phi'} & H(Q; S/[S, S]) \\ & & \downarrow{\scriptstyle \delta''} & & \\ & & [S, S]/[S, R] & & \end{array}$$

and, by Lemma 4.5, $\delta'' \psi$ is surjective in the case of a ws-extension; for, in that case, $\beta_N$ is surjective (Proposition 4.2), and $\bar{\chi}$ is always surjective. It follows immediately that $H_1(Q; R/[S, S]) = \operatorname{im} \psi + \operatorname{im} \phi''$, so that $\operatorname{im} \phi' = \operatorname{im} \phi' \phi''$. Thus Theorem 4.3 is completely proved.

*Remark.* The exact sequence of [2] yields Theorem 4.3 as a special case. For the homomorphism $\sigma : H_4(N, 2) \to G_{ab} \otimes N$ of [2] factors through $\mu_* : N \otimes N \to G_{ab} \otimes N$ and is thus zero for a ws-extension. Indeed, the exact sequence of [2] shows that the conclusion of Theorem 4.3 holds if and only if $\mu_* \mid \ker \bar{\chi} = 0$. We will revert to this point in a subsequent paper [11].

In the case of a stem-extension, the exact sequence of Theorem 4.3 becomes

$$H_3 G \xrightarrow{\varepsilon_*} H_3 Q \xrightarrow{\delta} G_{ab} \otimes N \xrightarrow{\chi} H_2 G \xrightarrow{\varepsilon_*} HQ \xrightarrow{\beta} N \to 0 \tag{4.17}$$

Now let $Q$ be a given group and let $U$ be any subgroup of $H_2 Q$. Set $N = H_2 Q/U$ and let $\beta : H_2 Q \twoheadrightarrow N$ be the canonical projection. Let $\xi$ be any element of $H^2(Q; N)$ such that

$\Phi(\xi)=\beta$, and let $N \overset{\mu}{\rightarrowtail} G \overset{\varepsilon}{\twoheadrightarrow} Q$ be a central extension with characteristic class $\xi$. Then it follows from Theorem 2.2 and Proposition 4.1 that $N \rightarrowtail G \twoheadrightarrow Q$ is a stem-extension and (4.17) shows that

$$U = \operatorname{im} \varepsilon_* \cong \operatorname{coker} \chi .$$

The stem-extensions yielding the given epimorphism $\beta$ are in one-to-one correspondence with the elements of $\operatorname{Ext}(H_1 Q, N)$. The stem-extensions for which $U=0$, $\beta=1$ are called *stem-covers*. For a stem-cover

$$H_2 Q \rightarrowtail G \overset{\varepsilon}{\twoheadrightarrow} Q$$

we have an exact sequence

$$H_3 G \overset{\varepsilon_*}{\to} H_3 Q \overset{\delta}{\to} G_{ab} \otimes H_2 Q \overset{\chi}{\to} H_2 G \to 0 ; \tag{4.18}$$

and the stem-covers of $Q$ are in one-to-one correspondence with elements of $\operatorname{Ext}(H_1 Q, H_2 Q)$.

## 5. Perfect Groups

Let

$$N \overset{\mu}{\rightarrowtail} G \overset{\varepsilon}{\twoheadrightarrow} Q \tag{5.1}$$

be a central extension classified by $\xi \in H^2(Q; N)$ and let $\varrho: N \to N_1$ be a homomorphism of commutative groups. We then recall that if $\xi_1 = \varrho_*(\xi) \in H^2(Q; N_1)$ and

$$N_1 \rightarrowtail G_1 \twoheadrightarrow Q$$

is the central extension classified by $\xi_1$, there is a map of extensions

$$\begin{array}{ccccc} N & \overset{\mu}{\rightarrowtail} & G & \overset{\varepsilon}{\twoheadrightarrow} & Q \\ {\scriptstyle \varrho}\downarrow & & \downarrow{\scriptstyle \tau} & & \| \\ N_1 & \overset{\mu_1}{\rightarrowtail} & G_1 & \overset{\varepsilon_1}{\twoheadrightarrow} & Q \end{array} . \tag{5.2}$$

We study this situation when $Q$ is perfect, that is, $Q_{ab}=0$. In that case (see the Remark following Theorem 2.2) the central extension (5.1) is characterized by $\beta=\Phi(\xi): H_2 Q \to N$, which appears in the exact sequence (1.3)

$$H_2 G \to H_2 Q \overset{\beta}{\to} \mathcal{N} \to G_{ab} \to 0 ;$$

and, if $\xi_1 = \varrho_*(\xi)$,

$$\Phi(\xi_1) = \varrho\beta . \tag{5.3}$$

Moreover,

PROPOSITION 5.1. *Let*

$$\begin{array}{ccccc} N & \overset{\mu}{\rightarrowtail} & G & \overset{\varepsilon}{\twoheadrightarrow} & Q \\ \varrho\downarrow & & \tau\downarrow & & \downarrow\psi \\ N_1 & \underset{\mu_1}{\rightarrowtail} & G_1 & \underset{\varepsilon_1}{\twoheadrightarrow} & Q_1 \end{array}$$

*be a map of extensions in which $Q$ is perfect and $N_1$ is central. Then $\tau$ is uniquely determined by $\varrho$ and $\psi$.*

*Proof.* Let $\tau$, $\tau': G \to G_1$ be two homomorphisms each yielding commutativity in relation to $\varrho$ and $\psi$. Consider the function $f: G \to G_1$ given by $f(x) = \tau(x)\,\tau'(x)^{-1}$, $x \in G$. Since $\varepsilon_1 \tau = \varepsilon_1 \tau'$, $f$ maps $G$ into $N_1$. Since $N_1$ is central, it is clear that $f: G \to N_1$ is a homomorphism. Since $\tau\mu = \tau'\mu$, $f$ is trivial on $N$, and thus induces a homomorphism $g: Q \to N_1$. Since $Q$ is perfect and $N_1$ is commutative, $g = 0$. Thus $f = 0$, so that $\tau = \tau'$.

COROLLARY 5.2. *In the diagram* (5.2), *with $Q$ perfect, $\tau$ is uniquely determined by $\varrho$.*

We now, temporarily, restrict attention to *stem*-extensions (5.1) with *$Q$ perfect.* We note that, $Q$ being perfect, (5.1) is a stem extension if and only if $G$ is also perfect. Theorem 3.2 then yields the short exact sequence, for stem extensions (5.1),

$$0 \to H_2 G \overset{\alpha}{\to} H_2 Q \overset{\beta}{\to} N \to 0\,. \tag{5.4}$$

Thus, with every stem extension (5.1) of the perfect group $Q$, we may associate a subgroup $U = H_2 G$ of $H_2 Q$, such that the stem extension is characterized by the projection $H_2 Q \twoheadrightarrow H_2 Q/U = N$. Conversely, given $U \subseteq H_2 Q$, set $N = H_2 Q/U$, $\beta: H_2 Q \to N$ the projection, and let (5.1) be the central extension characterized by $\beta$. Then, plainly, (5.1) is a stem extension and

$$H_2 G = U\,.$$

Thus we have proved

THEOREM 5.3. *There is a one-one correspondence between stem extensions of the perfect group $Q$ and subgroups of $H_2 Q$, given by associating with* (5.1) *the group $H_2 G$.*

Now let us take the stem extension

$$H_2 Q \rightarrowtail Q_0 \twoheadrightarrow Q \tag{5.5}$$

of the perfect group $Q$ with $H_2 Q_0 = 0$. It is *universal* in the following sense. Given any central extension (5.1), characterized by $\beta: H_2 Q \to N$, there exists, according to Corollary 5.2, a unique homomorphism $\tau: Q_0 \to G$ such that the diagram

$$\begin{array}{ccccc} H_2 Q & \rightarrowtail & Q_0 & \twoheadrightarrow & Q \\ \downarrow\beta & & \downarrow\tau & & \| \\ N & \rightarrowtail & G & \twoheadrightarrow & Q \end{array}$$

commutes (note that (5.5) is characterized by the identity map of $H_2Q$). Notice that, if (5.1) is also a stem extension, then, in (5.6), $\beta$ is surjective, so that $\tau$ is surjective. Moreover, $\ker\tau=\ker\beta=H_2G$, which is central in $Q_0$. Thus if we describe $G$ as a *cover* of $Q$ if there exists a stem extension (5.1), then Theorem 5.3 establishes a one-one correspondence between covers of $Q$ and subgroups of $H_2Q$ [6], and our subsequent argument shows that $Q_0$ is the *universal cover* of $Q$ in that it (uniquely) covers any cover of $Q$.

PROPOSITION 5.4. *The central extension* (5.1) *is the universal cover of the perfect group $Q$ if and only if $H_1G=0$, $H_2G=0$.*

*Proof.* This is immediate, since, if $H_1G=0, H_2G=0$, then $\beta$ and $\tau$ are isomorphisms in (5.6).

We next describe $Q_0$ and $\tau$ in (5.6) by means of the presentation (2.5). We have the evident

PROPOSITION 5.5. *Let* (5.1) *be a stem extension of the perfect group $Q$. Then*

$$[F,S]=[F,R].$$

*Proof.* We showed in Section 3 that for any central extension, the kernel of $\alpha: H_2G\to\to H_2Q$ is $[F,S]/[F,R]$. But for a stem extension of the perfect group $Q$, $\ker\alpha=0$ (5.4); indeed, it is plain that $[F,S]=[F,R]$ for a ws-extension of the perfect group $Q$.

Now if (5.1) is the universal cover, then $H_1G=0$, $H_2G=0$, $N=H_2Q$. Thus

$$R\cap[F,F]=[F,R]=[F,S],$$

so that

$$G=F/R=[F,F]/(R\cap[F,F])=[F,F]/[F,S].$$

Conversely, let $S\rightarrowtail F\twoheadrightarrow Q$ be a free presentation of the perfect group $Q$; then $Q==[F,F]/(S\cap[F,F])$ and if we set $G=[F,F]/[F,S]$ we obtain the extension

$$H_2Q\rightarrowtail G\twoheadrightarrow Q. \tag{5.7}$$

This extension is plainly central and is characterized by the identity on $H_2Q$. It follows that (5.7) is a stem extension and $H_2G=0$.

If $N\rightarrowtail G\twoheadrightarrow Q$ is an arbitrary central extension of the perfect group $Q$, characterized by $\beta: H_2Q\to N$, we induce a homomorphism $\tau:[F,F]/[F,S]\to F/R$ from the inclusions $[F,F]\subseteq F$, $[F,S]\subseteq R$. Plainly, $\tau$ restricts to $\beta$ on $H_2Q=(S\cap[F,F])/[F,S]$ and induces a commutative diagram (5.6). By uniqueness, it is therefore the homomorphism there described. We sum up:

THEOREM 5.6. *Given the presentation $S\rightarrowtail F\twoheadrightarrow Q$ of the perfect group $Q$, the* *universal central (stem) extension* $H_2Q \overset{\mu_0}{\rightarrowtail} Q_0 \overset{\varepsilon_0}{\twoheadrightarrow} Q$ *can be given by* $Q_0 = [F, F]/[F, S]$ *with* $\varepsilon_0$ *induced by the inclusions* $[F, F] \subseteq F$, $[F, S] \subseteq S$. *For any central extension* $N \rightarrowtail G \twoheadrightarrow Q$ *with presentation* (2.5), *the universal homomorphism* $\tau: Q_0 \to G = F/R$ *is induced by the inclusions* $[F, F] \subseteq F$, $[F, S] \subseteq R$.

*Remarks.* 1) Theorem 5.6 may readily be used to prove, without any spectral sequence techniques, the result cited in [6] that, given a *short exact sequence of perfect groups* $K \rightarrowtail G \twoheadrightarrow Q$, the lifted sequence $K_0 \to G_0 \twoheadrightarrow Q_0$ is exact.

2) It is also clear how to present the cover of $Q$ corresponding to any subgroup $U$ of $H_2Q$. With $H_2Q = (S \cap [F, F])/[F, S]$ we have $U = V/[F, S]$, $[F, S] \subseteq V \subseteq S \cap [F, F]$, and $V \rightarrowtail [F, F] \twoheadrightarrow G$ is then a presentation of the required cover $G$.

We now prove a theorem motivated by the analogy with covering space theory.

THEOREM 5.7 *Let* $N \overset{\mu}{\rightarrowtail} G \overset{\varepsilon}{\twoheadrightarrow} Q$ *be a central extension, let* $X$ *be a perfect group and let* $\psi: X \to Q$ *be a homomorphism. Then* $\psi$ *lifts, uniquely, to* $\phi: X \to G$ *with* $\varepsilon\phi = \psi$, *if and only if*

$$\psi_* H_2 X \subseteq \varepsilon_* H_2 G. \tag{5.8}$$

*Proof.* Plainly, if $\psi$ lifts, (5.8) holds. Also Proposition 5.1 affirms that if $\phi$ exists, it is unique. Thus it suffices to prove that (5.8) implies the existence of $\phi$.

We use the presentation of $X$,

$$U \rightarrowtail V \twoheadrightarrow X.$$

Let $\psi$ be lifted to $\eta: V \to F$ with $\eta(U) \subseteq S$. Then

$$\begin{aligned} \varepsilon_* H_2 G &= (R \cap [F, F])\,[F, S]/[F, S] \\ &= R \cap [F, F]/[F, S], \end{aligned}$$

since $N$ is central in $G$. Thus the hypothesis (5.8) may be translated into the condition

$$\eta(U \cap [V, V]) \subseteq R \cap [F, F]. \tag{5.9}$$

Since $X$ is perfect we may present it by

$$U \cap [V, V] \rightarrowtail [V, V] \twoheadrightarrow X.$$

We have the diagram

$$\begin{array}{ccccc} U \cap [V, V] & \overset{\eta}{\to} & R \cap [F, F] & \rightarrowtail & S \cap [F, F] \\ \downarrow & & \downarrow & & \downarrow \\ [V, V] & \xrightarrow{\eta} & [F, F] & \longrightarrow & [F, F] \\ \downarrow & & \downarrow & & \downarrow \\ X & \overset{\phi}{\dashrightarrow} & G & \xrightarrow{\varepsilon} & Q \end{array} \quad , \tag{5.10}$$

determining a map $\phi: X \to G$ such that $\varepsilon\phi = \psi$.

We may apply this theorem in the following situation. Consider the diagram

$$\begin{array}{ccccc} N & \overset{\mu}{\rightarrowtail} & G & \overset{\varepsilon}{\twoheadrightarrow} & Q \\ & & & & \downarrow\psi \\ N_1 & \overset{\mu_1}{\rightarrowtail} & G_1 & \overset{\varepsilon_1}{\twoheadrightarrow} & Q_1 \end{array}, \tag{5.11}$$

where the top row is a stem extension of the perfect group $Q$, and the bottom row is a central extension. Then we know that we may complete (5.11) to the commutative diagram (and uniquely)

$$\begin{array}{ccccc} N & \overset{\mu}{\rightarrowtail} & G & \overset{\varepsilon}{\twoheadrightarrow} & Q \\ \downarrow\varrho & & \downarrow\tau & & \downarrow\psi \\ N_1 & \overset{\mu_1}{\rightarrowtail} & G_1 & \overset{\varepsilon_1}{\twoheadrightarrow} & Q_1 \end{array} \tag{5.12}$$

if and only if $\psi_* \varepsilon_* H_2 G \subseteq \varepsilon_{1*} H_2 G_1$. However this latter is precisely the condition that we may find $\varrho': N \to N_1$ such that the diagram

$$\begin{array}{ccc} H_2Q & \overset{\beta}{\to} & N \\ \downarrow\psi_* & & \downarrow\varrho' \\ H_2Q_1 & \overset{\beta_1}{\to} & N_1 \end{array} \tag{5.13}$$

commutes, as follows immediately from (1.3). Moreover, since (5.12) induces

$$\begin{array}{ccc} H_2Q & \overset{\beta}{\to} & N \\ \downarrow\psi_* & & \downarrow\varrho \\ H_2Q_1 & \overset{\beta_1}{\to} & N_1 \end{array} \tag{5.14}$$

and $\beta$ is surjective, it follows that $\varrho = \varrho'$. We thus have the corollary of Theorem 5.7.

COROLLARY 5.8. *Let $N \rightarrowtail G \twoheadrightarrow Q$ be a stem extension of the perfect group $Q$, let $N_1 \rightarrowtail G_1 \twoheadrightarrow Q_1$ be a central extension, and let $\varrho: N \to N_1$, $\psi: Q \to Q_1$ be homomorphisms. Then there exists $\tau: G \to G_1$ rendering the diagram* (5.12) *commutative if and only if* (5.14) *commutes. If $\tau$ exists, it is unique.*

*Remark.* We note, in particular, that if (5.14) commutes, then there exists a canonical homomorphism $\theta: H_2G \to H_2G_1$, namely $\tau_*$, such that

$$\begin{array}{ccc} H_2G & \overset{\varepsilon}{\to} & H_2Q \\ \downarrow\theta & & \downarrow\psi_* \\ H_2G_1 & \overset{\varepsilon_{1*}}{\to} & H_2Q_1 \end{array}$$

commutes.

We close this section by observing that Theorem 4.3 leads to an immediate proof of the following result of Kervaire [6] (see also [2]):

THEOREM 5.9. *Let $N \overset{\mu}{\rightarrowtail} G \overset{\varepsilon}{\twoheadrightarrow} Q$ be a stem extension of the perfect group $Q$. Then $\varepsilon_*: H_3G \to H_3Q$ is an epimorphism.*

## 6. Appendix: Remarks on Algebraic K-Theory

Certain exact sequences of algebraic $K$-theory can easily be obtained within the framework of this paper. We first recall some known facts and definitions.

We consider $G = GL(\Lambda)$, $\Lambda$ being a ring with unity, and the subgroup $E = E(\Lambda)$ generated by elementary matrices $1 + \lambda E_{ij}$, $i \neq j$, $\lambda \in \Lambda$. Given an ideal $\mathfrak{a} \subset \Lambda$, we write $\bar{G} = G(\Lambda/\mathfrak{a})$, $\bar{E} = E(\Lambda/\mathfrak{a})$ and denote by $\pi: G \to \bar{G}$, $\pi': E \to \bar{E}$ the canonical maps, by $N$ the kernel of $\pi$ (i.e., the *congruence subgroup* $G(\Lambda, \mathfrak{a})$). The group $E(\Lambda, \mathfrak{a})$, the normal hull in $E$ of all elementary matrices $1 + \alpha E_{ij}$, $\alpha \in \mathfrak{a}$, is contained in [1] $\ker \pi' = E \cap N$. The following facts are easily proved: $E = [E, E]$, $\bar{E} = [\bar{E}, \bar{E}]$, $E(\Lambda, \mathfrak{a}) = [E, E(\Lambda, \mathfrak{a})]$, and $\pi': E \to \bar{E}$ is an epimorphism.

The generalized *Whitehead Lemma* [10, Theorem 15.1]

$$[G, N] \subseteq E(\Lambda, \mathfrak{a})$$

yields the further relations

$$E = [G, G] \tag{6.1}$$

$$E(\Lambda, \mathfrak{a}) = [G, N] \tag{6.2}$$

$$[E, E \cap N] = [G, N]. \tag{6.3}$$

The proof of (6.3) is as follows: the inclusion $[E, E \cap N] \subseteq [G, N]$ is obvious, and, on the other hand, we have

$$[E, E \cap N] \supseteq [E, E(\Lambda, \mathfrak{a})] = E(\Lambda, \mathfrak{a}) = [G, N].$$

We now reflect this situation by the following more general set-up. Let $G$ and $\bar{G}$ be *groups with perfect commutator subgroups*, let $E = [G, G]$ and $\bar{E} = [\bar{G}, \bar{G}]$; let $\pi$ be a homorphism $G \to \bar{G}$ which maps $E$ onto $\bar{E}$, and suppose that $[G, N] = [E, E \cap N]$, where $N = \ker \pi$.

We write $Q = G/N$ and map the extension $E \cap N \rightarrowtail E \twoheadrightarrow \bar{E}$ into $N \rightarrowtail G \overset{\varepsilon}{\twoheadrightarrow} Q$ by inclusions. The induced map of the exact sequences (1.3) is given by the commutative diagram

$$\begin{array}{ccccccccc} H_2E & \overset{\alpha'}{\to} & H_2\bar{E} & \overset{\beta'}{\to} & E \cap N/[E, E \cap N] & \longrightarrow & 0 & \longrightarrow & 0 \longrightarrow 0 \\ \downarrow & & \downarrow & & \downarrow \varrho & & \downarrow & & \downarrow \\ H_2G & \overset{\alpha}{\to} & H_2Q & \overset{\beta}{\longrightarrow} & N/[G, N] & \overset{\delta}{\longrightarrow} & H_1G & \overset{\varepsilon_*}{\to} & H_1Q \to 0. \end{array} \tag{6.4}$$

---

[1]) On p. 211 of [10], Swan inadvertently defines $E(\Lambda, \mathfrak{a})$ to be $\ker \pi'$. The statement on p. 212 is the correct one – and the only one which Swan uses.

We note that $\operatorname{Im}\varrho = (E \cap N)/[G, N] = \ker \delta$; this is also $\operatorname{im} \varrho\beta'$. Since $[E, E \cap N] = [G, N]$, $\varrho$ is a monomorphism, so $\ker \varrho\beta' = \ker \beta' = \operatorname{im} \alpha'$. We further remark that $\pi$ induces a monomorphism $Q \rightarrowtail \bar{G}$ which maps $[Q, Q] = \varepsilon(E)$ isomorphically onto $\bar{E}$. It follows that the kernel of $\pi_*: H_1G = G/E \to H_1\bar{G} = \bar{G}/\bar{E}$ is equal to the kernel of $\varepsilon_*: G/E \to Q/[Q, Q]$. Writing $\sigma = \varrho\beta'$, we obtain from (6.4) the exact sequence

$$H_2E \xrightarrow{\alpha'} H_2\bar{E} \xrightarrow{\sigma} N/[G, N] \xrightarrow{\delta} H_1G \xrightarrow{\pi_*} H_1\bar{G}. \tag{6.5}$$

In the case of $K$-theory, the groups can all be identified with familiar $K$-groups: $H_1G = G/E = K_1(\Lambda)$; $H_1\bar{G} = K_1(\Lambda/\mathfrak{a})$; $N/[G, N] = GL(\Lambda, \mathfrak{a})/E(\Lambda, \mathfrak{a}) = K_1(\Lambda, \mathfrak{a})$; and finally one *defines* $K_2(\Lambda)$ by $H_2E(\Lambda)$. Then (6.5) becomes the exact sequence

$$K_2(\Lambda) \to K_2(\Lambda/\mathfrak{a}) \to K_1(\Lambda, \mathfrak{a}) \to K_1(\Lambda) \to K_1(\Lambda/\mathfrak{a}). \tag{6.6}$$

The above definition of $K_2(\Lambda)$ coincides with that of Milnor, where $K_2(\Lambda)$ is the kernel of $St(\Lambda) \twoheadrightarrow E(\Lambda)$. The group $St(\Lambda)$, the Steinberg group, is defined by an explicit free presentation $S \rightarrowtail F \twoheadrightarrow St(\Lambda)$; it is a stem-extension of $E(\Lambda)$, and in fact the universal one – which implies that the kernel is $H_2E(\Lambda)$. To prove that $St(\Lambda)$ is universal, it suffices to show that it is its own universal stem-extension; i.e., that the homomorphism $[F, F]/[F, S] \to F/S$ induced by the inclusions $[F, F] \subseteq F$, $[F, S] \subseteq S$, is an isomorphism. This can be done by following Kervaire's procedure [6], using various commutator relations.

REFERENCES


[1] H. Bass, *$K_2$ and Symbols, Algebraic K-theory and its geometric applications*, Lecture Notes in Math., Vol. 108. (Springer Verlag, 1969).

[2] B. Eckmann and P. J. Hilton, *On central group extensions and homology*, Comment. Math. Helv. *46* (1971), 345–355.

[3] B. Eckmann and U. Stammbach, *On exact sequences in the homology of groups and algebras*, Ill. J. of Math. *14* (1970), 205–215.

[4] P. J. Hilton and U. Stammbach, *A course in homological algebra*, (Springer Verlag, 1971).

[5] T. Ganea, *Homologie et extensions centrales de groupes*, C. R. Acad. Sc. Paris *266* (1968), 557–558.

[6] M. A. Kervaire, *Multiplicateurs de Schur et K-théorie*, Essays on Topology and Related Topics. (Springer Verlag, 1970), pp. 212–225.

[7] I. Schur, *Über die Darstellung der endlichen Gruppen durch gebrochene lineare Substitutionen*, J. für reine und angew. Math. *127* (1904), 20–50.

[8] J. Stallings, *Homology and central series of groups*, J. of Algebra *2* (1965), 170–181.

[9] U. Stammbach, *Anwendungen der Homologietheorie der Gruppen auf Zentralreihen und auf Invarianten von Präsentierungen*. Math. Z. *94* (1966), 157–177.

[10] R. G. Swan, *Algebraic K-Theory*, Lecture Notes in Math., Vol. 76. (Springer Verlag, 1968).

[11] B. Eckmann, P. J. Hilton and U. Stammbach, *On the Homology Theory of Central Group Extensions; II – The Extended Exact Sequence in the General Case*, to appear in Comment. Math. Helv.



*ETH, Zürich*

*Battelle Seattle Research Center and University of Washington*


Received November 8, 1971.

# On the Schur multiplicator of a central quotient of a direct product of groups

(with P. J. Hilton and U. Stammbach)

J. Pure Appl. Algebra **3** (1973), 73–82

Communicated by K. Gruenberg
Received 10 February 1972

## 1. Introduction

In [2] it was shown that, given a central extension of groups,

(1.1) $U \overset{\iota}{\rightarrowtail} A \overset{\pi}{\twoheadrightarrow} G$,

the standard 5-term exact sequence in integral homology could be augmented by an extra term on the left, yielding the exact sequence

(1.2) $\Sigma\colon A_{ab} \otimes U \overset{\gamma}{\to} H_2A \overset{\pi_*}{\to} H_2G \overset{\delta}{\to} U \overset{\iota_*}{\to} A_{ab} \overset{\pi_*}{\to} G_{ab} \to 0.$

In [1], the Ganea term $\gamma$ was explicitly identified as a certain commutator map, when expressed in terms of a given free presentation of $A$. Indeed, if $R \rightarrowtail F \twoheadrightarrow A$ is such a presentation, then the Hopf formula yields

$$H_2A = (R \cap [F,F])/[F,R],$$

and $\gamma$ is given by

(1.3) $\gamma(aA' \otimes u) = [f,s][F,R]$,

where $A' = [A,A]$, $f \in F$ represents $a$ and $s \in F$ represents $u$.

It is clear that the sequence $\Sigma$, together with (1.3), may be used to compute $H_2G$, the Schur multiplicator of $G$ – at least, up to a group extension – provided that $H_2A$ is known. In fact, from (1.2) we infer the short exact sequence

$$(1.4)\qquad 0 \to P \overset{\alpha}{\to} H_2G \overset{\beta}{\to} Q \to 0,$$

where

$$(1.5)\qquad P = \operatorname{coker} \gamma, \quad Q = \ker \iota_*;$$

and we will be concerned in this paper to study $P$, $Q$ and the element $\xi$ of Ext $(Q, P)$ determined by (1.4), when $A$ is a central quotient of a direct product. That is, we will suppose $A = A_1 \times A_2$ and we will assume that $H_2A_1$ and $H_2A_2$ are known so that $H_2A$ is itself known by the Künneth formula. Then with every central extension (1.1), with $A = A_1 \times A_2$, we may associate central extensions

$$(1.6)\qquad U_i \overset{\iota_i}{\rightarrowtail} A_i \overset{\pi_i}{\twoheadrightarrow} G_i, \quad i = 1, 2,$$

where $U_i$ is the image of $U$ under the projection of $A$ onto $A_i$. Our discussion of (1.4) will then be in terms of the associated sequences

$$(1.7)\qquad 0 \to P_i \overset{\alpha_i}{\to} H_2G_i \overset{\beta_i}{\to} Q_i \to 0, \quad i = 1, 2.$$

Prominent among central quotients of direct products are *central products* (direct products with amalgamated central subgroups). A result on multiplicators of central products of finite groups has been given by Wiegold [4]. We generalize his result to arbitrary central quotients of direct products of arbitrary groups.

The case of *stem extensions*, that is, central extensions (1.1) with $U \subseteq A'$ (see [1]) is particularly susceptible to the methods of this paper. If $A = A_1 \times A_2$, then the extensions (1.6) are stem if and only if the extension (1.1) is stem; and, in that case, it turns out that complete information on $H_2G$ is furnished by (1.7), together with the projections $U \to U_i$, $i = 1, 2$.

There are some changes of notation (but none of terminology) compared with [1].

## 2. The general case of a central quotient of a direct product

We will be concerned in this section with the general case of a central extension

$$(1.1)\qquad U \overset{\iota}{\rightarrowtail} A \overset{\pi}{\twoheadrightarrow} G,$$

with $A = A_1 \times A_2$. From this extension we obtain, as in §1, the two auxiliary central extensions

$$U_i \overset{\iota_i}{\rightarrowtail} A_i \overset{\pi_i}{\twoheadrightarrow} G_i, \quad i = 1, 2,$$

where $U_i$ is the image of $U$ under the projection of $A$ onto $A_i$. From these extensions we construct the central extension

$$U_1 \times U_2 \overset{\iota_1 \times \iota_2}{\rightarrowtail} A_1 \times A_2 \overset{\pi_1 \times \pi_2}{\twoheadrightarrow} G_1 \times G_2,$$

which we write as

$$(2.1) \qquad U_0 \overset{\iota_0}{\rightarrowtail} A \overset{\pi_0}{\twoheadrightarrow} G_0.$$

Then we have sequences

$$(2.2) \qquad \begin{aligned} &\Sigma_0 : A_{ab} \otimes U_0 \overset{\gamma_0}{\to} H_2 A \overset{\pi_{0*}}{\longrightarrow} H_2 G_0 \overset{\delta_0}{\to} U_0 \overset{\iota_{0*}}{\longrightarrow} A_{ab} \overset{\pi_{0*}}{\longrightarrow} G_{0ab} \to 0, \\ &\Sigma_i : A_{iab} \otimes U_i \overset{\gamma_i}{\to} H_2 A_i \overset{\pi_{i*}}{\longrightarrow} H_2 G_i \overset{\delta_i}{\to} U_i \overset{\iota_{i*}}{\longrightarrow} A_{iab} \overset{\pi_{i*}}{\longrightarrow} G_{iab} \to 0, \quad i = 1, 2. \end{aligned}$$

Moreover, there are the obvious maps $\Sigma_i \to \Sigma_0$, $\Sigma_0 \to \Sigma_i$, induced by the injections $(U_i, A_i, G_i) \rightarrowtail (U_0, A, G_0)$, projections $(U_0, A, G_0) \twoheadrightarrow (U_i, A_i, G_i)$.

From (2.2) we deduce, as in § 1, short exact sequences

$$(2.3) \qquad \begin{aligned} &0 \to P_0 \overset{\alpha_0}{\to} H_2 G_0 \overset{\beta_0}{\to} Q_0 \to 0, \\ &0 \to P_i \overset{\alpha_i}{\to} H_2 G_i \overset{\beta_i}{\to} Q_i \to 0. \end{aligned}$$

and it is obvious from (1.5) and (2.2) that

$$(2.4) \qquad Q_0 = Q_1 \oplus Q_2.$$

We now analyze $H_2 A$. Since $A = A_1 \times A_2$, the Künneth formula yields a natural isomorphism

$$(2.5) \qquad H_2 A_1 \oplus H_2 A_2 \oplus (A_{1ab} \otimes A_{2ab}) \overset{\langle \tau_1, \tau_2, \tau_3 \rangle}{\rightarrowtail\!\!\!\twoheadrightarrow} H_2 A.$$

We write $p_1, p_2, p_3$ for the corresponding projections in (2.5). Then $\tau_1, \tau_2$ are induced by the injections $A_1 \rightarrowtail A$, $A_2 \rightarrowtail A$, and $p_1, p_2$ are induced by the projections $A \twoheadrightarrow A_1$, $A \twoheadrightarrow A_2$. We now record the explicit form of $\tau_3$ in terms of a (special) free presentation of $A$.

Let $R_i \rightarrowtail F_i \twoheadrightarrow A_i$ be a free presentation of $A_i$. We may choose for $F$ the free product $F_1 * F_2$ and then $R \rightarrowtail F \twoheadrightarrow A$ presents $A$, where $R$ is the normal subgroup of $F$ generated by $R_1, R_2$, and $[F_1, F_2]$. It is then well-known, and essentially due to Schur [2], that $\tau_3$ may be given by

(2.6) $$\tau_3(a_1A_1' \otimes a_2A_2') = [f_1, f_2][F, R],$$

where $f_i \in F_i$ represents $a_i \in A_i$, $i = 1, 2$.

We will identify the two sides of (2.5) through $\langle \tau_1, \tau_2, \tau_3 \rangle$. If we perform a similar identification for $H_2G_0$, it is plain that (see (2.2))

(2.7) $$\pi_{0*} = \pi_{1*} \oplus \pi_{2*} \oplus \pi_{3*},$$

where

$$\pi_{3*} : A_{1ab} \otimes A_{2ab} \to G_{1ab} \otimes G_{2ab}$$

is just $\pi_{1ab} \otimes \pi_{2ab}$, and hence surjective. Thus

(2.8) $$\delta_0(G_{1ab} \otimes G_{2ab}) = 0.$$

We now turn our attention to $\gamma_0 : A_{ab} \otimes U_0 \to H_2A$. We have the direct sum decomposition

(2.9) $$A_{ab} \otimes U_0 = (A_{1ab} \otimes U_1) \oplus (A_{2ab} \otimes U_2) \oplus (A_{1ab} \otimes U_2 \oplus A_{2ab} \otimes U_1),$$

and we will also use $p_1, p_2, p_3$ for the projections associated with the decomposition (2.9). It is then plain from (2.2) that

(2.10) $$\gamma_0 \mid (A_{iab} \otimes U_i) = \gamma_i, \quad i = 1, 2.$$

We will prove

**Proposition 2.1.** *$\gamma_0$ maps $(A_{1ab} \otimes U_2) \oplus (A_{2ab} \otimes U_1)$ to $A_{1ab} \otimes A_{2ab}$ and is given by*

$$\gamma_0(a_1A_1' \otimes u_2) = a_1A_1' \otimes \iota_{2*}u_2,$$

$$\gamma_0(a_2A_2' \otimes u_1) = -\iota_{1*}u_1 \otimes a_2A_2'.$$

**Proof.** The Ganea map $\gamma_0$ is described, in terms of the chosen presentation of $A$, by

(2.11) $$\gamma_0((a_1,a_2)A' \otimes (u_1,u_2)) = [f_1f_2, s_1s_2][F,R],$$

where $f_i \in F_i$ represents $a_i$ and $s_i \in F_i$ represents $u_i$, $i = 1, 2$. Thus, in particular,

$$\gamma_0(a_1A_1' \otimes u_2) = [f_1, s_2][F,R] = \tau_3(a_1A_1' \otimes \iota_{2*}u_2),$$

$$\gamma_0(a_2A_2' \otimes u_1) = [f_2, s_1][F,R] = [s_1, f_2]^{-1}[F,R] = -\tau_3(\iota_{1*}u_1 \otimes a_2A_2').$$

**Corollary 2.2.** $\gamma_0 = \gamma_1 \oplus \gamma_2 \oplus \gamma_3$, *where*

(2.12) $$\gamma_3(a_1A_1' \otimes u_2 + a_2A_2' \otimes u_1) = a_1A_1' \otimes \iota_{1*}u_2 - \iota_{1*}u_1 \otimes a_2A_2'.$$

We now readily infer

**Theorem 2.3.** *The sequences* (2.3)

$$0 \to P_0 \overset{\alpha_0}{\to} H_2G_0 \overset{\beta_0}{\to} Q_0 \to 0,$$

$$0 \to P_i \overset{\alpha_i}{\to} H_2G_i \overset{\beta_i}{\to} Q_i \to 0, \quad i = 1, 2,$$

*are related by*

$$P_0 = P_1 \oplus P_2 \oplus (G_{1ab} \otimes G_{2ab}),$$

$$H_2G_0 = H_2G_1 \oplus H_2G_2 \oplus (G_{1ab} \otimes G_{2ab}),$$

$$Q_0 = Q_1 \oplus Q_2,$$

$$\alpha_0 = \alpha_1 \oplus \alpha_2 \oplus 1, \quad \beta_0 = \beta_1 \oplus \beta_2 \oplus 0.$$

Returning to our original central extension

$$U \overset{\iota}{\rightarrowtail} A \overset{\pi}{\twoheadrightarrow} G,$$

and the associated sequence (1.4)

$$0 \to P \overset{\alpha}{\to} H_2G \overset{\beta}{\to} Q \to 0,$$

we note that there is an embedding $\mu : U \rightarrowtail U_1 \times U_2$ such that $\iota_0\mu = \iota : U \rightarrowtail A$. We thus have the diagram

(2.13)
$$\begin{array}{ccccc} U & \overset{\iota}{\rightarrowtail} & A & \overset{\pi}{\twoheadrightarrow} & G \\ \downarrow \mu & & \| & & \downarrow \epsilon \\ U_1 \times U_2 & \overset{\iota_0}{\rightarrowtail} & A_1 \times A_2 & \overset{\pi_0}{\twoheadrightarrow} & G_1 \times G_2 \end{array}$$

and we utilize our analysis of the homology sequence of the bottom row of (2.13) to study the homology sequence of the top row.

First it is plain that, given $(u_1, u_2) \in U$, then $(u_1, u_2) \in Q$ if and only if $u_i \in Q_i$, $i = 1, 2$. Thus

(2.14) $Q = Q_0 \cap U.$

We may therefore concentrate on a study of $P$. We prove

**Theorem 2.4.** *There are exact sequences*

(2.15) $A_{1ab} \otimes A_{2ab} \to P \to P_1 \oplus P_2 \to 0,$

(2.16) $H_2A_1 \oplus H_2A_2 \to P \to G_{1ab} \otimes G_{2ab} \to 0.$

**Proof.** From (2.13), we obtain:

(2.17)
$$\begin{array}{ccccc} A_{ab} \otimes U & \overset{\gamma}{\longrightarrow} & H_2A & \overset{\pi_*}{\longrightarrow} & H_2G \\ \downarrow \mu_* & & \| & & \downarrow \epsilon_* \\ A_{ab} \otimes U_0 & \overset{\gamma_0}{\longrightarrow} & H_2A & \overset{\pi_{0*}}{\longrightarrow} & H_2G_0 \\ \downarrow \{p_1, p_2\} & & \downarrow \{p_1, p_2\} & & \downarrow \{p_1, p_2\} \\ A_{1ab} \otimes U_1 \oplus A_{2ab} \otimes U_2 & \overset{\gamma_1 \oplus \gamma_2}{\longrightarrow} & H_2A_1 \oplus H_2A_2 & \overset{\pi_{1*} \oplus \pi_{2*}}{\longrightarrow} & H_2G_1 \oplus H_2G_2 \end{array}$$

Now $\{p_1, p_2\}\mu_*$ is surjective. For if $u_1 \in U_1$, there exists $\bar{u}_2 \in U_2$ with $(u_1, \bar{u}_2) \in U$ and $\{p_1, p_2\}(a_1A' \otimes (u_1, \bar{u}_2)) = a_1A' \otimes u_1$. Similarly, if $u_2 \in U_2$, then there exists $\bar{u}_1 \in U_1$ with $(\bar{u}_1, u_2) \in U$ and $\{p_1, p_2\}(a_2A' \otimes (\bar{u}_1, u_2)) = a_2A' \otimes u_2$.

Then (2.15) follows readily, since $A_{1ab} \otimes A_{2ab}$ is the kernel of $\{p_1, p_2\}$: $H_2A \to H_2A_1 \oplus H_2A_2$ and is thus mapped surjectively to the kernel of the map coker $\gamma \twoheadrightarrow$ coker $(\gamma_1 \oplus \gamma_2)$ induced by (2.17).

The proof of (2.16) is very similar. By replacing the lower half of (2.17) we obtain the diagram:

$$(2.18)\qquad \begin{array}{ccccc} A_{ab} \otimes U & \xrightarrow{\quad\gamma\quad} & H_2A & \xrightarrow{\quad\pi_*\quad} & H_2G \\ \big\downarrow{\scriptstyle \mu_*} & & \| & & \big\downarrow{\scriptstyle \epsilon_*} \\ A_{ab} \otimes U_0 & \xrightarrow{\quad\gamma_0\quad} & H_2A & \xrightarrow{\quad\pi_{0*}\quad} & H_2G_0 \\ \big\downarrow{\scriptstyle p_3} & & \big\downarrow{\scriptstyle p_3} & & \big\downarrow{\scriptstyle p_3} \\ A_{1ab} \otimes U_2 \oplus A_{2ab} \otimes U_1 & \xrightarrow{\gamma_3} & A_{1ab} \otimes A_{2ab} & \overset{\pi_{3*}}{\twoheadrightarrow} & G_{1ab} \otimes G_{2ab} \end{array}$$

We argue that $p_3\mu_* : A_{ab} \otimes U \to (A_{1ab} \otimes U_2) \oplus (A_{2ab} \otimes U_1)$ is surjective; and that $H_2A_1 \oplus H_2A_2$ is the kernel of $p_3 : H_2A \to A_{1ab} \otimes A_{2ab}$, and is mapped surjectively to the kernel of the map coker $\gamma \twoheadrightarrow$ coker $\gamma_3$.

We may make the following addendum to (2.16). It is plain from (2.18) that the map $P \twoheadrightarrow G_{1ab} \otimes G_{2ab}$ of (2.16) extends to

$$p_3\epsilon_* : H_2G \to G_{1ab} \otimes G_{2ab},$$

which is thus certainly also surjective. Now Wiegold [4] showed that, if $G$ is actually a central product (see below) and if $A_1, A_2$ are finite, then the multiplicator of $G$ contains $G_{1ab} \otimes G_{2ab}$ as subgroup. Our addendum generalizes this result of Wiegold; for if $A_1, A_2$ are finite, so is $G$, and hence so is the abelian group $H_2G$. Thus $G_{1ab} \otimes G_{2ab}$, as a quotient of $H_2G$, is isomorphic to a subgroup of $H_2G$. Thus the following corollary generalizes Wiegold's result to any central quotient of a direct product.

**Corollary 2.5.** *Let $U$ be central in $A = A_1 \times A_2$ with quotient $G$. Let $U_i$ be the image of $U$ under the projection of $A$ onto $A_i$, $i = 1, 2$, and let $G_i = A_i/U_i$. Then $G_{1ab} \otimes G_{2ab}$ is a quotient of $H_2G$.*

A particular case of a central quotient of a direct product is that of a central product. Let $A_1, A_2$ be two groups with isomorphic central subgroups $V_1, V_2$ and let $\varphi : V_1 \to V_2$ be a fixed isomorphism. We use $\varphi$ to identify $V_1$ with $V_2$ and we will write $U$ for $V_1$. We embed $U$ in $A_1 \times A_2$ by $x \to (x, x^{-1})$, $x \in U$. Thus $U$ is a central subgroup of $A = A_1 \times A_2$ and, in this case, $U_1 = U_2 = U$. We call $G = A/U$ the *central product of* $A_1$ *and* $A_2$ *via* $\varphi$. Then (2.14) and Theorem 2.4 give us information about the multiplicator of $G$. We note that, in the case of a central product $G$, we have the refinement of (2.14)

(2.19) $Q = Q_1 \cap Q_2$.

Moreover, there is a central extension $U \overset{\mu}{\rightarrowtail} G \overset{\epsilon}{\twoheadrightarrow} G_1 \times G_2$, where $\mu(x) = (x, e)U$, which may be exploited to give more precise information on $H_2G$.

## 3. Stem quotients of direct products

If the central extension $U \rightarrowtail A \twoheadrightarrow G$ is, in fact, a stem extension we will describe $G$ as a *stem quotient* of $A$, and we will be concerned in this section with stem quotients of $A$ where $A$ is a direct product, $A = A_1 \times A_2$. We adopt the same notation as in §2, and we note immediately

**Lemma 3.1.** *The central extensions* $U_i \overset{\iota_i}{\rightarrowtail} A_i \overset{\pi_i}{\twoheadrightarrow} G_i$ *are stem if and only if* $U \overset{\iota}{\rightarrowtail} A \overset{\pi}{\twoheadrightarrow} G$ *is stem.*

**Proof.** If $U_i \subseteq A_i'$, $i = 1, 2$, then $U \subseteq U_1 \times U_2 \subseteq A_1' \times A_2' = (A_1 \times A_2)'$. Conversely, if $U \subseteq A'$, then, projecting onto $A_i$, we conclude that $U_i \subseteq A_i'$.

We will show that in the case when $G$ is a stem quotient of $A = A_1 \times A_2$, we obtain complete information on $H_2G$, assuming complete information on the homology sequences of the individual stem extensions $U_i \overset{\iota_i}{\rightarrowtail} A_i \overset{\pi_i}{\twoheadrightarrow} G_i$.

Our first and immediate observation, in the light of Lemma 3.1, is

**Proposition 3.2.** *If* $G$ *is a stem quotient, then* $Q_i = U_i$, $i = 1, 2$, $Q = U$.

We next observe that if $G$ is a stem quotient, then $\gamma_3 = 0$, since $\iota_{1*} = 0$, $\iota_{2*} = 0$ (see Corollary 2.2). Alternatively, we remark that $\pi_{3*} = \pi_{1ab} \otimes \pi_{2ab} : A_{1ab} \otimes A_{2ab} \to G_{1ab} \otimes G_{2ab}$ is an isomorphism since each of $\pi_{1ab}$, $\pi_{2ab}$ is an isomorphism. This enables us to prove

**Proposition 3.3.** *If* $G$ *is a stem quotient, then* $P = P_1 \oplus P_2 \oplus (A_{1ab} \otimes A_{2ab})$.

**Proof.** Let $\kappa$ project $H_2A$ onto $P$, and let $\lambda$ project $P$ onto $G_{1ab} \otimes G_{2ab}$ in (2.16).

Then $\kappa\tau_3 : A_{1ab} \otimes A_{2ab} \to P$ is the map of (2.15), and $p_3\tau_3 = 1$, $\lambda\kappa = \pi_{3*}p_3$ (2.18). Now $\gamma_3 = 0$ and $\pi_{3*}$ is an isomorphism. Thus $\pi_{3*}^{-1}\lambda : P \to A_{1ab} \otimes A_{2ab}$ is left inverse to $\kappa\tau_3$ so that the proposition follows from (2.15).

Since Propositions 3.2 and 3.3 describe the groups $P$ and $Q$, it only remains to describe the extension $P \rightarrowtail H_2G \twoheadrightarrow Q$ as an element $\xi$ of $\mathrm{Ext}(Q, P) = \mathrm{Ext}\,(U, P_1 \oplus P_2 \oplus (A_{1ab} \otimes A_{2ab}))$. Let the extensions $P_i \rightarrowtail H_2G_i \twoheadrightarrow Q_i$ be described by $\xi \in \mathrm{Ext}\,(Q_i, P_i) = \mathrm{Ext}\,(U_i, P_i)$, $i = 1, 2$, and let $\eta_i : U \to U_i$ be the projection.

**Proposition 3.4.** *If $G$ is a stem quotient, then* $\xi = (\eta_1^*\xi_1, \eta_2^*\xi_2, 0)$.

**Proof.** Diagrams (2.17) and (2.18) together yield, in the case of a stem quotient:

(3.1)
$$\begin{array}{ccccc} P & \rightarrowtail & H_2G & \twoheadrightarrow & U \\ \| & & \downarrow & & \downarrow \{\eta_1, \eta_2\} \\ P_1 \oplus P_2 \oplus (A_{1ab} \otimes A_{2ab}) & \rightarrowtail & H_2G_1 \oplus H_2G_2 \oplus (A_{1ab} \otimes A_{2ab}) & \twoheadrightarrow & U_1 \oplus U_2 \end{array}$$

This immediately implies the proposition. Moreover, (3.1) also reveals the

**Corollary 3.5.** *If $G$ is a stem quotient, then $A_{1ab} \otimes A_{2ab}$ is a direct summand in $H_2G$.*

**Remark.** So far as Proposition 3.3, 3.4 and Corollary 3.5 are concerned (except for the replacement of $Q$, $Q_i$, by $U$, $U_i$ in Proposition 3.4), all that we require is that the surjection

$$\pi_{3*} : A_{1ab} \otimes A_{2ab} \twoheadrightarrow G_{1ab} \otimes G_{2ab}$$

be an isomorphism. This would hold if, in particular, one of $A_1, A_2$ were perfect. In that case we would have

$$P = P_1 \oplus P_2,$$

$$\xi = (\eta^*\xi_1, \eta_2^*\xi_2), \quad \xi \in \mathrm{Ext}(Q, P_1 \oplus P_2), \quad \xi_i \in \mathrm{Ext}(Q_i, P_i), \quad i = 1, 2,$$

where $\eta_i : Q \to Q_i$ is induced by the projection $U \to U_i$.

Finally, we study the case when the central extensions $U_i \rightarrowtail A_i \twoheadrightarrow G_i$, $i = 1, 2$, are stem covers. Recall [1] that this means that, in (2.2), $H_2G_i = U_i$ and $\delta_i = 1 : H_2G_i \to U_i$. We first prove

**Proposition 3.6..** *If the extensions* $U_i \rightarrowtail A_i \twoheadrightarrow G_i$, $i = 1, 2$ *are stem covers, then* $H_2G = U \oplus (A_{1ab} \otimes A_{2ab})$.

**Proof.** For a stem cover $U_i \rightarrowtail A_i \twoheadrightarrow G_i$, we have $P_i = 0, i = 1, 2$. Thus $P = A_{1ab} \otimes A_{2ab}$, $Q = U$, and the proposition follows from Corollary 3.5.

**Corollary 3.7.** *The central extension* $U \rightarrowtail A \twoheadrightarrow G$ *is a stem cover if and only if the extensions* $U_i \rightarrowtail A_i \twoheadrightarrow G_i$ *are stem covers,* $i = 1, 2$, *and* $A_{1ab} \otimes A_{2ab} = 0$.

**Proof.** Proposition 3.6 shows that $U \rightarrowtail A \twoheadrightarrow G$ is a stem cover if the extensions $U_i \rightarrowtail A_i \twoheadrightarrow G_i$ are stem covers and $A_{1ab} \otimes A_{2ab} = 0$. Conversely, let $U \rightarrowtail A \twoheadrightarrow G$ be a stem cover. Then the extensions $U_i \rightarrowtail A_i \twoheadrightarrow G_i$ are certainly stem by Lemma 3.1, so that $U_i = Q_i$ by Proposition 3.2. Moreover, by Proposition 3.6, $A_{1ab} \otimes A_{2ab} = 0$. But, in fact, $P$ is then zero, so $P_1 = 0, P_2 = 0$, and $\delta_i = 1 : H_2G_i \to U_i$, $i = 1, 2$.

If the central quotient $G$ is perfect, then Corollary 3.7 becomes a statement about universal central extensions [1] of perfect groups.

**Corollary 3.8.** *Let G be perfect. Then the central extension* (1.1) $U \rightarrowtail A \twoheadrightarrow G$ *is the universal central extension of G if and only if* $U_i \rightarrowtail A_i \twoheadrightarrow G_i$ *is the universal central extension of* $G_i$, $i = 1, 2$.

## References


[1] B. Eckmann, P.J. Hilton and U. Stammbach, On the homology theory of central group extensions I. The commutator map and stem extensions, Commun. Math. Helv. 47 (1972) 102–122.

[2] T. Ganea, Homologie et extensions centrales de groupes, C.R. Acad. Sci. (Paris) 266 (1968) 556–558.

[3] I. Schur, Über die Darstellung der endlichen Gruppen durch gebrochene lineare Substitutionen, J. Reine Angew. Math. 127 (1904) 20–50.

[4] J. Wiegold, Some groups with non-trivial multiplicators, Math. Z. 120 (1971) 307–308.

# Groups with homological duality generalizing Poincaré duality

(with R. Bieri)

Invent. Math. **20** (1973), 103–124

## 0. Introduction

0.1. A *Poincaré duality group* $G$ is a group whose homology and cohomology satisfy duality relations analogous to those valid for compact manifolds. Such groups have recently been investigated (see [1, 3]) in view of their algebraic and topological aspects. In the present paper we study a more general type of duality which includes the former one and simplifies various of the previous arguments, and which leads to new applications in algebra and topology.

We first recall that $G$ is a Poincaré duality group if there is an integer $n$ and a $G$-module structure on $\mathbb{Z}$ such that

$$H^k(G; A) \cong H_{n-k}(G; \mathbb{Z} \otimes A) \tag{0.1}$$

for all $k$ and all $G$-modules $A$, where $G$ operates diagonally on $\mathbb{Z} \otimes A$. The isomorphisms (0.1) are induced by the cap-product $e \cap -$ with a certain element $e \in H_n(G; \mathbb{Z})$ called the fundamental class; this implies complete naturality of (0.1). If the $G$-structure on $\mathbb{Z}$ is trivial $G$ is called orientable; otherwise non-orientable. The group $G$ has cohomology dimension $n$, and $H^n(G; \mathbb{Z}G)$ with the $G$-module structure given by right multiplication in $\mathbb{Z}G$, is isomorphic to the "orientation module" $\mathbb{Z}$. Thus, if $G$ is a Poincaré duality group, $n$ and the orientation module $\mathbb{Z}$ are determined by $G$.

From various explicit examples it turns out that there are interesting cases of groups $G$ where a similar duality is available with a more general $G$-module $C$ replacing the orientation module $\mathbb{Z}$; i.e., $e$ is an element of $H_n(G; C)$ and $e \cap -$ induces natural isomorphisms

$$H^k(G; A) \cong H_{n-k}(G; C \otimes A) \tag{0.2}$$

for all $k$ and $A$. Again $H^n(G; \mathbb{Z}G) \cong H_0(G; C \otimes \mathbb{Z}G)$ is isomorphic to the "dualizing module" $C$ and the cohomology dimension of $G$ is $n$; in particular $G$ has no torsion. We call such groups *duality groups*, the Poincaré duality groups being those where the Abelian group underlying $C = H^n(G; \mathbb{Z}G)$ is infinite cyclic.

0.2. In Section 1 we draw some immediate *consequences* of the definition of duality. In particular, $C$ is always torsion-free (over the integers) and finitely generated over $\mathbb{Z}G$; the group $H_n(G; C)$ is infinite cyclic, generated by $e$; all the $H^k(G; A)$, $k \neq n$, are 0 for $\mathbb{Z}G$-free modules $A$; if $n > 1$, $G$ has one endpoint.

In Section 2 we show that a few of these properties together with the cap-product isomorphism for $k = n$ and for free modules $A$ are *sufficient* for duality. In Section 3 this criterion is applied to prove extension theorems generalizing those of [1] and [3]. Namely, (1) let $G$ be torsion-free, $S$ a subgroup of finite index. Then $G$ is a duality group if and only if $S$ is, and the dimension $n$ and the dualizing module $C$ are the same for $G$ and $S$. (2) If $G/N = Q$, and if $Q$ and $N$ are duality groups, so is $G$, with $\dim G = \dim Q + \dim N$, and the dualizing module $C$ of $G$ is the tensor product of those of $Q$ and $N$.

0.3. In Section 4 we show that under certain *finiteness* assumptions on $G$ very simple conditions are sufficient for duality. E.g., *if $G$ is a group for which the trivial $G$-module $\mathbb{Z}$ admits a finite $G$-projective resolution, then the conditions* (a) $H^k(G; \mathbb{Z}G) = 0$ *for* $k \neq n$, *and* (b) $H^n(G; \mathbb{Z}G)$ *torsion-free, imply that $G$ is a duality group.* Finitely presented groups in dimension 1 and 2 can easily be discussed. We prove that any finitely presented group of cohomology dimension 2 is a free product of duality groups of dimension 2 and of a free group. All knot groups are examples of duality groups of dimension 2 which are not Poincaré duality groups.

Using the extension theorems of Section 3 one immediately obtains examples of duality groups (which are not Poincaré duality groups) of any given dimension $n$. A method for obtaining further such examples concerns free products with amalgamated subgroups; these will be investigated in a separate paper.

0.4. Relations with topology (Eilenberg-MacLane complexes) are briefly mentioned in Section 4. It is clear that the general duality for groups calls for a duality concept for spaces generalizing Poincaré duality in a similar way. If $G$ admits an Eilenberg-MacLane complex which is a compact manifold-with-boundary $X$, conditions for duality of the group $G$ can be given in terms of the integral homology of $\partial\tilde{X}$, where $\tilde{X}$ is the universal cover of $X$.

## 1. Duality Groups

1.1. Let $G$ be a group. For all integers $k$ and for a right $G$-module $B$ we consider the homology groups $H_k(G; B)$, for a left $G$-module $A$ the cohomology groups $H^k(G; A)$ defined as

$$H_k(G; B) = \operatorname{Tor}_k^{\mathbb{Z}G}(B, \mathbb{Z}), \qquad H^k(G; A) = \operatorname{Ext}_{\mathbb{Z}G}^k(\mathbb{Z}, A)$$

where $\mathbb{Z}$ denotes the additive group of integers with trivial $G$-action. We recall that the cap-product $\cap$ (see e.g. [1]) induces natural homomorphisms

$$\cap: \quad H_m(G;B)\otimes H^k(G;A)\to H_{m-k}(G;B\otimes A), \qquad m,k\in\mathbb{Z}, \tag{1.1}$$

where the tensor product $B\otimes A$ over the integers is endowed with the "diagonal" right $G$-module structure $(b\otimes a)\,x = b\,x\otimes x^{-1}a$, $b\in B$, $a\in A$, $x\in G$.

*Definition 1.1.* $G$ is called a duality group, of dimension $n\geqq 0$ and with respect to the right $G$-module $C$, if there is an element $e\in H_n(G;C)$ such that the cap-product with $e$ induces isomorphisms

$$(e\cap -):\quad H^k(G;A)\xrightarrow{\cong} H_{n-k}(G;C\otimes A)$$

for all integers $k$ and all left $G$-modules $A$. We call $C$ the dualizing module, and $e$ a fundamental class of $G$.

Throughout this paper we will adhere to the following *conventions:* (i) Any left $G$-module $A$ will be regarded, if necessary from the context, as right $G$-module by $a\,x = x^{-1}a$, $a\in A$, $x\in G$ (and vice versa). (ii) For $G$-bimodules, in particular for $\mathbb{Z}G$, one thus has two (commuting) left- and two right $G$-actions. "Right $G$-structure of $\mathbb{Z}G$" will mean the $G$-action by multiplication from right; "left $G$-structure of $\mathbb{Z}G$", by multiplication from left. (iii) A tensor product over $\mathbb{Z}$ of two $G$-modules is understood to be endowed with the $G$-module structure by diagonal action as above (left or right, according to the case). (iv) Diagonal action in a Hom-group is defined dually: for two left $G$-modules $A$, $B$ and $f\in\mathrm{Hom}(A,B)$, the action of $x\in G$ is given by $(f\,x)(a) = x^{-1}f(x\,a)$, $a\in A$. (v) Diagonal actions will occur not only on $\otimes$ and Hom over $\mathbb{Z}$, but also on $\otimes_G$ and $\mathrm{Hom}_G$ (provided, of course, the operators commute with the $x\in G$). (vi) Single actions on $\otimes$ and Hom will occur as usual; e.g., for $f\in\mathrm{Hom}(A,B)$ and $x\in G$, $f\,x$ given by $(f\,x)(a) = x^{-1}f(a)$, $a\in A$.

In the present section 1 we list some consequences of Definition 1.1. They can partly be used to formulate weaker conditions for duality (Section 2).

1.2. We first show that the dualizing module $C$ and the "dimension" $n$ which appear in the definition of a duality group are determined by $G$.

For $k=n$ and $A=\mathbb{Z}G$ we get from (1.1)

$$\begin{aligned} H^n(G;\mathbb{Z}G) &\cong H_0(G;C\otimes\mathbb{Z}G) = (C\otimes\mathbb{Z}G)\otimes_G\mathbb{Z} \\ &\cong C\otimes_G\mathbb{Z}G = C \end{aligned}$$

This isomorphism is compatible with the given right $G$-action on $C$ and the single right $G$-action on $H^n(G;\mathbb{Z}G)$ induced by the right $G$-structure of $\mathbb{Z}G$.

Applying (1.1) to $k=0$, $A=\mathbb{Z}$, we have

$$\mathbb{Z}=H^0(G;\mathbb{Z})\cong H_n(G;C), \tag{1.2}$$

generated by $e\cap 1=e$. Hence in particular $C\neq 0$. Since (1.1) implies $H^k(G;A)=0$ for $k>n$ and all $A$, the cohomology dimension $\mathrm{cd}G$ is $\leqq n$. This together with $C\neq 0$ shows that $\mathrm{cd}G=n$, hence $n$ is determined by $G$. As for the homology dimension $\mathrm{hd}G$, it is always $\leqq \mathrm{cd}G$, and from (1.2) we see that $\mathrm{hd}G=n$. We further recall that any group $G$ of finite cohomology dimension is *torsion-free.*

We summarize:

**Proposition 1.2.** *Let $G$ be a duality group of dimension $n$, with respect to $C$. Then*

(i) $C\cong H^n(G;\mathbb{Z}G)$ *as right $G$-modules,*

(ii) $C\neq 0$,

(iii) $\mathrm{cd}G=\mathrm{hd}G=n$,

(iv) $H_n(G;C)$ *is infinite cyclic generated by $e$.*

In the following, if $G$ is a duality group, we will usually take $C$ to be $=H^n(G;\mathbb{Z}G)$. If $e$ is a generator of $H_n(G;C)$, let $\varphi\colon H^n(G;\mathbb{Z}G)\to H^n(G;\mathbb{Z}G)$ be the isomorphism $(e\cap -)$; then $e'=\varphi_*^{-1}(e)$, where $\varphi_*$ is the induced map $H_n(G;C)\to H_n(G;C)$ has the property that

$$e'\cap f=\varphi_*^{-1}(e)\cap f=\varphi^{-1}(e\cap f)=f$$

for all $f\in H^n(G;\mathbb{Z}G)$. In other words, we can always choose the generator $e\in H_n(G;C)$ such that $(e\cap -)$ induces the *identity map* $H^n(G;\mathbb{Z}G)\to H^n(G;\mathbb{Z}G)$.

1.3. A right (left) $C$-module is said to be *induced* if there is an Abelian group $L$ such that $A\cong L\otimes\mathbb{Z}G$ as right (left) $G$-module, where the $G$-action on $L\otimes\mathbb{Z}G$ is given by the right (left) $G$-structure of $\mathbb{Z}G$. All free modules are induced. For any group $G$ and any induced $G$-module $A$ one has $H_k(G;A)=0$ for $k\neq 0$.

**Lemma 1.3.** *If $B$ is a right $G$-module and $A$ an induced left $G$-module, then $B\otimes A$ (with diagonal action) is again induced.*

*Proof.* By assumption $A=L\otimes\mathbb{Z}G$, where $L$ is an Abelian group. We write $B_0$ for the Abelian group underlying $B$ and claim that $B\otimes A=B\otimes(L\otimes\mathbb{Z}G)$ is isomorphic as a right $G$-module with $(B_0\otimes L)\otimes\mathbb{Z}G$: It is easily seen that the map

$$\varphi\colon B\otimes(L\otimes\mathbb{Z}G)\to(B_0\otimes L)\otimes\mathbb{Z}G$$

given by $\varphi(b\otimes u\otimes x)=bx\otimes u\otimes x^{-1}$, $b\in B$, $u\in L$, $x\in G$, is a $G$-isomorphism (observing the conventions in Section 1.1 one has for $y\in G$

$$\varphi((b\otimes u\otimes x)\,y)=\varphi(b\,y\otimes u\otimes y^{-1}x)=b\,x\otimes u\otimes x^{-1}y$$
$$=(\varphi(b\otimes u\otimes x))\,y;$$

the inverse of $\varphi$ is obvious). Hence $B\otimes A$ is induced.

This lemma together with (1.1) yields

**Proposition 1.4.** *If $G$ is a duality group of dimension $n$, then $H^k(G;A)=0$ for all induced modules $A$ and all integers $k\neq n$.*

This applies in particular to free $G$-modules and to the simplest case $A=\mathbb{Z}G$. – The case $k=1$, for the induced module $\mathbb{Z}_2G=\mathbb{Z}_2\otimes\mathbb{Z}G$, is of special importance – since the dimension over $\mathbb{Z}_2$ of $H^1(G;\mathbb{Z}_2G)$ is $0, 1$ or $\infty$ according to whether $G$ has $1, 2$ or infinitely many *endpoints*. Thus we have the following result (endpoints will also play a rôle in Section 5).

**Corollary 1.5.** *A duality group $G$ of dimension $n>1$ has one endpoint.*

1.4. If $G$ is a duality group, and if the Abelian group underlying $C\cong H^n(G;\mathbb{Z}G)$ is infinite cyclic, then $G$ is called a *Poincaré duality group*; such a group is said to be orientable if the $G$-action is trivial ($C=\mathbb{Z}$), non-orientable if the $G$-action is non-trivial ($C=\tilde{\mathbb{Z}}$). Such groups have been studied in a previous paper [1].

We will give (in Section 3) examples of duality groups where $C$ is *not* infinite cyclic as an Abelian group. We show in the present section that $C$ always has some special features.

**Proposition 1.6.** *Let $G$ be any group, and consider $C=H^n(G;\mathbb{Z}G)$. If $H^{n-1}(G;A)=0$ for all induced modules $A$ then $C$ is torsion-free as an Abelian group.*

*Proof.* For a positive integer $r$ we denote multiplication by $r$ in $\mathbb{Z}G$ by the same symbol $r$. The map $r\colon\mathbb{Z}G\to\mathbb{Z}G$ has kernel 0 and cokernel $\mathbb{Z}_r\otimes\mathbb{Z}G$. The short exact sequence $\mathbb{Z}G\overset{r}{\rightarrowtail}\mathbb{Z}G\twoheadrightarrow\mathbb{Z}_r\otimes\mathbb{Z}G$ gives rise to an exact sequence

$$\cdots\to H^{n-1}(G;\mathbb{Z}_r\otimes\mathbb{Z}G)\to H^n(G;\mathbb{Z}G)\xrightarrow{r_*}H^n(G;\mathbb{Z}G)\to\cdots.$$

By the assumption $H^{n-1}(G;\mathbb{Z}_r\otimes\mathbb{Z}G)=0$; hence $r_*$, which is multiplication by $r$ in $H^n(G;\mathbb{Z}G)$, has kernel 0. This proves that $H^n(G;\mathbb{Z}G)$ is torsion-free.

**Proposition 1.7.** *For a duality group $G$ of dimension $n$, the right $G$-module $C=H^n(G;\mathbb{Z}G)$ is finitely generated (over $\mathbb{Z}G$)*[1].

[1] Actually the module $C$ is finitely presented over $\mathbb{Z}G$, and moreover admits a finite $G$-projective resolution (the proof of this will be given elsewhere).

*Proof.* Let $0 \to P_n \to P_{n-1} \to \cdots \to P_0 \twoheadrightarrow \mathbb{Z}$ be a $G$-projective resolution. $H_n(G; C) = \ker(C \otimes_G P_n \to C \otimes_G P_{n-1})$; let $e = \sum_i c_i \otimes p_i \in C \otimes_G P_n$, $c_i \in C$, $p_i \in P_n$ be a fundamental class for $G$. Given $c \in C$, there is a cocycle $f\colon P_n \to \mathbb{Z}G$ such that $e \cap f = c$. This means

$$e \cap f = \left(\sum_i c_i \otimes p_i\right) \cap f = \sum_i c_i f(p_i) = c,$$

i.e., $C$ is generated by the finite set $\{c_i\}$.

From these two propositions it easily follows that, for a duality group $G$, *the action of $G$ on $C = H^n(G; \mathbb{Z}G)$ cannot be trivial unless $C = \mathbb{Z}$.* Indeed, if the action is trivial, $C$ is torsion-free and finitely generated as an Abelian group, hence free Abelian; since $H_n(G; C) = \mathbb{Z}$ is not a direct sum, $C$ must be equal to $\mathbb{Z}$.

1.5. In this section we assume $G$ to be a normal subgroup of a group $\bar{G}$ and study the action of $\bar{G}$ on the (co)homology of $G$ with $\bar{G}$-module coefficients.

We recall that the right $G$-structure of $C = H^n(G; \mathbb{Z}G)$ is given by the (single) right $G$-action on $\mathbb{Z}G$; i.e., for a cochain $f \in \operatorname{Hom}_G(P_n, \mathbb{Z}G)$ in the left $G$-projective resolution $P_* \twoheadrightarrow \mathbb{Z}$ and for $x \in G$, $fx$ is defined by $(fx)(p) = f(p)x$ for all $p \in P_n$. This can be written as $x^{-1} f(xp) x$, and thus $fx$ could as well be defined by *diagonal* $G$-action in $\operatorname{Hom}_G(P_n, \mathbb{Z}G)$, with respect to the given left $G$-structure of $P_n$ and to *conjugation* in $\mathbb{Z}G$.

In this form, the $G$-action on $C$ can be extended to a $\bar{G}$-action: One takes the right $\bar{G}$-structure of $\mathbb{Z}G$ given by conjugation, and uses a $\bar{G}$-projective resolution $P_* \twoheadrightarrow \mathbb{Z}$. Then, for $f \in \operatorname{Hom}_G(P_n, \mathbb{Z}G)$ and $\bar{x} \in \bar{G}$, the diagonal action is given by $(f\bar{x})(p) = \bar{x}^{-1} f(\bar{x}p)\bar{x}$, $p \in P_n$. One only has to check that $f\bar{x} \in \operatorname{Hom}_G(P_n, \mathbb{Z}G)$:

$$\begin{aligned} f(\bar{x})(xp) &= \bar{x}^{-1} f(\bar{x}xp)\,\bar{x} = \bar{x}^{-1} f(\bar{x}x\bar{x}^{-1}\bar{x}p)\,\bar{x} \\ &= x\bar{x}^{-1} f(\bar{x}p)\,\bar{x} = x((f\bar{x})(p)), \qquad x \in G. \end{aligned}$$

With this $\bar{G}$-structure of $C$, we consider the diagonal $\bar{G}$-structure of $H_n(G; C)$. For $\bar{G} = G$ it is, of course, trivial. We claim that it is so for any duality group $G$ which is a normal subgroup of a group $\bar{G}$. Indeed, for $\bar{x} \in \bar{G}$, $c \in C$, one has

$$e\bar{x} \cap c = (e \cap c\bar{x}^{-1})\,\bar{x} = c\bar{x}^{-1}\,\bar{x} = c = e \cap c$$

($e$ being chosen such that $(e \cap -)$ is the identity $C \to C$, cf. Section 1.2). Hence $(e\bar{x} - e) \cap c = re \cap c = rc = 0$ for some integer $r$. By Proposition 1.6, $r = 0$, whence $e\bar{x} = e$ for all $\bar{x} \in \bar{G}$.

It moreover follows that, for a $\bar{G}$-module $A$ and diagonal action of $\bar{G}$ in $H^k(G; A)$ and $H_{n-k}(G; C \otimes A)$, one has for $\bar{x} \in \bar{G}$, $f \in H^k(G; A)$

$$(e \cap a)\,\bar{x} = e\bar{x} \cap a\bar{x} = e \cap a\bar{x};$$

i.e., the isomorphisms of (1.1), $(e \cap -)$, are $\bar{G}$-module isomorphisms. We summarize:

**Proposition 1.8.** *Let $G$ be a duality group of dimension $n$ which is a normal subgroup of a group $\bar{G}$, and consider the diagonal action of $\bar{G}$ in the homology and cohomology of $G$ with $\bar{G}$-module coefficients. Then the duality isomorphisms $(e \cap -)$ are $\bar{G}$-isomorphisms.*

## 2. Sufficient Conditions for Duality

2.1. Duality groups have finite cohomology dimension and vanishing cohomology for free coefficient modules in all dimensions except $n$ (the "dimension" of the duality group). We will show that this is almost sufficient for a group to have duality; the situation is somewhat simpler under finiteness conditions (Section 4) than in the general case dealt with here, where a duality isomorphism in dimension $n$ is postulated.

**Proposition 2.1.** *If $G$ is a group of finite cohomology dimension and if $H^k(G; F)=0$ for $k>n$ and all free $G$-modules $F$, then $\operatorname{cd} G \leqq n$.*

*Proof.* For any $G$-module $A$ and $G$-free presentation $K \rightarrowtail F \twoheadrightarrow A$ the exact coefficient sequence yields

$$H^k(G; A) \cong H^{k+1}(G; K)$$

for all $k>n$; since $H^{k+1}(G; K)=0$ above a certain dimension, $H^k(G; A)=0$ for $k>n$.

**Proposition 2.2.** *Let $G$ be a group with $\operatorname{cd} G \leqq n$ and assume that there is an element $e \in H_n(G; C)$, $C=H^n(G; \mathbb{Z}G)$, such that $(e \cap -)$ induces an isomorphism $H^n(G; F) \cong C \otimes_G F$ for all free $G$-modules $F$. Then $(e \cap -)$ is an isomorphism $H^n(G; A) \cong C \otimes_G A$ for all left $G$-modules $A$.*

*Proof.* Let again $K \rightarrowtail F \twoheadrightarrow A$ be a $G$-free presentation of $A$. Naturality of the cap-product yields the commutative diagram with exact rows

$$\begin{array}{lccccccc} & H^n(G;K) & \longrightarrow & H^n(G;F) & \longrightarrow & H^n(G;A) & \longrightarrow & 0 \\ (e\cap -): & \downarrow{\scriptstyle \alpha} & & \downarrow{\scriptstyle \beta} & & \downarrow{\scriptstyle \gamma} & & \\ & C\otimes_G K & \longrightarrow & C\otimes_G F & \longrightarrow & C\otimes_G A & \longrightarrow & 0. \end{array}$$

By assumption $\beta$ is an isomorphism, hence $\gamma$ an epimorphism; this applies to all $A$, hence also $\alpha$ is an epimorphism, and by the 5-lemma $\gamma$ is an isomorphism. –

2.2. If we extend the above diagram further to the left by

$$(e\cap -):\quad \begin{array}{ccccccc} H^{n-1}(G;F) & \longrightarrow & H^{n-1}(G;A) & \longrightarrow & H^n(G;K) & \longrightarrow & \cdots \\ \downarrow & & \downarrow{\scriptstyle \gamma'} & & \downarrow{\scriptstyle \alpha} & & \\ 0 & \longrightarrow & H_1(G;C\otimes A) & \longrightarrow & C\otimes_G K & \longrightarrow & \cdots \end{array}$$

it still is commutative, since the cap-product commutes with the connecting homomorphism. The bottom row exists and is exact, if $C$ is assumed to be *torsion-free* as an Abelian group so that

$$C\otimes K \rightarrowtail C\otimes F \twoheadrightarrow C\otimes A$$

is a short exact sequence. If we further assume that $H^{n-1}(G;F)=0$, it follows that $\gamma'$ is an isomorphism. In the next-lower dimension we have the diagram

$$\begin{array}{ccccccc} H^{n-2}(G;F) & \longrightarrow & H^{n-2}(G;A) & \longrightarrow & H^{n-1}(G;K) & \longrightarrow & 0 \\ \downarrow & & \downarrow{\scriptstyle \gamma''} & & \downarrow & & \\ 0 & \longrightarrow & H_2(G;C\otimes A) & \longrightarrow & H_1(G;C\otimes K) & \longrightarrow & 0. \end{array}$$

Assuming further that $H^{n-2}(G;F)=0$ for free $F$, it follows that $\gamma''$ is an isomorphism, etc. We thus have the following result.

**Theorem 2.3.** *The following conditions are (necessary and) sufficient for a group $G$ to be a duality group of dimension $n\geqq 0$:*

(i) $\operatorname{cd} G$ *is finite*

(ii) $H^k(G;F)=0$ *for* $k\neq n$ *and all free G-modules* $F$

(iii) $C=H^n(G;\mathbb{Z}G)$ *is torsion-free as an Abelian group*

(iv) *There is an element* $e\in H_n(G;C)$ *such that* $(e\cap -)$ *induces an isomorphism* $H^n(G;F)\cong C\otimes_G F$ *for all free G-modules* $F$.

2.3. *Remark.* The condition (ii)′ $H^k(G;A)=0$ for $k\neq n$ and all *induced* G-modules $A$ implies, of course, condition (ii) above; in view of Proposition 1.6, it also implies (iii) of Theorem 2.3.

## 3. Extension Theorems

3.1. We first show that a subgroup $S$ of finite index $|G:S|$ in a duality group $G$ is again a duality group, of the same dimension $n$ and with the "same" module $C$.

We recall that for any group $G$ and subgroup $S$ one has isomorphisms, for all $k$ and all $S$-modules $A$ and $B$,

$$\begin{aligned} \tau^*\colon\ & H^k(S;A) \xrightarrow{\cong} H^k(G;\operatorname{Hom}_S(\mathbb{Z}G,A)) \\ \sigma_*\colon\ & H_k(S;B) \xrightarrow{\cong} H_k(G;B\otimes_S \mathbb{Z}G). \end{aligned} \tag{3.1}$$

If $|G:S|=d<\infty$ one has an isomorphism

$$\theta\colon \operatorname{Hom}_S(\mathbb{Z}G,A) \xrightarrow{\cong} A\otimes_S \mathbb{Z}G \tag{3.2}$$

given by $\theta(f)=\sum_i f(r_i)\otimes r_i$, $f\in\operatorname{Hom}_S(\mathbb{Z}G,A)$, $\{r_i, i=1,\dots,d\}$ being a set of representatives of the cosets of $G$ mod $S$. With respect to the $G$-structures given by the right $G$-structure of $\mathbb{Z}G$ (single action), $\theta$ is a $G$-isomorphism: $(fx)(y)=f(yx^{-1})$,

$$\theta(fx)=\sum_i f(r_i x^{-1})\otimes r_i=\Big(\sum_i f(r_i x^{-1})\otimes r_i x^{-1}\Big)x=\theta(f)x, \qquad x,y\in G.$$

As a special case of (3.2) one has the isomorphism

$$\theta\colon \operatorname{Hom}_S(\mathbb{Z}G,\mathbb{Z}S)\cong \mathbb{Z}S\otimes_S\mathbb{Z}G\cong\mathbb{Z}G.$$

If we choose $\mathbb{Z}S\otimes_S\mathbb{Z}G\cong\mathbb{Z}G$ to be $s\otimes y\mapsto y^{-1}s$, it is compatible with the $S$-action by right multiplication on $\mathbb{Z}S$ and on $\mathbb{Z}G$. Combining this with $\tau^*$, we get the isomorphism

$$\varphi\colon H^k(S;\mathbb{Z}S) \xrightarrow{\cong} H^k(G;\mathbb{Z}G),$$

as right $S$-modules. By the above conventions, $\varphi$ can be described explicitely as follows: We take a $G$-projective resolution $P_* \twoheadrightarrow \mathbb{Z}$ and consider the cochain map

$$\varphi\colon \operatorname{Hom}_S(P_k,\mathbb{Z}S)\to\operatorname{Hom}_G(P_k,\mathbb{Z}G)$$

given by $\varphi(f)(p)=\sum_i r_i^{-1} f(r_i p)$, $f\in\operatorname{Hom}_S(P_k,\mathbb{Z}S)$, $p\in P_k$.

For later use we consider the case $|G:S|<\infty$ and $S$ *normal* in $G$. The right $S$-action on $H^k(S;\mathbb{Z}S)$ can then be extended (cf. 1.5) to a $G$-action (diagonally, by the action in a $G$-resolution and by conjugation in $\mathbb{Z}S$). Then $\varphi$ is a $G$-isomorphism: Indeed we have for $x\in G$ and $f\in\operatorname{Hom}_S(P_k,\mathbb{Z}S)$ as above

$$\begin{aligned} \varphi(fx)(p) &= \sum_i r_i^{-1}(fx)(r_i p)=\sum_i r_i^{-1}x^{-1}f(xr_ip)x \\ &= \big(\varphi(f)(p)\big)x=\big(\varphi(f)x\big)(p) \end{aligned}$$

for all $p\in P_k$; i.e., $\varphi(fx)=\varphi(f)x$. We summarize:

**Proposition 3.1.** *Let $G$ be a group, $S$ a subgroup of finite index. Then $H^n(S;\mathbb{Z}S)\cong H^n(G;\mathbb{Z}G)$ as right $S$-modules. If $S$ is normal in $G$ and if $G$ operates diagonally in $H^n(S;\mathbb{Z}S)$ by conjugation, this is a $G$-module isomorphism.*

Let now $S$ be a subgroup of finite index in $G$. The naturality properties of the cap-product yield a commutative diagram (cf. [1], Lemma 1.2.5)

$$\begin{array}{ccc} H_n(G;C) & \xrightarrow{\ \cap\ } & \operatorname{Hom}(H^k(G;\operatorname{Hom}_S(\mathbb{Z}G,A)),H_{n-k}(G;C\otimes\operatorname{Hom}_S(\mathbb{Z}G,A))) \\ \Big\downarrow{\scriptstyle \mathrm{res}_*} & & \Big\downarrow{\scriptstyle \operatorname{Hom}(\tau^*,\sigma_*^{-1}\theta_*)} \\ H_n(S;C) & \xrightarrow{\ \cap\ } & \operatorname{Hom}(H^k(S;A),H_{n-k}(S;C\otimes A)) \end{array} \tag{3.3}$$

for any left $G$-module $A$ and right $G$-module $C$; $\mathrm{res}_*$ is the map induced by the embedding $C\to\operatorname{Hom}_S(\mathbb{Z}G,C)\cong C\otimes_S\mathbb{Z}G$ and followed by $\sigma_*^{-1}$. If $G$ is a duality group of dimension $n$, take $C=H^n(G;\mathbb{Z}G)$ and let $e\in H_n(G;C)$ be a fundamental class for $G$. Then $\mathrm{res}_*\, e\in H_n(S;C)$ is a fundamental class for $S$: we have $C=H^n(S;\mathbb{Z}S)$, and from (3.3) it follows that $(\mathrm{res}_*\, e\cap -)$ induces isomorphisms

$$(\mathrm{res}_*\, e\cap -)\colon\ H^k(S;A)\xrightarrow{\ \cong\ } H_{n-k}(S;C\otimes A).$$

I.e., $S$ is a duality group of dimension $n$. Moreover it follows that $\mathrm{res}_*$: $H_n(G;C)\to H_n(S;C)$ is an isomorphism.

**Theorem 3.2.** *If $G$ is a duality group of dimension $n$, so is any subgroup $S$ of finite index in $G$. The "restriction" $\mathrm{res}_*$ is an isomorphism*

$$H_n(G;C)\to H_n(S;C)$$

*mapping the fundamental class of $G$ to that of $S$.*

3.2. We now establish the converse of the preceding theorem.

**Theorem 3.3.** *Let $G$ be a torsion-free group and $S$ a subgroup of $G$ of finite index. If $S$ is a duality group of dimension $n$, so is $G$.*

*Proof.* $S$ contains a subgroup $N$ which is normal in $G$ and of finite index; by Theorem 3.2, $N$ is a duality group of dimension $n$. It is then sufficient to prove the assertion in the case where $S=N$ is a *normal* subgroup, i.e. for an exact sequence $N\rightarrowtail G\twoheadrightarrow Q$, $|Q|=d$ finite, $N$ a duality group of dimension $n$.

We will check that $G$ fulfills the conditions of Theorem 2.3. Condition (iii) is fulfilled, since $H^n(G;\mathbb{Z}G)\cong H^n(N;\mathbb{Z}N)$. By Serre's theorem ([6], Théorème 1) we have $\operatorname{cd} G\leq n$, hence (i). As for (ii), let $A$ be a free $G$-module; it is also free as an $N$-module, hence $H^k(N;A)=0$ for $k\neq n$. From the Lyndon-Hochschild-Serre spectral sequence for $N\rightarrowtail G\twoheadrightarrow Q$ it now easily follows that $H^k(G;A)=0$ for $k\neq n$.

It remains to prove (iv). We consider the maps

$$\mathrm{res}^*\colon\ H^k(G;A)\to H^k(N;A) \quad \text{and} \quad \mathrm{cor}_*\colon\ H_k(N;B)\to H_k(G;B),$$

for $G$-modules $A$ and $B$, induced by the embedding of $N$ in $G$. Let $e\in H_n(N;C)$ be a fundamental class of $N$ and put $\bar{e}=\mathrm{cor}_*\, e\in H_n(G,C)$. The cap-product map $(\bar{e}\cap -)\colon H^n(G;A)\to H_0(G;C\otimes A)$ factors as

$$\begin{array}{ccccccc}
H^n(G;A) & \xrightarrow{\mathrm{res}^*} & H^n(N;A) & \xrightarrow{e\cap -} & H_0(N;C\otimes A) & \xrightarrow{\mathrm{cor}_*} & H_0(G;C\otimes A)\\
 & \searrow^{r} & \uparrow & & \uparrow & & \uparrow{\scriptstyle\cong}\\
 & & H^n(N;A)^Q & \xrightarrow[\cong]{} & H_0(N;C\otimes A)^Q & \xrightarrow[i]{} & H_0(N;C\otimes A)_Q.
\end{array}$$

We have used here, for a $Q$-module $M$, the notation $M^Q$ for the module of fixed elements in $M$ under the action of $Q$ and $M_Q$ for the quotient of $M$ modulo the action of $Q$. The lower line expresses the fact that the image under res* lies in the invariant part and that $(e\cap -)$ is a $Q$-isomorphism (Proposition 1.8). The map $i$ is induced by the identity of $H_0(N;C\otimes A)$. Now let $A$ be an *induced* $G$-module, $A=L\otimes\mathbb{Z}G$. Then we have

$$H_0(N;C\otimes A)=C\otimes_N(L\otimes\mathbb{Z}G)\cong(C_0\otimes L)\otimes\mathbb{Z}Q,$$

and

$$H_0(N;C\otimes A)^Q\cong C_0\otimes L\cong H_0(N;C\otimes A)_Q,$$

and it is easily seen that $i$ is just the multiplication by $d=|Q|$ in $C_0\otimes L$. Moreover the map $r$ is an isomorphism, as one sees from the Hochschild-Serre spectral sequence for $N\rightarrowtail G\twoheadrightarrow Q$. We therefore have a commutative diagram

$$\begin{array}{ccc}
H^n(G;A) & \xrightarrow{(\bar{e}\cap -)} & H_0(G;C\otimes A)\\
{\scriptstyle\cong}\downarrow & & \downarrow{\scriptstyle\cong}\\
C_0\otimes L & \xrightarrow{d} & C_0\otimes L.
\end{array} \tag{3.4}$$

If we can find an element $e'\in H_n(G;C)$ such that $\bar{e}=de'$, it then follosw that $(e'\cap -)\colon H^n(G;A)\to H_0(G;C\otimes A)$ is an isomorphism—provided $C_0\otimes L$ is torsion-free! However, we only have to show that $(e'\cap -)$ is an isomorphism for all *free* $G$-modules $A$ and so we may assume $L$ to be free Abelian. $C_0$ is torsion-free by Proposition 1.6, hence $C_0\otimes L$ is torsion-free, whence condition (iv).

In order to find such an element $e'$ we first establish the following

**Lemma 3.4.** *Let $\mathbb{Z}_d$ denote the prime ring of order $d=|Q|$. Then for all $\mathbb{Z}_d G$-modules $D$ and for all integers $k\geqq 0$,*

$$(\bar{e}\cap -)\colon H^k(G;D)\to H_{n-k}(G;C\otimes D)$$

*is the zero-map.*

*Proof.* Let $K \rightarrowtail F \xrightarrow{\pi} \twoheadrightarrow D$ be a $\mathbb{Z}_d G$-free presentation of $D$. Naturality of the cap-product yields the commutative diagram

$$\begin{array}{lccccc} & H^n(G;F) & \xrightarrow{\pi_*} & H^n(G;D) & \longrightarrow & 0 \\ (\bar{e}\cap -): & \downarrow{\scriptstyle\alpha} & & \downarrow{\scriptstyle\beta} & & \\ & H_0(G;C\otimes F) & \longrightarrow & H_0(G;C\otimes D) & \longrightarrow & 0. \end{array}$$

Since $F$ is $\mathbb{Z}_d G$-free, it is an induced $G$-module, and it follows from (3.4) that $\alpha$ is the zero-map. Since $\pi_*$ is surjective this implies that $\beta$ too is the zero-map. If we extend the above diagram further to the left by

$$\begin{array}{lccccccc} & H^{n-1}(G;F) & \longrightarrow & H^{n-1}(G;D) & \longrightarrow & H^n(G;K) & \longrightarrow & H^n(G;F) \\ (e\cap -): & \downarrow & & \downarrow{\scriptstyle\beta'} & & \downarrow{\scriptstyle 0} & & \downarrow{\scriptstyle 0} \\ & 0 & \longrightarrow & H_1(G;C\otimes D) & \xrightarrow{\delta} & H_0(G;C\otimes K) & \longrightarrow & H_0(G;C\otimes F) \end{array}$$

it is still commutative, since the cap-product commutes with the connecting homomorphism. Using the fact that $\delta$ is a monomorphism we deduce that $\beta'$ is the zero-map, etc. This proves Lemma 3.4 by induction.

Next we look at the short exact sequence $\mathbb{Z} \overset{d}{\rightarrowtail} \mathbb{Z} \twoheadrightarrow \mathbb{Z}_d$. Again, naturality of the cap-product yields the commutative diagram with exact rows

$$\begin{array}{lccccccc} & 0 & \longrightarrow & H^0(G;\mathbb{Z}) & \xrightarrow{d} & H^0(G;\mathbb{Z}) & \longrightarrow & H^0(G;\mathbb{Z}_d) \\ (\bar{e}\cap -): & & & \downarrow & & \downarrow & & \downarrow{\scriptstyle\beta^{(n)}} \\ & 0 & \longrightarrow & H_n(G;C) & \xrightarrow{d} & H_n(G;C) & \longrightarrow & H_n(G;C\otimes\mathbb{Z}_d). \end{array}$$

Since $\beta^{(n)}=0$ by Lemma 3.4 it follows that $(\bar{e}\cap -)$ maps $H^0(G;\mathbb{Z})$ into $dH_n(G;C)$.

But since the cap-product map factors as

$$(\bar{e}\cap -):\ H^0(G;\mathbb{Z}) \xrightarrow[\cong]{\text{res}^*} H^0(N;\mathbb{Z}) \xrightarrow[\cong]{e\cap -} H_n(N;C) \xrightarrow{\text{cor}_*} H_n(G;C),$$

we see finally that

$$\text{cor}_* H_n(N;C) \subset d\cdot H_n(G;C).$$

Thus there is certainly an element $e'\in H_n(G;C)$ such that $de'=\bar{e}=\text{cor}_* e$. This completes the proof of Theorem 3.3.

3.3. We now show that the class of duality groups is closed with respect to group extensions.

**Theorem 3.5.** *Let $N \rightarrowtail G \twoheadrightarrow Q$ be a short exact sequence of groups. If $N$ and $Q$ are duality groups of dimensions $n$ and $m$ respectively, then $G$ is* *a duality group of dimension $m+n$. Moreover one has a $G$-isomorphism*

$$H^{m+n}(G;\mathbb{Z}G)\cong H^m(Q;\mathbb{Z}Q)\otimes H^n(N;\mathbb{Z}N) \tag{3.5}$$

(We remind the reader that the $G$-action on $H^n(G;\mathbb{Z}G)$ and on $H^m(Q;\mathbb{Z}Q)$ is induced by the single right action on $\mathbb{Z}G$ and $\mathbb{Z}Q$ respectively, while $G$ acts diagonally on $H^n(N;\mathbb{Z}N)$ using conjugation on the coefficients $\mathbb{Z}N$; see Section 1.5.)

*Proof of Theorem 3.5.* Recall that from the Lyndon-Hochschild-Serre spectral sequences one easily deduces $\mathrm{cd}\,G\leqq m+n$ and $\mathrm{hd}\,G\leqq m+n$; moreover one gets natural isomorphisms

$$\begin{aligned} H^{m+n}(G;A)&\cong H^m(Q;H^n(N;A))\\ H_{m+n}(G;B)&\cong H_m(Q;H_n(N;B)) \end{aligned} \tag{3.6}$$

for all $G$-modules $A$ and $B$. Since $N$ and $Q$ are duality groups, the cohomology part of (3.6) yields

$$\begin{aligned} H^{m+n}(G;A)&\cong H^m(Q;H^n(N;\mathbb{Z}N)\otimes_N A), \quad \text{by Proposition 1.8,}\\ &\cong H^m(Q;\mathbb{Z}Q)\otimes_Q(H^n(N;\mathbb{Z}N)\otimes_N A)\\ &\cong (H^m(Q;\mathbb{Z}Q)\otimes H^n(N;\mathbb{Z}N))\otimes_G A. \end{aligned}$$

If we put $A=\mathbb{Z}G$ (left $G$-structure) this immediately proves (3.5). Thus one has

$$H^{m+n}(G;A)\cong H^{m+n}(G;\mathbb{Z}G)\otimes_G A. \tag{3.7}$$

We will check that $G$ fulfills the conditions of Theorem 2.3. Condition (i) is fulfilled as $\mathrm{cd}\,G\leqq m+n$. Formula (3.5) which is already established, implies (iii). As to (iv) the homology part of (3.6) yields, for $B=C=H^{m+n}(G;\mathbb{Z}G)$,

$$\begin{aligned} H_{m+n}(G;C)&\cong H_m(Q;H_n(N;H^m(Q;\mathbb{Z}Q)\otimes H^n(N;\mathbb{Z}N)))\\ &\cong H_m(Q;H^m(Q;\mathbb{Z}Q))\cong\mathbb{Z}. \end{aligned}$$

Let $e$ be a generator of $H_{m+n}(G;C)$. The cap-product is compatible up to a sign with the Lyndon-Hochschild-Serre spectral sequences (see [1], Section 1.3), hence with the isomorphisms (3.6). Thus for any $G$-module $A$ the cap-product map $(e\cap -)\colon H^{m+n}(G;A)\to H_0(G;C\otimes A)$ yields precisely the isomorphism (3.7) or its negative.

It remains to prove (ii). Let $F$ be a free $G$-module. As $F$ is also $N$-free, $H^k(N;F)=0$ for $k\neq n$ by Proposition 1.4. Thus the Hochschild-Serre spectral sequence of $N\rightarrowtail G\twoheadrightarrow Q$ collapses to

$$H^k(G;F)\cong H^{k-n}(Q;H^n(N;F)),\quad k\in\mathbb{Z}.$$

By Proposition 1.8, $H^n(N;F)$ is isomorphic to $H^n(N;\mathbb{Z}N)\otimes_N F$ as a $G$-module, and hence an induced $Q$-module by Lemma 3.6 below. Therefore $H^k(G,F)=0$ if $k-n\neq m$, whence (ii).

It remains to prove the following slight generalisation of Lemma 1.3:

**Lemma 3.6.** *Let $N\rightarrowtail G\overset{\pi}{\twoheadrightarrow} Q$ be a short exact sequence of groups. If $B$ is a right $G$-module and $A$ an induced left $G$-module, then $B\otimes_N A$ is an induced $Q$-module.*

The proof is the same as that of Lemma 1.3, except that the $G$-isomorphism $\varphi$ is given by $\varphi(b\otimes u\otimes x)=bx\otimes u\otimes\pi(x)^{-1}$.

3.4. As a minor application, let $G$ be a duality group and $G^0$ the kernel of the map $G\to \mathrm{Aut}_{\mathbb{Z}} C$ given by the $G$-action on $C$.

**Proposition 3.7.** *$G^0$ is a characteristic subgroup of $G$. Its index $|G/G^0|$ is finite if and only if $G$ is a Poincaré duality group; in that case $G=G^0$ or $G/G^0\cong\mathbb{Z}_2$.*

*Proof.* Let $\mathrm{Aut}(G)$ be the automorphism group of $G$ and $\tilde{G}$ the semidirect product of $G$ with $\mathrm{Aut}(G)$. Then $G$ is a normal subgroup of $\tilde{G}$ and an automorphism $\alpha$ of $G$ is induced by conjugation with some $\tilde{x}\in\tilde{G}$. Thus one has for $y\in G^0$ and $c\in C$

$$c\,\alpha(y)=c\,\tilde{x}\,y\,\tilde{x}^{-1}=c\,\tilde{x}\,\tilde{x}^{-1}=c,$$

i.e., $\alpha(y)\in G^0$ for all automorphisms $\alpha$ of $G$.

If $G$ is a duality group, assume $|G/G^0|$ finite. Then $G^0$ is a duality group by Theorem 3.2, with $C=H^n(G;\mathbb{Z}G)\cong H^n(G^0;\mathbb{Z}G^0)$ as $G^0$-modules. The $G^0$-action on $C$ being trivial, it follows (cf. Section 1.4) that $C=\mathbb{Z}$, i.e., $G$ is a Poincaré duality group.

## 4. Finiteness Conditions

4.1. We recall some (more or less standard) terminology concerning resolutions over $\mathbb{Z}G$, for an arbitrary group $G$,

$$\cdots\to P_k\to P_{k-1}\to\cdots\to P_0\twoheadrightarrow\mathbb{Z};$$

in short $G$-resolutions $P_*\twoheadrightarrow\mathbb{Z}$. If $P_k=0$ for $k>m$, the resolution is said to be of *length* $\leqq m$; there exists a $G$-projective resolution of length $\leqq m$ if and only if $\mathrm{cd}\,G\leqq m$. A resolution is called *finite* if it is of finite length and if all $P_k$ are finitely generated over $\mathbb{Z}G$.

We will say (cf. Serre [6]) that a group $G$ is of type $(FP)$, if there is a finite $G$-projective resolution; of type $(FF)$, if there is a finite $G$-free resolution. We will say that $G$ is of type $(FP-n)$, if $\mathrm{cd}\,G=n$ and if there is a $G$-projective resolution with $P_n$ finitely generated (then there is also one of length $n$ with $P_n$ finitely generated and $\neq 0$).

We further recall some facts about *dual modules* (valid over arbitrary rings, but we state them for $\mathbb{Z}G$). For a left $G$-module $M$, its dual $M^*$ is defined as $M^* = \mathrm{Hom}_G(M, \mathbb{Z}G)$ with $G$-action induced by the right $G$-structure of $\mathbb{Z}G$. For any left $G$-module $A$, and for any right $G$-module $B$, one has natural homomorphisms

$$\varphi\colon\ M^* \otimes_G A \to \mathrm{Hom}_G(M, A)$$

$$\psi\colon\ B \otimes_G M \to \mathrm{Hom}_G(M^*, B)$$

given by $\varphi(f \otimes a)(m) = f(m)\,a$, $f \in M^*$, $a \in A$, $m \in M$; and by $\psi(b \otimes m)(f) = b f(m)$, $b \in B$, $f \in M^*$, $m \in M$. If $M$ is a finitely generated projective module, $\varphi$ and $\psi$ are *isomorphisms* (cf. [5], Chap. V).

**Lemma 4.1.** *If $M$ is projective, $\psi$ is a monomorphism.*

*Proof.* We assume that $M$ is $G$-free on a set $\{s_i\}$ (the general case, $M$ projective, follows easily from the fact that a projective module is a direct summand in a free module). Let $\sum b_i \otimes s_i \in B \otimes_G M$ be in the kernel of $\psi$:

$$\psi\left(\sum b_i \otimes s_i\right)(f) = \sum b_i f(s_i) = 0$$

for all $f \in M^*$. If one takes $f = f_j$ to be the projection of $M$ onto the $j$-th component, this implies $b_j = 0$, for all $j$.

4.2. The following theorem expresses a special feature of a group $G$ of type $(FP-n)$, without assuming $G$ to be a duality group.

**Theorem 4.2.** *Let $G$ be of type $(FP-n)$, and $C = H^n(G; \mathbb{Z}G)$. Then there is an element $e \in H_n(G; C)$ such that, for any $G$-module $A$, the cap-product $(e \frown -)$ induces an isomorphism*

$$(e \frown -)\colon H^n(G; A) \xrightarrow{\cong} C \otimes_G A.$$

*Proof.* Let $P_* \twoheadrightarrow \mathbb{Z}$ be a $G$-projective resolution, with $P_n$ finitely generated. For the module $C = H^n(G; \mathbb{Z}G)$ we have an exact sequence

$$P^*_{n-1} \xrightarrow{\partial^*} P^*_n \xrightarrow{\pi} C \longrightarrow 0. \tag{4.1}$$

Naturality of $\psi$ yields the commutative diagram

$$\begin{array}{ccc} C \otimes_G P_n & \xrightarrow{\psi_n} & \mathrm{Hom}_G(P^*_n, C) \\ \Big\downarrow{\scriptstyle \partial_*} & & \Big\downarrow{\scriptstyle \partial^{**}} \\ C \otimes_G P_{n-1} & \xrightarrow[\psi_{n-1}]{} & \mathrm{Hom}_G(P^*_{n-1}, C) \end{array}$$

where $\psi_n$ is an isomorphism, $\psi_{n-1}$ a monomorphism. We put $e = \psi_n^{-1}(\pi) \in C \otimes_G P_n$, $e = \sum c_i \otimes p_i$. For $f \in P^*_n$ one has

$$\psi_n(e)(f) = \sum c_i f(p_i) = \pi(f). \tag{4.2}$$

Since $\partial^{**}(\pi)$ is the composition $\pi\partial^*=0$, it follows that $\psi_{n-1}\partial_* e = \partial^{**}\psi_n(e)=\partial^{**}(\pi)=0$, hence $\partial_* e=0$; i.e., $e\in\ker\partial_*=H_n(G;C)$.

Let $A$ be a left $G$-module. Naturality of $\varphi$ yields the commutative diagram

$$\begin{array}{ccccccc} P_{n-1}^*\otimes_G A & \longrightarrow & P_n^*\otimes_G A & \longrightarrow & C\otimes_G A & \longrightarrow & 0 \\ \downarrow{\scriptstyle\varphi_{n-1}} & & \downarrow{\scriptstyle\varphi_n}\,\cong & & \downarrow{\scriptstyle\varphi_*} & & \\ \mathrm{Hom}_G(P_{n-1},A) & \longrightarrow & \mathrm{Hom}_G(P_n,A) & \longrightarrow & H^n(G;A) & \longrightarrow & 0. \end{array} \tag{4.3}$$

The top row is exact by (4.1), the bottom row by definition of $H^n(G;A)$. Since $P_n$ is finitely generated projective, $\varphi_n$ is an isomorphism.

For an arbitrary $c\otimes a\in C\otimes_G A$, we now choose $\gamma\in P_n^*$ with $\pi(\gamma)=c$ and consider $e\cap(\varphi_*(c\otimes a))$:

$$\begin{aligned} e\cap\varphi_*(c\otimes a) &= e\cap\varphi_n(\gamma\otimes a)\\ &=\left(\sum c_i\otimes p_i\right)\cap\varphi_n(\gamma\otimes a)\\ &=\sum c_i\otimes[\varphi_n(\gamma\otimes a)(p_i)]\\ &=\sum c_i\otimes\gamma(p_i)\,a=\sum c_i\gamma(p_i)\otimes a\\ &=\pi(\gamma)\otimes a \qquad \text{by (4.2)}\\ &=c\otimes a. \end{aligned}$$

Thus $(e\cap -)\varphi_*$ is the identity, $\varphi_*$ a monomorphism. By diagram (4.3), $\varphi_*$ is an epimorphism. Hence $\varphi_*$ is an isomorphism and $(e\cap -)$ its inverse.

An immediate consequence is

**Corollary 4.3.** *For any groups $G$ of type $(FP-n)$ one has* $\mathrm{cd}\,G=\mathrm{hd}\,G$.

*Proof.* Take a $G$-module $A$ such that $H^n(G;A)\neq 0$. The isomorphism $(e\cap -)\colon H^n(G;A)\cong C\otimes_G A$ cannot be the zero-map whence $H_n(G;C)\neq 0$, i.e. $\mathrm{hd}\,G\geqq n$.

4.3. Combining Theorem 4.2 with the criteria for duality (Section 2) yields the main results of the present section.

**Theorem 4.4.** *If $G$ is a group of type $(FP-n)$ and if $H^k(G;A)=0$ for $k\neq n$ and all induced $G$-modules $A$, then $G$ is a duality group of dimension $n$.*

**Theorem 4.5.** *If $G$ is a group of type $(FP)$ such that, for some $n\geqq 0$, $H^k(G;\mathbb{Z}G)=0$ for $k\neq n$ and $H^n(G;\mathbb{Z}G)$ is torsion-free as an Abelian group then $G$ is a duality group of dimension $n$.*

The first theorem follows from Theorem 4.2 and 2.3 (with Remark). The second, from Theorem 4.2 and 2.3 together with the fact that for a group of type $(FP)$ the cohomology functor $H^k(G;-)$ commutes with direct sums, hence $H^k(G;\mathbb{Z}G)=0$ implies $H^k(G;F)=0$ for all free $G$-modules $F$.

4.4. We conclude this section with a finiteness statement in the opposite direction.

**Theorem 4.6.** *All duality groups are finitely generated.*

*Proof.* Let $G$ be a duality group of dimension $n$, $C=H^n(G;\mathbb{Z}G)$. $G$ is the direct limit of its finitely generated subgroups $G_i \subset G$. As the homology functor commutes with direct limits one has

$$\mathbb{Z} \cong H_n(G;\, C) \cong \varinjlim H_n(G_i;\, C).$$

Thus there exists a finitely generated subgroup $S$ of $G$ with $H_n(S;\, C) \neq 0$.

We first claim that the $G$-module $C \otimes_S \mathbb{Z}G$ (single right action) is isomorphic to $C \otimes \mathbb{Z}(G/S)$ with diagonal action (without assuming $S$ to be normal in $G$ we have used here the notation $\mathbb{Z}(G/S)$ for the right $G$-module generated by the cosets $Sx$, $x \in G$, of $G$ modulo $S$): Indeed the map

$$f\colon C \otimes_S \mathbb{Z}G \to C \otimes \mathbb{Z}(G/S)$$

given by $f(c \otimes x) = cx \otimes Sx$, $c \in C$, $x \in G$, is easily checked to be the required isomorphism. Thus we have

$$\begin{aligned} 0 \neq H_n(S;\, C) &\cong H_n(G;\, C \otimes_S \mathbb{Z}G) \\ &\cong H_n(G;\, C \otimes \mathbb{Z}(G/S)) \\ &\cong H^0(G;\mathbb{Z}(G/S)). \end{aligned}$$

But since $G$ acts transitively on the set $G/S$ there are no nontrivial fixed elements in $\mathbb{Z}(G/S)$ unless $G/S$ is finite. Therefore $H^0(G;\mathbb{Z}(G/S)) \neq 0$ implies $|G:S| < \infty$. Since $S$ is finitely generated, so is $G$.

## 5. Examples. Dimensions 1 and 2

5.1. It is easy to describe completely all duality groups of dimension 1.

**Proposition 5.1.** *The duality groups of dimension 1 are just all finitely generated free groups.*

*Proof.* If $G$ is a non-trivial finitely generated free group, then $G$ is of type $(FF)$, $\mathrm{cd}\, G = 1$ and $H^0(G;A) = A^G = 0$ for an induced $G$-module $A$. Thus, by Theorem 4.4, $G$ is a duality group. Everything may, of course, be checked directly, and $C = H^1(G;\mathbb{Z}G)$ is equal to $\mathbb{Z}$ *(Poincaré duality) if and only if G is cyclic.* Conversely let $G$ be a duality group of dimension 1. By the Stallings-Swan theorem, $G$ is a free group, and $G$ is finitely generated by Theorem 4.6.

5.2. Let $G$ be a *finitely presented* group, given by a presentation $R \rightarrowtail F \twoheadrightarrow G$ where $F$ is finitely generated free and $R$ a normal subgroup of $F$, finitely generated over $F$ operating by conjugation. There is an exact sequence of $G$-modules (cf. [2], VII, Corollary 6.4)

$$0 \to R_{ab} \to \mathbb{Z}G \otimes_F I_F \to \mathbb{Z}G \to \mathbb{Z} \to 0 \tag{5.1}$$

where $R_{ab}$ is the Abelianized group of $R$ with $G$-action by conjugation, $I_F$ is the augmentation ideal of $F$ (which is a finitely generated $F$-module). If $\operatorname{cd} G = 2$, (5.1) is a finite projective resolution, so $G$ is of type $(FP)$. It is plain that $H^0(G; \mathbb{Z}G) = 0$. Recall that $H^1(G; \mathbb{Z}G)$ is free Abelian and for every prime $p$ one has

$$H^1(G; \mathbb{Z}_p G) \cong \mathbb{Z}_p \otimes H^1(G; \mathbb{Z}G) \tag{5.2}$$

since $G$ is finitely generated (cf. [8], Corollary 3.7).

We first show that if $H^1(G; \mathbb{Z}G) = 0$ then $H^2(G; \mathbb{Z}G)$ is *torsion-free*. For this we consider a prime $p$ and the short exact sequence

$$\mathbb{Z}G \xrightarrow{p} \mathbb{Z}G \twoheadrightarrow \mathbb{Z}_p G;$$

it gives rise to an exact sequence

$$\cdots \to H^1(G; \mathbb{Z}_p G) \to H^2(G; \mathbb{Z}G) \xrightarrow{p} H^2(G; \mathbb{Z}G) \to \cdots.$$

Now $H^1(G; \mathbb{Z}_p G) = 0$ by (5.2), thus the kernel of $p$ is 0; i.e., $H^2(G; \mathbb{Z}G)$ is torsion-free.

Therefore, by Theorem 4.5, if $H^1(G; \mathbb{Z}G) = 0$ then $G$ is a duality group of dimension 2. On the other hand, let under the present assumptions $H^1(G; \mathbb{Z}G)$ be $\neq 0$. Then $H^1(G; \mathbb{Z}_2 G) \neq 0$ by (5.2), i.e., $G$ has more than one endpoint. As $G$ is not cyclic, it has infinitely many endpoints; being torsion-free, it decomposes by Stalling's Structure Theorem into a non-trivial free product $G = G_1 * G_2$.

Both groups $G_1$ and $G_2$ are again *finitely presented with* $\operatorname{cd} G_i \leqq 2$, $i = 1, 2$. For we have a commutative diagram of groups with exact rows and columns

$$\begin{array}{ccccc}
R & \rightarrowtail & R_i & \twoheadrightarrow & N_i \\
\| & & \downarrow & & \downarrow \\
R & \rightarrowtail & F & \twoheadrightarrow & G \\
 & & \downarrow & & \downarrow \\
 & & G_i & = & G_i
\end{array}$$

for $i = 1$ and 2, where $N_i$ denotes the normal subgroup of $G$ generated by $G_j, j \neq i$, which shows that $G_i$ is finitely generated. The normal hull $N_j$ in $G$

of $G_i$ is finitely generated over $G$ (operating by conjugation). Since $R$ is finitely generated over $F$, it follows that $R_i$ is finitely generated over $F$, $i=1,2$. I.e., $G_i$ is finitely presented.

By Gruško's Theorem the minimal number of generators of $G_i$ is strictly less than the minimal number of generators of $G$. Iterating our argument, we obtain a decomposition of $G$ into a finite number of groups $G_\nu$, all finitely presented, which either have $\operatorname{cd} G_\nu=1$, or $\operatorname{cd} G_\nu=2$ and $H^1(G_\nu; \mathbb{Z}G_\nu)=H^1(G_\nu; \mathbb{Z}_2 G_\nu)=0$.

**Theorem 5.2.** *A finitely presented group of cohomology dimension 2 is a free product of duality groups of dimension 1 and 2.*

5.3. *Example 1.* Let $G$ be a *torsion-free "one-relator" group;* i.e., a group presented by $R \rightarrowtail F \xrightarrow{\pi} G$ where $F$ is free on generators $z_1, \dots, z_n$ and $R$ is generated as a normal subgroup by one relator $r$ (= word in $F$). $G$ being torsion-free, one knows by Lyndon's Identity Theorem [4] that $R_{ab} \cong \mathbb{Z}G$. Thus $\operatorname{cd} G \leqq 2$, and the results of Section 5.1 and 5.2 apply. If $G$ is not cyclic and has one endpoint, it is a duality group of dimension 2. The module $C=H^2(G; \mathbb{Z}G)$ can be computed explicitely as

$$H^2(G; \mathbb{Z}G)=\mathbb{Z}G/\sum \pi_* \left(\frac{\partial r}{\partial x_i}\right) \mathbb{Z}G$$

where $\frac{\partial r}{\partial x_i}$ are the Fox-derivatives and $\pi_*: \mathbb{Z}F \twoheadrightarrow \mathbb{Z}G$ is induced by the presentation.

*Example 2.* Let $G$ be the one-relator group presented by

$$\langle x, y \mid y x y^{-1}=x^2 \rangle .$$

It is well-known that *this group is soluble but not polycyclic.* Being soluble, $G$ cannot be a nontrivial free product; hence it is a duality group of dimension 2. In [1], Satz 3.1.1 it was proved that a soluble Poincaré duality group is always polycyclic. Hence $G$ is *not* a Poincaré duality group ($H^2(G; \mathbb{Z}G) \neq \mathbb{Z}$).

*Example 3.* Let $G$ be a *knot-group* (not cyclic; i.e., $G$ is the fundamental group of the complement of a non-trivial knot in the 3-sphere). $G$ is finitely presented. One knows that $\operatorname{cd} G=2$ and that $G$ has one endpoint. Hence it is a duality group of dimension 2.

We claim that $G$ is not a Poincaré duality group. To prove this, we recall that $H_1(G; \mathbb{Z})=\mathbb{Z}$ and $H_2(G; \mathbb{Z})=0$ (for a simple homological proof of this see [7], p. 134). If $G$ were an orientable Poincaré duality group, one would have $C=\mathbb{Z}$ with trivial action, hence $H_2(G; \mathbb{Z})=\mathbb{Z}$. If it were non-orientable, $C=\tilde{\mathbb{Z}}$ with non-trivial action and $H^2(G; \mathbb{Z}) \cong H_0(G; \tilde{\mathbb{Z}})=\mathbb{Z}_2$; but from the universal-coefficients theorem $H^2(G; \mathbb{Z}) \cong \operatorname{Hom}(H_2(G; \mathbb{Z}), \mathbb{Z}) \oplus \operatorname{Ext}(H_1(G; \mathbb{Z}), \mathbb{Z})=0$, which is again a contradiction.

Thus $C=H^2(G; \mathbb{Z}G)$ is different from $\mathbb{Z}$ for a knot-group. We return to a topological interpretation of $C$ in Section 6.3.

## 6. Topological Remarks

We mention here some relations between the algebraic aspects of duality groups and topological aspects which, of course, largely have motivated the algebraic procedure. The details of these and related questions will be dealt with in a separate paper.

6.1. Let as usual $K(G,1)$ denote an Eilenberg-MacLane complex for the group $G$; i.e., a $CW$-complex $X$ with fundamental group $\pi_1(X)\cong G$ and with vanishing homotopy groups $\pi_i(X)$, $i\geqq 2$. The homotopy type of $X$ is determined by $G$, and the (co-)homology of $X$ with respect to a local coefficient system, given by a $G$-module $A$, is isomorphic to the (co-)homology of $G$ with respect to $A$. According to Wall [9], $K(G,1)$ *is dominated by a finite CW-complex* if and only if $G$ is finitely presented and of type $(FP)$.

We further recall that a Poincaré complex $Y$ (Wall [10]) is a $CW$-complex dominated by a finite $CW$-complex and whose cohomology and homology satisfies Poincaré duality; the duality is established by the cap-product with a fundamental cycle $\in H_n(Y;\mathbb{Z})$ where $\mathbb{Z}$ is a suitable (trivial or non-trivial) $\pi_1(Y)$-module, and $n$ is called the "formal" dimension of the Poincaré complex.

Using this terminology one has the following relation between Poincaré duality groups and Poincaré complexes. *$K(G,1)$ is a Poincaré complex if and only if $G$ is a Poincaré duality group, finitely presented and of type $(FP)$*[2].

6.2. In view of our general duality concept for groups it is appropriate to generalize the concept of Poincaré complex, as follows. We define a *duality complex* $Y$ to be a $CW$-complex dominated by a finite $CW$-complex and satisfying duality with respect to a certain "formal" dimension $n$ and to a $\pi_1(Y)$-module $C$; i.e., there exists an element $e\in H_n(Y;C)$ such that $(e\cap -)$ induces isomorphisms

$$H^k(Y;A)\cong H_{n-k}(Y;C\otimes A)$$

for all $k\in\mathbb{Z}$ and all $\pi_1(Y)$-modules $A$. In that case $C$ is determined, namely $C=H^n(Y;\mathbb{Z}G)$ with right $G$-action $(G=\pi_1(Y))$.

Then plainly *$K(G,1)$ is a duality complex if and only if $G$ is a duality group, finitely presented and of type $(FP)$*. Theorem 4.5 now yields the following statement.

**Theorem 6.1.** *Let $G$ be a finitely presented group of type $(FP)$ such that, for some integer $n\geqq 0$, $H^n(G;\mathbb{Z}G)$ is torsion-free and $H^k(G;\mathbb{Z}G)=0$ for $k\neq n$. Then $K(G,1)$ is a duality complex of formal dimension $n$.*

---

[2] In a forthcoming paper [3] Johnson and Wall use the term "Poincaré duality group" for such groups. In our terminology "(Poincaré) duality group" does not involve any a priori finiteness condition; however, our groups are automatically *finitely generated* (Theorem 4.6), and our Poincaré duality groups are automatically *of type $(FP)$* (the proof will appear elsewhere). We do not know whether our definition of general duality implies type $(FP)$ and finite presentability.

6.3. If the group $G$ admits a $K(G, 1)$ which is a *finite* $CW$-complex $X$, the groups $H^k(G;\mathbb{Z}G)$ have a topological interpretation which may be useful for further discussion of duality and for properties of the $G$-module $C$. In that case, we have $H^k(G;\mathbb{Z}G)\cong H^k(X;\mathbb{Z}G)$; in $X$ we use cellular (co-)homology with local coefficients. If $\tilde{X}$ denotes the universal covering complex of $X$, there is a well-known natural isomorphism

$$H^k(X;\mathbb{Z}G)\cong \bar{H}^k(\tilde{X};\mathbb{Z})$$

where $\bar{H}^k$ denotes cohomology in $\tilde{X}$ based on *finite* cellular cochains; in other words, cohomology in $\tilde{X}$ with compact carriers. Via compactification of $\tilde{X}$, various interpretations of these groups are available. E.g., using endpoint compactification of $\tilde{X}$, one obtains the relation between endpoints of $\tilde{X}$ and the group $H^1(G;\mathbb{Z}G)$.

6.4. As a special case of 6.3 we assume that the group $G$ admits an Eilenberg-MacLane complex $X$ which is a compact connected orientable manifold-with-boundary. It seems of particular interest and yields a simple description of the groups $H^k(G;\mathbb{Z}G)$.

Let $m$ be the dimension of $X$, and $\partial X$ the boundary $(m-1)$-manifold. Poincaré duality for a manifold-with-boundary yields

$$H^k(X;\mathbb{Z}G)\cong H_{m-k}(X \bmod \partial X;\mathbb{Z}G).$$

This group is again isomorphic to $H_{m-k}(\tilde{X} \bmod \partial\tilde{X};\mathbb{Z})$ computed from finite cellular chains (i.e., $H_{m-k}$ is the ordinary – singular – homology group). Since $\tilde{X}$ is contractible, the exact homology sequence of $\tilde{X}$ mod $\partial\tilde{X}$ yields

$$H_{m-k}(\tilde{X} \bmod \partial\tilde{X};\mathbb{Z})\cong H_{m-k-1}(\partial\tilde{X};\mathbb{Z})$$

where, for $k=m-1$, $H_0$ is understood to be the reduced group.

In summary, if $X=K(G,1)$ is a connected finite cellular orientable manifold-with-boundary of dimension $m$, then

$$H^k(G;\mathbb{Z}G)\cong H_{m-k-1}(\partial\tilde{X};\mathbb{Z}) \qquad \text{for all } k$$

(reduced homology for $k=m-1$).

If, in addition to the above, $G$ is a duality group of dimension $n$ we have $H_{m-k-1}(\partial\tilde{X};\mathbb{Z})=0$ for $k\neq n$; and $H_{m-n-1}(\partial\tilde{X};\mathbb{Z})=C$, $\neq 0$ and torsion-free. Thus $\partial\tilde{X}$ has vanishing integral homology in all dimensions except for $q=m-n-1$, and the "dimension" of the duality group is $n=m-q-1\leqq m-1$. Conversely, since $G$ is of type $(FP)$ so that Theorem 4.5 can be applied, we deduce that if $H_i(\partial\tilde{X};\mathbb{Z})=0$ for $i\neq q$ and if $H_q(\partial\tilde{X};\mathbb{Z})$ is torsion-free, then $G$ is a duality group of dimension $n=m-q-1$. We thus have the following result.

**Theorem 6.2.** *Let $G$ be a group admitting an Eilenberg-MacLane complex $X$ which is a compact connected orientable manifold-with-boundary of dimension $m$, and let $\tilde{X}$ be the universal cover of $X$. If the* *(reduced) integral homology groups $H_i(\partial\tilde{X})$ are $=0$ for $i \neq q$ and if $H_q(\partial\tilde{X})$ is torsion-free, then $G$ is a duality group of dimension $n=m-q-1$, with dualizing module $C=H^n(G;\mathbb{Z}G)\cong H_q(\partial\tilde{X})$.*

If in particular $q=0$, then $G$ is a duality group of dimension $m-1$ and $C$ is free Abelian of rank equal to the number of components minus 1 of $\partial\tilde{X}$, with $G$-action given by the covering transformations of $\tilde{X}$.

The knot groups provide examples for Theorem 6.2 with $q=0$: The closed complement of a non-trivial knot in $S^3$ is a 3-manifold-with-boundary which is a $K(G, 1)$ for the group $G$ of the knot; the boundary is a 2-torus. The dimension of $G$ is 2; $H_1(\partial\tilde{X})=H_2(\partial\tilde{X})=0$ and $\partial\tilde{X}$ has infinitely many components.

*Note Added in Proof.* J. P. Serre has drawn our attention to the following:

1) All torsion-free arithmetical groups and so-called $S$-arithmetical groups are examples of duality groups in our sense; they are not of Poincaré type (except in trivial cases), and their dualizing modules are $\mathbb{Z}$-free. This has been established directly by *Borel-Serre* (C.R. Acad. Sc. Paris **271**, 1156–1158 (1970) and C.R. Acad. Sc. Paris **272**, 110–113 (1971)). The situation in the case of arithmetical groups is exactly that of our Theorem 6.2.

2) There is an analogue to our duality groups for profinite groups, namely those called "Cohen-Macauley groups" by *Verdier* (cf. Cohomologie Galoisienne, Lecture Notes in Math. **5**, V-19 to V-21 (Springer 1965)). The analogy will be discussed elsewhere; here we simply note that the analogue of Verdier's Prop. 4.4 holds in our case, and that his dualizing module does not correspond to our module $C$, but to $\mathrm{Hom}(C, \mathbb{Q}/\mathbb{Z})$.

## References

1. Bieri, R.: Gruppen mit Poincaré-Dualität. Commentarii Mathematici Helvetici **47**, 373–396 (1972).
2. Hilton, P.J., Stammbach, U.: A Course in Homological Algebra. Graduate Texts in Math. Berlin-Heidelberg-New York: Springer 1970.
3. Johnson, F.E.A., Wall, C.T.C.: On groups satisfying Poincaré duality. Annals of Math., **96**, 592–598 (1972).
4. Lyndon, R.C.: Cohomology theory of groups with a single defining relation. Annals of Math. **52**, 650–665 (1950).
5. MacLane, S.: Homology. Die Grundlehren der math. Wissenschaften **114**. Berlin-Heidelberg-New York: Springer 1967.
6. Serre, J.P.: Cohomologie des groupes discrets. Prospects in Math. Ann. of Math. Study **70**, 77–169, Princeton 1971.
7. Stammbach, U.: Über freie Untergruppen gegebener Gruppen. Commentarii Mathematici Helvetici **43**, 132–136 (1968).
8. Swan, R.G.: Groups of Cohomological Dimension One. J. of Algebra **12**, 312–334 (1969).
9. Wall, C.T.C.: Finiteness conditions for *CW*-complexes. Ann. of Math. **81**, 56–69 (1965).
10. Wall, C.T.C.: Poincaré complexes I. Ann. of Math. **86**, 213–245 (1967).

Robert Bieri
Beno Eckmann
ETH Zürich, CH-8006 Zürich, Switzerland

*(Received January 18, 1973)*

# Finiteness properties of duality groups

(with R. Bieri)

Comment. Math. Helv. **49** (1974), 74–83

## 0. Introduction

*0.1.* In this paper we show that groups with homological duality (generalizing Poincaré duality, cf. [2]) always satisfy certain finiteness conditions. We emphasize that the definition of a duality group as given in [2] does not involve any a priori finiteness property of the group.

Let $G$ be a *duality group*, of dimension $n$ and with dualizing module $C$. Here is a list of finiteness properties automatically fulfilled:

(1) $G$ is finitely generated.

(2) The dualizing module $C$ is finitely presented over $\mathbf{Z}G$.

(3) The dualizing module $C$ admits a *finite* projective resolution over $\mathbf{Z}G$; i.e., a resolution which is finitely generated in each dimension and of finite length $m$. There is always a resolution of length $m \leqslant n+1$, of length $m=n$ if $C$ is $\mathbf{Z}$-free.

(4) The integral cohomology groups $H^k(G; \mathbf{Z})$ are finitely generated.

(5) The integral homology groups $H_k(G; \mathbf{Z})$ are finitely generated.

(6) If $G$ is a *Poincaré duality group* (i.e., if the Abelian group underlying $C$ is $\mathbf{Z}$), then $G$ is of type $(FP)$. – A group is called of type $(FP)$ if the trivial $G$-module $\mathbf{Z}$ admits a finite projective $G$-resolution.

*0.2.* With regard to the proofs of these statements, we make the following preliminary remarks.

(1) has already been established in [2], Theorem 4.6. The proof of (2) is based on a known criterion which we include for completeness; the proof of (3) on a generalization of that criterion. (4) is an easy consequence of (3). The statement (5) follows from (4) via the universal-coefficients theorem and a lemma which seems new and which may also be useful in other contexts: If $A$ is an Abelian group such that $\mathrm{Hom}(A, \mathbf{Z})$ and $\mathrm{Ext}(A, \mathbf{Z})$ are finitely generated, then $A$ is finitely generated.

Statement (6), concerning Poincaré duality, is essentially a corollary of (3). We do not know whether duality groups in the general sense must also be of type $(FP)$. We recall from [2], Section 4, that groups of type $(FP)$ are easier to investigate, with respect to duality, than arbitrary groups.

The fact that Poincaré duality groups are of type $(FP)$ can be established by a second method which does not use the cap-product nor any naturality – just the existence of duality isomorphisms. From this it turns out (Theorem 3.4 below) that a group satisfying Poincaré duality isomorphisms – not supposed to be given by a cap-product with a fundamental class nor even to be natural – is a true Poincaré duality group.

The contents of this paper have been announced in a Comptes Rendus Note [3].

## 1. Finitely Presented Modules and Finitely Generated Free Resolutions

*1.1.* Let $R$ be a ring with unit. We recall that a right $R$-module is said to be *finitely presented* if there is a short exact sequence of modules

$$K \rightarrowtail F \twoheadrightarrow B \tag{1.1}$$

with $F$ being $R$-free and $F$ and $K$ finitely generated over $R$. The sequence (1.1) is called a finite (free) presentation of $B$.

If $\{A_i\}$ is an inverse system of left $R$-modules, then clearly $\{\mathrm{Tor}_k^R(B, A_i)\}$ is an inverse system of Abelian groups, and one has a unique natural homomorphism

$$\mathrm{Tor}_k^R(B, \varprojlim A_i) \to \varprojlim \mathrm{Tor}_k^R(B, A_i), \quad k=0, 1, \ldots \tag{1.2}$$

(Similar homomorphisms are available for $\mathrm{Ext}_R^k(B, A_i)$, $B$ a left module). We consider the special case where $\lim A_i$ is the direct product $\prod_I R$ of copies of $R$ (indexed by some index set $I$). For $k=0$ one has the homomorphism

$$\mu_B: B \otimes_R \prod_I R \to \prod_I B \tag{1.3}$$

given by $\mu_B(b \otimes \prod_{i\in I} r_i) = \prod_{i\in I} br_i$, $b\in B$, $r_i \in R$.

LEMMA 1.1. (i) *$\mu_B$ is an epimorphism for every direct product $\prod_I R$ if and only if $B$ is finitely generated.*

(ii) *$\mu_B$ is an isomorphism for every direct product $\prod_I R$ if and only if $B$ is finitely presented.*

*Proof.* (i) We take $B$ itself as index set $I$ and assume that $\mu_B$ is an epimorphism. Then there is an element $c\in B \otimes_R \prod_B R$ with $\mu_B(c) = \prod_{b\in B} b$. The element $c$ is of the form

$$c = \sum_{k=1}^{m} (b_k \otimes \prod_{b\in B} r_{bk}),$$

hence $\mu_B(c) = \sum_{k=1}^m \prod_{b\in B} b_k r_{bk} = \prod_{b\in B} b$. It follows that for each $b\in B$ one has $b = \sum_{k=1}^m b_k r_{bk}$; i.e., $B$ is generated by the finite set $b_1, b_2, \ldots, b_m$. In the other direction, (i) is trivial.

(ii) Let $B$ be finitely generated, and $K \rightarrowtail F \twoheadrightarrow B$ a free presentation with $F$ finitely generated. Naturality of (1.3) yields the commutative diagram with exact rows

$$\begin{array}{ccccccc} K\otimes_R\prod R & \to & F\otimes_R\prod R & \to & B\otimes_R\prod R & \to 0 \\ \downarrow{\mu_K} & & \downarrow{\mu_F} & & \downarrow{\mu_B} & \\ 0\to \prod K & \to & \prod F & \to & \prod B & \to 0 \end{array}$$

for an arbitrary direct product $\prod$. It is easy to see that $\mu_F$ is an isomorphism. By (i), $\mu_B$ is an epimorphism. By the five lemma, $\mu_B$ is a monomorphism if and only if $\mu_K$ is an epimorphism; i.e., by (i), if $K$ is finitely generated. –

The above proof shows that, if $B$ is a finitely presented module, any exact sequence $K\rightarrowtail F\twoheadrightarrow B$ with $F$ finitely generated free is a finite presentation of $B$.

*1.2.* An $R$-resolution

$$\cdots\to X_k\to X_{k-1}\to\cdots\to X_1\to X_0\twoheadrightarrow B$$

(in short $\mathfrak{X}\twoheadrightarrow B$) of the $R$-module $B$ is said to be finitely generated if the modules $X_k$ are finitely generated for all $k\geqslant 0$. In this section we give necessary and sufficient conditions for a module $B$ to admit a *finitely generated free* resolution.

Let $B$ be finitely presented, and $K_0\rightarrowtail F_0\twoheadrightarrow B$ a finite free presentation. In the commutative diagram with exact rows

$$\begin{array}{ccccccccc} 0\to \operatorname{Tor}_1^R(B,\prod R) & \to & K_0\otimes_R\prod R & \to & F_0\otimes_R\prod R & \to & B\otimes_R\prod R & \to 0 \\ \downarrow & & \downarrow{\mu_{K0}} & & \downarrow{\mu_{F0}} & & \downarrow{\mu_B} & \\ 0 & \to & \prod K_0 & \to & \prod F_0 & \to & \prod B & \to 0 \end{array}$$

for an arbitrary direct product $\prod$, $\mu_B$ and $\mu_{F_0}$ are isomorphisms, and $\mu_{K_0}$ is an epimorphism. By Lemma 1.1, $K_0$ is finitely presented if and only if $\mu_{K_0}$ is a monomorphism, i.e., if $\operatorname{Tor}_1^R(B,\prod R)=0$ for all $\prod$. If this is the case, we take a finite free presentation $K_1\rightarrowtail F_1\twoheadrightarrow K_0$ and apply the same argument: $K_1$ is finitely presented if and only if $\operatorname{Tor}_1^R(K_0,\prod R)=0$. But $\operatorname{Tor}_1^R(K_0,\prod R)\cong\operatorname{Tor}_2^R(B,\prod R)$, by the exact Tor-sequence. Iterating the argument we get the following criterion.

PROPOSITION 1.2. *The R-module B admits a free resolution* $\mathfrak{F}\twoheadrightarrow B$ *with* $F_i$ *finitely generated for all* $i\leqslant k$ *if and only if B is finitely presented and* $\operatorname{Tor}_i^R(B,\prod R)=0$ *for* $i=1,2,\ldots,k-1$ *and all direct products* $\prod$.

## 2. The Dualizing Module

*2.1.* We recall that a group $G$ is termed *duality group* of dimension $n\geqslant 0$ (cf. [2]) if there is a "dualizing (right) $G$-module" $C$ and a "fundamental class" $e\in H_n(G;C)$

such that the cap-product with $e$ yields isomorphisms

$$(e\cap -): H^k(G; A) \xrightarrow{\cong} H_{n-k}(G; C \otimes A)$$

for every (left) $G$-module $A$ and all $k \in \mathbf{Z}$. The tensor product $C \otimes A$ over the integers is understood to be endowed with the diagonal $G$-module structure. We recall the following facts from [2]; they will be used without further reference.

PROPOSITION 2.1. *For a duality group $G$ of dimension $n$ and with dualizing module $C$ one has*

(i) $C \cong H^n(G; \mathbf{Z}G)$ *as right $G$-modules*

(ii) $C$ *is torsion-free as an Abelian group*

(iii) $n$ *is equal to the cohomology dimension $cdG$ and to the homology dimension $hdG$ of $G$*

(iv) $H^k(G; \mathbf{Z}G) = 0$ *for all* $k \neq n$.

*2.2.* Let $G$ be an arbitrary group, and $C$ a right $G$-module, $\{A_i\}$ an inverse system of left $G$-modules. Clearly $\{H^k(G; A_i)\}$ and $\{H_{n-k}(G; C \otimes A_i)\}$ are inverse systems of Abelian groups. We consider, for integers $n$ and $k$ and an element $e \in H_n(G; C)$, the diagram

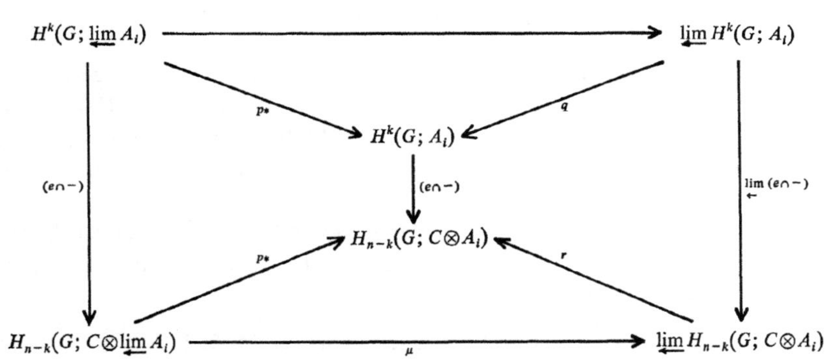


where $\nu$ and $\mu$ are limiting homomorphisms (cf. (1.2)), $p$, $q$, $r$ the obvious projections from $\varprojlim$. The left-hand square is commutative by the naturality of the cap-product. The right-hand square and the triangles are commutative by the definition of $\mu$, $\nu$ and $\varprojlim(e\cap -)$.

Now the two maps $r \circ \mu \circ (e\cap -)$ and $r \circ \varprojlim(e\cap -) \circ \nu: H^k(G; \varprojlim A_i) \rightarrow$

$H_{n-k}(G; C\otimes A_i)$ coincide, for each index $i$. Therefore the two maps $\mu\circ(e\cap -)$ and $\varprojlim(e\cap -)\circ\nu$ themselves must coincide; i.e., the outer square is commutative. We thus have established the following result.

LEMMA 2.2. *Let $G$ be an arbitrary group, $C$ a right $G$-module, and $\{A_i\}$ an inverse system of left $G$-modules. For arbitrary integers $n, k$ and elements $e\in H_n(G; C)$ the diagram*

$$\begin{array}{ccc} H^k(G; \varprojlim A_i) & \xrightarrow{\nu} & \varprojlim H^k(G; A_i) \\ {\scriptstyle (e\cap -)}\downarrow & & \downarrow{\scriptstyle \varprojlim(e\cap -)} \\ H_{n-k}(G; C\otimes \varprojlim A_i) & \xrightarrow[\mu]{} & \varprojlim H_{n-k}(G; C\otimes A_i) \end{array}$$

*is commutative.*

*2.3.* Let, in particular, $G$ be a duality group of dimension $n$, $C$ its dualizing module and $e\in H_n(G; C)$ a fundamental class for $G$. Taking for $\varprojlim A_i$ an arbitrary direct product of copies of $\mathbf{Z}G$, Lemma 2.2 yields the commutative diagram

$$\begin{array}{ccc} H^k(G; \prod \mathbf{Z}G) & \xrightarrow{\nu} & \prod H^k(G; \mathbf{Z}G) \\ {\scriptstyle (e\cap -)}\downarrow & & \downarrow{\scriptstyle \Pi(e\cap -)} \\ H_{n-k}(G; C\otimes \prod \mathbf{Z}G) & \xrightarrow[\mu]{} & \prod H_{n-k}(G; C\otimes \mathbf{Z}G) \end{array} \tag{2.1}$$

for all integers $k$. The vertical arrows are isomorphisms. Since the direct product is an exact inverse limit, $H^k$ commutes with $\prod$, i.e., $\nu$ is an isomorphism. Hence $\mu$ is an isomorphism. For $k=n$, the map $\mu: H_0(G; C\otimes\prod \mathbf{Z}G)=C\otimes_G\prod \mathbf{Z}G\to\prod C$ is just the homomorphism $\mu_C$ of (1.3). Since it is an isomorphism, it follows from Lemma 1.1 that $C$ is *finitely presented.*

Moreover, for an arbitrary integer $j$, the group $H_j(G; C\otimes\prod \mathbf{Z}G)$ can be transformed as follows. Since $\prod \mathbf{Z}G$ is torsion-free as an Abelian group, the standard associativity formula for Tor (cf. [4], p. 352) yields

$$H_j(G; C\otimes\prod \mathbf{Z}G)=\mathrm{Tor}_j^G(C\otimes\prod \mathbf{Z}G, \mathbf{Z})\cong\mathrm{Tor}_j^G(C, \prod \mathbf{Z}G).$$

Since $H^k(G; \mathbf{Z}G)=0$ for $k\neq n$, this implies $\mathrm{Tor}_j^G(C, \prod \mathbf{Z}G)=0$ for $j=n-k\neq 0$. By Proposition 1.2, $C$ being finitely presented, it follows that $C$ admits a finitely generated $G$-free resolution $\mathfrak{F}\twoheadrightarrow C$. We summarize:

THEOREM 2.3. *Let $G$ be a duality group of dimension $n$. Its dualizing module $C=H^n(G; \mathbf{Z}G)$ admits a finitely generated free resolution over $\mathbf{Z}G$. In particular, $C$ is finitely presented over $\mathbf{Z}G$.*

*2.4.* As a corollary of this theorem and of the fact that $cdG=n$ we can obtain information on the length of *projective* resolutions of $C$ over $\mathbf{Z}G$, as follows.

The associativity spectral sequence for Ext (cf. [4], p. 351) yields a spectral sequence

$$H^p(G; \operatorname{Ext}^q(C, A)) \Rightarrow \operatorname{Ext}_G^{p+q}(C, A)$$

for all $G$-modules $A$. Since $H^p(G; -)=0$ for $p>n$, we have $\operatorname{Ext}_G^{n+2}(C, A)=0$ for all $A$. Hence there exists a projective resolution of $C$ of length $\leqslant n+1$. More precisely, the finitely generated free resolution $\mathfrak{F} \twoheadrightarrow C$ above splits in all dimensions $\geqslant n+1$. Hence there exists a *finite* projective resolution of $C$, of length $\leqslant n+1$. Since $H_n(G; C)\neq 0$, the length cannot be $<n$.

In case the dualizing module is $\mathbf{Z}$-free, we even have $\operatorname{Ext}_G^{n+1}(C, A)=0$ for all $A$; i.e., $C$ admits a finite projective resolution of length $n$. We thus have

COROLLARY 2.4. *Let $G$ be a duality group of dimension $n$. Its dualizing module $C$ admits a finite projective resolution over $\mathbf{Z}G$, of length $n$ or $n+1$; if $C$ is $\mathbf{Z}$-free, of length $n$.*

*2.5.* We now prove that all integral (co)homology groups of a duality group are finitely generated.

THEOREM 2.5. *All homology and cohomology groups $H_k(G; \mathbf{Z})$ and $H^k(G; \mathbf{Z})$ of a duality group are finitely generated.*

*Proof.* The cohomology part is an immediate consequence of Theorem 2.4, since $H^k(G; \mathbf{Z})\cong H_{n-k}(G; C)=\operatorname{Tor}^G_{n-k}(C, \mathbf{Z})$. The homology part of Theorem 2.5 follows from the general fact that, for an arbitrary group $G$, the cohomology groups $H^k(G; \mathbf{Z})$ are finitely generated for all $k$ if and only if the homology group $H_k(G; \mathbf{Z})$ are.

To prove this general fact, we consider the universal-coefficient exact sequence

$$\operatorname{Ext}(H_{k-1}(G; \mathbf{Z}), \mathbf{Z}) \rightarrowtail H^k(G; \mathbf{Z}) \twoheadrightarrow \operatorname{Hom}(H_k(G; \mathbf{Z}), \mathbf{Z})$$

for all integers $k$. Obviously, if the $H_k(G; \mathbf{Z})$ are all finitely generated, so are the $H^k(G; \mathbf{Z})$. The converse follows from the lemma below.

LEMMA 2.6. *Let $A$ be an Abelian group. If the groups* $\operatorname{Hom}(A, \mathbf{Z})$ *and* $\operatorname{Ext}(A, \mathbf{Z})$ *are finitely generated, then $A$ itself is finitely generated.*

*Proof.* If $\operatorname{Hom}(A, \mathbf{Z})\neq 0$, there is an epimorphism $A \twoheadrightarrow \mathbf{Z}$, hence $A\cong A_1\oplus \mathbf{Z}$. The rank of $\operatorname{Hom}(A_1, \mathbf{Z})$ is less than the rank of $\operatorname{Hom}(A, \mathbf{Z})\cong \operatorname{Hom}(A_1, \mathbf{Z})\oplus\mathbf{Z}$. Thus iterating the argument, we find a decomposition $A\cong B\oplus F$, with $F$ free Abelian of finite rank and $\operatorname{Hom}(B, \mathbf{Z})=0$. Then $\operatorname{Ext}(B, \mathbf{Z})\cong \operatorname{Ext}(A, \mathbf{Z})$ is finitely generated.

Let $T$ be the torsion subgroup of $B$. From the exact sequence (where $\operatorname{Hom}(B, \mathbf{Z})$

$=0$, $\mathrm{Hom}(T, \mathbf{Z})=0$)

$$0 \to \mathrm{Hom}(B/T, \mathbf{Z}) \to \mathrm{Hom}(B, \mathbf{Z}) \to \mathrm{Hom}(T, \mathbf{Z}) \to \mathrm{Ext}(B/T, \mathbf{Z}) \to \mathrm{Ext}(B, \mathbf{Z})$$

we see that $\mathrm{Hom}(B/T, \mathbf{Z})=0$ and $\mathrm{Ext}(B/T, \mathbf{Z})$ is finitely generated. The latter group being divisible, it must be 0. But (cf. [5], p. 182) $\mathrm{Hom}(B/T, \mathbf{Z})=0$ and $\mathrm{Ext}(B/T, \mathbf{Z})=0$ imply $B/T=0$; i.e., $B=T$, $A \cong T \oplus F$.

It remains to show that $T$ is finite. With the natural imbedding $Z \to \mathbf{R}$ we associate the exact sequence

$$0 \to \mathrm{Hom}(T, \mathbf{Z}) \to \mathrm{Hom}(T, \mathbf{R}) \to \mathrm{Hom}(T, \mathbf{R}/\mathbf{Z}) \to \mathrm{Ext}(T, \mathbf{Z}) \to 0,$$

i.e., $\mathrm{Hom}(T, \mathbf{R}/\mathbf{Z}) \cong \mathrm{Ext}(T, \mathbf{Z})$, hence finitely generated. But the group $\mathrm{Hom}(T, \mathbf{R}/\mathbf{Z})$ (the character group of $T$) can be given its natural compact topology. Being finitely generated, it must be finite. Hence $T$ itself is finite.

## 3. Groups of Type (FP) and Poincaré Duality

*3.1.* A duality group is said to be a *Poincaré duality group* (cf. [1]) if its dualizing module $C$ is infinite cyclic as an Abelian group; in this case we write $\tilde{\mathbf{Z}}$ for $C$ (the symbol $\mathbf{Z}$ being reserved for the trivial $G$-module). A Poincaré duality group is said *orientable* or *non-orientable* according to whether $\tilde{\mathbf{Z}}=\mathbf{Z}$ or $\neq \mathbf{Z}$. By [1], Korollar 2.1.2, a non-orientable Poincaré duality group contains a unique orientable one of index 2.

If $G$ is a Poincaré duality group of dimension $n$, Corollary 2.5 yields a finite projective resolution (right $G$-modules)

$$0 \to \tilde{P}_n \to \tilde{P}_{n-1} \to \cdots \to \tilde{P}_0 \twoheadrightarrow \tilde{\mathbf{Z}}.$$

Let sgn denote the homomorphism $G \twoheadrightarrow \mathbf{Z}_2 = \{1, -1\}$ defined by the $G$-action on $\tilde{\mathbf{Z}}$: for $x \in G$ and $1 \in \tilde{\mathbf{Z}}$, $1 \cdot x = \mathrm{sgn}(x)$. Using sgn, we define left $G$-modules $P_k$ by taking the underlying Abelian group of $P_k$ to be that of $\tilde{P}_k$, and by putting

$$xp = \mathrm{sgn}(x)\, p \cdot x^{-1}, \qquad x \in G, \qquad p \in P_k,$$

for $k=0, 1, \ldots, n$. The $P_k$ are still finitely generated projective; the same procedure turns $\tilde{\mathbf{Z}}$ into the (left) module $\mathbf{Z}$. We thus get a finite projective resolution over $\mathbf{Z}G$

$$0 \to P_n \to P_{n-1} \to \cdots \to P_0 \twoheadrightarrow \mathbf{Z}$$

of the trivial $G$-module $\mathbf{Z}$; i.e., $G$ is of type $(FP)$ according to the terminology explained in the introduction (Section 0). We thus have proved

THEOREM 3.1. *All Poincaré duality groups are of type* $(FP)$.

*3.2. Remark.* Recall that a *Poincaré complex* $X$ is a CW-complex dominated by a finite CW-complex and whose (co)homology with arbitrary local coefficients satisfies Poincaré duality. The duality isomorphisms are understood to be given by the cap-product with a fundamental class $[X] \in H_n(X; \tilde{\mathbf{Z}})$, for a suitable $\pi_1(X)$-module $\tilde{\mathbf{Z}}$. If a group $G$ admits an Eilenberg-MacLane complex $K(G, 1)$ which is a Poincaré complex[1]), then clearly $G$ is a Poincaré duality group, and moreover *finitely presented.* Conversely, Theorem 3.1 shows that any Poincaré duality group, provided it is finitely presented, admits a $K(G, 1)$ which is a Poincaré complex (since a finitely presented group of type $(FP)$ admits a $K(G, 1)$ which is dominated by a finite CW-complex).

*3.3.* In the remainder of this section we apply to Poincaré duality groups directly the criterion for finitely generated free resolutions established in Section 1. This will provide, among other things, a second proof of Theorem 3.1 from which different features emerge.

If $G$ is an arbitrary group, and $\mathbf{Z}$ the trivial $G$-module, we will say that $G$ is *of type* $(\overline{FP})$ if $\mathbf{Z}$ admits a finitely generated free resolution over $\mathbf{Z}G$.

PROPOSITION 3.2. *A group G is of type* $(\overline{FP})$ *if and only if the two conditions hold:*

(i) *G is finitely generated*

(ii) $H_k(G; \prod \mathbf{Z}G) = 0$ *for all* $k \geqslant 1$ *and all direct products* $\prod \mathbf{Z}G$.

*Moreover, G is of type* $(FP)$ *if and only if in addition to* (i) *and* (ii)

(iii) $cdG < \infty$.

*Proof.* From the short exact augmentation sequence $IG \rightarrowtail \mathbf{Z}G \twoheadrightarrow \mathbf{Z}$ one sees that $\mathbf{Z}$ is finitely presented over $\mathbf{Z}G$ if and only if $IG$ is finitely generated, i.e., if $G$ is finitely generated. Hence Proposition 3.2 follows from Proposition 1.2.

As a minor application, we mention briefly that Proposition 3.2 provides a very simple proof of the following well-known facts.

PROPOSITION 3.3. a) *The class of groups of type* $(\overline{FP})$ *is extension closed, and so is the class of groups of type* $(FP)$.

b) *Let S be a subgroup of finite index in a torsion-free group G. If S is of type* $(FP)$, *so is G.*

*Proof.* Clearly condition (i) of Proposition 3.2 is extension closed; and by the "maximum principle" for the Lyndon spectral sequence of the extension the same holds for (iii). As for (ii), let $N \rightarrowtail G \twoheadrightarrow Q$ be a short exact sequence of groups, and consider the initial terms $E^{(2)}_{p,q} = H_p(Q; H_q(N; \prod \mathbf{Z}G))$ of the spectral sequence. As $N$ and $Q$ are assumed to admit finitely generated free resolutions of $\mathbf{Z}$, the homology functors commute with all direct products. Thus we get $E^{(2)}_{p,q} = 0$ whenever $pq \neq 0$,

[1]) Johnson-Wall [6] use the term "Poincaré duality group" for such groups.

whence (ii). Combining a) with Serre's theorem ([7], Théorème 1), we get the proof of b).

*3.4.* Let now $G$ be a duality group of dimension $n$. Conditions (iii) and (i) of Proposition 3.2 are fulfilled, since $cdG=n$ and $G$ is finitely generated by [2], Theorem 4.6. Unfortunately we are not able to check (ii) in the general case. In the Poincaré duality case, however, i.e., if the dualizing module $C=\tilde{\mathbf{Z}}$, we have

$$H^{n-k}(G; \tilde{\mathbf{Z}}\otimes\prod \mathbf{Z}G)\cong H_k(G; \tilde{\mathbf{Z}}\otimes\tilde{\mathbf{Z}}\otimes\prod \mathbf{Z}G).$$

Now $\tilde{\mathbf{Z}}\otimes\tilde{\mathbf{Z}}$ with diagonal action is $G$-isomorphic to $\mathbf{Z}$, whence

$$H_k(G; \prod \mathbf{Z}G)\cong H^{n-k}(G; \tilde{\mathbf{Z}}\otimes\prod \mathbf{Z}G),$$

which, by Lemma 1.1, is $\cong H^{n-k}(G; \prod(\tilde{\mathbf{Z}}\otimes\mathbf{Z}G))\cong\prod H^{n-k}(G; \tilde{\mathbf{Z}}\otimes\mathbf{Z}G)\cong \prod H_k(G; \mathbf{Z}G)=0$ for $k\geqslant 1$. Hence (ii) is fulfilled, and we have a second proof of Theorem 3.1.

It is worth-while noticing that this present argument does not involve the cap-product $e\cap -$, nor even any naturality properties of the duality isomorphisms – just the assumption that these exist. This provides the following result.

THEOREM 3.4. *Let $G$ be a group with a homomorphism* $\operatorname{sgn}: G\to \mathbf{Z}_2$ *defining the $G$-module $\tilde{\mathbf{Z}}$, $n$ an integer $\geqslant 0$. If one has isomorphisms (not assumed to be natural)*

$$H^k(G; A)\cong H_{n-k}(G; \tilde{\mathbf{Z}}\otimes A) \tag{3.1}$$

*for all $k$ and all $G$-modules $A$, then $G$ is a Poincaré duality group (of dimension $n$, with dualizing module $\tilde{\mathbf{Z}}$).*

*Proof.* As remarked above, $G$ is of type $(FP)$. Since (3.1) implies $H^k(G; \mathbf{Z}G)\cong H_{n-k}(G; \tilde{\mathbf{Z}}\otimes\mathbf{Z}G)\cong H_{n-k}(G; \mathbf{Z}G)=0$ for $k\neq n$, and $H^n(G; \mathbf{Z}G)\cong H_0(G; \tilde{\mathbf{Z}}\otimes\mathbf{Z}G)=\tilde{\mathbf{Z}}$ torsion-free, the assertion follows from [2], Theorem 4.6.

*Remark.* In [1], Satz 2.6, it was shown that if isomorphisms (3.1) are assumed to exist and to be natural in $A$, then they are automatically induced by $e\cap -$ for a certain fundamental class $e\in H_n(G; \tilde{\mathbf{Z}})$. Of course, this result and Theorem 4.3 do not imply each other.

REFERENCES

[1] BIERI, R., *Gruppen mit Poincaré-Dualität*, Comment. Math. Helv. *47* (1972) 373–396.
[2] BIERI, R. and ECKMANN, B., *Groups with Homological Duality Generalizing Poincaré Duality*, Inventiones math. *20* (1973) 103–124.
[3] ——, *Comptes rendus de l'Acad. des Sc. Paris*, t. 276, Série A, 831–833.
[4] CARTAN, H. and EILENBERG, S., *Homological Algebra*, Princeton University Press, 1957.

[5] Hilton, P. J. and Stammbach, U., *A Course in Homological Algebra*, Graduate Texts in Math. Berlin-Heidelberg-New York: Springer 1970.
[6] Johnson, F. E. A. and Wall, C. T. C., *On groups satisfying Poincaré duality*, Ann. of Math. *69* (1972), 592–598.
[7] Serre, J. P., *Cohomologie des groupes discrets*, Prospects in Math., Ann. of Math. Study *70*, 77–169, Princeton 1971.

*Eidg. Techn. Hochschule,*
*Zürich, Switzerland*

Received September 20, 1973

# Aspherical manifolds and higher-dimensional knots

Comment. Math. Helv. **51** (1976), 93–98

E. Dyer and R. Vasquez [3] proved that the complement of a higher-dimensional knot $S^{n-2} \subset S^n$, $n \geqslant 4$, is never aspherical unless the knot group is infinite cyclic (and hence, for $n \geqslant 5$, the imbedding is unknotted[1])). In the present note we give a simple proof of this fact based on some remarks concerning compact $\partial$-manifolds. By the same method we show that the complement of a link in $S^n$, $n \geqslant 4$, is never aspherical.

Let $X$ be a compact $n$-dimensional $\partial$-manifold, $G = \pi_1(X)$ its fundamental group. If $\partial X$ is connected, let $G_0$ be the image of $\pi_1(\partial X)$ in $G$. Using the connection between $G_0$ and the boundary $\partial \tilde{X}$ of the universal cover of $X$ we first note that $H^{n-1}(X; \mathbf{Z}G) = 0$ if and only if $G_0 = G$. If, moreover, $X$ is aspherical, we show that $\operatorname{cd} G_0 < n-1$ implies $G_0 = G$ (and vice-versa). Since in the case of a knot-complement in $S^n$, $n \geqslant 4$, the image $G_0$ is infinite cyclic, the Dyer-Vasquez result follows. Actually the asphericity is used here in a weak form only, cf. 3.2 below. – In the case where $\partial X$ is not connected, and if $X$ is aspherical, then for at least one of the components of $\partial X$ one has $\operatorname{cd} G_0 = n-1$. This immediately implies the sphericity of higher-dimensional links.

## 1. The Fundamental Group of a $\partial$-Manifold

*1.1.* Let $X$ be a $\partial$-manifold; by this we mean a connected cellular manifold with non-empty boundary $\partial X$. We write $i$ for the inclusion map $\partial X \to X$, and $G$ for the fundamental group $\pi_1(X)$.

We will always assume $X$ to be compact. The universal cover $\tilde{X}$ of $X$ is a $\partial$-manifold which may be compact or not; its boundary $\partial \tilde{X}$ is the inverse image $p^{-1}(\partial X)$ under the covering map $p: \tilde{X} \to X$. We want to get information on the number of connected components of $\partial \tilde{X}$; i.e., on the integral homology group $H_0(\partial \tilde{X})$. The exact homology sequence

$$\cdots \to H_1(\tilde{X}) \to H_1(\tilde{X} \bmod \partial \tilde{X}) \to H_0(\partial \tilde{X}) \to H_0(\tilde{X}) \to 0$$

yields

$$H_0^{\mathrm{red}}(\partial \tilde{X}) = H_1(\tilde{X} \bmod \partial \tilde{X}),$$

[1]) In [3], only $n \geqslant 6$ is mentioned (Levine, Stallings), but the result holds for $n = 5$ as well (C. T. C. Wall, Shaneson).

where $H_0^{red}$ is the reduced homology group. Poincaré duality in $\tilde{X}$ further yields

$$H_0^{red}(\partial\tilde{X}) = \bar{H}^{n-1}(\tilde{X}),$$

$n$ being the dimension of $X$, and $\bar{H}$ denoting cohomology with compact supports (i.e., if we use a cell decomposition, cohomology based on finite cellular cochains). If $C(\tilde{X})$ denotes the chain complex of $\tilde{X}$ corresponding to a finite cell decomposition of $X$, one may replace (cf. [2], p. 359) the finite cochain group $\mathrm{Hom}_{fin}(C(\tilde{X}), \mathbf{Z})$ by the equivariant group $\mathrm{Hom}_G(C(\tilde{X}), \mathbf{Z}G)$. It follows that

$$\bar{H}^{n-1}(X) = H^{n-1}(X; \mathbf{Z}G),$$

the last group being cohomology with local coefficients given by the left $G$-module $\mathbf{Z}G$. We thus obtain

$$H_0^{red}(\partial\tilde{X}) = H^{n-1}(X; \mathbf{Z}G). \tag{1}$$

This yields the following results:

PROPOSITION 1.1. *$\partial\tilde{X}$ is connected if and only if $H^{n-1}(X; \mathbf{Z}G) = 0$.*

PROPOSITION 1.2. *If $\partial X$ is not connected, then $H^{n-1}(X; \mathbf{Z}G) \neq 0$.*

*1.2.* We now assume the boundary manifold $\partial X$ to be connected and write $G_0$ for $i_*\pi_1(\partial X)$, the image of $\pi_1(\partial X)$ under the inclusion map $i: \partial X \to X$. The connected components of $\partial\tilde{X} = p^{-1}(\partial X)$ correspond bijectively to the cosets of $G$ modulo $G_0$. Proposition 1.1 can therefore be reformulated as follows.

PROPOSITION 1.3. *Let $X$ be a compact manifold of dimension $n$ with connected boundary $\partial X$. Then $H^{n-1}(X; \mathbf{Z}G) = 0$ if and only if $G_0 = G$; i.e., if $\pi_1(\partial X) \to \pi_1(X)$ is surjective.*

Let $K(G_0, 1)$ denote an Eilenberg-MacLane complex of the group $G_0$. There is a map $j: \partial X \to K(G_0, 1)$, determined up to homotopy, which induces the surjection $\pi_1(\partial X) \to G_0$. We now further assume that the inclusion $i: \partial X \to X$ can be factored up to homotopy through $j$:

$$i = hj : \partial X \xrightarrow{j} K(G_0, 1) \xrightarrow{h} X. \tag{2}$$

Then $i^*: H^{n-1}(X; \mathbf{Z}G) \to H^{n-1}(\partial X; \mathbf{Z}G)$ is factored as $i^* = j^*h^*$ through the cohomology group $H^{n-1}(G_0; \mathbf{Z}G)$ and will thus be 0 if we assume this group to be 0 (in particular, if the cohomology dimension $\operatorname{cd} G_0$ is $<n-1$). The homomorphism $i^*$ appears in the exact sequence with local coefficients

$$\cdots \to H^{n-1}(X \bmod \partial X; \mathbf{Z}G) \to H^{n-1}(X; \mathbf{Z}G) \xrightarrow{i^*} H^{n-1}(\partial X; \mathbf{Z}G) \to \cdots. \tag{3}$$

By Poincaré duality $H^{n-1}(X \bmod \partial X; \mathbf{Z}G) = H_1(X; \mathbf{Z}G)$; the latter group is computed from $\mathbf{Z}G \otimes_G C(\tilde{X}) = C(\tilde{X})$, i.e., it is equal to $H_1(\tilde{X})$ and hence 0.

Note that the argument is valid both in the orientable and non-orientable case: in the non-orientable case the duality yields $H^{n-1}(X \bmod \partial X; \mathbf{Z}G) = H_1(X; \check{\mathbf{Z}} \otimes \mathbf{Z}G)$, where $\check{\mathbf{Z}}$ is the group of twisted integers. But $\check{\mathbf{Z}} \otimes \mathbf{Z}G$ (with diagonal action) is easily seen to be isomorphic to $\mathbf{Z}G$.

Thus by (3) $i^*$ is always injective. Under the factorization assumption (2), and if $H^{n-1}(G_0; \mathbf{Z}G) = 0$, we have seen that $i^* = 0$, and therefore $H^{n-1}(X; \mathbf{Z}G) = 0$. Combining this with Prop. 1.3 we get

THEOREM 1.4 *Let $X$ be a compact manifold of dimension $n$ with connected boundary $\partial X$, and let $i: \partial X \to X$ be the inclusion, $G = \pi_1(X)$, $G_0 = i_* \pi_1(\partial X)$. If $i$ can be factored up to homotopy as $i = hj: \partial X \to K(G_0, 1) \to X$ and if $H^{n-1}(G_0; \mathbf{Z}G) = 0$, then $G_0 = G$.*

*1.3.* In Theorem 1.4 the condition $H^{n-1}(G_0; \mathbf{Z}G) = 0$ can be replaced by $H_{n-1}(G_0) = 0$.

To prove this, let $e \in H_{n-1}(\partial X)$ be the fundamental class of $\partial X$ [$e \in H_{n-1}(\partial X; \check{\mathbf{Z}})$ in the non-orientable case]. For any $z \in H^{n-1}(G_0; \mathbf{Z}G)$, the cap-product formula

$$j_*(e \cap j^* z) = j_* e \cap z$$

together with $j_* e = 0$ yields $j^* z = 0$, since $j_*: H_0(\partial X; \mathbf{Z}G) \to H_0(G_0; \mathbf{Z}G)$ and $e \cap -$ are both isomorphisms. Now $j^* = 0$ implies $i^* = 0$.

*1.4.* If we do not assume that $\partial X$ is connected, Theorem 1.4 has to be restated in a slightly different form.

Let $\partial_\nu X$, $\nu = 0, 1, \ldots, k$ be the connected components of $\partial X$, and $G_\nu = i_{\nu *} \pi_1(\partial_\nu X)$ the images in $G$ of their fundamental groups under the inclusions $i_\nu: \partial_\nu X \to X$ (determined up to conjugacy only). Let $K$ be the disjoint union of the $K(G_\nu, 1)$ and $j: \partial X \to K$ the union of the maps $j_\nu: \partial_\nu X \to K(G_\nu, 1)$ inducing $i_{\nu *}$. If $i$ can be factored up to homotopy as $i = hj: \partial X \to K \to X$ and if $H^{n-1}(G_\nu; \mathbf{Z}G) = 0$ for all $\nu$ (or: if $H_{n-1}(G_\nu) = 0$ for all $\nu$) then it follows as above that $H^{n-1}(X; \mathbf{Z}G) = 0$; i.e., $\partial X$ must be connected, $k = 0$, $G = G_0$.

THEOREM 1.5. *Let $X$ be a compact $\partial$-manifold, $G=\pi_1(X)$ and $G_\nu=i_{\nu*}\pi_1(\partial_\nu X)$, $\nu=0,\ldots,k$. If $i:\partial X\to X$ can be factored as $i=hj:\partial X\to K\to X$ and if $H^{n-1}(G_\nu;\mathbf{Z}G)=0$ (or: $H_{n-1}(G_\nu)=0$) for $\nu=0,\ldots,k$, then $\partial X$ is connected and $G_0=G$.*

## 2. Aspherical Manifolds

*2.1.* The notations being as in 1.1, we now assume the manifold $X$ to be aspherical; in other words, an Eilenberg-MacLane complex $K(G,1)$ for its fundamental group $G=\pi_1(X)$. Since cohomology of $X$ with local coefficients vanishes in dimensions $k\geqslant n$, the cohomology dimension $\operatorname{cd}G$ is $\leqslant n-1$. Note that the chain complex $C(\tilde{X})$ constitutes a finitely generated free resolution for $G$; therefore $H^{n-1}(G;\mathbf{Z}G)=H^{n-1}(X;\mathbf{Z}G)=0$ implies $H^{n-1}(G;A)=0$ for all free $G$-modules $A$ and hence (cf. [1] p. 105) for all G-modules $A$, and thus is equivalent to $\operatorname{cd}G<n-1$.

The results of Section 1 can now be applied as follows.

PROPOSITION 2.1. *Let $G$ be a group admitting a $K(G,1)=X$ which is a compact manifold of dimension $n$ with non-empty boundary $\partial X$. Then $\operatorname{cd}G<n-1$ if and only if $\partial\tilde{X}$ is connected; in particular, if $\partial X$ is not connected then $\operatorname{cd}G=n-1$.*

Note that any group admitting a $K(G,1)$ which is a *finite* cell-complex admits a compact manifold with non-empty boundary as Eilenberg-MacLane space (imbed $K(G,1)$ in some $\mathbf{R}^N$ and take a regular neighborhood).

*2.2.* For aspherical $X$, assuming $\partial X$ connected, the factorization (2) of $i:\partial X\to X$ is always possible. Hence Theorem 1.4 yields

THEOREM 2.2. *Let $G$ be a group admitting a $K(G,1)=X$ which is a compact manifold of dimension $n$ with connected boundary $\partial X$, and $G_0=i_*\pi_1(\partial X)$. Then $G_0=G$ if and only if $\operatorname{cd}G_0<n-1$. In other words, one always has $\operatorname{cd}G=\operatorname{cd}G_0$; namely, $<n-1$ if $G_0=G$ and $=n-1$ if $G_0\neq G$.*

From Theorem 1.5 we immediately get

THEOREM 2.3. *Let $G$ be a group admitting a $K(G,1)=X$ which is a compact $\partial$-manifold of dimension $n$. If $\partial X$ is not connected, then $\operatorname{cd}G_\nu=n-1$ for at least one component $\partial_\nu X$ of $\partial X$, $G_\nu$ being the image of $\pi_1(\partial_\nu X)$ under the inclusion.*

## 3. Higher-dimensional Knots

*3.1.* Let throughout this section $S^{n-2}\subset S^n$, $n\geqslant 4$, be a knot, i.e., a differentiable imbedding of $S^{n-2}$ in $S^n$, $C=S^n-S^{n-2}$ its complement, and $X$ its closed complement $S^n - V^n$ where $V^n$ is an open tubular neighborhood of $S^{n-2}$ in $S^n$. Then $X$ and $C$ have the same homotopy type, and $G = \pi_1(X)$ is the corresponding knot group. $\partial X$ is a product $S^1 \times S^{n-2}$, and $\pi_1(\partial X) \cong \mathbf{Z}$ imbeds injectively into $G$.

THEOREM 3.1. *If the knot complement is aspherical, then* $G \cong \mathbf{Z}$.

*Proof.* Since $i_* \pi_1(\partial X) = G_0 \cong \mathbf{Z}$, we have $\operatorname{cd} G_0 = 1$, and hence Theorem 2.2 applies: $G_0 = G \cong \mathbf{Z}$.

*3.2.* Note that the asphericity of $X$ is not used in full here. The factorization (2) of $i$ can be obtained under weaker assumptions, as follows.

Let $j: \partial X \to S^1 = K(G_0, 1)$ be the projection of $\partial X = S^1 \times S^{n-2}$ onto $S^1 \times pt$, and $h$ the imbedding $S^1 \times pt \to \partial X \to X$. If we assume

(a) a sphere $pt \times S^{n-2} \subset \partial X$ is nullhomotopic in $X$

then $hj$ and $i$ can be made, by a homotopy, to agree on $S^1 \times pt \vee pt \times S^{n-2}$. If we further assume

(b) $\pi_{n-1}(X) = 0$

then $i$ and $hj$ are homotopic, and thus, by Theorem 1.4, $G = G_0 \cong \mathbf{Z}$.

THEOREM 3.1′. *If* $pt \times S^{n-2}$ *is nullhomotopic in the knot complement* $C$ *and if* $\pi_{n-1}(C) = 0$ *then* $G \cong \mathbf{Z}$.

*3.3.* G. A. Swarup [4] has proved that Theorem 3.1′ holds without the assumption that $\pi_{n-1}(C) = 0$ provided $G$ is *accessible*. Since it is conjectured that all finitely generated groups are accessible, it is possible that the nullhomotopy of $S^{n-2}$ in $C$ alone is sufficient to conclude that $G \cong \mathbf{Z}$.

*3.4.* HIGHER-DIMENSIONAL LINKS. If $X$ is the closed complement of a link

$$\bigcup_{\nu = 0, \ldots, k} S_\nu^{n-2} \subset S^n, \quad n \geqslant 4, \quad k > 0,$$

then $\partial X$ is not connected. The images $G_\nu$ of $\pi_1(\partial_\nu X)$ are all $\cong \mathbf{Z}$. By Theorem 2.3 $X$ can not be aspherical.

THEOREM 3.2. *The complement of a link in* $S^n$, $n \geqslant 4$, *is never aspherical.*

## REFERENCES

[1] R. Bieri and B. Eckmann, *Groups with homological duality generalizing Poincaré duality*, Inv. Math. *20* (1973), 103–124.
[2] H. Cartan and S. Eilenberg, *Homological Algebra*, Princeton University Press, 1956.
[3] E. Dyer and A. T. Vasquez, *The sphericity of higher dimensional knots*, Can. J. Math. *25* (1973), 1132–1136.
[4] G. A. Swarup, *Accessible groups and an unknotting criterion* (to appear in J. of Pure and Applied Algebra).

*E.T.H. Zürich*

Received September, 1975

# Cobordism for Poincaré duality groups

(with R. Bieri)

Bull. Amer. Math. Soc. **82** (1976), 137–139

Communicated by S. Eilenberg, October 9, 1975

1. **Relative homology for pairs.** Homology and cohomology for a pair of groups $G \supset S$ (cf. [6]) can be extended to pairs $(G, S)$ consisting of a group $G$ and a family of subgroups $S = \{S_i\}$, as follows: If $S = \emptyset$ one takes the usual (absolute) groups of $G$. If $S \neq \emptyset$, let $\Delta$ be the kernel of the $G$-homomorphism $\bigoplus_i \mathbf{Z}(G/S_i) \twoheadrightarrow \mathbf{Z}$ given by augmentations; $A$ being a $G$-module, we put $H^k(G, S; A) = H^{k-1}(G; \mathrm{Hom}(\Delta, A))$ and $H_k(G, S; A) = H_{k-1}(G; \Delta \otimes A)$ where $G$ acts diagonally in $\mathrm{Hom}(\Delta, A)$ and $\Delta \otimes A$. One has exact sequences

$$\cdots \longrightarrow H^k(G, S; A) \longrightarrow H^k(G; A) \longrightarrow \prod_i H^k(S_i; A) \xrightarrow{\delta} H^{k+1}(G, S; A) \longrightarrow \cdots,$$

$$\cdots \longrightarrow H_{k+1}(G, S; A) \xrightarrow{\partial} \bigoplus_i H_k(S_i; A) \longrightarrow H_k(G; A) \longrightarrow H_k(G, S; A) \longrightarrow \cdots.$$

2. **Poincaré duality pairs.** The product structure for $\mathrm{Ext}^*$ and $\mathrm{Tor}_*$ (cf. [4, Chapter XI]) yields, for $\alpha \in H_n(G, S; B)$, cap-products $\alpha \cap -: H^k(G; A) \longrightarrow H_{n-k}(G, S; B \otimes A)$ and $H^k(G, S; A) \longrightarrow H_{n-k}(G; B \otimes A)$, with diagonal $G$-action in $B \otimes A$.

(1) Definition. $(G, S)$ is a *Poincaré duality pair of dimension* $n$ (in short: $PD^n$-pair) if there is a $G$-module structure $\widetilde{\mathbf{Z}}$ on $\mathbf{Z}$ and an element $e \in H_n(G, S; \widetilde{\mathbf{Z}})$ such that $e \cap -: H^k(G; A) \longrightarrow H_{n-k}(G, S; \widetilde{A})$ is an isomorphism for all $A$ and $k$.

$\widetilde{\mathbf{Z}}$ is called the "dualizing" module. $\widetilde{A}$ stands for $\widetilde{\mathbf{Z}} \otimes A$. If $S$ is empty, (1) coincides with the usual definition (cf. [1]) of a *Poincaré duality group* of dimension $n$ (in short: $PD^n$-group).

(2) Theorem. *$(G, S)$ is a $PD^n$-pair with dualizing module $\widetilde{\mathbf{Z}}$ if and only if $G$ is a duality group (cf.* [3]*) with dualizing module $\widetilde{\Delta}$.*

Thus various results and criteria for duality groups can be applied to $PD^n$-pairs; note that $\widetilde{\Delta}$ is $\mathbf{Z}$-free. We give here, and in §3, a list of consequences of (1): Definition (1) is equivalent with $e \cap -: H^k(G, S; A) \longrightarrow H_{n-k}(G; \widetilde{A})$ being an isomorphism for all $A$ and $k$. The module $\widetilde{\mathbf{Z}}$ and the dimension $n$ are determined by the pair $(G, S)$. The pair is called *orientable* if $G$ acts trivially on $\widetilde{\mathbf{Z}}$,

---

*AMS (MOS) subject classifications* (1970). Primary 18H10, 57B10; Secondary 20J05, 57A70, 57C20.

*Key words and phrases.* Relative homology of groups, Poincaré duality, oriented cobordism, nonoriented cobordism, graph of groups, finite projective resolutions, signature, characteristic classes.

otherwise *nonorientable*. The group $H_n(G, S; \widetilde{\mathbf{Z}})$ is infinite cyclic generated by $e$; choice of a generator $e$ is called an orientation (even in the nonorientable case!). The family $S$ is finite; all $S_i$ in $S$ are $PD^{n-1}$-groups; an orientation of $(G, S)$ determines an orientation for each $S_i$. We call $S$ (with these orientations) the *boundary* of the (oriented) $PD^n$-pair $(G, S)$. For an oriented group the minus sign denotes change of orientation.

3. **Extensions and amalgams.** Using (2) and criteria for duality one proves

(3) THEOREM. *Let $N \rightarrowtail G \stackrel{\pi}{\twoheadrightarrow} Q$ be a short exact sequence of groups, $S$ a family of subgroups $S_i$ of $G$ each containing $N$, and $K = \pi(S)$. If $N$ is a $PD^n$-group and $(Q, K)$ is a $PD^m$-pair, then $(G, S)$ is a $PD^{n+m}$-pair.*

There is a converse of this in the sense of [2, Theorem A]; and there is also a "finite extension Theorem" generalizing the corresponding result in [1] and [5].

(4) THEOREM. (a) *If the subgroups $U$ of $G$ and $V$ of $H$ are isomorphic, and if $(G, S \cup U)$ and $(H, R \cup V)$ are $PD^n$-pairs then so is $(G *_U H, S \cup R)$.*[1]

(b) *Let $U$, $V$ be isomorphic subgroups of $G$, with $\sigma\colon U \xrightarrow{\cong} V$. If $(G, S \cup U \cup V)$ is a $PD^n$-pair, then so is $(G *_{U,\sigma}, S)$, where $G *_{U,\sigma}$ is the HNN-extension for $\sigma$.*

Repeated application of (4) yields, for the "fundamental group $G(\mathfrak{G})$ of a graph of groups" in the sense of Serre [7]:

(5) THEOREM. *Let $(G^\nu, S^\nu)$ be a finite family of $PD^n$-pairs, and $\mathfrak{G}$ a graph of groups whose vertices $V(\mathfrak{G})$ are the groups $G_\nu$ and whose edges $E(\mathfrak{G})$ some pairs of isomorphic subgroups $S_i^{(\nu)}, S_{i'}^{\nu'} \in \bigcup_\nu S^{(\nu)}$. Further, let $S$ be the family of those $S_i^{(\nu)}$ not occurring in $E(\mathfrak{G})$. Then $(G(\mathfrak{G}), S)$ is a $PD^n$-pair.*

4. **Oriented cobordism.** Here all *PD*-groups and -pairs are assumed orientable and oriented.

(6) DEFINITION. Two finite families $S$, $T$ of $PD^{n-1}$-groups are *cobordant* if there exist finitely many $PD^n$-pairs such that $S \cup (-T)$ is the disjoint union of their boundaries.

This is an equivalence relation: it is easily seen that it is reflexive and symmetric; transitivity is proved by means of (5). We write $\langle S\rangle$ for the class of $S$, and $\Omega_n$ for the set of all classes of families $S$ of $PD^n$-groups. With addition of classes defined by $\langle S\rangle + \langle T\rangle = \langle S \cup T\rangle$, $\Omega_n$ is an Abelian group ($0 = \emptyset$, $-\langle S\rangle = \langle -S\rangle$); it is generated by the classes $\langle S\rangle$ of single groups. $\Omega_0 \cong \mathbf{Z}$, generated by the class $\langle 1\rangle$ of the trivial group. The direct product of groups defines a graded (skew-) commutative multiplication $\Omega_n \times \Omega_m \longrightarrow \Omega_{n+m}$ turning the graded group $\Omega_*$ into a graded ring with unit.

[1] For families $S$, $T$, the union $S \cup T$ is taken with respect to the *disjoint* union of the indexing sets.

The *signature* of an orientable $PD^n$-group is defined as for manifolds (for dimensions $4k$, otherwise 0). One can show that it is 0 for $\langle S \rangle = 0$, and that it defines a unitary ring homomorphism $\Omega_* \longrightarrow \mathbf{Z}$. From known examples of $PD^4$-groups with signature $\neq 0$ (even with arbitrarily large signature) it follows that $\Omega_*$ does not consist of $\Omega_0$ only.

Oriented cobordism can, of course, also be defined by admitting orientable *and* nonorientable $PD^n$-groups and -pairs. Using (4)(a) above, one proves that the parity of the Euler characteristic is an invariant. Nonorientiable higher genus surfaces with odd Euler characteristic thus provide examples of $PD^2$-groups $S$ with $\langle S \rangle \neq 0$.

5. **Nonoriented cobordism.** If orientable and nonorientable $PD^n$-groups and -pairs are admitted and all orientations disregarded, the nonoriented cobordism ring $\mathfrak{N}_*$ is obtained (all elements are of order 2). One then can prove that for $\langle S \rangle = 0$ all Stiefel-Whitney numbers of $S$ are 0 (mod 2 characteristic classes for $PD^n$-groups and -pairs can be defined algebraically via the Steenrod squares and the Wu formula).

REFERENCES

1. R. Bieri, *Gruppen mit Poincaré-Dualitat,* Comment. Math. Helv. 47 (1972), 373–396.

2. ———, *Normal subgroups in duality groups and in groups of cohomological dimension* 2, J. Pure Appl. Algebra (to appear).

3. R. Bieri and B. Eckmann, *Groups with homological duality generalizing Poincaré duality,* Invent. Math. 20 (1973), 103–124. MR 49 #5204.

4. H. Cartan and S. Eilenberg, *Homological algebra,* Princeton Univ. Press, Princeton, N. J., 1956. MR 17, 1040.

5. F. E. A. Johnson and C. T. C. Wall, *On groups satisfying Poincaré duality,* Ann. of Math. (2) 96 (1972), 592–598. MR 47 #358.

6. L. Ribes, *On a cohomology theory for pairs of groups,* Proc. Amer. Math. Soc. 21 (1969), 230–234. MR 38 #4563.

7. J.-P. Serre, *Arbres, amalgames et* $SL_2$, Lecture Notes in Math., Springer-Verlag, Berlin and New York (to appear).

UNIVERSITÄT FREIBURG I. BR., BRD AND EIDGEN. TECHNISCHE HOCHSCHULE, ZÜRICH, SWITZERLAND

# Rational representations of finite groups and their Euler class

(with G. Mislin)

Math. Ann. **245** (1979), 45–54

## Introduction

For a real representation $\varrho: G \to \mathrm{GL}_m(\mathbb{R})$ of degree $m$ of a group $G$ we consider the Euler class $e(\varrho) \in H^m(G; \mathbb{Z})$. Here $\mathbb{Z}$ is a trivial $G$-module if $\varrho$ is orientable, i.e., lies in $\mathrm{GL}_m^+(\mathbb{R})$; it is non-trivial otherwise, and then $e(\varrho)$ is also called the "twisted" Euler class. In both cases, $e(\varrho)$ is defined in the equivalence class of $\varrho$ up to sign only.

In this note we show that if a representation $\varrho$ of a finite group is realizable over the rationals $\mathbb{Q}$, then there is a universal bound $E_m$ for the order of $e(\varrho)$:

$$E_m e(\varrho) = 0. \tag{1}$$

Namely, $E_m = 2$ if $m$ is odd; and $E_m$ = denominator of $\frac{B_m}{m}$ written in its lowest terms, where $B_m$ is the $m$-th Bernoulli number, if $m$ is even. Thus $E_m$ depends on the degree $m$ only, but not on the group or the representation. Examples show that it is the best possible universal bound in that sense. Moreover, we note that (1) holds for any real representation $\varrho$ of a finite group whose character takes values in $\mathbb{Q}$.

It should be remarked that from a result of Sullivan's [5] on real vector bundles with structure group $\mathrm{SL}_m(\mathbb{Z})$ it follows that $2E_m e(\varrho) = 0$ for any orientable rational representation of even degree $m$ of a finite group. However, our method is entirely different from that of [5]. We deal essentially with the representation theory of finite $p$-groups, and we get directly the more precise result (1), for orientable and non-orientable representations. The inclusion of the non-orientable case in our argument plays a crucial role. Moreover, the method applies as well to other fields $K \subset \mathbb{R}$ than $\mathbb{Q}$; we will discuss the corresponding universal bounds in a subsequent note.

We also consider Chern classes $c_k(\varrho) = c_k(\varrho \otimes \mathbb{C})$ of rational representations of finite groups and show that our method can be used to improve, for all (even) $k > 0$, the known bound (cf. 4.1) $2E_k$ for the order of $c_k(\varrho)$ by a factor 2. – In an appendix we state the main properties of the (twisted) Euler class of a real group representation; they seem to be known, but not to appear in the literature.

## 1. Rational Representations of $p$-Groups

**1.1.** In the theory of representations of finite $p$-groups, the following four types of groups play a very special role: The cyclic group $C_{p^\alpha}$ of order $p^\alpha$, the (generalized) quaternion group $Q_{2^\alpha}$ of order $2^\alpha$, $\alpha \geqq 3$, defined by

$$Q_{2^\alpha} = gp\langle x, y | x^{2^{\alpha-2}} = y^2, \quad y^4 = 1, \quad y^{-1}xy = x^{-1}\rangle$$

the dihedral group $D_{2^\alpha}$ of order $2^\alpha$, $\alpha \geqq 2$, defined by

$$D_{2^\alpha} = gp\langle x, y | x^{2^{\alpha-1}} = y^2 = 1, \quad y^{-1}xy = x^{-1}\rangle$$

and the semidihedral group $\mathrm{SD}_{2^\alpha}$ of order $2^\alpha$, $\alpha \geqq 4$, defined by

$$\mathrm{SD}_{2^\alpha} = gp\langle x, y | x^{2^{\alpha-1}} = y^2 = 1, \quad y^{-1}xy = x^{-1+2^{\alpha-2}}\rangle.$$

We will refer to $x$ and $y$ as the *standard generators* of the groups listed above. The groups $Q_{2^\alpha}$ and $\mathrm{SD}_{2^\alpha}$ have no non-cyclic normal abelian subgroups whereas $D_4$ and $D_8$ have normal abelian subgroups of the form $C_2 \times C_2$; for $\alpha > 3$ however, all normal abelian subgroups of $D_{2^\alpha}$ are cyclic. Conversely, the following holds [2, Theorem V, 4.10].

**1.2. Lemma.** *Let $G$ be a finite $p$-group whose normal abelian subgroups are all cyclic. Then either $G$ is cyclic, or $p=2$ and $G$ is isomorphic to $Q_{2^\alpha}(\alpha \geqq 3)$, $D_{2^\alpha}$ or $\mathrm{SD}_{2^\alpha}(\alpha \geqq 4)$.*

The relationship with representation theory is given by the following theorem (see also [4] for a similar statement).

**1.3. Theorem.** *Let $G$ be a finite $p$-group and let $\varrho: G \to \mathrm{GL}_m(K)$ be an irreducible representation over a field $K$ of characteristic $\neq p$. Then either $\varrho$ is induced from a representation $\sigma: H \to \mathrm{GL}_{m/p}(K)$ of a subgroup $H \subset G$ of index $p$, or $\varrho$ factors through a faithful representation $\bar{\varrho}: \bar{G} \to \mathrm{GL}_m(K)$ of a factor group $\bar{G}$ of $G$ which is of one of the types $C_{p^\alpha}$, $\alpha \geqq 0$; $Q_{2^\alpha}$, $\alpha \geqq 3$; $D_{2^\alpha}$, $\alpha \geqq 4$; or $\mathrm{SD}_{2^\alpha}$, $\alpha \geqq 4$.*

*Proof.* If $\varrho$ is induced, then $\varrho$ is induced from a representation of a subgroup of index $p$ in $G$, since every proper subgroup of a $p$-group is contained in a subgroup of index $p$. If $\varrho$ is not induced, put $\bar{G} = G/\ker\varrho$ and let $A \subset \bar{G}$ be a normal abelian subgroup. The group algebra $KA$ splits canonically into a product of fields $K_i$ and, if $V$ denotes the $K\bar{G}$-module associated with $\bar{\varrho}$, one obtains a decomposition $V = \oplus K_i V$ as a $KA$-module. The submodules $K_i V$ of $V$ are permuted by the action of $\bar{G}$ and, since $V$ is an irreducible $KG$-module, the non-zero submodules of the form $K_i V$ are permuted transitively by $\bar{G}$. Suppose $K_{i_0} V \neq 0$ and put $S = \{g \in \bar{G} | g K_{i_0} V = K_{i_0} V\}$. Then $V \cong K\bar{G} \otimes_S K_{i_0} V$ and hence $S = \bar{G}$, $K_{i_0} V = V$. The operation of $A$ on $V$ factors therefore through the group of units $K_{i_0}^*$ of $K_{i_0}$; since $A$ acts faithfully on $V$, we infer that $A$ is cyclic. The structure of $\bar{G}$ is then determined by Lemma 1.2.

We will henceforth always assume $K$ to be the field of rationals; Theorem 1.3 then takes a much simpler form (cf. Theorem 1.10). The case of a more general $K$ will be dealt with in a subsequent note.

**1.4. Theorem.** *If $G$ is a group of type $C_{p^\alpha}$, $Q_{2^\alpha}(\alpha \geqq 3)$, $D_{2^\alpha}(\alpha \geqq 4)$ or $\mathrm{SD}_{2^\alpha}(\alpha \geqq 4)$, then $G$ has a unique faithful irreducible representation $\varrho$ over $\mathbb{Q}$. Its degree is $m = p^{\alpha-1}(p-1)$ in the cases $C_{p^\alpha}$, $Q_{2^\alpha}$; and $m = 2^{\alpha-2}$ in the cases $D_{2^\alpha}$, $\mathrm{SD}_{2^\alpha}(\alpha \geqq 4)$. It is orientable (i.e., lies in $\mathrm{SL}_m(\mathbb{Q})$) in all cases except for $C_2$.*

The proof is given in Sect. 1.5–1.8 below, for the irreducibility, and in 1.9 for the orientability.

**1.5.** It is well known that $\mathbb{Q}C_{p^\alpha} \cong \prod \mathbb{Q}_d$ where $\mathbb{Q}_d$ is the field obtained by adjoining the $d$-th roots of unity to $\mathbb{Q}$, the product taken over all divisors $d$ of $p^\alpha$. Since $\mathbb{Q}_{p^\alpha}$ is the only $C_{p^\alpha}$-faithful component of $\mathbb{Q}C_{p^\alpha}$ and since $(\mathbb{Q}_{p^\alpha}:\mathbb{Q}) = p^{\alpha-1}(p-1)$, the result follows for $C_{p^\alpha}$.

**1.6.** The inequivalent irreducible representations of $Q_{2^\alpha}$ over $\mathbb{C}$ are given by the following. Denote by $x$ and $y$ the standard generators of $Q_{2^\alpha}$. Then there are four 1-dimensional representations given by $x \mapsto \pm 1$, $y \mapsto \pm 1$, and $2^{\alpha-2}-1$ representations of degree 2, given by

$$\varrho_r : x \mapsto \begin{pmatrix} \omega^r & 0 \\ 0 & \omega^{-r} \end{pmatrix}, \quad y \mapsto \begin{pmatrix} 0 & (-1)^r \\ 1 & 0 \end{pmatrix},$$

where $\omega$ is a primitive $2^{\alpha-1}$-th root of 1 and $r = 1, 2, \ldots, 2^{\alpha-2}-1$; $\varrho_r$ is faithful if and only if $r$ is odd. Hence there are precisely $2^{\alpha-3}$ faithful irreducible $\mathbb{C}$-representations of $Q_{2^\alpha}$. The Galois group of $\mathbb{Q}(\omega)$ over $\mathbb{Q}$ permutes the faithful representations $\varrho_r$ transitively and the Schur index of the faithful $\varrho_r$'s is known to be 2. Therefore there is a unique faithful irreducible representation $\varrho$ defined over $\mathbb{Q}$, which is equivalent to $\bigoplus_{s=1}^{2^{\alpha-3}} 2\varrho_{2s-1}$; the degree of $\varrho$ is $2 \cdot 2 \cdot 2^{\alpha-3} = 2^{\alpha-1}$.

**1.7.** The inequivalent irreducible representations of $D_{2^\alpha}$ over $\mathbb{C}$ are given by the four 1-dimensional representations $x \mapsto \pm 1$, $y \mapsto \pm 1$, and the $2^{\alpha-2}-1$ two dimensional representations defined by

$$\varrho_r : x \mapsto \begin{pmatrix} \omega^r & 0 \\ 0 & \omega^{-r} \end{pmatrix}, \quad y \mapsto \begin{pmatrix} 0 & 1 \\ 1 & 0 \end{pmatrix},$$

where $\omega$ is a primitive $2^{\alpha-1}$-th root of 1 and $r = 1, 2, \ldots, 2^{\alpha-2}-1$; $\varrho_r$ is faithful for $r$ odd. The Schur index over $\mathbb{Q}$ of all representations $\varrho_r$ is 1 (cf. [4]) and $\mathrm{Gal}(\mathbb{Q}(\omega)|\mathbb{Q})$ permutes the faithful representations $\varrho_r$ transitively. It follows that for $\alpha \geqq 3$ there is a unique faithful irreducible representation $\varrho$ over $\mathbb{Q}$, equivalent to $\bigoplus_{s=1}^{2^{\alpha-3}} \varrho_{2s-1}$, and the degree of $\varrho$ is $2^{\alpha-2}$

**1.8.** For $\mathrm{SD}_{2^\alpha}$, the inequivalent complex irreducible representations are given by $x \mapsto \pm 1$, $y \mapsto \pm 1$ and the $2^{\alpha-2}-1$ two-dimensional representations

$$\varrho_r : x \mapsto \begin{pmatrix} \omega^r & 0 \\ 0 & (-\omega)^{-r} \end{pmatrix}, \quad y \mapsto \begin{pmatrix} 0 & 1 \\ 1 & 0 \end{pmatrix},$$

where $\omega$ is a primitive $2^{\alpha-1}$-th root of 1 and $r = \pm 1, \pm 3, \ldots, \pm(2^{\alpha-3}-1)$ as well as $r = 2, 4, \ldots, 2^{\alpha-2}-2$. The $\varrho_r$'s with $r$ odd are the faithful ones, their Schur index over

$\mathbb{Q}$ is 1 (cf. [4]) and $\mathrm{Gal}(\mathbb{Q}(\omega)|\mathbb{Q})$ permutes them transitively. Hence there is a unique faithful irreducible representation $\varrho$ over $\mathbb{Q}$, and $\varrho$ has degree $2^{\alpha-2}$.

**1.9.** Orientability of the faithful irreducible representations $\varrho$.

$C_{p^\alpha}$: If $p$ is odd, all representations are orientable (there is no subgroup of index 2). For $p=2$, let $x$ be a generator of $C_{2^\alpha}$. If $\alpha=1$, the only faithful irreducible representation is given by $x\mapsto -1$; if $\alpha>1$, it is given by

$$x\mapsto\begin{pmatrix} 0 & & & & -1\\ 1 & & & & 0\\ & 1 & & & \vdots\\ & & \ddots & & \vdots\\ & 0 & & 1 & 0\end{pmatrix}\quad \text{which has determinant } 1.$$

$Q_{2^\alpha}$: All faithful complex irreducible representations (degree 2) are orientable; hence $\varrho$, being a sum of such, is orientable.

$D_{2^\alpha}$: In any complex irreducible representation $\varrho_r$ of degree 2 of $D_{2^\alpha}$, $\det\varrho_r(x)=1$ and $\det\varrho_r(y)=-1$. Since $\varrho$ contains $2^{\alpha-3}$ such representations, $\det\varrho(x)=\det\varrho(y)=1$ for $\alpha\geqq 4$ (for $\alpha=3$, the representation $\varrho$ is not orientable).

$\mathrm{SD}_{2^\alpha}$: In all faithful complex irreducible representations $\varrho_r$ of $\mathrm{SD}_{2^\alpha}$ (of degree 2), $\det\varrho_r(x)=\det\varrho_r(y)=-1$. Since $\varrho$ contains $2^{\alpha-3}$ such representations and $\alpha\geqq 4$, $\det\varrho(x)=\det\varrho(y)=1$.

The discussion of rational representations of groups of these types enables us to simplify Theorem 1.3 for $K=\mathbb{Q}$ as follows.

**1.10. Theorem.** *Let $G$ be a finite $p$-group and let $\varrho: G\to \mathrm{GL}_m(\mathbb{Q})$ be an irreducible representation over $\mathbb{Q}$. Then either $\varrho$ is induced (from a representation $\sigma: H\to\mathrm{GL}_{m/p}(\mathbb{Q})$ of a subgroup $H\subset G$ of index $p$), or $\varrho$ factors through a representation of $C_p$ (in which case $m=1$ or $p-1$).*

*Proof.* By Theorem 1.3, assuming that $\varrho$ is *not* induced, one has a factorization $\varrho=\bar\varrho\tau: G\xrightarrow{\tau}\bar G\xrightarrow{\bar\varrho}\mathrm{GL}_m(\mathbb{Q})$, where $\bar\varrho$ is faithful irreducible and $\bar G$ one of the groups $C_{p^\alpha}(\alpha\geqq 0)$, $Q_{2^\alpha}(\alpha\geqq 3)$, $D_{2^\alpha}$, $\mathrm{SD}_{2^\alpha}(\alpha\geqq 4)$. But in all these cases except for $C_{p^\alpha}$ with $\alpha=0$ or 1 it turns out that $\bar\varrho$ (and thus $\varrho$) is induced:

$C_{p^\alpha}$, $\alpha\geqq 2$: Let $\sigma$ be the representation induced from the faithful irreducible rational representation of $C_p\subset C_{p^\alpha}$. Then $C_p$ cannot be contained in the kernel of $\sigma$; this implies that $\sigma$ [of degree $p^{\alpha-1}(p-1)$] is irreducible, for all irreducible representations of $C_{p^\alpha}$ of lower degree have $C_p$ in their kernel. By uniqueness it follows that $\sigma$ is equivalent to $\bar\varrho$.

$Q_{2^\alpha}$, $\alpha\geqq 3$: $\bar\varrho$ is induced from the faithful irreducible rational representation of $C_2\subset Q_{2^\alpha}$.

$D_{2^\alpha}$, $\mathrm{SD}_{2^\alpha}$, $\alpha\geqq 4$: $\bar\varrho$ is induced from the faithful irreducible rational representation of $D_8\subset D_{2^\alpha}$ (or $D_8\subset \mathrm{SD}_{2^\alpha}$ respectively), of degree 2.

**1.11. Corollary.** *The degree of an irreducible representation $\varrho$ over $\mathbb{Q}$ of a finite $p$-group $G$ is either 1 or of the form $p^\gamma(p-1)$, $\gamma\geqq 0$.*

*Proof.* If $\varrho$ is induced from a representation $\sigma$ of dimension 1, then $p=2$ (since $p$ odd would imply that $\varrho$ is a permutation representation, thus reducible). If $\varrho$ is induced as in Theorem 1.10 by a representation $\sigma$ of degree $\frac{m}{p}>1$, then either $\sigma$ is *not* induced and whence $\frac{m}{p}=p-1$, or $\sigma$ is induced, in which case we continue by the same argument until we get a representation which is not induced.

## 2. The Euler Class of a Rational Representation of a $p$-Group

**2.1.** For a representation $\varrho: G \to \mathrm{GL}_m(\mathbb{R})$ the (twisted) Euler class $e(\varrho) \in H^m(G; \mathbb{Z}(\varrho))$ is defined as the Euler class of the associated oriented $\mathbb{R}^m$-bundle over $BG$ (cf. 5. Appendix). $\mathbb{Z}(\varrho)$ denotes the local coefficient system consisting of $\mathbb{Z}$ with $G$-action defined by $g \cdot 1 = \operatorname{sgn} \det \varrho(g)$ for $g \in G$. In particular, if $\varrho_1$ and $\varrho_2$ are equivalent real representations, then $\mathbb{Z}(\varrho_1)=\mathbb{Z}(\varrho_2)$ and $e(\varrho_1)=\pm e(\varrho_2)$. [Although we deliberately confuse representations and equivalence classes of representations in Sect. 1, it is important to have a particular representative $\varrho: G \to \mathrm{GL}_m(\mathbb{R})$ in mind when one speaks about the Euler class of a representation; this of course corresponds to a choice of a base of the associated representation module $V$.]

**2.2. Theorem.** *Let $G$ be a finite $p$-group and $\varrho: G \to \mathrm{GL}_m(\mathbb{Q})$ a representation over $\mathbb{Q}$. Then the Euler class $e(\varrho) \in H^m(G; \mathbb{Z}(\varrho))$ satisfies $pme(\varrho)=0$; moreover it is 0 if $p-1$ does not divide $m$.*

The proof is first given in 2.3 for irreducible representations, and in 2.4 for arbitrary (reducible) representations.

**2.3.** Assume $\varrho$ is irreducible. If $p$ is odd and $m=1$, then $e(\varrho)=0$. This is the only possibility where $p-1 \nmid m$. If $p$ is odd and $m>1$, or $p=2$ and $m \geqq 1$, we are in cases where $p-1 \mid m$. We deal with the two alternatives of Theorem 1.10.

a) $\varrho$ factors through a representation $\bar{\varrho}: C_p \to \mathrm{GL}_m(\mathbb{Q})$ of a factor group $C_p$ of $G$. Then $pe(\bar{\varrho})=0$ and hence $pme(\bar{\varrho})=0$. By naturality we infer $pme(\varrho)=0$.

b) Let $\varrho$ be induced from $\sigma: H \to \mathrm{GL}_{m/p}(\mathbb{Q})$. The restriction $\varrho_H$ of the representation $\varrho$ to $H$ decomposes into $\varrho_H=\sigma \oplus \tau$. Hence, denoting by res and tr the cohomology restriction from $G$ to $H$ and the transfer from $H$ to $G$ respectively,

$$pe(\varrho)=\operatorname{tr} \cdot \operatorname{res} e(\varrho)=\operatorname{tr} e(\varrho_H)=\operatorname{tr}(e(\sigma)e(\tau)).$$

Assuming inductively that the assertion holds for all $p$-groups and degrees $<m$, we have $p \cdot \frac{m}{p} e(\sigma)=0$, whence

$$pme(\varrho)=m \operatorname{tr}(e(\sigma)e(\tau))=\operatorname{tr}(me(\sigma)e(\tau))=0.$$

**2.4.** If $\varrho$ is reducible, let $\varrho=\varrho_1 \oplus \ldots \oplus \varrho_k$ be the decomposition into rational irreducible representation, of degrees $m_1, \ldots, m_k$ respectively. Then

$$\begin{aligned} pme(\varrho) &= p(m_1+\ldots+m_k)e(\varrho_1)e(\varrho_2)\ldots e(\varrho_k) \\ &= pm_1 e(\varrho_1)\ldots e(\varrho_k)+\ldots+pe(\varrho_1)\ldots m_k e(\varrho_k)=0. \end{aligned}$$

If $p-1$ does not divide $m$, at least one of the $m_j$ must be $=1$ (since they are all of the form $p^{\gamma}(p-1)$ or 1); this can happen for $p$ odd only, and thus the corresponding $e(\varrho_j)=0$. It follows that, in that case, $e(\varrho)=0$.

**2.5.** *Remark.* If $G$ is a group of the special types (1.1), the order of the Euler class $e(\varrho)$ of the faithful irreducible representation over $\mathbb{Q}$ of degree $m$ $[=p^{\alpha-1}(p-1)$, $2^{\alpha-1}$, $2^{\alpha-2}$, $2^{\alpha-2}$ respectively], is precisely the $p$-primary factor of $pm$; i.e., it is $p^{\alpha}=|G|$ for type $C_{p^\alpha}$, $Q_{2^\alpha}$ and $2^{\alpha-1}=\dfrac{|G|}{2}$ for type $D_{2^\alpha}$, $\mathrm{SD}_{2^\alpha}(\alpha\geqq 4)$.

*Proof.* a) Let $G$ be an arbitrary cyclic group of order $n>2$, and $\varrho$ the (only) faithful irreducible representation of $G$ over $\mathbb{Q}$, of degree $m=\varphi(n)$ (=Euler function of $n$), and let $c_m(\varrho)\in H^{2m}(G;\mathbb{Z})$ be the top Chern class of $\varrho\otimes\mathbb{C}$. Since $c_m(\varrho)=\pm e(\varrho)^2$, it suffices to prove that $c_m(\varrho)$ is a generator of $H^{2m}(G;\mathbb{Z})\cong C_n$. For this one decomposes $\varrho\otimes\mathbb{C}$ into 1-dimensional representations $\varrho_j$ $[\varrho_j(g)=\omega^j$, $0<j<n$, $(j,n)=1$, $\omega$ a primitive $n$-th root of 1 and $g$ a generator of $G]$. Then $c_1(\varrho_j)$ $=jc_1(\varrho_1)=jx$, $x$ a generator of $H^2(G;\mathbb{Z})$, and the assertion follows from $c_m(\varrho)=k\cdot x^m$ and the structure of the cohomology ring of $G$ ($k$ is prime to $n$, being a product of numbers $j$ prime to $n$).

This settles the case $C_{p^\alpha}$ except for $|G|=2$ where $\varrho$ is non-orientable. By reducing $\mathbb{Z}(\varrho)\bmod 2$, $e(\varrho)$ becomes the first Stiefel-Whitney class which is non-zero.

b) The group $G=Q_{2^\alpha}(\alpha\geqq 3)$ has periodic cohomology of period 4, and $H^{2^{\alpha-1}}(G;\mathbb{Z})$ is cyclic of order $2^\alpha$. If $H$ denotes the cyclic subgroup of order $2^{\alpha-1}$ generated by $x\in G$, the restriction of $\varrho$ to $H$ is equivalent to the sum of two faithful irreducible representations over $\mathbb{Q}$ and thus has an Euler class $e(\varrho_H)$ of order $2^{\alpha-1}$ [generating $H^{2^{\alpha-1}}(H;\mathbb{Z})\cong C_{2^{\alpha-1}}$]. Hence $e(\varrho)$ must be a generator of $H^{2^{\alpha-1}}(G;\mathbb{Z})\cong C_{2^\alpha}$.

c) If $G$ is of type $D_{2^\alpha}$ or $\mathrm{SD}_{2^\alpha}$, $\alpha\geqq 4$, the restriction of $\varrho$ to a cyclic subgroup $H$ of index 2 is faithful and irreducible over $\mathbb{Q}$; hence $e(\varrho_H)$ is a generator of $H^{2^{\alpha-2}}(H;\mathbb{Z})\cong C_{2^{\alpha-1}}$. Hence $e(\varrho)$ must be of order (at least) $2^{\alpha-1}$ in $H^{2^{\alpha-2}}(G;\mathbb{Z})$.

## 3. Arbitrary Finite Groups

**3.1.** For $m$ even, let $B_m$ denote the $m$-th Bernoulli number ($B_2=\frac{1}{6}$, $B_4=\frac{1}{30}$, $B_6=\frac{1}{42}$, ...), and $E_m$ the denominator of $\dfrac{B_m}{m}$ written in its lowest terms ($E_2=12$, $E_4=120$, $E_6=252$, ...). For $m$ odd, put $E_m=2$. Note that $p^{\alpha+1}|E_m$ if and only if $m\equiv 0 \bmod p^\alpha(p-1)$, by well known number theory.

**3.2. Theorem.** *Let $G$ be a finite group, and $\varrho: G\to \mathrm{GL}_m(\mathbb{Q})$ a rational representation of $G$ of degree $m$. Then the Euler class $e(\varrho)\in H^m(G;\mathbb{Z}(\varrho))$ satisfies*

$$E_m e(\varrho)=0.$$

*Proof.* For a prime divisor $p$ of $|G|$, denote by $G(p)$ a $p$-Sylow subgroup of $G$. For the restriction $\varrho_{G(p)}$, the Euler class $e(\varrho_{G(p)})$ is 0 if $p-1\nmid m$, and satisfies $pme(\varrho_{G(p)})=0$ if $p-1|m$. Since the cohomology restriction from $G$ to $G(p)$ is injective on the $p$-primary component, it follows that this component of $e(\varrho)$ is 0 if $p-1\nmid m$ and is annihilated by $pm$ if $p-1|m$. Let $m=\prod p^{\nu(p)}$ be the prime decomposition of $m$ [$\nu(p)$ possibly 0]. It follows that $e(\varrho)$ is annihilated by the product of all $p^{\nu(p)+1}$ for those primes $p$ for which $p-1|m$. This product is precisely the $E_m$ above.

**3.3.** *Remark.* If $\chi$ is a complex irreducible character of a finite $p$-group, then the Schur indices $m_{\mathbb{Q}}(\chi)$ and $m_{\mathbb{R}}(\chi)$ agree (for $p$ odd they are both $=1$ [4] and for $p=2$, $m_{\mathbb{R}}(\chi)=m_{\mathbb{Q}}(\chi)\leqq 2$ [1, Proposition 4.2]). Therefore, a real representation of a finite $p$-group with rational character is equivalent to a rational representation. It follows that in Theorem 3.2 it suffices to assume *$\varrho$ to be real* [i.e., $\varrho:G\to GL_m(\mathbb{R})$] *with character taking values in* $\mathbb{Q}$, in order to conclude that $E_m e(\varrho)=0$.

**3.4.** The bound $E_m$ on the order of the Euler class is best possible in the sense that it is equal to the lowest common multiple of the orders of Euler classes $e(\varrho)$, where $\varrho$ ranges over all $m$-dimensional rational representations of finite groups. To see this, it suffices to show that if $p^{\alpha+1}|E_m$, then there is a finite group $G$ and a rational representation of $G$ of degree $m$ with Euler class of order $p^{\alpha+1}$. If $p^{\alpha+1}|E_m$ then $m=(p-1)p^\alpha\cdot k$; let $\varrho$ be the sum of $k$ faithful irreducible rational representations of $C_{p^{\alpha+1}}$. Then $e(\varrho)\in H^m(C_{p^{\alpha+1}};\mathbb{Z}(\varrho))$ is of order $p^{\alpha+1}$ [$\mathbb{Z}(\varrho)=\mathbb{Z}$ unless $p=2$, $\alpha=0$, $m$ odd].

## 4. Chern Classes of Representations of Finite Groups

**4.1.** Let $K$ be a subfield of $\mathbb{C}$ and let $\varrho:G\to GL_m(K)$ be a representation of a discrete group $G$. We write $c_k(\varrho)$ for $c_k(\varrho\otimes\mathbb{C})\in H^{2k}(G;\mathbb{Z})$, the $k$-th Chern class of the associated flat complex vector bundle over $BG$. If $K\subset\mathbb{R}$, $\varrho\otimes\mathbb{C}$ and $\overline{\varrho\otimes\mathbb{C}}$ agree and therefore $2c_k(\varrho)=0$ for $k$ odd. If $K=\mathbb{Q}$, then $2E_k c_k(\varrho)=0$ for all $k>0$ (cf. [3] or [6] where this upper bound $2E_k$ for the order of $c_k(\varrho)$ is obtained by comparison with the "algebraic" Grothendieck-Chern classes and by Galois invariance; it can, in fact, also be obtained directly by interpreting the Galois operations on the representations as $\psi$-operations on the corresponding bundles. We will come back to this point in a separate note dealing with arbitrary fields $K\subset\mathbb{C}$).

**4.2. Theorem.** *Let $\varrho:G\to GL_m(\mathbb{R})$ be a real representation of a finite group $G$ and assume that the character of $\varrho$ takes only rational values. Then the Chern classes $c_k(\varrho)\in H^{2k}(G;\mathbb{Z})$ satisfy for all $k>0$*

$$E_k c_k(\varrho)=0.$$

*Proof.* The cohomology restriction from $G$ to a $p$-Sylow subgroup being injective on the $p$-primary cohomology of $G$, it suffices, by naturality of the Chern classes, to prove the theorem for a finite $p$-group $G$. In that case, $\varrho$ is equivalent to a rational representation (cf. 3.3) and hence $2E_k c_k(\varrho)=0$. If $p$ is odd, this proves the assertion for a $p$-group $G$.

In the case $p=2$, we first consider a rational irreducible representation $\varrho$ of the 2-group $G$ and deal with the two possibilities provided by Theorem 1.10. If $\varrho$ factors through $C_2$, the assertion of the theorem certainly holds. If $\varrho$ is induced from $\sigma:H\to GL_{m/2}(\mathbb{Q})$ define, for a fixed $x\in G-H$, $\sigma^x:H\to GL_{m/2}(\mathbb{Q})$ by $\sigma^x(h)=x^{-1}hx$, $h\in H$. Then the restriction $\varrho_H$ of $\varrho$ to $H$ is equivalent to $\sigma\oplus\sigma^x$ (having the same character). Let $\gamma_x^*:H^*(H;\mathbb{Z})\to H^*(H;\mathbb{Z})$ be the map induced by conjugation $\gamma_x$ with $x$ in $H$. Then $\gamma_x^* c_k(\sigma) = c_k(\sigma^x)$ and $\gamma_x^* c_k(\sigma^x) = c_k(\sigma)$. For the transfer $\mathrm{tr}: H^*(H;\mathbb{Z}) \to H^*(G;\mathbb{Z})$ one has $\mathrm{tr} \circ \gamma_x^* = \mathrm{tr}$ since conjugation with $x$ induces the identity on $H^*(G;\mathbb{Z})$. Hence, for $k$ even,

$$\begin{aligned}
2c_k(\varrho) &= \mathrm{tr}\, c_k(\varrho_H) = \mathrm{tr}\, c_k(\sigma \oplus \sigma^x) \\
&= \mathrm{tr}\left( c_{k/2}(\sigma) c_{k/2}(\sigma^x) + \sum_{\substack{i+j=k \\ i<j}} (c_i(\sigma) c_j(\sigma^x) + c_j(\sigma) c_i(\sigma^x)) \right) \\
&= \mathrm{tr}(c_{k/2}(\sigma) c_{k/2}(\sigma^x)) + \sum_{\substack{i+j=k \\ i<j}} [\mathrm{tr}(c_i(\sigma) c_j(\sigma^x)) + \mathrm{tr}\gamma_x^*(c_i(\sigma) c_j(\sigma^x))] \\
&= \mathrm{tr}(c_{k/2}(\sigma) c_{k/2}(\sigma^x)) + \sum_{\substack{i+j=k \\ i<j}} 2\,\mathrm{tr}(c_i(\sigma) c_j(\sigma^x)) .
\end{aligned}$$

Recall that 2 occurs to the same power in the prime decomposition of $2n$ and $E_n$ respectively. By induction, we may assume that the assertion of the theorem holds for representations of degree $< m$. Hence

$$2kc_k(\varrho) = \mathrm{tr}(kc_{k/2}(\sigma) c_{k/2}(\sigma^x)) + \sum \mathrm{tr}(2(i+j) c_i(\sigma) c_j(\sigma^x)) = 0$$

and therefore $E_k c_k(\varrho) = 0$.

This settles, for a 2-group $G$, the case where $\varrho$ is irreducible. If $\varrho$ is a reducible rational representation of degree $m$ of $G$ then $\varrho = \sigma \oplus \tau$ where $\sigma$ and $\tau$ are rational representations (of degree smaller than $m$). By induction we may assume that the assertion of the theorem holds for $\sigma$ and $\tau$. Thus

$$2kc_k(\varrho) = \sum_{i+j=k} (2ic_i(\sigma) c_j(\tau) + 2jc_i(\sigma) c_j(\tau)) = 0 ,$$

and the proof of the theorem is completed.

**4.3.** *Remark.* If $\varrho$ is a rational representation of degree $m$, then $e(\varrho)^2 = \pm c_m(\varrho)$. The examples of 3.4 show, therefore, that $E_m$ is the best universal bound for the orders of the Chern classes of rational representations of finite groups.

In the following application $\Sigma_n$ denotes the symmetric group of order $n!$.

**4.4. Corollary.*** *For the Chern classes $c_k(\varrho)$ of an arbitrary representation $\varrho: \Sigma_n \to \mathrm{GL}_m(\mathbb{C})$ one has, for all $k > 0$, $E_k c_k(\varrho) = 0$.*

*Proof.* This follows from Theorem 4.2, since all complex representations of $\Sigma_n$ are defined over $\mathbb{Q}$.

**4.5.** *Remarks.* 1) Theorem 4.2 no longer holds if $\varrho$ is an arbitrary (complex) representation of a finite group $G$ with rational character. For example, if $G = Q_{2^\alpha}$ and if $\sigma$ denotes (in the notation previously used) the complex representation $\oplus \varrho_{2s-1}$, $s$ odd, then an easy calculation shows that $E_m c_m(\sigma) \in H^{2m}(Q_{2^\alpha};\mathbb{Z})$ is an element of order 2, where $m = 2^{\alpha-2}$ (= degree of $\sigma$), whereas the character of $\sigma$ takes all values in $\mathbb{Q}$.

---

* [Added in proof]. The referee pointed out that this corollary has also been obtained by Evens and Kahn (to appear).

2) If $\sigma$ is any complex representation, then $\sigma\oplus\bar{\sigma}$ is a real representation. Therefore, if $\sigma$ is a complex representation with rational character, then $\sigma\oplus\sigma$ is a real representation with rational character and Theorem 4.2 implies that

$$E_k c_k(\sigma\oplus\sigma)=2E_k c_k(\sigma)+(\text{mixed terms})=0.$$

An easy induction permits one to conclude that $2E_k c_k(\sigma)=0$ for an arbitrary complex representation $\sigma$ of a finite group, *if the character of $\sigma$ takes all values in $\mathbb{Q}$* (this result could also be obtained directly, using $\psi$-operations in the representation ring).

## 5. Appendix: The Twisted Euler Class of Real Vector Bundles

**5.1.** For convenience, we present here a short outline of the definition and properties of the Euler class of a (not necessarily orientable) real vector bundle $\xi:\mathbb{R}^m\to E\xrightarrow{p}B$, over a connected, pointed CW-complex $B$.

**5.2.** *Orientation.* If $w_1(\xi)\in H^1(B;\mathbb{Z}/2)$ denotes the first Stiefel-Whitney class of $\xi$, then define a $\pi_1(B)$-module $\mathbb{Z}(\xi)$ by letting $\pi_1(B)$ act on $\mathbb{Z}$ by means of the homomorphism $\pi_1(B)\to\mathbb{Z}/2$ corresponding to $w_1(\xi)$. An *orientation* of $\xi$ consists in a $\pi_1(B)$-module isomorphism

$$\omega:H^m(p^{-1}(*),\,p^{-1}(*)-\{0\})\to\mathbb{Z}(\xi).$$

Every $\xi$ has *two* orientations, called opposite to each other ($-\omega$ is opposite to $\omega$). If $w_1(\xi)=0$ ($\neq 0$, respectively), then $\xi$ is called orientable (non-orientable, respectively). We write $\xi^\omega$ for $\xi$ oriented by $\omega$.

**5.3.** *Euler Class.* If $\xi^\omega$ is an oriented $\mathbb{R}^m$-bundle over $B$ and $L$ a $\pi_1(B)$-module (coefficient bundle over $B$), then the Thom isomorphism [7] is denoted by

$$\phi_L:H^r(B;L)\to H^{r+m}(E,E_0;L\otimes\mathbb{Z}(\xi)),\qquad r\in\mathbb{Z},$$

where $E_0\subset E$ is the complement of the zero section.

The Thom class $U(\xi^\omega)$ is defined by $U=\phi_{\mathbb{Z}}(1)\in H^m(E,E_0;\mathbb{Z}(\xi))$ and satisfies $\phi_L(x)=p^*(x)\cdot U$, where $p^*:H^*(B;L)\to H^*(E;L)$ is induced by the projection $p$; we identify local coefficient systems on $E$ and $B$ by means of $p$ which is a homotopy equivalence.

The Euler class of $\xi^\omega$ is defined by

$$e(\xi^\omega)=\phi^{-1}_{\mathbb{Z}(\xi)}(U^2)\in H^m(B;\mathbb{Z}(\xi)).$$

If $\xi$ is non-orientable, $e(\xi^\omega)$ is often referred to as *twisted* Euler class of the oriented bundle $\xi^\omega$.

The following are some basic properties of the Euler class:

e1) $e(\xi^\omega)=-e(\xi^{-\omega})$.

e2) $2e(\xi^\omega)=0$ if the dimension of $\xi$ is odd (since $\xi^\omega$ and $\xi^{-\omega}$ are isomorphic as oriented bundles in this case).

e3) $e(\xi^\omega)$ maps to $w_m(\xi)$ under reduction mod 2.

e4) $e(\xi^\omega)e(\eta^\nu)=e((\xi\oplus\eta)^{\omega\oplus\nu})$.

The cup product $e(\xi^{\omega})e(\eta^{\nu})$ is understood with respect to the canonical pairing isomorphism $\mathbb{Z}(\xi)\otimes\mathbb{Z}(\eta)\to\mathbb{Z}(\xi\oplus\eta)$, and $\omega\oplus\nu$ is the obvious orientation of $\xi\oplus\eta$.

**5.4.** *The Euler Class of a Representation.* If $f:B\to C$ is covered by an orientation preserving bundle map $\xi^{\omega}\to\eta^{\nu}$, then $f^*e(\eta^{\nu})=e(\xi^{\omega})$. Let $j:BGL_m^+(\mathbb{R})\to BGL_m(\mathbb{R})$ be the map induced by inclusion of the subgroup of matrices with positive determinant into $GL_m(\mathbb{R})$, and let $\gamma_m^+$ be the universal $\mathbb{R}^m$-bundle over $BGL_m^+(\mathbb{R})$ with its usual orientation; furthermore, denote by $\gamma_m$ the oriented universal bundle over $BGL_m(\mathbb{R})$, oriented by the requirement that the canonical bundle map $\gamma_m^+\to\gamma_m$ is orientation preserving. Then $j^*:H^m(BGL_m(\mathbb{R});\mathbb{Z}(\gamma_m))\to H^m(BGL_m^+(\mathbb{R});\mathbb{Z})$ maps $e(\gamma_m)$ to $e(\gamma_m^+)$.

If $\varrho:G\to GL_m(\mathbb{R})$ is a representation of a discrete group $G$, the Euler class of $\varrho$ is defined by $e(\varrho)=e(\xi(\varrho))\in H^m(G;\mathbb{Z}(\varrho))$ where $\xi(\varrho):EG\times_G\mathbb{R}^m\to BG$ is the flat $\mathbb{R}^m$-bundle over $BG$ associated with $\varrho$, oriented by the requirement that the classifying map $B\varrho:BG\to BGL_m(\mathbb{R})$ is covered by an orientation preserving bundle map $\xi(\varrho)\to\gamma_m$; $\mathbb{Z}(\varrho)$ is defined to be $\mathbb{Z}(\xi(\varrho))$. In particular we have

$$e(\varrho)=(B\varrho)^*e(\gamma_m)\in H^m(G;\mathbb{Z}(\varrho)).$$

## References


1. Fontaine, J.M.: Sur la décomposition des algèbres de groupes. Ann. Sci. École Norm. Sup. (4) **4**, 121–180 (1971)
2. Gorenstein, D.: Finite groups. New York: Harper and Row 1968
3. Grothendieck, A.: Classes de chern et représentations linéaires des groupes discrete. Dans: Dix exposés sur la cohomologie des schémas. Amsterdam: North-Holland 1968
4. Roquette, P.: Realisierung von Darstellungen endlicher nilpotenter Gruppen. Arch. Math. **9**, 241–250 (1958)
5. Sullivan, D.: La classe d'Euler réelle d'un fibré vectoriel à groupe structural $SL_n(\mathbb{Z})$ est nulle. C.R. Acad. Sci. Ser. A **281**, 17–18 (1975)
6. Thomas, C.B.: An integral Riemann-Roch formula for flat line bundles. Proc. London Math. Soc. (3) **34**, 87–101 (1977)
7. Thom, R.: Espaces fibrés en sphères et carrés de Steenrod. Ann. Sci. École Norm. Sup. (4) **3**, 109–182 (1952)


Received April 4, 1979

# Two-dimensional Poincaré duality groups and pairs

(with R. Bieri)

Homological Group Theory, London Math. Soc. Lecture Note Series **36** (1979), 225 – 230

## 1. Poincaré duality groups

A Poincaré duality group of dimension n in the sense of [1] (in short a $PD^n$-group) is a group G, acting on the infinite cyclic group $\mathbb{Z}$, such that one has natural isomorphisms

$$H^k(G; A) \cong H_{n-k}(G; \mathbb{Z} \otimes A)$$

for all integers k and all G-modules A, ($\mathbb{Z} \otimes A$ = tensor product over $\mathbb{Z}$ with diagonal G-action). These Poincaré duality groups coincide [2] with those considered by Johnson-Wall [6], except that in general we do not assume finite presentation.

The only $PD^0$-group is the trivial group 1, and the only $PD^1$-group is infinite cyclic. Closed surfaces of genus $\geq 1$ being aspherical their fundamental groups, the 'surface groups', are $PD^2$; we call them <u>geometric</u> $PD^2$-groups. As no other examples are available it has been conjectured that all $PD^2$-groups are geometric. $PD^2$-groups G have in fact many properties in common with surface groups: <u>All</u> subgroups of infinite index in G are free (Strebel [8]); if G is not perfect then it is residually nilpotent (Dyer-Vasquez [5]). J. Cohen [4] has verified the conjecture under the assumption that G admits a finite free resolution and that G/G' can be generated by 2 elements.

## 2. Poincaré duality pairs

The geometric analogy suggests studying $PD^n$-groups by trying to break them into smaller pieces and investigating '$PD^n$-groups with boundary'. For the group-theoretic definition of these objects one needs relative (co)homology groups for pairs (G, $\underline{S}$). Such a pair consists of theory considered, e.g., by Trotter [9]: The free Abelian group $\mathbb{Z}G/\underline{S} = \bigoplus_i \mathbb{Z}G/S_i$ over all cosets $xS_i$ is a G-module and has an obvious 'augmentation' map $\varepsilon : \mathbb{Z}G/\underline{S} \twoheadrightarrow \mathbb{Z}$; let $\Delta$ be the kernel of $\varepsilon$. Then one puts, for any G-module A and $k \in \mathbb{Z}$,

$$H^k(G, \underline{S}; A) = \mathrm{Ext}_G^{k-1}(\Delta, A), \quad H_k(G, \underline{S}; A) = \mathrm{Tor}_{k-1}^G(\Delta, A).$$

Now a Poincaré duality pair of dimension n (in short a $PD^n$-pair) is a pair $(G, \underline{S})$, $S \neq \emptyset$, together with a G-action on $\mathbb{Z}$, such that one has natural isomorphisms

$$\text{(i)} \quad H^k(G; A) \cong H_{n-k}(G, \underline{S}; \mathbb{Z} \otimes A)$$

and

$$\text{(ii)} \quad H^k(G, \underline{S}; A) \cong H_{n-k}(G; \mathbb{Z} \otimes A),$$

for all k and A. One can show that the two conditions (i) and (ii) imply each other, and imply that $\underline{S}$ is a finite family of $PD^{n-1}$-groups. Moreover, using results of [2] one obtains the following simple criterion.

$PD^n$-Criterion. $(G, \underline{S})$ is a $PD^n$-pair if and only if (a) the G-module $\Delta$ admits a finite projective resolution and (b) $H^k(G, \underline{S}; \mathbb{Z}G) = 0$ for $k \neq n$, $= \mathbb{Z}$ for $k = n$.

## 3. $PD^2$-pairs

Examples of $PD^2$-pairs are, of course, obtained by taking the fundamental group of a punctured closed surface together with the family of infinite cyclic subgroups generated by small circles around the points which have been removed. In this way we obtain the geometric $PD^2$-pairs $(G, \underline{S})$. In the orientable case, G is the free group freely generated by $x_1, \ldots, x_g, y_1, \ldots, y_g, t_1, \ldots, t_{m-1}$, $(g \geq 0, m \geq 1)$ and

$$\underline{S} = \{\langle t_1 \rangle, \ldots, \langle t_{m-1} \rangle, \langle t_1 t_2 \ldots t_{m-1}[x_1, y_1] \ldots [x_g, y_g] \rangle\}.$$

In the non-orientable case G is freely generated by $z_1, z_2, \ldots, z_g$,

$t_1, \ldots, t_{m-1}$, $(g \geq 1)$ and

$$\underline{S} = \{\langle t_1\rangle, \ldots, \langle t_{m-1}\rangle, \langle t_1 t_2 \ldots t_{m-1} z_1^2 \ldots z_g^2\rangle\}.$$

We shall now discuss the question whether all $PD^2$-pairs are in fact geometric. We first notice that for $n = 2$ the $PD^n$-criterion can be considerably simplified. If $(G, \underline{S})$ is a $PD^2$-pair then $G$ is finitely generated, and of cohomology dimension $\leq 1$ by (i). Hence $G$ is free of finite rank, and $\underline{S}$ is a finite family of infinite cyclic subgroups. This implies, conversely, that $\Delta$ has a finite projective resolution of length 2. Moreover, a relative version of Stallings' theorem shows that $H^2(G, \underline{S}; \mathbb{Z}G) = \mathbb{Z}$ implies $H^1(G, \underline{S}; \mathbb{Z}G) = 0$, so that we obtain the

**$PD^2$-Criterion.** $(G, \underline{S})$ is a $PD^2$-pair if and only if $G$ is a free group of finite rank $k$, $\underline{S}$ a finite family of $m$ infinite cyclic subgroups, and $H^2(G, \underline{S}; \mathbb{Z}G) = \mathbb{Z}$.

From now on let $G = F$ be free of rank $k$, and $\underline{S}$ the finite family of infinite cyclic subgroups of $F$ generated by $r_1, r_2, \ldots, r_m \in F$ respectively.

**Theorem 1.** If $(F, \underline{S})$ is a $PD^2$-pair then there are free generators $y_1, y_2, \ldots, y_k$ of $F$ such that $r_j$ is conjugate to $y_j$ for $1 \leq j \leq m-1$. In particular $m-1 \leq k$.

**Proof.** First one shows that if $\underline{S}$ is the disjoint union of two non-empty families $\underline{S}_\alpha$, $\alpha = 1, 2$, and $(G, \underline{S})$ is a $PD^n$-pair, then $H^n(G, \underline{S}_\alpha; M) = 0$ for all G-modules $M$, i.e., the pairs $(G, \underline{S}_\alpha)$ are of cohomology dimension $\leq n-1$. For this we consider the short exact sequence of G-modules

$$\Delta_1 \oplus \Delta_2 \overset{\phi}{\rightarrowtail} \Delta \overset{\psi}{\twoheadrightarrow} \mathbb{Z}$$

where $\Delta = \ker(\mathbb{Z}G/\underline{S} \twoheadrightarrow \mathbb{Z})$, $\Delta_\alpha = \ker(\mathbb{Z}G/\underline{S}_\alpha \twoheadrightarrow \mathbb{Z})$, $\phi$ = inclusion, and $\psi$ is given by $\psi(xS_i) = 1$ or $0$ according to whether $S_i \in \underline{S}_1$ or $S_i \in \underline{S}_2$. If $(G, \underline{S})$ is a $PD^n$-pair, then $G$ is a duality group of dimension $n - 1$ with dualizing module $\mathbb{Z} \otimes \Delta$ (cf. [3]); hence one has the commuting diagram

$$
\begin{array}{ccc}
\downarrow\cong & & \downarrow \\
H_0(G; \mathbb{Z}\otimes\Delta\otimes M) & \longrightarrow & H_0(G; \mathbb{Z}\otimes\Delta\otimes \mathrm{Hom}(\Delta, M))
\end{array}
$$

The evaluation map induces $H_0(G; \mathbb{Z} \otimes \Delta \otimes \mathrm{Hom}(\Delta, M)) \cong H_0(G; \mathbb{Z} \otimes M)$. It is easy to check that under this isomorphism the bottom map coincides with $H_0(G; \mathbb{Z} \otimes \psi \otimes M)$ which is surjective. Thus $\psi^*$ is surjective, and from the long exact coefficient sequence we get

$$\bigoplus_\alpha H^{n-1}(G; \mathrm{Hom}(\Delta_\alpha, M)) = \bigoplus_\alpha H^n(G, \underline{S}_\alpha; M) = 0.$$

In the case $n = 2$ the pairs $(G, \underline{S}_\alpha)$ are thus of cohomology dimension $\leq 1$. By a result of C. T. C. Wall [10], there exists a free basis of $G$ which up to conjugacy contains the generators of the $S_i \in \underline{S}_1$. Assuming $m \geq 2$ and taking $\underline{S}_2 = \{S_m\}$ the assertion follows.

## 4. Applications of Theorem 1

(1) The $PD^2$-pair $(F, \underline{S})$ with $k = 2$ and $m = 3$ is geometric. For one is reduced to the case $F = \langle x, y; -\rangle$, $\underline{S} = \{\langle x\rangle, \langle y\rangle, \langle r\rangle\}$. But Theorem 1 also asserts that $x$ together with a conjugate of $r$ form a basis of $F$, hence we may assume $r = x^\alpha y$. The same argument applied to $y$ and $x^\alpha y$ yields $\alpha = 1$.

(2) Let $(F, \underline{S})$ be a $PD^2$-pair with arbitrary $k$ and $m \leq k + 1$, and take $PD^2$-pairs $(F_i, T_i)$, $1 \leq i \leq m$, corresponding to punctured tori; i.e. $F_i = \langle a_i, b_i; -\rangle$ and $T_i = \langle [a_i, b_i]\rangle$. Then consider the free product of $F$ with the $F_i$'s amalgamated along $r_i = [a_i, b_i]$,

$$H = \langle F, a_i, b_i; r_i = [a_i, b_i] \ (1 \leq i \leq m)\rangle.$$

One can show ([3], Theorem 8.1) that $(F, \underline{S})$ is a $PD^2$-pair if and only if $H$ is a $PD^2$-group. Moreover, if $(F, \underline{S})$ is geometric, so is of course $H$. But the converse holds! For this one has to show that if $H$ is the fundamental group of a closed surface $\mathfrak{F}$ then there are simple closed curves on $\mathfrak{F}$ such that cutting along those realizes geometrically the given amalgamated product decomposition. Now by Theorem 1, we can always arrange that H has a single defining relation; this shows that the absolute $PD^2$-conjecture for one-relator groups implies the $PD^2$-conjecture for all pairs.

5. Further information on a $PD^2$-pair $(F, \underline{S})$ is obtained by considering the quotient of F modulo the normal subgroup generated by $\underline{S}$, i.e. the group

$$Q = \langle F; r_1 = r_2 = \ldots = r_m = 1\rangle .$$

By Theorem 1 we know already that Q has a presentation with $k - m + 1$ generators and a single defining relator.

**Theorem 2.** The minimal number of generators for Q is $d(Q) = k - m + 1$. Moreover, if $d(Q) = 1$ then $Q = \mathbb{Z}/2\mathbb{Z}$ and if $d(Q) > 1$ then Q is a $PD^2$-group.

For the proof we refer to [3]. As an application, we consider the case $m = 1$. Then $d(Q) = k$, and $Q = \langle F; \underline{S}\rangle$ is itself a one-relator presentation. If $k \geq 2$ then, by Theorem 2, Q is a $PD^2$-group. If Q is a surface group then, by results of Zieschang and Rosenberger (cf. [7]) there is a basis of F such that the relator r has the canonical form, and hence the pair $(F; \underline{S})$ is geometric. Using the fact that one-relator presentations are aspherical together with J. Cohen's result for the case when $d(Q/Q') \leq 2$, we obtain the result that every $PD^2$-pair $(F, \underline{S})$ with $k = 2$ and $m = 1$ is geometric.

**REFERENCES**


1. R. Bieri. Gruppen mit Poincaré Dualität, Comment. Math. Helv. 47 (1972), 373-96.
2. R. Bieri, B. Eckmann. Finiteness properties of duality groups, Comment. Math. Helv. 49 (1974), 460-78.
3. R. Bieri and B. Eckmann. Relative homology and Poincaré duality for group pairs, J. of Pure and Appl. Alg. 13 (1978), 277-319.

4. J. Cohen. Poincaré 2-complexes I, II, Topology 11 (1972), 417-9.

5. E. Dyer and A. T. Vasquez. Some properties of two dimensional Poincaré duality groups, A collection of papers in honor of S. Eilenberg, Academic Press (1976), 45-54.

6. F. E. A. Johnson and C. T. C. Wall. On groups satisfying Poincaré duality, Ann. Math. 96 (1972), 592-8.

7. G. Rosenberger. Zum Isomorphieproblem für Gruppen mit einer definierenden Relation, Illinois J. of Math. 20 (1976).

8. R. Strebel. A remark on subgroups of infinite index in Poincaré duality groups, Comment. Math. Helv. 52 (1977), 317-24.

9. H. Trotter. Homology of group systems with applications to knot theory, Ann. of Math. 76 (1962), 464-98.

10. C. T. C. Wall. Pairs of relative cohomological dimension one, J. of Pure and Appl. Alg. 1 (1971), 141-54.

# On the Euler class of representations of finite groups over real fields

(with G. Mislin)

Comment. Math. Helv. **55** (1980), 319–329

## Introduction

For representations of finite groups over the rationals **Q** there is a uniform bound, depending on the degree $m$ of the representation only, for the order of the Euler class. This has been proved in [E–M], and the best possible such bound was shown there to be $E_m$ = denominator of $B_m/m$ if $m$ is even, where $B_m$ is the $m$-th Bernoulli number (and, of course, $E_m=2$ if $m$ is odd). The Euler class of a representation $\rho: G \to \mathrm{GL}_m(\mathbf{R})$ is an element of $H^m(G;\mathbf{Z}(\rho))$, $\mathbf{Z}(\rho)$ being the group of integers turned into a $G$-module by multiplication with sgn det $\rho$ and hence a trivial $G$-module if and only if $\rho$ is "orientable."

In the present paper we discuss analogous bounds for representations realizable over an arbitrary real field $K \subset \mathbf{R}$ instead of the rationals **Q**. The universal bound is expressed in terms of a certain operator $\mathscr{E}_K(m)$ on finite Abelian groups, depending on $K$ and $m$ only. $\mathscr{E}_K(m)$ is defined (cf. Section 3.1), for each prime $p$, by its action on $p$-torsion. This action depends on the degree $\varphi_K(p)$ of the $p$-th cyclotomic extension of $K$, and on a further invariant $\gamma_K(p) \in \mathbf{N} \cup \infty$ attached to $K$ and $p$, cf. Section 2.2. The main theorem states that if the representation $\rho$ of a finite group $G$, of degree $m$, is realizable over $K$ then

$$\mathscr{E}_K(m)e(\rho)=0. \tag{*}$$

Moreover $\mathscr{E}_K(m)$ is best possible in that sense.

We mention here some properties of the operator $\mathscr{E}_K(m)$. If $m$ is not divisible by $\varphi_K(p)$, then $\mathscr{E}_K(m)$ is the identity operator on $p$-torsion; thus (*) just expresses the fact (Proposition 2.1) that in that case the $p$-component of $e(\rho)$ is 0. If $m$ is divisible by $\varphi_K(p)$, one has two different possibilities. Either $\gamma_K(p)=\infty$; then $\mathscr{E}_K(m)$ annihilates $p$-torsion, and (*) tells nothing about the $p$-component of $e(\rho)$: in fact, there is, in that case, *no* universal bound for the order of the $p$-component of $e(\rho)$ (Corollary 2.4). Or $\gamma_K(p)<\infty$; then $\mathscr{E}_K(m)$ is, on $p$-torsion, multiplication by $p^{\gamma_K(p)+\nu_p}$, where $\nu_p$ is the exponent of $p$ in the prime decomposition of $m$.

If we assume $\gamma_K(p)<\infty$ for all primes $p$, and if $\varphi_K(p)$ divides $m$ for a finite number of primes $p$ only, then $\mathscr{E}_K(m)$ can be replaced by multiplication with the integer $E_K(m)=lcm\{n \mid m\equiv 0 \bmod \varphi_K(n)\}$. For $K=\mathbf{Q}$, $E_{\mathbf{Q}}(m)=E_m$ is the integer mentioned above. The assumption is fulfilled for all real *number fields* $K$. Statement (*) then tells that the order of $e(\rho)$ divides $E_K(m)$, for all finite groups and all $K$-representations of degree $m$; and this bound is best possible.

If a representation $\rho: G\to GL_m(\mathbf{R})$ is not known to be realizable over a subfield of $\mathbf{R}$ fixed in advance, we show that (*) still holds if one takes for $K$ a field containing the values of the character of $\rho$ (without assuming $\rho$ to be defined over $K\subset\mathbf{R}$). In particular we show (Theorem 3.8) that

$$E_{\mathbf{Q}(\chi)}(m)e(\rho)=0$$

where $\mathbf{Q}(\chi)$ denotes the field obtained from $\mathbf{Q}$ by adjoining the values of the character $\chi$ of $\rho$.

We also obtain a bound for the order of $e(\rho)$ of an arbitrary real representation $\rho$ in terms of the exponent $\exp(G)$ of $G$ (Theorem 3.9):

$$\frac{m}{2}\exp(G)e(\rho)=0$$

for $\rho: G\to GL_m(\mathbf{R})$, $m$ even.

## 1. $K$-representations of finite $p$-groups

1.1. Let $G$ be a finite group, and $K$ a subfield of the field $\mathbf{C}$ of complex numbers. For a complex character $\chi$ of $G$ we denote by $K(\chi)$ the Galois field extension obtained by adjoining to $K$ all values of $\chi$. In case $\chi$ is $\mathbf{C}$-irreducible, $K(\chi)$ is isomorphic to the center of $A_K(\chi)$, the unique simple component of the group algebra $K[G]$ on which $\chi$ is non-zero. If $\chi_1$ and $\chi_2$ are two $\mathbf{C}$-irreducible characters of $G$, then $A_K(\chi_1)=A_K(\chi_2)$ if and only if $\chi_1$ and $\chi_2$ are *Galois-conjugate over* $K$, which means that there is a $\sigma\in\mathrm{Gal}(K(\chi_1)/K)$ such that $\chi_2(g)=\sigma\chi_1(g)$ for all $g\in G$. The $K$-irreducible characters of $K$-representations of $G$ are the characters of the form

$$\psi=s_K(\chi)\sum_\sigma \sigma\chi$$

where $\chi$ is $\mathbf{C}$-irreducible and the sum is extended over all $\sigma\in\mathrm{Gal}(K(\chi)/K)$, and where $s_K(\chi)$ denotes the Schur index of $\chi$ over $K$ (we recall that $A_K(\chi)$ is a matrix algebra over a division algebra $D$, and that $s_K(\chi)^2$ is the dimension of $D$ over its center $K(\chi)$).

1.2. The following result (cf. [$E-M$], Theorem 1.3) reduces the discussion of $K$-representations of finite $p$-groups to $p$-groups of very special types.

THEOREM 1.1. *Let $G$ be a finite $p$-group, and $\rho: G \to \mathrm{GL}_m(K)$ an irreducible representation over $K \subset \mathbf{C}$. Then either $\rho$ is induced, or $\rho$ factors through a faithful representation $\bar{\rho}: \bar{G} \to \mathrm{GL}_m(K)$ of a factor group $\bar{G}$ of $G$ which is of one of the following types:*

$C_{p^\alpha}$, $\alpha \geq 0$ *(cyclic of order $p^\alpha$)*;
$Q_{2^\alpha}$, $\alpha \geq 3$ *(generalized quaternion group of order $2^\alpha$)*;
$D_{2^\alpha}$, $\alpha \geq 4$ *(dihedral group of order $2^\alpha$); or*
$SD_{2^\alpha}$, $\alpha \geq 4$ *(semidihedral group of order $2^\alpha$)*.

In order to determine the degrees of the faithful irreducible $K$-representations of these groups of special type, we use two invariants of $K$:

DEFINITION 1.2. Let $K(n)$ denote the "$n$-th cyclotomic extension of $K$"; i.e., the field obtained by adjoining to $K$ the $n$-th roots of unity. Then we write $\varphi_K(n)$ for the dimension of $K(n)$ over $K$ and we put

$$\gamma_K(p) = \sup\{\alpha \mid K(p) = K(p^\alpha)\} \text{ for an odd prime } p,$$

and

$$\gamma_K(2) = \sup\{\alpha \mid K(4) = K(2^{\alpha+1})\}.$$

We write sometimes $\gamma$ for $\gamma_K(p)$, if no confusion can arise; there are, of course, cases with $\gamma = \infty$.

If $p$ is an odd prime and $\alpha \geq 1$ is such that $K(p^\alpha) \neq K(p^{\alpha+1})$ (i.e., $(K(p^{\alpha+1}): K(p^\alpha)) = p$) then $K(p^{\alpha+1}) \neq K(p^{\alpha+2})$. This follows from the commutative diagram of Galois groups (the maps being induced by restriction)

$$\begin{array}{ccc}
\mathrm{Gal}\,(K(p^{\alpha+2})/K(p^\alpha)) & \to & \mathrm{Gal}\,(\mathbf{Q}(p^{\alpha+2})/\mathbf{Q}(p^\alpha)) \cong \mathbf{Z}/p^2\mathbf{Z} \\
\downarrow & & \downarrow \\
\mathrm{Gal}\,(K(p^{\alpha+1})/K(p^\alpha)) & \to & \mathrm{Gal}\,(\mathbf{Q}(p^{\alpha+1})/\mathbf{Q}(p^\alpha)) \cong \mathbf{Z}/p\mathbf{Z}
\end{array}$$

Similarly, if $\alpha \geq 2$, then $K(2^\alpha) \neq K(2^{\alpha+1})$ implies $K(2^{\alpha+1}) \neq K(2^{\alpha+2})$. Note also that for $K \subset \mathbf{R}$, $\varphi_K(p)$ is even for $p$ odd, and $(K(4):K) = 2$. The following lemma is now immediate.

LEMMA 1.3. (a) *For an odd prime p one has, for any* $K \subset \mathbf{C}$,

$$\varphi_K(p^\alpha) = \begin{cases} \varphi_K(p) & \text{if } 1 \leqslant \alpha \leqslant \gamma = \gamma_K(p), \\ \varphi_K(p) \cdot p^{\alpha-\gamma} & \text{if } \alpha \geqslant \gamma. \end{cases}$$

(b) *If* $K \subset \mathbf{R}$ *and* $p = 2$, *then*

$$\varphi_K(2^\alpha) = \begin{cases} 1 & \text{if } \alpha = 1 \\ 2 & \text{if } 1 < \alpha \leqslant \gamma + 1 (\gamma = \gamma_K(2)), \\ 2^{\alpha-\gamma} & \text{if } \alpha \geqslant \gamma + 1. \end{cases}$$

1.3. We now describe the degrees of the faithful irreducible representations of the $p$-groups listed in Theorem 1.1, and their orientability.

PROPOSITION 1.4. *Let K be a subfield of* $\mathbf{R}$, *and let* $\rho$ *be a faithful irreducible K-representation of one of the p-groups G of special type. Then the degree m of* $\rho$ *is*:

$m = \varphi_K(p^\alpha)$ *in case* $G = C_{p^\alpha} (\alpha \geqslant 0)$;
$m = 2\varphi_K(2^{\alpha-1})$ *in case* $G = Q_{2^\alpha} (\alpha \geqslant 3)$;
$m = \varphi_K(2^{\alpha-1})$ *in case* $G = D_{2^\alpha} (\alpha \geqslant 4)$;
$m = \varphi_K(2^{\alpha-1})$ *or* $2\varphi_K(2^{\alpha-1})$ *in case* $G = SD_{2^\alpha} (\alpha \geqslant 4)$.

*Moreover,* $\rho$ *is orientable (i.e., lies in* $\mathrm{SL}_m(K)$*) except for* $G = C_2$.

*Proof.* The character $\psi$ of $\rho$ is of the form $\psi = s_K(\chi)\Sigma\sigma\chi$, $\sigma \in \mathrm{Gal}\,(K(\chi)/K)$, where $\chi$ is faithful and $\mathbf{C}$-irreducible. The faithful and $\mathbf{C}$-irreducible representations of the groups of special types were discussed in [E–M]; we will make use of their properties without further reference. The following four cases have to be considered.

$C_{p^\alpha}: s_K(\chi) = 1$, $\chi$ is of degree one and $K(\chi) = K(p^\alpha)$. The degree of $\psi$ is therefore $m = |\mathrm{Gal}\,(K(p^\alpha)/K)| = \varphi_K(p^\alpha)$.

$Q_{2^\alpha}$: for any $K \subset \mathbf{R}$, one has $s_K(\chi) = 2$, and $\chi$ has degree 2. Since $K(\chi) = K(2^{\alpha-1}) \cap \mathbf{R}$ and $\alpha \geqslant 3$, we have $(K(2^{\alpha-1}) : K(\chi)) = 2$. The degree of $\psi$ is thus given by $m = 2 \cdot 2 \cdot |\mathrm{Gal}\,(K(\chi)/K)| = 2|\mathrm{Gal}\,(K(2^{\alpha-1})/K)| = 2\varphi_K(2^{\alpha-1})$.

$D_{2^\alpha}$ (or $SD_{2^\alpha}$ respectively): $s_K(\chi) = 1$ and $\chi$ has degree 2. Again we have $(K(2^{\alpha-1}) : K(\chi)) = 2$ (or possibly $K(2^{\alpha-1}) = K(\chi)$ in the case $SD_{2^\alpha}$) and thus $m = 2\,|\mathrm{Gal}\,(K(\chi)/K)| = \varphi_K(2^{\alpha-1})$ (or possibly $2\varphi_K(2^{\alpha-1})$ in the case $SD_{2^n}$).

If $p$ is odd, $\rho$ is certainly orientable. For $p=2$ we note that, except for the faithful representation of $C_2$ of degree 1, $\psi$ is a sum of an even number of Galois conjugate representations $\sigma\chi$ which are all orientable in cases $C_{2^\alpha}$, $\alpha \geq 2$ and $Q_{2^\alpha}$, $\alpha \geq 3$; and which are all non-orientable in the other cases (cf. [E–M]). Hence $\psi$ is orientable except for $G = C_2$.

COROLLARY 1.5. *Let $K$ be a subfield of $\mathbf{R}$. The degree of a $K$-irreducible representation $\rho$ of a finite $p$-group $G$ is either* 1 *or of the form* $\varphi_K(p)p^\beta$, $\beta \geq 0$.

*Proof.* We consider the alternative in Theorem 1.1.

If $\rho$ is induced from a representation $\tau$ of degree 1, then $p=2$ and therefore the degree of $\rho$ is of the form $2^\beta = \varphi_K(2)2^\beta$ ($p$ odd would imply that $\tau$ is a permutation representation, thus reducible). If $\rho$ is induced from a representation $\tau$ of degree $>1$, the degree of $\tau$ is of the form $\varphi_K(p)p^\beta$, by induction, and thus the degree of $\rho$ has the desired form.

If $\rho$ factors through a faithful representation $\bar{\rho}$ of $C_{p^\alpha}$, $Q_{2^\alpha}$, $D_{2^\alpha}$ or $SD_{2^\alpha}$, the degree of $\bar{\rho}$ is $\varphi_K(p^\alpha)$, $2\varphi_K(2^{\alpha-1})$ or $\varphi_K(2^{\alpha-1})$, which is 1 or of the form $\varphi_K(p)p^\beta$, $\beta \geq 0$. The assertion of the Corollary thus follows.

## 2. The Euler class of $K$-representations of $p$-groups

2.1. For a $K$-representation $\rho: G \to \mathrm{GL}_m(K)$, where $K$ is a subfield of $\mathbf{R}$, the Euler class $e(\rho) \in H^m(G; \mathbf{Z}(\rho))$ is defined as the Euler class of the flat real vector bundle over $K(G, 1)$, associated with $\rho \otimes \mathbf{R}$; $\mathbf{Z}(\rho)$ stands for the $G$-module $\mathbf{Z}$ with $G$-action defined by $g \cdot 1 = \operatorname{sgn} \det \rho(g)$. The general properties of this (twisted) Euler class were discussed in [E–M].

Our main objective is to find universal bounds, depending on the field $K \subset \mathbf{R}$ and the degree $m$ only, for the order of the Euler class of $K$-representations of finite groups. We proceed by dealing first with $p$-groups and then (Section 3) with arbitrary finite groups.

2.2. We start with the following simple observation.

PROPOSITION 2.1 *Let $G$ be a finite $p$-group and let $\rho: G \to \mathrm{GL}_m(K)$ be a representation of degree $m \not\equiv 0 \bmod \varphi_K(p)$. Then the Euler class of $\rho$ is* $=0$.

*Proof.* The assumption implies that $\varphi_K(p) > 1$ and thus $p$ odd ($\varphi_K(2) = 1$). Let $\rho = \bigoplus_{i=1}^n \rho_i$, with $\rho_i$ irreducible; then $e(\rho) = e(\rho_1)e(\rho_2) \cdots e(\rho_n)$. At least one of the $\rho_i$ must have degree 1, for otherwise $m$ would be divisible by $\varphi_K(p)$ (Corollary 1.5). Thus the corresponding $e(\rho_i)$ is 0 and whence $e(\rho) = 0$.

We may thus, for a $p$-group $G$, assume that the degree $m$ of $\rho$ is $\equiv 0 \bmod \varphi_K(p)$. It turns out that the situation is quite different according to whether $\gamma_K(p)$ is finite or infinite.

Let $m$ be even and $\equiv 0 \bmod \varphi_K(p)$, and assume $\gamma_K(p)=\infty$. Then no uniform bound can exist for the order of the Euler class of $K$-representations of $p$-groups. This will be illustrated by Corollary 2.4 below. We first prove a lemma concerning the cyclic group $C_n$.

LEMMA 2.3. *Let $K\subset \mathbf{R}$ be an arbitrary real field. There exists, for any integer $l>0$, a $K$-representation $\rho$ of $C_n$ of degree $l\varphi_K(n)$ and with Euler class $e(\rho)$ of (maximal possible) order $n$.*

*Proof.* $C_n$ has a faithful irreducible representation $\tau$ over $K$ of degree $m=\varphi_K(n)$ (its character is $=\sum_\sigma \sigma\chi$, where $\chi$ is faithful $\mathbf{C}$-irreducible and $\sigma$ varies through $\mathrm{Gal}\,(K(n)/K)$). For the Euler class $e(\tau)$ one has $e(\tau)^2=\pm c_m(\tau\otimes\mathbf{C})$, the top Chern class of $\tau\otimes\mathbf{C}$; since $\tau\otimes\mathbf{C}$ is a sum of $m$ faithful one-dimensional $\mathbf{C}$-representations, $c_m(\tau\otimes\mathbf{C})$ has order $n$, and so has $e(\tau)$. If we take for $\rho$ the $l$-fold direct sum of such $K$-representations $\tau$, the order of $e(\rho)$ will be $n$ and the degree $l\cdot\varphi_K(n)$.

COROLLARY 2.4. *Let $K\subset\mathbf{R}$, and let $p$ be a prime such that $\gamma_K(p)=\infty$. If $m$ is even and $m\equiv 0 \bmod \varphi_K(p)$, then there exists an $m$-dimensional $K$-representation of $C_{p^\alpha}$ with Euler class of order $p^\alpha$.*

*Proof.* If $p$ is odd, $\gamma_K(p)=\infty$ implies that $\varphi_K(p)=\varphi_K(p^\alpha)$ for $\alpha\geq 1$ and the result follows from Lemma 2.3. If $p=2$, $\varphi_K(2^\alpha)=2$ or $1$ for $\alpha\geq 1$. Hence for any even $m$ one can find a $K$-representation of $C_{2^\alpha}$ of degree $m$ and Euler class of order $2^\alpha$ (cf. Lemma 2.3).

2.3. We now turn to the case $\gamma_K(p)<\infty$, where the situation is different.

THEOREM 2.5. *Let $K$ be a subfield of $\mathbf{R}$ and $p$ a prime with $\gamma=\gamma_K(p)<\infty$. For any finite $p$-group $G$ and any $K$-representation $\rho: G\to \mathrm{GL}_m(K)$ the Euler class $e(\rho)\in H^m(G\colon \mathbf{Z}(\rho))$ satisfies*

$$p^\gamma m e(\rho)=0.$$

*Proof.* We first assume that $\rho$ is irreducible. According to Theorem 1.2 we distinguish two possibilities.

(a) $\rho$ factors as $G\to\bar{G}\xrightarrow{\bar\rho} GL_m(K)$ where $\bar G$ is one of the $p$-groups of special type and $\bar\rho$ faithful. If $\bar G$ is of order $p^\alpha$, $\alpha\leq\gamma$ then plainly $p^\gamma m e(\rho)=0$;

thus we may assume $\alpha > \gamma$. If $p$ is odd, $\rho$ is of degree $m = \varphi_K(p^\alpha) = \varphi_K(p) \cdot p^{\alpha-\gamma}$, and hence $p^\gamma me(\rho) = 0$. In case $p = 2$ and $\alpha = \gamma + 1$, $2^\alpha$ divides $2^\gamma m$ for $m$ even; thus $2me(\rho) = 0$ (the case $m$ odd is trivial, since then always $2e(\rho) = 0$). It remains to consider the case $p = 2$, $\alpha \geq \gamma + 2$. According to Proposition 1.4 the degree of $\rho$ is then $2^{\alpha-\gamma}$ for the groups $C_{2^\alpha}$, $Q_{2^\alpha}$; and $2^{\alpha-\gamma-1}$ for $D_{2^\alpha}$, $2^{\alpha-\gamma}$ or $2^{\alpha-\gamma-1}$ for $SD_{2^\alpha}$. For the first two groups, $2^\gamma \cdot 2^{\alpha-\gamma} = 2^\alpha = |\bar{G}|$ annihilates $e(\rho)$, and for the latter ones $2^\gamma \cdot 2^{\alpha-\gamma-1} = 2^{\alpha-1} = |\bar{G}|/2$ annihilates $e(\rho)$ (since the cohomology of $D_{2^\alpha}$ and $SD_{2^\alpha}$ with $\mathbf{Z}$-coefficients contains no elements of order $2^\alpha$).

(b) $\rho$ is induced from $\tau: H \to \mathrm{GL}_{m/p}(K)$, where $H \subset G$ is of index $p$. Let *tr* denote the cohomology transfer. The Euler class of the restriction $\rho_H$ satisfies $\mathrm{tr}\, e(\rho_H) = pe(\rho)$. Since we may assume by induction that $p^\gamma(m/p)e(\tau) = 0$, and since $\rho_H$ is of the form $\tau \oplus \nu$, we infer $p^\gamma(m/p)e(\rho_H) = p^\gamma(m/p)e(\tau)e(\nu) = 0$. It follows that

$$p^\gamma me(\rho) = \mathrm{tr}\left(p^\gamma \frac{m}{p} e(\rho_H)\right) = 0.$$

We now assume that $\rho$ is reducible, $\rho = \rho_1 \oplus \rho_2 \oplus \cdots \oplus \rho_k$, the $\rho_i$ being $K$-irreducible. Then $e(\rho) = e(\rho_1)e(\rho_2) \cdots e(\rho_k)$, and

$$p^\gamma me(\rho) = p^\gamma m_1 e(\rho_1)e(\rho_2) \cdots e(\rho_k) + \cdots + p^\gamma m_k e(\rho_1)e(\rho_2) \cdots e(\rho_k)$$

where $m_i$ is the degree of $\rho_i$. Since $\rho_i$ is irreducible, we have $p^\gamma m_i e(\rho_i) = 0$, and thus $p^\gamma me(\rho) = 0$.

*Remark* 2.6. If $m$ is even, $m = \varphi_K(p)p^\beta \cdot f$ with $(f, p) = 1$ and $\gamma_K(p) = \gamma < \infty$, then there exists a $K$-representation of $C_{p^{\gamma+\beta}}$ of degree $m$ with Euler class satisfying $p^{\gamma-1}me(\rho) \neq 0$. This follows immediately from Lemma 2.3.

## 3. Arbitrary finite groups

3.1. We define for a subfield $K$ of $\mathbf{R}$ and an integer $m > 0$, an additive operator $\mathscr{E}_K(m)$ on finite Abelian groups. If $m$ is odd, $\mathscr{E}_K(m): A \to A$ is multiplication by 2. For $m$ even, $\mathscr{E}_K(m)$ is given by its action on $p$-torsion groups as follows.

(1) $\mathscr{E}_K(m)$ is the identity on $p$-torsion, if $m \not\equiv 0 \bmod \varphi_K(p)$.

(2) $\mathscr{E}_K(m)$ is zero on $p$-torsion if $m \equiv 0 \bmod \varphi_K(p)$ and $\gamma_K(p) = \infty$.

(3) $\mathscr{E}_K(m)$ is multiplication by $p^{\gamma+\alpha}$ on $p$-torsion, if $m \equiv 0 \bmod \varphi_K(p)$, $\gamma = \gamma_K(p) < \infty$ and $m = p^\alpha \cdot f$, $f$ prime to $p$.

For instance, if $K=\mathbf{R}$, then $\mathscr{E}_{\mathbf{R}}(m)$ is the zero operator for all even $m$.

If $K$ is a field such that $\gamma_K(p)<\infty$ for all $p$, and if only finitely many $\varphi_K(p)$ divide $m$, we define a numerical function by

$$E_K(m)=lcm\{n \mid m\equiv 0 \bmod \varphi_K(n)\}.$$

Note that, for any prime $p$, $p^\beta$ divides $E_K(m)$ if and only if $m\equiv 0 \bmod \varphi_K(p^\beta)$. In one direction this is part of the definition; conversely, if $p^\beta$ divides $E_K(m)$ there is an $n$ divisible by $p^\beta$ with $m\equiv 0 \bmod \varphi_K(n)$ and thus, since $\varphi_K(p^\beta)$ divides $\varphi_K(n)$, one has $m\equiv 0 \bmod \varphi_K(p^\beta)$. The prime decomposition of $E_K(m)$ is now obtained as follows, for $K\subset\mathbf{R}$ and $m$ even ($E_K(m)=2$ if $m$ is odd):

Let $m=\Pi p^{\nu_p}$ be the decomposition of $m$ into powers of different primes. By Lemma 1.3, $\varphi_K(p^{\beta+\gamma})=\varphi_K(p)p^\beta$ ($\gamma=\gamma_K(p)$, $\beta\geq 0$ in case $p$ odd, and $\beta\geq 1$ if $p=2$); thus, for a prime $p$ with $m\equiv 0 \bmod \varphi_K(p)$, $m$ even, the greatest power dividing $E_K(m)$ is $p^{\nu_p+\gamma}$. We thus have

PROPOSITION 3.1. *If for $K\subset\mathbf{R}$ and $m=\Pi p^{\nu_p}$ the integer $E_K(m)$ is defined, then*

*$E_K(m)=2$ if $m$ is odd,*

*$E_K(m)=\Pi' p^{\nu_p+\gamma_K(p)}$ if $m$ is even, the product $\Pi'$ being taken over all those primes $p$ for which $m\equiv 0 \bmod \varphi_K(p)$.*

*Remarks.* (1) If $K=\mathbf{Q}$, $E_{\mathbf{Q}}(m)=E_m$, the numerical function considered in [E–M] (which is equal to the denominator of $B_m/m$, $m$ even).

(2) $E_K(m)$ is defined for all $m$ if $K$ is an algebraic number field.

COROLLARY 3.2. *If for $K\subset\mathbf{R}$ the integer $E_K(m)$ is defined, then the operator $\mathscr{E}_K(m): A\to A$ differs from "multiplication with $E_K(m)$" only by a canonical automorphism of $A$. In particular, $\mathscr{E}_K(m)$ and multiplication by $E_K(m)$ have the same kernel.*

We will make use later on of the following special case.

COROLLARY 3.3. *Let $K=\mathbf{Q}(4n)\cap\mathbf{R}$ and $p$ a prime dividing $4n$. Then for even $m$ the operator $\mathscr{E}_K(m)$ has the same kernel on any $p$-torsion group as multiplication by $2nm$.*

*Proof.* Let $m=\Pi p^{\nu_p(m)}$ and $n=\Pi p^{\nu_p(n)}$ be the prime decompositions. Since $p|4n$ we have, for $p$ odd, $\varphi_K(p)=2$. Further we have $\gamma_K(p)=\nu_p(n)$ for $p$ odd and $\gamma_K(2)=\nu_2(n)+1$. Hence, for $m$ even, $\mathscr{E}_K(m)$ acts on $p$-torsion by multiplication with $p^{\nu_p(n)+\nu_p(m)}$ if $p$ is odd, and with $2^{\nu_2(n)+1+\nu_2(m)}$ if $p=2$. Thus the kernel of $\mathscr{E}_K(m)$ on $p$-torsion is the same as the kernel of multiplication by $2nm$.

3.2. We now state and prove our main theorem.

THEOREM 3.4. *Let $K \subset \mathbf{R}$ be a real field and $\rho: G \to \mathrm{GL}_m(K)$ a $K$-representation of degree $m$ of a finite group $G$. Then the Euler class $e(\rho) \in H^m(G; \mathbf{Z}(\rho))$ satisfies*

$$\mathscr{C}_K(m)e(\rho) = 0.$$

*In particular, if $E_m(K)$ is defined (e.g., if $K$ is a number field) the order of $e(\rho)$ divides $E_K(m)$.*

*Proof.* Let $G(p)$ denote a $p$-Sylow subgroup of $G$. Since the cohomology restriction from $G$ to $G(p)$ is injective on the $p$-primary component, it suffices to prove the theorem in the case where $G$ is a $p$-group. If $m$ is odd, $2e(\rho) = \mathscr{C}_K(m)e(\rho) = 0$. If $m$ is even and $m \not\equiv 0 \bmod \varphi_K(p)$, $e(\rho) = 0$ by Proposition 2.1. It remains to consider the case $m$ even, $m \equiv 0 \bmod \varphi_K(p)$: If $\gamma_K(p) = \infty$, then $\mathscr{C}_K(m)e(\rho) = 0$ by definition of $\mathscr{C}_K(m)$. If $\gamma = \gamma_K(p) < \infty$, we have $p^\gamma me(\rho) = 0$ by Theorem 2.5; since, for a $p$-group $G$, $p^\gamma me(\rho)$ and $p^{\gamma + \nu_p(m)}e(\rho)$ have the same order, we infer $\mathscr{C}_K(m)e(\rho) = 0$. In case $E_K(m)$ is defined, $E_K(m)e(\rho) = 0$ by Corollary 3.2.

*Remark* 3.5. The operator $\mathscr{C}_K(m)$ in Theorem 3.4 is best possible in the following obvious sense. Suppose $\mathscr{C}'_K(m)$ is another such operator (i.e., a natural transformation of the identity functor on the category of finite Abelian groups, such that $\mathscr{C}'_K(m)e(\rho) = 0$ for all $K$-representations $\rho$ of degree $m$ of finite groups) then

$$\ker(\mathscr{C}_K(m): A \to A) \subset \ker(\mathscr{C}'_K(m): A \to A) \qquad (*)$$

for all finite Abelian groups $A$. In order to prove this we observe that it suffices to check (*) in case $A$ is a cyclic $p$-group; for that case (*) is an easy consequence of Lemma 2.3 and Remark 2.6 together with the definition of $\mathscr{C}_K(m)$.

In particular, if $K$ is a number field, we obtain the following.

COROLLARY 3.6. *Let $K \subset \mathbf{R}$ be a number field. Then the least common multiple of the orders of the Euler classes $e(\rho)$, where $\rho$ ranges over all $K$-representations of degree $m$ of finite groups, is equal to $E_K(m) = lcm\{n \mid m \equiv 0 \bmod \varphi_K(n)\}$.*

3.3. If a representation $\rho: G \to GL_m(\mathbf{R})$ is not known to be realizable over some subfield $K \subset \mathbf{R}$ fixed in advance, one can still obtain a bound on the order of $e(\rho)$, depending on the character field $\mathbf{Q}(\chi)$ (i.e. the field obtained from $\mathbf{Q}$ be adjoining the values of the character $\chi$ of $\rho$). We need first the following lemma.

LEMMA 3.7. *Let $\rho: G \to \mathrm{GL}_m(\mathbf{R})$ be a real representation of a finite p-group G. Then $\rho$ is equivalent to a representation defined over $\mathbf{Q}(\chi)$, where $\chi$ is the character of $\rho$.*

*Proof.* If $p$ is odd, all **C**-irreducible characters $\psi$ of $G$ have Schur index 1 over **Q**, and therefore $\rho$ is defined over $\mathbf{Q}(\chi)$ (cf. [*R*]). In case $p=2$, the Schur index $s_{\mathbf{Q}}(\psi)$ is one or two; by [F; Prop. 4.2], $s_{\mathbf{Q}}(\psi)=s_{\mathbf{R}}(\psi)$ and therefore $s_K(\psi)=s_{\mathbf{R}}(\psi)$ for any subfield $K \subset \mathbf{R}$. It follows that an **R**-representation of a 2-group whose character takes values in $K \subset \mathbf{R}$, is realizable over $K$.

THEOREM 3.8. *Let $\rho: G \to \mathrm{GL}_m(\mathbf{R})$ be a real representation of an arbitrary finite group G. Then the Euler class $e(\rho)$ satisfies*

$$E_{\mathbf{Q}(\chi)}(m)e(\rho)=0$$

*where $\mathbf{Q}(\chi)$ denotes the field obtained from* **Q** *by adjoining the values of the character $\chi$ of $\rho$.*

*Proof.* Let $\rho'$ denote the restriction of $\rho$ to a $p$-Sylow subgroup of $G$, and denote by $\chi'$ the character of $\rho'$. From Theorem 3.4 and Lemma 3.7 we infer that $E_{\mathbf{Q}(\chi')}e(\rho')=0$ and, as $\mathbf{Q}(\chi') \subset \mathbf{Q}(\chi)$, $E_{\mathbf{Q}(\chi)}e(\rho')=0$. The assertion of the theorem now follows, since the cohomology restriction from $G$ to a $p$-Sylow subgroup is injective on the $p$-primary component.

3.4. Using Corollary 3.3 we can get bounds for the order of Euler classes of *arbitrary* real representations, in terms of the *exponent* of $G$.

THEOREM 3.9. *Let G be a finite group of exponent* $\exp(G)$ *and* $\rho: G \to \mathrm{GL}_m(\mathbf{R})$ *a real representation of even degree m. Then the Euler class satisfies*

$$\frac{m}{2}\exp(G)e(\rho)=0.$$

*Proof.* Since the cohomology restriction from $G$ to a $p$-Sylow subgroup is injective on the $p$-primary component, we may assume that $G$ is a $p$-group. Then $\rho$ is realizable over $\mathbf{Q}(\exp(G)) \cap \mathbf{R}$ since the character of $\rho$ takes its values in that field (Lemma 3.7). If $p$ is odd, we apply Corollary 3.3 with $K=\mathbf{Q}(4\exp(G)) \cap \mathbf{R}$ and obtain $2m\exp(G)e(\rho)=0$; thus $(m/2)\exp(G)e(\rho)=0$, $e(\rho)$ being a $p$-torsion element. If $p=2$ and $\exp(G) \leqslant 2$, then $G$ is an elementary Abelian 2-group and thus even $\exp(G)e(\rho)=0$. If $p=2$ and $\exp(G)=4n \geqslant 4$, we infer from Corollary 3.3 (with $K=\mathbf{Q}(4n) \cap \mathbf{R}$) that $2nme(\rho)=0$, whence the assertion.

REFERENCES

[E–M] ECKMANN, B. and MISLIN, G., *Rational representations of finite groups and their Euler class*. Math. Annalen *245* (1979), 45–54.

[F] FONTAINE, J. M., *Sur la décomposition des algèbres de groupes*. Ann. Scient. Ec. Norm. Sup. 4[e] Série t. *4* (1971) 121–180.

[R] ROQUETTE, P., *Realisierungen von Darstellungen endlicher nilpotenter Gruppen*. Arch. Math. *9* (1958) 211–250.

*E. T. H. Zürich, Switzerland*

Received September 18, 1979.

# Some recent developments in the homology theory of groups
## (Groups of finite and virtually finite dimension)

J. Pure Appl. Algebra **19** (1980), 61–75

For Saunders MacLane, on the occasion of his 70th birthday

### Introduction

The homology theory of groups originated from the observation that it was possible to apply to a group $G$ algebraic methods used in topology. At first this was done with the help of an aspherical polyhedron with fundamental group $G$ (an "Eilenberg–MacLane space" for $G$), and soon afterwards by translating the whole resulting approach into purely algebraic terms. One had originally in view applications to topological problems. But it soon became evident, and Saunders MacLane's influence in this development need hardly be emphasized, that there was a new way to attack the problem of finding invariants of groups, and of characterizing group-theoretic properties; some of these were partially known before, but in a more complicated and less intuitive form.

Then came the rapid development of homological algebra which made the underlying algebraic methods a general tool for almost all of mathematics, similar in power to linear algebra and in fact related to it. Homological methods in group theory, as a special branch of this new field, remained active, though not always fully recognized by "pure" group-theorists. The last decade has witnessed, however, a striking return of the original trend. This is largely due to the work initiated by Serre and by Stallings and continued by many others. For interesting classes of groups, topological concepts or their algebraic translation have proved remarkably effective. This is not too surprising, since many of these groups stem from a geometrical context (transformation groups, subgroups of Lie groups or algebraic groups, etc.) and often come equipped with a natural Eilenberg–MacLane space which is finite-dimensional or even a manifold. Such groups are "of finite dimension", which algebraically means finite cohomology dimension; they are necessarily torsion-free, and their dimension and other homological properties are obviously important invariants for such infinite groups as are otherwise not easy to investigate. Other groups appearing in similar contexts do have torsion (and thus are of infinite dimension), but often are "virtually" of finite dimension [17], i.e., have a subgroup of finite index with that property. The class of groups of virtually finite dimension includes all finite groups; it seems to be an interesting combination of torsion-freeness and finiteness.

In this lecture we give a survey of some homological aspects of groups fulfilling finiteness assumptions of the above type or something similar. Emphasis is laid on those properties which need (co)homology or even topological constructions for their very formulation; their application leads, in special cases, to ordinary group structure descriptions. It has, of course, been necessary to limit the choice of topics. We consider Poincaré duality for groups and its generalization; high-dimensional cohomology (or Farrell–Tate-cohomology) in the case of virtually finite dimension, and $p$-periodicity; torsion phenomena detected by characteristic classes of representations; and universal bounds for the order of Euler and Chern classes of rational representations – here we restrict ourselves to the case of finite groups, although some of the arguments should be valid in more generality. Proofs are mostly omitted, except for some sketches of those which have not yet appeared in print. The theory of Euler characteristics of groups is omitted altogether, since it has been described so beautifully in the surveys of Serre [17] and K.S. Brown [7, 8]. It is closely related to some parts of our survey. Under suitable finiteness assumptions on the group the Euler characteristic is defined as an integer, under "virtual" assumptions as a rational number; the denominator displays similarities with the order of characteristic classes of representations, but explicit connections seem not to be available.

We have restricted the references only to those which directly explain or supplement facts referred to in the text, without aiming at listing the vast bibliography.

This survey is dedicated to Saunders MacLane as a mark of gratitude for his friendship, and in recognition of his work and all the stimulation it has provided; it has shown us how to combine geometric and algebraic, abstract and concrete, ideas, and it has given the impulse to reach from the very special to the very general – and vice-versa!

## 1. Finiteness properties

**1.1.** The "dimension" of a group $G$ will always mean the cohomology dimension cd $G$. It is the smallest integer $n$ such that the cohomology groups $H^i(G;A)$ are 0 for all $i>n$ and all coefficient $G$-modules $A$. If there is no such integer, then cd $G=\infty$.

We recall that cd $G<\infty$ is equivalent to each of the following statements.

(a) There exists a projective resolution $\boldsymbol{P}$ over $\mathbb{Z}G$ of the trivial $G$-modulo $\mathbb{Z}$, of finite length

$$\boldsymbol{P}: 0\to P_m\to P_{m-1}\to\cdots\to P_1\to P_0\to\mathbb{Z}\to 0$$

(exact sequence, all $P_i$ projective $G$-modules).

(b) There exists a free resolution of finite length (as above, but all $P_i$ free $G$-modules).

(c) There exists a finite-dimensional Eilenberg–MacLane complex $K(G,1)$ (a CW-complex with fundamental group $G$ whose universal cover $\overline{K(G,1)}$ is contractible).

In (a) and (b) the smallest possible length $m$ is equal to cd $G$. In (c) the smallest possible dimension of $K(G,1)$ is equal to cd $G$ if cd $G$ is $\neq 2$; it is 2 or perhaps 3 if cd $G = 2$. We recall that $H^i(G; A) \cong H^i(K(G,1); A)$ for all $i$ and all $G$-modules $A$; in particular, for any $K(G,1)$, one has cd $G \leq \dim K(G,1)$. Similarly for homology.

**1.2.** For any subgroup $G_1$ of $G$, a resolution $\boldsymbol{P}$ for $G$ can also serve for $G_1$ (since $\mathbb{Z}G$ is a free $\mathbb{Z}G_1$-module), and hence cd $G_1 \leq$ cd $G$. A finite cyclic group $C_l$ is of infinite dimension ($H^i(C_l; \mathbb{Z})$ is easily seen to be $\cong \mathbb{Z}/l\mathbb{Z}$ for all even $i > 0$). Thus a group $G$ of finite dimension is *torsion-free;* the converse does not hold. Cohomology dimension seems to be a good and important invariant for torsion-free groups, which in general are not easy to come by, and groups of finite dimension constitute an interesting class arising in many well-known examples (cf. Section 2).

A fundamental theorem of Serre [17] states that if $G$ is torsion-free and $G_1$ has finite index in $G$, then cd $G =$ cd $G_1$ (finite or infinite). If $G$ is a free group $\neq 1$, then cd $G = 1$. By the theorem of Stallings and Swan [18, 19] the converse holds.

**1.3.** Further finiteness conditions are suggested by those cases where $G$ admits a finite CW-complex $K(G,1)$. If so, $G$ can be finitely presented; and it has a free resolution of the form (b) where all $P_i$ are finitely generated over $\mathbb{Z}G$ (namely, the cellular chain complex of the universal cover $\overline{K(G,1)}$).

If there exists for $G$ a finitely generated free $\mathbb{Z}G$-resolution of finite length, $G$ is said to be of type (FF). This together with finite presentability is in fact equivalent to the existence of a finite $K(G,1)$-complex. If $G$ admits a projective resolution of finite length (a) where all the $P_i$ are finitely generated projective over $\mathbb{Z}G$, then $G$ is said to be of type (FP). Obviously (FF) implies (FP), but it is not known whether the converse holds. Type (FP) together with finite presentability is equivalent to the existence of a $K(G,1)$ which is a (homotopy) retract of a finite CW-complex.

Both type (FP) and type (FF) are easily seen to be inherited by subgroups of finite index. In the other direction, if $G_1$ is a subgroup of finite index in a torsion-free group $G$, then $G_1$ of type (FP) implies $G$ of type (FP); it is not known whether this is true for type (FF) – this is one of the reasons why it is useful to work with type (FP).

**1.4.** Several effective criteria have been established for deciding whether a group $G$ is of type (FP), provided it is known that $G$ is of finite dimension; see [3, 6]. E.g., $G$ is of type (FP) if and only if cd $G$ is finite and all cohomology groups $H^i(G; A)$ commute with direct limits in the $G$-module variable $A$.

If a group $G$ admits a projective resolution, of finite or infinite length, in which all the projective modules $P_i$ are finitely generated over $\mathbb{Z}G$, then of course homology and cohomology groups inherit finiteness properties. E.g., $H_i(G; \mathbb{Z})$ and $H^i(G; \mathbb{Z})$ for all $i$ are finitely generated Abelian groups.

## 2. Examples. Duality groups

**2.1.** Let $G$ be a group which operates differentiably on $\mathbb{R}^n$. If the operation is proper and free, then the quotient space $\mathbb{R}^n/G$, having $\mathbb{R}^n$ for its universal cover, is a $K(G,1)$; it is a differentiable manifold, compact or not, of dimension $n$, and hence a CW-complex of dimension $n$. Thus cd $G \le n$. If $\mathbb{R}^n/G$ is not compact, then cd $G < n$ by well-known cohomology properties of open manifolds.

If $\mathbb{R}^n/G$ is *compact*, it can be "triangulated" as a finite CW-complex, an $G$ is thus of type (FF). Moreover, the (co-)homology of $G$ fulfills Poincaré duality valid for closed manifolds of dimension $n$:

$$H^i(G;A) \cong H_{n-i}(G;A), \quad \text{or} \tag{1}$$

$$H^i(G;A) \cong H_{n-i}(G;\tilde{\mathbb{Z}} \otimes A) \tag{1'}$$

for all $i$ and all $G$-modules $A$. Here (1) holds if $\mathbb{R}^n/G$ is orientable, (1′) if non-orientable ($\tilde{\mathbb{Z}}$ is the "orientation module", i.e., the group of integers turned into a $G$-module by $x \cdot 1 = \pm 1$ according to whether $x \in G$ preserves the orientation of $\mathbb{R}^n$ or not, and $G$ operates diagonally in $\tilde{\mathbb{Z}} \otimes A$). We can use notation (1′) also in the orientable case: then $\tilde{\mathbb{Z}}$ is a trivial $G$-module, and $\tilde{\mathbb{Z}} \otimes A = A$. These duality isomorphisms are natural in any possible sense, since they can be given by the cap-product with a fundamental class $\mu \in H_n(G;\tilde{\mathbb{Z}})$.

A group $G$ satisfying (1′) is called a *Poincaré duality group* of dimension $n$ (orientable or non-orientable according to whether $\tilde{\mathbb{Z}}$ is trivial or not), cf. [1, 14]; in short a PD$^n$-group. Since homology always commutes with direct limits in the coefficient module, the finiteness criterion (see 1.4) tells that such groups are of type (FP). Moreover one immediately infers from (1′) that cd $G = n$ and that

$$\begin{aligned} H^i(G;\mathbb{Z}G) &= 0 \quad \text{for } i \neq n, \\ &= \tilde{\mathbb{Z}} \quad \text{for } i = n. \end{aligned} \tag{2}$$

(Thus $\tilde{\mathbb{Z}}$ and $n$ are determined uniquely by the group $G$). The simple conditions, type (FP) and (2), are sufficient for a group $G$ to be a PD$^n$-group; cf. in a more general context, Section 2.2 below.

**2.2.** A very general version of duality similar to (1′) is obtained if we replace $\tilde{\mathbb{Z}}$ by a "dualizing complex" $\boldsymbol{D}$ over $\mathbb{Z}G$ ($D_i = 0$ for $i < 0$) and postulate

$$H^i(G;A) = H_{n-i}(G;\boldsymbol{D} \otimes A) \quad \text{for all } i \text{ and } A. \tag{3}$$

Here $\boldsymbol{D} \otimes A$ is a $G$-complex by diagonal action; homology is understood to be total homology of the double complex $\boldsymbol{P} \otimes (\boldsymbol{D} \otimes A)$, where $\boldsymbol{P}$ is a projective resolution for $G$. Again (3) implies that $G$ is of type (FP), with cd $G = n$. Moreover, the homology of $\boldsymbol{D}$ is uniquely determined by $G$; namely, $H_{n-i}(\boldsymbol{D}) = H^i(G;\mathbb{Z}G)$ for all $i$ (this is easily seen from the spectral sequence of double complexes applied to the right-hand side of (3) with $A = \mathbb{Z}G$).

Conversely it can be shown [4, 7] that any group of type (FP) fulfills (3), with dualizing complex $\boldsymbol{D}=\boldsymbol{P}^*=\operatorname{Hom}_G(\boldsymbol{P},\mathbb{Z}G)$ renumbered as $D_i=P^*_{n-i}$ where $\boldsymbol{P}$ is an (FP)-resolution for $G$; $\boldsymbol{P}^*$ is a complex over $\mathbb{Z}G$ of type (FP).

There may be various interesting instances of (3), but we restrict here attention to the following special case. We assume that the homology of the dualizing complex $\boldsymbol{D}$ is 0 except for $H_0(\boldsymbol{D})=C$ which is $\neq 0$ but $\mathbb{Z}$-torsion-free; in other words, that $H^i(G;\mathbb{Z}G)$ is 0 for $i\neq n$ and $H^n(G;\mathbb{Z}G)$ is $\mathbb{Z}$-torsion-free. Then (3) becomes

$$H^i(G;A)\cong H_{n-i}(G;C\otimes A) \quad \text{for all } i \text{ and } A. \tag{4}$$

Groups fulfilling (4) are called duality groups of dimension $n$, in short $D^n$-groups, with dualizing module $C$ (the $PD^n$-groups being those where $C=\mathbb{Z}$ as an Abelian group). Thus the conditions

(i) $G$ is of type (FP),
(ii) $H^i(G;\mathbb{Z}G)=0$ for $i\neq n$,
(iii) $H^n(G;\mathbb{Z}G)$ is $\mathbb{Z}$-torsion-free,

imply that $G$ is a $D^n$-group, with dualizing module $C=H^n(G;\mathbb{Z}G)$ (and they are also necessary). The isomorphisms (4) can be described (cf. [2]) by a cap-product $\mu\cap$-with a "fundamental class" $\mu\in H_n(G;C)$, this group being infinite cyclic generated by $\mu$.

**2.3.** The groups $H^i(G;\mathbb{Z}G)$, which are crucial in that context, are called (generalized) *end-groups* of $G$; for finitely generated $G$, $H^1(G;\mathbb{Z}G)$ describes the number of ends of $G$ (the number of points necessary for the endpoint-compactification of the universal cover $\overline{K(G,1)}$).

For a group admitting a finite $K(G,1)$ (i.e., of type (FF) and finitely presented) we mention another interpretation of the $H^i(G;\mathbb{Z}G)$, useful in applications. For such a group we may take for $K(G,1)$ a *compact manifold-with-boundary* $M$ of dimension $m$. Then $H^i(G;\mathbb{Z}G)=H^i(M;\mathbb{Z}G)$ can be identified with $H^i_{\text{comp}}(\tilde{M};\mathbb{Z})$, where $\tilde{M}$ is the universal cover of $M$ and cohomology is meant with compact supports. Relative Poincaré duality for $\tilde{M}$ and asphericity of $\tilde{M}$ then yield

$$H^i(G;\mathbb{Z}G)=H_{m-i-1}(\partial\tilde{M};\mathbb{Z})$$

(reduced homology if $m-i-1=0$). It can thus be decided from the ordinary integral homology of $\partial\tilde{M}$ whether $G$ is a $D^n$-group; and if so, the dualizing module is $H_{m-n-1}(\partial\tilde{M};\mathbb{Z})$ with the operation of $G$ given by the covering transformations.

As an example of application, let $G$ be a knot-group, i.e., the fundamental group of the complement of a non-trivial knot in $S^3$. The closed complement $M$ of the knot is known to be aspherical, hence a $K(G,1)$. It is a compact 3-manifold-with-boundary ($\partial M=$ torus). Since $\partial\tilde{M}$ is a disjoint union of planes, $H_j(\partial\tilde{M};\mathbb{Z})=0$ except for $j=0$. Hence $G$ is a duality group ($m=3$, $m-n-1=0$) of dimension 2. Finitely presented groups of dimension 2 are easy to handle in general: they are of type (FP), and $D^2$-groups if and only if $H^1(G;\mathbb{Z}G)=0$ (one end).

**2.4.** We return to groups $G$ operating in $\mathbb{R}^n$ as in 2.1. If $\mathbb{R}^n/G$ is compact, $G$ is a $PD^n$-group. If $\mathbb{R}^n/G$ is *not compact*, the group need not be of type (FP). There are, however, many cases where $\mathbb{R}^n/G$ is the interior of a compact manifold-with-boundary $M$, which can serve as $K(G,1)$ since it has the same homotopy type as $\mathbb{R}^n/G$. Then $G$ is of type (FF) and finitely presented, and the arguments of 2.3 can be applied to $\partial\tilde{M}$.

Such a situation often occurs if $G$ is a torsion-free discrete subgroup of a connected real Lie group $L$. One knows that $G$ operates properly and freely in the homogeneous space $L/K$ where $K$ is a maximal compact subgroup of $L$, and that $L/K$ is diffeomorphic to $\mathbb{R}^n$ for some $n$. E.g., for torsion-free arithmetic subgroups of linear algebraic groups defined over the rationals one takes for $L$ the corresponding groups of real points; according to Borel–Serre [5], $\mathbb{R}^n/G$ (i.e., $G \setminus L/K$) is the interior of a compact $M$ as above, and $\partial\tilde{M}$ has precisely one non-vanishing homology group, which is $\mathbb{Z}$-free. Thus torsion-free (rational) arithmetic groups are always duality groups, of a dimension and with a dualizing module which can be described from the Borel–Serre construction.

**2.5.** If $G$ is a torsion-free discrete subgroup of a real Lie group $L$, and if $G$ is cocompact in $L$ (i.e., if $L/G$ is compact), then $G$ is a Poincaré duality group, with $G \setminus L/K$ as $K(G,1)$-manifold. In this way, many examples of $PD^n$-groups are obtained which are fundamental groups of *compact aspherical manifolds M*.

It is not known whether there are $PD^n$-groups which are not fundamental groups of aspherical manifolds: it is not even known whether a finitely presented $PD^n$-group admits a finite $K(G,1)$ (type (FF)). In the case of dimension 2, partial answers have been obtained: H. Müller [15] has shown that a $PD^2$-group which has a one-relator presentation is in fact the fundamental group of a closed surface (of genus $\geq 1$). For groups of type (FF), Swarup (and H. Müller) have proved that a $PD^2$-group contains a subgroup of finite index which is a one-relator group[1].

### 3. Virtual dimension

**3.1.** A group is said to be *virtually torsion-free* if it contains a subgroup $S$ of finite index which is torsion-free. One similarly defines a group to be virtually of finite dimension, of type (FP), a duality group, etc. For all these concepts, however, it is the virtual presence of torsion that makes all the difference. For example, assume that $G$ contains a subgroup $S$ of finite index with $\operatorname{cd} S = n < \infty$; then $\operatorname{cd} S' = n$ for any other torsion-free subgroup $S'$ of finite index in $G$: one considers $S \cap S'$ and applies Serre's theorem concerning the dimension of torsion-free groups and subgroups of finite index. The integer $n$ is called the virtual dimension of $G$, $\operatorname{vcd} G = n$. If $G$ is torsion-free, then $\operatorname{vcd} G = \operatorname{cd} G$.

A similar reasoning applies to "type (vFP)"; if there is a subgroup of finite index

[1] *Added in proof.* It has been proved [B. Eckmann–H. Müller, to appear in Comm. Math. Helvetici] that all $PD^2$-groups with positive first Betti number are fundamental groups of closed surfaces.

which is of type (FP), then all torsion-free subgroups of finite index are. Or to $G$ being a $vD^n$-group; if there is a subgroup of finite index which is a $D^n$-group, then all torsion-free subgroups of finite index are (here one has to use a finite extension theorem [2] for $D^n$-groups: if $G$ is torsion-free and $G_1$ a subgroup of finite index, then $G$ is a $D^n$-group if and only if $G_1$ is. The proof simply uses the $D^n$-criterion in 2.3).

**3.2.** The groups with vcd $G=0$ are just the finite groups. All finitely generated linear groups (characteristic 0) are virtually torsion-free [21]. The arithmetic groups as mentioned in Section 2.4 usually do have torsion, but are virtually torsion-free, and hence $vD^n$-groups for some $n$. In $G=\mathrm{SL}_m(\mathbb{Z})$, for example, the congruence subgroups modulo an integer $q>2$ are torsion-free and have finite index in $G$; thus $\mathrm{SL}_m(\mathbb{Z})$ is a $vD^n$-group ($n=\frac{1}{2}m(m-1)$, cf. [5]). Similarly for other arithmetic groups.

**3.3.** The cohomology groups $H^i(G;A)$, which are 0 for $i>n$ if cd $G=n$, are in general $\neq 0$ if vcd $G=n$ and $G$ has torsion, and we now look closer at these groups.

For any torsion-free subgroup $S$ of finite index $k$ in $G$, cd $S=n$, the usual restriction-transfer argument shows that $k\cdot H^i(G;A)=0$ for all $i>n$ and all $A$. The $H^i(G;A)$, $i>n$, are thus torsion groups; they are annihilated by $\gamma=$ gcd of all finite indices of torsion-free subgroups in $G$. This integer $\gamma$ is, in turn, a multiple of the lcm of all orders of torsion elements in $G$. Moreover, $\gamma$ can contain those primes $p$ only which occur in the order of torsion elements in $G$. Indeed, if $G$ has no $p$-torsion, there exists a torsion-free subgroup $S$ in $G$ of finite index prime to $p$ (take any torsion-free normal subgroup $N$ of finite index, and let $(G/N)_p$ be a $p$-Sylow subgroup of $G/N$; then the preimage $S$ of $(G/N)_p$ in $G$ has the required property).

It follows, in particular, that if the group $G$ of finite virtual dimension $n$ is $p$-torsion-free, then so are the torsion groups $H^i(G;A)$, $i>n$.

These facts, well-known for finite groups (vcd $G=0$), suggest a generalization of the *Tate cohomology groups* $\hat{H}^i(G;A)$, $-\infty<i<\infty$, to groups of finite virtual dimension (T. Farrell [13]). These Farrell–Tate groups $\hat{H}^i(G;A)$ have all the torsion properties given above for $H^i(G;A)$, $i>n=$ vcd $G$; they coincide with the $H^i(G;A)$ for $i>n$. For $i<n$ the situation is somewhat different from the case $n=0$, where the $\hat{H}^i$, $i<0$ can be interpreted as homology groups of $G$. For $n>0$ no such interpretation is available in general.

For $vD^n$-groups $G$, however, one has $\hat{H}^i(G;A)\cong H_{n-i-1}(G;C\otimes A)$ for $i<0$ where $C$ is the dualizing module of any torsion-free subgroup of finite index; this is in agreement with what happens in the case of finite groups ($n=0$, $S=1$, $C=\mathbb{Z}$). In the remaining range $0\leq i\leq n$ the $\hat{H}^i$ are related to ordinary homology and cohomology by an exact sequence which "measures" the deviation from duality with dualizing module $C$.

**3.4.** A question which comes up naturally in that context is to what extent these groups $\hat{H}^i(G; A)$ are *periodic* (with respect to $i$). This is certainly an exceptional phenomenon; but it may occur more often that for a prime $p$ the $p$-primary part of the $\hat{H}^i(G; A)$, and thus of the $H^i(G; A)$, $i>n=\text{vcd } G$, is periodic. In that case we say that $G$ is $p$-periodic and write $m_p$ for the smallest $p$-period. If $G$ is $p$-periodic, so is every subgroup of $G$, in particular every finite subgroup. Thus if $G$ contains a finite $p$-subgroup which is not cyclic (or quaternionic for $p=2$), $G$ cannot be $p$-periodic. If $G$ is $p$-torsion-free, it is trivially $p$-periodic with $m_p=1$.

If $G$ is not only of finite virtual dimension, but of type (vFP), there is a simple method for investigating $p$-periodicity of $G$ (Bürgisser [9]). Let $S$ be a torsion-free normal subgroup of finite index; if the finite group $G/S$ is $p$-periodic, so is $G$, and $m_p$ divides the $p$-period of $G/S$. The precise value of $m_p$ can sometimes be obtained by looking at suitable finite subgroups of $G$ which are $p$-periodic.

Among the results of [9], we mention the following example: $\mathrm{SL}_m(\mathbb{Z})$ is $p$-periodic for $\frac{1}{2}m+1<p\leq m+1$, with $p$-period $m_p=2(p-1)$ for $p<m+1$ (for the case $p=m+1$ see Section 4.6 below). A different method, also appearing in [9], uses characteristic classes of complex and of real representations of $G$. These classes are dealt with in the next section.

## 4. Characteristic classes of representations

**4.1.** With a complex representation $\varrho : G\to \mathrm{GL}_m(\mathbb{C})$ of the group $G$ one associates *Chern classes* $c_k(\varrho)\in H^{2k}(G; \mathbb{Z})$, $k=0, 1, \ldots, m$; $c_0(\varrho)=1\in H^0(G; \mathbb{Z})=\mathbb{Z}$. One writes $c(\varrho)=1+c_1(\varrho)+\cdots+c_m(\varrho)\in H^*(G; \mathbb{Z})$. The following properties will be used:

(i) Representations which are equivalent (over $\mathbb{C}$) have the same Chern classes.

(ii) For any group homomorphism $h : G_1\to G$, $c_k(\varrho h)=h^*c_k(\varrho)\in H^{2k}(G_1; \mathbb{Z})$.

(iii) For any two representations $\varrho_1$, $\varrho_2$ of $G$, $c(\varrho_1\oplus\varrho_2)=c(\varrho_1)\cdot c(\varrho_2)$ (cup-product).

(iv) If $j : \mathbb{Z}\to\mathbb{Q}$ denotes the embedding, $j_*c_k(\varrho)=0$ for $k>0$.

(v) For a finite group $G$, the first Chern class of 1-dimensional representations establishes an isomorphism $\mathrm{Hom}(G, \mathbb{C}^*)\cong H^2(G; \mathbb{Z})$.

All this is purely algebraic. The definition of $c_k(\varrho)$ and the proofs of the above, however, pass through topology.

We briefly recall a construction of the classes $c_k(\varrho)$. Take a complex $K(G, 1)$, with universal cover $\overline{K(G,1)}$, and let $G$ operate diagonally on $\overline{K(G,1)}\times\mathbb{C}^m$ (the operation on $\mathbb{C}^m$ being given by $\varrho$). The quotient space $\overline{K(G,1)}\times\mathbb{C}^m/G=E$ is a $\mathbb{C}^m$-bundle over $K(G,1)$. Its Chern class $c_k(\varrho)\in H^{2k}(K(G,1); \mathbb{Z})\cong H^{2k}(G; \mathbb{Z})$ is independent of the choice of $K(G,1)$. The properties above follow from the general theory of these topological Chern classes, except for (iv) which is due to the fact that the bundle $E$ is flat. In case $H(G; \mathbb{Z})$ is finitely generated, (iv) implies that $c_k(\varrho)$ is a torsion element, $k>0$.

**4.2.** Analogous remarks apply to the *Euler class* $e(\varrho)$ of a real representation

$\varrho: G \to GL_m(\mathbb{R})$. It is an element of $H^m(G; \mathbb{Z}(\varrho))$, where $\mathbb{Z}(\varrho)$ is the group of integers $\mathbb{Z}$ turned into a $G$-module by multiplication with sgn det $\varrho$ (hence a trivial $G$-module if and only if $\varrho$ has positive determinant only). Properties of $e(\varrho)$ analogous to (i)–(iii) above are:

(i′) Representations which are equivalent (over $\mathbb{R}$) have the same Euler class up to sign.

(ii′) For any group homomorphism $h: G_1 \to G$, $e(\varrho h) = h^*\varrho(e) \in H^m(G_1; \mathbb{Z}(\varrho h))$.

(iii′) For any two representations $\varrho_1, \varrho_2$ of $G$, $e(\varrho_1 \oplus \varrho_2) = e(\varrho_1) \cdot e(\varrho_2)$.

The construction of $e(\varrho)$ is by means of the $\mathbb{R}^m$-bundle $\overline{K(G,1)} \times \mathbb{R}^m/G$ over $K(G,1)$ which inherits an orientation from the $\mathbb{R}^m$ where $\mathrm{GL}_m(\mathbb{R})$ operates (whether $\mathbb{Z}(\varrho)$ is trivial or not; cf. [10]). Although this bundle is flat, the analogue of (iv) above is in general not true for $e(\varrho)$.

There is a close relation between the Euler and the Chern classes: If a complex representation $\varrho: G \to \mathrm{GL}_m(\mathbb{C})$ is regarded as a real representation $\varrho': G \to \mathrm{GL}_{2m}(\mathbb{R})$ in the canonical way, then the top Chern class $c_m(\varrho)$ is $= e(\varrho') \in H^{2m}(G; \mathbb{Z})$; note that $\varrho'$ has positive determinant. From this it easily follows that if $\varrho$ is a real representation $\varrho: G \to \mathrm{GL}_m(\mathbb{R})$ then its complexification $\varrho \otimes \mathbb{C}: G \to \mathrm{GL}_m(\mathbb{C})$ has top Chern class

(iv′) $c_m(\varrho \otimes \mathbb{C}) = (-1)^{m(m-1)/2} e(\varrho)^2$.

(hence, for $j: \mathbb{Z} \to \mathbb{Q}$, $j_* e(\varrho)^2 = 0$).

We further note that $e(\varrho) = 0$ whenever the real representation $\varrho$ has a real decomposition $\varrho = \varrho_1 \oplus \varrho_2$ with a trivial summand.

**4.3.** As a first application, we use Chern classes to study the torsion of $H^j(G; A)$, $j > n$, for a group with vcd $G = n$. As noted in 3.3, these cohomology groups are $p$-torsion-free if $G$ is. We will show that the converse holds in the following more precise sense.

We only need to assume that $G$ is *virtually torsion-free*. Let $G$ have $p$-torsion, and let $j: C_p \to G$ be the embedding of a cyclic subgroup $C_p$ of order $p$. We consider a complex representation $\varrho: G \to \mathrm{GL}_m(\mathbb{C})$ which is non-trivial on $C_p$. There exist such representations: Let $\pi$ be the projection of $G$ onto the finite group $G/N$, $N$ being a normal torsion-free subgroup of finite index, and take any representation $\bar{\varrho}$ of $G/N$ which is non-trivial on $\pi(C_p) \cong C_p$. Then $\varrho = \bar{\varrho}\pi$ is a representation of $G$ as desired. The restriction $\varrho j$ of $\varrho$ to $C_p$ decomposes into $m$ one-dimensional complex representations; let $r > 0$ be the number of non-trivial ones (and hence faithful) among these.

Now the Chern class $c_r(\varrho j) = j^* c_r(\varrho)$ is $\neq 0$ by (iii) and (v) in 4.1. On the other hand $c_r(\varrho) = c_r(\bar{\varrho}\pi) = \pi^* c_r(\bar{\varrho})$ is a torsion element, since $c_r(\bar{\varrho}) \in H^{2r}(G/N; \mathbb{Z})$ is. $c_r(\varrho j)$ being a $p$-torsion element it follows that the order of $c_r(\varrho) \in H^{2r}(G; \mathbb{Z})$ must contain the prime $p$. The same holds for $c_{2r}(\varrho \oplus \varrho) = c_r(\varrho)^2$ etc. We thus conclude that if $G$ is virtually torsion-free and has $p$-torsion, then all $H^{2qr}(G; \mathbb{Z})$, $q = 1, 2, 3, \ldots$ have $p$-torsion, for some $r > 0$.

In explicit cases, more information on the possible value of $r$ is available, depending on the choice of $\bar{\varrho}$. In some instances, one has representations $\varrho$ of $G$, non-trivial on $C_p$, which do not come from a finite factor group $G/N$; in order to know that $c_r(\varrho)$ is torsion, one has then to use (iv) and finiteness assumptions.

The result above yields the following corollaries.

(1) Let $G$ be virtually torsion-free. If $H^j(G; \mathbb{Z})$ is $p$-torsion-free for all large even values of $j$, then $G$ is $p$-torsion-free.

(2) Let $G$ be virtually torsion-free. If $H^j(G; \mathbb{Z})$ is torsion-free for all large even values of $j$, then $G$ is torsion-free.

(3) Let vcd $G$ be finite $= n$. Then $H^j(G; \mathbb{Z})$ is $p$-torsion-free for all large even values of $j$ if and only if $G$ is $p$-torsion-free.

(4) Let vcd $G$ be finite $= n$. If $H^j(G; \mathbb{Z}) = 0$ for all large even values of $n$, then cd $G = n$ (and hence $H^j(G; A) = 0$ for all $j > n$ and all $A$).

**4.4.** The method of restricting characteristic classes to finite subgroups used before also yields other, more precise, results concerning torsion in the cohomology of $G$ (see also Soulé [19] for far-reaching results).

If $\varrho$ is a complex representation of $G$ which is non-trivial on a cyclic subgroup $C_l$ of arbitrary order $l$, the restriction $\varrho h$ ($h : C_l \to G$ is the embedding) decomposes into complex 1-dimensional representations $r$ of which are non-trivial, $r > 0$. If we assume that these are all faithful, i.e. given on a generator of $C_l$ by a primitive $l$th root of unity, then $c_r(\varrho h)$ is a generator of $H^{2r}(C_l; \mathbb{Z}) \cong \mathbb{Z}/l\mathbb{Z}$. As before it then follows that the order of the torsion element $c_r(\varrho)$ is a multiple of $l$.

This applies in particular to arithmetic groups (cf. 2.4; the finiteness conditions hold which guarantee that $c_r(\varrho)$ is torsion for any $\varrho$ since these groups are of type (vFP), cf. [16]). As a typical example we consider $G = \mathrm{SL}_m(\mathbb{Z})$ and its canonical representation $\varrho : G \to \mathrm{GL}_m(\mathbb{C})$ given by the embedding. Since $\varrho$ is in fact a real representation, general properties of Chern classes tell that $2c_k(\varrho) = 0$ if $k$ is odd. We thus fix an even value of $k$, $0 < k \leq m$, and let $l$ be any integer $> 2$ with Euler function $\varphi(l)$ dividing $k$. There exists a subgroup $C_l$ of $G$ such that the restriction of $\varrho$ to $C_l$ decomposes into 1-dimensional representations exactly $k$ of which are faithful, while the others are trivial: Namely, consider the diagonal $m \times m$-matrix in which the $\varphi(l)$ different primitive roots of unit appear $k/\varphi(l)$ times in the diagonal, the other diagonal elements being $= 1$; such a matrix is equivalent to an integral matrix with determinant 1, generating a cyclic group $C_l$. Thus the order of $c_k(\varrho)$ is a multiple of $l$, and therefore of $E_k = \mathrm{lcm}\{l \mid \varphi(l) \text{ divides } k\}$. This integer $E_k$ is equal to the denominator of $B_k/k$ written in its lowest terms ($B_k = k$th Bernoulli number, $B_2 = 1/6$, $B_4 = 1/30$, $B_6 = 1/42, \ldots$):

(5) The order of the $k$th Chern class $c_k(\varrho) \in H^{2k}(\mathrm{SL}_m(\mathbb{Z}); \mathbb{Z})$ of the canonical representation $\varrho : \mathrm{SL}_m(\mathbb{Z}) \to \mathrm{GL}_m(\mathbb{C})$, $k$ even, $0 < k \leq m$, is a multiple of the denominator of $B_k/k$.

The arguments of this section also apply to the Euler class $e(\varrho)$ of real representations $\varrho$; one may use the top Chern class of $\varrho \otimes \mathbb{C}$ together with (iv′) and the structure of the cohomology of cyclic groups $C_l$. The analogue of (5) is then

(6) The order of the Euler class $e(\varrho_1) \in H^m(\mathrm{SL}_m(\mathbb{Z}); \mathbb{Z})$ of the canonical representation $\varrho_1 : \mathrm{SL}_m(\mathbb{Z}) \to \mathrm{GL}_m(\mathbb{R})$, $m$ even, is a multiple of the denominator of $B_m/m$.

**Remark.** It is known, from results of Grothendieck, that the order of $c_k(\varrho)$ in (5) divides the denominator $2E_k$ of $B_k/2k$; and from a topological argument of Sullivan, that the order of $e(\varrho_1)$ in (6) divides $2E_m$. It seems unknown whether the factor 2 is necessary or not. For rational, hence integral, representations of finite groups cf. Section 5 below.

**4.5.** The same method can also be applied to the question of $p$-periodicity (cf. 3.4), in particular for various arithmetic groups. We take again the example $G = \mathrm{SL}_m(\mathbb{Z})$, $m \geq 3$, and refer to [9] for other cases and for details.

Let $p$ be a prime with $\frac{1}{2}m+1 < p \leq m+1$. The $p$-Sylow subgroups of $G$ (the maximal finite $p$-groups in $G$) are cyclic of order $p$; let $C_p$ be such a subgroup. The restriction $\varrho h$ of $\varrho : G \to \mathrm{GL}_m(\mathbb{C})$ to $C_p$ decomposes into 1-dimensional representations $p-1$ of which are non-trivial, given on a generator of $C_p$ by the $p-1$ primitive $p$-th roots of unity, while the other are trivial (since $2(p-1) > m$). Hence $c_{p-1}(\varrho h) \in H^{2(p-1)}(C_p; \mathbb{Z}) \cong \mathbb{Z}/p\mathbb{Z}$ is a generator. Now a theorem of Brown–Venkow [7] tells that if an element $a \in H^j(G; \mathbb{Z})$ restricts, on each $p$-Sylow subgroup $S_p$ of $G$, to a "maximal generator" (i.e., if $H^j(S_p; \mathbb{Z})$ is cyclic of order $|S_p|$ and generated by the restriction of $a$), then $G$ is $p$-periodic; moreover, a $p$-periodicity isomorphism is given by the cup-product with $a$, the period $m_p$ thus being a divisor of $j$. We therefore conclude

(7) $\mathrm{SL}_m(\mathbb{Z})$ is $p$-periodic for all primes with $\frac{1}{2}m+1 < p \leq m+1$, and the $p$-period $m_p$ is a divisor of $2(p-1)$.

This result does not go beyond the one obtained in 3.4. However, a better information is provided by applying the method of the present section to the Euler class instead of the Chern class, in the special case $p = m+1$. Consider, for any prime $p$ the canonical real representation $\varrho : \mathrm{SL}_{p-1}(\mathbb{Z}) \to \mathrm{GL}_{p-1}(\mathbb{R})$, and let $C_p$ be a $p$-Sylow subgroup of $G = \mathrm{SL}_{p-1}(\mathbb{Z})$. From the properties of the Euler class listed in 4.2 it follows that the restriction of $e(\varrho)$ to $C_p$ is a generator of $H^{p-1}(C_p; \mathbb{Z}) = \mathbb{Z}/p\mathbb{Z}$. Hence the cup-product with $e(\varrho) \in H^{p-1}(G; \mathbb{Z})$ yields $p$-periodicity of period $m_p$ dividing $p-1$.

As mentioned in 3.4 the precise value of $m_p$ for $\frac{1}{2}m+1 < p < m+1$ is $2(p-1)$. It is $p-1$ for $p = m+1 > 2$. The lower bounds are due to the $p$-periodicity of suitably chosen finite subgroups, see [9]. In summary

(8) $\mathrm{SL}_m(\mathbb{Z})$ is $p$-periodic for $\frac{1}{2}m+1 < p \leq m+1$, with $m_p = 2(p-1)$ for $p < m+1$, $m_p = p-1$ for $p = m+1$.

**Examples.** $\mathrm{SL}_3(\mathbb{Z})$ is 3-periodic with 3-period 4; and $\mathrm{SL}_4(\mathbb{Z})$ is 5-periodic with 5-period 4.

## 5. Rational representations of finite groups

**5.1.** We conclude this survey with a brief outline of results on the order of the Euler and Chern classes, in the case where the group $G$ is finite and where the representation is defined over $\mathbb{Q}$ (or some other subfield of $\mathbb{R}$ or $\mathbb{C}$). Certain results may be valid in more generality, e.g., for vcd $G>0$, but this would require different approaches. We make strong use of the character theory of finite groups; for details we refer to Eckmann–Mislin [10, 11, 12].

We first consider the Euler class $e(\varrho)\in H^m(G;\ \mathbb{Z}(\varrho))$ of a rational representation $\varrho : G\to \mathrm{GL}_m(\mathbb{Q})$ of the finite group $G$; of course $e(\varrho)$ stands for $e(\varrho\otimes\mathbb{R})$. For $m$ odd one has $2e(\varrho)=0$. But we will show that for even $m$ too there is a universal bound for the order of $e(\varrho)$, depending on $m$ only but not on $G$ nor on the representation. Namely, $E_m=$ denominator of $B_m/m$ (cf. 4.3) is such a bound, i.e., the order of $e(\varrho)$ divides $E_m$. The argument concerning finite cyclic groups which leads to (6) in 4.3 shows that the bound $E_m$ is best possible in that sense. The proof is sketched in 5.2 below; it does not make use of Sullivan's upper bound $2\,E_m$ (see Remark in 4.3), and it not only yields the precise bound $E_m$, but can also be adapted to real fields other than $\mathbb{Q}$.

**5.2.** Let $\varrho : G\to \mathrm{GL}_m(\mathbb{Q})$ be a rational representation of the finite group $G$, and let $G_p$ be a $p$-Sylow subgroup of $G$. Since the restriction $H^m(G;\ \mathbb{Z}(\varrho))\to H^m(G_p;\ \mathbb{Z}(\varrho))$ is injective on the $p$-primary component, it will be sufficient to prove our assertion

$$E_m e(\varrho)=0,\quad m \text{ even,} \tag{1}$$

for $p$-groups. If $G$ is a $p$-group, $H^m(G;\ \mathbb{Z}(\varrho))$ is $p$-torsion; from $E_m=\mathrm{lcm}\{l\,|\,\varphi(l)$ divides $m\}$ we infer that (1) simply means

$$\begin{aligned} &e(\varrho)=0 &&\text{if } p-1 \text{ does not divide } m,\\ &p^{\nu+1}e(\varrho)=0 &&\text{if } p-1 \text{ divides } m \text{ and } \nu \text{ is the exponent of } p \text{ in } m. \end{aligned} \tag{2}$$

We first assume that $\varrho$ is rationally irreducible, non-trivial. By classical methods of representation theory, one proves that either (A) $\varrho$ is induced from a representation $\sigma : S\to \mathrm{GL}_{m/p}(\mathbb{Q})$ of a subgroup $S$ of index $p$ in $G$, or (B) $\varrho$ factors through a faithful irreducible rational representation $\bar\varrho$ of a factor group $\bar G=G/N$ which is "quasi-cyclic"; by this we mean that $\bar G$ is cyclic if $p$ is odd, and that $\bar G$ is cyclic, quaternionic, a dihedral or a semi-dihedral group if $p=2$. For each of these quasi-cyclic groups, there exists exactly one faithful irreducible rational representation; if $p^\beta$ denotes the order of $\bar G$, its degree $m$ is $\varphi(p^\beta)=p^{\beta-1}(p-1)$ for odd $p$ and for $p=2$ (cyclic and quaternionic case), $2^{\beta-2}$ for $p=2$ (dihedral cases), and it has positive determinant except for $\bar G=C_2$.

A simple induction using (A) and (B) now shows that the degree of an irreducible rational representation of a $p$-group $G$ is either 1 or of the form $p^\gamma(p-1)$. Moreover (2) follows immediately in the case (B): $m=p^{\beta-1}(p-1)$ if $p$ is odd and if $p=2$ and $\bar G$

is cyclic or quaternionic; hence (2) means $p^{\beta}e(\varrho)=0$ which is trivially true for $\bar{\varrho}$ and thus for $\varrho$. And further $m=2^{\beta-2}$ if $\bar{G}$ is dihedral or semi-dihedral; then (2) means $p^{\beta-1}e(\varrho)=0$, which is true for $\bar{\varrho}$ since $H^m(\bar{G};\mathbb{Z})$ is not cyclic of order $|\bar{G}|=2^{\beta}$, and thus is true for $\varrho$.

To prove (2) in the case (A), we assume by induction that it holds for degrees $<m$. The restriction $\varrho_S$ of $\varrho$ to the subgroup $S$ decomposes into $\sigma\oplus\sigma'$, $\sigma$ irreducible of degree $m/p$. Thus $p^{\nu}e(\sigma)=0$, and $p^{\nu}e(\varrho_S)=p^{\nu}e(\sigma)e(\sigma')=0$. The transfer from $S$ to $G$ maps $e(\varrho_S)$ to $pe(\varrho)$; we thus get $p^{\nu+1}e(\varrho)=p^{\nu}\operatorname{tr} e(\varrho_S)=\operatorname{tr}(p^{\nu}e(\varrho_S))=0$.

Let now $\varrho: G\to \mathrm{GL}_m(\mathbb{Q})$ be a reducible representation of the $p$-group $G$. It follows that if $p-1$ does not divide $m$ (even) then at least one of the irreducible components of $\varrho$ must be trivial ($p$ is odd), and the product formula (iii) yields $e(\varrho)=0$. If $p-1$ divides $m$, the decomposition into irreducible components and the product formula yield $p^{\nu+1}e(\varrho)=0$, which concludes the proof of (2).

A similar result holds for representations $\varrho$ of finite groups $G$ over a real number field $K$. In (1) one has to replace $E_m$ by $E_m(K)=\operatorname{lcm}\{l\mid\varphi_K(l) \text{ divides } m\}$ where $\varphi_K(l)$ is the degree of the $l$-th cyclotomic field over $K$, cf. [11].

**5.3.** We now turn to Chern classes $c_k(\varrho)$ of a rational representation $\varrho: G\to\mathrm{GL}_m(\mathbb{Q})$, $G$ finite. Again, for even $k$, $E_k$ is the (best possible) universal bound for the order of $c_k(\varrho)\in H^{2k}(G;\mathbb{Z})$:

$$E_k c_k(\varrho)=0,\quad k \text{ even}, 0<k\leq m. \tag{3}$$

As before, the proof of (3) reduces to the case where $G$ is a $p$-group. But the cases $p=2$ and $p$ odd have to be treated differently. For $p=2$, the methods of 5.2 yield the bound $E_k$, i.e., $2^{\nu+1}c_k(\varrho)=0$ where $\nu$ is the exponent of 2 in $k$. If $p$ is odd, that procedure seems to lead to complicated computations, and it appears preferable to use a different method, that of "Galois invariance". This has been done in [21], for all $p$, by comparing the Chern classes $c_k(\varrho)$ with the "algebraic Chern classes" of Grothendieck and applying Galois automorphisms to these.

For finite groups $G$, such a detour is in fact not necessary. The behaviour of the ordinary Chern classes under an automorphism $\tau$ of $\mathbb{C}$ can be described directly, as follows.

Let $\varrho: G\to\mathrm{GL}_m(\mathbb{C})$ be any representation, and let $q$ be the exponent of $G$. The automorphism $\tau$ is given on the $q$th cyclotomic field over $\mathbb{Q}$ by $\tau(\zeta)=\zeta^r$, where $\zeta$ is a $q$th primitive root of unity and $r$ prime to $q$; conversely any such automorphism of the $q$th cyclotomic field can be extended to $\mathbb{C}$. Applying $\tau$ to the representation $\varrho$ yields a new representation $\varrho^{\tau}$. Using character theory and Newton polynomials one proves

$$\varrho^{\tau}=\psi_r(\varrho),\quad \text{where } \psi_r \text{ is the } r\text{th Adams operation.} \tag{4}$$

The equality is to be understood in the representation ring; but $\psi_r(\varrho)$ is actually a representation. Thus the $\mathbb{C}^m$-bundle over $K(G,1)$ corresponding to $\varrho^{\tau}$ is obtained from that of $\varrho$ by applying $\psi_r$. By well-known properties of the Chern classes it follows that

$$c_k(\varrho^\tau) = r^k c_k(\varrho). \tag{5}$$

Now, for a representation $\varrho$ realizable over $\mathbb{Q}$, one has $\varrho^\tau = \varrho$ and thus

$$(r^k - 1)c_k(\varrho) = 0 \quad \text{for all } r \text{ prime to } q = \exp G. \tag{6}$$

If $G$ is a $p$-group, $p$ odd, $(r^k - 1)c_k(\varrho) = 0$ for all $r$ prime to $p$ implies, by standard number-theoretic arguments, that for $p-1$ not dividing $k$ one has $c_k(\varrho) = 0$ and otherwise $p^{\nu+1}c_k(\varrho) = 0$ ($\nu$ = exponent of $p$ in $k$), which completes the proof of (3). For $p = 2$, one gets $2^{\nu+2}c_k(\varrho) = 0$ as in [21], which would yield $2E_k c_k(\varrho) = 0$ instead of (3); this is why the case of 2-groups has to be dealt with separately.

Our procedure can, of course, also be applied to representations realizable over other subfields of $\mathbb{C}$ instead of $\mathbb{Q}$.

## References

[1] R. Bieri, Gruppen mit Poincaré-Dualität, Comm. Math. Helvetici 47 (1972) 373–396.

[2] R. Bieri and B. Eckmann, Groups with homological duality generalizing Poincaré duality, Invent. Math. 20 (1973) 103–124.

[3] R. Bieri and B. Eckmann, Finiteness properties of duality groups, Comm. Math. Helvetici 49 (1974) 74–83.

[4] H. Biner, Ph.D. Thesis, ETH Zurich (In preparation).

[5] A. Borel and J.-P. Serre, Corners and arithmetic groups, Comm. Math. Helvetici 48 (1974) 244–297.

[6] K.S. Brown, Homological criteria for finiteness, Comm. Math. Helvetici 50 (1975) 129–135.

[7] K.S. Brown, Groups of virtually finite dimension, Homological Group Theory (Cambridge Univ. Press, 1979) 27–70.

[8] K.S. Brown, Cohomology of infinite groups (Proc. Internat. Congress of Mathematicians, Helsinki 1978).

[9] B. Bürgisser, Ph.D. Thesis, ETH Zurich (1979). For further results see: On the $p$-periodicity of arithmetic subgroups of general linear groups (to appear in Comm. Math. Helvetici).

[10] B. Eckmann and G. Mislin, Rational representations of finite groups and their Euler class, Math. Ann. 245 (1979) 45–54.

[11] B. Eckmann and G. Mislin, On the Euler class of representations of finite groups over real fields (to appear in Comm. Math. Helvetici).

[12] B. Eckmann and G. Mislin, Chern classes of representations of finite groups (in preparation).

[13] F.T. Farrell, An extension of Tate cohomology to a class of infinite groups, J. Pure Appl. Algebra 10 (1977) 153–161.

[14] F.E.A. Johnson and C.T.C. Wall, On groups satisfying Poincaré duality, Ann. of Math. 69 (1972) 592–598.

[15] Heinz Müller, (1) Théorèmes de décomposition pour les paires de groupes. (2) Groupes et paires de groupes à dualité de Poincaré de dimension 2 (to appear in C.R. Acad. Sci. Paris).

[16] J.-P. Serre, Cohomologie des groupes discrets, C.R. Acad. Sci. Paris 268 (1969) 268–271.

[17] J.-P. Serre, Cohomologie des groupes discrets, Prospects in Math., Ann. of Math. Study 70 (Princeton, 1971) 77–169.

[18] J. Stallings, On torsion-free groups with infinitely many ends, Ann. of Math. 88 (1968) 312–334.
[19] C. Soulé, Thèse Doctorat d'Etat Paris VII (1978).
[20] R. Swan, Groups of cohomological dimension one, J. Algebra 12 (1969) 585–610.
[21] C.B. Thomas, An integral Riemann–Roch formula for flat line bundles, Proc. London Math. Soc. (3)34 (1977) 87–101.
[22] B.A.F. Wehrfritz, Infinite linear groups, Ergebnisse der Math. 76 (Springer, Berlin, 1973).

# Poincaré duality groups of dimension two

(with H. Müller)

Comment. Math. Helv. **55** (1980), 510–520

In this paper we prove that 2-dimensional Poincaré duality groups with positive first Betti number $\beta_1$ are surface groups. As a corollary it follows that a connected Poincaré 2-complex with $\beta_1 > 0$ is homotopy equivalent to a closed surface, and so is any finite connected Poincaré 2-complex.

## 1. Statement of algebraic results

*1.1.* A Poincaré duality group of dimension $n$, in short PD$^n$-group, is a group $G$ acting on $\mathbf{Z}$ such that there are natural duality isomorphisms

$$H^k(G; A) \cong H_{n-k}(G; \mathbf{Z} \otimes A) \tag{1}$$

for all integers $k$ and all $G$-modules $A$ (where $G$ acts diagonally on $\mathbf{Z} \otimes A$); the isomorphisms (1) can be given by the cap-product $e \cap -$ with an element $e \in H_n(G; \mathbf{Z})$ called fundamental class. If (1) holds, the "formal dimension" $n$ ($=$ cohomology dimension of $G$) and the $G$-module $\mathbf{Z}$ ($\cong H^n(G; \mathbf{Z}G)$) are determined by $G$. A PD$^n$-group $G$ is called orientable or non-orientable according to whether $\mathbf{Z}$ is a trivial $G$-module or not.

The fundamental group $\pi_1(M^n)$ of a closed connected aspherical $n$-dimensional manifold is a PD$^n$-group. In particular, if $M^2$ is a closed surface of genus $\geqslant 1$, then $\pi_1(M^2)$ is a PD$^2$-group. We will call such a group $\pi_1(M^2)$ a "surface group"; it admits a finite presentation of well-known canonical type. It has been conjectured that these surface groups are the only PD$^2$-groups. We will show that this is so except in a very special case which remains open.

*1.2.* From general arguments [5], [2] it is known that PD$^n$-groups are of type (*FP*); this means that there exists a $\mathbf{Z}G$-projective resolution of the trivial $G$-module $\mathbf{Z}$, of finite length and finitely generated over $\mathbf{Z}G$. In particular, a PD$^n$-group $G$ is finitely generated, and its Betti numbers $\beta_i(G)$ and the Euler characteristic $\chi(G) = \sum_{i=0}^{n} (-1)^i \beta_i$ are defined. Our main result is

THEOREM 1. *Let $G$ be a* PD$^2$*-group with $\beta_1(G) > 0$. Then $G$ is a surface group.*

The condition $\beta_1(G)>0$ means, in the orientable case, that $\beta_1(G)$ is an even integer $\geq 2$; in the non-orientable case, an integer $\geq 1$. Thus $\beta_1(G)>0$ is equivalent to $\chi(G)\leq 0$ (since $\chi(G)=2-\beta_1(G)$ in the orientable, $1-\beta_1(G)$ in the non-orientable case). If $G$ is non-orientable, it contains an orientable $PD^2$-group $G_1$ as subgroup of index 2. By the multiplicative property of the Euler characteristic (which holds for groups of type (*FP*), cf. [6]) one has $\chi(G_1)=2\chi(G)$; hence $\beta_1(G)>0$ if and only if $\beta_1(G_1)>0$.

*1.3.* A group $G$ is said to be of type (*FF*) if it admits a $\mathbf{Z}G$*-free* resolution of finite length and finitely generated over $\mathbf{Z}G$. Obviously surface groups are of type (*FF*). It is not known whether there exist groups of type (*FP*) which are not of type (*FF*).

COROLLARY 1. *A* $PD^2$-*group* $G$ *of type* (*FF*) *is a surface group.*

*Proof.* We first assume $G$ orientable. Then the method of proof used by J. Cohen [7] is valid for any (*FF*)-resolution and shows that the assumption $\beta_1(G)=0$ (i.e. $H_1(G;\mathbf{Z})=0$) leads to a contradiction. Hence $\beta_1(G)>0$, and the assertion follows from Theorem 1.

If $G$ is non-orientable, let $G_1$ be the orientable subgroup of index 2; it is also of type (*FF*), and thus $\beta_1(G_1)>0$. The Euler characteristic argument above then shows that $\beta_1(G)>0$.

*1.4.* We thus see that the case $\beta_1(G)=0$ not covered by Theorem 1 is equivalent to the existence of a $PD^2$-group $G$ *not* of type (*FF*), but of course of type (*FP*). We further note that, by Theorem 1, the condition $\beta_1(G)>0$ not only implies type (*FF*) but also finite presentability.

*1.5.* A further corollary concerns the "Nielsen conjecture" for surface groups.

COROLLARY 2. *Let* $G$ *be a torsion-free group containing a surface group* $G_1$ *as a subgroup of finite index. Then* $G$ *itself is a surface group.*

*Proof.* Any torsion-free group $G$ containing a $PD^2$-group $G_1$ as subgroup of finite index is itself a $PD^2$-group (cf. [1], [2]). Since $\beta_1(G_1)>0$, i.e., $\chi(G_1)\leq 0$, the multiplicative property of the Euler characteristic, $\chi(G_1)=|G:G_1|\chi(G)$, yields $\chi(G)\leq 0$. Hence $\beta_1(G)>0$, and the assertion follows from Theorem 1.

*1.6.* The relative analogue of a $PD^n$-group is a $PD^n$-pair, cf. Bieri-Eckmann [3]. A group pair $(G; S_0, S_1, \dots, S_m)$ consists of a group $G$ and a family of subgroups $\underset{\sim}{S}=(S_0, S_1, \dots, S_m)$, $m\geq 0$; it is called a $PD^n$-pair if for some $G$-action on $\mathbf{Z}$ there are duality isomorphisms between the cohomology of $G$ and the relative homology of $(G;\underset{\sim}{S})$, analogous to (1) and also given by the cap product

$e\cap -$ with a fundamental class $e\in H_n(G, \underline{S}; \mathbf{Z})$. The duality is, of course, of exactly the same form as that of compact manifolds-with-boundary. Examples of $\text{PD}^2$-pairs are obtained by taking for $G$ the fundamental group of a closed surface with $m+1$ discs removed ($m\geqslant 0$, and $m\geqslant 1$ if the surface is the sphere) together with the family of infinite cyclic subgroups generated by the circles bounding the discs. These $\text{PD}^2$-pairs of groups are called "geometric".

THEOREM 2. *All* $\text{PD}^2$*-pairs of groups are geometric.*

This result is actually a consequence of Corollary 1. Indeed it is shown in [3] that it is implied by the assertion that one-relator $\text{PD}^2$-groups are surface groups. Since one-relator $\text{PD}^2$-groups are of type (*FF*), Corollary 1 tells that this is the case.

However, Theorem 2 will be used in the proof of Theorem 1 and therefore requires a direct proof.

*1.7.* The proof of Theorem 2 will be given in Section 4, of Theorem 1 in Section 5. In Section 3 we describe the procedure of proof and list some auxiliary results, in particular the "decomposition theorems for group pairs" (H. Müller [10]). Section 2 deals with the topological aspect.

## 2. Topological application: Poincaré 2-complexes

*2.1.* A Poincaré $n$-complex is a CW-complex $X$ dominated by a finite complex and fulfilling Poincaré duality for arbitrary local coefficients, with respect to a dualizing $\pi_1(X)$-module $\mathbf{Z}$ and a formal dimension $n$. We will always assume here that it is *connected.*

The study of Poincaré complexes was initiated by Wall in the 60-s. In [15] Wall proved, in particular, that if $X$ is a Poincaré 2-complex with $\pi_1(X)$ finite, then $X$ is homotopy equivalent to $S^2$ or $\mathbf{R}P^2$; if $\pi_1(X)$ is infinite, then $X$ is aspherical, i.e., it is an Eilenberg-Mac Lane complex $K(G, 1)$ for $G=\pi_1(X)$. In the latter case the investigation is thus reduced to the study of finitely presented $\text{PD}^2$-groups. Later J. Cohen [7] showed that if $X$ is a *finite* Poincaré 2-complex with $\beta_1(X)=0$ then the conclusion is the same as for $\pi_1(X)$ finite; and that a Poincaré 2-complex $X$ with $\beta_1(X)=1$ or 2 is homotopy equivalent to the appropriate closed surface.

*2.2.* As a consequence of Theorem 1 we obtain

COROLLARY 3. *Let $X$ be a Poincaré 2-complex with $\beta_1(X)>0$. Then $X$ is homotopy equivalent to a closed surface (of genus $\geqslant 1$).*

Indeed, since $\beta_1(X)>0$ implies that $\pi_1(X)$ is infinite, $G=\pi_1(X)$ is a $PD^2$-group with $\beta_1(G)>0$ and thus isomorphic to $\pi_1(Y)$, where $Y$ is a closed surface of genus $\geqslant 1$. The isomorphism provides a homotopy equivalence between $X=K(G,1)$ and $Y$.

COROLLARY 4. *A finite Poincaré 2-complex X is homotopy equivalent to a closed surface.*

*Proof.* If $\pi_1(X)$ is finite, one applies Wall's result mentioned above. If $\pi_1(X)=G$ is infinite, then $G$ is a $PD^2$-group of type *(FF)*, hence isomorphic to a surface group by Corollary 1. Thus $X=K(G,1)$ is homotopy equivalent to a closed surface.

*2.3.* Thus all Poincaré 2-complexes $X$ are homotopy equivalent to closed surfaces, except possibly if (a) $\pi_1(X)$ is infinite and $\beta_1(X)=0$, and (b) $X$ is not homotopy equivalent to a finite complex. Note that each of properties (a) and (b) implies the other. Except for finite presentability of $G=\pi_1(X)$ this exceptional possibility is exactly the same as the case not covered by Theorem 1, cf. 1.4.

## 3. Splitting of groups and group pairs

*3.1.* A group $G$ is said to *split over a subgroup H* if it is either ($\alpha$) an amalgamated free product $G=G_1 *_H G_2$, $G_1 \neq H \neq G_2$ or ($\beta$) an HNN-extension $G=G_1 *_{H,p}$. Cases where $H$ is finitely generated or even finite will be of special importance.

If $G$ is a $PD^2$-group with $\beta_1(G)>0$ then $G$ admits an infinite cyclic factor group (infinite cyclic groups will be denoted by $C$ in the following, or by $C(g)$ if we want to emphasize a generator $g$). Since $G$ is of type *(FP)*, it is "almost finitely presented". By a theorem of Bieri–Strebel [4], any almost finitely presented group admitting a factor group $C$ splits over a *finitely generated* group $L$ (by a splitting ($\beta$)). Thus Theorem 1 is a consequence of

THEOREM 1′. *Let G be a* $PD^2$*-group which splits over a finitely generated subgroup L. Then G is a surface group.*

If one confines attention to *finitely presented* $PD^2$-groups only (e.g., in the context of Poincaré 2-complexes or of the Nielsen conjecture), the Bieri–Strebel argument can be replaced by a somewhat simpler one which is just a modification of Moldavanskii's method [9]; cf. Eckmann–Müller [8].

*3.2.* The proof of Theorem 1′ will proceed as follows. By Strebel's theorem [13] the subgroup $L$, being of infinite index in $G$, is free. If the rank of $L$ is $>1$, the splitting can be changed so as to become a splitting of $G$ over a subgroup of smaller rank. One is thus reduced to the case where $L=C$ is infinite cyclic. Then the group pairs $(G_1; C)$ and $(G_2; C)$ in case $(\alpha)$, or $(G_1; C, p^{-1}Cp)$ in case $(\beta)$, are $\mathrm{PD}^2$-pairs; this follows from general results on $\mathrm{PD}^n$-groups and -pairs (Bieri–Eckmann [3]). By our Theorem 2 these $\mathrm{PD}^2$-pairs are geometric, which easily implies that $G=G_1 *_C G_2$, or $G=G_1 *_{C,p}$ respectively, is a surface group.

*3.3.* Both the reduction process above and the proof of Theorem 2 are based on "decomposition theorems for group pairs" (H. Müller [10]). For the convenience of the reader we summarize the appropriate definitions and those results which are needed.

In this context, a splitting of $G$ is understood to be over a *finite* subgroup $K$. A group pair $(G; S_1, S_2, \ldots, S_m)$, $m \geq 0$, and a splitting $(\alpha)$ $G=G_1 *_K G_2$ or $(\beta)$ $G=G_1 *_{K,p}$ are said to be *adapted to each other* if each $S_j$; $j=1,\ldots,m$ is conjugate to a subgroup of $G_1$ or $G_2$. If for $(G; S_1, S_2, \ldots, S_m)$ such a splitting of $G$ *exists* we simply say that the pair is adapted. If $G$ is finitely generated, the pair $(G; S_1, \ldots, S_m)$ is adapted if and only if $\bigcap_{j=1}^m N_j \neq 0$, where $N_j$ is the kernel of the restriction map $\mathrm{res}_j : H^1(G; \mathbf{Z}G) \to H^1(S_j; \mathbf{Z}G)$. This is just a restatement of Swarup's relative version of Stallings' structure theorem for finitely generated groups with more than one end.

In the following we assume that $(G; S_1, \ldots, S_m)$ is an adapted pair and that $G$ is finitely generated. With respect to the pair $(G; S_1, \ldots, S_m)$ a number $n(T)$, called *weight* of $T$, is associated with every subgroup $T$ of $G$. The definition uses the restriction map

$$\mathrm{res} : H^1(G; \mathbf{Z}G) \to H^1(T; \mathbf{Z}G).$$

For simplicity we only consider the case where $T$ is finitely generated. We regard $H^1(T; \mathbf{Z}T)$ as $T$-submodule of the (right) $G$-module $H^1(T; \mathbf{Z}G)$ (the embedding is induced by the inclusion $\mathbf{Z}T \to \mathbf{Z}G$). Since $T$ is finitely generated, we have a decomposition (as abelian group)

$$H^1(T; \mathbf{Z}G) = \bigoplus_{x_i \in G/T} H^1(T; \mathbf{Z}T)x_i$$

(see, e.g., [2] Proposition 5.3).

DEFINITION. The weight $n(T)$ is the minimal number of non-trivial components of $\mathrm{res}(c) \in \bigoplus_{x_i \in G/T} H^1(T; \mathbf{Z}T)x_i$ for all $c \in \bigcap_{j=1}^m N_j$, $c \neq 0$.

*3.4.* For different values of $n(T)$ various types of a *simultaneous* splitting of $G$ and a graph-decomposition of $T$ are obtained. We describe here only two special cases (Corollaire 2 and Corollaire 5 of [11]). In the statements the splitting $G = G_1 * G_2$ or $G = G_1 *_{e,p}$ written $G*\langle p\rangle$, is always meant to be adapted to the pair $(G; S_1, \ldots, S_m)$.

THEOREM A. *Assume that $T$ is torsion-free and $n(T) = 1$. Then we have one of the following cases*

1) $G = G_1 * G_2$, $\quad T = T_1 * T_2$, $\quad T_1 \subset G_1$, $T_2 \subset G_2$;
2) $G = G_1 * \langle p\rangle$, $\quad T = T_1 * pT_2p^{-1}$, $\quad T_1, T_2 \subset G_1$;
3) $G = \langle p\rangle$, $\quad T = C(p)$, $\quad S_1 = \cdots = S_m = e$ *or* $m = 0$.

THEOREM B. *Assume that $G$ is torsion-free, $T$ infinite cyclic and $n(T) = 2$. Then we have one of the following cases*

1) $G = G_1 * G_2$, $\quad T = C(g_1g_2)$, $\quad e \neq g_i \in G_i$, $\quad i = 1, 2$;
2) $G = G_1 * \langle p\rangle$, $\quad T = C(pg_1p^{-1}g_2)$, $\quad e \neq g_1, g_2 \in G_1$;
3) $G = \langle p\rangle$, $\quad T = C(p^2)$, $\quad S_1 = \cdots = S_m = e$ *or* $m = 0$.

## 4. Proof of Theorem 2

*4.1.* Let $(G; S_0, S_1, \ldots, S_m)$, $m \geq 0$, in short $(G; \underset{\sim}{S})$, be a $PD^2$-pair. $G$ acts on $\mathbf{Z}$, and there is a fundamental class $e \in H_2(G, \underset{\sim}{S}; \mathbf{Z})$ such that

$$e \cap - : H^k(G; A) \rightarrow H_{2-k}(G, \underset{\sim}{S}; \mathbf{Z} \otimes A) \tag{2}$$

is an isomorphism for all $k$ and $A$. The *geometric* $PD^2$-pairs (cf. 1.6) are as follows:

*Orientable case*

(3) $G$ is freely generated by $t_1, \ldots, t_m, x_1, y_1, \ldots, x_g, y_g$, $\quad m + g > 0$, $S_1, \ldots, S_m$ are generated by conjugates to $t_1, \ldots, t_m$ and $S_0$ is generated by $t_1 \cdots t_m \cdot \prod_{i=1}^{g} [x_i, y_i]$.

*Non-orientable case*

(4) $G$ is freely generated by $t_1, \ldots, t_m, z_0, \ldots, z_g$, $m \geq 0$, $g \geq 0$, $S_1, \ldots, S_m$ are generated by conjugates to $t_1, \ldots, t_m$ and $S_0$ is generated by $t_1 \cdots t_m \cdot \prod_{i=0}^{g} z_i^2$.

*4.2.* By Theorem 4.2 and 9.3 of [3] we know that a $\mathrm{PD}^2$-pair $(G; S_0, S_1, \ldots, S_m)$ consists of a finitely generated *free* group $G$ and a family $\underset{\sim}{S} = (S_0, S_1, \ldots, S_m)$ of *cyclic* subgroups. Moreover, the fundamental class $e \in H_2(G; \underset{\sim}{S}; \mathbf{Z})$ determines fundamental classes $e_i$ for the $\mathrm{PD}^1$-groups $S_0, \ldots, S_m$, namely the components of $\partial e \in H_1(\underset{\sim}{S}; \mathbf{Z}) = \bigoplus_{i=0}^m H_1(S_i; \mathbf{Z})$, where $\partial$ is the connecting homomorphism in the exact homology sequence of $G$ modulo $\underset{\sim}{S}$. By [3], Theorem 2.1 one has the following commutative diagram

$$
\begin{array}{ccccc}
0 \to H^1(G; \mathbf{Z}G) & \xrightarrow{\{\mathrm{res}_i\}} & \bigoplus\limits_{i=0}^{m} H^1(S_i; \mathbf{Z}G) & \xrightarrow{\ \delta\ } & H^2(G, \underset{\sim}{S}; \mathbf{Z}G) \to 0 \\
 & & \cong \Big\downarrow \{e_i \cap -\} & & \cong \Big\downarrow (e \cap -) \\
 & & \bigoplus\limits_{i=0}^{m} H_0(S_i; \mathbf{Z}\otimes\mathbf{Z}G) & \xrightarrow{\mathrm{cor}} & H_0(G; \mathbf{Z}\otimes\mathbf{Z}G) \\
 & & \cong \Big\downarrow j & & \cong \Big\downarrow \\
 & & \bigoplus\limits_{i=0}^{m} (\mathbf{Z}\otimes_{S_i}\mathbf{Z}G) & \xrightarrow{\ p\ } & \mathbf{Z}
\end{array}
\tag{5}
$$

where the top row is exact and $p(1 \otimes_{S_i} y) = 1 \cdot y$ for $y \in G$.

*4.3.* We now prove, by induction on the rank $rk(G)$, that $(G; \underset{\sim}{S})$ has a presentation (3) or (4) and thus is geometric.

If $rk(G) = 1$ then $\bigoplus_{i=0}^m (\mathbf{Z}\otimes_{S_i}\mathbf{Z}G)$ is free Abelian of rank 2, by (5). This is possible only if either $m = 1$ and $S_0 = S_1 = G$; or if $m = 0$ and $S_0 = C(a^2)$ where $G = \langle a \rangle$. Thus we either have a presentation (3) with $m = 1$, $g = 0$, or a presentation (4) with $m = 0$, $g = 0$.

If $rk(G) \geq 2$ we put $T = S_0$ and determine the weight $n(T)$ with respect to the pair $(G; S_1, \ldots, S_m)$, which is adapted by (5). We consider elements $\mathrm{res}_0(c)$, $0 \neq c \in \bigcap_{j=1}^m N_j$ (i.e., elements $(d, 0, \ldots, 0) \in \mathrm{im}\{\mathrm{res}_i\}$, $d \neq 0$) and count the number of components of $d$ in $H^1(T; \mathbf{Z}G) = \bigoplus_{x_\nu \in G/T} H^1(T; \mathbf{Z}T)x_\nu$. From (5) we see that $\mathrm{im}\{\mathrm{res}_i\} = \ker \delta = \ker pj\{e_i \cap -\}$, and $pj\{e_i \cap -\}$ restricted to any $H^1(T; \mathbf{Z}T)x_\nu$ is bijective. Thus the minimal number of components of elements $d \neq 0$ is two, i.e., the weight of $T = S_0$ is 2. By Theorem B we therefore have one of the two following cases:

1) $G = G_1 * G_2$; $S_0 = C(g_1 g_2)$, $e \neq g_i \in G_i$, $i = 1,2$, and the subgroups $S_1, \ldots, S_k$ are conjugate to subgroups of $G_1$, while $S_{k+1}, \ldots, S_m$ are conjugate to subgroups of $G_2$, for some $k$, $0 \leq k \leq m$.

2) $G = G_1 * \langle p \rangle$; $S_0 = C(pg_1p^{-1}g_2)$, $e \neq g_1, g_2 \in G_1$, and $S_1, \ldots, S_m$ are conjugate to subgroups of $G_1$.

Since hypothesis and assertion are invariant under conjugation we may assume that $S_1, \ldots, S_m$ are actually subgroups of $G_1$ or $G_2$ respectively.

*Case* 1). We can write $G$ as $G=(G_1 * C(g_2)) *_{C(g_2)} G_2$. The subgroups $S_0 = C(g_1 g_2)$ and $S_1, \ldots, S_k$ are in $G_1 * C(g_2)$, and the $S_{k+1}, \ldots, S_m$ in $G_2$. If $G_2 \neq C(g_2)$, Theorem 8.1 of [3] tells that $(G_2; C(g_2), S_{k+1}, \ldots, S_m)$ is a PD$^2$-pair. We claim that this is also true if $G_2 = C(g_2)$; namely, that pair is then $(C(g_2); C(g_2), C(g_2))$.

To prove this we note that quite generally, in Case 1), diagram (5) implies that $\text{res}: H^1(G; \mathbf{Z}G) \to \oplus_{i=k+1}^m H^1(S_i; \mathbf{Z}G)$ is surjective, and so is $\text{res}: H^1(G_2; \mathbf{Z}G_2) \to \oplus_{i=k+1}^m (S_i; \mathbf{Z}G_2)$. If $G_2 = C(g_2)$, then $H^1(G_2; \mathbf{Z}G_2) = \mathbf{Z}$, so this is possible only if $k=m$, or $k=m-1$ and $S_m = G_2 = C(g_2)$. Assume $k=m$; then all subgroups $S_1, \ldots, S_m$ are in $G_1$, hence $H^1(G, \underset{\sim}{S}; \mathbf{Z}) \neq 0$, since $G = G_1 * C(g_2) = G_1 * C(g_1 g_2) = G_1 * S_0$. However, for a PD$^2$-pair $H^1(G, \underset{\sim}{S}; \mathbf{Z}G) = 0$, so $k=m$ is not possible and we are left with $k=m-1$ and $(G_2; C(g_2), S_{k+1}, \ldots, S_m) = (C(g_2); C(g_2), C(g_2))$, which is a PD$^2$-pair.

Thus $(G_2; C(g_2), S_{k+1}, \ldots, S_m)$ is a PD$^2$-pair, and so is $(G_1; C(g_1), S_1, \ldots, S_k)$. By induction hypothesis they have presentations of the type (3) or (4). It follows immediately that $(G; \underset{\sim}{S})$ has a presentation (3) or (4): This is obvious if both above pairs have a presentation (3), or both a presentation (4). Otherwise one gets a presentation (4), i.e. non-orientable, by using transformations of the form

$$a^2[b,c] = \bar{a}^2 \bar{b}^2 \bar{c}^2; \quad \bar{a} = a^2 bca^{-1}, \quad \bar{b} = ac^{-1}b^{-1}a^{-1}ca^{-1}, \quad \bar{c} = ac^{-1} \tag{6}$$

*Case* 2). Write $G$ as $G = (G_1 * C(a)) *_{C(ag_2^{-1}), p}$ with $p^{-1}(ag_2^{-1})p = g_1$. The subgroups $S_0 = C(a)$ and $S_1, \ldots, S_m$ are in $G_1 * C(a)$. By [3], Theorem 8.3, $(G_1 * C(a); C(a), S_1, \ldots, S_m, C(ag_2^{-1}), C(g_1))$ is a PD$^2$-pair. By the method used in Case 1) it follows that $(G_1; S_1, \ldots, S_m, C(g_1), C(g_2))$ is a PD$^2$-pair; the induction hypothesis tells that it has a presentation of the type (3) or (4). We may assume that this presentation is as follows.

$G_1$ is freely generated by $t_0, t_1, \ldots, t_m$ and some $x_i$, $y_i$ (orientable case (3)) or some $z_i$ (non-orientable case (4)); and $S_i$ is conjugate to $C(t_i)$, $i = 1, \ldots, m$, $C(g_1)$ to $C(t_0)$, i.e., $g_1$ is conjugate to $t_0$ or $t_0^{-1}$; and $g_2 = t_0 \cdots t_m r$ where $r = \prod [x_j, y_j]$ or $\prod z_j^2$ respectively. $S_0$ is generated by $pg_1 p^{-1} t_0 \ldots t_m r$. By changing $p$ if necessary we may assume $g_1 = t_0^{\pm 1}$. Using transformations of the form

$$ptp^{-1}t = \bar{p}^2 \bar{t}^2; \; \bar{p} = ptp^{-1}t^{-1}p^{-1}, \; \bar{t} = pt \tag{7}$$

and of the form (6), we get a presentation (3) or (4) for the pair $(G; S_0, S_1, \ldots, S_m)$.

The passage from the two geometric pairs $(G_1; \ldots)$ and $(G_2; \ldots)$ to $(G; \underset{\sim}{S})$ in Case 1), or from $(G_1; \ldots)$ to $(G; \underset{\sim}{S})$ in Case 2) can, of course, be replaced by a geometric procedure on the corresponding surfaces-with-boundary.

## 5. Proof of Theorem 1′

*5.1.* We recall that surface groups have canonical presentations

$$G = \left\langle x_1, y_1, \ldots, x_g, y_g \,\middle|\, \prod_{j=1}^{g} [x_j, y_j] = 1 \right\rangle, \qquad g \geqslant 1 \tag{8}$$

in the orientable, and

$$G = \left\langle z_0, \ldots, z_g \,\middle|\, \prod_{j=0}^{g} z_j^2 = 1 \right\rangle, \qquad g \geqslant 1 \tag{9}$$

in the non-orientable case.

Let $G$ be a $PD^2$-group which splits over a finitely generated group $L$ as $(\alpha)$ $G = G_1 *_L G_2$, $G_1 \neq L \neq G_2$ or $(\beta)$ $G = G_1 *_{L,p}$. Since $L$ has infinite index in $G$ it is free [13].

If $rk(L) = 1$, $L = C$, we consider the pairs $(G_1; C)$ and $(G_2; C)$ in case $(\alpha)$, or $(G_1; C, p^{-1}Cp)$ in case $(\beta)$. By [3], Theorem 8.1 and 8.3 these pairs are $PD^2$-pairs and hence geometric; they have presentations (3) or (4), and by amalgamation or HNN-extension these yield presentations of the form (8) or (9) (by using, if necessary, transformations (6) and (7)). Thus $G$ is a surface group.

Of course, the appropriate surface can also be obtained geometrically from the surfaces-with-boundary corresponding to the group pairs.

*5.2.* If $rk(L) \geqslant 2$, we will obtain from Theorem A a new splitting of $G$ over a subgroup $M$ with $rk(M) < rk(L)$. This reduces the problem to the case $rk(L) = 1$ above.

$(\alpha)$ Assume first that $G = G_1 *_L G_2$. We consider the Mayer-Vietoris sequence

$$\cdots \to 0 \to H^1(G_1; \mathbf{Z}G) \oplus H^1(G_2; \mathbf{Z}G) \xrightarrow{(\mathrm{res}_1, -\mathrm{res}_2)} H^1(L; \mathbf{Z}G) \xrightarrow{\delta} H^2(G; \mathbf{Z}G) \to \cdots$$

and show the following:

(10) If the weight of $L$ with respect to both $(G_1; \varnothing)$ and $(G_2; \varnothing)$ is greater

than one, then $H^1(L;\mathbf{Z}L)\cap \operatorname{im}(\mathrm{res}_1, -\mathrm{res}_2)=0$. (Here we consider $H^1(L;\mathbf{Z}L)$ as submodule of $H^1(L;\mathbf{Z}G)$.)

*Proof.* Let $C_L$ denote $H^1(L;\mathbf{Z}L)$ and $C_i=H^1(G_i;\mathbf{Z}G_i)$, $i=1,2$. Choose sets $\{x_i; i\in I\}$ and $\{y_j; j\in J\}$ of representatives of the (right) cosets $\in G_1/L$ and $G_2/L$ (both sets containing $e$). We then have the following sets of representatives:

$$\Sigma_1=\{e\}\cup\{y_{j_1}x_{i_2}\cdots; y_{j_1}\neq e\neq x_{i_1}\} \quad \text{for} \quad G/G_1;$$

$$\Sigma_2=\{e\}\cup\{x_{i_1}y_{j_2}\cdots; y_{j_1}\neq e\neq x_{i_1}\} \quad \text{for} \quad G/G_2;$$

$$\Sigma_L=\Sigma_1\cup\Sigma_2 \quad \text{for} \quad G/L.$$

Hence we get decompositions

$$H^1(G_i;\mathbf{Z}G)=\bigoplus_{z\in\Sigma_i} C_i z, \qquad i=1,2;$$

$$H^1(L;\mathbf{Z}G)=\bigoplus_{z\in\Sigma_L} C_L z.$$

The "length" of a summand $C_i z$ or $C_L z$ is defined as the number of representatives $x_i$, $y_i\neq e$ occurring in $z$. Consider now $0\neq(c_1,c_2)\in H^1(G_1;\mathbf{Z}G)\oplus H^1(G_2;\mathbf{Z}G)$. We want to show that $\mathrm{res}_1(c_1)-\mathrm{res}_2(c_2)\notin C_L$. For this we consider a non-trivial component $d$ of $(c_1,c_2)$ lying in a summand (of the above decompositions) of maximal length; say $d=cz_1$ in $C_1z_1$ of length $l$. Let $\mathrm{res}_1(c)$ be $\sum_{i\in I} b_i x_i$, $b_i\in C_L$. Because the weight of $L$ with respect to $(G_1;\varnothing)$ is greater than one, there is at least one $i_0$ with $x_{i_0}\neq e$, $b_{i_0}\neq 0$. So $\mathrm{res}_1(cz_1)$ contains the summand $b_{i_0}x_{i_0}z_1$ in $C_L x_{i_0} z_1$ of length $l+1$, and because of the maximality of $l$ there is no other contribution in $\mathrm{res}_1(c_1)-\mathrm{res}_2(c_2)$ to the component $C_L x_{i_0} z_1$. So indeed $\mathrm{res}_1(c_1)-\mathrm{res}_2(c_2)\notin C_L$, which proves (10).

By assumption, $H^2(G;\mathbf{Z}G)$ is free abelian of rank one and $L$ has infinitely many ends. Therefore the restriction of $\delta$ to $H^1(L;\mathbf{Z}L)$ cannot be injective. Because of the exactness of the Mayer—Vietoris sequence, $H^1(L;\mathbf{Z}L)\cap \operatorname{im}(\mathrm{res}_1, -\mathrm{res}_2)\neq 0$. By (10), $L$ has weight *one* with respect to $(G_1;\varnothing)$ or $(G_2;\varnothing)$, say $(G_1;\varnothing)$. (Note that $L$ cannot have weight 0, since $\mathrm{res}_1$ and $\mathrm{res}_2$ are injective.) By Theorem A, we have one of the following two cases:

1) $G_1=H_1 * H_2, \qquad L=L_1 * L_2, \qquad e\neq L_i\subset H_i, \qquad i=1,2;$

2) $G_1=H_1 * \langle t\rangle, \qquad L=L_1 * tL_2t^{-1}, \qquad e\neq L_1, L_2\subset H_1.$

In Case 1), we have $G=H_1*_{L_1}(H_2*_{L_2}G_2)$. If $L_1\neq H_1$, $G$ splits over $L_1$; if $L_1=H_1$, then $L_2\neq H_2$ and $G=H_2*_{L_2}G_2$ splits over $L_2$.

In Case 2), $G=(H_1*_{L_1}G_2)*_{L_2,t^{-1}}$ splits over $L_2$.

So in both cases we have a splitting of $G$ over a group $M$ with $rk(M)<rk(L)$.

($\beta$) The case $G=G_1*_{L,p}$ is treated similarly. If $L$ is not cyclic, one can show that (by changing the notation if necessary) $n(L)=1$ with respect to $(G_1; p^{-1}Lp)$; to prove that the pair is adapted and to compute the weight one proceeds by methods analogous to those in the proof of (10). By Theorem A we have again the cases 1) or 2) above, where moreover $p^{-1}Lp$ is conjugate to a subgroup of $H_1$. By changing the stable letter $p$ we can get $p^{-1}Lp\subset H_1$.

In Case 1), $G=(H_1*_{L_1,p})*_{L_2}H_2$ splits over $L_2$ if $L_2\neq H_2$; or else over $L_1$.

In Case 2), $G=(H_1*_{L_1,p})*_{L_2,t^{-1}}$ splits over $L_2$. This completes the proof of Theorem 1′.

REFERENCES


[1] Bieri, R. *Gruppen mit Poincaré-Dualität*, Comment. Math. Helv. 47 (1972), 373–396.

[2] Bieri, R. *Homological dimension of discrete groups*, Queen Mary College Math. Notes, London 1976.

[3] Bieri, R. and Eckmann, B. *Relative homology and Poincaré duality for group pairs*, J. of Pure and Applied Algebra *13* (1978), 277–319. (See also: Two-dimensional Poincaré duality groups and pairs, in: Homological Group Theory, L. M. S. Lecture Notes 36 (1979)).

[4] Bieri, R. and Strebel, R. *Almost finitely presented soluble groups*, Comment. Math. Helv. *53* (1978), 258–278.

[5] Brown, K. S. *Homological criteria for finiteness*, Comment. Math. Helv. *50* (1975), 129–135.

[6] Brown, K. S. *Groups of virtually finite dimension*, in: Homological Group Theory, L. M. S. Lecture Notes *36* (1979).

[7] Cohen, J., *Poincaré 2-complexes—I*, Topology 11 (1972), 417–419. Poincaré 2-complexes—II, Chinese J. of Math. 6 (1978), 25–44.

[8] Eckmann, B. and Müller, H., *A splitting theorem and 2-dimensional Poincaré duality group* (Preprint, Forschungsinstitut für Math., ETH Zürich (1979)).

[9] Moldavanskii, D. I., *Certain subgroups of groups with one defining relator*, Siberian Math. J. *8* (1967), 1370–1384.

[10] Müller, H., *Decomposition theorems for group pairs*, (to appear in Math. Zeitschrift).

[11] Müller, H., *Théorèmes de décompositions pour les paires de groupes*. C. R. Acad. Sci. A-289 (1979), 307–309.

[12] Stallings, J. R., *Group theory and three-dimensional manifolds*, Yale University Press, 1971.

[13] Strebel, R., *A remark on subgroups of infinite index in Poincaré duality groups*, Comment. Math. Helv. 52 (1977), 317–324.

[14] Swarup, G. A., *Relative version of a theorem of Stallings*, J. of Pure and Applied Algebra 11 (1977), 75–82.

[15] Wall, C. T. C., *Poincaré complexes I*, Ann. Math. 86 (1967), 213–245.



*Forschungsinstitut für Mathematik*
*ETH Zürich*



*Reçu le* 20.4.80

# Chern classes of group representations over a number field

(with G. Mislin)

Compositio Math. **44** (1981), 41–65

## Introduction

We consider representations $\rho: G \to GL_m(K)$ of finite groups $G$ over an algebraic number field $K \subset \mathbb{C}$ and their Chern classes $c_i(\rho) \in H^{2i}(G; \mathbb{Z})$, $i = 1, 2, \ldots, m$; i.e., the Chern classes of the associated (flat) complex vector bundles over the classifying space (Eilenberg-MacLane complex) of $G$. Our main objective is to determine the *best universal bound* $E_K(i)$ for the order of $c_i(\rho)$ when $\rho$ ranges over all $K$-representations of all finite groups $G$. We then apply the result to $GL(\mathcal{O}(K))$, the stable linear group over the integers of $K$ with its inclusion representation in $GL(K)$, and obtain information on the order of the corresponding Chern classes $c_i \in H^{2i}(GL(\mathcal{O}(K)); \mathbb{Z})$. Finally some number-theoretic properties of the $E_K(i)$ are discussed.

1: The existence of the universal bound $E_K(i)$ above is known from the work of Grothendieck [7]. We will denote by $\bar{E}_K(i)$ the upper bound for $E_K(i)$ resulting from his approach. However, we determine $\bar{E}_K(i)$ without appealing to Grothendieck's method: We describe, by means of elementary character theory of finite groups, the relationship between Galois operations and Adams' $\psi$-operations on representations; this yields directly the formula $c_i(\rho^\sigma) = k^i c_i(\rho)$ for any automorphism $\sigma$ of $\mathbb{C}$ which acts on the $n$-th roots of unity by the $k$-th power map ($n$ = exponent of $G$). From this the prime factorization of $\bar{E}_K(i)$ is obtained in terms of two invariants of $K$ (cf. [4] where these were introduced in connection with the order of the Euler class). In particular, for $K = \mathbb{Q}$ and $i$ even $= 2\ell$, $\bar{E}_{\mathbb{Q}}(2\ell)$ is the denominator of $B_{2\ell}/4\ell$ where $B_{2\ell}$ is the $2\ell$-th Bernoulli number

($B_2 = \frac{1}{6}$, $B_4 = \frac{1}{30}$, $B_6 = \frac{1}{42}, \ldots$); the actual value of $E_{\mathbb{Q}}(2\ell)$ is one half of this integer, see below.

2: A lower bound $\underline{E}_K(i)$ for $E_K(i)$ is easily obtained from the order of Chern classes of $K$-representations of cyclic groups (cf. also Soulé [12]); namely $\underline{E}_K(i) = \ell cm\{m \mid \phi_K(m) \text{ divides } i\}$ where $\phi_K(m)$ is the degree of the $m$-th cyclotomic extension $K(\zeta_m)$ of $K$. It turns out that $\bar{E}_K(i)$ and $\underline{E}_K(i)$ differ at most by a factor 2. They always agree if $i$ is *odd*. If $i$ is *even* $= 2\ell$, one has $\bar{E}_K(2\ell) = 2\underline{E}_K(2\ell)$ except for those $K$ for which $\mathrm{Gal}(K(\zeta_{2^\beta})/K)$ is cyclic for all $\beta$; such number fields will be called *exceptional*. Thus

(*) $$E_K(i) = \bar{E}_K(i) = \underline{E}_K(i) = \ell cm\{m \mid \phi_K(m) \text{ divides } i\}$$

if $i$ is odd, or if $i$ is even and $K$ exceptional.

3: There remains the task to find out, for $i$ even $= 2\ell$ and $K$ *not exceptional*, which of the two possibilities is $E_K(2\ell)$. The result depends on whether $K$ is formally real or not (formally real fields are not exceptional, but the converse is not true):

(**) $$E_K(2\ell) = \underline{E}_K(2\ell) \text{ if } K \text{ is formally real, and}$$
$$E_K(2\ell) = \bar{E}_K(2\ell) \text{ if } K \text{ is not formally real.}$$

For $K = \mathbb{Q}$ this yields $E_{\mathbb{Q}}(2\ell) =$ denominator of $B_{2\ell}/2\ell$ (as shown already in [3]).

The precise result (**) depends on a careful analysis of representations over the respective fields $K$ of 2-groups, in particular of the generalized quaternion group of order $2^\beta$, $\beta \geq 3$. We summarize:

THEOREM: *Let $K \subset \mathbb{C}$ be a number field. The best universal bound for the order of the Chern classes $c_i(\rho)$, when $\rho$ ranges over all $K$-representations of all finite groups is*

$$E_K(i) = \bar{E}_K(i) \textit{ if } i \textit{ is odd or if } K \textit{ is not formally real,}$$
$$= \underline{E}_K(i) \textit{ if } i \textit{ is even and } K \textit{ formally real,}$$

*where $\underline{E}_K(i) = \ell cm\{m \mid \phi_K(m)$ divides $i\}$; and $\bar{E}_K(i) = \underline{E}_K(i)$ if $i$ is odd, or if $i$ is even and $K$ exceptional, $\bar{E}_K(i) = 2\underline{E}_K(i)$ otherwise.*

4: These results can, of course, be applied to the Chern class of the inclusion of the arithmetic group $GL_m(\mathcal{O}(K))$ into $GL_m(K)$. We restrict ourselves to discussing the precise order of the corresponding *stable* class $c_i \in H^{2i}(GL(\mathcal{O}(K)); \mathbb{Z})$; namely, if $i$ is odd or if $K$ is not formally real, this order is $\bar{E}_K(i) = E_K(i)$. In the remaining cases it is either $E_K(i)$ or $\bar{E}_K(i) = 2E_K(i)$, but we do not know which is correct.

5: We further investigate to what extent $E_K(i)$ differs from $E_{\mathbb{Q}}(i)$ [$=2$ if $i$ is odd, $=$denominator of $B_i/i$ if $i$ is even]. Clearly $E_K(i)$ is a multiple of $E_{\mathbb{Q}}(i)$; their $p$-primary parts agree in several cases, e.g., if $p$ does not divide the discriminant of $K$. For quadratic number fields $K$ different from $\mathbb{Q}(\sqrt{-1})$, $\mathbb{Q}(\sqrt{-2})$, $\mathbb{Q}(\sqrt{2})$, and $\mathbb{Q}(\sqrt{(-1)^{q-1/2}q})$, $q$ an odd prime, we get

$$E_K(i) = E_{\mathbb{Q}}(i) \text{ if } i \text{ is odd or } K \text{ real,}$$
$$= 2E_{\mathbb{Q}}(i) \text{ if } i \text{ is even and } K \text{ imaginary.}$$

6: The plan of the paper is as follows. In Section 1 we outline the relation between Galois operations and $\psi^k$-operations in the representation ring of a finite group $G$. Section 2 deals with the Galois group of cyclotomic extensions of $K$ (exceptional and not exceptional fields); in particular the exponent of $\mathrm{Gal}(K(\zeta_{p^\alpha})/K)$ is compared with its order – they are equal if $p$ is an odd prime, and may differ by a factor 2 if $p = 2$. The upper bound $\bar{E}_K(i)$ is discussed in Section 3, first for $p$-groups and then (by a standard $p$-Sylow subgroup argument) for arbitrary finite groups. Then the lower bound $\underline{E}_K(i)$ is introduced and compared with $\bar{E}_K(i)$. In Section 4 the best bound $E_K(i)$ is determined (see Theorem above). Application to arithmetic groups is dealt with in Section 5, and number-theoretic results concerning the $E_K(i)$ are established in Section 6.

## 1. Operations in the representation ring

1.1: Let $G$ be a finite group, and $R(G)$ its complex representation ring; i.e., its character ring. In this section we describe the relations between operations on $R(G)$ arising from automorphisms of $\mathbb{C}$, on the one hand, and the $\psi$-operations on the other hand (cf. also [5], [6], [9], and [10]).

Let $\rho: G \to GL_m(\mathbb{C})$ be a representation, $\chi_\rho$ its character. Any $\sigma \in \mathrm{Aut}\,\mathbb{C}$, the automorphism group of the field $\mathbb{C}$, induces an automorphism $\sigma_*$ of $GL_m(\mathbb{C})$ by applying $\sigma$ to the matrix entries. The composition $\sigma_*\rho$ is a representation $\rho^\sigma$ with character $\chi_{\rho^\sigma} = \sigma\chi_\rho$. Applying $\sigma$ to the values of a (virtual or actual) character of $G$ thus defines a ring automorphism of $R(G)$, also called "Galois action" on $R(G)$.

For any subfield $K \subset \mathbb{C}$ we consider the subgroup $\mathrm{Gal}(\mathbb{C}/K)$ of $\mathrm{Aut}\,\mathbb{C}$ consisting of automorphisms over $K$. Let $n$ be a multiple of the exponent of $G$, and $K(\zeta_n)$ the $n$-th cyclotomic extension of $K$ (the field obtained by adjoining to $K$ a primitive $n$-th root of unity $\zeta_n$); it is a finite Galois extension with Abelian Galois group $\mathrm{Gal}(K(\zeta_n)/K)$. Throughout Sections 1–3 we will also write $K_n$ for $K(\zeta_n)$, to simplify notations. Since all $\chi \in R(G)$ have values in $K_n$ the action of $\mathrm{Gal}(\mathbb{C}/K)$ on $R(G)$ factors through the restriction map $\mathrm{Gal}(\mathbb{C}/K) \to \mathrm{Gal}(K_n/K)$, which is surjective by virtue of the "isomorphism extension theorem" ([1]). Thus the (virtual) characters $\chi \in R(G)$ which take their values in $K$ are precisely those which are fixed under the action of $\mathrm{Gal}(\mathbb{C}/K)$.

1.2: We recall that the $\psi$-operations are defined by means of exterior powers and "Newton polynomials" (cf. [5]): Define $N_k(x_1, \ldots, x_k) \in \mathbb{Z}[x_1, \ldots, x_k]$ by $N_1(x_1) = x_1$ and, for $k > 1$, $N_k(x_1, \ldots, x_k) = x_1 N_{k-1} - x_2 N_{k-2} + \cdots + (-1)^{k-2} x_{k-1} N_1 + (-1)^{k-1} k x_k$. Writing $s_j(y_1, \ldots, y_n)$ for the $j$-th elementary symmetric function in the indeterminates $y_1, \ldots, y_n$ ($s_j(y_1, \ldots, y_n) = 0$ for $j > n$), one has

$$N_k(s_1, \ldots, s_k) = y_1^k + \cdots + y_n^k.$$

Given a representation $\rho$ of $G$ of degree $m$, let $\Lambda^j \chi_\rho$ be the character of the $j$-th exterior power of $\rho$. Then one defines, for $k \geq 1$,

$$\psi^k \chi_\rho = N_k(\Lambda^1 \chi_\rho, \ldots, \Lambda^k \chi_\rho) \in R(G).$$

A simple computation now yields, for any $g \in G$, and $j \geq 1$,

$$\Lambda^j \chi_\rho(g) = s_j(\omega_1, \ldots, \omega_m)$$

where $\omega_1, \ldots, \omega_m \in \mathbb{C}$ are the eigenvalues of $\rho(g)$; and thus

$$\psi^k \chi_\rho(g) = \omega_1^k + \cdots + \omega_m^k = \chi_\rho(g^k), \quad k \geq 1.$$

This operation $\chi_\rho \mapsto \psi^k \chi_\rho$ from actual to virtual characters is obviously additive and multiplicative and can thus be extended to all of $R(G)$ to yield ring operations $\psi^k : R(G) \to R(G)$ for all $k \geq 1$.

The relation of these $\psi^k$ with the Galois action on $R(G)$ is now easily obtained (cf. [9] for a different proof):

PROPOSITION 1.1: *Let $G$ be a finite group, and $n$ a multiple of the exponent of $G$. For $\sigma \in$ Aut $\mathbb{C}$ choose a positive integer $k$ such that $\sigma$*

*acts on any n-th root of unity* $\omega$ *by* $\sigma(\omega) = \omega^k$. *Then*

$$\sigma\chi = \psi^k\chi$$

*for all* $\chi \in R(G)$.

PROOF: Both $\sigma$ and $\psi^k$ being additive it suffices to consider an actual character $\chi_\rho$ of a representation $\rho: G \to GL_m(\mathbb{C})$. Let $\omega_1, \ldots, \omega_m \in \mathbb{C}$ be the eigenvalues of $\rho(g)$, for $g \in G$. One has $\sigma\chi_\rho(g) = \sigma(\omega_1 + \cdots + \omega_m) = \omega_1^k + \cdots + \omega_m^k = \psi^k\chi_\rho(g)$ as noted above.

1.3: The positive integer $k$ associated in Proposition 1.1 with $n$ and $\sigma \in \operatorname{Aut} \mathbb{C}$ is, of course, prime to $n$ and determined by $\sigma$ modulo $n$; and each $k$ prime to $n$ occurs for some $\sigma \in \operatorname{Aut} \mathbb{C}$.

Let $K$ be a subfield of $\mathbb{C}$. We look for those $k$ which belong to automorphisms $\sigma \in \operatorname{Gal}(\mathbb{C}/K) \subset \operatorname{Aut} \mathbb{C}$, for a fixed $n$. We write $\mu_K(n)$ for the homomorphism $\operatorname{Gal}(\mathbb{C}/K) \to (\mathbb{Z}/n\mathbb{Z})^*$ which assigns to $\sigma$ the class modulo $n$ *of* integers $k$ with $\sigma(\omega) = \omega^k$ on the $n$-th roots of unity $\omega$. Then $\mu_K(n)$ factors as $\mu_K(n) = \lambda_K(n) \cdot \operatorname{res}$, where res is the surjective restriction map $\operatorname{Gal}(\mathbb{C}/K) \to \operatorname{Gal}(K_n/K)$ and $\lambda_K(n)$ *is an isomorphism of* $\operatorname{Gal}(K_n/K)$ *onto a subgroup* $\operatorname{im} \lambda_K(n)$ *of* $(\mathbb{Z}/n\mathbb{Z})^*$. If the residue class of an integer $k$ is in $\operatorname{im} \lambda_K(n)$ we will say, for simplicity, that "$k$ is in the image of $\lambda_K(n)$" and write $k \in \operatorname{im} \lambda_K(n)$.

Since a character $\chi \in R(G)$ takes its values in $K$ if and only if it is fixed under $\operatorname{Gal}(\mathbb{C}/K)$, Proposition 1.1. now yields the following result stated for actual characters.

THEOREM 1.2: *Let G be a finite group, n a multiple of its exponent, and* $K \subset \mathbb{C}$ *a subfield. The character* $\chi_\rho$ *of* $\rho: G \to GL_m(\mathbb{C})$ *takes its values in K if and only if*

$$\psi^k\chi_\rho = \chi_\rho$$

*for all positive* $k \in \operatorname{im} \lambda_K(n)$.

We may take, in particular, for $K$ the field $\mathbb{Q}(\chi_\rho)$ obtained by adjoining to $\mathbb{Q}$ the values of a *given character* $\chi_\rho$ of $G$. We then get

COROLLARY 1.3: *Let G be a finite group of exponent n, and* $\chi_\rho$ *a character of G. Then*

$$\psi^k\chi_\rho = \chi_\rho$$

*for all positive* $k \in \operatorname{im} \lambda_{\mathbb{Q}(\chi_\rho)}(n)$.

REMARK: If $\chi_\rho$ takes its values in $\mathbb{Q}$ then $\psi^k\chi_\rho = \chi_\rho$ for all positive $k$ prime to the exponent of $G$; in other words, one has the well-known fact that $\chi_\rho(g^k) = \chi_\rho(g)$ for all $g \in G$ and all $k$ prime to the exponent of $G$.

## 2. The Galois group of the cyclotomic extensions

2.1: In order to apply Theorem 1.2 to Chern classes of representations with character values in the subfield $K \subset \mathbb{C}$ we need more precise information on im $\lambda_K(n)$; i.e., on the Galois group $\mathrm{Gal}(K_n/K)$. It will be sufficient to provide such information for prime powers $n = p^\beta$ only.

It is convenient to use the following notation, already introduced in [4]:

$$\gamma_K(2) = \sup\{\alpha \mid K_4 = K_{2^{\alpha+1}}\}$$

and, for an odd prime $p$,

$$\gamma_K(p) = \sup\{\alpha \mid K_p = K_{p^\alpha}\}.$$

Moreover we write, for any integer $n > 0$, $\phi_K(n)$ for the degree of $K_n$ over $K$ ($\phi_{\mathbb{Q}}(n) = \phi(n)$, the Euler function).

For an *odd* prime $p$, $\mathrm{Gal}(K_{p^\beta}/K)$ being isomorphic to a subgroup of the cyclic group $(\mathbb{Z}/p^\beta\mathbb{Z})^*$ is itself cyclic. If $\beta \leq \gamma_K(p)$, then $K_{p^\beta} = K_p$ and $\mathrm{Gal}(K_{p^\beta}/K)$ is cyclic of order $\phi_K(p)$. If $\beta \geq \gamma_K(p) = \gamma$, the order of $\mathrm{Gal}(K_{p^\beta}/K)$ is $\phi_K(p)p^{\beta-\gamma}$. We summarize, using the symbol $C_m$ for the cyclic group of order $m$.

THEOREM 2.1: *Let $K \subset \mathbb{C}$ be a subfield, $p$ an odd prime, and write $\gamma = \gamma_K(p)$, $\phi = \phi_K(p)$. Then*

(*a*) *for* $\beta \leq \gamma$, $\mathrm{Gal}(K_{p^\beta}/K) \cong C_\phi$,

(*b*) *for* $\beta \geq \gamma$, $\mathrm{Gal}(K_{p^\beta}/K) \cong C_{\phi \cdot p^{\beta-\gamma}}$.

2.2: For $p = 2$ the situation is more complicated due to the fact that $\mathrm{Gal}(\mathbb{Q}_{2^\beta}/\mathbb{Q}) = (\mathbb{Z}/2^\beta\mathbb{Z})^*$ is not cyclic for $\beta > 2$.

The restriction map $\mathrm{Gal}(K_{2^\beta}/K) \to \mathrm{Gal}(\mathbb{Q}_{2^\beta}/\mathbb{Q})$ is injective, the image being $\mathrm{Gal}(\mathbb{Q}_{2^\beta}/K \cap \mathbb{Q}_{2^\beta})$. We thus have to look closer at the subgroups of $\mathrm{Gal}(\mathbb{Q}_{2^\beta}/\mathbb{Q}) \cong C_2 \times C_{2^{\beta-2}}$ for $\beta \geq 3$, and at the corresponding fixed fields $L \subset \mathbb{Q}_{2^\beta}$.

LEMMA 2.2: *Let $L$ be a subfield of $\mathbb{Q}_{2^\beta}$. Then* $\mathrm{Gal}(\mathbb{Q}_{2^\beta}/L)$ *is cyclic if and only if $L$ is not contained in the maximal real subfield* $\mathbb{Q}(\zeta^2+\zeta^{-2}) = \mathbb{Q}(\cos \pi/2^{\beta-2})$ *of* $\mathbb{Q}_{2^{\beta-1}}$ where $\zeta = \zeta_{2^\beta}$.

PROOF: We consider $\beta \geq 3$. In the diagram of field extensions

$$\begin{array}{ccccccc} \mathbb{Q}_{2^\beta} \supset & \mathbb{Q}_{2^{\beta-1}} & \supset & \mathbb{Q}_{2^{\beta-2}} & \supset \cdots \supset \mathbb{Q} \\ \| & \cup & & \cup & \| \\ \mathbb{Q}_{2^\beta} \supset & \mathbb{Q}(\zeta^2+\zeta^{-2}) & \supset & \mathbb{Q}(\zeta^4+\zeta^{-4}) & \supset \cdots \supset \mathbb{Q} \end{array}$$

the group $\mathrm{Gal}(\mathbb{Q}_{2^\beta}/\mathbb{Q}(\zeta^2+\zeta^{-2}))$ is $\cong C_2 \times C_2$, generated by $\zeta \mapsto -\zeta$ and $\zeta \mapsto \zeta^{-1}$; it is a subgroup of all further $\mathrm{Gal}(\mathbb{Q}_{2^\beta}/\mathbb{Q}(\zeta^{2j}+\zeta^{-2j}))$ which thus are non-cyclic. Conversely, any non-cyclic subgroup of $\mathrm{Gal}(\mathbb{Q}_{2^\beta}/\mathbb{Q})$ has one of the $\mathbb{Q}(\zeta^{2j}+\zeta^{-2j})$ as fixed field, contained in $\mathbb{Q}(\zeta^2+\zeta^{-2}) = \mathbb{Q}(\cos \pi/2^{\beta-2})$.

COROLLARY 2.3: $\mathrm{Gal}(\mathbb{Q}_{2^\beta}/L)$ *is cyclic if and only if* $\mathrm{Gal}(\mathbb{Q}_{2^{\beta+1}}/L)$ *is cyclic or* $\cong C_2 \times C_2$.

PROOF: The if-part is obvious, $\mathrm{Gal}(\mathbb{Q}_{2^\beta}/L)$ being a factor group of $\mathrm{Gal}(\mathbb{Q}_{2^{\beta+1}}/L)$.

For the converse, we may take $\beta \geq 3$. Assume that $\mathrm{Gal}(\mathbb{Q}_{2^\beta}/L)$ is cyclic, hence $L$ is none of the $\mathbb{Q}(\zeta^{2j}+\zeta^{-2j})$; and that $\mathrm{Gal}(\mathbb{Q}_{2^{\beta+1}}/L)$ is *not* cyclic and thus $L$ is contained in $\mathbb{Q}(\zeta+\zeta^{-1})$ – note that $\zeta = \zeta_{2^\beta} = \zeta^2_{2^{\beta+1}}$. Then $L$ must be $= \mathbb{Q}(\zeta+\zeta^{-1})$, whence $\mathrm{Gal}(\mathbb{Q}_{2^{\beta+1}}/L) \cong C_2 \times C_2$.

2.3: Let now $K \subset \mathbb{C}$ be a subfield with $\gamma = \gamma_K(2) < \infty$. By definition $K_{2^{\gamma+1}} = K_4$ and $K_{2^{\gamma+2}} = K_8$. Clearly $|\mathrm{Gal}(K_{\gamma+1}/K)| = 1$ if $\sqrt{-1} \in K$, $=2$ if $\sqrt{-1} \notin K$; and $|\mathrm{Gal}(K_{\gamma+2}/K)| = 2$ if $\sqrt{-1} \in K$, $=4$ if $\sqrt{-1} \notin K$. Moreover $|\mathrm{Gal}(K_{2^\beta}/K)|$ for $\beta \geq \gamma+2$ is $=2^{\beta-\gamma-1}$ if $\sqrt{-1} \in K$, $=2^{\beta-\gamma}$ if $\sqrt{-1} \notin K$. If $\sqrt{-1} \in K$ these groups are all cyclic; if $\sqrt{-1} \notin K$ they may be cyclic or not, as follows.

If $\beta \geq \gamma+2$, $K_{2^{\beta+1}}$ has degree 2 over $K_{2^\beta}$. We assume that $\mathrm{Gal}(K_{2^\beta}/K) \cong \mathrm{Gal}(\mathbb{Q}_{2^\beta}/K \cap \mathbb{Q}_{2^\beta})$ is cyclic and consider the inclusion of index 2

$$\mathrm{Gal}(\mathbb{Q}_{2^{\beta+1}}/K \cap \mathbb{Q}_{2^{\beta+1}}) \subset \mathrm{Gal}(\mathbb{Q}_{2^{\beta+1}}/K \cap \mathbb{Q}_{2^\beta}),$$

the latter group being cyclic or $\cong C_2 \times C_2$. Hence the first group, isomorphic to $\mathrm{Gal}(K_{2^{\beta+1}}/K)$, is cyclic. Thus $\mathrm{Gal}(K_{2^{\beta+1}}/K)$ is cyclic if

$\mathrm{Gal}(K_{2^\beta}/K)$ is and, of course, vice-versa. It follows that $\mathrm{Gal}(K_{2^\beta}/K)$ is cyclic for all $\beta \geq 1$ if and only if $\mathrm{Gal}(K_{2^{\gamma+2}}/K) = \mathrm{Gal}(K_8/K)$ is $C_4$, non-cyclic for all $\beta \geq \gamma+2$ if and only if $\mathrm{Gal}(K_{2^{\gamma+2}}/K) = \mathrm{Gal}(K_8/K)$ is $C_2 \times C_2$. By Lemma 2.2 the alternative depends on $K \cap \mathbb{Q}_{2^{\gamma+2}}$ not being contained, or being contained in $\mathbb{Q}(\cos \pi/2^\gamma)$. We summarize:

THEOREM 2.4: *Let $K \subset \mathbb{C}$ be a subfield with $\gamma = \gamma_K(2) < \infty$, and $\beta \geq \gamma + 2$. The Galois group* $\mathrm{Gal}(K_{2^\beta}/K)$ *is*

(*a*) $\cong C_{2^{\beta-\gamma-1}}$ *if* $\sqrt{-1} \in K$

(*b*) $\cong C_{2^{\beta-\gamma}}$ *if* $\sqrt{-1} \notin K$ *and* $K \cap \mathbb{Q}_{2^{\gamma+2}} \not\subset \mathbb{Q}(\cos \pi/2^\gamma)$

(*c*) $\cong C_2 \times C_{2^{\beta-\gamma-1}}$ *if* $\sqrt{-1} \notin K$ *and* $K \cap \mathbb{Q}_{2^{\gamma+2}} \subset \mathbb{Q}(\cos \pi/2^\gamma)$

*Thus the exponent of* $\mathrm{Gal}(K_{2^\beta}/K)$ *is* $2^{\beta-\gamma-1}$ *in case* (*a*) *and* (*c*), $2^{\beta-\gamma}$ *in case* (*b*).

We introduce the following terminology.

DEFINITION 2.5: A subfield $K \subset \mathbb{C}$ is *exceptional**) if $\gamma = \gamma_K(2) < \infty$ and $\mathrm{Gal}(K_{2^\beta}/K)$ is cyclic for all $\beta \geq 1$.

Clearly any subfield $L \subset \mathbb{C}$ with $\gamma < \infty$ containing $\sqrt{-1}$ is exceptional. If $\sqrt{-1} \notin K$ and $\gamma = \gamma_K(2) < \infty$ then $K$ is exceptional if and only if $\mathrm{Gal}(K_{2^{\gamma+2}}/K)$ is cyclic (i.e., $K \cap \mathbb{Q}_{2^{\gamma+2}} \not\subset \mathbb{Q}(\cos \pi/2^\gamma)$).

COROLLARY 2.6: *If $K \subset \mathbb{C}$ is a formally real field (i.e., $-1$ is not a sum of squares in $K$) then $K$ is not exceptional.*

PROOF: We may assume $\gamma = \gamma_K(2) < \infty$. Let $j: K \to \mathbb{R}$ be an embedding. Since $\sqrt{-1} \notin j(K)$, $\mathrm{Gal}(\mathbb{Q}_{2^{\gamma+2}}/j(K) \cap \mathbb{Q}_{2^{\gamma+2}})$ is of order 4, and hence $j(K) \cap \mathbb{Q}_{2^{\gamma+2}}$ is a real subfield of codimension 4 of $\mathbb{Q}_{2^{\gamma+2}}$; the only such subfield is $\mathbb{Q}(\cos \pi/2^\gamma)$. Thus $\mathrm{Gal}(K_{2^{\gamma+2}}/K) \cong \mathrm{Gal}(\mathbb{Q}_{2^{\gamma+2}}/j(K) \cap \mathbb{Q}_{2^{\gamma+2}})$ is $C_2 \times C_2$.

COROLLARY 2.7: *Among the quadratic number fields only $\mathbb{Q}(\sqrt{-1})$ and $\mathbb{Q}(\sqrt{-2})$ are exceptional.*

PROOF: Let $K$ be a quadratic number field and $\beta > 2$. Then $K \cap \mathbb{Q}_{2^\beta}$ is either $\mathbb{Q}$ or one of the quadratic subfields of $\mathbb{Q}_{2^\beta}$, i.e., $\mathbb{Q}(\sqrt{2})$, $\mathbb{Q}(\sqrt{-1})$ or $\mathbb{Q}(\sqrt{-2})$, in which case $K$ is equal to one of these three

*) Our terminology differs from the one used in [12].

fields. If $K \cap \mathbb{Q}_{2^\beta}$ is $\mathbb{Q}$ or $\mathbb{Q}(\sqrt{2})$ then $K$ is not exceptional (note that $\mathbb{Q}(\sqrt{2}) \subset \mathbb{Q}(\cos \pi/2^{\beta-2})$ for $\beta > 3$), while the imaginary cases $\mathbb{Q}(\sqrt{-1})$ and $\mathbb{Q}(\sqrt{-2})$ are exceptional.

2.4: From the above results on $\mathrm{Gal}(K_n/K)$ for $n = p^\alpha$ the values of the integers $k \in \mathrm{im}\, \lambda_K(p^\beta)$ can easily be described.

*Case p = odd prime*: We write $\gamma = \gamma_K(p)$, $\phi = \phi_K(p)$. If $\beta \leq \gamma$, then $\mathrm{Gal}(K_{p^\beta}/K)$ is cyclic of order $\phi$ and so is its image under $\lambda_K(p^\beta)$ in the cyclic group $(\mathbb{Z}/p^\beta\mathbb{Z})^*$; thus $\mathrm{im}\, \lambda_K(p^\beta)$ consists of those elements of $(\mathbb{Z}/p^\beta\mathbb{Z})^*$ whose order divides $\phi$.

If $\beta \geq \gamma$, $\mathrm{Gal}(K_{p^\beta}/K)$ is cyclic of order $\phi \cdot p^{\beta-\gamma}$, and $\mathrm{im}\, \lambda_K(p^\beta)$ consists of those elements of $(\mathbb{Z}/p^\beta\mathbb{Z})^*$ whose order divides $\phi p^{\beta-\gamma}$. In other words, $k \in \mathrm{im}\, \lambda_K(p^\beta)$ if and only if $k^{\phi p^{\beta-\gamma}} \equiv 1 \bmod p^\beta$, i.e., $k^\phi \equiv 1 \bmod p^\gamma$. We thus have.

THEOREM 2.1′: *Let $K \subset \mathbb{C}$ be a subfield, p an odd prime, and write $\gamma = \gamma_K(p)$, $\phi = \phi_K(p)$. The integers $k \in \mathrm{im}\, \lambda_K(p^\beta)$ are characterized*

(*a*) *for* $\beta \leq \gamma$, by $k^\phi \equiv 1 \bmod p^\beta$,

(*b*) *for* $\beta \geq \gamma$, *by* $k^\phi \equiv 1 \bmod p^\gamma$.

*Case p = 2*: If $2 \leq \beta \leq \gamma + 1$ then $|\mathrm{Gal}(K_{2^\beta}/K)| = 1$ or 2 according to whether $\sqrt{-1} \in K$ or $\sqrt{-1} \notin K$. In the first case $\mathrm{im}\, \lambda_K(2^\beta)$ is trivial in $(\mathbb{Z}/2^\beta\mathbb{Z})^*$, i.e. $k \in \mathrm{im}\, \lambda_K(2^\beta)$ if and only if $k \equiv 1 \bmod 2^\beta$. In the second case $\mathrm{im}\, \lambda_K(2^\beta)$ consists of the classes $\pm 1 \bmod 2^\beta$, i.e., $k \in \mathrm{im}\, \lambda_K(2^\beta)$ if and only if $k \equiv \pm 1 \bmod 2^\beta$.

If $\beta \geq \gamma + 2$ and $\sqrt{-1} \in K$ then $\mathrm{im}\, \lambda_K(2^\beta)$ is a subgroup of order $2^{\beta-\gamma-1}$ of the cyclic factor of $(\mathbb{Z}/2^\beta\mathbb{Z})^*$ generated by $5 \bmod 2^\beta$. Hence $k \in \mathrm{im}\, \lambda_K(2^\beta)$ if and only if $k^{2^{\beta-\gamma-1}} \equiv 1 \bmod 2^\beta$, i.e., $k \equiv 1 \bmod 2^{\gamma+1}$. If $\beta \geq \gamma + 2$ and $\sqrt{-1} \notin K$, we have to deal separately with the cases $K$ exceptional or not:

If $K$ is exceptional, $\sqrt{-1} \notin K$, then $\mathrm{im}\, \lambda_K(2^\beta)$ is a cyclic subgroup of order $2^{\beta-\gamma}$ of $(\mathbb{Z}/2^\beta\mathbb{Z})^*$ and must contain classes $\bmod 2^\beta$ which are $\equiv -1 \bmod 4$. Hence $k \in \mathrm{im}\, \lambda_K(2^\beta)$ if and only if $k^{2^{\beta-\gamma-1}} \equiv 1$ or $-1 + 2^{\beta-1}$ (note that $\beta \geq \gamma + 2 \geq 3$) $\bmod 2^\beta$; i.e., $k \equiv 1$ or $-1 + 2^\gamma \bmod 2^{\gamma+1}$.

If $K$ is not exceptional, then $\mathrm{im}\, \lambda_K(2^\beta)$ is a subgroup $\cong C_2 \times C_{2^{\beta-\gamma-1}}$ of $(\mathbb{Z}/2^\beta\mathbb{Z})^*$; hence $k \in \mathrm{im}\, \lambda_K(2^\beta)$ if and only if $k^{2^{\beta-\gamma-1}} \equiv \pm 1 \bmod 2^\beta$, i.e., $k \equiv \pm 1 \bmod 2^{\gamma+1}$.

We thus have

THEOREM 2.4′: *Let $K \subset \mathbb{C}$ be a subfield and write $\gamma = \gamma_K(2)$. The integers $k \in \text{im}\, \lambda_K(2^\beta)$ are characterized*

(*a*) *for* $\beta \leq \gamma + 1$

($a_1$) *by* $k \equiv 1 \bmod 2^\beta$ *if* $\sqrt{-1} \in K$,
($a_2$) *by* $k \equiv \pm 1 \bmod 2^\beta$ *if* $\sqrt{-1} \notin K$.

(*b*) *for* $\beta \geq \gamma + 1$

($b_1$) *by* $k \equiv \pm 1 \bmod 2^{\gamma+1}$ *if K is not exceptional*,
($b_2$) *by* $k \equiv 1 \bmod 2^{\gamma+1}$ *if K is exceptional and* $\sqrt{-1} \in K$,
($b_3$) *by* $k \equiv 1$ *or* $-1 + 2^\gamma \bmod 2^{\gamma+1}$ *if K is exceptional and* $\sqrt{-1} \notin K$.

### 3. Upper bounds for the order of Chern classes

3.1: Given a representation $\rho: G \to GL(C) = \bigcup_m GL_m(\mathbb{C})$ of the finite group $G$, the Chern classes

$$c_i(\rho) \in H^{2i}(G; \mathbb{Z})$$

are defined as the Chern classes of the associated flat complex vector bundle $\xi(\rho)$ over the classifying space $K(G, 1)$. We write $\psi^k\rho$ for the (equivalence class of) the virtual representation with character $\psi^k\chi_\rho \in R(G)$. We recall (Proposition 1.1) that if $k$ is prime to the order of $G$ then $\psi^k\rho$ can be represented by an actual representation whose character is Galois conjugate to $\chi_\rho$. The canonical map from $R(G)$ to $K^0(K(G, 1))$, the group of stable complex vector bundles over $K(G, 1)$, is compatible with the $\psi^k$-operations on $R(G)$ on one side, and on the bundles on the other.

We now apply to Chern classes the results of the preceding sections, as follows.

THEOREM 3.1: *Let G be a finite group, n a multiple of the exponent of G.*

(*a*) *If $\sigma$ is any automorphism of $\mathbb{C}$ and k a positive integer such that $\sigma$ acts on the n-th roots of unity by the k-power map, then, for all* $i \geq 0$,

$$c_i(\sigma_*\rho) = k^i c_i(\rho).$$

(*b*) *If* $K \subset \mathbb{C}$ *is a subfield containing* $\chi_\rho(G)$, *then the Chern classes* $c_i(\rho)$, $i \geq 0$, *satisfy*

$$(1-k^i)c_i(\rho) = 0$$

*for all positive integers* $k \in \operatorname{im} \lambda_K(n)$.

PROOF: (a) By Proposition 1.1 $\sigma\chi_\rho = \chi_{\sigma_*\rho} = \psi^k\chi_\rho$ and hence $\sigma_*\rho = \psi^k\rho$. By a well-known property of the Chern classes, applied to the associated bundles, one has

$$c_i(\psi^k\rho) = k^i c_i(\rho)$$

for all $i \geq 0$, whence the assertion. (b) If $\chi_\rho(G) \subset K$, then $\psi^k\chi_\rho = \chi_\rho$ for all positive integers $k \in \operatorname{im} \lambda_K(n)$ (Theorem 1.2), hence $c_i(\rho) = k^i c_i(\rho)$.

From this one obtains bounds for the order of the Chern classes. We proceed by doing so first for $p$-groups.

COROLLARY 3.2: *Let* $G$ *be a finite* $p$*-group, and* $\rho: G \to GL_m(\mathbb{C})$ *a representation whose character* $\chi_\rho$ *takes its values in the subfield* $K \subset \mathbb{C}$. *Then the Chern classes* $c_i(\rho)$ *have the following properties.*

*Case p odd*:
(a) If $m \not\equiv 0 \bmod \phi_K(p)$ then $c_i(\rho) = 0$.
(b) If $\gamma = \gamma_K(p) < \infty$ then $p^\gamma i c_i(\rho) = 0$ for all $i \geq 0$.

*Case* $p = 2$:
(c) If $\sqrt{-1} \notin K$ then $2c_i(\rho) = 0$ for all odd $i$.
(d) If $\gamma = \gamma_K(2) < \infty$ then $2^{\gamma+1} i c_i(\rho) = 0$ for all $i \geq 0$; and if $K$ is exceptional with $\sqrt{-1} \notin K$, one even has $2^\gamma i c_i(\rho) = 0$ for all $i \geq 0$.

PROOF: Let $p^\beta$ be the order of $G$.

*Case p odd*: (a) We choose an integer $k > 0$ such that its class modulo $p$ generates a subgroup of order $\phi = \phi_K(p)$ of $(Z/p^\beta Z)^*$. By Theorem 2.1′ we know that $k \in \operatorname{im} \lambda_K(p^\beta)$ and thus, by Theorem 3.1, $(k^i - 1)c_i(\rho) = 0$ for all $i$. If $i \not\equiv 0 \bmod \phi$ then $k^i - 1$ is not divisible by $p$; since $c_i(\rho)$ is a $p$-torsion element, it follows that $c_i(\rho) = 0$.

For proving (*b*) we may assume $i \equiv 0 \bmod \phi$ and $\beta \geq \gamma$. We choose $k$ such that $k^\phi \equiv 1 \bmod p^\gamma$ but $\not\equiv 1 \bmod p^{\gamma+1}$. Again $k \in \operatorname{im} \lambda_K(p^\beta)$ and thus $(k^i - 1)c_i(\rho) = 0$. Let $p^\mu$ be the highest power of $p$ in $i$. Then $k^{\phi p^\mu} \equiv 1 \bmod p^{\gamma+\mu}$ but not mod $p^{\gamma+\mu+1}$; i.e., the highest power of $p$ which divides $k^i - 1$ is precisely $p^{\gamma+\mu}$, and hence $p^\gamma i c_i(\rho) = 0$.

*Case* $p = 2$: (c) If $\sqrt{-1} \notin K$ there exists a $k \in \operatorname{im} \lambda_K(2^\beta)$ such that $k \equiv -1 \bmod 4$. Then, for odd $i$, $k^i \equiv -1 \bmod 4$. Since $k^i c_i(\rho) = c_i(\rho)$, $2c_i(\rho)$ is a multiple of $4c_i(\rho)$ and thus $= 0$, $c_i(\rho)$ being 2-torsion.

To prove (d) we may assume $\beta \geq \gamma + 1$. We choose $k \equiv 1 \bmod 2^{\gamma+1}$, but $\not\equiv 1 \bmod 2^{\gamma+2}$. Then $k \in \operatorname{im} \lambda_K(2^\beta)$ and $(k^i - 1)c_i(\rho) = 0$. Since the highest power of 2 dividing $k^i - 1$ is the same as that dividing $2^{\gamma+1}$, we have $2^{\gamma+1} i c_i(\rho) = 0$. If $K$ is exceptional but $\sqrt{-1} \notin K$, then there exists $k \equiv -1 + 2^\gamma \bmod 2^{\gamma+1}$ with $k \in \operatorname{im} \lambda_K(2^\beta)$. Note that necessarily $\gamma \geq 2$ since $\gamma = 1$ and $\sqrt{-1} \notin K$ imply $K \neq K(4) \neq K(8)$, thus $\mathrm{Gal}(K_8/K) \cong \mathrm{Gal}(\mathbb{Q}_8/\mathbb{Q})$ which is not cyclic, contradicting the assumption that $K$ be exceptional. For $\gamma \geq 2$ and $i$ even, the highest power of 2 dividing $k^i - 1 = (-1 + 2^\gamma + s \cdot 2^{\gamma+1})^i - 1$ is the same as that dividing $2^\gamma i$. Therefore, in that case, $2^\gamma i c_i(\rho) = 0$.

3.2: In order to deal with the case of arbitrary finite groups and number fields $K$ we need the following notation.

Definition 3.3: Let $K$ be a number field. We put, for any integer $m > 0$,

$$\bar{E}_K(m) = \ell cm\{n \geq 1 | m \equiv 0 \bmod \exp(\mathrm{Gal}\, K_n/K)\}.$$

For any natural number $n$ we will write $n_p$ for its $p$-primary factor. Note that the $p$-primary part of $\bar{E}_K(m)$ is

$$(*) \qquad \bar{E}_K(m)_p = \max\{p^\alpha | m \equiv 0 \bmod \exp \mathrm{Gal}(K_{p^\alpha}/K)\}.$$

Indeed, $\bar{E}_K(m)$ is clearly a multiple of the right-hand side. Conversely, if $p^\alpha$ devides $\bar{E}_K(m)$ then there is an $n = p^\alpha q$ such that $m \equiv 0 \bmod \exp \mathrm{Gal}(K_{p^\alpha q}/K)$ which is a multiple of $\exp \mathrm{Gal}(K_{p^\alpha}/K)$, and hence $m \equiv 0 \bmod \exp \mathrm{Gal}(K_{p^\alpha}/K)$.

Proposition 3.4: *The $p$-primary part of $\bar{E}_K(m)$ is as follows, in terms of the invariants $\gamma_K(p)$ and $\phi_K(p)$:*

*(a) If $p$ is odd and $m \equiv 0 \bmod \phi_K(p)$, then $\bar{E}_K(m)_p = p^{\gamma_K(p)} m_p$.*
*(b) If $p$ is odd and $m \equiv 0 \bmod \phi_K(p)$, then $\bar{E}_K(m)_p = 1$.*
*(c) $p = 2$: For odd $m$, $\bar{E}_K(m)_2 = 2$ if $\sqrt{-1} \notin K$ and $\bar{E}_K(m)_2 = 2^{\gamma_K(2)+1}$ if $\sqrt{-1} \in K$.*
*(d) $p = 2$: For even $m$, $\bar{E}_K(m)_2 = 2^{\gamma_K(2)+1} m_2$ if $\sqrt{-1} \in K$ or if $K$ is not exceptional; and $\bar{E}_K(m)_2 = 2^{\gamma_K(2)} m_2$ if $\sqrt{-1} \notin K$ and $K$ exceptional.*

PROOF: *Case p odd.* Here $\exp \mathrm{Gal}(K_{p^\alpha}/K) = |\mathrm{Gal}(K_{p^\alpha}/K)| = \phi_K(p)p^{\alpha-\gamma_K(p)}$ for $\alpha \geq \gamma_K(p)$, and $= \phi_K(p)$ for $\alpha \leq \gamma_K(p)$. If $m \equiv 0 \bmod \phi_K(p)$ this integer divides $m$ if $p^\alpha = p^{\gamma_K(p)}m_p$, but not for higher powers $\alpha$ of $p$, hence (a). If $m \not\equiv 0 \bmod \phi_K(p)$ then only $\alpha = 0$ will do and $\bar{E}_K(m)_p = 1$.

*Case* $p = 2$: Since $\mathrm{Gal}(K_2/K) = 1$, $\bar{E}_K(m)$ is even for all $m$. If $m$ is odd and $\sqrt{-1} \notin K$, $|\mathrm{Gal}(K_4/K)| = 2$ does not divide $m$ nor does $\exp \mathrm{Gal}(K_{2^\alpha}/K)$ for any $\alpha \geq 2$, hence $\bar{E}_K(m)_2 = 2$. If $m$ is odd and $\sqrt{-1} \in K$, then $\exp \mathrm{Gal}(K_{2^\alpha}/K)$ is $= 1$ for $\alpha \leq \gamma_K(2) + 1$ and thus divides $m$, but not for higher powers $\alpha$ of 2; hence $\bar{E}_K(m)_2 = 2^{\gamma_K(2)+1}$. If $m$ is even and $\sqrt{-1} \in K$ or $K$ not exceptional, then $\exp \mathrm{Gal}(K_{2^\alpha}/K) = 2^{\alpha-\gamma-1}$ for $\alpha \geq \gamma + 2$ (cf. Theorem 2.4) divides $m$ for $2^\alpha = 2^{\gamma+1}m_2$ but not for higher powers $\alpha$ of 2, hence $\bar{E}_K(m)_2 = 2^{\gamma+1}m_2$ ($\gamma = \gamma_K(2)$). Finally, if $m$ is even and $\sqrt{-1} \notin K$, $K$ exceptional, we have $\exp \mathrm{Gal}(K_{2^\alpha}/K) = 2^{\alpha-\gamma}$ for $\alpha \geq \gamma + 2$ and obtain $\bar{E}_K(m)_2 = 2^\gamma m_2$.

REMARK 3.5: If $K \subset \mathbb{C}$ is not assumed to be a number field, $\bar{E}_K(m)_p$ can be *defined* by the above formula (*), and Proposition 3.4 still holds (with $\bar{E}_K(m)_p = \infty$ if $m \equiv 0 \bmod \phi_K(p)$ and $\gamma_K(p) = \infty$).

3.3: Let now $G$ be an arbitrary finite group, $\rho: G \to GL(\mathbb{C})$ a representation with $\chi_\rho(G) \subset K \subset \mathbb{C}$. By naturality of the Chern classes, and since the restriction of $H^{2i}(G; \mathbb{Z})$ to any $p$-Sylow subgroup of $G$ is injective on the $p$-torsion subgroup of $H^{2i}(G; \mathbb{Z})$, the $p$-primary part of $c_i(\rho)$ fulfills the statements of Corollary 3.2 for any prime ($\gamma = \gamma_K(p)$). By virtue of Proposition 3.4 this means that it is annihilated by $\bar{E}_K(i)_p$. If $K$ is a number field, $\bar{E}_K(i)$ is defined, and it follows that $\bar{E}_K(i)c_i(\rho) = 0$, for all $i \geq 1$:

THEOREM 3.6: *Let $K \subset \mathbb{C}$ be a number field, $G$ a finite group, and $\rho: G \to GL(\mathbb{C})$ a representation whose character $\chi_\rho$ takes its values in $K$. Then the Chern classes $c_i(\rho)$, $i \geq 1$, fulfill*

$$\bar{E}_K(i)c_i(\rho) = 0.$$

We note that $\bar{E}_k(i)_p$ agrees with the bound for the order of the $p$-torsion Grothendieck-Chern classes [7] obtained from Galois invariance – as it must be the case in view of Grothendieck's comparison theorem.

3.4: According to Theorem 3.6 $\bar{E}_K(i)$ is a universal bound for the order of the $i$-th Chern class $c_i(\rho)$, for all finite groups $G$ and all representations $\rho: G \to GL(\mathbb{C})$ which are defined over the number field $K$. We will denote by $E_K(i)$ the "*best universal bound*" in this sense; i.e., $E_K(i)$ is the minimum of all positive integers $n$ such that $nc_i(\rho) = 0$ for all finite groups and all $K$-representations. Obviously $E_K(i)$ divides $\bar{E}_K(i)$. A lower bound for $E_K(i)$ is easily obtained by looking at finite cyclic groups as follows (the argument essentially occurs in Soulé [12] or in Eckmann–Mislin [4] and is given here for completeness). We write $C_n$ for the cyclic group of order $n$.

PROPOSITION 3.7: *Let $K \subset \mathbb{C}$ be a subfield and $i \equiv 0 \bmod \phi_K(n)$, $i > 0$. There exists a representation $\rho$ of $C_n$ over $K$ whose Chern class $c_i(\rho)$ has order $n$.*

PROOF: Let $\chi$ be a faithful $\mathbb{C}$-irreducible character of $C_n$. Then $\Sigma_\sigma \sigma\chi$, the sum extended over all $\sigma \in \mathrm{Gal}(K(n)/K)$, is the character of a representation of $C_n$ over $K$, of degree $\phi_K(n) = j$. Its Chern class $c_j(\Sigma\sigma\chi) = \Pi c_1(\sigma\chi) \in H^{2j}(C_n; \mathbb{Z}) \cong \mathbb{Z}/n\mathbb{Z}$ has order $n$, since all $\sigma\chi$ are faithful and thus have Chern class $c_1(\sigma\chi) \in H^2(C_n; \mathbb{Z})$ of order $n$. By assumption $i = kj$; the representation $\rho$ with character $k\Sigma\sigma\chi$ is realizable over $K$, and its top Chern class $c_i(\rho) \in H^{2i}(C_n; \mathbb{Z})$ has order $n$.

If, for a prime $p$, $\gamma_K(p) = \infty$ and $i \equiv 0 \bmod \phi_K(p)$ it follows that for any $\alpha \geq 1$ there exists a representation $\rho$ of $C_{p^\alpha}$ over $K$ such that the Chern class $c_i(\rho)$ has order $p^\alpha$ (since $\phi_K(p^\alpha) = \phi_K(p)$). Thus there is, in that case, *no universal bound* for the order of the $p$-primary part of $c_i(\rho)$. If $\gamma_K(p) < \infty$, in particular for number fields, we have seen that such universal bounds do exist, namely $\bar{E}_K(i)_p$ for any $i$. From Proposition 3.7 one immediately gets a lower estimate for the $p$-primary part of the best universal bound $E_K(i)$. We use the following notation.

DEFINITION 3.8: For a number field $K \subset \mathbb{C}$ and an integer $m > 0$ we put

$$\underline{E}_K(m) = \ell cm\{n \geq 1 | m \equiv 0 \bmod \phi_K(n)\}.$$

The $p$-primary part is $\underline{E}_K(m)_p = \max\{p^\alpha | m \equiv 0 \bmod \phi_K(p^\alpha)\}$, and this may serve as a definition if $K \subset \mathbb{C}$ is an arbitrary field with $\gamma_K(p) < \infty$. We obviously have

$$\underline{E}_K(m)_p \leq E_K(m)_p \leq \bar{E}_K(m)_p$$

and

$$\underline{E}_K(m) \leq E_K(m) \leq \bar{E}_K(m).$$

If $p$ is odd, $\phi_K(p^\alpha) = |\mathrm{Gal}(K_{p^\alpha}/K)| = \exp \mathrm{Gal}(K_{p^\alpha}/K)$ and hence $\underline{E}_K(m)_p = \bar{E}_K(m)_p$. If $p = 2$, $\underline{E}_K(m)_2$ and $\bar{E}_K(m)_2$ differ at most by a factor 2; more precisely

Proposition 3.9: *Let $K \subset \mathbb{C}$ be a subfield with $\gamma_K(2) < \infty$. Then*

*(a) If $K$ is exceptional or $m$ odd, $\underline{E}_K(m)_2 = \bar{E}_K(m)_2$,*
*(b) If $K$ is not exceptional and $m$ even, $\underline{E}_K(m)_2 = \frac{1}{2}\bar{E}_K(m)_2$.*

Proof: If $K$ is exceptional, $\mathrm{Gal}(K_{2^\alpha}/K)$ is cyclic. If $m$ is odd and $K$ not exceptional, then $\sqrt{-1} \notin K$ and therefore $\underline{E}_K(m)_2 = \bar{E}_K(m)_2 = 2$. If $m$ is even and $K$ not exceptional, then $\underline{E}_K(m)_2 = 2^{\gamma_K(2)} m_2 = \frac{1}{2}\bar{E}_K(m)_2$, cf. Proposition 3.4.

For number fields we thus have the result

Theorem 3.10: *Let $K \subset \mathbb{C}$ be a number field. The best universal bound $E_K(i)$ for the order of the Chern classes $c_i(\rho)$ of representations of finite groups over $K$ is either $\underline{E}_K(i)$ or $\bar{E}_K(i)$. If $K$ is exceptional or if $i$ is odd, these integers coincide; if $K$ is not exceptional and $i$ even, they differ by a factor 2.*

In the next section we show that in the case $\underline{E}_K(2) = \frac{1}{2}\bar{E}_K(2)$ we have $E_K(i) = \underline{E}_K(i)$ if $K$ is formally real, and $= \bar{E}_K(i)$ if $K$ is not formally real.

## 4. The best universal bound

4.1: We will first discuss Chern classes of representations of groups of special type, namely the groups $C_{2^\alpha}$ (cyclic of order $2^\alpha$), $D_{2^\alpha}$ (dihedral of order $2^\alpha$), $SD_{2^\alpha}$ (semidihedral of order $2^\alpha$) and $Q_{2^\alpha}$ (generalized quaternion group of order $2^\alpha$); for the notation and the representations of these groups see [3] and [4].

In this section, we write $\omega_\alpha$ for $\zeta_{2^\alpha}$ (a primitive $2^\alpha$-th root of 1). The following lemma will play an important rôle.

Lemma 4.1: *Let $K \subset \mathbb{C}$ be a subfield. If $\alpha > \gamma_K(2)$, then both the fields $K(\omega_{\alpha+1} + \omega_{\alpha+1}^{-1})$ and $K(\omega_{\alpha+1} - \omega_{\alpha+1}^{-1})$ have degree 2 over $K(\omega_\alpha + \omega_\alpha^{-1})$.*

Proof: We deal with the case of the field $K(\omega_{\alpha+1} + \omega_{\alpha+1}^{-1})$, the case of $K(\omega_{\alpha+1} - \omega_{\alpha+1}^{-1})$ being entirely analogous.

We consider the inclusion diagram

$$\begin{array}{ccc} K(\omega_\alpha) & \subset & K(\omega_{\alpha+1}) \\ \cup & & \cup \\ K(\omega_\alpha+\omega_\alpha^{-1}) & \subset & K(\omega_{\alpha+1}+\omega_{\alpha+1}^{-1}) \end{array}$$

The degree of $K(\omega_{\alpha+1}+\omega_{\alpha+1}^{-1})$ over $K(\omega_\alpha+\omega_\alpha^{-1})$ is at most 2 and $K(\omega_{\alpha+1})$ has degree 2 over $K(\omega_\alpha)$ for $\alpha>\gamma_K(2)$ (cf. [4]). It thus suffices to show that $K(\omega_\alpha)=K(\omega_\alpha+\omega_\alpha^{-1})$ implies $K(\omega_{\alpha+1})=K(\omega_{\alpha+1}+\omega_{\alpha+1}^{-1})$. But, since $\sqrt{-1}\in K(\omega_\alpha)$, $K(\omega_\alpha)=K(\omega_\alpha+\omega_\alpha^{-1})$ implies $K(\omega_{\alpha+1}+\omega_{\alpha+1}^{-1})=K(\omega_{\alpha+1}+\omega_{\alpha+1}^{-1})(\sqrt{-1})=K(\omega_{\alpha+1})$.

PROPOSITION 4.2: *Let $G$ denote one of the groups $C_{2^\alpha}$, $D_{2^\alpha}$ or $SD_{2^\alpha}$ for some $\alpha$, and let $K\subset\mathbb{C}$ be a number field. If $\rho:G\to GL(\mathbb{C})$ is a representation with $\chi_\rho(G)\subset K$, then the Chern classes of $\rho$ satisfy, for all $i>0$,*

$$\underline{E}_K(i)c_i(\rho)=0$$

PROOF: Since the Schur index $s_K(\chi_\rho)$ is $=1$ for any representation of a group of type $C_{2^\alpha}$, $D_{2^\alpha}$ or $SD_{2^\alpha}$, the assumption $\chi_\rho(G)\subset K$ implies that $\rho$ is equivalent to a $K$-representation. We will first consider the case where $\chi_\rho$ is $K$-irreducible, i.e. $\chi_\rho=\Sigma\sigma\chi$ for some $\mathbb{C}$-irreducible character $\chi$, $\sigma$ ranging over $\mathrm{Gal}(K(\chi)/K)$. It suffices to consider the case $K$ not exceptional and $i$ even, since in all other cases $\underline{E}_K(i)=\bar{E}_K(i)$ (cf. Theorem 3.10). Hence, in view of Proposition 3.9, the assertion of the proposition will follow if we can show that $2^{\gamma i}c_i(\rho)=0$ ($\gamma=\gamma_K(2)$). We may furthermore assume $\rho$ to be faithful, since any quotient of one of the groups in question is again of type $C_{2^\beta}$, $D_{2^\beta}$ or $SD_{2^\beta}$.

(1) The case $G=C_{2^\alpha}$. If $\alpha\le\gamma+1$ then $2^\gamma mc_m(\rho)=0$ for $m$ even since $H^{2m}(C_{2^\alpha};\mathbb{Z})$ has order $2^\alpha$. If $\alpha>\gamma+1$, we restrict $\rho$ to $H\subset G$, the subgroup of index 2. We may assume inductively that $2^\gamma jc_j(\rho|H)=0$ for all $j>0$. Let $\mathrm{tr}:H^{2m}(H;\mathbb{Z})\to H^{2m}(G;\mathbb{Z})$ denote the transfer map. Then $2c_m(\rho)=\mathrm{tr}\,c_m(\rho|H)$. We claim that $\rho|H$, is of the form $\tau\oplus\tau$ for some $K$-representation $\tau$ of $H$. Indeed, if $\chi_\rho=\Sigma\sigma\chi$, $\sigma\in\mathrm{Gal}(K(\chi)/K)$, then $\chi_\rho|H=\Sigma\sigma\chi|H$, and since $K(\chi)=K(\omega_\alpha)$ has degree 2 over $K(\chi|H)=K(\omega_{\alpha-1})$ for $\alpha>\gamma+1$ we see that the kernel of the restriction map $\mathrm{Gal}(K(\chi)/K)\to\mathrm{Gal}(K(\chi|H)/K)$ has order 2; it follows that $\chi_\rho|H$ is of the form $\chi_\tau+\chi_\tau$ for some $K$-representation $\tau$.

For an even $m$ we thus have

$$c_m(\rho|H)=c_m(\tau\oplus\tau)=2\sum_{\substack{i<j\\ i+j=m}}c_i(\tau)c_j(\tau)+(c_{m/2}(\tau))^2$$

By induction we may assume

$$2^{\gamma}(i+j)c_i(\tau)c_j(\tau) = 2^{\gamma}ic_i(\tau)c_j(\tau) + 2^{\gamma}jc_i(\tau)c_j(\tau) = 0$$

and $2^{\gamma-1}mc_{m/2}(\tau) = 0$ (note that for $i$ odd, $2c_i(\tau) = 0$ since $\sqrt{-1} \notin K$). Thus

$$2^{\gamma}mc_m(\rho) = 2^{\gamma-1}m \operatorname{tr} c_m(\rho|H) =$$

$$= \operatorname{tr}\Big(2^{\gamma} \sum_{\substack{i<j \\ i+j=m}} (i+j)c_i(\tau)c_j(\tau) + 2^{\gamma-1}mc_{m/2}(\tau)^2\Big) = 0$$

(2) The case $G = D_{2^\alpha}$. Let $\chi_\rho = \Sigma\sigma\chi$, where $\chi$ is $\mathbb{C}$-irreducible and faithful, $\sigma \in \mathrm{Gal}(K(\chi)/K) = \mathrm{Gal}(K(\omega_{\alpha-1} + \omega_{\alpha-1}^{-1})/K)$. It suffices to consider the case $m$ even. If $\alpha \leq \gamma + 2$, then $2^{\gamma}mc_m(\rho) = 0$ since $2^{\alpha-1}H^{2m}(D_{2^\alpha}; \mathbb{Z}) = 0$ for $m > 0$. If $\alpha > \gamma + 2$, the kernel of the restriction map $\mathrm{Gal}(K(\omega_{\alpha-1} + \omega_{\alpha-1}^{-1})/K) \to \mathrm{Gal}(K(\omega_{\alpha-2} + \omega_{\alpha-2}^{-1})/K)$ is of order 2 (cf. Lemma 4.1). Hence, if we restrict $\chi_\rho$ to $D_{2^{\alpha-1}} \subset D_{2^\alpha}$, we infer that $\chi_\rho|D_{2^{\alpha-1}}$ is of the form $\chi_\tau + \chi_\tau$ for some $K$-representation $\tau$ of $D_{2^{\alpha-1}}$. By the argument used in 1), this implies that $2^{\gamma}mc_m(\rho) = 0$.

(3) The case $G = SD_{2^\alpha}$. The argument is very similar. One restricts $\chi_\rho$ to $D_{2^{\alpha-1}} \subset SD_{2^\alpha}$ and notes that the kernel of the restriction map $\mathrm{Gal}(K(\omega_{\alpha-1} - \omega_{\alpha-1}^{-1})/K) \to \mathrm{Gal}(K(\omega_{\alpha-2} + \omega_{\alpha-2}^{-1})/K)$ has order 2 if $\alpha > \gamma + 2$.

This settles the case of an irreducible $\rho$. If $\rho = \lambda \oplus \tau$ with $\lambda$ and $\tau$ $K$-representations of degree smaller than the degree of $\rho$, then we assume by induction that the proposition holds for $\lambda$ and $\tau$. Hence

$$2^{\gamma}mc_m(\rho) = \sum_{i+j=m} (2^{\gamma}ic_i(\lambda)c_j(\tau) + 2^{\gamma}jc_i(\lambda)c_j(\tau)) = 0$$

and the proof of the proposition is completed.

4.2: The Chern classes of representations $\chi$ of $Q_{2^\alpha}$ are harder to compute, due to the fact that the Schur index $s_K(\chi)$ may be $=1$ or 2. The following two lemmas are well known (cf. [8, Chapter 10]).

Lemma 4.3: *Let $K \subset \mathbb{C}$ be a subfield and let $\chi$ be the faithful $\mathbb{C}$-irreducible character of $Q_8$. Then $s_K(\chi) = 1$ if and only if $-1$ is a sum of two squares in $K$.*

LEMMA 4.4: *Let $K \subset \mathbb{C}$ be a subfield and $\chi$ a $\mathbb{C}$-irreducible character of the finite group $G$. If $H \subset G$ is a subgroup such that $\chi|H$ is $\mathbb{C}$-irreducible, then $s_K(\chi)$* divides $s_K(\chi|H)$.

The following corollary is a straightforward consequence.

COROLLARY 4.5: *Under the hypotheses of Lemma 4.4 one has always $s_{K(\chi)}(\chi) = s_{K(\chi)}(\chi|H)$.*

PROOF: Since $s_K(\chi)\cdot\chi$ and thus $s_K(\chi)\cdot\chi|H$ are characters of representations defined over $K(\chi)$, we infer that $s_{K(\chi)}(\chi|H)$ must divide $s_K(\chi) = s_{K(\chi)}(\chi)$. Therefore, $s_{K(\chi)}(\chi) = s_{K(\chi)}(\chi|H)$ by the previous Lemma.

PROPOSITION 4.6: *Let $\chi$ denote a $\mathbb{C}$-irreducible faithful character of $Q_{2^\alpha}$ for some $\alpha \geq 3$, and let $K \subset \mathbb{C}$ be a subfield. Then $s_K(\chi) = 1$ if and only if $-1$ is a sum of two squares in $K(\omega_{\alpha-1} + \omega_{\alpha-1}^{-1})$.*

PROOF: From the classification of characters of $Q_{2^\alpha}$ (see e.g. [3]) one sees that $\chi|Q_8$ is $\mathbb{C}$-irreducible and faithful on $Q_8 \subset Q_{2^\alpha}$. Hence $s_{K(\chi)}(\chi) = s_{K(\chi)}(\chi|Q_8)$ and the assertion follows from Lemma 4.3, noting that $K(\chi) = K(\omega_{\alpha-1} + \omega_{\alpha-1}^{-1})$.

Let $K$ be a number field. If $K$ is formally real then $-1$ is not a sum of two squares in $K$. If $K$ is not formally real then $-1$ is a sum of two or four squares in $K$ by Siegel's Theorem; the following criterion permits to determine whether $-1$ is a sum of 2 squares or not (cf. [11, Chapter 11]).

We write $K_{(p)}$ for the completion of $K$ at the prime ideal $p$.

LEMMA 4.7: *Let $K$ be a number field which is not formally real. Then $-1$ is a sum of two squares in $K$ if and only if for every prime ideal $p$ of $K$ dividing 2 the degree $(K_{(p)}:\mathbb{Q}_{(2)})$* is even.

COROLLARY 4.8: *If $K$ is a number field which is not formally real, then $-1$ is a sum of 2 squares in $K(\sqrt{2})$.*

PROOF: Let $p$ be a prime ideal of $K(\sqrt{2})$ which divides 2. Then $(K(\sqrt{2})_{(p)}:\mathbb{Q}_{(2)})$ is even since it is divisible by $(\mathbb{Q}_{(2)}(\sqrt{2}):\mathbb{Q}_{(2)}) = 2$.

COROLLARY 4.9: *If $K$ is a number field which is not formally real,* *then* $s_K(\chi) = 1$ *for every* $\mathbb{C}$*-irreducible faithful character* $\chi$ *of* $Q_{2^\alpha}$, $\alpha \geq 4$.

PROOF: Note that $K(\chi) = K(\omega_{\alpha-1} + \omega_{\alpha-1}^{-1}) \supset K(\omega_3 + \omega_3^{-1}) = K(\sqrt{2})$ and $-1$ is a sum of two squares in $K(\sqrt{2})$. Therefore $s_K(\chi) = 1$ by Proposition 4.6.

4.3: We can now proceed to the discussion of the Chern classes of representations of $Q_{2^\alpha}$. First we need

LEMMA 4.10: *Suppose* $K \subset \mathbb{C}$ *is not exceptional and* $\alpha > \gamma + 1$, ($\gamma = \gamma_K(2)$). *Then* $\mathrm{Gal}(K(\omega_\alpha + \omega_\alpha^{-1})/K)$ *is cyclic of order* $2^{\alpha-\gamma-1}$.

PROOF: We have already seen that $\mathrm{Gal}(K(\omega_\alpha)/K)$ is (non-cyclic) of order $2^{\alpha-\gamma}$ (Theorem 2.4). From the embedding $\mathrm{Gal}(K(\omega_\alpha + \omega_\alpha^{-1})/K) \to \mathrm{Gal}(\mathbb{Q}(\omega_\alpha + \omega_\alpha^{-1})/\mathbb{Q}) \cong C_{2^{\alpha-2}}$ we infer that $\mathrm{Gal}(K(\omega_\alpha + \omega_\alpha^{-1})/K)$ is cyclic of order $2^{\alpha-\gamma-1}$.

PROPOSITION 4.11: *Let* $K \subset \mathbb{C}$ *be a number field which is not exceptional and let* $\gamma = \gamma_K(2)$. *Then the following holds.*

(*a*) *If* $K$ *is formally real, then for every* $K$*-representation* $\rho : Q_{2^\alpha} \to GL(K)$ *the Chern classes satisfy* $\underline{E}_K(i)c_i(\rho) = 0$ *for all* $i > 0$.

(*b*) *If* $K$ *is not formally real, there exists for every even* $i > 0$ *an* $\alpha$ *and a* $K$*-representation* $\rho : Q_{2^\alpha} \to GL(K)$ *such that* $c_i(\rho)$ *has maximal possible order* $\bar{E}_K(i)_2 = 2\underline{E}_K(i)_2 = 2^{\gamma+1}i_2$.

PROOF: (a) It suffices to consider the case of a faithful and irreducible $\rho$ (a proper quotient of $Q_{2^\alpha}$ is of type $D_{2^\beta}$ and the assertion follows from Proposition 4.2 if $\rho$ factors through a dihedral group). Therefore $\chi_\rho = s_K(\chi)\Sigma\sigma\chi = 2\Sigma\sigma\chi = \theta + \theta$ where $\theta$ is a character of $Q_{2^\alpha}$ with $\theta(G) \subset K$. By Theorem 3.6 we infer $\bar{E}_K(j)c_j(\theta) = 0$ for $j > 0$. For $j$ even, one has $\bar{E}_K(j) = 2\underline{E}_K(j)$ since $K$ is not exceptional. Hence, for $m$ even

$$\underline{E}_K(m)c_m(\rho) = 2^\gamma m c_m(\rho) = \tfrac{1}{2}\bar{E}_K(m)c_m(\theta + \theta)$$
$$= \frac{1}{2}2 \sum_{\substack{i<j \\ i+j=m}} 2^{\gamma+1}(i+j)c_i(\theta)c_j(\theta) + 2^\gamma m c_{m/2}(\theta)^2 = 0.$$

This settles the case for $m$ even. For $m$ odd, $\underline{E}_K(m) = \bar{E}_K(m)$ and therefore $\underline{E}_K(m)c_m(\rho) = 0$.

(b) Let $\chi$ denote a $\mathbb{C}$-irreducible and faithful character of $Q_{2^{\gamma+\delta+1}}$, $\delta>1$. Then $\psi=\Sigma\sigma\chi$, $\sigma\in \mathrm{Gal}(K(\omega_{\alpha+\delta}+\omega_{\alpha+\delta}^{-1})/K)$, is the character of a $K$-representation ($s_K(\chi)=1$ by Corollary 4.9). By Lemma 4.10, $\mathrm{Gal}(K(\omega_{\gamma+\delta}+\omega_{\gamma+\delta}^{-1})/K)$ has order $2^{\delta-1}$ and therefore $\psi$ is of degree $\chi(1)2^{\delta-1}=2^{\delta}$. Since $c_2(\sigma\chi)\in H^4(Q_{2^{\gamma+\delta+1}};\mathbb{Z})$ is a generator for every $\sigma$, it follows that $c_{2^\delta}(\psi)$ has maximal order $2^{\gamma+\delta+1}=\bar{E}_K(2\delta)_2$. If $m=2^{\beta}t$ with $t$ odd and $\beta>1$, we choose $\delta=\beta$ and we take for $\rho$ the representation with character $t\psi$; the order of $c_m(\rho)$ is then $2^{\gamma+\beta+1}=\bar{E}_K(m)_2$. This settles (b) for all $m$ with $m_2>2$. In case $m_2=2$ we first construct $\psi$ as above with $\delta=2$ and obtain a representation with $c_4(\psi)$ of order $\bar{E}_K(4)_2=2^{\gamma+3}$; we claim that $c_2(\psi)$ has (maximal) order $2^{\gamma+2}=\bar{E}_K(2)_2$: Since $\psi=\chi+\sigma\chi$ one has

$$c_2(\psi)=c_2(\chi)+c_2(\sigma\chi)+c_1(\chi)c_1(\sigma\chi).$$

Moreover $c_2(\chi)$ and $c_2(\sigma\chi)$ have both order $2^{\gamma+3}=|Q_{2^{\gamma+3}}|$ and $2c_1(\chi)=0$ since $H^2(Q_{2^{\gamma+3}};\mathbb{Z})=C_2\times C_2$. From Theorem 3.1 we infer that $c_2(\sigma\chi)=(2k+1)^2c_2(\chi)$ for some integer $k$ and hence $2^{\gamma+1}c_2(\sigma\chi)=2^{\gamma+1}c_2(\chi)$. It follows that $2^{\gamma+1}c_2(\psi)=2\cdot 2^{\gamma+1}c_2(\chi)\neq 0$ and therefore $c_2(\psi)$ has order $2^{\gamma+2}$. More generally, if $m=2t$ with $t$ odd, then $c_m(t\psi)$ has order $\bar{E}_K(m)_2=2^{\gamma+2}$, which completes the proof of (b).

4.4: From the computations of Chern classes of representations of groups of special type one may now pass to arbitrary finite groups, by the method used to prove Theorem 4.2 of [3], making use of Theorem 1.3 of [3]. Then Theorem 3.10 together with Propositions 4.2 and 4.11 imply the following main theorem.

Main Theorem 4.12: *Let $K\subset\mathbb{C}$ be a number field and $\rho:G\to GL(K)$ a $K$-representation of the finite group $G$. Then the best universal bound $E_K(i)$ for the order of the $i$-th Chern class $c_i(\rho)\in H^{2i}(G;\mathbb{Z})$, $i>0$, is given by*

$$E_K(i)=\begin{cases}\underline{E}_K(i), & \text{if } K \text{ is formally real,}\\ \bar{E}_K(i), & \text{if } K \text{ is not formally real.}\end{cases}$$

Recall that $\underline{E}_K(m)=\bar{E}_K(m)$ if $m$ is odd and $\underline{E}_K(m)=\frac{1}{2}\bar{E}_K(m)$ if $m$ is even and $K$ not exceptional (e.g., $K$ formally real). We obtain thus

$$E_K(m)=\begin{cases}\frac{1}{2}\bar{E}_K(m), & \text{if } m \text{ is even and } K \text{ formally real}\\ \bar{E}_K(m), & \text{in all other cases.}\end{cases}$$

Using Proposition 3.4 we may deduce.

COROLLARY 4.13: *In terms of the invariants $\gamma_K(p)$ and $\phi_K(p)$ the p-primary component of $E_K(m)$ is as follows.*

(*a*) *If p is odd and $m \equiv 0 \bmod \phi_K(p)$ then $E_K(m)_p = p^{\gamma_K(p)} m_p$.*
(*b*) *If p is odd and $m \not\equiv 0 \bmod \phi_K(p)$ then $E_K(m)_p = 1$.*
(*c*) *For odd m, $E_K(m)_2 = 2$ if $\sqrt{-1} \notin K$ and $E_K(m)_2 = 2^{\gamma_K(2)+1}$ if $\sqrt{-1} \in K$.*
(*d*) *For even m, $E_K(m)_2 = 2^{\gamma_K(2)+1} m_2$ if $\sqrt{-1} \in K$ or if K is neither exceptional nor formally real; $E_K(m)_2 = 2^{\gamma_K(2)} m_2$ if K is formally real, or if $\sqrt{-1} \notin K$ and K exceptional.*

## 5. Applications to the cohomology of arithmetic groups

5.1: Let $K \subset \mathbb{C}$ be a number field with $\mathcal{O} = \mathcal{O}(K) \subset K$ its ring of algebraic integers. We consider the usual inclusion maps $GL_n(\mathcal{O}(K)) \subset GL(\mathcal{O}(K)) \subset GL(\mathbb{C})$ and write $c_i(\mathcal{O}) \in H^{2i}(GL(\mathcal{O}); \mathbb{Z})$ ($c_i(\mathcal{O}, n) \in H^{2i}(GL_n(\mathcal{O}); \mathbb{Z})$, respectively) for the universal Chern classes. By the results of Grothendieck [7], the classes $c_i(\mathcal{O}, n)$ are torsion classes and their $p$-primary orders are bounded by $\bar{E}_K(i)_p$ (see also Section 2).

Using the stability of the cohomology of $GL_n(\mathcal{O})$ (cf. [2]) one thus has

LEMMA 5.1: $\bar{E}_K(i) c_i(\mathcal{O}) = 0$ *for all* $m > 0$.

The universal bounds $E_K(i)$ for the orders of Chern classes of $K$-representations of finite groups may be used to obtain lower estimates for the order of $c_i(\mathcal{O})$. This will become clear from the following proposition.

PROPOSITION 5.2: *Let $\rho: G \to GL_n(K)$ be a K-representation of the finite group G, where $K \subset \mathbb{C}$ denotes a number field. If $\iota_n: GL_n(K) \subset GL_{n+1}(K)$ denotes the standard inclusion, then $\iota_n \rho$ is equivalent to a representation which factors through $GL_{n+1}(\mathcal{O}(K)) \subset GL_{n+1}(K)$; in particular*

$$c_i(\rho) = f^* c_i(\mathcal{O}) \in H^{2i}(G; \mathbb{Z})$$

*for some $f: G \to GL(\mathcal{O})$.*

PROOF: Let $V$ denote the representation module of $\rho$ and let $\{v_1, \ldots, v_n\}$ be a $K$-basis for $V$. Then the $\mathcal{O}(K)$-module $M \subset V$

generated by $\{gv_i|1 \le i \le n,\ g \in G\}$ is a finitely generated $\mathcal{O}(K)$-projective module (gl. dim $\mathcal{O}(K) = 1$). Since $\mathcal{O}(K)$ is a Dedekind domain, we can find an $\mathcal{O}(K)$-projective module $N$ of rank one such that $M \oplus N$ is $\mathcal{O}(K)$-free. If we consider $N$ as a trivial $G$-module then $(M \oplus N) \otimes_{\mathcal{O}} K$ defines a representation of $G$ equivalent to $\iota_n \rho$, and the constructed representation is by matrices with entries in $\mathcal{O}(K)$ with respect to a suitable basis.

Since $E_K(i)$ and $\bar{E}_K(i)$ differ by at most a factor two, we infer the following.

THEOREM 5.3: *The order of* $c_i(\mathcal{O}) \in H^{2i}(GL(\mathcal{O}); \mathbb{Z})$, $i > 0$, *is either* $E_K(i)$ *or* $\bar{E}_K(i)$. *If i is odd or if K is not formally real then the order is* $\bar{E}_K(i)$.

## 6. Remarks on the value of the bounds $E_K(m)$ for quadratic number fields

6.1: We have seen in [3] that one can express $E_{\mathbb{Q}}(m)$ for even $m$ as denominator of $B_m/m$, $B_m$ the $m$-th Bernoulli number. The more general numbers $E_K(m)$ differ only little from $E_{\mathbb{Q}}(m)$. In particular one has (we write $\mathbb{Q}_{p^\infty}$ for $\cup\, \mathbb{Q}_{p^n}$)

LEMMA 6.1: *If* $K \subset \mathbb{C}$ *is any number field and p a prime such that* $K \cap \mathbb{Q}_{p^\infty} = \mathbb{Q}$, *then for all m*:

(*a*) $E_K(m)_p = E_{\mathbb{Q}}(m)_p$ *if p is odd.*

(*b*) *In case* $p = 2$, $E_K(m)_2 = E_{\mathbb{Q}}(m)_2$ $(2E_{\mathbb{Q}}(m)_2)$ *if K is formally real or if m is odd (if K is not formally real and m even, respectively).*

PROOF: If $K \cap \mathbb{Q}_{p^\infty} = \mathbb{Q}$ then $K \otimes_{\mathbb{Q}} \mathbb{Q}_{p^\beta} = K_{p^\beta}$ for all $\beta$. Therefore $\gamma_K(p) = \gamma_{\mathbb{Q}}(p)$ and $\phi_K(p) = \phi_{\mathbb{Q}}(p)$. Hence (a) follows directly from the Main Theorem 4.12 and (b) follows by noting that $K \cap \mathbb{Q}_{2^\infty} = \mathbb{Q}$ implies that $K$ is not exceptional.

REMARK 6.2: The hypotheses of Lemma 6.1 are fulfilled if $p$ is a prime which does not divide the discriminant $d(K)$ of $K$. This follows from the fact that $p$ is the only prime which divides the discriminant $d(\mathbb{Q}_{p^\beta})$, and that $K$ and $\mathbb{Q}_{p^\beta}$ are linearly disjoint if $(p, d(K)) = 1$.

6.2: If $K$ is a quadratic number field, then $K \cap \mathbb{Q}_{p^\infty}$ is either $K$ or $\mathbb{Q}$. We recall the structure of the quadratic subfields of $\mathbb{Q}_{p^\beta}$.

LEMMA 6.3: *Let p denote a prime number. Then*

(*a*) *If p is odd,* $\mathbb{Q}_{p^\infty}$ *has a unique quadratic subfield, which is* $\mathbb{Q}(\sqrt{p})$ *if* $p \equiv 1(4)$, *and* $\mathbb{Q}(\sqrt{-p})$ *if* $p \equiv 3(4)$.

(*b*) *If* $p = 2$ *then* $\mathbb{Q}_{p^\infty}$ *has precisely three quadratic subfields, namely* $\mathbb{Q}(\sqrt{-1})$, $\mathbb{Q}(\sqrt{2})$ *and* $\mathbb{Q}(\sqrt{-2})$.

PROOF: Let $p$ be an odd prime. Then $\mathrm{Gal}(\mathbb{Q}_{p^\beta}/\mathbb{Q})$, $\beta \geq 1$, has a unique subgroup of index 2 and therefore $\mathbb{Q}_{p^\infty}$ has a unique quadratic subfield. It is well known that $\sqrt{(-1)^{p-1/2}p} \in \mathbb{Q}_p$ and hence (a). The proof of (b) is similar. One notes that $\mathrm{Gal}(\mathbb{Q}_{2^\beta}/\mathbb{Q})$ has precisely 3 subgroups of index 2 if $\beta \geq 3$.

If $K$ is a quadratic number field, then $K = \mathbb{Q}(\sqrt{D})$ with $D \neq 1$ a square-free integer; if $D > 0$ then $K$ is formally real ($K$ is a "real quadratic number field") and if $D < 0$ then $K$ is not formally real ($K$ is an "imaginary quadratic number field"). Note also that the only quadratic number fields which are exceptional are $\mathbb{Q}(\sqrt{-1})$ and $\mathbb{Q}(\sqrt{-2})$ (Corollary 2.7).

THEOREM 6.4: *Let K be a quadratic number field which is different from any of the following list:*

$$\mathbb{Q}(\sqrt{-1}),\ \mathbb{Q}(\sqrt{-2}),\ \mathbb{Q}(\sqrt{2}),\ \mathbb{Q}(\sqrt{(-1)^{p-1/2}\cdot p}) \text{ with } p \text{ an odd prime.}$$

*Then*

$$E_K(m) = \begin{cases} E_{\mathbb{Q}}(m), & \text{if } K \text{ is real quadratic or } m \text{ odd,} \\ 2E_{\mathbb{Q}}(m), & \text{if } K \text{ is imaginary quadratic and } m \text{ even.} \end{cases}$$

PROOF: We have $K \cap \mathbb{Q}_{p^\infty} = \mathbb{Q}$ for all primes $p$. The assertion thus follows from Lemma 6.1.

It is easy to compute $E_K(m)$ for the quadratic fields not included in Theorem 6.4. One has only to notice that $\phi_K(p) = (p-1)/2$ and $\gamma_K(p) = 1$ if $K = \mathbb{Q}(\sqrt{(-1)^{p-1/2}p})$, $p$ an odd prime; and that for $\mathbb{Q}(\sqrt{-1})$ ($\mathbb{Q}(\sqrt{2})$ or $\mathbb{Q}(\sqrt{-2})$) one has $\gamma_K(2) = 1$ ($\gamma_K(2) = 2$, respectively). One thus obtains, using Corollary 4.13

*Case* $K = \mathbb{Q}(\sqrt{-1})$: ($K$ exceptional)

$$E_K(m) = \begin{cases} 4, & \text{if } m \text{ is odd,} \\ 2E_{\mathbb{Q}}(m), & \text{if } m \text{ is even.} \end{cases}$$

*Case* $K = \mathbb{Q}(\sqrt{-2})$: ($K$ exceptional)

$$E_K(m) = \begin{cases} 2 , & \text{if } m \text{ is odd,} \\ 2E_{\mathbb{Q}}(m), & \text{if } m \text{ is even.} \end{cases}$$

*Case* $K = \mathbb{Q}(\sqrt{2})$: ($K$ not exceptional)

$$E_K(m) = \begin{cases} 2 , & \text{if } m \text{ is odd,} \\ 2E_{\mathbb{Q}}(m), & \text{if } m \text{ is even.} \end{cases}$$

*Case* $K = \mathbb{Q}(\sqrt{-p})$, $p \equiv 3(4)$: $(d(K) = -p)$

$$E_K(m) = \begin{cases} 2 , & \text{if } m \text{ is odd and } 2m \not\equiv 0 \ (p-1), \\ 2pm_p , & \text{if } m \text{ is odd and } 2m \equiv 0 \ (p-1), \\ 2E_{\mathbb{Q}}(m), & \text{if m is even.} \end{cases}$$

*Case* $K = \mathbb{Q}(\sqrt{p})$, $p \equiv 1(4)$: $(d(K) = p)$

$$E_K(m) = \begin{cases} 2 , & \text{if } m \text{ is odd,} \\ E_{\mathbb{Q}}(m) , & \text{if } m \equiv 0 \ (p-1), \\ E_{\mathbb{Q}}(m)pm_p, & \text{if } 2m \equiv 0 \ (p-1) \text{ and } m \not\equiv 0 \ (p-1). \end{cases}$$

We can combine these results with Theorem 5.3 to obtain precise orders of universal Chern classes for certain fields, including all imaginary quadratic number fields.

These precise orders improve those given by Ch. Thomas [13].

THEOREM 6.5: *Let $K$ be a quadratic number field with ring of integers $\mathcal{O} \subset K$.*

*Then*

(*a*) *If $m$ is odd, the order of $c_m(\mathcal{O})$ is* 2, *with the following exceptions*

(*a*)$_1$ *If* $K = \mathbb{Q}(\sqrt{-1})$, $c_{2\ell+1}(\mathcal{O})$ has order 4 for all $\ell$.

(*a*)$_2$ *If* $K = \mathbb{Q}(\sqrt{-p})$ *p a prime* $\equiv 3(4)$ *and* $2m \equiv 0 \ (p-1)$, *then* $c_m(\mathcal{O})$ *has order* $2pm_p$.

(*b*) *If $m$ is even* $\neq 0$ *and $K$ is imaginary quadratic, then $c_m(\mathcal{O})$ has order* $2E_{\mathbb{Q}}(m) = \text{den}(B_m/2m)$.

## References

[1] N. BOURBAKI: Algèbre II, Chapitre 5, §6, Hermann, Paris 1959.

[2] R. M. CHARNEY: Homological stability for $GL_n$ of a Dedekind domain. *Bull. Amer. Math. Soc.* *1(2)* 1979, 428–431.

[3] B. ECKMANN and G. MISLIN: Rational representations of finite groups and their Euler class. *Math. Ann. 245* (1979), 45–54.
[4] B. ECKMANN and G. MISLIN: On the Euler class of representations of finite groups over real fields. *Comment. Math. Helv. 55* (1980), 319–329.
[5] W. END: Ueber einen Satz von Frobenius und Solomon. *Archiv der Mathematik XXII (3)* 1971, 241–245.
[6] W. END: Operationen für den komplexen Charakterring. *Archiv der Mathematik XII (4)* 1972, 370–379.
[7] A. GROTHENDIECK: Classes de Chern et représentations linéaires des groupes discrets. Dans: *Dix exposés sur la cohomologie des schémas.* North Holland 1968.
[8] I. M. ISAACS: *Character theory of finite groups.* Academic Press 1976. New York–San Francisco–London.
[9] M. KERVAIRE: Opérations d'Adams on théorie des représentations linéaires des groupes finis. *Ens. Math. 22* (1976), 1–28.
[10] CH. KRATZER: Opérations d'Adams en K-théorie algébrique. *C.R. Acad. Sc. Paris, t. 287,* Série A 1978, 297–298.
[11] T.Y. LAM: *The algebraic theory of quadratic forms.* Benjamin Inc. 1973.
[12] CH. SOULÉ: Classes de torsion dans la cohomologie des groupes arithmétiques. *C.R. Acad. Sc. Paris, t. 284,* Série A 1977, 1009–1011.
[13] CH. THOMAS: Characteristic classes of representations over imaginary quadratic number fields. Springer Lecture Notes in Math. 788, 471–481.

(Oblatum 29-VI-1981)

Eidg. Technische Hochschule, Zentrum
8092 Zürich, Switzerland

# Plane motion groups and virtual Poincaré duality of dimension two

(with H. Müller)

Invent. math. **69** (1982), 293–310

## 1. Introduction. Results

### *1.1 Plane Motion Groups*

By a "plane motion group" we understand a group of Euclidean or hyperbolic motions operating properly and with compact fundamental domain on the Euclidean or hyperbolic plane respectively. The list of all possible structures of such groups, in terms of generators and relations, is well-known, cf. [11]. By a "surface group" we understand a group isomorphic to the fundamental group $\pi_1(\mathfrak{F})$ of a closed surface $\mathfrak{F}$, orientable or not, of genus $g \geqq 1$. A surface group is isomorphic to a torsion-free plane motion group (or equivalently, to a plane motion group operating freely); and conversely, all such plane motion groups are surface groups. Moreover, any plane motion group is a "virtual surface group" (i.e., it contains a surface group as subgroup of finite index; "virtual" properties are always to be understood in this sense). The present paper deals with the converse of that statement, in a more general context.

### *1.2 Virtual $PD^2$-Groups*

In [6] it was shown that the surface groups can be characterized by homological properties: they are precisely the groups fulfilling Poincaré duality of dimension 2, called $PD^2$-groups, and having positive first Betti number $\beta_1$. It is not known whether $PD^2$-groups with $\beta_1 = 0$ exist - if so, they would be of a quite exceptional nature, cf. [6].

The methods of [6], suitably modified, can be applied to the study of groups which contain $PD^2$-subgroups of finite index. Indeed we prove

**(A)** *Let $G$ be a virtual $PD^2$-group with $\beta_1(G) > 0$. Then $G$ contains a finite normal subgroup $K$ such that $G/K$ is (isomorphic to) a plane motion group.*

The condition $\beta_1(G) > 0$ is equivalent to $\beta_1(G/K) > 0$. From the known list on notes that there are, in fact, plane motion groups with $\beta_1 = 0$, which thus are not obtained by (A). - The assumptions of (A) are not fully used in our proof. They can be replaced by those of (A′) below. A group $G$ is said to be of type $(FP_n)$ if there is a projective $\mathbb{Z}G$-resolution of $\mathbb{Z}$ which is finitely generated in dimensions $\leqq n$. The group $G$ is said to split over a subgroup $S$ if it is either an amalgamated free product $G=G_1 *_S G_2$, $G_1 \neq S \neq G_2$, or an $HNN$-extension $G=G_1 *_{S,p}$. For the concept of "accessibility" of a group see, for example, [1].

**(A′) (Theorem 6.1).** *Let $G$ be a group of type $(FP_2)$ with $H^2(G;\mathbb{Z}G)\cong\mathbb{Z}$ and splitting over an accessible subgroup $S$ of type $(FP_2)$. Then $G$ contains a finite normal subgroup $K$ such that $G/K$ is a plane motion group.*

As a corollary of (A′) we easily get (cf. Sect. 6):

**(A″) (Corollary 6.2).** *A virtual $PD^2$-group $G$ which splits over a finitely generated subgroup $S$ contains a finite normal subgroup $K$ such that $G/K$ is a plane motion group.*

If $G$ is a virtual $PD^2$-group with $\beta_1(G)>0$ then $G/[G,G]$ is finitely generated, not finite, and thus $G$ admits an infinite cyclic factor group. Now any group of type $(FP_2)$ with an infinite cyclic factor group is known (cf. [4]) to split over a finitely generated subgroup $S$ as an $HNN$-extension. Thus (A) follows from (A″). - We do not know of any simple assumptions other than $\beta_1>0$ to guarantee a splitting over a finitely generated $S$. We remark that in the list of plane motion groups there are, among those with $\beta_1=0$, three well-known special types (generated by 2 or 3 elements) which do not split at all, while all others split as amalgams.

### *1.3 Method of Proof. Group Pairs*

The proof of (A′) is patterned after that of Theorem 1′ of [6] and uses a reduction to certain "group pairs".

A group pair $(G,\underline{S})$ consists of a group $G$ and a family $\underline{S}$ of subgroups of $G$. From the splitting of $G$ postulated in (A′) group pairs with special properties are obtained as follows. If the accessible group $S$ of type $(FP_2)$ has infinitely many *ends*, a different splitting is deduced where $S$ has *two* ends. Then, for $G=G_1 *_S G_2$ one considers the pairs $(G_1,S)$ and $(G_2,S)$; for $G=G_1 *_{S,p}$, the pair $(G_1,\{S,p^{-1}Sp\})$. We discuss quite generally the class $\mathfrak{P}$ of group pairs $(G,\underline{S})$ satisfying the conditions

(i) $(G,\underline{S})$ is of type $(FP_2)$,

(ii) $H^2(G,\underline{S};\mathbb{Z}G)\cong\mathbb{Z}$,

(iii) All groups in $\underline{S}$ have two ends.

In Sect. 5 we describe a *list of presentations* for $G$ and for the subgroups in $\underline{S}$ and prove that all pairs $(G,\underline{S})$ in $\mathfrak{P}$ with $\underline{S}\neq\emptyset$ belong, modulo a finite normal subgroup $K$, to that list (Theorem 5.2). This applies in particular to the pairs $(G_1,S)$, $(G_2,S)$ or $(G_1;\{S,p^{-1}Sp\})$ above. Amalgamation, or $HNN$-extension, then yields for $G/K$ a presentation which belongs to the known list of presentations of plane motion groups.

The main tools for this procedure are the general results on Poincaré duality pairs [3], the decomposition theorems for group pairs [8], and the concept of accessibility.

The paper is organized as follows: In Sect. 2 we describe, for information and completeness, the application of our results to virtual surface groups and to the Nielsen realization problem. Sections 3 and 4 deal with the special group pairs $\in \mathfrak{P}$, Sect. 5 with the presentation of such pairs by generators and relations. In Sect. 6 the main result (A') is established.

## 2. Virtual Surface Groups

*2.1.* Let $G$ be a virtual surface group, $H_0$ a subgroup of finite index which is a surface group. The intersection $H$ of the conjugates of $H_0$ is a normal subgroup of $G$ of finite index, of course also a surface group. The group extension $G/H=Q$ gives rise to a homomorphism $\varphi$ of $Q$ into $\operatorname{Out} H$, the group $\operatorname{Aut} H/\operatorname{Inn} H$ of outer automorphisms of $H$. If $\varphi$ is injective we say that the extension $G$ of $H$ by $Q$ is effective. In that case $G$ cannot contain any finite normal subgroup $\neq 1$. Indeed, let $U$ be a finite normal subgroup; then $[U,H]\subset U\cap H=1$ since $H$ is torsion-free, and thus $y^{-1}xy=x$ for $y\in U$ and $x\in H$; if $\varphi$ is injective, it follows that $y\in H$ and hence $y=1$.

From (A″) we therefore obtain

**(B)** *Let $H$ be a surface group, and $G$ a finite effective extension of $H$ which splits over a finitely generated subgroup (e.g., which has $\beta_1(G)>0$). Then $G$ is a plane motion group.*

*Remark.* If $G$ in (B) is torsion-free, the condition $\beta_1(G)>0$ is fulfilled; this follows from an Euler characteristic argument, cf. [6], Sect. 1.5.

### *2.2 Nielsen Realization Problem*

Let $H$ be an orientable surface group, $H\cong\pi_1(\mathfrak{F})$ where $\mathfrak{F}$ is a closed orientable surface of genus $>0$. The group $\operatorname{Out} H=\operatorname{Aut} H/\operatorname{Inn} H$ is isomorphic to $\pi_0(\operatorname{Diff}\mathfrak{F})$, the group of isotopy classes of diffeomorphisms of $\mathfrak{F}$, also called the "mapping class group" of $\mathfrak{F}$. Given a finite subgroup $Q$ of $\operatorname{Out} H$, let $G$ be an extension of $H$ by $Q$ corresponding to the operations of $Q$ in $H$; i.e., such that $\varphi\colon G/H\to\operatorname{Out} H$ corresponds under $G/H\cong Q$ to the embedding $Q\subset\operatorname{Out} H$. Such an extension exists: if the genus $h$ of $\mathfrak{F}$ is $=1$, this is obvious since $H$ is abelian; if $h\geqq 2$, one applies non-abelian group extension theory and uses the fact that $H$ has trivial center (the extension is then unique). Since the extension is effective Theorem (B) tells us that, if $G$ splits over a finitely generated subgroup, $G$ is a plane motion group.

If $G$ is thus realized by plane motions, the quotient space of the (Euclidean or hyperbolic) plane modulo the action of the normal subgroup $H$ is precisely the surface $\mathfrak{F}$, now equipped with the corresponding metric. Each $y\in G$ acts on $\mathfrak{F}$ by an isometry of that metric, with $H$ acting trivially; this yields an action

$\psi$: $G/H \to \operatorname{Diff}\mathfrak{F}$ on $\mathfrak{F}$. The operation induced on $\pi_1(\mathfrak{F})$ by $y \in G$ can be described on the universal covering transformation group $H$ of $\mathfrak{F}$ simply as conjugation with $y$. Thus the map

$$G/H \xrightarrow{\psi} \operatorname{Diff}\mathfrak{F} \longrightarrow \pi_0(\operatorname{Diff}\mathfrak{F}) \xrightarrow{\cong} \operatorname{Out} H$$

is the same as $\varphi$: $G/H \to \operatorname{Out} H$ and hence corresponds, under $G/H \cong Q$, to the given embedding $Q \subset \operatorname{Out} H$. In other words, $Q \subset \pi_0(\operatorname{Diff}\mathfrak{F})$ is realized by isometries of the metric on $\mathfrak{F}$:

**(C)** *Let $H$ be the fundamental group of an orientable closed surface $\mathfrak{F}$ of genus $>0$, and $Q$ a finite subgroup of the mapping class group of $\mathfrak{F}$. If the extension $G$ of $H$ corresponding to $Q$ splits over a finitely generated subgroup (e.g., if it has positive Betti number $\beta_1$) then $Q$ can be realized by isometries of an appropriate (Euclidean or hyperbolic) metric on $\mathfrak{F}$.*

*2.3 Remarks.*

1) A full solution of the realization problem has been announced by Kerckhoff [7]; it uses Teichmüller space methods and results of Thurston.

2) The non-orientable analogue of Theorem (C) can be obtained with the help of the two-sheeted orientable covering of the surface.

3) The condition $\beta_1(G) > 0$ above can be expressed in terms of the given group $Q \subset \pi_0(\operatorname{Diff}\mathfrak{F})$, as follows. Let $\chi(x)$, $x \in Q$, be the character of the representation of $Q$ in $H_1(\mathfrak{F}; \mathbb{Z}) = H_1(H; \mathbb{Z}) \cong \mathbb{Z}^{2h}$. Then $\beta_1(G) = \frac{1}{|Q|} \sum_{x \in Q} \chi(x)$.

## 3. A Special Class of Group Pairs

*3.1.* A group pair $(G, \underline{S})$ consists of a group $G$ and a (possibly empty) family $\underline{S} = \{S_i, i \in I\}$ of subgroups of $G$. For the definition and general properties of relative (co)homology of $(G, \underline{S})$, with respect to a coefficient $G$-module A, we refer to [3]; if $\underline{S} = \emptyset$, it is ordinary (absolute) (co)homology of $G$. We will rely heavily on statements and proof methods of [3]; we simply recall here the notation, for $\underline{S} \neq \emptyset$, $\mathbb{Z}G/\underline{S} = \bigoplus_i \mathbb{Z}G/S_i$ and $\Delta_{G/\underline{S}}$ = kernel of $\varepsilon$: $\mathbb{Z}G/\underline{S} \to \mathbb{Z}$ given by $\varepsilon(xS_i) = 1$ for all cosets $xS_i$ and all $i \in I$.

*Finiteness properties* of $G$-modules $M$ will play a special role. If a $G$-projective resolution $\underline{P} \twoheadrightarrow M$ is finitely generated in dimensions $j \leqq m$, $m = 0, 1, 2, \ldots$, we call it an $(FP)_m$-resolution; if it is finitely generated for all $j$, an $(FP)_\infty$-resolution. A *group* $G$ is said of type $(FP)_m$, $m \leqq \infty$, if the trivial $G$-module $\mathbb{Z}$ admits an $(FP)_m$-resolution. A *group pair* $(G, \underline{S})$, $\underline{S} \neq \emptyset$, is said of type $(FP)_m$, if $\Delta_{G/\underline{S}}$ admits an $(FP)_{m-1}$-resolution; type $(FP)_m$, $m \geqq 1$, implies that the family $\underline{S}$ is finite, and then we will write $I = \{0, 1, \ldots, n\}$.

We will discuss the class $\mathfrak{P}$ of pairs $(G, \underline{S})$ fulfilling

(i) $(G, \underline{S})$ is of type $(FP)_2$,

(ii) $H^2(G, \underline{S}; \mathbb{Z}G) \cong \mathbb{Z}$,

(iii) all groups in $\underline{S}$ have two ends.

Any group pair $(G, \underline{S})$ fulfilling *Poincaré duality of dimension* 2 (cf. [3], in short a $PD^2$-pair) belongs to $\mathfrak{P}$; the group $G$ is finitely generated free and the subgroups $S_i$ in $\underline{S}$ are all infinite cyclic. All "finite extensions" of $PD^2$-pairs ([3], Sect. 1.7), which we call *virtual* $PD^2$*-pairs*, also belong to $\mathfrak{P}$. Note that properties (i)–(iii) are invariant under conjugation of the subgroups $\in \underline{S}$.

We recall that a group $S$ has two ends if and only if it has an infinite cyclic subgroup of finite index; $H^j(S; \mathbb{Z}S)$ is $\cong \mathbb{Z}$ for $j=1$, $=0$ for $j \neq 1$, and $S$ is of type $(FP)_\infty$.

*3.2.* We mention some rather elementary properties of the pairs $(G, \underline{S})$ in $\mathfrak{P}$.

(3.1) $\underline{S}$ is finite.

(3.2) $G$ is of type $(FP)_2$, hence finitely generated.

(3.3) $H^1(G, \underline{S}; \mathbb{Z}G) = 0$.

(3.4) If $\underline{S} \neq \emptyset$ then $H^2(G; \mathbb{Z}G) = 0$.

(3.1) has been mentioned above. Before proving the other assertions, we note that $\mathbb{Z}G/\underline{S} = \bigoplus_{i=0}^{n} \mathbb{Z}G/S_i$ admits an $(FP)_\infty$-resolution: for if $\underline{P} \twoheadrightarrow \mathbb{Z}$ is an $(FP)_\infty$-resolution over $\mathbb{Z}S_i$ then $\mathbb{Z}G \otimes_{S_i} \underline{P}$ is an $(FP)_\infty$-resolution over $\mathbb{Z}G$ of $\mathbb{Z}G \otimes_{S_i} \mathbb{Z} \cong \mathbb{Z}G/S_i$.

In the exact $G$-module sequence

$$\Delta_{G/\underline{S}} \rightarrowtail \mathbb{Z}G/\underline{S} \twoheadrightarrow \mathbb{Z}$$

$\Delta_{G/\underline{S}}$ admits an $(FP)_1$-resolution, $\mathbb{Z}G/\underline{S}$ an $(FP)_\infty$-resolution. It follows (by [2], Prop. 1.4) that $\mathbb{Z}$ admits an $(FP)_2$-resolution, i.e., we have (3.2).

We further have the following result (the proof of [3], Prop. 9.2 applies in this slightly more general context): If $(G, \underline{S})$ is of type $(FP)_2$, $G$ finitely generated, and $H^2(G, \underline{S}; \mathbb{Z}G)$ finitely generated as an Abelian group and $\neq 0$, then $H^1(G, \underline{S}; \mathbb{Z}G) = 0$, whence (3.3). Consider the exact cohomology sequence

$$0 \to H^1(G; \mathbb{Z}G) \xrightarrow{\text{res}} H^1(\underline{S}; \mathbb{Z}G) \xrightarrow{\delta} H^2(G, \underline{S}; \mathbb{Z}G) \to H^2(G; \mathbb{Z}G) \to 0.$$

Obviously $H^2(G; \mathbb{Z}G)$ is finitely generated as an Abelian group. If it is $\neq 0$ then $H^1(G; \mathbb{Z}G) = 0$ by the above result applied to $(G, \emptyset)$, and $\delta$ is injective – this however is possible for $\underline{S} = \emptyset$ or $\underline{S} = \{G\}$ only; the latter is ruled out by $H^2(G, \underline{S}; \mathbb{Z}G) = \mathbb{Z}$. Thus $H^2(G; \mathbb{Z}G) \neq 0$ implies $\underline{S} = \emptyset$, which proves (3.4).

We write $\tilde{\mathbb{Z}}$ for $H^2(G, \underline{S}; \mathbb{Z}G)$ as a $G$-module, with possibly nontrivial $G$-action. Assuming $\underline{S} \neq \emptyset$ we have the exact sequence

(3.5) $$H^1(G; \mathbb{Z}G) \rightarrowtail \bigoplus_{i=0}^{n} H^1(S_i; \mathbb{Z}G) \xrightarrow{\delta} \tilde{\mathbb{Z}}$$

We consider $H^1(S_i;\ \mathbb{Z}S_i)\cong\mathbb{Z}$ as an $S_i$-submodule of $H^1(S_i;\ \mathbb{Z}G)\cong\mathbb{Z}\otimes_{S_i}\mathbb{Z}G$, $i=0,1,\ldots,n$. Let $\delta_i$ be the restriction of $\delta$ to $H^1(S_i;\ \mathbb{Z}S_i)$ in the summand number $i$.

**Lemma 3.1.** *$\delta_i$: $H^1(S_i;\mathbb{Z}S_i)\to\tilde{\mathbb{Z}}$ is an $S_i$-module isomorphism, $i=0,1,\ldots,n$.*

*Proof.* If $n=0$ this is immediate from (3.5), since $H^1(S_0;\mathbb{Z}G)\cong\mathbb{Z}\otimes_{S_0}\mathbb{Z}G$. If $n>0$, put $\underline{S}'=\{S_0,\ldots,S_{i-1},S_{i+1},\ldots,S_n\}$.

From the commutative diagram with exact rows

$$\begin{array}{ccccc}
\Delta_{G/\underline{S}'} & \rightarrowtail & \mathbb{Z}G/\underline{S}' & \twoheadrightarrow & \mathbb{Z} \\
\downarrow & & \downarrow & & \| \\
\Delta_{G/\underline{S}} & \rightarrowtail & \mathbb{Z}G/\underline{S} & \twoheadrightarrow & \mathbb{Z} \\
 & & \downarrow & & \\
 & & \mathbb{Z}G/S_i & &
\end{array}$$

we get the exact sequence

$$(3.6)\qquad \Delta_{G/\underline{S}'}\rightarrowtail\Delta_{G/\underline{S}}\twoheadrightarrow\mathbb{Z}G/S_i.$$

We apply to (3.6) the exact $\mathrm{Tor}^{\mathbb{Z}G}$-sequence with $\prod\mathbb{Z}G$-coefficients (arbitrary product $\prod$) and use the fact that $\mathbb{Z}G/S_i$ admits an $(FP)_\infty$-resolution, $\Delta_{G/\underline{S}}$ an $(FP)_1$-resolution. From the appropriate criterion ([2] Theorem 1.3 (iiia)) we see that $\Delta_{G/\underline{S}'}\otimes_G\prod\mathbb{Z}G\cong\prod\Delta_{G/\underline{S}'}$, which means that $\Delta_{G/\underline{S}'}$ admits an $(FP)_1$-resolution; i.e., the pair $(G,\underline{S}')$ is of type $(FP)_2$.

Applying $\mathrm{Ext}_{\mathbb{Z}G}(-,\mathbb{Z}G)$ to (3.6) yields the exact sequence

$$0\to H^1(G,\underline{S}';\mathbb{Z}G)\to H^1(S_i;\mathbb{Z}G)\xrightarrow{\ \delta'\ }\tilde{\mathbb{Z}}\to H^2(G,\underline{S}';\mathbb{Z}G)\to 0$$

where $\delta'$ is the restriction of $\delta$ to the $i$-th summand. If the term $H^2(G,\underline{S}';\mathbb{Z}G)$ is $\neq 0$ (it is finitely generated Abelian) the same argument as before yields $H^1(G,\underline{S}';\mathbb{Z}G)=0$; thus $\delta'$ is injective, $H^1(S_i;\mathbb{Z}G)$ infinite cyclic, and hence $G=S_i$ has two ends. The only possibility for the pair is then $\underline{S}=\{G,G\}$, and Lemma 3.1 holds trivially. If $H^2(G,\underline{S}';\mathbb{Z}G)=0$, $\delta'$ is surjective, which is possible only if $\delta_i$ is surjective and thus an isomorphism of (right) $S_i$-modules.

We now identify $H^1(S_i;\mathbb{Z}S_i)$ with $\tilde{\mathbb{Z}}$ by means of $\delta_i$. We further turn $\tilde{\mathbb{Z}}$ into a left module by putting as usual $x\cdot 1=1\cdot x^{-1}$, $x\in G$; and analogously for $H^1(G;\mathbb{Z}G)$ and $H^1(S_i;\mathbb{Z}G)$. Then

$$H^1(S_i;\mathbb{Z}G)\cong H^1(S_i;\mathbb{Z}S_i)\otimes_{S_i}\mathbb{Z}G=\tilde{\mathbb{Z}}\otimes_{S_i}\mathbb{Z}G$$

is isomorphic to the left $G$-module $\mathbb{Z}G\otimes_{S_i}\tilde{\mathbb{Z}}$ (by $1\otimes x\mapsto x^{-1}\otimes 1$, $x\in G$) which in turn is isomorphic to $\mathbb{Z}G/S_i\otimes\tilde{\mathbb{Z}}$ with diagonal (left) $G$-action (by $x\otimes 1\mapsto xS_i\otimes x\cdot 1$, $x\in G$). Thus 3.5 becomes

$$H^1(G;\mathbb{Z}G)\rightarrowtail\mathbb{Z}G/\underline{S}\otimes\tilde{\mathbb{Z}}\xrightarrow{\ \varepsilon\otimes 1\ }\mathbb{Z}\otimes\tilde{\mathbb{Z}}$$

and finally

(3.7) $$H^1(G;\mathbb{Z}G)\cong\Delta_{G/\underline{S}}\otimes\tilde{\mathbb{Z}}\quad\text{(diagonal action)}.$$

It follows, in particular, that $H^1(G;\mathbb{Z}G)$ is finitely generated as a $G$-module. By Dunwoody's criterion [5], Theorem 5.5, we conclude:

(3.8) $$G \text{ is accessible.}$$

*Remark 3.9.* Accessibility can be used for *inductive proofs* as follows. One wants to prove a certain assertion $A$ for finitely generated accessible groups. To do so one proves $A$ for groups which split over a finite subgroup $K$, as $G_1 *_K G_2$ or as $G_1 *_{K,p}$, under the assumption that $A$ holds for $G_1$ and $G_2$ (and, of course, proves $A$ for groups which do *not* split over a finite $K$, i.e., for groups with one end).

*3.3.* We next show that the property of a group pair to belong to $\mathfrak{P}$ is inherited under splittings over a subgroup with two ends, in the precise sense formulated below. This result is the analogue of that for $PD^2$-pairs ([3], Theorems 8.1 and 8.2).

**Proposition 3.2.** a) *Let $G=G_1 *_T G_2$ be a non-trivial splitting over a group $T$ with two ends, and let $\underline{S}=\underline{S}_1\cup\underline{S}_2$ be a (possibly empty) family of subgroups of $G$ with $\underline{S}_\nu$ consisting of subgroups of $G_\nu$, $\nu=1,2$. If $(G,\underline{S})$ is in $\mathfrak{P}$ then so are $(G_\nu,\underline{S}_\nu\cup T)$, $\nu=1,2$.*

b) *Let $G=G_1 *_{T,p}$ be an $HNN$-extension over a group $T$ with two ends, and $\underline{S}_1$ a (possibly empty) family of subgroups of $G_1$. If $(G,\underline{S}_1)$ is in $\mathfrak{P}$ then so is $(G_1,\underline{S}_1\cup T\cup p^{-1}Tp)$.*

*Proof.* Since the proofs are very similar, we only prove a). In that situation the Mayer-Vietoris exact cohomology sequence yields

$$0\longrightarrow H^1(T;\mathbb{Z}G)\xrightarrow{(\delta_1,\delta_2)} H^2(G_1,\underline{S}_1\cup T;\mathbb{Z}G)$$
$$\oplus H^2(G_2,\underline{S}_2\cup T;\mathbb{Z}G)\xrightarrow{(p_1,p_2)}\tilde{\mathbb{Z}}\longrightarrow 0$$

where the last term $\tilde{\mathbb{Z}}$ is $H^2(G,\underline{S};\mathbb{Z}G)$. We note that $(G_\nu,\underline{S}_\nu\cup T)$ has type $(FP)_2$ (use Theorem 1.3 of [2]), and we write $C_T=H^1(T;\mathbb{Z}T)$, $C_\nu=H^2(G_\nu,\underline{S}_\nu\cup T;\mathbb{Z}G_\nu)$, $\nu=1,2$. Then $H^1(T;\mathbb{Z}G)\cong C_T\otimes_T\mathbb{Z}G$ and $H^2(G_\nu,\underline{S}_\nu\cup T;\mathbb{Z}G_\nu)\cong C_\nu\otimes_{G_\nu}\mathbb{Z}G$, $\nu=1,2$, by natural isomorphisms which we use to identify the respective $G$-modules.

Let $c$ be a generator of $C_T\cong\mathbb{Z}$. Then $\delta_\nu(c\otimes 1)=c_\nu\otimes 1$, where $1\in\mathbb{Z}G$ and $c_\nu\in C_\nu$, $\nu=1,2$ (cf. the description of $\delta_\nu$ in [3]). If we assume $c_1=0$ then $\delta_1=0$ and $p_1$ is injective. Since $|G:G_1|=\infty$ this implies $C_1=0$ and thus $\tilde{\mathbb{Z}}=$cokernel of $\delta_2$ is $\cong B\otimes_{G_2}\mathbb{Z}G$ for some $G_2$-module $B$, which is impossible. Thus $c_1\neq 0$ and by the same argument $c_2\neq 0$.

Let $d\otimes 1\in C_1\otimes_{G_1}\mathbb{Z}G$ be in the kernel of $p_1$, and assume $d\otimes 1\neq 0$. Then $(d\otimes 1,0)=(\delta_1,\delta_2)(c\otimes z)$ für some $z\in\mathbb{Z}G$, $z\neq 0$. We may write, using the normal form of elements in $G=G_1 *_T G_2$,

$$z=\sum_i z_i r_i$$

where $z_i \in \mathbb{Z}T$ and where the $r_i$ are different products of representatives $\neq 1$ of the cosets of $G_1$ and of $G_2 \bmod T$ (alternating between $G_1$ and $G_2$), or $r_i=1$. Each product $r_i$ has a length $l_i$ ($l_i=0$ if $r_i=1$). Then $c\otimes z=\sum c z_i \otimes r_i =\sum m_i c \otimes r_i$, $m_i \in \mathbb{Z}$. These $m_i$ are not all 0, and we omit from the sum the terms with $m_i=0$. Now $(d\otimes 1, 0)=(\delta_1, \delta_2)(c\otimes z)=(\sum_i m_i c_1 \otimes r_i, \sum_i m_i c_2 \otimes r_i)$, with $m_i c_\nu \neq 0$ for all $i$ and $\nu=1,2$ since the $C_\nu$ are torsion-free, as is seen from the above exact sequence. It follows that $\sum m_i c_2 \otimes r_i=0$; this implies that the maximal length $l_i$ of the $r_i$ is not 0 (which would mean that there is only one term, with $r_1=1$), and further that a product $r_i$ of maximal length must begin with a representative of $G_2 \bmod T$. But then $d\otimes 1=\sum m_i c_1 \otimes r_i$ is not possible, this tensor product being over $G_1$.

Thus $d\otimes 1$ is 0, i.e., $p_1$ is injective and so is $p_2$. It follows that $C_1$ and $C_2$ are both isomorphic to $\mathbb{Z}$; which concludes the proof in the case a).

## 4. Splitting of Pairs in $\mathfrak{P}$ over a Finite Normal Subgroup

*4.1.* We recall (cf. [9]) that a group $S$ with *two ends* always splits over a unique normal subgroup $K$; more precisely, $S=K *_{K,p}$ or $S=H *_K L$ with $|H:K| =|L:K|=2$. We will show that for a pair $(G, \underline{S})$ in $\mathfrak{P}$ with $\underline{S}\neq\emptyset$ the groups $S_0, S_1, \ldots, S_n \in \underline{S}$ all split over the same $K\subset G$, and that $K$ is normal in $G$. The decomposition theorems for group pairs [8] provide the first important step in the argument; namely, a simultaneous splitting of $G$ and $S_0$ over a finite subgroup $K$ or over $K_1$, $|K:K_1|=2$.

Throughout Sect. 4 let $(G, \underline{S})$ be a pair $\in\mathfrak{P}$ with $\underline{S}\neq\emptyset$.

**Proposition 4.1.** *If $S_0 \neq G$ there is a finite subgroup $K\subset G$ such that $G$ and $S_0$ split (non-trivially) according to one of the following types.*

(1a) $G=H *_K M$, $S_0=H_1 *_K mH_2m^{-1}$, $m\in M$, $m\notin K$,

(1b) $G=H *_K M$, $S_0=K *_{K,mh}$, $m\in M$, $h\in H$, $m, h\notin K$,

(1c) $G=H *_K M$, $S_0=H_1 *_{K_1} M_1$ *with* $|K:K_1|=2$,

(2a) $G=H *_{K,p}$, $S_0=H_1 *_K p^2 H_2 p^{-2}$,

(2b) $G=H *_{K,p}$, $S_0=H_1 *_K (php^{-1}) H_2 (ph^{-1}p^{-1})$, $h\in H$, $h\notin p^{-1}Kp$,

(2c) $G=H *_{K,p}$, $S_0=K *_{K,ph'p^{-1}h}$, $h, h'\in H$, $h\notin K$, $h'\notin p^{-1}Kp$,

(2d) $G=H *_{K,p}$, $S_0=K *_{K,p^2h}$, $h\in H$,

(2e) $G=H *_{K,p}$, $S_0=H_1 *_{K_1} pH_2p^{-1}$ *with* $|K:K_1|=2$,

(2f) $G=H *_{K,p}$, $S_0=K_1 *_{K_1,p}$ *with* $|K:K_1|=2$,

*where $H_1, H_2$ are subgroups of $H$, $M_1$ of $M$, and such that $S_1, S_2, \ldots, S_n$ are conjugate to subgroups $S'_1, S'_2, \ldots, S'_n$ of $H$ or of $M$.*

*Proof.* Since $S_0\neq G$, the "weight" $n(S_0)$ with respect to the pair $(G; S_1, \ldots, S_n)$ is easily determined by (3.5) and Lemma 3.1 (for the definition and properties of weight see [8]). Namely, $n(S_0)=2$. Thus Corollary 3.3 of [8] can be applied; among the cases listed there only the nine types above can occur.

*4.2.* We next will show that the pair consisting of $H$ in Proposition 4.1, and of those subgroups $S_i'$ which lie in $H$ together with some further subgroups, belongs to $\mathfrak{P}$ provided $H$ is *infinite;* and similarly for $M$ in Proposition 4.1. The various types have to be treated separately. We write $\underline{S}_H$ for the family of the $S_i' \subset H$, and $\underline{S}_M$ for the analogue in $M$.

(1a) Since $m^{-1}Km \subset H_2 \subset H$ and $m^{-1}Km \subset M$, we have $m^{-1}Km \subset K$ and thus $=K$. We consider the two decompositions $\alpha$) $G=\langle H, m\rangle *_{\langle K,m\rangle} M$, and $\beta$) $G=H *_{\langle H_1,H_2\rangle} \langle M, H_1, H_2\rangle$, where the symbol $\langle\ \rangle$ designates the subgroup of $G$ generated by the elements or sets of elements appearing in it.

$\alpha$) $G=\langle H, m\rangle *_{\langle K,m\rangle} M$. Since $S_0 \subset \langle H, m\rangle$, *all* subgroups of $\underline{S}$ are conjugate to subgroups of $\langle H, m\rangle$ or of $M$. For *finite* $\langle K, m\rangle$ the decomposition must be trivial, since otherwise $H^1(G, \underline{S}; \mathbb{Z}G)$ would be $\neq 0$, contradicting (3.3). As $M \neq G$, this means $\langle K, m\rangle = M$. If, on the other hand, $\langle K, m\rangle$ is *infinite*, one has $\langle K, m\rangle = K *_{K,m}$; then, assuming $\langle K, m\rangle \neq M$, the pair $(M, \underline{S}_M \cup K *_{K,m})$ belongs to $\mathfrak{P}$ by Proposition 3.2. We claim that for $\langle K, m\rangle$ infinite $=K *_{K,m}$ this is also true if $K *_{K,m} = M$.

To prove this we note that res: $H^1(G; \mathbb{Z}G) \to H^1(\underline{S}_M; \mathbb{Z}G)$ is surjective by (3.5), and so is res: $H^1(M; \mathbb{Z}M) \to H^1(\underline{S}_M; \mathbb{Z}M)$. But since $M=K *_{K,m}$ has two ends this is possible only if $\underline{S}_M=\{M\}$ or $\underline{S}_M=\emptyset$. From $G=H *_K (K *_{K,m}) = H *_{K,m}$ we see that $n(S_0) \leqq 1$ with respect to $(G, \underline{S}_H)$, cf. Theorem 2.1 of [8]. Since $n(S_0)=2$ with respect to $(G, \underline{S})=(G, \underline{S}_H \cup \underline{S}_M)$, $\underline{S}_M$ cannot be empty and thus $\underline{S}_M=\{M\}$; i.e. the pair $(M, \underline{S}_M \cup K *_{K,m})$ is $(M, \{M, M\})$ which belongs to $\mathfrak{P}$.

Summing up we have the alternative

(i) $K$ is normal in $\langle K, m\rangle = M$ and $M$ is finite, or

(ii) $(M, \underline{S}_M \cup K *_{K,m})$ is a pair $\in \mathfrak{P}$.

$\beta$) $G=H *_{\langle H_1,H_2\rangle} \langle M, H_1, H_2\rangle$. We note that $S_0 \subset \langle M, H_1, H_2\rangle$, and recall that $K$ has index 2 in $H_1$ and in $H_2$. Now, if $\langle H_1, H_2\rangle$ is finite, the decomposition must be trivial, i.e., $H=\langle H_1, H_2\rangle$. If $\langle H_1, H_2\rangle$ is infinite, $K = H_1 \cap H_2$, and in the obvious surjection $H_1 *_K H_2 \to \langle H_1, H_2\rangle$ the kernel lies in $K$ and is thus trivial; in that case it follows, similarly to $\alpha$) above, that $(H, \underline{S}_H \cup H_1 *_K H_2)$ is in $\mathfrak{P}$. This yields the alternative

(i) $K$ is normal in $\langle H_1, H_2\rangle = H$ and $H$ is finite, or

(ii) $(H, \underline{S}_H \cup H_1 *_K H_2)$ is a pair $\in \mathfrak{P}$.

The type (1b) is treated similarly.

(1c) We consider the decomposition $G=\langle H, M_1\rangle *_{\langle K,M_1\rangle} M$ and note that $S_0 \subset \langle H, M_1\rangle$. If $\langle K, M_1\rangle$ is finite, the decomposition is trivial, i.e., $\langle K, M_1\rangle = M$. If $\langle K, M_1\rangle$ is infinite, one has an obvious isomorphism $K *_{K_1} M_1 \to \langle K, M_1\rangle$. As above one thus gets the two possibilities

(i) $K_1$ is normal in $\langle K, M_1\rangle = M$ and $M$ is finite, or

(ii) $(M, \underline{S}_M \cup K *_{K_1} M_1)$ is a pair $\in \mathfrak{P}$.

Replacing $M$ by $H$, one gets the analogous result for $H, H_1$ etc.

(2a) We write $K'$ for $p^{-1}Kp$. Since $K \subset p^2Hp^{-2}$, $K'$ is in $pHp^{-1} \cap H = K$, i.e., $K' = K$. We consider the decomposition $G = H *_{\langle H_1, H_2\rangle} (\langle H_1, H_2\rangle *_{K,p})$ and note that $S_0 \subset \langle H_1, H_2\rangle *_{K,p}$. This yields as before

(i) $K$ is normal in $\langle H_1, H_2\rangle = H$ and $H$ is finite, or

(ii) $(H, \underline{S}_H \cup H_1 *_K H_2)$ is a pair $\in \mathfrak{P}$,

and in both cases $p^{-1}Kp = K$.

(2b) We write $K'$ for $p^{-1}Kp$. Since $K \subset php^{-1}H_2ph^{-1}p^{-1}$, we have $h^{-1}K'h \subset p^{-1}Hp \cap H = K'$, i.e. $h^{-1}K'h = K'$. We consider the decomposition $G = \langle H, php^{-1}\rangle *_{\langle K, php^{-1}\rangle, p}$ and note that $S_0 \subset \langle H, php^{-1}\rangle$. It follows that $\langle K, php^{-1}\rangle$ must be infinite and hence $= K *_{K, php^{-1}}$. The pair $(\langle H, php^{-1}\rangle, \underline{S} \cup \langle K, php^{-1}\rangle \cup \langle K', h\rangle)$ is in $\mathfrak{P}$ by Proposition 3.2. The surjective map $H *_K \langle K, php^{-1}\rangle \to \langle H, php^{-1}\rangle \subset G$ extending the embedding of the factors is easily seen to be an isomorphism (consider normal forms in $H *_K \langle K, php^{-1}\rangle$ and in $G = H *_{K,p}$). Since $S_0 = H_1 *_K (php^{-1}) H_2 (ph^{-1}p^{-1})$, we are in the case of type (1a) with regard to the pair

$$(\langle H, php^{-1}\rangle, \underline{S} \cup \langle K, php^{-1}\rangle \cup \langle K', h\rangle).$$

Applying $\beta$) above, we note that $H$ containing the infinite group $\langle K', h\rangle$ cannot be finite, and thus

(ii) $(H, \underline{S}_h \cup K' *_{K',h} \cup H_1 *_K H_2)$ is a pair in $\mathfrak{P}$.

The other types are treated similarly, and the complete result is

**Proposition 4.2.** *For the various types of splittings of $G$ and $S_0$ the following holds (writing $K'$ for $p^{-1}Kp$ in the cases* (2a) *to* (2f), *$K_1'$ for $p^{-1}K_1p$ in the case* (2e)).

(1a) *$K$ is normal in $\langle K, m\rangle = M$ and $M$ is finite, or $(M, \underline{S}_M \cup K *_{K,m})$ is a pair $\in \mathfrak{P}$; and*

*$K$ is normal in $\langle H_1, H_2\rangle = H$ and $H$ is finite, or $(H, \underline{S}_H \cup H_1 *_K H_2)$ is a pair $\in \mathfrak{P}$.*

(1b) *$K$ is normal in $\langle K, m\rangle = M$ and $M$ is finite, or $(M, \underline{S}_M \cup K *_{K,m})$ is a pair $\in \mathfrak{P}$; and*

*$K$ is normal in $\langle K, h\rangle = H$ and $H$ is finite, or $(H, \underline{S}_H \cup K *_{K,h})$ is a pair $\in \mathfrak{P}$.*

(1c) *$K_1$ is normal in $\langle K, M_1\rangle = M$ and $M$ is finite, or $(M, \underline{S}_M \cup K *_{K_1} M_1)$ is a pair $\in \mathfrak{P}$; and*

*$K_1$ is normal in $\langle K, H_1\rangle = H$ and $H$ is finite, or $(H, \underline{S}_H \cup K *_{K_1} H_1)$ is a pair $\in \mathfrak{P}$.*

(2a) *$K$ is normal in $\langle H_1, H_2\rangle = H$ and $H$ is finite, or*

*$(H, \underline{S}_H \cup H_1 *_K H_2)$ is a pair $\in \mathfrak{P}$; and $K' = K$.*

(2b) *$(H, \underline{S}_H \cup K' *_{K',h} \cup H_1 *_K H_2)$ is a pair $\in \mathfrak{P}$.*

(2c) *$(H, \underline{S}_H \cup K' *_{K',h'} \cup K *_{K,h})$ is a pair $\in \mathfrak{P}$.*

(2d) *$K$ is normal in $\langle K, h\rangle = H$ and $H$ is finite, or*

*$(H, \underline{S}_H \cup K *_{K,h})$ is a pair $\in \mathfrak{P}$; and $K' = K$.*

(2e) $(H, \underline{S}_H \cup K' *_{K_1'} H_2 \cup K *_{K_1} H_1)$ *is a pair* $\in \mathfrak{P}$.

(2f) $K_1$ *is normal in* $\langle K, K' \rangle = H$ *and* $H$ *is finite, or* $(H, \underline{S}_H \cup K *_{K_1} K')$ *is a pair* $\in \mathfrak{P}$.

*4.3.* The above result combined with the method of "induction on $G$" (cf. Remark in Sect. 3.2) yields

**Corollary 4.3.** *If* $(G, \underline{S})$ *is a pair in* $\mathfrak{P}$ *then the subgroups* $S_0, S_1, \ldots, S_n \in \underline{S}$ *all split over the same subgroup* $K$, *and* $K$ *is normal in* $G$.

*Proof.* If $S_0 = G$, then the pair is $(G, \{G, G\})$ and the assertion holds trivially. If $S_0 \neq G$ we can apply Proposition 4.1 and 4.2. Consider, for example, splittings of type (1a) of $G$ and $S_0$. If $M$ is infinite, then $(M, \underline{S}_M \cup K *_{K,m})$ is in $\mathfrak{P}$. By the inductive assumption all groups $\in \underline{S}_M$ split over $K$ and $K$ is normal in $M$. The same holds trivially for finite $M$ (where $\underline{S}_M = \emptyset$). Analogously for $H$ and $\underline{S}_H$. Thus $K$ is always normal in $M$ and $H$ and hence in $G$. Moreover $S_0, S_1', \ldots, S_n'$ split over $K$, and so do $S_1, S_2, \ldots, S_n$ which are conjugate to the $S_1', S_2', \ldots, S_n'$.

The other types are dealt with similarly; in the cases (2b) and (2c) the inductive assumption implies that $K' = p^{-1} K p = K$ and $K$ normal in $H$, hence $K$ normal in $G$ (and similarly in case (2e)).

## 5. The Presentation List

*5.1.* We consider group pairs $(G, \underline{S})$ given by explicit presentations. The list consists of two different types: (I) depending on non-negative integers $h, k, g$ not all 0 ($h > 1$ if $k = g = 0$). (II) depending on non-negative integers $n, m_1, \ldots, m_n, h, g$, with $n, h, g$ not all 0. We denote by $C(x)$ the infinite cyclic group generated by $x$, by $C_2(x)$ the cyclic group of order 2 generated by $x$.

(I) Generators of $G$:

$s_1, s_2, \ldots, s_h, \quad t_1, t_2, \ldots, t_k,$
$u_1, v_1, \ldots, u_g, v_g, \quad$ or $\quad w_1, w_2, \ldots, w_g.$

Relations of $G$:

$s_i^{a_i} = 1 \ (a_i \geqq 2), \quad i = 1, 2, \ldots, h.$

Subgroups in $\underline{S}$ up to conjugation in $G$:

$C(t_j), \quad j = 1, 2, \ldots, k,$
$C(s_1 s_2 \ldots s_h t_1 t_2 \ldots t_k [u_1, v_1] \ldots [u_g, v_g]),$ or
$C(s_1 s_2 \ldots s_h t_1 t_2 \ldots t_k w_1^2 w_2^2 \ldots w_g^2),$ respectively.

(II) Generators of $G$:

$x_{ij}, \ 1 \leqq i \leqq n, \ 0 \leqq j \leqq m_i, \quad q_1, q_2, \ldots, q_n, \quad s_1, s_2, \ldots, s_h,$
$u_1, v_1, \ldots, u_g, v_g, \quad$ or $\quad w_1, w_2, \ldots, w_g.$

Relations of $G$:

1) $x_{ij}^2 = 1, \quad 1 \leqq i \leqq n, \ 0 \leqq j \leqq m_i,$
2) $q_i^{-1} x_{im_i} q_i = x_{i0}, \quad 1 \leqq i \leqq n,$
3) $s_i^{a_i} = 1 \ (a_i \geqq 2), \quad i = 1, 2, \ldots, h,$

4) $s_1 s_2 \dots s_h [u_1, v_1] \dots [u_g, v_g] q_1 q_2 \dots q_n = 1$, or
4′) $s_1 s_2 \dots s_h w_1^2 w_2^2 \dots w_g^2 q_1 q_2 \dots q_n = 1$, respectively.

Moreover, for each pair of indices $i, j$ with $1 \leqq i \leqq n$, $1 \leqq j \leqq m_i$ *one* of the following possibilities holds

5) there is a relation $(x_{ij-1} x_{ij})^{a_{ij}} = 1$, for some $a_{ij} \geqq 2$,
5′) there is a further generator $q_{ij}$ and a relation $q_{ij}^{-1} x_{ij-1} q_{ij} = x_{ij}$,
5″) there is no further generator nor relation.

Subgroups in $\underline{S}$ up to conjugation in $G$:
For each index pair $i, j$ with 5′) there is a subgroup $C(q_{ij})$,
for each index pair $i, j$ with 5″) there is a subgroup $C_2(x_{ij-1}) * C_2(x_{ij})$.

Each sequence $x_{i0}, x_{i1}, \dots, x_{im_i}$ together with the corresponding further generators and relations, and subgroups $\in \underline{S}$, will be called a "circuit".

Of course the groups $G$ in (I) further depend on the exponents $a_i \geqq 2$; those in (II) on the exponents $a_{ij} \geqq 2$ for the respective index pairs. Note that 5″) cannot occur in some simple cases with $h = g = 0$ and $n = 1$.

In the above presentation list certain "pairs" under (II) are in fact just groups, i.e., $\underline{S} = \emptyset$. We then simply say that the group $G$ has a presentation (II). We recall the important fact that *all infinite groups G having a presentation* (II) *are plane motion groups* in the sense used in this paper (Sect. 1.1) and that (II) with the appropriate integers and $\underline{S} = \emptyset$ gives *their complete list;* for a proof see [11]. Moreover they are known to be *virtual surface groups* [11].

As for the pairs $(G, \underline{S})$ with $\underline{S} \neq \emptyset$ having a presentation (I) or (II) it is probable that they all are virtual $PD^2$-pairs and thus are $\in \mathfrak{P}$, but we have not checked this in all cases. The actual $P\dot{D}^2$-pairs were examined in [6] where their complete presentation list was established; that list shows that they are all "geometric".

The main objective of the present section is to show (Theorem 5.2) that all pairs $(G, \underline{S})$ in $\mathfrak{P}$ with $\underline{S} \neq \emptyset$, modulo a finite normal subgroup, do have presentations (I) or (II).

5.2. *Remark.* If $(G, \underline{S})$ with $\underline{S} \neq \emptyset$ has a presentation (I) or (II) we can assume that one of the groups $\in \underline{S}$ is actually as listed, not only conjugate to it. This can be achieved by suitably replacing generators of $G$ by their conjugates. Similarly, if $G$ splits as $G_1 *_{T,p}$ and if $(G_1, \underline{S} \cup T \cup p^{-1} Tp)$ has a presentation (I) or (II), we can assume that both $T$ *and* $p^{-1} Tp$ are of a type appearing in the list; in addition to the above one may have to change for this the stable letter $p$.

5.3. The presentation list above is stable with respect to amalgamation and to HNN-extension, as follows.

**Proposition 5.1.** a) If the group $G$ splits as $G_1 *_T G_2$ where $(G_i, \underline{S}_i \cup T)$, $i = 1, 2$, have presentations (I) or (II), then $(G, \underline{S}_1 \cup \underline{S}_2)$ has a presentation (I) or (II).

b) If the group $G$ splits as $G_1 *_{T,p}$ where $(G_1, \underline{S} \cup T \cup p^{-1} Tp)$ has a presentation (I) or (II), then $(G, \underline{S})$ has a presentation (I) or (II).

*Proof.* a) We only describe a typical case (the others being similar): $(G_1, \underline{S}_1 \cup T)$ and $(G_2, \underline{S}_2 \cup T)$ have a presentation (II) and $T$ is infinite cyclic;

let $x_{10}, \ldots, q_1, \ldots, q_m, q_{11}, \ldots$ be the generators of $G_1$, and $y_{10}, \ldots, p_1, \ldots, p_k, p_{11}, \ldots$ those of $G_2$, and let $T$ be the subgroup $C(q_{1r}) = C(p_{1s})$ for some $r$ and $s$. Then $G$ has a presentation consisting of the generators and relations of $G_1$ and $G_2$ together with the relation $q_{1r} = p_{1s}$ or $q_{1r} = p_{1s}^{-1}$; we may assume without restriction that the latter holds. We then change that presentation of $G$ by the following steps.

We abbreviate here the relation

$$4)\ s_1 \ldots s_h [u_1, v_1] \ldots [u_g, v_g] q_1 \ldots q_m = 1$$
$$[\text{or } 4')\ s_1 \ldots s_h w_1^2 \ldots w_g^2 q_1 \ldots q_m = 1]$$

in $G_1$ by $R_1 q_1 \ldots q_m = 1$, and the analogous relation in $G_2$ by $R_2 p_1 \ldots p_k = 1$. The generators $x_{1r}$ and $y_{1s}$ can be eliminated by means of

$$q_{1r}^{-1} x_{1r-1} q_{1r} = x_{1r} \quad \text{and} \quad p_{1s}^{-1} y_{1s-1} p_{1s} = y_{1s}.$$

We replace the generators $x_{1j}$, $j > r$, by $\bar{x}_{1j} = q_{1r} x_{1j} q_{1r}^{-1}$; and $y_{1j}$, $j > s$, by $\bar{y}_{1j} = p_{1s} y_{1j} p_{1s}^{-1}$. We then have relations

$$q_1^{-1} q_{1r}^{-1} \bar{x}_{1m_1} q_{1r} q_1 = x_{10} \quad (\text{or, if } r = m_1, q_1^{-1} q_{1r}^{-1} x_{1m_1-1} q_{1r} q_1 = x_{10}),$$

and

$$p_1^{-1} p_{1s}^{-1} \bar{y}_{1k_1} p_{1s} p_1 = y_{10} \quad (\text{or, if } s = k_1, p_1^{-1} p_{1s}^{-1} y_{1k_1-1} p_{1s} p_1 = y_{10}).$$

We put $\bar{q}_1 = q_{1r} q_1$ and $\bar{p}_1 = p_{1s} p_1$ and use these instead of $q_1$ and $p_1$. We further eliminate $q_{1r}$ and $p_{1s}$ by means of the relations $q_{1r} = p_{1s}^{-1}$ and $R_1 q_{1r}^{-1} \bar{q}_1 q_2 \ldots q_m = 1$. Instead of the two relations 4), or 4'), involving $R_1$ and $R_2$ we then have a single relation $R_2 \bar{q}_1 q_2 \ldots q_m R_1 \bar{p}_1 p_2 \ldots p_k = 1$. In this way we obtain for the pair $(G, \underline{S}_1 \cup \underline{S}_2)$ a presentation (II).

b) We only describe the case where $(G_1, \underline{S} \cup T \cup p^{-1} T p)$ has a presentation (II), with $T \cong C_2 * C_2$. Let $T$ be $C_2(x_{1r-1}) * C_2(x_{1r})$ and $p^{-1} T p = C_2(x_{ks-1}) * C_2(x_{ks})$ for some $r$, $k$, and $s$.

$G$ has a presentation consisting of the generators and relations of $G_1$ together with the generator $p$ and the relations $p^{-1} x_{1r-1} p = y_1$, $p^{-1} x_{1r} p = y_2$ where $y_1, y_2$ are elements such that $p^{-1} T p = C_2(y_1) * C_2(y_2)$. By changing the stable letter, if necessary, we may assume that $y_1 = x_{ks-1}$, $y_2 = x_{ks}$ or vice-versa.

We first deal with the case $k = 1$. If $y_1 = x_{1s-1}$ we eliminate $x_{1s-1}$ and $x_{1s}$ by means of the relations $p^{-1} x_{1r-1} p = x_{1s-1}$ and $p^{-1} x_{1r} p = x_{1s}$. We may assume $r < s$; the $x_{1j}$ with $r \leqq j < s-1$ may be replaced by $\bar{x}_{1j} = p x_{1j} p^{-1}$ and the $x_{1j}$ with $j > s$ by $\bar{x}_{1j} = p^2 x_{1j} p^{-2}$. Then the sequence of generators

$$x_{10}, \ldots, x_{1r-1}, \bar{x}_{1s-2}, \bar{x}_{1s-3}, \ldots, \bar{x}_{1r}, \bar{x}_{1s+1}, \ldots, \bar{x}_{1m_1}$$

together with appropriate relations and/or subgroups $\in \bar{S}$ (up to conjugacy) form a *circuit.* (Note that in that sequence the last element may in fact not really be $\bar{x}_{1m}$; it is $\bar{x}_{1r}$ if $s = m_1$ and $s \neq r+1$, or $x_{1r-1}$ if $s = m_1$ and $s = r+1$. But in all these cases conjugation of that element with $p^2 q_1$ yields $x_{10}$). We replace the generator $q_1$ by $\bar{q}_1 = p^2 q_1$ and write $w = p^{-1}$. The original relation 4) or 4') $R q_1 q_2 \ldots q_m = 1$ now reads $R w^2 \bar{q}_1 q_2 \ldots q_m = 1$, and we obtain for the pair $(G, \underline{S})$ a presentation (II).

If, still assuming $k=1$, $y_1=p^{-1}x_{1_{r-1}}p=x_{1_s}$, $s>r$, we can reduce that case to a) above by decomposing $G$ as amalgam over $C(p)$ and decomposing the circuit $x_{10}, \ldots, x_{1m_1}$ into two circuits as follows:

One factor of $G$ contains all generators of $G$ except those of the first circuit, and the generators in the partial circuit

$$x_{10}, \ldots, x_{1r-1}, x_{1s}, \ldots, x_{1m_1}$$

(with $q_1$ still playing its role, with relation $p^{-1}x_{1_{r-1}}p=x_{1_s}$, and with subgroup $C(p)$). The other factor of $G$ is generated by

$$x_{1s-1}, x_{1s-2}, \ldots, x_{1r}, \bar{x}_{1s-1}$$

and a new $\bar{q}_1$ and a new $\bar{p}$, with relations $\bar{q}_1^{-1}\bar{x}_{1s-1}\bar{q}_1=x_{1s-1}$, $\bar{q}_1=e$, $\bar{p}=p$, $\bar{p}^{-1}x_{1_r}\bar{p}=\bar{x}_{1s-1}$; together with the subgroup $C(\bar{p})$ we have a new circuit.

We now turn to $k>1$, and assume $y_1=p^{-1}x_{1_{r-1}}p=x_{ks}$ (the case $y_1=x_{ks-1}$ is treated similarly). We eliminate the generators $x_{ks-1}$ and $x_{ks}$ by means of $p^{-1}x_{1_r}p=x_{ks-1}$ and $p^{-1}x_{1_{r-1}}p=x_{ks}$, and the generator $x_{10}$ by $q_1^{-1}x_{1m_1}q_1=x_{10}$. We further replace $x_{1j}$, $j\geqq r$, by $\bar{x}_{1j}=p^{-1}x_{1j}p$; and $x_{1j}$, $0<j<r$, by $\bar{x}_{1j}=p^{-1}q_1x_{1j}q_1^{-1}p$; and $x_{kj}$, $j>s$, by $\bar{x}_{kj}=p^{-1}q_1px_{kj}p^{-1}q_1^{-1}p$. The circuit $x_{10}, \ldots, x_{1m_1}$ is now omitted altogether; and the circuit $x_{k0}, \ldots, x_{km_k}$ is replaced by

$$x_{k0}, \ldots, x_{ks-2}, \bar{x}_{1r}, \ldots, \bar{x}_{1m_1}, \bar{x}_{11}, \ldots, \bar{x}_{1r-1}, \bar{x}_{ks+1}, \ldots, \bar{x}_{km_k}$$

with $q_k$ replaced by $\bar{q}_k=p^{-1}q_1pq_k$ (since conjugation with $\bar{q}_k$ transforms the last term of that sequence, in all possible cases, into the first one). The generators $q_1$ and $p^{-1}$ play the role of new generators of the $u_i, v_i$ type: indeed one has instead of $Rq_1q_2\ldots q_m=1$ a relation

$$R[q_1, p^{-1}](p^{-1}q_1p)q_2\ldots q_{k-1}(p^{-1}q_1p)^{-1}\bar{q}_kq_{k+1}\ldots q_m=1.$$

It is now easy to obtain for $(G, \underline{S})$ a presentation (II).

*5.4.* In order to formulate the main result on pairs $(G, \underline{S})$ in $\mathfrak{P}$ with $\underline{S}\neq\emptyset$, let $K$ be the unique finite normal subgroup of $G$ over which all subgroups $S_0, S_1, \ldots, S_n\in\underline{S}$ split (Corollary 4.3), and write $\mathring{T}=T/K$ for any group $T$ with $K\subset T\subset G$. We also write $\mathring{\underline{S}}=\{\mathring{S}_0, \mathring{S}_1, \ldots, \mathring{S}_n\}$.

**Theorem 5.2.** *Let* $(G, \underline{S})$ *be a pair in* $\mathfrak{P}$ *with* $\underline{S}\neq\emptyset$. *Then the pair* $(\mathring{G}, \mathring{\underline{S}})$ *has a presentation* (I) *or* (II).

*Proof.* We use the splitting results and the notations of Sect. 4. It will, of course, be sufficient to prove the assertion for the pair $(\mathring{G}, \mathring{\underline{S}}')$, $\underline{S}'$ being $\{S_0, S_1', \ldots, S_n'\}$ where $S_1', S_2', \ldots, S_n'$ are subgroups of $H$ or $M$ conjugate to $S_1, S_2, \ldots, S_n$.

If $S_0=G$ then $(G, \underline{S})=(G, \{G, G\})$ and $G$ has two ends; i.e., $\mathring{G}=C(t)$ or $\mathring{G}=G_2(x)*C_2(y)$. In the first case we have a presentation (I) with $h=g=0$, $k=1$. In the second case we have a presentation (II); namely, writing $x=x_{10}=x_{12}$ and $y=x_{11}$, we have

$$G=\langle x_{10}, x_{11}, x_{12}, q_1 | x_{10}^2=x_{11}^2=x_{12}^2=q_1=1\rangle$$

with $q_1^{-1}x_{12}q_1=x_{10}$, and

$$\mathring{\underline{S}}=\{C_2(x_{10})*C_2(x_{11}),\ C_2(x_{11})*C_2(x_{12})\}.$$

If $S_0 \neq G$ we apply Proposition 4.1 and 4.2 and investigate separately the different cases listed there.

(1a) If $M$ and $H$ are finite, $\mathring{M}$ is finite cyclic of order a generated by the coset $s$ of $m$ modulo $K$; and $\mathring{H}$ is a finite factor group of $\mathring{H}_1*\mathring{H}_2$ where $\mathring{H}_i=C_2(\bar{x}_i)$, $i=1,2$, the images $x_i$ of $\bar{x}_i$ in $\mathring{H}$ being non-trivial. Thus

$$\mathring{H}=\langle x_1,x_2 | x_1^2=x_2^2=(x_1x_2)^b=1\rangle$$

for some $b>0$. This yields

$$\mathring{G}=\langle x_1,x_2,s | x_1^2=x_2^2=(x_1x_2)^b=s^a=1\rangle,$$

which can also be written as

$$\mathring{G}=\langle x_1,x_2,x_3,s,q | x_1^2=x_2^2=(x_1x_2)^b=s^a=sq=1,\ x_3=q^{-1}x_2q\rangle.$$

Since $M$ and $H$ are finite, there can only be one subgroup $S_0$ in $\underline{S}$, and $S_0=C_2(x_1)*C_2(sx_2s^{-1})=C_2(x_1)*C_2(x_3)$. Now $x_3,x_1,x_2$ constitute a circuit, and $(\mathring{G},\mathring{\underline{S}})$ has a presentation (II).

If $M$ is finite but $H$ not, we again have $\mathring{M}=C_a(s)$ for some positive $a$, while $(\mathring{H},\mathring{\underline{S}}_H\cup C_2(x_1)*C_2(x_2))$ is a pair $\in\mathfrak{P}$ where $x_i$ is the non-trivial coset modulo $K$ of an element of $H_i$, $i=1,2$. We can now assume inductively (cf. Remark 3.9) that this pair has a presentation (I) or (II) which in this case, of course, means (II). After suitable conjugation of generators $x_1,x_2$ are neighbours in a circuit of that presentation, we can assume $x_1=x_{1r-1}$ and $x_2=x_{1r}$. We replace the generators $x_{1j}$, $j\geqq r$, by $\bar{x}_{1j}=sx_{1j}s^{-1}$ and, accordingly, $q_1$ by $\bar{q}_1=sq_1$. The relation 4), or 4′), of $\mathring{H}$, say $Rq_1\dots q_{n}=1$, then becomes $Rs^{-1}\bar{q}_1q_2\dots q_n=1$ and we obtain a presentation (II) for $(\mathring{G},\mathring{\underline{S}}_H\cup\mathring{S}_0)=(\mathring{G},\mathring{\underline{S}}_H\cup C_2(x_{1r-1})*C_2(\bar{x}_{1r}))$.

If $M$ is infinite, $(\mathring{M},\mathring{\underline{S}}_M\cup C(p))$ where $p$ is the coset of $m$ modulo $K$ has, by the inductive assumption, a presentation (I) or (II). As for $\mathring{H}$, it is either $=\langle x_1,x_2 | x_1^2=x_2^2=(x_1x_2)^b=1\rangle$ for some positive $b$, or $(\mathring{H},\mathring{\underline{S}}_H\cup C_2(x_1)*C_2(x_2))$ has a presentation (II). In either case it follows that $(\mathring{H}*C(\bar{p}),\ \mathring{\underline{S}}_H\cup C_2(x_1)*C_2(\bar{p}x_2\bar{p}^{-1})\cup C(\bar{p}))$ has a presentation (II). There is a decomposition $\mathring{G}=(\mathring{H}*C(\bar{p}))*_C\mathring{M}$ where $C(\bar{p})\cong C\cong C(p)$, and Proposition 5.1 implies that $(\mathring{G},\mathring{\underline{S}})=(\mathring{G},\mathring{\underline{S}}_H\cup\mathring{\underline{S}}_M\cup\mathring{S}_0)$ with $\mathring{S}_0=C_2(x_1)*C_2(px_2p^{-1})$ has a presentation (II).

(1b) The case where both $H$ and $M$ are finite is easy and will be left to the reader.

If $M$ is infinite, we can assume that $(\mathring{M},\mathring{\underline{S}}_M\cup C(p))$ has a presentation (I) or (II), where $p$ is the coset of $m$ modulo $K$. As for $\mathring{H}$, it is either $C_a(q)$, $q=$coset of $h$, or $(\mathring{H},\mathring{\underline{S}}_H\cup C(q))$ has a presentation (I) or (II). In either case $(\mathring{H}*C(\bar{p}),\ \mathring{\underline{S}}_H\cup C(\bar{p}q)\cup C(\bar{p}))$ has a presentation (I) or (II), and so has $(\mathring{G},\mathring{\underline{S}})=(\mathring{G},\mathring{S}_0\cup\mathring{\underline{S}}_H\cup\mathring{\underline{S}}_M)=(\mathring{G},\mathring{\underline{S}}_H\cup\mathring{\underline{S}}_M\cup C(pq))$ since $\mathring{G}=(\mathring{H}*C(\bar{p}))*_C\mathring{M}$.

(1c) The case $H,M$ finite is again easy. If $M$ is infinite, $(\mathring{M},\mathring{\underline{S}}_M\cup C_2(x)*C_2(y))$ has a presentation (II), where $x$ is the coset of an element $\in K$ modulo $K_1$, not $K_1$, and $y$ of an element $\in M_1$, not $K_1$. Furthermore

$$(\mathring{H} * C_2(\bar{y}), \mathring{\underline{S}}_H \cup C_2(x) * C_2(\bar{y}) \cup C_2(\bar{y}) * C_2(z))$$

where $z$ is the coset of an element $\in H_1$, not $K_1$, has a presentation (II). Since

$$\mathring{G} = \mathring{H} *_{C_2(x)} \mathring{M} = (\mathring{H} * C_2(\bar{y})) *_{C_2 * C_2} \mathring{M},$$

$$C_2(x) * C_2(\bar{y}) \cong C_2 * C_2 \cong C_2(x) * C_2(y),$$

the pair $(\mathring{G}, \mathring{\underline{S}}) = (\mathring{G}, \mathring{\underline{S}}_M \cup \mathring{\underline{S}}_H \cup C_2(y) * C_2(z))$ has a presentation (II) by Proposition 5.1.

(2a) can be reduced to (1a).

(2b) $(\mathring{H}, \mathring{\underline{S}}_H \cup C(q) \cup C_2(x) * C_2(y))$ has a presentation (II), where $q$ is the coset of $h$ modulo $K$, and $x$, $y$ are cosets modulo $K$ (not $K$) of elements $\in H_1$, $H_2$ respectively; and so has

$$(\mathring{H} * C(\bar{q}), \mathring{\underline{S}}_H \cup C(q) \cup C_2(x) * C_2(\bar{q} y \bar{q}^{-1}) \cup C(\bar{q})).$$

Since $\mathring{G} = \mathring{H} * C(p) = (\mathring{H} * C(\bar{q})) *_{C(\bar{q}), p}$, $p^{-1} \bar{q} p = q$, Proposition 5.1 tells that

$$(\mathring{G}, \mathring{\underline{S}}_H \cup C_2(x) * C_2(pqp^{-1} ypq^{-1} p^{-1})) = (\mathring{G}, \mathring{\underline{S}}_H \cup \mathring{S}_0) = (\mathring{G}, \mathring{\underline{S}})$$

has a presentation (II).

(2c) $(\mathring{H}, \mathring{\underline{S}}_H \cup C(q) \cup C(q'))$, where $q$, $q'$ are the cosets modulo $K$ of $h$ and $h'$, has a presentation (I) or (II), and so has $(\mathring{H} * C(t), \mathring{\underline{S}}_H \cup C(t) \cup C(q') \cup C(tq))$. Since $\mathring{G} = (\mathring{H} * C(t)) *_{C(t), p}$, $p^{-1} t p = q'$, the pair

$$(\mathring{G}, \mathring{\underline{S}}) = (\mathring{G}, \mathring{\underline{S}}_H \cup \mathring{S}_0) = (\mathring{G}, \mathring{\underline{S}}_H \cup C(pq'p^{-1} q))$$

has a presentation (I) or (II).

(2d) can be reduced to (1b).

(2e) $(\mathring{H}, \mathring{\underline{S}}_H \cup C_2(x) * C_2(y) \cup C_2(u) * C_2(v))$, where $x$, $y$, $u$, $v$ are cosets of elements in $K$ modulo $p^{-1} K_1 p$, in $H_2$ modulo $p^{-1} K_1 p$, in $K$ modulo $K_1$, in $H_1$ modulo $K_1$ respectively, all non-trivial, has a presentation (II); and so has

$$(\mathring{H} * C(\bar{y}), \mathring{\underline{S}}_H \cup C_2(x) * C_2(y) \cup C_2(u) * C_2(\bar{y}) \cup C_2(\bar{y}) * C_2(v)).$$

Since $\mathring{G} = (\mathring{H} * C_2(\bar{y})) *_{C_2(u) * C_2(\bar{y}), p}$, $p^{-1} u p = x$, $p^{-1} \bar{y} p = y$, the pair

$$(\mathring{G}, \mathring{\underline{S}}) = (\mathring{G}, \mathring{\underline{S}}_H \cup \mathring{S}_0) = (\mathring{G}, \mathring{\underline{S}}_H \cup C_2(pyp^{-1}) * C_2(v))$$

has a presentation (II).

(2f) is easy.

## 6. Virtual $PD^2$-Groups

*6.1.* The result of Sect. 5 can be applied to a virtual $PD^2$-group $G$ provided it splits over a subgroup with suitable properties. The group $G$ itself need only fulfill assumptions somewhat weaker than virtual $PD^2$.

**Theorem 6.1.** *Let $G$ be a group of type $(FP)_2$ with $H^2(G;\mathbb{Z}G)\cong\mathbb{Z}$ and splitting over an accessible group of type $(FP)_2$. Then $G$ contains a finite normal subgroup $K$ such that $G/K$ has a presentation (II); i.e., $G/K$ is isomorphic to a plane motion group.*

*Proof.* In the splitting $G=G_1 *_S G_2$ or $G_1 *_{S,p}$ the subgroup $S$ is assumed to be of type $(FP)_2$ and accessible. From the Mayer-Vietoris sequence in cohomology with $\mathbb{Z}G$-coefficients corresponding to the splitting it immediately follows that $H^1(S;\mathbb{Z}G)=H^1(S;\mathbb{Z}S)\otimes_S\mathbb{Z}G\neq 0$, hence $H^1(S;\mathbb{Z}S)\neq 0$, i.e., $S$ has two or infinitely many ends. In the latter case, $H^1(S;\mathbb{Z}S)\neq\mathbb{Z}$, we can find by the method of [6], Sect. 5.2, a new splitting of $G$ over a proper "factor" of $S$ (in a suitable splitting of $S$ over a finite subgroup). Since $S$ is accessible, iterating that procedure eventually yields a splitting of $G$ over a subgroup $S$ with two ends. Then the pairs $(G_1,S)$, $(G_2,S)$, or $(G_1,\{S,p^{-1}Sp\})$ respectively, are in $\mathfrak{P}$, by Proposition 3.2.

Let $K$ be the unique finite normal subgroup over which $S$ splits ($S$ and $p^{-1}Sp$ split, respectively). If $G=G_1 *_S G_2$, $K$ is normal in $G_1$ and $G_2$ and hence in $G$. If $G=G_1 *_{S,p}$, $K$ is normal in $G_1$; moreover, since both $S$ and $p^{-1}Sp$ split over $K$, $p^{-1}Kp=K$ and hence $K$ is normal in $G$. We write $\mathring{G}=G/K$, $\mathring{G}_i=G_i/K$, $i=1,2$, $\mathring{S}=S/K$, as in 5.4. By Theorem 5.2, $(\mathring{G}_1,\mathring{S})$ and $(\mathring{G}_2,\mathring{S})$, or $(\mathring{G}_1,\{\mathring{S},p^{-1}\mathring{S}p\})$ respectively, have presentations (I) or (II), and so has $\mathring{G}$ by Proposition 5.1; of course the presentation of $(\mathring{G},\emptyset)$ must be of type (II).

*6.2.* Virtual $PD^2$-groups are of type $(FP)_2$ and fulfill $H^2(G;\mathbb{Z}G)\cong\mathbb{Z}$. Let $H\subset G$ be a $PD^2$-group of finite index in $G$. If $S$ is a finitely generated subgroup of $G$ then $H\cap S$ is either a $PD^2$-group, or finitely generated free by Strebel's theorem [10]. In either case $H\cap S$ is accessible and of type $(FP)_2$. Since $H\cap S$ has finite index in $S$, the same is true for $S$. We thus get the following result.

**Corollary 6.2.** *Let $G$ be a virtual $PD^2$-group which splits over a finitely generated subgroup $S$ (e.g., which has positive Betti number $\beta_1(G)$). Then $G$ contains a finite normal subgroup $K$ such that $G/K$ has a presentation (II), i.e., is a plane motion group.*

All plane motion groups and their finite extensions are virtual surface groups and hence virtual $PD^2$-groups.

**Corollary 6.3.** *Let $G$ be a group which splits over a finitely generated subgroup and which contains a plane motion group as subgroup of finite index. Then $G$ contains a finite normal subgroup $K$ such that $G/K$ is a plane motion group.*

## References

1. Bamford, C., Dunwoody, M.J.: On accessible groups. J. Pure Appl. Alg. **7**, 333–346 (1976)
2. Bieri, R.: Homological dimension of discrete groups. Queen Mary College Mathematics Notes, London 1976
3. Bieri, R., Eckmann, B.: Relative homology and Poincaré duality for group pairs. J. Pure Appl. Alg. **13**, 277–319 (1978)
4. Bieri, R., Strebel, R.: Almost finitely presented soluble groups. Comment. Math. Helv. **53**, 258–278 (1978)
5. Dunwoody, M.J.: Accessibility and groups of cohomological dimension one. Proc. of the London Math. Soc. **38**, 193–215 (1979)
6. Eckmann, B., Müller, H.: Poincaré duality groups of dimension two. Comment. Math. Helv. **55**, 510–520 (1980)
7. Kerckhoff, S.P.: The Nielsen realization problem. Bulletin A.M.S. (New series) **2**, 452–454 (1980)
8. Müller, H.: Decomposition theorems for groups pairs. Math. Zeitschrift **176**, 223–246 (1981)
9. Stallings, J.R.: Group theory and three-dimensional manifolds. Yale University Press, 1971
10. Strebel, R.: A remark on subgroups of infinite index in Poincaré duality groups. Comment. Math. Helv. **52**, 317–324 (1977)
11. Zieschang, H., Vogt, E., Coldewey, H.D.: Surfaces and planar discontinuous groups. Lecture Notes in Math. Vol. 835. Berlin-Heidelberg-New York: Springer 1980

Oblatum 24-I-1982

# Poincaré duality groups of dimension two, II

(with P. Linnell)

Comment. Math. Helv. **58** (1983), 111–114

## 1. Introduction

A Poincaré duality group of dimension $n$, in short a $PD^n$-group, is a group $G$ acting on $\mathbf{Z}$ such that one has natural isomorphisms

$$H^k(G; A) \cong H_{n-k}(G; \mathbf{Z} \otimes A)$$

for all integers $k$ and all $\mathbf{Z}G$-modules $A$ (where $\mathbf{Z} \otimes A$ is the tensor product over $\mathbf{Z}$ with diagonal $G$-action). $G$ is called orientable or not according to whether or not $\mathbf{Z}$ is trivial as a $\mathbf{Z}G$-module. All "surface groups", i.e., fundamental groups of closed surfaces of genus $\geqslant 1$ are well-known to be $PD^2$-groups. In Eckmann–Müller [4] it was proved that a $PD^2$-group with *positive* first Betti number $\beta_1$ is isomorphic to a surface group. The purpose of the present paper is to show that the condition on $\beta_1$ is automatically fulfilled:

THEOREM 1. *The first Betti number $\beta_1$ of a $PD^2$-group is positive.*

As a consequence we thus have a complete classification of $PD^2$-groups.

THEOREM 2. *A group $G$ is a $PD^2$-group if and only if it is isomorphic to a surface group.*

For notations and properties concerning $PD^n$-groups, not explicitly mentioned here, we refer to [4] where also several (algebraic and topological) consequences are discussed.

## 2. Finitely generated projective $\mathbf{Z}G$-modules

For the proof of Theorem 1 we need the following fact, which may be of interest in connection with the conjectures of Bass (4.4 and 4.5 of [2]).

If $B$ is an abelian group, we let rank $B$ denote the dimension of the $\mathbf{Q}$-vector space $B\otimes\mathbf{Q}$.

PROPOSITION 3. *Let $G$ be a $PD^2$-group, $M\neq 0$ a finitely generated projective $\mathbf{Z}G$-module, and $\mathbf{Z}$ the trivial $\mathbf{Z}G$-module. Then* $\operatorname{rank}(\mathbf{Z}\otimes_G M)\neq 0$.

*Proof.* Let $r_M$ denote the Hattori-Stallings trace of the identity endomorphism of $M$ as defined, e.g., in [1] and [2]. It is a finite linear combination with integral coefficients of the conjugacy classes $\tau$ in $G$,

$$r_M=\sum_\tau r_M(\tau)\tau.$$

For $x\in G$ let $r_M(x)$ be the coefficient of the conjugacy class of $x$. Suppose that $r_M(x)\neq 0$ for an element $x\in G$, $x\neq 1$. Then there exists, by Proposition 6.2 of [2], a prime $p$ and an integer $n>0$ such that $x$ is conjugate to $x^{p^n}$. It follows (see the remark on p. 12 of [2]) that $x$ is contained in a subgroup $H\cong\mathbf{Z}[1/p]$ of $G$. By Strebel's theorem [5] all subgroups of infinite index in $G$ are of cohomological dimension 1 and thus free. Therefore $H$ has finite index in $G$; since $G$ is finitely generated so is $H$ and we have a contradiction. Hence $r_M(x)=0$ for all $x\in G\setminus 1$ and it follows that $r_M(1)=\operatorname{rank}(\mathbf{Z}\otimes_G M)$.

We now consider the nonzero finitely generated projective $\mathbf{C}G$-module $M\otimes\mathbf{C}$. We have $r_M(1)=r_{M\otimes\mathbf{C}}(1)$ which is positive by Kaplansky's theorem (see [1], Theorem 8.9), and the result follows.

## 3. Proof of Theorem 1. Euler characteristic

The completion of the proof is now in the same spirit as [3]. We first note that we can restrict attention to orientable $PD^2$-groups. Indeed (see [4], p. 511), if $G$ is non-orientable and $G_1$ the orientable subgroup of index 2 in $G$ then $\beta_1(G_1)>0$ implies $\beta_1(G)>0$.

So let $G$ be an orientable $PD^2$-group, and

$$0\to P\to\mathbf{Z}G^d\to\mathbf{Z}G\overset{\varepsilon}{\twoheadrightarrow}\mathbf{Z}\tag{1}$$

a projective resolution of the trivial $\mathbf{Z}G$-module $\mathbf{Z}$. Since $PD^n$-groups are of type $(FP)$, the module $P$ is finitely generated projective. Since $H^0(G;\mathbf{Z}G)=H^1(G;\mathbf{Z}G)=0$ and $H^2(G;\mathbf{Z}G)=\mathbf{Z}$ with trivial $G$-action for any orientable

$PD^2$-group, applying $\mathrm{Hom}_G(-, \mathbf{Z}G)$ to (1) yields an exact sequence

$$\mathbf{Z} \overset{\gamma}{\twoheadleftarrow} P^* \leftarrow \mathbf{Z}G^d \leftarrow \mathbf{Z}G \leftarrow 0 \tag{2}$$

where $P^* = \mathrm{Hom}_G(P, \mathbf{Z}G)$ is finitely generated projective. Let $IG$ be the kernel of $\varepsilon$ (the augmentation ideal) and $L$ the kernel of $\gamma$. Applying Schanuel's lemma to (1) and (2) gives

$$P^* \oplus IG \cong \mathbf{Z}G \oplus L.$$

There is a surjection $\mathbf{Z}G^d \twoheadrightarrow L$, and we obtain a surjection $\mathbf{Z}G^{d+1} \twoheadrightarrow P^* \oplus IG$ and hence a surjection $\mathbf{Z}G^{d+1} \twoheadrightarrow P^*$, with kernel $K \neq 0$. Obviously $K$ is a finitely generated projective $\mathbf{Z}G$-module, and we see from Proposition 3 that rank $(\mathbf{Z} \otimes_G K) \neq 0$. It follows that rank $(\mathbf{Z} \otimes_G P^*) \leq d$.

The Euler characteristic $\chi(G)$ of $G$ can be obtained by applying $\mathbf{Z} \otimes_G$- to the resolution (2) and taking the alternating sum of the ranks:

$$\chi(G) = \text{rank } (\mathbf{Z} \otimes_G P^*) - d + 1 \leq 1.$$

On the other hand $\chi(G) = \beta_0 - \beta_1 + \beta_2 = 2 - \beta_1$ since the Betti numbers $\beta_0$ and $\beta_2$ of an orientable $PD^2$-group are $= 1$. Thus $2 - \beta_1 \leq 1$, i.e., $\beta_1 > 0$.

## 4. Poincaré 2-complexes

As a corollary of the above group-theoretic results the topological application mentioned in [4], Section 2 can be given an improved version.

We recall that a Poincaré $n$-complex is a $CW$-complex dominated by a finite complex and fulfilling Poincaré duality of formal dimension $n$ for arbitrary local coefficients. By results of Wall [6] a Poincaré 2-complex $X$ with finite fundamental group $\pi_1(X)$ is homotopy equivalent to the 2-sphere or to the real projective plane; if $\pi_1(X)$ is infinite, then $X$ is aspherical, i.e., an Eilenberg-MacLane complex $K(G, 1)$ for $G = \pi_1(X)$. In the latter case $G$ is a $PD^2$-group, and thus by our Theorem 2 isomorphic to $\pi_1(Y)$ where $Y$ is a closed surface of genus $\geq 1$. The isomorphism $\pi_1(X) \cong \pi_1(Y)$ yields a homotopy equivalence between $X$ and $Y$. In summary we have

THEOREM 4. *A CW-complex is a Poincaré 2-complex if and only if it is homotopy equivalent to a closed surface of genus* $\geq 0$.

REFERENCES

[1] BASS, H., *Euler characteristics and characters of discrete groups*, Inventiones Math. *35* (1976) 155–196.
[2] BASS, H., *Traces and Euler characteristics*, in: *Homological Group Theory* (Cambridge Univ. Press 1979), 1–26.
[3] COHEN, J. M., *Poincaré 2-complexes I*, Topology *11* (1972) 417–419.
[4] ECKMANN, B. and MÜLLER, H., *Poincaré duality groups of dimension two*, Comment. Math. Helvetici *55* (1980) 510–520.
[5] STREBEL, R., *A remark on subgroups of infinite index in Poincaré duality groups*, Comment. Math. Helvetici *52* (1977) 317–324.
[6] WALL, C. T. C., *Poincaré complexes I*, Ann. Math. *86* (1967) 213–245.

*ETH Zurich*
*8092 Zurich, Switzerland*
and
*Dept. of Pure Mathematics*
*and Mathematical Statistics*
*16 Mill Lane*
*Cambridge CB2 1SB*
*England*

Received October 4, 1982

# Profinite Chern classes for group representations

(with G. Mislin)

Topological Topics, London Math. Soc. Lecture Note Series **86** (1983), 103–119

*To our friend Peter Hilton, on his sixtieth birthday*

## 1. Introduction

**1.1.** Let $G$ be a (discrete) group and $\varrho: G \to GL_m(\mathbb{C})$ a complex representation of $G$ of degree $m$. With $\varrho$ one associates Chern classes $c_j(\varrho) \in H^{2j}(G; \mathbb{Z})$ in the cohomology of $G$, as follows: The map $B\varrho: BG \to BGL_m(\mathbb{C})$ of classifying spaces induces a $\mathbb{C}^m$-bundle over $BG = K(G, 1)$ (Eilenberg-Mac Lane complex for $G$), and the $c_j(\varrho)$ are the Chern classes of that vector bundle, $j = 1, 2, 3, \ldots$. The bundle being flat there are many groups for which the Chern classes have finite order; indeed it is well-known that the image of $c_j(\varrho)$ in $H^{2j}(G; \mathbb{Q})$ under the inclusion coefficient map $\mathbb{Z} \to \mathbb{Q}$ is 0, which implies, under suitable finiteness conditions on $G$, that $c_j(\varrho)$ is a torsion element.

This is trivially so if $G$ is a *finite* group. In that case it was shown in [5] that if the representation $\varrho$ is realizable over a number field $K \subset \mathbb{C}$, then there exists a precise bound for the order of $c_j(\varrho)$ depending on $K$ and $j$ only: An integer $\bar{E}_K(j)$ is described in [5] with the property that $\bar{E}_K(j)\, c_j(\varrho) = 0$ for all finite groups $G$ and all $K$-representations $\varrho$ of $G$; and that $\bar{E}_K(j)$, or $\frac{1}{2}\bar{E}_K(j)$ depending on properties of the number field $K$, is best possible in that sense. Namely, let $e_K(n)$ for a positive integer $n$ denote the exponent of $\mathrm{Gal}\,(K(\zeta_n)/K)$, the Galois group over $K$ of the $n$-th cyclotomic extension $K(\zeta_n)$ where $\zeta_n$ is a primitive $n$-th root of unity; then

$$\bar{E}_K(j) = \max\{n \text{ with } e_K(n) \text{ dividing } j\}.$$

In [5] the prime factorization of $\bar{E}_K(j)$ has been expressed in terms of numerical invariants attached to $K$. In particular, for $K = \mathbb{Q}$ and $j$ even one has $\bar{E}_{\mathbb{Q}}(j)$ $=$ denominator of $\dfrac{B_j}{2j}$ where $B_j$ is the $j$-th Bernoulli number ($B_2 = \frac{1}{6}$, $B_4 = \frac{1}{30}$, $B_6 = \frac{1}{42}$ etc.) Some number-theoretic properties of $\bar{E}_K(j)$ have been investigated in Section 6 of [5]. We note that the numbers $\bar{E}_K(j)$ are equal to the $w_j(K)$ in Cassou-Noguès [3] (see also [7]).

**1.2.** The purpose of the present paper is to discuss corresponding bounds for *arbitrary*, finite or infinite, groups and their finite-dimensional complex representations. Here a result of the same generality for the order of the $c_j(\varrho) \in H^{2j}(G; \mathbb{Z})$ is not known. However, it will turn out that corresponding precise bounds can be established for the order of the *profinite* Chern classes $\hat{c}_j(\varrho) \in H^{2j}(G; \hat{\mathbb{Z}})$. As usual $\hat{\mathbb{Z}}$ denotes the ring of profinite integers, $\hat{\mathbb{Z}} = \varprojlim \mathbb{Z}/n\mathbb{Z}$. The Chern class $\hat{c}_j(\varrho)$ is the image of $c_j(\varrho)$ under the obvious coefficient homomorphism $\mathbb{Z} \to \hat{\mathbb{Z}}$. One again considers a number field $K$ and a representation $\varrho\colon G \to GL_m(\mathbb{C})$. To formulate the result we do not assume $\varrho$ to be realizable over $K$ but only to have its *character* values in $K$; this is natural in view of the fact (see Section 2) that the representation ring $R(G)$ is isomorphic to the character ring of $G$, and that the Chern classes only depend on the element of $R(G)$ corresponding to $\varrho$. Under that character assumption one obtains precise bounds for the order of the $\hat{c}_j(\varrho)$, and they are again the integers $\bar{E}_K(j)$ above:

**Main Theorem.** *Let $K \subset \mathbb{C}$ be a number field.*
A) *For any group $G$ and any representation $\varrho\colon G \to GL_m(\mathbb{C})$ of arbitrary degree $m$ whose character takes its values in $K$ one has*

$$\bar{E}_K(j)\,\hat{c}_j(\varrho) = 0, \qquad j = 1, 2, 3, \ldots.$$

B) *The bound $\bar{E}_K(j)$ is the best possible fulfilling* A).

**1.3.** *Remarks.* 1) The problem of the best possible bound for the $\hat{c}_j(\varrho)$ of representations *realizable over $K$* is left open. Clearly that bound is $\bar{E}_K(j)$ or perhaps, depending on the field, $\frac{1}{2}\bar{E}_K(j)$. Cases of number fields $K$ where it must be $\bar{E}_K(j)$ can be deduced from the explicit discussion in [5].

2) The kernel of the coefficient homomorphism $H^{2j}(G; \mathbb{Z}) \to H^{2j}(G; \hat{\mathbb{Z}})$ consists of all elements of $H^{2j}(G; \mathbb{Z})$ which are *infinitely divisible.* Thus if there are no such elements in $H^{2j}(G; \mathbb{Z})$, the Chern classes $c_j(\varrho)$ and $\hat{c}_j(\varrho)$ have the same order so that we get information about the $c_j(\varrho)$ themselves. This is the case, for example, if the group $G$ is virtually of type $(FP)$; but, of course, that condition is too strong. In particular, cf. the appendix concering $c_1(\varrho)$.

3) The arithmetic group $GL_n(O_K)$, where $O_K$ is the ring of integers of the number field $K$, is virtually of type $(FP)$ (see [8]). Thus for any representation $\varrho$ of $GL_n(O_K)$ the order of $c_j(\varrho)$ is finite and divides $\bar{E}_K(j)$. In particular, if $\iota$ denotes the canonical representation $GL_n(O_K) \to GL_n(\mathbb{C})$ for large $n$, the order of the Chern class $c_j(\iota)$ is equal to $\bar{E}_K(j)$ unless $j$ is even and $K$ formally real, where it is either $\bar{E}_K(j)$ or $\frac{1}{2}\bar{E}_K(j)$ (cf. [5], Section 5; the precise general answer is not known).

**1.4.** The method for obtaining bounds for the order of Chern classes of group representations is based on "Galois invariance". One applies an automorphism $\sigma$ of $\mathbb{C}$ to the representation $\varrho$; if the character takes its values in $K$ and if $\sigma$ fixes the elements of $K$, i.e., $\sigma \in \mathrm{Gal}(\mathbb{C}/K)$ then $\varrho$ and its image under $\sigma$ belong to the same element of $R(G)$ and thus have the same Chern classes. On the other hand, the effect of $\sigma$ on the (profinite) Chern classes can be described explicitely. This method goes back to Grothendieck [6] where it was applied to "algebraic $p$-adic Chern classes" and then carried over to ordinary Chern classes by means of a comparison theorem for torsion elements.

We proceed differently. In the case of *finite* groups a direct approach has been used in [5]. It consists in identifying the Galois action with certain Adams operations on the representation ring and on the corresponding flat bundles; then one has well-known properties of Chern classes under these operations. In the general case of *arbitrary* groups and *profinite* Chern classes, the effect of $\sigma \in \mathrm{Gal}(\mathbb{C}/K)$ on $\hat{c}_j(\varrho)$ is multiplication by a unit $\hat{k}(\sigma)^j \in \hat{\mathbb{Z}}$ determined by the action of $\sigma$ on the roots of unity. This is shown by applying a construction of Sullivan's [10] to representations of groups $G$ of geometrically finite type (i.e., admitting a finite Eilenberg-Mac Lane complex $K(G,1)$). Then, we show that for our purpose an arbitrary group can be approximated by groups of geometrically finite type.

## 2. The character ring

**2.1.** A representation $\varrho: G \to GL_m(\mathbb{C})$ defines a $G$-action on $\mathbb{C}^m$, turning $\mathbb{C}^m$ into a $\mathbb{C}G$-module $V = V(\varrho)$; in the following all $\mathbb{C}G$-modules are meant to be of finite dimension over $\mathbb{C}$. The complex *representation ring* $R(G)$ of the group $G$ is defined to be the ring additively generated by all $\mathbb{C}G$-modules, with relations $[V]=[V']+[V'']$ for every short exact sequence $O \to V' \to V \to V'' \to O$ of $\mathbb{C}G$-modules where $[V]$ denotes the image of $V$ in $R(G)$. The multiplication in $R(G)$ is defined by the tensor product $V \otimes W$ over $\mathbb{C}$ of $\mathbb{C}G$-modules $V$ and $W$.

Given $V = V(\varrho)$ one considers a composition series

$$V_0 = O \subset V_1 \subset V_2 \subset \ldots \subset V_{n-1} \subset V_n = V.$$

Then $[V] = \sum_{\nu=1}^{n} [V_\nu / V_{\nu-1}]$ where all $V_\nu / V_{\nu-1}$ are simple $\mathbb{C}G$-modules, i.e., isomorphic to $V(\varrho_\nu)$ for an irreducible representation $\varrho_\nu$; and $[V] = \left[\bigoplus_{\nu=1}^{n} V(\varrho_\nu)\right]$. Thus from the point of view of $R(G)$ all $\mathbb{C}G$-modules are semi-simple; in other words, we can restrict attention to completely reducible representations. By the Jordan-Hölder theorem the $\varrho_\nu$ are uniquely determined up to equivalence and order. The elements $[V_\alpha]$ where the $V_\alpha$ are all inequivalent simple $\mathbb{C}G$-modules form an additive basis of $R(G)$.

**2.2.** The character $\chi_\varrho$ of the representation $\varrho: G \to GL_m(\mathbb{C})$ only depends on $V = V(\varrho)$; we also write $\chi_V$ for $\chi_\varrho$. If $O \to V' \to V \to V'' \to O$ is a short exact sequence of $\mathbb{C}G$-modules then $\chi_V = \chi_{V'} + \chi_{V''}$. Therefore the passage $V \mapsto \chi_V$ defines an additive homomorphism $\chi$ of $R(G)$ into the ring of complex-valued functions on $G$. Since $\chi_{V \otimes W} = \chi_V \cdot \chi_W$ this is actually a ring homomorphism; its image $\chi(R(G))$ is denoted by $R_\chi(G)$ and called the character ring of $G$.

**Theorem 1.** *The map $\chi: R(G) \to R_\chi(G)$ is a ring isomorphism.*

*Proof.* If two completely reducible representations $\varrho_1, \varrho_2: G \to GL_m(\mathbb{C})$ have the same character $\chi_{\varrho_1} = \chi_{\varrho_2}$ then the $\mathbb{C}G$-modules $V(\varrho_1)$ and $V(\varrho_2)$ are isomorphic (this is a consequence of the double centralizer theorem, cf. [2] chap. VIII, § 12, Prop. 3). An arbitrary element $x \in R(G)$ can be written as $x = \Sigma[V_\nu] - \Sigma[W_\mu]$ where all $V_\nu$ and $W_\mu$ are simple $\mathbb{C}G$-modules. Then $\chi(x) = \chi([\bigoplus_\nu V_\nu]) - \chi([\bigoplus_\mu W_\mu])$. If we assume $\chi(x) = 0$ then $\bigoplus_\nu V_\nu$ and $\bigoplus_\mu W_\mu$ have the same character and hence are isomorphic by the above remark. It follows that $x = 0 \in R(G)$ and thus $\chi$ is injective; it is surjective by definition.

**2.3.** We now consider the action of an automorphism $\sigma$ of $\mathbb{C}$ on the representations and the corresponding elements of $R(G)$. The automorphism $\sigma$ induces a group automorphism $\sigma$ of $GL_m(\mathbb{C})$. Given a representation $\varrho\colon G \to GL_m(\mathbb{C})$ we write $\varrho^\sigma$ for the composite representation $\sigma\varrho$. If we assume that $\sigma$ leaves fixed all values of the character $\chi_\varrho$ then $\varrho$ and $\varrho^\sigma$ have the same character. By Theorem 1 this implies that $[V(\varrho)] = [V(\varrho^\sigma)] \in R(G)$:

**Corollary 2.** *Let $\varrho\colon G \to GL_m(\mathbb{C})$ be a representation and $\sigma$ an automorphism of $\mathbb{C}$ which fixes all values of $\chi_\varrho$. Then $[V(\varrho)] = [V(\varrho^\sigma)]$.*

*Remark.* In the case of a finite group $G$ it is wellknown that $\varrho$ and $\varrho^\sigma$ in Corollary 2 are actually equivalent. This need, however, not be the case for infinite groups. For example, if $\varrho\colon \mathbb{Z} \to GL_4(\mathbb{C})$ is given by

$$\varrho(1) = \left(\begin{array}{cc|cc} i & 1 & & \\ 0 & i & & \\ \hline & & -i & 0 \\ & & 0 & -i \end{array}\right)$$

then complex conjugation $\sigma$ fixes the character values, but $\varrho$ and $\varrho^\sigma$ are not equivalent.

**2.4.** The Chern classes of $\varrho$ (cf. Section 1.1) $c_j(\varrho) \in H^{2j}(G;\mathbb{Z})$ depend on $V(\varrho)$ only; we may also write $c_j(V)$ for any $\mathbb{C}G$-module $V$ (of finite dimension over $\mathbb{C}$). Let $c(V) = 1 + c_1(V) + c_2(V) + \ldots \in H^*(G;\mathbb{Z})$ be the total Chern class. If $0 \to V' \to V \to V'' \to 0$ is a short exact sequence then $c(V) = c(V') \cdot c(V'')$ in the cohomology ring $H^*(G;\mathbb{Z})$; this is due to the fact that every short exact sequence of vector bundles over a $CW$-complex splits as a direct sum. Thus the total Chern class defines a homomorphism of the additive group of $R(G)$ into the multiplicative group of units of the graded ring $H^*(G;\mathbb{Z})$. If two representations $\varrho_1, \varrho_2$ of $G$ have the same character then the corresponding elements of $R(G)$ coincide, and hence the Chern classes $c_j(\varrho_1)$ and $c_j(\varrho_2)$ are the same, $j = 1, 2, 3, \ldots$ :

**Theorem 3.** *If two representations of the group $G$ have the same character then their Chern classes coincide. In particular, if an automorphism $\sigma$ of $\mathbb{C}$ fixes the character values of the representation $\varrho$ then $\varrho^\sigma$ and $\varrho$ have the same Chern classes.*

## 3. Galois action and roots of unity

**3.1.** Let $\mu(\mathbb{C})$ denote the group of all roots of unity in $\mathbb{C}$. For a number field $K \subset \mathbb{C}$ the following integers have been considered by Soulé [9]:

$$w_j(K) = \text{card}\,\{z \in \mu(\mathbb{C}) \quad \text{with } \sigma^j(z) = z \quad \text{for all } \sigma \in \text{Gal}(\mathbb{C}/K)\}$$

where as usual Gal $(\mathbb{C}/K)$ denotes the group of automorphisms of of $\mathbb{C}$ leaving fixed all elements of $K$. We write $\mu_n \subset \mu(\mathbb{C})$ for the group of $n$-th roots of unity in $\mathbb{C}$; if $\zeta_n$ is a primitive $n$-th root of unity, $\mu_n \subset K(\zeta_n)$. The Galois group Gal $(\mathbb{C}/K)$ acts on $\mu_n$ by an operation Gal $(\mathbb{C}/K) \to \text{Aut}\,\mu_n$, which factors through the surjective restriction map Gal $(\mathbb{C}/K) \to \text{Gal}(K(\zeta_n)/K)$ whose action on $\mu_n$ is, of course, faithful. Therefore $\sigma^j(z) = z$ for all $z \in \mu_n$ and all $\sigma \in \text{Gal}(\mathbb{C}/K)$ if and only if $j$ is a multiple of $e_K(n)$, the exponent of Gal $(K(\zeta_n)/K)$.

The elements of $\mu(\mathbb{C})$ fixed under $\sigma^j$, for a given $j$ and all $\sigma \in \text{Gal}(\mathbb{C}/K)$, form a finite group which must be cyclic, i.e., equal to $\mu_n$ for some $n$. It follows that the number of elements of $\mu(\mathbb{C})$ fixed under $\sigma^j$ for all $\sigma \in \text{Gal}(\mathbb{C}/K)$ is the greatest integer $n$ such that $e_K(n)$ divides $j$; i.e., it is the integer $\bar{E}_K(j)$ defined in the introduction:

**Proposition 4.** *Let $K$ be a number field. The elements of $\mu(\mathbb{C})$ fixed under $\sigma^j$ for all $\sigma \in$ Gal $(\mathbb{C}/K)$ form a cyclic group of order $\bar{E}_K(j) = w_j(K)$,* $j = 1, 2, 3, \ldots$.

**3.2.** We now consider the profinite integers $\hat{\mathbb{Z}} = \varprojlim_n \mathbb{Z}/n\mathbb{Z}$; here and throughout this section $\varprojlim_n$ refers to an inverse system indexed by the natural numbers with their divisibility relation.

An automorphism $\sigma$ of $\mathbb{C}$ acts on $\hat{\mathbb{Z}}$, as follows. The action of $\sigma$ on $\mu_n$ is by the $k$-power map for a certain $k = k_n(\sigma) \in (\mathbb{Z}/n\mathbb{Z})^*$. The sequence $k_n(\sigma)$, $n = 1, 2, 3, \ldots$ defines a unit $\hat{k}(\sigma) \in \hat{\mathbb{Z}}^*$ in the ring $\hat{\mathbb{Z}}$. If we put $\sigma_*\colon \hat{\mathbb{Z}} \to \hat{\mathbb{Z}}$ to be multiplication by $\hat{k}(\sigma)$, this is an automorphism of the additive group of $\hat{\mathbb{Z}}$; it is the same as the inverse limit of the automorphism of $\mathbb{Z}/n\mathbb{Z}$ given by multiplication with $k_n(\sigma)$. Note that one has $\hat{k}(\sigma)^j = \hat{k}(\sigma^j)$, $j = 1, 2, \ldots$.

Any inverse limit $A = \varprojlim_n A_n$ of $\mathbb{Z}/n\mathbb{Z}$-modules is a $\hat{\mathbb{Z}}$-module in the obvious way. Thus an action $\sigma_*$ of an automorphism $\sigma$ of $\mathbb{C}$ on $A$ can be defined as above by means of the unit $\hat{k}(\sigma)$ in $\hat{\mathbb{Z}}$.

**Proposition 5.** *Let $A = \varprojlim_n A_n$ be an inverse limit of $\mathbb{Z}/n\mathbb{Z}$-modules, and $K \subset \mathbb{C}$ a number field. If, for a fixed $j = 1, 2, 3, \ldots$, an element $a \in A$ fulfills $\hat{k}(\sigma)^j a = a$ for all $\sigma \in$ Gal $(\mathbb{C}/K)$ then $a$ is of finite order dividing $\bar{E}_K(j)$.*

*Proof.* Put $a = \varprojlim_n a_n$, $a_n \in A_n$. The assumption $\hat{k}(\sigma)^j a = a$ means that $k_n(\sigma)^j a_n = a_n$ for each $n$ and all $\sigma \in \text{Gal}(\mathbb{C}/K)$. If we choose an isomorphism of the cyclic subgroup of $A_n$ generated by $a_n$ onto a subgroup of $\mu(\mathbb{C})$, $a_n$ corresponds to an element $z \in \mu(\mathbb{C})$ fulfilling $\sigma^j z = z$ for all $\sigma \in \mathrm{Gal}(\mathbb{C}/K)$. By Prop. 4 the order of $z$, and hence of $a_n$, divides $\bar{E}_K(j)$ and so does the order of $a = \varprojlim_n a_n$.

**3.3.** The case we are especially interested in is that of cohomology groups $H^i(X; \hat{\mathbb{Z}})$ of a $CW$-complex $X$ with $\hat{\mathbb{Z}}$-coefficients. They are $\hat{\mathbb{Z}}$-modules, the operation being induced by the multiplication of the coefficients; thus they admit an action of any automorphism $\sigma$ of $\mathbb{C}$, through mutliplying the coefficients $\hat{\mathbb{Z}}$ with $\hat{k}(\sigma)$.

It is known that the canonical map

$$H^i(X; \hat{\mathbb{Z}}) \to \varprojlim_n H^i(X; \mathbb{Z}/n\,\mathbb{Z})$$

defined by the maps $\hat{\mathbb{Z}} \to \mathbb{Z}/n\,\mathbb{Z}$ for all $n$ is an isomorphism (Sullivan [10]). Thus $H^i(X; \hat{\mathbb{Z}})$ is an inverse limit $\varprojlim_n$ of $\mathbb{Z}/n\,\mathbb{Z}$-modules; the action of $\hat{k} \in \hat{\mathbb{Z}}^*$ on $H^i(X; \hat{\mathbb{Z}})$ is therefore the inverse limit of actions on these $\mathbb{Z}/n\,\mathbb{Z}$-modules exactly as in 3.2 above.

**3.4.** We further recall the following result of Sullivan [10] concerning the action of an automorphism $\sigma$ of $\mathbb{C}$ on the profinite completion of $BGL(\mathbb{C})$, the classifying space of the infinite complex linear group $GL(\mathbb{C})$. The automorphism $\sigma$ acts on the etale homotopy type of any complex variety defined over $\mathbb{Q}$, in particular of the complex Grassmann manifolds. This action may be used to define an induced action on the profinite completion of the classical homotopy type of the variety. By a limit argument one obtains an action $\sigma$: $BGL(\mathbb{C})\hat{}\ \to BGL(\mathbb{C})\hat{}$ where $\hat{}$ denotes profinite completion. Sullivan's result concerns its effect on (even-dimensional) cohomology with $\hat{\mathbb{Z}}$-coefficients.

**Proposition 6.** *The action of the automorphism $\sigma$ of $\mathbb{C}$ on $BGL(\mathbb{C})\hat{}$ induces in $H^{2j}(BGL(\mathbb{C})\hat{}\,; \hat{\mathbb{Z}})$ the coefficient homomorphism given by multiplication of $\hat{\mathbb{Z}}$ with $\hat{k}(\sigma)^j$, $j = 1, 2, 3, \dots$.*

## 4. Geometrically finite groups

**4.1.** A group $G$ is said to be of *geometrically finite type* if it admits a *finite* Eilenberg-MacLane complex $K(G, 1)$; this is the case if and only if $G$ is of type $(FF)$ (i.e., admits a finite free resolution of $\mathbb{Z}$ over $\mathbb{Z}G$) and finitely presentable.

Let $G$ be such a group, and $\varrho$: $G \to GL_m(\mathbb{C})$ a representation, $\sigma$ an automorphism of $\mathbb{C}$. We consider the maps of classifying spaces $B\varrho$: $K(G, 1) \to BGL_m(\mathbb{C})$ and $B\varrho^\sigma$: $K(G, 1) \to BGL_m(\mathbb{C})$, and their profinite completions $(B\varrho)\hat{}$ and $(B\varrho^\sigma)\hat{}$; moreover, the canonical map $BGL_m(\mathbb{C})\hat{}\ \to BGL(\mathbb{C})\hat{}$, and the self-map $\sigma$ of $BGL(\mathbb{C})\hat{}$, see Section 3.4. Using techniques of etale homotopy (similar to those used in [4]; we will come back to this argument in a separate paper*), and the fact that $K(G, 1)$ is compact, it follows that the two maps

$$K(G,1)\hat{}\ \xrightarrow{(B\varrho)\hat{}}\ BGL_m(\mathbb{C})\hat{}\ \to BGL(\mathbb{C})\hat{}\ \xrightarrow{\sigma} BGL(\mathbb{C})\hat{}$$

and

$$K(G,1)\hat{}\ \xrightarrow{(B\varrho^\sigma)\hat{}}\ BGL_m(\mathbb{C})\hat{}\ \to BGL(\mathbb{C})\hat{}$$

are homotopic; thus they induce the same homomorphism in cohomology with $\hat{\mathbb{Z}}$-coefficients. The second map yields the profinite Chern classes $c_j(\varrho^\sigma) \in H^{2j}(G;\hat{\mathbb{Z}})$, while the first map yields the Chern classes $\hat{c}_j(\varrho)$ multiplied by $\hat{k}(\sigma)^j$, according to Proposition 6:

**Theorem 7.** *Let $G$ be a group of geometrically finite type, $\varrho\colon G \to GL_m(\mathbb{C})$ a representation, and $\sigma$ an automorphism of $\mathbb{C}$. Then the profinite Chern classes fulfill*

$$\hat{c}_j(\varrho^\sigma) = \hat{k}(\sigma)^j\, \hat{c}_j(\varrho) \in H^{2j}(G;\hat{\mathbb{Z}}).$$

**4.2.** In order to carry over the statement of Theorem 7 to arbitrary groups we use the following approximation method.

Let $G$ be a group, and $X = K(G, 1)$ an Eilenberg-Mac Lane complex for $G$. We may consider $X$ as a union $\bigcup_\alpha X_\alpha$ of connected finite subcomplexes $X_\alpha$. By the construction of Baumslag-Dyer-Heller [1] there is, for each $\alpha$, a geometrically finite group $G_\alpha$ and a acyclic map $g_\alpha\colon K(G_\alpha, 1) \to X_\alpha$; the $g_\alpha$ induce isomorphisms $g_\alpha^*\colon H^i(X_\alpha;\hat{\mathbb{Z}}) \to H^i(G_\alpha;\hat{\mathbb{Z}})$ for all $i$. Let $f_\alpha\colon G_\alpha \to G$ be the homomorphism of fundamental groups induced by $\iota_\alpha g_\alpha\colon K(G_\alpha, 1) \to X_\alpha \to X$ where $\iota_\alpha$ is the inclusion map $X_\alpha \to X$.

The cohomology maps $\iota_\alpha^*$ define a homomorphism $H^i(X;\hat{\mathbb{Z}}) \to \varprojlim_\alpha H^i(X_\alpha;\hat{\mathbb{Z}})$ which is an isomorphism (Sullivan [10]; one uses the fact that $H^i(X_\alpha;\hat{\mathbb{Z}})$ can be given a compact topology). It follows that the canonical map $H^i(X;\hat{\mathbb{Z}}) \to \varprojlim_\alpha H^i(X_\alpha;\hat{\mathbb{Z}}) \to \prod_\alpha H^i(X_\alpha;\hat{\mathbb{Z}})$ is injective. In other words, the family of homomorphisms $f_\alpha\colon G_\alpha \to G$ defines an injective homomorphism $\{f_\alpha^*\}\colon H^i(G;\hat{\mathbb{Z}}) \to \prod_\alpha H^i(G_\alpha;\hat{\mathbb{Z}})$, for all $i$:

**Theorem 8.** *Let $G$ be an arbitrary group. There exists a family of homomorphism $f_\alpha\colon G_\alpha \to G$ of geometrically finite groups into $G$ such that*

$$\{f_\alpha^*\}\colon H^i(G;\hat{\mathbb{Z}}) \to \prod_\alpha H^i(G_\alpha;\hat{\mathbb{Z}})$$

*is injective for all $i \in \mathbb{Z}$.*

**4.3.** Given a representation $\varrho\colon G \to GL_m(\mathbb{C})$ of the group $G$ we consider the representations $\varrho_\alpha = \varrho f_\alpha$ of the $G_\alpha$ in Theorem 8. Since Theorem 7 applies to their profinite Chern classes $\hat{c}_j(\varrho_\alpha)$ it immediately follows that one has, for any automorphism $\sigma$ of $\mathbb{C}$, $\hat{c}_j(\varrho^\sigma) = \hat{k}(\sigma)^j\, \hat{c}_j(\varrho)$.

---

* [97] of the bibliography. The statement is proved there in great generality, in particular without any finiteness assumptions.

**Theorem 7′**. *The statement of Theorem 7 applies to arbitrary groups $G$.*

*Remark.* In the approximation procedure above a group $G$ is approximated by torsion-free groups $G_\alpha$. This may appear unnecessarily complicated, e.g., for finite groups. It should, however, be noted that Theorem 7 could by formulated for groups which are *virtually* of geometrically finite type, thus avoiding any approximation for finite groups.

## 5. Proof of the main theorem

**5.1.** Let G be an arbitrary group, $K$ a number field, and $\varrho: G \to GL_m(\mathbb{C})$ a representation with all character values in $K$. Then any $\sigma \in \mathrm{Gal}(\mathbb{C}/K)$ leaves the character values fixed, and by Theorem 3 we have $c_j(\varrho^\sigma) = c_j(\varrho)$ for $j = 1, 2, 3, \ldots$; the same holds for $\hat{c}_j(\varrho) \in H^{2j}(G; \hat{\mathbb{Z}})$. From Theorem 7′ it follows that

$$\hat{c}_j(\varrho) = \hat{k}(\sigma)^j\, \hat{c}_j(\varrho)$$

for all $\sigma \in \mathrm{Gal}(\mathbb{C}/K)$. This implies, by Proposition 5, that the order of $\hat{c}_j(\varrho)$ is finite and divides $\bar{E}_K(j)$, which proves part A) of the Main Theorem.

**5.2.** It remains to prove part B). To do this we use the calculations performed in [5]. We recall (Theorem 4.12 of [5]) that $\bar{E}_K(j)$ is the best possible bound for the order of the Chern classes $c_j(\varrho)$ of representations of finite groups defined over the number field $K$; with the only exception that it is $\frac{1}{2}\bar{E}_K(j)$ if $j$ is even and $K$ formally real. Thus B) will follow if we prove

**Theorem 9.** *Let $K$ be a formally real number field, and $j$ even $> 0$. Then there exists a finite 2-group $Q$ and a representation $\varrho$ of $Q$ with character values in $K$ such that*

$$\tfrac{1}{2}\bar{E}_K(j)\, c_j(\varrho) \neq 0.$$

*Proof.* We put $j = 2^\delta t$ with $t$ odd, $\delta \geqq 1$, and first deal with the case $\delta \geqq 2$. Let $\gamma$ be the integer for which $\zeta_{2^{\gamma+1}} \in K(\sqrt{-1})$, but $\zeta_{2^{\gamma+2}} \notin K(\sqrt{-1})$, i.e., $\gamma = \gamma_K(2)$ in the notation of [5]. Let $Q$ be the generalized quaternion group of order $2^{\gamma+\delta+1}$, and $\chi$ a faithful $\mathbb{C}$-irreducible character of $Q$ (of degree 2). The group $\mathrm{Gal}(K(\zeta_{2^{\gamma+\delta}} + \bar{\zeta}_{2^{\gamma+\delta}})/K) = \Gamma$ is cyclic of order $2^{\delta-1}$, cf. [5]. Thus

$$\psi = \sum_{\sigma \in \Gamma} \sigma\chi$$

is the character, with values in $K$, of a representation of $Q$ of degree $2^\delta$. It is well-known that $c_2(\sigma\chi)$ is a generator of $H^4(Q; \mathbb{Z}) \cong \mathbb{Z}/2^{\gamma+\delta+1}\mathbb{Z}$. From the cohomology ring structure of $H^*(Q; \mathbb{Z})$ it follows that $c_j(t\psi) = c_{2^\delta}(\psi)^t$ has maximal possible order $2^{\gamma+\delta+1}$; this is precisely the 2-primary part of $\bar{E}_K(j)$, cf. Prop. 3.4 (d) of [5].

In the case $\delta = 1$, i.e., $j = 2t$ with $t$ odd, we use the above construction of the character $\psi$ of $Q$ for $\delta = 2$. One verifies that $c_j(t\psi)$ has order $2^{\gamma+2}$ which is the 2-primary part of $\bar{E}_K(j)$ (the argument is similar to that in the proof of Prop. 4.11 (b) of [5]).

## 6. Appendix: Remark on the first Chern class

The universal bound $\bar{E}_K(1)$ is valid for the ordinary Chern class $c_1(\varrho)$ itself, for any group $G$ and any representation $\varrho: G \to GL_n(\mathbb{C})$ with character values in the number field $K$. To show this we proceed as follows.

We first note that $c_1(\varrho) = c_1(\det \varrho)$ where $\det \varrho$ is the representation of degree 1 given by the determinant of $\varrho(g)$, $g \in G$. If all character values of $\varrho$ are in $K$ then so are the values of $\det \varrho$. Thus $\det \varrho$ factors through the inclusion $\imath: K^* \to GL_1(\mathbb{C}) = \mathbb{C}^*$.

The multiplicative group $K^*$ is the direct product of a free Abelian group and a cyclic group $C$ of order $\bar{E}_K(1)$. It easily follows that $c_1(\imath)$ is of order $\bar{E}_K(1)$. This implies that $c_1(\det \varrho) = c_1(\varrho)$ is of finite order dividing $\bar{E}_K(1)$.

## References


[1] G. Baumslag, E. Dyer and A. Heller: The topology of discrete groups. J. Pure Appl. Algebra *16* (1980), 1–47

[2] N. Bourbaki, Algèbre; Hermann, Paris, 1958

[3] P. Cassou-Noguès: Valeurs aux entiers négatifs des fonctions zêta et fonctions zêta $p$-adiques. Inventiones math. *51* (1979), 29–59

[4] P. Deligne and D. Sullivan: Fibrés vectoriels complexes à groupe structural discret. C. R. Acad. Sc. Paris, t. 281, Série A, (1975), 1081–1083

[5] B. Eckmann and G. Mislin: Chern classes of group representations over a number field. Compositio Mathematica *44* (1981), 41–65

[6] A. Grothendieck: Classes de Chern et représentations linéaires des groupes discrets. Dans: Dix exposés sur la cohomologie des schémas, Amsterdam, North-Holland 1968

[7] G. Mislin: Classes caractéristiques pour les représentations des groupes discrets; Séminaire Dubreil-Malliavin, Paris 1981, Lecture Notes in Math., Springer-Verlag, Vol. 924

[8] J-P. Serre: Cohomologie des groupes discrets. Annals of Math. Studies *70* (1971), 77–169

[9] C. Soulé: Classes de torsion dans la cohomologie des groupes arithmétiques. C. R. Acad. Sc. Paris, t. 284, Série A (1977), 1009–1011

[10] D. Sullivan: Genetics of homotopy theory and the Adams conjecture. Annals of Math. *100* (1974), 1–79

# The $p$-periodicity of the groups $\mathrm{GL}(n, O_S(K))$ and $\mathrm{SL}(n, O_S(K))$

(with B. Bürgisser)

Mathematika **31** (1984), 89–97

§1. *Introduction.* 1.1. In this paper we investigate the $p$-periodicity of the $S$-arithmetic groups $G = \mathrm{GL}(n, O_S(K))$ and $G_1 = \mathrm{SL}(n, O_S(K))$ where $O_S(K)$ is the ring of $S$-integers of a number field $K$ (*cf.* [**12, 13**]; $S$ is a finite set of places in $K$ including the infinite places). These groups are known to be virtually of finite (cohomological) dimension, and thus the concept of $p$-periodicity is defined; it refers to a rational prime $p$ and to the $p$-primary component $\hat{H}^i(G, A, p)$ of the Farrell–Tate cohomology $\hat{H}^i(G, A)$ with respect to an arbitrary $G$-module $A$. We recall that $\hat{H}^i$ coincides with the usual cohomology $H^i$ for all $i$ above the virtual dimension of $G$, and that in the case of a finite group (*i.e.*, a group of virtual dimension zero) the $\hat{H}^i$, $i \in \mathbb{Z}$, are the usual Tate cohomology groups. The group $G$ is called $p$-periodic if $\hat{H}^i(G, A, p)$ is periodic in $i$, for all $A$, and the smallest corresponding period is then simply called the $p$-period of $G$. If $G$ has no $p$-torsion, the $p$-primary component of all its $\hat{H}^i$ is 0, and thus $G$ is trivially $p$-periodic.

We shall determine the rational primes $p$ for which the above $S$-arithmetic groups are $p$-periodic, and compute the value of the $p$-period.

Partial results in that direction have been obtained earlier [**3**]. The present procedure is simpler and yields complete answers.

1.2. Our method is based on the following fact. Let $G$ be any group of virtually finite dimension, and $N$ a torsion-free normal subgroup of finite index in $G$. If $G/N$ is $p$-periodic with $p$-period $m_p$, then $G$ itself is $p$-periodic with $p$-period dividing $m_p$ (see Section 5). In the case of the $S$-arithmetic groups $G$ and $G_1$ above we take for $N$ or $N_1$, respectively, the principal congruence subgroup of $G$ or $G_1$, with respect to a certain prime ideal $P$ of $O_S(K)$. This prime ideal can be chosen in such a way that $N$ and $N_1$ are torsion-free and that the absolute norm $\mathfrak{N}(P) = |O_S(K)/P| = q$ is a rational prime suitable for our purpose. Then

$$G_1/N_1 \cong \mathrm{SL}(n, \mathbb{F}_q) \subset G/N \subset \mathrm{GL}(n, \mathbb{F}_q).$$

Thus the task is reduced essentially to investigating the $p$-periodicity of the finite groups $\mathrm{GL}(n, \mathbb{F}_q)$ and $\mathrm{SL}(n, \mathbb{F}_q)$. It turns out (Section 4) that both these groups are $p$-periodic if $\frac{1}{2}n < h_p(q) \leqslant n$, where $h_p(q)$ is the order of the residue class of $q$ in $(\mathbb{Z}/p\mathbb{Z})^*$; and that then the $p$-period is $2h_p(q)$.

The "suitable choice" of $P$ is such that, in addition to rendering $N$ and $N_1$ torsion-free, its norm $\mathfrak{N}(P) = q$ fulfills $h_q(p) = \phi_K(p)$, the degree over $K$ of the $p$-th cyclotomic extension $K(\zeta_p)$ of $K$. It then follows that $G$ and $G_1$ are $p$-periodic for $\frac{1}{2}n < \phi_K(p) \leqslant n$ with $p$-period dividing $2\phi_K(p)$.

1.3. The existence of such a prime ideal is guaranteed by a *number-theoretic lemma* which we formulate and prove in Section 2, in a slightly more general version than actually needed (Lemma 2.2).

*Let $p$ be an odd rational prime, and $r$ a positive integer. There exist infinitely many prime ideals $P$ in $O_S(K)$ such that $\mathfrak{N}(P)$ is a rational prime $q$ whose residue class has order $\phi_K(p^r)$ in $(\mathbb{Z}/p^r\mathbb{Z})^*$.*

This lemma is useful also for other applications, in particular, in computations concerning the projective class group of certain arithmetic groups (see [7]), and in connection with topological problems as mentioned in [4].

1.4. In order to obtain, for the appropriate rational primes $p$, the precise value of the $p$-period of the groups $G$ and $G_1$ we exhibit certain finite subgroups; they are obtained as semi-direct products of the group of $p$-th roots of unity with the Galois group of $K(\zeta_p)$ over $K$. Since quite generally any subgroup of a $p$-periodic group is also $p$-periodic, with $p$-period dividing that of the group, we thus get lower bounds for the $p$-periods of $G$ and $G_1$. It turns out that they agree with the upper bounds $2\phi_K(p)$ except for the special case $\mathrm{SL}(\phi_K(p), O_S(K))$. The final results (Theorems 5.2 and 5.4 with Remarks) are as follows.

The groups $\mathrm{GL}(n, O_S(K))$, $n > 0$, and $\mathrm{SL}(n, O_S(K))$, $n > 2$, are $p$-periodic for all rational primes $p$ with $\frac{1}{2}n < \phi_K(p) \leqslant n$; the $p$-period is $2\phi_K(p)$ except for $\mathrm{SL}(\phi_K(p), O_S(K))$ where it is either $\phi_K(p)$ or $2\phi_K(p)$ depending on the number field $K$. For $\phi_K(p) \leqslant \frac{1}{2}n$ they are not $p$-periodic, and for $\phi_K(p) > n$ they have no $p$-torsion. The group $\mathrm{SL}(2, O_S(K))$ is periodic (*i.e.*, $p$-periodic for all $p$) with period 2 or 4.

§2. *The number-theoretic lemma.* 2.1. We consider an algebraic number field $K$ and its ring of integers $O(K)$. Let $\mathfrak{N}(I)$ denote the absolute norm $|O(K)/I|$ of the ideal $I$ in $O(K)$.

LEMMA 2.1. *Let $p$ be an odd prime number and $r$ a positive integer. There exist infinitely many prime ideals $P$ of $O(K)$ such that $\mathfrak{N}(P) = q$ is a prime number whose residue class has order $\phi_K(p^r)$ in $(\mathbb{Z}/p^r\mathbb{Z})^*$.*

*Proof.* The Galois group $\mathrm{Gal}(K(\zeta_{p^r})/K)$ is cyclic of order $\phi_K(p^r)$; let $\sigma$ be a generator, *i.e.* $\sigma(\zeta_{p^r}) = \zeta_{p^r}^s$ where the order of the residue class of $s$ in $(\mathbb{Z}/p^r\mathbb{Z})^*$ is $\phi_K(p^r)$.

We shall use results and notations of [11], Chapters IV and V. We consider the following "modulus" $m$. Let $m_\infty$ be the product of all real places of $K$, and $m_0 = p^r O(K)$, and $m = m_0 m_\infty$. Let $K_{m,1}$ be defined by

$$K_{m,1} = \{x/y\,; x, y \in O(K) \text{ with } xO(K) \text{ and } yO(K) \text{ relatively prime to } m_0 \text{ and } x/y \equiv 1 \bmod m\};$$

and $I_K^m$ the subgroup of the ideal group of $K$ generated by all prime ideals not dividing $m_0$. The Artin map

$$\phi : I_K^m \to \mathrm{Gal}(K(\zeta_{p^r})/K)$$

is surjective, and its kernel contains the image $i(K_{m,1})$ of the embedding of $K_{m,1}$ in the ideal group by the reciprocity law for $(K(\zeta_{p^r}), K, m)$. Take $J \in I_K^m$ such that $\phi(J) = \sigma$. Then $\phi^{-1}(\sigma) = J \ker \phi \supset Ji(K_{m,1})$. By the generalized Dirichlet theorem there are in $\phi^{-1}(\sigma)$ infinitely many prime ideals, even if we require them to be of relative degree 1 (over $\mathbb{Z}$).

Let $P$ be such a prime ideal of $O(K)$. The Frobenius automorphism

$$\left(\frac{K(\zeta_{p^r})/K}{P}\right)$$

is equal to $\sigma \in \mathrm{Gal}(K(\zeta_{p^r})/K)$. Since the relative degree of $P$ is 1, we have $O(K)/P \cong \mathbb{Z}/q\mathbb{Z}$ where $q$ is the rational prime over which $P$ lies ($P \cap \mathbb{Z} = q\mathbb{Z}$). The Frobenius automorphism

$$\left(\frac{\mathbb{Q}(\zeta_{p^r})/\mathbb{Q}}{q}\right)$$

is the restriction of $\sigma$ to $\mathbb{Q}(\zeta_{p^r})$; *i.e.*,

$$\zeta_{p^r}^q = \sigma(\zeta_{p^r}) = \zeta_{p^r}^s,$$

whence $q \equiv s \bmod p^r$. Thus $q$ has order $\phi_K(p^r)$ in $(\mathbb{Z}/p^r\mathbb{Z})^*$.

2.2. We now consider the ring of $S$-integers $O_S(K)$ in $K$. Let $\Sigma$ be the set of all places of $K$ and $S$ a subset of $\Sigma$ containing $\Sigma^\infty$, the set of infinite places. Then

$$O_S(K) = \bigcap_{Q \in \Sigma - S} O_Q$$

where $O_Q$ is the valuation ring of $Q$. Hence $O_S(K)$ is a Dedekind ring with quotient field $K$.

If $S$ above is a finite set then (*cf.* [12] or [13]) $GL(n, O_S(K))$ is virtually of finite dimension.

LEMMA 2.2. *Let $S$ be a finite set of places including $\Sigma^\infty$. Then the assertion of Lemma 2.1 also holds for $O_S(K)$.*

Indeed, all the prime ideals $P$ occurring in Lemma 2.1, except for finitely many of them, generate prime ideals $P' = PO_S(K)$ of $O_S(K)$, and $\mathfrak{N}(P') = |O_S(K)/P'| = |O(K)/P| = \mathfrak{N}(P)$.

§3. *Finite subgroups.* 3.1. *Notation.* $R$ is an integrally closed domain of characteristic zero, $K$ its field of quotients, $\zeta_m$ a primitive $m$-th root of unity in an algebraic closure of $K$, $\phi_K(m) = [K(\zeta_m): K]$, $Z_m = \langle \zeta_m \rangle$ the group of all $m$-th roots of unity, $C_k = \langle t \rangle$ any multiplicative cyclic group of order $k$ with generator $t$ ($m, k$ are arbitrary natural numbers).

Let $p$ be a rational prime, and let $C_{\phi K(p)}$ operate on $Z_p$ through the isomorphism $C_{\phi K(p)} \cong \mathrm{Gal}(K(\zeta_p)/K)$ which maps $t$ to a generator $\sigma$ of the Galois group.

PROPOSITION 3.1. *The semi-direct product $Z_p \rtimes C_{\phi K(p)}$ is $p$-periodic with $p$-period $2\phi_K(p)$.*

*Proof.* Obviously $Z_p$ is a $p$-Sylow subgroup of $G = Z_p \rtimes C_{\phi_K(p)}$. Since it is cyclic, $G$ is $p$-periodic (*cf.* [**8**, Chap. XII]). The $p$-period is given (*cf.* [**14**]) by $2|N_G(Z_p)/C_G(Z_p)|$ where $N_G$ denotes the normalizer, $C_G$ the centralizer in $G$. Now $N_G(Z_p) = G$ and $C_G(Z_p) = Z_p$, and hence the $p$-period is $2\phi_K(p)$.

3.2. The group in Proposition 3.1 can be embedded in $\mathrm{GL}(\phi_K(p), R)$, as follows. Since the irreducible polynomial in $K[x]$ of $\zeta_p$ is of degree $\phi_K(p)$ and has coefficients in $R$, the $R$-module $R[\zeta_p]$ is free with basis $1, \zeta_p, \ldots, \zeta_p^{\phi_K(p)-1}$. We can thus identify $\mathrm{GL}(\phi_K(p), R)$ with the group of $R$-module automorphisms $\mathrm{Aut}_R R[\zeta_p]$. Multiplication $\mu_{\zeta_p}$ with $\zeta_p$ is an element of that group, and so is any element $\sigma^s$ of $\mathrm{Gal}(K(\zeta_p)/K)$ if restricted to $R[\zeta_p]$.

We consider the subgroup $S = \{\mu_{\zeta_p}^r \sigma^s;\ 0 \leqslant r < p,\ 0 \leqslant s < \phi_K(p)\}$ of $\mathrm{Aut}_R R[\zeta_p]$. The map $Z_p \rtimes C_{\phi_K(p)} \to S$ given by $\zeta_p \mapsto \mu_{\zeta_p}$, $t \mapsto \sigma$ is easily seen to be an isomorphism. Thus $Z_p \rtimes C_{\phi_K(p)}$ is realized as a subgroup of $\mathrm{GL}(\phi_K(p), R)$, and therefore also of $\mathrm{GL}(n, R)$ for all $n \geqslant \phi_K(p)$.

THEOREM 3.2. *For a rational prime $p$ with $\phi_K(p) \leqslant n$ the group $\mathrm{GL}(n, R)$ contains a finite subgroup which is $p$-periodic with $p$-period $2\phi_K(p)$.*

3.3. We now turn to the special linear groups over $R$. Since $\mathrm{SL}(n, R)$ contains $\mathrm{GL}(n-1, R)$ as a subgroup ($n > 1$) there is, for all $p$ with $\phi_K(p) < n$, a finite subgroup in $\mathrm{SL}(n, R)$ which is $p$-periodic with $p$-period $2\phi_K(p)$. Some special arguments are needed in the case where $\phi_K(p) = n$ ($> 1$).

We can identify $\mathrm{SL}(\phi_K(p), R)$ with the subgroup $\mathrm{Aut}_R R[\zeta_p]_1$ of $\mathrm{Aut}_R R[\zeta_p]$ consisting of all automorphisms with determinant 1. The determinant of $\mu_{\zeta_p}$ is a $p$-th root of 1 in $K$ and hence $= 1$ since $\phi_K(p) > 1$. As for the generator $\sigma$ of $\mathrm{Gal}(K(\zeta_p)/K)$, it has determinant $(-1)^{\phi_K(p)-1}$, indeed $\sigma$ can be viewed as a cyclic permutation of a suitable basis of $K(\zeta_p)$ over $K$. Thus for odd $\phi_K(p) > 1$ the group $S$ above actually lies in $\mathrm{Aut}_R R[\zeta_p]_1$. If $\phi_K(p)$ is even, $S_1 = S \cap \mathrm{Aut}_R R[\zeta_p]_1$ has index 2 in $S$; this group $S_1$ is $p$-periodic with $p$-period $\phi_K(p)$.

If $\phi_K(p)$ is even there are, however, also cases where one can have in $\mathrm{Aut}_R R[\zeta_p]_1$ a finite $p$-periodic subgroup $S_2$ with $p$-period $2\phi_K(p)$. This is so if there exists in $R[\zeta_p]$ a unit $u$ with relative norm $\mathfrak{N}_{K(\zeta_p)/K}(u) = -1$. Indeed let again $\mu_u$ be multiplication in $R[\zeta_p]$ by $u$. This automorphism has determinant $-1$; thus $\mu_u\sigma$ has determinant 1 and generates in $\mathrm{Aut}_R R[\zeta_p]_1$ a cyclic subgroup of order $2\phi_K(p)$ (since $(\mu_u\sigma)^{\phi_K(p)} = -$identity). We put

$$S_2 = \{\mu_\zeta^r(\mu_u\sigma)^s,\quad 0 \leqslant r < p,\quad 0 \leqslant s < 2\phi_K(p)\}\,.$$

This subgroup of $\mathrm{Aut}_R R[\zeta_p]_1$ is isomorphic to $Z_p \rtimes C_{2\phi_K(p)}$ where the generator $t$ of $C_{2\phi_K(p)}$ acts on $Z_p$ through $t \mapsto \sigma$. The computation analogous to that in the proof of Proposition 3.1 shows that $S_2$ is $p$-periodic with $p$-period $2\phi_K(p)$.

In summary we have

THEOREM 3.3. (a) *For all $p$ with $\phi_K(p) < n$, and for $\phi_K(p) = n$ if $\phi_K(p)$ is odd $> 1$, the group $\mathrm{SL}(n, R)$ contains a finite subgroup which is $p$-periodic with $p$-period $2\phi_K(p)$.*

(b) *If $\phi_K(p)$ is even, then $\mathrm{SL}(\phi_K(p), R)$ contains a finite subgroup which is $p$-periodic with $p$-period $\phi_K(p)$. If there is in $R[\zeta_p]$ a unit $u$ with $\mathfrak{N}_{K(\zeta_p)/K}(u) = -1$, there exists even a finite subgroup with $p$-period $2\phi_K(p)$.*

§4. *The p-periodicity of* GL $(n, \mathbb{F}_q)$ *and* SL $(n, \mathbb{F}_q)$. 4.1. As usual $\mathbb{F}_{q^n}$ denotes the field of $q^n$ elements; we recall that

$$|\mathrm{GL}(n, \mathbb{F}_q)| = q^{n(n-1)/2} \prod_{i=1}^{n} (q^i - 1) = (q-1)|\mathrm{SL}(n, \mathbb{F}_q)|.$$

Let $p$ and $q$ be different rational primes. We denote by $h_p(q)$ the order of the residue class of $q$ in $(\mathbb{Z}/p\mathbb{Z})^*$. If $h = h_p(q)$ then $p$ divides $q^h - 1$ but none of the other factors in $|\mathrm{GL}(h, \mathbb{F}_q)|$. Let $p^a$ be the highest power of $p$ dividing $q^h - 1$, *i.e.*, dividing $|\mathrm{GL}(h, \mathbb{F}_q)|$, and let $S_p$ be a $p$-Sylow subgroup of $\mathrm{GL}(h, \mathbb{F}_q)$.

PROPOSITION 4.1. *The group* $S_p$ *is cyclic; the centralizer of* $S_p$ *in* $\mathrm{GL}(h, \mathbb{F}_q)$ *has index* $h$ *in the normalizer.*

*Proof.* We write $G$ for $\mathrm{GL}(h, \mathbb{F}_q)$ and identify $G$ with the group of $\mathbb{F}_q$-vector space automorphisms of $\mathbb{F}_{q^h}$. For $x \in \mathbb{F}_{q^h}^*$ let $\mu_x$ be multiplication with $x$ in $\mathbb{F}_{q^h}$; it is an element of $G = \mathrm{Aut}_{\mathbb{F}_q}(\mathbb{F}_{q^h})$. Let $g$ be a generator of the cyclic group $\mathbb{F}_{q^h}^*$ and $f = g^{(q^h-1)/p^a}$. Then $\mu_f \in G$ is of order $p^a$ and generates a $p$-Sylow subgroup $S_p$ of $G$.

To prove the second part we show that $N_G(S_p)/C_G(S_p)$ is isomorphic to $\mathrm{Gal}(\mathbb{F}_{q^h}/\mathbb{F}_q)$ and hence of order $h$. Indeed $\mathrm{Gal}(\mathbb{F}_{q^h}/\mathbb{F}_q)$ is contained in $G$ and one easily checks (*cf.* **[6]**, Lemma 3.2 or **[10]**, Chap. II, §7) that

$$N_G(S_p) = \{\mu_x \gamma;\quad x \in \mathbb{F}_{q^h}^*,\quad \gamma \in \mathrm{Gal}(\mathbb{F}_{q^h}/\mathbb{F}_q)\},$$

and

$$C_G(S_p) = \{\mu_x;\quad x \in \mathbb{F}_{q^h}^*\}.$$

Thus $C_G(S_p)$ is the kernel of the obvious map $N_G(S_p) \to \mathrm{Gal}(\mathbb{F}_{q^h}/\mathbb{F}_q)$ and the assertion follows.

4.2. From Proposition 4.1 it follows that $\mathrm{GL}(h, \mathbb{F}_q)$, $h = h_p(q)$, is $p$-periodic with $p$-period $2h$. We shall show that the same holds for $\mathrm{GL}(n, \mathbb{F}_q)$ if $\frac{1}{2}n < h \leqslant n$.

Let $B \in \mathrm{GL}(h, \mathbb{F}_q)$ be a matrix of order $p^a$, generating $S_p$. Then

$$B' = \begin{pmatrix} B & 0 \\ 0 & E \end{pmatrix},$$

where $E$ is the $(n-h) \times (n-h)$ unit matrix, has order $p^a$ in $\mathrm{GL}(n, \mathbb{F}_q)$. The assumption $n < 2h$ guarantees that $p^a$ is the highest power of $p$ dividing $|\mathrm{GL}(n, \mathbb{F}_q)|$. Thus $B'$ generates a cyclic $p$-Sylow subgroup $S'_p$ of $\mathrm{GL}(n, \mathbb{F}_q)$. The normalizer of $S'_p$ is given by the matrices

$$\left\{\begin{pmatrix} N & 0 \\ 0 & D \end{pmatrix};\quad N \in N_{\mathrm{GL}(h, \mathbb{F}_q)}(S_p),\quad D \in \mathrm{GL}(n-h, \mathbb{F}_q)\right\},$$

and similarly for the centralizer of $S'_p$. It immediately follows that the index of the centralizer of $S'_p$ in the normalizer is again $h$; thus the $p$-period of $\mathrm{GL}(n, \mathbb{F}_q)$ is $2h$.

4.3. The remaining cases $n < h$ and $n \geqslant 2h$ are easy.

If $n < h = h_p(q)$ then $p$ does not divide $|\mathrm{GL}(n, \mathbb{F}_q)|$; *i.e.*, $\mathrm{GL}(n, \mathbb{F}_q)$ has no $p$-torsion.

If $n \geqslant 2h$ we take an embedding

$$GL(h, \mathbb{F}_q) \times GL(h, \mathbb{F}_q) \subset GL(2h, \mathbb{F}_q) \subset GL(n, \mathbb{F}_q).$$

Since $p$ divides $|GL(h, \mathbb{F}_q)|$ there is a cyclic subgroup $C_p$ in $GL(h, \mathbb{F}_q)$. Thus $GL(n, \mathbb{F}_q)$ contains a subgroup $C_p \times C_p$ and can therefore not be $p$-periodic.

4.4. We now turn to the group $SL(n, \mathbb{F}_q)$, first for $n \geqslant 3$, and show that all the $p$-periodicity statements for $GL(n, \mathbb{F}_q)$ above also hold for $SL(n, \mathbb{F}_q)$, $n \geqslant 3$.

We may, of course, assume $q$ odd. So $SL(n, \mathbb{F}_q)$, being a subgroup of $G = GL(n, \mathbb{F}_q)$, is $p$-periodic for $\frac{1}{2}n < h \leqslant n$, $h = h_p(q)$, with $p$-period dividing $2h$. The crucial case is again $SL(h, \mathbb{F}_q)$; by assumption $h > \frac{1}{2}n > 1$.

We write $G_1$ for $SL(h, \mathbb{F}_q)$ and identify $G_1$ with $\mathrm{Aut}_{\mathbb{F}_q}(\mathbb{F}_{q^h})_1$ where the index 1 refers to determinant 1. With notations as in 4.1 the automorphism $\mu_f$ has determinant 1 since $p$ does not divide $q-1 = |\mathbb{F}_q^*|$. Thus the cyclic group $S_p$ generated by $\mu_f$ lies in $G_1$. Its normalizer is $N_G(S_p) \cap G_1$ and its centralizer is $C_G(S_p) \cap G_1$.

For the generator $g$ of $\mathbb{F}_{q^h}^*$ the determinant $\det \mu_g$ is $g^{(q^h-1)/(q-1)} \in \mathbb{F}_q^*$; and for the generator $\sigma \in \mathrm{Gal}(\mathbb{F}_{q^h}/\mathbb{F}_q)$, $\det \sigma = (-1)^{h-1} \in \mathbb{F}_q^*$ since $\sigma$ may be viewed as a cyclic permutation of order $h$. Thus the elements $\mu_x \gamma$, $x \in \mathbb{F}_{q^h}^*$, $\gamma \in \mathrm{Gal}(\mathbb{F}_{q^h}/\mathbb{F}_q)$, of $N_G(S_p)$ have determinant 1 in the following cases.

If $h$ is odd: $x = g^{r(q-1)}$, $\quad 0 \leqslant r < (q^h-1)/(q-1)$; $\gamma = \sigma^s$, $\quad 0 \leqslant s < h$.

If $h$ is even: $x = g^{r(q-1)}$, $\quad 0 \leqslant r < (q^h-1)/(q-1)$; $\gamma = \sigma^{2s}$, $\quad 0 \leqslant s < \frac{1}{2}h$,

and $\quad x = g^{r(q-1)+\frac{1}{2}(q-1)}$, $\quad 0 \leqslant r < (q^h-1)/(q-1)$; $\gamma = \sigma^{2s+1}$, $0 \leqslant s < \frac{1}{2}h$.

The elements $\mu_x, x \in \mathbb{F}_{q^h}^*$, of $C_G(S_p)$ have determinant 1, if, and only if, $x = g^{r(q-1)}, 0 \leqslant r < (q^h-1)/(q-1)$. A simple count shows that the index of the centralizer in the normalizer is $h$; hence the $p$-period of $SL(n, \mathbb{F}_q)$, $n \geqslant 3$, is $2h$.

4.5. We summarize as follows.

THEOREM 4.2. *Let $p$ and $q$ be different prime numbers, and $h = h_p(q)$ the order of $q$ in $(\mathbb{Z}/p\mathbb{Z})^*$. If $\frac{1}{2}n < h \leqslant n$, then the groups $GL(n, \mathbb{F}_q)$, $n \geqslant 1$, and $SL(n, \mathbb{F}_q)$, $n \geqslant 3$, are $p$-periodic with $p$-period $2h$.*

*Remark* 4.3. (a) For $\frac{1}{2}n \geqslant h = h_p(q)$ the groups in Theorem 4.2 are not $p$-periodic.

(b) For $n < h$ they have no $p$-torsion.

Indeed, (a) is proved in 4.3 for $GL(n, \mathbb{F}_q)$. If $h \geqslant 2$ $(n \geqslant 4)$, then $p$ does not divide $q-1 = |\mathbb{F}_q^*|$, and the subgroup $C_p \times C_p$ mentioned in 4.3 actually lies in $SL(n, \mathbb{F}_q)$. If $h = 1$ a special argument is needed for $SL(n, \mathbb{F}_q)$, $n \geqslant 3$. In that case $p$ divides $q-1$; let $x \in \mathbb{F}_{q-1}^*$ be of order $p$. The matrices

$$\begin{pmatrix} x^r & 0 & 0 \\ 0 & x^s & 0 \\ 0 & 0 & x^{-r-s} \end{pmatrix}$$

with $0 \leqslant r, s < p$ constitute a subgroup of SL$(3, \mathbb{F}_q)$ isomorphic to $C_p \times C_p$. Thus SL$(n, \mathbb{F}_q)$, $n \geqslant 3$, is not $p$-periodic in that case. The result (*b*) is proved in §4.3.

*Remark* 4.4. SL$(2, \mathbb{F}_q)$ is well known to be $p$-periodic for all $p$. The $q$-period is $q-1$ for odd $q$, and 2 for $q = 2$. For $p$ dividing $q^2-1$ the $p$-period is 4.

§5. *Finite quotients. Main results.* 5.1. We now turn to the groups $G = \mathrm{GL}(n, O_S(K))$ and $G_1 = \mathrm{SL}(n, O_S(K))$ described in Section 1. $K$ is a number field, $S$ a finite set of places including the infinite places, $O_S(K)$ the ring of $S$-integers of $K$.

We choose, by virtue of Lemma 2.2, a prime ideal $P$ of $O_S(K)$ such that $\mathfrak{N}(P)$ is a prime number $q > 2^{[K:Q]}$, and that $h_p(q) = \phi_K(p)$; $p$ is a given prime number and $h_p(q)$ is the order of $q$ in $(\mathbb{Z}/p\mathbb{Z})^*$. Then $O_S(K)/P \cong \mathbb{F}_q$, and reducing all matrix entries modulo $P$ yields canonical maps $\psi : G \to \mathrm{GL}(n, \mathbb{F}_q)$ and $\psi_1 : G_1 \to \mathrm{SL}(n, \mathbb{F}_q)$. Their kernels are the respective congruence subgroups modulo $P$, $N \subset G$ and $N_1 \subset G_1$. Due to the choice of $P$ they are torsion-free (*cf.* [2], for example). The map $\psi_1$ is known to be surjective ([1], p. 267), *i.e.*, we have

$$G_1/N \cong \mathrm{SL}(n, \mathbb{F}_q) \subset \mathrm{Im}\,\psi \subset \mathrm{GL}(n, \mathbb{F}_q).$$

As shown in Section 4 both SL$(n, \mathbb{F}_q)$ and GL$(n, \mathbb{F}_q)$ are $p$-periodic with $p$-period $2h_p(q) = 2\phi_K(p)$ for all prime numbers $p$ with $\frac{1}{2}n < \phi_K(p) \leqslant n$; thus the same holds for $G/N$ and $G_1/N_1$.

Proposition 5.1. *There exists a prime ideal $P$ in $O_S(K)$ such that the congruence subgroups modulo $P$, $N \subset G$ and $N_1 \subset G_1$, are torsion-free and such that the finite quotients $G/N$ and $G_1/N_1$ are $p$-periodic with $p$-period $2\phi_K(p)$ for all $p$ with $\frac{1}{2}n < \phi_K(p) \leqslant n$.*

5.2. We now invoke a general result concerning the Farrell–Tate cohomology of a group $G$ of virtually finite dimension. Let $N$ be a torsion-free normal subgroup of finite index in $G$ such that $G/N$ is $p$-periodic with $p$-period $m_p$; then $G$ itself is $p$-periodic with $p$-period dividing $m_p$. In the case, where $G$ admits a projective resolution which is finitely generated in all dimensions, this result is proved in [2] using the construction of a complete resolution for $G$ from a complete resolution for $G/N$, *cf.* [2] or [9]. Actually the result holds without any finiteness condition (see [5]); in the present context this generality is not needed since the above finiteness condition holds for GL$(n, O_S(K))$ and SL$(n, O_S(K))$ according to Borel–Serre (see [13], *e.g.*).

It thus follows that our groups $G$ and $G_1$ are $p$-periodic for the appropriate prime numbers $p$, and that the $p$-period divides $2\phi_K(p)$.

5.3. To obtain the precise value of the $p$-period we use the finite subgroups constructed in Section 3. By Theorems 3.2 and 3.3 the groups $G = \mathrm{GL}(n, O_S(K))$, $n \geqslant \phi_K(p)$, and $G_1 = \mathrm{SL}(n, O_S(K))$, $n > \phi_K(p)$ contain a finite subgroup which has $p$-period $2\phi_K(p)$. Thus, for $\frac{1}{2}n < \phi_K(p) \leqslant n$ (or $< n$ respectively) the $p$-period of GL$(n, O_S(K))$ and SL$(n, O_S(K))$ respectively is equal to $2\phi_K(p)$. The case SL$(\phi_K(p), O_S(K))$ is discussed in 5.4 below.

THEOREM 5.2. *The groups* $\mathrm{GL}(n, O_S(K))$, $\frac{1}{2}n < \phi_K(p) \leqslant n$, *and* $\mathrm{SL}(n, O_S(K))$, $\frac{1}{2}n < \phi_K(p) < n$, *are p-periodic with p-period* $2\phi_K(p)$.

*Remark* 5.3. The groups $\mathrm{GL}(n, O_S(K))$ and $\mathrm{SL}(n, O_S(K))$ have $p$-torsion, if, and only if, $\phi_K(p) \leqslant n$, see **[3]**. Using this fact one can, if $n \geqslant 2\phi_K(p)$, easily find a subgroup of these groups (for $\mathrm{SL}(n, O_S(K))$ assuming $n \geqslant 3$) isomorphic to $C_p \times C_p$. Therefore they are not $p$-periodic if $\frac{1}{2}n \geqslant \phi_K(p)$.

5.4. In the special case $\mathrm{SL}(\phi_K(p), O_S(K))$ all the above arguments remain valid except that Theorem 3.3 yields, in general, the two possibilities $\phi_K(p)$ or $2\phi_K(p)$ for the $p$-period. If $\phi_K(p)$ is odd and greater than one, the $p$-period is $2\phi_K(p)$, by Theorem 3.3(a). If $\phi_K(p)$ is even, the precise value depends on the norm map $\mathfrak{N}_{K(\zeta_p)/K}$. By Theorem 3.3(b) the period is again $2\phi_K(p)$, if there exists in $O_S(K)[\zeta_p]$ a unit $u$ with $\mathfrak{N}_{K(\zeta_p)/K}(u) = -1$.

THEOREM 5.4. *The group* $\mathrm{SL}(\phi_K(p), O_S(K))$, $\phi_K(p) > 1$, *is p-periodic with p-period* $\phi_K(p)$ *or* $2\phi_K(p)$. *If* $\phi_K(p)$ *is odd or, more generally, if there is in* $O_S(K)[\zeta_p]$ *a unit with norm* $-1$ *over* $K$, *then the p-period is* $2\phi_K(p)$.

*Remark* 5.5. If there is no element in $K(\zeta_p)$ with norm $-1$ over $K$, then the $p$-period of $\mathrm{SL}(\phi_K(p), O_S(K))$ is $\phi_K(p)$. This follows from the computations in **[6]**, Section 8. The condition is fulfilled, in particular, if $K$ has an embedding in $\mathbb{R}$. Thus $\mathrm{SL}(p-1, \mathbb{Z})$, for example, is $p$-periodic with $p$-period $p-1$ (this case appears in [3] and is obtained by an entirely different method).

## *References*


1. H. Bass. *Algebraic K-theory* (Benjamin, New York–Amsterdam, 1968).
2. B. Bürgisser. Gruppen virtuell endlicher Dimension und Periodizität der Cohomologie. *Diss. ETH, Nr.* 6425 (Zürich, 1979).
3. B. Bürgisser. On the $p$-periodicity of arithmetic subgroups of general linear groups. *Comment. Math. Helv.*, 55 (1980), 499–509.
4. B. Bürgisser. Finite $p$-periodic quotients of general linear groups. *Math. Ann.*, 256 (1981), 121–132.
5. B. Bürgisser. Yoneda product in Farrell–Tate cohomology and periodicity. Preprint *FIM, ETH Zürich* (1981).
6. B. Bürgisser. The $p$-torsion of the Farrell–Tate cohomology of $\mathrm{GL}(\phi_K(p), O(K))$ and $\mathrm{SL}(\phi_K(p), O(K))$. Preprint *FIM, ETH Zürich* (1981).
7. B. Bürgisser. On the projective class group of arithmetic groups. *Math. Zeitschrift*, 184 (1983), 339–357.
8. H. Cartan and S. Eilenberg. *Homological algebra* (Princeton University Press, 1956).
9. F. T. Farrell. An extension of Tate cohomology to a class of infinite groups. *J. Pure Appl. Algebra*, 10 (1977), 153–161.
10. B. Huppert. *Endliche Gruppen* I. *Die Grundlehren der mathematischen Wissenschaften in Einzeldarstellung*, 134 (Springer, Berlin–Heidelberg–New York, 1967).
11. G. J. Janusz. *Algebraic number fields. Pure and Appl. Math.*, 55 (Academic Press, New York, 1973).
12. J.-P. Serre. *Cohomologie des groupes discrets. Prospects in Math., Ann. Math. Study*, 70 (1971), 77–169.
13. J.-P. Serre. Arithmetic groups. *Proc. of the Sept.* 1977 *Durham conference on homological and combinatorial techniques in group theory.* Edited by C. T. C. Wall. (Cambridge University Press, 1979).
14. R. G. Swan. The $p$-period of a finite group. *Illinois J. Math.*, 4 (1960), 341–346.
15. R. G. Swan and E. G. Evans. *K-theory of finite groups and orders. Lecture Notes in Math.*, 149 (Springer, Berlin–Heidelberg–New York, 1970).

Dr. B. Bürgisser,
Eidgenössische Technische Hochschule,
Mathematik,
ETH-Zentrum,
CH-8092 Zürich,
Switzerland.

Prof. B. Eckmann,
Eidgenössische Technische Hochschule,
Mathematik,
ETH-Zentrum,
CH-8092 Zürich,
Switzerland.

20G10: *GROUP THEORY AND GENERALIZATIONS; Linear algebraic groups; Cohomology theory.*

*Received on the* 4*th of August*, 1983.

# Galois action on algebraic matrix groups, Chern classes, and the Euler class

(with G. Mislin)

Math. Ann. **271** (1985), 349–358

## 1. Introduction

*1.1.* An automorphism $\sigma \in \mathrm{Gal}(\mathbb{C}/\mathbb{Q})$ of the field $\mathbb{C}$ induces an automorphism, also written $\sigma$, of the matrix group $GL_m(\mathbb{C})$ by applying $\sigma$ to the matrix entries; it is, of course, almost never continuous in the Lie group topology of $GL_m(\mathbb{C})$. Given a complex representation $\varrho: \Gamma \to GL_m(\mathbb{C})$ of the discrete group $\Gamma$ one writes $\varrho^\sigma$ for the "Galois conjugate representation" $\sigma \circ \varrho: \Gamma \to GL_m(\mathbb{C})$. Comparison of the two maps $B\varrho$ and $B\varrho^\sigma$ between the classifying spaces $B\Gamma = K(\Gamma, 1)$ and $BGL_m(\mathbb{C})$ yields interesting relations concerning the Chern classes $c_i(\varrho) \in H^{2i}(\Gamma; \mathbb{Z})$ associated in the usual way with $\varrho$ (i.e., with the flat $\mathbb{C}^m$-bundle defined by $\varrho$). Such a comparison is not immediate since $\sigma$ does in general not yield a continuous self-map of $BGL_m(\mathbb{C})$, the classifying space of the Lie group $GL_m(\mathbb{C})$.

Following Sullivan [7] one passes to $BGL(\mathbb{C})$, the classifying space of the infinite linear group, and one replaces $BGL(\mathbb{C})$ by its *profinite completion* $BGL(\mathbb{C})\hat{}$ and defines a continuous action $\sigma_{Su}$ of $\sigma$ on $BGL(\mathbb{C})\hat{}$. The present work grew out of the objective to prove that *the two maps* $(B\varrho^\sigma)^+$ *and* $\sigma_{Su} \circ (B\varrho)^+ : K(\Gamma, 1) \to BGL(\mathbb{C})\hat{}$ *are homotopic*, where we write $(B\varrho)^+$ for the obvious map $K(\Gamma, 1) \to BGL_m(\mathbb{C}) \to BGL(\mathbb{C})\hat{}$.

This fact has been asserted by the present authors in their paper [5]; it was used there to obtain "universal bounds" for the order of the profinite Chern classes $\hat{c}_i(\varrho) \in H^{2i}(\Gamma; \hat{\mathbb{Z}})$, cf. Sect. 1.3 below. The proof of the assertion was promised to appear separately.

The present work provides that proof, in a much more general context: Firstly, strong finiteness properties on the group $\Gamma$ were assumed in the assertion (Sect. 4.1 of [5]) while now there are no restrictions at all on $\Gamma$. Secondly, the statement of the main theorem below applies to a general class of complex algebraic matrix groups $G$ instead of $GL_m(\mathbb{C})$, defined over a field $k \subset \mathbb{C}$, and to automorphisms $\sigma \in \mathrm{Gal}(\mathbb{C}/k)$ of $\mathbb{C}$ over $k$.

*1.2.* We thus consider a Lie subgroup $G \subset GL_m(\mathbb{C})$ which is defined over a field $k \subset \mathbb{C}$ in the sense that there are polynomials $f_1, \ldots, f_t \in k[x_{11}, \ldots, x_{mm}]$ such that

$$G = \{(a_{ij}) \in GL_m(\mathbb{C}) \mid f_s(a_{11}, \ldots, a_{mm}) = 0, \ s = 1, 2, \ldots, t\}.$$

In other words, $G$ is the space of complex points of an algebraic matrix group over $k$. In Sect. 2.3 below we describe an action $\psi^\sigma: BG^\wedge \to BG^\wedge$ on the profinite completion of the classifying space $BG$, for any $\sigma \in \mathrm{Gal}(\mathbb{C}/k)$. In the case $G = GL_m(\mathbb{C})$, $k = \mathbb{Q}$, $\psi^\sigma$ will turn out to be closely related to the Sullivan action $\sigma_{Su}$ on $BGL(\mathbb{C})^\wedge$. If $\varrho: \Gamma \to G \subset GL_m(\mathbb{C})$ is a representation via $G$ of the discrete group $\Gamma$ then so is $\varrho^\sigma$ for $\sigma \in \mathrm{Gal}(\mathbb{C}/k)$.

**Main Theorem.** *Let $G$ be the Lie group of complex points of an algebraic matrix group defined over the field $k \subset \mathbb{C}$ and $\varrho: \Gamma \to G$ a representation of the discrete group $\Gamma$. Then for an automorphism $\sigma$ of $\mathbb{C}$ over $k$ the two maps*

$$K(\Gamma, 1)^\wedge \xrightarrow{(B\varrho)^\wedge} BG^\wedge \xrightarrow{\psi^\sigma} BG^\wedge$$

*and*

$$K(\Gamma, 1)^\wedge \xrightarrow{(B\varrho^\sigma)^\wedge} BG^\wedge$$

*are homotopic.*

Equivalently, this can be formulated as follows:

**Corollary 1.** *The maps*

$$K(\Gamma, 1) \xrightarrow{(B\varrho)^+} BG^\wedge \xrightarrow{\psi^\sigma} BG^\wedge$$

*and*

$$K(\Gamma, 1) \xrightarrow{(B\varrho^\sigma)^+} BG^\wedge$$

*are homotopic ($(B\varrho)^+$ denotes the map $K(\Gamma, 1) \to BG \to BG^\wedge$).*

*1.3.* The next corollary concerns the problem dealt with in our paper [5]; i.e., $G = GL_m(\mathbb{C})$, $k = \mathbb{Q}$, and we consider the profinite Chern classes $\hat{c}_i(\varrho) \in H^{2i}(\Gamma; \hat{\mathbb{Z}})$, the images of the Chern classes of $\varrho$ under the coefficient map from $\mathbb{Z}$ to the profinite integers $\hat{\mathbb{Z}}$. Now $\hat{c}_i(\varrho)$ is the image, under the $\hat{\mathbb{Z}}$-cohomology map induced by $B\varrho$, of the universal Chern class $\hat{c}_i \in H^{2i}(BGL_m(\mathbb{C}); \hat{\mathbb{Z}})$. As shown by Sullivan, $BGL_m(\mathbb{C}) \to BGL_m(\mathbb{C})^\wedge$ induces an isomorphism in $\hat{\mathbb{Z}}$-cohomology, so that for that purpose $BGL_m(\mathbb{C})$ can be replaced by $BGL_m(\mathbb{C})^\wedge$, and $\hat{c}_i(\varrho)$ is then the image of the universal Chern class $\hat{c}_i \in H^{2i}(BGL_m(\mathbb{C})^\wedge; \hat{\mathbb{Z}})$ under the $\hat{\mathbb{Z}}$-cohomology map induced by $(B\varrho)^+: K(\Gamma, 1) \to BGL_m(\mathbb{C})^\wedge$. On the other hand, we determine the effect of $(\psi^\sigma)^*$ on $H^{2i}(BGL_m(\mathbb{C})^\wedge; \hat{\mathbb{Z}})$: it is given by multiplying $\hat{c}_i$ with $u(\sigma)^i$, where $u(\sigma) \in \hat{\mathbb{Z}}$ denotes the unit in $\hat{\mathbb{Z}}$ which describes the action of $\sigma$ on the roots of unity in $\mathbb{C}$. [This agrees with the action of $\sigma$ on the $\hat{c}_i$ obtained by Sullivan's procedure via $BGL(\mathbb{C})^\wedge$.] We thus get from Corollary 1

**Corollary 2.** *Let $\Gamma$ be a discrete group, $\varrho: \Gamma \to GL_m(\mathbb{C})$ a representation, and $\sigma$ an automorphism of $\mathbb{C}$. Then the profinite Chern classes fulfill*

$$\hat{c}_i(\varrho^\sigma) = u(\sigma)^i \hat{c}_i(\varrho), \quad i = 1, 2, 3, \ldots .$$

We recall from [5] that Corollary 2 yields universal bounds for the order of the $\hat{c}_i(\varrho)$, in the following sense. Given a number field $K$ one has natural numbers $\bar{E}_K(i)$, depending on $K$ and $i$ only, such that $\bar{E}_K(i)\,\hat{c}_i(\varrho) = 0$ for any group $\Gamma$ and any representation $\varrho$ with character values in $K$; and $\bar{E}_K(i)$ is best possible with that property. If $\Gamma$ is such that $H^{2i}(\Gamma;\mathbb{Z})$ has no infinitely divisible elements, the result holds for the Chern classes $c_i(\varrho)$ themselves.

*1.4.* Arguments analogous to those above apply, for the groups $G\subset GL_m(\mathbb{C})$ in the Main Theorem, to the $\hat{\mathbb{Z}}$-cohomology of $BG$ and $BG\hat{}$. That cohomology yields beyond the Chern classes further (profinite) characteristic classes associated with a representation $\varrho:\Gamma\to G$. In order to get information on these one needs to know the behaviour of the corresponding universal classes $\in H^*(BG\hat{};\hat{\mathbb{Z}})$ under $(\psi^\sigma)^*$, for $\sigma\in \mathrm{Gal}(\mathbb{C}/k)$.

As an example we examine, in Sect. 4 below, the group $G=SO_m(\mathbb{C})$, $k=\mathbb{Q}$, and determine the Galois action on the $\hat{\mathbb{Z}}$-cohomology of $BSO_m(\mathbb{C})\hat{}$. The interesting case is that of $m=2n$ even and of the profinite universal Euler class $\hat{e}_{2n}\in H^{2n}(BSO_{2n}(\mathbb{C})\hat{};\hat{\mathbb{Z}})$: For $\sigma\in\mathrm{Gal}(\mathbb{C}/\mathbb{Q})$ one has

$$(\psi^\sigma)^*\hat{e}_{2n}=\varepsilon(\sigma)^n u(\sigma)^n\hat{e}_{2n}$$

where $\varepsilon(\sigma)=+1$ or $-1$ according to whether $\sigma(\sqrt{-1})=\sqrt{-1}$ or $-\sqrt{-1}$. This leads to bounds for the Euler class of *orthogonal* representations over a number field $K$, similar to those obtained for real representations of finite groups in [2] and [3] by entirely different methods.

The case of $SO_2$ shows the dependence of the Galois action on the algebraic group structure over $\mathbb{Q}$: although $SO_2(\mathbb{C})$ and $GL_1(\mathbb{C})$ are isomorphic as Lie groups, the Galois action on $BSO_2(\mathbb{C})\hat{}$ and on $BGL_1(\mathbb{C})\hat{}$ is different.

*1.5.* Our method consists in replacing the Sullivan profinite completion by the "etale homotopy completion" as described by Friedlander [6], for the classifying simplicial scheme associated with a group scheme over spec($\mathbb{C}$), cf. Sect. 2 below.

## 2. Etale Homotopy

*2.1.* We will make frequent use of the terminology and definitions introduced by Friedlander in his book [6].

If $\underset{\sim}{S}$ denotes a *locally noetherian simplicial scheme* the etale topological type $\underset{\sim}{S}_{et}$ of $\underset{\sim}{S}$ is defined; it is a pro object in the category of simplicial sets [6, p. 36]. We associate with $\underset{\sim}{S}_{et}$ a homotopy type $\underset{\sim}{S}\tilde{}$ as follows. We consider the pro object defined by $\underset{\sim}{S}_{et}$ in the homotopy category and apply to it the Artin-Mazur profinite completion functor. There results a pro homotopy type consisting of spaces with finite homotopy groups and, by a result of Sullivan, one can form their inverse limit in the homotopy category. The (single) homotopy type thus obtained is defined to be $\underset{\sim}{S}\tilde{}$ (in the notation of [6] one would write $\underset{\sim}{S}\tilde{}=\underleftarrow{\mathrm{holim}}^{Su}(\underset{\sim}{S})^{\hat{P}}_{et}$ where $P$ denotes the set of all primes). We call $\underset{\sim}{S}\tilde{}$ the "etale completion" of $\underset{\sim}{S}$.

*2.2.* Let $\underset{\sim}{G}$ be a *group scheme* over the scheme $\underset{\sim}{H}$. The classifying simplicial scheme $B\underset{\sim}{G}$ is defined [6, p. 8] by taking for $(B\underset{\sim}{G})_n$ the $n$-fold fiber product of $\underset{\sim}{G}$ over $\underset{\sim}{H}$ together with the usual simplicial morphisms.

We consider, in particular, group schemes $\underset{\sim}{G}_{\mathbb{C}}$ over spec($\mathbb{C}$) and $\underset{\sim}{G}_k$ over spec($k$) for a subfield $k\subset\mathbb{C}$. If $\underset{\sim}{G}_{\mathbb{C}}=\underset{\sim}{G}_k\times_{\mathrm{spec}(k)}\mathrm{spec}(\mathbb{C})$ than an automorphism

$\sigma \in \mathrm{Gal}(\mathbb{C}/k)$ acts on the scheme $\underline{G}_{\mathbb{C}}$ via its action on spec($\mathbb{C}$) where it is given in terms of affine coordinate rings by $\sigma^{-1}: \mathbb{C} \to \mathbb{C}$. We write $\sigma_*: \underline{G}_{\mathbb{C}} \to \underline{G}_{\mathbb{C}}$ for this action, and there is an induced action

$$(B\sigma_*)\check{}: (B\underline{G}_{\mathbb{C}})\check{} \to (B\underline{G}_{\mathbb{C}})\check{}$$

on the etale completion of the classifying simplicial scheme $B\underline{G}_{\mathbb{C}}$.

*2.3.* Let now $\underline{G}_{\mathbb{C}}$ be a locally algebraic group scheme over spec($\mathbb{C}$) with associated classifying simplicial scheme $B\underline{G}_{\mathbb{C}}$. The Lie group of complex points of $\underline{G}_{\mathbb{C}}$, with the strong topology, is denoted by $\underline{G}_{\mathbb{C}}(\mathbb{C})$. With an etale cover $\underline{X} \to B\underline{G}_{\mathbb{C}}$ of simplicial schemes over spec($\mathbb{C}$) we associate the induced local isomorphism of simplicial spaces $\underline{X}(\mathbb{C}) \to \bar{W}\underline{G}_{\mathbb{C}}(\mathbb{C})$ and obtain [6, Sect. 8] a *natural transformation h*:

$$h(\underline{G}_{\mathbb{C}}): B\underline{G}_{\mathbb{C}}(\mathbb{C})\hat{} = |\bar{W}\underline{G}_{\mathbb{C}}(\mathbb{C})|\hat{} \to (B\underline{G}_{\mathbb{C}})\check{}.$$

Here we have identified the geometric realization $|\bar{W}\underline{G}_{\mathbb{C}}(\mathbb{C})|$ of the simplicial classifying space $\bar{W}\underline{G}_{\mathbb{C}}(\mathbb{C})$ with the topological classifying space $B\underline{G}_{\mathbb{C}}(\mathbb{C})$ of $\underline{G}_{\mathbb{C}}(\mathbb{C})$.

The map $h(\underline{G}_{\mathbb{C}})$ is a *homotopy equivalence* in two important cases:

(1) $\underline{G}_{\mathbb{C}}$ is a complex algebraic group [6, Theorem 8.4].

(2) $\underline{G}_{\mathbb{C}}$ is a constant group scheme over spec($\mathbb{C}$); i.e., $\underline{G}_{\mathbb{C}} = \Gamma \otimes \mathrm{spec}(\mathbb{C})$ for some discrete group $\Gamma$; by the notation $\Gamma \otimes \mathrm{spec}(\mathbb{C})$ we understand the group scheme whose underlying scheme is $\coprod_{\gamma \in \Gamma} \mathrm{spec}(\mathbb{C})_\gamma$ and whose group structure is induced by that of $\Gamma$. In that case $\underline{G}_{\mathbb{C}}(\mathbb{C}) \cong \Gamma$ as a discrete topological group and we can thus identify $B\underline{G}_{\mathbb{C}}(\mathbb{C})\check{}$ with $K(\Gamma, 1)\hat{}$.

In those cases where $h(\underline{G}_{\mathbb{C}})$ is a homotopy equivalence, and assuming that $\underline{G}_{\mathbb{C}}$ is of the form $\underline{G}_k \times_{\mathrm{spec}(k)} \mathrm{spec}(\mathbb{C})$ for a subfield $k \subset \mathbb{C}$, we can use the Galois action

$$(B\sigma_*)\check{}: (B\underline{G}_{\mathbb{C}})\check{} \to (B\underline{G}_{\mathbb{C}})\check{}, \qquad \sigma \in \mathrm{Gal}(\mathbb{C}/k)$$

to define a Galois action $\psi^\sigma$ on $B\underline{G}_{\mathbb{C}}(\mathbb{C})\hat{}$. Namely,

$$\psi^\sigma = h^{-1}(B\sigma_*)\check{}h: B\underline{G}_{\mathbb{C}}(\mathbb{C})\hat{} \to B\underline{G}_{\mathbb{C}}(\mathbb{C})\hat{}.$$

As we will see later on, this Galois action is in general not determined by the Lie group structure of $\underline{G}_{\mathbb{C}}(\mathbb{C})$; it may depend upon the $k$-form $\underline{G}_k$ of $\underline{G}_{\mathbb{C}} = \underline{G}_k \times_{\mathrm{spec}(k)} \mathrm{spec}(\mathbb{C})$ which has been used to define the action.

We note (see also [8]) that in the special case (2) above, $\underline{G}_{\mathbb{C}} = \Gamma \otimes \mathrm{spec}(\mathbb{C}) = (\Gamma \otimes \mathrm{spec}\,\mathbb{Q}) \times_{\mathrm{spec}(\mathbb{Q})} \mathrm{spec}(\mathbb{C})$, the action $\psi^\sigma$ is trivial; i.e., $\psi^\sigma$ is homotopic to the identity $K(\Gamma, 1)\hat{} \to K(\Gamma, 1)\hat{}$ for all $\sigma \in \mathrm{Gal}(\mathbb{C}/\mathbb{Q})$.

*2.4.* In the special case of the *linear group* $GL_m$ the action $\psi^\sigma$ on $BGL_m(\mathbb{C})\hat{}$ obtained in this way is closely related to the Sullivan action $\sigma_{Su}$ on $BGL(\mathbb{C})\hat{}$. Indeed the maps $\psi^\sigma: BGL_m(\mathbb{C})\hat{} \to BGL_m(\mathbb{C})\hat{}$, $m = 1, 2, 3, \ldots$ determine a unique map $\psi^\sigma: BGL(\mathbb{C})\hat{} \to BGL(\mathbb{C})\hat{}$, and we will show that $\psi^\sigma$ and $\sigma_{Su}$ induce the same homomorphism in $\hat{\mathbb{Z}}$-cohomology.

To this end we first recall that $H^*(BGL_1(\mathbb{C})\hat{}; \hat{\mathbb{Z}})$ is the polynomial ring $\hat{\mathbb{Z}}[\hat{c}_1]$; the action of $(\psi^\sigma)^*$ on $\hat{c}_1$ can be determined as follows. For $n \geq 2$ let $\varrho_n: \mathbb{Z}/n\mathbb{Z} \to GL_1(\mathbb{C})$ be a faithful representation. As shown in [4] one has $\hat{c}_1(\varrho_n^\sigma) = u(\sigma)\,\hat{c}_1(\varrho_n) \in H^2(\mathbb{Z}/n\mathbb{Z}; \hat{\mathbb{Z}})$ where $u(\sigma) \in \hat{\mathbb{Z}}^*$ describes the action of $\sigma$ on the complex roots of unity. Now $\hat{c}_1(\varrho_n)=(B\varrho_n)^*\hat{c}_1$, and $\hat{c}_1(\varrho_n^\sigma)=(B\varrho_n^\sigma)^*\hat{c}_1=(B\varrho_n)^*(\psi^\sigma)^*\hat{c}_1$ by the Main Theorem; i.e., we have $(B\varrho_n)^*[(\psi^\sigma)^*\hat{c}_1-u(\sigma)\hat{c}_1]=0$. The map $\varrho: H^*(BGL_1(\mathbb{C})\hat{};\hat{\mathbb{Z}}) \to \prod_{n\geq 2} H^*(\mathbb{Z}/n\mathbb{Z};\hat{\mathbb{Z}})$ with components $(B\varrho_n)^*$ being injective, it follows that

$$(\psi^\sigma)^*\hat{c}_1=u(\sigma)\hat{c}_1\,.$$

By naturality and using the splitting principle we obtain, $H^*(BGL_m(\mathbb{C})\hat{};\hat{\mathbb{Z}})$ being the polynomial ring $\hat{\mathbb{Z}}[\hat{c}_1,\hat{c}_2,\ldots,\hat{c}_m]$ over $\hat{\mathbb{Z}}$ in the universal profinite Chern classes, the following result.

**Proposition 2.1.** *For $\sigma\in\mathrm{Gal}(\mathbb{C}/\mathbb{Q})$ the action of $\psi^\sigma$ on $H^*(BGL_m(\mathbb{C})\hat{};\hat{\mathbb{Z}})$ is given by*

$$(\psi^\sigma)^*\hat{c}_j=u(\sigma)^j\hat{c}_j,\qquad j=1,2,\ldots,m\,.$$

**Corollary 2.2.** *The Galois action $\psi^\sigma$ on $BGL(\mathbb{C})\hat{}$ defined by the actions $\psi^\sigma$ on $BGL_m(\mathbb{C})\hat{}$, $m=1,2,3,\ldots$ induces in $\hat{\mathbb{Z}}$-cohomology the same homomorphism as the Sullivan homotopy action $\sigma_{Su}$. Thus the actions $\psi^\sigma$ and $\sigma_{Su}$ on $BGL(\mathbb{C})\hat{}$ agree.*

## 3. The Main Theorem

*3.1.* We consider an algebraic matrix group $G\subset GL_m(\mathbb{C})$ which is defined over a subfield $k\subset\mathbb{C}$. I.e., there are polynomials $f_1,\ldots,f_t\in k[x_{11},\ldots,x_{mm}]$ such that

$$G=\{(a_{ij})\in GL_m(\mathbb{C})\,|\,f_s(a_{11},\ldots,a_{mm})=0,\qquad s=1,2,\ldots,t\}\,.$$

We will write $\underset{\sim}{G}_k$ for the associated affine group scheme over $\mathrm{spec}(k)$; its underlying space is $\mathrm{spec}(\Lambda)$ where $\Lambda=k[x_{11},\ldots,x_{mm},\det(x_{ij})^{-1}]/\langle f_1,\ldots,f_t\rangle$. Extending the scalars from $k$ to $k'\supset k$ yields the group scheme $\underset{\sim}{G}_{k'}=\underset{\sim}{G}_k\times_{\mathrm{spec}(k)}\mathrm{spec}(k')$.

The Lie group $\underset{\sim}{G}_k(\mathbb{C})$ of complex points of $\underset{\sim}{G}_k$ is naturally isomorphic to the Lie group $G$, by the map $\underset{\sim}{G}_k(\mathbb{C})\to G$ which associates with the maximal ideal $\langle x_{11}-a_{11},\ldots,x_{mm}-a_{mm}\rangle\subset\Lambda\otimes\mathbb{C}$ the complex matrix $(a_{ij})\in G$. By abuse of notation we often identify $\underset{\sim}{G}_k(\mathbb{C})$ with $G$ in this way.

We now apply, for $\sigma\in\mathrm{Gal}(\mathbb{C}/k)$, the definition of $\psi^\sigma$ to the completion $BG\hat{}$ of the classifying space of $G$. Thus $\psi^\sigma$ is given by the commutative diagram

$$\begin{array}{ccc} BG\hat{} & \xrightarrow{\;h\;} & (B\underset{\sim}{G}_{\mathbb{C}})\tilde{} \\ \downarrow{\scriptstyle\psi^\sigma} & & \downarrow{\scriptstyle(B\sigma_*)\tilde{}} \\ BG\hat{} & \xrightarrow[\;h\;]{} & (B\underset{\sim}{G}_{\mathbb{C}})\tilde{} \end{array}$$

where $h$ is the natural transformation described in Sect. 2.3; $h=h(\underset{\sim}{G}_{\mathbb{C}})$ is a homotopy equivalence.

We note that the Galois action $\sigma_*$ on the group scheme $\underset{\sim}{G}_{\mathbb{C}}$ can be made explicit as follows (see also [8] for the case of $GL_n$). In terms of affine coordinate rings $\sigma$ induces a map $\sigma^*:\Lambda\otimes\mathbb{C}\to\Lambda\otimes\mathbb{C}$ given by

$$\sigma^*(\sum c_{ijn}x_{ij}^n)=\sum\sigma^{-1}(c_{ijn})x_{ij}^n\,.$$

On the space of maximal ideals of $\Lambda\otimes\mathbb{C}$ the corresponding map $\underline{G}_k(\mathbb{C})\to\underline{G}_k(\mathbb{C})$ is given by

$$\begin{aligned}\langle x_{11}-a_{11},\dots,x_{mm}-a_{mm}\rangle &\mapsto(\sigma^*)^{-1}\langle x_{11}-a_{11},\dots,x_{mm}-a_{mm}\rangle\\ &=\langle x_{11}-\sigma(a_{11}),\dots,x_{mm}-\sigma(a_{mm})\rangle\,.\end{aligned}$$

Under the identification $\underline{G}_k(\mathbb{C})=G$ this becomes just the obvious map $(a_{ij})\mapsto(\sigma(a_{ij}))$, $(a_{ij})\in G$, mentioned in the introduction (Sect. 1.1).

*3.2.* Let now $\varrho:\Gamma\to G$ be a representation in $G$ of the discrete group $\Gamma$. Then $\varrho$ induces a morphism $\varrho_*:\Gamma\otimes\mathrm{spec}(\mathbb{C})\to\underline{G}_{\mathbb{C}}$ of group schemes over $\mathrm{spec}(\mathbb{C})$; $\varrho_*$ is given, on the connected component corresponding to $\gamma\in\Gamma$, by the map of affine coordinate rings $\varrho^*_\gamma:\Lambda\otimes\mathbb{C}\to\mathbb{C}$ with

$$\varrho^*_\gamma\left(\sum c_{ijn}x^n_{ij}\right)=\sum c_{ijn}\varrho(\gamma)^n_{ij}\,.$$

The Galois action of $\sigma\in\mathrm{Gal}(\mathbb{C}/\mathbb{Q})$ on the scheme $\Gamma\otimes\mathrm{spec}(\mathbb{C})=(\Gamma\otimes\mathrm{spec}(\mathbb{Q}))\times_{\mathrm{spec}(\mathbb{Q})}\mathrm{spec}(\mathbb{C})$ is the identity on the underlying space and is given, on each connected component, in terms of affine coordinate rings by $\sigma^{-1}:\mathbb{C}\to\mathbb{C}$. As noted in Sect. 2.3 the induced Galois action $(B\sigma_*)\check{}: B(\Gamma\otimes\mathrm{spec}(\mathbb{C}))\check{}\to B(\Gamma\otimes\mathrm{spec}(\mathbb{C}))\check{}$ is homotopic to the identity.

For any $\sum c_{ijn}x^n_{ij}\in\Lambda\otimes\mathbb{C}$ and $\gamma\in\Gamma$ we have

$$\begin{aligned}\varrho^*_\gamma\sigma^*\left(\sum c_{ijn}x^n_{ij}\right)&=\sum\sigma^{-1}(c_{ijn})\,\varrho(\gamma)^n_{ij}\\ &=\sigma^{-1}\left(\sum c_{ijn}\varrho^\sigma(\gamma)^n_{ij}\right)\\ &=\sigma^*(\varrho^\sigma)^*_\gamma\left(\sum c_{ijn}x^n_{ij}\right).\end{aligned}$$

Therefore the following diagram of group schemes is commutative

$$\begin{array}{ccc}\Gamma\otimes\mathrm{spec}(\mathbb{C}) & \xrightarrow{\varrho_*} & \underline{G}_{\mathbb{C}}\\ {\scriptstyle\sigma_*}\downarrow & & \downarrow{\scriptstyle\sigma_*}\\ \Gamma\otimes\mathrm{spec}(\mathbb{C}) & \xrightarrow[\varrho^\sigma_*]{} & \underline{G}_{\mathbb{C}}\,.\end{array}$$

Passing to the associated classifying simplicial schemes we obtain the commutative diagram

$$\begin{array}{ccc}B(\Gamma\otimes\mathrm{spec}(\mathbb{C})) & \xrightarrow{B\varrho_*} & B\underline{G}_{\mathbb{C}}\\ {\scriptstyle B\sigma_*}\downarrow & & \downarrow{\scriptstyle B\sigma_*}\\ B(\Gamma\otimes\mathrm{spec}(\mathbb{C})) & \xrightarrow[B\varrho^\sigma_*]{} & B\underline{G}_{\mathbb{C}}\end{array}$$

As a consequence of this and of the definition of $\psi^\sigma$ we get the following (homotopy) commutative diagram of spaces

$$\begin{array}{ccccccc}K(\Gamma,1)\hat{} & \xrightarrow{h} & B(\Gamma\otimes\mathrm{spec}(\mathbb{C}))\check{} & \xrightarrow{(B\varrho_*)\check{}} & (B\underline{G}_{\mathbb{C}})\check{} & \xrightarrow{h^{-1}} & BG\hat{}\\ {\scriptstyle\mathrm{Id.}}\downarrow & & \downarrow{\scriptstyle(B\sigma_*)\check{}} & & \downarrow{\scriptstyle(B\sigma_*)\check{}} & & \downarrow{\scriptstyle\psi^\sigma}\\ K(\Gamma,1)\hat{} & \xrightarrow{h} & B(\Gamma\otimes\mathrm{spec}(\mathbb{C}))\check{} & \xrightarrow{(B\varrho^\sigma_*)\check{}} & (B\underline{G}_{\mathbb{C}})\check{} & \xrightarrow{h^{-1}} & BG\hat{}\,.\end{array}$$

Since $h$ is a natural transformation, the top row is homotopic to $(B\varrho)^\wedge : K(\Gamma,1)^\wedge \to BG^\wedge$, and the bottom row to $(B\varrho^\sigma)^\wedge$. Hence $\psi^\sigma \circ (B\varrho)^\wedge$ is homotopic to $(B\varrho^\sigma)^\wedge$, which is the assertion of the Main Theorem.

## 4. The Galois Action on $BSO_m(\mathbb{C})^\wedge$

*4.1.* We consider, for any field $k \subset \mathbb{C}$, the orthogonal group

$$SO_m(k) = \left\{(a_{ij}) \in GL_n(k) \,\middle|\, \sum_i a_{ij} a_{ik} = \delta_{jk},\ \det(a_{ij}) = 1\right\}.$$

Since the inclusion of Lie groups $\varphi : SO_m(\mathbb{R}) \to SO_m(\mathbb{C})$ induces a homotopy equivalence $BSO_m(\mathbb{R}) \to BSO_m(\mathbb{C})$, there is a unique element $e_m \in H^m(BSO_m(\mathbb{C}); \mathbb{Z})$ such that $(B\varphi)^* e_m \in H^m(BSO_m(\mathbb{R}); \mathbb{Z})$ is the universal Euler class; we will write $\hat{e}_m$ for the image of $e_m$ in $H^m(BSO_m(\mathbb{C})^\wedge; \hat{\mathbb{Z}})$ under the coefficient homomorphism $\mathbb{Z} \to \hat{\mathbb{Z}}$. It is well-known (see [1]) that $H^*(BSO_m(\mathbb{C}); \mathbb{Z})$ ($\cong H^*(BSO_m(\mathbb{R}); \mathbb{Z})$) is generated by the elements of order two, by $e_m$ and by the images of the even Chern classes $im(c_{2j}) \in H^{4j}(BSO_m(\mathbb{C}); \mathbb{Z})$, $2j \leqq m$ [they are, up to sign, the Pontrjagin classes in $H^*(BSO_m(\mathbb{R}); \mathbb{Z})$].

Since $SO_m(\mathbb{C}) \subset GL_m(\mathbb{C})$ is the Lie group of complex points of an algebraic matrix group defined over $\mathbb{Q}$ we have, according to Sect. 2.3, a Galois action $\psi^\sigma$ on $BSO_m(\mathbb{C})^\wedge$ for any $\sigma \in \mathrm{Gal}(\mathbb{C}/\mathbb{Q})$. By naturality, and using Proposition 2.1, we see that $\psi^\sigma$ operates on $im(c_{2j})^\wedge$ by

$$(\psi^\sigma)^* im(c_{2j})^\wedge = u(\sigma)^{2j} im(c_{2j})^\wedge .$$

The Galois action $(\psi^\sigma)^*$ on the whole ring $H^*(BSO_m(\mathbb{C}); \hat{\mathbb{Z}})$ is therefore completely determined if we also describe it in addition on the 2-torsion elements and on the Euler class $\hat{e}_m$.

**Lemma 4.1.** *If $x \in H^*(BSO_m(\mathbb{C})^\wedge; \hat{\mathbb{Z}})$ is a torsion element, then $(\psi^\sigma)^* x = x$ for every $\sigma \in \mathrm{Gal}(\mathbb{C}/\mathbb{Q})$. In particular, $(\psi^\sigma)^* \hat{e}_m = \hat{e}_m$ if $m$ is odd.*

*Proof.* Consider the representation $\varrho : (\mathbb{Z}/2)^{m-1} \to SO_m(\mathbb{C})$ which maps onto the subgroup consisting of diagonal matrices with entries $\pm 1$. It is well-known that $(B\varrho)^* : H^*(BSO_m(\mathbb{C})^\wedge; \hat{\mathbb{Z}}) \to H^*((\mathbb{Z}/2)^{m-1}; \hat{\mathbb{Z}})$ is injective when restricted to the torsion subgroup. Since $(B\varrho^\sigma)^* = (B\varrho)^* (\psi^\sigma)^*$ by the Main Theorem and since $\varrho^\sigma = \varrho$ for every $\sigma \in \mathrm{Gal}(\mathbb{C}/\mathbb{Q})$, the result follows.

It remains to determine the Galois action on $\hat{e}_m$ for $m = 2n$ even. We first consider the case $n = 1$.

**Proposition 4.2.** *Let $\sigma \in \mathrm{Gal}(\mathbb{C}/\mathbb{Q})$. Then $(\psi^\sigma)^*$ is given on $H^*(BSO_2(\mathbb{C})^\wedge; \hat{\mathbb{Z}}) = \hat{\mathbb{Z}}[\hat{e}_2]$ by $(\psi^\sigma)^* \hat{e}_2 = \varepsilon(\sigma) u(\sigma) \hat{e}_2$, where $\varepsilon(\sigma) = +1$ if $\sigma(\sqrt{-1}) = \sqrt{-1}$, and $\varepsilon(\sigma) = -1$ if $\sigma(\sqrt{-1}) = -\sqrt{-1}$.*

*Proof.* Consider the isomorphism of Lie groups $\varrho: SO_2(\mathbb{C}) \to GL_1(\mathbb{C})$ given by $\varrho\begin{pmatrix} a & b \\ -b & a \end{pmatrix} = a + \sqrt{-1}\, b$. If $\sigma(\sqrt{-1}) = \sqrt{-1}$, we have a commutative diagram

$$\begin{array}{ccc} SO_2(\mathbb{C}) & \xrightarrow{\varrho} & GL_1(\mathbb{C}) \\ \downarrow \sigma & & \downarrow \sigma \\ SO_2(\mathbb{C}) & \xrightarrow{\varrho} & GL_1(\mathbb{C}). \end{array}$$

Since $(\psi^\sigma)^* \hat{c}_1 = u(\sigma)\hat{c}_1 \in H^2(BGL_1(\mathbb{C})\hat{\ };\hat{\mathbb{Z}})$ it follows by naturality that we have $(\psi^\sigma)^* \hat{e}_2 = u(\sigma)\hat{e}_2$.

If on the other hand $\sigma(\sqrt{-1}) = -\sqrt{-1}$ we consider $\kappa \circ \sigma$, where $\kappa$ denotes complex conjugation, and we conclude by the argument above that $(\psi^{\kappa\sigma})^* \hat{e}_2 = u(\kappa\sigma)\hat{e}_2$; now $u(\kappa\sigma) = u(\kappa)\, u(\sigma) = -u(\sigma)$ and $(\psi^{\kappa\sigma})^* = (\psi^\sigma)^* (\psi^\kappa)^*$. But $(\psi^\kappa)^* \hat{e}_2 = \hat{e}_2$ as one sees immediately using the restriction map induced from $BSO_2(\mathbb{R}) \to BSO_2(\mathbb{C})$, and therefore $(\psi^\sigma)^* \hat{e}_2 = -u(\sigma)\hat{e}_2$.

The case of a general $\hat{e}_{2n}$ $(n \geqq 2)$ is reduced to the case of $\hat{e}_2$ by means of a splitting principle:

**Theorem 4.3.** *Let $\sigma \in \mathrm{Gal}(\mathbb{C}/\mathbb{Q})$ and let $\hat{e}_{2n} \in H^{2n}(BSO_{2n}(\mathbb{C})\hat{\ };\hat{\mathbb{Z}})$ denote the universal profinite Euler class. Then $(\psi^\sigma)^* \hat{e}_{2n} = \varepsilon(\sigma)^n u(\sigma)^n \hat{e}_{2n}$, where $\varepsilon(\sigma) = 1$ or $-1$ depending on whether $\sigma(\sqrt{-1}) = \sqrt{-1}$ or $\sigma(\sqrt{-1}) = -\sqrt{-1}$.*

*Proof.* We consider the obvious embedding $\lambda: SO_2(\mathbb{C})^n \to SO_{2n}(\mathbb{C})$ and the representation $\varrho: (\mathbb{Z}/2)^{2n-1} \to SO_{2n}(\mathbb{C})$ appearing in the proof of Lemma 4.1. Since the kernel of

$$\lambda^*: H^*(BSO_{2n}(\mathbb{C})\hat{\ };\hat{\mathbb{Z}}) \to H^*((BSO_2(\mathbb{C})^n)\hat{\ };\hat{\mathbb{Z}})$$

is the torsion subgroup, the combined map

$$\{\lambda^*, \varrho^*\}: H^*(BSO_{2n}(\mathbb{C})\hat{\ };\hat{\mathbb{Z}}) \to H^*((BSO_2(\mathbb{C})^n)\hat{\ };\hat{\mathbb{Z}}) \oplus H^*((\mathbb{Z}/2)^{2n-1};\hat{\mathbb{Z}})$$

is injective. Note that $H^*((BSO_2(\mathbb{C})^n)\hat{\ };\hat{\mathbb{Z}}) = \hat{\mathbb{Z}}[x_1, \ldots, x_n]$ where $x_i = \mathrm{pr}_i^* \hat{e}_2$, $\mathrm{pr}_i: (BSO_2(\mathbb{C})^n)\hat{\ } \to BSO_2(\mathbb{C})\hat{\ }$ denoting the projection onto the $i$-th factor. Furthermore one knowns that $\lambda^* \hat{e}_{2n} = x_1 x_2 \ldots x_n$. Using Lemma 4.1 and Proposition 4.2 we thus obtain

$$\begin{aligned} \{\lambda^*, \varrho^*\}\, (\psi^\sigma)^* \hat{e}_{2n} &= ((\psi^\sigma)^* x_1 x_2 \ldots x_n, \varrho^* \hat{e}_{2n}) \\ &= (\varepsilon(\sigma)^n u(\sigma)^n x_1 x_2 \ldots x_n, \varrho^* \hat{e}_{2n}), \end{aligned}$$

from where the assertion of Theorem 4.3 follows.

*4.2.* In [5] we have considered, for a number field $K \subset \mathbb{C}$, the integers $\bar{E}_K(j)$, $j = 1, 2, \ldots$; they can be described as

$$\bar{E}_K(j) = \mathrm{card}\{z \in \mu \mid \sigma^j(z) = z \quad \text{for all} \quad \sigma \in \mathrm{Gal}(\mathbb{C}/K)\}$$

where $\mu \subset \mathbb{C}^*$ denotes the group of roots of unity. Using the Galois action on $BGL_m(\mathbb{C})\hat{\ }$ we showed in [5] that $\bar{E}_K(j)$ is an upper bound for the order of the profinite Chern class $\hat{c}_j(\varrho)$ where $\varrho$ ranges over all representations, of all groups, realizable over $K$ and that $\bar{E}_K(j)$ or perhaps $\frac{1}{2}\bar{E}_K(j)$ is best possible in that sense

[$\bar{E}_K(j)$ is the *best* upper bound if one takes all representations with character values in $K$]. In a similar way, using Galois action on $BSO_{2n}(\mathbb{C})^\wedge$, we will give a universal upper bound for the order of the profinite Euler class of *orthogonal* representations over $K$.

We define, for $j=1,2,\ldots$, writing $\tilde{\sigma}(z)=\sigma(z)^{\varepsilon(\sigma)}$ [$\varepsilon(\sigma)=\sigma(\sqrt{-1})/\sqrt{-1}$ as before]

$$\bar{F}_K(j)=\operatorname{card}\{z\in\mu\,|\,\tilde{\sigma}^j(z)=z \quad \text{for all} \quad \sigma\in\operatorname{Gal}(\mathbb{C}/K)\}.$$

Note that $\bar{F}_K(j)=\bar{E}_K(j)$ if $j$ is even or if $\sqrt{-1}\in K$. In general $\bar{F}_K(j)$ divides $\bar{E}_K(2j)$ since $\tilde{\sigma}^j(z)=z$ implies $\sigma^{2j}(z)=z$. It turns out (see Proposition 4.5 below) that $\bar{F}_K(j)$ can be much smaller than $\bar{E}_K(2j)$.

In the following, for a number field $K$, $SO_m(K)$ will be considered with its discrete topology. We write $\hat{e}_m(K)^\perp\in H^m(SO_m(K);\hat{\mathbb{Z}})$ for the profinite Euler class of the inclusion representation $SO_m(K)\to SO_m(\mathbb{C})$; $\hat{e}_m(K)^\perp$ is universal for all representations of discrete groups $\Gamma$ in $SO_m(\mathbb{C})$ which are realizable over $K$. If $m$ is odd then $\hat{e}_m(K)^\perp$ is of order two. For even $m=2n$ the following holds.

**Proposition 4.4.** *Let $K$ be a number field. For all $n\geqq 1$ the universal profinite Euler class $\hat{e}_{2n}(K)^\perp\in H^{2n}(SO_{2n}(K);\hat{\mathbb{Z}})$ fulfills*

$$\bar{F}_K(n)\hat{e}_{2n}(K)^\perp=0.$$

*Proof*. The homomorphism of $\hat{\mathbb{Z}}$ into $H^{2n}(SO_{2n}(K);\hat{\mathbb{Z}})$ mapping $1\in\hat{\mathbb{Z}}$ to $\hat{e}_{2n}(K)^\perp$ maps $u(\sigma)^n\varepsilon(\sigma)^n-1$ to 0 for all $\sigma\in\operatorname{Gal}(\mathbb{C}/K)$ and thus yields a surjection of $A=\hat{\mathbb{Z}}/\langle u(\sigma)^n\varepsilon(\sigma)^n-1\,|\,\sigma\in\operatorname{Gal}(\mathbb{C}/K)\rangle$ to the cyclic group generated by $\hat{e}_{2n}(K)^\perp$. But $A$ is isomorphic to the cyclic subgroup of $\mu$ fixed under $\tilde{\sigma}^n$ for all $\sigma\in\operatorname{Gal}(\mathbb{C}/K)$, i.e., it is of order $\bar{F}_K(n)$, whence the assertion.

Thus, as suggested by the notation $\bar{F}_K(n)$ in analogy to $\bar{E}_K(n)$, $\bar{F}_K(n)$ is the upper bound for the order of $\hat{e}_{2n}(K)^\perp$ obtained from Galois invariance; it would be of interest to know whether the order of $\hat{e}_{2n}(K)^\perp$ is actually $\bar{F}_K(n)$, and we plan to come back to that question in a future note. At this point we only show that for $K=\mathbb{Q}$ the *2-primary part of $\bar{F}_{\mathbb{Q}}(n)$ is best possible*; and that for *odd $n$, $\bar{F}_{\mathbb{Q}}(n)=4$*:

**Proposition 4.5.** (a) *For odd $n$ one has $\bar{F}_{\mathbb{Q}}(n)=4$, and $\hat{e}_{2n}(\mathbb{Q})^\perp$ is of order* 4.
(b) *For even $n$, $\bar{F}_{\mathbb{Q}}(n)=\bar{E}_{\mathbb{Q}}(n)$ is even, and $\frac{1}{2}\bar{F}_{\mathbb{Q}}(n)\,\hat{e}_{2n}(\mathbb{Q})^\perp$ is $\neq 0$.*

*Proof*. (a) We choose $\sigma\in\operatorname{Gal}(\mathbb{C}/\mathbb{Q})$ such that it operates on the group $\mu$ of roots of unity as follows: $\sigma(z_1)=z_1$ for all odd-primary roots of unity $z_1$, and $\sigma(z_2)=z_2^3$ for all 2-primary roots of unity $z_2$. Then $\varepsilon(\sigma)=-1$ and $\tilde{\sigma}(z_1)=z_1^{-1}$, $\tilde{\sigma}(z_2)=z_2^{-3}$. For *odd $n$* we thus have $\tilde{\sigma}^n(z_1)^{-1}z_1=z_1^2$ and $\tilde{\sigma}^n(z_2)^{-1}z_2=z_2^{3^n+1}$. It follows that the cyclic subgroup of $\mu$ fixed under $\tilde{\sigma}^n$ consists of 2-primary roots of unity, and since $3^n+1\equiv 4 \bmod 8$, just of the 4[th] roots of unity. These however, by the definition of $\varepsilon(\sigma)$ and of $\tilde{\sigma}$, are fixed under $\tilde{\sigma}$ for any $\sigma\in\operatorname{Gal}(\mathbb{C}/\mathbb{Q})$. Thus, for odd $n$, $\bar{F}_{\mathbb{Q}}(n)=4$.

The $n$-fold direct sum of the faithful representation of the cyclic group of order 4, given on the generator by the matrix $\begin{pmatrix}0 & -1\\ 1 & 0\end{pmatrix}$, has Euler class of order 4. Thus the universal class $\hat{e}_{2n}(\mathbb{Q})^\perp$ must be of order 4.

(b) For *even* $n$ an argument similar to (a) above shows that the 2-primary part of $\bar{F}_{\mathbb{Q}}(n)$ is $4n_2$ where $n_2$ is the 2-primary part of $n$. This however is known from the fact that $\bar{F}_{\mathbb{Q}}(n)=\bar{E}_{\mathbb{Q}}(n)$ is the "Bernoulli denominator" den $\frac{B_n}{2n}$, see [4].

The cyclic group of order $4n_2$ has a faithful representation $\varrho$ in $SO_{2n_2}(\mathbb{Q})$ given by the matrix

$$\begin{pmatrix} 0 & 0 & \dots & 0 & -1 \\ 1 & 0 & & 0 & 0 \\ 0 & 1 & & . & . \\ . & 0 & & . & . \\ . & . & & . & . \\ . & . & & 0 & . \\ . & . & \dots & 1 & 0 \end{pmatrix}.$$

If we take the $\frac{n}{n_2}$-fold sum of $\varrho$ we get (see [2]) a representation in $SO_{2n}(\mathbb{Q})$ with Euler class of order $4n_2$, the 2-primary part of $\bar{F}_{\mathbb{Q}}(n)$; thus $\frac{1}{2}\bar{F}_{\mathbb{Q}}(n)\hat{e}_{2n}(\mathbb{Q})^{\perp}$ must be $\neq 0$.

## References

1. Brown, E.H.: The cohomology of $BSO_n$ and $BO_n$ with integer coefficients. Proc. Am. Math. Soc. **85**, 283–288 (1982)
2. Eckmann, B., Mislin, G.: Rational representations of finite groups and their Euler class. Math. Ann. **245**, 45–54 (1979)
3. Eckmann, B., Mislin, G.: On the Euler class of representations of finite groups over real fields. Comment. Math. Helv. **55**, 319–329 (1980)
4. Eckmann, B., Mislin, G.: Chern classes of group representations over a number field. Compositio Math. **44**, 41–65 (1981)
5. Eckmann, B., Mislin, G.: Profinite Chern classes for group representations. London Math. Soc. Lecture Notes Series Vol. 86, 103–119 (1983)
6. Friedlander, E.: Etale homotopy of simplicial schemes. Annals of Math. Studies 104. Princeton: University Press 1982
7. Sullivan, D.: Genetics of homotopy theory and the Adams conjecture. Ann. Math. **100**, 1–79 (1974)
8. Wojtkowiak, Z.: On the action of Galois groups on $BU(n)^{\wedge}$. Quart. J. Math. Oxford **35**, 85–99 (1984)

Received June 7, 1984

# Poincaré duality groups of dimension two are surface groups

Combinatorial Group Theory and Topology, Annals of Math. Studies, Princeton University Press (1986), 35–51

## 1. Introduction

We first explain the terms appearing in the title, and add some general comments.

**1.1.** A *surface group G* is a group isomorphic to the fundamental group $\pi_1(\Sigma_g)$ of a closed surface $\Sigma_g$, orientable or not, of genus $g \geq 1$. Such a group admits a presentation

$$G = \langle x_1, y_1, \ldots, x_g, y_g \mid [x_1, y_1] \ldots [x_g, y_g] = 1 \rangle$$

in the orientable case,

$$G = \langle z_0, z_1, \ldots, z_g \mid z_0^2 z_1^2 \ldots z_g^2 = 1 \rangle$$

in the non-orientable case.

We will also use the concept of a *surface group-pair* $(G; \{S_0, S_1, \ldots, S_m\})$: it consists of the (free) fundamental group of a closed surface of genus $g \geq 0$ with $m+1$ disks removed, $m \geq 0$ (but $\geq 1$ if the surface is a sphere), together with the $m+1$ infinite cyclic subgroups generated by the boundary circles of these disks. Surface group-pairs have presentations

$$G = \langle t_1, t_2, \ldots, t_m, x_1, y_1, \ldots, x_g, y_g \rangle,$$
$$S_0 = \langle t_1 t_2 \ldots t_m [x_1, y_1] \ldots [x_g, y_g] \rangle, \quad S_j = \langle t_j \rangle \quad \text{for } j = 1, \ldots, m$$

in the orientable case, $m + g > 0$;

$$G = \langle t_1, t_2, \ldots, t_m, z_0, z_1, \ldots, z_g \rangle$$
$$S_0 = \langle t_1 t_2 \ldots t_m z_0^2 z_1^2 \ldots z_g^2 \rangle, \quad S_j = \langle t_j \rangle \quad \text{for } j = 1, \ldots, m$$

in the non-orientable case, $m \geq 0$, $g \geq 0$.

The "lowest" cases of surface group-pairs are

$$G = \langle t_1 \rangle, \quad S_0 = \langle t_1 \rangle, \quad S_1 = \langle t_1 \rangle$$

and

$$G = \langle z_0 \rangle, \quad S_0 = \langle z_0^2 \rangle.$$

**1.2.** A *Poincaré duality group G of dimension n*, in short a $PD^n$-group, is a group fulfilling Poincaré duality in (co-)homology for all coefficient $ZG$-modules $A$ with respect to the formal dimension $n$ and to a certain $G$-action on the additive group of integers $\tilde{Z}$:

$$H^i(G; A) \cong H_{n-i}(G; \tilde{Z} \otimes A), \quad i \in Z.$$

Here $\tilde{Z} \otimes A$ is a $ZG$-module by diagonal action, and the isomorphisms are natural in the $ZG$-modules $A$. As we will see the dimension $n$ and the $ZG$-module structure of $\tilde{Z}$ are determined by $G$ (the $PD^n$-group being orientable or non-orientable according to whether the action is trivial or not).

The definition above is, of course, analogous to the Poincaré duality valid for all closed $n$-dimensional manifolds $X$, the coefficients $A$ being $\pi_1(X)$-modules. If $X$ is aspherical then the (co-)homology of $X$ is isomorphic to that of $G = \pi_1(X)$ so that, in that case, $G$ is a $PD^n$-group. It is not known whether in general the converse is true; i.e., whether a $PD^n$-group is necessarily isomorphic to the fundamental group of a closed $n$-dimensional aspherical manifold.

Since the universal covering of the surface $\Sigma_g$, $g \geq 1$, is $R^2$ the surface $\Sigma_g$ is aspherical. Thus the surface groups in 1.1 above are $PD^2$-groups. The *Theorem* formulated in the title states that the converse is true, thus solving the problem in the case $n = 2$. The proof of that *Theorem* has been achieved in several steps contained in a series of papers by the present author and various collaborators; these papers were written partly with other objectives in mind. The conference organizers have asked the author to present a survey, as complete as possible, of that proof. We do so and use the opportunity to simplify some of the arguments.

**1.3.** There are, in fact, different techniques and methods involved in that proof. They belong roughly speaking to the following three areas of ideas:

(I) Homological algebra, homology of groups.
(II) Structure and splitting theorems for groups (Stallings-Bass-Serre and others).
(III) Ranks of projective modules and Euler characteristic (Hattori-Stallings-Bass-Kaplansky).

The papers leading to or containing the steps of the proof are as follows. In the field (I) by Robert Bieri and the author [2], [4], [5]; in (II) by Heinz Müller and the author [12], [14]; in (III) by Peter Linnell and the author [10], [11].

**1.4.** For compact manifolds-with-boundary ($\partial$-manifolds), in particular for the closed surfaces with disks removed, one has the well-known "relative" Poincaré duality. The surface group-pairs listed in 1.1 above fulfill such a relative Poincaré duality, of dimension 2. To formulate this in a precise way, relative (co-)homology groups for pairs of groups $(G; \{S_0, S_1, \ldots, S_m\})$ have to be considered, cf. Section 2.3 below; this yields the concept of a $PD^n$-pair of groups. An important step in the proof of the *Theorem* will be to show that all $PD^2$-pairs of groups are surface group-pairs ("Relative Theorem", Section 3.2).

**1.5.** We mention here two corollaries of the *Theorem*.

**Corollary 1.1** (cf. [12], [11]). *All Poincaré-2-complexes are homotopy equivalent to closed surfaces (of genus $\geq 0$).*

**Corollary 1.2.** *Let $G$ be a torsion-free group containing a surface group $S$ as subgroup of finite index; then $G$ is also a surface group.*

Indeed, a homological argument (see Section 2.2) shows that $G$ is a $PD^2$-group. This corollary is a special case of the "Nielsen realization conjecture" proved by Kerckhoff [Annals of Math. 117 (1983), 235–265]. The special case above was established by Eckmann-Müller [12] before Kerckhoff's proof, and before our Theorem on $PD^2$-groups had been completely settled.

**1.6.** This survey is organized as follows. Section 2 contains general preliminaries on duality and relative duality groups. In Section 3 we assume that the $PD^2$-group fulfills a certain "splitting" property and show that the *Theorem* can then be reduced to the Relative Theorem; both that reduction and the proof of the Relative Theorem are given on the basis of general splitting arguments explained in Section 4. In Section 5 we show, by quite different methods involving ranks of finitely generated projective modules, that any $PD^2$-group fulfills the splitting assumption.

## 2. Duality groups

**2.1.** The group $G$ is called a *duality group of dimension* $n > 0$ with respect to a dualizing $ZG$-module $C$, in short a $D^n$-group, if one has isomorphisms

$$H^i(G;A) \cong H_{n-i}(G; C \otimes A)$$

for all $i \in Z$ and all $ZG$-modules $A$; they are assumed to be natural in $A$, and $C \otimes A$ is endowed with the diagonal $G$-action. If $C = Z$ as an Abelian group, one has Poincaré duality (cf. 1.2), i.e., $G$ is a $PD^n$-group.

From the definition it follows that $H^i(G;A)$ commutes with direct limits in $A$. This is possible only if $G$ admits a projective resolution $\cdots \to P_i \to P_{i-1} \to \cdots \to P_0 \twoheadrightarrow Z$ with all $P_i$ finitely generated over $ZG$ (by the Bieri-Eckmann-Brown finiteness criterion, see [3] and [7]). Furthermore one easily checks that $C \otimes ZG \cong C_0 \otimes ZG$ (where $C_0$ is the Abelian group underlying $C$) is an induced module, and thus $H^i(G; ZG) = 0$ for all $i \neq n$; as for $H^n(G; ZG)$, it is isomorphic to $H_0(G; C \otimes ZG) = C$, and this is a (right) ZG-module isomorphism. The dualizing module $C$ is thus determined by $G$; it is easily seen to be torsion-free as an Abelian group.

The cohomology dimension $\operatorname{cd} G$ is clearly $\leq n$, and by the above it is $= n$; hence the integer $n$ is also determined by $G$, and $G$ admits a finitely generated projective resolution of finite length (equal to $n$); such groups are said to be of type FP.

Summarizing we see that a $D^n$-group $G$ fulfills

(1) $G$ is of type $FP$,
(2) $H^i(G; ZG) = 0$ for $i \neq n$ and $H^n(G; ZG)$ is torsion-free,
(3) $\operatorname{cd} G = n$.

It has been proved by Bieri-Eckmann [2] that, conversely, a group fulfilling (1) and (2) is a $D^n$-group with dualizing module $C = H^n(G; ZG)$.

We note that $\operatorname{cd} G = n$ implies that $G$ is torsion-free.

**2.2.** As an application, let *$G$ be torsion-free and $S$ a subgroup of finite index.* By Serre's theorem (see e.g. [8], p. 190) $\operatorname{cd} G = \operatorname{cd} S = n$. Clearly $G$ admits a finitely generated free resolution over $ZG$ if and only if $S$ does over $ZS$; hence

$G$ is of type $FP$ if and only if $S$ is. Moreover

$$H^i(S;ZS) \cong H^i(G;\mathrm{Hom}_S(ZG,ZS)) \cong H^i(G;ZS \underset{S}{\otimes} ZG) = H^i(G;ZG),$$

and it follows that $G$ fulfills (1) and (2) above if and only if $S$ does, with the "same" dualizing module $C$.

Thus $G$ is a $D^n$-group if and only if $S$ is a $D^n$-group, and the dualizing modules are isomorphic as Abelian groups. In particular, *$G$ is a $PD^n$-group if and only if $S$ is.*

1) *Remarks: Dimension 1.* $G$ is a $D^1$-group if and only if it is finitely generated free. It is a $PD^1$-group if and only if it is infinite cyclic.

2) *Subgroups of infinite index.* For $PD^n$-groups $G$, Strebel [17] has proved, by homological methods, that for a subgroup $S$ of infinite index in $G$ one has $\mathrm{cd}\, S \le n-1$. For $n=2$ it follows that $S$ is a free group; this is the $PD^2$-analogue of a fact well-known for surface groups.

**2.3.** We briefly recall *relative duality* for group pairs (for details see Bieri-Eckmann [4, 5]). A group pair $(G,\mathbf{S})$ consists of a group $G$ and a family $\mathbf{S}=\{S_j, j\in I\}$ of subgroups, not necessarily distinct. For any subgroup $S\subset G$ one writes $ZG/S$ for the $G$-module whose underlying Abelian group is freely generated by the cosets $xS$, with $G$-action by left multiplication. Relative (co-)homology is defined by means of the "augmentation kernel"

$$\Delta = \ker \left\{ \bigoplus_j ZG/S_j \xrightarrow{\varepsilon} Z \right\}$$

where $\varepsilon(x S_j)=1$ for all $x\in G$ and $j\in I$:

$$H_i(G,\mathbf{S};A) = H_{i-1}(G;\Delta\otimes A),$$

$$H^i(G,\mathbf{S};A) = H^{i-1}(G;\mathrm{Hom}(\Delta,A)),$$

$A$ being a $G$-module, $\otimes$ and Hom equipped with diagonal $G$-action.

A duality pair of dimension $n$ with dualizing module $C$ is a pair $(G,\mathbf{S})$ fulfilling

$$H^i(G;A) \cong H_{n-i}(G,\mathbf{S};C\otimes A)$$

and

$$H^i(G,\mathbf{S};A) \cong H_{n-i}(G;C\otimes A).$$

In the (orientable) Poincaré duality case, $C=Z$, each of these isomorphisms implies the other one and the first one becomes

$$H^i(G;A) \cong H_{n-i-1}(G;\Delta\otimes A);$$

i.e., $(G,\mathbf{S})$ is a $PD^n$-pair of groups if and only if $G$ is an $D^{n-1}$-group with dualizing module $\Delta$. Relative exact sequences show that $\mathbf{S}$ must be a finite family of $PD^{n-1}$-groups $S_0, S_1, \ldots, S_m$.

In particular, if $(G,\mathbf{S})$ is a $PD^2$-pair then $G$ is finitely generated free and $\mathbf{S}$ is a finite family of infinite cyclic groups. The duality isomorphisms yield $H^2(G,\mathbf{S};ZG)=Z$, $H^1(G,\mathbf{S};ZG)=0$, $H^1(G;ZG)=\Delta$. As shown in [4] the only important homological property is $H^2(G,\mathbf{S};ZG)=Z$; indeed, if $G$ is finitely generated free and $\mathbf{S}$ a finite family of infinite cyclic groups it characterizes $PD^2$-pairs.

## 3. $PD^2$-groups splitting over a finitely generated subgroup

**3.1.** A group $G$ is said to split over the subgroup $H$ if either ($\alpha$) $G$ is a non-trivial amalgamated free product $G = G_1 *_H G_2$, or ($\beta$) $G$ is an $HNN$-extension $G = G_1 *_{H,p}$. Two cases are of special importance: 1) $H$ is finitely generated, 2) $H$ is finite. We recall that Stallings' structure theorem [15], [16] for finitely generated groups tells that 2) holds if and only if $H^1(G; ZG) \neq 0$.

**Proposition 3.1.** *The assertion of the Theorem holds if the $PD^2$-group $G$ splits over a finitely generated group $L$.*

The proof of Proposition 3.1 makes strong use of the "simultaneous splitting theorem" (in short: *SST*) for groups and subgroups, established by Heinz Müller [14]. The *SST* is a refinement of the relative version (Swan [18], Swarup [19]) of Stallings' structure theorem; it deals with splittings over finite subgroups $H$, and since in our case $G$ is torsion-free only $H = 1$ will occur. A short outline of *SST* and its application in the present context will be given in Section 4 below.

The application of *SST* to $PD^2$-groups ($\alpha$) $G = G_1 *_L G_2$, or ($\beta$) $G = G_1 *_{L,p}$, with $L$ finitely generated, is as follows. Since $H^1(G; ZG) = 0$, $L$ is $\neq 1$. The index of $L$ in $G$ is infinite; by Strebel's theorem [17] one has $\operatorname{cd} L \leq 1$, and hence $L$ is (finitely generated) free. We only describe the case ($\alpha$), the case ($\beta$) being similar.

If in $G = G_1 *_L G_2$ the rank of $L$ is $> 1$ one has, by virtue of *SST* (see Section 4.4, A)), splittings

$$G_1 = H_1 * H_2, \quad L = L_1 * L_2 \quad \text{with} \quad L_i \subset H_i, \quad i = 1, 2,$$

or

$$G_1 = H * \langle q \rangle = H *_{1,q}, \quad L = L_1 * q L_2^{-1} q \quad \text{with} \quad L_1, L_2 \subset H.$$

The first possibility yields

$$G = H_1 *_{L_1} (H_2 *_{L_2} G_2);$$

if $L_1 \neq H_1$ then $G$ splits over $L_1$, and if $L_1 = H_1$ then $G$ splits over $L_2$. Thus $G$ splits over a subgroup whose rank is less than that of $L$. The second possibility yields

$$G = (H *_{L_1} G_2) *_{L_2, q^{-1}},$$

so $G$ splits over $L_2$, again of rank less than that of $L$.

Thus we are always reduced to the case where $G$ splits over an infinite cyclic subgroup $C$ as ($\alpha$) $G = G_1 *_C G_2$, or ($\beta$) $G = G_1 *_{C,p}$.

Since $C$ is a $PD^1$-group we can apply the general homological arguments of [4], Theorem 8.1 and 8.3. It follows that in the case ($\alpha$) the group pairs $(G_1, C)$ and $(G_2, C)$ and in the case ($\beta$) the group pair $(G_1, \{C, p^{-1} C p\})$ are $PD^2$-pairs. Now the *Relative Theorem* below tells that these pairs are surface group-pairs (see 1.1) corresponding to closed surfaces with one disk, or two disks respectively, removed.

In ($\alpha$), $G = G_1 *_C G_2$ is the fundamental group of the closed surface obtained by identifying the boundary circles; in ($\beta$), $G = G_1 *_{C,p}$ is the fundamental group of the closed surface obtained by joining the two boundary circles by a tube.

**3.2. Relative Theorem.** *Any $PD^2$-pair $(G;\{S_0,\ldots,S_m\})$ is a surface group-pair.*

Again the proof uses $SST$, in addition to the properties of $PD^2$-pairs mentioned in 2.3. We proceed by induction on the rank of the finitely generated free group $G$.

If that rank is 1, i.e., $G$ infinite cyclic $C=\langle c\rangle$, one has $H^1(G;ZG)=Z$ since $G=C$ is a $PD^1$-group, and $H^1(G;ZG)=\Delta$ since $G$ is a duality group of dimension 1 with dualizing module $\Delta$. The exact sequence

$$\Delta \rightarrowtail \bigoplus_j ZG/S_j \twoheadrightarrow Z$$

then yields $\bigoplus_j ZG/S_j=Z\oplus Z$; this is possible only if $\boldsymbol{S}=\{C,C\}$ or $\boldsymbol{S}=\{\langle c^2\rangle\}$. Thus the pair $(G,\boldsymbol{S})$ is either $(C,\{C,C\})$ or $(C=\langle c\rangle,\ \{\langle c^2\rangle\})$; i.e., we obtain precisely the lowest orientable case $g=0$, $m=1$, or the lowest non-orientable case $g=0$, $m=0$ of the presentation list of surface group-pairs in 1.1.

If the rank of $G$ is $>1$, $SST$ (see Section 4.4, B)) yields splittings ($\alpha$) $G=G_1*G_2$ with $S_0=\langle g_1g_2\rangle$, $1\neq g_j\in G_j$, while the $S_j$ for $j>0$ are (conjugate to) subgroups of $G_1$ and $G_2$, say $S_1,\ldots,S_k\subset G_1$, $S_{k+1},\ldots,S_m\subset G_2$; or ($\beta$) $G=G_1*\langle p\rangle=G_1*_{1,p}$ with $S_0=\langle pg_1p^{-1}g_2\rangle$, $g_1,g_2\in G_1$, while $S_1,\ldots,S_m$ are (conjugate to) subgroups of $G_1$. We will deal with ($\alpha$) only, the case ($\beta$) being similar. We can write

$$G=(G_1*\langle g_2\rangle)*_{\langle g_2\rangle}G_2\,.$$

Then $S_0\subset G_1*\langle g_2\rangle$. The pair $(G_2;\{\langle g_2\rangle,S_{k+1},\ldots,S_m\})$ is a $PD^2$-pair by Theorem 8.1 of [4]; note that the case $\langle g_2\rangle=G_2$ needs a special argument, and the pair must then be $(\langle g_2\rangle,\{\langle g_2\rangle,\langle g_2\rangle\})$, cf. [12] p. 517. Similarly the pair $(G_1,\{\langle g_1\rangle,S_1,\ldots,S_k\})$ is a $PD^2$-pair. By induction they are surface group-pairs, and one easily checks that so is $(G;\{S_0,S_1,\ldots,S_m\})$.

## 4. Simultaneous splitting of groups and subgroups

**4.1.** We consider throughout this section a finitely generated group $G$ which splits over a finite subgroup $K$ as $G=G_1*_KG_2$ or $G=G_1*_{K,p}$, i.e., with $H^1(G;ZG)\neq 0$, cf. Section 3.1. Given a finite family $\{S_1,\ldots,S_m\}$ of subgroups of $G$ let $N(G;S_1,\ldots,S_m)$ be the intersection of the kernels of the restriction maps $\mathrm{res}_j\colon H^1(G;ZG)\to H^1(S_j;ZG)$, $j=1,\ldots,m$. By the relative version of the structure theorem (Swan [18], Swarup [19]) $N(G;S_1,\ldots,S_m)\neq 0$ if and only if there is a splitting of $G$ such that the $S_j$ are conjugate to subgroups of $G_1$ or $G_2$; this will be the case in the following and only such splittings will be considered.

Let $T$ be a further subgroup of $G$, and assume that $T$ is finitely generated. $\{x_\nu\}$ denoting a set of coset representatives of $G \bmod T$, we consider the restriction map

$$H^1(G;ZG) \xrightarrow{\text{res}} H^1(T;ZG) \cong \bigoplus_v H^1(T;ZT)\,x_v\,.$$

The minimal number of non-zero components of res $(c)$ for all

$$0 \neq c \in N(G; S_1, \dots, S_m)$$

is called the *weight* $n(T)$ of $T$ with respect to $G$ (and to $S_1, \dots, S_m$). Note that $n(T) = 0$ if and only if $N(G; T, S_1, \dots, S_m) \neq 0$; i.e., if there is a splitting of $G$ with $T \subset G_1$ or $G_2$.

**4.2.** The simultaneous splitting theorem ($SST$) established by H. Müller [14] (actually for more general $G$ and $T$) concerns the case $n(T) > 0$. It can be formulated roughly as follows, its full content being in fact more complicated.

There is a tree $\Gamma$ on which $G$ acts with finite edge-stabilizers and with proper subgroups of $G$ as vertex-stabilizers such that $\Gamma/G$ has one edge (and that each $S_j$, $j = 1, \dots, m$ stabilizes a vertex of $\Gamma$); and $\Gamma$ contains a subtree $\Gamma_T$ invariant under $T$ with $\Gamma_T/T$ having at most $n(T)$ edges.

*Examples.* 1) Let $G$ be torsion-free, and $n(T) = 1$. Then one has the following possibilities:

(1) $G = G_1 * G_2\,,\quad T = T_1 * T_2\,,\quad T_1 \subset G_1\,,\quad T_2 \subset G_2\,.$

(2) $G = G_1 * \langle p \rangle = G_1 *_{1,p}\,,\quad T = T_1 * p\,T_2\,p^{-1}\,,\quad T_1, T_2 \subset G_1\,.$

(3) $G = \langle p \rangle\,,\quad T = \langle p \rangle\,,\quad S_1 = \dots = S_m = 1$ or $m = 0\,.$

2) Let $G$ be torsion-free, $T$ infinite cyclic, and $n(T) = 2$. Then one has the following possibilities (cf. [14])

(1) $G = G_1 * G_2\,,\quad T = \langle g_1 g_2 \rangle\,,\quad 1 \neq g_i \in G_i\,,\quad i = 1, 2\,.$

(2) $G = G_1 * \langle p \rangle = G_1 *_{1,p}\,,\quad T = \langle p\,g_1\,p^{-1}\,g_2 \rangle\,,\quad g_1, g_2 \in G_1\,.$

(3) $G = \langle p \rangle\,,\quad T = \langle p^2 \rangle\,,\quad S_1 = \dots = S_m = 1$ or $m = 0\,.$

**4.3.** We restrict ourselves to some remarks concerning the proof of $SST$. We write $Z_2$ for $Z/2Z$ and use $Z_2G$, $Z_2T$ instead of $ZG$, $ZT$; one easily checks that this yields the same weight $n(T)$. Then $H^1(G; Z_2G)$ can be interpreted as group of all subsets of $G$ which are "almost invariant" under translation without being $G$ or $\emptyset$; almost invariant means invariant except for finite sets. Namely, writing $\overline{Z_2G}$ for $\operatorname{Hom}(ZG, Z_2) = \prod_{x \in G} Z_2 x$ and $\varepsilon G$ for $\overline{Z_2G}/Z_2G$ (arbitrary modulo finite subsets of $G$), the exact sequence

$$H^0(G; \overline{ZG}) \;\to\; H^0(G; \varepsilon G) \;\to\; H^1(G; ZG) \;\to\; H^1(G; \overline{Z_2G}) = 0$$

yields

$$(\varepsilon G)^G/(Z_2G)^G \cong H^1(G; Z_2G)\,.$$

The restriction map $H^1(G; Z_2G) \xrightarrow{\text{res}} \bigoplus_v H^1(T; ZT)\,x_v$ is then given by $U \mapsto U \cap T x_v$ for all $v$, where $U$ is a non-trivial almost invariant set. The components $U \cap T x_v$ are almost $T$-invariant. By the technique of Dunwoody [9] and Swarup [19] these almost invariant sets yield the theorem.

**4.4.** There remains to compute the weights of those subgroups which occur in the proofs of Proposition 3.1 (subgroup $L$) and of the "Relative Theorem" in 3.2 (subgroup $S_0$).

A) We again restrict ourselves to the case ($\alpha$) in the proof of Proposition 3.1. Thus $G$ is a $PD^2$-group with $G = G_1 *_L G_2$, $L$ free of rank $>1$. We claim that $n(L)$ with respect to $(G_1; \emptyset)$ or to $(G_2; \emptyset)$ is equal to 1. By example 1) in 4.2 this yields the required simultaneous splittings of $G_1$ and $L$.

To prove the claim we consider the exact Mayer-Vietoris sequence

$$\cdots \to 0 \to H^1(G_1; ZG) \oplus H^1(G_2; ZG) \xrightarrow{(\mathrm{res}_1 - \mathrm{res}_2)} H^1(L; ZG) \xrightarrow{\delta} H^2(G; ZG) \to \cdots$$

and note that the weight is not 0 since $\mathrm{res}_1$ and $\mathrm{res}_2$ are injective. $H^1(L; ZL)$ is free Abelian of infinite rank since $L$ is free of rank $>1$. Thus the restriction of $\delta$ to $H^1(L; ZL)$ cannot be injective, $H^2(G; ZG)$ being $= Z$; i.e., the intersection $\mathrm{im}(\mathrm{res}_1, -\mathrm{res}_2) \cap H^1(L; ZL)$ is $\neq 0$. On the other hand, if both $n(L)$ with respect to $(G_1, \emptyset)$ and to $(G_2, \emptyset)$ are $>1$, the image $\mathrm{res}_1(c_1) - \mathrm{res}_2(c_2)$ of $0 \neq (c_1, c_2) \in H^1(G_1; ZG) \oplus H^1(G_2; ZG)$ cannot lie in $H^1(L; ZL) \subset H^1(L; ZG)$; this is seen by looking at the lengths of elements with respect to coset representatives of $G \bmod G_1$ and $G_2$. Thus $n(T)$ with respect to, say, $(G_1, \emptyset)$ is $=1$, and we obtain the simultaneous splitting.

B) In 3.2, $(G, \boldsymbol{S})$ is a $PD^2$-pair, $\boldsymbol{S} = \{S_0, S_1, \ldots, S_m\}$ with $m \geq 0$ and all $S_j$ infinite cyclic, and we have to consider the case where the free group $G$ is of rank $>1$. The claim is that $n(S_0)$ with respect to $(G, \{S_1, \ldots, S_m\})$ is $=2$. By example 2) in 4.3 this yields the required splittings.

The exact relative cohomology sequence of $G \bmod \boldsymbol{S}$ is

$$0 \to H^1(G, \boldsymbol{S}; ZG) \to H^1(G; ZG) \xrightarrow{r} \bigoplus_{j=0}^{m} H^1(S_j; ZG) \xrightarrow{\delta} H^2(G, \boldsymbol{S}; ZG) \to 0,$$

where $r$ denotes the map with components $\mathrm{res}_j$, $j = 0, 1, \ldots, m$. The $PD^2$-pair properties tell that the first term is 0, the last isomorphic to $Z$. If $S_0$ (or any proper subset) is omitted from the family $\boldsymbol{S}$, the last term becomes 0 and the first term must be $\neq 0$ (cf. [4], Section 11); i.e., the intersection $N = N(G; S_1, \ldots, S_m)$ of the $\ker \mathrm{res}_j$, $j = 1, \ldots, m$ is non-zero. The weight $n(S_0)$ is the minimal number of components in $H^1(S_0; ZG) = \bigoplus_\nu H^1(S_0; ZS_0)\, x_\nu \cong \bigoplus_\nu Z x_\nu$ of $\mathrm{res}_0(c)$ for all $0 \neq c \in N$; note that $\ker \mathrm{res}_0 \cap N = 0$.

Now $r(N) = (\mathrm{res}_0(N), 0, \ldots, 0) = (H^1(S_0; ZG), 0, \ldots, 0) \cap \ker \delta$. One easily checks that $\delta$ restricted to any summand $Z x_\nu$ of $H^1(S_0; ZG)$ is bijective. So obviously the minimum number of components of elements $\neq 0$ in $\mathrm{res}_0(N)$ is 2, which proves the claim.

## 5. The first Betti number of a PD²-group

**5.1.** In order to conclude the proof of the Main *Theorem* we have to show that a $PD^2$-group, without any further assumption, splits over a finitely generated subgroup. This is guaranteed by the following proposition whose proof will be given in 5.2 and 5.3 below. Recall that $PD^n$-groups are of type $FP$ so that Betti numbers $\beta_i(G) = \operatorname{rank} H_i(G; Z)$ are defined.

**Proposition 5.1.** *If $G$ is a $PD^2$-group then $\beta_1(G) > 0$.*

From this it follows that $H_1(G; Z)$, the abelianized group $G$, contains at least one infinite cyclic summand $C$, and thus $G$ admits a factor group $\cong C$. By a result of Bieri-Strebel ([6], Theorem A) this implies that $G$ splits as $G = G_1 *_{L,p}$ over a finitely generated subgroup $L$ (as shown in [6], this holds for any group $G$ of type $FP_2$, i.e., admitting a projective resolution which is finitely generated in dimensions $\leq 2$, and having an infinite cyclic factor group). The splitting is constructed explicitly, the generator $p$ being any element projecting onto a generator of $C$.

**5.2.** For the proof of Proposition 5.1 we use the homological Euler characteristic $\chi(G) = \beta_0(G) - \beta_1(G) + \beta_2(G)$ of $G$. By the Euler-Poincaré formula $\chi(G)$ is equal to the alternating sum of the ranks of the free Abelian groups $Z \underset{G}{\otimes} P_i$ for any $FP$-resolution over $ZG$

$$0 \to P_2 \to P_1 \to P_0 \twoheadrightarrow Z.$$

We recall that in the orientable case $\beta_0(G) = \beta_2(G) = 1$ and $\beta_1(G) = \text{even}$; in the non-orientable case $\beta_0(G) = 1$, $\beta_2(G) = 0$ (the proofs are the same as for closed surfaces). Thus in both cases the claim of Proposition 5.1 is $\chi(G) \leq 0$. If $G$ is a non-orientable $PD^2$-group, let $G_0$ be the orientable subgroup of index 2. By the multiplicative property of the Euler characteristic (valid for groups of type $FP$, cf. [8], § IX.6) $\chi(G_0) = 2\chi(G)$; hence $\chi(G_0) \leq 0$ implies $\chi(G) \leq 0$, and we are reduced to the orientable case.

$G$ being an orientable $PD^2$-group we choose a resolution

$$0 \to P \to ZG^d \xrightarrow{\partial} ZG \twoheadrightarrow Z \tag{1}$$

with $P$ finitely generated projective over $ZG$. Applying $\operatorname{Hom}_G(-, ZG)$ to (1) we get the sequence

$$0 \leftarrow P^* \xleftarrow{\delta} ZG^d \leftarrow ZG \leftarrow 0 \tag{2}$$

where $P^* = \operatorname{Hom}_G(P, ZG)$ is finitely generated projective. Since $H^i(G; ZG) = 0$ for $i \neq 2$ and $H^2(G; ZG) = Z$ we obtain the exact sequence

$$Z \twoheadleftarrow P^* \xleftarrow{\delta} ZG^d \leftarrow ZG \leftarrow 0\,, \tag{3}$$

which is another $FP$-resolution for $G$; for $\chi(G)$ it yields

$$\chi(G) = \operatorname{rank}\left(Z \underset{G}{\otimes} P^*\right) - d + 1$$

whence

$$\beta_1(G) = 2 - \chi(G) = 1 + d - \operatorname{rank}\left(Z \underset{G}{\otimes} P^*\right). \tag{4}$$

Comparing (1) and (3) we see that $P^*/\delta ZG^d \cong ZG/\partial ZG^d$, and therefore $P^* \oplus \partial ZG^d \cong ZG \oplus \delta ZG^d$. One then has a surjection $ZG^{d+1} \twoheadrightarrow P^* \oplus \partial ZG^d$, and since $\partial ZG^d \neq 0$ a surjection $ZG^{d+1} \twoheadrightarrow P^*$ with non-zero kernel $N$, i.e.,

$$ZG^{d+1} \cong P^* \oplus N. \tag{5}$$

$N$ is finitely generated projective, and $\operatorname{rank}\left(Z \underset{G}{\otimes} P^*\right) + \operatorname{rank}\left(Z \underset{G}{\otimes} N\right) = d+1$. From (4) we obtain

$$\beta_1(G) = \operatorname{rank}\left(Z \underset{G}{\otimes} N\right). \tag{6}$$

**5.3.** It is not known in general whether, for a group $G$ and a non-zero finitely generated projective $ZG$-module $N$, the free Abelian group $Z \underset{G}{\otimes} N$ is non-zero. It has, however, proved useful to compare $\operatorname{rank}\left(Z \underset{G}{\otimes} N\right)$ with another rank concept (for f.g. projectives) which we propose to call the *Kaplansky rank* $\varkappa(N)$. It is defined as follows: Let $N \oplus M$ be finitely generated free, and $\phi$ the idempotent endomorphism of $N \oplus M$ which is $1_N$ on $N$ and 0 on $M$. The trace of $\phi$ (in a basis of $N \oplus M$) is an element of $ZG$; its coefficient of $1 \in G$ does not depend on the choice of $M$ and of the basis, and this is $\varkappa(N)$. A theorem of Kaplansky [13] states that if $N \neq 0$ then $\varkappa(N) > 0$.

For free modules $N$ one clearly has $\varkappa(N) = \operatorname{rank}_{ZG} N = \operatorname{rank}\left(Z \underset{G}{\otimes} N\right)$; but for projective $N$ the middle term is not defined and one does not known in general whether $\varkappa(N) = \operatorname{rank}\left(Z \underset{G}{\otimes} N\right)$.

In the case of the $PD^2$-group $G$ and the projective module $N$ in Section 5.2 let us first assume that $P$ and hence $P^*$ is free (e.g., $G$ is the fundamental group of a finite CW-complex). Then (5) immediately implies $\varkappa(N) = \operatorname{rank}\left(Z \underset{G}{\otimes} N\right)$, and by Kaplansky's theorem we get from (6) that $\beta_1(G) > 0$.

In the general case, $P^*$ projective, this does not work. However, an interesting criterion of Bass [1] tells that if, for some projective module, the two ranks are not equal then $G$ contains a subgroup $H$ isomorphic to the additive group $Z\left[\frac{1}{p}\right]$ for some prime $p$. If the index of $H$ in $G$ is finite $H$ would be a $PD^2$-group – which it is not; if the index is infinite, this would imply, by Strebel's theorem [17], that $H$ is free – which it is not. Thus the two ranks coincide, and we again get from (6) that $\beta_1(G) > 0$.

## References


[1] Bass, H.: Euler characteristic and characters of discrete groups. Inventiones Math. *35* (1976), 155–196

[2] Bieri, R.; Eckmann, B.: Groups with homological duality generalizing Poincaré duality. Inventiones Math. *20* (1973), 103–124

[3] Bieri, R.; Eckmann, B.: Finiteness properties of duality groups. Comment. Math. Helv. *49* (1974), 460–478

[4] Bieri, R.: Eckmann, B.: Relative homology and Poincaré duality for group pairs. J. of Pure and Applied Algebra *13* (1978), 277–319

[5] Bieri, R.; Eckmann, B.: Two-dimensional Poincaré duality groups and pairs, in: Homological Group Theory, London Math. Soc. Lecture Notes *36* (1979), 225–230
[6] Bieri, R.; Strebel, R.: Almost finitely presented soluble groups. Comment. Math. Helv. *53* (1978), 258–278
[7] Brown, K. S.: Homological criteria for finiteness. Comment. Math. Helv. *50* (1975), 129–135
[8] Brown, K. S.: Cohomology of Groups. Springer-Verlag, New York 1982
[9] Dunwoody, M. J.: Accessibility and groups of cohomological dimension one. Proc. of the London Math. Soc. *38* (1979), 193–215
[10] Eckmann, B.; Linnell, P.: Groupes à dualité de Poincaré de dimension 2. C.R. Acad. Sci. Paris *295* (1982), Série I, 417–418
[11] Eckmann, B.; Linnell, P.: Poincaré duality groups of dimension two, II. Comment. Math. Helv. *58* (1983), 111–114
[12] Eckmann, B.; Müller, H.: Poincaré duality groups of dimension two. Comment. Math. Helv. *55* (1980), 510–520
[13] Montgomery, S.: Left and right inverses in group algebras. Bull. Amer. Math. Soc. *75* (1969), 539–540
[14] Müller, H.: Decomposition theorems for group pairs. Math. Zeitschrift *176* (1981), 223–246
[15] Stallings, J. R.: On torsion-free groups with infinitely many ends. Ann. of Math. *88* (1968), 312–334
[16] Stallings, J. R.: Group theory and three-dimensional manifolds. Yale Math. Monographs *4*, Yale Univ. Press 1971
[17] Strebel, R.: A remark on subgroups of infinite index in Poincaré duality groups. Comment. Math. Helv. *52* (1977), 317–324
[18] Swan, R. G.: Groups of cohomological dimension one. J. Algebra *12* (1969), 585–601
[19] Swarup, G. A.: Relative version of a theorem of Stallings. J. of Pure and Applied Algebra *11* (1977), 75–82

# Cyclic homology of groups and the Bass conjecture

Comment. Math. Helv. **61** (1986), 193–202

## 0. Introduction

**0.1.** The cyclic homology $HC_i(\mathbb{Q}G)$ of a group algebra $\mathbb{Q}G$ decomposes into a direct sum indexed by the conjugacy classes $[x]$ in $G$, as shown by Burghelea [7] (see Section 1.3 below). We will consider certain classes of groups of finite homology dimension over $\mathbb{Q}$, $hd_{\mathbb{Q}}G = n$, and show that for $i \geq n$ the terms in $HC_i(\mathbb{Q}G)$ corresponding to conjugacy classes $[x]$ of elements of infinite order vanish. The groups $G$ with $hd_{\mathbb{Q}}G = n < \infty$ for which this will be done are

(a) Nilpotent groups $G$,
(b) Torsion-free solvable groups,
(c) Linear groups $G \subset GL_r(F)$ where $F$ is a field of characteristic 0,
(d) Groups of cohomology dimension $cd_{\mathbb{Q}}G \leq 2$ (here $n \leq 2$).

We recall (Serre [10]) that if in (c) $F$ is a number field and $G$ finitely generated, then $G$ is always of finite virtual cohomology dimension, whence $hd_{\mathbb{Q}}G = n < \infty$. The case (b) actually falls under (c), but we prefer to give a simple direct argument, cf. Remark 2.3′ below.

As an immediate consequence of that vanishing result it follows that the character maps from $K$-theory of $\mathbb{Q}G$ to $HC_*(\mathbb{Q}G)$, see Karoubi [8], have vanishing components in the summands indexed by $[x]$ with $x$ of infinite order—for all the groups listed above.

In particular, the character map $Ch_0^0 : K_0(\mathbb{Q}G) \to HC_0(\mathbb{Q}G)$ can easily be seen to be the "Hattori–Stallings rank" $r_P$ of finitely generated projective $\mathbb{Q}G$-modules $P$ (representing elements of $K_0(\mathbb{Q}G)$), see Section 3.2. For the groups above it thus follows that $r_P$ is concentrated on the conjugacy classes $[x]$ of elements $x$ of finite order; hence on [1] if $G$ is torsion-free. This is a contribution towards the strong Bass conjecture [3, p. 156]. Note that the case (c) yields a weaker statement than Bass' result on linear groups [3, p. 156/57]; but our method is entirely different and stems from a result more general in another direction. The result establishing the Bass conjecture over $\mathbb{Q}G$ in the other cases seems to be new.

## 1. Cyclic homology of groups

**1.1.** Let $G$ be a group, $\mathbb{Q}G$ its rational group algebra, and $HC_i(\mathbb{Q}G)$, $i \in \mathbb{Z}$, the cyclic homology of $\mathbb{Q}G$ in the sense of Connes; we will call it here in short the cyclic homology of $G$. It is related to the Hochschild homology $HH_i(\mathbb{Q}G)$ of $\mathbb{Q}G$, with bimodule-coefficients in $\mathbb{Q}G$ by left and right multiplication, through the "Connes–Gysin exact sequence"

$$\cdots \to HH_i(\mathbb{Q}G) \to HC_i(\mathbb{Q}G) \xrightarrow{S} HC_{i-2}(\mathbb{Q}G) \to HH_{i-1}(\mathbb{Q}G) \to \cdots. \tag{1.1}$$

It is a standard fact (see [9]) that Hochschild homology of $\mathbb{Q}G$ with bimodule coefficients can be expressed as homology of $G$ with the same coefficient module turned into a right $G$-module; in the present case this is $\mathbb{Q}G$ with $G$-action by conjugation in $G$. It thus follows that for groups $G$ of finite homology dimension $hd_{\mathbb{Q}}G = n < \infty$ over $\mathbb{Q}$ (i.e., for all $\mathbb{Q}G$-module coefficients) the cyclic homology of $G$ stabilized above $n$:

$$HC_{n+2k}(\mathbb{Q}G) = HC_n(\mathbb{Q}G),$$
$$HC_{n+2k+1}(\mathbb{Q}G) = HC_{n+1}(\mathbb{Q}G)$$

for $k = 0, 1, 2, \ldots$.

**1.2.** The conjugation module $\mathbb{Q}G$ obviously decomposes into a direct sum of right $\mathbb{Q}G$-module indexed by the conjugacy classes $[x]$ of $G$; $x$ is an arbitrary but fixed representative of $[x]$:

$$\mathbb{Q}G = \bigoplus_{[x]} D_x$$

where $D_x$ is the $\mathbb{Q}$-module over the elements $x' \in [x]$ as basis, and with $\mathbb{Q}G$-action by $x' \mapsto y^{-1}x'y$, $y \in G$. If $C_x$ is the centralizer of $x$ in $G$, $D_x$ is isomorphic to $\mathbb{Q}(G/C_x)$, the right $\mathbb{Q}G$-module generated by the right cosets modulo $C_x$; the isomorphism is given by $x' \mapsto C_x z$ where $z \in G$ is such that $z^{-1}xz = x'$. Thus

$$\mathbb{Q}G = \bigoplus_{[x]} \mathbb{Q}(G/C_x) = \bigoplus_{[x]} (\mathbb{Q} \otimes_{C_x} \mathbb{Q}G),$$

and finally

$$HH_i(\mathbb{Q}G) = \bigoplus_{[x]} H_i(G; \mathbb{Q} \otimes_{C_x} \mathbb{Q}G) = \bigoplus_{[x]} H_i(C_x; \mathbb{Q}) \tag{1.2}$$

with trivial $G$-module coefficients $\mathbb{Q}$.

*Remark* 1.1. $HH_0(\mathbb{Q}G)$ is the $\mathbb{Q}$-module having the conjugacy classes $[x]$ in $G$ as basis. This can also be seen directly from the well-known fact that $HH_0(\mathbb{Q}G)$ is $\mathbb{Q}G/\{\lambda\mu - \mu\lambda\}$, where $\{\lambda\mu - \mu\lambda\}$ denotes the $\mathbb{Q}$-submodule generated by all $\lambda\mu - \mu\lambda$, $\lambda, \mu \in \mathbb{Q}G$; i.e., the $\mathbb{Q}$-submodule generated by all $xy - yx$, $x, y \in G$. We write $\overline{QG}$ for this factor-$\mathbb{Q}$-module of $\mathbb{Q}G$, $T: \mathbb{Q}G \to \overline{\mathbb{Q}G}$ for the canonical map, with $T(\lambda\mu) = T(\mu\lambda)$, $\lambda, \mu \in \mathbb{Q}G$.

**1.3.** A direct sum decomposition of $HC_i(\mathbb{Q}G)$, with terms indexed by the conjugacy classes $[x]$ in $G$, has been given by Burghelea [7] using topological (simplicial) constructions:

$$HC_i(\mathbb{Q}G) = \bigoplus_{[x]}{}' \, [H_*(C_x/\langle x\rangle; \mathbb{Q}) \otimes H_*(\mathbb{C}P^\infty; \mathbb{Q})]_i \oplus \bigoplus_{[x]}{}'' \, H_i(C_x/\langle x\rangle; \mathbb{Q}). \tag{1.3}$$

Here $\langle x\rangle$ denotes the cyclic subgroup of $G$ generated by $x$, and $\oplus'$ is summation over all $[x]$ with finite $\langle x\rangle$, $\oplus''$ over all $[x]$ with infinite $\langle x\rangle$.

The methods of [7] also yield the $\oplus$-decomposition (1.2) of $HH_i(\mathbb{Q}G)$ and shows that the Connes–Gysin sequence (1.1) decomposes into exact sequences of the same type, one for each $[x]$ in $G$.

We will consider in Section 2 groups of finite dimension $hd_{\mathbb{Q}}G = n < \infty$ and show that, for certain classes of such groups, one has $\bigoplus''_{[x]} = 0$ in the stable value $HC_n(\mathbb{Q}G)$ and $HC_{n+1}(\mathbb{Q}G)$; in other words, *the stable value is concentrated on the conjugacy classes* $[x]$ *of elements* $x$ *of finite order* – hence for torsion-free groups on the conjugacy class [1]. This will be done for the classes (a)–(d) listed in the introduction. Immediate consequences (Section 3) concern the character maps from $K$-theory of $\mathbb{Q}G$ to cyclic homology and, in particular, the Hattori–Stallings rank as mentioned in the introduction.

## 2. Groups of finite dimension

**2.1.** "Finite dimension" for groups $G$ will refer here, unless otherwise specified, to the homology dimension $hd_{\mathbb{Q}}G$ over $\mathbb{Q}$, i.e., with respect to

$\mathbb{Q}G$-module coefficients. For any subgroup $S \subset G$, in particular for the centralizers $C_x$, we have $hd_{\mathbb{Q}}S \leq hd_{\mathbb{Q}}G = n < \infty$.

In our context we are thus interested in the homology of factor groups $G/\langle x \rangle$ where $hd_{\mathbb{Q}}G = n < \infty$ and $x$ is a central element; actually in homology with trivial $\mathbb{Q}$-coefficients only, and in its vanishing above $n$. In other words, we are looking at $thd_{\mathbb{Q}}G/\langle x \rangle$, the *trivial homology dimension over* $\mathbb{Q}$; i.e., defined exactly as $hd_{\mathbb{Q}}$ but referring to trivial $\mathbb{Q}$-module coefficients only. One always has $thd_{\mathbb{Q}} \leq hd_{\mathbb{Q}}$. For that type of dimension we recall the following very simple but useful sum formula (Bieri [6]):

LEMMA 2.1. *Let $U$ be a central subgroup of the group $V$, and $W = V/U$. If both $thd_{\mathbb{Q}}U$ and $thd_{\mathbb{Q}}W$ are finite then*

$$\mathrm{thd}_{\mathbb{Q}}V = thd_{\mathbb{Q}}U + thd_{\mathbb{Q}}W.$$

A further preliminary remark concerns the case where $\langle x \rangle$ is finite: then the spectral sequence

$$H_i(G/\langle x \rangle; H_j(\langle x \rangle; \mathbb{Q})) \Rightarrow H_{i+j}(G; \mathbb{Q})$$

shows that $thd_{\mathbb{Q}}G/\langle x \rangle = thd_{\mathbb{Q}}G$, hence $\leq n$. In all what follows we therefore restrict attention to central elements $x$ of *infinite* order. In that case the spectral sequence does *not* imply that $thd_{\mathbb{Q}}G/\langle x \rangle$ is finite; however, if it *is* finite then the sum formula yields

$$thd_{\mathbb{Q}}G/\langle x \rangle \leq n - 1.$$

**2.2. Nilpotent groups.** We recall (Stammbach [11]) that if $G$ is nilpotent then $hd_{\mathbb{Q}}G$ is equal to the Hirsch number $hG$ (the sum of the torsion-free ranks of the factors of any normal series of $G$ with Abelian factors); this holds, more generally, for solvable groups. We thus assume $hG = n < \infty$.

Let $x \in G$ be a central element of infinite order, $S$ a finitely generated subgroup of $G/\langle x \rangle$, and $T$ the preimage of $S$ in $G$, $T/\langle x \rangle = S$. Since $S$ is finitely generated nilpotent it is polycyclic, and therefore $hd_{\mathbb{Q}}S = hs$ is finite (equal to the number of infinite cyclic factors in a normal series with cyclic factors). The sum formula now yields

$$thd_{\mathbb{Q}}S = thd_{\mathbb{Q}}T - 1 \leq n - 1.$$

$G/\langle x \rangle$ is the direct limit of its finitely generated subgroups $S$; and since homology commutes with direct limits it follows that $thd_{\mathbb{Q}}G/\langle x \rangle$ is $\leq n - 1$:

THEOREM 2.2. *Let G be a nilpotent group of finite dimension* $hd_{\mathbb{Q}}G = n$. *Then one has for any central element* $x \in G$ *of infinite order*

$$H_i(G/\langle x\rangle; \mathbb{Q}) = 0 \quad for \quad i \geq n.$$

**2.3. Torsion-free solvable groups.** Let $G$ be torsion-free solvable with $hd_{\mathbb{Q}}G = hG = n < \infty$ (or equivalently, solvable with $hd_{\mathbb{Z}}G < \infty$). We consider the Hirsch–Plotkin radical $R$ of $G$, i.e., the maximal locally nilpotent normal subgroup of $G$. For any Abelian subgroup $S$ of $G$ the torsion-free rank $hS = hd_{\mathbb{Q}}S$ is $\leq n$. As $G$ is torsion-free (actually a weaker condition would do) we can apply a theorem of Baer–Heineken [2] which tells that

($\alpha$) $R$ is nilpotent

($\beta$) $G/R$ is finitely generated

($\gamma$) $G/R$ contains an Abelian subgroup $A$ of finite index.

From (b) and (c) we infer that $hd_{\mathbb{Q}}G/R = hd_{\mathbb{Q}}A$ is finite, say $= m$. If $x \in G$ is central it must lie in $R$, and if it is of infinite order Theorem 2.2 tells that $thd_{\mathbb{Q}}R/\langle x\rangle = thd_{\mathbb{Q}}R - 1 \leq n - 1$. From the spectral sequence for $G/R \cong G/\langle x\rangle/R/\langle x\rangle$,

$$H_i(G/R; H_j(R/\langle x\rangle; \mathbb{Q})) \Rightarrow H_{i+j}(G/\langle x\rangle; \mathbb{Q})$$

we see that $H_k(G/\langle x\rangle; \mathbb{Q}) = 0$ for $k > m + n - 1$; i.e., $thd_{\mathbb{Q}}G/\langle x\rangle$ is finite and hence $\leqslant n - 1$.

THEOREM 2.3. *Let G be a torsion-free solvable group of finite dimension* $hd_{\mathbb{Q}}G = n < \infty$. *Then one has for any central element* $x \in G$ *of infinite order*

$$H_i(G/\langle x\rangle; \mathbb{Q}) = 0 \quad for \quad i \geq n.$$

*Remark* 2.3′. The groups $G$ above admit faithful linear representations over $\mathbb{Q}$ (cf. [13], p. 25) and thus are included in 2.4 below. However, the proof of the linear embedding starts precisely from the structure properties ($\alpha$), ($\beta$), ($\gamma$); thus the simple direct argument seems preferable.

**2.4. Linear groups.** We now consider a linear group $G \subset GL_r(F)$, where $F$ is a field of characteristic 0, with $hd_{\mathbb{Q}}G = n < \infty$. Let $Z$ be the center of $G$, $\pi: G \to G/Z$ the canonical map. Since $Z$ is closed in the Zariski topology, $G/Z$ is again a linear group over the same field $F$. We are going to apply the R. Alperin–Shalen criterion [1] to finitely generated subgroups $S$ of $G/Z$, in order to prove that they are virtually of finite cohomology dimension.

For this let first $U$ be a finitely generated unipotent subgroup of $G/Z$ and put $\pi^{-1}U = V$, $V/Z = U$. Then $U$ being torsion-free finitely generated nilpotent (polycyclic), $hd_{\mathbb{Q}}U = thd_{\mathbb{Q}}U = hU$ (Hirsch number, see 2.2). By Lemma 2.1,

$$thd_{\mathbb{Q}}Z + thd_{\mathbb{Q}}U = thd_{\mathbb{Q}}V.$$

Now $hd_{\mathbb{Q}}Z \leq n$ and $hd_{\mathbb{Q}}V \leq n$; let $m = thd_{\mathbb{Q}}Z$. Thus $thd_{\mathbb{Q}}U \leq n - m$; i.e., we get a uniform bound for all finitely generated unipotent subgroups of $G/Z$, the Hirsch numbers $hU$ being $\leq n - m$.

If $S$ is any finitely generated subgroup of $G/Z$, it follows by [1] that its virtual cohomology dimension, and hence $hd_{\mathbb{Q}}S$, is finite. Putting $\pi^{-1}S = T \subset G$, $T/Z = S$, Lemma 2.1 tells that

$$thd_{\mathbb{Q}}Z + thd_{\mathbb{Q}}S = thd_{\mathbb{Q}}T \leq n,$$

and thus $thd_{\mathbb{Q}}S \leq n - m$. The direct limit argument then yields $thd_{\mathbb{Q}}G/Z \leq n - m$.

THEOREM 2.4. *Let $G$ be a linear group of finite dimension $hd_{\mathbb{Q}}G = n$, over a field of characteristic* 0, *$Z$ is center and $thd_{\mathbb{Q}}Z = m$. Then*

$$H_i(G/Z; \mathbb{Q}) = 0 \quad \textit{for} \quad i > n - m.$$

We are looking for a similar result concerning $G/\langle x \rangle$ where $x$ is a central element of infinite order. Since $G/Z = G/\langle x \rangle / Z/\langle x \rangle$ we can apply the spectral sequence (with trivial $\mathbb{Q}$-module coefficients) together with Theorem 2.2 on $Z/\langle x \rangle$. This immediately yields $H_i(G/\langle x \rangle; \mathbb{Q}) = 0$ for $i > (n - m) + (m - 1)$:

THEOREM 2.4'. *Let $G$ be as in Theorem* 2.4. *and $x$ a central element of $G$ of infinite order. Then*

$$H_i(G/\langle x \rangle; \mathbb{Q}) = 0 \quad \textit{for} \quad i \geq n.$$

**2.5. Groups of cohomology dimension ≤2.** We write as usual $cd_{\mathbb{Q}}G$ for the cohomology dimension of the group $G$ over $\mathbb{Q}$; i.e., with respect to all $\mathbb{Q}G$-module coefficients. The assumption $cd_{\mathbb{Q}}G \leq 2$ includes all groups which are virtually of cohomology dimension 2 (over $\mathbb{Z}$), but is more general; it of course implies $hd_{\mathbb{Q}}G \leq 2$.

The case $cd_{\mathbb{Q}} \leq 1$ is easily dealt with: it means that $G$ contains a free (normal) subgroup $F$ of finite index. If $x$ is a central element of infinite order then $\langle x \rangle \cap F \neq 1$; hence $F$ having non-trivial center must be cyclic $= \langle c \rangle$. Then both

$G/\langle x, F\rangle$ and $\langle x, F\rangle/\langle x\rangle \cong F/F \cap \langle x\rangle$ are finite, and so is $G/\langle x\rangle$. Thus $hd_{\mathbb{Q}}G/\langle x\rangle = 0$. We thus restrict attention to the case $cd_{\mathbb{Q}}G = 2$.

THEOREM 2.5. *Let G be a group with $cd_{\mathbb{Q}}G = 2$, and x a central element of infinite order. Then*

$$H_i(G/\langle x\rangle; \mathbb{Q}) = 0 \quad \textit{for} \quad i \geq 2.$$

This is a consequence of various known facts concerning group (co-) homology, finiteness properties, and structure theorems (cf. Bieri [4], Corollary 8.7, and [5]), We give a short outline of the proof for our somewhat more special situation. It suffices to prove the claim for finitely generated $G$: If the subgroup $S \subset G/\langle x\rangle$ is finitely generated so is its preimage $T \subset G$, and from the result for $S = T/\langle x\rangle$ the direct limit argument yields the claim for $G/\langle x\rangle$.

As a first step one shows that $G$ is of type $FP_{\mathbb{Q}}$; i.e., that there exists a finitely generated projective resolution over $\mathbb{Q}G$ (of length 2 since $cd_{\mathbb{Q}}G = 2$)

$$0 \to P_2 \to P_1 \to P_0 \to \mathbb{Q} \to 0.$$

To prove this we use R. Strebel's finiteness criterion [11]: $G$ is of type $FP_{\mathbb{Q}}$ if and only if $cd_{\mathbb{Q}}G$ is finite and the canonical map $H^i(G; \oplus\, \mathbb{Q}G) \to \oplus\, H^i(G; \mathbb{Q}G)$ is an isomorphism for all $i$ and all direct sums $\oplus$. In our case the spectral sequence for $G/\langle x\rangle$ yields

$$H^1(G; \mathbb{Q}G) \cong H^0(G/\langle x\rangle; H^1(\langle x\rangle; \mathbb{Q}G))$$

and

$$H^2(G; \mathbb{Q}G) \cong H^1(G/\langle x\rangle; H^1(\langle x\rangle; \mathbb{Q}G))$$

(the action of $G$ on $H^1(\langle x\rangle; \mathbb{Q}G)$ is induced by the trivial conjugation of $G$ on $\langle x\rangle$). For the infinite cyclic group $\langle x\rangle$ one has $H^i(\langle x\rangle; \mathbb{Q}\langle x\rangle) = 0$ for $i \neq 1$, and $H^1(\langle x\rangle; \mathbb{Q}\langle x\rangle) = \mathbb{Q}$ with trivial action; and $H^1(\langle x\rangle; \mathbb{Q}G) = 0$ for $i \neq 1$, $H^1(\langle x\rangle; \mathbb{Q}G) = \mathbb{Q} \otimes_{\mathbb{Q}\langle x\rangle} \mathbb{Q}G \cong \mathbb{Q}(G/\langle x\rangle)$.

For $A = \oplus\mathbb{Q}G$ we get $H^1(\langle x\rangle; A) = \oplus H^1(\langle x\rangle; \mathbb{Q}G)$, and since $G/\langle x\rangle$ is finitely generated, we see that $G$ fulfills the Strebel criterion for $i = 1$ and 2; in dimensions $i \neq 1, 2$ this is trivially the case since $H^i(G; \oplus\, \mathbb{Q}G) = 0 = \oplus\, H^i(G; \mathbb{Q}G)$. Thus $G$ is of type $FP_{\mathbb{Q}}$.

As a second step one draws more conclusions from the above formula for $H^2(G; \mathbb{Q}G)$. We note that

$$H^2(G; \mathbb{Q}G) = H^1(G/\langle x\rangle; \mathbb{Q}(G/\langle x\rangle)).$$

As $G$ is of type $FP_{\mathbb{Q}}$ with $cdG = 2$, $H^2(G;\mathbb{Q}G)$ is $\neq 0$ and finitely generated as a right $\mathbb{Q}G$-module, and so is $H^1(G/\langle x\rangle;\mathbb{Q}(G/\langle x\rangle))$ over $\mathbb{Q}(G/\langle x\rangle)$. This implies that $G/\langle x\rangle$ has more than one end and is *accessible*; in other words, $G/\langle x\rangle$ is the fundamental group of a finite graph of groups with finite edge groups, and with vertex groups $V$ satisfying $H^1(V;\mathbb{Q}V) = 0$ (1 or 0 ends). $V$ is finitely generated, and so is its preimage $W$ in $G$, $W/\langle x\rangle = V$. As before we get $H^2(W;\mathbb{Q}W) = H^1(V;\mathbb{Q}V)$; but now this is $=0$, whence $cd_{\mathbb{Q}}W = 1$. The above formula for $H^1(G;\mathbb{Q}G)$ applied to $W$ and to $W/\langle x\rangle = V$ yields $H^1(W;\mathbb{Q}W) \cong H^0(V;\mathbb{Q}V) \neq 0$. This implies that $V$ is finite.

We thus have proved that $G/\langle x\rangle$ is the fundamental group of a finite graph of finite edge *and* vertex groups. Such a group is well-known to contain a (normal) free subgroup of finite index; from the corresponding spectral sequence we obtain the required result

$$H_i(G/\langle x\rangle : \mathbb{Q}) = 0$$

for $i \geq 2$.

**2.6.** From Theorems 2.2, 2.3, 2.4′, 2.5 we immediately obtain the result claimed in 1.3 for cyclic group homology:

COROLLARY 2.6. *Let $G$ be a group with $hd_{\mathbb{Q}}G = n < \infty$ and belonging to one of the classes* (a), (b), (c), *or* (d), *$n = 2$ in the case* (d). *Then for $i \geq n$ the cyclic homology $HC_i(\mathbb{Q}G)$ vanishes on the conjugacy classes of elements of infinite order.*

## 3. Cyclic homology characters of $\mathbb{Q}G$

**3.1.** The Connes character $Ch_0^l$ of $\mathbb{Q}G$ (cf. Karoubi [8]) is a homomorphism of $K_0(\mathbb{Q}G)$ to $HC_{2l}(\mathbb{Q}G)$, $l = 0, 1, 2, \ldots$; we will write $Ch^l$ for $Ch_0^l$ since we will not consider here the higher characters $Ch_i^l$ (see however Remark 3.2). The $Ch^l$ are compatible with the map $S$ in the Connes–Gysin sequence (1.1), i.e.,

$$\begin{array}{ccc} & & HC_{2l}(\mathbb{Q}G) \\ & \overset{Ch^l}{\nearrow} & \big\downarrow S \\ K_0(\mathbb{Q}G) & \xrightarrow[Ch^{l-1}]{} & HC_{2l-2}(\mathbb{Q}G) \end{array}$$

is commutative. Corollary 2.6 immediately yields

THEOREM 3.1. *Let G be a group of finite dimension* $hd_{\mathbb{Q}}G = n$ *belonging to one of the classes (a), (b), (c) or (d). Then the characters* $Ch^l$, $l = 0, 1, 2, \ldots$ *all have* 0*-components in the summands* $\bigoplus_{[x]}''$ *corresponding to elements x of infinite order. In particular, if G is torsion-free, the* $Ch^l$ *are concentrated on the* [1]*-summand, i.e, lie in* $[H_*(G; \mathbb{Q}) \otimes H_*(\mathbb{C}P^\infty; \mathbb{Q})]_{2l}$.

*Remark* 3.2. A similar result holds, of course, for the higher characters $Ch_i^l : K_i(\mathbb{Q}G) \to HC_{2l+i}(\mathbb{Q}G)$.

**3.2.** A look at the definitions shows that $Ch^0 : K_0(\mathbb{Q}G) \to HC_0(\mathbb{Q}_G)$ is the same as the Hattori–Stallings rank, as follows.

By (1.2) $HC_0$ is isomorphic to Hochschild homology $HH_0$. For any $\mathbb{Q}$-algebra $\Lambda$ the latter, with $\Lambda$ as bimodule by left- and right-multiplication for coefficients, $HH_0(\Lambda)$ is well-known to be $\Lambda/\{\lambda\mu - \mu\lambda\}$, where $\{\lambda\mu - \mu\lambda\}$ is the $\mathbb{Q}$-sub-module generated by all $\lambda\mu - \mu\lambda$, $\lambda, \mu \in \Lambda$. In Remark 1.1 we have written $\overline{\mathbb{Q}G}$ for $HH_0(\mathbb{Q}G)$ and $T : \mathbb{Q}G \to \overline{\mathbb{Q}G}$ for the canonical map. Similarly, for the matrix algebra $\mathbb{M}_k(\mathbb{Q}G)$, we have $HH_0(\mathbb{M}_k(\mathbb{Q}G)) = \overline{\mathbb{M}_k(\mathbb{Q}G)}$ with $T : \mathbb{M}_k(\mathbb{Q}G) \to \overline{\mathbb{M}_k(\mathbb{Q}G)}$. The trace of matrices $\mathrm{tr} : \mathbb{M}_k(\mathbb{Q}G) \to \mathbb{Q}G$ induces an isomorphism $\overline{\mathrm{tr}} : \overline{\mathbb{M}_k(\mathbb{Q}G)} \to \overline{\mathbb{Q}G}$, and clearly $T \circ \mathrm{tr} = \overline{\mathrm{tr}} \circ T : \mathbb{M}_k(\mathbb{Q}G) \to \overline{\mathbb{Q}G}$.

Now $Ch^0$ is defined, on a finitely generated projective $\mathbb{Q}G$-module $P$ representing an element of $K_0(\mathbb{Q}G)$, as follows: Let $p$ be an idempotent matrix $\in \mathbb{M}_k(\mathbb{Q}G)$, for suitable $k$, describing $P$ as a direct summand of a free $\mathbb{Q}G$-module $M$, and put $Ch^0 p = \overline{\mathrm{tr}} \circ T(p) \in \overline{\mathbb{Q}G}$, i.e., $= T \circ \mathrm{tr}\,(p)$. This is precisely the definition of the Hattori–Stallings rank $r_P \in \overline{\mathbb{Q}G}$, independent of choices and of bases in $M$. We recall that $\overline{\mathbb{Q}G}$ is the $\mathbb{Q}$-module having the conjugacy classes $[x]$ as basis.

THEOREM 3.3. *For the groups G of finite dimension* $hd_{\mathbb{Q}}G$ *belonging to one of the classes* (a), (b), (c), (d), *the Hattori–Stallings rank* $r_P$ *of a finitely generated projective* $\mathbb{Q}G$*-module P vanishes on the conjugacy classes of elements of infinite order.*

*Remark* 3.4. The vanishing of the character map $Ch^l : K_0(\mathbb{Q}G) \to HC_{2l}(\mathbb{Q}G)$ on the conjugacy classes of elements of infinite order, in particular of the Hattori–Stallings rank $Ch^0$, would of course follow from properties much weaker than those established in Section 2 for certain classes of groups. Indeed it suffices that, for a group $G$ under consideration, some iteration $S^k : HC_{2l+2k}(\mathbb{Q}G) \to HC_{2l}(\mathbb{Q}G)$, $1 \leq k \leq \infty$, of $S$ in (1.1) is zero on the conjugacy classes of elements of infinite order; $k = \infty$ refers to the inverse limit. It has been conjectured, for example, that this is the case for $k=\infty$ and for all groups having a finite Eilenberg–MacLane complex, cf. [7].

*Note Added in Proof.* The proof of Theorem 2.3, without assuming $G$ to be torsion-free (and hence also of Theorem 2.2), becomes much simpler if one uses the fact that the Hirsch number of a factor group of $G$ is less or equal to that of $G$, combined with Stammbach's theorem [11].

REFERENCES

[1] R. ALPERIN and P. SHALEN, *Linear groups of finite cohomological dimension,* Bull. Am. Math. Soc. (New Series) *4*, 339–341; Inventiones Math. *66*, 89–98 (1982).
[2] R. BAER and H. HEINEKEN, *Radical groups of finite Abelian subgroup rank,* Illinois J. of Math. *16*, 533–586 (1972).
[3] H. BASS, *Euler characteristics and characters of discrete groups,* Inventiones Math. *35*, 155–196 (1976).
[4] R. BIERI, *Homological dimension of discrete groups,* Queen Mary College Lecture Notes (1976).
[5] R. BIERI, *On groups of cohomology dimension 2,* in Topology and Algebra (Enseignement Math. 1978), 55–62.
[6] R. BIERI, *A connection between the integral homology and the centre of a rational linear group,* Math. Z. *170*, 263–266 (1980).
[7] D. BURGHELEA, *The cyclic homology of the group rings*, Comment. Math. Helv. *60*, 354–365 (1985).
[8] M. KAROUBI, *Homologie cyclique et K-théorie algébrique,* C.R. Acad. Sc. Paris, *297* S.I., 447–450 (1983).
[9] S. MACLANE, Homology (Springer Verlag Berlin 1975), Chapt. X.
[10] J.-P. SERRE, *Cohomologie des groupes discrets,* Annals of Math. Studies 70 (Princeton University Press 1971).
[11] U. STAMMBACH, *On the weak homological dimension of the group algebra of solvable groups,* J. London Math. Soc. (2) *2*, 567–570 (1970).
[12] R. STREBEL: *A homological finiteness criterion*, Math. Z. *151*, 263–275 (1976).
[13] B. A. F. WEHRFRITZ, *Infinite linear groups* (Springer Verlag Berlin 1973).

*Mathematics*
*ETH-Zentrum*
*CH-8092 Zürich/Switzerland*

Received November 28, 1985

# Notes

## I. Homotopy groups and fiber spaces

The systematic theory of homotopy groups, after they had been introduced by Hurewicz in 1935 and after Freudenthal's investigation of "suspension" in 1937, began around 1939 when they were combined with the new concept of fiber space. This approach, strongly motivated by geometrical applications, is contained in the papers [1], [2], [3], [8]. The following remarks seem appropriate.

(1) This approach and some of the results were in part duplicated, almost simultaneously, by the work of Hurewicz-Steenrod [Proc. Nat. Acad. Sci. U.S.A. 27 (1941), p. 60–64] and of Ehresmann-Feldbau [C. R. Acad. Sci. Paris 212 (1941), p. 945–948]. The three approaches were entirely independent; contacts did not exist until after World War Two.
(2) Relative homotopy groups and the exact homotopy sequence for fiber spaces already appear in [1], though in disguised form only. In the summary lecture [29] they are formulated and used explicitly, together with all applications up to that point (vector fields on spheres, homotopy groups of spheres and of the orthogonal and unitary groups, continuous solutions of linear equations etc.).
(3) Some of the explicit formulae in [1], [2], [8] are not correct; this is due to the erroneous announcement of Pontrjagin that $\pi_5(S^3) = 0$ which he himself corrected later on. They do not affect the general statements and methods of these papers. In the survey [29] these formulae appear in their correct form.

## II. Continuous solutions of linear equations

The question "For which $n$ and $r$ does there exist a continuous solution of $r$ real linear equations in $n$ unknowns" is partly answered in [8]. The complete solution is given in [67], the main ingredient in the proof being Adams' theorem on the "Hopf invariant one" problem [Ann. of Math. (2) 72 (1960), p. 20–104]. Other applications of Adams' theorem are also given in [67].

## III. Cohomology of groups

The introduction in [15] of group cohomology, with many of its properties, overlaps to a great extent with the work of Eilenberg-Mac Lane [cf. the survey article of S. Mac Lane, Monographie No. 26 de l'Enseignement Mathématique (1978), p. 191–219]. Overseas contacts were not possible until after World War Two.

## IV. Homological algebra, transfer

At the time [35] and [40] were written the term "Homological Algebra" did not exist, and no uniform terminology and notation had yet been used. The concept of "transfer", which was generalized later on and applied in various aspects of topology, group theory, and algebra, appears for the first time in [33].

## V. Duality in homotopy theory

[41] is the first report on joint work with Peter Hilton which later developed into a duality theory for modules and for homotopy groups of spaces. A detailed survey can be found in P. J. Hilton [J. Pure Appl. Algebra 19 (1980), p. 159–169]. In the Mathematics Subject Classification this field appears as a special section under the name of "Eckmann-Hilton Duality". As for the rôle of that duality in algebraic topology, see [58]; the spectral sequence aspect which appears there was subsequently investigated in several joint papers with Peter Hilton, in particular in [62].

## VI. Duality groups, Poincaré duality

In [78] "Duality groups" appear for the first time. The authors did not realize that the definition implies the strong finiteness condition *FP* (this was discovered later on by K. S. Brown and Ralph Strebel). In [79] specific finiteness criteria and properties are established; however, they all follow from *FP*. Duality for pairs of groups is dealt with in great detail in [83] (not included in these Selecta); a short account restricted to pairs fulfilling Poincaré duality is given in [85] where the "$PD^2$-conjecture" is formulated and discussed in special cases.

The proof of the $PD^2$-conjecture for pairs is in [88], for groups in [88] and [92]. A complete survey of the proof that $PD^2$-groups are surface groups, and of the various techniques used, is given in [98].

# Bibliography of the publications of B. Eckmann[1]

## 1. Research papers and survey articles


* [1] Zur Homotopietheorie gefaserter Räume, Comment. Math. Helv. **14** (1941/42), p. 141–192

* [2] Über die Homotopiegruppen von Gruppenräumen, Comment. Math. Helv. **14** (1941/42), p. 234–256

* [3] Systeme von Richtungsfeldern in Sphären und stetige Lösungen komplexer linearer Gleichungen, Comment. Math. Helv. **15** (1942/43), p. 1–26

[4] Vektorfelder auf Sphären, Société math. suisse 1941, Enseignement Math. **39** (1944), p. 9–10

[5] Solutions continues de systèmes d'équations linéaires, Société math. suisse 1942, Enseignement Math. **39** (1944), p. 18–19

[6] Über Zusammenhänge zwischen algebraischen und topologischen Problemen, Mitteilung der Naturf. Ges. Bern (1942), p. 54–55

* [7] L'idée de dimension, Leçon inaugurale Lausanne 5 février 1943, Revue de Théologie et Philosophie **127** (1943), p. 3–17

* [8] Stetige Lösungen linearer Gleichungssysteme, Comment. Math. Helv. **15** (1942/43), p. 318–339

* [9] Gruppentheoretischer Beweis des Satzes von Hurwitz-Radon über die Komposition quadratischer Formen, Comment. Math. Helv. **15** (1942/43), p. 358–366

[10] Sur les groupes monothétiques, Société math. suisse 1943, Enseignement Math. **39** (1944), p. 24–25

*[11] Topologie und Algebra, Antrittsvorlesung ETH 22. Mai 1943, Vierteljahrsschrift der Naturf. Ges. Zürich **89** (1944), p. 25–34

*[12] Über monothetische Gruppen, Comment. Math. Helv. **16** (1943/44), p. 249–263

*[13] Harmonische Funktionen und Randwertaufgaben in einem Komplex, Comment. Math. Helv. **17** (1944/45), p. 240–255

[14] Lois de Kirchhoff et fonctions discrètes harmoniques, Bull. Soc. Vaud. Sc. Nat. **63** (1945), p. 67–78


[1] The papers marked * are included in these Selecta.

*[15] Der Cohomologie-Ring einer beliebigen Gruppe, Comment. Math. Helv. **18** (1945/46), p. 232–282

[16] Der Cohomologiering einer beliebigen Gruppe, Société math. suisse (1945), p. 97–99

[17] On complexes over a ring and restricted cohomology groups, Proc. Nat. Acad. Sci. USA **33** (1947), p. 275–281

[18] On infinite complexes with automorphisms, Proc. Nat. Acad. Sci. USA **33** (1947), p. 372–376

*[19] Coverings and Betti numbers, Bull. Amer. Math. Soc. **55** (1949), p. 95–101

[20] Sur les applications d'un polyèdre dans un espace projectif complexe, C. R. Acad. Sci. Paris **228** (1949), p. 1397–1399

[21] On fibering spheres by toruses (with H. Samelson and G. W. Whitehead), Bull. Amer. Math. Soc. **55** (1949), p. 433–438

*[22] Formes différentielles et métrique hermitienne sans torsion. I. Structure complexe, formes pures (with H. Guggenheimer), C. R. Acad. Sci. Paris **229** (1949), p. 464–466

*[23] Formes différentielles et métrique hermitienne sans torsion. II. Formes de classe *k;* formes analytiques (with H. Guggenheimer), C. R. Acad. Sci. Paris **229** (1949), p. 489–491

*[24] Sur les variétés closes à métrique hermitienne sans torsion (with H. Guggenheimer), C. R. Acad. Sci. Paris **229** (1949), p. 503–505

*[25] Quelques propriétés globales des variétés kählériennes, C. R. Acad. Sci. Paris **229** (1949), p. 577–579

[26] Cartesisches und Alexandersches Produkt in der Cohomologietheorie (with H. Brändli), Comment. Math. Helv. **24** (1950), p. 68–72

[27] Continu et discontinu, *Etudes de Philosophie des Sciences, hommage à F. Gonseth,* Editions du Griffon (1950), p. 83–90

[28] Continu et discontinu, *Actes du congrès international de philosophie des sciences Paris 1949,* Hermann (1951), p. 67–74

*[29] Espaces fibrés et homotopie, Coll. Topol. Centre Belge de Rech. Math. (1950), p. 83–99

*[30] Sur l'intégrabilité des structures presque complexes (with A. Frölicher), C. R. Acad. Sci. Paris **232** (1951), p. 2284–2286

*[31] Complex-analytic manifolds, *Proc. Int. Congr. of Math. 1950 II,* American Mathematical Society (1952), p. 420–427

[32] Räume mit Mittelbildungen, *Proc. Int. Congr. of Math. 1950 I,* American Mathematical Society (1952), p. 523

*[33] On complexes with operators, Proc. Nat. Acad. Sci. USA **39** (1953), p. 35–42

*[34] Über injektive Moduln (with A. Schopf), Arch. Math. **4** (1953), p. 75–78

*[35] Cohomology of groups and transfer, Ann. of Math. **58** (1953), p. 481–493

*[36] A class of compact, complex manifolds which are not algebraic (with E. Calabi), Ann. of Math. **58** (1953), p. 494–500

[37] Sur les structures complexes et presque complexes, Géométrie différentielle, Coll. Int. du Centre Nat. de la Rech. Scientifique (1953), p. 151–159

*[38] Structures complexes et transformations infinitésimales, *Convegno di Geometria Differenziale 1953,* Edizioni Cremonese (1954), p. 1–9

*[39] Räume mit Mittelbildungen, Comment. Math. Helv. **28** (1954), p. 329–340

*[40] Zur Cohomologietheorie von Räumen und Gruppen, *Proc. Int. Congr. of Math. 1954 III,* North-Holland Publishing Co. (1957), p. 170–177

*[41] Homotopie et dualité, Coll. Topol. Alg. Centre Belge de Rech. Math. 1956, p. 41–53

*[42] Groupes d'homotopie et dualité. Groupes absolus (with P. J. Hilton), C. R. Acad. Sci. Paris **246** (1958), p. 2444–2447

*[43] Groupes d'homotopie et dualité. Suites exactes (with P. J. Hilton). C. R. Acad. Sci. Paris **246** (1958), p. 2555–2558

*[44] Groupes d'homotopie et dualité. Coefficients (with P. J. Hilton), C. R. Acad. Sci. Paris **246** (1958), p. 2291–2293

*[45] Transgression homotopique et cohomologique (with P. J. Hilton), C. R. Acad. Sci. Paris **247** (1958), p. 620–623

*[46] Décomposition homologique d'un polyèdre simplement connexe (with P. J. Hilton), C. R. Acad. Sci. Paris **248** (1959), p. 2054–2056

*[47] On the homology and homotopy decomposition of continuous maps (with P. J. Hilton), Proc. Nat. Acad. Sci. USA **45** (1959), p. 372–375

*[48] Groupes d'homotopie et dualité, Bull. Soc. Math. France **86** (1958), p. 271–281

[49] Operators and cooperators in homotopy theory (with P. J. Hilton), Math. Ann. **141** (1961), p. 1–21

[50] Homotopy groups of maps and exact sequences (with P. J. Hilton), Comment. Math. Helv. **34** (1960), p. 271–304

*[51] Structure maps in group theory (with P. J. Hilton), Fund. Math. **50** (1961), p. 207–221

*[52] Group-like structures in general categories I. Multiplications and comultiplications (with P. J. Hilton), Math. Ann. **145** (1962), p. 227–255

*[53] Homotopie und Homologie, Enseignement Math. **8** (1962), p. 209–217

[54] Algebraic homotopy groups and Frobenius algebras (with H. Kleisli), Illinois J. Math. **6** (1962), p. 533–552

*[55] Generalized means (with T. Ganea and P. J. Hilton), *Studies in Mathematical Analysis and Related Topics,* Stanford University Press (1962), p. 82–92

[56] Group-like structures in general categories III. Primitive categories (with P. J. Hilton), Math. Ann. **150** (1963), p. 165–187

[57] Group-like structures in general categories II. Equalizers, limits, lengths (with P. J. Hilton), Math. Ann. **151** (1963), p. 150–186

*[58] Homotopy and cohomology theory, *Proc. Int. Congr. of Math. 1962,* Institut Mittag-Leffler (1963), p. 59–73

[59] A natural transformation in homotopy theory and a theorem of G. W. Whitehead (with P. J. Hilton), Math. Z. **82** (1963), p. 115–124

*[60] Unions and intersections in homotopy theory (with P. J. Hilton), Comment. Math. Helv. **38** (1963/64), p. 293–307

[61] Exact couples in an abelian category (with P. J. Hilton), J. Algebra **3** (1966), p. 38–87

*[62] Composition functors and spectral sequences (with P. J. Hilton), Comment. Math. Helv. **41** (1966/67), p. 187–221

[63] Filtrations, associated graded objects and completions (with P. J. Hilton), Math. Z. **98** (1967), p. 319–354

[64] Homologie et différentielles. Suites exactes (with U. Stammbach), C. R. Acad. Sci. Paris **265** (1967), p. 11–13

[65] Homologie et différentielles. Basses dimensions; cas spéciaux (with U. Stammbach), C. R. Acad. Sci. Paris **265** (1967), p. 46–48

*[66] Commuting limits with colimits (with P. J. Hilton), J. Algebra **11** (1969), p. 116–144

*[67] Continuous solutions of linear equations – some exceptional dimensions in topology, *Battelle Rencontres 1967 Lectures in Mathematics and Physics,* W. A. Benjamin (1968), p. 516–526

[68] On exact sequences in the homology of groups and algebras (with U. Stammbach), Illinois J. Math. **14** (1970), p. 205–215

[69] Homotopical obstruction theory (with P. J. Hilton), An. Acad. Brasil. Ciênc. **40** (1968), p. 407–425

*[70] Le groupe des types simples d'homotopie sur un polyèdre (with S. Maumary), *Essays on Topology and Related Topics, Mémoires dédiés à Georges de Rham,* Springer-Verlag (1970), p. 173–187

*[71] Simple homotopy type and categories of fractions, Symp. Math. **5** (1970), p. 285–299

*[72] On central group extensions and homology (with P. J. Hilton), Comment. Math. Helv. **46** (1971), p. 345–355

*[73] On the homology theory of central group extensions: I – The commutator map and stem extensions (with P. J. Hilton and U. Stammbach), Comment. Math. Helv. **47** (1972), p. 102–122

[74] On the homology theory of central group extensions: II – The exact sequence in the general case (with P. J. Hilton and U. Stammbach), Comment. Math. Helv. **47** (1972), p. 171–178

[75] Groupes à dualité homologique (with R. Bieri), C. R. Acad. Sci. Paris **275** (1972), p. 899–901

*[76] On the Schur multiplicator of a central quotient of a direct product of groups (with P. J. Hilton and U. Stammbach), J. Pure Appl. Algebra **3** (1973), p. 73–82

[77] Propriétés de finitude des groupes à dualité (with R. Bieri), C. R. Acad. Sci. Paris **276** (1973), p. 831–833

*[78] Groups with homological duality generalizing Poincaré duality (with R. Bieri), Invent. Math. **20** (1973), p. 103–124

*[79] Finiteness properties of duality groups (with R. Bieri), Comment. Math. Helv. **49** (1974), p. 74–83

[80] Amalgamated free products of groups and homological duality (with R. Bieri), Comment. Math. Helv. **49** (1974), p. 460–478

*[81] Aspherical manifolds and higher-dimensional knots, Comment. Math. Helv. **51** (1976), p. 93–98

*[82] Cobordism for Poincaré duality groups (with R. Bieri), Bull. Amer. Math. Soc. **82** (1976), p. 137–139

[83] Relative homology and Poincaré duality for group pairs (with R. Bieri), J. Pure Appl. Algebra **13** (1978), p. 277–319

*[84] Rational representations of finite groups and their Euler class (with G. Mislin), Math. Ann. **245** (1979), p. 45–54

*[85] Two-dimensional Poincaré duality groups and pairs (with R. Bieri), *Homological Group Theory,* London Math. Soc. Lecture Note Series **36** (1979), p. 225–230

*[86] On the Euler class of representations of finite groups over real fields (with G. Mislin), Comment. Math. Helv. **55** (1980), p. 319–329

*[87] Some recent developments in the homology theory of groups (Groups of finite and virtually finite dimension), J. Pure Appl. Algebra **19** (1980), p. 61–75

*[88] Poincaré duality groups of dimension two (with H. Müller), Comment. Math. Helv. **55** (1980), p. 510–520

*[89] Chern classes of group representations over a number field (with G. Mislin), Compositio Math. **44** (1981), p. 41–65

*[90] Plane motion groups and virtual Poincaré duality of dimension two (with H. Müller), Invent. Math. **69** (1982), p. 293–310

[91] Groupes à dualité de Poincaré de dimension 2 (with P. Linnell), C. R. Acad. Sci. Paris **295** (1982), p. 417–418

*[92] Poincaré duality groups of dimension two, II (with P. Linnell), Comment. Math. Helv. **58** (1983), p. 111–114

*[93] Profinite Chern classes for group representations (with G. Mislin), *Topological Topics,* London Math. Soc. Lecture Note Series **86** (1983), p. 103–119

*[94] The $p$-periodicity of the groups GL $(n, O_S(K))$ and SL $(n, O_S(K))$ (with B. Bürgisser), Mathematika **31** (1984), p. 89–97

[95] Sur les groupes fondamentaux des surfaces closes, Riv. Mat. Univ. Parma **10** (1984), p. 41–46

*[96] Galois action on algebraic matrix groups, Chern classes, and the Euler class (with G. Mislin), Math. Ann. **271** (1985), p. 349–358

[97] Surface groups and Poincaré duality, *Conference on Algebraic Topology in honor of Peter Hilton,* Contemporary Math. **37,** AMS (1985), p. 51–59

*[98] Poincaré duality groups of dimension two are surface groups, to appear in *Combinatorial group theory and topology,* Annals of Math. Studies, Princeton University Press (1986), p. 35–51

*[99] Cyclic homology of groups and the Bass conjecture, Comment. Math. Helv. **61** (1986), p. 193–202

## 2. Books, lecture courses

*Cours sur les variétés complexes,* C.I.M.E. Varenna 1956, Istituto Matematico Roma (1956)

*Einführung in die algebraische Topologie* (Notes by Heinrich Kleisli), Verlag der Fachvereine ETHZ (1958)

*Homotopie et cohomologie,* Séminaire de Mathématiques Supérieures, Presses Universitaires de Montréal (1965)

*Topologia algebrica* (Notes by Silvana Abeasis), Istituto Matematico Roma (1966)

*Cohomologie et classes caractéristiques,* C.I.M.E. L'Aquila 1966, Edizioni Cremonese (1966)

## 3. Newspaper articles, obituaries

Zum Gedenken an Hermann Weyl, Neue Zürcher Zeitung (December 1955)

Mathematische Fragestellungen im Großen, Neue Zürcher Zeitung (June 1960)

Zum Gedenken an Heinz Hopf, Neue Zürcher Zeitung (June 1971), also in Enseignement Math. 17 (1972), p. 105–112

Mathematik heute, Neue Zürcher Zeitung (February 1979)

Mathematik in universeller Sicht. Zum 100. Geburtstag von Hermann Weyl, Neue Zürcher Zeitung (November 1985)

# List of Ph. D. Theses written under the supervision of B. Eckmann

1. Guggenheimer, Heinrich, *Über komplex-analytische Mannigfaltigkeiten mit Kählerscher Metrik,* 1951
2. Ghenzi, Albert Georges, *Studien über die algebraischen Grundlagen der elektrischen Netzwerke,* 1953
3. Kirchhoff, Adrian, *Beiträge zur topologischen linearen Algebra,* 1953
4. Frölicher, Alfred, *Zur Differentialgeometrie der komplexen Strukturen,* 1955
5. Grauert, Hans, *Charakterisierung der Holomorphiegebiete durch die vollständige Kählersche Metrik,* 1956*
6. Aeppli, Alfred, *Modifikation von reellen und komplexen Mannigfaltigkeiten,* 1957
7. Curjel, Caspar Robert, *Über die Homotopie- und Cohomologie-Gruppen von Abbildungen,* 1961
8. Kleisli, Heinrich, *Homotopy theory in abelian categories,* 1962
9. Huber, Peter Jost, *Homotopy theory in general categories,* 1962
10. Stärk, Roland, *Nullsysteme in allgemeinen Kategorien,* 1963
11. Meier, Werner, *Beiträge zur algebraischen Homotopietheorie der Moduln,* 1963
12. Fatt, Milton Jacob, *On the homotopical approach to algebraic topology and the Hurewicz theorem,* 1964
13. Matzinger, Heinrich, *Über den Begriff der uniformen Struktur und die Konvergenz in Booleschen Algebren,* 1963
14. Carnal, Henri Claude, *Unendlich oft teilbare Wahrscheinlichkeitsverteilungen auf kompakten Gruppen,* 1964
15. Thöni, Werner, *Äquivariante Homotopie und Cohomologie,* 1965
16. Stamm, Emil, *Über die Homotopiegruppen gewisser Faserungen,* 1965
17. Frei, Armin, *Freie Objekte und multiplikative Strukturen,* 1966
18. Stammbach, Urs, *Anwendungen der Homologietheorie der Gruppen auf Zentralreihen und auf Invarianten von Präsentierungen,* 1966
19. Sigrist, François, *Obstruction et transgression cohomologique dans les espaces fibrés,* 1967
20. Déruaz, Marcel, *Sur la catégorie de Lusternik-Schnirelmann des espaces fibrés et des groupes de Lie,* 1967
21. Knus, Max-Albert, *Sur une classe d'algèbres filtrées,* 1967
22. Vögele, Heinz, *Algebren mit multiplikativen Strukturen,* 1967
23. Terrier, Jean-Marc, *Variétés minimales,* 1967

---

* submitted to University of Münster, Germany

24. Ojanguren, Manuel, *Freie Präsentierung endlicher Gruppen und zugehörige Darstellungen,* 1968
25. Mislin, Guido, *Über Gruppen, die in Cohomologie-Moore-Räume operieren,* 1968
26. Storrer, Hans Heinrich, *Epimorphismen von kommutativen Ringen,* 1968
27. Suter, Ulrich, *Schnittflächen komplexer Stiefel-Mannigfaltigkeiten,* 1968
28. Grünenfelder, Luzius, *Über die Struktur von Hopf-Algebren,* 1969
29. Held, René Pierre, *Exakte Paare und Homotopietheorie,* 1969
30. Bachmann, Franz, *Kategorische Homologietheorie und Spektralsequenzen,* 1969
31. Hösli, Hans Ulrich, *Über die Existenz von H-Raum-Strukturen auf einer gewissen Klasse von Polyedern* 1970
32. Glaus, Christian, *Mayer-Vietoris-Funktoren und Kompositionsfunktoren,* 1970
33. Schorta-Schrag, Evelyn, *Raumgruppen in N Dimensionen und Cohomologie,* 1971
34. Ledergerber, Paul, *The torsion decomposition of finite CW-complexes,* 1971
35. Kubli, Hans Ulrich, *Galois-Theorie für unendliche, rein-inseparable Körpererweiterungen vom Exponenten 1,* 1971
36. Gronstein, Claude, *Catégories avec modèles, préfaisceaux, et coalgèbres,* 1971
37. Näf, Franz Jakob, *Eigentliche Homotopie unendlicher Polyeder und Lokalisierung von Kategorien,* 1971
38. Bieri, Robert, *Gruppen mit Poincaré-Dualität,* 1973
39. Castellet, Manuel, *Grupos finitos con cohomologia periódica y espacios que admiten recubrimientos esféricos,* 1973**
40. Dubach-Szodoray, Elisabeth, *Über die Struktur der Ω-Ringoide,* 1973
41. Bolthausen, Erwin, *Einfache Isomorphietypen in lokalisierten Kategorien und einfache Homotopietypen von Polyedern,* 1973
42. Pont, Jean-Claude, *La topologie algébrique des origines à Poincaré,* 1974
43. Zufferey, Richard, *Sur le produit cotensoriel des comodules et ses foncteurs dérivés cotor,* 1974
44. Gut, Arthur, *Zur Homologietheorie der zentralen Erweiterungen von Gruppen und von Lie-Algebren,* 1974
45. Meier, Willi, *Phantomabbildungen und klassifizierende Räume,* 1975
46. Egli, Herbert, *Picard-Kategorien und funktorielle Determinantentheorien,* 1975
47. Huber, Martin, *Klassen von Moduln über Dedekindringen und Satz von Stein-Serre,* 1976
48. Lundmark, Rolf, *Zur Cohomologietheorie der zentralen Erweiterungen von p-periodischen Gruppen,* 1977
49. Schneebeli, Hans Rudolf, *Virtuelle Eigenschaften in der Gruppentheorie und virtuelle Cohomologie,* 1977
50. Hübschmann, Johannes, *Verschränkte n-fache Erweiterungen von Gruppen und Cohomologie,* 1977

** submitted to University of Barcelona, Spain.

51. Müller, Heinz, *Über die höherdimensionalen Endengruppen von Gruppen,* 1978
52. Bürgisser, Balz Christoph, *Gruppen virtuell endlicher Dimension und Periodizität der Cohomologie,* 1979
53. Biner, Hermann-Josef, *Homologische Dualität von Moduln, insbesondere über Hopf-Algebren,* 1981
54. Plesko-Meier, Hanna, *Lie-Algebren mit homologischer Dualität,* 1981
55. Lage, Alexander J. P., *Über die Chernklassen flacher komplexer Vektorbündel,* 1981
56. Widmer, Hans Rudolf, *Gruppenpaare mit homologischer Dualität der Dimension zwei,* 1981
57. Staffelbach, Othmar, Joh., *Aufspaltung komplexer Vektorbündel in flache Linienbündel,* 1983
58. Wies, Ghislain Joseph, *Gruppenpaare mit virtueller Poincaré-Dualität in der Dimension zwei,* 1984
59. Fornera, Linda, *Caractéristique eulérienne de groupes et rangs de modules projectifs,* 1986

# Acknowledgements

The editors would like to thank the original publishers of B. Eckmann's papers for granting permission to reprint them here.

The numbers following each source correspond to the numbering of the articles in the bibliography.

Reprinted from Comment. Math. Helv., © by Birkhäuser Verlag: 1, 2, 3, 8, 9, 12, 13, 15, 39, 60, 62, 72, 73, 79, 81, 86, 88, 92, 99
Reprinted from Arch. Math., © by Birkhäuser Verlag: 34
Reprinted from C. R. Acad. Sci. Paris, © by Académie des Sciences: 22, 23, 24, 25, 30, 42, 43, 44, 45, 46
Reprinted from Bull. Amer. Math. Soc., © by American Mathematical Society: 19, 82
Reprinted from Proc. Int. Congr. of Math. 1950, © by American Mathematical Society: 31
Reprinted from Proc. Int. Congr. of Math. 1954, © by North-Holland Publishing Co.: 40
Reprinted from J. Pure Appl. Algebra, © by North-Holland Publishing Co.: 76, 87
Reprinted from Ann. of Math., © by Princeton University: 35, 36
Reprinted from London Math. Soc. Lecture Note Series, © by Cambridge University Press: 85, 93
Reprinted from Vierteljahrsschrift der Naturf. Ges. Zürich, © by Naturforforschende Gesellschaft Zürich: 11
Reprinted from Convegno di Geometria Differenziale, © by Unione Matematica Italiana: 38
Reprinted from Fund. Math., © by Państwowe Wydawnictwo Nankowe: 51
Reprinted from Enseignement Math., © by L'Enseignement Mathématique: 53
Studies in Mathematical Analysis and Related Topics, © by Stanford University Press: 55
Reprinted from Proc. Int. Congr. of Math. 1962, © by Institut Mittag-Leffler: 58
Reprinted from Symp. Math., © by Istituto Nazionale di Alta Matematica: 71
Reprinted from Compositio Math., © by Martinus Nijhoff Publishers: 89
Reprinted from Mathematika, © by University College London: 94
Reprinted from Annals of Math. Studies, © by Princeton University Press: 98
Reprinted from Bull. Soc. Math. France, © by Société mathématique de France: 48
Reprinted from J. Algebra, © by Academic Press: 66
Reprinted from Battelle Rencontres 1967 Lectures in Mathematics and Physics, © by Benjamin: 67
Reprinted from Invent. Math., © by Springer-Verlag: 78, 90
Reprinted from Essays on Topology and Related Topics, © by Springer-Verlag: 70
Reprinted from Math. Ann., © by Springer-Verlag: 52, 84, 96

GPSR Compliance

*The European Union's (EU) General Product Safety Regulation (GPSR) is a set of rules that requires consumer products to be safe and our obligations to ensure this.*

*If you have any concerns about our products, you can contact us on ProductSafety@springernature.com*

In case Publisher is established outside the EU, the EU authorized representative is:

Springer Nature Customer Service Center GmbH
Europaplatz 3
69115 Heidelberg, Germany

**Batch number: 10682269**

Printed by Printforce, the Netherlands